美学史论稿

唐代美学史

【修订本】

吴功正 著

陕西师范大学出版总社

图书代号：SK20N0821

图书在版编目（CIP）数据

唐代美学史/吴功正著. —修订本. —西安：陕西师范大学出版总社有限公司，2020.8
（美学史论稿）
ISBN 978-7-5695-1319-6

Ⅰ.①唐… Ⅱ.①吴… Ⅲ.①美学史—中国—唐代 Ⅳ.①B83-092

中国版本图书馆CIP数据核字（2020）第011905号

唐代美学史（修订本）
TANGDAI MEIXUE SHI（XIUDING BEN）

吴功正　著

出版统筹	刘东风　郭永新
责任编辑	张　佩
责任校对	宋媛媛
封面设计	张潇伊
出版发行	陕西师范大学出版总社
	（西安市长安南路199号　邮编710062）
网　　址	http://www.snupg.com
印　　刷	陕西龙山海天艺术印务有限公司
开　　本	720mm×1060mm　1/16
印　　张	45.75
插　　页	4
字　　数	679千
版　　次	2020年8月第1版
印　　次	2020年8月第1次印刷
书　　号	ISBN 978-7-5695-1319-6
定　　价	188.00元

读者购书、书店添货或发现印装质量问题，请与本公司营销部联系、调换。
电话：（029）85307864　85303629　传真：（029）85303879

总序

对《六朝美学史》《唐代美学史》《宋代美学史》的修订实际是每部书出版后就已着手,这是因为每部书都有欠缺、遗珠和不足。修订是重新审视,甚至以旁观者或以读者的身份看待,这样,或是幡然猛醒,自查自纠;或是补苴罅漏,另起炉灶。

需要说明的是,我的先期积累和准备不是美学史,而是美学理论和文学经典的审美鉴赏。我1985年出版了文体美学著作《小说美学》,1991年出版了门类美学著作《文学美学》,然后才开始写美学史。因而,我是在打下了比较坚实的美学理论基础上才进入美学史域的。另外,我还阅读和解阐了相当数量的经典文本。理论和文本,犹如鸟之双翼,等翅膀羽毛长硬实了,就可以飞入美学史领地。通过实践,这种研究方法行之有效,不仅根基扎实,而且别立一套美学史体系。

本次修订实际上已经跳出三本美学史,从更宏观深入的角度观照整个中国美学史外在和内在的关系:不仅涉及美学史的本体内容,而且扩大至未被认知的领域;不仅对系统之间加以整合,而且指涉研究理念、方法论、书写方式等问题;不仅回答"写什么",而且回答"怎么写"。其解读方式是既对对象进行审美价值判断,又进行审美感受的体验,体现当下时代和撰写主体的审美理想和审美价值观。在具体论述方式上,视域求气度,论析求深度,话语有温度。分而言之,主要体现在以下几个方面。

首先,在美学通史中写断代美学史。可以敝帚自珍地说,"通史在胸,断代在握"是"美学史论稿"丛书的学术特色、亮点。在中国美学史上,六朝是转折期,由粗放进入精致,美学精神和形态多有体现;唐代是辉煌期,全面爆出绚丽的火花;宋代是高峰期,影响元、明、清三代美学。三个大的历史时段相对独立,貌似失联,实有关联。这次修订继续坚持在通史中考察断代史美学现象,并扩大到具体的门类美学。例如对六朝陶俑美学的定位,认为六朝陶俑美学在中国美学史上和六朝其他门类美学一样,承前启后,从汉的简单粗放逐步走向精致,作为美学储备为唐三彩精彩纷呈的陶塑铺垫了基础。"断"中有"通","通"中观"断",浑然一体。这不是蜻蜓点水,泛泛而论,而是渗透在论述机体中,化为血肉。对于每一个美学断代,都把它放在中国美学史的长河中考察其地位。众所周知,在不同的美学观念、美学形态、美学范畴等方面,六朝或是创生期,或是发展期,或是转折期;在众多的美学域界,是"映日荷花别样红"也好,是"小荷才露尖尖角"也罢,中古及以后的美学大势都在这里确定下来了。在此后的美学史中,六朝那些美的创造者与美的阐释者,纷纷走进绚丽多姿、五光十色的美学史图像中,唐及唐以后每一个时代的艺术长廊里都折射出这批巨匠们的光华。至于具体个体,也存在着个别和一般的关系,寻根究底还是"断"和"通"关系的内涵问题。在解读审美个体具体审美成就的基础上,也要将其放在中国美学通史中加以考察,明确个体之于普遍的存在地位和作用。如对吴道子宗教画的评价就是在绘画通史中加以考察的。吴道子的宗教画集大成而又自出新意,他于佛画所作"兰叶描"成为后世之楷范,五代及其以后的宗教画在审美技法上盖出于此,可见其影响之深远。这就形成了在深沉内涵上,绘画美学史"断"和"通"的连接。

其次,提高对中国美学史的整体认知,在补短中进而扬长。通俗地讲,就是既做减法,又做加法。但无论是"减容"还是"增容",是"削山头"还是"填沟壑",不仅要保证美学史的良好平衡性,最重要的是追求深度和新意。这次修订过程中,三本书的原有存量各自删去三分之一。体例、框架、叙述笔调等均不变,优点保留,但芟除叙述文字,加强提炼和概括,有些章节则整个砍掉。所谓加法，也不是"在蜂蜜上加糖"，而是更为体现笔者对美学史特别是对这三个美学大时代的认识和理解，增添新材料，深化新认知，甚至在局部领域内重打锣鼓另开张。具体做法如下：一是加强思想史和美学史的论述。这是修订的一个重点领域，也是基于作者思想史—美学史的一种认知。六朝绕不过玄学，唐代绕不过佛学，宋代绕不过理学，这是三大时代的思想史标识。修订版不是泛泛而论，而是深入到四个层面：精神层面（增加专节，如宋代《文化精神与美学精神》）、思维层面（增加专节，如宋代《理学与美学思维》）、形态层面（增加专节，如唐代《佛教与书法美学》）、范畴层面（六朝"言意"、唐代"境界"、宋代"涵泳"）。二是加强特色美学阐述。每个时代都有各自的特色"产业"，进而形成特色美学。原书虽努力体现，但有遗珠现象，于是六朝增加《青瓷、陶俑美学》，唐代增加《茶道美学》，宋代增加《工艺美学》。三是加强美学史的本体认知。美学史本体上是史，遵循史的一般原则，是其应有之义。然而，美学史也有特殊的形态原则，在对历史形态进行说明和解读时，应当寻根溯源，找到其发展脉络。如"风骨"这一美学范畴，就形成了刘勰、陈子昂、殷璠、李白这条一以贯之的美学发展线索。作为方外之人，皎然不重美学的外部说明，只重内部描述，这是自元结以来的又一次转变，其特点是向内转，对晚唐司空图、南宋严羽有深刻影响。故而，既勾画美学史思想的线条，又探寻其"三江源头"，才会有史的图像。

再次，以理解之同情深入美学现场，用心写史。美学史是灵魂史、审美心理结构史，正因如此，研究方法更需要思辨和体验，尤其是体验。研究者作为主体仿佛神游于对象的美学世界里，分明在和他们交谈、对话，有切肤之感地体验着他们的酸甜苦辣，跟他们一样喜怒哀乐。这样，研究者就能零距离地与他们神交、心知、灵契，所做的审美评价因之而深笃，所做的审美描述因之而亲切。所得到的便是别一种收获，不是政治学、社会学、考据学的，而是美学的。社会影响人的心态和心态史，进而影响美学和美学史。心态史和美学史之密切关系，也是这次修订的重点之一。例如李贺，就径直以"李贺心态和美学"为题。李贺心态具有变态性特征，心理变态造成物象变形，这又是具体的家世、社会因素所致，构合为李贺心态的形成图式和深层原因。李贺创造了缤纷多姿、荒诞奇幻的美，不仅形成了一个诗歌美学流派，而且出现了一种改变传统、指向新途的审美趋势。这是从审美对象和主体感受中综合形成的，因而具有美学史的本体意义。另外，还注意对心态加以区别，如李白和李贺。李白是放，狂放无忌；李贺是抑，抑郁幽愤。李白心态虽有郁闷之处，但善作发泄、排解，总体比较亮；李贺则内敛于心，形成郁结，趋于暗，于是便以浓艳之物象作为对象性载体。柳宗元和陶渊明的心态也有不同，柳被外界步步紧逼，陶则是自愿为之。历代诗话、诗论往往从心态现象上看待，大而化之，缺少辨析。殊不知心态差异直接影响美学差异，进而形成千差万别的审美个性。

最后，再说这次修订版的缘起，犹如甘蔗倒吃、反弹琵琶。《唐代美学史》最早由陕西师范大学出版总社推出，这是我系列美学史著作中的一部，也是我和该出版社因缘生法的成果。而对已经出版的三部美学史进行修订，并将近年来新的学术成果做一总结（拙著《中国美学史论》），这一提议则是在陕西师范大学出版总社建社三十五周年的庆典上确定下来的。出版计划甫一制订，便开始了行之有效的落实工作。但具体实施过程之艰辛与困难，却大为出乎我的意料。其中甘苦，恕不在此一一赘述。然我以古稀之年，尚有机会"毕其功于一役"，实乃人生一大幸事。毁谤在人，无须多言。

由衷感谢陕西师范大学出版总社董事长兼社长刘东风先生的鼎力支持，以及大众文化出版中心主任郭永新先生在书稿统筹过程中付出的艰辛劳作！一并致谢为修订版常年提供系列论文刊载的《南通大学学报》主编邓乐群教授、《齐鲁学刊》编审张玉璞教授！深切感谢江苏社会科学院樊和平副院长、科研处唐永存副处长所给予的关心、支持和帮助！

吴功正

2018年10月于南京玄武湖湖畔

目录

绪　言　唐代美学史概述..................................001

第一编　隋代美学史

第一章　隋代美学史状貌..................................023

第一节　六朝美学史与隋代美学史..................................023
第二节　"斫雕为朴"的审美强制..................................026
第三节　隋代美学的哲学基础：王通哲学..................................033
第四节　文炀二帝、南北二方的美学比较..................................038

第二章　隋代美学史地位..................................050

第二编　初唐美学史

第三章　初唐史学—美学..................................055

第一节　初唐"史学热"的动因及其概况..................................055
第二节　史学—美学..................................057
第三节　《史通》之史学—美学..................................062

第四章　唐太宗李世民 ... 072
第一节　社稷重于一切的价值观 ... 072
第二节　对文艺现象的审美阐释 ... 074
第三节　诗美评价 ... 078

第五章　宫廷诗风与隐逸诗韵 ... 084
第一节　宫廷诗风与隐逸诗韵的具体表征 ... 084
第二节　宫廷诗风与隐逸诗韵共时的美学史意义 ... 089

第六章　丽化与俗化的审美倾向 ... 093
第一节　丽化与俗化的具体表征 ... 093
第二节　丽化与俗化的美学史意义 ... 099

第七章　初唐"四杰" ... 101
第一节　审美功能认知 ... 101
第二节　审美情感体认 ... 104
第三节　美学思想特点 ... 105
第四节　承绪与改造的审美历程 ... 109
第五节　社会理想和审美理想 ... 114
第六节　时间审美 ... 118
第七节　审美重大走向 ... 120
第八节　"四杰"评价 ... 128

第八章　刘希夷、张若虚 ... 131
第一节　刘希夷的诗美 ... 131
第二节　张若虚的诗美 ... 134
第三节　刘希夷、张若虚所体现的路标意义 ... 137

第九章　陈子昂 ... 138
第一节　"兴寄""风骨"的美学思想 ... 139
第二节　"兴寄""风骨"的审美体现 ... 143

第十章　初唐美学史地位 151

第一节　变革六朝、铸造唐音 151

第二节　美学精神 153

第三节　审美活动特点 158

第三编　盛唐美学史

第十一章　张说 163

第一节　张说的美学思想 163

第二节　张说的转捩意义 166

第十二章　盛唐社会和美学精神 171

第一节　社会演变和美学 171

第二节　个性气质和美学 173

第三节　文化精神和美学 174

第十三章　盛唐曙光 176

第一节　盛唐气象的感应 176

第二节　边塞诗风 177

第三节　吴中诗派 178

第四节　岭南诗人 182

第五节　盛唐气象曙光 188

第十四章　王维 190

第一节　人生历程与审美历程 190

第二节　王维的审美心理经验 198

第三节　空间感、色彩感和声律感 204

第四节　诗的禅意化 209

第十五章　孟浩然 214

第一节　入仕与出仕 214

第二节　美学风格 220

III

第三节　王孟比较 224
　　　第四节　山水田园诗派美学风貌 226

第十六章　王昌龄 233
　　　第一节　诗美学思想 233
　　　第二节　诗美特征 239

第十七章　高适 247
　　　第一节　人生经历与美学风貌 247
　　　第二节　边塞诗美 256

第十八章　岑参 259
　　　第一节　英雄主义与美学风貌 259
　　　第二节　诗美特征 261
　　　第三节　高岑比较 267
　　　第四节　边塞诗派美学风貌 268

第十九章　殷璠 271
　　　第一节　美学思想 271
　　　第二节　美学范畴："兴象" 273
　　　第三节　盛唐时代色彩 275

第二十章　李白 278
　　　第一节　个性气质 278
　　　第二节　美学思想 293
　　　第三节　审美成就 298

第二十一章　辞赋散文美学 311
　　　第一节　发展概况和基本估价 311
　　　第二节　美学面貌和特征 312
　　　第三节　辞赋散文美学的盛唐之风 315

第二十二章 盛唐美学精神 ... 321

第一节 "人"的特点 ... 321

第二节 审美风貌 ... 326

第四编 盛中唐嬗变期

第二十三章 杜甫 ... 337

第一节 美学思想 ... 337

第二节 人生经历与美学精神 ... 351

第三节 审美风貌 ... 367

第五编 中唐美学史

第二十四章 美学复古思潮 ... 381

第一节 基本内容 ... 381

第二节 主要内涵 ... 384

第二十五章 大历诗风 ... 386

第一节 盛唐余绪 ... 386

第二节 中唐面目 ... 388

第三节 审美表征 ... 390

第四节 顾况的意义 ... 395

第二十六章 大历、贞元的美学理论 ... 398

第一节 并存现象 ... 398

第二节 高仲武美学观点 ... 400

第三节 皎然的美学思想 ... 402

第二十七章 孟郊 ... 411

第一节 诗美的主体根源 ... 411

第二节 诗美特征及历史地位 ... 413

第二十八章 韩愈 ... 418

- 第一节 诗美学理论 ... 418
- 第二节 诗审美成就 ... 422
- 第三节 古文运动 ... 428
- 第四节 散文审美成就 ... 438
- 第五节 韩愈的地位 ... 444

第二十九章 李贺 ... 447

- 第一节 心态描述及其形成原因 ... 447
- 第二节 诗美表征 ... 451
- 第三节 美学史影响 ... 457

第三十章 柳宗元 ... 460

- 第一节 思想家特点 ... 461
- 第二节 美学论 ... 463
- 第三节 散文美学贡献 ... 469
- 第四节 诗美概述 ... 474

第三十一章 刘禹锡 ... 479

- 第一节 哲学思想和美学思想 ... 479
- 第二节 审美个性和诗美特征 ... 483

第三十二章 白居易 ... 492

- 第一节 文化—审美心理二元组合 ... 492
- 第二节 美学论述二元结构 ... 498
- 第三节 审美创作二元形态 ... 503

第三十三章 元稹及元和体 ... 507

- 第一节 诗美论和诗美创作 ... 507
- 第二节 关于元和体 ... 511

第三十四章　中唐美学史 ... 514
　　第一节　审美心理结构 ... 514
　　第二节　中唐美学意义 ... 518

第六编　晚唐美学

第三十五章　晚唐美学概况 ... 527
　　第一节　美学思想 ... 527
　　第二节　美学状貌 ... 532
　　第三节　美学思潮 ... 538

第三十六章　李商隐 ... 545
　　第一节　迷蒙意象 ... 545
　　第二节　诗美现象 ... 549
　　第三节　形成要素 ... 553

第三十七章　司空图 ... 557
　　第一节　美的本体确认 ... 557
　　第二节　《诗品》美学思想 ... 563

第三十八章　小说美学 ... 567
　　第一节　小说美学观念 ... 567
　　第二节　小说美学特点 ... 572

第七编　门类美学

第三十九章　建筑、园林美学 ... 581
　　第一节　都城、皇家建筑、园林 ... 582
　　第二节　私家建筑、园林 ... 594
　　第三节　寺观建筑、园林 ... 597
　　第四节　美学特征和美学史地位 ... 598

第四十章 书法美学 605

第一节 书法美学思想 605

第二节 美学成就 623

第三节 佛教与书法美学 630

第四十一章 乐舞美学 642

第一节 隋代乐舞 642

第二节 唐代乐舞 645

第四十二章 美术美学 658

第一节 美学思想 658

第二节 美学成就 668

第四十三章 服饰美学 682

第一节 演变概况 682

第二节 基本特征 684

第三节 中外交流 686

第四十四章 茶道美学 687

第一节 《茶经》和茶道 687

第二节 生理快感和心理快感 690

第三节 审美格调和审美影响 693

第八编 五代美学

第四十五章 五代文学美学 699

第一节 美学思想 699

第二节 词的审美成就 704

第四十六章 五代的绘画美学 712

第一节 美学思想 712

第二节 美学成就 713

绪言　唐代美学史概述

由于有唐一代的审美理想多有变化，遂形成了美学史的阶段性特征。这虽不同于社会学、政治学、历史学的唐代分期说，但审美理想与社会文化之间又确存在种种联系，于是，这之间又有种种近似之处。本书全部论述的出发点是美学史所提供的现象存在本身，而不是恪遵或沿用人所共知的结论，或故作异论，翻空出奇。如果真正沉潜到唐代诗歌、绘画、雕塑、服饰等门类美学的底层，不做先入之见或带上预定模式地观照和分析这些现象，就会发现其差异性、变动性特征异常显著。在初唐瘦削身躯的女俑之后则是盛唐丰满形象的三彩女俑，在颜书行世之前是杜甫所说的"书贵瘦硬方通神"，之后则是浑厚大度、元气混然的书法美学标准。种种差异现象正是美学史家所应正视、发现的。发现异中之同、同中之异，并清理出异变、异化的线索和图景是对美学史家学识的考验和衡量。"史"诚然体现了延续、承传，但也体现了变革、异化，两者的结合才是史的完整图像，忽视其中任何一方都将造成跛足。而人们往往对变革、异化有所忽略。当着眼于和描述出这种变异现象时，显现出来的是怎样一幅五彩竞秀的历史画面啊！

在中国文学和中国美学研究中形成了从文学、美学的微观现象观照宏观时代的理解、体认方式。《文心雕龙·时序》认为"文变染乎世情，兴废系乎时序"，"故知歌谣文理，与世推移，风动于上，而波震于下者"。但是，时代何以能影响文学，文学又何以能反映时代，这些论述往往缺少一个中介：审美思潮。思潮是一种群体趋同性意识、精神氛围、观念形式、理想价值，表现为特定阶段的时空具体性。晚唐夕照的斑斓之中间以萧瑟，那暮鼓声声、秋花朵朵，只是就晚唐的特定时期而言，绝非盛唐浑灏壮美的气象，故有唐一代，就没有一股统一不变的思潮。当时代精神、审美风习不是激荡在惊尘蔽天的边塞荒漠，而是宛转轻流在珠帘绣幕，晚唐的诗美学便跟盛唐之音，自有不同的风调。这是就美学思潮的阶段性而言的。至于趋同性，即指群体特征，它代表了某种共同的精神倾向、心理要求、兴趣追寻。它既然代表了群体，因而就对构成群体的分子加以规范，并在个体审美的审美结晶中反映出来。

审美思潮的变化不是泾渭分明、截然分割的，它有延伸、转换的过程。整个唐代的审美思潮确实经历了一个消长、盛衰的阶段。王世懋在《艺圃撷余》中的一段话值得重视："唐律由初而盛，由盛而中，由中而晚，时代声调，故自必不可同。然亦有初而逗盛，盛而逗中，中而逗晚者。何则？逗者，变之渐也；非逗，故无由变。"初唐尚受到南北朝和隋的影响，在人体审美理想上是秀骨清像，到盛唐则是丰腴圆满，其转折发生在高宗、武后时期。在这样的背景下，也才会有玄宗对"环肥"的痴迷。从初唐的诗美到盛唐的"兴寄""风骨"，其路标由刘希夷、张若虚所树立。大历诗风成为转入中唐的标识，故顾况有其特殊意义。顾况改变了盛唐的审美趋向，不是大、壮、丽，而是奇、怪、俗，指向韩愈之奇伟、李贺之瑰丽、元白之平易。从诗心到词心的转换则在温李，至冯李而形成。基于以上原因，对转折时期、转捩人物就表现出特别的兴趣，予以重视，给以专门论述。

应该看到唐代一个几乎与现代人相仿佛的特点：追逐时髦。就服饰美学而言，杜甫《丽人行》："头上何所有，翠微匎叶垂鬓唇。"用翡翠做匎彩叶的头饰。白居易《江南喜逢萧九彻因话长安旧游戏赠五十韵》曰："时世高梳髻，风流淡作妆。"所谓"时世"正是时髦。朱庆馀《闺意献张水部》："画眉深浅入时无？"元稹《叙诗寄乐天书》云："近世妇人，晕淡眉目，绾约头鬓，衣服修广之度，及匹配色泽，尤剧怪艳。"白居易《上阳白发人》也写道："小头鞋履窄衣裳，青黛点眉眉细长。外人不见见应笑，天宝末年时世妆。"时髦也就意味着它逐时而转。唐人胸襟宽阔，思想活跃。唐代风气性质很显著，风动于都市，而声闻于四野，弥散力、扩散性很强。多变、快变、灵活，往往才领风骚，旋即更变，否定性十分强烈。这就保证了唐人精神的鲜活性。如果不从这一点上去了解唐人，就无法真正把握唐人及其心理结构。

美学史就是审美心理结构史，只有从心理上才能了解和把握美的历程。

例如从审美心理这一独特的视角观照白居易,把他定位为士大夫文化审美心理的典型体现者,出现二元化结构。在此以前的士大夫的文化、审美心理均未最终形成,穷与达、独与兼、处与出均未能完好、游刃有余地得到处理和调节。白居易二元性文化审美心理的组合结构孕生了美学思想的二元组合结构,进而孕生了体现文化审美心理结构的审美创作二元化形态。从思想家与美学家一体化、哲学思想与美学思想相结合的视域分别研究刘禹锡、柳宗元,寻求他们思想与美学的结合点,从思想的层面去挖掘其审美的成就,去描述他们审美心理结构的形成图式。对李贺的研究所确立的命题是"李贺的心态与诗美",发掘李贺的心理特征和形成原因,以个体实证化地印验了心态史和美学史这一基本命题。

对审美个体应当从心理结构上去把握和确定。从这个角度切入既形成对其美学人格、精神、形象的塑造,又揭示出他们所开启的美学史意义,例如刘希夷、张若虚、张说、顾况等。对这些美学史人物的研究、评述、估价,始终在其自身而又超越其自身的宏阔意义上进行。所谓超越自身就是超越其生活的具体时空,形成史的延伸意义。审美主体心理结构一旦形成即对审美方式产生支配作用,如孟郊的审美方式不是客体大于主体,也不是主客体的相融相洽,而是主体凌驾于客体之上,甚或撕裂、扭曲客体;即使是描述客体,也是以极强的审美主体性支配审美对象。只有这样,才能深入审美主体心灵的奥区。

个体的个性仍然是从审美心理结构上产生的,而个体之间的差异也体现在审美心理结构上。如岑高,如王孟,如李杜。作家、诗人的审美心理结构—审美个性—审美特征便构合成一个完整的图像。当圈式的个体审美心理结构一个个呈现出来,那该是多么灿烂多姿的美学史图景啊!然而,任何个体都是具体的存在、历史的存在。例如李白体现了盛唐的风采、气质,他的美学思想代表了盛唐的审美理想,其审美创作成就代表了盛唐品位。但社会是个体存在的硕大背景,通过千条万条的管道,社会的文化、精神输进和渗透到个体的心灵深处,影响并进而铸造个体的审美心理结构和生命。

对唐代文学美学进行阶段性划分是后代文学美学家常做的一项描述任务。这是一个有趣的现象,还没有哪一个文学美学史的断代问题如此吸引人们对其加以划分。宋代有严羽,其在《沧浪诗话》中把唐诗划为"五体":"唐初体""盛唐体""大历体""元和体""晚唐体"。此后有宋元之际

的方回、元代的杨士弘、明代的高棅等。高棅《唐诗品汇》说:

> 有唐三百年诗,众体备矣。故有往体、近体、长短篇、五七言律句、绝句等制,莫不兴于始,成于中,流于变,而陊之于终。至于声律、兴象、文词、理致,各有品格高下之不同。略而言之,则有初唐、盛唐、中唐、晚唐之不同。详而分之:贞观、永徽之时,虞、魏诸公稍离旧习,王、杨、卢、骆因加美丽,刘希夷有闺帷之作,上官仪有婉媚之体,此初唐之始制也。神龙以还,洎开元初,陈子昂古风雅正,李巨山文章宿老,沈、宋之新声,苏、张之大手笔,此初唐之渐盛也。开元、天宝间,则有李翰林之飘逸,杜工部之沉郁,孟襄阳之清雅,王右丞之精致,储光羲之真率,王昌龄之声俊,高适、岑参之悲壮,李颀、常建之超凡,此盛唐之盛者也。大历、贞元中,则有韦苏州之雅淡,刘随州之闲旷,钱郎之清赡,皇甫之冲秀,秦公绪之山林,李从一之台阁,此中唐之再盛也。下暨元和之际,则有柳愚溪之超然复古,韩昌黎之博大其词,张、王乐府得其故实,元、白序事务在分明,与夫李贺、卢仝之鬼怪,孟郊、贾岛之饥寒,此晚唐之变也。降而开成以后,则有杜牧之之豪纵,温飞卿之绮靡,李义山之隐僻,许用晦之偶对,他若刘沧、马戴、李频、李群玉辈,尚能黾勉气格,将迈时流,此晚唐变态之极,而遗风余韵犹有存者焉。

这是对唐诗美学全景全程式的描述。而对于整个唐代文学美学的历程,《新唐书·文艺传》提出"三变"说:

> 唐有天下三百年,文章无虑三变:高祖、太宗,大难始夷,沿江左余风,缔句绘章,揣合低昂,故王、杨为之伯。玄宗好经术,群臣稍厌雕琢,索理致,崇雅黜浮,气益雄浑,则燕、许擅其宗。是时唐兴已百年,诸儒争自名家。大历、贞元间,美才辈出,擩哜道真,涵泳圣涯。于是韩愈倡之,柳宗元、李翱、皇甫湜等和之。排逐百家,法度森严,抵轹晋、魏,上轧汉、周。唐之文完然为一王法,此其极也。

此论未及晚唐。唐诗"四段"说,至今尚有争议,把文学之兴衰等同于政治之兴衰,有不妥之处。然而,无论是唐诗"四段"说,还是唐文"三变"说,其在美学学术上的最大贡献是看到了"变"。在这个意义上也应该肯定严羽、方回等人所论的学术价值。"变"是唐代美学的最大特点,之所以出现"五体"说、"四段"说、"三变"说,乃是因为发现了它"变"的现象和特征。从某种意义上可以说,正是因为有了"变",才会出现上述的界说分歧,并延续至今。因此"变"的观念也就是动态美学的观念便成为研究唐代美学的基本观念。"变"总有藕断丝连的时期,总有过渡阶段。严羽的"唐初犹袭陈、隋之体","大历之诗,高者尚未失盛唐,下者渐入晚唐矣"[1],就是立足于上述观念的。不必过多地胶着于"三变""四段""五体"的争论,以动态性的美学史观来看待它们,其合理性、存在价值十分显著。

唐代社会变故与美学变化的联系中,美学思潮的演化历程十分显著。"一百四十年,国容何赫然"[2],李白描述的他那个时代的唐朝是何等煊赫!这种景象初唐就已出现。苏味道的《正月十五日夜》即其写照:"火树银花合,星桥铁锁开。暗尘随马去,明月逐人来。游妓皆秾李,行歌尽落梅。金吾不禁夜,玉漏莫相催。"至于盛唐气象,则有王维《奉和圣制从蓬莱向兴庆阁道中留春雨中春望之作应制》所描述的那样:"云里帝城双凤阙,雨中春树万人家。"在黄钟大吕般排奡的盛唐之音中是张旭元气淋漓的草书,是最得盛唐神韵的李白诗歌。"渔阳鼙鼓动地来"的骤然事变,使徒具大架子的唐帝国内藏的败絮暴露无遗,击碎了盛唐诗人编织起来的理想玄梦,曾经恢宏过、浪漫过的头脑在清凉醒觉后,发现现实世界并非那么令人神往和憧憬。社会历史的巨变改变人们的命运、生活道路,再也无法按照先前的设计进行下去了。命运改变,道路改变,生活视域改变,进而审美视界改变,杜甫便是显例。整个时代的美学思潮改道了。在两道几乎是平行却分内外的线索上,诗人们更多地发现了外在的萧瑟气象,更多地转入对自身内心感受意绪的追索。那种大漠风尘,献身疆场的豪情意气不见了。盛唐建功立业和啸傲林泉传统题材构成的儒道互补的思想框架,在中唐以后被打破了。建功和隐逸互峙而又互补,隐逸不是萧索风光的流连,而是分明透现明丽的亮色。身处江湖之内,心存魏阙之上,使之与报效国家的人生态度、事业理想相联结。但是,中唐以后诗的审美特征却无例外地染着了衰飒色彩。胡应麟《诗薮》认为,"降而钱、刘,神情未远,气骨顿衰",准确地道出了时代审美思潮的典型特征。当元白发起新乐府运动时,孟郊、贾岛却显得兴趣不浓,用尖新诡谲之词抒一己情怀。奇妙的是,白居易也转向了,发露

---

[1] 严羽:《沧浪诗话》。
[2] 李白:《古风》(其四十六)。

乐天知命的安逸闲适，那种"为君、为臣、为民、为物、为事"的美学主张似乎不是出于同一人之口了。韩愈对"不平则鸣"的美学主张做了多层次的动态考察，特别是考察了它的多重表现形态，着重于个人的身世不幸。这正是唐代由社会走向个人的美学潮流之大势。在这样的背景下，就会了解何以会出现韩谲、郊寒、岛瘦这样独特的审美特征了。据此，"推敲"文学典故的产生，不应视作纯粹的创作现象，而应说是烙有思潮印记的特殊审美现象。在放想无碍、一任天纵的盛唐气象中有这样"推敲"再三、捻断须髭、炼狱式的苦吟现象吗？曾经激活唐代诗人审美情感的洞庭湖，在盛唐孟浩然笔下是"气蒸云梦泽，波撼岳阳城"，成为典型的盛唐之音；而在中唐诗人刘长卿腕底却是"叠浪浮元气，中流没太阳"的苍凉迷茫，化为中唐之象。盛唐的李白路过三峡，轻舟快浪，何等酣畅，而中唐刘禹锡写下的《巫山神女庙》已没有李白的现实轻松感，而是在演绎神话传说。当盛唐诗人咏歌"所向无空阔"的骏马、一举击水千里的大鹏之后，中唐诗人心理对象化的产物则是"青云杳杳无力飞，白露苍苍抱枝宿"的山鸲鹆。心灵和对象之间的同构又正是时代美学思潮使然。于是，在李贺繁富缛丽的色彩描绘中时时传送出坎壈愁苦的个人感伤和时代苦闷。"垂杨叶老莺哺儿，残丝欲断黄蜂归。绿鬓年少金钗客，缥粉壶中沉琥珀。花台欲暮春辞去，落花起作回风舞。榆荚相催不知数，沈郎青钱夹城路。"①这是不见雕凿气的雕绘，以浓色缛彩来寄托和掩饰内心的痛楚和苦闷，悲剧性的心态涵濡在绿暗红郁的色彩绯烟之中。韦应物曾经感怀万端地写道："一朝铸鼎降龙驭，小臣髯绝不得去。今来萧瑟万井空，惟见苍山起烟雾。可怜蹭蹬失风波，仰天大叫无奈何。弊裘羸马冻欲死，赖遇主人杯酒多。"②这是对往昔玄宗盛典的追念，寄托了现今几多失落！从中唐以后，现实题材减少，咏史题材添多，难道说是偶然现象吗？怀古幽情的增生，不正是一种审美情绪吗？如烟如梦的历史意绪背后深藏着沉重的心理力量。这同样反映在爱情题材中。诗人们开始转入对女性的感性领略和描述，如"云鬟几迷芳草蝶，额黄无限夕阳山"③，更有"刘郎已恨蓬山远，更隔蓬山一万重"④的迷离惝恍不可求。审美转向

---

① 李贺：《残丝曲》。
② 韦应物：《温泉行》。
③ 温庭筠：《偶游》。
④ 李商隐：《无题》。

内心，侧重官能感受，显得精微细腻，"已闻佩响知腰细，更辨弦声觉指纤"①，审美上新细的素质产生了，并向词这种新体式架桥过渡。

审美思潮是艺术审美习尚和趣味的群体反映。当一种思潮出现时，不可能只表现在一个方面，而是广泛地渗透在艺术的众多领域，形成艺术习尚的同步趋向，这是审美思潮作为群体意识的一个重要特征。当中唐诗歌出现怪诞倾向时，服饰美学转而"尤剧怪艳"②，演为病态。韩愈诗美出现反传统倾向，不是优美、平静之美、中和之美，而是裂变、以丑为美，充满血腥气，以自然主义描述作为审美观照点，露骨地曝示，残酷地呈现，给人以惊心动魄的刺激和猛烈、狠重的精神撞击。这跟传统的审美原则是相背离的。他的审美描述是有意偏离传统思路，另立一套，自开一路。他的审美对象已经不是传统的那些优美动人、令人赏心悦目有轻微审美快感的，而是丑陋、难看、可憎、可恶甚或令人恐怖的对象。他为诗歌审美对象另补了许多不为人所见的物象。在审美中，遭受近代美学抨击的自然主义审美原则，早在韩愈手中就被广泛运用，于是，他的诗中出现腹泻、秃顶、蝎子，甚至出现杀人腰斩的恐怖场面。《元和圣德诗》曰："取之江中，枷脰械手。妇女累累，啼哭拜叩。来献阙下，以告庙社。周示城市，咸使观睹。解脱挛索，夹以砧斧。婉婉弱子，赤立伛偻。牵头曳足，先断腰膂。次及其徒，体骸撑拄。末乃取辟，骇汗如写。挥刀纷纭，争刌脍脯。"由于这类物象体现在众多美学门类、众多审美主体中，成为一时之尚和共同之尚，便具备了思潮性质。

从美学思潮出发，唐代美学最值得注意的倒不是盛唐，而是中唐。中唐之"中"的意义不仅在于分期，也不仅在于唐代，而是在于整个中国美学史。中唐改变了唐代和整个中国美学史的方向和轨道。它在审美理想方面更显示出艺术转向主体内心的特征，更具有世俗化的内涵。在美的形态多样化上，它甚或超过了盛唐。

杜牧说："至于贞元末，风流恣绮靡。"③社会风气影响美学风气，影响美学形态和格调，于是元白艳情诗应运而生。白居易《杨柳枝二十韵》写道："身轻委回雪，罗薄透凝脂。"元稹《杂忆》（其五）："忆得双文衫子薄，钿头云映褪红酥。"《襄阳为卢窦纪事》："依稀似觉双鬟动，潜被

---

① 李商隐：《楚宫二首》。
② 元稹：《叙诗寄乐天书》。
③ 杜牧：《感怀》。

萧郎卸玉钗。"还有《会真诗》等，形成了一种感官刺激力。这显然是对正统诗美学的偏离。到几百年后的清代，王夫之在《夕堂永日绪论》内篇中声色俱厉地讨伐道："迨元白起，而后将身化作妖冶女子，备述衾裯中丑态；杜牧之恶其蛊人心，败风俗，欲施以典刑，非已甚也。"从元白艳情诗可以看出中唐美学方向在非正统化上的改变。

中唐的社会风气进一步促进了唐代美学的世俗化和审美面貌俗丽化的进程。它使得审美主体走进官能感受的世界，捕捉情感的色彩；它也诱惑审美主体走进珠帘绣幕、闺房深阁之中，从而走向感性化和色彩化。

中唐的士大夫知识分子似乎更会生活，更懂得物质和精神的享受，人格充满矛盾与不和谐，如白居易，如韩愈。这种新形成的美学风习在审美内涵上促进了"词"这一新的文学审美样式的产生。

《五灯会元》卷一认为，唐之雕塑家"善塑性，不善佛性"，正是世俗情绪孵化所致。世俗情味浓郁的人物画取代了宗教画，张萱、周昉的仕女画所呈示出来的是丰腴的体肤，是疏慵的甚或无所事事的生活：游春、烹茶、簪花、扑蝶……体现了中唐社会弥散着的情调、趣味和习尚。词的审美内容可以在这里寻溯到它的源头。中唐士子的心理似乎较为脆弱，略带一种忧郁感，如白居易、元稹、李贺，这种心理结构是从富于忧郁感的杜甫那里继承下来的，与李白无缘。这种心理为词的感伤心理做了过渡。可以说，正是中唐塑造了后期中国美学的心理结构。

在美学思潮演变中，考察和评估人物，给以恰当的定位，例如对皎然美学思想的评价。在盛中唐之交，复古已成思潮的情况下，皎然强调"变""创"，就显示出了美学史观的进步性。

在对美学思潮肯定与否定的梳理中，描述美学思想之具体表现情景。晚唐出现了肯定与否定元白诗歌的美学思潮。杜牧《唐故平卢军节度巡官陇西李府君墓志铭》引李戡言，实际上表达了杜牧对元白的否定态度："尝痛自元和以来有元白诗者，纤艳不逞，非庄士雅人，多为其所破坏。流于民间，疏于屏壁，子父女母，交口教授，淫言媟语，冬寒夏热，入人肌骨，不可除去。吾无位，不得用法以治之。"而肯定者皮日休，在《白太傅》中写道："吾爱白乐天，逸才生自然。谁谓辞翰器，乃是经纶贤。欻从浮艳诗，作得典诰篇。立身百行足，为文六艺全。"他为元白艳情诗辩解道："余尝谓文章之难，在发源之难也。元白之心，本乎立教，乃寓意于乐府雍容宛转之词，谓之'讽谕'，谓之'闲适'。既持是取大名，时士翕然从之，师其词，失其旨，凡言之浮靡艳丽者，谓之元白体。二子规规攘臂解辩，而习俗既深，牢不可破。非二子之心也，所以发源者非也。可不戒哉！"对元白诗两种不同的审美态度，反映晚唐的两种美学思想。例如司空图讽刺白居易、元稹诗风像款爷、大商贾，虽然财力雄厚，但气韵浅弱，这正是植根于司空图提倡"韵外之致""味外之旨"的审美理想。他崇尚王、韦，《与李生论诗书》认为他们"澄淡精致，格在其中"，"趣味澄夐，若清沇之贯达"，也正是基于其审美理想。而皮日休又正是从他致用型的美学思想出发，去称扬白居易的。在肯定与否定的背后是美学家们各自的审美理想，然而这些审美理想又代表了不同的美学倾向。

胡应麟《诗薮》说："盛唐句如'海日生残夜，江春入旧年'，中唐句如'风兼残雪起，河带断冰流'，晚唐句如'鸡声茅店月，人迹板桥霜'，皆形容景物，妙绝千古，而盛、中、晚界限斩然。故知文章关气运，非人力。"胡应麟列举的诗句准确而形象地概括了不同时期唐诗美学之特征。他所说的"非人力"见解是杰出的。他所说的"气运"，如果进行历史学的阐解，应该是指社会、历史、文化等因素，它形成一种综合力量，促进社会、历史阶段性发展，也促成美学史的阶段性发展。

六朝分裂，隋祚短暂，至唐形成大一统，其历史图像相类于七国割据，秦命浅薄，至汉形成大一统。唐的统治者得天下后，对于前代的覆亡，表现出极敏锐和深刻的警惕心理。"以史为鉴"成为唐初上层社会的最大政治主题。这就促使他们做出重大的或者根本性的政策调整和社会集团的利益调整。社会关系调整后所形成的松动，极有利于生产力的发展、经济的复苏与发展、社会的和谐与稳定。于是相继出现史所难遇的"贞观之治"和"开元盛世"。《新唐书·食货志》载，开元年间"海内富实，米斗之价钱十三，青、齐间斗才三钱。绢一匹，钱二百。道路列肆，具酒食以待行人。店有驿驴，行千里不持尺兵"。经历过开元盛世的杜甫在《忆昔》中描述道："稻米流脂粟米白，公私仓廪皆丰实。"商品经济的发展促进了都市繁荣，新的社会、文化心理被孕育出来，改变人们的生活方式、价值观念、审美心理。唐人不大重人品，宋之问谄媚张易之，以土囊压死外甥刘希夷；韩愈人品也多有可议之处，但他们曾经都十分风光。

东晋士族王、谢，经齐、梁而式微，北朝门阀崔、卢，在隋代被平抑。

武则天出身庶族，执政后对关陇大族、士族、门阀制度加以裁抑。她一方面以残酷严厉的政治手段摧毁关陇大族，"先诛唐宗室贵戚数百人，次及大臣数百家，其刺史、郎将以下，不可胜数"[①]。另一方面则大开科举，打破士庶之分，给庶族知识分子以机会和均等的权利。庶族的兴起无疑给武周统治提供了政权的社会基础。而科举成功后优渥的待遇，立刻可以改变一切的诱惑，对庶族知识分子又无疑富于磁力作用。王建《送薛蔓应举》说："一士登甲科，九族光彩新。"李频《长安感怀》说："一第知何日，全家待此身。"一旦及第，便是"春风得意马蹄疾，一日看尽长安花"[②]，便是仆马豪华、宴游风流，便是曲江、杏园的风光。《唐摭言》曾经描述曲江进士游宴的情景："曲江亭子，安史未乱前，诸司皆列于岸浒；幸蜀之后，皆烬于兵火矣，所存者唯尚书省亭子而已。进士关宴，常寄其间。既彻馔，则移乐泛舟，率为常例。宴前数日，行市骈阗于江头。其日，公卿家倾城纵观于此，有若中东床之选者，十八九钿车珠鞍，栉比而至。""长安游手之民，自相鸠集，目之为'进士团'。初则至寡，泊大中、咸通以来，人数颇众。其有何士参者为之酋帅，尤善主张筵宴。凡今年才过关宴，士参已备来年宴游之费，由是四海之内，水陆之珍，靡不必备……时或拟作乐，则为之移日……曲江之宴，行之罗列，长安几于半空。公卿家率以其日拣选东床，车马填塞，莫可殚述。"至于杏园宴，刘沧《及第后宴曲江》描述道："及第新春选胜游，杏园初宴曲江头。紫毫粉壁题仙籍，柳色箫声拂御楼。霁景露光明远岸，晚空山翠坠芳洲。归时不省花间醉，绮陌香车似水流。"这便大张豪奢之风，形成了士子们裘马轻狂的生活方式。跟随而来的节目便是狎妓，平康坊是其去处。陈寅恪《元白诗笺证稿·读〈崔莺莺传〉》写道："故真字即与仙字同义，而'会真'即遇仙或游仙之谓也。又六朝人已侈谈仙女杜兰香萼绿华之世缘，流传至于唐代，仙（女性）之一名，遂多用作妖艳妇人，或风流放诞之女道士之代称，亦竟有以目倡伎者。其例证不遑悉举，即就《全唐诗》卷一八所收施肩吾诗言之，如《及第后夜访月仙子》云：自喜寻幽夜，新当及第年。还将天上桂，来访月中仙。及《赠仙子》云：欲令雪貌带红芳，更取金瓶泻玉浆。凤管鹤声来未足，懒眠秋月忆萧郎。即是一例。而唐代进士贡举与倡伎之密切关系，观孙棨《北里

---

① 司马光：《资治通鉴》卷二〇五。
② 孟郊：《登科后》。

志》及韩偓《香奁集》之类，又可证知。"《全唐诗》卷四七三孟简《咏欧阳行周事》自序云："初抵太原，居大将军宴，席上有妓，北方之尤者，屡目于生，生感悦之，留赏累月，以为燕婉之乐，尽在是矣。既而南辕，妓请同行，生曰：'十目所视，不可不畏。'辞焉，请待至都而来迎，许之，乃去。生竟以蹇连不克如约，过期，命甲遣乘，密往迎妓。妓因积望成疾，不可为也，生死之夕，剪其云髻，谓侍儿曰：'所欢应访我，当以髻为贶。'甲至，得之，以乘空归，授髻于生。生为之恸怨，涉旬而生亦殁。"这是作为真实故事记录的。唐传奇中《李娃传》等写进士与妓女生活经历的，正是唐代进士狎妓之风的反映。于是，唐代诗人们总是以倜傥风流的身姿出现。杜牧《遣怀》写道："十年一觉扬州梦，赢得青楼薄倖名。"自由化的浪漫生活形成了他们不受拘束的自由性心态。杜牧们就是在出入青楼的生活中，形成了"十载飘然绳检外"①的放浪心态。这当然就影响了唐人的审美方式和审美心态。晚唐诗心的俗丽，进而转化为艳丽的词心，与此不无关系。

于内的科举取士，于外的开边戍疆，给唐人以建功立业的理想召唤，激发了他们的热情和信心。唐诗中辉扬的理想主义精神，超级大国心态，异域边陲风光，特定的风物情调，打开了审美的重要扇面。这跟唐人隐逸山林的文化意识相辅相成，共同形成了唐人文化心理结构。唐人隐逸的生活方式，如王维、孟浩然等人所为，更富于文化意味和审美意味，不同于南北朝的假隐或以隐企待东山再起的模式。唐人之隐构成了文化行为和审美行为的重要内容，成为高品位的唐人文化、审美心理的存在形式。

构成唐人生活的另一重要内容是漫游。李白《上安州裴长史书》说自己年轻时便"仗剑去国，辞亲远游，南穷苍梧，东涉溟海"；杜甫《壮游》描述了自己"快意八九年"的漫游经历。漫游使得唐人以六朝人所未有的文化视野和审美视野观照自然和社会的诸多现象。仗剑独行，出入于山林草莽之间，是怎样的一幅形象图啊！其行为方式又分明透现出一股侠气。李白《行行且游猎篇》说："儒生不及游侠人，白首下帷复何益。"李杜诗篇都对那种仗义行侠、白刀子进红刀子出的行为做了颇为欣赏的描述。李白《白马篇》写道："酒后竞风采，三杯弄宝刀。杀人如剪草，剧孟同游遨。"杜甫《遣怀》写道："白刃仇不义，黄金倾有无。杀人红尘里，报答在斯须。"

---

① 杜牧：《念昔游》。

其心理和行为都是地道的侠士。侠气增添了唐人的野气，富于英雄气概和峥嵘个性，产生了独往独来的天马行空精神。他们作为侠士玩世不恭的态度影响着其对待社会的态度。在唐人传奇中，侠士成了审美对象。侠士精神在范畴上属于市民文化精神，这样也就推进了其向市民心理的发展。

另一方面，唐士人又颇有儒雅之气，文化素养很高。唐以诗取士促进了诗的发展。他们从小受到很好的文化教育，李白《上安州裴长史书》说："五岁诵六甲，十岁观百家。"杜甫《壮游》写道："往昔十四五，出游翰墨场。斯文崔魏徒，以我似班扬。七龄思即壮，开口咏凤凰。九龄书大字，有作成一囊。"他们读书勤奋刻苦，终致学识丰富。韩愈《进学解》说自己"口不绝吟于六艺之文，手不停披于百家之编"，"焚膏油以继晷，恒兀兀以穷年"，达到"闳其中而肆其外"的境界。读白居易诗文，会强烈地感受到他知识面极宽，素养极深，琴、棋、书、画、诗、酒、花、园，无所不通，无所不精。他是中国士子精神最早成熟的一个。这是用文化—美学的宏观视域观照他。陶渊明是一种士子形态，白居易则建立了另一种士子形态。

唐士人有着丰富的人生游历，这为形成他们的文化、审美心理结构奠定了实际基础。如杜甫波澜跌宕的一生使得他有着常人所罕有的经历，他的诗有着别人所未备的深沉而带悲怆意味的人生况味，他的歌声总是那么苍凉而喑哑。他把诸多人生经验凝结为诗，遂成为这方面的百科全书，产生了"浑涵汪茫，千汇万状"[①]的美。杜甫对于生活中的众多现象了解得何其广，体验得何其深！许多人生现象在他诗中都能得到解释，人生经验在他的诗中都能得到说明。他对于社会、人生的或深切了解，或亲切体味超过了唐代任何一位诗人、作家、艺术家。对杜诗，不能仅限于做"诗史"解读，而要从更深广的人生经验上去了解，这样才能真正了解杜甫。他是一位其他唐人所未备的世俗心理体验专家。

唐人的心理特征产生出唐代美学史的诸多现象。例如：唐人脑筋灵、思维活，其思潮变化迅速多变。思潮变化体现于各美学门类，如诗歌、服饰、书法、美术等。唐人感性意识强，理性思辨则稍弱，前不如六朝深刻的思辨，后逊色于宋人理学。唐人是诗人，宋人是学者；唐人重感性，宋人富知性。唐代诗美获得巨大成功的心理原因在于此。唐人最具有审美创造的

[①] 欧阳修、宋祁：《新唐书·杜甫传》。

首要素质——敏感。如白居易《钱塘湖春行》所写;如杨巨源《城东早春》云:"诗家清景在新春,绿柳才黄半未匀。若待上林花似锦,出门俱是看花人。"唐人气度大,善于集大成,如诗美学之杜甫。唐人好胜,不保守,超越意识较强。中唐诗人没有在"诸体俱备"的盛唐高峰前俯首低头,而是另辟疆土,创造了新的诗美——不同于盛唐诗美,亦相异于传统诗美。初唐承隋之书风,颇有碑味,瘦硬刻削,欧风大盛,似乎难以为继。然而颜真卿出,大将风采,大刀阔斧,自创丰腴一体,取欧而代之,又立一高峰,似乎又难以超越。但柳公权出,既别于欧法之瘦,又异乎颜书之丰,另立一家,结构工整中不乏腾挪跌宕,章法疏朗中存有严密法度。这种心理特征形成了唐人的创造性。不断翻新,不断超越,形成了美的多态化和创造性。

审美心理结构外化为唐代美学的风貌,而在审美心理结构沉淀、转换的过程中便出现了唐代美学的演进图像。

唐人的心理、思维形成有着深刻的思想背景。唐形成大一统的疆域局面,但在思想领域却没有形成大一统,没有任何一家被定于一尊。这跟唐代充分开放的社会状态有很大关系。唐代思想界,存在多元格局。如前所论,唐代虽然创造了不可企及的诗美和艺术美,但唐人的理性抽象思维,包括美学远欠精深缜密。唐人感性超过了理性,感性覆盖了理性,这是其心理结构的特征。在思想的精纯度上亦不及宋人。即使滔滔不休之韩愈,其思想在宋儒看来,也并不那么地道。这是唐人的思维基因。

儒家思想在唐代铸合为博大的仁爱精神,其代表是杜甫,其精神内核是民胞物与、拯物济世。韩愈的贡献是明道,恢复儒学的真正传统和体系。杜甫以心灵、精神对待社会的态度构成其儒学实践方式,是心理、精神的最终体现和实现。韩愈面向中唐以来的社会现象,企望通过恢复儒学来实现社会的变革,其群体色彩很浓。儒学振兴在文学、美学上的直接成果是两大运动:新乐府运动、古文运动。这是对"诗"以来儒学美学精神的弘扬。

道家与道教,两者有联系但有区别,前者属思想范畴,后者属宗教范畴。道家"法自然",其思想对于唐代美学的影响是使其形成了一种以自然本体为内涵的审美理想,这便是李白所说的"清水出芙蓉,天然去雕饰"[①]。王、孟、韦、柳诗派就是这一美学思想直接哺育之结果,纯美学思

---

① 李白:《经乱离后天恩流夜郎忆旧游书怀赠江夏韦太守良宰》。

想的代表——司空图的美学思想也源于此。

道教把李耳尊奉为祖师,而唐的统治者恰好也姓李,于是唐对道教倍加青睐。唐道教与政治联姻,遂在唐之政治兴衰史上总是闪动着道教的身影。唐高宗尊奉李耳为"太上玄元皇帝"。《资治通鉴》曾载唐玄宗的一段神秘话语:"朕比以甲子日,于宫中为坛,为百姓祈福,朕自草黄素置案上,俄飞升天。闻空中语云:'圣寿延长。'又,朕于嵩山炼药成,亦置坛上,及夜,左右欲收之,又闻空中语云:'药未须收,此自守护。'达曙乃收之。"唐两京和众多城市均建有玄元皇帝庙。杜甫《冬日洛城北谒玄元皇帝庙》写:"山河扶绣户,日月近雕梁",何等壮丽!长安玄都观桃花如云,刘禹锡《元和十年自朗州承诏至京戏赠看花诸君子》诗写道:"玄都观里桃千树。"唐代士大夫层中,李白笃信道教,《冬夜于随州紫阳先生餐霞楼送烟子元演隐仙城山序》说:"吾与霞子元丹、烟子元演,气激道合,结神仙交,殊身同心,誓老云海,不可夺也,历行天下,周求名山。"他还正式登坛受箓入道。王昌龄在嵩山"稽首求丹经"[①],"拜受长年药"[②],企求生命之永恒。李颀对道教也十分笃信,原因是期望长寿。王维《赠李颀》曾写道:"闻君饵丹砂,甚有好颜色。不知从今去,几时生羽翼。"王建《赠王屋道士赴诏》云:"法成不怕刀枪利,体实常欺石榻寒。能断世间腥血味,长生只要一丸丹。"可以看出,唐代士大夫们崇尚道教旨在延续自己的自然生命。道教向文学美学和整个美学提供了一个别样的宗教世界。这个世界斑斓多姿,如李白《游泰山》写曰:"玉女四五人,飘飘下九垓。含笑引素手,遗我流霞杯。"《古风》(其四十一):"朝弄紫泥海,夕披丹霞裳。挥手折若木,拂此西日光。"对道教的信奉使审美主体出现超现实的愿望。李白《焦山杳望松寥山》云:"安得五彩虹,架天作长桥。仙人如爱我,举手来相招。"《下途归石门旧居》说:"余尝学道穷冥筌,梦中往往游仙山。"就心理学而言,它开扩了人的心理空间。道教所描述的世界是想象的世界,它反转过来又调动了主体的想象力,这是它在心理学、审美学上的作用。李白《元丹丘歌》写道:"朝饮颍川之清流,暮还嵩岑之紫烟,三十六峰长周旋。长周旋,蹑星虹,身骑飞龙耳生风,横河跨海与天通,我知尔游乐无穷。"李商隐《玉山》写道:"玉山高与阆风齐,玉水清流不贮泥。何

---

① 王昌龄:《就道士问周易参同契》。
② 王昌龄:《谒焦炼师》。

处更求回日驭,此中兼有上天梯。珠容百斛龙休睡,桐拂千寻凤要栖。闻道神仙有才子,赤箫吹罢好相携。"道教虽属宗教,但其本身的特点对于美学甚有作用。它色彩斑斓,它想象丰富,特别能调动主体的想象力,这正是审美所需要的,也正是它被审美接受和汲取的原因。

佛教东渐,至唐大成。玄奘西行取经、译经成为中国佛教史上的盛事。有唐一代除唐武宗外,其余均崇佛、佞佛,这是唐代煽扬佛教的根本原因。唐武宗于会昌年间毁佛,与北魏太武帝、北周武帝、五代周世宗并称为中国佛教史上著名的"三武一宗"法难。《资治通鉴》卷二四八载曰:"秋七月……敕上都、东都两街各留二寺,每寺留僧三十人;天下节度、观察使治所及同、华、商、汝州各留一寺,分为三等:上等留僧二十人,中等留十人,下等五人。余僧及尼并大秦穆护、祆僧皆勒归俗。寺非应留者,立期令所在毁撤,仍遣御史分道督之。财货田产并没官,寺材以葺公廨驿舍,铜像、钟磬以铸钱。"会昌二年至五年(842—845),共拆庙四千六百所,僧尼还俗二十六万人,遣返奴婢十五万人。武宗暴亡,宣宗即位即着手复兴佛教。武宗毁佛只是一个短暂的过程和插曲。从《旧唐书·王缙传》的一段记载可以看出唐代帝王佞佛的情况:"初,代宗喜祠祀,未甚重佛,而元载、杜鸿渐与缙等喜饭僧徒。代宗尝问以福业报应事,载等因而启奏,代宗由是奉之过当,尝令僧百余人于宫中陈设佛像,经行念诵,诵之内道场。其饮膳之厚,穷极珍异,出入乘厩马,度支具廪给。每西蕃入寇,必令群僧讲诵《仁王经》,以攘虏寇。苟幸其退,则横加锡赐。胡僧不空官至卿监封国公,通籍禁中,势移公卿,争权擅威,日相凌夺。凡京畿之丰田美利多归于寺观,吏不能制。僧之徒侣,虽有赃奸畜乱,败戮相继,而代宗信心不易,乃诏天下官吏,不得箠曳僧尼。又见缙等施财立寺,穷极瑰丽,每对扬启沃,必以业果为证。以为国家庆祚灵长,皆福报所资,业力已定,虽小有患难,不足道也。故禄山、思明毒乱方炽而皆有子祸,仆固怀恩将乱而死;西戎犯阙,未击而退。此皆非人事之明征也。帝信之愈甚。公卿大臣既持以业报,则人事弃而不修。故大历刑政,日以凌迟有由然也。五台山有金阁寺,铸铜为瓦,涂金于上,照耀山谷,计钱巨亿万,缙为宰相,给中书符牒,令台山僧数十人,分行郡县,聚徒讲说,以求贷利。代宗七月望日,于内道场造盂兰盆,饰以金翠,所费百万。又设高祖已下七圣神座,备幡节龙伞衣裳之制,各书尊号于幡上以识之。舁出内陈于寺观,是日排仪仗,百僚序立,于光顺门以俟之。幡花鼓舞，迎呼道路，岁以为常。而识者嗤其不典其伤教之源，始于缙也。李氏初为左丞韦济妻，济卒奔缙，缙嬖之，冒称为妻，实妾也。又纵弟妹、女尼等广纳财贿，贪猥之迹，如市贾焉。"这可以说是整个唐代佞佛情景及劣迹的缩影。

五代佛教亦颇盛行。史学家陈垣在《明季滇黔考》中说："五季乱而五宗盛。"禅宗自六祖慧能后分为青原行思、南岳怀让两派，后南岳分为临济、沩仰二派，青原分为曹洞、法眼、云门三派，合称"五宗"。五代出现了著名的反佛人物：后周世宗。《资治通鉴》卷二九二载其言，曰："卿辈勿以毁佛为疑。夫佛以善道化人，苟志于善，斯奉佛矣。彼铜像岂所谓佛邪？且吾闻佛在利人，虽头目犹舍以布施。若朕身可以济民，亦非所惜也！"他的这番话得到司马光的高度赞赏："若周世宗可谓仁矣，不爱其身而爱民；若周世宗可谓明矣，不以无益废有益。"

在士大夫与佛教的关系中，反佛最有名的是韩愈，写有著名的《论佛骨表》。清代赵翼说："《谏佛骨》一表，尤见生平定力。"[①]梁章钜说："唐时佛教盛行，不得韩公大声疾呼，再过几年，竟将等于正教矣。韩公胆气最大，当时老子是朝廷祖宗，和尚是国师，韩公一无顾忌，唾骂无所不至，其气竟压得他下。"[②]《旧唐书·韩愈传》载："凤翔法门寺有护国真身塔，塔内有释迦文佛指骨一节，其书本传法，三十年一开，开则岁丰人泰。十四年正月，上令中使杜英奇押宫人三十人，持香花，赴临皋驿迎佛骨。自光顺门入大内，留禁中三日，乃送诸寺。王公士庶，奔走舍施，惟恐在后。百姓有废业破产、烧顶灼臂而求供养者。"韩愈作《论佛骨表》："佛本夷狄之人，与中国言语不通，衣服殊制，口不言先王之法言，身不服先王之法服，不知君臣之义，父子之情。"他认为此枚佛骨是"朽秽之物"，要求把"此骨付之有司，投诸水火，永绝根本，断天下之疑，绝后代之惑"。这使得"宪宗怒甚。间一日，出疏以示宰臣，将加极法"，幸得群臣疏救，才得以贬为潮州刺史。韩愈是以儒学观点排佛的，他的《原道》认为，佛教"弃而君臣，去而父子，禁而相生相养之道，以求其所谓清净寂灭者"，"今也举夷狄之法，而加之先王之教之上，几何其不胥而为夷也"。从这就可以看出韩愈道统观和夷夏分别论了。唐代辟佛、反佛的还有傅奕、

---

① 赵翼：《瓯北诗话》。
② 梁章钜：《退庵随笔》。

吕才、姚崇、李翱、杜牧等人。杜牧《杭州新造南亭子记》思想之尖锐，堪与韩愈《论佛骨表》相比并。

但唐代士大夫跟佛教之间关系又甚密切，柳宗元《送文畅上人登五台遂游河朔序》说："昔之桑门上首，好与贤士大夫游。"就拿韩愈来说，一方面反佛，一方面则与僧徒往来。《送浮屠令纵西游序》写道："其行异，其情同，君子与其进，可也。令纵，释氏之秀者，又善为文，浮游徜徉，迹接天下。藩维大臣，文武豪士，令纵未始不褰衣而负业，往造其门下。其有尊行美德，建树功业，令纵从而为之歌颂，典而不谀，丽而不淫，其有中古之遗风欤！乘间致密，促席接膝，讥评文章，商较人士，浩浩乎不穷，愔愔乎深而有归。于是乎吾忘令纵之为释氏之子也。其来也云凝，其去也风休，方欢而已，辞虽异而不求，吾于令纵不知其不可也。"

佛教对士大夫知识分子的精神、意识、观念产生了重大影响。"不堪匡圣主，只合事空王。"①出处之间的选择是儒释之间的选择。佛教改变并铸造着他们的精神世界。《唐国史补》卷下说："韦应物立性高洁，鲜食寡欲，所居焚香扫地而坐。"他所写的诗就透现出佛味禅意。《天长寺上方别子西有道》："高旷出尘表，逍遥涤心神。"《沣上精舍答赵氏外生伉》："远迹出尘表，寓身双树林。"《庄严精舍游集》："既此尘境远，忽闻幽鸟殊。"《再游西山》："况将尘埃外，襟抱从此舒。"《秋景诣琅琊精舍》："屡访尘外迹，未穷幽赏情。"《神静师院》："方耽静中趣，自与尘事违。"《同元锡题琅玡寺》："情虚澹泊生，境寂尘妄灭。"佛教对人的影响是改造和塑造了心理结构，又使人用这种心理来观照外在对象。张说《山夜闻钟》："夜卧闻夜钟，夜静山更响。霜风吹寒月，窈窕虚中上。前声既春容，后声复晃荡。听之如可见，寻之定无像。信知本际空，徒挂生灭想。"杜甫《江亭》："水流心不竞，云在意俱迟。"刘禹锡《蒙池》："风起不成文，月来同一色。"温庭筠《早秋山居》："山近觉寒早，草堂霜气晴。树凋窗有日，池满水无声。果落见猿过，叶干闻鹿行。素琴机虑息，空伴夜泉清。"

佛学与美学间有诸多相通之处。例如审美所需要的心境与释的禅定心理相仿佛，于是便被用来说明审美心理。权德舆《送灵澈上人庐山回归沃洲序》写道：

---

① 白居易：《郡斋暇日忆庐山草堂兼寄二林僧社三十韵多叙贬官以来出处之意》。

昔庐山远公、钟山约公，皆以文章广心地，用赞后学，俾学者乘理以诣，因言而悟，得非元津之一派乎！吴兴长老昼公，撷六义之清英，首冠方外。入其室者，有沃洲灵澈上人。上人心冥空无，而迹寄文字，故语甚夷易，如不出常境，而诸生思虑终不可至。其变也，如松风相韵，冰玉相叩，层峰千仞，下有金碧，耸鄙夫之目，初不敢视，三复则淡然天和，晦于其中。故睹其容览其词者，知其心不待境静而静。况会稽山水，自古绝胜，东晋逸民，多遗身世于此。夏五月，上人自炉峰言旋，复于是邦。予知夫拂方袍，坐轻舟，溯沿镜中，静得佳句，然后深入空寂，万虑洗然，则向之境物，又其秭稗也。鄙人方景慕企尚之不暇，焉敢以离群为叹！

唐代美学的重要范畴——境界，就采自佛学。刘禹锡《秋日过鸿举法师寺院便送归江陵并引》："梵言沙门，犹华言去欲也。能离欲则方寸地虚，虚而万景入。入必有所泄，乃形乎词。词妙而深者，必依于声律。故自近古而降，释子以诗名闻于世者相踵焉。因定而得境，故倏然以清；由慧而遣词，故粹然以丽。信禅林之花萼，而戒河之珠玑耳。"

在唐代，佛学对美学的影响是多面的。唐代诞生了变文，这是佛教对中国通俗小说影响的中介。变文唱白并用，骈散相合。由于有听众、接受对象，便反转来促使讲经人发挥主体功能，既利用佛教故事想象丰富、瑰丽多姿的特点，又加以开扩，增加内容，展开想象，铺排衍化，广设比喻；既增加了涵量，又加强了吸引。这种开扩、加工的过程实际上已添加了审美的因子。韩愈《华山女》描述了唐代俗讲的盛况："街东街西讲佛经，撞钟吹螺闹宫庭。广张罪福资诱胁，听众狎恰排浮萍。黄衣道士亦讲说，座下寥落如明星。华山女儿家奉道，欲驱异教归仙灵。洗妆拭面著冠帔，白咽红颊长眉青。遂来升座演真诀，观门不许人开扃。不知谁人暗相报，訇然振动如雷霆。扫除众寺人迹绝，骅骝塞路连辎軿。观中人满坐观外，后至无地无由听。"唐代段安节的《乐府杂录》指出："长庆中，俗讲僧文溆善吟经，其声宛畅，感动里人。"俗讲亦有感染力。

唐代佛教艺术把佛学与美学、外来艺术与本土艺术融为一体，形成富于时代审美特征的艺术。唐代的土结构寺院佛殿的屋顶有鸱吻的装饰，形成面对面的对称结构，斗拱十分精巧而又千奇百态，柱础用莲瓣纹，藻井花团锦簇，雕刻精工，彩画精美，殿外有其他建筑物相护辅，富于层次感、节奏感和完整性。现存的建于唐宣宗大中十一年（857），位于山西五台山西麓的佛光寺大殿，就是如此。在佛塔建筑上，西安市的大雁塔、玄奘舍利塔，采用楼阁式，以砖石仿木结构，制作至为精细，工艺美学水平极高。大雁塔渐次向上趋小的结构，仿佛直刺苍穹，各层级之间疏朗明快，富于节奏美感。其通体审美品格既有异域情调，又有本土的审美意韵。佛教雕塑美学史的黄金时期在唐，有高宗、武后期所开凿的龙门奉先寺石窟像群，它已改六朝风味，形成唐人气象。玄宗时更有宽装高髻之佛像出现，通体体现盛唐美学精神。《历代名画记》对长安敬爱寺的雕塑做了如下评述："敬爱寺，佛殿内菩提树下弥勒菩萨塑像，麟德二年自内出，王玄策取到西域所图《弥勒像》为样，巧儿、张寿、宋朝塑，王玄策指挥，李金贴金。东间弥勒像，张智藏塑，即张寿之弟也，陈永承成。西间弥勒像，窦弘果塑。以上三处像光及化生等并是刘爽刻。殿中门西神，窦弘果塑。殿中门东神，赵云质塑，今谓之圣神也。此一殿功德，并妙选巧工，各骋奇思，庄严华丽，天下共推。"唐代敦煌的佛彩塑，登峰造极。唐代佛壁画斑斓焕彩，珍奇古怪。《酉阳杂俎》续集《寺塔记》写道："禅院门内外，《游目记》云王韶应画。门西里面，和修吉龙王有灵。门内之西，火目药叉及北方天王甚奇猛。门东里面贤门也，野叉部落，鬼首上蟠蛇，汗烟可惧。东廊树石险怪，高僧亦怪。西廊万寿菩萨。院门里南壁，皇甫轸画鬼神及雕，形势若脱。"

佛教对唐代文学美学的重要影响是产生了一批禅意盎然的诗歌。刘长卿《寻南溪常道士》：

一路经行处，莓苔见履痕。白云依静渚，芳草闭闲门。过雨看松色，随山到水源。溪花与禅意，相对亦忘言。

禅宗对唐代美学的最大影响在思维方式上。其禅定的修炼方式给审美心理意识进程的一个重要启示是"顿悟"的产生。这是禅宗修炼向审美观照转化的新定格。它跟儒家高悬理想主义，辗转生发着人格价值意识和社会意识不同，也跟道家归返自然的追寻有区别。它重悟性，瞬时领会达于深刻。禅花遍地，禅影闪烁，唐代美学精神受到了它的滋养和润泽。

作为哲学文化范畴的儒、释、道三家，在唐代又是交融互补的。在整个时代是如此，在某一审美个体身上也是如此。李白有儒家思想，他在《代寿山答孟少府移文书》中说："达则兼济天下，穷则独善一身。"表现为儒家的功名观和出处观。可是他在《答湖州迦叶司马问白是何人》中又自言："青莲居士谪仙人，酒肆藏名三十春。湖州司马何须问？金粟如来是后身。"却是亦道亦释。

如前所论，唐代基本上不是一个思辨的时代，如果从思维机制和方式上来看，唐人想象力强，悟性高，思辨性较弱。初唐和盛唐基本无思辨成果，到中唐刘禹锡那里才算是有了收获。唐人对儒、庄、禅的态度基本上是将其作为人生态度、人格标准，甚或审美理想来接受。这种接受有时又有点随意性。李白一方面接受并表达儒家的用世观，表现得颇为执着；另一方面又高叫"我本楚狂人，凤歌笑孔丘"。在某一阶段，或某一个体在某一时期对于三家思想的接受比例不尽一致。由于唐人对于儒、庄、禅的接受是用于人格形象塑造，因此不同时期、不同比例的思想、精神所塑造出的形象也就不同。盛唐于儒中掺侠，便在大度气象中有着挥斥自如、脱略不群的气质。总之，儒、庄、禅三家合一，最终铸造了唐人的心理结构。

中外文化交流于唐代达到高潮，陆上丝绸之路臻于鼎盛，充分体现了唐人开阔的心胸和良好的心态。这样的交流一方面吸受了异域文化，另一方面又传播了汉文化。汉习胡之器，胡尚汉之道，形成双向性交流进而交融的机制。日本奉扬唐风，出现汉化倾向。整个中国胡曲高扬，胡舞旋转，胡服翩翩，改变了中原文化的结构。王维写有《送秘书晁监还日本国》："积水不可极，安知沧海东。九州何处远，万里若乘空。向国惟看日，归帆但信风。鳌身映天黑，鱼眼射波红。乡树扶桑外，主人孤岛中。别离方异域，音信若为通。"这位"晁监"（晁衡，日本名阿倍仲麻吕）随同日本第十一次遣唐使团返回日本，途遇大风，传言溺亡，李白闻之不禁悲从中来，写下《哭晁卿衡》："日本晁卿辞帝都，征帆一片绕蓬壶。明月不归沉碧海，白云愁色满苍梧。"宗教交流是唐代中外文化交流的重要内容，有鉴真东渡日本，有玄奘取经西域。其意义不限于宗教，更在整个文化上。它极大地开阔了人们的视野，丰富了本土文化，极有助于文化、审美心理结构在世界文化、美学环境中海纳百川式的建构。

"一切"归于"一"，是审美心理结构；"一"再向"一切"释放、推衍，进而形成外化、流变，也是审美心理结构。其图像的展示便是美学史的框架、结构、体例，最终则归结为美学史的本体性体认：美学史是灵魂史、审美心理结构史。

第一编

隋代美学史

第一章　隋代美学史状貌

隋代周，灭后梁，进而准备灭陈，隋文帝杨坚说："我为百姓父母，岂可限一衣带水，不拯之乎！"①兵锋直指建康。陈后主却说："王气在此，齐兵三来，周师再来，无不摧败，彼何为者邪！"②以为长江天堑，固若金汤，尚偎依在张贵妃的怀中时，隋军已兵临城下，金陵王气黯然消失，陈后主和宠妃从藏身的胭脂井中被吊起，陈灭，隋彻底完成了统一事业。但是，唐武德元年（618），隋炀帝被巾带勒死，隋灭亡。从开皇元年（581）至此，隋代仅存在了三十七年。这确实是一个短命的王朝，二世而亡，但它却是一个充满激烈情绪的美学反思时期。

第一节　六朝美学史与隋代美学史

隋代是在灭陈后建立起来的，在巩固自身政权时当然会把刚刚取代的王朝作为不远之殷鉴。它对六朝美学的感性和俗丽持否定的态度。《陈书·帝纪总论》从陈后主叔宝亡国得出了这样一个结论："亡国之主，多有才艺。""才艺"当然是指审美素质。《隋书·音乐志》记陈后主"尤重声乐，遣宫女习北方箫鼓，谓之《代北》，酒酣则奏之。又于清乐中造《黄鹂留》及《玉树后庭花》《金钗两臂垂》等曲，与幸臣等制其歌词，绮艳相高，极于轻薄，男女唱和，其音甚哀"。这里所说的"哀"不是悲哀，而是

---

① 李延寿：《南史·陈本纪下》。
② 司马光：《资治通鉴》卷一七六。

指幽婉动人。对陈后主这样一个历史人物应做出何种评价,历史学家们自会有结论。然而就陈后主在文学、美学上的功过是非问题,却是我们可以细加分析的。《南史·陈本纪下》载其"荒于酒色,不恤政事","妇人美貌丽服、巧态以从者千余人",他美学趣味上的俗艳、轻薄,自应汰弃。但是他也有着不可抹杀的贡献,即推促了美学的感性发展,使得文学、舞蹈、音乐等文艺形式显得轻快、动听、幽丽。

整个南北朝时期,不仅南朝有陈叔宝这样的风流皇帝,而且北朝也是如此。北齐后主高纬"为《无愁曲》,音韵窈窕,极于哀思,使胡儿阉官之辈,齐唱和之,曲终乐阕,莫不殒涕"[1]。北周静帝"恣声乐"。因此,南北朝晚期充斥着一种感性主义的轻靡美学风调。

一个王朝的覆灭有多重社会、历史原因,而耦合的因素则是这批亡国之君又偏偏都恣情声乐,这样就往往会推导出亡国之君多因文艺的普遍性结论。命题的前提有合理性,但结论却是错误的。卢思道《北齐兴亡论》也曾指斥武成帝之"耆音"、后主之"淫声"。后代在总结前代教训时习惯性把矛头指向"文艺"。同时,后代对于所取代的前代王朝的过失往往怀着偏激的情绪和有失偏颇的态度,隋代就是如此。李谔《上隋高祖革文华书》代表了这一心态。崇尚远古教化,认为那时"五教六行,为训民之本;诗书礼易,为道义之门。故能家复孝慈,人知礼让"。但后来出现变化,世风渐衰,尤以六朝为盛。"降及后代,风教渐落。魏之三祖,更尚文词,忽君人之大道,好雕虫之小艺。下之从上,有同影响,竞骋文华,遂成风俗。江左齐梁,其弊弥甚。贵贱贤愚,唯务吟咏。遂复遗理存异,寻虚逐微,竞一韵之奇,争一字之巧。连篇累牍,不出月露之形;积案盈箱,唯是风云之状。世俗以此相高,朝廷据兹擢士。禄利之路既开,爱尚之情愈笃。于是闾里童昏,贵游总丱,未窥六甲,先制五言。至如羲皇舜禹之典,伊傅周孔之说,不复关心,何尝入耳!以傲诞为清虚,以缘情为勋绩,指儒素为古拙,用词赋为君子。故文笔日繁,其政日乱。良由弃大圣之轨模,构无用以为用也。捐本逐末,流遍华壤,递相师祖,久而愈扇。"李谔锋芒所及,首指齐梁,概及魏晋以还的所有文学现象。他对自曹魏始的文学、美学之状况做了淋漓尽致的否定性描述,尤为憎恨所弥散之社会风习。其中所指,遍于魏晋的思

---

[1] 魏徵:《隋书·音乐志》。

想、文学、美学成就，如魏晋玄学、陆机美学、六朝辞赋等。李氏之言所及范围既极广袤，时域又甚深远，它成为隋代对魏晋美学特别是六朝美学以憎恶态度加以否定、摒弃的代表性文字。李氏的出发点是总结六朝的历史教训，但他所选择的切入点却是文学、美学，这样，就带来了对整个文学、美学声誉和地位的极大影响，进而导致了对文学、美学的根本否定。

王通在《中说·事君》中对六朝文学、美学家做了具体分析并予以抨击："子谓文士之行可见。谢灵运小人哉，其文傲，君子则谨。沈休文小人哉，其文冶，君子则典。鲍照、江淹，古之狷者也，其文急以怨。吴筠、孔珪，古之狂者也，其文怪以怒。谢庄、王融，古之纤人也，其文碎。徐陵、庾信，古之夸人也，其文诞。或问孝绰兄弟，子曰：鄙人也，其文淫。或问湘东王兄弟，子曰：贪人也，其文繁。谢朓，浅人也，其文捷；江总，诡人也，其文虚。皆古之不利人也。子谓颜延之、王俭、任昉有君子之心焉，其文约以则。"这里的评判标准是文品即人品，将人的道德风貌、伦理观念与人的文学、美学风貌进行简单的线性联系。王通所欣赏的三人中，王俭"发言吐论，造次必于儒教"[①]，恪遵儒学标准；任昉"行可以厉风俗，义可以厚人伦"[②]，也仍然是以儒学为行为和内在规范的。所谓"其文约以则"，就是简朴无华，符合规范与准则，而所谓的规范与准则，就是以上述的儒学内容为内涵的。王通对谢灵运、沈约、鲍照、谢庄等人的文品和人品加以双重否定，并把文品风貌视为人品所致，他所否定和鄙弃的正是六朝艺术和文学审美所应具备的品格与性质。

总体而言，隋代思想家、美学家对六朝美学采取的是偏颇的愤激态度，矫枉过正，在方法上则是简单化的，因而无法对六朝美学做出正确的历史性评价。这样激烈地否定内容和方式，往往出现在改朝换代时期，成为中国历史和美学史上带有规律性的现象，如清代思想家、美学家对于晚明思想、美学的批判。隋代思想家、美学家对于六朝的批评、否定，在历时性的范畴内对初唐甚有影响。从这种愤激情绪和态度、方法中解脱出来，显示出公允、公道，则是从明代中叶以后才通过李东阳、李梦阳、屠隆，直至清代叶燮得以确定下来。在共时性的范畴内，这种对六朝文学、美学批判的态度影响了整个隋代的思想、美学方向，使其向政教方向急速滑坡，使文学、美学的功

---

① 李延寿：《南史·王俭传》。
② 李延寿：《南史·任昉传》。

能变得狭隘，遏止了美学的感性发展。如此严厉、苛责，把魏晋以来一些富于生命力的审美范畴如风骨、神思、缘情等都一概扫汰了，它不是促进了思想史和美学史的发展，而是阻遏。

第二节 "斫雕为朴"的审美强制

《隋书·文学传序》写道：

> 高祖（隋文帝）初统万机，每念斫雕为朴，发号施令，咸去浮华，然时俗词藻，犹多淫丽，故宪台执法，屡飞霜简。

李谔《上隋高祖革文华书》亦言道：

> 及大隋受命，圣道聿兴，屏黜轻浮，遏止华伪。

为此，采取了一系列的强制性行政措施。"开皇四年，普诏天下，公私文翰，并宜实录"，是年九月，"泗州刺史司马幼之文表华艳"，竟然被"付所司治罪"，可见手段之严厉。由此也产生了巨大的震慑效果："自是公卿大臣，咸知正路，莫不钻仰坟集，弃绝华绮。择先王之令典，行大道于兹世。"但是，在"外州远县，仍踵敝风，选吏举人，未遵典则。至有宗党称孝，乡曲归仁，学必典谟，交不苟合，则摈落私门，不加收齿；其学不稽古，逐俗随时，作轻薄之篇章，结朋党而求誉，则选充吏职，举选天朝"。这是因为"县令刺史，未行风教，犹挟私情，不存公道"。面对这种状况，李谔认为自己责无旁贷，"既忝宪司，职当纠察"，充当了文化纠察的角色，不惜采取行政法律措施，"请勒诸司，普加搜访"，一旦发现情况便"具状送台"。这是中国文化史、美学史上的罕见事例，仅仅为了纠正某种文风便不惜动用行政法律手段。由此也可以看出，隋代为了改变六朝以来的文学、美学风气采取了何等严厉、残酷的手段，当然这也为隋代"斫雕为朴"美学风格的实现铺平了道路。

这种美学风格首先在诗歌中反映出来。代表隋代诗风并进而具有转变齐梁诗风意义的，是边塞诗。六朝时鲍照开边塞诗之新风习，但其边塞诗并不是亲身经历的写照，而隋代的边塞诗则建立在坚实的战争生活基础之上。终隋一代，战争不息，有结束分裂走向统一的战争，有周边之战，特别是攻打高丽的三次战争，但均告失败。第一次高丽之战，"九军度辽，凡三十万五千，及还至辽东城，唯二千七百人"，"军资器械攻具，积如丘山，营垒帐幕，案堵不动，皆弃之而去"。第二、三次高丽之战，仍以失败告终。穷兵黩武造成的灾难性后果和凄惨景象给文学的审美活动提供了对象，使诗人的审美感受在战争生活中得到孕蓄和挥发。如同《周书·王褒庾信传论》所说的那样，"潜思于战争之间，挥翰于锋镝之下"。作为隋代重臣的杨素有抗击突厥的战功，据《隋书》其本传，开皇十八年（598），"突厥达头可汗犯塞，以素为灵州道行军总管，出塞讨之，赐物二千段，黄金百斤"。杨素在这场战争中，"悉除旧法"，结果大破突厥军，"达头被重创而遁，杀伤不可胜计，群虏号哭而去"。仁寿初年（601），又以杨素为"行军元帅，出云州击突厥，连破之。突厥退走，率骑追蹑，至夜而及之。将复战，恐贼越逸，令其骑稍后。于是亲将两骑，并降突厥二人，与虏并行，不之觉也。候其顿舍未定，趋后骑掩击，大破之"。这场战役之后，"突厥远遁，碛南无复虏庭"。作为杨素记室的陈子良曾在《赞德上越国公杨素》诗中描述了上述两次出征的情景："匈奴轶燕蓟，烽火照幽并。天子命薄伐，受脤事专征。七德播雄略，十万骋行兵。雁行蔽虏甸，鱼贯出长城。"以两次攻伐突厥的实感为基础，杨素本人写成《出塞二首》，诗中"漠南胡未空，汉将复临戎"的"汉将"指的是诗人自己，这便显示了诗的具体实感。该诗"其二"写道：

> 汉虏未和亲，忧国不忧身。握手河梁上，穷涯北海滨。据鞍独怀古，慷慨感良臣。历览岁旧迹，风日惨愁人。荒塞空千里，孤城绝四邻。树塞偏易古，草衰恒不春。交河明月夜，阴山苦雾辰。雁飞南入汉，水流西咽秦。风霜久行役，河朔备艰辛。薄暮边声起，空飞胡骑尘。

在汉虏之间未和亲的背景下，诗人不忧自身而以国事为忧。"汉虏未和亲"化用鲍照《拟古》"汉虏方未和"句，陈祚明《采菽堂古诗选》曾称赏鲍照此诗"如此使事，是以我运古者"，而杨素在其诗中亦是"以我运古"。"握手河梁上，穷涯北海滨"，则化用李陵《与苏武诗》"携手上河梁，游子暮何之"。"慷慨感良臣"本自汉乐府《战城南》："思子良臣，良臣诚可思。朝行出攻，暮不夜归。"尽管边塞风日惨愁，荒塞孤城，衰草苦雾，但诗人却效法古之良臣，慷慨赴战，显得气韵沉雄、气象阔大。

围绕杨素的《出塞二首》，则有薛道衡、虞世基各自的同题和诗两首。其中薛道衡的一首诗云：

> 边庭烽火惊，插羽夜征兵。少昊腾金气，文昌动将星。长驱鞮汗北，直指夫人城。绝漠三秋暮，穷阴万里生。寒夜哀笛曲，霜天断雁声。连旗下鹿塞，叠鼓向龙城。妖云坠虏阵，晕月绕胡营。左贤皆顿颡，单于已系缨。绁马登玄阙，钩鲲临北溟。当知霍骠骑，高第起西京。

它和杨素《出塞》诗的共同之处在于都以直接的生活体验为基础，寒夜哀笛，霜天断鸿，特有的边塞风光如在目前，诗人的审美感受亦是真切动人。

虞世基的同题和诗：

> 上将三略远，元戎九命尊。缅怀古人节，思酬明主恩。山西多勇气，塞北有游魂。扬桴度陇坂，勒骑上平原。誓将绝沙漠，悠然去玉门。轻赍不遑舍，惊策骛戎轩。懔懔边风急，萧萧征马烦。雪暗天山道，冰塞交河源。雾烽黯无色，霜旗冻不翻。耿介倚长剑，日落风尘昏。

诗人颂扬作为"上将""元戎"的杨素怀抱志节，率军跨越陇山、平原，直驱塞北之情景。将士们满怀"绝沙漠"的志向"悠然去玉门"，他们有着临战前的紧张，"轻赍不遑舍，惊策骛戎轩"，未及放下行装和安顿住所，便策马驱车赶赴前线。"懔懔边风急，萧萧征马烦"，塞外风急，战马萧萧嘶鸣，一幅战斗景象跃然眼前。"雪暗天山道，冰塞交河源。雾烽黯无色，霜旗冻不翻"，极见塞外环境之凄厉与酷烈。大雪覆盖天山山路，冰冻堵塞大河河道。雪雾笼罩下烽火已黯然无色，旌旗被冻结而不能翻飞，但将士们不为环境险恶所迫，斗志昂扬，在"日落风尘昏"中"耿介倚长剑"。虞世基的边塞诗之所以能把隋代边塞诗审美推进到一个新阶段，乃是因为创作主体以亲历、亲见、亲验为文学审美的基础。这在审美基点上给唐人边塞诗以影响，在具体语言意象上也可以验证出来。如"霜旗冻不翻"之于岑参《白雪歌送武判官归京》中的"风掣红旗冻不翻"，如"日落风尘昏"之于王昌龄《从军行》中的"大漠风尘日色昏"。虞世基的边塞诗可以说是推陈出新、继往开来之作，从一个方面体现出隋代美学在美学史上的地位。

再看卢思道的《从军行》：

> 朔方烽火照甘泉，长安飞将出祁连。犀渠玉剑良家子，白马金

羁侠少年。平明偃月屯右地,薄暮鱼丽逐左贤。谷中石虎经御箭,山上金人曾祭天。天涯一去无穷已,蓟门迢递三千里。朝见马岭黄沙合,夕望龙城阵云起。庭中奇树已堪攀,塞外征人殊未还。白雪初下天山外,浮云直上五原间。关山万里不可越,谁能坐对芳菲月?流水本自断人肠,坚冰旧来伤马骨。边庭节物与华异,冬霰秋霜春不歇。长风萧萧渡水来,归雁连连映天没。从军行,军行万里出龙庭。单于渭桥今已拜,将军何处觅功名?

这首诗不仅有边塞风光的描述,而且有边塞远征中思乡之情的披露。前半部分写边塞风光之凄厉、战争之酷烈,以"朝见马岭黄沙合,夕望龙城阵云起"引入思念之情的抒发。庭中之树已能攀折,却不见征人归来;白雪刚刚飘落天山之外,"浮云直上五原间",寓示征人的游踪不定。诗中慨叹"关山万里不可越",对此,"谁能坐对芳菲月",蹉跎岁月、消耗青春呢?已有耐不得寂寞之感了。"流水本自断人肠,坚冰旧来伤马骨"更给人以伤心切骨之痛。随着冬霰秋霜的更迭,边庭物候变异,更增添了思念之情。诗有苍劲之气和怨咽之声,情绪委曲哀婉,被胡应麟《诗薮》称之为"音响格调,咸自停匀,体气丰神,尤为焕发"。隋代文学的审美格调富于苍凉悲慨之气,在一定程度上是向建安风骨的回归,是对六朝文学美学的超越。这是一个重要的审美趋向。

隋代文学的现实感较强,也带来了审美风调上的古朴苍劲,较之六朝文学是历史性的进步。由于从北齐入隋,或南人从陈入隋,陵谷沧桑、历史巨变使得诗人们咏唱并表达出内心的痛楚或亡国之思,表现出凄婉沉痛的审美情调。例如由陈入隋之许善心,据《隋书》其本传载,"及陈亡,高祖遣使告之。善心衰服号哭于西阶之下,藉草东向,经三日","哭尽哀","伏泣于殿下,悲不复兴",对于故国之灭亡,充满无穷无尽的哀恸,遂写有《于太常寺听陈国蔡子元所校正声乐》:

维阳成礼乐,治定昔君临。充庭观树羽,上帝仰拟金。既因钟石变,将随河海沉。湛露废还序,承风绝复寻。衮章无旧迹,韶夏有余音。泽竭英茎散,人遗忧思深。悲来未减瑟,泪下正闻琴。讵似文侯睡,聊同微子吟。钟奏殊南北,南声异古今。独有延州听,应是亡国音。

亡国之恨、黍离之思的内容和表达形式都增添了此诗审美的悲咽情绪。

隋代诗的情感类型较六朝有拓展，士不遇这一传统主题再次以深沉的形式被提出。卢思道的《游梁城》诗就是如此：

> 扬镳历汴浦，回虑入梁墟。汉藩文雅地，清尘暧有余。宾游多任侠，台苑盛簪裾。叹息徐公剑，悲凉邹子书。亭皋落照尽，原野泝寒初。鸟散空城夕，烟消古树疏。东越严子陵，西蜀马相如。修名窃所慕，长谣独课虚。

汉代梁孝王刘武好宾客，司马相如、枚乘等均客居梁城，卢思道游此，见亭皋落照、原野凄寒、鸟散城空、烟消树疏，不禁悲从中来，思念梁王礼遇士子及梁园之盛况："宾游多任侠，台苑盛簪裾。"羡慕那东游的严子陵、西蜀的司马相如。其荒漠之景和荒索之情在审美中相融相洽，传送出审美主体不绝如缕的叹息之声。

入隋的文人其不遇之情又往往与王朝更迭的历史沧桑相联结。前朝的显贵往往落拓为本朝的下僚，于是，不遇之情便和故国之思相掺和，增添了情绪的凄婉之感。例如由北齐入隋的孙万寿因衣冠不整失仪，配防江南，郁郁寡欢，写有八十二句长诗《远戍江南寄京邑亲友》。诗人从古代不遇诗人说起，引为同调，"贾谊长沙国，屈平湘水滨"。又说到自己所去之处，"江南瘴疠地，从来多逐臣"，前景不堪瞻念，满怀忧虑情怀。这两句给唐代杜甫以影响，其《梦李白》中有"江南瘴疠地，逐客无消息"句，可见其情感表现形式的深刻内涵对后世之影响。在诗中想到自己拙于谋身，遂不得其志，"粤余非巧宦，少小拙谋身。欲飞无假翼，思鸣不值晨。如何载笔士，翻作负戈人"。一介书生，无所伸展，"飘摇如木偶，弃置同刍狗"，饱含深重的失落感。诗人描述了配防江南时所见景象，"晚岁出函关，方春度京口。石城临虎踞，天津望斗牛。……吴江一浩荡，楚山何纠纷。惊波上溅日，乔木下临云"。虽为描述山水景象，心境却是波澜起伏；虽为运在配防，但志向颇雄，自比为郗超、王粲，"郗超初入幕，王粲始从军"。诗人还无限依恋地回忆过去繁华的生活情景："绕树乌啼夜，雏麦雉飞朝。细尘梁下落，长袖掌中娇。"而眼前却落得如此穷困潦倒，不禁悲思涌发，思乡之情油然而生："羁游岁月久，归思常搔首。非关不树萱，岂为无杯酒。数载辞乡县，三秋别亲友。壮志后风云，衰鬓先蒲柳。"其辗转生发的抒情表达方式增强了审美效果，为唐人所运用。

隋代仅历两朝，但废立斗争十分激烈。重臣杨素拥杨广夺嫡，使隋文帝杨坚废太子杨勇，到杨坚晚年，转欲重立杨勇而废杨广，杨素封锁后宫，致杨坚之旨不得实施而殁。在杨坚时代，杨素拥兵权重；到杨广时代，杨素恃功自傲。《隋书·梁毗传》载："毗见左仆射杨素贵宠擅权，百僚震慑，恐为国患，因上封事曰：'……（杨）素幸遇愈重，权势日隆，搢绅之徒，属其视听。忤意者严霜夏零，阿旨者膏雨冬澍，荣枯由其唇吻，废兴候其指麾。所私皆非忠谠，所进咸是亲戚，子弟布列，兼州连县。天下无事，容息异图，四海稍虞，必为祸始。'……素既擅权宠，作威作福，将领之处，杀戮无道。又太子及蜀王罪废之日，百僚无不震悚，惟素扬眉奋肘，喜见容色，利国家有事以为身幸。"《隋书·柳彧传》载："杨素当涂显贵，百僚慑惮，无敢忤者。"文帝削其权的重要步骤是调走跟杨素相交甚深的薛道衡。据《隋书·薛道衡传》："仁寿中，杨素专掌朝政，道衡既与素善，上不欲道衡久知机密，因出检校襄州总管。"薛道衡不愿前往，"言之哽咽"，隋文帝假意"怆然改容"，尽管赏赐甚多，仍然坚持"遣之"。杨素不免生兔死狐悲之感，其组诗《赠薛播州》就表达了对薛道衡的深切怀念："还望白云天，日暮秋风起。岘山君倘游，泪落应无已。"

《资治通鉴》卷一七九《隋纪》三载："杨素弟约及从父文思、文纪、族父忌并为尚书、列卿，诸子无汗马之劳，位至柱国、刺史；广营资产，自京师及诸方都会处，邸店、碾硙、便利田宅，不可胜数，家僮数千，后庭妓妾曳绮罗者以千数。第宅华侈，制拟宫禁，亲故吏布列清显。既废一太子及一王，威权愈盛。朝臣有违忤者，或至诛夷。有附会及亲戚，虽无才用，必加进擢。朝廷靡然，莫不畏附。"《资治通鉴》还记载了杨素被削权的经过："上亦寖疏忌素，乃下敕曰：'仆射国之宰辅，不可躬亲细务，但三五日一向省，评论大事。'外示优崇，实夺之权也。素由是终仁寿之末，不复通判省事。"《资治通鉴》又记载开皇十二年（592）何妥的奏言："（苏）威与礼部尚书卢恺、吏部侍郎薛道衡、尚书右丞王弘、考功侍郎李同和等共为朋党。"隋文帝对这一朋党的处治是，把苏威免官，卢恺除名，薛道衡配防岭表。杨素也同样有反映，《赠薛播州》诗中有一首就是写此，曰：

衔悲向南浦，寒色黯沉沉。风起洞庭险，烟生云梦深。独飞时慕侣，寡和乍孤音。木落悲时暮，时暮感离心。离心多苦调，讵假雍门琴。

岁暮木落，离心苦调，见洞庭风险、云梦烟深，不禁感同身受，瞻念挚友而又自叹身世。虽然杨素对隋炀帝杨广有拥立之功，但功高震主，"为帝所猜忌，外示殊礼，内情甚薄"。杨素"寝疾之日，帝每令名医诊候，赐以上药。然密问医人，恒恐不死。素又自知名位已极，不肯服药，亦不将慎，每语弟约曰：'我岂须更活耶？'"①杨素死后，隋炀帝对近臣说："使素不死，终当族灭。"②杨素的《赠薛播州》组诗正是其处境、心境的写照。"素尝以五言诗七百字赠番州刺史薛道衡，词气宏拔，风韵秀上，亦为一时盛作。未几而卒，道衡叹曰：'人之将死，其言也善，岂若是乎！'"③这样便保持了诗歌审美感受的现实性，跟无病呻吟迥然不同。

隋炀帝的猜疑忌刻，使近臣时时处于怵惕状态之中。薛道衡因当初未附杨广而附杨勇，炀帝便记恨在心，继统后一直耿耿于怀。据《资治通鉴》，薛道衡"上《高祖文皇帝颂》，帝览之，不悦，顾谓苏威曰：'道衡致美先朝，此《鱼藻》之义也。'"据《毛诗序》："《鱼藻》，刺幽王也。言万物失其性，王居镐京，将不能以自乐，故君子思古之武王焉。"直至最终杀害薛道衡。"帝善属文，不欲人出其右。薛道衡死，帝曰：'更能作"空梁落燕泥"否！'"④据此看，杀薛还包含着隋炀帝的嫉妒之心。

特定的身世遭际使得隋代诗人有了现实的生活感受和审美感受，在摆脱大量充斥应制诗的六朝诗风方面，隋诗向前推进了一步。在这样的文学审美总趋向和总氛围中，隋代文学也表现出对于现实的干预倾向。卢思道《劳生论》取《庄子·大宗师》中"大块载我以形，劳我以生"为名，说："余晚值昌辰，遂其弱尚，观人事之陨获，睹时路之邅危。玄冬修夜，静言长想，可以累叹悼心，流涕酸鼻。"他以犀利如戟的文字对趋炎附势、背惠食言、卖友求荣、阿谀奉承等丑恶的社会现象做了淋漓尽致的描画：

> 朝露未晞，小车盈董石之巷；夕阳且落，皂盖填阎寡之里，皆如脂如韦，俯偻匍匐，啖恶求媚，舐痔自亲。美言谄笑，助其愉乐；诈泣佞哀，恤其丧纪。近通旨酒，远贡文蛇。艳姬美女，委如脱屣；金铣玉华，弃同遗迹。

---

① 魏徵、令狐德棻：《隋书·杨素传》。
② 司马光：《资治通鉴》卷一八二。
③ 魏徵、令狐德棻：《隋书·杨素传》。
④ 司马光：《资治通鉴》卷一八二。

诗中绘写了一幅得势时的群丑献媚图，争相巴结，竞取荣华。紧接着的一幅图与之恰成强烈反差，权贵者失势，趋贵者则面目陡变，判若两人：

> 及邓通失路，一簪之贿无余；梁冀就诛，五侯之贵将起。向之求官买职，晚谒晨趋，刺促望尘之旧游，伊优上堂之夜客，始则亡魂褫魄，若牛兄之遇兽；心战色沮，似叶公之见龙。俄而抵掌扬眉，高视阔步，结侣弃廉公之第，携手哭圣卿之门。华毂生尘，来如激矢；雀罗暂设，去等绝弦。饴蜜非甘，山川未阻，千变万化，鬼出神入。为此者皆衣冠士族，或有艺能，不耻不仁，不畏不义，靡愧友朋，莫惭妻子。外呈厚貌，内蕴百心，由是则纡青佩紫，牧州典郡，冠愤劫人，厚自封殖。妍歌妙舞，列鼎撞钟，耳倦丝桐，口饫珍旨。虽素论以为非，而时宰不之责。末俗蚩蚩，如此之敝。

可以说是痛快淋漓，扒皮认骨，入木三分！对势利之徒做了鞭辟入里的揭露和指摘，产生了强烈的讽刺美感效果。六朝到隋代是有深刻的讽刺美学的，前为南朝刘峻的《广绝交论》，后则是这篇《劳生论》。张溥《卢武阳集题词》对两篇文章评述道："（卢子行）沦滞官涂，作《劳生论》，忧愁所寄，并为时称。然谭世变，刺炎凉，论乃独出矣。刘孝标伤任昉诸子流离，著《广绝交论》，痛言五交三衅，世路险巇，过于太行孟门。子行自慨蹇产，诋斥物情，荣瘁冰炭，足使五侯丧魂，六贵饮泣。文人之笔，鬼魅牛马皆可画也。"

现实品格和内容的增加是隋代美学特别是文学美学的特征之一，相较于六朝美学是进步和发展，斫雕为朴，咸去浮华，以自身的审美特征去显示其特有的风貌，跟六朝美学的雕绘满眼可谓泾渭分明，从而也真正实现了对六朝美学的革新。

第三节　隋代美学的哲学基础：王通哲学

王通乃隋之大儒、思想家，退居河汾之间讲学，弟子甚夥，时称"河汾门下"，可见其有广泛的思想、学术影响。记载王通思想言行的《中说》，仿《论语》体，一些人疑为伪书，但据考，基本思想是王通的，但有门人、后人之增饰。司马光《文中子补传》对此所做评述颇为中肯："《中说》亦出于其家。虽云门人薛收、姚义所记，然予观其书，窃疑唐室既兴，凝（王通之弟）与福畴辈依并时事而附益之也。"

《中说》所反映的王通思想乃是传统的儒家正宗思想。王通以正统儒学继承者自命，俨然成为周公、孔子以来的第一人。《中说·天地》言："如有用我者，吾其为周公所为乎？"既然千载而下，"吾不得而见""有申周公之事者"，那么"绍宣"他们的事业，吾便当仁而不让。王通恢复儒学思想不是一般的注经式研究，而是有鲜明的致用与实用性质，因此他的哲学思想属于实践性哲学的范畴。从这一点出发，他在《中说·周公》中便称注经式研究是"荣华其言，小成其道"，表明了对于经学实用的重视。这样，他的哲学思想便实现了与孔儒的对接。以此来对文学、美学发表议论，王通的文学、美学思想也就烙上了上述鲜明的印记。

王通把《诗经》的社会功能视为政治兴衰的标志，由此来观察社会、历史。这是对文学非审美性的社会学、政治学体认。《中说·王道》说：

> 子谓薛收曰：昔圣人述史三焉。其述《书》也，帝王之制备矣，故索焉而皆获；其述《诗》也，兴衰之由显，故究焉而皆得；其述《春秋》也，邪正之迹明，故考焉而皆当。此三者，同出于史而不可杂也，故圣人分焉。

把经视为史，从而成为现实的观照。孔子所说的《诗》可以兴、观、群、怨，其中之"观"正是指现实的考察功能。

> 子曰："诗有天下之作焉，有一国之作焉，有神明之作焉。"吴季札曰："小雅其周之衰乎？幽其乐而淫乎？"子曰："孰谓季子之知乐，小雅乌乎衰。其周之盛乎！幽乌乎乐？其勤而不怨乎！"

对于"述《诗》也，兴衰之由显"的传统儒学命题，王通做了具体的阐释，以《豳风》为例，《中说·周公曰》：

> 程元曰："敢问《豳风》何也？"子曰："变风也。"元曰："周公之际，亦有变风乎？"子曰："君臣相诮，其能正乎？成王终疑，则风遂变矣。非周公至诚，孰能卒正之哉？"元曰："《豳》居变风之末，何也？"子曰："夷王已下，变风不复正矣。夫子盖伤之者也，故终之以《豳风》，言变之可正也，唯周公能之，故系之以正，歌《豳》曰：周之本也。呜呼！非周公孰知其艰哉？变而克正，危而克扶，始终不失于本，其惟周公乎？系之

《豳》，远矣哉！"

《诗》是"风"的标志，以观得社会风俗、政治风习，这是中国美学对《诗》的社会功能的传统体认，而王通则做了具体的阐释。既然对《诗》的社会功能做了如此的确定，王通就极为重视其教化作用。《中说·事君》载：

> 薛收问续诗，子曰："有四名焉，有五志焉。""何谓四名？""一曰化，天子所以风天下也；二曰政，蕃臣所以移其俗也；三曰颂，以成功告于神明也；四曰叹，以陈诲以立诚于家也。凡此四者，或美焉，或勉焉，或伤焉，或恶焉，或诫焉，是谓五志。"

《中说·礼乐》记：

> 程元问六经之致。子曰："吾续书以存汉晋之实，续诗以辨六代之俗，修元经以断南北之疑，赞易道以申先师之旨，正礼、乐以旌后王之失。

文学在移风易俗上，在政教风化上极具作用，风、雅有变，则教化亦变。《中说·事君》记："变风、变雅作而王泽竭矣；变化、变政作而帝制衰矣。"基于这样的认识，王通根据孔子的兴、观、群、怨诗教说，提出了他的诗教说。《中说·天地》言："续诗可以讽，可以达，可以荡，可以独处。出则悌，入则孝，多见治乱之情。"

王通文学、美学思想的极端化是走向内容的绝对化而排斥艺术形式和审美形式。《中说·事君》中，他激赏"美哉乎艺也"，但谈艺须在谈道之后，"古君子志于道，据于德，依于仁，而后艺可游也"。《中说·天地》说：

> 李伯药见子而论诗，子不答。伯药退，谓薛收曰："吾上陈应、刘，下述沈、谢，分四声八病，刚柔清浊，各有端序，音若埙篪，而夫子不应，我其未达欤？"薛收曰："吾尝闻夫子之论诗矣：上明三纲，下达五常，于是征存亡，辨得失。故小人歌之以贡其俗，君子赋之以见其志，圣人采之以观其变。今子营营驰骋乎末流，是夫子之所痛也，不答则有由矣。"

在王通看来，所有的四声八病，刚柔清浊，审美所需要的技巧、手段等等，统统都是末流，不屑为之也不屑论之。面对末流泛滥，他不禁痛而不答。他的这一重内容教化轻审美形式的极端主义思想，包含矫治六朝美学风气的意图，但更作为一个普遍性的命题铺垫了隋代美学的基础。前论隋代文学、美学"斫雕为朴"的美学倾向在这里可以找到其理论原因。

《中说·述史》曾有一段记载,薛道衡对王通说:"吾文章可谓淫溺矣。"王通大为欣赏:"敢贺丈人之知过也。"薛道衡"喟然而咏曰:'老夫亦何冀,之子振颓纲!'"把力挽六朝文学、美学颓纲的希望寄托在王通身上。

根源于总体美学思想,王通提出了制约论和疏导论。《中说·立命》说:"夫教之以《诗》,则出辞气,斯远暴慢矣;约之以《礼》,则动容貌,斯立威严矣。度其言,察其志,考其行,辨其德。志定则发之以《春秋》,于是乎断而能变;德全则导之以《乐》,于是乎和而知节;可从事则达之以《书》,于是乎可以立制;知命则申之以《易》,于是乎可与尽性。……圣人知其必然,故立之以宗,列之以次,先成诸己,然后备诸物,先济乎近,然后形乎远。"

王通的这些思想就是要求贯道济义,言理而不言文,重理轻文。《中说·天地》记:"学者博诵云乎哉,必也贯乎道;文者苟作云乎哉,必也济乎义。"为此,他批评李德林道:"德林与吾言终日,言文而不言理。"他认为:"言文而不及理,是天下无文也。"这样的话,则"王道从何而兴乎?"为此,"归而有忧色"。

王通极端重视诗人、作家的社会人格和道德、伦理思想。他认为人品和文品之间存在完全一致的关系,人品如是,文品亦如是。前引《中说·事君》对六朝一批文人人品与文品的对应性体认,就是基于这一认识论。六朝时刘勰《文心雕龙》虽持有"风格即人"的观点,但他所重视的是作家的审美理想、兴趣与文学美学风格的关系。而王通则完全忽视了这一点,撇开形成文品与文学风格的多重因素,把文品视为人品的单一性表征,这就使得他无法对文学风格这一复杂现象做出正确说明,且他对六朝时的一批作家、诗人的文品、人品以及二者的关系怀抱着深深的偏见。

此前由南入北的颜之推就已把屈原以来至六朝的作家、诗人一笔摞倒了。《颜氏家训·文章》写道:

> 然而自古文人,多陷轻薄。屈原露才扬己,显暴君过;宋玉体貌容冶,见遇俳优;东方曼倩,滑稽不雅;司马长卿,窃赀无操;王褒过章《僮约》,扬雄德败《美新》,李陵降辱夷虏,刘歆反复莽世,傅毅党附权门,班固盗窃文史,赵元叔抗竦过度,

冯敬通浮华摈压，马季长佞媚获诮，蔡伯喈同恶受诛，吴质诋忤乡里，曹植悖慢犯法，杜笃乞假无厌，路粹隘狭已甚，陈琳实号粗疏，繁钦性无检格，刘桢屈强输作，王粲率躁见嫌，孔融、祢衡，诞傲致殒，杨修、丁廙，扇动取毙，阮籍无礼败俗，嵇康凌物凶终，傅玄忿斗免官，孙楚矜夸凌上，陆机犯顺履险，潘岳乾没取危，颜延年负气摧黜，谢灵运空疏乱纪，王无长凶贼自贻，谢玄晖侮慢见及。凡此诸人，皆其翘秀者，不能悉纪，大较如此。

在颜之推自诩"典正"的视界内，中国文学史长卷里的巨子们一个个被描画得面目全非。王通恰恰继承了这一点。

王通在对六朝文学、美学评价时，对文学、美学基本性质的体认有极强的偏颇。王通把传统儒家美学思想推向极端，不再是儒家最初的温润风调。他和前引李谔、颜之推的偏激有相近之处。近则反拨，远则绍追，是中国文化清理的一个重要特征。隋取六朝，当然视为正义之举，又当然要在清算前代的过程中为本朝提供借鉴，或者是在激烈否定前代的基础上建立起本朝的权威。因此，这种偏激具有深刻的历史渊源和时代特征，适应了整个隋代建立新的思想系统的需要。

王通具备完全的用世思想、态度，认为即使身在江湖，亦应心存魏阙，因此他对于放旷隐士陶潜略有微词非议。《中说·立命》载："或问陶元亮。子曰：'放人也。《归去来》有避地之心焉，《五柳先生传》则几于闭关矣！'"对于王绩拟《五柳先生传》而作《五斗先生传》，劈头盖脑地痛责："汝忘天下乎？纵心败矩，吾不与也。"①再次强烈地显示出他美学思想的实践与致用的性质。

王通所痛恨的是"今之文"即六朝文，欣赏和向往的是"古之文"。他的复古主义思想根源于对现实即"今之文"的否定。《中说·事君》说："古之史也辩道，今之史也耀文。""古之文也约以达，今之文也繁以塞。"他力图恢复"古之文"以取代"今之文"。他所肯定和推崇的文学、美学风格是"约以达""约以则"。《中说·天地》言："吾师（孔子）也，词达而已矣。""约以达"的"达"即指此。"则"指规范，跟西汉美学中所说的"丽以则"的"则"，都指的是同一种含义。"约以达""约

---

① 王通：《中说·事君》。

以则"的共同点是"约"，简约明了，而又符合典则、规范，为前述的"道""德""仁""义"服务。在《事君》中他认为，曹植"其文深以典"，颜延之、王俭、任昉等人"其文约以则"，这些正是王通所欣赏的榜样，当然也就成为隋代"斫雕为朴"的审美楷模。王通的上述思想为隋代文学、美学提供了基础，也给唐代古文运动以深刻影响。

第四节　文炀二帝、南北二方的美学比较

隋代二世而亡，仅历文、炀二帝。文、炀二帝对待文学、美学态度有别，因而对隋代文学、美学状貌的影响亦有别。

作为关陇集团核心人物的杨坚，"素无学术，好为小数"。据《资治通鉴》卷一七六载："隋主不喜辞华，诏天下公私文翰并宜实录。泗州刺史司马幼之文表华艳，付所司治罪。"在这样的背景下也才有前引的李谔上书。杨坚此举开因文辞华艳而治罪之先河。他生活简朴，据《资治通鉴》卷一七八载："仁寿宫成。丁亥，上（隋文帝）幸仁寿宫。时天暑，役夫死者相次于道，杨素悉焚除之，上闻之，不悦。及至，见制度壮丽，大怒曰：'杨素殚民力为离宫，为吾结怨天下。'"杨坚行位后，力倡节俭，据《隋书·食货志》，文帝"躬履俭约，六宫咸服浣濯之衣，乘舆供御有故敝者，随令补用，皆不改作。非享燕之事，所食不过一肉而已"。他大倡儒学，《隋书·高祖纪》载，杨坚于开皇九年（589）下诏："伐路既夷，群方无事，武力之子，俱可学文，人间甲仗，悉皆除毁。有功之臣，降情文艺，家门子侄，各守一经，令海内翕然，高山仰止。京邑庠序，爰及州县，生徒受业，升进于朝。未有灼然明经高第，此则教训不笃，考课未精，明勒所由，隆兹儒训。"杨坚如此提倡，并以法律措施强行制约，使得整个文帝朝处于文学、美学的荒漠状态之中，文学作品质木无文，味同嚼蜡。隋文帝时期是六朝以来文学、美学的一个重要顿挫期，改变了六朝文学、美学的方向，清洗了美学的感性内容，趋导于致用理性，使美学缺少了它应该具有的色彩，变得呆板、干瘪、枯燥，变成政教的工具和手段。

到隋炀帝时代，隋代美学出现了变化。隋炀帝杨广是一名贪婪、残忍、

奢侈而又矫情的帝王。《资治通鉴》卷一七九载："晋王广知之，弥自矫饰，唯与萧妃居处，后庭有子皆不育，后由是数称广贤。大臣用事者，广皆倾心与交。上及后每遣左右至广所，无贵贱，广必与萧妃迎门接引，为设美馔，申以厚礼。婢仆往来者，无不称其仁孝。上与后尝幸其第，广悉屏匿美姬于别室，唯留老丑者，衣以缦彩，给事左右。屏帐改为缣素，故绝乐器之弦，不令拂去尘埃。上见之，以为不好声色，还宫，以语侍臣，意甚喜，侍臣皆称庆，由是爱之特异诸子。"杨广以极其残忍、虚伪的手段谋取了皇位，即位后，"筑西苑，周二百里。其内为海，周十余里"，"堂殿楼观，穷极华丽。宫树秋冬凋落，则剪彩为华叶，缀于枝条，色渝则易以新者，常如阳春。沼内亦剪彩为荷芰菱芡，乘舆游幸，则去冰而布之。十六院竞以肴羞精丽相高，求市恩宠。上好以月夜从宫女数千骑游西苑，作《清夜游曲》，于马上奏之"①；又"车驾发榆林，历云中，溯金河……甲士五十余万，马十万匹，旌旗辎重，千里不绝。令宇文恺等造观风行殿，上容侍卫者数百人，离合为之，下施轮轴，倏忽推移。又作行城，周二千步，以板为干，衣之以布，饰以丹青，楼橹悉备"②。杨广即位后仍然施行阴阳二面手段，"临朝凝重，发言降诏，辞义可观"，但"内存声色，其在两都及巡游，常以僧、尼、道士、女官自随，谓之四道场"，"帝每日于苑中林亭间盛陈酒馔"，"酒酣肴乱，靡所不至，以是为常"③；又"集十郡兵数万人，于郡东南起宫苑，周围十二里，内为十六离宫，大抵仿东都西苑之制，而奇丽过之"，"帝与群臣饮于西苑水上，命学士杜宝撰《水饰图经》，采古水事七十二，使朝散大夫黄衮以木为之，间以妓航、酒船，人物自动如生，钟磬筝瑟，能成音曲"④。

皇后独孤氏死时，杨广在公开场合，"对上及宫人哀恸绝气，若不胜丧者"，但"其处私室，饮食言笑如平常。又，每朝令进二溢米，而私令取肥肉脯鲊，置竹筩中，以蜡闭口，衣袱裹而纳之"⑤。把杨广虚伪奸诈的嘴脸揭示得入木三分。然而，杨广又不同于"素无学术""又不悦诗

---

① 司马光：《资治通鉴》卷一八〇。
② 司马光：《资治通鉴》卷一八〇。
③ 司马光：《资治通鉴》卷一八一。
④ 司马光：《资治通鉴》卷一八三。
⑤ 司马光：《资治通鉴》卷一七九。

书"①的杨坚，他表现出较高的文学、美学素养。《资治通鉴》卷一八二言："帝好读书著述，自为扬州总管，置王府学士至百人，常令修撰，以至为帝，前后近二十载，修撰未尝暂停。自经术、文章、兵、农、地理、医、卜、释、道乃至捕博、鹰狗，皆为新书，无不精洽，共成三十一部，万七千余卷。初，西京嘉则殿有三十七万卷，帝命秘书监柳顾言等诠次，除去复重猥杂，得正御本三万七千余卷，纳于东都修文殿。又写五十副本，简为三品，分置西京、东都宫、省、官府。"杨广周围有一个诗人群体，《隋书·柳䛒传》载："转晋王咨议参军。王好文雅，招引才学之士诸葛颖、虞世南、王胄、朱玚等百余人以充学士，而䛒为之冠。王以师友处之，每有文什，必令其润色，然后示人。尝朝京师还，作《归藩赋》，命䛒为序，词甚典丽。"这个文学群体不是单纯的逢迎拍马，群体内的诗人、作家有相当的文学、美学素养，对杨广的文学、美学思想有一定影响力。

杨广的文学创作道路和文学活动所体现出来的美学风格不是直线式的，而是有一个较为鲜明的转捩过程，即从"典则"到"轻侧"，从质实到华艳。《隋书·文学传序》载：

> 炀帝初习艺文，有非轻侧之论。暨乎即位，一变其风。其《与越公书》《建东都诏》《冬至受朝诗》及《拟饮马长城窟》，并存雅体，归于典制。虽意在骄淫，而词无浮荡，故当时缀文之士，遂得依而取正焉。所谓能言者未必能行，盖亦君子不以人废言也。

在上列诗文中，杨广的文风确为"典则"。《与越公书》写道："天下者，先皇之天下也。所以战战兢兢，弗敢失坠。况复神器之重，生民之大哉！"《建东都诏》云："非天下以奉一人，乃一人以主天下也。民惟国本，本固邦宁。百姓足，孰与不足？"《冬至受朝诗》曰："端拱朝万国，守文继百王。至德渐日用，治道愧时康。"《拟饮马长城窟》："树兹万世策，安此亿兆生。讵敢惮焦思，高枕于上京？"连明代大名士张溥也被糊弄了，在《隋炀帝集题词》中说："余疑其诶，比观全集，多庄言，简戏谑，似史评非诬也。"以为是"典则"。但是张溥还没有看到球体的另一面——"轻侧"。《隋书·音乐志》记道：

---

① 魏徵、令狐德棻：《隋书·高祖纪》。

> 炀帝……大制艳篇，辞极淫绮。令乐正白明达造新声，创《万岁乐》……等曲，掩抑摧藏，哀音断绝。帝悦之无已，谓幸臣曰："多弹曲者，如人多读书。读书多则能撰书，弹曲多即能造曲。此理之然也。"

隋炀帝所制艳曲已能与陈后主、北齐后主相比并了。一者"典则"，一者"轻侧"，判然有别，划分了两种截然不同的审美风貌，其由在"暨乎即位，一变其风"。一旦即位，便顷刻改变文学、美学风气，这与他惯施阴阳两面手法、矫情虚饰的性格相关涉。为能入继大统，杨广曲意逢迎文帝杨坚，节俭质实，不事雕华，不露声色。他把纵情声色的贪欲不着痕迹地掩盖起来，他的贪欲并没有消失，而是不停地躁动。一旦文帝驾崩，"金箍"去掉，他便毫无节制地表现出来，毫不遮掩地泛滥开来。对靡艳的追逐，是杨广躁动不安灵魂的原欲，甚至表现于图书收藏这样颇为典雅的领域。《资治通鉴》卷一八二载："其正御书皆装剪华净，宝轴锦摽，于观文殿前为书室十四间，窗户床褥橱幔，咸极珍丽。"他是中国历史上"韬光养晦"的典型。

隋炀帝杨广形成追逐华艳浮靡美学趣尚的实际原因至少有两个方面。

一是受江南风习影响。今人岑仲勉《隋唐史》说："陈平后，广为扬州总管，前后十年，以北方朴俭之资，熏染于江南奢靡之俗。"这样，他的文化、审美心理便被江南靡丽文化、美学所同化。他改变了对江南文化的传统观念，《大业拾遗记》曾载其怒斥窦威、崔祖浚把吴人仍视为东夷的言辞和"各赐杖一顿"的惩罚。他说：

> 昔汉末三方鼎立，大吴之国，以称人物。故晋武帝云，江东之有吴、会，犹江西之有汝、颍。衣冠人物，千载一时。及永嘉之末，华夏衣缨，尽过江表。此乃天下之名都。自平陈之后，硕学通儒，文人才子，莫非彼至。尔等著其风俗，乃为东夷之人，度越礼义，于尔等可乎？

二是受到他周围文人群体的影响。《隋书·柳䛒传》说："初，王属文，为庾信体，及见䛒以后，文体遂变。"清人刘熙载《艺概·诗概》说："庾子山《燕歌行》开唐初七古，《乌夜啼》开唐七律。其他体为唐五绝、五律、五排所本者，尤不可胜举。"可见庾信体的影响。但是杨广"及见䛒以后，文体遂变"。柳䛒艳词丽句，华美溢目，杨广自然接近他，改变原先所效法之庾信体。这种转变实乃杨广本身尚华艳靡丽所致。由于具备了这样的主体文化、审美素质和心理基础，麇集在隋炀帝周围的一批人便掀波扬澜。《隋书·音乐志》曾说："炀帝矜奢，颇玩淫曲。御史大夫裴蕴，揣知帝情，奏括周、齐、梁、陈乐工子弟及人间善声调者，凡三百余人，并付太乐。倡优犹杂，咸来萃止。"

杨广在文学实践活动中又表现出狭隘的心胸，自傲自负。《资治通鉴》卷一八二载："帝善属文，不欲人出其右，薛道衡死，帝曰：'更能作"空梁落燕泥"否！'王胄死，帝诵其佳句曰：'"庭草无人随意绿"复能作此语邪？'帝自负才学，每骄天下之士，常谓侍臣曰：'天下皆谓朕承籍绪余而有四海，设令朕与士大夫高选，亦当为天子矣。'"在文学实践活动中他也表现出"孤家寡人"的帝王意识。

隋炀帝的诗风有着鲜明的审美特征：在阳刚与阴柔、帝王之雄放与诗人之纤细的整合中形成统一。杨广崇尚曹植，其风格自然受其影响。《叙曹子建墨迹》写道："陈思王，魏宗室子也，世传文章典丽，而不言其书。仁寿二年，族孙伟持以遗余。余观夫字画沉快而词旨华致，想象其风仪，玩阅不已，因书以冠于幖首。"

杨广阴险残忍，可又极具帝王气概，征服天下，称雄六合，南北朝诸帝王很少有能望其项背者。他三征高丽，显示征服外部疆域的勃勃野心，把高丽视为自家旧疆，所谓"高丽之地……汉世分为三郡，晋氏亦统辽东，今乃不臣，别为外域"，现在"此冠带之境，仍为蛮貊之乡"[①]，为其征讨寻找依据。杨广凿运河，三游江都，《资治通鉴》卷一八〇，曾记其第一次游江都的景象、规模和豪奢：

> 上行幸江都……御龙舟。龙舟四重，高四十五尺，长二百尺。上重有正殿内殿东西朝堂，中二重有百二十房，皆饰以金玉，下重内侍处之。皇后乘翔螭舟，制度差小，而装饰无异。别有浮景九艘，三重，皆水殿也。又有漾彩、朱鸟、苍螭、白虎、玄武、飞羽、青凫、陵波、五楼、道场、玄坛、楼船、板舸、黄篾等数千艘，后宫诸王公主百官僧尼道士蕃客乘之，及载内外百司供奉之物。共用挽船士八万余人。其挽漾彩以上者九千余人，谓之殿脚，皆以锦彩为袍。又有平乘、青龙、艨艟、艚船、八棹、艇舸等数

---

① 魏徵、令狐德棻：《隋书·裴矩传》。

> 千艘，并十二卫兵乘之，并载兵器帐幕，兵士自引，不给夫。舳舻相接，二百余里，照耀川陆。骑兵翊两岸而行，旌旗蔽野。所过州县，五百里内皆令献食，多者一州至百舆，极水陆珍奇，后宫厌饫，将发之际，多弃埋之。

追求阔大、雄壮、五彩夺目、斑驳陆离成为隋炀帝的趣尚。

他对于外部疆域的征服除了动用武力外，还凭借中原地区先进的机械技术和强盛的国力震慑。大业三年（607），隋炀帝车驾出巡榆林，"欲出塞耀兵，经突厥中，指于涿郡"，"甲士五十余万，马十万匹，旌旗辎重，千里不绝"，"宇文恺等造观风行殿，上容侍卫者数百人，离合为之，下施轮轴，倏忽推移。又作行城，周二千步，以板为干，衣之以布，饰以丹青，楼橹悉备。胡人惊以为神，每望御营，十里之外，屈膝稽颡，无敢乘马。启民（突厥可汗）奉庐帐以俟车驾。乙酉，帝幸其帐，启民奉觞上寿，跪伏恭甚，王侯以下袒割于帐前，莫敢仰视，帝大悦"，遂写下了气势雄壮的《云中受突厥主朝宴席赋诗》：

> 鹿塞鸿旗驻，龙庭翠辇回。毡帷望风举，穹庐向日开。呼韩顿颡至，屠耆接踵来。索辫擎膻肉，韦鞴献酒杯。如何汉天子，空上单于台！

诗中可见其鹰视狼顾，趾高气扬，不可一世。而《饮马长城窟行示从征群臣》中的"秋昏塞外云，雾暗关山月"，又何等高古清挺！雄浑之气概和清古之格调一扫南朝诗坛的轻盈浮靡之风。陆时雍《诗镜总论》说："陈人意气恹恹，将归于尽。隋炀起敝，风骨凝然。"这正是隋炀帝在南朝至唐初诗歌转型期的贡献。

如前所述，隋炀帝的文化、审美心理是在南方文化、审美环境中孕育和熏染起来的，因此，诗的审美风调便有秀色和柔丽。例如《悲秋》写道：

> 故年秋始去，今年秋复来。露浓山气冷，风急蝉声哀。鸟击初移树，鱼寒欲隐苔。断雾时通日，残云尚作雷。

此诗扣合秋来一些富于季节性和特征性景象，体察入微，加以逼真描绘，通过联句把不同的景象组合成空间意象，审美观察和体会力极强。"露浓山气冷"的感受，"风急蝉声哀"的描述，"残云尚作雷"的特定季节景象的勾描，均显出诗家高手的素养和风范。又如《夏日临江》曰：

> 夏潭荫修竹，高岸坐长枫。日落沧江静，云散远山空。鹭飞林

外白，莲开水上红。逍遥有余兴，怅望情不终。

此联句甚见功力。"鹭飞林外白，莲开水上红"，颇为工稳，意象对举形成画面的空间张力，"飞"于"林外"，"开"在"水上"，极富空间审美感，尤其是"白"与"红"色彩对比鲜明，给人的审美感受分外强烈。

虽然隋炀帝杨广受到南方文化、美学的影响，虽然也如史书所言"大制艳篇，辞极淫绮"，但不乏清新秀丽之作，如《江都宫乐歌》："风亭芳树迎早夏，长皋麦陇送余秋"，《四时白纻歌·江都夏》："梅黄雨细麦秋轻，枫树萧萧江水平"等。即使采用陈后主的《春江花月夜》歌调，也无宫体之味、"轻侧"之音，而是出以清新婉丽，摆脱轻靡淫绮之风：

暮江平不动，春花满正开。流波将月去，潮水带星来。夜露含花气，春潭漾月晖。汉水逢游女，湘川值两妃。

春江平阔，春花盛放，流波涌潮，把星光月华带来送去，气象阔放而沉稳。夜露蕴含花香，春潭荡漾月光，景象清丽，又掺和历史传说，增加了迷人的色彩，对脍炙人口的唐代张若虚的《春江花月夜》从审美上产生了深刻影响。

隋炀帝的诗雄壮与秀丽兼备，受江南文化、美学之影响，能入乎其内复能出乎其外，不拘于江南文学、美学的轻盈，并能自做改造，出以秀美，以雄壮之概熔铸成其独特的美学风格。没有沉溺于宫体靡丽，这是隋炀帝审美自主能力的显示，摆脱艳丽，融雄奇于秀丽之中，形成了独特的文学美学风格。

总之，文帝质实，不悦诗书，否定文学、美学的感性性质与特征，阻遏了文学、美学的发展，以北方文化为本位，使北朝的复古主义思想向前推了一步。炀帝内存王气，善采南声，华而不靡，融气势于华丽之中，秀色盈盈，艳歌中亦未脱气派，促进了文学、美学在隋代的发展，上改南风之轻靡，下启唐音之闳丽。

南北朝长期割据、对峙，文化、美学也形成差异，隋代一统，疆域之统一也促进南北文化、美学之融合。《隋书·文学传序》说道：

江左宫商发越，贵于清绮；河朔词义贞刚，重乎气质。气质则理胜其词，清绮则文过其意。理深者便于时用，文华者宜于咏歌。此其南北词人得失之大较也。若能掇彼清音，简兹累句，各去所短，合其两长，则文质斌斌，尽善尽美矣。

清代刘师培《南北文学不同论》具体说道：

晋、宋以降，文体复更。渊明之诗，仍沿晋派。至若慧业文人，咸崇文藻，镂雕云风，模范山水。自颜、谢诗文，舍奇用偶，鬼斧默运，奇情毕呈，句争一字之奇，文采片言之贵，情必极貌以写物，辞必穷力以追新。齐、梁以降，益尚艳辞，以情为里，以物为表，赋始于谢庄，诗仿于梁武。阴、何、吴、柳，厥制益工，研炼则隐师颜、谢，妍丽则近则齐、梁。子山继作，掩抑沉怨，出以哀艳之词，由曹植而上师宋玉。此又南文之一派也。鲍照诗、文，义尚光大，工于骋势，然语乏清刚，哀而不壮，大抵由左思而上效苏、张。此亦南文之一派也。

梁、陈以降，文体日靡，惟北朝文人，舍文尚质。崔浩、高允之文，咸碻确自雄。温子昇长于碑版，叙事简直，得张、蔡之遗规。卢思道长于歌词，发音刚劲，嗣建安之佚响。子才、伯起，亦工记事之文。岂非北方文体，固与南方文体不同哉？自子山、总持身旅北方，而南方轻绮之文，渐为北人所崇尚。又初明、子渊，身居北土，耻操南音，诗歌劲直，习为北鄙之声，而六朝文体，亦自是而稍更矣。

南北长期分治，各自形成了特定的文化范围和独立环境，便出现了彼此有差异的文化精神和产品。地理环境和条件的影响，以及南北方文化传统的精神遗传，使南北文化、美学显示出差异和区别，其差异性一直渗透到学术思想和美学理论中。

王国维《屈子文学之精神》曾对南北审美心理结构做出了如下比较："北方人之感情，诗歌的也，以不得想象之助，故其所作遂止于小篇。南方人之想象，亦诗歌的也，以无深邃之感情之后援，故其想象亦散漫而无所丽，是以无纯粹之诗歌。"

南北朝时南有绘画北有佛刻，南方之野外石雕巨硕雄壮，多为神兽，北方之石窟则为庞大之佛像；书法上北碑南帖，相映生辉。章太炎曾在《检论·诗终始论》中对南北诗歌做了以下的比较："自晋之东，中原糜乱，诗乐皆起江左。如河北者，几无一篇也（拓跋孝文以还，始有篇什。比之南国，则犹击缶之与黄钟矣）。是时雅乐虽失其序，清商为楚汉遗声，独存江表。靡者至于《玉树后庭花》《金叉双臂垂》诸曲辞，近淫哇，犹春容有士君子风。"

在南北朝人看来，南北文化、文学、美学应当有所区别，即承认差异存在的合理性。邢邵《萧仁祖集序》写道:"昔潘、陆齐轨,不袭建安之风;颜、谢同声,遂革太元之气。自汉逮晋,情赏犹自不谐;河北江南,意制本应相诡。"南方文化、美学清绮,而北方质实,讲求风骨。《北史·祖莹传》记曰:"莹以文学见重,常语人云:'文章须自出机杼,成一家风骨。'""风骨"在刘勰《文心雕龙》中成为核心审美范畴,在对汉魏美学的向往中矫治当时美学风气,而北人的风骨论实成为自身写照。同据《北史·祖莹传》,可见北方美学的风骨特征:

> 尚书令王肃曾于省中咏《悲平城》诗云:"悲平城,驱马入云中。阴山常晦雪,荒松无罢风。"彭城王勰甚嗟其美,欲使肃更咏,乃失语云:"公可更为诵《悲彭城》诗。"肃因戏勰云:"何意呼《悲平城》为《悲彭城》也?"勰有惭色。莹在座,即云:"《悲彭城》,王公自未见。"肃云:"可为诵之。"莹应声云:"悲彭城,悲歌四面起,尸积石梁亭,血流睢水里。"
>
> 肃甚嗟赏之,勰亦大悦。

在《悲平城》《悲彭城》中充溢悲咽之气,苍凉劲健,风骨嶙峋。

南北方文学之差异形成有多重原因。李延寿《北史·文苑传序》做了以下的分析:

> 既而中州板荡,戎狄交侵,僭伪相属,生灵涂炭,故文章黜焉。其能潜思于战争之间,挥翰于锋镝之下,亦有时而间出矣。若乃鲁徽、杜广、徐光、尹弼之俦,知名于二赵;宋该、封奕、朱彤、梁谠之属,见重于燕、秦。然皆迫于仓卒,牵于战阵。章奏符檄,则粲然可观;体物缘情,则寂寥于世。非其才有优劣,时运然也。

他把北方文学逊于南方的原因归结为"时运",而不是个人"才有优劣"。这一结论是有历史深度的。

南北文学之差异反映了地理文化差异。《洛阳伽蓝记》中北朝杨元慎对南方地理文化做了以下的描述:

> 江左假息,僻居一隅。地多湿蛰,攒育虫蚁,疆土瘴疠,蛙龟共穴,人鸟同群。短发之君,无杼首之貌;文身之民,禀蕞陋之质。浮于三江,棹于五湖,礼乐所不沾,宪章弗能革……住居建康,小作冠帽,短制衣裳。自呼阿侬,语则阿傍。菰稗为饭,茗饮作浆,呷啜莼羹,唼嗍蟹黄,手把豆蔻,口嚼槟榔……网鱼漉鳖,

在河之洲。咀嚼菱藕,捃拾鸡头,蛙羹蚌臛,以为膳羞。布袍芒屩,倒骑水牛,沅、湘、江、汉,鼓棹遂游,随波溯浪,噞喁沉浮,白苎起舞,扬波发讴。

杨元慎的这些话显然包含对南方人的轻蔑之意,但不失为对南方地理文化环境、习俗、风情的一种描述。它影响了文学审美意识的状貌和性质。

南北方整个文化意识也较为明显地存在差异。北人崇尚儒学,汉儒以来的经学影响很深,而南方盛行玄学,玄风大炽。虚则空灵,孕生善作浮想的文学审美心理。南方人多愁善感,多情缠绵,故情歌大盛,且软甜细腻。

南方从事文学活动的集中在高门大族中,他们有物质条件和精神条件从事文学创作活动和社交活动,即如现时的"玩文学"。裴子野《雕虫论》写道:"每有祯祥,及幸宴集,辄陈诗展义,且以命朝臣,其戎士武夫,则托请不暇,困于课限,或买以应诏焉。于是天下向风,人自藻饰,雕虫之艺,盛于时矣。"钟嵘《诗品序》也说:"今之士俗,斯风炽矣。"

由于存在着南北文学之间的差异,各自的文化观念、审美取向、背景不同,因而也就存在互不欣赏、相互排拒的情况。例如,对于南朝萧悫的《秋思》"芙蓉露下落,杨柳月中疏",北人"未之赏也","卢思道之徒,雅所不惬"[①]。而对于北人诗文,南人亦有不欣赏者,例如晋代陆机、陆云嘲笑写《三都赋》的左思,"此间有伧父,欲作《三都赋》,须其成,当以覆酒瓮耳"[②]。

但是,差异不能阻止交流,南北文化、美学、文学之交融乃是趋向之大势。交流首先是通过人才形成的。历史事变使得一些南方文化名人到了北国,或是被掳,或是出使滞留,例如王褒、庾信等人。西魏大军所掳南方一百多万人中就有不少文化名人。据《周书·王褒庾信传》,江陵被攻陷后,"元帝出降,褒遂与众俱出,见柱国于谨,谨甚礼之。褒曾作《燕歌行》,妙尽关塞寒苦之状。元帝及诸文士并和之。而竞为凄切之词,至此方验焉。褒与王克、刘珏、宗懔、殷不害等数十人俱至长安,太祖喜曰:'昔平吴之利,二陆而已;今定楚之功,群贤毕至,可谓过之矣。'又谓褒及王克曰:'吾即王氏甥也,卿等并吾之舅氏,当以亲戚为情,勿以去乡介意。'于是授褒及克、殷不害等车骑大将军,仪同三司,常从容

---

① 颜之推:《颜氏家训·文章》。
② 房玄龄:《晋书·左思传》。

上席，资饩甚厚。褒等亦并荷恩眄，忘其羁旅焉"。北朝帝王对南方来的文士表现出特别礼遇、欣赏态度，也就是说，他们十分爱才。例如北周明帝宇文毓"笃好文学"，对于"才名最高"的王褒和庾信"特加亲待"，"帝每游宴，命褒等赋诗谈论，常在左右"。对于北方所欣赏的南方文人，总是坚执留下。北周武帝宇文邕跟陈朝通好互交，在这样的背景下，对于"南北流寓之士，各许还其旧国"。陈朝方面要求放归王褒、庾信等十几人，但是北周武帝只放行王克、殷不害等人，对于"信及褒并留而不遣"①。

南人对于北人中的才学之士也是如此。据《北史·魏收传》载，王昕出使梁朝，"风流文辩，收辞藻富逸，梁主及其群臣咸加敬异"。南人北人唯才是爱、不怀偏见，无疑给南北文化、文学、美学交流创造了精神环境。

永嘉之乱后，北方士族大家如过江之鲫纷纷南下，出现了一次南北文化大交流。那些南来之显族已忘却北地方言而用侬侬吴语了。《世说新语·排调》记："刘真长（刘惔）始见王丞相（王导），时盛暑之月，丞相以腹熨弹棋局曰：'何乃渹！'刘既出，人问：'见王公云何？'刘曰：'未见他异，唯闻作吴语耳。'"《南齐书·王敬则传》载："敬则名位虽达，不以富贵自遇，危拱傍遑，略不尝坐。接士庶皆吴语，而殷勤周悉。"

南人喜欢、欣赏北人所作的诗，如《隋书·薛道衡传》载："江东雅好篇什，陈主犹爱雕虫，道衡每有所作，南人无不吟诵焉。"反之，北人亦喜欢、欣赏南人所作。如北人郦道元《水经注》中那段关于三峡风光的绝丽文字就采入了刘宋人盛弘之的《荆川记》。《艺苑卮言》卷八记："梁时，使臣至吐谷浑，见床头数卷，乃《刘孝标集》。"《北齐书·文襄纪》载东魏主、崔季舒能脱口咏诵谢灵运、鲍照诗。北人也有因喜爱南人著作犯禁受责的，如《北齐书·祖珽传》载："为秘书丞，领舍人，事文襄。州客至，请卖《华林遍略》。文襄多集书人，一日一夜写毕，退其本曰：'不须也。'珽以《遍略》数帙质钱樗蒱，文襄杖之四十……并盗官《遍略》一部，时，又除珽秘书丞兼中书舍人，还邺后，其事皆发，文宣付从事中郎王士雅推检，并书与平阳公淹，令录珽付禁，勿令越逸。"庾信是南北文学交流中的重要人物。《北史·庾信传》载："明帝、武帝，并雅好文学，信特蒙恩

---

① 令狐德棻：《周书·王褒庾信传》。

礼。至于赵、滕诸王，周旋款至，有若布衣之交。群公碑志，多相托焉。"北周滕王宇文逌序庾信文集云："信降山岳之隆，蕴烟霞之秀，器量侔瑚琏，志性甚松筠。妙善文词，尤工诗赋，穷缘情之绮靡，尽体物之浏亮，诔夺安仁之美，碑有伯喈之情，箴似扬雄，书同阮籍。"庾信对此十分感激，其《谢滕王集序启》说："紫微悬映，如传阙里之书；青鸟遥飞，似送层城之璧。若夫甘泉宫里，玉树一丛；玄武阙前，明珠六寸，不得譬此光芒，方斯烛照。"

隋在地域上对南北的统一，为南北文化、文学、美学的交流、交融，创造了条件，但隋代存在时间过于浅短，未及融合，便告朝代瓦解。这一美好的历史任务便由它的后继者唐代完成了。

第二章　隋代美学史地位

隋代美学享年太浅，早夭少亡，恍若倏忽而逝的流星，但其在美学史上的地位绝不能忽略不计。

清代沈德潜《说诗晬语》云："隋炀帝艳情篇什，同符后主，而边塞诸作，铿然独异，剥极将复之候也。杨素幽思健笔，词气清苍，后此射洪（陈子昂）、曲江（张九龄），起衰中立，此为胜、广云。"沈德潜把隋代诗美成就定位为"起衰中立"，颇为确切。这批诗人在隋代诗苑苍头独起，犹如秦末揭竿而起的陈胜、吴广。对于何谓"起衰中立"，清人刘熙载《艺概·诗概》有一具体解释："隋杨处道（杨素）诗甚为雄深雅健。齐、梁文辞之弊，贵清绮不重气质，得此可以矫之。"杨素矫治了齐、梁"清绮"之风，以"雄深雅健"之格代之，这便是"起衰中立"。《隋书》本传评杨素赠薛道衡诗"词气宏拔，风韵秀上，亦为一时盛作"。

隋代诗美学复兴了汉魏的用世美学精神。用世美学精神在对六朝美学的超越中形成，又在隋代残酷的现实环境中孕生。所谓"父母不保其赤子，夫妻相弃于匡床"[①]，所谓"黄河之北，则千里无烟；江淮之间，则鞠为茂草"[②]，终致"百姓怨嗟，天下大溃"[③]。这样便给文学审美提供了丰富的现实对象，六朝曾经出现的现实性美学断档终于得以恢复和延续。《隋书·经籍志》说："属以高祖少文，炀帝多忌，当路执权，逮相摈压，于是握灵蛇之珠，韫荆山之玉，转死沟壑之内者，不可

[①] 刘昫：《旧唐书·李密传》。
[②] 魏徵、令狐德棻：《隋书·杨玄感传》。
[③] 魏徵、令狐德棻：《隋书·刑法志》。

胜数，草泽怨刺，于是兴焉。"《资治通鉴》卷一八一记载："邹平民王薄，拥众据长白山，剽掠齐、济之郊。自称知世郎，言事可知矣。又作《无向辽东浪死歌》，以相感劝，避征役者，多往归之。"又有《挽舟者歌》："我儿征辽东，饿死青山下。今我挽龙舟，又困隋堤道。方今天下饥，路粮无些小。前去三十程，此身安可保。寒骨枕荒沙，幽魂泣烟草。悲损门内妻，望断吾家老。安得义男儿，烂此无主尸。引其孤魂回，负其白骨归。"虽然诗美成就不高，但质朴泼辣，犀利有力，有戟指现实的力度。这可以说是用世美学的回归，给唐代诗美学以影响。孙万寿《远戍江南寄京邑亲友》表现传统的迁谪之怨，遂使"此诗至京，盛为当时之所吟诵，天下好事者多书壁而玩之"。《和周记室游旧京》："大夫愍周庙，王子泣殷墟。自然心断绝，何关系惨舒。仆本漳滨士，旧国亦沦胥。……闻君怀古曲，同病亦涟如。方知周处叹，前后信非虚。"凄婉动人。隋诗使得诗歌在表现现实感受方面，在触及诗人的情绪方面有所进展，而且它着力表现的是诗人沉重的历史感和遭际感。这便形成了跟传统文学美学主题精神的对接，也就为唐代文学美学打下了基础。

隋代是中国美学史上一个短暂的转折时期，隋代美学以一种矫枉过正的激烈态度和方式否定和清算六朝美学。由于隋文帝杨坚的态度使得这场美学清算更为特殊，例如以文采治罪的文字狱，确实在中国文化史、美学史上是独得先例的。这体现了帝王对于文化、美学的蛮横与专断。隋文帝时代的复古和古典气息很浓。文帝即位后制定新乐，其实质以复古为内涵，据《隋书·高祖纪》载，隋文帝说："朕情存古乐，深思雅道，郑卫淫声，鱼龙杂戏，乐府之内，尽以除之。"又据《资治通鉴》卷一七八曰："民间音乐，流僻日久，弃其旧体，竞造繁声，宜加禁约，务存其本。"由此可以看出，隋文帝时代的复古主义是全面的，旨在形成理性主义、典雅性的美学规范。这种状态至隋炀帝时代有所变化，感性主义有所复苏，从而使隋代美学有了色彩。

隋代既然是一个转折时期，是没有稳定化的美学史时期，其美学色调也就不是单一的，还有秀丽、绵长的一面。例如薛道衡《昔昔盐》诗：

> 垂柳覆金堤，蘼芜叶复齐。水溢芙蓉沼，花飞桃李蹊。采桑秦氏女，织锦窦家妻。关山别荡子，风月守空闺。恒敛千金笑，长垂双玉

啼。盘龙随镜隐，彩凤逐帷低。飞魂同夜鹊，倦寝忆晨鸡。暗牖悬蛛网，空梁落燕泥。前年过代北，今岁往辽西。一去无消息，那能惜马蹄。

辞采之华丽，思归幽情之表露，颇得南朝风调。"暗牖悬蛛网，空梁落燕泥"已成为传世名句。孙万寿《东归在路率尔成咏》："学宦两无成，归心自不平。故乡尚千里，山秋猿夜鸣。人愁惨云色，客意惯风声。羁恨虽多绪，俱是一伤情。"思乡诗中思绪之悠长、缠绵，实开唐人思乡诗之先河。杨素《赠薛内史》："耿耿不能寐，京洛久离群。横琴还独坐，停杯遂待君。待君春草歇，独坐秋风发。朝朝唯落花，夜夜空明月。"又有《山斋独坐赠薛内史》二首：

居山四望阻，风云竟朝夕。深溪横古树，空岩卧幽石。日出远岫明，鸟散空林寂。兰庭动幽气，竹室生虚白。落花入户飞，细草当阶积。桂酒徒盈樽，故人不在席。日暮山之幽，临风望羽客。

岩壑澄清景，景清岩壑深。白云飞暮色，绿水激清音。涧户散余彩，山窗凝宿阴。花草兴荣映，树石相陵临。独坐对陈榻，无客有鸣琴。寂寂幽山里，谁知无闷心。

沈德潜《古诗源》欣赏其"诗格清远"。确实，杨素的这些诗承绪了六朝诗的"清"风"远"音。绘景细微深入，幽丽秀美，于绘景中渲染出淡雅的氛围，又于气氛渲染中表达了诗人怀远的情致，是隋代诗审美的上乘之作。

隋代工艺美学亦有较大进步，据《隋书·地理志》载，蜀地"绫锦雕镂之妙，殆侔于上国"，安阳的"雕刻之工，特云精妙"。隋代的白瓷有独特的美学史地位。六朝是青瓷，隋代则为白瓷，成为中国陶瓷史上的一个重要时期。从出土器物中还可以看到六朝已有玻璃器皿，隋代进一步发展。

隋代历史虽短，但在文化、美学上取得的成就是多方面的。它刚刚起步，旋即收履；开始与终结的过程转换得极其迅疾，一切都有待于沉淀，却未来得及沉淀，流星消逝，瞬息变幻。它虽否定了六朝，却不期然地受到六朝清丽美学的影响；它虽清算了六朝，却又成了被清算的对象。那个有容乃大、胸襟开阔、雍容大度的辉煌唐代即将到来。

第二编

初唐美学史

第三章　初唐史学—美学

第一节　初唐"史学热"的动因及其概况

唐代隋，剪除各路义军后，出现了稳定意义上的统一。艰苦卓绝的战争和马上得天下的艰难使唐的建国者极其珍惜既得的利益，又极其重视历史经验的总结和接纳诤言，因为他们认识到历史是现实的镜子。在这样的背景和现实目的催动下，才会出现唐太宗和魏徵君臣相合的历史佳话。

六朝和隋对于唐来说都是不远之殷鉴，对于励精图治的唐代统治集团来说，极度重视"守成"，便对前代急遽覆亡的历史抱着怵惕心理。唐太宗君臣间时常以前代史作为话题。贞观元年（627），唐太宗刚继位便对诸公卿说："人欲自见其形，必资明镜；君欲自知其过，必待忠臣。苟其君愎谏自贤，其臣阿谀顺旨，君既失国，臣岂能独全！如虞世基等谄事炀帝以保富贵，炀帝既弑，世基等亦诛。公辈宜用此为戒，事有得失，毋惜尽言。"贞观二年（628），唐太宗说："梁武帝君臣惟谈苦空，侯景之乱，百官不能乘马。元帝为周师所围，犹讲《老子》，百官戎服以听，此深足为戒。"这种历史感是基于守成比创业更为艰难的认识论基础之上的。贞观十二年（638），唐太宗君臣有一番对话：

> 上问侍臣："创业与守成孰难？"房玄龄曰："草昧之初，与群雄并起角力而后臣之，创业难矣！"魏徵曰："自古帝王，莫不得之艰难，失之安逸，守成难矣。"上曰："玄龄与吾共取天下，出百死，得一生，故知创业之难。徵与吾共安天下，常恐骄奢生于富贵，祸乱生于所忽，故知守成之难。然创业之难，既已往

矣；守成之难，方当与诸公慎之。"玄龄等拜曰："陛下及此言，四海之福也。"

正是出于"守成"艰难的历史认识，初唐君臣对于前代的历史保持着极其清醒的态度。贞观二年（628），太宗与魏徵有一番对话十分重要：

> 上谓侍臣曰："朕观《隋炀帝集》，文辞奥博，亦知是尧、舜而非桀、纣，然行事何其反也！"魏徵对曰："人君虽圣哲，犹当虚己以受人，故智者献其谋，勇者竭其力。炀帝恃其俊才，骄矜自用，故口诵尧、舜之言而身为桀、纣之行，曾不自知以至覆亡也！"上曰："前事不远，吾属之师也！"

如此重视"前事"的借鉴作用，便孕育出初唐的"史学热"。修史的对象当然包括了文学、美学，这便在"史学热"中出现了对文学、美学的经验概括与理性思考。

据《旧唐书·令狐德棻传》，武德年间，令狐德棻对唐高祖李渊说："近代以来，多无正史。梁陈及齐犹有文籍，至周隋遭大业离乱，多有遗阙。当今耳目犹接，尚有可凭，如更十数年后，恐事迹湮没。"他提醒李渊，治史建史对于唐代统治的意义："陛下既受禅于隋，复承周氏，历数国家，二祖功业并在周时，如文史不存，何以贻鉴今古？"因此，他建议修史，被李渊采纳，下诏说："司典序言，史官记事，考论得失，究尽变通，所以裁成义类，惩恶劝善，多识前古，贻鉴将来。"鉴于"简牍未编，纪传咸阙，炎凉已积，谣俗迁讹"的状况，遂下令修史。修史范围相当广泛，要求"务加详核，博采旧闻，义在不刊，书法无隐"。由中书令萧瑀等人分头撰著魏、周、北齐、梁、陈、隋史，但"历数年竟不能就而罢"，这项浩大的修史工程遂搁浅。到贞观三年（629），旧事重提，"太宗复敕修撰"，进行具体分工，由令狐德棻、岑文本撰写周史，姚思廉撰写梁史、陈史，李百药撰写齐史，魏徵、孔颖达撰写隋史。魏徵"受诏总加撰定，多所损益，务存简正"。《隋书》序言出于魏徵之手，梁、陈、齐三史均由魏徵作总论。魏、周、北齐、梁、陈史在贞观年间完成，《隋书》十志完成的时间为唐高宗时，参与其事的李延寿等人颇为当时所称。唐太宗还命房玄龄、褚遂良、令狐德棻等人改编撰写《晋书》。李延寿还撰著成《南史》《北史》。这样，唐初蜂然出现八部史书：《晋书》《南史》《北史》《梁书》《陈书》《周书》《北齐书》《隋书》。这在中国史学史上是独得先例，后乏援引的。

上述初唐史学家有不少是政治家，是初唐的中枢人物，如魏徵、令狐德棻、李百药、姚思廉等。魏徵为史所著称，贞观中任秘书监侍中，以直谏闻名，唐太宗曾说过："贞观之前，从朕经营天下，玄龄之功也；贞观以来，绳愆纠缪，魏徵之功也。"①可见倚重如此。令狐德棻曾任秘书丞等职，与侍中陈叔达等受诏撰《艺文类聚》，《旧唐书》传赞其"暮年尤勤于著述，国家凡有修撰，无不参预"。岑文本参与国家之核心机构，为太宗起草文件，甚得重视，曾任中书侍郎。李百药，《旧唐书》本传称其"以名臣之子，才行相继，四海名流，莫不宗仰，藻思沉郁，尤长于五言诗，虽樵童牧竖，并皆吟讽"。姚思廉，唐高祖时授秦王文学，唐太宗时为弘文馆学士、太子洗马。唐太宗赞其"志苦精勤，纪言实录"。这些史学家均为太宗"钦点"，在其左右，影响甚或参与其重要决策。李百药《封建论》曾描述唐太宗跟他们在一起讨论的情景："每旦视朝，听受无倦，智周于万物，道济于天下。罢朝之后，引进名臣，讨论是非，备尽肝膈，唯及政事，更无异辞。才及日昃，命才学之士，赐以清闲，高谈典籍，杂以文咏，间以玄言，乙夜忘疲，中宵不寐。"在这样的环境中，唐太宗的政治、治国观念自然会灌输给这些近臣般的历史学家们，而他们也同样会影响唐太宗。于是，他们的历史观念、文学史观念、美学史观念就在很大程度上代表了唐代最高层的观念，同时也给这些观念染上了某些色彩。这些观念既代表了初唐的美学观念，又对其起到规范作用。

第二节　史学—美学

初唐在修史、建史过程中把文学、美学作为史的构成内容来看待。撰写者都是一批博古通今的史学家，因此，他们的论析和评价就不能不带有史学家的意识、观念和视域特征。

其一，以史家眼光评述文学、美学的发展历程，宏通而畅达。《北齐书·文苑传序》《隋书·文学传序》《隋书·经籍志·集部序》《周书·王褒庾信传》等多有涉及。它们具有这样的特点：宏观描述性，上下数千年纵

---

① 司马光：《资治通鉴》卷一九五。

横贯通，具有强烈的历史感。读这些文字，觉得视域宏放，缕述酣畅。在这里，史学家的特点便显出来了：在描述和论述中以文体变迁为中心。而上述的美学史评价和观点在美学学术史上具有明显的继承性，这便是继承了前代——南朝沈约《宋书·谢灵运传论》和钟嵘《诗品》的相关观点。

《隋书·经籍志·集部序》描述了自屈宋以来至于齐梁，旁涉北齐、北魏文体屡变的情形。《周书·王褒庾信传》则扣合作家和时代审美理想、审美风格，淋漓尽致，洋洋洒洒，可以说是中国文学美学史长卷的缩影图，于描述中有评价，正有史家之风范与眼光。这种评述又是在社会、历史、文化背景下扣合时代风习进行的。《隋书·经籍志·集部序》："永嘉已后，玄风既扇，辞多平淡，文寡风力。降及江东，不胜其弊。"这已成为对玄风与玄言诗关系论述的经典之论了。史著是延续的，在这些论述中延伸了前代之论，例如《隋书·文学传序》说："自汉魏以来，迄乎晋宋，其体屡变，前哲论之详矣。"它便进一步下沿到"暨永明、天监之际，太和、天保之间"，进行评述，形成了史的线索的延续性。

虽然初唐史家在对历代美学史状况和文学家审美风貌评述时跟六朝美学史家所用的话语有所不同，对涉及的对象所做的评价也不尽相类，但其审美视域和审美思维机制却多有相合之处。他们的审美视域是宏观型的，从远古一路评述而来，纵深感、历史感极其强烈，这正是中国美学史之论述特色。他们的描述，包含审美价值、地位的评价，述中有评；能结合时代风尚、习俗，时代审美理想，展开评论，使个体审美风貌显现时代特质。同时，评述时特别注重上述时代风习、审美理想的演变和这种演变所带来的审美个体状况变化情景。评述所运用的语词高度简括凝练。这些都体现了中国美学批评史的语境特点，初唐史学—美学家正是继承了六朝所形成的美学传统。中国美学理论史不可对此缺位对待。

从隋代以来，在对齐梁文学、美学清算时，往往把根源归结于屈原，这一美学思潮一直延续到初唐的王勃。其《上吏部裴侍郎启》写道："自微言既绝，斯文不振。屈宋导浇源于前，枚马张淫风于后，谈人主者以宫室苑囿为雄，叙名流者以沉酗骄奢为达。故魏文用之而中国衰，宋武贵之而江东乱。虽沈谢争骛，适先兆齐梁之危；徐庾并驰，不能免周陈之祸。"而初唐的史学—美学家则表现了深宏的美学史眼光，对屈原以及楚辞给予了中肯的评价。《隋书·经籍志》写道：

> 楚辞者,屈原之所作也。自周室衰乱,诗人寝息,谄佞之道兴,讽刺之辞废。楚有贤臣屈原,被谗放逐,乃著离骚八篇。言己离别愁思,申抒其心,自明无罪,因以讽谏,冀君觉悟,卒不省察,遂赴汨罗死焉。弟子宋玉,痛惜其师,伤而和之。其后,贾谊、东方朔、刘向、扬雄,嘉其文采,拟之而作。盖以原楚人也,谓之楚辞。然其气质高丽,雅致清远,后之文人,咸不能逮。

这是对楚辞所做的忠实的美学和美学史评述,不包含任何偏见和偏激情绪。对于《楚辞》之成因,尤指出其"言己离别愁思,申抒其心",触及抒情美学之本因,独到而深刻。描述其流变过程,为楚辞阐解,概括"其气质高丽,雅致清远"之审美特征,至为切当。并高度评价其美学史地位:"后之文人,咸不能逮",不可企及。这便纠偏了王勃等人的观点,使楚辞得到了恰当的定位。

其二,把文学、美学作为人文哲学范畴来看待。在中国文化、哲学中人文是跟自然相对举的,人文观、自然观代表了对于社会、自然的两种不同的阐解方式。《隋书·经籍志·集部序》《隋书·文学传序》《周书·王褒庾信传》《北齐书·文苑传序》《陈书·文学传序》《晋书·文苑传序》《梁书·文学传序》都无一例外地对人文精神做了论述,继承了《易》学的人文哲学观点,并进一步扩大其功能。《隋书·文学传序》说:"上所以敷德教于下,下所以达情志于上。大则经纬天地,作训垂范;次则风谣歌颂,匡主和民。"这强调了人文巨大而独特的功能和作用,可以说是无所不包又无所不及。重视人文是中国文化的传统,初唐的史学—美学家们正是继承了这一传统精神,从而使人文在思想文化领域得以发扬。于是,文学便成了人文精神的体现。《陈书·阮卓传》写道:"夫文学者,盖人伦之所基欤?是以君子异乎众庶。昔仲尼之论四科,始乎德行,终于文学。斯则圣人所贵也。"初唐乃至整个唐代文学之所以有着强烈的人文精神,初唐史学—美学所提供的论述支撑不能不说是重要条件。

其三,同时提出文学的教化功能和审美功能。在关于文学基本性质的确认上,整个唐代有其发展过程,或有提出纯教化的功利主义,或有提出纯美学的,思潮波荡不息。初唐美学理论的基本内涵和美学思潮中所提出的基本内容是教化与审美并存。教化功能的提出仍然源于人文精神,而对文学现实效应的重视又确实具有初唐的理性特征。诸如认为文学能够"经纬乾坤""经邦济俗""匡主和民"等。它适应了唐代开国雄主建立统治新秩序和维护自身集团利益的需要。在这一点上,唐承继了隋。然而在另一方面,初唐的史学—美学家又不同于隋代美学家,他们明显也重视文学的审美功能。《隋书·文学传序》说:"离谗放逐之臣,涂穷后门之士,道坎坷而未遇,志郁抑而不伸,愤激委约之中,飞文魏阙之下,奋迅泥滓,自致青云。"这就回到文学是心灵抒发、郁抑伸展的审美命题上来了。《晋书·郭澄之传》说:"夫赏好生于情,刚柔本于性。情之所适,发乎咏歌,而感召无象,风律殊制。"《北齐书·文苑传序》说:"文之所起,情发于中。"《周书·王褒庾信传》说:"原夫文章之作,本乎情性,覃思则变化无方,形言则条流遂广。"这又是对两晋、南朝文艺美学思想的继承,情为文之根本,为审美之基因。

从初唐对文学教化功能与审美功能并重性的体认上,可以看出初唐美学思潮的基本特征,它们之间交互作用,不以某一方面为尊为主潮,它们尚待沉淀,又需稳定,于是出现了功利性与审美性并重的格局。一方面从自身利益的急切愿望出发,对功利主义提出了要求;另一方面又充分看到文学的审美性,这是对文学特性的真正体认和把握。例如《周书·王褒庾信传》就委婉地批评了北朝文学公文性质较重而审美特征较弱的情形:"竞奏符檄,则粲然可观;体物缘情,则寂寥于世。"而前者受隋代美学思潮影响,后者则运用了两晋、南朝的文学审美理论,连一些具体的提法也是如此,例如钟嵘《诗品序》说玄言诗"理过其辞,淡乎寡味",《隋书·经籍志·集部序》则说是"辞多平淡,文寡风力"。"风力"一词为钟嵘首创。于此也可以看出初唐美学与前代相承之关系,也体现了初唐美学家一开始所显示出来的容纳态度。

其四,对前代文学、美学的评判富于极强的历史分寸感。跟隋代李谔、王通一笔摞倒六朝美学的简单粗暴做法不同的是,初唐美学家对六朝美学的不同内涵加以区分,对不同时期的美学品格进行界定。例如《隋书·经籍志·集部序》所描述的晋代以降的美学状况,就包含着区别性的评价:"爰逮晋氏,见称潘陆,并黼藻相辉,宫商间起。清辞润乎金石,精义薄乎云天。永嘉已后,玄风既扇,辞多平淡,文寡风力。降及江东,不胜其弊。宋齐之世,下逮梁初,灵运高致之奇,延年错综之美,谢玄晖之藻丽,沈休文之富溢,辉焕斌蔚,辞义可观。"这里进行了阶段性的美学评估,其出发点不是理性和功利，而是美的感性要求和特征。对具体诗人谢灵运、颜延之、谢朓、沈约的评价也是如此。又如《隋书·文学传序》写道："暨永明、天监之际，太和、天保之间，洛阳江左，文雅尤盛。于时作者，济阳江淹、吴郡沈约、乐安任昉、济阴温子昇、河间邢子才、钜鹿魏伯起等，并学穷书囿，思极人文。缛彩郁于云霞，逸响振于金石，英华秀发，波澜浩荡，笔有余力，词无竭源。方诸张、蔡、曹、王，亦各一时之选也。闻其风者，声驰景慕。"

初唐美学家对南朝美学的评价是以梁大同（起于公元535年）为界的，并非对前后代一概而论。具体而言，对大同以前作家、作品的审美评价较高，对此后以萧纲、徐陵等为代表的作家、作品批评较切。《隋书·文学传序》说："梁自大同之后，雅道沦缺，渐乖典则，争驰新巧。简文、湘东，启其淫放；徐陵、庾信，分路扬镳。其意浅而繁，其文匿而彩，词尚轻险，情多哀思。"其他如《隋书·经籍志·集部序》《北齐书·文苑传序》《周书·王褒庾信传》也是如此。这种阶段性的美学史评价坚持对美学史现象具体分析，并给予恰当的史的定位。

其五，确定了初唐的审美理想和标准。这是一批史学—美学家，他们对古典美学曾经出现过的动人景象给予了出色的描述。但这批美学家不是复古派，因此《周书·王褒庾信传》对苏绰的复古主义颇含微词："绰建言务存质朴，遂糠秕魏晋，宪章虞夏，虽属词有师古之美，矫枉非适时之用，故莫能常行焉。"这和刘知幾的《史通》是相通的。他们从初唐的现实中汲取审美因子，从而建立起初唐的审美理想。具体而言：

一是和而能壮，丽而能典。《周书·王褒庾信传》说，虽然诗赋与奏议、铭诔与书论之间多有区别，但"撮其指要"，却有共同点，即"以气为主，以文传意"，这是对曹丕文学美学思想的运用。"摭六经、百氏之英华，探屈宋卿云之秘奥，其调也尚远，其旨也在深，其理也贵当，其辞也欲巧。"其最终要求是："文质因其宜，繁约适其变。权衡轻重，斟酌古今，和而能壮，丽而能典，焕乎若五色之成章，纷乎犹八音之繁会。"

二是文质斌斌，尽善尽美。《隋书·文学传序》说："然彼此好尚，互有异同。江左宫商发越，贵于清绮；河朔词义贞刚，重乎气质。气质则理胜其词，清绮则文过其意。理深者便于时用，文华者宜于咏歌。此其南北词人得失之大较也。若能掇彼清音，简兹累句，各去所短，合其两长，则文质斌斌，尽善尽美矣。"这里有鲜明的文化地理学色彩，时至今日，仍被论者所广泛引用。

三是汇合前代，结合当代。初唐所建立的审美标准不同于南朝的轻靡，但又吸收了南朝美学重感性的因子；不同于隋代的质木，但又吸收了隋代美学重理性的因子。可以说是熔铸前代所长，避其所短，并结合初唐的社会思潮、审美理想需要而建立起来的。它从一开始就体现并进而奠定了唐人对待美学遗产的态度——宽厚、大度。这是唐人的宝贵之处，也是其伟大之处，同时也是唐人能成就中国美学更大辉煌之原因所在。

四是融化南北，铸造新机。南北文学因各种文化条件而产生差异，出现审美格调、风貌的不同，但南北文学的交流、融合又是必然趋势，而它最终是由南地迁至北方之精英文人所完成。南方美学的精细、雅致、文采融合了北方的朴野、刚健、质实，可以看出南方美学的张力和渗透力。南北美学之融合又需有国土、政局的统一为前提，隋代美学在这一形势下初步得以实现，而初唐美学又在新的背景下提出进一步的要求，并且进一步得以实现，这一切都是时势使然。

唐代初期的史学包含着史著和史论两大系统，前者如《晋书》等八部史著，占了二十四史的三分之一；后者如刘知幾的《史通》，作为史学形态，它体现了完备性。唐代前期的史学—美学，具有用世型的实践美学特征，在强化史学现实性功能的同时，美学的致用性质也得到了强调。唐代前期出现修史热，又并非是为着复古，史学家们抨击了苏绰的复古主义就是证明。这样，唐代前期的史学—美学就因其鲜明的特征和内涵，融会于唐代美学之中，构成其有机组成部分，并推助着整个唐代美学的发展。

第三节　《史通》之史学—美学

在唐代史学—美学的史论领域中最有成就的是刘知幾的《史通》。此著上下篇二十卷，对前代史著做了评述，就如何撰史提出了许多重要见解。《自叙》中陈说借鉴刘勰《文心雕龙》而作《史通》，虽然一者论文，一者论史，但堪称文史双璧。所以，宋代黄庭坚认为："论文则《文心雕龙》，评史则《史通》。"清人黄叔琳《史通训诂补序》认为，此著在文史类中，

"允与刘彦和之《雕龙》相匹"。这样，就应该将其归入史学—美学中加以研究和整合。

第一，以史为本的论述基点。《史通》在史学上被人称之为"座右"。在回答"自古以来，文士多而史才少"的原因时，他说："史才须有三长，世无其人，故史才少也。三长谓才也、学也、识也。"他具体解释道："有学而无才，亦犹有良田百顷，黄金满籝，而使愚者营生，终不能致于货殖者矣。"另一方面，"如有才而无学，亦犹思兼匠石，巧若公输，而家无梗楠斧斤，终不果成其宫室者矣。"[1]他主张史才须是学、才、识三者兼备。刘知幾正是兼得学、才、识之史才，因此，《史通》也就具备了学、才、识之特点。这是把握《史通》的一个重要视点，也是其在中国史学史上最有影响的史学观点。

《史通》顾名思义是言史，又何以关乎文呢？刘知幾在《自叙》中表述道："词人属文，其体非一，譬甘辛殊味，丹素异彩，后来祖述，识殊圆通，家有诋诃，人相掎摭，故刘勰文心生焉。若《史通》之为书也，盖伤当时载笔之士，其道不纯，思欲辨其指归，殚其体统。夫其书虽以史为主，而余波所及，上穷王道，下掞人伦，总括万殊，包吞千有，自《法言》以降，迄于《文心》而往，以纳诸胸中，曾不蒂芥者矣。"以史为主，兼及于文，或者说是以史家眼光看文，这是把握《史通》的又一个重要视点。

《史通》以刘知幾的主体学、才、识为基础，通过对历代史学特别是初唐史学的评价，表达出文学审美学中的一些重要见解，完成了史学—美学的建构。其以史为本的论述基点是：中国文化自古文史不分，到汉以后逐渐分离。在文内部，又有纯文学与杂文学之分，经过六朝文笔之辨，逐渐明晰。至唐前期又有文史相混之现象，即刘知幾所说的"载笔之士，其义不纯"。不纯，就是史笔不纯不清，而以文笔替代之。把小说家言视为信史，"聚彼虚说，编而次之"，把"轻薄之句编为史传之文"，运用了文学比兴手法，"全类咏歌"。语言缺乏典雅和纯净，多为"鄙朴"，"实同文案"。远离了司马迁和班固，宗法于徐陵、庾信。这一切便失去和泯除了史学的规定性。刘知幾所做的正是正本清源，并为此提出了"文之与史，较然异辙"的著名观点。《史通·核才》写道："昔尼父有言：'文胜质则史'，盖史者当时之文也，然朴散淳

---

[1] 刘昫：《旧唐书·刘子玄传》。

销,时移世异,文之与史,较然异辙。故以张衡之文,而不闲于史;以陈寿之史,而不习于文。"文才与史才、文笔与史笔,各有区别、差异,区别、差异即各自的规定性,因此,张衡不能治史,陈寿无法为文。从罗含、谢灵运一直到江总、庾信、卢思道,是一批文才,所写的只是"偏记杂说、小卷短书",而不是正宗史著,更何况那些等而下之的墨客了。这就对史才提出了要求,也对史著的基本特征提出了要求。文史不相混,不能以史才去运文笔,《史通·核才》对具有文才之笔的徐陵,最终没有撰写《梁书》表示欣赏,认为其有自知之明:"嗟乎!以徐公文体,而施诸史传,亦犹濡上儿戏,异乎真将军。幸而量力不为,可谓自卜者审矣。"

对史笔、史才、史著的特征,刘知幾提出文史分辙是一个大前提,不可相混。具体而言:史有特定的评判标准和尺度,不可以文对史。他特别反感用文笔写史,致使非文非史、非驴非马。《史通·叙事》写道:"其立言也,或虚加练饰,轻事雕彩;或体兼赋颂,词类俳优。文非文,史非史。譬夫乌孙造室,杂以汉仪,而刻鹄不成,反类于鹜者也。"

刘知幾认为最具有规范特征的史著,应当达到这样的境界:"史之称美者以叙事为先,至若书功过,记善恶,文而不丽,质而非野,使人味其滋旨,怀其德音,三复忘疲,百遍无斁。"班固的《汉书》论赞是其楷范:"辞惟温雅,理多惬当,其尤美者,有典诰之风,翩翩奕奕,良可咏也。"这里,充分体现了刘知幾史学—美学的体格要求:典雅、温润而有神采。这不是古典的质木无文,也不是近代的轻靡华艳,而是由刘知幾所设定的审美标准,它代表了初唐社会审美理想所提出的审美要求。

史是一块不可乱入之畛域,不能把文的作品随便纳入其中,它要符合史的规范要求——"其理说而切,其文简而要,足以惩恶劝善,观风察俗者矣"。"史氏所书,固当以正为主。"

刘知幾所置身的是唐代初期的文化、美学、文学环境,所谓齐梁余绪、宫体遗风,仍在发挥作用。清算齐梁美学,清理初唐美学,刘知幾是以史论家的身份运用史学的工具投入这一美学思潮的。以史待文,是刘知幾所运用的独特视域。这样,如何对待文学作品,就从一个重要方面体现了他的史学—美学观。其一,文史之相殊,"较然异辙"。由于固守于史域,以史为视界,也就顺带对文学做出了史学—美学的评价。其二,文史之相同,均有美刺功能。《史通·载文》写道:"夫观乎人文,以化成天下;观乎国风,以察兴亡。是知文之为用，远矣大矣。若乃宣、僖善政，其美载于周诗；怀、襄不道，其恶存于楚赋。"把文学的功能归结为美刺教化，与史学同一。其三，对文学审美手段和技法的漠视。《史通·杂说》写道：

> 《左传》称仲尼曰："鲍庄子之智不如葵，葵犹能卫其足。"夫有生而无识、有质而无情者，其惟草木乎？然自枯自脆而已，必言其含灵畜智、隐身违祸，则无其义也。寻葵之向日倾心，本不卫足，由人睹其形似，强为立名。亦由今俗文士，谓鸟鸣为啼，花发为笑。花之与鸟，安有笑啼之情哉？必以人无喜怒，不知哀乐，便云其智不如花，花犹善笑，其智不如鸟，鸟犹善啼，可谓之说言哉？

比兴，以草木花鸟之有情喻人之有情，是中国诗美学之传统手法，是对审美心理移情作用的正确说明，从而成为中国诗美学的基因。但是刘知幾却在《史通·杂说》中指责"今俗文士，谓鸟鸣为啼，花发为笑"，认为："花之与鸟，安有笑啼之情哉？"否定了它的审美可能性与基础，于是，对于中国文学的审美成果，他总是表现出史学家的偏见。《史通·杂说》说："文章小道，无足致噱。"又说："自战国以下，词人属文，皆伪立客主，假相酬答。至于屈原《离骚》，辞称遇汉女于江渚；宋玉《高唐赋》，云梦神女于阳台。夫言并文章，句结音韵，以兹叙事，足验凭虚。而司马迁、习凿齿之徒，皆采为逸事，编诸史籍，疑误后学，不其甚邪！"这就远离了文学的审美性质，漠视了美学存在的可能性。

上述认识又根源于刘知幾轻文重史的史学思想。他从曹丕"文章，经国之大业"论的基础上后退了。《史通·杂说》说："著述之功，其力大矣，岂与夫诗赋小技校其优劣者哉？"《史通·叙事》说："夫以吴徵鲁赋，禹计涂山，持彼往事，用为今说，置于文章则可，施于简册则否矣。"以史为优，以史为先，强化史之文化地位，排斥文的地位和作用。而对于文学作品功能的体认，则认为也应该归入史学之中。《史通·载文》写道："至如诗有韦孟《讽谏》，赋有赵壹《嫉邪》，篇则贾谊《过秦》，论则班彪《王命》，张华述箴于女史，张载题铭于剑阁，诸葛表主以出师，王昶书字以诫子，刘向、谷永之上疏，晁错、李固之对策，荀伯子之弹文，山巨源之启事，此皆言成轨则，为世龟镜。"像这样的文学作品在功能上就与史相合，"文之将史，其流一焉"，所说的就是这一含义。

然而，在另一方面，刘知幾又对文有所注意。《史通·人物》认为裴子野《宋略》不载文学家、诗人鲍照是不对的，鲍照"文宗学府，驰名海内，方于汉代，褒、朔之流，事皆阙如，何以申其褒奖"，但其落脚点仍然在史学上，借助于史书以彰扬其文学成就，从而构成了以史为本的史学—美学论述基点。

第二，以史为体的叙事规范。史著有其特定的叙事行为方式，刘知幾在《史通·叙事》中说："史之称美者，以叙事为先。"其具体的史学—美学要求是，"文而不丽，质而非野"①，"辩而不华，质而不俚"②，体现了中和、折中、平衡的史学—美学观。最能代表这种中和之美的是《左传》。《史通·杂说》云："《左氏》之叙事也，述行师则簿领盈视，叱咤沸腾，论备火则区分在目，修饰峻整；言胜捷则收获都尽，记奔败则披靡横前；申盟誓则慷慨有余，称谲诈则欺诬可见；谈恩惠则煦如春日，纪严切则凛若秋霜；叙兴邦则滋味无量，陈亡国则凄凉可悯。或腴辞润简牍，或美句入咏歌，跌宕而不群，纵横而自得。若斯才者，殆将工侔造化，思涉鬼神，著述罕闻，古今之卓绝。"在刘知幾对《左传》所做的叙事特征评价中又贯串鲜明的审美评定。以《左传》为范式，刘知幾的叙事史学—美学观表现出传统的色彩和正宗特征。

在这样的史学—美学前提下，刘知幾又提出一些具体的叙事规范，如：

征实。这是一个具有传统色彩的命题，既"不虚美"，又"不隐恶"，秉笔直书，如实描述。真实性是对历史学的特别要求，《史通·直言》写道："直书其事，不掩其瑕。……如董狐之书法不隐，赵盾之为法受屈，彼我无忤，行之不疑，然后能成其良直，擅名今古。"真实性是良史所应具备的基本素质。《史通·载文》指出了违背真实性的五种现象："一曰虚设，二曰厚颜，三曰假手，四曰自戾，五曰一概。"他逐一对五种状况进行了分析。魏晋以来，篡位成风，但总是美其名曰禅让劝进，"上出禅书，下陈让表，其间劝进殷勤，敦谕重沓"，而实际"徒有其文，竟无其事，此所谓虚设也"。本来"两军为敌，二国争雄"，其结果却被"饰辞矫说"所曲解，这就是所谓的厚颜。过去"国有诏命，皆人主所为"，现在却"假手"群下，使得事实真相混乱。"自戾"乃是评价并无准的，"一概"就是忽视事物的个体性质与区别。

---

① 刘知幾：《史通·叙事》。
② 刘知幾：《史通·鉴识》。

刘知幾反对用神话传说取代历史事实。《史通·叙事》说："夫以吴徵鲁赋，禹计涂山，持彼往事，用为今说，置于文章则可，施于简史则否矣。"神话传说可以用在文学作品之中，增添其迷离色彩，但断断乎不能用在史著里。真实性是根据史著的性质所确定的。在《史通》中，真实性的概念，有着丰富的内涵：其一，真实性是一个历史范畴，即不同时代有不同形态。例如，"《三传》之说，既不习于《尚书》；两汉之词，又多违于《战策》"，由此"足以验氓俗之递改，知岁时之不同"。但是，"后来作者，通无远识，记其当世口语，罕能从实而书"[1]，便影响了真实感。其二，真实性是一个区域性范畴，不同的地理文化环境会使真实性有其自身的内涵和特征。他比较了南北朝的状况，指出："自晋咸、洛不守，龟鼎南迁，江左为礼乐之乡，金陵实图书之府，故其俗犹能语存规检，言喜风流，颠沛造次，不忘经籍。"但"于中国则不然"，中原地区社会文化、地理文化环境不同，"于斯时也，先王桑梓，翦为蛮貊，被发左衽，充牣神州"。然而，"彦鸾修伪国诸史，（魏）收、（牛）弘撰魏、周书"，却"妄益文彩，虚加风物，援引《诗》《书》，宪章《史》《汉》，遂使沮渠、乞伏，儒雅比于元封；拓跋、宇文，德音同于正始"。刘知幾批评道，这是"华而失实，过莫大焉"。其三，征实又是一个有着现实针对性的史学—美学命题。《史通·杂说》写道："自梁室云季，雕虫道长。平头上尾，尤忌于时；对语俪辞，盛行于俗。始自江外，被于洛中。而史之载言，亦同于此。假有辨如郦叟，吃若周昌，子羽修饰而言，仲由率尔而对，莫不拘以文禁，一概而书，必求实录，多见其妄矣。"齐梁以来虚靡文风的浸染使史学亦尚此习，从而严重偏离了真实性轨道；欲恢复真实性原则就须清算南朝文风，使之从根本上正本清源。

尚简。《史通》认为史书的叙事方式应当简洁。《表历》说："文尚简要，语恶烦芜，何必款曲重沓，方称周备。"《叙事》说："夫国史之美者，以叙事为工，而叙事之工者，以简要为主。简之时义大矣哉！"他认为自两汉以来行文日益繁芜，失去简练，"始自两汉，迄乎三国，国史之文，日伤繁富。逮晋已降，流宕逾远。寻其冗句，摘其烦词，一行之间，必谬增数字；尺纸之内，恒虚费数行"。刘知幾把这归结为南朝繁丽文风影响之结

---

[1] 刘知幾：《史通·言语》。

果。为求简洁，他提出省句与省字的主张。所谓"省句"，"若《公羊》称郤克眇，季孙行父秃，孙良夫跛，齐使跛者逆跛者，秃者逆秃者，眇者逆眇者。盖宜除跛者已下字，但云各以其类逆"。他认为，"省句为易，省字为难"，例如，"《汉书·张苍传》云：'年老口中无齿。'盖于此一句之内，去'年'及'口中'可矣"。刘知幾省略字句的做法走向极端，严重削弱了原作的风神和魅力。清代魏际端说："昔人论《史记·张苍传》，有'年老口中无齿'句，宜删曰：'老无齿。'《公羊传》'齐使跛者逆跛者，秃者逆秃者，眇者逆眇者'，宜删云：'各以其类逆。'简则简，而非公羊、史迁之文，又于神情不生动。"

用晦。《史通·叙事》对用晦做了具体的阐解：

> 然章句之言，有显有晦。显也者，繁词缛说，理尽于篇中；晦也者，省字约文，事溢于句外……夫能略小存大，举重明轻，一言而巨细咸该，三语而洪纤靡漏，此皆用晦之道也。昔古文义，务却浮词。《虞书》云："帝乃殂落，百姓如丧考妣。"《夏书》云："启呱呱而泣，予弗子。"《周书》称"前徒倒戈""血流漂杵"。《虞书》云："四罪而天下咸服。"此皆文如阔略，而语实周瞻，故览之者初疑其易，而为之者方觉其难，固非雕虫小技所能斥非其说也。既而丘明受经，师范尼父……故其纲纪而言邦俗也，则有士会为政，晋国之盗奔秦；邢迁如归，卫国忘亡。其款曲而言人事也，则有使妇人饮之酒以犀革裹之，比及宋，手足皆见；……三军之士，皆如挟纩。斯皆言近而旨远，辞浅而义深，虽发语已殚，而含意未尽。使夫读者望表而知里，扪毛而辨骨，睹一事于句中，反三隅于字外。晦之时义，不亦大哉！

如果说"省"是消极的，那么"晦"则是积极的。言近而旨远，辞浅而义深，在有限的字句中获得无限的意义。刘知幾所列举的《左传》《史记》诸例，正是说明了这样的原理：字约义丰，含不尽之意于言外。这是刘知幾史学—美学观中最有价值的内容，跟文学—美学中"言有尽而意无穷"的命题一样，具有深刻的意义。因此，刘知幾的这一命题虽就史学而言，但接近于美学，从而构成了他史学—美学观的一个部分。

第三，《史通》史学—美学的时代意义与历史影响。刘知幾在《史通》中所表述的史学—美学观有着鲜明的时代色彩和特征。针对南朝至唐前期的史学、美学状况而发,他矫治现状建构起特定的史学—美学观。无论是重史轻文,也无论是征实、尚简、用晦命题的提出,都体现了刘知幾史学—美学观的现实内涵和意图,包含着矫治南朝轻靡之风,建立唐初美学的基本动机。他的史学—美学观是向前的,而不是向后的;是立足于当世的,而不是复古的。《史通·杂说》中批评了西魏苏绰的复古主义,指出唐初的复古主义倾向源于苏绰。"今俗所行周史,是令狐德棻等所撰。其书文而不实,雅而无检,真迹甚寡,客气尤烦。寻宇文初习华风,事由苏绰。至于军国词令,皆准《尚书》。太祖(宇文泰)敕朝廷,文悉准于此。盖史臣所记,皆禀其规。柳虬之徒,从风而靡。按绰文虽去彼淫丽,存兹典实,而陷于矫枉过正之失,乖夫适俗随时之义。苟记言若是,则其谬逾多。爰及牛弘,弥尚儒雅。即其旧事,因而勒成。务累清言,罕逢佳句。而令狐不能别求它述,用广异闻,唯凭本书,重加润色。遂使周氏一代之史,多非实录者焉。"刘知幾是不满于复古主义的,他的立足点和归宿是现实。他从"氓俗之递改""岁时之不同"的历史演化观念出发,提出了当代性的史学—美学观,这无疑是先进的。

《史通·杂说》写道:"或问曰:'王劭《齐志》,多记当时鄙言,为是乎?为非乎?'对曰:'古往今来,名目各异,区分壤隔,称谓不同。所以晋楚方言,齐鲁俗语,六经诸子,载之多矣。自汉已降,风俗屡迁,求诸史籍,差睹其事。或君臣之目,施诸朋友;或尊官之称,属诸君父;曲相崇敬,标以处士王孙,轻加侮辱,号以仆夫舍长。亦有荆楚训多为夥,庐江目桥为圯;南呼北人曰伧,西谓东胡曰虏;渠们底个,江左彼此之辞;乃若君卿,中朝汝我之义。斯并因地而变,随时而革,布在方策,无假推寻。足以知氓俗之有殊,验土风之不类。'"史书成为当时社会风俗、人情、习惯、语言等的忠实记录。刘知幾认为,那些"导其本源,莫详所出"的社会风习,借助史书,"则了然可知"。他在《史通·言语》中批评了复古、崇古而漠视现实的倾向:"通无远识,记其当世口语,罕能从实而书,方复追效昔人,示其稽古。是以好丘明者,则偏模《左传》;爱子长者,则全学《史公》。用使周、秦言辞,见于魏、晋之代;楚、汉应对,行乎宋、齐之日。而伪修混沌,失彼天然,今古以之不纯,真伪由其相乱。"为此,他提出下列深隽见解:

> 夫天地长久,风俗无恒,后之视今,亦犹今之视昔。而作者皆

> 怯书今语，勇效昔言，不其惑乎？

刘知幾是在矫治他所处的当世倾向而提出史学—美学观的，因而富于现实针对性和当代色彩。他反映了初唐时期史学—美学的规范和要求，又进而为其提供史学—美学规范。

刘知幾的史学—美学见解，带有唐代前期文化、美学交错的特征。他试图通过史学，过滤与沉淀南朝以来的文化状况，进而提出适合于唐代文化现实的新史学。唐前期的文化任务基本上是梳理、清理前代文化，建立适合于自身发展的新文化，刘知幾正是以史学参与其中。他让史学与文学相剥离，改变前代以来的混淆现象，把史学还给史学，复原、回归于本体。为史学自身定位，也就能为其提出一系列规范，从而为其发展拓展了方向和道路。这里充分体现了刘知幾的定位水平、规范能力。清代纪昀在《史通削繁序》中曾经称赞道："撰史不可无例，刘氏之书，诚载笔之圭臬也。"

刘知幾的史学观还表现出难能可贵的怀疑精神，是东汉王充《论衡》精神的发扬。他在《史通》中专设《疑古》篇，写道：

> 鲁史之有《春秋》也，外为贤者，内为本国，事靡洪纤，动皆隐讳……观夫子之刊《书》也，夏桀让汤，武王斩纣，其事甚著，而芟夷不存。观夫子之定《礼》也，隐、闵非命，恶、视不终，而奋笔昌言，云鲁无篡弑。观夫子之删《诗》也，凡诸国风，皆有怨刺，在于鲁国，独无其章。观夫子之《论语》也，君娶于吴，足谓同姓，而司败发问，对以知礼。斯验世人之饰智矜愚，爱憎由己者多矣。

这里对儒家六经做出了大胆的批评，其批评立足点是真实性——客体真实性，而主体则应不虚美、不隐恶。刘知幾所反对的是六经中用"爱憎由己"的主体性取代客体性，从而所形成的非真实性。他为史学提供了一系列的规范、要求，从总原则到具体运用，从宏观到微观，体现了新史学的建设精神。怀疑精神与建设精神统一于刘知幾身上，而这又正是唐人精神的体现。

刘知幾主要是就史学而论的，但其内涵有着鲜明的美学容量，于是形成了史学—美学观。它对唐代美学乃至整个中国美学的影响有直接间接之分和正面负面之别。

刘知幾的真实观，对实录精神的提倡影响了韩愈的古文运动，影响了白居易的文学—美学观。刘知幾对真实的强调，于史学的意义十分显著；于文学审美当然也是有意义的，因为真实是文学的生命。然而，文学审美又不限于事实真实这一点，它还有其他方面的内容，陆机《文赋》所说的"课虚无以责有"就是文学重要的审美方式。因此，刘知幾的真实观运用于文学—美学就有一定的局限性。

刘知幾关于尚简的史学主张，对于芟除南北朝史著所形成的芜杂现象是有价值的，但是他走过了头，简之过甚则害义，特别是过简在美学上会削弱表现力和感染力。顾炎武在《日知录》中批评刘知幾的上述主张是有深刻道理的。他说："辞主乎达，不论其繁与简也。繁简之论兴，则文亡矣。"

刘知幾史学—美学对中国美学影响最为直接和最有价值的是小说美学。班固《汉书·艺文志》第一次对小说概念做了这样的规定："小说家者流，盖出于稗官，街谈巷语，道听途说者之所造也。"东汉以降经过魏晋，小说创作取得很大成就，出现了志人、志怪两大小说系统，但小说美学理论鲜有发展，对小说概念的界定仍未脱《汉书·艺文志》，直到刘知幾的《史通》才有重大突破。《杂述》篇写道：

> 在昔三坟五典，《春秋》《梼杌》，即上代帝王之书，中古诸侯之记，行诸历代，以为格言。其余外传，则神农尝药，厥有《本草》；夏禹敷土，实著《山经》；《世本》辨姓，著自周室；《家语》载言，传诸孔氏。是知偏记小说，自成一家，而能与正史参行，其所由来尚矣。

刘知幾认为小说"自成一家，而能与正史参行"，这对于提高小说的史的地位有着极大的作用。他对小说做了细致的分类，不是大而化之，而是细加榷论，这又显示了他对小说研究的深入，"爰及近古，斯道渐烦，史氏流别，殊途并骛，榷而为论，其流有十焉：一曰偏记，二曰小录，三曰逸事，四曰琐言，五曰郡书，六曰家史，七曰别传，八曰杂记，九曰地理，十曰都邑簿"。对十大类别，刘知幾又进行了细致的阐解、说明，都有规定的内容和特征。在具体阐释中，刘知幾仍坚守他那"实录"原则，这便使中国小说美学形成了现实性的审美要求。另外，刘知幾坚持了小说的审美品位，要求小说有"雅言"，摒弃"鄙朴"。"大抵偏记、小录之书，皆记即日当时之事，求诸国史，最为实录，然皆言多鄙朴，事罕圆备，终不能成其不刊，永播来叶，徒为后生作者，削稿之资焉。"这样，便推进了小说审美的雅化发展。可以说，唐人传奇就是这种小说审美雅化的体现，其美学史贡献十分显著。

第四章　唐太宗李世民

一代英主李世民凭借武功和权谋得到了皇位，成为唐王朝的第二代也是最有成就的皇帝。从公元627年开始，持续时间达二十三年之久的贞观之治，成为中国历史上最辉煌也是历史学家最为称道的盛世。在初唐的政治、文化、美学环境中，李世民的美学思想表现出特有的内涵，并且自上而下地影响着这一时期的美学状貌和走向。

第一节　社稷重于一切的价值观

南朝、隋代的动乱对于真正实现了统一的唐王朝来说，教训是沉重的，又是新鲜的。初唐统治者处于这样的历史环境中怀着怵惕的心理，如履薄冰，如临深渊。《贞观政要》的首篇《论君道》对隋代灭亡的教训做了深刻的总结："昔在有隋，统一寰宇，甲兵强锐，三十余年，风行万里，威动殊俗，一旦举而弃之，尽为他人之有，彼炀帝岂恶天下之治安，不欲社稷之长久，故行桀虐，以就灭亡哉？恃其富强，不虞后患，驱天下以从欲，罄万物而自奉，采域中之子女，求远方之奇异，宫苑是饰，台榭是崇，徭役无时，干戈不戢……民不堪命，率土分崩，遂以四海之尊，殒于匹夫之手，子孙殄绝，为天下笑。"目睹隋末农民大起义埋葬隋王朝的情景，形成了极端畏惧的心理，生发这样的认识："君，舟也；人，水也；水能载舟，亦能覆舟。"因此，贞观时代君臣十分注意在具体的行为方式上，从根本上区别于隋代。节俭尚朴，成为贞观之尚。"至如雕镂器物，珠玉服玩，若资其骄奢，则危亡之期可立待也。自王公以下，第宅、车服、婚嫁、丧葬，准品秩不合服用者，宜一切禁断。"这便改变了南朝、隋炀帝时代以来的豪奢之风。贞观四年（630），唐太宗下诏修洛阳宫，给事中张玄素谏道："且以陛下今时功力，何如隋日？承凋残之后，役疮痍之人，费亿万之功，袭百王之弊，以此言之，恐甚于炀帝远矣。"唐太宗本人在斥责奢侈的蒲州刺史赵元楷时也说道："卿为饲羊养鱼，雕饰院宇，此乃亡隋弊俗，今不可复行。"[①]这样，李世民就把创业后的守成，防止覆亡，视为万事之首。社稷重于一切当然包括文学。同时，唐太宗君臣又不适当地把亡国之君多是有文艺者，推论为亡国在于文艺。魏徵在《陈书·帝纪总论》中说："古人有言：亡国之主，多有才艺。考之梁、陈及隋，信非虚论。"视文艺为丧门星，充满恐惧和忧虑。《贞观政要·文史》记载了贞观十年（636）的一件事：

> 著作佐郎邓世隆表请编次太宗文章为集。太宗谓曰："朕若制事出令有益于人者，史则书之，足为不朽。若事不师古，乱政害物，虽有词藻，终贻后代笑，非所须也。只如梁武帝父子及陈后主、隋炀帝，亦大有文集，而所为多不法，宗社皆须臾倾覆，凡人主惟在德行，何必要文章耶？"竟不许。

德行唯一、宗社唯一，而文章则可以舍弃，这就可以看出在李世民的天平上德行、宗社与文章孰重孰轻了。

德行、社稷唯上，不仅为现有统治地位的巩固，而且为"子孙帝王万世之业"。李世民对政教、德行功能的强调，不仅在于当代，而且及于未来，有着十分深远的考虑。贞观五年（631）李百药撰《赞道赋》谏劝太子承乾，太宗见后极表赞扬："朕于皇太子处见卿所作赋，述古来储贰事以诫太子，甚是典要。朕选卿以辅弼太子，正为此事，大称所委，但须善始令终耳。"从最深最远的统治利益出发，服务于功利主义的政教德行目的，李世民用人取人的标准也是如此。他见张昌龄作《息兵诏》这样有益于国计民生的文章"甚悦"，勉励有加。但是，后来他又深然赞同别人对张昌龄的评价，《封氏闻见记》载："此辈诚有词华，然其体轻薄，文章浮艳，必不成令器……后生仿效，有变陛下风俗"。不惜将其废名。对于同一个

[①] 吴兢：《贞观政要》卷六。

人,他的取舍标准一目了然。《贞观政要·文史》载:

> 贞观初,太宗谓监修国史房玄龄曰:"比见前、后汉史载录扬雄《甘泉》《羽猎》、司马相如《子虚》《上林》、班固《两都》等赋,此既文体浮华,无益劝诫,何假书之史策?其有上书论事,词理切直,可裨于政理者,朕从与不从,皆须备载。"

这里体现了李世民的一条重要审美原则:"文体浮华,无益劝诫。"他要求文学艺术作品应"裨于政理"。《帝京篇序》写道:

> 余以万机之暇,游息艺文。观列代之皇王,考当时之行事,轩、昊、舜、禹之上,信无间然矣。至于秦皇、周穆、汉武、魏明,峻宇雕墙,穷侈极丽,征税殚于宇宙,辙迹遍于天下,九域无以称其求,江海不能赡其欲,覆亡颠沛,不亦宜乎!余追踪百王之末,驰心千载之下,慷慨怀古,想彼哲人。庶以尧舜之风,荡秦汉之弊,用咸英之曲,变烂漫之音,求之人情,不为难矣。故观文教于六经,阅武功于七德,台榭取其避燥湿,金石尚其谐人神,皆节之于中和,不系之于淫放。

通过对美学史的考察,他提出"中和之美",用"中和"来调节审美中的诸种因素,不致流于"淫放"。他认为"以人从欲",让感性因素无节制地扩展和泛滥开来,会"乱于大道",令"君子耻之"。因此,李世民的中和美学思想仍然根植于以"大道",即宗社、德行为重的政治伦理思想。

李世民的上述美学思想促使唐初美学在实践、致用、理性的轨道上发展。他戒奢尚简,"世民命纵禁苑鹰犬,罢四方贡献,听百官各陈治道,政令简肃,中外大悦"[①],这种社会风气当然会影响到唐初美学的色彩和格调。

第二节 对文艺现象的审美阐释

如前所论,李世民当然不同于耽于声乐而误国之陈后主、隋炀帝,也不同于"不悦文艺"之隋文帝,更不同于起于草莽、胸无点墨的流寇英雄。将社稷为重作为自己的思想出发点和行为方式的前提,使得李世民的美学思想

---

① 司马光:《资治通鉴》卷一九一。

极富功利主义色彩,但他又有较深厚的美学素养,对于一些文学、艺术的现象有自己的阐解、评价观念,并表露自己的审美兴趣。史书曾称唐太宗"于听览之暇,留情文史。叙事言怀,时有构属,天才宏丽,兴托玄远"[1]。可见他兼得武功文治。他对于文学、美学的见解超过了他周围的史学—美学家和文学—美学家们。他有着帝王的雄伟气概,有着被他的身份地位所赋予的帝王之气。他曾撰写《晋书·陆机传论》,富于激情而又文采斐然地赞扬陆机的审美成就:

> 实荆衡之杞梓,挺珪璋于秀实,驰英华于早年,风鉴澄爽,神情俊迈,文藻宏丽,独步当时,言论慷慨,冠乎终古。高词迥映,如朗月之悬光;叠意回舒,若重岩之积秀。千条析理,则电坼霜开;一绪连文,则珠流璧合。其词深而雅,其义博而显,故足远超枚、马,高蹑王、刘,百代文宗,一人而已。

审美赞赏的背后包含赞赏者的审美趣味和倾向。

从《旧唐书》的不少记载中可以看出,唐太宗在繁忙的政务之暇,尚有不少文学、艺术方面的活动。他曾自制雄壮的《破阵乐图》,"左圆右方,先偏后伍,鱼丽鹅贯,箕张翼舒,交错屈伸,首尾回互,以像战阵之形"。参加这个乐舞的有一百二十人,都是"披甲执戟","凡为三变,每变为四阵,有来往疾徐击刺之象,以应歌节"。其舞有极强的震撼力,"观者见其抑扬蹈厉,莫不扼腕踊跃,凛然震竦"。武臣们都称此乐舞是李世民"百战百胜之形容"[2]。于乐舞美学,不仅有雄浑之情调,而且有欣赏哀婉之兴趣。李世民作《琵琶》诗写道:"半月无双影,金花有四时。摧藏千里态,掩抑几重悲。促节萦红袖,清音满翠帷。驶弹风响急,缓曲钏声迟。"

《贞观政要·礼乐》中有一段记述很值得注意:

> 太常少卿祖孝孙奏所定新乐。太宗曰:"礼乐之作,是圣人缘物设教,以为撙节。治政善恶,岂此之由?"御史大夫杜淹对曰:"前代兴亡,实由于乐。陈将亡也,为《玉树后庭花》;齐将亡也,而为《伴侣曲》。行路闻之,莫不悲泣,所谓亡国之音。以是观之,实由于乐。"太宗曰:"不然。夫音声岂能感人?欢者闻之则悦,哀者听之则悲,悲悦在于人心,非由乐也。将亡之政,其人

---

[1] 刘昫:《旧唐书·传附邓世隆传》。
[2] 刘昫:《旧唐书·音乐志》。

心苦，然苦心相感，故闻而则悲耳。何乐声哀怨，能使悦者悲乎？今《玉树》《伴侣》之曲，其声俱存，朕能为公奏之，知公必不悲耳。"尚书右丞魏徵进曰："古人称，礼云礼云，玉帛云乎哉！乐云乐云，钟鼓云乎哉！乐在人和，不由音调。"太宗然之。

当主体具备了某种审美心理后才能对应相同状态和结构的对象客体，这是相当典型而深刻的审美主体论。从发生心理学的角度考察，主体心理同化着对象。当心理是悲时，则能感应悲音；当心理是欢时，则会感应喜声，这便是"欢者闻之则悦，哀者听之则悲"。它不是声音作用于心理的决定论。主体感应客体，心理感应对象，在这个意义上，"悲悦"的审美反应"在于人心，非由乐也"，也正是在这个意义上，音乐不能亡国，也就无所谓亡国之音。

唐太宗为《晋书》亲撰四篇史论，其中《王羲之赞》涉及书法美学，论述最为卓越：

> 书契之兴，肇乎中古。绳文鸟迹，不足可观。末代去朴归华，舒笺点翰，争相夸尚，竞其工拙。伯英临池之妙，无复余踪；师宜悬帐之奇，罕有遗迹。逮乎钟王以降，略可言焉。钟虽擅美一时，亦为迥绝，论其尽善，或有所疑。至于布纤浓，分疏密，霞舒云卷，无所间然。但其体则古而不今，字则长而逾制，语其大量，以此为瑕。献之虽有父风，殊非新巧。观其字势，疏瘦如隆冬之枯树；览其笔踪，拘束若严家之饿隶。其枯树也，虽槎櫱而无屈伸；其饿隶也，则羁羸而不放纵。兼斯二者，故翰墨之病欤？子云近出，擅名江表。然仅得成书，无丈夫之气。行行若萦春蚓，字字如绾秋蛇；卧王濛于纸中，坐徐偃于笔下。虽秃千兔之翰，聚无一毫之筋；穷万谷之皮，敛无半分之骨。以兹播美，非其滥名邪？此数子者，皆誉过其实。所以详察古今，研精篆素，尽善尽美，其惟王逸少乎？观其点曳之工、裁成之妙，烟霏露结，状若断而还连；凤翥龙蟠，势如斜而反直。玩之不觉为倦，览之莫识其端。心慕手追，此人而已，其余区区之类，何足论哉！

李世民是王羲之书法的超级爱好者，曾派萧翼在王羲之后代释辩才那里骗得《兰亭集序》真迹，又曾令书法家赵模、冯承素等人摹写，分赐各权贵朝臣，一时之间右军书风靡朝野。李世民凭借自己至尊无上的权力，把《兰亭集序》的真迹据为己有，并作为殉葬品，完成了最后的占有，也造成了对它的毁灭。

据《新五代史·温韬传》载，温韬盗发唐太宗昭陵时，曾看到正寝东西厢石床上置石函，"中为铁匣，悉藏前世书画，钟（繇）王（羲之）笔迹，纸墨如新"。唐张怀瓘《书断》言李世民"工隶书飞白，行草得二王法，尤善临古帖，殆于逼真"。

上引李世民的一番话可说是把王书推崇到无以复加的地步。他对"书契之兴"的中古以来的历代名书家一一进行了评述，认为他们都是"誉过其实"。通过"详察古今，研精篆素"，在他看来，"尽善尽美"唯有羲之一人。他把王书的审美特征概括为"观其点曳之工、裁成之妙，烟霏露结，状若断而还连；凤翥龙蟠，势如斜而反直。玩之不觉为倦，览之莫识其端"，富于极强的变幻之美和动态之美。

在书法美学理论上，李世民的成就主要在于：

第一，以战阵喻笔阵。李世民从自己的生活经历、战争经历中发现了战阵与笔阵在构造、形式、运动等方面的共同点，始开以战阵喻笔阵之先例。《论书》说：

> 朕少时为公子，频遭阵敌。义旗之始，乃平寇乱。执金鼓必自指挥，观其阵即知强弱。当取吾弱对其强，以吾强对其弱，敌犯吾弱，追奔不逾百数十步，吾击其弱，必突过其阵，自背而返击之，无不大溃。多用此制胜，思得其理深也。今吾临古人之书，殊不学其形势，唯在求其骨力，及得其骨力，而形势自生耳。吾之所为，皆先作意，是以果能成也。

在处理"骨力"与"形势"的关系时，把"骨力"放在首位，进而以"骨力"求"形势"，获得审美的内在张力。这是正确的书法美学论。

第二，虚静的书法审美心态。李世民《论书》说："欲书之时，当收视反听，绝虑凝神。心正气和，则契于妙；心神不正，字则欹斜；志气不和，书必颠仆。其道同鲁庙之器，虚则欹，满则覆，中则正。正者，和之谓也。"这是吸受了庄子"用志不分，乃凝于神"的论述，用于说明书法审美心态。这一思想跟陆机《文赋》所说的"收视反听"，跟刘勰《文心雕龙·神思》所说的"陶钧文思，贵在虚静。疏瀹五藏，澡雪精神"，都出于同一机杼，构成对于文学、艺术所需审美心态的独特说明。他认为审美心理的最佳状态是中和，"心神不正，字则欹斜；志气不和，书必颠仆"，只有"心正气和"才能"契于妙"。

第三，在感悟中实现心气相合、思神相会。李世民《论书》说：

> 夫字以神情为精魄，神若不和，则字无态度也；以心为筋骨，心若不坚，则字无劲健也；以副毛为皮肤，副若不圆，则字无温润也。所资心副相参用，神气冲和为妙。今比重明轻，用指腕不如锋芒，用锋芒不如冲和之气，自然手腕虚，则锋含沉静。夫心合于气，气合于心。神，心之用也，心必静而已矣。虞安吉云：夫解书意者，一点一画，皆求像本，乃转自取拙，岂是书邪？纵放类本，体样夺真，可图其字形，未可称解笔意。此乃类乎效颦，未入西施之奥室也。故其始学得其粗，未得其精。太缓者滞而无筋，太急者病而无骨。横毫侧管，则钝慢而肉多；竖笔直锋，则干枯而无骨。及其悟也，心动而手均，圆者中规，方者中矩，粗而能锐，细而能壮，长者不为有余，短者不为不足，思与神会，同乎自然，不知所以然而然矣。

这是对心、气、思、神及其与书写对象之间对应关系的完整论述。字以神为精魄，如果神不和，那么字就没有体态。字以心为筋骨，如果心志不坚，那么字就失去劲健。他认为，书法应求其书意，而不是简单追形，"图其字形，未可称解笔意"，犹如东施效颦一样。他又认为，运笔时的轻重缓急应分寸得当，"太缓者滞而无筋，太急者病而无骨"。书写者通过体悟，能到达一个近乎庖丁解牛时的境界："心动而手均，圆者中规，方者中矩，粗而能锐，细而能壮，长者不为有余，短者不为不足"，这时，心与气合，思与神会，"同乎自然，不知所以然而然"，彻底进入自由的境地。

李世民在书法美学方面说了许多内行话，把握了书法美学上诸如审美心态、审美过程等一系列问题，而他强调了书法的"骨力"，这在审美思潮上可以说为初唐的风骨论开了先声。

第三节　诗美评价

李世民的诗歌创作是一个复杂的美学现象。一方面他极度重视美学的功利主义和致用性质，另一方面又对美的感性特征和色彩保持兴趣；一方面他所处的社会、时代正在孕育新的审美理想和形态，另一方面初唐又保留着来自南朝的美学风气。他的个人审美活动和成果不可避免地留有特定的痕印。他并不是那种附庸风雅的皇帝，确有审美素养和情趣，这使得他在初唐诗坛上以诗人的身份出现，从而使他身上的一系列现象包括矛盾的现象便成为初唐诗美学的现象。

宫廷诗由应制诗与艳情诗（又名宫体诗）构成，是在红墙内形成的特定的文学现象，成为中国帝王文化的构成部分。

应制诗是帝王朝政生活、占有天下六合的心理体现，并通过朝臣的唱和或奉命咏制进一步加以表现和强化。其意象无非是红日、羽旄、羽旗、金鞍、钟鼓、紫霞等等。如唐太宗的《正日临朝》："条风开献节，灰律动初阳。百蛮奉遐赆，万国朝未央。虽无舜禹迹，幸欣天地康。车轨同八表，书文混四方。赫奕俨冠盖，纷纶盛服章。羽旄飞驰道，钟鼓震岩廊。组练辉霞色，霜戟照朝光。晨宵怀至理，终愧抚遐荒。"开创功业，成为九五之尊，百夷奉赆，万国来朝；车同轨，书同文，羽旄、钟鼓、组练、霜戟交相辉映，这是李世民功业的写照。于是便有朝臣的奉和，魏徵《奉和正日临朝》："百灵侍轩后，万国会涂山。岂如金睿哲，迈古独光前。声教溢四海，朝宗引百川。"颜师古《奉和正日临朝》："七政璇衡始，三元宝历新。负扆延百辟，垂旒御九宾。肃肃皆鹓鹭，济济盛簪绅。天涯致重译，日域献奇珍。"另有岑文本、杨师道的同题诗。这些诗均具有应诏性质，属于奉命文学。它是帝王心理和功业的写照，是一种炫耀和吹捧。其意象并不具备审美性质，也不是以审美的方式进行创作的。其中没有审美感受，只有意象的堆砌、文字码放，因此也就无法作用于人们的审美情感。

从前述李世民功利型的审美观看，他在统一中国后所从事的自然是道德、伦理的整治和建设，他通过诗表述治国理政时的心理和愿望。如《赋尚书》曰："崇文时驻步，东观还停辇。日昃玩百篇，临灯披五典。夏康既逸豫，商辛亦流湎。纵情昏主多，克己明君鲜。灭身资累恶，成名由积善。既承百王末，战兢随岁转。"诗中写有自己日夜不倦披阅五典，写有自己对"纵情昏主多，克己明君鲜"历史现象的描述，写有自己对"灭身资累恶，成名由积善"的历史教训的总结，更写有自己"战兢"理政的心态。《帝京篇》写道："以兹游观极，悠然独长想。披卷览前踪，抚躬寻既往。望古茅茨约，瞻今兰殿广。人道恶高危，虚心戒盈荡。奉天竭诚敬，临民思惠养。纳善察忠谏，明科慎刑赏。六五诚难继，四三非易仰。广待淳化敷，方嗣云亭响。"这简直就是治理国家的宣言书了。这类诗只是政教演说加以诗的形式固定化，或以诗的韵律给以调味罢了，同样并未进入审美层次。

唐太宗治世的特点是周围有许多近臣，善纳谏言成为他之令誉，如接受魏徵的谏言。这里也透露一个信息，在初唐政坛、诗坛上唐太宗受到他的近臣们的影响。唐太宗说："（魏）徵言未尝不约我以礼。"[①]魏徵是以最赤诚的心愿、最不留情面的方式规劝、制约李世民，维护唐的大局和整体利益的，他对李世民进行严格的理性规范。唐太宗显然不同于他的后代——风流天子唐玄宗，他有着极强的社稷意识、江山意识、理性意识，甚至克制意识，但他的心灵深处又并非是枯木古井，又有着感性躁动。《唐会要》卷六五载道：

> （唐太宗）谓侍臣曰："朕因暇日，每与秘书监虞世南商量今古。朕一言以善，虞世南未尝不悦；有一言之失，未尝不怅恨。尝戏作艳诗，世南进表谏曰：'圣作虽工，体制非雅。上之所好，下必随之。此文一行，恐致风靡。轻薄成俗，非为国之利。赐令继和，辄申狂简；而今之后，更有斯文，继之以死，请不奉诏旨。'群臣皆若世南，天下何忧不治？"因顾谓世南曰："朕更有此诗，卿能死否？"世南曰："臣闻诗者，动天地，感鬼神，上以风化下，下以俗承上。故季札听诗，而知国之兴废。盛衰之道，实基于兹。臣虽愚诚，愿不奉诏。"

《新唐书·虞世南传》载：

> 帝（唐太宗）尝作宫体诗，使赓和，世南曰："圣作诚工，然体非雅正，上之所好，下必有甚者。臣恐此诗一传，天下风靡，不敢奉诏。"帝曰："朕试卿耳。"

这位虞世南，由陈入隋再入唐，一直处于宫廷诗的文化氛围中，不仅写有宫廷应制诗，而且写有宫体艳情诗，跟著名的宫体诗人徐陵心息相应。《旧唐书·虞世南传》言其"善属文，常祖述徐陵，陵亦言世南得己之意"。虞写有宫体诗如《中妇织流黄》："寒闺织素锦，含怨敛双蛾。综新交缕涩，经脆断丝多。衣香逐举袖，钏动应鸣梭。还恐裁缝罢，无信达交河。"虽然唐太宗与魏徵有君臣相合之誉，但唐太宗心灵深处却对虞世南情有独钟，他

---

① 欧阳修、宋祁：《新唐书·魏徵传》。

说:"世南于我,犹一体。"①虞世南死后,李世民无限感叹地以"钟子期死,伯牙不复鼓琴"为喻表明他们心知之深。在写宫体诗上,上引《新唐书》的记载很值得注意。他命虞世南"赓和"是其本心。当虞世南以"上之所好,下必有甚……此诗一传,天下风靡"劝谏时,唐太宗立刻掉转话头,说:"朕试卿耳",转得够快,够滑头的了。唐太宗确实写有宫体诗,例如《采芙蓉》写道:"结伴戏方塘,携手上雕航。船移分细浪,风散动浮香。游莺无定曲,惊凫有乱行。莲稀钏声断,水广棹歌长。栖鸟还密树,泛流归建章。"他的一串"赋得"系列诗:《赋得樱桃》《赋得李》《赋得花庭雾》等,格调、意象均与之相似。唐太宗的宫体诗承南朝之习,完全是南朝情调风味。《旧唐书·刘洎传》曾言唐太宗"自好"雕虫类文艺。史载李世民对上官仪诗风的欣赏:"时太宗雅好属文,每遣仪视草,又多令继和。"②唐太宗还有明标庾信体的诗歌,如《秋日效庾信体》:"岭衔宵月桂,珠穿晓露丛。蝉啼觉树冷,萤火不温风。花生圆菊蕊,荷尽戏鱼通。晨浦鸣飞雁,夕渚集栖鸿。飒飒高天吹,氛澄下炽空。"庾信体的含义是什么呢?《周书·王褒庾信传》云:"时肩吾为梁太子中庶子掌管记,东海徐摛为左卫率。摛子陵及信并为抄撰学士,父子在东宫,出入禁闼,恩礼莫与比隆,既有盛才,文并绮艳,故世号为徐庾体焉。""然则子山之文,发源于宋末,盛行于梁季,其体以淫放为本,其词以轻险为宗,故能夸目侈于红紫,荡心逾于郑卫。昔扬子云有言:'诗人之赋丽以则,词人之赋丽以淫。'若以庾氏方之,斯又词赋之罪人也。"《隋书·文学传论》说:"梁自大同之后,雅道沦缺,渐乖典则,争驰新巧,简文、湘东启其淫放,徐陵、庾信分路扬镳,其意浅而繁,其文匿而彩,词尚轻险,情多哀思。"所谓"效庾信体",在上述意义上就是仿效宫体。由此可以看出唐太宗并非没有感性的审美要求和冲动,只是用严实的理性外壳层层包裹着,偶尔在某些薄弱处表露感性色彩和轻靡风调。基于此,明代王世贞在《艺苑卮言》中说唐太宗诗无丈夫气是有依据的。

然而,唐太宗的生活经历跟陈后主不可同日而语。陈后主是长于深宫,自幼浸染了脂粉油腻,形成了特有的审美心态与兴趣,而唐太宗身经百战,攻占杀伐,出入沙场,其情,其志,其愿,总是显示出一代雄才英主的特

---

① 欧阳修、宋祁:《新唐书·虞世南传》。
② 刘昫:《旧唐书·上官仪传》。

点,发为诗歌,气象究属不同。例如《帝京篇》(其一):"秦川雄帝宅,函谷壮皇居。绮殿千寻起,离宫百雉余。连甍遥接汉,飞观迥凌虚。云日隐层阙,风烟出绮疏。"可以说是十足的帝王气象。他的诗有不少是自身生活经历、沙场经验的写照。他借雄奇的对象抒发自己的雄壮襟怀。例如《还陕述怀》曰:

  慨然抚长剑,济世岂邀名。星旗纷电举,日羽肃天行。遍野
 屯万骑,临原驻五营。登山麾武节,背水纵神兵。在昔戎戈动,
 今来宇宙平。

诗中采撷的都是军旅生活中的常见意象,通过组合而构成画面,其审美成就并不高,但它所透现出来的是帝王气概。《经破薛举战地》写道:"昔年怀壮气,提戈初仗节。心随朗日高,志比秋霜洁。移锋惊电起,转战长河决。营碎落星沉,阵卷横云裂。一挥氛沴静,再举鲸鲵灭。"这里所表现的仍然是气吞山河的气概。他那些显然经过夸饰的描述,也成为他心理对象化的写照,而不在于描述的真实性品格本身。

  由于是以战争的真实情景作为审美对象,有自己的切身体验和感受,李世民的诗就有较为切近的审美感染力。《赠房玄龄》曰:"未晓征车度,鸡鸣关早开。"描绘了战事中战车晓度、鸡鸣声中关门早开的景象。贞观十九年(645),唐太宗率师征伐高丽,回师辽东,写下《辽东山夜临秋》诗:

  烟生遥岸隐,月落半崖阴。连山惊鸟乱,隔岫断猿吟。

时在秋夜,烟雾蒸腾,远岸便被隐去;明月半坠,山崖遂现苍茫。满山惊鸟乱飞,吟猿声断。虽然字面上没有写出大军夜营之景象,但从鸟惊乱飞、猿吟突然间断的声态中得以体现出来,于浑茫之中见出声威,亦见出气势,在这里倒是反映出唐太宗的丈夫气。

  唐太宗诗的审美成就并不高,远未圆熟精纯,在功业性诗歌描述中,炫耀感超过了审美感,更遑论应制诗一类作品了。他的诗美体现了理性与感性的交替挥发,理性的制约与感性的冲动,在不同文化、审美环境中分别出现。诗是他功业的记录和咏怀的手段,而不是情感对象化的手段。这正是这位有着一定审美素养而又履于至尊之上的帝王的特殊地位和心态所规范的,也致使他的审美心理存在矛盾和冲撞。他的诗有南朝的遗迹,可又有所摆脱,以雄浑之风冲淡轻盈之气,即使是他的那

些宫体诗或带有宫体味的诗歌，也并非是齐梁宫体诗的翻版，细味其内在格调，则是绮丽，而没有沦为颓靡。他的诗还谈不上用风格、个性这些标志创作稳定性的审美概念来标示，但对于三百年唐诗，他起到某种启发作用。唐太宗李世民诗的审美在一定意义上是一种正在进行的蝉蜕现象，没有完成却已在进行。在诗的对象内容上，在诗的格调气度上，唐太宗李世民跟隋炀帝杨广确有不少相似之处。但隋炀帝亡国，遂被史学家归结为文艺使之亡国，成为"亡国之主，多有才艺"命题的重要注脚，但唐太宗却是一代名君，自不可同日而语。上面把唐太宗诗审美现象归结为蝉蜕现象，而这一现象又正是初唐现象。

第五章　宫廷诗风与隐逸诗韵

第一节　宫廷诗风与隐逸诗韵的具体表征

在初唐美学刚刚转型的时期，宫廷诗唱的是主角。它是从南朝承续而来的，精神现象的延续并不会因政权的更迭而中断。

唐太宗和他的重臣们成为宫廷诗的创作主体，例如长孙无忌、魏徵、褚亮、虞世南、李百药、许敬宗、杨师道、上官仪等人。作为宫廷诗重要组成部分的应制诗是帝王和重臣们的一种文化生活内容与联结方式，往往是由帝王规定了格调和方向，通过重臣们的唱和，形成某一题材的组诗。在总体体式和格调上，它没有超越某种规定，但是因为出之于各人之手在具体的描述上或有不同。

唐太宗李世民曾写有《过旧宅》二首，显然有衣锦还乡、踌躇满志之意。其一写道："新丰停翠辇，谯邑驻鸣笳。园荒一径断，苔古半阶斜。前池消旧水，昔树发今花。一朝辞此地，四海遂为家。"由回旧宅的排场到旧宅的昔日景象再到四海为家的心志表述，形成了诗的组合程式，而其中并无多少美感。但是，由于李世民的特殊身份、宫廷的特殊环境，便铺衍开来，形成了围绕诗题而出现的诗群。于是便有许敬宗的《奉和过旧宅应制》："飞云临紫极，出震表青光。自尔家寰海，今兹返帝乡。情深感代国，乐甚宴谯方。白水浮佳气，黄星聚太常。歧凤鸣层阁，鹔雀贺雕梁。桂山犹总翠，蘅薄尚流芳。攀鳞有遗皓，沐德抃称觞。"上官仪亦有《奉和过旧宅应制》："石关清晚夏，璇舆御早秋。神麾飚珠雨，仙吹响飞流。沛水祥云泛，宛郊瑞气浮。大风迎汉筑，丛烟入舜球。翠梧临凤邸，滋兰带鹤舟。偃伯歌玄化，扈跸颂王游。遗簪谬诏奖，珥笔荷恩休。"应制诗是歌功颂德之作，没有完整的审美，往往把祥瑞词语堆垛成篇。

应制诗有着特定的功能，顺应皇帝之意而敷衍成诗，在严格意义上它不是审美活动。另外，应制诗人没有什么节操，他们如同先秦游士一样，可以朝秦暮楚，可以服务于不同的王朝，也因为他们能在不同的王朝"应制"，便保住了自己的利禄富贵和功名。例如历仕陈、隋、唐三朝的虞世南。在隋代，隋炀帝杨广有诗《月夜观星》，虞世南便有《奉和御制月夜观星示百僚》。还有《奉和出颍至淮应令》，写道："邗沟非复远，怅望悦宸襟。"对隋炀帝够吹捧了。入唐以后，他又发挥这一看家本领，写有《奉和幽山雨后应令》《奉和咏日午》《发营逢雨应诏》《侍宴应诏赋韵得前字》《奉和咏风应魏王教》等。唐太宗李世民写有《赋临池竹》诗："贞条障曲砌，翠叶负寒霜。拂牖分龙影，临池待凤翔。"虞世南便有《赋得临池竹应制》诗："葱翠梢云质，重彩映清池。波泛含风影，流摇防露枝。龙鳞漾嶰谷，凤翅拂涟漪。欲识凌冬性，唯有岁寒知。"这类宫廷应制诗离不开龙凤祥瑞的意象，李世民诗中有"龙影""凤翔"，虞世南便有"龙鳞""凤翅"。他与李世民有所不同的是发为一种感想："欲识凌冬性，唯有岁寒知。"但感想的文化、审美内涵并不深邃。

初唐的宫廷诗总体数量多，个体身上所占的份额也较大，《全唐诗》所存许敬宗诗二十七首，应制诗就有二十首之多。这些应制诗充斥着对皇恩浩荡的无限感激和称颂。例如《奉和仪鸾殿早秋应制》有句："小臣参广宴，大造谅难酬。"《奉和宴中山应制》："一举氛霓静，千龄德化流。"《奉和圣制送来济应制》："良哉既深留帝念，沃化方有赞天聪。"《奉和元日应制》："德挥覃率土，朝贺奉还淳。"

应制诗所描述的氛围总是宫廷所特有的，为了增添祯祥福瑞的宫廷氛围，对所采撷的意象都不是用对象的本体概念，而是变换一种概念，这种概念有助于渲染和强化宫廷色彩。例如许敬宗《奉和秋日即目应制》："玉露交珠网，金风度绮钱。昆明秋景淡，岐岫落霞然。辞燕归寒海，来鸿出远天。叶动罗帷飚，花映绣裳鲜。规空升暗魄，笼野散轻烟。鹊度林光起，凫没水文圆。无机络秋纬，如管奏寒蝉。乃眷情何极，宸襟豫有旃。"

宫廷应制诗特殊的对象和写作主体，程式化的结构方式——破题、眼前景象的描述、歌功颂德，使得它缺少审美的新鲜感和诗意。由于避开实有的意象概念而代之以祥瑞形象概念，就丧失了对象本身所应有的真切形象感。由于诞生于宫廷之中，写作主体都是处在社会的塔尖之上，写作含有应酬、应命和感戴的性质，遂使这类宫廷应制诗显得雍容华贵、平缓从容。然而，这类宫廷应制诗也有纤巧孱弱之作。例如褚亮《奉和望月应魏王教》："层轩登皎月，流照满中天。色共梁珠远，光随赵璧圆。落影临秋扇，虚轮入夜弦。所欣东馆里，预奉西园篇。"

应制诗、宫体艳情诗都出自于同一个母体环境——宫廷之中，这样便使这两类诗很容易出现风味相渗的现象。例如许敬宗的《安德山池宴集》："戚里欢娱地，园林瞩望新。山庭带芳杜，歌吹叶阳春。台榭疑巫峡，荷渠似洛滨。风花萦少女，虹梁聚美人。宴游穷至乐，谈笑毕良辰。独叹高阳晚，归路不知津。"这里所采用的"洛滨"——陈王会洛神，"巫峡"——巫山云雨等含有情爱意味的传说，以及"风花"之中"少女"，"虹梁"之上"美人"，都使诗充溢着艳情味。

从总体上讲，宫廷应制诗雕绘满眼，华丽艳美，但也有清新秀美之作，尽管它所占的份额比较小，如虞世南有《奉和咏风应魏王教》："逐舞飘轻袖，传歌共绕梁。动枝无乱影，吹花送远香。"又在整首诗中有个别佳句，如《侍宴归雁堂》："竹开霜后翠，梅动雪前香。"《发营逢雨应诏》："陇麦沾逾翠，山花湿更燃。"《侍宴应诏赋韵得前字》："横空一鸟度，照水百花燃。"这些都是宫廷红墙中所发生的，属于典雅之音，雍容华贵，而在另一面，则发出了与宫廷诗所不同的声音——朴野之音。这是由王绩所发出的。

王绩，绛州龙门（今山西河津）人，是隋代大儒王通之弟，尝居东皋，号东皋子，有三仕三隐之经历。隋炀帝大业中任秘书省正字、扬州六合县丞，后托疾归里；唐武德年间入仕，贞观时因兄王凝罪，再次托疾归里；贞观十一年（637）第三次入仕，后又挂冠归里。三仕三隐，既是经历，又反映了王绩的特殊心理。他不同于纯粹致用理性的王通，他有着闲云野鹤的隐逸风味，然而，当他身在山林时，却心存魏阙。他隐居不仕时，又不同于其兄门徒成众，通过授业传播自己的思想，而是醉酒自适。他在隐居时企盼着的是征诏，当其兄王通弟子薛收路过他隐居的山庄时，他写下《薛记室收过庄见寻率题古意以赠》，他在诗中描述了自己的隐逸生活："东川聊下钓，南亩试挥锄。资税幸不及，伏腊常有储。散诞时须酒，萧条懒向书。"对于薛收的到来，他非常高兴："故人有深契，过我蓬蒿庐。曳裾出门迎，握手登前除。"对于征诏入仕，他无疑是挺乐意的，但又不免心中惴惴不安，自惭形秽："朽木不可雕，短翮将焉摅。"他在给位封梁国公的房玄龄诗《赠梁公》中，表达了功高名显而忧惧无常的复杂心理。他写道："我欲图世乐，斯乐难可常。位大招讥嫌，禄极生祸殃……我今穷家子，自言此见长。功成皆能退，在昔谁灭亡。"由此可见，王绩在入与出、仕与隐、自负与自卑之间常常处于矛盾、徘徊状态，这样也就影响和形成了其特定的生活心态与审美心态。他所写的隐逸诗篇，有独特的审美格调和情趣。《野望》写道：

> 东皋薄暮望，徙倚欲何依。树树皆秋色，山山惟落晖。牧人驱犊返，猎马带禽归。相顾无相识，长歌怀采薇。

诗人是以"望"为审美观照点的，"东皋"是他隐居之地，故他有东皋子之称。"薄暮"点明时间，却又给诗罩上了特有的氛围。"徙倚欲何依"，表现了诗人无所依倚的空虚和失落感。诗人举目一望，见到"树树皆秋色，山山惟落晖。牧人驱犊返，猎马带禽归"。"落晖"体现"薄暮"之"野望"。前两句是写秋色暮景，显出萧索之意，为静态景，后两句则是在浩茫的秋色暮景下写出牧人猎马满载而归的动态景，显得生机蓬勃。但是，诗人却没有从"野望"的景色中获得精神的寄托，"相顾无相识"，充满孤独感，只得"长歌怀采薇"，怀想伯夷、叔齐那样的隐士。这首诗在内涵上正是前述王绩矛盾徘徊心理的反映与写照。他既欣赏这田园牧歌式的景色，却又未视其为精神家园，他感到孤独、落寞，无所依归。因此，诗的意味就远不及陶渊明。尽管也是作为田园诗存在着，田园风光的描述颇有陶潜的风味，但是，内蕴的情趣和格调不可与陶诗同日而语。如果说陶潜心态是平和的，王绩就颇有几分躁动；陶潜是彻底回归自然、田园，王绩却是心存企望，能被车马征诏。在田园诗的审美境界上，陶潜与王绩显示出了差别。

王绩的思想儒、道混融，早年他是怀抱儒家的用世观念入仕的，颇有勃勃雄心和激情。《晚年叙志示翟处士正师》写道："弱龄慕奇调，无事不兼修。望气登重阁，占星上小楼。明经思待诏，学剑觅封侯。弃繻频北上，怀刺几西游。"这是他晚年对年轻时心态和理想的回忆，但是他"封侯"的大志换来的却是六合县丞那样的芥豆小官。用志不成，老、庄、陶潜的出世思想便萌生出来，写有《解六合丞还》："我家沧海白云边，还将别业对林泉。不用功名喧一世，直取烟霞送百年。彭泽有田惟种黍，步兵从宦岂论钱？但愿百年相续醉，何辞夜夜瓮间眠？"第二次入仕，他写有《入长安咏秋蓬示辛学士》："遇坎聊知止，逢风或未归。孤根何处断，轻叶强能飞。"他已经经历过一次蹭蹬，"遇坎"后略有经验了，然而这次是征召京城，可谓"逢风"，适逢其会，但热情已减损许多，只能强作精神地说"轻叶强能飞"。入京后在门下省待诏，坐了八年冷板凳，最后回乡隐居。贞观十一年（637）第三次出山，两年后又退隐故里。京城境遇的冷漠使得他常常思念家乡故园，这成为他隐居故里的心理依据。《在京思故园见乡人问》写道："旅泊多年岁，老去不知回。忽逢门前客，道发故乡来。敛眉俱握手，破涕共衔杯。殷勤访朋旧，屈曲问童孩。衰宗多弟侄，若个赏池台。旧园今在否，新树也应栽。柳行疏密布，茅斋宽窄裁。经移何处竹，别种几株梅。渠当无绝水，石计总生苔。院果谁先熟，林花那后开。羁心只欲问，为报不须猜。行当驱下泽，去剪故园莱。"他对故园一草一木、一石一水关切之殷，溢在言表，由此也可以看出，他虽入仕京城，其心灵深处却有着故园那朴野的精神家园。

萧统的《陶渊明集序》说，陶渊明的诗篇篇有酒。王绩也是如此。在酒的文化形象上，王绩逊色于陶渊明，他有一股高阳酒徒的味道，品位不高。他写有《过酒家五首》《醉后》《题酒店壁》《尝春酒》《独酌》《看酿酒》等。诗句涉及酒的则更多了。如《山中叙志》有句："月照芳春酒。"《春日》有句："年光恰恰来，满瓮营春酒。"《九月九日赠崔使君善为》有句："香气徒盈把，无人送酒来。"《策杖寻隐士》有句："置酒烧枯叶，披书坐落花。"《山中别李处士》有句："山中春酒熟，何处得停家。"《初春》写道："春来日渐长，醉客喜年光。稍觉池亭好，偏宜酒瓮香。"

王绩是以嵇康、阮籍、刘伶、陶潜为酒中榜样的。其《田家三首》写道："阮籍生涯懒，嵇康意气疏。"《醉后》写道："阮籍醒时少，陶潜醉日多。百年何足度，乘兴且长歌。"《薛记室收过庄见寻率题古意以赠》有句："尝爱陶渊明，酹醴焚枯鱼。"《戏题卜铺壁》有句："且逐刘伶去，宵随毕卓眠。"他常常表示对竹林七贤的向慕，例如《独酌》写道："不如多酿酒，时向竹林倾。"

细加深究，王绩的饮酒行为是隐逸生活的行为方式之一，将酒文化纳入隐逸文化之中。他虽崇敬嵇康、阮籍，但缺少他们的那种悲壮和惨烈。嵇、阮的酒醉带有强烈的避世远害的政治色彩，是"魏晋以降，名士少有全者"

的酷烈政治环境压迫所形成的。考之王绩，却不具备这些环境、条件。虽然他也篇篇有酒，但所达到的境界远不及嵇、阮、陶潜。他在根本上是一名隐士形象。他的心灵深处交替翻动着儒、庄思想，他的隐远非陶潜那样彻底，是环境规范他的隐与仕、出与入，而不是心理的自觉愿望。他三隐三仕是何等艰难和需要多少反复，他真是尘缘难了啊！

当生活冷淡了他，他也就转而对生活抱着冷漠的态度，《田家》中写："倚杖看妇织，登垄课儿锄。"颇有些百无聊赖，无所事事。因此，他就"回头寻仙事，并是一空虚"。在这样的心理状态中，酒才会进入他的生活。饮酒构成他的生活内容和行为方式，醉眼蒙眬中看待世间万物。《赠程处士》："百年长扰扰，万事悉悠悠。日光随意落，河水任情流。礼乐囚姬旦，诗书缚孔丘。不如高枕枕，时取醉消愁。"醉酒成为他摆脱世事羁绊的方式。他在酒醉中获得一种怡然自乐的欢欣。《春晚园林》写道："不道嫌朝隐，无情受陆沉。忽逢今旦乐，还逐少时心。卷书藏箧笥，移榻就园林。老妻能劝酒，少子解弹琴。落花随处下，春鸟自须吟。兀然成一醉，谁知怀抱深？"《春日》写道："前旦出园游，林华都未有。今朝下堂望，池冰开已久。雪被南轩梅，风催北庭柳。遥呼灶前妾，却报机中妇。年光恰恰来，满瓮营春酒。"以酒相随相伴，王绩的隐逸生活获得了自洽性的满足。

第二节　宫廷诗风与隐逸诗韵共时的美学史意义

宫廷诗风与隐逸诗韵共时并生反映了初唐的美学趣味。虽然初唐宫廷诗是诗坛的主角，唱的是主旋律，这是六朝遗留所致，亦是初唐现实需要所致。初唐的赫赫功业确实需要借助应制诗的形式加以宣传和褒扬。然而，于此之外，却有一丛野菊开放在郊外。它反映了初唐诗坛不是一种旋律、声腔和审美色调，也反映了隐逸文化、文学、美学在初唐的复苏。王绩的诗体现了审美的朴野之趣，自然、质实，带有原生态的风调。《秋夜喜遇王处士》云：

北场芸藿罢，东皋刈黍归。相逢秋月满，更值夜萤飞。

首二句交代了两处农事地点：北场、东皋，从北到东，形成两个空间方位的推移。"芸藿"即耘藿，亦即锄豆，和"刈黍"是两样农活，从农活的具体内容上暗点节候：秋季。"罢""归"，落笔轻松，漫不经意，反映心态的轻松、轻快，这是诗人归隐田园后所形成的悠闲自得心理，诗人在归园田居中寻找到自己的精神家园。这也为"喜遇王处士"预设了一个宽松的时空环境和心理环境。两位老友在"秋月满"的夜晚相逢、相聚、相晤了，是何等愉快！"更"字使诗意迭进一层，开阔了诗的境界。夜萤点点，变幻翻飞，增添了夜的生气和情趣。一幅静谧而灵动的秋夜乡村图便显现在人们面前。诗题明示"喜"字，但通篇诗句又无一字言喜，然而通过描述又无不透出喜气。全诗没有藻饰雕绘，都是寻常话语，平淡如水，但是，此诗的高明之处和审美价值是淡中见浓，在不经意中有着对于老友的一片深情。

王绩的诗呈现的是朴野之美，又如《夜还东溪中口号》："石苔应可践，丛枝幸易攀。青溪归路直，乘月夜歌还。"《田家三首》："小池聊养鹤，闲田且牧猪。草生元亮径，花暗子云居。倚杖看妇织，登垅课儿锄。"《春日》："雪被南轩梅，风催北庭柳。遥呼灶前妾，却报机中妇。"《食后》："菜剪三秋绿，飧炊百日黄。"《山家夏日》："山人有敝庐，竹树近扶疏。傍岩开灶井，横涧引庭除。""涧泉通院井，山气杂厨烟。"《秋园夜坐》："秋来木叶黄，半夜坐林塘。浅溜含新冻，轻云护早霜。落萤飞未起，惊鸟乱无行。寂寞知何事，东篱菊稍芳。"他对于所隐居的故乡甚有好感，对于《答处士冯子华书》中所写的"原先人故田十五六顷，河水四绕，东西趣岸，各数百步"之地，赞不绝口："汾川胜地，姑射名辰，月照山客，风吹俗人，琴声送冷，酒气迎春，闭门常乐，何须四邻。"①在这样的环境中，他的心灵回归自然、田园，获得对象化反映，于是他所描述的生活环境就充溢隐逸之趣。如《春日山庄言志》："平子试归田，风光溢眼前。野楼全跨迥，山阁半临烟。入屋欹生树，当阶逆涌泉。剪茅通涧底，移柳向河边。崩砂犹有处，卧石不知年。入谷开斜道，横溪渡小船。"《春庄走笔》云："野客元图静，田家本恶喧。枕山通菌阁，临涧创茅轩。约略栽新柳，随宜作小园。草依三径合，花接四邻繁。"这些描述正是他隐居之地的诗意化、审美化写照。

《新唐书·王绩传》言王绩隐居田园，"种黍春秋酿酒，养凫雁、莳药草自供，以《周易》《老子》《庄子》置床头，他书罕读也"。再看他的《春晚园林》诗：

---

① 王绩：《郊园》。

忽逢今旦乐，还逐少时心。卷书藏箧笥，移榻就园林，老妻能劝酒，少子解弹琴。落花随处下，春鸟自须吟。

这不又是王绩隐逸文化生活的诗意化、审美化写照吗？

王绩隐逸田园诗的审美价值就在于他写出了隐逸田园风光的一片天籁和自洽，如上引的"落花随处下，春鸟自须吟"就是如此。贞观十八年（644），不足六十岁的王绩预感到自己的大去之期已经不远，遂写下《自撰墓志》，类似于陶渊明的《自祭文》：

王绩者，有父母，无朋友。自为之字，曰无功焉。或问之，箕踞不对，盖以有道于己，无功于时也。不读书，自达理。不知荣辱，不计利害。起家以禄位，历数职而一进阶。才高位下，免责而已。天子不知，公卿不识，四十五十而无闻焉。于是退归，以酒德游于乡里，往往卖卜，时时著书。行若无所之，坐若无所据。乡人未有达其意也。尝耕东皋，世号东皋子。身死之日，自为铭焉。曰：有唐逸人，太原王绩。若顽若愚，似矫似激。院止三径，堂唯四壁。不知节制，焉有亲戚。以生为附赘悬疣，以死为决疣溃痈。无思无虑，何去何从。垅头刻石，马鬣裁对。哀哀孝子，空对长松。

这篇自撰墓志，是自我写照，自我剖示，有几分旷达，有几分自嘲，又有几分忿郁。这里有他奇特的生活方式，待人处世的方略，有他的悲愤，也有他的孤独。以这篇墓志为观照点，可以寻绎王绩诗的许多脉络。

王绩《答冯子华处士书》曾表达他的审美趣尚，"歌咏以会意为巧""韵趣高奇，词义旷远"，王绩的诗正达到如此的美学境界。只是他并非刻意为之，而是于淡中见浓，于正中见奇，于近中见远。也是在《答冯子华处士书》中，称陶渊明诗"雅会吾意"，这样他在思想意绪和情感趣味上便上接陶氏了。他处在陶氏与王孟山水田园诗的中间地带。虽然他无法比肩于陶氏，但他的诗中又确有陶氏的审美意味。虽然不能说他对王孟诗派有先导作用，但是对于王孟的启示却是不可抹杀的。

初唐开国的朝气和蓬勃热情曾经召唤许多士人知识分子，但始终没有把王绩吸纳进去、融会进去，他三进三出、三仕三隐，终也未能"封侯"，却成了终身隐士，这是王绩的个人悲剧，也是社会的悲剧。确实，在宫廷诗音外，王绩唱出了另一种声音。看惯崇楼危阁、金碧辉煌，突然看到茅屋草舍的稻香村，实在是给人耳目一新之感。吃惯大荤肥腻，那野菜芦蒿给人的滋味又当是另一番感觉。这便是于富丽堂皇的宫廷诗之外,别存朴野之趣的王绩诗的美学意义。至于他一些诗的诗味如《九月九日赠崔使君善为》,诗的律化如《野望》等,在审美意味和诗律形式美学意义上,都已不是初唐,而具有盛唐风味了。隐逸诗人王绩落伍于他自己的时代,却超前于美学发展的时代。

第六章　丽化与俗化的审美倾向

宫廷诗风与隐逸诗韵即雅趣与乡趣共时并生是初唐的一个审美现象，另外，它还有一个审美现象即丽化与俗化的共时并生，亦颇值得注意。

第一节　丽化与俗化的具体表征

承绪于南朝，结合初唐社会、审美条件发育生长的宫廷诗，愈演愈炽，进一步向绮丽化的方向发展，其代表人物是上官仪，最终形成固定化的体式——上官体。其体式审美特点是绮错婉媚，它把初唐宫廷诗推向了高峰。

虽然宫廷诗有一定的内容，也有一定的形式机制，但是，没有用论说话语或规范化的条例加以规范或规定，使之程式化。上官仪所做的，正是这项工作。据魏庆之《诗人玉屑》卷七载：

唐上官仪曰：诗有六对。一曰正名对，天地日月是也。二曰同类对，花叶草芽是也。三曰连珠对，萧萧赫赫是也。四曰双声对，黄槐绿柳是也。五曰叠韵对，彷徨放旷是也。六曰双拟对，春树秋池是也。又曰：诗有八对。一曰的名对，送酒东南去，迎琴西北来是也。二曰异类对，风织池间树，虫穿草上文是也。三曰双声对，秋露香佳菊，春风馥丽兰是也。四曰叠韵对，放荡千般意，迁延一介心是也。五曰联绵对，残河若带，初月如眉是也。六曰双拟对，议月眉欺月，论花颊胜花是也。七曰回文对，情新因意得，意得逐情新是也。八曰隔句对，相思复相忆、夜夜泪沾衣，空叹复空泣、朝朝君未归是也。

"六对""八对"形成了一个相当完整的体例，是从丰富多样的诗歌语言运用、组合现象中经过深入分析、概括而成的。它按照一定的体式重新加以组织，形成稳定性较强又可遵循的条例式格式，因此可操作性也比较强。诗律化问题是由几代美学家、诗论家所关注并为之做出努力的课题。声律化已由南朝沈约等人提出。对偶化问题又构成了诗律化的重要内容，对偶是意象排列组合的方式与结构。在上官仪所概括的"六对""八对"中，有不少是把音韵与对偶联结起来的，如双声、叠韵。律诗作为一种形式美的机制，含有韵律规则和句式结构。诗的律化是诗的进化，是诗的形式美的发展。由永明体到唐代沈宋体标示律诗的完全成熟与定型。上官体是这一形式美学史发展旅程中的中介。

如果说上官体的首要特征在形式美学上，促进了诗的体制的规则化，那么它的第二位特征则是绮错婉媚，促进了诗的语言的丽化。《旧唐书·上官仪传》云："本以词采自达，工于五言诗，好以绮错婉媚为本。仪既贵显，故当时多有效其体者，时人谓为上官体。"从这里的记载可以看出，上官仪"本以词采自达"，构成他创造上官体的基础。而上官仪"贵显"之后，因身份、地位产生了号召力、凝聚力，遂致出现"多有效其体者"，有一批效仿者，这是形成某一体式或流派的重要原因，于是以"绮错婉媚"、色彩鲜丽为基本审美特征的上官体产生了。

上官体风行于唐高宗龙朔年间，从杨炯的批评可以看出其间文学美学的状况：

尝以龙朔初载，文场变体，争构纤微，竞为雕刻。糅之金玉龙凤，乱之朱紫青黄，影带以徇其功，假对以称其美，骨气都尽，刚健不闻。[①]

上官仪、许敬宗奉诏编成于龙朔三年（663）的《瑶山玉彩》五百卷，可以说是华词丽句的集大成，更是把丽化趋向推向高峰。当然，上官仪的诗作便是上官体的代表性体现。请看《八咏应制二首》之一：

启重帷，重帷照文杏。翡翠藻轻花，流苏媚浮影。瑶笙燕始归，金堂露初晞。风随少女至，虹共美人归。罗荐已擘鸳鸯被，绮

---

① 杨炯：《王勃集序》。

衣复有葡萄带。残红艳粉映帘中，戏蝶流莺聚窗外。洛滨春雪回，巫峡暮云来。雪花飘玉辇，云光上璧台。共待新妆出，清歌送落梅。

辞藻真个如七宝流苏，华丽艳重，给人以视觉官能感受的刺激，靡艳腻滑。

上官体使得宫廷诗在丽化的同时，更趋雅化，多用典实，例如《咏雪应制》：

禁园凝朔气，瑞雪掩晨曦。花明栖凤阁，珠散影娥池。飘素迎歌上，翻光向舞移。幸因千里映，还绕万年枝。

据《唐诗纪事》载："（上官）仪应诏诗中用'影娥池'，学士时无解其事。祭酒令狐德棻召张柬之等十余人示此诗，柬之对云：《洞冥记》。汉武帝于望鹤台西起俯月台，台下穿影娥池，每登台眺月，影入池中，使宫人乘舟笑弄月影，因名'影娥池'，亦名'眺蟾台'。"

上官体使诗趋于平秀、稳重，亦显示上官仪本人的某些风格特色和审美体察的感受。例如唐太宗有《辽东山夜临秋》诗：

烟生遥岸隐，月落半崖阴。连山惊鸟乱，隔岫断猿吟。

可谓气象阔大，气魄雄浑。而上官仪的《奉和山夜临秋》则写道：

殿帐清炎气，辇道含秋阴。凄风移汉筑，流水入虞琴。云飞送断雁，月上净疏林。滴沥露枝响，空濛烟壑深。

上官仪避开了气象之阔大和气势之雄浑，他不是趋步唐太宗李世民的泼墨写意画法，而是转用淡墨手法。虽然也写了云、月等空间感较强的意象，但诗人所着力表现的是"云飞送断雁"的寂寥，"月上净疏林"的空疏，"空濛烟壑深"的迷蒙，笔触细微得能够描述出"滴沥露枝响"的景象。这些都反映上官体的丽化趋向于清丽、秀丽一路。虽是"奉和"，但他有自己的体认，有主体格调对于对象的体现。《入朝洛堤步月》云：

脉脉广川流，驱马历长洲。鹊飞山月曙，蝉噪野风秋。

这首诗最能代表上官体的审美风格。据刘悚《隋唐嘉话》，唐高宗"承贞观之后，天下无事。上官侍郎仪独持国政。尝凌晨入朝，巡洛水堤，步月徐辔"，吟出此诗。按唐例，百官须拂晓前入朝，在宫门启钥前待命，贵为宰相之上官仪也不例外。"广川"指洛水，"长洲"即诗题之"洛堤"。洛水脉脉，横流而过，驱马行走在洛堤之上。用语平缓、宽松，还体现出一朝宰相步月徐辔缓行之仪态、风姿，正有雍容高雅之气度。这时正是秋晨破晓，曙光微露，山月西挂，时有乌鹊扑扑展翅飞去。而在秋天的野外，又时有蝉鸣之声传送而来。两句纯写景，切题切景——切合"入朝"前"步月"之景。但景中有意，第一句鹊飞、山月、曙色，诗人心怀喜悦；第二句蝉噪、野风、秋意，诗人微有不悦。这一切又都体现了宰相的雅量和情绪表达方式。这样的诗只能出自于这样身份的诗人之手，这样的人使入朝百官"望之犹神仙焉"。另外，《隋唐嘉话》说此诗"音韵清亮"，胡震亨《唐音癸签》说此诗"音响清越，韵度飘扬，齐梁诸子，咸当敛衽矣"，把齐梁人士都比下去了，就是着眼于此诗的音韵而加褒扬。可见，气度和音韵正构成上官体的审美风格基础。

上官体是在综合机制上形成其富于感性特征的美的。《咏画障》写道：

芳晨丽日桃花浦，珠帘翠帐凤凰楼。蔡女菱歌移锦缆，燕姬春望上琼钩。新妆漏影浮轻扇，冶袖飘香入浅流。未减行雨荆台下，自比凌波洛浦游。

语言色彩艳丽，意象斑斓多姿，意象组合巧妙而自然。水浦与琼楼是两种不同的空间，"蔡女""燕姬"不同的活动，构成游湖与春望的不同画面，可谓兼声兼色。诗不仅着色于辞采，而且对仗工稳，颇符"六对""八对"之体制要求，如"新妆漏影浮轻扇，冶袖飘香入浅流"。这首诗可以说是富于整体美。

上官体的有些诗则是局部的美。例如《奉和秋日即目应制》中的两句："落叶飘蝉影，平流写雁行。"此为上官体之名句，不仅绮错婉媚，而且审美描述、传达手段十分精巧。诗人的审美视点落在蝉影上，不重声态，而尚影像。诗人又不直接写蝉影，而是借助于落叶，观照那飘忽的蝉影，形成变幻的美态、美姿、美影。不言雁阵掠过秋空，而是借助平铺之水流，映写雁行。这些审美着眼点和描述，极富机心和巧思。

上官体有时能于言中见意、景中含情，如《故北平公挽歌》："木落园林旷，庭虚风露寒。北里清音绝，南陔芳草残。远气犹标剑，浮云尚写冠。寂寂琴台晚，秋阴入井干。"但也有言中乏意、景中缺情，被精巧华词淹没了情绪的，例如《高密长公主挽歌》："湘渚韬灵迹，娥台静瑞音。凤逐清箫远，鸾随幽镜沉。霜处华芙落，风前银烛侵。寂寞平阳宅，月冷洞房深。"这已类似于挂在灵堂内的挽幛，只有程式化的挽词，而无情意可言了。

就在初唐美学向丽化、雅化、精致化方向发展的同时，唐诗出现了以王梵志为代表的俗化、口语化倾向。这种俗化、口语化倾向又表现得十分彻底，与丽化、雅化、精致化共时并生，并且成为两极端而双峰并峙，成为大雅大俗——雅到极致、俗到极端的初唐美学现象。

王梵志的诗包含深切的人生体验，在直接性的审美感觉中有人生况味。《吾富有钱时》曰：

> 吾富有钱时，妇儿看我好。吾若脱衣裳，与吾叠袍袄。吾出经求去，送吾即上道。将钱入舍来，见吾满面笑。绕吾白鸽旋，恰似鹦鹉鸟。邂逅暂时贫，看吾即貌哨。人有七贫时，七富还相报。图财不顾人，且看来时道。

这是对人情冷暖的揭露，愤激之情贯穿其中。"我有一方便，价值百匹练。相打长伏弱，至死不入县。"这是对息事宁人的软弱心态、卑弱心理的描述。"他人骑大马，我独跨驴子。回顾担柴汉，心下较些子。"这是以跨驴子的"我"为立足点的三人心理比较。对于骑大马者，"我"是比上不足；对于担柴汉来说，"我"则比其有余。正因为如此，"心下较些子"，心理获得了平衡。上述诗既有对人情冷暖、世情浇薄的体察与愤懑，又有对于包含着苟安、自足、自我麻醉的中庸文化心态的描述。

王梵志白话诗表现了对于现实审美的关注和热情。这在初唐诗界不啻空谷足音，可以说是建安风骨至杜、白之音之间的空白填补，有着显著的文化史、美学史价值。例如《工匠莫学巧》诗，写道：

> 工匠莫学巧，巧即他人使。身是自来奴，妻亦官人婢。夫婿暂时无，曳将仍被耻。未作道与钱，作了瞪眼你。奴人赐酒食，恩言出美气。无赖不与钱，蛆心打脊使。贫穷实可怜，饥寒肚露地。户役一概差，不办棒下死。宁可出头坐，谁肯被鞭耻。何为抛宅走？良由不得止。

在这里体现了诗人鲜明的情感倾向，表达了对描述对象的同情与爱怜。他所描绘的现实世界图画是惨然和触目惊心的。如《贫穷田舍汉》：

> 贫穷田舍汉，庵子极孤凄。两共前生种，今世作夫妻。妇即客舂捣，夫即客扶犁。黄昏到家里，无米复无柴。男女空饿肚，状似一食斋。里正追庸调，村头共相催。幞头巾子露，衫破肚皮开。体上无裈袴，足下复无鞋。丑妇来恶骂，啾唧搦头灰。里正

被脚蹴,村头被拳搓。驱将见明府,打脊趁回来。租调无处出,还须里正赔。门前见债主,入户见贫妻。舍漏儿啼哭,重重逢苦灾。如此硬穷汉,村村一两枚。

王梵志现实致用美学的触须所触及的领域也是多方面的,其精神也体现在许多方面,这也奠定了他在唐代现实致用美学中的地位。

王梵志的诗体现了漫画式的特点,富于幽默感。例如那首著名的《翻著袜》诗:

> 梵志翻著袜,人皆道是错。乍可刺你眼,不可隐我脚。

诗在漫画式的勾勒与描述中,表现了嬉笑怒骂的调侃、幽默,体现了对人生、世事愤世嫉俗的态度。在王梵志诗中可以看出他的玩世、愤世精神。

玩世不恭、愤世嫉俗的态度正包含诗人洞察人生的达人态度,这是对人生、世事的深层次体认。后于王梵志的释皎然在《诗式·跌宕格·骇俗品》中写道:

> 其道如楚有接舆,鲁有原壤。外示惊俗之貌,内藏达人之度。郭景纯游诗:"姮娥扬妙言,洪厓领其颐。何求?"王梵志道情诗:"我昔未生时,冥冥无所知。天公强生我,生我复何为?无衣使我寒,无食使我饥。还你天公我,还我未生时。"贺知章放达诗:"落花真好些,一醉一回颠。"卢照邻劳作诗:"城狐尾独束,山鬼面参覃。"

因此,以达人态度观察、洞悉世事,便使其对待人世时表现得分外率真和豁达。如:

> 吾有十亩田,种在南山坡。青松四五树,绿豆两三窠。热即池中浴,凉便岸上歌。遨游自取足,谁能奈我何!

生活方式和生活态度表现出极大的真实性,在自己所营造的园田和生活空间里从心所欲地生活,有着极强的随意性、自足性和主体性,无所遮掩、无所牵挂也无所隔碍。这种人生境界便成为审美境界。

王梵志所表现出的对于人生、生活、世事的态度,其内核是佛家低眉慈目、洞悉一切的态度,所以才能达到豁达人生的境界。

第二节　丽化与俗化的美学史意义

丽化以上官仪为代表，产生上官体，这种体式或流派风格须有一些同道者或效法者加入，许敬宗、董思恭就是这样的。许敬宗的名声极差，据《旧唐书》本传，称"世基被诛，世南匍匐而请代；善心之死，敬宗舞蹈以求生"。上官仪也是被他诬陷。然而他的诗美风格特征又纳入上官体中。例如《奉和初春登楼即目应诏》："旭日临重壁，天眷极中京。春晖发芳甸，佳气满层城。去鸟随看没，来云逐望生。歌里霏烟飐，琴上凯风清。文波浮镂槛，摛景焕雕楹。璇玑体宽政，隆栋象端衡。创规虽有作，凝拱遂无营。沐恩空改鬓，将何谢厦成。"其体式结构都有一定之规，工丽精致，意象缤纷，但没有统一的艺术审美构思，因此，虽有华彩却无蕴思。作为参与编纂《瑶山玉彩》的董思恭有一组咏物诗，审美情思不高，并无深义和美感，但对偶工切，正符合上官体的"六对""八对"论。

在王梵志白话诗一路中，纳入者尚有寒山、拾得等人。寒山《杳杳寒山道》写道：

杳杳寒山道，落落冷涧滨。啾啾常有鸟，寂寂更无人。淅淅风吹面，纷纷雪积身。朝朝不见日，岁岁不知春。

这是一首叠字诗，形成了特殊的节奏感和音乐感。通过叠字句的反复出现和贯穿诗的始终，起到强化对象的作用，全诗所要体现的寒凛幽冷氛围便透溢而出。

寒山、拾得等人的诗也体现了白话诗的通俗性审美特征。如："有个王秀才，笑我诗多失。云不识蜂腰，仍不会鹤膝。平侧不解压，凡言取次出。我笑你作诗，如盲徒咏日。"从表面看，诗人是言自己为诗不拘沈约以来之格律，实际上是说自己不遵法度、不受羁绊的自由放任的思想要求。

王梵志的白话诗美是通俗文学诗美的标志，影响了唐代变文以及此后通俗文学的审美趋向，以至于白居易通俗化诗美风格的形成。延及宋代，仍然有其影响痕迹。《苕溪渔隐丛话前集》载："山谷云：王梵志诗云：'城外土馒头，馅草在城里，一人吃一个，莫嫌没滋味。'已且为馒头，尚谁食之？今改'预先著酒浇，使教有滋味。'""山谷云：王梵志诗云：'梵志翻著袜，人皆道是错。乍可刺你眼，不可隐我脚。'一切众生颠倒，类皆如此。乃知梵志是大修行人也。昔茅容季伟，田家子尔，杀鸡饭其母，而以草具饭郭林宗，林宗起拜之，因劝使就学，遂为四海名士。此翻著袜法也。今人以珍馔奉客，以草具奉其亲，涉世合义则与己，不合义则称亲，万世同流，皆季伟之罪人也。""土馒头"被宋代范成大《重九日行营寿藏之地》化为"纵有千年铁门槛，终须一个土馒头"句，到《红楼梦》中被誉为千古名句，并衍化为有人物活动和情节的"铁槛寺""馒头庵"——"王凤姐弄权铁槛寺，秦鲸卿得趣馒头庵"。这种语言意象的流播，说明了它的影响力。王梵志的白话诗以一种人们耳熟能详却又新鲜的形式出现，启开唐及后来通俗美学之路。

上官体体现了贵族化和规范化的审美趋向，形式化的因素较重，为规范性律诗形式的铸合做了充分的准备。然而，它那形式主义的弊端，它对于诗歌表现艺术空间的限制，又将被冲决和否定，一场文学、美学的革新思潮即将来到了。

第七章　初唐"四杰"

在初唐的美学论坛上，"四杰"亦表达了自己的美学思想。在内涵上，"四杰"的美学思想有一致也有不一致的地方，每人自身的美学思想与创作实践也有吻合与不吻合之处。"四杰"美学思想既有初唐的时代特征，又有个人的特点。

第一节　审美功能认知

王勃是隋代大儒王通之孙、初唐诗人王绩之侄孙。王勃对于文学审美的认知，在总的精神上与其祖一致，强调文学的政教功能。这位早熟才子，在美学理论上也显示出早熟性。《上吏部裴侍郎启》写道：

> 夫文章之道，自古称难。圣人以开物成务，君子以立言见志。遗雅背训，孟子不为；劝百讽一，扬雄所耻。苟非可以甄明大义，矫正末流，俗化资以兴衰，家国繇其轻重，古人未尝留心也。

他认为文学是通过"立言"以"见志"，借以"甄明大义，矫正末流"，关系"家国"之"兴衰"。《平台秘略论·艺文》又说道：

> 《易》称"观乎天文，以察时变"，《传》称"言而无文，行之不远"。故文章经国之大业，不朽之能事。而君子所役心劳神，宜于大者远者，非缘情体物、雕虫小技而已。是故思王抗言词赋耻为君子；武皇裁敕篇章，仅称往事。不其然乎？

他对于文学社会功能的体认来之于曹丕《典论·论文》。从他对这一功能的认知出发,认为文学作家"宜于大者远者",而不能留恋于"缘情体物、雕虫小技"。在这里,王勃是把文章"经国"功能与"缘情体物"的审美性质与方式对立起来认知的,也就否定了后者的存在价值。而"缘情体物"恰恰是中国美学构成的重要元素。

在对中国文学美学悠久历史传统的认知和评价方面,王勃采取了更为偏激的态度。如果说王通《中说》还对历史上一些作家有所肯定,如称"颜延之、王俭、任昉有君子之心焉,其文约以则",那么,王勃就走得更远了,年少气盛,对屈宋以来的文学审美传统与实绩,大张挞伐,一笔勾销。《上吏部裴侍郎启》写道:

> 自微言既绝,斯文不振。屈宋导浇源于前,枚马张淫风于后,谈人主者以宫室苑囿为雄,叙名流者以沉酗骄奢为达。故魏文用之而中国衰,宋武贵之而江东乱。虽沈、谢争鹜,适先兆齐梁之危;徐庾并驰,不能免周陈之祸。于是讪其道者卷舌而不言,明其弊者拂衣而径逝。《潜夫》《昌言》之论,作之而有逆于时;周公、孔氏之教,存之而不行于代。天下之文,靡不坏矣。

这便重提文学美学亡国之旧论。这种论调在美学史观上是落后的,在思想方法上是片面、偏激的。杨炯亦有近似理论。其《王勃集序》写道:

> 仲尼既没,游、夏光洙泗之风;屈平自沉,唐、宋宏汨罗之迹。文儒于焉异术,词赋所以殊源。逮秦氏燔书,斯文天丧;汉皇改运,此道不还。贾、马蔚兴,已亏于雅颂;曹、王杰起,更失于风骚……洎乎潘、陆奋发,孙、许相因,继之以颜、谢,申之以江、鲍,梁、魏群材,周、隋众制,或苟求虫篆,未尽力于丘坟,或独徇波澜,不寻源于礼乐。

王、杨之论均以审美否定论的面目出现,跟他们经学家的思想相关。闻一多《唐诗杂论·四杰》言王勃,"一个人在短短二十八年的生命里,已经完成了这样多方面的一大堆著述:《舟中纂序》五卷,《周易发挥》五卷,《次论语》十卷,《汉书指瑕》十卷,《大唐千岁历》若干卷,《黄帝八十一难经注》若干卷,《合论》十卷,《续文中子书序诗序》若干篇,《玄经传》若干卷,《文集》三十卷"。可见他在经学方面著述之丰了。杨炯的《王勃集序》也写道:

> 君以为摛藻雕章,研几之余事;知来藏往,探赜之所宗。随

时以发,其唯应便;稽古以成,其殆察微。循紫宫于北门,幽求圣律;访元扈于东洛,响像天人。每览韦编,思弘大《易》,周流穷乎八索,变动该乎四营,为之发挥,以成注解。尝因夜梦,有称孔夫子而谓之曰:《易》有太极,子其勉之! 寤而循环,思过半矣。于是穷蓍蔡以像告,考爻象以情言,既乘理而得元,亦研精而循道。虞仲翔之尽思,徒见三爻;韩康伯之成功,仅逾两系。君之所注,见光前古。与夫发天地之秘藏,知鬼神之情状者,合其心矣。君又以幽赞神明,非杼轴于人事;经营训导,乃优游于圣作。于是编次《论语》,各以群分,穷源造极,为之古训。仰贯一以知归,希体二而致远,为言式序,大义昭然。

可以看出,王勃是有意继承王通的事业的,他所从事的是经学、学术的研究和撰述,这样,他便以经学、学术思想来看待文学美学,把文学美学归入经学、学术范畴。闻一多《唐诗杂论·四杰》也说道,"同王勃一样,杨炯也是文人而兼有学者倾向的,这满可以从他的《天文大象赋》和《驳孙茂道苏知几冕服议》中看出"。可见,他们对待文学美学的态度有着共同的思想原因。

至于骆宾王则有所不同。《和学士闺情诗启》写道:

窃惟诗之兴作,兆基邃古。唐歌虞咏,始载典谟;商颂周雅,方陈金石。其后言志缘情,二京斯盛;含毫沥思,魏晋弥繁。布在缥简,差可商略。李都尉鸳鸯之词,缠绵巧妙;班婕妤霜雪之句,发越清回。平子桂林,理在文外;伯喈翠鸟,意尽行间。河朔词人,王、刘为称首;洛阳才子,潘、左为先觉。若乃子建之牢笼群彦,士衡之籍甚当时,并文苑之羽仪,诗人之龟镜。爰逮江左,讴谣不辍,非有神骨仙材,专事元风道意。颜、谢特挺,戕伐典丽。自兹以降,声律稍精。其间沿改,莫能正本。

较之王、杨,骆宾王的见解、看法公允多了。卢照邻《南阳公集序》写道:

自获麟绝笔,一千三四百年,游、夏之门,时有荀卿、孟子;屈、宋之后,直至贾谊、相如。两班叙事,得邱明之风骨;二陆裁诗,含公幹之奇伟。邺中新体,共许音韵天成;江左诸人,咸好瑰姿艳发。精博爽丽,颜延之急病于江、鲍之间;疏散风流,谢宣城缓步于向、刘之上。北方重浊,独卢黄门往往高飞;南国轻清,惟庾中丞时时不坠。

在《驸马都尉乔君集序》中称"屈平、宋玉,弄词人之柔翰","圣门论赋,相如为入室之雄;阙里裁诗,公幹即升堂之客"。他极力赞赏"陆平原龙惊学海,浮天泉以安流;鲍参军鹤矗文场,代黄金之平埒"。他对于前代诗人审美成就的评价要更高一些。

第二节 审美情感体认

初唐不同于隋代,王勃也毕竟稍异于王通,"四杰"在强调文学政教功能的同时,又没有抹杀其审美性质。这种性质一是表现为情感性质,二是心物感应的方式。

王勃《秋日游莲池序》以感叹的语气写道:"悲夫!秋者,愁也。酌浊酒以荡幽襟,志之所之;用清义而销枳恨,我之怀矣。能无情乎?"对于在秋天所引发的愁情愁思,酒和文是特殊的导泄手段,这便正确地说明了文学消释内心积恨的特殊功能。卢照邻则对发愤以抒情的文学审美性质做了阐解。《释疾文序》说:"盖作《易》者其有忧患乎?删《书》者其有栖遑乎?《国语》之作,非瞽叟之事乎?《骚》文之兴,非怀沙之痛乎?"这是对司马迁《报任安书》中提出"发愤以抒情"命题的进一步发挥。

物感即心物感应,是中国美学关于对象与主体之间关系的审美体认,认为对象外物触激主体,引起感应,形成审美感受,这是审美活动的初始阶段,也是其基础阶段。初唐"四杰"就是基于这一体认,来说明审美发生现象的。王勃《入蜀纪行诗序》说:"嗟乎!山川之感召多矣!余能无情哉?爱成文律,用宣行唱。"《越州秋日宴山亭序》云:"是以东山可望,林泉生谢客之文;南国多才,江山助屈平之气。"骆宾王《与博昌父老书》说:"哀缘物兴,事因情感。"《伤祝阿王明府序》说:"事感则万绪兴端,情应则百忧交轸。"

审美情感导泄论、心物感应论不仅成为一种论述命题,而且表现为对某一创作现象的说明。王勃《春思赋序》说自己"旅寓巴蜀",从游柳太易,"高谈胸怀,颇泄愤懑。于时春也,风光依然。古人云:'风景不殊,举目有山河之异。'不其悲乎!"骆宾王《在狱咏蝉诗序》中有一段话颇值得注意:"秋蝉疏引,发声幽息,有切尝闻。岂人心异于曩时,将虫响悲于前听？"骆宾王因闻蝉声而写下著名的《咏蝉》，他在狱中听到蝉鸣后所引起的感受不同于"曩时"，因身世之感而更为悲忧，"人心"变异，感受亦有异。"四杰"还把上述审美命题运用于对美学史上的现象说明。卢照邻《乐府杂诗序》写道："以少卿长别，起高唱于河梁；平子多愁，寄遥情于垄坂。南浦动关山之役，作者悲离；东京兴党锢之诛，词人哀怨。"

审美物感、心物论又表现为感兴特征。北齐颜之推《颜氏家训·文章》写道："每尝思之，原其所积文章之体，标举兴会，发引性灵。""四杰"特别是王勃，才情很高，故重感兴，《夏日登龙楼寓望序》说，"兴酣情逸"遂"搦管含毫"，《滕王阁序》更有名句："遥吟俯畅，逸兴遄飞。"它影响了以后的李白，《宣州谢朓楼饯别校书叔云》有名句："俱怀逸兴壮思飞，欲上青天览明月。"

第三节　美学思想特点

其一，"四杰"的一些激烈性美学思想既表现为反传统性，如前引王勃《上吏部裴侍郎启》一笔否定了屈、宋以来的文学美学，同时，又是针对初唐现实的美学状况的。杨炯《王勃集序》就写道：

> 尝以龙朔初载，文场变体，争构纤微，竞为雕刻。糅之金玉龙凤，乱之朱紫青黄，影带以徇其功，假对以称其美，骨气都尽，刚健不闻。

龙朔初年的上述状况显然是指上官体的风行。"影带"——映带，"假对"——上官体的"六对""八对"说，便成了"四杰"所要指斥的对象。这样，也就增添了"四杰"美学思想的生机和力度。

其二，继承和运用了传统的物感心应美学思想，例如王勃《采莲赋》所说的"赏由物召，兴以情迁，故其游泳一致，悲欣万绪"，骆宾王《上廉使启》所说的"情蓄于中，事符则感，形潜于内，迹应斯通"，《上吏部裴侍郎启》所说的"夫怨于心者，哀声可以应木石；感于情者，至性可以通神明"等，都有传统美学思想的内涵和影子，特别是受到刘勰等人的理论影响。然而，与此同时，一些美学理论提法又融会了个人的遭际，因而有着特殊的个人色彩。王勃的审美导泄论，来自于他的不遇之感。《夏日诸公见寻访诗序》说："天地不仁，造化无力，授仆以幽忧孤愤之性，禀仆以耿介不平之气。"《滕王阁序》更感慨系之道："嗟乎！时运不济，命途多舛。""勃，三尺微命，一介书生。无路请缨，等终军之弱冠；有怀投笔，慕宗悫之长风。"卢照邻主张发愤抒情审美论，来源于他的命运多舛，羸卧荒山。《病梨树赋》之序写道："癸酉之岁，余卧病于长安光德坊之官舍。""余年垂强仕，则有幽忧之疾。"赋文对于病梨树的描述便是其对象性写照："尔生何为，零丁若斯，无轮桷之可用，无栋梁之可施。进无违于斤斧，退无竞于班倕。无庭槐之生意，有岩桐之死枝。尔其高才数仞，围仅盈尺，修干罕双，枯条每只，叶病多紫，花凋少白。夕鸟怨其巢危，秋蝉悲其翳窄。怯衡飙之摇落，忌炎景之临迫。"这样，便使他们的审美理论有着个体特征。

其三，提出新的时代审美理想。这个时代审美理想是完全针对绮错婉媚的上官体的，从而形成了初唐审美理想和美学思潮的一次明显嬗变。他们所崇尚的是以"刚健""骨气"为内核而又辞采丰茂的审美风格，反对纤巧浮艳，形成了初唐气韵，并为盛唐气象做了先期准备。杨炯《王勃集序》对龙朔初年文学美学现象"骨气都尽，刚健不闻"的批判实际上包含对建立"骨气""刚健"审美风格的要求。王勃《平台秘略赞·艺文》所说的文学审美风格应是"气凌云汉，字挟风霜"，是对刘勰提出"风骨"论以来最有分量的阐解。王勃《山亭思友人序》写道：

至若开辟翰苑，扫荡文场，得宫商之正律，受山川之杰气，虽陆平原、曹子建足可以车载斗量，谢灵运、潘安仁足可以膝行肘步。思飞情逸，风云坐宅于笔端；兴洽神清，日月自安于调下云尔。

这是有着澎湃激情、跌宕节奏、缤纷想象的美学风格境界。而杨炯《王勃集序》所称赏的王勃美学风格正是其生动体现，即"壮而不虚，刚而能润，雕而不碎，按而弥坚"。

"四杰"远不及上官仪等阁辅之臣仕途辉煌，也没有他们那种台阁体的雍容华贵和美学风格上的典雅工丽。"四杰"有许多痛苦的经历，遂借文学以抒其愤，显得分外激切。如卢照邻《穷鱼赋》说："余曾有横事被拘，为群小所使，将致之深议，友人救护得免。窃感赵壹穷鸟之事，遂作《穷鱼赋》。"《释疾文·粤若》说："故有闭门少事，蹈沧海而辞组；开卷独得，归茂陵而著书。"王勃更是少年气盛，倜傥不群，《春思赋》说自己是"耿介之士","窃禀宇宙独用之心,受天地不平之气,虽弱植一介,穷途千里,未尝下情于公侯,屈色于流俗,凛然以金石自匹"。这样,他们的文学美学思想便有着鲜明的主体色彩和特征,在将对象体认概括成理论范畴时渗透着主体的感知因素。

其四,"四杰"美学思想存在着矛盾、背反现象。王勃一方面把"斯文不振"、文学美学风习衰退之现象归咎于"屈宋导浇源于前",另一方面又说:"南国多才,江山助屈平之气",在文中多引屈原赋言,甚至成为引发创作的动机和缘由,如《春思赋》:"屈平有言:'目极千里伤春心。'因作《春思赋》。"一方面倡言文学审美的政教功能,另一方面在具体审美创作中又较少说教味、冬烘气、酸腐味。他们又重视"感而赋诗"的文学审美功能。他们一方面轻视"缘情体物,雕虫小技"的文学审美样式,另一方面却又不经意地借助文学这一特定的审美样式抒怀导泄、发愤抒情。这样,就可以经常看到他们处于矛盾与背反的状态之中。

在初唐文学、美学界,他们发起了文学美学的革新。杨炯《王勃集序》说:

> 思革其弊,用光志业。薛令公朝右文宗,托末契而推一变;卢照邻人间才杰,览清规而辍九攻。知音与之矣,知己从之矣。于是鼓舞其心,发泄其用。八纮驰骋于思绪,万代出没于毫端。契将往而必融,防未来而先制。动摇文律,宫商有奔命之劳;沃荡词源,河海无息肩之地。以兹伟鉴,取其雄伯,壮而不虚,刚而能润,雕而不碎,按而弥坚。大则用之以时,小则施之有序。徒纵横以取势,非鼓怒以为资。长风一振,众萌自偃,遂使繁综浅术,无藩篱之固;纷绘小才,失金汤之险。积年绮碎,一朝清廓,翰苑豁如,词林增峻。

这段文字把"四杰"发起的这场文学革新运动描述得令人神旺血涌。把固若金汤的上官体,摧枯拉朽,加以"清廓""积年绮碎",使得"翰苑豁如,词林增峻",面貌大变。而且它的效应迅速扩散开来,"后进之士翕然景慕,久倦樊笼,咸思自释。近则面受而心服,远则言发而响应,教之者逾于激电,传之者速于置邮"。可见当时的影响之大、之快、之广。但也有不能正确领会王勃美学思想,从而走向极端进而走向反面的。《王勃集序》写道:"妙异之徒,别为纵诞,专求怪说,争发大言。乾坤日月张其文,山河鬼神走其思，长句以增其滞，客气以广其灵。已逾江南之风，渐成河朔之制。谬称相述，罕识其源。扣纯粹之精机，未投足而先逝；览奔放之偏节，已滞心而忘返。乃相循于局步，岂见习于通方。"失控现象的产生并不能归咎于王勃等人，如同"信谲不同，非墨翟之过；重增其放，岂庄周之失"。因此，"唱高罕属，既知之矣；以文罪我，其可得乎！"

他们反对屈骚传统，但他们的理论主张对其又多有提倡，更在于他们创作中所体现出来的美学思想榫接了屈骚美学。他们的美学思想有不少闪光点，有些还达到相当的深度，如骆宾王《伤祝阿王明府序》："夫心之悲矣，非关春秋之气；声之哀也，岂移金石之音。何则？事感则万绪兴端，情应则百忧交轸。是以宣尼旧馆，流襟动激楚之悲；孟尝高台，承睫下闻琴之泪。""孟尝高台，承睫下闻琴之泪"，是一个十分重要的美感经验现象，桓谭《新论·琴道》就有记：

> 雍门周以琴见，孟尝君曰："先生鼓琴，亦能令文悲乎？"对曰："臣之所能令悲者，先贵而后贱，昔富而今贫。摈压穷巷，不交四邻，不若身材高妙，怀质抱真，逢谗雁谤，怨结而不得信；不若交欢而结爱，无怨而生离，远赴绝国，无相见期；不若幼无父母，壮无妻儿，出以野泽为邻，入用掘穴为家，困于朝夕，无所假贷。若此人者，但闻飞鸟之号，秋风鸣条，则伤心矣。臣一为之援琴而长太息，未有不凄恻而涕泣者也。今若足下，居则广厦高堂，连闼洞房，下罗帷，来清风……方此之时，视天地曾不若一指，虽有善鼓琴，未能动足下也。"孟尝君曰："固然。"雍门周曰："然臣窃为足下有所常悲。夫角帝而困秦者，君也；连五国而伐楚者，又君也。天下未尝无事，不纵即衡，纵成则楚王，衡成则秦帝。夫以秦、楚之强而报弱薛，犹磨萧斧而伐朝菌也。有识之士，莫不为足下寒心。天道不常盛，寒暑更进退，千秋万岁之后，宗庙必不血食。高台既已倾，曲池又已平，坟墓生荆棘，狐狸穴其中。游儿牧竖，踯躅其足而歌其上曰：'孟尝君之尊贵，亦犹若是乎！'"于是孟尝君喟然太息，涕泪承睫而未下。雍门周引琴而鼓之，徐动宫徵，叩角羽，终而成曲。孟尝君遂歔欷而就之曰："先生鼓琴，令文立若亡国之人也。"

骆宾王用这则故事说明主体只有具备了情绪先期经验，才能被激活和导泄美感经验。在骆宾王看来,"心之悲矣,非关春秋之气;声之哀也,岂移金石之音",这是对发生认识论的深刻说明。

"四杰"要做的任务是:反齐梁绮靡文风,反上官体。反齐梁体,他们所采用的是传统的宗经文学美学思想,不免游离文学的审美性,流于功利主义的说教。而他们反上官体,则是用美学上的别一种风格和体式——骨气、刚健、雄大、激越。前者并不显示出他们对于美学史的贡献和进步,而后者则是推进了初唐美学的发展。虽然,在反绮靡美学时,"四杰"运用了隋代王通、李谔的思想,有时激烈程度或有过之,但他们最终没有脱离美的感性特征和性质,他们对于审美情感特点的把握和说明,其直觉性的体认达到异常深刻的地步,这样,他们也就不同于隋代的那批思想家和美学家,而是体现了他们在推助美学史发展中的贡献。

明人陆时雍《诗镜总论》说:"王勃高华,杨炯雄厚,照邻清藻,宾王坦易,子安其最杰乎?调入初唐,时带六朝锦色。"陆时雍不仅界定了"四杰"各自风格的美学特征,而且说明了"四杰"的时代美学特征:"调入初唐,时带六朝锦色。"他们一脚已经跨进初唐,另一只脚却还没有完全从六朝中拔出来,这也就显示出"四杰"特有的审美特点。然而,"四杰"又有其划时代性。闻一多的《唐诗杂论》曾高度评价道:"真正唐音的抒情诗也是这时才出现的。""四杰"的审美创作成就也正是在这里被赋予的。

第四节 承绪与改造的审美历程

"四杰"的审美创作环境正处于宫廷诗的诗风笼罩之中,自不可避免地受其影响,在固定化、程式化的格局内,完成其描述或歌颂内容。而他们又是一批才子,所作的宫廷诗又有恣肆淋漓的表达。杨炯《奉和上元酺宴应诏》长达六十句。首先铺设背景,说明大唐天子乃应运而生,"甲乙遇灾年,周隋送上弦。妖星六丈出,沴气七重悬。赤县空无主,苍生欲问天"。万姓倒悬,苍生问天,这时,"龟龙开宝命,云火昭灵庆。万物睹真人,千秋逢圣政。祖宗玄泽远,文武休光盛。大号域中平,皇威天下惊。参辰昭文物,宇宙浃声名"。然后,对大唐天子的丰功伟绩予以浓烈渲染,"一衣扫风雨,再战夷屯剥。清明日月旦,萧索烟云涣。寒暑既平分,阴阳复贞观。

惟神谐妙物，乃圣符幽赞。下武发祯祥，平阶属会昌。金泥封日观，璧水匝明堂。业盛勋华德，舆包天地皇。孝思义冈极，易礼光前式。天焕三辰辉，灵书五云色。敬时穷发敛，卜代盈千亿。五纬聚华轩，重光入望园。公卿论至道，天子拜昌言"。这种铺展式描述在一般宫体诗中实属罕见。最后，诗人以高山仰止之情对皇恩圣衷极表感戴："仰德还符日，霑恩更似春。襄城非牧竖，楚国有巴人。"

宫廷诗孕育于特定的空间和文化圈子内，总是有固定的描述对象和情绪，富于台阁体的华丽端肃与雍容。杨炯《和骞右丞省中暮望》写道："故事闲台阁，仙门蔼已深。旧章窥复道，云幌肃重阴。玄律葭灰变，青阳斗柄临。年光摇树色，春气绕兰心。风响高窗度，流痕曲岸侵。天民总枢辖，人镜辨衣簪。日暮南宫静，瑶华振雅音。"诗在秘书省所望而作，景象没有具体性和表现力，只是传送出"台阁"之"闲"，"南宫"之"静"的氛围。

唐代皇廷的赐宴、游园活动是一种独特的宫廷文化活动，表现了宫廷文化的心理和需要。《唐诗纪事》卷九记道："凡天子饩会游豫，唯宰相、直学士得从。春幸黎园并渭水被除，则赐柳圈辟疠；夏宴葡萄园，赐朱樱；秋登慈恩浮图，献菊花酒称寿；冬幸新丰，历白鹿观，上骊山，赐浴汤池，给香粉兰泽。从行给翔麟马、品官黄衣各一。帝有所感，即赋诗，学士皆属和，当时人所钦慕。"这里，帝是主角，学士们是附属性角色，而这还为"当时人所钦慕"，因此，学士就更起劲地奉和咏唱。把它视为一种文化现象，就能解释它已走出宫廷这一特定的畛域，变成一种特定的诗歌样式，即富于雕绘藻饰，有一定的程式、格式，缺乏审美主体的审美激情。例如王勃《山居晚眺赠王道士》："金坛疏俗宇，玉洞似仙群。花枝栖晚露，峰叶度晴云。斜照移山影，回沙拥籀文。琴尊方待兴，竹树已迎曛。"卢照邻《三月曲水宴得尊字》："风烟彭泽里，山水仲长园。由来弃铜墨，本自重琴尊。高情邈不嗣，雅道今复存。有美光时彦，养德坐山樊。门开芳杜径，室拒桃花源。公子黄金勒，仙人紫气轩。长怀去城市，高咏狎兰荪。连沙飞白鹭，孤屿啸玄猿。日影岩前落，云花江上翻。兴阑车马散，林塘夕鸟喧。"但是，正如闻一多《唐诗杂论》所说："堕落毕竟到了尽头，转机也来了。"

对宫廷诗的改造，这一初唐诗坛上的雄奇之举，闻一多做了热情洋溢的描述和评价：

在窒息的阴霾中，四面是细弱的虫吟，虚空而疲倦，忽然一声霹雳，接着的是狂风暴雨！虫吟听不见了，这样便是卢照邻《长安古意》的出现。这首诗在当时的成功不是偶然的。放开了粗豪而圆润的嗓子……这生龙活虎般腾踔的节奏，首先已够教人们如大梦初醒而心花怒放了。然后如云的车骑，载着长安中各色人物panorama式的一幕幕出现，通过"五剧三条"的"弱柳青槐"来"共宿娼家桃李蹊"。诚然这不是一场美丽的热闹，但这颠狂中有战栗，堕落中有灵性。"得成比目何辞死，愿作鸳鸯不羡仙"，比起以前那光是病态的无耻，"相看气息望君怜，谁能含羞不肯前！"（简文帝《乌楼曲》）如今这是什么气魄！对于时人那虚弱的感情，这真有起死回生的力量……他是宫体诗中的一个破天荒的大转变。

闻一多大加赞扬的《长安古意》一开始就全景全幅式地展现开来：

长安大道连狭斜，青牛白马七香车。玉辇纵横过主第，金鞭络绎向侯家。龙衔宝盖承朝日，凤吐流苏带晚霞。百尺游丝争绕树，一群娇鸟共啼花。啼花戏蝶千门侧，碧树银台万种色。复道交窗作合欢，双阙连甍垂凤翼。梁家画阁天中起，汉帝金茎云外直。楼前相望不相知，陌上相逢讵相识？借问吹箫向紫烟，曾经学舞度芳年。得成比目何辞死，愿作鸳鸯不羡仙。比目鸳鸯真可羡，双去双来君不见？生憎帐额绣孤鸾，好取门帘帖双燕。双燕双飞绕画梁，罗帷翠被郁金香。片片行云着蝉翼，纤纤初月上鸦黄。鸦黄粉白车中出，含娇含态情非一。妖童宝马铁连钱，娼妇盘龙金屈膝。……

这是对唐都长安的全景鸟瞰，从通衢大道到狭窄小巷，经纬交错。到处宝马香车，穿梭往来，玉辇纵横，金鞭络绎，龙衔宝盖，凤吐流苏。这一切都掩映在金碧辉煌、高耸嵯峨的宫殿之中。从现象上看，它是一首宫廷诗了。然而，诗人做了重大改造，把其从宫廷引入市井，出现了万民狂欢的情景。长安人流如潮，楼前相望不相知，陌上相逢不相识，然而在歌海舞潮之中，都有生死相恋的执着。双方剖明心迹："得成比目何辞死，愿作鸳鸯不羡仙。比目鸳鸯真可羡，双去双来君不见？生憎帐额绣孤鸾，好取门帘帖双燕。"这种爱情形式和表述，热烈、真挚、大胆，如前引闻一多所说，比起"病态"的宫体诗来，"气魄"不可伦比。这批舞女着意梳妆打扮，"含娇含态情非一"，万种风情、百般娇态，被宝马香车载之而去。虽然这里色调艳冶，但没有宫廷味，而是富于市井气。这从进一步展开的娼家夜生活描述中又得到深化。相对于"御史府中乌夜啼，廷尉门前雀欲栖"，是另一番景象："隐隐朱城临玉道，遥遥翠幰没金堤。"长安少豪们在夜间出没于娼门："挟弹飞鹰杜陵北，探丸借客渭桥西。俱邀侠客芙蓉剑，共宿娼家桃李蹊。"在暮色中娼家粉墨登场，身着"紫罗裙"，"清歌一啭口氛氲"。娼门之繁闹非同寻常，"北堂夜夜人如月，南陌朝朝骑似云"，然而又正如闻一多《宫体诗的自赎》所说，"诚然这不是一场美丽的热闹，但这颠狂中有战栗，堕落中有灵性"，决非病态的宫体诗可比。诗人的笔触又指向长安上层社会内的权力争夺，"别有豪华称将相，转日回天不相让。意气由来排灌夫，专权判不容萧相。专权意气本豪雄，青虬紫燕坐春风"。他们把眼前之豪华视为永久，"自言歌舞长千载，自谓骄奢凌五公"，但是，"节物风光不相待，桑田碧海须臾改。昔时金阶白玉堂，即今唯见青松在"。沈德潜《唐诗别裁集》说："长安大道，豪贵骄奢，狭邪艳冶，无所不有。自嬖宠而侠客，而金吾，而权臣，皆向娼家游宿，自谓可永保富贵矣。然转瞬沧桑，徒存墟墓。"最后，诗人归结到身世不遇之感。明代胡应麟《诗薮》称赞此诗为"七言长体，极于此矣"。这首诗在诗体、诗风、审美理想等方面开一代新风。

卢照邻的《长安古意》表明了宫廷诗在承绪与改造中完成了它的审美历程。卢照邻又有一首《十五夜观灯》："锦里开芳宴，兰缸艳早年。缛彩遥分地，繁光远缀天。接汉疑星落，依楼似月悬。别有千金笑，来映九枝前。"而同样是长篇歌行的骆宾王《帝京篇》也显示出这一审美演化历程。一开篇就是一幅京城全景图：

> 山河千里国，城阙九重门。不睹皇居壮，安知天子尊。皇居帝里崤函谷，鹑野龙山侯甸服。五纬连影集星躔，八分水流横地轴。秦塞重关一百二，汉家离宫三十六。桂殿嶔岑对玉楼，椒房窈窕连金屋。

铺张性的描述中贯串着恢宏气势：

> 三条九陌丽城隈，万户千门平旦开。复道斜道鸀鵊观，交衢直指凤凰台。剑履南宫入，簪缨北阙来。声名冠寰宇，文物象昭回。钩陈肃兰户，璧沼浮槐市。铜雀应风回，金茎承露起。校文天禄阁，习战昆明水。朱邸抗平台，黄扉通戚里。平台戚里带崇墉，炊

> 金馔玉待鸣钟。小堂绮帐三千户，大道青楼十二重。宝盖雕鞍金络马，兰窗绣柱玉盘龙。绣柱璇题粉壁映，锵金鸣玉王侯盛。

诗人不断推进，也不断加浓笔墨，出现了长安城内的狂欢图：

> 王侯贵人多近臣，朝游北里暮南邻。陆贾分金将宴喜，陈遵投辖正留宾。赵李经过密，萧朱交结亲。丹凤朱城白日暮，青牛绀幰红尘度。侠客珠弹垂杨道，倡妇银钩采桑路。倡家桃李自芳菲，京华游侠盛轻肥。延年女弟双凤入，罗敷使君千骑归。同心结缕带，连理织成衣。春朝桂尊尊百味，秋夜兰灯灯九微。翠幌珠帘不独映，清歌宝瑟自相依。且论三万六千是，宁知四十九年非。

当全诗被推上狂热的高峰之后，猛然一个收束：

> 古来荣利若浮云，人生倚伏信难分。始见田窦相移夺，俄闻卫霍有功勋。未厌金陵气，先开石椁文。朱门无复张公子，灞亭谁畏李将军。相顾百龄皆有待，居然万化咸应改。桂枝芳气已销亡，柏梁高宴今何在。春去春来苦自驰，争名争利徒尔为。久留郎署终难遇，空扫相门谁见知。当时一旦擅豪华，自言千载长骄奢。倏忽抟风生羽翼，须臾失浪委泥沙。黄雀徒巢桂，青门遂种瓜。黄金销铄素丝变，一贵一贱交情见。红颜宿昔白头新，脱粟布衣轻故人。故人有湮沦，新知无意气。灰死韩安国，罗伤翟廷尉。已矣哉，归去来，马卿辞蜀多文藻，扬雄仕汉乏良媒。三冬自矜诚足用，十年不调几遭回。汲黯薪逾积，孙弘阁未开。谁惜长沙傅，独负洛阳才。

骆宾王在这里所表述的思想跟卢照邻《长安古意》有相似之处。乐极生悲、盛极而衰，这是他们对历史现象、生存发展状态的一种体认，他们从繁华竞逐、夜夜狂欢中感受到欢不常在的悲伤。这种感受显然富于历史继承内涵，但在初唐，国势的发展如日中天时，诗人却能感受到"倏忽抟风生羽翼，须臾失浪委泥沙"巨大的陵谷沧桑之变，不能不说是十分敏感和尖锐的。而这些，便使得宫廷诗的那些标准无法与之匹配。其审美成就如闻一多《唐诗杂论·四杰》所说："那一气到底而又缠绵往复的旋律之中，有着欣欣向荣的情绪。"

第五节　社会理想和审美理想

唐初最高统治集团的治国思路相当清晰，措施十分得力，遂有唐代的第一个辉煌——"贞观之治"。《资治通鉴》卷一九三曾对"贞观之治"的治世做了这样的描述："天下大稔，流散者咸归乡里，斗米不过三四钱，终岁断死刑才二十九人。东至于海，南及五岭，皆外户不闭，行旅不赍粮，取给于道路焉。"唐代开国雄主为知识分子的用世和施展才华提供了条件和环境。《旧唐书·文苑传序》写道："文皇帝解戎衣而开学校，饰贲帛而礼儒生，门罗吐凤之才，人擅握蛇之价。靡不发言为论，下笔成文，足以纬俗经邦，岂止雕章缛句。韵谐金奏，词炳丹青，故贞观之风，同乎三代。高宗、天后，尤重详延，天子赋横汾之诗，臣下继柏梁之奏，巍巍济济，辉烁古今。"再也不是魏晋的悲惨世界，名士少有全者，也不是魏晋风度的目送手挥、麈尾击壶，而是名士被唐代如日东升的旺盛气象所吸引、所激发，他们要求的不是白首穷经，也不是思辨玄谈，而是建功立业、驰骋疆场。他们很有一番雄心大志。骆宾王《夏日游德州赠高四序》写道："仆少负不羁，长逾虚诞，读书颇存涉猎，学剑不待穷工。进不能矫翰龙云，退不能栖神豹雾，抚循诸己，深觉劳生。"闻一多《唐诗杂论·四杰》对骆宾王的性格做了这样一番描述："天生一副侠骨，专喜欢管闲事，打抱不平，杀人报仇，革命，替痴心女子打负心汉。"骆宾王《夏日游德州赠高四》又写到自己被唐代社会气象和社会理想激发起热情和意气的经过。他描述了唐代社会气象，他这匹"东骏"和这只"图南"鲲鹏，深深地被其感召，"言谢垂钓隐，来参负鼎职"。他的《畴昔篇》曾写道："少年重英侠，弱岁贱衣冠。"他在《久戍边城有怀京邑》说道："怀铅惭后进，投笔顾前驱。"对武士行为的看重，对效命沙疆的愿望表达，正是这一时期用世知识分子的共同特点。一旦得到这种机会，他们便意气风发。《咏怀古意上裴侍郎》就做了感情的表达："一得视边塞，万里可辛苦。剑匣胡霜影，弓开汉月轮。金方动秋色，铁骑相风尘。为国坚诚款，捐躯志贱贫。勒功思比宪，决略暗欺陈。若不犯霜雪，虚掷玉京春。"

十四岁时王勃所写的《滕王阁序》就表达了这样的宏愿："勃，三尺微命，一介书生，无路请缨，等终军之弱冠；有怀投笔，慕宗悫之长风。"十五岁时写《上刘右相书》坦率地表示："伏愿辟东阁，开北堂；待之以上宾，期之以国士。使得披肝胆，布腹心，大论古今之利害，高谈帝王之纲纪。然后鹰扬豹变，出蓬户而拜青墀；附景挟风，舍苔衣而见绛阙。"后来李白的《上韩荆州书》就颇有这种味道。

正因为"四杰"有着为社会气象和社会理想所焕激起来的热情和意气，他们便看重建功立业对于人生的价值、地位和意义。杨炯《从军行》写道："烽火照西京，心中自不平。牙璋辞凤阙，铁骑绕龙城。雪暗凋旗画，风多杂鼓声。宁为百夫长，胜作一书生。"《出塞》写道："塞外欲纷纭，雌雄犹未分。明堂占气色，华盖辨星文。二月河魁将，三千太乙军。丈夫皆有志，会见立功勋。"在"百夫长"与"一书生"中，他们毫不迟疑地选择了前者，这是其价值趋向，希望在沙疆之上立功勋。

他们所等待的是风云际会，杨炯《紫骝马》写道："匈奴今未灭，画地取封侯。"他们希冀着在"花舞大唐春"①的时光里，有所作为，这种心态表现得十分热烈和急切。但是，他们往往时运不济，偃蹇"憔悴于圣明之代"②。然而，他们又不是颓唐者，他们寄希望于时代、社会，神往于"戎衣何日定，歌舞入长安"③的威风和英武。在风云未到时，他们当然也会像传统的士子一样发出归去来的隐逸之调。但其立足点不同，不是归于颓唐，而是有所企待，企待那风云际会的到来。骆宾王《秋日送侯四得弹字》写道："我留安豹隐，君去学鹏抟。歧路分襟易，风云促膝难。夕涨流波急，秋山落日寒。惟有思归引，凄断为君弹。"他们建功立业的欲望，躁动于心，万斛泉源，往往不择地而出。骆宾王遇到徐敬业起兵，迫不及待地参与其事，为艺文令，起草了那篇著名的讨武后檄文。据《旧唐书·王勃传》："诸王斗鸡，互有胜负。勃戏为《檄英王鸡文》。高宗览之，怒曰：'据此是交构之渐。'即日斥勃，不令入府。"王勃被逐后，"客剑南，尝登葛愦山旷望，慨然思诸葛之功，赋诗见情"④。追思诸葛亮，正是其内心意欲所为之表现。他少有大志，《述怀拟古诗》就写道："仆生二十祀，有志十数年。"王勃年少被逐之后，心理世界有所变化，萌发江湖之思。《游山庙序》写道：

---

① 卢照邻：《元日述怀》。
② 王勃：《夏日诸公见寻访诗序》。
③ 骆宾王：《在军登城楼》。
④ 计有功：《唐诗纪事》卷七。

> 吾之有生二十载矣,雅厌城阙,酷嗜江海。常学仙经,博涉道记,知轩冕可以理隔,鸾凤可以术待。而事亲多衣食之虞,登朝有声利之迫。清识滞于烦城,仙骨摧于俗境。呜呼!阮籍意疏,嵇康体放,有自来矣。常恐运促风火,身非金石,遂令林壑交丧,烟霞板荡。此仆所以怀泉涂而惴恐,临山河而叹息者也。

王勃在《江曲孤凫赋》中借孤凫以自喻,写道:"灵凤翔兮千仞,大鹏飞兮六月。虽凭力而易举,终候时而难发。不如深泽之鸟焉,顺归潮而出没。迹已存于江汉,心非系于城阙。吮红藻,翻碧莲,刷雾露,栖云烟,迫之则隐,训之则前,去就无失,浮沉自然……故其独泛单宿,全真远致,反复幽溪,淹留胜地。伤云雁之婴缴,惧泉鱼之受饵。甘辞稻粱之惠焉,而全饮啄之志也。"

"四杰"的立志和失志构成了他们人生的旅程,在回顾这一人生经历时充满意气也有辛酸。作为唐诗中的鸿篇巨制,长达一百韵的骆宾王《畴昔篇》成为他的自传体回忆,追忆了自己的人生经历。他表述了自己少有大志,"重英侠"而"贱衣冠",而曾经的竞逐豪华,与今天的门可罗雀恰成鲜明之对比:

> 金丸玉馔盛繁华,自言轻侮季伦家。五霸争驰千里马,三条竞鹜七香车。掩映飞轩乘落照,参差步障引朝霞。池中旧水如悬镜,屋里新妆不让花。意气风云倏如昨,岁月春秋屡回薄。上苑频经柳絮飞,中园几见梅花落。当时门客今何在,畴昔交朋已疏索。

这正是他撰写此诗命名"畴昔篇"的原因。诗中特别描述了自己受谤下狱的遭遇:

> 适离京兆谤,还从御府弹。炎威资夏景,平曲况秋翰。画地终难入,书空自不安。吹毛未可待,摇尾且求餐。丈夫坎壈多愁疾,契阔迍邅尽今日。慎罚宁凭两造辞,严科直挂三章律。邹衍含悲系燕狱,李斯抱怨拘秦桎。不应白发顿成丝,直为黄沙暗如漆。紫禁终难叫,朱门不易排。惊魂闻叶落,危魄逐轮埋。霜威遥有厉,雪杜更无阶。含冤欲谁道,饮气独居怀。

他在迭遭蹭蹬的生活中萌生的是乡关之思:"他乡冉冉消年月,帝里沉沉限城阙。不见猿声助客啼,唯闻旅思将花发。我家迢递关山里,关山迢递不可越。故园梅柳尚有余,春来忽使芳菲歇。"

在"四杰"的心灵世界里,意气风发和终不得志构成了一对矛盾,这便如闻一多《唐诗杂论·四杰》所说的,"行为都相当浪漫,遭遇尤其悲惨"。这一矛盾现象正构成"四杰"独特的文化现象,也构成了他们诗文意气飞扬与情绪衰飒的结合性现象。因此,他们的诗文中有王勃《送杜少府之任蜀川》那样的风发:"海内存知己,天涯若比邻。无为在歧路,儿女共沾巾。"又有其《别薛升华》那样的伤感:"送送多穷路,遑遑独问津。悲凉千里道,凄断百年身。心事同漂泊,生涯共苦辛。无论去与住,俱是梦中人。"其情绪反差之大,使人疑其竟出于一人之手。有时,同一诗文中的情绪也是跌宕起伏,例如王勃《滕王阁序》前有"遥吟俯畅,逸兴遄飞"的畅露,显然情绪高涨,但是"嗟乎"一声,陡然转变,带出内心的浩叹,"时运不济,命途多舛"。

感应时代、社会理想,使得"四杰"美学风格富于初唐时代、社会所赋予的气势和壮美,同时,结合他们个人的特点:少年意气、才华横溢、才情外露,便又烙上了个人美学特征。《全唐诗》杨炯卷说其"年十一,举神童",引张说之评价:"杨盈川(杨炯)文思如悬河注水,酌之不竭。"骆宾王七岁有咏鹅之作,被誉为"神童"。他称自己"弋志书林,咀风骚于七略;耘情艺圃,偃图籍于九流。洒惠渥于羊陂,屡泛文通之麦;峻曲岸于莺谷,时遗公叔之冠"。卢照邻亦早熟,自许"下笔则烟飞云动,落纸则鸾回凤惊"。至于王勃,据杨炯《王勃集序》:"九岁读颜氏《汉书》,撰《指瑕》十卷。十岁包综六经,成乎期月,悬然天得,自符音训。时师百年之学,旬日兼之;昔人千载之机,立谈可见。居难则易,在塞咸通。于术无所滞,于词无所假。幼有钧衡之略,独负舟航之用。年十有四,时誉斯归。太常伯刘公巡行风俗,见而异之,曰:'此神童也。'因加表荐,对策高第,拜为朝散郎。"少年才气,飞扬蹈厉,感受力很强,冲发力也很强。但他们的个人气质又颇为多愁善感,因此在审美创作中不免流于伤感。

确实,初唐社会给广大士子特别是寒族士子铺设了一条充满希望的锦绣道路,但是,并不是每一个士子都能如愿以偿。其不能实现之原因是多方面的,但从根本上形成了个人与社会之间的冲突,初唐"四杰"也是如此。但社会毕竟处于上升时期,"四杰"虽然命运不济,却没有对社会绝望,这与晚唐时人多有不同,这正是一种社会心态。个人心态跟社会走向相关,而独特的社会心态又影响了个人的审美心态,意气飞扬却不颓废,有时甚或有点悲壮感。例如骆宾王的《于易水送人》曰:"此地别燕丹，壮士发冲冠。昔时人已没，今日水犹寒。"诗人审美立足点是在一个特定的地点——易水，他把送友人的题材和情感纳入怀古和壮怀激烈之中。在相同地点所发生的往古事变显现于眼前："此地别燕丹。"诗人所欣赏和赞美的正是"壮士发冲冠"的悲壮情景和情怀。"昔时"与"今日"存在着巨大的时空差，"人已没"已成事实和历史，似乎无可奈何，难以挽回，但是，"今日水犹寒"——当年荆轲击节高歌"风萧萧兮易水寒，壮士一去兮不复还"的情景和情怀犹存。诗人从中领悟和感受到的正是悲壮和愤激。回顾历史，正映现出一幅现实的图画，从而展露出现实的感受。当然，"四杰"由于意气风发，有时自不免情绪外露，不够蕴藉和深沉。

第六节　时间审美

时间审美显示出中国美学的早熟。这里所说的时间审美是指对于时间流逝的审美感受和敏感。《论语·子罕》载："子在川上曰：'逝者如斯夫！不舍昼夜。'"这是夫子对于像流水一样流逝的时间特征的体认，同时也包含着一种伤感情绪。这是对时间的理性感知，也是审美体认。这样，时间审美便成为中国美学的不衰主题。曹植《赠白马王彪》："清晨发皇邑，日夕过首阳……秋风发微凉，寒蝉鸣我侧……人生处一世，去若朝露晞。"《箜篌引》："惊风飘白日，光景驰西流。盛时不再来，百年忽我遒。生存华屋处，零落归山丘。"阮籍《咏怀》："清露被皋兰，凝霜沾野草……朝为媚少年，夕暮成丑老。"到了初唐"四杰"那里，这种时间审美的内涵和方式有了开拓和发展。卢照邻长诗《行路难》写道：

> 君不见长安城北渭桥边，枯木横槎卧古田。昔日含红复含紫，常时留雾亦留烟。春景春风花似雪，香车玉舆恒阗咽。若个游人不竞攀，若个倡家不来折。倡家宝袜蛟龙帔，公子银鞍千万骑。黄莺一向花娇春，青鸟双双将子戏。千尺长条百尺枝，月桂星榆相蔽亏。珊瑚叶上鸳鸯鸟，凤凰巢里雏鹓儿。巢倾枝折凤归去，条枯叶落任风吹。一朝零落无人问，万古摧残君讵知。人生贵贱无终始，倏忽须臾难久恃。谁家能驻西山日，谁家能偃东流水。汉家陵树满

秦川，行来行去尽哀怜。自昔公卿二千石，咸拟荣华一万年。不见朱唇将白貌，惟闻素棘与黄泉。金貂有时换美酒，玉麈但摇莫计钱。寄言坐客神仙署，一生一死交情处。苍龙阙下君不来，白鹤山前我应去。云间海上邈难期，赤心会合在何时。但愿尧年一百万，长作巢由也不辞。

诗人借枯木起兴，描述长安渭桥的豪华和斑斓多姿，然而，突然之间枯木被摧，"巢倾枝折凤归去，条枯叶落任风吹"。面对这一比拟的意象，诗人发出了深沉的人生感慨和时间伤感。

综合前引的卢照邻《长安古意》、骆宾王《畴昔篇》，以及上面所引的卢照邻《行路难》，再看王勃《临高台》等，"四杰"的时间审美集中在一个主题上——盛衰。这跟过去的时间审美，跟前引曹植、阮籍等人的诗不同。它不是在对时间观念的抽象、概括基础上进行的，也不是对个体生命稍纵即逝的恐惧与忧虑，而是独特地表现在对社会现象的盛衰关注上。王勃《临高台》写道：

> 临高台，高台迢递绝浮埃。瑶轩绮构何崔嵬，鸾歌凤吹清且哀。俯瞰长安道，萋萋御沟草。斜对甘泉路，苍苍茂陵树。高台四望同，帝乡佳气郁葱葱。紫阁丹楼纷照曜，璧房锦殿相玲珑。东弥长乐观，西指未央宫。赤城映朝日，绿树摇春风。旗亭百隧开新市，甲第千甍分戚里。朱轮翠盖不胜春，叠榭层楹相对起。复有青楼大道中，绣户文窗雕绮栊。锦衾夜不襞，罗帷昼未空。歌屏朝掩翠，妆镜晚窥红。为君安宝髻，蛾眉罢花丛。狭路尘间黯将暮，云间月色明如素。鸳鸯池上两两飞，凤凰楼下双双度。物色正如此，佳期那不顾。银鞍绣毂盛繁华，可怜今夜宿倡家。倡家少妇不须颦，东园桃李片时春。君看旧日高台处，柏梁铜雀生黄尘。

诗人用五彩斑斓的笔墨写出长安繁华狂热之盛况，占据了诗篇的绝大篇幅，但到诗的最后却猛然一转，由盛况陡变为衰态的描述，完成了盛衰主题的揭示。骆宾王《浮槎》借一漂木吟咏道：

> 昔负千寻质，高临千仞峰。真心凌晚桂，劲节掩寒松。忽值风飘折，坐为波浪冲。摧残空有恨，拥肿遂无庸。渤海三千里，泥沙几万重。似舟飘不定，如梗泛何从。仙客终难托，良工岂易逢。徒怀万乘器，谁为一先容。

他要揭示的也是盛衰主题,其序写道:"委根险岸,托质畏途,上为疾风冲飙所摧残,下为奔浪迅波所激射。基由壤括,势以地危,岂盛衰之理系乎时,封植之道存乎我。"

在王勃的《滕王阁序》中,作者面对"物华天宝""人杰地灵""胜友如云""高朋满座"的盛况,所感受到的却是盛极而衰、兴尽悲来。"呜呼,胜地不常,盛筵难再","天高地迥,觉宇宙之无穷;兴尽悲来,识盈虚之有数"。其《滕王阁诗》写道:

> 滕王高阁临江渚,佩玉鸣鸾罢歌舞。画栋朝飞南浦云,珠帘暮卷西山雨。闲云潭影日悠悠,物换星移几度秋。阁中帝子今何在?槛外长江空自流。

滕王阁高高雄峙,下俯江渚,当年佩玉鸣鸾、歌舞不休,如今都已罢休。历史和现状出现巨大的落差,遂逼入旧盛今衰的主题。由于今日的衰败,又使得滕王阁只存在朝接南浦云、暮卷西山雨的寥落,这便进一步突出了今日之衰。"闲云潭影"的闲适与冷清在"日悠悠"的时光流逝中重复呈现,"物换星移几度秋"。这又从时间上进一层加浓了盛衰主题的感伤色调。诗人感叹发问:"阁中帝子今何在?"未予回答,突然跳成一个空间性镜头:"槛外长江空自流。"长江永恒,长流不息,这是永恒之时间。在这里,诗的盛衰主题上升到宇宙时间的高度,引发出深邃的审美思索和体味。

"四杰"的时间审美,不是对于时间的落寞而隐居,也不是对于时间的游戏而纵乐,他们对于时间的感知,对于盛衰主题的体验,始终包含对于人生的积极态度,跟他们积极用世的人生理想相联系。他们所担忧的是功业未就而霜染双鬓,王勃一篇《春思赋》所凝结的主题是:"抚穷贱而惜光阴,怀功名而悲岁月。"于是,"四杰"的时间审美观又与社会理想、个人的意气热情、个人的功名观联系在一起,有着时代和个人的色彩。

第七节　审美重大走向

闻一多《唐诗杂论·四杰》指出,"四杰"在诗审美上的两大贡献,一是宫体诗在卢、骆手里从宫廷走向市井;二是五律到王、杨的时代从台阁移至江山与塞漠。这种转移跟生活经历、自身胸襟有关,从而带来了诗审美风格的变化，走向阔大、雄壮。王勃那首脍炙人口的《送杜少府之任蜀州》就是明证：

> 城阙辅三秦，风烟望五津。与君离别意，同是宦游人。海内存知己，天涯若比邻。无为在歧路，儿女共沾巾。

诗人在长安城送别友人杜少府，送别之地，高耸嵯峨的城阙被雄壮开阔的三秦之地所拱卫，首句即见出气象壮大。随后，诗人加以空间推宕，推向友人即将赴任的蜀州，诗人用岷江的五大渡口——白华津、万里津、江首津、涉头津、江南津借代"蜀州"。这里出现了巨大的空间悬隔，而借助于"风烟"的渲染，显示出离别的惆怅和伤感。次联意脉承首联，两句之间均言彼此情意相似、相近，但内涵有异。"与君离别意"，形成彼此的亲近感，"同是宦游人"，则是为着形成对友人规劝的情感基础，对句是为着安慰其"离别意"。第三联，诗意突然出现升华："海内存知己，天涯若比邻。"何等之襟怀和气派！这便为尾联规劝友人，"无为在歧路，儿女共沾巾"打下了雄厚的思想和情感基础。这首诗不仅拓宽了送别诗的诗路，而且显示出初唐诗壮大的审美特征，显示出初唐人的阔大胸襟和向上的思路。随着走出宫廷，走向江山和塞漠，生活和审美视野开阔，王勃自总章二年（669）五月从长安出发，有蜀中之游。《入蜀纪行诗序》写道："总章二年，五月癸卯，余自长安，观景物于蜀。遂出褒斜之隘道，抵岷峨之绝径。越元溪、历翠阜，迨弥月而臻焉。……盖登培塿者，起卫霍之心；游涓浍者，发江湖之思。况乎躬览胜事，足践灵区。烟霞为朝夕之资，风月得林泉之助。嗟乎！山川之感召多矣，余能无情哉。爰成文律，用宣行唱，编为三十首，投诸好事焉。"因此，他的巴蜀诗文便染上了新的审美色调。《江亭夜月送别二首》（其二）云："乱烟笼碧砌，飞月向南端。寂寞离亭掩，江山此夜寒。"所有景象都发生在离别之后。乱烟弥漫笼罩以表征心绪的迷乱，飞月南移则暗示诗人伫立远望时间久远。离情别绪之惆怅尽在纷乱景象的描述之中。第三句回归情绪主体，"寂寞离亭掩"中则是诗人情绪寂寞感笼罩的写照。最后，"江山此夜寒"，诗人独独突出此夜的江山寒意，正是反射内心离情别绪有切肤之寒，所以黄叔灿《唐诗笺注》称赞末句"寒"字的点睛之功："一片离情，俱从此字托出。"巴蜀之旅中还写有《山中》："长江悲已滞，万里念将归。况属高风晚，山山黄叶飞。"诗人首先从时间上表述滞留长江，已有很久，"悲"是时态在心境上烙下的情绪感觉。次句则推向万里之外的空间。时间之滞,空间之远,时空间突出了诗人"念"之深。第三句由前两句的泛时空态转入特定的时空态,诗人此时正置身于秋风晚吹、黄叶乱飞的境况之中,更增添了内心的伤楚。"况属"形成诗意转折也形成诗情递进,加深了羁旅之思的感情浓度。诗人的旅思不是借助于某一微观景象发露,仍然是大手笔、大写意,舒卷自如,是"长江",是"万里",是"高风",是在"山山",于愁思中仍含壮大气势。

在"四杰"的壮大型审美格调中,山川景物和边塞诗文是两大载体。王勃《上巳浮江宴序》曾表述了借山川风物以明心迹的见解:

> 吾之生也有极,时之过也多绪。若夫遭主后之明圣,属天地之贞观,得畎亩之相保,以农桑为业而托形宇宙者幸矣。况乃偃泊山水,遂游风月,樽酒于其外,文墨于其间,则造化之于我得矣,太平之纵我多矣。

请看他在此序中对江景的描绘:

> 寻曲渚,历回溪,榜讴齐引,渔歌互起,飞沙溅石,湍流百势,翠岭丹崖,冈峦万色。

再看《晚秋游武担山寺序》的描述:

> 岗峦隐隐,化为阇崛之峰;松柏苍苍,即入祇园之树。引星垣于沓嶂,下布金沙;栖日观于长崖,傍临石镜。瑶台玉瓮,尚控霞宫;宝刹香坛,犹芬仙阙。雕珑接映,台凝梦渚之云;壁题相辉,殿写长门之月。美人虹影,下缀虬幡;少女风吟,遥喧凤铎。

至于《滕王阁序》就更是写景的代表作了:

> 时维九月,序属三秋。潦水尽而寒潭清,烟光凝而暮山紫。俨骖騑于上路,访风景于崇阿。临帝子之长洲,得仙人之旧馆。层台耸翠,上出重霄;飞阁流丹,下临无地。鹤汀凫渚,穷岛屿之萦回;桂殿兰宫,列冈峦之体势。披绣闼,俯雕甍,山原旷其盈视,川泽纡其骇瞩。闾阎扑地,钟鸣鼎食之家;舸舰迷津,青雀黄龙之舳。虹消雨霁,彩彻云衢。落霞与孤鹜齐飞,秋水共长天一色。渔舟唱晚,响穷彭蠡之滨;雁阵惊寒,声断衡阳之浦。

他们写山川景物富于壮大的意象和浩壮的情思,在美学史上,把六朝的晋宋山水美学向前推进了一大步。在审美方式上,晋宋时人多在旅游中写山水,"四杰"则在走出宫苑后的行役中写山水。杨炯三峡诗中的《巫峡》写道：

> 三峡七百里，唯言巫峡长。重岩窅不极，叠嶂凌苍苍。绝壁横天险，莓苔烂锦章。入夜分明见，无风波浪狂。忠信吾所蹈，泛舟亦何伤。可以涉砥柱，可以浮吕梁。美人今何在，灵芝徒有芳。山空夜猿啸，征客泪沾裳。

重崖叠嶂、绝壁天险、风浪滔天，如在眼前，风格更显苍郁。在审美内涵上，"四杰"的山水文学当然摆脱了晋宋山水诗的玄学影响，但更在于他们在写景、抒怀中融入了咏史，史感色彩更浓。例如杨炯三峡诗之《广溪峡》：

> 广溪三峡首，旷望兼川陆。山路绕羊肠，江城镇鱼腹。乔林百丈偃，飞水千寻瀑。惊浪回高天，盘涡转深谷。汉氏昔云季，中原争逐鹿。天下有英雄，襄阳有龙伏。常山集军旅，永安兴版筑。池台忽已倾，邦家遽沦覆。庸才若刘禅，忠佐为心腹。设险犹可存，当无贾生哭。

既有广溪峡的险峻风光描述，又有逐鹿中原的咏史抒怀，复有诗人言自身之志。《西陵峡》在总体格局上也是如此：

> 绝壁耸万仞，长波射千里。盘薄荆之门，滔滔南国纪。楚都昔全盛，高丘烜望祀。秦兵一旦侵，夷陵火潜起。四维不复设，关塞良难恃。洞庭且忽焉，孟门终已矣。自古天地辟，流为峡中水。行旅相赠言，风涛无极已。及余践斯地，瑰奇信为美。江山若有灵，千载伸知己。

同样达到了写景、咏史、抒怀的结合。

羁旅生涯的独特经历不仅使"四杰"诗走向江山，而且开拓了他们的生活视野和审美视域。他们的胸襟、视域没有被宫苑、亭馆所拘泥和局限，心态明朗，审美格调也显得明快，一点也不灰暗。王勃《秋江送别》："早是他乡值早秋，江亭明月带江流。已觉逝川伤别念，复看津树隐离舟。"早秋送别，本有萧瑟之感，但诗中所透现出的却是清亮和清丽。江流拖带着明月远去，波光粼粼，是何等亮丽。"已觉"与"复看"之间出现短暂的转折，显示诗人的情绪变化。诗人刚刚萌发伤情，旋即注目于隐蔽在"津树"中的"离舟"。诗的格调不见沉郁和伤悲。《他乡叙兴》写道："缀叶归烟晚，乘花落照春。边城琴酒处，俱是越乡人。"他乡遇故旧，没有乡愁和伤情，而是在春日落照的明丽中，在琴酒相交中心情得到安慰。

羁旅生涯还孕育了"四杰"诗的风骨和力度。卢照邻《西使兼送孟学士南游》：

> 地道巴陵北，天山弱水东。相看万余里，共倚一征蓬。零雨悲王粲，清尊别孔融。徘徊闻夜鹤，怅望待秋鸿。骨肉胡秦外，风尘关塞中。唯余剑锋在，耿耿气成虹。

在诗中没有幽怨和沉郁，表现的是胡秦关塞内外的阔大景象，有剑锋匣中鸣，耿耿气贯长虹的气势与力量。

壮大型的"四杰"审美格调又一载体是边塞诗。骆宾王《从军中行路难二首》："君不见封狐雄虺自成群，冯深负固结妖氛。玉玺分兵征恶少，金坛受律动将军。将军拥旄宣庙略，战士横行静夷落。长驱一息背铜梁，直指三巴登剑阁。阁道岩峣起戍楼，剑门遥裔俯灵丘。邛关九折无平路，江水双源有急流。征役无期返，他乡岁华晚。……但令一技君王识，谁惮三边征战苦。……""君不见玉关尘色暗边庭，铜鞮杂虏寇长城。天子按剑征余勇，将军受脤事横行。七德龙韬开玉帐，千里鼍鼓叠金钲。阴山苦雾埋高垒，交河孤月照连营，连营去去无穷极，拥旆遥遥过绝国。阵云朝结晦天山，寒沙夕涨迷疏勒。龙鳞水上开鱼贯，马首山前振雕翼。长驱万里诣祁连，分麾三命武功宣。百发乌号遥碎柳，七尺龙文迥照莲。春来秋去移灰琯，兰闺柳市芳尘断。雁门迢递尺书稀，鸳被相思双带缓。行路难，行路难，誓令氛祲静皋兰。但使封侯龙额贵，讵随中妇凤楼寒。"边塞之风光，将士之苦辛，思妇之伤情，一一显现于诗中。他还写有《边城落日》：

> 紫塞流沙北，黄图灞水东。一朝辞俎豆，万里逐沙蓬。候月恒持满，寻源屡凿空。野昏边气合，烽迥戍烟通。膂力风尘倦，疆场岁月穷。河流控积石，山路远峣峒。壮志陵苍兕，精诚贯白虹。君恩如可报，龙剑有雌雄。

对边塞风光的描述和将士报国雄心的表述紧密相连，构成这类边塞诗的特色。"四杰"边塞诗，形成了诗的新意象和审美格调、气势，给人以一种新的审美视域。他们以审美的新发现和新视域以及对之所做的深切体验，作为审美前行的基础，从而推动了文学美学史的发展。骆宾王《夕次蒲类津》："晚风连朔气，新月照边秋。"景象是何等凄清！"灶火通军壁，烽烟上戍楼"，描述又是何等真切！杨炯《战城南》写道："塞北途辽远，城南战苦辛。幢旗如鸟翼，甲胄似鱼鳞。冻水寒伤马，悲风愁杀人。寸心明白日，千里暗黄尘。"格调、气象均与骆宾王相一致。"四杰"把诗引入广袤的边塞荒漠，形成初唐诗域的开拓。他们以阔大之思体察和描述阔大之境，对于唐风之确立实有奠基之功。

咏物型审美方式的深化。六朝诗中的咏物诗占有相当大的比重，但六朝咏物诗犹如静物写生，是对物象加以毫发不爽的描绘，缺乏审美主体的内在情思和体验。因此，这类咏物诗就缺乏血色。而初唐"四杰"的咏物诗却是借物起兴，在物象身上寄寓主体的身世之感和愿望理想。这样物象便成为主体的对象化。诸如《行路难》中的枯木、《浮槎》中的漂木、《病梨赋》中的病梨树。骆宾王有著名的《在狱咏蝉》：

> 西陆蝉声唱，南冠客思侵。不堪玄鬓影，来对白头吟。露重飞难进，风多响易沉。无人信高洁，谁为表予心？

蝉作为对象和予作为主体形成了合一和融化，咏蝉实为咏己。王勃《涧底寒松赋》写道：

> 岁八月壬子，旅游于蜀，寻茅溪之涧，深蹊绝磴，人迹罕到，爰有松焉。冒霜停雪，苍然百丈，虽崇柯峻颖，不能逾其岸。呜呼，斯松托非其所，出群之器，何以别乎？盖物有类而合情，士因感而成兴，遂作赋曰：惟松之植于涧之幽，盘柯跨岭，沓柢凭流。寓天地兮何日，沾雨露兮几秋？见时革之屡变，知态俗之多浮。故其磊落殊状，森梢峻节，紫叶吟风，苍条振雪。嗟英鉴之稀遇，保贞容之未缺，攀翠崿而形疲，指丹霄而望绝。已矣哉！盖用轻则资众，器宏则施寡，信栋梁之已成，非榱桷之相假，徒志远而心屈，遂才高而位下。斯在物而有焉，余何为而悲者！

这是王勃被逐沛王府羁旅巴蜀所作。作者对涧底寒松形象的塑造、素质的发掘，"才高而位下"的遭遇描述，"托非其所""器宏则施寡"的不合理境况的揭示，实际上都对应着王勃本人。他与寒松之间的联系，借寒松以自况，以寒松的人格化回归主体自身。对象的主体化便完成了审美化。这就可以看出"四杰"在咏物范畴内所带来的审美性历史进步。

以赋为诗。闻一多《唐诗杂论·四杰》指出："卢骆的歌行，是用铺张扬厉的赋法膨胀过了的乐府新曲，而乐府新曲又是宫体诗的一种新发展，所以卢骆实际上是宫体诗的改造者。"闻一多接着还对"四杰"以赋为诗的原因做了精彩的论析：

> 他们都曾经是两京和成都市中的轻薄子,他们的使命是以市井的放纵改造宫廷的堕落,以大胆代替羞怯,以自由代替局缩,所以他们的歌声需要大开大阖的节奏,他们必须以赋为诗。

这是一种审美传达的需求,是改造旧制的需求。他们要用市井意识取代宫廷意识,这种内容的要求就必然需要采用相适应的形式机制。他们越是大胆自由,就越需要"大开大阖的节奏"。在唐以前,能够作为此种载体的,只有赋。《西京杂记》载司马相如名言:"赋家之心,苞括宇宙,总揽人物。"刘熙载《艺概·赋概》说:"赋起于情事杂沓,诗不能驭,故为赋以铺陈之。斯于千态万状,层见迭出者,吐无不畅,畅无或竭。"闻一多说赋"凡大为美,其美无以名之"。大、壮、长正是赋作为体式的特征。"四杰"是一批大才子,意气风发、才华横溢,情感冲决机制,内容突破形式,便改变诗的一般手法,转用赋体。纵描横绘,辗转生发,发露殆尽,情畅意满,赋体形式正与"四杰"这批才大、才壮、才猛之士的主体审美特性和审美需要相适应。如前引的卢照邻《长安古意》、骆宾王《畴昔篇》等就是如此。以赋为诗,以灿烂才华描述对象时可以恣肆淋漓,产生汪洋辟阖之美,如《长安古意》《帝京篇》写京都之繁华景象。而在披沥情感时能够辗转生发,出现缠绵悱恻之美,如骆宾王《艳情代郭氏答卢照邻》:

> 迢迢芊路望芝田,眇眇函关恨蜀川。归云已落涪江外,还雁应过洛水缠。洛水傍连帝城侧,帝宅层甍垂凤翼。铜驼路上柳千条,金谷园中花几色。柳叶园花处处新,洛阳桃李应芳春。妾向双流窥石镜,君住三川守玉人。此时离别那堪道,此日空床对芳沼。芳沼徒游比目鱼,幽径还生拔心草。流风回雪倘便娟,骥子鱼文实可怜。掷果河阳君有分,货酒成都妾亦然。莫言贫贱无人重,莫言富贵应须种。绿珠犹得石崇怜,飞燕曾经汉皇宠。良人何处醉纵横,直如循默守空名。倒持新缣成慊慊,翻将故剑作平平。离前吉梦成兰兆,别后啼痕上竹生。别日分明相约束,已取宜家成诫勖。当时拟弄掌中珠,岂谓先摧庭际玉。悲鸣五里无人问,肠断三声谁为续。思君欲坐望夫台,端居懒听将雏曲。沉沉落日向山低,檐前归燕并头栖。抱膝当窗看夕兔,侧耳空房听晓鸡。舞蝶临阶只自舞,啼鸟逢人亦助啼。独坐伤孤枕,春来悲更甚。峨眉山上月如眉,濯锦江中霞似锦。锦字回文欲赠君,剑壁层峰自乱纷。平江森森分清

浦,长路悠悠间白云。也知京洛多佳丽,也知山岫遥亏蔽。无那短封即疏索,不枉长情守期契。传闻织女对牵牛,相望重河隔浅流。谁分迢迢经两岁,谁能脉脉待三秋。情知唾井终无理,情知覆水也难收。不复下山来借问,更向卢家字莫愁。

骆宾王的《代女道士王灵妃赠道士李荣》也具有这方面的特点。以赋为诗,形成壮大、磅礴的审美境域,它改变了诗的小家风范,形成大家之气。这正具有诗的美学史意义。

诗的形式美的固定化。"四杰"在诗形式美上的革新首先表现在七言歌行体上。这种革新又是为着更充分地表达内容和主体情怀,为主体精神构筑宽阔的河床。这样,壮大的主体精神借助壮大的诗体载体得以表达,而壮大的诗体形式又成为"四杰"壮大型风格化的表征。在这个意义上也就找到了上述以赋为诗的根本原因,冯班《钝吟杂录》说:"于时南北诗集,卢思道有《从军行》,江总持有《杂曲文》,皆纯七言,似唐人歌行之体矣。徐、庾诸赋,其体亦大略相近。诗赋七言,自此盛也。迨及唐初,卢、骆、王、杨大篇诗赋,其文视陈、隋有加矣。"这是"四杰"努力改造旧体形式,大力创新的结果。七言歌行成为"四杰"最得心应手、运用自如的诗体审美形式不是偶然的。在整个唐代诗坛上,诗人一旦要表达那阔长的意象和波澜起伏的感情均选择七言歌行。七言歌行不仅融化了赋体形式,而且在声律美学方面多有创造,平仄协谐,音韵流走。胡应麟《诗薮》说:"至王、杨诸子歌行,韵则平仄互换,句则三五错综,而又加以开合,传以神情,宏以风藻,七言之体,至是大备。"七言体在"四杰"手中在句体、音韵、藻饰等方面都有完整的构造,遂成为诗的一种完备的审美样式。

"四杰"在五律方面的建构贡献也是十分突出的。他们的审美实践使五律诗体大量出现,而且形成了一种形式审美的规范。五律在"四杰"手中成为可以包容吐纳诸多审美对象和主体情思的载体。五律表达了"四杰"那雄放的情思,那所体验的山川风物对象。内容的充实,使得"四杰"的五律特别富于生机、活力、血色。审美形式的被认可往往是因审美的内容而来。而在具体独立的审美形式上,五律在结体、构合、平仄、协调、对偶等方面又表现得圆熟、精纯。例如王勃《送杜少府之任蜀州》在审美内涵和审美形式机制上都给人耳目一新之感。以此为基础,律体(包括七律)终于在沈佺期、宋之问手中臻于成熟。

第八节 "四杰"评价

初唐处于六朝与盛唐的中介地位上。其中介的含义既是指社会历史的,又是指美学史的。"四杰"正承载了中介的角色。经过了初唐的中介,才最终形成了盛唐气象。明代王世贞《增补艺苑卮言》卷三评价道:"卢、骆、王、杨,号称'四杰'。词旨华靡,固沿陈、隋之遗,骨气翩翩,意象老境,超然胜之,五言遂为律家正始。内子安稍近乐府,杨、卢尚宗汉、魏,宾王长歌,虽极浮靡,亦有微瑕,而缀锦贯珠,滔滔洪远,故是千秋绝艺。"这可以说是对中介的美学史解释。其总趋向则是引领唐诗的审美之路。他们在诗歌美学史上的地位具有两个方面的中介作用:一是从宫廷诗到盛唐诗的中介,一是把南北诗歌的不同风貌融合为一个统一风貌的中介。他们做出了大胆的开拓型工作,对于所带的"六朝锦色"做出了洗涤工作。

如果把他们在诗中所体现出来的主体形象跟上官仪等人的主体形象相比较,就可以看出上官的雍容华贵,"四杰"则犹如市井之民,横冲直撞。他们较少顾忌,没有过多的羁绊,同时也说明盛唐之音登大雅之堂需要清道夫为之呐喊呼叫。他们身上有一股泼辣劲。他们明快、劲健,富于力度的美学风格有诗为证,亦有文为证。例如骆宾王《代李敬业讨武氏檄》,开首便痛陈列数武则天的罪行劣迹,写得痛快淋漓,犹有义愤贯流其中:

> 伪临朝武氏者,人非温顺,地实寒微。昔充太宗下陈,曾以更衣入侍。泊乎晚节,秽乱春宫。密隐先帝之私,阴图后庭之嬖。入门见嫉,蛾眉不肯让人;掩袖工谗,狐媚偏能惑主。践元后于翚翟,陷吾君于聚麀。加以虺蜴为心,豺狼成性,近狎邪佞,残害忠良,杀姊屠兄,弑君鸩母。神人之所共疾,天地之所不容。犹复包藏祸心,窥窃神器。

然后,极力赞美徐敬业起兵之声势和正义性。"南连百越,北尽三河,铁骑成群,玉轴相接。海陵红粟,仓储之积靡穷;江浦黄旗,匡复之功何远。班声动而北风起,剑气冲而南斗平。喑呜则山岳崩颓,叱咤则风云变色。以斯制敌,何敌不摧;以斯攻城,何城不克!"气势充畅,一泻千里。最后对朝中诸人晓以情理,"一抔之土未干,六尺之孤安在",劝其"共立勤王之师,无废大君之命",写得富于感召力。以"请看今日之域中,竟是谁家之天下"结束,有雄睨一切的气概和横扫千军的力量。它内容的真实性和可靠性程度容当商榷，但它创造了以气势、文采为载体去表现政治内容的范例。有些甚至为了语言机体的整饬美感需要，而不惜虚构事实，出现扭曲和变形化。人们（包括被讨伐对象武则天）对它的欣赏，来自于美学，而不是政治、历史和事实。于是，这篇纯政治目的的檄文就进入审美层次。

"四杰"能吸受汉赋之气势、力量，又能吸受六朝小赋之抒情审美特征。卢照邻写有《秋霖赋》，由淅沥秋雨展开丰富的联想：

> 若乃千井埋烟，百廛涵潦，青苔被壁，绿萍生道。于是巷无马迹，林无鸟声，野阴霾而自晦，山幽暧而不明。长涂未半，茫茫漫漫，莫不埋轮据鞍，衔凄茹叹。借如尼父去鲁，围陈畏匡，将饥不饩，欲济无梁。问长沮与桀溺，逢汉阴与楚狂，长栉风而沐雨，永栖栖以遑遑。及夫屈平既放，登高一望，湛湛江水，悠悠千里，泣故国之长楸，见元云之四起。嗟乎！子卿北海，伏波南川，金河别雁，铜柱辞鸢，关山天骨，霜露凋年，眺穷阴兮断地，看积水兮连天。

作者又对秋雨中两类两极现象做了对比性的描述：

> 别有东国儒生，西都才客，屋满铅椠，家虚儋石。茅栋淋淋，蓬门寂寂，芜碧草于园径，聚缘尘于庑甓，玉为粒兮桂为薪，堂有琴兮室无人。抗高情以出俗，驰精义以入神，论有能鸣之雁，书成已泣之麟。睹皇天之淫溢，孰不隅坐而含颦？已矣哉！若夫锈毂银鞍，金杯玉盘，坐卧珠璧，左右罗纨，流酒为海，积肉为峦，视襄陵与昏垫，曾不辍乎此欢，岂知乎尧舜之朣胧，而孔墨之艰难！

"四杰"融会了赋的体物功能和抒情功能，推动了赋的美学发展。在这里也体现了"四杰"善于吸纳、融会之特点，而这正是由初唐人所初步表现出来的唐人容纳百家之襟怀，它导入盛唐，为其鸣响了前奏。

杜甫《戏为六绝句》写道：

> 王杨卢骆当时体，轻薄为文哂未休。尔曹身与名俱灭，不废江河万古流。

> 纵使卢王操翰墨，劣于汉魏近风骚。龙文虎脊皆君驭，历块过都见尔曹。

《戏为六绝句》中就有两首是专为"四杰"而写的。这里首先涉及的是"四杰""轻薄为文"的问题。在"四杰"生前身后，确有"浮躁炫露""轻薄为文"之讥。《旧唐书·王勃传》《新唐书·裴行俭传》都记载了一段几近一致的话："李敬玄盛称王勃、杨炯、卢照邻、骆宾王之才，引示行俭。行俭曰：'士之致远，先器识，后文艺，如勃等，虽有才，而浮躁炫露，岂享爵禄者哉？炯颇沉嘿，可至令长，余皆不得其死。"《朝野佥载》记："时杨（炯）之为文好以古人姓名连用，如'张平子之略谈，陆士衡之所记''潘安仁宜其陋矣，仲长统何足知之'，号为点鬼簿。骆宾王文好以数对，如'秦地重关一百二，汉家离宫三十六'，时人号为算博士。"《玉泉子》亦言："人议其疵，杨好用古人姓名，谓之点鬼簿；骆好用数对，谓之算博士。"到了杜甫所生活的时代，这种嘲笑仍然"未休"，杜甫便奋起维护"四杰"，称赞他们的文藻是"龙文虎脊"，肯定了他们所采用的"当时体"，指斥那些嘲讽者是"身与名俱灭"，而"四杰"之文不废，如江河万古常流。杜甫的评价可说是对"四杰"文学、美学史地位、贡献最恰当、公允的评价。

第八章　刘希夷、张若虚

闻一多在《宫体诗的自赎》中以富于史感和审美节奏性的口吻说道：

> 从来没有暴风雨能够持久的。果然持久了，我们也吃不消，所以我们要它适可而止。因为，它究竟只是一个手段，打破郁闷烦躁的手段，也只是一个过程，达到雨过天青的过程。手段的作用是有时效的，过程的时间也不宜太长，所以在宫体诗的园地上，我们很侥幸地碰见了卢骆，可也很愿意能早点离开他们——为的是好和刘希夷会面。

可以看出，从"四杰"到刘希夷等人，初唐的美学思想经历了一个暴涨暴落、急速转换的过程。这个过程呈现出许多审美特征。

第一节　刘希夷的诗美

闻一多《宫体诗的自赎》以诗意化的笔墨写道："刘希夷是卢骆的狂风暴雨后宁静爽朗的黄昏。"刘希夷的诗美特征集中体现在《代悲白头翁》中，诗云：

> 洛阳城东桃李花，飞来飞去落谁家？洛阳女儿惜颜色，行逢落花长叹息。今年花落颜色改，明年花开复谁在？已见松柏摧为薪，更闻桑田变成海。古人无复洛城东，今人还对落花风。年年岁岁花相似，岁岁年年人不同。寄言全盛红颜子，应怜半死白头翁。此翁白头真可怜，伊昔红颜美少年。公子王孙芳树下，清歌妙舞落花

> 前。光禄池台文锦绣,将军楼阁画神仙。一朝卧病无人识,三春行乐在谁边?宛转蛾眉能几时?须臾鹤发乱如丝。但看古来歌舞地,惟有黄昏鸟雀悲。

时值妙龄的洛阳少女面对飞来飞去的落花发出阵阵叹息。这是暮春时青春少女的淡淡哀愁、幽怨和惆怅,因物情节候所萌发。她们因眼前的落英缤纷,悟到一个永恒的时间主题:"今年花落颜色改,明年花开复谁在?"由花的衰落看到了沧海桑田的巨大变革:"已见松柏摧为薪,更闻桑田变成海。"诗人极其漂亮而又富于哲理意味地提炼出这样两句诗:"年年岁岁花相似,岁岁年年人不同。"形成了一种排奡流走而见流丽的美。"年年岁岁"和"岁岁年年"颠倒使用,"花相似"与"人不同"构成了强烈比照。自然界的景象可以以同一形式和状态重复出现,但是人则不同。同时,人在这重复性的自然景象演变中变得衰老。这是对时间主题的诗意化、审美化表述。诗人进一步从一名"半死白头翁"身上得到印证。这名衰翁是"伊昔红颜美少年"发展而来的。当年"光禄池台文锦绣,将军楼阁画神仙"的繁华景象都可能转化成轻烟一缕和明日黄花。"一朝卧病无人识,三春行乐在谁边",繁华可以变为衰败。"宛转蛾眉能几时?须臾鹤发乱如丝",人的形态、容颜、生命等均可以发生迅速变化。而诗人诗意化地夸张成"须臾",这是对时间的变形化处理。盛衰在初唐诗歌审美中是重要的对象和主题,"四杰"等人的诗就多有涉及,但没有像刘希夷这样写得美丽、凄婉、缠绵不休。他还有一首长诗《公子行》:

> 天津桥下阳春水,天津桥上繁华子。马声回合青云外,人影动摇绿波里。绿波荡漾玉为砂,青云离披锦作霞。可怜杨柳伤心树,可怜桃李断肠花。此日遨游邀美女,此时歌舞入娼家。娼家美女郁金香,飞来飞去公子傍。的的珠帘白日映,娥娥玉颜红粉妆。花际裴回双蛱蝶,池边顾步两鸳鸯。倾国倾城汉武帝,为云为雨楚襄王。古来容光人所美,况复今日遥相见。愿作轻罗著细腰,愿为明镜分娇面。与君相向转相亲,与君双栖共一身。愿作贞松千岁古,谁论芳槿一朝新。百年同谢西山日,千秋万古北邙尘。

诗人以饱含色彩的笔墨,铺张扬厉地写出了男欢女乐的欢欣,但于结尾处,突然发出"百年同谢西山日,千秋万古北邙尘"的深长慨叹。这种慨叹与前面的欢情描述似乎了不相属,但却是"卒章显志",是诗人所要表达的情感主题。在刘希夷的诗中多有这种叹息,如《晚憩南阳旅馆》有句:"途穷人自哭,春至鸟还歌。"《洛川怀古》云:"人事互消亡,世路多悲伤。北邙是吾宅,东岳为吾乡。"《春女行》曰:"忆昔楚王宫,玉楼妆粉红。纤腰弄明月,长袖舞春风。容华委西山,光阴不可还。桑林变东海,富贵今何在。寄言桃李容,胡为闺阁重。但看楚王墓,唯有数株松。"对人世变迁、陵谷沧桑,刘希夷表现得特别敏感、特别执着,这是敏感、多情、多愁的心态,又恰恰是初唐诗人的才子心态。《唐才子传》卷一曾说刘希夷"美姿容,好谈笑,善弹琵琶,饮酒至数斗不醉",分明有一点魏晋名士的风度。正因为有玄言、玄思、玄意,刘希夷才能对自然界再寻常不过的花开花落现象,对司空见惯的人事沧桑变化的现象,表现得特别敏感,并表现出他独特的审美体验和感知。在内涵上,他所揭示的这一切未见得有多么深刻,但是,却写得十分动人、美丽,属于一种带有淡淡哀愁的幽婉的美。

闻一多《宫体诗的自赎》以异常动人而含义深邃的言辞,对刘希夷的诗美特征做了如下令人读后难忘的评述:

看他即便哀艳到如:

自怜妖艳姿,妆成独见时,愁心伴杨柳,春尽乱如丝。

(《春女行》)

携笼长叹息,逶迤恋春色。看花若有情,倚树疑无力。薄暮思悠悠,使君南陌头。相逢不相识,归去梦青楼。(《采桑》)

也从没有不归于正的时候,感情返到正常状态是宫体诗的又一重大阶段。唯其如此,所以烦躁与紧张都消失了,只剩下一片晶莹的宁静。就在此刻,恋人才变成诗人,憬悟到万象的和谐,与那一水一石一草一木的神秘的不可抵抗的美,而不禁受创似的哀叫出来:

可怜杨柳伤心树,可怜桃李断肠花!(《公子行》)

但正当他们叫着"伤心树""断肠花"时,他已从美的暂促性中认识了那玄学家所谓的永恒——一个最缥缈,又最实在,令人惊喜,又令人震怖的存在,在它面前一切都变渺小了,一切都没有了。自然认识了那无上的智慧,就在那彻悟的一刹那间,恋人也就变成哲人了。

在刘希夷的诗美中有着从恋人—诗人—哲人的升华过程,这一过程又正体现了标准的审美化范式。刘希夷以恋人、诗人、哲人的心态体验并感悟着花开花落的自然现象,并获得诗意化、审美化、哲理化的感受。他把时间流逝的现象审美化了,比起从《古诗十九首》到初唐"四杰"同类对象的审美成就,要更诗化和情化。这也反映了刘希夷的审美心理结构更趋于尖细、新颖、灵敏。

因此,刘希夷的意义就在于其突破诗歌创作本身,铸造"诗心"——一种独特的审美心理结构。从诗美学史的高度看,它彻底形成了一个诗的断代史的开始,它影响了此后不久的《春江花月夜》,影响了高适《人日寄杜二拾遗》的"今年人日空相忆,明年人日知何处",影响了曹雪芹,遂有《红楼梦》的《葬花词》。在这样一个演变过程中,最重要的是"诗心"中露出了"词心"——一种更为细腻尖细的审美心理结构——的柔芽。这才是刘希夷具有美学史本体意义之地位所在。

第二节　张若虚的诗美

从自然时序上看,张若虚在刘希夷之后,犹如黄昏之后是月夜。从表达的审美境域来看,刘希夷诗呈现的是黄昏之美,而张若虚诗则是月夜之美。而从"四杰"的狂风暴雨到刘希夷的黄昏再到张若虚的月夜,初唐的美学思潮不是呈现出一种变化趋势吗?其审美境域不是来得更令人恬悦和心醉吗?如果没有狂风暴雨,又怎能更显示出黄昏、月夜深沉、寥廓、宁静的美呢?

录下这首被闻一多在《唐诗杂论》中誉为"以孤篇压倒全唐之作"的《春江花月夜》吧:

> 春江潮水连海平,海上明月共潮生。滟滟随波千万里,何处春江无月明?江流宛转绕芳甸,月照花林皆似霰。空里流霜不觉飞,汀上白沙看不见。江天一色无纤尘,皎皎空中孤月轮。江畔何人初见月?江月何年初照人?人生代代无穷已,江月年年只相似。不知江月待何人,但见长江送流水。白云一片去悠悠,青枫浦上不胜愁。谁家今夜扁舟子?何处相思明月楼?可怜楼上月徘徊,应照离人妆镜台。玉户帘中卷不去,捣衣砧上拂还来。此时相望不相闻,愿逐月华流照君。鸿雁长飞光不度,鱼龙潜跃水成文。昨夜闲潭梦落花,可怜春半不还家。江水流春去欲尽,江潭落月复西斜。斜月

沉沉藏海雾,碣石潇湘无限路。不知乘月几人归,落月摇情满江树。

诗一开篇,起笔铺展,舒卷阔朗,"春江潮水连海平"。诗人毫不拘束,尽泻春江大潮于笔端。滚滚江潮和浩渺海浪连成一片,以至于江海不分。这眼前即景,突出了春江潮涨。接下来的"海上明月共潮生"再予以强调,扣合景象特点继续描写。月上东天,恰遇涨潮,这轮圆月好像是从春潮里面涌发出来似的。这感受上的错觉,正是对春潮大涨的反衬。诗人不正面濡墨挥写春潮,而是用滔滔海水来突出,用圆圆明月来烘托。这样,春潮滚滚、奔腾翻卷的图画便展现出来,春水之盛、春江之旺的特点也得到明确点染。同时,诗人既写江又写月,明月皎皎、春水盈盈,交织成文,显示把江、月融合起来描述的审美意图。随后,诗人把镜头拉长,大幅度推展,"滟滟随波千万里",江风雾月,波光月影,相映生辉,交织一片。满月渐高,月光随着江波簇涌向前,照耀千里大地,这是壮阔境界,又是壮美景色。赋诗至此,诗人兴浓意酣,向纸面纵泼一句"何处春江无月明",把画面猛然间拉得更为开阔。这里仍然有江,有月,是江月的交融图。循着江月交融的艺术构思,诗人的审美触须四处伸展。时而视线驶向"芳甸",江流宛转,回环绕行;时而目光落进"花林",月照花林,像雪珠纷飞;时而镜头摇对汀洲,月光倾泻,像流霜一般,覆盖白沙;时而镜头又远对"江天",万里无纤云细烟,唯见孤月一轮,吐出光辉。而描述这一切,又仍然是环绕江月之明这个中心——花林似霰,是描写月华之洁;白沙遮盖,是表明月色之浓;江天一色,是显示月光之亮。如花似锦的笔墨,写出了春江月夜之美。诗人以时间为经,从月出写到月落,描写了连轴月夜图。一开始写明月与春潮共生,月出东天。继之,随波涌出,月华大泻,春江处处明亮闪耀。尔后,月上中天,悬挂江空,高照楼台。再后,江月西斜。最后,落月沉江。时间成为贯穿经线,江月则是纬线。春江因明月生辉,明月赖春江添色。诗人驶视四极,目接千里,芳甸、花林、白沙、江天、扁舟、高楼等形象,缤纷如飞,又经过诗人的巧手天织,成为春江图上不可割舍的云锦。同类题卢照邻有《明月引》,亦写有"明月流光",亦写到"高楼思妇",但审美成就远不及张若虚。原因是没有达到使人净化的境界。《春江花月夜》所要抒发的是《古诗十九首》以来屡见不鲜的游子思妇的离情别绪。而诗人表达情感时,却有独特的方式,那就是选取了情感抒发的独特角度。全诗情感借助思妇的感触表达出来，这样就确定了抒情主体形象的存在，并形成了情感发展的层次：明月照楼的悱恻，远念离人的愁思，明月照夫的心愿，美人迟暮的惆怅，乘月而归的痴想，明月沉江的情思。诗中月夜的清丽和情怀的缠绵，春江的悠长和思绪的邈远达到高度的统一，所描绘的境界和所渲染的艺术氛围又达到深度的契合。全诗清丽、流畅、圆润、浏亮，净化着人的情感世界和审美心灵。

《旧唐书·音乐志》曰："《春江花月夜》《玉树后庭花》《堂堂》，并陈后主所作。叔宝常与宫中女学士及朝臣相和为诗，太乐令何胥又善于文咏，探其尤艳丽者，以为此曲。"可见《春江花月夜》在制调初期即是宫体。隋炀帝杨广同题诗写道："暮江平不动，春花满正开。流波将月去，潮水带星来。"已见气派和对宫体的改造。但五言短制堂庑过小，无法穷形尽相、情尽意满，遂由张若虚以浩大篇制加以全新改造，终致脱胎换骨。闻一多《宫体诗的自赎》富于历史感地说道："从这边回头一望，连刘希夷都是过程了，不用说卢照邻和他的配角骆宾王，更是过程的过程。至于那一百年间梁、陈、隋、唐四代宫廷所遗下的那份最黑暗的罪孽，有了《春江花月夜》这样一首宫体诗，不也就洗净了吗？向前替宫体诗赎清了百年的罪，因此，向后也就和另一个顶峰陈子昂分工合作，清除了盛唐的路——张若虚的功绩是无从估计的。"张若虚在唐美学史上结束了六朝以来的旧体式，成为盛唐诗美学的重要奠基者。经过张若虚的"月夜"，盛唐的晨曦便显现在东方了。

在这首诗中，诗人以淡淡的幽婉情怀，像历代诗人那样体悟着时空宇宙。在春江月夜的壮丽背景下展现游子思妇的情怀，又在游子思妇情怀与春江月夜交汇之中，以江月照人之永恒和人生之短暂形成强烈反差，从而生发面对悠悠时空宇宙的伤感。这种伤感是那么动人、美丽，没有无病呻吟的造作，也没有故作深沉的玄虚，只有直觉，只有感受。闻一多《宫体诗的自赎》赞美道："更迥绝的宇宙意识！一个更深沉更寥廓更宁静的境界！在神奇的永恒前面，作者只有错愕，没有憧憬，没有悲伤。"

闻一多还对卢照邻、寒山子、张若虚三者做了比较，从而进一步体认了张若虚诗的美学史地位。"从前卢照邻指点出'昔时金阶白玉堂，即今唯见青松在'时，或另一个初唐诗人——寒山子更尖酸的吟着'未必长如此，芙蓉不耐寒'时，那都是站在本体旁边凌视现实。那态度我以为太冷酷，太傲慢，或者如果你愿意，也可以带点狐假虎威的神气。在相反的方向，刘希夷又一味凝视着'以有涯随无涯'的徒劳，而徒劳的为它哀毁着，那又未免太萎靡，太怯懦了。只张若虚这态度不亢不卑、冲融和易才是最纯正的，'有限'与'无限'，'有情'与'无情'——诗人与'永恒'猝然相遇，一见如故，于是谈开了——'江畔何人初见月？江月何年初照人？……江月年年只相似，不知江月待何人？'对每一问题，他得到的仿佛是一个更神秘的更渊默的微笑，他更迷惘了，然而也满足了。"闻一多又饱含深情地说："这里一番神秘而又亲切的、如梦境的晤谈，有的是强烈的宇宙意识，被宇宙意识升华过的纯洁的爱情，又由爱情辐射出来的同情心。"至此，闻一多的赞美无以复加了——"这是诗中的诗，顶峰上的顶峰"。

第三节 刘希夷、张若虚所体现的路标意义

刘希夷、张若虚，特别是张体现了初唐诗的完全成熟，代表了它的最高水平，并且领向了盛唐。这是其审美的路标意义。刘、张诗的美学时代色彩便是集中代表了初唐人的审美理想和体现了初唐人的审美心态。这是一个经过了漫长时间的过程，经过了分解、沉淀，又经过了诸种因素的孕育所产生出来的。他们在唐诗美学上实现了情与景、意与境的真正和谐与融合，出现了诗情、画意、哲思统一型的审美境界。诗，在他们那里不再是功利主义的工具，也不再是色情的表征，而是成为诗人所要表达的情感，所要体认的生活感受，所要领悟的宇宙意识的对象化存在。诗在这里真正成了审美的产物。

到了初唐，人类的年龄已是相当老了，但作为特定的美学史区段，它在努力摆脱魏晋悲惨世界的审美影响，它在割断了与延续相当历史时期的宫廷诗的联系后，铸造了一种新型的审美心理，表现了一种年轻的状态。当然也就表现出少年轻盈、迷惘、淡淡悠悠的伤感等特征。睁开年轻、稚气、扑扑闪动的双眼似懂非懂、似解非解地看待人生、宇宙、天地。没有老于世故、老气横秋，正体现了少年人的活力、青春意态。这才会有闻一多所说的"迷惘""神秘""梦境"。这为盛唐诗美学提供了基础，这是刘希夷、张若虚美学意义之所在。

第九章　陈子昂

高宗调露年间（679—680），陈子昂已开始活跃在唐代诗坛。他生于经过数十年孕蓄的初唐美学变革的精神氛围中，风云际会，由他揭开和引领了这场唐代美学运动。

据史载，与陈子昂"游最久"、最友善的卢藏用写有《右拾遗陈子昂文集序》，对陈子昂的贡献做了如下的评价：

> 昔孔宣父以天纵之才，自卫返鲁，乃删《诗》《书》，述《易》道而修《春秋》，数千百年，文章粲然可观也。孔子殁二百岁而骚人作，于是婉丽浮侈之法行焉。汉兴二百年，贾谊、马迁为之杰，宪章礼乐，有老成之风。长卿、子云之俦，瑰诡万变，亦奇特之士也。惜其王公、大人之言，溺于流辞而不顾。其后班、张、崔、蔡、曹、刘、潘、陆，随波而作，虽大雅不足，其遗风余烈，尚有典型。宋、齐之末，盖憔悴矣。逶迤陵颓，流靡忘返，至于徐、庾，天之将丧斯文也。后进之士，若上官仪者，继踵而生，于是风雅之道，扫地尽矣。
>
> 《易》曰："物不可以终否，故受之以泰。"道丧五百岁而得陈君。君讳子昂，字伯玉，蜀人也。崛起江汉，虎视函夏，卓立千古，横制颓波，天下翕然，质文一变。非夫岷峨之精、巫庐之灵，则何以生此？故其谏诤之辞，则为政之先也；昭夷之碣，则议论之当也；国殇之文，则大雅之怨也；徐君之议，则刑礼之中也。至于感激顿挫，微显阐幽，庶几见变化之朕，以接乎天地之际者，则《感遇》之篇存焉。观其逸足骏骎，方将抟扶摇而陵太清，踏遗风

> 而薄嵩岱。吾见其进，未见其止。惜乎湮厄当世，道不偶时，委骨巴山，年志俱夭，故其文未极也……

卢藏用从几千年文学美学史的长卷上论述了陈子昂的功绩和地位。李阳冰《草堂集序》说："卢黄门（卢藏用）云：'陈拾遗横制颓波，天下质文，翕然一变。'至今朝，诗体尚有梁、陈宫掖之风，至公大变，扫地并尽。"杜甫《陈拾遗故宅》写道："有才继骚雅，哲匠不比肩。公生扬马后，名与日月悬。"韩愈《荐士》说："国朝盛文章，子昂始高蹈。勃兴得李杜，万类困陵暴。"另外，李白《赠僧行融》喻鲍照和陈子昂为"凤与麟"。

陈子昂得如此的盛誉是当之无愧的。他在唐美学浪潮中，横制颓波，力挽狂澜，以其美学思想和成功的审美创作实践，为唐代美学史提供了丰厚的财富。

第一节 "兴寄""风骨"的美学思想

陈子昂的美学思想集中表现在他的《与东方左史虬修竹篇并书》中：

> 东方公足下：文章道弊五百年矣！汉、魏风骨，晋、宋莫传，然而文献有可征者。仆尝暇时观齐、梁间诗，彩丽竞繁而兴寄都绝。每以咏叹，思古人，常恐逶迤颓靡，风雅不作，以耿耿也。一昨于解三处见明公《咏孤桐篇》，骨气端翔，音情顿挫，光英朗练，有金石声。遂用洗心饰视，发挥幽郁。不图正始之音，复睹于兹，可使建安作者相视而笑。解君云："张茂先、何敬祖，东方生与之比肩。"仆亦以为知言也。故感叹雅制，作《修竹诗》一首，当有知音，以传示之。

前引卢藏用《右拾遗陈子昂文集序》就说道："道丧五百岁而得陈君。"陈子昂完全同意卢的观点："文章道弊五百年矣！"五百年的时距确定是从建安算起。建安时代至陈子昂、卢藏用所处的初唐时代，约有五百年。这是风雅之道丧落衰败的五百年。对这种绵延既久的文学、美学状况，不少美学思想家都能洞悉其弊，如南朝时的刘勰、钟嵘。在这个问题上，陈子昂也并没有提出什么新的见解，如"风骨"为刘勰首创，钟嵘有"建安风力"说，那么，为何陈子昂登台一呼，便"翕然一变"呢？此乃时势所致。

虽然，刘勰、钟嵘提出的"风骨""风力"也是明显指向齐、梁淫靡美学的；刘勰、钟嵘美学命题的论证也甚为周密，但是，没有能遏制齐、梁之风的泛滥。这是因为时代条件尚不具备，他们个人的呼喊被淹没在排山倒海般的声浪之中了。当时的齐、梁之风风头正盛，人们还沉迷于齐、梁美学的晕色之中，人们还欣赏、喜欢、迷恋它，还在继续煽扬这种风气，时代本身还没有摒弃它，在这样的美学史背景下，个人所为确实难挽狂澜于既倒。而经过隋、唐初几代思想家、美学家对齐、梁风气的清算、清理，结合唐初维护自身统治秩序、建立文化新秩序的需要，陈子昂再次提出对齐、梁之风的总清算，重新提出"风骨"美学，便显得应运而生、呼之即出了。这是借复古以建立现实美学的美学革新运动。

刘勰在《文心雕龙》中专门写有《风骨》篇。"风骨"是人物品藻移位于风格美学之后的独特审美范畴。"风"指内容的感化作用，"骨"指美学骨力。《风骨》对"风"的要求是："意气骏爽，则文风清焉。"文学作品的思想感情要刚俊清新。对"骨"的规范是："结言端直，则文骨成焉。"文学作品的语言结构要准确严密。刘勰又说："《诗》总六义，风冠其首，斯乃化感之本源，志气之符契也。是以怊怅述情，必始乎风；沉吟铺辞，莫先于骨。"刘勰认为，在"风"与"骨"的关系上，"风"是根本，"骨"依附于"风"。无"风"，则"骨"无灵魂；无"骨"，则"风"无依托，二者相辅相成。刘勰用自然界的飞禽做比喻来说明问题：野鸡有漂亮的羽毛，但是飞起来顶多百步，因肌肉过多，力量缺乏；老鹰虽然没有彩色的羽毛，却能直飞云天，因骨骼强健，气势雄猛。文学创作正是这样。如果内容上能起教化作用，文句上富有骨力，只是缺乏文采，就好像是飞集在文坛上的老鹰。反之，只有文采但缺少内容上的教化作用和形式上的骨力，就好像是乱窜在文坛上的野鸡。只有既具备文采，又富有骨力，才是文坛上的凤凰。在刘勰看来，这是美学风格的最高境界。刘勰认为，"风骨乏采"或"采乏风骨"都是残缺的。前者是老鹰，后者是野鸡。"采乏风骨"，是刘勰对齐、梁轻靡风格的抨击。他所指斥的晋代文风就是其写照："晋世群才，稍入轻绮，张、潘、左、陆，比肩诗衢，采缛于正始，力柔于建安，或析文以为妙，或流靡以自妍，此其大略也。"[①]刘勰同样不满于"风骨乏

---

① 刘勰：《文心雕龙·明诗》。

采"，由此可以看出他的美学思想对感性特征的重视和要求。刘勰之所以提倡"风骨"，就是力挽齐、梁之颓风，给当时美学风格植骨，输入新鲜活力。这里特别要阐解的是，刘勰所说的汉魏风骨或曰建安风骨的内涵："慷慨以任气，磊落以使才。造怀指事，不求纤密之巧；驱辞逐貌，唯取昭晰之能。"①"观其时文，雅好慷慨，良由世积乱离，风衰俗怨，并志深而笔长，故梗概而多气也。"②通过刘勰对汉魏风骨的阐解，就可以看出陈子昂搬用这一概念的用意所在。陈子昂所说的"文章道弊五百年"的"道"就是"风雅之道"，其具体表征便是汉魏风骨。陈子昂指出从建安以来至其时的约五百年中"风雅之道"丧失殆尽。汉魏风骨到晋、宋出现断档，所以五百年间没有得到传留。陈子昂所要提倡、恢复的正是汉魏风骨的美学传统，并成为唐代美学的规范。陈子昂从东方虬的诗中发现其审美特征，"骨气端翔，言情顿挫，光英朗练，有金石声"，正符合他所提出的审美规范要求。所谓"骨气端翔"，"骨气"即"风骨"。其"端"，则如刘勰《文心雕龙·风骨》所说："结言端直，则文骨成焉。"所谓"翔"，也如刘勰在同篇中所说："意气骏爽，则文风清焉。""是以缀虑裁篇，务盈守气。刚健既实，辉光乃新。其为文用，譬征鸟之使翼也。"所谓"音情顿挫"，"音"指音律声韵的节奏美学，"情"指情感沉郁顿挫，二者有机结合则波澜壮阔、激荡人心。所谓"光英朗练"，指作品的美学色彩明朗而透发光彩。所谓"有金石声"，指抑扬抗坠、掷地有声，发出金石之音。陈子昂在东方虬的诗审美特征上找到了汉魏风骨在初唐的再现，于是，借此一端而掀扬开来。这是陈子昂欣赏之所在，也是他为初唐所设立的审美理想。

陈子昂通过对齐、梁间诗的考察，发现其根本缺陷是"彩丽竞繁，而兴寄都绝"，徒有华靡之文辞、藻绘，而没有内涵和实际内容，特别是缺乏"兴寄"。"兴寄"便成为陈子昂对美学史存在现象的估价标准，也成为他为唐美学所确定的重要的审美理想。"兴寄"是中国诗美学之传统，也是其基因、基本规范。《周礼·大师》郑玄注："兴者，托事于物。"《毛诗正义》孔颖达疏："则兴者起也，取譬引类，起发己心，诗文诸举草木鸟兽以见意者，皆兴辞也。"寄，即有所寄托。中国诗美学强调和要求诗歌所要

---

① 刘勰：《文心雕龙·明诗》。
② 刘勰：《文心雕龙·时序》。

表现或表达的，不在事象或物象本身，而是物象或事象中所寄托或寄寓的主体之意。审美主体在审美过程或对于审美对象应有所寄托，借助于对象达到审美主体所要表达的目的。在审美评价上，有"兴寄"的诗美作品就会受到高度的赞赏，所谓情兼雅怨、寄慨遥深即指此。刘勰专列《比兴》篇，云："比者，附也；兴者，起也。附理者切类以指事，起情者依微以拟议。""比则蓄愤以斥言，兴则环譬以寄讽。"钟嵘《诗品序》说："文已尽而意有余，兴也。"刘勰、钟嵘所推崇的正是正始文学。刘勰《文心雕龙·明诗》说正始时期"嵇志清峻，阮旨遥深"，钟嵘《诗品》言嵇康"托谕清远"，评阮籍"陶性灵，发幽思。言在耳目之内，情寄八荒之表。洋洋乎会于风雅，使人忘其鄙近，自致远大，颇多感慨之词"。陈子昂在东方虬的诗中发现了正始之风："不图正始之音，复睹于兹，可使建安作者相视而笑。"这样，他在文学美学上也就同时提出了恢复正始之音的命题。而正始之音在内涵上与建安风骨、兴寄、风雅是完全一致的，并且成为其具体表征形式。"风骨"和"兴寄"和谐完美的统一与融会，是陈子昂美学思想的基本内容，也是他为初唐进而为盛唐所做的审美理想规范。

如前所述，就内涵而言，陈子昂并没有比刘、钟提出更多新鲜的东西，但在初唐所产生的影响却是"翕然一变"，振聋发聩的。这正是时势所致、时势使然的命意所在。这是捡拾前人理论，并以复古为现实更新的目标的美学革新运动，尽管在唐以后也曾多有过这类情况出现，但都不及陈子昂的这一次来得意义重大而深远。尽管皎然《诗式》批评陈子昂"复多而变少"，但"复"仍然不可阻挡地成了人们的现实美学口号。经过陈子昂的呼唤和呐喊，盛唐的美学大纛上写着"建安风骨"的字样。例如李白《宣州谢朓楼饯别校书叔云》说："蓬莱文章建安骨，中间小谢又清发。"高适《宋中别周梁李三子》写道："周子负高价，梁生多逸词。周旋梁宋间，感激建安时。"《淇上酬薛三据兼寄郭少府微》写道："故交负灵奇，逸气抱謇谔。隐轸经济具，纵横建安作。"杜确《岑嘉州集序》评价开元年间的诗歌说："其时作者凡十数辈，颇能以雅参丽，以古杂今，彬彬然，灿灿然，近建安之遗范矣。"

于有唐一代诗美学建有不朽之功的陈子昂，高举的是复古的旗帜，这正是中国思想家、文艺家、美学家的思维特点，也是他们求发展的一种有力而巧妙的手段。如胡震亨《唐音癸签》所说，这是"以复古反正"。这一次，陈子昂成功了，"以魏晋变齐梁"，以他为首，高举大纛，形成了一支声威浩荡的队伍：

> 夺魏晋之风骨，变梁陈之俳优，陈伯玉（陈子昂）之力最大。曲江公继之，太白又继之。《感遇》《古风》诸篇，可追嗣宗《咏怀》、景阳《杂诗》。贞元、元和间，韦苏州古淡，柳柳州峻洁，二公于唐音之中，超然复古，非可以风会论者。[①]

第二节 "兴寄""风骨"的审美体现

《新唐书》陈子昂本传说："唐兴，文章承徐、庾余风，天下祖尚，子昂始变雅正。"陈子昂是扭转风气改变美学史发展方向的人。他靠的是以"风雅""兴寄""风骨"为内涵的美学思想，同时，他靠的是对这一美学思想身体力行所创作出来的文学审美诗篇。在唐代美学史上，陈子昂之所以得到后来杜甫等人的推扬，其地位的确定主要依赖于此。陈子昂实现了论说提倡与创作实践的统一，解决了两张皮的问题，消除了二者之间的隔阂。"四杰"的论说与实践尚有非统一的现象存在，而陈子昂则在此基础上进步了。他把创作与论说结合起来，在美学思想上又把审美鉴赏（如对东方虬）、美学史批评（如风雅之道）、美学理想（如"兴寄""风骨"）、美学范式（如汉魏风骨、正始之音）联结起来论述，这样便体现了作为诗美学家和创作家的陈子昂的成熟。

陈子昂出身于巴蜀的豪富之家，但没有显赫的仕宦家史，四代均未有人入仕，他在《谢免罪表》中曾自惭形秽地说自己是"巴蜀微贱"。陈子昂少有游侠之气，与出身于这样的家庭环境庶几相关。他"少学纵横术，游楚复游燕"[②]。他到十七八岁时突然"开窍"，有志于学。卢藏用《陈子昂别传》写道："始以豪家子驰侠使气，至年十七八未知书。尝从博徒入乡学，慨然立志，因谢绝门客，专精坟典。数年之间，经史百家，罔不该览。尤善属文，雅有相如、子云之风骨。"他本人在《谏政理书》中也谈到"以事亲余暇得读书，窃少好三皇五帝霸王之经，历观丘坟，旁览代史，原其政理，

---

① 王士禛：《带经堂诗话》卷四。
② 陈子昂：《赠严仓曹乞推命录》。

察其兴亡，自伏羲、神农之初，至于周、隋之际，驰骋数百年，虽未得其详，而略可知也"。这就铸合成了以儒家经济之学为核心又融合了诸家学说的文化知识结构。离开家乡，走出三峡，去建功立业，他写下《度荆门望楚》：

  遥遥去巫峡，望望下章台。巴国山川尽，荆门烟雾开。城分苍野外，树断白云隈。今日狂歌客，谁知入楚来。

诗人度荆门望楚，前四句一连写了四个地名：巫峡、章台、巴国、荆门。在短短的二十字里连续出现这么多的地名，在审美处理上是一难题，但经过巧妙的安排，将其转化为一种特色，富于空间感。清代纪昀《瀛奎律髓刊误》评述道："连用四地名不觉堆垛，得力在以'度'字、'望'字分出次第，使境界有虚有实，有远有近，故虽排而不板。五六写足'望'字。以上六句写得山川形胜满眼，已伏'狂歌'之根。结二句，借'狂歌'逗出'楚'字，用笔变化。"诗人在行程中带出地名，因为是在渡江涉水和景象的开阔变化中交代地名，联系一定的景象描绘，所以毫无堆垛之弊，反而显得自然顺畅。诗人的出发地是巫峡，他远远离开巫峡，从"遥遥"离开，到远远望去，从"去"到"下"的动词连缀，隐隐地传送出了水路的行程。登上水路，在动态中很自如地引出"章台"。"巴国山川尽，荆门烟雾开"，从"尽"字看出原有的山川已抛在后面，交代了"巴国"；眼前景象扑面而来，又交代了"荆门"。虽然这里的地名交代仍联系着水路进程，但已加进了新的风光描写内容。巴国山川诚然奇特，而烟开雾散后的荆门又别是一番景象。这样，一路水程，逐次写来，均与地名相连，形成了鲜明的层次，出现了巨大的长江空域，有空间美，并且组成了连轴的长江图画，有绘画美。面对这样苍苍茫茫的景象，诗人狂气大发，以"狂歌客"自谓，并以狂放之态踏入楚之大地。这里充分体现了陈子昂的心理状态。如果说，这首诗是在景中见情，那么，《岘山怀古》则是于怀古中见抱负，曰："秣马临荒甸，登高览旧都。犹悲堕泪碣，尚想卧龙图。城邑遥分楚，山川半入吴。丘陵徒自出，贤圣几凋枯。野树苍烟断，津楼晚气孤。谁知万里客，怀古正踟蹰。"西晋名将羊祜都督荆州军事，常登临岘山，他死后，部属在岘山他生前游息之处建碑，年年祭祀，见碑者莫不流泪，杜预因称此碑为堕泪碑。陈子昂诗中"犹悲堕泪碣"即指此。三国时卧龙诸葛曾隐居于此，出山后协助刘备创下基业。诗人登临岘山怀想蜀国贤相诸葛亮、西晋名将羊祜，在他们身上诗人寻找到自己的理想范式。"谁知万里客,怀古正踟蹰",反映他的另一种心理状态。无论是写景立意,还是怀古显志,都反映出陈子昂意欲有所作为的心态。

前引杜甫对陈子昂的评价:"终古立忠义。"这"忠义"二字确是抓到了陈子昂一生立身行事之根本。他要有所作为,就得有所介入。其"忠义"之心跟他耿介的性格相结合,使得他在介入政治时表现得特别执着和激切——"言多切直"。那篇《谏灵驾入京书》曾使他受到武则天的赏识,以至洛阳纸贵,大出风头。卢藏用《陈子昂别传》亦有记曰:"唐高宗大帝崩于洛阳宫,灵驾将西归,子昂乃献书阙下。时皇上以太后居摄,览其书而壮之,召见问状。子昂貌寝寝援,然言王霸大略,君臣之际,甚慷慨焉。上壮其言而未深知也,乃敕曰:'梓州人陈子昂,地籍英灵,文称伟曜。'拜麟台正字。时洛中传写其书,市肆闾巷,吟讽相属,乃至转相货鬻,飞驰远迩。"举国并无一人抗阻,独他挺身而出,犯颜抗鳞,以无畏之气概,慷慨陈词。这是对朝政大事的一次重大介入,忠义之心可见,拳拳之心溢于言表。在《谏灵驾入京书》中,以"不可不"数反其言,形成文章的气势和力量,咄咄逼人。"兴数万之军,征发近畿,鞭扑羸老,凿山采石,驱以就功,但恐春作无时,秋成绝望,凋瘵遗噍,再罹饥苦。倘不堪弊,必有逋逃,子来之颂,其将何词以述?此亦宗庙之大机,不可不深图也。……太原蓄巨万之仓,洛口积天下之粟,国家之宝,斯为大矣。今欲舍而不顾,背以长驱,使有识惊嗟,天下失望。倘鼠窃狗盗,万一不图,西入陕州之郊,东犯武牢之镇,盗敖仓一抔之粟,陛下何以遏之?此天下之至机,不可不深惧也。"可见,陈子昂属于参与型、介入型的人物,"感时思报国,拔剑起蒿莱"[①]正是其心理愿望的写照。

由三十八首诗组合而成的大型组诗《感遇》诗集中体现了陈子昂的社会理想和审美理想。"其二"曰:"兰若生春夏,芊蔚何青青。幽独空林色,朱蕤冒紫茎。迟迟白日晚,袅袅秋风生。岁华尽摇落,芳意竟何成?"这是一首有兴寄的诗,在物象兰若身上寄寓诗人的理想、愿望、情思。自从《离骚》赋予美人香草以特定的象征意义后,它便具备了某种原型含义,形成了"兴寄"性语词。也就是说,从对象身上发现自身,从而产生心理、情感、

---

① 陈子昂:《感遇》(其三十五)。

意愿的对象化。陈子昂在诗的前半部分着力塑造和描述了兰若的形象，姿容丰美而孤独；后半部分则写出它在袅袅秋风中摇落而凋零，遂有美人迟暮之感。诗人所塑造的兰若形象，就是其自我形象。这种审美手段正是传统的自屈骚以来的兴寄手段，它在对象身上寄寓了某种含义，这便是所谓的寄慨遥深。"其四"写道："乐羊为魏将，食子殉军功。骨肉且相薄，他人安得忠。吾闻中山相，乃属放麑翁。孤兽犹不忍，况以奉君终。"此诗借古讽今，寄意深远，反对酷刑，提倡仁政。诗中两节各写一历史人物。乐羊系魏国将领，魏文侯遣其攻打中山国，其子在中山国，中山国君将他煮成肉羹，乐羊为表示对魏的忠心，就亲尝了肉羹，而魏文侯却以为乐羊此举过于残忍，不再予以重用。中山君侍卫秦西巴奉命把狩猎所得小鹿带回，途中母鹿尾随悲鸣，秦西巴擅违君命，放走小鹿。中山君认为秦西巴心地善良，便擢其为太傅。两则故事组织在一首诗中，形成反差，反映诗人的价值评价和情感褒贬倾向。诗人以尖锐对立的方式重提两则历史故事，有着鲜明的现实意图，这便是他本人所说的"兴寄"审美手段。清代陈沆《诗比兴笺》认为此诗"刺武后宠用酷吏淫刑以逞"。陈子昂曾就武后时代告密之风炽行，严刑酷法盛行朝野的现象上《谏用刑书》，说："顷年以来，伏见诸方告密，囚累百千辈，大抵所告，皆以扬州为名，及其穷究，百无一实。陛下仁恕，又屈法容之，谤讦他事，亦为推劾。遂使奸恶之党，决意相仇，睚眦之嫌，即称有密，一人被讼，百人满狱，使者推捕，冠盖如云。或谓陛下爱一人而害百人，天下喁喁，莫知宁所。"言辞不可谓不激烈，用心不可谓不忠敬。陈子昂另用诗的"兴寄"审美手段表达了谏书中同样的现实用意，遂归于风雅之声。"其二十三"写道：

> 翡翠巢南海，雄雌珠树林。何知美人意，骄爱比黄金？杀身炎州里，委羽玉堂阴。旖旎光首饰，蕤葳烂锦衾。岂不在遐远，虞罗忽见寻。多材信为累，叹息此珍禽。

诗人在自己塑造的翡翠鸟身上观照到自身的遭际和命运。翡翠鸟的特征与诗人有很多近似之处，这正是诗人的审美发现所寻找到的重合点，也构成了诗人兴寄的基础。这种兴寄跟诗"其四"不同之处就在于对象不同，不是古人，而是某一禽类。诗篇言在此而意归彼，着墨在翡翠鸟上而发意在诗人自身。翡翠鸟筑巢在南海，本来一雌一雄，共栖同飞，但就因为它长一身鲜丽漂亮的羽毛，不幸便开始了。美人看中了这羽毛可以用作装饰，于是，在炎热南方的它们遭到杀身之祸，羽毛被送到玉堂深处，成了装饰品。既然如此，它们为何不远祸而高飞呢？其实它们巢居南海，也够远的了。即使它们逃到更远的地方，也难逃开人们早就设置的罗网。诗人所描述的翡翠鸟的遭际影射着自身。诗人因才高而被用，然而被用又实际上是被戕，这是极为悲哀的。因此诗人感慨系之曰："多材信为累，叹息此珍禽。"叹鸟为叹人、叹己、叹世。这和此后的杜甫感慨"文章憎命达"一样，包含何等深沉凄苦的人生感伤！兴寄审美手段的运用增添了诗的表现内涵和力度，这正体现了他所推崇和提倡的汉魏风骨。完成五百年来建安风骨与唐诗风雅对接的，正是陈子昂。

陈子昂的诗中有一种孤独式的悲剧美，孤独中有着深沉的人生况味和审美感，这种孤独感是在人生遭际中逼发出来的。他位卑却未敢忘忧国，而他特殊的谏官身份又使他有机会屡屡上书朝廷，如《上益国事》《谏用刑书》《上军国机要事》等，但他在现实中又屡屡碰壁，心怀郁抑，《感遇》诗三十八首中就常有表达。如"其十八"曰："逶迤势已久，骨鲠道斯穷。岂无感激者，时俗颓此风。灌园何其鄙，皎皎于陵中。世道不相容，嗟嗟张长公。""其二十"曰："玄天幽且默，群议曷嗤嗤！圣人教犹在，世运久陵夷。一绳将何系？忧醉不能持。去去行采芝，勿为尘所欺。"这种孤独感随着生活遭际的发展而发展，到随军北征契丹时臻于高峰。武则天万岁通天元年（696），契丹攻陷营州，次年武则天派遣建安郡王武攸宜率军北征，陈子昂随军任参谋。武攸宜腹乏良谋、胸欠韬略，陈子昂屡呈计略，屡遭拒绝，并给予降职处置。陈子昂痛苦之极，登蓟北楼（即幽州台，故址在今北京市），写下组诗《蓟丘览古赠卢居士藏用七首》和《登幽州台歌》。组诗是怀古诗，实为借古人之酒杯浇胸中之块垒。《燕昭王》写道：

> 南登碣石馆，遥望黄金台。丘陵尽乔木，昭王安在哉？霸图怅已矣，驱马复归来。

碣石馆为燕昭王延请邹衍所构，黄金台为燕昭王延请乐毅所筑。燕昭王招贤纳士，使国势日盛，几能灭齐。诗人所神驰向往的，或者说触动诗人感触的是碣石馆、黄金台对于人才的意义。诗人"登"和"望"的行为是寻找往古，而眼前景象，荒索满途，又使诗人充满严重的失落感。呼唤燕昭王，却是一去不返。诗人在"驱马复归来"的孤独中怏怏不已。这一组诗都是以幽州台这个特定空间地点为对象，集中表述与之相关的人才用废的历史事件，如《郭隗》:"逢时独为贵,历代非无才。隗君亦何幸,遂起黄金台。"《乐生》:"王道已沦昧,战国竞贪兵。乐生何感激,仗义下齐城。雄图竟中夭,遗叹寄阿衡。"怀古的内涵,感慨的内容如此突出、鲜明,其现实用意也就不言而喻了。在往古的怀想中只能加重现实君臣难遇的痛苦,眼前景象,如此不堪,丘陵长满乔木,人去台空,人事日非,悲痛、感慨、惋惜、失落、孤独、烦闷等诸多感受,在写了这一组诗后,非但没有得到导泄,反而更为加浓、加重,"乃泫然流涕而歌"[①],高吟出那首千古绝唱:

  前不见古人,后不见来者。念天地之悠悠,独怆然而涕下。

一二两句表述无限悠长的时间,古往而今来。诗人本是来登台怀古的,对幽州台上所发生的历史故事,尽情做了回顾和描述,但现在,他突然撇开这些具象具实的古人,高度抽象和过滤成"前不见古人"的空荡域界。怀古乃是为着知今,但诗人回头一看却"后不见来者"。在时间的序次上,"前""后"都是一片空白。抬眼所见,则是空间的无限广袤,天地悠悠。在无限阔长和纵深的时空交织的屏幕上,只矗立一个人,这个人就是抒情主体、审美主体,也就是诗人本身。他"怆然而涕下",无限悲慨,无限凄怆。诗人所展现出来的是一幅何等触目而又动人的画面!他所感叹的,他所为之流泪的,已不再是幽州台上曾经发生过的一切,他的感受、他的体认已超越了这一切。他上升到一个更高的高度,即宇宙的高度,俯视人世万象,鸟瞰时域空间。这是一种诗人式的体认,又是一种审美者的体验。无限宏深的时空与个体相比,犹如沧海之于粟粒,这是诗人怆然伤感之由来。在无限大与无限小的撞击中,迸发出情感火花。这里出现了情感的超越,也就使审美的境界上升到一个新的高度。虽然诗人涕泪满脸,但悲而不凄,悲中含壮。这是因为感受的内涵不同,感受所引发人们的情绪不同。在怆然涕下中有着积极向上的精神,于悲郁中含有壮怀。这是伟大的孤独者的情怀,是一位高蹈者的精神。黄周星《唐诗快》说:"古今诗人多矣,从未有道及此者。"其原因是什么呢?这需要有诗人的主体素质,能得风气之先,比别人有更灵敏的感受能力和更深邃的体验能力,同时,需要有时代条件的赋予。时代条件与主体条件的绝妙融合,有时只能产生在个别的个体身上,陈子昂正是如此,才能道及古今诗人所"未有道及"之处。他接受了、感应了、体

[①] 卢藏用:《陈子昂别传》。

现了初唐精神，并把它带给了盛唐。因此，陈子昂是从初唐转入盛唐的关捩人物。

现在谈谈陈子昂诗美学与正始美学之间的联系。陈子昂是把汉魏风骨与正始之音作为同一审美理想和范式提出的。正始之音的代表阮籍写有组诗《咏怀》诗七十二首，陈子昂则写有组诗《感遇》诗三十八首，显然陈受阮影响而写此组诗。皎然《诗式》认为："子昂《感遇》三十（八）首，出自阮公《咏怀》。"胡应麟《诗薮》更是把二者重合起来体认："子昂，阮也。"《晋书·阮籍传》说："籍本有济世志，属魏、晋之际，天下多故，名士少有全者，籍由是不与世事，遂酣饮为常……尝登广武，观楚汉战处，叹曰：时无英雄，使竖子成名。登武牢山，望京邑而叹，于是赋豪杰诗。"颜延之《文选注引》在谈到阮诗审美特征时说："嗣宗身事乱朝，常恐罹谤遇祸。因兹发咏，故每有忧生之嗟；虽志在刺讥，而文多隐避。百代之下，难以情测。"钟嵘《诗品》也说："厥旨渊放，归趣难求。"在陈子昂《感遇》组诗中可以看到阮籍的影子，语言、意象和形式均有不少相似之处，寻找这种相似点诚然有一定价值，但却是皮相的。在深层次上，陈子昂在正始之音中找到旷代知音，他要通过自身的审美创作实践贴近正始美学，从而形成正始美学在初唐的回归与发扬。而陈子昂在阮籍那里所寻找的，不是个别或局部的语词、语句、语意，而是兴寄审美手段，风雅美学精神。这才是"子昂，阮也"根本意义之所在。然而，在审美所达到的深度上，在作用于读者审美感觉上，陈不及阮。这是社会历史条件和个体的主体条件所致。所以，人们在阮、陈身上所得到的审美感觉殊难相混。

由于要避开现实的迫害和检索，遂使阮籍诗的意象扑朔迷离，故"难以情测""归趣难求"，而这一点又影响了陈子昂，《感遇》中一些诗虽兴寄深邃，却意旨难明，以致不知所云，这样也就影响了诗的审美表达的鲜明性。

陈子昂的诗美别有一种气势和气概，建功立业的雄心壮志勃然跃动在诗的字里行间，如《送魏大从军》写道：

匈奴犹未灭，魏绛复从戎。怅别三河道，言追六郡雄。雁山横代北，狐塞接云中。勿使燕然上，惟留汉将功。

陈子昂所创造的是一种壮大的美，体现了唐的时代、文化、美学精神。但是壮而不空，内心充溢沛然如雨的主体情思。《春夜别友人》写道：

银烛吐青烟，金樽对绮筵。离堂思琴瑟，别路绕山川。明月隐高树，长河没晓天。悠悠洛阳道，此会在何年。

其气概、格调、审美精神已全是盛唐之音了。

陈子昂为唐文学美学史所提供的财富是风雅精神、风骨内涵、兴寄手段、壮大境界，这是真正摆脱齐梁风习的审美之路，也是通向盛唐的审美之路——这是从唐太宗李世民到陈子昂，经过代代寻求和构筑的路。路已开通，那就阔步走进盛唐艺术世界吧！

第十章　初唐美学史地位

初唐是整个唐美学史的开局阶段，为其奠基，又为其开拓。孕育而生的初唐美学在许多方面成为此后唐美学的核子，释放出源源不绝的能量。它是唐美学之"初"，也是其"基"。初唐有着不可替代的时段特征和基础功能。唐美学根据审美理想和质态划分四时段。初唐为唐美学的形成期，盛唐为唐美学的成熟期，中唐为唐美学的转变期，晚唐为唐美学的又一生长期，从而又为宋美学打下基础。初、盛、中、晚的概念并不是一个社会学的概念，然而又有用社会学观念理解审美文化现象的因子；它也不是单纯的诗美学观念，而是包含诗美学的某些现象形态。因此，初唐美学史地位是基于以上的认识被确定的。

第一节　变革六朝、铸造唐音

六朝美学史的总体地位是变汉，而初唐则是变革六朝，美学史出现了否定之否定的历程。陈子昂一笔横扫"道丧五百年"的美学史，时间的计算是从汉魏至于初盛唐之交。如果把射程稍加压缩后则可看到，六朝美学有三百余年史程，从唐建国到陈子昂的时代则是一百年左右。隋代短命，不足四十年，只能算是一个历史区段的短暂过程而已，因此，在美学思想史的意义上，初唐所衔接的是六朝。初唐的美学家、思想家、诗人从一开始所做的，就是清算六朝美学，摆脱其影响，从而建立起自己时代的审美理想和审美形态。这个过程是蝉蜕进而新生的过程。

唐初的整个状况是，虽然想摆脱徐、庾文体，但是，因为没有自己独立的审美形态，就不得不仍沿用齐、梁旧体。因此，宫体诗风在唐初仍风靡不衰。《陈书·江总传》写道："于五言、七言尤善，然伤于浮艳，故为后主所爱幸。多有侧篇，好事者相传讽玩，于今不绝。"可见其传播影响之大、之远。唐初还出现了非常矛盾的现象，即一方面理性地批判甚或讨伐六朝美学，如李百药《北齐书·文苑传赞》说："乃眷淫靡，永言丽则；雅以正邦，哀以亡国。""江左梁末，弥尚轻险，始自储宫，刑乎流俗。"另一方面则感性主义泛滥地写下艳情诗，延续自己所批评的齐、梁淫风。这位李百药写下了跟他的理性批判截然相反，使人完全不敢相信出于他之手的《妾薄命》《火凤词二首》。这一切就使得唐初的思想、文学、美学处于乍暖还寒、乍晴还阴的交替和胶着状态之中。一方面新生因子正在萌发生长，另一方面旧有因素仍在继续发酵。这是美学史交替过程中的正常现象。在唐以前，虽然不少人已意识到齐、梁美学的弊端，并开始加以清理，但始终未能形成气候。例如萧衍发现其子萧纲写宫体诗，便召太子家令徐摛给以责备，西魏时宇文泰、苏绰的复古主义，南朝刘勰、钟嵘，北朝颜之推的理论批判和提出取而代之的审美范畴，隋文帝时代杨坚、李谔严厉的行政手段、措施，但时代条件没有从总体上赋予其除旧布新的可能。即使在唐代初期也是经过几代人长达近百年的努力，才最终摆脱齐梁，形成自己的气候、气象。

其间，一代英主唐太宗李世民在完成这一美学史转型中所发挥的作用不可忽视。其问，宫廷诗风与隐逸诗韵、丽化与俗化的审美趣尚都曾发生过共时并存的现象，这种现象足以说明美学史的演化是渐进的。新质代表了朝上的指向，因此，前面所说的刘勰、钟嵘等人所做的努力又在实际上为这种变革的飞跃添砖加瓦，做了准备。终于，出现了突变。"四杰"的出现是六朝之于唐的美学史变革的重要现象。而从"四杰"到刘希夷、张若虚又出现了史的转化，这一转化恰恰又具有美学的意义。史的历程转化中出现了美学的状态，便更能引导人去做深长的体味和感应，犹如急管繁弦、鼓乐轰鸣之后出现悠长箫韵，更令人陶醉。最后，由陈子昂完成了这一美学史使命。

以汉魏变齐梁，委实是一个切实的可遵循的又有号召力的口号。陈子昂所要恢复的是中国诗美学的传统。以风雅为内涵、风骨为特征、兴寄为手段，这样完整的体系，为彻底变革六朝，铸成唐音，找到了一个目标，也提供了一条途径。这样的目标恰恰符合唐人建立新的文化秩序和审美理想的需要，而陈子昂本人的诗歌审美创作实践又恰恰体现了他所提出的审美理想和美学理论，给人们提供了审美范式和可示范性，也使初唐审美理想的建立有着坚实的基础。一旦旌旗高擎，"大泽一呼，为群雄驱先"①，后面跟来的便有李白、杜甫、白居易……

第二节　美学精神

初唐美学是唐美学之基，也是其雏形，浓缩、凝定了唐美学之精神。初唐美学充满了人文主义精神。令狐德棻《周书·庾信传论》说："两仪定位，日月扬晖，天文彰矣；八卦以陈，书契有作，人文详矣。"李百药《北齐书·文苑传论》说："夫玄象著明，以察时变，天文也；圣达立言，化成天下，人文也。达幽显之情，明天人之际，其在文乎！邈听三古，弥纶百代，制礼作乐，腾实飞声，若或言之不文，岂能行之远也！"姚思廉《陈书·文学传论》："《易》曰：'观乎人文以化成天下。'孔子曰：'焕乎其有文章也。'自楚汉以降，辞人世出，洛汭江左，其流弥畅。莫不思侔造化，明并日月，大则宪章典谟，裨赞王道，小则文理清正，申纾性灵。至于经礼乐，综人伦，通古今，述美恶，莫尚乎此。"这些表述的都是美学的人文精神。由于强调了人文精神，便为唐代美学的现实品格奠定了基础。从这一前提出发，唐代美学强调了对于社会、风俗、人心的影响功能。《晋书·文苑传序》说："移风俗于王化，崇孝敬于人伦。经纬乾坤，弥纶中外。故知文之时义大哉远矣。"《隋书·文学传序》说："文之为用其大矣哉！上所以敷德教于下，下所以达情志于上。大则经纬天地，作训垂范，次则风谣歌颂，匡主和民。"这显然跟六朝时强调声色刺激的感性主义美学有明显区别。这些论述是广义美学论，是初唐史学—美学家就文学审美性质和功能所发表的见解，然而，它已包含有"风雅"的含义，于是也就为初唐唱压轴戏的陈子昂打出"风雅"的旗帜做了先期准备。

初唐诗人在人文精神的笼罩下，现实责任感更强，从宫廷、园苑、宴乐、歌舞中收回视线，投射到江山、边漠、民间、世俗中间。他们不

---

① 胡震亨：《唐音癸签》。

再像六朝诗人那样与社会、现实悬隔,仿佛生活在另一世界之中,而是与社会、现实息息相关。《新唐书》卷二〇二记历史学家刘允济的名言:"史官善恶必书。"这种史家态度影响了他对生活的文学审美态度。他写有《见道边死人》:"凄凉徒见日,冥寞讵知年?魂兮不可问,应为直如弦。"郭震有《野井》诗:"纵无汲引味清澄,冷浸寒空月一轮。凿处若教当要路,为君常济往来人。"《米囊花》:"开花空道胜于草,结实何曾济得民。却笑野田禾与黍,不闻弦管过青春。"清代王夫之《读通鉴论》说:"陈子昂以诗名于唐,非但文士之选也。使得明君以尽其才,驾马周而颉颃姚崇,以为大臣可矣。其论开间道击吐蕃,既经国之远猷;且当武氏戕杀诸王,凶威方烈之日,请抚慰宗室,各使自安,撄其猘怒而不畏,抑陈酷吏滥杀之恶,求为伸理;言天下之不敢言,而贼臣凶党弗能加害,固有以服其心而夺其魄者,岂冒昧无择而以身试虎吻哉?故曰:以为大臣任社稷而可也。"因此,陈子昂的诗中充满民胞物与精神。《感遇》诗三十八首中写有:"苍苍丁零塞,今古缅荒途。亭堠何摧兀,暴骨无全躯。黄沙幕南起,白日隐西隅。汉甲三十万,曾以事匈奴。但见沙场死,谁怜塞上孤。"又写有"丁亥岁云暮,西山事甲兵。赢粮匝邛道,荷戟争羌城。严冬阴风劲,穷岫泄云生。昏曀无昼夜,羽檄复相惊。拳局竟万仞,崩危走九冥。籍籍峰壑里,哀哀冰雪行。圣人御宇宙,闻道泰阶平。肉食谋何失,藜藿缅纵横。"中国美学的致用性质形成了对于美学价值的判断,初唐美学的上述体现也就奠定了其在美学史上的地位。

有为于世的进取精神。早在唐初,魏徵就写有《述怀》诗:

> 中原初逐鹿,投笔事戎轩。纵横计不就,慷慨志犹存。杖策谒天子,驱马出关门。请缨系南越,凭轼下东藩。郁纡陟高岫,出没望平原。古木吟寒鸟,空山啼夜猿。既伤千里目,还惊久逝魂。岂不惮艰险,深怀国士恩。季布无二诺,侯嬴重一言。人生感意气,功名谁复论。

初唐人就已表现出献身国事的精神,这是为新的时代理想所焕激出来的,他们受到了召唤。"四杰"、陈子昂也都表现出这种精神。看初唐人的诗,会感受到他们特少世故,富于朝气、讲义气。他们有着强烈的自我主体精神,并借助于某一形象的塑造与描画表达出来。郭震《古剑篇》写道:

> 君不见昆吾铁冶飞炎烟,红光紫气俱赫然。良工锻炼凡几年,

> 铸得宝剑名龙泉。龙泉颜色如霜雪，良工咨嗟叹奇绝。琉璃玉匣吐莲花，错镂金环映明月。正逢天下无风尘，幸得周防君子身。精光黯黯青蛇色，文章片片绿龟鳞。非直结交游侠子，亦曾亲近英雄人。何言中路遭弃捐，零落飘沦古狱边。虽复沉埋无所用，犹能夜夜气冲天。

古剑的形象和际遇就是诗人和初唐一批士子形象和际遇的表征。诗人描述了宝剑的铸造情景，描述了宝剑的精光四溢，又叹息它的被沉埋。整个描述和审美用意的人格化倾向十分鲜明。宝剑精神和人的精神出现了异质同构，于是，宝剑也就成了人的精神的对象化。杜甫《过郭代公故宅》诗写道："高咏宝剑篇，神交付冥漠。"心灵深处出现了浩茫的感应。积极进取、有所作为的精神使初唐人的美学精神富于生气活力，推促他们在各个领域开拓、创新。进取精神是原动力，推促他们在大漠沙塞间建功立业，也推促他们在文学、艺术领域有所创造。

声律美学在初唐的完成便是这种精神在美学领域的体现。明代王世贞《艺苑卮言》认为："五言至沈、宋，始可称律。"到沈、宋，五言才出现了标准意义、规范形态的律诗。这个确定很重要，是对初唐美学史贡献的一个重要认定。《新唐书·宋之问传》简括地描述了这个声律美学的形成历程："魏建安后迄江左，诗律屡变，至沈约、庾信以音韵相婉附，属对精密。及之问、佺期，又加靡丽，回忌声病，约句准篇，如锦绣成文，学者宗之，号为沈、宋。""沈宋"几乎成了声律美学的代名词。"沈宋"和陈子昂是初唐诗美学的两大高峰，前者集中在诗的形式美学上，后者则集中在诗的风雅内容上。二者结合，初唐诗美学便圆满了。

初唐使声律美学臻于成熟，它改变了汉魏古诗的自然性，导向声律的人为加工，出现平仄、粘合、谐协上的合规则性；它出现了一种限制，但也促进了文学审美在限制中的发展，使得诗的形式更为规整、声律更为美听。明代胡应麟《诗薮》说："五言律体，兆自梁、陈，唐初四子，靡缛相矜，时或拗涩，未堪正始。神龙以还，卓然成调，沈、宋、苏、李合轨于先，王、孟、高、岑并驰于后，新制迭出，古体攸分。实词章改变之大机，气运推迁之一会也。"这是唐诗美学上一件大事，它的成熟，成为定制，规范人们的创作去追求体式的完美和音律的美听。沈、宋二人及此前的杜审言等人以大量的作品，实现了这一目标，成为范本。而他们在生活遭际出现变化以后，

又善于把富于社会意义的审美情感,熔铸律诗的规则之中,而不是纯形式的体式。宋之问《度大庾岭》诗曰:

度岭方辞国,停轺一望家。魂随南翥鸟,泪尽北枝花。山雨初含霁,江云欲变霞。但令归有日,不敢恨长沙。

宋之问人品甚劣,诣媚武则天时的张易之、太平公主。《新唐书·宋之问传》写道:"于时张易之等烝昵宠甚,之问与阎朝隐、沈佺期、刘允济倾心媚附。易之所赋诸篇,尽之问、朝隐所为,至为易之奉溺器。"一旦到唐中宗神龙元年(705),武则天退位,中宗复位,宋之问所依附的靠山顷刻瓦解,他本人被贬为泷州参军。《度大庾岭》是宋之问赴岭南贬所经大庾岭时所作。首联便是一个对句。"度岭"除有点题作用外,还包含诗人在这个分界地的特殊心情,因为一过此岭便进入岭南地界了,所以诗人才会"停轺一望家",这是诗人进入蛮荒之地之前不得不然的行动。这"望"是望乡,是依依不舍的眷恋。颔联表达贬职南方的心理伤楚:"魂随南翥鸟,泪尽北枝花。"至颈联,意象一变:"山雨初含霁,江云欲变霞。"山间雨刚下,旋即放晴,雨中夹晴。江上的飞云快要演变为绚丽的彩霞。这动人优美的景色并没有给诗人的心情带来多少喜色,尾联"但令归有日,不敢恨长沙",渴望着早日回归。整首诗对仗极为工稳,韵律十分和谐,在对偶的严格控制中却有景象的变化有致。宋之问在同一时期又有《题大庾岭北驿》:

阳月南飞雁,传闻至此回。我行殊未已,何日复归来?江静潮初落,林昏瘴不开。明朝望乡处,应见陇头梅。

以飞雁至此而回,隐喻自身返回无期,离乡一步则望乡之情加深一层,有步步回首而又不堪回首之态。颈联"江静潮初落"的宁静加浓了望乡之情,"林昏瘴不开"则给人前程未卜之感。最后,"明朝望乡处,应见陇头梅",以别离故乡的远思、陇头折梅以寄思乡的行为深化了诗人的思乡之情。

沈佺期《杂诗》(其三):

闻道黄龙戍,频年不解兵。可怜闺里月,长在汉家营。少妇今春意,良人昨夜情。谁能将旗鼓,一为取龙城。

首联以常年兵事描述背景,也是颔联原因的揭示,反映了思念之切。"闺里月"与"汉家营"两个空间,"今春"与"昨夜"两个时间,组合在"少妇"与"良人"这一对对象之中,通过对偶与时空交错等手法,反映旷夫怨女的相思凄苦。尾联深怀期望,结束战事,当然也就结束旷夫怨女的长期分离，句意于转折中深化。在五律格局中意脉、意象运用与运转妥帖自然，浑成一体。《夜宿七盘岭》云：

> 独游千里外，高卧七盘西。山月临窗近，天河入户低。芳春平仲绿，清夜子规啼。浮客空留听，褒城闻曙鸡。

首联破题且构成对句，"独游"显示其孤，"高卧"点出题目"夜宿"。以这位独游者、高卧公的视听审美感觉为立足点，展现了清夜的凄景，透现出诗人胸中的伤感和忧愁。颔联的空间视觉感十分别致，山月仿佛临近窗户，银河好像低低地进入门扉。颈联写到在春天银杏树的婆娑影像里，听到凄厉的子规的悲鸣。这样凄清的景象更加浓了诗人的凄清感受，"浮客空留听，褒城闻曙鸡"，虽子规催归却不得归去，只能"空留听"了；虽在七盘岭犹能听到汉中褒城的鸡叫，但不久就听不到了，因诗人要"独游"蜀地而远离汉中了。全诗对仗精严，音律协和，境中含意，极为婉转圆畅。

创造唐诗声律美学以沈、宋为代表，而共同完成这一美学史使命的，还有所谓的"文章四友"——李峤、苏味道、崔融、杜审言。杜审言的五律体占去所作诗之大半。胡应麟《诗薮》内编卷四对杜审言的《和晋陵陆丞早春游望》评价极高，说"初唐五言律，'独有宦游人'第一"。诗曰：

> 独有宦游人，偏惊物候新。云霞出海曙，梅柳渡江春。淑气催黄鸟，晴光转绿苹。忽闻歌古调，归思欲沾巾。

此诗作于武则天永昌元年（689）前后，诗人沉滞下僚，宦游近廿载，却只在江苏江阴县任一小职，心情自然不畅。首联出句十分奇特，只有宦游人才会对季节的转换和景物的变化感到触目惊心，这是心理敏感所致。颔联、颈联则是对"物候新"的具体描述。云霞烂漫，天气晴和，仿佛与海光一齐升腾起来，此时梅开柳放，江南一派春光如海。黄莺鸟在"淑气"即春天气息的催发下婉转鸣叫，春光笼罩下的绿苹逐渐显示生机。尾联情绪陡然一转，"忽闻歌古调，归思欲沾巾"。诗人的思乡情绪猛然受到触动，不禁泣后以手巾拭之。整首诗景、情发生和演化至为流畅圆润，对仗精切工稳，堪称唐五律上乘之作。杜审言还有五律《登襄阳城》："旅客三秋至，层城四望开。楚山横地出，汉水接天回。冠盖非新里，章华即旧台。习池风景异，归路满尘埃。"诗的意象处理、格律安置，均极完美，并给其孙杜甫那首极负名望的五律《登岳阳楼》以影响，被誉为有杜家诗法。胡应麟《诗薮》内编卷四说道："审言'楚山横地出，汉水接天回''飞霜遥渡海，残月回临边'等句，闳逸浑雄，少陵家法宛然。"

到唐中宗景龙年间（707—710）七律的体式也已完成，胡应麟《诗薮》内编卷五认为，七律代表了近体诗的最高水平。他说："近体之难，莫难于七言律。五十六字之中，意若贯珠，言如合璧。其贯珠也，如夜光走盘，而不失回旋曲折之妙；其合璧也，如玉匣有盖，而绝无参差扭捏之痕。綦组锦绣，相鲜以为色；宫商角徵，互合以成声。思欲深厚有余，而不可失之晦；情欲缠绵不迫，而不可失之流。肉不可使胜骨，而骨又不可太露；词不可使胜气，而气又不可太扬。……一篇之中，必数者兼备，乃称全美。故名流哲匠，自古难之。"如果说宋之问五律超过沈佺期，而七律上沈则超过宋。沈佺期的七律《独不见》虽未达到杜甫那样圆熟精纯，但标志着初唐七律的发展水平。节奏流走，韵律协谐，富于美感。声律美学的产生，是唐人的一大建树。如果说，南朝沈约的声律美学贡献在理论建构上，那么，初唐沈、宋、杜等人则以自己的创作实践加以完成。这些都反映了初唐人在审美上的追求精神和实践意志。

第三节　审美活动特点

初唐人的审美活动较之六朝人有显著的进步，这反映了他们审美器官的完善。这样也就为初唐人的审美活动奠定了一些基本特点。

初唐人在六朝人纯然体物的基础上有所突破，重视移情手法的运用，从而更接近于审美。宋之问《送别杜审言》，诗人本来卧病在床，对外界人事所知甚少，处于寂寞冷伤之中，而这时又有老友贬谪远走的事情发生，无疑是雪上加霜，使心情更受压抑而凄楚，一个"嗟"字发出了多么深长的慨叹！诗人因卧病不能到河桥相送，颇生遗憾，人事难全，但是片刻之后，却涌起感情的波涛："江树远含情"。诗人移情于江边树木，它们含情脉脉地远送别离的友人，似乎代表了诗人的心愿，也因之弥补了诗人的缺憾。审美移情手法的运用，更添诗的情感浓度和表达效果。

对情感的体验有着独特的表达方式，使之别开生面。宋之问《渡汉江》诗云："岭外音书断，经冬复历春。近乡情更怯，不敢问来人。"流贬岭外已见凄苦，又因音信断绝，更添悲凄，而这样的空间悬隔在时间——"经冬复历春"的延续下，心灵倍增痛楚。现在一旦逃归，按照正常心理应该是惊喜交加，迫切见到家人和详问家中状况，但诗人的心理却出现了反常状态，接近家乡反而胆怯，"不敢问来人"，不敢询问家里的消息。这种反常心理更为真实、深切地表现了诗人的心态，体现了艺术上相反相成的矛盾转化。

实现了审美体验的物化。宋之问《桂州陪王都督晦日宴逍遥楼》云："晦节高楼望，山川一半春。意随蓂叶尽，愁共柳条新。投刺登龙日，开怀纳鸟晨。兀然心似醉，不觉有吾身。"《庄子·齐物论》说："昔者庄周梦为胡蝶，栩栩然胡蝶也，自喻适志与，不知周也。俄然觉，则蘧蘧然周也。不知周之梦为胡蝶与，胡蝶之梦为周与？周与胡蝶则必有分矣。此之谓物化。"物化说明了审美中一个极其重要的经验现象：主体完全为客体所吸收，客体则彻底被主体所消融，臻于物我为一的境界。宋之问在诗中正表述了这一审美经验。

大壮的审美境界。比起六朝来，初唐的堂庑可以说是大哉壮矣。这是为社会理想和势态所焕发起来的。于是便有"四杰"的雄壮，气势充畅；有张若虚《春江花月夜》的壮丽，舒卷而舒展；有宋之问《灵隐寺》的壮阔和特有的秋趣：

> 鹫岭郁岧峣，龙宫锁寂寥。楼观沧海日，门对浙江潮。桂子月中落，天香云外飘。扪萝登塔远，刳木取泉遥。霜薄花更发，冰轻叶未凋。夙龄尚遐异，搜对涤烦嚣。待入天台路，看余渡石桥。

诗中写飞来峰的高耸极有气势，写晚秋景色毫无萧瑟。"楼观沧海日，门对浙江潮"句向为人们传诵，气势浩阔雄大。在灵隐寺的寺楼上纵目远眺，可以看到大海日出，寺楼大门又正对钱塘江大潮，诗句推进了画面的表现领域，使其所写已不限于灵隐寺本身。寺外的钱塘江融入画幅，更为那大海的日出增添了壮美。诗人借用传说，想象月中桂子散落人间，"天香云外飘"的香气更使得对灵隐寺的风光描绘，富于生趣。而"扪萝登塔远，刳木取泉遥"，更流露诗人游山玩水的情趣。"霜薄花更发，冰轻叶未凋"，天虽入秋，但灵隐山的花儿开得更美，枝叶尚未凋零，这就写出了灵隐山秋景的美丽，毫无萧瑟之气，相反显得生气蓬勃。这是只有在整个社会处于向上发展的时期，在全社会充满激励人的朝气的时期，才有可能表现出的美学生气、宏壮的风采。

如果从时限上断代，初唐上起立国的武德元年（618），迄止开元前夕（712），历时近百年，这就足以看出它在整个唐代之地位了。整个唐代的美学理想、状况独立成体，有自己的内涵和形态，这与此前的六朝、此后的两宋判然有别。这是一望而知的现象。唐代美学有它的理想、格局、格调，又有初唐这个有机构成部分作为基础。初唐人诚然变革了六朝，但他们也吸收了六朝的营养，即吸收了六朝的文采风流、感性色彩。能吸收六朝的"锦色"，应该说不是一个否定性的评价。六朝时美学风格的清秀特征也不是一个应被否定的对象目标，它被唐人吸收下来了。初唐许多诗篇有清新之气，恰恰是承绪了六朝之风。这也可以看出初唐人的吸收、消化能力。皎然《诗式》卷五曾经批评"陈子昂复多而变少"，从上述意义上讲，应该说是有道理的。清代王夫之也曾这样评价陈子昂的《感遇》诗三十八首："似诵，似说，似狱词，似讲义，乃不复似诗，何有于古？"①王夫之是从他那情景交融、色彩清丽的美学观出发进行评价的。他认为，陈子昂的《感遇》诗缺少审美的感性色彩和特征，质木有余而文采不够。初唐人的审美实践成果是风雅、文采、声律的完美结合。清人吴乔《围炉诗话》曾把初唐人美学变革的成就概括成这么两句话："变汉魏之古体为唐体而能复其高雅，变六朝之绮丽为浑成而能复其挺秀。"这一概括十分准确。这一美学的历史变革是由初唐人进行并完成的。他们变革了汉魏的古体，形成唐人所独有的体格，弘扬了它那高雅的风韵和精神；他们变革了六朝的绮丽，从而形成了浑成的美学风格，但又能保留并发展它那既有的挺秀风调。此乃初唐人的气度所致，亦是其手法所致，从而构成初唐美学的成就。

清人沈德潜说："盛唐风格发源于此。"②"此"即指初唐。开场锣鼓敲响之后，主场戏就要开始了，盛唐人就要做出更为出色的表演，大家继续观赏下去吧！

---

① 王夫之：《唐诗评选》。
② 沈德潜：《唐诗别裁集》。

盛唐美学史

第三编

第十一章　张说

经过卢照邻放开嗓门的大唱,有刘希夷黄昏霞光的灿烂,更有张若虚月夜清光临照,沈宋、"文章四友"通力合作,加之陈子昂高举大旗、身体力行,通向盛唐的通衢大道已是开筑出来了。在这条大道上站立着一位招引、提携、呼唤众多诗人士子涌入盛唐大门的关键人物——张说。

第一节　张说的美学思想

张说在《赠别杨盈川炯箴》中有一句十分重要的话:"虽有韶夏,勿弃击辕。""韶夏"是一种古乐,《尚书·益稷》:"《箫韶》九成,凤凰来仪。"《左传·襄公二十九年》:"吴公子札来……为之歌秦,曰:'此之谓夏声。'"关于"击辕",汉代崔骃《上四巡颂表》:"唐虞之世,樵夫牧竖,击辕中韶,感于和也。"张说要求在高奏韶夏之乐时,不要舍弃击辕之曲。这就表现了张说美学思想的兼容性质。它体现了张说本人的个人理解,又是时代要求所赋予的。因为新的时代变革即将到来,新的社会霞光即将呈现,需要有新的社会理想,也需要有新的审美理想,特别需要有气度——无量气度,以对待美学史遗产和过去所发生的现象,铸造一种新型的审美理想。在这个转折时刻,由张说完成了使命。

张说在陈子昂专尚"风雅"论的基础上向前跨了一大步,力图把美学的致用功能和美学自身所需要的特征结合起来。其《唐昭容上官氏文集序》写道:"温柔之教,渐于生人;风雅之声,流于来叶。"在《东都酺宴四首序》中写道:"吟咏德泽,播越人声,斯固雅颂之余波,政教之遗美。"这是作为一代名臣自觉的政治意识,文学美学应该为现实的政治功用服务。这种服务功能发挥得好,会使政治与美学之间的关系协调发展。然而,张说又不狭隘地看待文学的功能,将其拘囿或局限在致用范围内。因此,他一方面认为诗美学"理关刑政""义涉箴规",另一方面又通过评价洛州司马张希元发表了重要见解:

> 许与气类,交游豪杰;仕遘夷险,身更否泰。昔尝摄戎幽易,谪居邛篈。亭皋漫漫,兴去国之悲;旗鼓汹汹,助从军之乐。时复江莺迁树,陇雁出云。梦上京之台沼,想故山之风月。发言而宫商应,摇笔而绮绣飞。逸势标起,奇情新拔;灵仙变化,星汉昭回。感激精微,混韶武于金奏;天然壮丽,缛云霞于玉楼。[①]

它涉及这样一些审美观点:身世遭际影响诗人的审美视野和内容;审美中还可以在关涉政用之外,"兴去国之悲",更能够"助从军之乐";审美实践成果要有声律美听,"发言而宫商应";要文辞美丽,"摇笔而绮绣飞";审美中应做到"逸势标起,奇情新拔",独标异帜,别开生面;其感情的表达,又十分"精微",其风格则是"天然壮丽"。所论所言均是美学内行话,涉及审美制作和风格中的一系列问题,规范了创作实践所应遵守的要求。他真正实现了把汉魏风骨与六朝"锦色"相结合的目标,从而铸合为"天然壮丽"的新型风格,这一风格正是李白所倡导,盛唐诗人所追求并创造的。

张说在表述美学思想时有一个重要特点,就是善于通过描述某种感性现象,表达某一深刻的美学原理。如《江上愁心赋寄赵子》写道:

> 江上之峻山兮,郁崎嶬而不极。云为峰兮烟为色,欻变态兮心不识。江上之深林兮,杳冥濛而不已。鸟为花兮猿为子,纷荡漾兮言莫拟。夏云阴兮若山,秋水平兮若天,冬沙飞兮渐渐,春草靡兮芊芊,感四节之默运,知万化之潜迁。伴众鸟兮塞渚,望孤帆兮日边。虽欲贯愁肠于巧笔,纺离梦于哀弦,是心也,非模仿之所逮。将有言兮是然,将无言兮是然?

江上的景色美不胜收,千姿百态,而且变化万千,因不同的时空而变。由种

---

① 张说:《洛州张司马集序》。

种江上景色而引发作者胸中的诸多愁思哀绪。愁思哀绪更是变化多端，不可名状，"非模仿之所逮"。这就传达了一种重要的心理经验现象，心绪是不可言传的，"将有言兮是然，将无言兮是然？""有言"与"无言"在复杂精微的对象面前都显得无能为力。《山夜闻钟》一诗写道："夜卧闻夜钟，夜静山更响。霜风吹寒月，窈窕虚中上。前声既舂容，后声复晃荡。听之如可见，寻之定无像。信知本际空，徒挂生灭想。"这也是对虚无缥缈现象的审美体认。张说在《洛州张司马集序》中写道：

> 夫言者志之所之，文者物之相杂。然则心不可蕴，故发挥以形容；辞不可陋，故错综以润色。万象鼓舞，入有名之地；五音繁杂，出无声之境。非穷神体妙，其孰能与于此乎？

审美在本质上是一种异常复杂微妙的活动和现象，不可言诠和形容，因此需要有深切的心理体验、感应能力，张说提出"穷神体妙"是对其所做的深刻说明。

作为一代文宗的张说对同时代的诗人做出了许多评价，在评价中可以看出其审美理想和标准：

> （许景先）虽无峻峰激流崭绝之势，然属词丰美，得中和之气，亦一时之秀也。[1]

> （杨）炯与王勃、卢照邻、骆宾王以文词齐名，海内称为王、杨、卢、骆，亦号为四杰。炯闻之，谓人曰："吾愧在卢前，耻居王后。"当时议者亦以为然。其后崔融、李峤、张说俱重四杰之文。崔融曰："王勃文章宏逸，有绝尘之迹，固非常流所及。炯与照邻可以企之。盈川之言信矣。"说曰："杨盈川文思如悬河注水，酌之不竭，既优于卢，亦不减王。耻居王后，信然；愧在卢前，谦也。"[2]

> （徐）坚谓（张）说曰："诸公昔年皆擅一时之美，敢问孰为先后？"

> 说曰："李峤、崔融、薛稷、宋之问，皆如良金美玉，无施不

---

[1] 刘昫：《旧唐书·许景先传》。
[2] 刘昫：《旧唐书·杨炯传》。

可。富嘉谟之文，如孤峰绝壁，壁立万仞，丛云郁兴，震雷俱发，诚可畏乎！若施于廊庙，则为骇矣。阎朝隐之文，则如丽色靓妆，衣之绮绣，燕歌赵舞，观者忘忧。然类之风雅，则为罪矣。"

坚曰："今之后进，文词孰贤？"

说曰："韩休之文，有如太羹玄酒，虽雅有典则，而薄于滋味。许景先之文，有如丰肌腻体，虽秾华可爱，而乏风骨。张九龄之文，有如轻缣素练，虽济时适用，而窘于边幅。王翰之文，有如琼杯玉斝，虽烂然可珍，而多有玷缺。若能箴其所阙，济其所长，亦一时之秀也。"[1]

俯视文坛，从容评说，臧否得宜，是张说这样的人才会有的气派。在逐个评点中可以看出他不断进行理性与感性平衡性的说明，毫不偏颇。内容要有"风骨"，合"风雅"之道，而形式上又要有优美色彩。如韩休之文，虽然"雅有典则"，但"薄于滋味"；而许景先之文，又是另一种现象，虽然"秾华可爱"，但缺乏"风骨"。可以看出，张说的美学观有一种良好的平衡感和综合性。这正是他的通达之处，善于且又巧于兼容，这样也就使他的美学思想显得雍容大度，这又正是盛唐这个时代所需要的。

第二节　张说的转捩意义

张说是唐之重臣、名相，作应制诗当然难免。然而，他的另一些诗作则是抒情之篇。《蜀道后期》写道：

客心争日月，来往预期程。秋风不相待，先至洛阳城。

诗人把归期之心表达得别开生面，"客心"的急切，描述得尽入情理。然而"秋风不相待"，突生转折，出人意料，"先至洛阳城"，便深入一层地表现了思归的心绪，显得隽永有致。《送梁六自洞庭山》曰：

巴陵一望洞庭秋，日见孤峰水上浮。闻道神仙不可接，心随湖水共悠悠。

首句便展现出一幅阔长的画面，"巴陵一望"便是满目的洞庭秋色。每天所

---

[1] 刘肃：《大唐新语·文章》。

见则是孤峰浮于水上的景象。秋气之萧瑟，孤峰之浮荡，于景语中含情语，是诗人心情之写照。"闻道神仙不可接"略一顿挫，"心随湖水共悠悠"将心绪引入更为深远的意境之中。诗人的送归之心也融进了洞庭湖水之中，悠悠长长。诗人的情感表达至深至切，盛唐之风在这里已经吹动起来了。胡应麟《诗薮》说："唐初五言绝，子安（王勃）诸作已入妙境。七言初变梁陈，音律未谐，韵度尚乏。"在唐初，七言诗成就不及五绝，但是，张说的七绝却更变此状，直接导入盛唐。于是，胡应麟又接着论述道："至张说巴陵之什，王翰出塞之吟，句格成就，渐入盛唐矣。"这就可以看出本诗在初唐进入盛唐的转折时期的意义。

《邺都引》写道："君不见，魏武草创争天禄，群雄睚眦相驰逐。昼携壮士破坚阵，夜接词人赋华屋。都邑缭绕西山阳，桑榆漫漫漳河曲。城郭为墟人代改，但见西园明月在。邺傍高冢多贵臣，蛾眉曼睩共灰尘。试上铜台歌舞处，唯有秋风愁杀人。"邺都曾为曹操所定都城，诗人以曹操生前辉煌、死后萧条的情景为对象，抒发了深沉的历史伤感。创业之初，曹操与群雄逐鹿中原，何等威武雄壮！他兼得文治武功，《三国志》裴松之注引说曹操"御军三十余年，手不舍书，昼则讲武策，夜则思经传，登高必赋，及造新诗，被之管弦，皆成乐章"。张说诗中"昼携壮士破坚阵，夜接词人赋华屋"便是其写照，形成了统帅与词宗的和谐统一。经曹操的治理，整个邺都一派繁荣景象，"都邑缭绕西山阳，桑榆漫漫漳河曲"，楼阁相接，环绕西山，树木蓊郁，漳河两岸，满眼葱绿景象。但是，现今却零落为荒景，城郭沦为废墟。虽然西园明月仍然如故，但人事日非，那些高冢之旁所葬多为贵臣，当年的绝色美人都已化为"灰尘"。最后，诗人无限伤感地慨叹："试上铜台歌舞处，唯有秋风愁杀人。"深沉的悲慨中有着沉重的历史感。这是一首七言歌行，它在唐诗美学史上仍然有着开启性意义。胡应麟《诗薮》说："唐七言歌行，垂拱七子，词极藻艳，然未脱梁、陈也。张、李、沈、宋，稍汰浮华，渐趋平实，唐体肇矣。"然而，张说的意义又不限于此，或者说，张说诗美成就的开启价值仅占其总体价值之一小部分。张说的主要意义还在于他领袖文坛的作用，如前所说，他是招引、提携、呼唤人们进入盛唐世界的人物。

在唐玄宗李隆基与太平公主的权力之争中，张说独挺李隆基，在李隆基登位后，张说自然得到重用。《旧唐书·张说传》写道："始玄宗在东宫，说已蒙礼遇,及太平用事,储位颇危,说独排其党,请太子监国,深谋密画,竟靖内难,遂为开元宗臣。前后三秉大政,掌文学之任凡三十年。为文俊丽,用思精密,朝廷大手笔,皆特承中旨撰述。天下词人咸讽诵之,尤长于碑文、墓志,当代莫能及者。喜延纳后进,善用己长,引文儒之士,佐佑王化,当承平岁久,志在粉饰盛时。"李隆基的《命张说兼中书令制》称张说是"当朝师表,一代词宗"。《旧唐书》本传还言"其封泰山,祠雎上,谒五陵,开集贤,修太宗之政,皆说为倡首"。作为一代重臣、词宗,他以宰辅之度延纳文士,显得气象阔放。《旧唐书·张说传》写道:

> 时中书舍人徐坚自负文学,常以集贤院学士多非其人,所司供膳太厚,尝谓朝列曰:"此辈于国家何益,如此虚费,将建议罢之。"(张)说曰:"自古帝王功成则有奢纵之失,或兴池台,或玩声色。今圣上崇儒重道,亲自讲论,刊正图书,详延学者。今丽正书院,天子礼乐之司,永代规模不易之道也。所费者细,所益者大,徐子之言,何其隘哉!"

这里充分体现了张说的雄才大略。当徐坚建议罢集贤院时,张说据理力争,指出其"所费者细,所益者大"。开元十三年(725)张说以宰相之身知集贤殿书院院事。他"博采文士,旌求硕学","以养天下之士"[1]的主张,极有利于士子的进取、人才的发育。他以名相之身份大量延纳人才,同时营造了唐代文化建设的宽松环境。这一切都对广大唐代士子形成了激励、呼唤和感召,也为盛唐气象做了人才、氛围上的充分准备。这正是张说功绩之所在、意义之所在。他的身上真正显示了唐人才有的气度、气概和气象。因此,他不同于隋代和初唐的一些人否定前代、否定一切,而是表现了宽容的气度和海纳百川的气量。《齐黄门侍郎卢思道碑》写道:

> 昔仲尼之后,世载文学,鲁有游、夏,楚有屈、宋,汉兴,有贾、马、王、扬,后汉有班、张、崔、蔡,魏有曹、王、徐、陈、应、刘,晋有潘、陆、张、左、孙、郭,宋、齐有颜、谢、江、鲍,梁、陈有任、王、何、刘、沈、谢、徐、庾,而北齐有温、邢、卢、薛,皆应世翰林之秀者也。吟咏性情,纪述事业,润色王道,发挥圣门,天下之人,谓之文伯。

---

[1] 张说:《上东宫请讲学启》。

这里充分体现了张说公允的态度。这种态度正是唐人的态度。张说确定杨炯美学史地位："既优于卢，亦不减王。耻居王后，信然；愧在卢前，谦也。"评价的背后体现了一种气度和态度，这是身居宰相的人才可能具备的。曾经受到张说提携的张九龄在《故开府仪同三司行尚书左丞相燕国公赠太师张公墓志铭》中说：

> 始公之从事，实以懿文，而风雅陵夷已数百年矣。时多吏议，摈落文人，庸引雕虫，沮我胜气，丘明有耻，子云不为，乃未知宗匠所作，王霸尽在。及公大用，激昂后来，天将以公为木铎矣。

《论语·八佾》云："天将以夫子为木铎。"木铎，即精神领袖。可以看出张九龄对张说做出了何等崇高的评价。

张说是盛唐文坛的领袖型人物，《新唐书·张说传》说："开元文物彬彬，说力居多。"是对其贡献、地位的肯定。对上，他影响了唐的最高统治集团，《旧唐书·张说传》曰："每军国大事，帝遣中使先访其可否。"《新唐书·张说传》说："帝好文辞，有所为必使视草。"对下，他则广为汲纳文士，从而为盛唐文学美学的繁荣做了人才上的准备。史书上多有载录，《旧唐书·孙逖传》说："逖幼而英俊，文思敏速"，"张说尤重其才，逖日游其门，转左补阙"。《旧唐书·王翰传》说："王翰，并州晋阳人，少豪荡不羁，登进士第，日以蒲酒为事"，"张说镇并州，礼翰益至，会说复知政事，以翰为秘书正字，擢拜通事居人，迁驾郭员外"。《旧唐书·贺知章传》载："开元十年，兵部尚书张说为丽正殿修书使，奏请知章及秘书员外监徐坚、监察御使赵冬曦皆入书院，同撰《六典》与文纂等。"《旧唐书·韦述传》载："中书令张说专集贤院事，引述为直学士，迁起居舍人，说重词学之士，述与张九龄、许景先、袁晖、赵冬曦、孙逖、王翰常游其门，赵冬曦兄冬日、弟知壁、居贞、安贞、颐贞等六人，述弟迪、迥、迓、迦、巡亦六人，并词学登科，说曰：'赵韦昆季，今之杞梓也。'"这便为盛唐文学提供了庞大的创作群体。

张说极为欣赏他提携过的诗人王湾的两句诗："海日生残夜，江春入旧年。"据殷璠《河岳英灵集》载：

> 湾词翰早著……游吴中作《江南意》诗云："海日生残夜，江春入旧年。"诗人已来，少有此句。张燕公手题政事堂，每示能文，令为楷式。

张说本人也曾写过跟王湾诗意相类似的诗句:"故岁今宵尽,新年明旦来。"这里可以看出,张说不仅对自然节候的转变表现出敏感,而且对时代转替、审美理想更替、美学史更迭表现出敏感。他感应时代,得风气之先,矗立在初唐、盛唐的交界点上,从而成为具有时代标志意义的人物。

第十二章　盛唐社会和美学精神

盛唐之"盛"可包容其在字典里的所有含义：丰茂、兴隆、盛大、充足、顶点。盛唐确实是中国政治、社会、文化、美学史上最富于魅力、最令人神往的黄金时代。

第一节　社会演变和美学

贞观二十三年（649），唐太宗李世民病殁，其第九子李治继位，是为唐高宗，翌年改元永徽。李治继承和发展了李世民的事业，出现了继"贞观之治"之后的"永徽之治"。而"则天革新"又有一系列的改革。武则天废中宗李显，到其晚年，宰相张柬之等人，杀武则天嬖臣张易之、张昌宗，迎唐中宗复位。而中宗皇后韦氏与武则天侄儿武三思私通，武氏势力膨胀，有夺唐天下之势。中宗太子李重俊矫诏调发羽林军杀死武三思及其党羽，受控于韦后、安乐公主的唐中宗，复又杀害李重俊。最后中宗又被韦后、安乐公主母女所害。中宗被害后，其侄李隆基与姑母太平公主合谋发兵杀死韦后及其党羽，立中宗李显之弟、李隆基之父李旦为帝，是为唐睿宗。李隆基虽为太子，但权力却集中在太平公主手中，姑侄间矛盾日趋尖锐，终于激化为李隆基赐死姑母太平公主，杀害其党羽。睿宗让位于李隆基，李隆基继位，改元先天，后又改元开元，是为唐玄宗，亦称唐明皇。频繁的宫廷政变至此遂告结束。经过不断推进、努力，唐代迎来了全盛时代。这是社会学意义的盛唐，也是文学、美学意义上的盛唐。

唐玄宗继位以后，采取了一系列巩固统治地位和秩序的措施。他继位时二十八岁，年轻有为，奋发图强。他曾以曹操的小名阿瞒自比，可见，他以曹操的雄才大略、文治武功为效法的楷模，是有所企待的。他任用了姚崇、宋璟等相才，同时，对当时支持他剪灭太平公主的功臣如郭震、王琚、刘幽求等人一一贬逐。《旧唐书·王琚传》载："或有上说于玄宗曰：'彼王琚、麻嗣宗谲诡纵横之士，可与履危，不可得志。天下已定，宜益求纯朴经术之士。'玄宗乃疏之。"《资治通鉴》卷二一一载："（开元二年二月）戊子，贬（刘）幽求为睦州刺史，绍京为果州刺史。紫微侍郎王琚行边军未还，亦坐（刘）幽求党贬泽州刺史。"就连张说也受到贬逐。《新唐书·姚崇传》载：

> 然资权谲。如为同州，张说以素憾，讽赵彦昭刻崇。及当国，说惧，潜诣岐王申款。崇它日朝，众趋出……曰："岐王陛下爱弟，张说辅臣，而密乘车出入王家，恐为所误，故忧之。"于是出说相州。

经过君民共同努力和积累，盛唐气象出现了。唐人沈既济说当时"家给户足，人无苦窳，四夷来同，海内晏然"①。《新唐书》卷五一写道："是时，海内富实，米斗之价钱十三，青、齐间斗才三钱。绢一匹钱二百。道路列肆，具酒食以待行人。店有驿驴，行千里不持尺兵。天下岁入之物，租钱二百余万缗，粟千九百八十余万斛，庸调绢七百四十万匹，绵百八十余万屯（绵六两为屯），布千三十五万余端。"唐人杜佑也有相似的描述："至（开元）十三年，封泰山，米斗至十三文，青、齐谷斗至五文……两京米斗不至二十文……绢一匹二百一十文。东至宋、汴，西至岐州，夹路列店肆，待客酒馔丰溢。每店皆有驴，赁客乘，倏忽数十里，谓之驿驴。南诣荆襄，北至太原、范阳，西至蜀川凉府，皆有店肆，以供商旅。远适数千里，不持寸刃。"②作为开天盛世见证者的元次山写道："开元天宝之中，耕者益力，四海之内，高山绝壑，耒耜亦满，人家粮储，皆及数岁，太仓委积，陈腐不可较量。"③杜甫在《忆昔》中也曾以无限眷恋的深情写道："忆昔开元全盛日，小邑犹藏万家室。稻米流脂粟米白，公私仓廪俱丰实。九州道路无豺

---

① 杜佑：《通典》卷一五。
② 杜佑：《通典》卷七。
③ 董诰：《全唐文》卷三八〇。

虎，远行不劳吉日出。齐纨鲁缟车班班，男耕女织不相失。"这样一种繁庶状况，无疑为盛唐文化的兴盛准备了社会土壤。社会环境在这里起到了哺育作用，蓬勃旺盛的社会氛围对一大批士子的进取、奋发形成了激发和召唤力量。社会无疑充满了青春的活力和生气，这样也使得整个盛唐文化富于同样的格调、情趣。盛唐美学的精神也就在这样的社会、文化土壤中孕育出来。

第二节 个性气质和美学

唐代随着国力的强盛，遂兴边事，除了太宗等时期的边疆战争外，玄宗时期亦是如此。开元年间，玄宗命郭知运等讨逐回纥的入侵。天宝十三载（754）有李宓进攻南诏事。唐代知识分子早就形成了"宁为百夫长，胜作一书生"的尚武意识，他们在边事日兴的社会环境中把效命疆场看作是自己理想的所在、价值的归宿。他们建功立业的雄心大志有了可以施展的天地。兵血交飞的战场被他们视为人生的舞台。唐人特别是盛唐人的理想不在闺房中，而在骏马上。他们又特别富于献身精神和效命意识，面对现实的情景，他们的理想得到了焕激。值得注意的是，唐人的尚武意识日趋成熟，唐代开国元勋李勣的一番话颇有代表性：

> 我年十二三时为亡赖贼，逢人则杀；十四五为难当贼，有所不惬则杀人；十七八为佳贼，临阵杀人；二十为大将，用兵以救人死。

这个阶段性的变化，十分逼真而又生动地体现了唐人的进步，也体现了唐代历史的发展。这时的唐人已不是起于草莽的寇贼与无赖了，而是怀抱一种历史责任感的救命人。这种转换，体现了唐人尚武精神的历史内涵。尚武精神孕生了唐代重要的审美实践成果——边塞诗。在边塞诗的深层次中又正包蕴着上述的历史内涵。

隐逸情调。仕与隐是中国文学的传统主题，但到唐代又有了新的内容和表现形式，出现了所谓的"终南捷径"。《新唐书·卢藏用传》说："司马承祯尝召至阙下，将还山，藏用指终南曰：'此中大有嘉处。'承祯徐曰：'以仆视之，仕宦之捷径耳。'"以隐求仕成为唐人的一条腾达捷径，如卢藏用本人擢升为左拾遗就是一个典型例证。又加之唐人更具有隐逸精神，这就使唐代隐逸之风大炽，便有王维之隐辋川，孟浩然之隐鹿门，储光羲之隐终南。作为文学审美一种样式的隐逸诗在唐代进一步得到发展。而隐逸行为又带来了山水、田园的审美发现和开发。唐人在隐逸过程中产生了大量的山水田园诗篇,其审美特征和审美内涵有新的发展和开拓。

清狂气质。杜甫《饮中八仙歌》写道:

> 知章骑马似乘船,眼花落井水底眠。汝阳三斗始朝天,道逢曲车口流涎,恨不移封向酒泉。左相日兴费万钱,饮如长鲸吸百川,衔杯乐圣称避贤。宗之潇洒美少年,举觞白眼望青天,皎如玉树临风前。苏晋长斋绣佛前,醉中往往爱逃禅。李白一斗诗百篇,长安市上酒家眠,天子呼来不上船,自称臣是酒中仙。张旭三杯草圣传,脱帽露顶王公前,挥毫落纸如云烟。焦遂五斗方卓然,高谈雄辩惊四筵。

这里所写的似乎是魏晋风度。的确,酒中八仙有着魏晋名士的影子,但其具体内涵和表现形式却有不同之处。虽然盛唐名士也饮酒,但跟魏晋名士有所区别。魏晋名士饮酒饮得昏天黑地,那是避祸的独特形式,包含内心的激愤和悲慨。而盛唐名士是清狂,是对现存秩序和一切高踞于别人之上的人物的藐视。杜甫《遣兴五首》(其四)云:"贺公雅吴语,在位常清狂。"《壮游》云:"放荡齐赵间,裘马颇清狂。"他们有一股意气,有一种狂劲和狂态。尤其是唐代禅宗盛行后,狂禅意识渗入名士之中,便使其表现和具体的内涵有了新的特点。

第三节　文化精神和美学

盛唐文化在尚武的一面之外还有尚文的一面。崇文的社会风习提高了盛唐人的文化品位,丰富了他们的文化素养。唐代本来是重视官吏治理才能的,这与唐王朝建立时期建立统治秩序和纲常的需要相关合,需要有一批治世之能人来实现这一目的。但到唐玄宗时代有所变化(唐玄宗初期尚如此,后来转为崇文),重视人才、官吏的文化素质。这与唐玄宗个人的文化素质有关系,他在书法、乐舞方面有很深的造诣。经过武则天到唐玄宗时代,科举取士制进一步得到发展,唐玄宗于天宝年间确定将诗赋作为进士考试的内容,这无疑表现出了对文学的重视和刺激,翰林院里就曾供奉过李白这样的大诗人。这些都说明唐玄宗时代对文学的重视。开天年间对文学的重视又是以张说为相作为标志的。他极度重视文学,他的一系列举措极大地提高了文学的地位。他擢升人才的重要标准是其文学才能,如王翰、张九龄等人便因之得到提拔。张说的儒雅风范和擢人的文学标准,使得当时富于文学才华的士人纷至沓来,促进了士人们在文学才能上的发展和提升,因而也从整体上促进了唐文化向书卷层面的发展和提升。

盛唐文化在权要者的推动下,理性精神也得到了发展。例如,《旧唐书·姚崇传》载,开元初发生蝗灾,朝中一些人反对灭蝗,姚崇挺身斥责这是"庸儒执文,不识通变"。唐玄宗行幸东都前,太庙出现房屋倒塌,朝中一些人力阻玄宗移行,但姚崇认为这纯属偶然巧合,只是"偶与行期相会,不是缘行乃崩",跟此行没有任何关系。由上可见,盛唐的文化精神显示了它的丰富、成熟和深刻。在这样的社会、文化环境中所焕发起来的盛唐人的精神显得意气风发、激情洋溢,如王维《少年行》:"新丰美酒斗十千,咸阳游侠多少年。相逢意气为君饮,系马高楼垂柳边。"这种使酒意气,"三杯吐然诺,五岳倒为轻"的形象正是盛唐少年游侠的形象,又正是盛唐人的青春形象。青春少年意气焕发,他们就有一种展翅云天的雄心大志。孟浩然《洗然弟竹亭》写道:"吾与二三子,平生结交深。俱怀鸿鹄志,共有鹡鸰心。"

整个盛唐社会蒸腾着热气、充满着希望,这才使整个盛唐美学活跃着青春活力。这个时期诗人们审美描述的是"大漠孤烟直,长河落日圆"的壮丽和"但使龙城飞将在,不教胡马度阴山"的豪迈。这正是盛唐的时代审美理想。在这样的社会环境、文化土壤、文化精神、审美理想中所孕育出的美学成果也就烙上了盛唐的鲜明印记。

第十三章　盛唐曙光

盛唐诗坛前期活跃着这样一批诗人：王湾、王翰、贺知章、张九龄等。这批人又恰恰是由张说提携起来的，张说之功于此可见。这批经过张说熏染过的诗人又共同迎来盛唐气象的曙光。

第一节　盛唐气象的感应

前述及王湾写过一首令张说赞赏的《次北固山下》，诗曰：

客路青山外，行舟绿水前。潮平两岸阔，风正一帆悬。海日生残夜，江春入旧年。乡书何处达，归雁洛阳边。

诗人扣住"次"——停泊在江苏镇江北固山下写江面景象。这条旅途从青山外远远伸出，而又从绿水前长长延展。"青山""绿水"相映生辉，而又联系着"次"。只有"次"，停靠在码头上，才会关心起这条旅途航线的来龙去脉；也只有"次"，才能展现江上的景象。"潮平两岸阔，风正一帆悬"，正因为潮水平平，不是波翻浪叠，才显得江面阔大，岸与水齐。在这样浩阔的江面上，诗人却别具匠心地只写了"一帆"。潮平江阔，何其大也；一叶风帆，又何其小也。大小形成了景象上的巨大反差，而这恰恰是诗的审美的高妙处。以小显大，更突出长江之浩浩。而"风正一帆悬"，顺风顺水，云帆高挂，疾驶远去，则又增强了深远感，更突出长江之悠悠。残夜将尽而未尽，诗人不说太阳破夜，而说夜生红日，实在独特。江风融融，诗人仿佛觉得江上的春意早在年前就已来到人间，审美体验又实在细微。明人胡应麟《诗薮》内编卷四把这两句诗表征为盛唐之气象。

> 盛唐句如"海日生残夜，江春入旧年"，中唐句如"风兼残雪起，河带断冰流"，晚唐句如"鸡声茅店月，人迹板桥霜"，皆形容景物，妙绝千古，而盛、中、晚界限了然。故知文章关气运，非人力。

胡应麟用这两句诗表征盛唐，是因为它所描述的意象正体现了盛唐的气象。太阳从残夜喷薄而出，融融春意冲破旧岁而来，这是诗人对新旧更替的时序充满喜悦的感应。这是一个富于希望、憧憬的景象，何等美丽，何等悦人！它正是告别残夜的那一抹晨曦霞光。

第二节 边塞诗风

盛唐初期边塞诗写得豪迈、飘逸的当数王翰《凉州词》：

> 葡萄美酒夜光杯，欲饮琵琶马上催。醉卧沙场君莫笑，古来征战几人回。

军中饮酒被写得十分地美，酒是美酒，杯是夜光杯，半透明体，当亦是美的。虽然诗句简单点示的仅仅是酒与杯，却给人以觥筹交错、灯红酒绿的繁闹感觉。当军中将士正欲畅饮时，琵琶急拨，催发上阵。"马上催"充分显示了边塞军营生活的特点。"醉卧沙场君莫笑"，以对他人语的形式来表达自己畅饮边塞、醉卧沙场的豪情。将士以醉酒的方式来表达自己守边、开疆，献身边防的一腔豪气。这是劝酒、劝导亦是自我情志的豪放显示。"古来征战几人回"，将士明明知道古今征战中，死伤极大，没有几人能全躯而回，但他们还是勇赴沙场。这种清醒态度的背后正有着视死如归的精神所在，是旷达的生死观的体现。"青山处处埋忠骨，何必马革裹尸还。"也正因为把生死置之度外，才会有如此的旷达。豪情与旷放作为这首诗的精神主题，又正凝聚了唐代边塞诗之基本精神。这又是盛唐精神的体现：豪气冲天、旷达放逸，建功立业的愿望超越了个人的生命，而且情绪外露，不加掩饰，绝无宋人的内敛和修饰。王翰的另一首《凉州词》写道："秦中花鸟已应阑，塞外风沙犹自寒。夜听胡笳折杨柳，教人意气忆长安。"虽不同于上一首诗的豪气，但它表现了边塞诗的另一种情感类型。"秦中花鸟"都已阑珊时，"塞外风沙"还是寒气袭人，于反差中见出塞外之凄寒，也为下两句从环境渲染上做了准备。寒夜边塞，辗转难眠，而忽然听到"胡笳折杨柳"，不禁使思乡之情油然而生，"教人意气忆长安"。情感的悲咽、苍凉又正成为边塞诗情感的另一面。

第三节 吴中诗派

《新唐书·包佶传》说，包融"与贺知章、张旭、张若虚有名当时，号吴中四士"。他们都出身于吴越一带，在审美特征上有某些相似之处。张若虚出身于扬州（今江苏扬州），早于其他三士，处于初唐到盛唐的转折时期。贺知章出身于越州永兴（今浙江萧山），包融出身于润州延陵（今江苏镇江丹阳），张旭出身于苏州吴县（今江苏苏州）。

吴中四士出生地的明显特点是水多，是典型的水文化区域。从地理文化学的视域看待问题，水的流动、清丽、秀美等特征，给予人审美素质的哺育以深刻作用，使得他们的审美感觉细腻、灵敏，对于山水相发的秀丽风光的审美感知特别富于兴趣，对于人生、宇宙的体验表现得新颖而细微。

张旭《山中留客》云：

> 山光物态弄春晖，莫为轻阴便拟归。纵使晴明无雨色，入云深处亦沾衣。

诗通过挽留客人巧妙地描绘出了山间春天的景色。句句劝客，又句句透现春景，其审美构思和传达手段极为精妙。"山光物态弄春晖"，沐浴在太阳光中的青山翠峦流光飞彩；山间的诸般物象在春光中怡然摆弄，一个"弄"字把山景物象浸沉在春光中的情态、情状表现得如画似绘，显示了生机、情状、动态，把山间诸物和春光的关系表现得生趣盎然，同时也透现出诗人的欣愉之情。张旭之后，于良史《春山夜月》："弄花香满衣。"张先《天仙子》："云破月来花弄影。"都很得张旭韵味。山间的天气变化无常，薄薄的春阴旋即笼罩山林。客人之所以"拟归"，是因为对山间的气候不熟悉、不了解，或许不适应。于是诗人劝解客人说："纵使晴明无雨色，入云深处亦沾衣。"语属平淡，但包含诗人深细的审美观察能力和体验能力。即使是在晴明的天气里，到了深山的团团云雾中也会沾湿衣衫，客人不必匆匆归去。说不定到了深山云雾中还会有更动人的景致哩。这样普通的自然常识，经过诗人的审美化，显示出动人的诗性化力量。诗人留客的方式别出心裁，不是用美酒佳肴以款待，也不是做简单的劝解挽留，而是用山间美景留友，而这种介绍又化为富于审美特征的风光描述，诗人的审美体验也随之得到体现。全诗先纵描满山春光，意在说明如此美好的风景岂可匆匆归去，既含挽留之意，又为下面的劝说做了准备。"轻阴"是"春晖"的变幻所致，显示画面状态、色彩变化，也显示结构的转折。"纵使"一句，先把语意退后一步，跟后着一"亦"字，形成新的转折。

作为唐代顶级书法家，张旭草书，挑、撇、勾、捺，无不圆活自如，他的诗审美亦得书法神韵。其《桃花溪》云：

> 隐隐飞桥隔野烟，石矶西畔问渔船。桃花尽日随流水，洞在青溪何处边？

空灵而流丽构成这首诗的审美特色。凌空飞架的桥梁隔着野外的烟气，隐隐约约，若明若暗。野烟的笼罩，飞桥的闪忽，诗境中自然呈现出绰约的朦胧美。全诗结穴在问句上："洞在青溪何处边？"发问而不作答，逗人遐想；诗的画面的朦胧在设问中显得更为空灵。诗人处处扣合水，切紧题旨。"飞桥"见出有水；"石矶""渔船"，是水中之物；"桃花尽日随流水"，则明点水流；结句亦着眼于水。全诗由写景进入问话，问而不答，在一个问句中收束。诗的审美形式颇为别致，在问话中推展结构，诗句明畅，真有桃花流水般的自如。诗意看似收束，设问又把意趣引向诗外，象外之象、味外之旨，增添了诗的容量。其审美技法、特征完全是盛唐风味。

包融写有《登翅头山题俨公石壁》诗，曰：

> 晨登翅头山，山暾黄雾起。却瞻迷向背，直下失城市。暾日衔东郊，朝光生邑里。扫除诸烟氛，照出众楼雉。青为洞庭山，白是太湖水。苍茫远郊树，倏忽不相似。万象以区别，森然共盈几。坐令开心胸，渐觉落尘滓。北岩千余仞，结庐谁家子。愿陪中峰游，朝暮白云里。

这首诗完全以吴中山水——太湖山水为审美对象，登山瞻望，富于层次感地描述了晨雾渐退的过程，从而展现出太湖山水的迷人风采。在"山暾黄雾起"的环境中，迷失"向背"，"直下"而望，"城市"在雾气中也迷失了。随后画面一转，出现新的层次。太阳出来了，阳光普照"邑里"，顷刻间"扫除诸烟氛，照出众楼雉"，诸般景物、景象纷纷呈现出原有的面貌，色彩分明，气象开阔，"青为洞庭山，白是太湖水。苍茫远郊树，倏忽不相似"。面对如此舒展多姿的景象，诗人"坐令开心胸，渐觉落尘滓"，灵魂得到净化。

六朝就存在大量咏物诗，但往往囿于对对象做实在性或面面俱到的描述，缺少神韵，而盛唐诗则是略貌取神，使咏物诗的审美韵味溢出纸面。贺知章的《咏柳》是一首典型的咏物诗，用六朝旧诗题和描述对象（例如吴均有《咏柳》："秋霜常振叶，春露讵濡根。朝作离蝉宇，暮成宿鸟园。"），但贺知章却别开生面。诗云："碧玉妆成一树高，万条垂下绿丝绦。不知细叶谁裁出，二月春风似剪刀。"诗人首先把柳树比喻为小家碧玉，反过头来将这个经过比喻了的美女形象形容成"一树高"，然后继续对美女形象加以描述，写其垂下的裙裾："万条垂下绿丝绦。""万条"之茂密，"绿"色之鲜丽，"垂下"之绰约，更显得楚楚动人、仪态万方。诗人接着故设一个疑问："不知细叶谁裁出"，跟后是一个绝妙好句："二月春风似剪刀"。以物拟物，春风似剪刀，随心裁剪出万千细叶。比喻颖脱，别出心裁，富于审美的智慧和机巧。同时，"二月春风似剪刀"，也是对二月春风料峭、尖厉特征的一种体验。诗人在诗中所表现出来的审美智慧和机巧，正体现了吴中人的文化、审美素质特点。

天宝三载（744），八十六岁的贺知章辞官还乡，诗人此时已是垂垂老矣。玄宗"遣左右相以下祖别于长乐坡，帝赋诗赠之"，可以说是备受殊荣，衣锦荣归了。他回到山明水秀的越中故乡，写有《回乡偶书二首》（其一）曰：

> 少小离家老大回，乡音无改鬓毛衰。儿童相见不相识，笑问客从何处来。

这首诗可以说是老少妇孺皆知了，它不需要做文字诠解，亦无典故寻绎，它表现出极端通俗化的语体特征，却最生动而又最深刻地传达出了人类所共有的乡情这一情感主题。诗人以"离"与"回"作为诗的结构和情感框架，形成了三组对称性的描述："少小"与"老大"，"乡音未改"与"鬓毛"疏落，"相见"与"不相识"。离乡越是长久，乡音越是未改，儿童越是不识，就越是反衬出诗人的乡情之浓、之挚，也越是传达出"笑问客从何处来"的稚趣盎然。这是对乡情这一情感主题的最独特而又最深切的体验。

"其二"曰:

> 离别家乡岁月多,近来人事半消磨。唯有门前镜湖水,春风不改旧时波。

正因为离别家乡岁月长久,才会出现人事日非的状况。此为"变",是因时间而产生的变,但也有"不变",是空间不变——"唯有门前镜湖水,春风不改旧时波"。"变",人事凋零、故友谢世,诗人不禁感慨万千、感伤不已;"不变",镜湖春波,不改旧时,而这种空间的不变反转过来又增添了诗人的伤感。空间常在而人事却在时间中消磨,时空对抗逼发出诗人回乡后的无限伤情。对此,诗人写得十分伤感和美丽。两首诗之间情感主题也有对比,一者欢悦,一者伤感。刚刚踏进故乡热土,出现瞬间欣愉,而在回到家乡安顿下来了解到岁月悠长中的人事变化后,诗人不禁怅然满怀。在诗中,诗人对回乡后的情感变化做了深切的体验和感人的审美化描述。

有一个很有意味的现象:一代名相、文宗张说曾大力提携贺知章,开元十年(722),由张说荐引,贺知章入丽正殿修书。而贺知章成为太子宾客后又接引了李白。天宝元年(742)李白应诏赴长安,以诗投刺贺知章,贺读到《蜀道难》时极表赞赏:"子谪仙人也!"当即解下所佩金龟换酒,宴请李白,"金龟换酒"遂成为盛唐以至整个中国诗坛的佳话。张说到贺知章再到李白,盛唐诗坛上出现了传递性现象。

值得注意的是,"吴中四士"表现出鲜明的个性特征。张旭"每大醉,呼叫狂走,乃下笔,或以头濡墨而书,既醒自视,以为神,不可复得也,世呼张颠"[1]。李颀《赠张旭》对张旭的癫狂做了活灵活现的描述:"张公性嗜酒,豁达无所营。皓首穷草隶,时称太湖精。露顶据胡床,长叫三五声。兴来洒素壁,挥笔如流星。下舍风萧条,寒草满户庭。问家何所有?生事如浮萍。左手持蟹螯,右手执丹经。瞪目视霄汉,不知醉与醒……微禄心不屑,放神于八纮。时人不识者,即是安期生。"他又是"饮中八仙"中之一仙。贺知章"醉后属词,动成卷轴,文不加点,咸有可观,又善草隶书,好事者供其笺翰,每纸不过数十字,共传宝之"[2]。他自号"四明狂客"。《宣和书谱》卷十八言其醉中书"及于怪逸,尤见真率",其书被权德舆《秘阁五绝图贺监草书赞》称之为"酒仙逸态,草圣绝迹"。杜甫《遣兴五

---

[1] 欧阳修、宋祁:《新唐书·张旭传》。
[2] 刘昫:《旧唐书·贺知章传》。

首》（其四）说："贺公雅吴语，在位常清狂。"他也是"饮中八仙"中的一个角儿。"吴中四士"带有吴越名士（上溯则是六朝名士）的鲜明特征。这样，他们也就在盛唐诗坛上保留并显示了自己的位置和存在。在讲个性、讲性格的盛唐，"吴中四士"确实以其个性、性格显示其峥嵘头角。

富于鲜明棱角的个性，富于清新美感的特征，使得"吴中四士"的文学审美具有典型的南方美学风调。这无疑是对于盛唐美学的丰富和补充。自隋统一中国后，延及唐代，文化、文学、美学出现北移，北方文化、文学、美学成为人们注意、欣赏、谈论的对象，南方文化、文学、美学相应受到冷遇。这与隋代以来的抑制有关，在清算六朝文化、文学、美学的过程中，南方文化、文学、美学所具有的轻盈、美丽，没有得到应有的重视。"吴中四士"崛起，他们的美学风格于流丽中情趣盎然、理思深邃，张若虚的《春江花月夜》就是一个典型例证。他们吸收了江南既有的美学风味，丰富自己的审美创作。虽然贺知章的《采莲曲》改造了五言而用七言体，但其格调却有着这一由梁武帝萧衍创制经陈、隋、初唐众多诗人的演制所形成的特征。请看其诗："稽山云雾郁嵯峨，镜水无风也自波。莫言春度芳菲尽，别有中流采芰荷。"那风景、那情思、那韵致，全是江南风味。"吴中四士"的出现是向江南文化、文学、美学的回归与超越，是盛唐人才有的有容乃大的审美态度的反映和体现，也恰恰因为有这样的审美态度，才孕生了"吴中四士"的审美成就。"吴中四士"的清狂个性，他们的灵智和飘逸，透进了诗审美中，带来了诗的空灵、放逸，奇思四溢。张旭《清溪泛舟》写道："旅人倚征棹，薄暮起劳歌。笑揽清溪月，清辉不厌多。"其浪漫情调实在是下启李白《宣州谢朓楼饯别校书叔云》的"俱怀逸兴壮思飞，欲上青天览明月"。"吴中四士"以其南方美学的鲜明特征与北方美学相映生辉，从总体上构合着盛唐美学。

第四节　岭南诗人

盛唐诗美的领域犹如国之疆土一样得到空前的开拓。诗坛上冉冉升起僻在岭南的诗星张九龄。张九龄为张说所擢拔。张说在广州与其相识时，即至为赏识。张说入朝为相，擢张九龄为通事舍人，称赞说："后来词人称首也。"张说对张九龄带有非常明显的提携之意，而张九龄也十分感激张说的知遇之恩，与张说共进退。

前面谈及"吴中四士"的贺知章时，描述了张说到贺知章再到李白的提携现象，这里则出现了张说到张九龄再到王维、孟浩然等的提携现象。这种现象多次出现，原点是张说，可以进一步看出他在盛唐举足轻重的地位，同时也可以找出盛唐诗美学繁荣的另一层原因：互相提携，不断出现串联式的带动现象，没有妒忌，不含私利。这正是盛唐人的襟怀和心态，也正因为如此才促使了盛唐诗美学的繁荣和发展。《新唐书·文艺传》载，王维"坐累为济州司仓参军"后，"张九龄执政"，便"擢右拾遗，历监察御史"。据《旧唐书·文苑传》，孟浩然"应进士不第，还襄阳，张九龄镇荆州，署为从事"。张九龄能以庶族之身入阁拜相，其本身就反映了唐代不拘一格选用人才、广开才路的现象。这是唐代之所以俊才云蒸霞蔚的重要原因。

就张九龄这一个体而言，他在心理的深层次上，却对自己没有显赫的祖荫而自惭形秽。他说："臣实单人，本无大用。"[1]他从来没有从寒微到富贵的艰辛努力所生发的自豪感，反而如影随形地有种卑下感，他反复地说："平生本单绪，邂逅承优秩。"[2]这阴影始终没有从他的心中拂去，这是他作为从寒贱而"阔"起来的人的心态表现。没有"官二代"的背景，缺乏盘根错节的硬关系，因此他在官场上总是如履薄冰、如捋虎尾，担心"一跌不自保，万全焉可寻"[3]。他活得够累的了。其诗《出为豫章郡途次庐山东岩下》写道："纷吾婴世网，数载忝朝簪。孤根自靡托，量力况不任。多谢周身防，常恐横议侵。岂非鹓鸿列，惕如泉蜇临。"然而他不是阿世者，不逢迎，正道直行。"平生去外饰，直道如不羁"[4]，奉行"道行无贱贫"的人生哲学和行为准则。这样，他当然会受到口蜜腹剑的李林甫的打击和排挤，终被罢相贬职。然而，也正因此张九龄获得了令誉。他的咏物诗《归燕》就是借物言其志之作：

> 海燕虽微眇，乘春亦暂来。岂知泥滓贱，只见玉堂开。绣户时双入，华堂日几回。无心与物竞，鹰隼莫相猜。

---

[1] 张九龄：《让起复中书侍郎同平章事表》。
[2] 张九龄：《登郡城南楼》。
[3] 张九龄：《始兴南山下有林泉尝卜居焉荆州卧病有怀此地》。
[4] 张九龄：《在郡秋怀二首》。

题为咏燕，实为咏人，是诗人自身的写照，借对象表达自己的感受。燕的处境和归宿的愿望则完全成为诗人自身的对象化。燕对鹰隼的表白，实为诗人对李林甫的表白。燕之"微眇"，实为隐喻自己的贫微，只是"乘春"而来，随季节而来，当然就是暂时的了。只是因为"玉堂"大开，才会不知"泥滓"之贱而进入。它只知在"绣户""华堂"中出入，衔泥筑巢，辛勤劳作，别无他意。"无心与物竞"，因此敬奉"鹰隼莫相猜"。在审美方式上，这首诗显然是寄兴之作，有骚体风味。刘禹锡《吊张曲江引》说，张九龄的诗"有拘囚之思，托讽禽鸟，寄词草树，郁郁然与骚人同风"。

张九龄诗的审美特征舒展自如，内蕴阔朗的襟怀和气度。《湖口望庐山瀑布水》："万丈红泉落，迢迢半紫氛。奔飞下杂树，洒落出重云。日照虹霓似，天清风雨闻，灵山多秀色，空水共氤氲。"诗人所描述的是庐山瀑布在日光照射下的景象，故首联中有"红泉""紫氛"，色彩极为华丽艳美。诗人又衬之以高度："万丈""迢迢"，这便有了气势，万丈红泉从天而落，气势中有着艳丽的色彩，则有了境界。瀑布飞泻，或从杂树丛中奔流而下，或穿过重重云霞倾泻而来。或似虹霓高挂，炫人眼目；或是天朗气清中有风雨骤至。诗人多视角地描述了庐山的美姿，气象万千、气韵生动。诗人是从"灵山多秀色，空水共氤氲"——灵山孕秀、天地氤氲化合的角度体认对象的，因而景象的描绘显得分外雄奇飘忽。

在言情方面，张九龄的诗表现得蕴藉挚婉，如著名的《望月怀远》：

海上生明月，天涯共此时。情人怨遥夜，竟夕起相思。灭烛怜光满，披衣觉露滋。不堪盈手赠，还寝梦佳期。

中国诗歌评点对六朝以来一些诗的名句表现出特别的欣赏和推崇。如谢灵运"池塘生春草"，鲍照"明月照积雪"，谢朓"大江流日夜"，张九龄《感遇》（其四）的"孤鸿海上来"，及这首诗的"海上生明月"。这些诗的语言表达形式都至为简单，所描述的都是人所共知的景象，但是，诗人们的成就恰恰是完成了人人眼中有而笔下无的审美难题，将它们用最简朴、质实的语言表达出来。诗的审美要发人所未发，同时也要表达人们想表达而又表达不出的东西。体认对象而又表现对象，是诗人的审美能力，是诗的一种审美功能。而这些平淡无奇，仿佛不经意脱口而出，不涂饰随意而抹的诗句又内蕴深厚含义。"海上生明月"的清幽月景，又有某种情感的蕴蓄，而"天涯共此时"，诗人所要表达的相思情思于一个共同的时空域中隐隐透出，显得十分蕴藉和深情。白居易的"共看明月应垂泪，一夜乡心五处同"[1]，就把这种"天涯共此时"所内蕴的情思明朗化了。随后，诗人的情思渐次加浓。在"遥夜"中情思缠绵，在"竟夕"中相思不断。长夜难眠，只得更烛披衣，在庭院中徜徉，不知不觉露水沾湿了衣衫。满手的月光无法赠送给远方的情人，还是去睡吧，在梦中去实现两情的"佳期"。这首诗在审美上温婉隽永，深挚幽美，有情感的魅力。杜甫《八哀诗》称张九龄"诗罢地有余，篇终语清省"，赞其诗有余韵，篇末诗语分外清省，而这首《望月怀远》就是如此。

最能代表张九龄诗美成就的是组诗《感遇十二首》。"其一"写道：

兰叶春葳蕤，桂华秋皎洁。欣欣此生意，自尔为佳节。谁知林栖者，闻风坐相悦。草木有本心，何求美人折。

据《旧唐书·张九龄传》，张九龄因反对李林甫荐引牛仙客知政事，触怒唐玄宗，贬为荆州刺史。组诗《感遇十二首》写于此期间。组诗继承了我国诗美学的兴寄传统，别有所托，寄慨遥深。《感遇十二首》（其一）用春兰、秋桂作为兴寄对象，就是直接因承于屈骚。《九歌·礼魂》有句"春兰兮秋菊，长无绝兮终古"。春兰繁茂、秋桂皎洁，欣欣向荣，它们引来了隐士们的欣赏和爱悦，而兰、桂自有"本心"，不为所媚，不被所折，可见其品之高、其质之洁。沈德潜《唐诗别裁集》评道："想见君子立品，即昌黎'不采而佩，于兰何伤'意。""其四"写道：

孤鸿海上来，池潢不敢顾。侧见双翠鸟，巢在三珠树。矫矫珍木巅，得无金丸惧？美服患人指，高明逼神恶。今我游冥冥，弋者何所慕。

历经大海狂风骤浪的孤鸿，却连小小的护城河也不敢光顾。这是诗人自况，是其忧惧心理的反映。它看到双翠鸟筑巢在神话中华贵的三珠树上，也只能"侧见"，不敢正视，而它本身是孤身单影，也隐喻诗人与李林甫、牛仙客的不同位势，一者寒单寥落，一者势焰熏天。然而，诗人也清醒地看到："矫矫珍木巅，得无金丸惧？美服患人指，高明逼神恶。"诗人冷眼旁观，微含讥讽，而自己却高蹈超越，"今我游冥冥，弋者何所慕"，摆脱了世俗纷争，也免除了危机。"其七"云：

江南有丹橘，经冬犹绿林。岂伊地气暖，自有岁寒心。可以

---

[1] 白居易：《望月有感》。

> 荐嘉客，奈何阻重深。运命唯所遇，循环不可寻。徒言树桃李，此木岂无阴？

屈原写有著名的《橘颂》，起首曰："后皇嘉树，橘徕服兮。受命不迁，生南国兮。"咏橘之高洁、挺拔、坚韧，实为咏人之品格、气质、意志，因此，在美学上，橘与人就构成了异质同构之关系，橘是人的品格的对象化。张九龄就是根据传统的审美意象"橘"所要表达的意味，写下这首诗的，当然诗中有诗人自身的精神写照和寄托。"其十"曰：

> 汉上有游女，求思安可得？袖中一札书，欲寄双飞翼。冥冥愁不见，耿耿徒缄忆。紫兰秀空溪，皓露夺幽色。馨香岁欲晚，感叹情何极？白云在南山，日暮长太息。

诗人借"求思"汉女表达对君王的忧思，其审美的手法仍是传统的。诗人要借飞鸟寄书，却不见飞鸟，只得把思情默记不言。诗人仍以幽兰自比，感叹不已。对于"白云在南山"，奸佞干扰君王，年衰的诗人只能报以叹息。他的赋文《荔枝赋并序》也运用了同样的审美手法。赋云：

> 南海郡出荔枝焉，每至季夏，其实乃熟，状甚瑰诡，味特甘滋，百果之中，无一可比。余往在西掖，尝盛称之，诸公莫之知，固未之信。唯舍人彭城刘侯，弱年累迁，经于南海，一闻斯谈，倍复嘉叹，以为甘美之极也。又谓龙眼凡果，而与荔枝齐名；魏文帝方引蒲桃及龙眼相比，是时二方不通，传闻之大谬也。每相顾闲议，欲为赋述，而世务卒卒，此志莫就。及理郡暇日，追叙往心。夫物以不知而轻，味以无比而疑，远不可验，终然永屈。况士有未效之用，而身在无誉之间，苟无深知，与彼亦何以异也？因道扬其实，遂作此赋。
>
> 果之美者，厥有荔枝。虽受气于震方，实禀精于火离。乃作酸于此裔，爰负阳以从宜。蒙休和之所播，涉寒暑而非亏。下合围以擢本，傍荫亩而抱规。紫纹绀理，黛叶缃枝，蓊郁霮䨴，环合棽丽。如盖之张，如帷之垂，云烟沃若，孔翠于斯。灵根所盘，不高不卑，陋下泽之沮洳，恶层崖之崥巇。彼前志之或妄，何侧生之见疵？
>
> 尔其勾芒在辰，凯风入律，肇气含滋，芬敷谧溢。绿穗靡靡，青英苾苾，不丰其华，但甘其实。如有意乎敦本，故微文而妙质。蒂药房耐攒萃，皮龙鳞以骈比，肤玉英而含津，色江萍以吐日。朱苞剖，

明珰出，炯然数寸，犹不可匹。未玉齿而殆销，虽琼浆而可轶。彼众味之有五，此甘滋之不一。伊醇淑之无算，非精言之能悉。闻者欢而竦企，见者讶而惊伫。心恚可以蠲忿，口爽可以忘疾。且欲神于醴露，何比数于甘橘。援蒲桃而见拟，亦古人之深失。

若乃华轩洞开，嘉宾四会，时当燠煜，客或烦愦，而斯果在焉，莫不心侈而体泰。信雕盘之仙液，实玳筵之绮缋。有终食于累百，愈益气而理内。故无厌于所甘，虽不贪而必爱。沉李美而莫取，浮瓜甘而自退。岂一座之所荣，冠四时而为最。

夫其贵可以荐宗庙，其珍可以羞王公。亭十里而莫致，门九重兮曷通。山五峤兮白云，江千里兮青枫。何斯美之独远，嗟尔命之不逢。每被销于凡口，罕获知于贵躬。柿何称于梁侯，梨何幸乎张公？亦因人之所遇，孰能辨乎其中哉？

诗人淋漓尽致、铺张扬厉地描述了荔枝从树到果的秀、美，而诗人之本意不是做宣传广告，不是做荔枝本身之刻画，他是借荔枝表达自己的感受。借荔枝之秀、美，为其鸣不平。如此之荔枝只能充凡夫俗子之口腹，确是蒙受了巨大委屈。于是，对荔枝之描述愈加充分，其不平之意便愈加强烈。诗人所深感不平的是"何斯美之独远，嗟尔命之不逢"，它"每被销于凡口，罕获知于贵躬"。诗人的这种描述意象，其内涵意向是不言自明的，是借荔枝以写人，为荔枝鸣不平实是为人鸣不平，成为自己身世遭际的对象性写照。它与上引《感遇十二首》（其七）"江南有丹橘……可以荐嘉客，奈何阻重深"，在审美上是同一种方法，虽然语言形式一者为诗、一者为赋。

综上所述，可以看出，张九龄在审美总体路数上，承继了屈骚托物言志、抒情的审美传统。张九龄《陪王司马宴王少府东阁序》曾表述过这样的审美见解："至若《诗》有怨刺之作，《骚》有愁思之文。求之微言，匪云大雅。"张九龄在审美创作实践中正是表现了风雅美学特征，温文尔雅、怨而不怒，虽然心中有无限怨愤却表现得甚为曲折婉转，不怒不跳，内含蕴藉，别有所托。其审美总特征正是"兴寄"一路。在唐代，张九龄的审美又正是继承了陈子昂。陈子昂有《感遇》组诗，张九龄也照用原题。陈子昂组诗所要表达的内容较为庞杂，张九龄组诗则比较集中，主题上的士不遇感较为突出。陈子昂开辟了唐诗美学的新路——"兴寄"，以其审美创作实践显示其地位，张九龄则承传并有所发展、突破。后来李白有《古风五十九首》，说道："大雅久不作，吾衰竟谁陈。"在这条风雅之路上进一步前行，并有许多拓展和突破。因此，张九龄便成为唐诗风雅美学之路上陈子昂与李白之间的中介人物。

第五节　盛唐气象曙光

对于丽日中天、繁花似锦的盛唐气象，这个时期的诗人已做出了感应。他们迎来并描绘出盛唐气象的曙光，盛唐在这里出现了美的雏形。他们对"江春入旧年"的时序感应，确实体现了社会史、美学史时代的感应，自此以后，霞铺东方渐成五彩竞放了，各种题材的诗歌相继出现了。特别是吴中诗派的崛起，在永嘉以后的中国美学史上具有重要意义。吴中诗派体现出了江南文化、文学、美学的根本特征。

司马迁《史记·货殖列传》描述江南的状况是："地广人稀，饭稻羹鱼，或火耕而水耨，果隋蠃蛤，不待贾而足，地势饶食，无饥馑之患，以故呰窳偷生，无积聚而多贫。是故江淮以南，无冻饿之人，亦无千金之家。"以后随着经济、社会的发展，江南的状况有较大改观。就文化、文学、美学而言，正如唐长孺《读〈抱朴子〉推论南北学风的异同》所说："一到晋室东迁，以洛阳为中心的中原文化便移到建康，改变了江南所固有的较保守的文化、风俗等等。因此我们可以说，东晋以后所谓江南的风尚有一部分实际上乃是发源于洛阳而以侨人为代表，并非江南所固有。"永嘉南渡给江南文化、文学、美学注入了新的生机。刘槃《成化记》写道："永嘉以后，衣冠避难，多萃江左，文艺儒术，于今为盛，盖因颜、谢、徐、庾之风焉。"自此，南北文化就形成互相对峙、比美的现象。《世说新语·文学》载："褚季野语孙安国云：'北人学问渊综广博。'孙答曰：'南人学问清通简要。'支道林闻之曰：'圣贤固所忘言，自中人以还，北人看书如显处视月，南人学问如牖中窥日。'"《隋书·儒林传序》说："南人约简，得其英华；北学深芜，穷其枝叶。"《北史·文苑传》说："江左宫商发越，贵于清绮；河朔词义贞刚，重乎气质。"近代以来，学者们更重视从地理文化学的观点分析比较南北文化、文学、美学之不同及其产生的原因。梁启超《中国地理大势论》说："自唐以前，于诗于文于赋，皆南北各为家数。长城饮马,河梁携手,北人之气概也;江南草长,洞庭始波,南人之情怀也。散文之长江大河一泻千里者,北人为优;骈文之镂云刻月善移我情者,南人为优。盖文章根于性灵,其受四围社会影响特甚焉。自后世交通益盛,文人墨客,大率足迹走天下,其界也浸微矣。"王国维《屈子文学之精神》说:"南人想象力之伟大丰富,胜于北人远甚。彼等巧于比类,而善于滑稽。故言大则有若北溟之鱼,语小则有若蜗角之国;语久则大椿冥灵,语短则蟪蛄朝菌;至于襄城之野,七圣皆迷;汾水之阳,四子独往。此种想像,绝不能于北方文学中发现之。"刘师培《南北文学不同论》说:"北方之地,土厚水深,民生其间,多尚实际。南方之地,水势浩洋,民生之际,多尚虚无。民崇实际,故所著之文,不外记事、析理二端。民尚虚无,故所著之文,或为言志、抒情之体。"南北朝时期实现了南北文化、文学、美学的对峙、对等、比美的格局。随着南朝灭亡,政治中心北移,隋代、初唐的北方文化意识和统治需要对南方文化的压抑,使得南方文化、文学、美学处于受冷落的地位。河汾之学、河朔文化、河洛美学压倒了南方,然而没有南方文化、文学、美学,整个中国的文化、文学、美学是不完备也是不完美的,会缺少它那与山水自然同时并生的清秀和美丽,会缺少那道优美的风景线,会缺少美学上的精致和玲珑。"吴中四士"的出现具有时代性的美学史意义。吴越美学与河洛美学因之相映生辉。

张九龄给诗美学带去了岭南风味,从《荔枝赋》中可以看到,张九龄是如何为长安城中士人打开岭南景象的生活扇面的。他更从陈子昂手中接过了"风雅"的美学接力棒,并传递下去。

虽是雏形,却是一切均已具备;已是骨朵满树,定会繁花竞放。青春意气,边塞豪情,江山清丽,兴寄风雅……终于汇拢起来,形成拍天浪涛,一幅更为迷人的景象出现了。

第十四章　王维

　　王维诗有着极高的审美成就，表现出多种特征。王维不是简单地描述对象，或是满足于把对象用诗的语言形式加以传载。他有着极高的天赋，有着极深的素养。在中国诗美学史上，能把对象彻底审美化的只有包括王维在内的极少数几个人。他善于把艺术的各个门类加以转化和融合，为诗美注入别种艺术的成分和生机。在审美过程中，与其说他是用文学家的眼光，毋宁说是用艺术家的视域体认对象。这样，他的文学作品才会氤氲盎然的艺术之气。

　　元代刘因写过一篇《辋川图记》，对王维被安禄山叛军俘获后任伪职一事不加宽恕，称他是"能诗能画、背主事贼"之辈。刘因认为："使其移绘一水一石一草一木之精致，而思所以文其身，则亦不至于陷贼而不死，苟免而不耻，其紊乱错逆如是之甚也！"他无限感慨地说："呜呼！人之大节一亏，百事涂地。"在中国美学评价传统中是把人品和文品联系起来的，人品不高，则文品不取。但是，审美有其独特而独立的规范、特征和要求，在对对象审美时，主体所凭因的是审美心态、审美视域，并不与人品有过分直接或密切的联系。审美成果，有独立的形成机制，因此，审美评价也就有独立的标准。不应因人而废言，这是对王维进行美学史评价时所需要明确的。

第一节　人生历程与审美历程

　　王维人生历程复杂多变，而这种人生历程又与审美历程紧密相连。人生经历影响生活状态和审美心态，遂致影响审美形态和美学风格，也就呈阶段性特征。王维字摩诘，生于武后长安元年（701），卒于肃宗上元二年（761），经历了整个开元盛世。王维早慧，九岁知属辞，十五岁时作《题友人云母障子诗》《过秦王墓诗》，十六岁时作《洛阳女儿行》。他年轻时作著名的《九月九日忆山东兄弟》：

> 独在异乡为异客，每逢佳节倍思亲。遥知兄弟登高处，遍插茱萸少一人。

王维系河东人，在华山之东，故称山东。开元七年（719）赴京兆府试，第一次离开家乡，思念之情遂凝为这首千古绝唱。首句仅七字，却出现"独"字一处、"异"字两处，着力强调孤独感。在异土他乡，成为异客离人，又是独身一人，茕茕孑立，强调"独""异"的处境特征，则为下一句油然而生的思亲之情做了铺垫和准备。"每逢佳节倍思亲"，"倍"字言其平日已时时缠绕着的思亲之情，于"佳节"则尤加深隽，"每"字更显示诗人逢节必思，每每如此。"每"乃泛指，贴切的是"九月九日"的特指。诗人所思念的是九月九日重阳登高插茱萸这一特定的过节民俗。《风土记》云："俗尚九月九日，谓为上九。茱萸至此日，气烈熟色赤，可折其房以插头，云避恶气御冬。"他远在异土他乡，"遥知兄弟登高处"，深深地知道，也确切地知道：兄弟登高，正是他思念家乡之内容，也是他思念挚切之显示。"遍插茱萸少一人"，这"一人"正是诗人自己。诗人的审美手法别开生面，反客为主，不言自己思念山东兄弟，而言山东兄弟思念自己。以设身处地的心理设定方法设想山东兄弟为缺己"一人"未能回乡佩茱萸而深觉遗憾，遂使审美上显示出新颖、警策。这首诗体验出人之所共有的情感范型，可又用颖脱、反常的审美手法加以表达。这是它能千古不衰的原因所在。而它正出自于一位十多岁的年轻人之手，身未脱稚气，而审美却早已成熟。王维十九岁作《桃源行》《李陵咏》等，是年中第一名解头。

《唐诗纪事》引《集异记》说："（王）维未冠，文章得名，妙能琵琶。春之一日，岐王引至公主第，使为伶人，进主前。一进新曲，号《郁轮袍》，并出所为文。主大奇之，令宫婢传教，遂召试官至第，谕之作解头登第。"二十一岁举进士，时作有《燕支行》：

> 汉家大将才且雄，来时谒帝明光宫。万乘亲推双阙下，千官出饯五陵东。誓辞甲第金门里，身作长城玉塞中。卫霍才堪一骑将，朝廷不数贰师功。赵魏燕韩多劲卒，关西侠少何咆勃。报仇只是闻

尝胆，饮酒不曾妨刮骨。画戟雕戈白日寒，连旗大旆黄尘没。叠鼓遥翻瀚海波，鸣笳乱动天山月。麒麟锦带佩吴钩，飒沓青骊跃紫骝。拔剑已断天骄臂，归鞍共饮月支头。汉兵大呼一当百，虏骑相看哭且愁。教战虽令赴汤火，终知上将先伐谋。

诗人对战争场面的描述极有声势，骏马奔驰，画戟耀日，战鼓频奏，胡笳劲吹，"才且雄"的"汉家大将"建不世之奇功。这些描述实为诗人心理、意愿的对象化写照和寄托。同时期，他写有《老将行》，诗曰：

少年十五二十时，步行夺得胡马骑。射杀山中白额虎，肯数邺下黄须儿。一身转战三千里，一剑曾当百万师。汉兵奋迅如霹雳，虏骑崩腾畏蒺藜。卫青不败自天幸，李广无功缘数奇。

这位老将年轻时着实威风过一阵，以步武夺取匈奴的马骑，像李广一样射杀山中最凶猛的白额虎，又像英勇善战的邺下骁将曹操的儿子曹彰（绰号黄须儿）。"一身转战三千里"，不辞辛劳，英勇献身；"一剑曾当百万师"，功勋不凡，军中栋梁。率领"汉兵奋迅如霹雳"，有雷霆万钧之势，使得"虏骑崩腾畏蒺藜"。由此可见，这位战将功可盖世。但其命运多舛，像李广那样"数奇"，而不像卫青那样屡得"天幸"，暗含诗人对老将命运的不平之意。诗接着写道：

自从弃置便衰朽，世事蹉跎成白首。昔时飞箭无全目，今日垂杨生左肘。路傍时卖故侯瓜，门前学种先生柳。苍茫古木连穷巷，寥落寒山对虚牖。誓令疏勒出飞泉，不似颍川空使酒。

自从被遗弃以后，老将便迅速衰朽了，在岁月蹉跎中白发苍苍。过去虽有后羿射箭无全目之本领，今天却因久不用武，致使左肘生起瘤子。他就像秦破后沦为布衣卖瓜的东陵侯召平，又像耕作的五柳先生陶渊明。他的居所是布满苍茫古木的穷巷，窗户所面对的是寥落的寒山。他虽处于困境之中却不颓废沉沦，而是跃跃欲试，以东汉名将耿恭为榜样，在匈奴疏勒城水断源后，与将士生死相依，终于获得胜利。他不以西汉颍川人灌夫为楷模，使酒骂座。诗接着写道：

贺兰山下阵如云，羽檄交驰日夕闻。节使三河募年少，诏书五道出将军。试拂铁衣如雪色，聊持宝剑动星文。愿得燕弓射天将，耻令越甲鸣吾君。莫嫌旧日云中守，犹堪一战取功勋。

贺兰山下战事正急，羽檄交驰，日夜不断。河南、河内、河东的青年纷纷应召，将军们也相继受诏出征。在此形势下，这名老将也披挂准备上阵，把铁甲擦得雪亮，并开始练起武功。他的雄心壮志被勃然激发起来，要用燕地所产强弓射杀"天将"，发誓不让"吾君"受到惊吓。最后以云中太守魏尚自喻，一旦复职定能"一战取功勋"。全诗大量用典，今昔对比，有昔日之威风，有后来之沦落，复有今日重整雄风，写得壮怀激烈。

王维还写有《少年行》组诗，"其一"云：

新丰美酒斗十千，咸阳游侠多少年。相逢意气为君饮，系马高楼垂柳边。

这首组诗是盛唐少年游侠精神的写照，遂成为盛唐精神的一个侧影。游侠精神是盛唐人精神的重要构成内容。首句从新丰美酒入手，美酒名贵；次句写咸阳多游侠少年，两句了不相属，到第三句稍稍一勾，美酒与侠少便相关联。新丰美酒为咸阳侠少所准备，而咸阳侠少又因新丰美酒而意气飞扬。第三句写活了侠少们的性格。越是突出新丰酒之美、之贵——"斗十千"，越是突出侠少们的意气——轻财重义。他们一旦相见便一见倾心，立刻成为知己，结成朋友，意气相投是他们相识、相交的基石和纽带。于是，畅饮"新丰美酒"也便成为他们交流的绝好方式。因意气而欲为对方饮一大杯，而这一大杯又使意气更为风发、昂扬。"三杯吐然诺，五岳倒为轻。眼花耳热后，意气素霓生。"这是美酒与意气关系的生动体现。"相逢意气为君饮"正是侠少性格的传神写照。到第四句突然跳成一个镜头描写："系马高楼垂柳边。"在葱绿柳丝的掩映下，是雕梁画栋的酒楼，是拴系着的高头骏马。这幅画面是对侠少们的景象烘托，更显示出他们的潇洒、豪气、风流。在垂柳掩映下的是美酒、骏马、侠少，而马是侠少们的心爱之物，便使这幅长安侠少图更为青春焕发、意气高昂。"其二"写道：

出身仕汉羽林郎，初随骠骑战渔阳。孰知不向边庭苦，纵死犹闻侠骨香。

这位侠少出身于羽林郎之家，当初曾经跟随骠骑将军征战渔阳（今北京东北一带）。他明知赴边庭作战之苦，却义无反顾。纵然死于疆场，侠骨犹香。这是何等崇高壮烈的牺牲精神！"其三"写道：

一身能擘两雕弧，虏骑千重只似无。偏坐金鞍调白羽，纷纷射杀五单于。

这位侠少武艺超群，能左右开弓，拉开"雕弧"，冲入千重万围的敌阵之中如入无人之境，得心应手地拔箭搭弓，敌军首领纷纷倒地。金鞍白羽，相映生辉，纵骑张弓的形象何等英俊！"其四"曰：

> 汉家君臣欢宴终，高议云台论战功。天子临轩赐侯印，将军佩出明光宫。

这是写侠少凯旋论功，是献身疆场之结果。君臣欢宴，云台评功，天子赐印，这时的将军也就是当年的侠少，佩绶挂印、志得意满地阔步走出明光宫。

这四首诗作为组诗，有其内在联系，从任情意气到效命疆场直至立功受奖，描述了咸阳侠少建功立业的过程。后面的行为是前面意气的必然体现与延伸，正因少年意气风发，才有了后来英勇杀敌、效命疆场的描写，反过来，深化了咸阳侠少们意气的内涵，这一内涵以国家社稷为本，显得更为深厚凝重。这就完全区别于长安街头驾鹰斗鸡的纨绔子弟。在长安侠少意气风发、建功立业的身影中有着诗人主体理想、愿望的寄托。

王维二十一岁中进士后，初为大乐丞，因伶人舞黄狮子犯忌，受到连累被贬谪为济州司仓参军。《被出济州别城中故人》就有所记录："微官易得罪，谪去济川阴。"在这种处境下难免有隐居之念。《济州过赵叟家宴》对主人隐居生活的描述就有诗人的向往："虽与人境接，闭门成隐居。道言庄叟事，儒行鲁人余。深巷斜晖静，闲门高柳疏。荷锄修药圃，散帙曝农书。上客摇芳翰，中厨馈野蔬。夫君第高饮，景晏出林间。"这时的王维没有隐居，他还处在青春年华期，小有蹭蹬，还没有熄灭希望之火。更在于社会、时代还充满希望，对青春士子富于召唤力。他的《送綦毋潜落第还乡》做了回答："圣代无隐者，英灵尽未归。遂令东山客，不得顾采薇。"开元二十二年（734），张九龄为相，王维遂得以擢拔为右拾遗。开元二十五年（737）三月，河西节度副大使崔希逸大败吐蕃，王维以监察御史身份奉使赴凉州宣慰，这给他的边塞审美活动提供了极好的机会，写下审美价值不逊于岑、高的边塞诗。如《出塞作》：

> 居延城外猎天骄，白草连天野火烧。暮云空碛时驱马，秋日平原好射雕。护羌校尉朝乘障，破虏将军夜渡辽。玉靶角弓珠勒马，汉家将赐霍嫖姚。

此诗原注："时为御史监察塞上作。"诗为七律，八句构成对称性的结构。前四句写出匈奴剑拔弩张、汹汹其势。居延城外，白草连天，吐蕃燃起连天野火。暮云苍茫，野旷空阔，吐蕃将士纵马驰骋，秋日草枯，一望无际，正是打猎时节。诗人在上半部分写出了战事的紧张，渲染了氛围。下半部分落笔于己方的迎战准备和战绩。借汉代"护羌校尉""破虏将军"喻唐代将领，朝与夜的连属，显示了赴战的迅疾。最后写战绩辉煌，遂得朝廷赏赐："玉靶角弓珠勒马，汉家将赐霍嫖姚。"经过高度概括的战事描述，有起因，有过程，有结果，着力称颂将士们英勇杀敌、效命疆场的精神和昂奋斗志。清代方东树的《唐宋诗举要》这样评价该诗的审美成就："前四句目验天骄之盛，后四句侈陈中国之武，写得兴高采烈，如火如锦，乃称题。收赐有功得体。浑灏流转，一气喷薄，而自然有首尾起结章法，其气若江海之浮天。"《陇西行》写道：

　　十里一走马，五里一扬鞭。都护军书至，匈奴围酒泉。关山正飞雪，烽火断无烟。

诗一开篇便出现了急促飞动的节奏、急速闪动的镜头，构成了军情紧迫的氛围，使人凝神屏息。三四两句才交代原因所在，军情如火，"匈奴围酒泉"，遂致军书急传。这时关山茫茫，大雪纷飞，烽火熄灭，这是对走马扬鞭、传送军书原因的进一步交代。诗人仅取边塞战事中的一个片段，以先声夺人的手法描述出边塞战争之紧张、之险恶，审美上极富特色。《陇头吟》云：

　　长安少年游侠客，夜上戍楼看太白。陇头明月迥临关，陇上行人夜吹笛。关西老将不胜愁，驻马听之双泪流。身经大小百余战，麾下偏裨万户侯。苏武才为典属国，节旄落尽海西头。

起首两句出现的是长安侠少夜上戍楼观察星象的画面。相传太白金星主兵象，这便透现出侠少们年轻好胜、急切求功的心态和情景。随后，则勾勒了明月临照的凄清景象，第四句复以夜吹笛进一步浓化凄清氛围，对起首两句起到明显的调节作用。"陇头明月"与"陇上行人"相映照，又着意凸现"关西老将"驻马聆听笛音，不胜愁怨，双泪长流。再透入其身世之描述，"身经大小百余战"，理当受到勋封，当年的部下有的都已成为万户侯，而他还在边塞荒漠，如同当年陷于放羊、掘鼠挖草为食十九年，节旄尽落，回朝后却只得到一个典属国的小官职的苏武。功高位卑，反差如此巨大，表现了诗人对这种社会不公现象的愤懑之情。方东树《昭昧詹言》评价此诗："起势翩然，关西句转收，浑脱沈转，有远势，有厚气，此短篇之极则。"有戍楼观象之豪情，有月夜鸣笛之凄清，有老将垂泪之悲凉。长安侠少与关西老将恰成鲜明比照，今日之长安侠少虽然激情满怀，但在社会如此不公的情况下，日后也会成为那凄凉的关西老将，而今日的关西老将又正是当年的长安侠少发展而来的。这种比照与联系加强了诗的审美深度。王维同期边塞诗最精彩的是《使至塞上》：

> 单车欲问边，属国过居延。征蓬出汉塞，归雁入胡天。大漠孤烟直，长河落日圆。萧关逢候骑，都护在燕然。

《红楼梦》中香菱在谈到她学诗体会时，就是以王维的这首诗作为例证的："据我看来，诗的好处，有口里说不出来的意思，想去却是逼真的；有似乎无理的，想去却是有理有情的……我看他《塞上》一首，内一联云：'大漠孤烟直，长河落日圆'，想来烟如何直？日自然是圆的，这'直'字似无理，'圆'字似太俗。合上书想，倒像是见了这景的。"王国维在《人间词话》中更是称赞："'长河落日圆'，此种境界，可谓千古壮观。"在广袤的沙漠上，一股烟，直上长空。愈写荒漠之大，则愈显烽烟之孤，而"孤"又反转来表现了荒漠之大。"直"表现了大漠无风，烟柱直上的景象。黄河直上天际，红日冉冉西沉则显得分外圆。而愈是显示红日之圆，则愈是表现黄河之长。这里，诗人真切而独特地体验并描述了莽阔沙漠中黄河横亘的浩壮景象，极其阔大又极其舒展，一个"直"字显示景象的静谧，是一种独特的静态美。

王维的边塞诗有着对于边塞景象的深切体验，因而其描述特别富于审美的真实感。他的边塞诗总是豪情充溢、意气风发，跃动一颗跳动的雄心，功名观、名利欲特别显著，这是由王维的少年意气发展而来的。由于王维在边塞审美中特别善于体验、捕捉生活现象，因此，他就能给人提供一些新的生活审美画面和世界。如《凉州郊外游望》："野老才三户，边村少四邻。婆娑依里社，箫鼓赛田神。洒洒浇刍狗，焚香拜木人。女巫纷屡舞，罗袜自生尘。"这是对边塞民俗风情的动人描绘。南朝鲍照没有北方朔漠的军旅生涯，也没有边塞风光的亲身经验，但是，他却写出了动人的边塞诗，恍若亲见亲历一般，如《代出自蓟北门行》《代苦热行》等，一切全凭想象、设想所得。这种审美方式到隋代、初唐仍有不少诗人如此实行。而王维的审美之功是把这种边塞的审美活动建立在亲见亲历亲验的基础之上，更成为审美经验性范例。

王维的政治命运与张九龄相联系。他曾受到张九龄的擢拔，后来张被贬为荆州长史，王维写有《寄荆州张丞相》："所思竟何在，怅望深荆门。

举世无相识，终身思旧恩。方将与农圃，艺植老丘园。目尽南无雁，何由寄一言？"对张九龄一往情深。后来，王维巴结李林甫，写有《和仆射晋公扈从温汤》："天子幸新丰，旌旗渭水东。寒山天仗外，温谷幔城中。奠玉群仙座，焚香太乙宫。出游逢牧马，罢猎见非熊。上宰无为化，明时太古同。灵芝三秀紫，陈粟万箱红。王礼尊儒教，天兵小战功。谋犹归哲匠，词赋属文宗。司谏方无阙，陈诗且未工。长吟吉甫颂，朝夕仰清风。"够讨好献媚的了。这便使人们对王维有些争议和瞧不起了。到天宝十一载（752），他任文部郎中，迁给事中，他的弟弟王缙任侍御史，同时走红。《旧唐书·王维传》说："维以诗名，盛于开元、天宝间。昆仲宦游两都，凡诸王驸马豪右贵势之门，无不拂席迎之，宁王、薛王待之如师友。"天宝十五载（756），安禄山陷长安，获王维，授以伪职。从媚于李林甫的前情来看，他接收伪职亦非偶然。后来两京收复，他曾因预先有一首诗做凭据，才得以免罪。这首诗题为《凝碧池》，云："万户伤心生野烟，百官何日再朝天。秋槐花落空宫里，凝碧池头奏管弦。"他被降职为太子中允。这首诗是真意表达，还是故意为之，埋下伏笔，留条后路，尚待研究。这是他一生中的一大蹭蹬，自此以后便过起隐居生活了。其心理、心态与青年时代相比，完全不同。《酬张少府》写道："晚年唯好静，万事不关心。自顾无长策，空知返旧林。"《秋夜独坐》写道："白发终难变，黄金不可成。欲知除老病，唯有学无生。"他再也没有年轻时系马高楼、相见倾饮的意气了。他晚年带着苦涩味说："徒闻跃马年，苦无出人智。"他甚至有些后悔"少年识事浅，强学干名利"[①]，"少年不足言，识道年已长"[②]。王维晚年隐居辋川，"寂寥天地暮，心与广川闲"，心灵世界平静恬淡如止水，与事佛信佛有很大关系。

王维人生的经历起伏颇大，这也就影响了他的审美经历。当年少气盛、意气风发时，诗的格调便呈明朗型，节奏轻快流走；而在晚年心境恬淡时，其审美格调也与之相适应。他丧妻后终生不复再娶，心灵世界的冷寂，谄媚李林甫，受职安禄山，令声名不佳，使得他晚年回顾往事时陷入忏悔的状态之中。他对于世事已经厌倦，缺少兴趣和激情，便在山泉林木之间寻求精神避风港。如果说，早年在高楼、边塞寻找到自己的人生家园，晚年则在疏

---

① 王维：《赠从弟司库员外絿》。
② 王维：《谒璿上人》。

林、老泉中寻找到自己的精神归宿。于是，早期的笔势高举、意气高蹈便转变为幽婉精微、细腻清丽，从而完成了由阳刚之美到阴柔之美的演化。王维由人生变故影响了生活态度进而影响了审美态度，具有较强的实践美学意义。而把握王维美学之全貌则以了解其全部经历为前提，王维曾有过系马高楼，也曾有过静穆恬淡，取其一侧，则非王维之全人。而人们对王维的体认，往往限于晚年一端，以为他是一位隐士，一个恬淡无为的人，其实看他早年的作品则可知其曾经有所作为。他晚年的人生心态和审美心态、状貌，是社会孕育之结果。因此，体认王维有一个全人、全貌以及经过转变所体现出来的全过程的问题。

第二节　王维的审美心理经验

在盛唐诗人中，王维的审美心理经验十分有特点。他在年轻时代就已现露与众不同的才华，例如十九岁时作《桃源行》：

> 渔舟逐水爱山春，两岸桃花夹去津。坐看红树不知远，行尽青溪不见人。山口潜行始隈隩，山开旷望旋平陆。遥看一处攒云树，近入千家散花竹。樵客初传汉姓名，居人未改秦衣服。居人共住武陵源，还从物外起田园。月明松下房栊静，日出云中鸡犬喧。惊闻俗客争来集，竞引还家问都邑。平明闾巷扫花开，薄暮渔樵乘水入。初因避地去人间，及至成仙遂不还。峡里谁知有人事，世中遥望空云山。不疑灵境难闻见，尘心未尽思乡县。出洞无论隔山水，辞家终拟长游衍。自谓经过旧不迷，安知峰壑今来变。当时只记入山深，青溪几度到云林。春来遍是桃花水，不辨仙源何处寻。

诗在总体上因循陶渊明的《桃花源记》。一者为诗，一者为文，而王维并不是简单地用诗衍化陶文。他富于创造性地体认桃花源中景象，按照诗的审美规则和范式来构造和营建审美意象，以诗人的心灵来构想桃花源的世界。例如诗中所写"月明松下房栊静，日出云中鸡犬喧。惊闻俗客争来集，竞引还家问都邑。平明闾巷扫花开，薄暮渔樵乘水入"。他所构筑的诗的艺术世界，更侧重于境界的塑造，有丰富的画面感，而这种境界又有"仙境"的特征，虚无缥缈、扑朔迷离。这是王维根据他的审美理解所做的审美体认，因此便有自身的审美特色。清人王士禛说："唐宋以来，作《桃源行》最佳者，王摩诘、韩退之、王介甫三篇。观退之、介甫二诗，笔力意思甚可喜。及读摩诘诗，多少自在；二公便如努力挽强，不免面红耳热，此盛唐所以高不可及。"[①]翁方纲甚至认为，"古今咏桃源事者，至右丞而造极"[②]。

王维二十岁时写的《息夫人》云：

> 莫以今时宠，能忘旧日恩。看花满眼泪，不共楚王言。

这首历史题材的诗有一段现实背景。唐孟棨《本事诗》说："宁王宪（唐玄宗之兄）贵盛，宠妓数十人，皆艺绝上色。宅左有卖饼者妻，纤白明媚，王一见属目，厚遗其夫取之，宠惜逾等。环岁，因问之：'汝复忆饼师否？'默然不对。王召饼师使见之。其妻注视，双泪垂颊，若不胜情。时王座客十余人，皆当时文士，无不凄异。王命赋诗，王右丞维诗先成，云云……王乃归饼师，以终其志。"《息夫人》取材于春秋时楚王夺息国君主妻子故事，息夫人虽与楚王生二子，但终日不交一言。"莫以今时宠，能忘旧日恩。看花满眼泪，不共楚王言。"诗人的审美功力就在于他把这段历史故事纳入短短二十字中，做出极高的审美概括。"今时"与"旧日"对举，"莫以""能忘"披露息夫人的坚定意念，"看花满眼泪"，锦花衬出泪花，冲突反映息夫人的意态。在平易的语言表述中有着震撼人心和打动人心的力量，情感力又正体现为审美的效应。

在王维的早期作品中有一种力度和气势。诗人善于捕捉力和速度，它们结合便形成特有的气势，因此，他的早期诗歌中就有着诗人的频频心跳，作用于读者的审美感受就特别强烈。例如那首著名的《观猎》。起句"风劲角弓鸣"，便先声夺人，寒风劲吹，角弓响鸣，飞箭挟带呼啸声疾速而过。声势俱足后，才推出"将军猎渭城"。方东树极为称赏这种审美手法，《昭昧詹言》说："直疑高山坠石，不知其来，令人惊绝。"沈德潜《唐诗别裁集》认为，首两句的倒装是其不同凡响之处，"若倒转，便是凡笔"。诗人以真切逼近对象的审美体察为基础，因此所有描述便分外动人。"草枯鹰眼疾，雪尽马蹄轻"，野草枯萎，动物无法隐蔽，猎鹰极易发现，俯冲而下，锐不可当；积雪消融，骏马飞奔，分外轻快、轻松，了无阻碍。这幅狩猎图体现了诗人审美观察的细致和真切。然后出现猎归图，"忽过新丰市，还归

---

① 王士禛：《池北偶谈》。
② 翁方纲：《石洲诗话》。

细柳营"。这"忽"字、"过"字、"还"字，写出了速度，犹如电影镜头扑扑闪过，极富动态美。本来，诗写狩猎、猎归是连贯直接，"还归"后本可结束，但诗人突然回眸一眺。这一眺，陡然迸出火花："回看射雕处，千里暮云平。"境界平添无限气象。诗人虽落笔在狩猎者身上，却处处在对象身上透进了自身的意气、豪情。

通观王维的审美心理经验，既钟情于优美之境，又着意于壮美之域；既擅长于描述真切的景象，富于真切美，又着力于绘写朦胧含混的景态，出现朦胧美。例如《汉江临眺》写道：

楚塞三湘接，荆门九派通。江流天地外，山色有无中。郡邑浮前浦，波澜动远空。襄阳好风日，留醉与山翁。

诗人大处落笔，涵括了汉江的雄壮景象："楚塞三湘接，荆门九派通。"南连三湘，西起荆门，东达九江，诗人挽起汉江四方景物，开拓了诗的艺术境域。"江流天地外，山色有无中"是历来为人们传诵的佳句。汉江滚滚滔滔，仿佛流出天地之外，远山若隐若现，若有若无，呈现模糊美态，而不分明的迷蒙，又反转来突出了汉江的无边无涯。在诗人的审美视野中，汉江不仅浩阔，而且水势浩壮。"郡邑浮前浦，波澜动远空"，水势的波动，使得城池分明在江中浮沉；江水流向远方，天空也分明在江水里动荡，其笔力何等雄健！面对这样动人心魄的汉江景色，诗人怎不击节称颂："襄阳好风日"？又怎不流连忘返，表达出"留醉与山翁"的意愿呢？又如《终南山》写道：

太乙近天都，连山到海隅。白云回望合，青霭入看无。分野中峰变，阴晴众壑殊。欲投人处宿，隔水问樵夫。

诗人在确定了终南山的地理位置"太乙近天都"以后，在描绘终南山时多方夸张，以更换不同透视点的方法进行艺术刻画。"连山到海隅"，山峰相连，一直绵延伸展到海边，这是终南山的宏大。"白云回望合"，放眼望去，终南山上白云盘绕。山在云中，那就显出山势的峻高，很得艺术辩证法的要领，达到审美上的烘染目的。诗人的透视从"白云回望合"的远望，到"青霭入看无"的近观，经历了一个变化过程。这个过程就是明灭变幻。随着审美视点的变换，带来山景的多样变化。诗人所着力表现的，是终南山的高、大。就空间而言，"分野中峰变"，一峰之间形成不同的分野。就时间而言，"阴晴众壑殊"，同一时间内，山谷的阴晴变化也各不相同。只有山势高峻到如此地步，才会出现这种情景。所以，诗人在这样的高山大岭里，"欲投人处宿"，只能"隔水问樵夫"。王夫之《薑斋诗话》说："'欲投人处宿，隔水问樵夫'，则山之辽廓荒远可知，与上六句初无异致，且得宾主分明，非独头意识悬相描摹也。""隔"字形成了审美的距离感，既在远处，又非太远；既非目即所在，又是向往之处。这便有了审美想象的余地，激发起审美兴趣。

王维是一位有着极高文化素养和审美素养的诗人，他的审美趣味自有其高格所在。他选择何物来表达自己的感受，正体现了其审美取向。王维写有一组《杂诗》，"其二"写道：

君自故乡来，应知故乡事。来日绮窗前，寒梅著花未？

清人赵殿成《王右丞集笺注》曾比较评论说："陶渊明诗云：'尔从山中来，早晚发天目？我居南窗下，今生几丛菊。'王介甫诗云：'道人北山来，问松我东冈。举手指屋脊，云今如许长。'与右丞此章同一杼轴，皆情到之辞，不假修饰而自工者也。然渊明、介甫二作，下文缀语稍多，趣意便觉不远；右丞只为短句，一吟一咏，更有悠扬不尽之致，欲于此下复赘一语不得。"这是从诗的繁与简、意的有尽与无尽入手加以比较评判的。换一视角，从审美情趣上看三人之不同。陶渊明问"尔从山中来"的"尔"是蔷薇和秋兰；王安石是"道人北山来，问松我东冈"，问自己死后可否在东冈安葬。而王维独问"梅花"，这是王维审美趣味的表征。绮窗嵌寒梅，又成为一帧十分精致而小巧的画。

确实，王维的审美心理经验表现出精美性的特征，圆熟精纯、玲珑剔透。如《书事》曰：

轻阴阁小雨，深院昼慵开。坐看苍苔色，欲上人衣来。

霏霏小雨刚刚停止，转为漠漠轻阴，尽管是在白天，诗人却懒得去打开深院的门扉。诗人显得有些疏慵，这疏慵正是他在小雨过后轻阴环境中的体态和心态表现。他从自然环境甚至空气中感受到清新、滋润甚或轻微的低气压，这既使他安宁又使他有些疏慵。在白天而懒于打开院门，正是这种心态的表征。既然连院门都懒得打开，诗人就将自我封闭在院落之中，欣赏那满院的苍苔。苍苔之所以耐人看，又因小雨所致，小雨将其滋润得一片葱绿、清新。诗的审美肌理显得十分细密。诗人在观赏过程中突然出现幻觉，那一片青苔仿佛跳上诗人的衣衫，把衣衫也染着一片绿色了。这种幻化现象是一种奇妙的审美心理经验现象，是诗人与自然对象相亲和、相融洽，感觉完全投入对象，进而升腾成幻觉所致。这种审美现象的出现充分显示王维审美心理特点，超凡脱俗、出神入化。也正由于有了这样的幻觉便完成了诗的彻底审美化，给人以非比寻常的审美感受。这种审美心理经验在王维诗中得到多方面的表现，又如《山中》曰：

  荆溪白石出，天寒红叶稀。山路元无雨，空翠湿人衣。

这首诗中的"湿人衣"，上引诗中的"上人衣"，都是以"人衣"作为感觉承受主体的。诗人着力表现的是对象如何通过主体幻化的审美手段来作用于主体自身。这是王维诗审美的高超性创造。山行路上原本无雨，但是空明葱翠的树木丛林的颜色却湿润了行人的衣衫。颜色本无湿度，但诗人想落天外，想象它如同山间小雨一样有沾湿作用。"翠"为视觉官能感受，"湿"是触觉官能感受，诗人出色地完成了从视觉到触觉的移位，产生幻觉化现象，其产生的基础是诗人对"翠"的感受程度，感到它简直能绿得滴下水来。于是，视觉便错觉化，成为触觉，出现一种经过移位的超常审美感觉。

  王维有着独特的感觉方式，如前述《九月九日忆山东兄弟》，用反向性的思维方式，设身处地于对方，反转过来及于己身，其情感的反射效果更为强烈。王维总是精细地把握对象，遂使所描述的情景有着良好的精微感和审美分寸感。例如《送元二使安西》曰：

  渭城朝雨浥轻尘，客舍青青柳色新。劝君更尽一杯酒，西出阳关无故人。

时在清晨送别，昨晚尚是尘土飞扬，今天早晨却下了一场小雨。这场雨时间上不前又不后，雨量上不大又不小。小了沾湿不了尘土，大了则阻隔行程，它恰到好处，又恰在关节上，"浥"字便是其写照。这场小雨仿佛是天遂人愿，有意作美，这便改变了送别的悲凄情绪，代之以清新的气息。于是第二句便是："客舍青青柳色新。"柳色之新，仍是承接"朝雨"而来，洗涤了柳枝柳叶上的积尘，便"青青"如新了。这些极为精微、极有分寸的描述，都显示了诗人的审美感觉特征。

  王维晚年心态有很大改变，再也没有年轻时的热情、豪气和冲动，而是转为恬淡、平和、清闲，甚至冷寂。其心态的改变，必然促使审美感受的变化。《酬张少府》说："晚年唯好静，万事不关心。"他已失去了过去对世事的热情和投入的兴趣。《饭覆釜山僧》说："晚知清静理，日与人群疏。"他日益跟世俗、繁闹的人的群居生活疏远、隔膜，走向深山幽泉，走向自我封闭。他的生活显得那么清闲。《青溪》写道："言入黄花川，每逐青溪水。随山将万转，趣途无百里。声喧乱石中，色静深松里。漾漾泛菱荇，澄澄映葭苇。我心素已闲，清川淡如此。请留盘石上，垂钓将已矣。"心已素闲如清水淡泊，于是他的志向便是学严子陵垂钓富春江。这样，他的心态就如同所有的隐士一样，向往于林泉山水，鄙夷于紫绶红带。《献始兴公》曰："宁栖野树林，宁饮涧水流。不用坐梁肉，崎岖见王侯。"于是，他的不少诗文便成为隐逸心态情调的对象化写照。例如《辋川闲居赠裴秀才迪》诗云：

寒山转苍翠，秋水日潺湲。倚杖柴门外，临风听暮蝉。渡头余落日，墟里上孤烟。复值接舆醉，狂歌五柳前。

诗人把辋川景象的描述和隐士行为的描述交错在诗的结构中，形成整体框架。诗人审美描述的是日暮景象，天色向晚，山色转为苍翠；秋水在山间流淌不休，这是隐士生活的环境。然后是隐士的闲适情态，疏慵地倚杖在柴门之外，迎风听着傍晚时的蝉鸣。随后则又复为隐居环境的描述，"渡头余落日，墟里上孤烟"，突出了环境的悠闲和恬适，落日冉冉而下，孤烟袅袅而升，这是隐逸的环境，也是隐逸心态对象化的选择。最后复归于隐士行为的描述，醉态可掬，狂歌五柳。《山中与裴迪秀才书》写道：

近腊月下，景气和畅，故山殊可过。足下方温经，猥不敢相烦。辄便往山中，憩感配寺，与山僧饭讫而去。北涉玄灞，清月映郭。夜登华子冈，辋水沦涟，与月上下；寒山远火，明灭林外。深巷寒犬，吠声如豹；村墟夜舂，复与疏钟相间。此时独坐，僮仆静默，多思曩昔，携手赋诗，步仄径，临清流也。

当待春中，草木蔓发，春山可望，轻鲦出水，白鸥矫翼；露湿青皋，麦陇朝雊。斯之不远，倘能从我游乎？非子天机清妙者，岂能以此不急之务相邀？然是中有深趣矣。

在向友人发出邀请时，用的是辋川诱人的山川风物。王维特别指出"是中有深趣"，这个"趣"就是审美情趣。王维把隐逸情调、辋川风景、审美情趣密切融会起来。隐逸不仅仅是生活的存在、构成方式与内容，而且成为审美情趣的寄托与归宿，隐居实为美学精神家园之所在。这样，王维的隐逸就不同于一般的隐士行为与生活方式，已包含很深的审美因素了。正因为他用审美的眼光观照隐居生活和所存在的环境，就使所描述的景象产生了平和美。例如《渭川田家》写道：

> 斜光照墟落，穷巷牛羊归。野老念牧童，倚杖候荆扉。雉雊麦苗秀，蚕眠桑叶稀。田夫荷锄至，相见语依依。即此羡闲逸，怅然吟式微。

诗人所描绘的人物、动物都处在平和的状态之中，相亲相依，浑然和谐。《新晴野望》云：

> 新晴原野旷，极目无氛垢。郭门临渡头，村树连溪口。白水明田外，碧峰出山后。农月无闲人，倾家事南亩。

农忙时节，户无闲人，举家田头劳作，这是写"忙"，但在忙的背后却透出了"闲"——闲适的氛围和诗人闲适的心态。在闲适中，在"寂寞柴门人不到，空林独与白云期"①的寂寞中，诗人仍有情感的波动、神思的远游，然而这种情感活动却不是激荡的，仍然是悠悠细微的。例如《春中田园作》写道：

> 屋上春鸠鸣，村边杏花白。持斧伐远杨，荷锄觇泉脉。归燕识故巢，旧人看新历。临觞忽不御，惆怅思远客。

在春鸠鸣唱、紫燕归来、新旧交替之际，诗人饮酒时忽然思念起远方的亲人，不禁惆怅满腹。然而这种思念之情却不是激烈的、动荡的，而是款款情深的，它体现了王维审美情感的特征及其表达的方式特征。

第三节 空间感、色彩感和声律感

王维的审美感觉经验中空间审美感受有着鲜明的特点，他往往把不同的人物、景物组织在同一个空间内，形成一个完整的空间图像。例如《田园乐七首》（其三）曰："采菱渡头风急，策杖林西日斜。杏树坛边渔父，桃花源里人家。"诗中所描述的景象有空间方位及人物、景物在空间方位上的布置与定位。

王维有着强烈的空间审美意识，总是在诗中鲜明而突出地表现出他的空

---

① 王维：《早秋山中作》。

间感。《春日与裴迪过新昌里访吕逸人不遇》："城上青山如屋里,东家流水入西邻。"青山仿佛摄入人家,东家流水流入西邻之家,远景入近,东方入西,形成空间的变位。《木兰柴》："秋山敛余照,飞鸟逐前侣。"景象一敛一收。《辋川闲居》："青菰临水映,白鸟向山翻。"景象一映一翻,出现了空间的扩张和舒展。

　　王维空间审美感觉的一个重要特点是平远极视,穷尽景物。如《送崔兴宗》："塞阔山河净,天长云树微。"目力直至那微茫的云树。《汉江临眺》："江流天地外,山色有无中。"眼域所到,则是江流流转在水天相接之处,远处的山色若有若无,不甚分明。《北垞》："逶迤南川水,明灭青林端。"视线穿过那南川水,一片青林只在明灭隐现之间。这种空间感在王维那里又不是平面的,而是立体的,让我们仿佛感到王维在观照世界时不是单一定向,而是左顾右盼、来瞻回瞥。由于王维审美感觉经验表现出对暗淡、萧索现象的兴趣,因此在空间审美中,也往往具有此类特征。例如《山居即事》："寂寞掩柴扉,苍茫对落晖。"《渭川田家》："斜光照墟落,穷巷牛羊归。"《归嵩山作》："荒城临古渡,落日满秋山。"空间意象上富于审美趣味倾向。王维的空间审美感又是与色彩相联结的,随着空间方位的变化形成了色彩的转换。例如《送邢桂州》中的名句："日落江湖白,潮来天地青。""落"与"来",形成空间的运转节奏。而在空间运转过程中则出现"白"与"青"的色彩变化。《新晴野望》："白水明田外,碧峰出山后。"从"水"到"峰",从"田外"到"山后"的空间位移,则是由"白"到"碧"的色彩更替。可以看出,王维的空间审美感觉经验是与空间景象本身所构成的因素联系起来的,因此他在具体处理构成空间诸关系时表现出整体和谐的审美观。同时,王维的空间审美又表现出情感化的特征。《送沈子福之江东》曰："惟有相思似春色,江南江北送君归。"江南江北,是多么广袤的空间,诗人的情感跟随友人而去,化为葱绿的春色,如影随形,片刻不离,于是空间便被审美情绪化了。

　　王维诗表现出鲜明的色彩感,在盛唐以至整个唐代诗人中很少有人像他那样对色彩充满了如此敏感和丰富的兴趣。如《春园即事》句："开畦分白水,间柳发红桃。"《田家》句："多雨红榴折,新秋绿芋肥。"《山居即事》句："嫩竹含新粉,红莲落故衣。"《辋川别业》句："雨中草色绿堪染,水上桃花红欲燃。"然而,王维又不是浅表地对色彩做出体认,他不是一般地捕捉自然界的色彩，而是用他的心理图式来体认色彩，进而在对象上染着了主体色彩。例如《积雨辋川庄作》句："漠漠水田飞白鹭，阴阴夏木啭黄鹂。""白鹭"之"白"色，够鲜明的了，但它被配置在"漠漠水田"之中，便有些迷蒙。"黄鹂"之"黄"也够鲜亮的了，但它不是独立存在，而是笼罩在阴阴树林之下。再看《田园乐》（其六）：

    桃红复含宿雨，柳绿更带朝烟。花落家童未归，莺啼山客犹眠。

诗人不是直接显示对象的色彩，或者说，不是本色描摹，于是，"桃红"之上沾满了隔夜的雨水，"柳绿"之上笼罩着迷茫的轻烟，这样的景象、景色便在本色的基础上出现了变态和变色。经过变态变色后的景象、景色增添了一层迷蒙、迷离，也就增加了美的迷人色调。

  在色彩选择上，王维有自己的倾向。他较多地选择了青、白二色。《送严秀才还蜀》："山临青塞断，江向白云平。"《送邢桂州》："日落江湖白，潮来天地青。"《林园即事寄舍弟紞》："青草肃澄陂，白云移翠岭。"《同崔傅答贤弟》："九江枫树几回青，一片扬州五湖白。"青色给人以冷峭感。白色给人以冲虚感。冷峭、净洁、冲虚、荒寂，正是王维晚年心态的写照和特征，于是便自然地在色彩选择上对象化了青、白二色。

  声色兼备。在王维的审美感觉经验中对色的重视又不是孤立的，而是与声相连。如《青溪》："声喧乱石中，色静深松里。"《过香积寺》："泉声咽危石，日色冷青松。"《沈十四拾遗新竹生读经处同诸公之作》："细枝风响乱，疏影月光寒。"《林园即事寄舍弟紞》："松含风里声，花对池中影。"《春中田园作》："屋中春鸠鸣，村边杏花白。"都是一者为声、一者为色，形成了兼声兼色的审美感。王维在处理声画关系时不是刻板的，而是富于变化、富于"乱"态。所谓"乱"就是变化性的动态美。有时则形成动静相宜的画面感，如《青溪》："声喧乱石中，色静深松里。"

  王维同时代的美学家殷璠《河岳英灵集》称王维的诗能"着壁成绘"。宋代苏轼《书摩诘蓝田烟雨图》更是明确地说："味摩诘之诗，诗中有画；观摩诘之画，画中有诗。"王维《偶然作》（其六）也自称"宿世谬词客，前身应画师。"据一些记载，王维确实具有极高的绘画才能，张彦远《历代名画记》说王维："工画山水，体涉古今。"朱景玄《唐朝名画录》也说，王维"画山水松石，踪似吴生，而风致标格特出……复画辋川图，山谷郁郁

206

盘盘，云飞水动，意出尘外，怪生笔端"。王维审美之所以能做到"诗中有画，画中有诗"，是因为他把诗、画的审美感觉经验互相贯通。以诗的气韵作画，画便有周流回转之美；以画的构图、色彩作诗，诗便有空间色彩之美。寻找、确定诗画审美艺术经验的结合点，两种艺术门类就会在相互贯通中出现新的艺术形象。语言艺术载体的诗借助于线条艺术的画出现视觉型的意象，可视性的审美特征便特别显著。这为中国诗在具象化方向上的发展打开了通道，也极大地丰富了中国诗的再现力。

王维有着发达、灵敏、精细的审美感觉能力，对于色彩的深浅、色调的冷暖都有相当好的感应和把握。例如《过香积寺》写道："日色冷青松。"日色本呈暖色，但因透过密集的青松林，便转为冷色了。这种感受是相当精微的。王维对声响的感受也相当敏锐，如《自大散以往深林密竹蹬道盘曲四五十里至黄牛岭见黄花川》："飒飒松上雨，潺潺石中流。"《同卢拾遗过韦给事东山别业二十韵》："蔼蔼树色深，嘤嘤鸟声繁。"《栾家濑》："飒飒秋雨中，浅浅石溜泻。"《过香积寺》："泉声咽危石。"《青溪》："声喧乱石中。"尽管王维"与世淡无事"[①]，处在"山寂寂兮无人"[②]的环境中，但不是死寂无生机、生气的，诗人用声响来活跃氛围、点活意境，尽管"空山不见人"，却"但闻人语响"。这就使王维诗的境界冷而不荒、寂而不死，有一种生气氤氲其间。"雀噪荒村，鸡鸣空馆"[③]，"铙吹发西江，秋空多清响"[④]，这些声响点染，赋予人们以清亮的听觉审美感受。

王维在声律美听上的感觉经验也是相当丰富的。《史鉴类编》说："王维之作，如上林春晓，芳树微烘，百啭流莺，宫商迭奏……真所谓有声画也。"五言古体《送綦毋潜落第还乡》："圣代无隐者，英灵尽来归。遂令东山客，不得顾采薇。既至君门远，孰云吾道非。江淮度寒食，京洛缝春衣。置酒临长道，同心与我违。行当浮桂棹，未几拂荆扉。远树带行客，孤村当落晖。吾谋适不用，勿谓知音稀。"它在声律美上的成就被《声调四谱图说》称之为："无一复调，凡古今体平仄韵正拗各格起承粘对之法，转换变化之妙，俱尽于此。"可谓五言古体声律美之楷模。王维著名的《送元二使安西》诗被谱为

---

① 王维：《晦日游大理韦卿城南别业》。
② 王维：《送友人归山歌二首》。
③ 王维：《酬诸公见过》。
④ 王维：《送宇文太守赴宣城》。

《阳关三叠》；另据范摅《云溪友议》，唐代著名歌手李龟年"曾于湘中采访使筵上唱：红豆生南国……"

从另一些记载中又可以看出，王维有着多方面的艺术审美才能，素养深厚。《旧唐书·王维传》说王维"书画特臻其妙，笔踪措思，参于造化，而创意经图，即有所缺，如山水平远，云峰石色，绝迹天机，非绘者之所及也"。《太平广记》言王维"性闲音律，妙能琵琶"。《唐国史补》载："人有画奏乐图，维熟视而笑，或问其故，维曰：此是霓裳羽衣曲第三叠第一拍。好事者集乐工验之，无一差谬。"这一切都为他的审美感觉经验奠定了雄厚的基础。

文化素养和他那得天独厚的禀赋，使其对审美有着别有会心的领略和别具一格的创造。绘画美学史上王维有所谓"雪里芭蕉"的绘画和由此引发的对审美根本特性的体认问题。沈括《梦溪笔谈》卷一七说："书画之妙，当以神会，难可以形器求也。世之观画者，多能指摘其间形象、位置、彩色瑕疵而已；至于奥理冥造者，罕见其人。如彦远《画评》言王维画物，多不问四时，如画花往往以桃、杏、芙蓉、莲花同画一景。予家所藏摩诘画《袁安卧雪图》，有雪中芭蕉，此乃得心应手，意到便成，故造理入神，迥得天意。此难可与俗人论也。谢赫云：'卫协之画，虽不该备形妙，而有气韵，凌跨群雄，旷代绝笔。'又欧文忠《盘车图》诗云：'古画画意不画形，梅诗咏物无隐情。忘形得意知者寡，不若见诗如见画。'此真为识画也。""雪里芭蕉"打破物理时序，重新做出组合，是审美的需要。惠洪《冷斋夜话》说："王维作画雪中芭蕉，自法眼观之，知其神情寄寓于物，俗论则讥以为不知寒暑。"王维本人的《大唐大安国寺故大德净觉禅师塔铭》说："雪山童子，不顾芭蕉之身。""雪里芭蕉"不是对对象自然属性的忠实、逼真摹写，因为它们在时序节候上是风马牛不相及的。经过变动性处理，加以新的配置，是主体对客体属性的征服和超越，是为了表达审美主体的某种意绪和精神。由此可以看出，王维在审美的深度结构上属于神韵之一路。《送别》曰："下马饮君酒，问君何所之？君言不得意，归卧南山陲。但去莫复问，白云无尽时。"《酬张少府》句："君问穷通理，渔歌入浦深。"《终南山》句："欲投人处宿，隔水问樵夫。"《辛夷坞》句："涧户寂无人，纷纷开且落。"这些诗内在意蕴上都充满空灵和神韵。严羽《沧浪诗话》说盛唐诗歌审美特征是"羚羊挂角，无迹可求"，王维的诗正是如此。虽然王维在对对象的描述上至为精细,但在体验和传达时却空灵、缥缈。"江流天地外,山色有无中"①,若有若无;"逶迤南川水,明灭青林端"②,若明若暗;"白云回望合,青霭入看无"③,若隐若现;"山中一夜雨,树杪百重泉"④,山中雨景何等真切又何等空灵;"塞阔山河净,天长云树微"⑤,山远河长之景象何等明净又何等微茫。王维的诗美是真正的盛唐风味,具象而抽象、征实而空灵,有盛唐的体式、情调。他丰富而精微、灵敏而细腻的审美感觉经验完全是盛唐人才具有的。他的审美感觉经验极大地丰富了中国的审美心理学,并极大地促进了中国审美经验的发展。

第四节　诗的禅意化

　　生活的蹭蹬、政治的挫折、丧妻的打击,使得王维寻找佛教作为精神栖息地。王维事佛受母影响,其母崔氏"师事大照禅师三十余岁,褐衣蔬食,持戒安禅,乐住山林,志求寂静"⑥。据《旧唐书》本传载:"维弟兄俱丰佛,居常蔬食,不茹荤血,晚年长斋,不衣文彩。"王维"在京师,日饭十数名僧,以玄谈为乐。斋中无所有,唯茶铛、药臼、经案、绳床而已。退朝之后,焚香独坐,以禅诵为事。妻亡,不再娶,三十年孤居一室,屏绝尘累"。《叹白发》曰:"一身几许伤心事,不向空门何处消?"由此可以看出,他受到佛教特别是禅宗的深刻影响,并反映和体现在诗歌之中。《山中示弟》写道:"山林吾丧我,冠带尔成人。莫学嵇康懒,且安原宪贫……缘合妄相有,性空无所亲。安知广成子,不是老夫身。"王士禛《带经堂诗话》说:"唐人五言绝句,往往入禅,有得意忘言之妙,与净名默然,达摩得髓,同一关捩。观王、裴《辋川集》及祖咏《终南残雪》诗,虽钝根初机,亦能顿。""严沧浪之禅喻诗,余深契其说,而五言尤为近之。如王、裴辋川绝句,字字入禅……妙谛微言,与世尊拈花,迦叶微笑,等无差别。

---

① 王维:《汉江临眺》。
② 王维:《北垞》。
③ 王维:《终南山》。
④ 王维:《送梓州李使君》。
⑤ 王维:《送崔兴宗》。
⑥ 王维:《请施庄为寺表》。

通其解者，可语上乘。"王维的诗并非首首皆禅、字字入禅，但确实受到禅的深刻影响，形成一些诗的禅意化和审美视域上禅的观照方式。《夏日过青龙寺谒操禅师》写道："山河天眼里，世界法身中。"正是说的以禅之心眼观照山河、世界。

王维对佛学特别是禅宗有精深的研究，《与魏居士书》写道：

> 虽方丈盈前，而蔬食菜羹；虽高门甲第，而毕竟空寂。人莫不相爱，而观身如聚沫；人莫不自厚，而视财若浮云……圣人知身不足有也，故曰欲洁其身而乱大伦，知名无所着也。故曰欲使如来名声普闻，故离身而返屈其身，知名空而返不避其名也……耳非驻声之地，声无染耳之踪，恶外者垢内，病物者自我，此尚不能至于旷士，岂入道者之门欤……异见起而正性隐，色事碍而慧用微，岂等同虚空，无所不遍，光明遍照，知见独存之旨邪？

王维《为干和尚进注仁王经表》说："法离言说，了言说即解脱者，终日可言；法无名相，知名相即真如者，何尝坏相。实际以无际可示，无生以不生相传。"禅宗主张"不立文字"，超越一切语言境界。王维佛家理论的无名、无际、不生说，正是禅宗理论。禅宗的这一思想与中国老庄哲学的"得意忘言""得鱼忘筌"思想十分接近。禅宗的这一思想虽然具有神秘的经验性，但它开启了一种思维方式，对于审美有着极大的启发性，促使审美的心理经验走向空灵，不以言语拘囿。《王右丞集笺注·序》高度称赏王维禅学研究成就："唯右丞通于禅理，故语无背触，甜彻中边。空外之音也，水中之影也，香之于沉实也，果之于木瓜也，酒之于健康也，使人索之于离即之间，骤欲去之而不可得。盖空诸所有，而独契其宗。"王维对禅学体认之深，颇得方内人之肯定。据《宋高僧传》卷一七载："至德初，（元崇）并谢绝人事，杖锡去郡，历于上京，遍奉明师，栖心闲境，罕交俗流。遂入终南，经卫藏，至白鹿，下蓝田，于辋川得右丞王公维之别业。松生石上，水流松下。王公焚香静室，与崇相遇神交，中断。于时天地未泰，豺狼构患，朝贤国宝，或在迈轴。起居萧舍人昕与右丞诸公，并硕学雄才，尊儒重道，偶兹一会，抗论弥日，钩深索隐，襟期许与王。萧叹曰：'佛法有人，不宜轻议也矣！'"王维是以居士的身份，而不是剃发为僧，身入佛门。他对佛学的研究认知，不是用于晨钟暮鼓的宗教仪式活动，而是作为文化素养丰富主体精神，进而转化为一种审美的视域和观照方式。虽然他的诗中有"仄径荫宫槐，幽阴多绿苔。应门但迎扫，畏有山僧来"①的僧徒身影的描述，虽然他的诗中也有自身"暝宿长林下，焚香卧瑶席"②的参禅行为的叙写，但这些都不是王维诗禅意化的主要内容。诗人不是以宣传宗教教义为旨归，而是用语言形式来承载禅学内容。他把禅趣融为诗趣，以禅的精神作为诗的审美精神，他用禅的体悟方式作为诗的审美体悟方式。这样，在王维那里，禅与审美便整合为一个有机的机体，出神入化。《秋夜独坐》云：

独坐悲双鬓，空堂欲二更。雨中山果落，灯下草虫鸣。白发终难变，黄金不可成。欲知除老病，唯有学无生。

诗题"秋夜独坐"形似参禅打坐，首前句也确实描述了打坐的情景，但是，诗人的描述中却突然出现了这样一幅景象："雨中山果落，灯下草虫鸣。"诗人的思维完全越过了眼前打坐的实景，他从雨中想到山果掉落，在昏黄的灯光下听到草虫进入空堂之内哀哀鸣叫。进而他又做人生体悟，领悟到人生的真谛，这里完全是禅的思维方式。《终南别业》云：

中岁颇好道，晚家南山陲。兴来每独往，胜事空自知。行到水穷处，坐看云起时。偶然值林叟，谈笑无还期。

阮籍途穷而恸哭归返，是名士的气质体现，是"名士少有全者"的魏晋悲惨世界的语境产物，其心态显得特别悲恸激愤。而王维在本诗中所体现出的心态则显得平和冲淡。他与环境没有冲突抵触，他的"独往"行为是兴之所至。他也有途穷之时——"行到水穷处"，但其心理反应与阮籍判然有别，他心态极其平和地"坐看云起时"。水虽穷尽，但云起云飞，生态没有终结，心态没有穷尽，水、云相接。不因"水穷"而沮丧和懊恼，而是去欣赏另一种景象，心态很快得到调剂和更换。"偶然值林叟"，"偶然"是无缘而有缘，不识而相识。相见后"谈笑无还期"，何等忘怀、忘情。不以物存物亡而生情灭情，其心理状态极佳，这正是禅的精神熏染、孕育、陶冶所致，委运造化，随遇而安。这也形成了禅与玄的差异。

禅从自然山林中获得启示和悟解，自然山林便成为禅的对象。南禅宗之玄觉《苔朗禅师书》写道："夫欲采妙探玄，实非容易；决择之次，如履轻冰。必须侧耳而奉玄音，肃情尘而赏幽致，忘言宴旨，濯累餐微。夕惕朝询，不滥丝发。如是则乃可潜形山谷，寂虑绝群哉。其或心径未通，瞩物

---

① 王维：《宫槐陌》。
② 王维：《蓝田山石门精舍》。

成壅，而欲避喧求静者，尽世未有其方。况乎郁郁长林，峨峨耸峭，鸟兽鸣咽，松竹森梢；水石峥嵘，风枝萧索；藤萝萦绊，云雾氤氲；节物衰荣，晨昏眩晃：斯之种类……触途成滞耳。是以先须识道，后乃居山。若未识道而先居山者，但见其山，必忘其道；若未居山而先识道者，但见其道，必忘其山。忘山则道性怡神，忘道则山形眩目。是以见道忘山者，人间亦寂也；见山忘道者，山中乃喧也。必能了阴无我，无我谁在人间？"禅选择自然山林作为悟道之对象，因此，禅宗公案中的自然山林现象特别丰富，表现了与自然景象的心契，也表现了禅宗的悟解方式。王维《过感化寺昙兴上人山院》写道：

　　暮持筇竹杖，相待虎溪头。催客闻山响，归房逐水流。野花丛发好，谷鸟一声幽。夜坐空林寂，松风直似秋。

诗中展现的佛寺景象及渲染的氛围，都逼真地酷似于对象，山响催客，水流归房，又满含着禅机。

　　王维诗中有不少是以禅院佛寺的景象为描述对象的，其描述的特征和所含的意味具有他作为居士的心态特征。非此方内人尽管也写此类诗，但内在的意味究属有差别，无法到位。而王维的诗就完全不同了。如著名的《过香积寺》："不知香积寺，数里入云峰。古木无人径，深山何处钟。泉声咽危石，日色冷青松。薄暮空潭曲，安禅制毒龙。"不仅有景象，而且有诗人的主体感受。

　　禅宗思维方式影响王维的审美思维，出现一种悟解方式，如《酬张少府》：

　　晚年唯好静，万事不关心。自顾无长策，空知返旧林。松风吹解带，山月照弹琴。君问穷通理，渔歌入浦深。

禅的悟解方式是会心领略，不直接揭示出禅机或给人一个结论，而是代之以一个似是而非或扑朔迷离的景象，让人去体味、领悟。这首诗的尾联就是如此。"君问穷通理"，诗人没有明确揭示，而是出现一个形象画面："渔歌入浦深。"从禅宗那里所获得的审美方式的启示并融入诗的审美创作中，便增添了诗的深长意味，正所谓含不尽之意见于言外。

　　入禅和隐居生活使得王维形成一种特定的空寂观，《饭覆釜山僧》说："一悟寂为乐。"他已从"寂"中领悟到"乐"趣了。空寂作为审美的内视域便使王维的诗中多有空寂荒索的意象。但是，他的心灵世界又不是古井、死澜，他以审美之心观照、描述自然的生机，展现特有的闪动明灭之美。虽是"空堂""独坐"，形似空寂，却有雨声淅沥、山果掉落、草虫鸣叫的动态、声息。虽然"涧户寂无人"，却有芙蓉花"纷纷开且落"。"空山不见人"，却"但闻人语响"。在诗的审美境界上，产生了闪动明灭、恍惚迷离之美。"返景入深林，复照青苔上"，一束余晖投射幽深的树林中，透过树林的光影又投照在青苔之上，出现了斑驳陆离的景象。"彩翠时分明，夕岚无处所"，也是这种迷离景象的描述。景象的陆离状态正体现了它的不确定性，从而出现严羽《沧浪诗话》所说的"羚羊挂角，无迹可求"的审美境界。

王维是盛唐美学的杰出代表之一，代表了盛唐的事功和隐逸精神，他的思想具有盛唐所赋予的时代色彩和特征。在盛唐的思想文化环境中，他的思想受其影响，例如禅宗思想。在佛学与文学的审美关系上，前有谢灵运开其先河，王维则进一步加以提高和发展。他把禅的意识、思维方式内化为审美的意识、思维方式，这样他的美学风格便走向空灵。在审美上，他有着极高的禀赋、天分，对于艺术审美的诸多领域，无所不晓、无所不精，他是一位全才、通才，又能把诸审美门类融会贯通。他的文化、美学素养全面而精深，这正是盛唐人的特征。他较为集中地体现了盛唐的文化、美学精神。他的后期诗篇摆脱了可能影响审美的诸多因素，走向纯美学。他所提供的审美经验不仅属于盛唐、唐代，而且属于整个中国美学史。

第十五章 孟浩然

王孟并提,代表了盛唐的一种审美走向。他们不仅推动了中国山水田园诗的发展,而且体现了盛唐的一种审美特征,这才是他们真正意义之所在。

第一节 入仕与出仕

根据史籍记载,孟浩然的履历竟是那样单纯。《旧唐书》本传把他列入"文苑传",其记载文字极其简单:"孟浩然隐鹿门山,以诗自适。年四十,来游京师。应进士不第,还襄阳。张九龄镇荆州,署为从事,与之唱和,不达而卒。"看来,他于仕无缘。他隐居鹿门山有两段经历,可以说是人生的一首一尾,中间有一段求仕不第的经历。"不达而卒",孟浩然终身未仕,没有闻达。于是,人们据此把他描绘成一个纯隐士的形象。闻一多《唐诗杂论·孟浩然》就曾引录了一幅画像的题款,并具体写道:

> 当年孙润夫家所藏王维画的孟浩然像,据《韵语阳秋》的作者葛立方说,是个很不高明的摹本,连所附的王维自己和陆羽、张洎等三篇题识,据他看,也是一手摹出的。葛氏的鉴定大概是对的,但他并没有否认那"俗工"所据的底本——即张洎亲眼见到的孟浩然像,确是王维的真迹。这幅画,据张洎的题识说:

> 虽轴尘缣古,尚可窥览。观右丞笔迹,穷极神妙。襄阳之状顾而长,峭而瘦,衣白袍,靴帽重戴,乘款段马——一童总角,提书笈负琴而从——风仪落落,凛然如生。

这在今天，差不多不用证明，就可以相信是逼真的孟浩然。并不是说我们知道浩然多病，就可以断定他当瘦。实在经验告诉我们，什九人是当如其诗的。你在孟浩然诗中所意识到的诗人那身影，能不是"颀而长，峭而瘦"的吗？连那件白袍，恐怕都是天造地设、丝毫不可移动的成分。白袍靴帽固然是"布衣"孟浩然分内的装束，尤其是诗人孟浩然必然的扮相。编《孟浩然集》的王士源应是和浩然很熟的人，不错，他在序文里用来开始介绍这位诗人的"骨貌淑清，风神散朗"八字，与夫陶翰《送孟六入蜀序》所谓"精朗奇素"，无不与画像的精神相合，也无一不与孟浩然的诗境一致。总之，诗如其人，或人就是诗，再没有比孟浩然更具体的例证了。

孟浩然早年隐居于鹿门山是当时社会风气使然。隐逸是时尚，是士子求取功名的终南捷径，是有所为前的有所待，这是中国文人包括盛唐文人的一种独特的行为方式。孟浩然早年隐居不是彻底归隐，乃是以隐的形式包藏求仕的用心。他的隐又不是为着朝廷的征诏，而是利用隐的环境读书，为应试做准备。因此，这时期的隐仅是一种外在现象和生活方式，其求仕的心理则至为迫切。他写有诗《田园作》：

> 弊庐隔尘喧，惟先养恬素。卜邻近三径，植果盈千树。粤余任推迁，三十犹未遇。书剑时将晚，丘园日空暮。晨兴自多怀，昼坐多寡悟。冲天羡鸿鹄，争食羞鸡鹜。望断金马门，劳歌采樵路。乡曲无知己，朝端乏亲故。谁能为扬雄，一荐甘泉赋。

这首诗充分体现了孟浩然的雄心壮志，"冲天羡鸿鹄"，有鸿鹄之志，耻与"鸡鹜"为伍。他又表现出一种希望为朝廷欣赏和重用的迫切愿望："谁能为扬雄，一荐甘泉赋。"他对"乡曲无知己，朝端乏亲故"有遗憾，又对"三十犹未遇"表现出一种急躁、浮躁的情绪。他的"弊庐隔尘喧"，远离尘世喧闹，然而他寓于"弊庐"的目的又是"惟先养恬素"，首先怡养性情，进行心灵和精神的塑造，然后待机而出，一展身手。

他少有大志，企望通过读书应试以求仕，"少年弄文墨，属意在章句"[1]。他读书颇为刻苦勤奋，"苦学三十载，闭门江汉阴"[2]。经过昼夜勤

---

[1] 孟浩然：《南归阻雪》。
[2] 孟浩然：《秦中苦雨思归赠袁左丞贺侍郎》。

苦努力，他的学业长进很大。隐居，读书，求仕，构成了他早期的生活模式。他坦言："魏阙心恒在，金门诏不忘"①，他深深地心系那充满灿烂的金门魏阙。这可以说是他此时的心灵写照。《书怀贻京邑同好》则有集中的表露：

> 维先自邹鲁，家世重儒风。诗礼袭遗训，趋庭绍末躬。昼夜常自强，词翰颇亦工。三十既成立，嗟吁命不通。慈亲向羸老，喜惧在深衷。甘脆朝不足，箪瓢夕屡空。执鞭慕夫子，捧檄怀毛公。感激遂弹冠，安能守固穷。当途诉知己，投刺匪求蒙。秦楚邈离异，翻飞何日同。

他一方面感叹"三十既成立，嗟吁命不通"，一方面又有"安能守固穷"的急切心情。他的功名欲已是裸露于外，不加掩盖了。他有自己的抱负、志向与理想，一旦有机会，他便表露无遗。他到长安求仕，其兴奋心情和憧憬溢于言表："关戍惟东井，城池起北辰。咸歌太平日，共乐建寅春。雪尽青山树，冰开黑水滨。草迎金埒马，花伴玉楼人。鸿渐看无数，莺歌听欲频。何当遂荣擢，归及柳条新。"即使晚年被出镇荆州的张九龄入幕，他也乐于从命，那首著名的《望洞庭湖赠张丞相》的后半部分就写道："欲济无舟楫，端居耻圣明。坐观垂钓者，徒有羡鱼情。"他也像其他盛唐诗人一样，向往建功立业，如《送陈七赴西军》：

> 吾观非常者，碌碌在目前。君负鸿鹄志，蹉跎书剑年。一闻边烽动，万里忽争先。余亦赴京国，何当献凯还。

"一闻边烽动，万里忽争先"，把争赴前线的情态表现得十分逼真。他也像其他盛唐诗人一样，把效命疆场看得高于读书求学，《送告八从军》就写道："男儿一片气，何必五车书。"把这些情况罗列和描述出来就可以看出孟浩然热衷于功名的那一面。而只有把这一面陈示出来才是孟浩然之全人。

然而，孟浩然的雄心、宏愿只是一种口头的表达，却没有能付诸实现。他一生布衣，迭遭蹭蹬，消歇了入仕的热情，便对现实充满了怨艾、愤懑、辛酸，转而走向隐逸之路。《留别王维》便是集中表露：

> 寂寂竟何待，朝朝空自归。欲寻芳草去，惜与故人违。当路谁相假？知音世所稀。只应守寂寞，还掩故园扉。

---

① 孟浩然：《自浔阳泛舟经明海》。

落第而归，只落得"寂寂"的冷落，"朝朝空自归"的景象何等凄凉。在如此处境中对于人情的冷暖、世态的炎凉便更为敏感，他感叹"知音世所稀"的境况。他在进无所着的情况下，只能退而"守寂寞，还掩故园扉"，把隐居当作唯一的选择了。这里揭示了他走上隐居生活道路的必然性。他在这时已不是早期的受时尚风染隐居，也不是为着"一个浪漫的理想"[①]，而是内在的、深层的。另一首《岁暮归南山》云：

  北阙休上书，南山归弊庐。不才明主弃，多病故人疏。白发催年老，青阳逼岁除。永怀愁不寐，松月夜窗虚。

他已没有北阙上书的激情了，而是彻底隐居了。他有着对于"明主"的抱怨，有着对于"故人"疏远的不满，他感喟于白发催老、红日催岁，在"松月夜窗虚"的寂寞中"永怀愁不寐"。他慨叹生活的苦寂，只得以"南山归弊庐"作为生活的选择和归宿。这样，他的晚年隐居就带有入仕不成而归入出仕的性质，是"寂寂"之后的生活选择。他没有大隐隐朝市的富有，也没有亦官亦隐的风光，他的隐居实质上就是贫居。然而，艰难困苦，玉汝于成，隐逸生活给孟浩然打开了生活与审美的空间，为他成为盛唐山水田园诗派的代表提供了条件。

  生活成就了孟浩然，形成了他的隐逸文化品格和风貌，同时，襄阳的地理文化也为其文化风貌的形成提供了滋养，后世遂称孟浩然为孟襄阳。闻一多《唐诗杂论·孟浩然》说："张祜曾有过'襄阳属浩然'之句，我们却要说：浩然也属于襄阳。也许正惟浩然是属于襄阳的，所以襄阳也属于他。大半辈子岁月在这里度过，大多数诗章是在这地方，因这地方，为这地方而写的。没有第二个襄阳人比孟浩然更忠于襄阳，更爱襄阳的。晚年漫游南北，看过多少名胜，到头还是'山水观形胜，襄阳美会稽'。实在襄阳的人杰地灵，恐怕比它的山水形胜更值得人赞美。从汉阴丈人到庞德公，多少令人神往的风流人物，我们简直不能想象一部《襄阳耆旧传》，对于少年的孟浩然是何等深厚的一个影响。了解了这一层，我们才可以认识孟浩然的人，孟浩然的诗。"《登望楚山最高顶》写道：

  山水观形胜，襄阳美会稽。最高唯望楚，曾未一攀跻。石壁疑

[①] 闻一多：《唐诗杂论·孟浩然》。

>削成，众山比全低。晴明试登陟，目极无端倪。云梦掌中小，武陵花处迷。瞑还归骑下，萝月映深溪。

孟浩然对生于兹长于兹的襄阳情有独钟，认为其山水形胜美于会稽。他看到襄阳"石壁疑削成，众山比全低"，看到"云梦掌中小，武陵花处迷"，这不是一般的所谓故土观念，而是一种对于襄阳地区历史文化、隐逸文化的深沉热爱。襄阳在东汉产生过著名隐士庞德公。《后汉书·逸民传》云："庞公者，南郡襄阳人也……荆州刺史刘表数延请，不能屈……后遂携其妻子登鹿门山，因采药不返。"孟浩然对这位同乡先贤心向往之，他挚爱在这片土地上所产生的隐士和隐逸文化。《题张野人园庐》写道："与君园庐并，微尚颇亦同。耕钓方自逸，壶觞趣不空。门无俗士驾，人有上皇风。何处先贤传，惟称庞德公。"他晚年隐居特意追步庞德公，在鹿门山辟隐居别业，著名的《夜归鹿门歌》就写至此，诗云：

>山寺鸣钟昼已昏，渔梁渡头争渡喧。人随沙岸向江村，余亦乘舟归鹿门。鹿门月照开烟树，忽到庞公栖隐处。岩扉松径长寂寥，惟有幽人独来去。

在黄昏时光，人们回江村时，自己归返鹿门。在岩扉松径，一片寂寥的隐居环境中，只有幽人独往独来。这幽人指庞德公，也是诗人自指。从庞德公到孟浩然便出现了襄阳的隐逸文化承继现象。

在历史文化上，襄阳曾是晋代名将羊祜的驻节之地。据《晋书》本传："祜乐山水，每风景必造岘山，置酒言咏终日不倦，尝慨然叹息顾谓从事中郎邹湛等曰：'自有宇宙便有此山，由来贤达胜士登此远望。如我与卿者多矣，皆湮灭无闻，使人悲伤。如百岁后有知，魂魄犹应登此也。'"他死后，"襄阳百姓于岘山祜平生游憩之所，建碑立庙，岁时飨祭焉。望其碑者莫不流涕，杜预因名为堕泪碑"。羊祜登临岘山所表达的是一种深沉的宇宙无限而人生短暂的时空意识，是对宇宙时空和主体精神的一种体认。孟浩然在这里形成了跟历史文化的精神联系。《与诸子登岘山》曰：

>人事有代谢，往来成古今。江山留胜迹，我辈复登临。水落鱼梁浅，天寒梦泽深。羊公碑尚在，读罢泪沾襟。

首联表达了人事代谢更迭的时空哲学意识，在这点上，孟浩然的感受与羊祜是相同的。面对"羊公碑尚在，读罢泪沾襟"，其感情又是与后人相同的。从羊祜至盛唐，中有四百余年，孟浩然在这里所表达的历史沧桑感便显得更为悲凉深沉。可见，孟浩然对于襄阳的区域文化是连同隐逸文化、历史文化一起接受的。于是，渊源既深的襄阳隐逸文化、历史文化便哺育了孟浩然的文化、审美心理。在《仲夏归汉南园寄邑耆旧》中又写道："尝读高士传，最嘉陶征君。日耽田园趣，自谓羲皇人。予复何为者，栖栖徒问津。中年废丘壑，上国旅风尘。忠欲事明主，孝思侍老亲。归来当炎夏，耕稼不及春。扇枕北窗下，采芝南涧滨。因声谢同列，吾慕颍阳真。"他以陶潜为最佳效法对象，从而与襄阳隐逸文化传统相融合，最终铸合为隐逸文化心理。

"朱绂心虽重，沧洲趣每怀"[1]，孟浩然在求仕无着的境况下转而寻求隐逸，"归来卧青山，常梦游清都。漆园有傲吏，惠我在招呼"[2]。他的退隐也包含着怀才不遇的情绪。他在隐逸中含清远之精神与风范，得到了李白的倾心赞赏。《赠孟浩然》写道：

> 吾爱孟夫子，风流天下闻。红颜弃轩冕，白首卧松云。醉月频中圣，迷花不事君。高山安可仰，徒此揖清芬。

孟浩然去世五年后，有王士源者辑其诗，作序云：

> 骨貌淑清，风神散朗。救患释纷，以立义表。灌蔬艺竹，以全高尚。交游之中，通脱倾盖，机警无匿。学不为儒，务揔菁藻。文不按古，匠心独妙，五言诗天下称其尽美矣。

该序还披露了这样一段事实："山南采访使本郡守昌黎韩朝宗，谓浩然间代清律，置诸周行，必咏穆如之颂。因入奏与偕行，先扬于朝，与期，约日引谒。及期，浩然会僚友，文酒讲好甚适。或曰：'子与韩公预诺而忘之，无乃不可乎！'浩然叱曰：'仆已饮矣，身行乐耳，遑恤其它！'遂毕席不赴。由是闲罢。既而浩然亦不之悔也。其好乐忘名如此。"这是体现孟浩然性格、精神的一个重要剪影。他富于清朗之风、放达之气。他交织着求仕与出仕的矛盾，又吸取了其他精神因素，这就使得他的精神结构体不是单一的，反映到审美上就或有平和，或有激奋，或有清旷。到了人生后期，随着隐逸生活的确定，孟浩然的审美风格便完全走向平淡了。

---

[1] 孟浩然：《奉先张明府休沐还乡海亭宴集》。
[2] 孟浩然：《与王昌龄宴王道士房》。

第二节　美学风格

闻一多《唐诗杂论·孟浩然》称孟浩然的诗"甚至淡到令你疑心到底有诗没有……淡到看不见诗了,才是真正孟浩然的诗。不,说是孟浩然的诗,倒不如说是诗的孟浩然,更为准确"。《万山潭作》:"垂钓坐盘石,水清心亦闲。鱼行潭树下,猿挂岛藤间。游女昔解佩,传闻于此山。求之不可得,沿月棹歌还。"闻一多以此诗为例具体分析道:"这首诗里,孟浩然几曾作过诗?他只是谈话而已。甚至要紧的还不是那些话,而是谈话人的那副'风神散朗'的姿态。读到'求之不可得,沿月棹歌还',我们得到一如张洎从画像所得到的印象,'风仪落落,凛然如生'。得到了象,便可以忘言,得到了'诗的孟浩然',便可以忘掉'孟浩然的诗'了。"孟浩然诗的美学风格属于平淡冲和之一路,这是因为他晚年归隐后心态趋于平淡冲和了。

杜甫《遣兴》说,孟浩然"赋诗何必多,往往凌鲍谢"。《解闷十二首》称其"清诗句句尽堪传"。孟诗的淡不是淡而无味,而是淡中含清。在中国诗歌美学史上超越鲍、谢,是说其"清"不同于鲍、谢的清丽,而是清淡。是写意而不是工笔,他不是精雕细琢,慢慢加工,而是以一种轻松消闲式的人生态度和审美态度看待山水田园,把对象在审美屏幕上加以淡化、稀释,没有过于炫目的色彩,也没有大喊大叫的宣泄。这种审美态度和审美方式正体现了孟浩然的特点,具备了鲜明的主体性色彩。这样,他的诗便与对象相化合,融到没有痕迹的地步,所谓"淡到看不见诗"正指其风格化特征。它吻合于隐逸生活和文化意韵,也反照出孟浩然独特的文化审美心理特征。《秋登兰山寄张五》写道:

> 北山白云里,隐者自怡悦。相望试登高,心飞逐鸟灭。愁因薄暮起,兴是清秋发。时见归村人,沙行渡头歇。天边树若荠,江畔舟如月。何当载酒来,共醉重阳节。

这首诗并不着意营构完整的富于艺术逻辑性的结构。从北山白云里隐士的怡悦心情入手,跳入登高时心随飞鸟而出没的抒写,转而则是对人的情绪发生的原因说明:"愁因薄暮起,兴是清秋发。"然后是登高所见,有村人、渡头、树木、江舟等。登高远望,当然所见甚小,不很分明。"时见归村人,沙行渡头歇",是一种模糊印象,而非细加描述举止形态。"天边树若荠,江畔舟如月",它在景象上仍然显示的是朦胧、模糊,这是诗人主体视域对对象的淡化所致。最后才是对友人张五（张子容）的思念和邀请。可以看出，整首诗结构富于跳跃性，没有细密的逻辑，有一种信马由缰、随意为之的萧散。皮日休《郢州孟亭记》评价孟浩然的诗美特征是："遇景入咏，不拘奇抉异……涵涵然有云霄之兴，若公输氏当巧而不巧者也。"

孟浩然审美上一个十分重要的特点是采用不即不离的审美方式。例如《晚泊浔阳望庐山》：

挂席几千里，名山都未逢。泊舟浔阳郭，始见香炉峰。尝读远公传，永怀尘外踪。东林精舍近，日暮空闻钟。

诗人在千里江面上，挂帆远行，一路未逢名山，晚间始泊浔阳，抬眼一望，"始见香炉峰"。这是远眺之"即"。既然千里水行，好容易才见到这一名山名峰，该舍舟登临了吧，但诗人却不，因为那样做，未免太"即"了。笔锋一转，转入对东晋高僧慧远尘外仙踪的怀想。"东林精舍近"，妙就妙在"近"而不"远"，"即"而不"离"。虽近在咫尺，却不登临，这就形成距离。"日暮空闻钟"，好又好在"空"，高人已逝，空闻钟声。近而空的疏离，形成了清远神韵；钟声袅韵，则更为悠悠不尽。这样，就给读者以神远韵长的审美感受。它遂成为诗美学神韵论的范例。清代王士禛《带经堂诗话》说："诗至此，色相俱空，正如羚羊挂角，无迹可求，画家所谓逸品是也。"又如《早寒江上有怀》："木落雁南度，北风江上寒。我家襄水曲，遥隔楚云端。乡泪客中尽，归帆天际看。迷津欲有问，平海夕漫漫。"同样有一种不即不离的审美感。

孟浩然诗美的主体特征比较鲜明。他给对象染上了情感，但又不是浓重的，而是淡淡的，淡愁轻悲。《秦中感秋寄远上人》曰："一丘常欲卧，三径苦无资。北上非吾愿，东林怀我师。黄金燃桂尽，壮志逐年衰。日夕凉风至，闻蝉但益悲。"是长安落第，流落秦中，企望归隐之悲。《宿桐庐江寄广陵旧游》云：

山暝听猿愁，沧江急夜流。风鸣两岸叶，月照一孤舟。建德非吾土，维扬忆旧游。还将数行泪，遥寄海西头。

山色暝晦，猿猴哀鸣，是为一愁；江水夜奔，情景凄凉，是为二愁；风吹树叶，萧瑟作响，是为三愁；月照孤舟，是为四愁。诗人目之所即、耳之所闻，都是足以引发人们愁苦的景象风物。"风鸣两岸叶，月照一孤舟"，沿江的两岸树叶，全都在夜风吹动中索索作响。在萧瑟声声、一江夜流中，只有孤月一轮、孤舟一叶。江的凄凉、月的凄清、船的孤寂，都为心绪的凄楚做了景物的点染。越是突出两岸风声，就越是对一叶孤舟起到突出作用。在这样的苦境中，诗人追忆扬州旧游，痛落双泪，回顾故旧，就益发显示出眷念回忆之情的深挚宛曲了。那首著名的《宿建德江》：

　　移舟泊烟渚，日暮客愁新。野旷天低树，江清月近人。

移舟靠岸，小洲被暮色中的烟霭所笼罩，在黄昏中更添了羁旅之愁思。原野平旷，天空仿佛低低地落在远方的树林上，这是一种独特的审美观照视界，获得了富于审美性质的错觉，然而也更真实地观照了对象。唯其江清，才见月影；波光闪动，月色摇移，分明觉得月亮和人更加接近。诗人的着眼点是月与人的关系，既写出了对象，又写出了主体。他的情绪是忧伤的，可又是淡淡的；所描述的景象是清朗的，可又是萧散的。这样的审美方式使得他在把握宏观景象时，也是写意的，例如前引《望洞庭湖赠张丞相》前半部分的写景文字："八月湖水平，涵虚混太清。气蒸云梦泽，波撼岳阳城。"孟浩然的审美写意应该说是大写意，淡墨疏染式的写意。

　　《游精思观回王白云在后》曰："出谷未亭午，到家日已曛。回瞻下山路，但见牛羊群。樵子暗相失，草虫寒不闻。衡门犹未掩，伫立望夫君。"一切都是口语化的，塑造了寻常化的生活意象。因此，孟浩然审美平淡化又委实是生活化的表征。这是远离贵族化精致型美学的另一审美倾向。这种倾向最终正是心清意闲的隐逸文化、美学体现，从前引《万山潭作》一诗中可以找到答案。然而，在孟诗的平淡中又富于生机、情趣。《夏日浮舟过陈大水亭》写道："水亭凉气多，闲棹晚来过。涧影见松竹，潭香闻芰荷。野童扶醉舞，山鸟助酣歌。幽赏未云遍，烟光奈夕何。"一派山乡野趣。

　　孟浩然平和清淡的心态并非是枯槁麻木的，诗人有着灵敏发达的审美感觉。《宿业师山房期丁大不至》："夕阳度西岭，群壑倏已暝。松月生夜凉，风泉满清听。樵人归欲尽，烟鸟栖初定。之子期宿来，孤琴候萝迳。"诗人对于薄暮至夜的过程，有着深细的审美观察和感受。在山区，夕阳刚刚西落，群山旋即暝晦，随后便是松月生凉、樵人夜归、栖鸟初定，这个连续性的景象与时态的演化过程体现出诗人对于审美现象过程性把握的感受。诗中对"松月生夜凉"的触觉，对"风泉满清听"的听觉，有着清晰的体认；对"樵人归欲尽"的"欲尽"、对"烟鸟栖初定"的"初定"的临界状态的体察，都体现出审美把握的精微分寸感。在淡淡清悠的黄昏至于夜凉的景象、氛围的移步换形中,则是诗人期待友人的款款情思的细细传送。诗写得极为清淡又极为清远。

《夏日南亭怀辛大》写道:

山光忽西落,池月渐东上。散发乘夕凉,开轩卧闲敞。荷风送香气,竹露滴清响。欲取鸣琴弹,恨无知音赏。感此怀故人,中宵劳梦想。

山间夕阳忽然西落,素月东上却是姗姗来迟,这一"忽"一"渐",对景象是多么准确的审美把握。诗人的身心彻底放松,散发乘凉,开轩闲卧。在这样的平和心态中,诗人的审美感觉却显得十分灵敏和尖细,交替使用嗅、听的审美感觉,嗅到"荷风送香气",听到"竹露滴清响",这是诗人对自然天籁的感受。其感受的产生和发挥跟心态相联系,心态愈平和,则感受愈灵敏,而感受的灵敏则反映出心态的平和。在这样的环境、心境中,诗人怀念故人的情思便显得更为悠远深长。

体现孟浩然那超众的审美感觉的,是他那最负盛名的《春晓》。诗云:

春眠不觉晓,处处闻啼鸟。夜来风雨声,花落知多少?

这是人们所熟知的感受,而诗人用最平淡的语言和最直接的审美方式做了表达。诗人通过听觉感受,体现出一种令人感到极为亲切而恬怡的美学境界。春天易使人困倦,诗人一夜酣睡,不知天之破晓。当他醒来时,感到睡后的舒坦和微微的困意,满耳听到鸟儿的啼叫,心境感到特别的愉畅和舒润。诗人借助听觉已跟一片生机的大自然相冥化和融合了。这时诗人的潜意识突然升腾到表层,似乎感到昨夜风雨,于是顷刻间关心起花事:"花落知多少?"这种关心的内涵当然没有多少深刻的社会内容,但诗人却十分成功地描述出了一种心态、一种感觉、一种意趣,从而富于审美的愉悦,遂成为千古名句。而它之所以能令人们千百年来传唱,就因为诗人体验出和表述出人们千百年来在相似情境中的感受与体验。孟浩然在这首诗里惜春、惜花情绪,一点也不颓废、伤楚,相反充满清新情趣,这正是盛唐气象,是盛唐人才有的心态。比较一下此后无数惜花诗、伤春词的感伤情调,就愈发显示出这首诗审美情调的特征。

第三节　王孟比较

王孟是诗友，共同创立了唐代文学美学的山水田园诗派，他俩齐名，被人们合论。他们继承了陶渊明、谢灵运所开创的山水田园诗审美传统，在盛唐的社会、文化、美学精神环境中创造了山水田园诗美。在山水诗审美创造上，王孟对于谢灵运有明显的发展，他们提供了新的东西。他们学习、效法谢灵运的是"神"，是审美艺术精神，就是以旅游的审美行为方式，尽态极妍地描述对象的情貌，随物赋形，意象密集。然而他们又剔除了谢灵运在把握密集意象时有些过头，失之冗繁的现象。他们不再以玄对山水，而是以审美对山水，虽然其中有禅机、禅趣，但其机趣已融入审美之中，他们彻底完成了山水文学的审美化历程。孟浩然《秋登兰山寄张五》说："愁因薄暮起，兴是清秋发。"实际上包含着审美感受发生论的原理。王孟正是运用这种审美感受发生论来观照自然山水的。前述孟浩然的诗往往以淡化对象的手段来构成一种意象。这就不是像谢灵运那样逼肖于对象，而是塑造出接近于对象而又非完全等同于对象的模糊性意象，因此，孟浩然山水诗中的"烟"字特别多，"烟"字有助于造成意象的隔离和模糊。王孟改造了谢灵运的繁缛而趋于简洁，然而王孟山水诗的精致玲珑又缺少了谢灵运的气势和展现山水巨轴长卷的气魄。

王孟齐名，但在审美格调、品貌、情韵上却有区别。王孟山水自然诗美虽然具有比较一致的特征，但王维的构图、色彩、线条较孟浩然鲜澄、亮丽，而孟浩然在形成景象的模糊性上则有自身的特点。乔亿《剑溪说诗》曰："王、孟齐名，李西涯谓王不及孟，竟陵及新城先生谓孟不及王，愚谓以疏古论，孟为胜；以澄汰论，王为胜，二家未易轩轾。"乔亿是从不同的视角做出比较、判断的，因此，王孟的美学风格便各有千秋。贺贻孙《诗筏》以不同的比喻描述道："王如一轮秋月，碧天如洗，而孟则江月一色，荡漾空明。"然而，王孟之间还是有差别的。

孟浩然一生仕运不佳，一直没有能进入上流社会。他到长安求仕过，但未能成功，因此，他就未能与上流社会打成一片，自然，也就未能与之相融合。与孟浩然相比，王维则显得十分通达。请看王维所写《和贾舍人早朝大明宫之作》何等雍容华贵，庄严肃穆。诗云："绛帻鸡人报晓筹，尚衣方进翠云裘。九天阊阖开宫殿，万国衣冠朝冕旒。日色才临仙掌动，香烟欲傍衮龙浮。朝罢须裁五色诏，佩声归到凤池头。"王维有着参与应制的风光与殊荣，他对盛唐的帝国风采做出了尽情尽致的描述，如《奉和圣制从蓬莱向兴庆阁道中留春雨中春望之作应制》所写：

渭水自萦秦塞曲，黄山旧绕汉宫斜。銮舆迥出仙门柳，阁道回看上苑花。云里帝城双凤阙，雨中春树万人家。为乘阳气行时令，不是宸游重物华。

而孟浩然没有这种殊遇、殊荣，也就没有这种心境、心态。他遇到的是在京城屡屡碰壁，求仕无门，于是便对那车马喧阗的都市繁华，产生了厌倦心理。他明确地表示"风尘厌洛京"，神往"山水寻吴越"，从而"扁舟泛湖海，长揖谢公卿"①。他对唐代上流社会的文化保持着一种格格不入的心理距离，却一直保留着对于襄阳山水、民俗的完美印象和归返意识。《同张将蓟门观灯》就写道："异俗非乡俗。"孟浩然说他"家世重儒风"，这是所接受的家风。他本人则是："我爱陶家趣。"从总体的思想渊源结构上看，则是儒道并重，儒道互补，规范了他在入仕与出仕之间的徘徊。他较少像王维那样有雍容典雅的贵族气。既然无法跻身和融入上流社会，就以他那为之心醉的襄阳风光作为归宿和家园。孟浩然的诗美风格带有他从襄阳、鹿门来的朴质和野趣，没有王维的精致圆润、玲珑剔透。

在审美观照上，王维偏重于静观，他的诗多静的形态，如《文杏馆》："不知栋里云，去作人间雨。"《斤竹岭》："暗入商山路，樵人不可知。"《南垞》："隔浦望人家，遥遥不相识。"王维喜欢独往独来，孤高清僻，"中岁颇好道，晚家南山陲。兴来每独往，胜事空自知"。因此，他的审美视域中总是孤寂无人，如"深林人不知""涧户寂无人""空山不见人""夜静春山空"，他为此常常感到"惆怅情何极"。孟浩然则不同，他比较随和，不像世外高人那样不食人间烟火，他和周围环境、世俗人等相处融洽，他的诗世俗情调比较浓。《游凤林寺西岭》写道："共喜年华好，来游水石间。烟容开远树，春色满幽山。壶酒朋情洽，琴歌野兴闲。莫愁归路暝，招月伴人还。"格调跟陶潜颇为相近。在这方面最著名的是《过故人庄》：

故人具鸡黍，邀我至田家。绿树村边合，青山郭外斜。开轩面场圃，把酒话桑麻。待到重阳日，还来就菊花。

---

① 孟浩然：《自洛之越》。

这是一次朋友间的寻常聚首，这是一顿寻常的鸡黍宴，家常便饭，却写得情趣盎然，生动感人。唯其寻常，唯其平淡，才显得随意，交情深厚。诗一开始就氤氲着平民间亲切热络的氛围，毫不虚饰，毫不造作。诗人十分喜欢故人的住宅环境。近处是绿树环绕，自成天地，却又借得远景的起伏青山，显得开阔舒展，也透现出诗人的心境是一片明亮舒展。打开窗户，面对场圃，诗人与主人之间频频举杯，"把酒话桑麻"。以农事为话题，诗人和主人的心灵贴得更紧，情感更为融洽，蒸腾起的生活气息更为浓郁。诗人被主人淡中含浓的深情感染了，因之陶醉了，颇带几分天真气地提出："待到重阳日，还来就菊花。"预约在先了。首联是说："邀我至田家"，为主人所邀；尾联则是诗人主动预约，这个变化适足体现了在这个聚会过程中诗人与主人情感的浓化。诗人用最淡的笔写出了最深的情，其生活味十分浓烈。

王孟齐名，他们塑造了各自的审美形态，一者精致，一者闲适；一者清丽，一者淡雅；一者取山水之灵，一者得自然之趣。反映了两种不同的审美心态和文化美学结构，合则成一全璧，分则各呈异彩。

第四节　山水田园诗派美学风貌

盛唐山水田园诗派作为一个文学美学流派有着大体一致的审美题材、美学风貌以至美学风格。盛唐山水田园诗派是以王维、孟浩然为核心的，在他们周围有一批诗人，共同创造了这一诗美成果。虽然他们在诗美成就上并非领新标异，但其美学品貌和风格却构成和丰富了盛唐山水田园诗派的流派品貌和风格。同时又要看到，他们虽不是近代意义的诗歌流派，但作为一个诗歌群体又有许多的流派特征，诸如交游甚多、甚厚。王孟之间，王孟各自与裴迪、张子容、綦毋潜等之间，都有密切交往，不仅仅是人际关系上的往来，更有诗歌唱和。通过诗歌唱和增加了诗歌流派美学风格的接近和组合，特别是形成以王孟风格为核心的辐射。王维与裴迪之间的关系十分密切，互相"浮舟往来，弹琴赋诗，啸咏终日"，各为辋川别业赋诗五绝二十首。其中裴迪的《华子冈》云：

落日松风起，还家草露晞。云光侵履迹，山翠拂人衣。

诗人所展现的是夜间山行的感觉，把感觉的片段组合起来，既具疏淡之美，又天趣盎然。孟浩然在张子容赴举送行时写有《送张子容进士赴举》："夕曛山照灭，送客出柴门。惆怅野中别，殷勤歧路言。茂林予假息，乔木尔飞翻。无使谷风诮，须令友道存。"孟浩然吴越之游，在乐城会见张子容，写有《除夜乐城逢张少府》："云海泛瓯闽，风潮泊岛滨。何知岁除夜，得见故乡亲。子是乘槎客，予为失路人。平生复能几，一别十余春。"诗的情感浓厚深挚，为一别十余年而感慨系之，为能在除夕之夜见到故人而感到欣喜。"子是乘槎客，予为失路人"，彼此遭际一致，引为同调，休戚相关。张子容有《送孟浩然归襄阳》："东越相逢地，西亭送别津。风潮看解缆，云海去愁人。乡在桃林岸，山连枫树春。长怀故园意，归与孟家邻。"他的诗风颇具孟浩然风格，再如《泛永嘉江日暮回舟》："无云天欲暮，轻鹢大江清。归路烟中远，回舟月上行。傍潭窥竹暗，出屿见沙明。更值微风起，乘流丝管声。"作为孟浩然朋友的刘眘虚有《阙题》一首：

> 道由白云尽，春与青溪长。时有落花至，远随流水香。闲门向山路，深柳读书堂。幽映每白日，青辉照衣裳。

诗人访友，山路被白云隔断，不言山高，其高自见。"道由白云尽"，似乎境已断，而"春与青溪长"，境界和画面出现了延长。青溪不尽，春色不尽，春色就在这悠长的青溪之中。"时有落花至"，落英缤纷的绮丽，时时出现在访友的道路中，既表现诗人在观赏沿途落花的景象，又从落花中想见繁花如海，给人以联想空间。"远随流水香"，把春色和青溪结伴而来的意境推向深远，诗人伴随着青溪一路行进，一起融入明媚的春色之中。幽静的门扉对着曲折的山路，书堂掩映在深密的柳荫之中。画面意境在淡幽中显出清美。虽然白云当空，但山深林密，透射出的是清幽的光亮。诗人一路行走访友，山川的幽美移步换形、变化有致地进入画面，色彩淡雅，不施浓墨，却别有韵致。

与孟浩然有过交游的崔国辅，写有《宿范浦》："月暗潮又落，西陵渡暂停。村烟和海雾，舟火乱红星。路转定山绕，塘连范浦横。鸱夷近何去？空山临沧溟。"诗风显然受孟浩然的影响。

綦毋潜《过融上人兰若》诗云：

> 山头禅室挂僧衣，窗外无人溪鸟飞。黄昏半在下山路，却听钟声连翠微。

诗人上山拜访融上人不遇。从"山头"到"下山"，通过山路行程巧妙地写出了山间景致。整个描绘，笔墨清雅淡净，隽永有致。"山头禅室挂僧衣"，以示僧人不在。室内无僧，"窗外无人"，只有溪鸟翻飞。这些情景的描绘使艺术氛围显得宁静淡雅，在淡墨轻涂中表现幽美情调。诗人访僧不遇，只得下山归去，整个黄昏时光大半都在下山途中消磨掉了。访客不遇，又得攀登那么高的山路，一直到"山头"。本来是勃勃的兴致有点扫兴了，猛然间，传来山寺的撞钟声，可见僧人已回。这时诗人的微妙情绪化为悠悠的钟鸣。全诗的画面偏于静态，山寺的寂寥，以"挂僧衣""窗外无人"直言之，以"溪鸟飞"反衬之。其静态在描述的意态上不显得森凛，而是让人体验到深山古寺那特有的幽静。"却听钟声连翠微"，振起诗意，打破寂寥，有所变化。但是钟声直薄山间云气，则有静的意味，不是在嘈杂声中，而是在幽远声中显示，这样，便由幽静转入幽远的境界，富有引人入胜的气韵。

作为王维诗友的祖咏写有《终南望余雪》：

　　终南阴岭秀，积雪浮云端。林表明霁色，城中增暮寒。

据《唐诗纪事》卷二〇载，此诗本是应试之作。唐代应试诗格式严格，五言六韵十二句。祖咏写完这四句就交卷了，试官问他何以不写完，他回答道："意尽。"这则诗坛趣事，倒能说明祖咏的审美态度。他是以意尽神满为目的的，当所描述的对象能完满地表达意味之后绝不添蛇足。从诗的实际情况来看，这四句确能独立成篇。诗人紧扣题中"余雪"的"余"字下笔。由于是"余雪"，不是纷纷扬扬地下得正紧，因而，远眺终南，阴岭秀色，尽收眼底。"秀"字传神地描述了雪后山景的秀美。虽然终南秀色万端，但诗人略去其他，仍然扣合"余"字下笔。"积雪浮云端"，既体现了"余"，又表现了"秀"。雪积得厚，山势又高峻，故景象好似浮动在云端。雪光的灿烂和云雾的缭绕，构成了美的画面，把"秀"字落实和具体化了。到这一步，似乎已把题意写出，但诗人并没有满足，他楔入一笔，"林表明霁色"。大雪消停，天开云雾，太阳照射在树林顶上，明亮闪光，把那个"秀"字进一步具象化了，而且与"积雪浮云端"相映生色。不仅如此，诗人写的是余雪之景，还有着更妙的描述："城中增暮寒。"这显然是着眼于余雪的威力，补足和丰富题旨。雪后寒冷，这一自然知识被诗人审美化地描述在诗中，更何况暮色之间阳光微弱，寒气更加逼人。在审美表达时，诗人既用目力又用感觉，把余雪的诸般特点表现得意尽神满。

作为王维诗友的丘为，在诗的审美对象、审美内容、审美传达方式上都与王维接近。《题农父庐舍》写道:"东风何时至,已绿湖上山。湖上春既早,田家日不闲。沟塍流水处,耒耜平芜间。薄暮饭牛罢,归来还闭关。"《泛若耶溪》:"结庐若耶里,左右若耶水。无日不钓鱼,有时向城市。溪中水流急,渡口水流宽。每得樵风便,往来殊不难。一川草长绿,四时那得辨。短褐衣妻儿,余粮及鸡犬。日暮鸟雀稀,稚子呼牛归。住处无邻里,柴门独掩扉。"所呈现出来的都是一派田园风光。《寻西山隐者不遇》:

> 绝顶一茅茨,直上三十里。扣关无僮仆,窥室唯案几。若非巾柴车,应是钓秋水。差池不相见,黾勉空仰止。草色新雨中,松声晚窗里。及兹契幽绝,自足荡心耳。虽无宾主意,颇得清净理。兴尽方下山,何必待之子。

这是王孟诗审美中经常碰到的对象,而诗人做了别出心裁的审美处理。他"直上三十里"到山之"绝顶",去寻访隐士,却失之交臂,没有遇到。诗借助于这一审美契机描述了隐士的居住环境:"草色新雨中,松声晚窗里。"生活方式:"若非巾柴车,应是钓秋水。"诗的最后:"兴尽方下山,何必待之子。"借用了《世说新语·任诞》所记述的故事。王子猷居山阴,雪夜忽访远在剡溪的戴安道,经夜始至,至门前旋即返回,人问其故,王回答道:"吾本乘兴而行,兴尽而返,何必见戴?"诗人借用这则故事,适足见出他的名士气,任性所之,兴尽止之。

在常建的诗中,山水田园、隐逸诗占有一定的份额。《宿王昌龄隐居》云:

> 清溪深不测,隐处唯孤云。松际露微月,清光犹为君。茅亭宿花影,药院滋苔纹。余亦谢时去,西山鸾鹤群。

诗人夜宿王昌龄的隐居之所,主人不在。他写出了一个幽寂的夜晚,松树丛林中月亮刚露,清光射来,一派清丽。主人已去,诗人则把清光明月看成是他。茅亭外花影婆娑,主人药院内因无人居住,长满青苔,而药草长得很好,滋养了青苔。从景象的描述中,可知主人离之既久,含蓄地道出主人已登仕途,不再隐居了。而最后,表明诗人自己的归志,与西山鸾鹤为伴,隐居终生。诗人明知主人已仕,颇为惋惜,却不明言,而是借药草青苔之景物描述,微含讽意,并通过自己的述志暗做针砭。殷璠《河岳英灵集》评"(常)建诗似初发通庄,却寻野径,百里之外,方归大道,所以其旨远,其兴僻,佳句辄来,唯论意表"。其象近而其旨远,在美学上正是王孟一路。又如著名的《题破山寺后禅院》：

> 清晨入古寺，初日照高林。曲径通幽处，禅房花木深。山光悦鸟性，潭影空人心。万籁此都寂，但余钟磬声。

人们说常建诗颇得王维神韵，这首诗便是例证。"清晨入古寺，初日照高林"，山深林密，真可说是一幅深山藏古寺的图画。太阳初升，光线射进密林，竹径通幽，花木森森，构成了独特的美学境界。它诚然幽美深邃，但不是森凛，令人毛骨悚然。诗人用"山光悦鸟性"来点染意境的色彩和情调，在晨光熹微之中群鸟啁啾，在幽邃的基调中透现清新。为了描述意境，诗人采用了王维写山水所常用的动静制宜的艺术辩证法。俞陛云《诗境浅说》（甲编）说常建这首诗的后面六句"愈转愈静"，"由幽径至禅房深处，惟有鸟声潭影耳。鸟多山栖，而写鸟性用一'悦'字；水令人远，而写人心用一'空'字，名句遂千古。末句惟闻钟磬，所谓静中之动，弥见其静也"。诗的氛围、构图都着眼在静态上，深山古寺，曲径通幽，愈入禅房，草木愈深。诗人在用词上都着力突出静的含义："古""高""幽""深""寂"等。而在煞尾处，"但余钟磬声"却写的是动态。这个动是静中之动。钟磬声悠悠扬扬，不绝如缕，更加突出了静。动静制宜，相反而相成。诗境，一方面是审美客体——山寺所提供，另一方面又跟审美主体——诗人的心理有关。他以虚静之心写景，颇类王维。因而一切便显得幽静，这也无怪乎宋代欧阳修极力想仿"曲径通幽处，禅房花木深"而欲得一联，终未写出来。

也是与王维互有唱和的储光羲写有田园诗，如《同王十三维偶然作》：

> 野老本贫贱，冒暑锄瓜田。一畦未及终，树下高枕眠。荷蓧者谁子，皤皤来息肩。不复问乡墟，相见但依然。腹中无一物，高话羲皇年。落日临层隅，逍遥望晴川。使妇提蚕筐，呼儿榜渔船。悠悠泛绿水，去摘浦中莲。莲花艳且美，使我不能还。

《田家杂兴》有诗云：

> 梧桐荫我门，薜荔网我屋。迢迢两夫妇，朝出暮还宿。稼穑既自务，牛羊还自牧。日旰懒耕锄，登高望川陆。空山足禽兽，墟落多乔木。白马谁家儿，联翩相驰逐。

> 种桑百余树，种黍三十亩。衣食既有余，时时会亲友。夏来菰米饭，秋至菊花酒。孺人喜逢迎，稚子解趋走。日暮闲园里，团团荫榆柳。酣酣乘夜归，凉风吹户牖。清浅望河汉，低昂看北斗。数

> 瓮犹未开，明朝能饮否？

这些是对田园生活朴质无华的如实描述。

储光羲山水诗中审美成就最高的是《钓鱼湾》：

> 垂钓绿湾春，春深杏花乱。潭清疑水浅，荷动知鱼散。日暮待情人，维舟绿杨岸。

满纸皆是春色，格调清新宜人，景象不紊乱，色彩不芜杂，淡雅而又幽丽。诗人的审美着眼点杏、潭、荷、杨，都最能反映春色特点。短短六句中有"绿湾""绿杨"和显示绿色的"荷"。诗人用"绿"作为描绘的主色调，以此表现春色、春景。在主色调之外，又用杏花来点染。"春深杏花乱"，杏花的飘落纷纷，不仅使画面活跃，而且使色彩调配得宜。"乱"字很得神韵，诗人的描写笔触细腻入微。"潭清疑水浅，荷动知鱼散"，荷叶覆盖当然看不到鱼儿，但是诗人从荷叶摇动中推知到游鱼，诗人审美感觉、观察的触须既细微又敏锐。

盛唐山水田园诗派有两位代表，又有一批同道同调的诗人，终至于形成了一个风格相近、审美品貌相似的文学美学流派。他们在中国诗美学史上继承了陶渊明以平淡舒和为审美特征的田园诗风，但又没有模仿陶诗。他们以自己所塑造的文化、美学品格审察田园风光及其表现特征。

在表现田园的生活气息及田园隐居的人际关系的和谐、亲切、热络方面，孟浩然一脉相承于陶渊明。王孟诗派改造了谢灵运的审美方式，他们使山水诗的审美更接近于美学本身。他们对谢灵运山水审美诗风的改造，不仅在于山水诗美学本身，而且在于整个文学的审美。这就是改造和变革了东晋、南朝寓目辄书、以貌图貌、以形写形的美学思想，走向神似、神韵，走向审美的空灵。他们改造了六朝山水审美刻露尽相，塑造形象密集的方式，淡化对象形状、色彩，从而出现淡墨化的写意笔法，使人们从意象及意象组合的美学世界中获得具有空灵意味的审美印象。他们使谢灵运以来的山水诗美走向一个重要的发展区段，给人们审美感觉以再创造、再想象、再体味的空间。然而他们又不是摒弃了谢灵运以来的山水诗审美传统，而是融会贯通。试看王维《华岳》、孟浩然《彭蠡湖中望庐山》就可以知道王孟对于谢灵运浓重笔墨的重视和继承运用。

在中国美学散淡风格的塑造上，陶渊明是开山第一人，然而，也仅仅是由一人创造，没有形成气候和声势。而王孟诗派则是以王孟为核心，其周围一群诗人相应，共同创造了流派审美风格，并且将这种风格推向了一个高峰，这就对中国美学的影响不只限于山水文学美学一脉，而且扩及整个中国美学的形态、风格，这样他们也就奠定了其在中国美学史上的地位。

第十六章　王昌龄

王昌龄是盛唐既创造了兴象玲珑的诗美，又在诗美学理论上富于成就的诗美学家，他的诗美创作实践成功地体现了他的诗歌美学思想。

第一节　诗美学思想

王昌龄的诗美学思想集中表现在《文镜秘府论》中，其最有价值的论述是他的"意境"论。王昌龄强调了"意"在诗美创造中的主宰和主导地位："夫作文章，但多立意。凡属文之人，常须作意。"以"意"为主的美学思想体现了中国美学重内容的传统。《易》云："立象以尽意。"可以看出"意"之地位。王昌龄强调"意"，又是建立在中国诗美学言志论基础之上的。他说："诗本志也，在心为志，发言为诗，情动于中，而形于言，然后书之于纸也。"缘于此，"不立意宗，皆不堪也"。在王昌龄看来，"意"牵动并带动整个诗美创造。他说：

> 凡作诗之体，意是格，声是律。意高则格高，声辨则律清。格律全，然后始有调。用意于古人之上，则天地之境，洞焉可观。

"意"在美学理论上就是主体意味。主体意味是灵魂、主宰，因此，王昌龄要求"意"应有深度，举例说："古人格高，一句见意，则'股肱良哉'是也……刘公幹诗云：'青青陵上松，瑟瑟谷中风。风弦一何盛，松枝一何劲。'此诗从首至尾，唯论一事，以此不如古人也。""意"又须有广度，"意尽则肚宽，肚宽则诗得容颜物色"。他要求入诗便须立意，"夫诗，入头即论其意"，"诗头皆须造意，意须紧，然后纵横变转"。一旦立意便能使整个诗纵横变转。他说："诗有意好言真，光今绝古，即须书之于纸，不论对与不对，但用意方便，言语安稳，即用之。若语势有对，言复安稳，益当为善。"他要求"意"应震古烁今，笼天地于形内，超众绝伦，元气淋漓：

> 夫文章兴作，先动气，气生乎心，心发乎言，闻于耳，见于目，录于纸。意须出万人之境，望古人于格下，攒天海于方寸。诗人用心，当于此也。凡属文之人，常须作意。凝心天海之外，用思元气之前。巧运言词，精练意魄，所作词句，莫用古语及今烂字旧意。

"意"是审美的精魄、根本，因此，王昌龄认为，审美应是物色与意兴兼备，也就是对象与主体相融。他批评道："诗有：'明月下山头，天河横戍楼。白云千万里，沧江朝夕流。浦沙望如雪，松风听似秋。不觉烟霞曙，花鸟乱芳洲。'并是物色，无安身处，不知何事如此也。"他主张："凡诗，物色兼意兴为好。若有物色，无意兴，虽巧亦无处用之。"对于"意"，王昌龄赋予了它特定的含义：

> 诗者，书身心之行李，序当时之愤气。气来不适，心事不达，或以刺上，或以化下，或以申心，或以序事。皆为中心不决，众不我知。

在王昌龄的审美论中，"意"就是不平之情、愤懑之气，这是司马迁所说的"发愤以抒情"的楚骚传统，其功能是"刺上""化下"，则又体现了传统的诗学精神，发挥政教功能。

"意"有其深度、广度，有其特定的内涵，而它被催发又需要借助一定的心理精神因素。这就是"兴"。"兴"是高度兴奋和舒张的审美心理状态。在王昌龄之前，刘勰《文心雕龙·诠赋》就说道："情以物兴。""情"通过"物"——审美对象而引发起来。王昌龄的同代，孟浩然《秋登兰山寄张五》有言，"兴是清秋发"。"兴"是复杂的变化多端的审美心理。王昌龄对此做出了多层面的审美心理和方法研究。

保持"兴"的活跃与激动状态。"自古文章，起于无作，兴于自然，感激而成，都无饰练，发言以当，应物便是。""兴"是自然生成，不可强制，不能强勉。应该妥善把握和利用"兴"的特点，有"兴"即作，无"兴"即止，让"兴"处于良好的心理状态中，"意欲作文，乘兴便作，若似烦即止，无令心倦。常如此运之，即兴无休歇，神终不疲"。

随时捕捉"兴"的到来。他说：

> 凡诗人夜间床头，明置一盏灯。若睡来任睡。睡觉即起，兴发意生，精神清爽，了了明白，皆须身在意中。

他认为，"兴"是需要等待的，不能强制而成，需要静养孕蓄。它是需要生成条件的复杂审美心理：

> 凡神不安，令人不畅无兴。无兴即任睡，睡大养神。常须夜停灯任自觉，不须强起。强起即昏迷，所览无益。纸笔墨常须随身，兴来即录。若无笔纸，羁旅之间，意多草草。舟行之后，即须安眠。眠足之后，固多清景，江山满怀，合而生兴，须屏绝事务，专任情兴。因此，若有制作，皆奇逸。看兴稍歇，且如诗未成，待后有兴成，却必不得强伤神。

因此，他认为"兴"来须有好的心态，不能浮躁，充分利用自然景象条件，形成引发契机。"春夏秋冬气色，随时生意。取用之意，用之时，必须安神静虑，目睹其物，即入于心，心通其物，物通其言。"发"兴"还须借鉴古人的作品，从中获得启迪。"凡作诗之人，皆自抄古人诗语精妙之处，名为随身卷子，以防苦思。作文兴若不来，即须看随身卷子，以发兴也。"

"境"为佛语，是意念所及的世界。唐代佛教兴后这一佛家语便移植到美学领域，成为一个审美范畴，并且成为审美评价的标准。王昌龄是对这一审美范畴进行系统论述最早的一位。他提出"三境"说：

> 诗有三境：一曰物境。欲为山水诗，则张泉石云峰之境，极丽绝秀者，神之于心，处身于境，视境于心，莹然掌中，然后用思，了然境象，故得形似。二曰情境。娱乐愁怨，皆张于意而处于身，然后驰思，深得其情。三曰意境。亦张之于意，而思之于心，则得其真矣。

王昌龄所说的"物境"以自然物象为对象。"情境"以人的情感为对象，贯通于人的全身，经过运思便形成一种境界。"意境"则以人的意识、意念、意味为对象。三种存在均可以分别成为一种境界。这里所说的"意境"是指"意"所构成的世界，跟后来美学范畴中意境是"意"与"境"作为两个概念融会成一个范畴的含义不相同，但是它启示着"意境"概念的最终形成之路。在王昌龄的论述中，常有"意"与"境"作为两个概念相连在一起的现象,这更为意境作为一个完整的主客体相融概念的提出,打开了通道。王昌龄的诗歌"十七势"论中第十六"景入理势"就已经明确地提出意境相偕的命题了:

> 景入理势者,诗一向言意,则不清及无味;一向言景,亦无味。事须景与意相兼始好。凡景语入理者,皆须相惬,当收意紧,不可正言。景语势收之,便论理语,无相管摄。方今人皆不作意,慎之。昌龄诗云:"桑叶下墟落,鹍鸡鸣渚田。物情每衰极,吾道方渊然。"

《诗格》写道:

> 诗有三格。一曰生思。久用精思,未契意象,力疲智竭,放安神思,心偶照境,率然而生。二曰感思。寻味前言,吟讽古制,感而生思。三曰取思。搜求于象,心入于境,神会于物,因心而得。

王昌龄把"生思"即前面所说的兴来、兴发,加以比较完整的表述。审美主体长久精思,但是不能与意象相契合,这时应安放神思,养精保神,从新孕育,一旦心灵偶与境域、对象相碰撞,灵感火花便燃烧起来,"兴"也就油然而生。"感思"就是从前人所提供的作品中获得启发,生发出灵思。"取思"就是从自然物象中寻搜到审美对象,心灵楔入境界,精神与物象相会合,因心而得。"三格"即"三思",是说感兴、灵思生发形成的过程及心理经验。它与"三境"相组合,对主客体的审美图式做了比较完整的表述。"三境"是指审美客体,"三格"是言审美主体。主客体相融相生才形成一个完整的审美心理过程。对于审美心理经验,陆机从主体方面做了表述,刘勰又从审美主客体相碰撞和相融会的角度做了论述,王昌龄在此基础上加以深入论述和细化,把中国的审美心理经验研究向前推一大步。他把主客体及其关系作为完整的命题加以论述,对于心理经验发生、心理经验障碍的排除、主体心理如何与审美客体相契合等问题,都做了相当切实的论述。

王昌龄有"十七势"论。"势"是指创作技巧和审美传达手段。王昌龄很重视诗的开端,反复而连续谈及此问题:

> 第一,直把入作势。直把入作势者,若赋得一物,或自登山临水,有闲情作,或送别,但以题目为定,依所题目,入头便直把是也。

> 第二,都商量入作势。都商量入作势者,每咏一物,或赋赠答寄人,皆以入头两句平商量其道理,第三第四第五句入作是也。

第三，直树一句，第二句入作势。直树一句者，题目外直树一句景物当时者，第二句始言题目意是也。

　　第四，直树两句，第三句入作势。直树两句，第三句入作势者，亦题目外直树两句景物，第三句始入作题目意是也。

　　第五，直树三句，第四句入作势。直树三句，第四句入作势者，亦有题目外直树景物三句，然后即入其意。亦有第四第五句直树景物，后入其意，然恐烂不佳也。

　　第六，比兴入作势。比兴入作势者，遇物如本立文之意，便直树两三句物，然后以本意入作比兴是也。

这是对诗歌创作开端几种不同的具体方式所做的规范。

　　第七，谜比势。谜比势者，言今词人不悟有作者意，依古势有例。

这是讲运用比喻方式，以表达作者的深衷曲意。

　　第八，下句拂上句势。下句拂上句势者，上句说意不快，以下句势拂之，令意通。

这是使上下文句的意脉相通的方法，使之顺畅无阻。

　　第九，感兴势。感兴势者，人心至感，必有应说，物色万象，爽然有如感会。

"感会"是具有审美经验的心理现象，审美主体出现感奋现象，就能感应"物色万象"。这一表述涉及审美层面。

　　第十，含思落句势。含思落句势者，每至落句，常须含思，不得令语尽思穷。或深意堪愁，不可具说。即上句为意语，下句以一景物堪愁，与深意相惬便道，仍须意出感人始好。

这里所言的是诗的结尾问题。

　　第十一，相分明势。相分明势者，凡作语皆须令意出，一览其文。至于景象，恍然有如目击。若上句说事未出，以下一句助之，令分明出其意也。

这里所言的是诗的上下句之间的贯通问题。王昌龄在这里说到了"景象，恍然有如目击"的审美观察的真切感问题，是传统的"目击道存"的哲学思想体现。

　　第十二，一句中分势。一句中分势者，"海净月色真"。

　　第十三，一句直比势。一句直比势者，"相思河水流"。

这是讲一句之中的句式处理问题。

> 第十四，生煞回薄势。生煞回薄势者，前说意悲凉，后以推命破之，前说世路矜骋荣宠，后以至空之理破之入道是也。

这是讲句与句之间的结构处理问题。

> 第十五，理入景势。理入景势者，诗不可一向把理，皆须入景语始清味。理欲入景势，皆须引理语，入一地及居处，所在便论之。其景与理不相惬，理通无味。

> 第十六，景入理势。景入理势者，诗一向言意，则不清及无味；一向言景，亦无味。事须景与意相兼始好。凡景语入理语，皆须相惬，当收意紧，不可正言。景语势收之便论理语，无相管摄。方今人皆不作意，慎之。

这里所讲的是情景之间的关系及其经过整合后所要达到的"相兼""相惬"的程度问题。

> 第十七，心期落句势。心期落句势者，心有所期是也。

这里所讲的是诗结尾的处理问题。

"十七势"也就是诗歌具体创作中的章法、句法的处理手法和技巧。较少部分触及审美，多数讲诗歌创作中的具体问题，并没有上升到审美的层次，未见精彩之处。多用佛语及佛家用语方式，在阅读理解上有些障碍。

王昌龄的诗歌美学思想在倾向和趋尚上欣赏的是天然之美：

> 诗有天然物色，以五彩比之而不及。由是言之，假物不如真象，假色不如天然。如此之例，皆为高手。如"池塘生春草，园柳变鸣禽"，如此之例，即是也。

这种审美风格的提倡，具有时代意义，体现了盛唐时代审美风尚及要求。它与李白等人所提倡的"天然去雕饰"的审美理想相呼应，反映了盛唐审美理想的总体精神。

王昌龄在美学史观上持后代不如前代的看法：

> 古文格高，一句见意，则"股肱良哉"是也。其次两句见意，则"关关雎鸠，在河之洲"是也。其次古诗，四句见意，则"青青陵上柏，磊磊涧中石。人生天地间，忽如远行客"是也。又刘公幹诗云："青青陵上松，瑟瑟谷中风。风弦一何盛，松枝一何劲。"此诗从首至尾，唯论一事，以此不如古人也。

王昌龄的诗歌美学论涉及的内容比较宽泛，在一些具体技巧上所论问题比较琐屑细碎。他的美学思想的价值在于对审美心理经验的进一步阐述和具体化，在于对情景关系最终铸合为一个完整的主客体相洽的概念的论述。他为"意境"成为中国诗美学运用最多、最广的范畴的形成，起到开拓性和奠基性作用。中唐皎然、刘禹锡，晚唐司空图一直到近代王国维关于意境的论述，都是在王昌龄论述基础上的拓展和深化。

　　陈子昂、张说的美学理论还侧重于纠偏前代，奠定当代美学基石，具有较浓的实践美学的色彩，而王昌龄则把理论的触角伸展到审美本身，形成审美理论的本体思想。

第二节　诗美特征

　　王昌龄有"诗家夫子"之称，其七绝被誉成"开天圣手"。清代宋荦《漫堂说诗》说："三唐七绝，并堪不朽，太白、龙标，绝伦逸群。"王昌龄的诗美在唐代有着独有的特点和诗美学史地位。

　　明代陆时雍《诗镜总论》说："王龙标七言绝句，自是唐人骚语，深情苦恨，襞积重重，使人测之无端，玩之无尽。"清代沈德潜《说诗晬语》说："王龙标绝句，深情幽怨，意旨微茫。"清悲幽婉作为一种审美格调，不仅存在于他的七绝这一形式中，而且存在于多数作品内，因而具有基调性特征。这一审美基调的形成有深刻的实践原因，是他偃蹇命运在审美中的折光性反映。王昌龄，开元十五年（727）登进士第，补秘书省校书郎；开元二十二年（734）中宏辞科，为汜水（今河南巩义）尉；开元二十七年（739）贬岭南；曾任江宁（今江苏南京）丞；约在天宝六载（747），被贬为龙标（今湖南洪江）尉；安史之乱后，于至德初年被亳州（今安徽亳州）刺史闾丘晓所杀。其一生坎坷，屡被远贬，最后惨遭杀害。这样的人生经历必然会在对世事、人事、人生上形成自己的观念和态度，也就会在审美上形成自己的视域。他用清怨凄冷的心理看待周围的一切，自然景象也不例外。《太湖秋夕》写道："水宿烟雨寒，洞庭霜落微。月明移舟去，夜静魂梦归。暗觉海风度，萧萧闻雁飞。"烟雨风寒，一派萧瑟，于是那种清怨的笛声便成为王昌龄心灵的体现。"横笛怨江月，扁舟何处寻。声长楚山外，曲绕胡关深。相去万余里,遥传此夜心。寥寥浦淑寒,响尽惟幽林。不知谁家子,复奏邯郸音。水客皆拥棹,空霜遂盈襟。羸马望北走,迁人悲越吟。何当边草白,旌节陇城阴。"[①]对于其不幸遭际,他的朋友们寄予了深切的同情。岑参《送王大昌龄赴江宁》中有句:"对酒寂不语,怅然悲送君。明时未得用,白首徒攻文。"对于其被贬龙标,常建在《鄂渚招王昌龄张偾》中写道:"楚山隔湘水,湖畔落日曛……谪居未为叹,谗枉何由分。午日逐蛟龙,宜为吊冤文。"李白则写有为人所熟知的《闻王昌龄左迁龙标遥有此寄》:"杨花落尽子规啼,闻道龙标过五溪。我寄愁心与明月,随风直到夜郎西。"殷璠《河岳英灵集》说:"余常睹王公《长平伏冤文》又《吊轵道赋》,仁有余也。奈何晚节不矜细行,谤议沸腾,垂历遐荒,使知者叹息。"

他有着强烈的用世愿望和热情,并且有着坚定的自信心。《上李侍郎书》说:"天生贤才,必有圣代用之。"在《九江口作》中,他面对浩浩荡荡的江水,仍然生发出心游万里、报效君主的壮志。"漭漭江势阔,雨开浔阳秋。驿门是高岸,望尽黄芦洲。水与五溪合,心期万里游。明时无弃才,谪去随孤舟。鸷鸟立寒木,丈夫佩吴钩。何当报君恩,却系单于头。"猛禽卓立在寒木之上,丈夫佩带吴钩,何等英武!他在一些边塞诗中所写的将士效命的情景实际上是自身意志的对象化写照。但是,生活并没有给他铺设青云大道,他总是那样诸事不遂。尽管如此,他仍然像中国传统士子那样,身在江湖之远,心存魏阙之上。王昌龄的诗《别刘谞》就写道:"身在江海上,云连京国深。"何等情深,难以割舍!他的处境一直不佳,左右为难,动辄得咎,在《送韦十二兵曹》中就描述了这一处境:"出处两不合,忠贞何由伸。"他寻求摆脱的路径,《送韦十二兵曹》又说:"且欲歌垂纶。"《风凉原上作》说:"幽寻免贻责。"《赵十四兄见访》云:"忽忆鲈鱼鲙,扁舟往江东。"但也终未能像孟浩然那样去隐居或像张翰那样思鲈鱼脍,舟返江东。他是一位有争议的人物,谤议纷纷,常遭物议,为申明心迹,写下了千古绝唱《芙蓉楼送辛渐》:

寒雨连江夜入吴,平明送客楚山孤。洛阳亲友如相问,一片冰心在玉壶。

送别时间虽在当日清晨,但诗人却从前一日夜晚写起。吴地(实指江苏镇

[①] 王昌龄:《江上闻笛》。

江）夜雨倾泻如啸，一片迷茫，这"寒"、这"连"、这"夜"，是雨势、雨情，也是诗人寒凄苦冷心情的写照。诗人在清晨时分送别友人时看到江对岸山峰孤峙，这"孤"又是诗人孤寂心境的写照。然而，诗人趁辛渐去洛阳的机会，给关心自己的亲友捎的口信不是别的，而是冰心置于玉壶的孤高、净洁、晶莹透亮，毫无瑕疵。这是诗人对谤议的回答，也是诗人给友人的安慰。诗人渲染了送别友人的凄零的审美氛围，而以冰心存于玉壶的独特自喻，形成了心理的对象化。

尽管王昌龄屡遭蹭蹬，心境凄苦，但其风骨凛然，决不效法西晋时的潘岳、石崇等人，谄媚献宠，他坚定地表示："望尘非吾事。"[①]于是，其美学风格，便在清里见刚、见骨。

清构成王昌龄的审美主调。他所描述的是清景，《宿裴氏山庄》写道："苍苍竹林暮，吾亦知所投。静坐山斋月，清溪闻远流。西峰下微雨，向晓白云收。遂解尘中组，终南春可游。"竹林、山月、清溪、微雨、白云等意象及意象群体的组合，呈现出的是一派清景，而他所抒发的又多是清情。例如《送魏二》：

醉别江楼橘柚香，江风引雨入舟凉。忆君遥在潇湘月，愁听清猿梦里长。

时在清秋，风雨吹舟所形成的清凉，清猿长鸣所形成的清凄氛围，都婉转绵长地表达了诗人以清为内涵的审美情绪。

由于以清为审美格调，王昌龄即使在表现愁时，也显得清逸、清脱。如《送柴侍御》：

流水通波接武冈，送君不觉有离伤。青山一道同云雨，明月何曾是两乡。

虽然送别友人有离伤之情，但是青山一道、云雨相同、明月共照，双方犹在一处。这种宽解抚慰方式，何等通脱豁达！

王昌龄诗颇负盛名的是他的边塞诗和闺怨诗，有时边塞与闺怨又是相联系的。题材不能最终决定审美价值的高低，要看主体是如何进行审美的。王昌龄的边塞诗建立在坚实的审美观察和体验的基础之上。《从军行七首》（其七）云："玉门山嶂几千重，山北山南总是烽。人依远戍须看火，马踏

[①] 王昌龄：《放歌行》。

深山不见踪。"山深林密、杂草丛生，马队踏在上面看不到踪迹，只能凭借戍楼的火光来辨别方向。这种审美体察至为深切。

在王昌龄的边塞诗中贯通着一股热烈的主体精神，这是鲍照以来边塞诗审美的传统。诗人把在边塞献身的热情转化为审美的激情。《从军行七首》（其四）写道：

> 青海长云暗雪山，孤城遥望玉门关。黄沙百战穿金甲，不破楼兰终不还。

青海湖的上空，云气弥漫舒卷，雪山在掩映之中被遮暗。从孤城之上远远眺望玉门关，一派荒索孤寂的景象。黄沙万里，身经百战的将士们早已磨穿金甲，立定誓言，不消灭楼兰的敌人誓不回还。这种精神正是唐人精神，是被焕发出来的昂扬精神。王昌龄对这种精神的称颂又是借助弘扬历史业绩来完成的。著名的《出塞》（其一）写道：

> 秦时明月汉时关，万里长征人未还。但使龙城飞将在，不教胡马度阴山。

"秦时明月汉时关"，这既亘长而又浩阔的时域空间，展现了具象化的历史画面，并伴之以"万里长征人未还"的历史伤感，诗人呼唤名将李广再现，有着强烈的现实用意。诗人的创作意图和审美立足点就在于此，因此，全诗有着充沛的现实热情。于是，他便描述了威武雄壮的战争生活图。《从军行七首》（其五）曰：

> 大漠风尘日色昏，红旗半卷出辕门。前军夜战洮河北，已报生擒吐谷浑。

诗人把一场战斗写成了旗开得胜、马到成功，活跃着他欣悦、轻快的心情。

然而，诗人的社会情感和审美情感又有另一面，对于战争的负面影响，他有深切的关怀。《从军行七首》（其一）即写道：

> 烽火城西百尺楼，黄昏独坐海风秋。更吹羌笛关山月，无那金闺万里愁。

边塞戍卒的凄苦心情和思亲之情得到充分表现。烽火城头，危楼高耸，戍卒在此环境中，又值黄昏时分，更是独坐在萧瑟秋风的吹打之中，偏偏凄怨伤楚的羌笛吹得人心凄然，于是，涌发出那不可遏止的思亲思归之情。诗的审美格调沉婉凄清。

王昌龄的边塞诗占据了他诗歌创作的较大份额，边塞诗的审美创造集中体现了他的诗歌美学风格：沉雄与清凄的统一。概言之，清雄。《出塞》（其二）云：

> 骝马新跨白玉鞍，战罢沙场月色寒。城头铁鼓声犹振，匣里金刀血未干。

战马玉鞍，沙场月色；金鼓大振，何等声威！鲜血未干，金刀入匣，又是何等壮烈！这是"雄"的美学风格的表现。著名的《从军行七首》（其二）曰：

> 琵琶起舞换新声，总是关山旧别情。撩乱边愁听不尽，高高秋月照长城。

琵琶声中，歌舞婆娑，虽然换上了"新声"，但旧情未变。在"新""旧"的对照和变与不变的对比中，突出了那不绝于耳而又不绝如缕的旧情、离别情。这才会"撩乱"人的心灵，"听不尽"，牵肠挂肚，魂萦梦绕。诗人没有在军帐内歌舞不休的情景上伸延笔墨，而是突然跳至外景："高高秋月照长城。"形成内外景的对比、场景的动静对比、氛围上热与冷的对比、整体描述上情与景的对比。秋月高高，光照长城，何等凄越、凄冷、凄清！这是"清"的美学品格。诗人对效命沙疆边塞行为的热烈称颂，是他用世之心和施展才能的愿望流露，《宿灞上寄侍御玙弟》说："若用匹夫策，坐令军围溃。不费黄金资，宁求白璧赉。"诗人的雄心发露为诗的雄气。而他对战争所造成的死亡、离别以及离别对人的心灵的创击，又有清醒的认知。他对战争的负面作用的描述，则有自己的审美楔入点，形成自己审美表述的特点。诗人所楔入的不是尸骨成山、血流成河的酷烈，而是人的情感世界，是旧情、别情、边愁、离愁，以及表征这种情感的孤城、戍楼、海风、秋月等景象，于是形成"清"的美学品貌。清中有雄放之气，雄放中有清凄之韵，铸合为其清雄的统一特征。

王昌龄诗美的另一个存在领域是闺情、宫怨诗。《青楼曲二首》写道：

> 白马金鞍从武皇，旌旗十万宿长杨。楼头少妇鸣筝坐，遥见飞尘入建章。

> 驰道杨花满御沟，红妆漫绾上青楼。金章紫绶千余骑，夫婿朝回初拜侯。

两诗以闺中少妇为视点展现了旌旗十万、飞尘满天的凯旋之师的雄壮景象和金章紫绶、受勋拜侯的盛况，分明有着少妇对夫婿凯旋的喜悦流注，这是盛唐尚武精神的颂歌，也从少妇对夫婿建功立业的激动情怀中体现了盛唐人的一种价值肯定。然而，诗人并没有陶醉在胜利的氛围和流连成功的凯旋中，他又看到另一面，夫婿马上立功、前方打仗是需要付出代价的，代价之一便是少妇的空守闺房、虚度青春。于是，闺怨相伴而生。《闺怨》一诗写道：

闺中少妇不知愁，春日凝妆上翠楼。忽见陌头杨柳色，悔教夫婿觅封侯。

由蓦然看到杨柳春色而萌生春情、春愁，人的情感和感性要求与建功立业的功名愿望发生抵牾，悔意油然而生。这是对人的感性要求的肯定和对人的情感本能的发掘。捕捉于毫微之间，细察其微茫心态变化正是王昌龄此诗的审美成就。

如果以宫廷题材为概念来说明的话，王昌龄的宫闱、宫怨诗可以说是它的支脉，因为都是以宫廷生活为对象的，但是，他对宫廷诗做出了重大改造，不是歌颂皇恩浩荡，也并非狎情淫靡，他别开路径地写出后宫妇女的生活，开拓了审美表现的重要领域。《春宫曲》写道：

昨夜风开露井桃，未央前殿月轮高。平阳歌舞新承宠，帘外春寒赐锦袍。

春风桃开，月轮高挂，新贵人正是得宠之时，皇上担心春寒袭身，特意赐给锦袍。诗人以这样一个细节，来显示其受宠之深。然而，诗人的审美领域又有另一面。得宠与失宠是相伴生的，于是，王昌龄便产生了一批宫怨诗。《西宫春怨》写道：

西宫夜静百花香，欲卷珠帘春恨长。斜抱云和深见月，朦胧树色隐昭阳。

犹如春花般的年华、青春理应感奋于"百花香"，但她欲卷而最终未卷"珠帘"；她在春夜中引发的是无限深长的春恨，"斜抱云和深见月"的惆怅和孤独，被朦胧树色遮掩着的昭阳殿正是她怨情恨绪之所在。那树色朦胧也仿佛喻示着君恩迷离而遥远，欲见君王而不得，欲获宠幸而不能，这名宫人的心中有着多么深长的怨恨。它与上面所举《春宫曲》正构成"扇"之两面。

《长信秋词五首》是一组宫怨诗，是对宫怨情绪的集中发露，也对宫怨情绪做了审美深化。"其一"曰：

金井梧桐秋叶黄，珠帘不卷夜来霜。熏笼玉枕无颜色，卧听南宫清漏长。

金井梧桐，秋叶枯黄，夜来飞霜，所构置的审美外部环境显示一个"冷"

字，宫人的居所是"熏笼玉枕无颜色"，其内部环境仍然显示一个"冷"字，宫人在冷宫之中无法打发和排遣绵绵不尽的秋夜时光，只能整夜听着皇帝居住的"南宫"所传来的声声凄清、凄然的漏声。"其三"云：

> 奉帚平明金殿开，且将团扇共徘徊。玉颜不及寒鸦色，犹带昭阳日影来。

天刚破晓，宫人便执帚打扫宫殿，然后便无所事事，只得手持团扇，徘徊不定。这"徘徊"一词正是宫人们寂寞、苦闷生活的审美写照。她们自叹如花似玉的容颜赶不上满身黑色的丑陋的老鸦，它们尚能在昭阳殿飞来飞去，而自己则永远闲居在深宫之中。"其四"曰：

> 真成薄命久寻思，梦见君王觉后疑。火照西宫知夜饮，分明复道奉恩时。

首句排空而来，仿佛"真成薄命"。一朝失宠本在意料之中，又在意料之外，于是陷入长久的思索，却百思不得其解。她不禁重温旧欢，梦见那个曾经施宠于己身的君王。她还有所待，但梦醒后却是冷寂萧索的长信后宫。而不远的西宫却是火树银花长夜宴饮，那分明是又有新宠了。眼前欢乐的夜景正是这位宫人过去所亲历的，但女主人已换易，就更为沉痛地表达了她内心的伤楚。

如果细加辨析，王昌龄的诗美现象有一个对称性的表现形式和内容。既有边塞的建功立业、克敌制胜，又有戍卒的思亲心切、一片凄情；既有夫婿的封侯拜相、光华荣耀，又有少妇的寂寞枯守、心存悔意；既有宫廷得宠的得意非凡，又有失宠的失意孤独。这就使得他能以众多的审美视角观察盛唐时代的社会生活，对宫廷、边塞现象做出全面的描述，并且能发露在功名、得意、受宠之外的另一重生活面和情感世界。

王昌龄审美的深度就在于他对那个纷繁多态的情感世界的精微把握。例如《闺怨》中的少妇心态，由忽见陌头杨柳春色，而触景生感、生情。这种情感的发生至为精微，情感的内涵又至为微妙。又如《长信秋词五首》（其四）对失宠宫人的复杂心态把握得至为精细。失宠已成事实，却心存幻想，幻觉后回到冰冷现实，复受新宠夜饮的热烈场面和氛围的刺激，可以说是心灵受到了煎熬。这些宛曲细微的描述便使整个审美富于深度。

边愁、闺怨、宫怨，在情感之中都蕴含着深广的社会内容，这便使其审美特征连接着骚的美学传统。如此深广的审美内容又都容纳在每首四句、每句七字的短小篇幅内，这特别见出王昌龄审美提滤和凝化的才能。《从军行七首》（其二）在琵琶繁弦，撩乱边愁，弹奏不尽的描述后却突然出之以"高高秋月照长城"的冷景收束，分外震撼人心。王昌龄是驾驭七绝这一审美体式的圣手，用有限的形式，容纳了无限的审美内涵。

　　王昌龄诗情之怨是清怨，不是撕肝裂胆，也没有呼天抢地，如《长信秋词五首》（其三）自叹命运不及寒鸦的怨叹，表现得含蓄蕴藉，婉转动情，从而在盛唐诗坛上确定了自己独特的美学史地位。

第十七章　高适

　　盛唐诗歌审美领域中跟王孟田园山水诗双峰并峙的是高岑边塞诗。顾名思义，前者以山水田园为审美对象，后者则以边塞生活为审美对象；前者的诗美风格表现为阴柔，后者则为阳刚，二者遂成为盛唐诗美风格之全璧。高岑边塞诗美代表了盛唐美学精神的一个重要方面，而高适又有自身的存在特点。

第一节　人生经历与美学风貌

　　《旧唐书》本传说高适："少濩落，不事生业，家贫，客于梁、宋，以求丐取给。"高适有过乞讨的生活经历，这便使他的生活经验充满了豪荡不羁。他在晚年回忆少年时代的生活时说："少时方浩荡，遇物犹尘埃。脱略身外事，交游天下才。"①生活经历遂形成了一种性格特征，殷璠《河岳英灵集》说："评事性拓落，不拘小节，耻预常科，隐迹博徒，才名自远。"他的这种性格特征正体现了盛唐人的性格、精神。

　　他有着盛唐人所共有的建功立业的强烈愿望。二十岁持书剑入京求仕，但未获成功，只得离京客游梁宋。首次入仕便告失败，这位本来满怀雄心壮志的年轻人情绪陡落，眼前一片灰暗。《宋中十首》（其四）写道："梁苑白日暮，梁山秋草时。君王不可见，修竹令人悲。九月桑叶尽，寒风鸣树

---

① 高适：《酬裴员外以诗代书》。

枝。""其五"写道:"登高临旧国,怀古对穷秋。落日鸿雁度,寒城砧杵愁。昔贤不复有,行矣莫淹留。"荒寒的景象成为诗人失意苦寒心理的审美对象化体现。这一点在他一生中表现得十分显著。

开元十八年(730)高适北游燕赵,在燕地从军。他这时似乎看到了希望,原先建功立业、效命疆场的热情又被煽动起来,一改灰暗情调,变得奔放豪纵。《塞上》写道:

> 东出卢龙塞,浩然客思孤。亭堠列万里,汉兵犹备胡。边尘涨北溟,虏骑正南驱。转斗岂长策,和亲非远图。惟昔李将军,按节出皇都。总戎扫大漠,一战擒单于。常怀感激心,愿效纵横谟。倚剑欲谁语,关河空郁纡。

诗人展现了边塞之上战尘弥漫、虏骑南下的场面,认为"转斗""和亲"既非"长策",又非"远图",而应该出战,"一战擒单于"。他表达了自己"常怀感激心,愿效纵横谟"的宏伟志向,希望在边塞战争中一展身手。《塞下曲》又写道:

> 结束浮云骏,翩翩出从戎。且凭天子怒,复倚将军雄。万鼓雷殷地,千旗火生风。日轮驻霜戈,月魄悬雕弓。青海阵云匝,黑山兵气冲。战酣太白高,战罢旄头空。万里不惜死,一朝得成功。画图麒麟阁,入朝明光宫。大笑向文士,一经何足穷。古人昧此道,往往成老翁。

他在这首诗中所表达的功名观念就更为直接外露了,建功立业后自己将受到"画图麒麟阁,入朝明光宫"的殊荣。他认为,人的功名成就不是在白首穷经中,他傲气十足地"大笑向文士,一经何足穷"。他认为,古人不明白这一道理,往往老死蓬蒿之间,他又表现出建功立业的迫切感。

然而,他虽在燕赵三年,却未能一展雄图,遂于开元二十一年(733)结束军旅生涯,寓居蓟门。第二年,也就是开元二十二年(734),离蓟返宋。在蓟访王之涣未遇,写有《蓟门不遇王之涣郭密之因以留赠》:"适远登蓟丘,兹晨独搔屑。贤交不可见,吾愿终难说。迢递千里游,羁离十年别。才华仰清兴,功业嗟芳节。旷荡阻云海,萧条带风雪。逢时事多谬,失路心弥折。行矣勿重陈,怀君但愁绝。"他的情绪又低落下来了。在他眼中,一切的景象都显得萧条荒索,"旷荡阻云海,萧条带风雪"。他心情郁闷地感受到"逢时事多谬,失路心弥折"的命运偃蹇。离开蓟门返回宋州路途中所写《淇上酬薛三据兼寄郭少府微》说:"自从别京华,我心乃萧索。十年守章句,万事空寥落。"他在漫游旅途中,"酒肆或淹留,渔潭屡栖泊。独行备艰险,所见穷善恶",这给了他一个接触社会,开拓生活和审美视野的机会。

开元二十三年(735)再赴长安应制科试,未中,他的情绪再次趋于牢落。《别韦参军》便是其写照:

> 二十解书剑,西游长安城。举头望君门,屈指取公卿。国风冲融迈三五,朝廷礼乐弥寰宇。白璧皆言赐近臣,布衣不得干明主。归来洛阳无负郭,东过梁宋非吾土。兔苑为农岁不登,雁池垂钓心长苦。世人遇我同众人,唯君于我最相亲。且喜百年见交态,未尝一日辞家贫。弹棋击筑白云晚,纵酒高歌杨柳春。欢娱未尽分散去,使我惆怅惊心神。丈夫不作儿女别,临歧涕泪沾衣巾。

对这次离别,诗人如此伤楚,以致失态,"丈夫不作儿女别,临歧涕泪沾衣巾",却是有缘由的。他是在自己命运不济,而"世人遇我同众人,唯君于我最相亲"的境况中离别分手的,诗人就倍加孤独,"使我惆怅惊心神"。

天宝初年,高适往来于睢阳、陈留之间,天宝三载(744),高适与李白、杜甫相遇,共游梁宋,同登吹台怀古,又共登琴台,猎于孟诸泽,三位大诗人一起畅游赋诗,心情极为酣畅。杜甫曾在《遣怀》中满怀深情地回顾道:"昔我游宋中,惟梁孝王都。名今陈留亚,剧则贝魏俱。邑中九万家,高栋照通衢。舟车半天下,主客多欢娱。白刃雠不义,黄金倾有无。杀人红尘里,报答在斯须。忆与高李辈,论交入酒垆。两公壮藻思,得我色敷腴。气酣登吹台,怀古视平芜。芒砀云一去,雁鹜空相呼。"《昔游》又写道:"昔者与高李,晚登单父台。寒芜际碣石,万里风云来。桑柘叶如雨,飞藿去徘徊。清霜大泽冻,禽兽有余哀。"可见三位大诗人一起畅游,何等心意欢畅!

天宝五载(746),高适应北海太守李邕之邀,前往临淄郡,又与李白、杜甫共游齐鲁。天宝六载(747)秋,高适游淇水时,访隐士沈千运,写有《赋得还山吟送沈四山人》:

> 还山吟,天高日暮寒山深。送君还山识君心,人生老大须恣意。看君解作一生事,山间偃仰无不至。石泉淙淙若风雨,桂花松子常满地。卖药囊中应有钱,还山服药又长年。白云欢尽杯中物,

>明月相随何处眠？眠时忆问醒时事，梦魂可以相周旋。

高适所赞美的是沈千运这样的真隐士、真隐逸，诗韵空灵，审美情调高雅。

天宝八载（749），高适被睢阳太守张九皋举荐，登有道科，授封丘尉。对于理想中"画图麒麟阁"的高适来说，人到中年仅仅获得封丘尉的官职，实在是心有未甘、志有未舒。他在《古乐府飞龙曲留上陈左相》诗中写道："幸沐千年圣，何辞一尉休。折腰知宠辱，回首见沉浮。天地庄生马，江湖范蠡舟。逍遥堪自乐，浩荡信无忧。去此从黄绶，归欤任白头。风尘与霄汉，瞻望日悠悠。"他心中颇不满意，对于封丘尉这样的衙门生活很不习惯。《初至封丘作》写道："可怜薄暮宦游子，独卧虚斋思无已。去家百里不得归，到官数日秋风起。"他的心情也就跟萧瑟的秋风一样，一派荒索，出现了另一个情绪低落期。他萌生了归隐的愿望，《使青夷军人居庸三首》（其二）写道："出塞应无策，还家赖有期。东山足松桂，归去结茅茨。"《封丘作》集中表露了这种心情：

>我本渔樵孟诸野，一生自是悠悠者。乍可狂歌草泽中，宁堪作吏风尘下？只言小邑无所为，公门百事皆有期。拜迎长官心欲碎，鞭挞黎庶令人悲。悲来向家问妻子，举家尽笑今如此。生事应须南亩田，世情付与东流水。梦想旧山安在哉，为衔君命日迟回。乃知梅福徒为尔，转忆陶潜归去来。

从"常怀感激心""入朝明光宫"的高远志向与区区从九品县尉的巨大反差中，诗人感到心理的极端不平衡："乍可狂歌草泽中，宁堪作吏风尘下？""只言小邑无所为"，本以为这样的官职虽然卑小，却可以落得一身清净，谁知竟是诸事烦冗，"公门百事皆有期"。衙门内看到的两种现象，都使诗人无法忍受。"拜迎长官心欲碎，鞭挞黎庶令人悲"，显示了诗人人格的不可屈服和深切的同情心。汉代的南昌尉梅福，怀抱一片报国之心，屡屡上书朝廷，但总是徒劳，高适想到自己的处境正与梅福相类，便萌生了"转忆陶潜归去来"的念头。但是，他没有真去归隐，而是离职后又去长安，跟杜甫、崔颢、岑参、薛据、储光羲等人共游。这次同游慈恩寺所赋组诗，在盛唐文学美学史上有着显著的成就。高适《同诸公登慈恩寺浮图》写道：

>香界泯群有，浮图岂诸相。登临骇孤高，披拂欣大壮。言是羽翼生，迥出虚空上。顿疑身世别，乃觉形神王。宫阙皆户前，山河尽檐向。秋风昨夜至，秦塞多清旷。千里何苍苍，五陵郁相望。盛

时惭阮步，未宜知周防。输效独无因，斯焉可游放。

他在此诗中仍表现出对世事还未能忘情。

真正成为高适一生转折点的是在他天命之年后。天宝十二载（753），高适入河西节度使哥舒翰幕府，任掌书记，深得信赖。杜甫认为他命运的转机到来了，写《送高三十五书记十五韵》："高生跨鞍马，有似幽并儿。脱身簿尉中，始与捶楚辞。"高适胸中那股建功立业的热情又被煽动起来，在对边事的考察中，他表现出深切的忧虑之情。《登百丈峰二首》（其一）写道："朝登百丈峰，遥望燕支道。汉垒青冥间，胡天白如扫。忆昔霍将军，连年此征讨。匈奴终不灭，寒山徒草草。惟见鸿雁飞，令人伤怀抱。"然而，高适毕竟在哥舒翰幕内，有了可以舒展宏愿的机会。在哥舒翰大破九曲之后，他热情地写下《同李员外贺哥舒大夫破九曲之作》："遥传副丞相，昨日破西蕃。作气群山动，扬军大旆翻。奇兵邀转战，连弩绝归奔。泉喷诸戎血，风驱死虏魂。头飞攒万戟，面缚聚辕门。鬼哭黄埃暮，天愁白日昏。石城与岩险，铁骑皆云屯。长策一言决，高踪百代存。威棱慑沙漠，忠义感乾坤。老将黯无色，儒生安敢论。解围凭庙算，止杀报君恩。唯有关河渺，苍茫空树墩。"他终于找到自己的用武之地，情绪便不断上涨。天宝十四载（755）安史之乱爆发，高适任左拾遗，转任监察御史，随哥舒翰守潼关，后随逃奔之唐玄宗至成都，升任谏议大夫，备受玄宗、肃宗信任，被委以淮南节度使，讨伐永王璘，成为他一生最得意、最辉煌的时期。后因遭谗，被闲置，转而任彭州刺史。上元元年（760），高适改任蜀州刺史，杜甫曾从成都赶去看望。这时高适年近六十，杜甫也近五十，高适因无所作为，心情又处于低谷。到上元二年人日（农历正月初七日，杜甫《人日》诗："元旦到人日，未有不阴时。"）高适写下《人日寄杜二拾遗》诗：

人日题诗寄草堂，遥怜故人思故乡。柳条弄色不忍见，梅花满枝空断肠。身在南蕃无所预，心怀百忧复千虑。今年人日空相忆，明年人日知何处？一卧东山三十春，岂知书剑老风尘。龙钟还忝二千石，愧尔东西南北人。

高适为自己居刺史之位而无所作为深感愧疚，"身在南蕃无所预，心怀百忧复千虑"，在春色满园时，竟然"柳条弄色不忍见，梅花满枝空断肠"。他认为前途充满了渺茫而不可预测，"明年人日知何处"，心情又趋郁闷。

《旧唐书·高适传》说："开宝以来，诗人之达者，惟适而已。"在林林总总的唐代诗人中,高适是有过发达、得意经历的唯一的一位。他成为盛唐人追求功名得以成功的一个范例,然而他所付出的是从二十岁书剑入京师到五十岁三十年的时间代价。但是在暮年出师屡有败绩,于是便萌生出遁入空门之念。刘长卿《秋夜有怀高三十五适兼呈空上人》写道:"晚节逢君趣道深,结茅栽树近东林。吾师几度曾摩顶,高士何年遂发心。"

《旧唐书》本传说:"适喜言王霸大略,务功名,尚节义。逢时多难,以安危为己任。"他一生几经浮沉,情绪也涨落不定,极易受外在环境的影响和被外部形势的波动所左右。时而豪壮,时而消沉,波荡不定。顺利时,以为建功立业便在顷刻之间;身处逆境或境遇不佳时,便消沉低落,或想隐居渔樵,或欲息影佛门。他也在《奉寄平原颜太守》中做了自我描述:"始余梁宋间,甘与麋鹿同。散发对浮云,浩歌追钓翁。"李颀《赠别高三十五》的描述可以加深我们对此的体认:"五十无产业,心轻百万资。屠酤亦与群,不问君是谁。饮酒或垂钓,狂歌兼咏诗。焉知汉高士,莫识越鸱夷。寄迹栖霞山,蓬头睢水湄。"从混迹于博徒之中,沦为乞丐,到功盖一时,为高适最初所始料不及。他所形成的落拓、不拘小节的性格,他在崎岖生活经历中所形成的慷慨任气的精神,他随着顺逆境所产生的波动情绪,都体现了他的心理、气质特征。

他是一位执着于现实品格的人,他的郁闷不平,发而为慷慨之气,故富于悲咽苍凉的美学情味。《东征赋》写道:

> 岁在甲申,秋穷季月,高子游梁复久,方适楚以超忽。望君门之悠哉,微先容以效拙。故不隐而不仕,宜漂沦而播越。
>
> 出东苑而遂行,沿浊河而兹始。感隋皇之败德,划平原而为此。西驰洛汭,东并淮溆,地豁山开,川流波委。六宫景从,千官迤逦,龙舟锦帆,照耀乎数千里。天驾东去,群盗日起。尸位者卷舌而偷生,直谏者解颐而后死。寄腹心于枭獍,任手足于蛇虺。既垂弑于匹夫,尚兴疑于爱子。岂不为穷力役于征战,务淫逸于奢侈?六军悲牧野之师,万姓哭辽阳之鬼。嗟颠覆于曩日,指年代于流水。唯见长亭之烟火,悲旷野之荆杞。
>
> 至酂县之旧邑,怀萧相之高风。既屈节于主吏,每归诚于沛公。始俱起于天下,乃从定于关中。推金帛于他人,挹图籍于我躬。按山川之险阻,求天地于屯蒙。嘉盈俸以增邑,方指纵而建

功。纳邵平以防患，举曹参而告终。

经洛城而永望，想谯郡而销忧。慨魏武之雄图，终大济于横流。用兵戈以咸四海，挟天子而令诸侯。乃擅命以诛伏，徒矫迹以安刘。吾始未知夫逆顺，胡宁比于殷周？

下符离之西偏，临彭城之高岸。连山郁其溁荡，大泽平乎渺漫。忆昔天未厌祸，项氏叛涣，解齐归楚，自萧击汉。天地无色，风云溃乱，悯君王之坎轲，混士卒以奔散。苟炎运以克昌，岂人生之涂炭！

次灵壁之逆旅，面垓下之遗墟。嗟鲁公之慷慨，闻楚声而怛于。歌拔山兮涕洟，窃霸图而莫居。摈亚父之何甚，悲虞姬兮有余。出重围而狼狈，至阴陵以踌躇。顾天亡以自负，虽身死兮焉如？登夏丘以寓目，对蒲隧而愁予。闻取虑之斯在，微长直而舍诸。

宿徐县之回津，惟偃王之旧城。方以小而事大，岂无位而有德。彼皆昏暴以丧邦，伊何仁而亡国？高延陵之挂剑，慕班彪之述职。缅沛水之悠悠，俯娄林之纡直。

即日河泮，依然泗上，山川土田，耳目清旷。眺睢源之呀豁，倚楚关之雄壮。挂轻席于中流，顺长风以破浪。过盱眙之邑屋，伤义帝之波荡。叹三户之亡秦，知万人以离项。

越龟山而访泊，入渔浦而待潮。鸿雁飞兮木叶下，楚歌悲兮雨潇潇。霜封野树，冰冻寒苗，岸草无色，芦花自飘。幸息肩于人事，愿投迹于渔樵。思魏阙而天远，向秦川而路遥。候鸣鸡以进帆，趋乱流以争迅。纵孤舟于浩大，抚垂堂以诫慎。遵枉渚于淮阴，征昔贤于韩信。哀王孙之寄食，嘉漂母之无愠。鄙亭长之不仁，乃晨炊而耆客。忽从龙以获骋，遂擒豹以自奋。破全赵而用奇谋，称假齐以益振。幸辞通以感惠，俄结豨而谋衅。当处约而心亨，曷持盈而不顺。

陵赤岸之迢递，棹白波之纡余。历山阳之村野，投襄贲之邑居。人多耆艾，俗喜观渔。连葭苇于郊甸，杂汀洲于里闾。感百川之朝宗，弥结念于归欤。日杲杲以丽天，云飘飘以卷舒。鲁放情而蹈海，孔永叹于乘桴。遇坎则止，吾今不知其所如！

这篇长篇述行赋，详述自睢阳沿汴河漫游的经历。高适并没有尽情描叙沿途的山水风光，而是发思古之幽情，凭吊沿途的历史遗迹，发抒对于历史的深切感受，有着深重的历史感。全赋的审美情调苍凉悲慨，对汉代以降历史人物的评说颇见卓识。在评说古史古人中，又有诗人的情感流注，有自身的身世之慨，有"吾今不知其所如"的茫然，这便使全赋益发显得慷慨多气。他对于自汉代以来重要历史人物的评价均有着自己的理性评判和情感好恶评价的倾向，使得全赋富于史感的深度和情感的浓度。

高适心理素质的塑造在大卑而大达的生活经历中完成，在纷繁万状的社会中表现出自负而又自持的心态。《九月九日酬颜少府》云：

> 檐前白日应可惜，篱下黄花为谁有。行子迎霜未授衣，主人得钱始沽酒。苏秦憔悴人多厌，蔡泽栖遑世看丑。纵使登高只断肠，不如独坐空搔首。

重阳登高虽然能观赏到净秋胜景，但是在无法伸展心志的人心中只会增加悲伤，还不如独居空室，自个搔首孤坐。高适一生的情感涨落幅度较大，跟个人的显达浮沉有着密切的关系，但在深层次上他表现得甚为自负，他对前程发展有自己的信念。《效古赠崔二》写道：

> 十月河洲时，一看有归思。风飙生惨烈，雨雪暗天地。我辈今胡为，浩哉迷所至。缅怀当途者，济济居声位。邈然在云霄，宁肯更沦踬。周旋多燕乐，门馆列车骑。美人芙蓉姿，狭室兰麝气。金炉陈兽炭，谈笑正得意。岂论草泽中，有此枯槁士。我惭经济策，久欲甘弃置。君负纵横才，如何尚憔悴。长歌增郁怏，对酒不能醉。穷达自有时，夫子莫下泪。

"穷达自有时"近似宿命论的观念中却有着对于"达"的自信和企望。尽管高适表示"寸心仍有适，江海一扁舟"①，在欲去隐居而终未去的事实中，可以看出他对于以后有出头之日是颇为自信的。他不无自负地认为："公侯皆我辈，动用在谋略。"②他在对别人的鼓励中，表明了自己的心迹和愿望："知君不得意，他日会鹏抟。"③他总是在勉人中求得自勉："男儿争富贵，劝尔莫迟回。"④因此，他的心理就显得通达。《宋中别周梁李三

---

① 高适：《奉酬睢阳李太守》。
② 高适：《和崔二少府登楚丘城作》。
③ 高适：《东平留赠狄司马》。
④ 高适：《宋中遇刘书记有别》。

子》曰：

> 曾是不得意，适来兼别离。如何一樽酒，翻作满堂悲。周子负高价，梁生多逸词。周旋梁宋间，感激建安时。白雪正如此，青云无自疑。李侯怀英雄，肮脏乃天资。方寸且无间，衣冠当在斯。俱为千里游，勿念两乡辞。且见壮心在，莫嗟携手迟。凉风吹北原，落日满西陂。露下草初白，天长云屡滋。我心不可得，君亦定何之。京洛多知己，谁能忆左思。

虽然仕途、功名不太顺遂，虽然命运多偃蹇，虽然也曾有过牢骚、不平、悲叹，但是那颗热烈的心始终跳荡，那股建功立业的热情始终没有消歇，悲而不凄，慨当以慷，这是高适心理的主旋律，是对盛唐气象的企待表现，从而也成为盛唐精神的体现。他在诗中说道："感激建安时。"把建安时代感奋激荡的审美理想视为自己所向往的审美理想，遂形成他诗歌审美特征的"风骨"。

高适的心理结构比较粗放，不像王维那样属于精致型。他惯于直抒胸臆，而不是盘旋用势，缠绵不休。殷璠《河岳英灵集》称高适"诗多胸臆语，兼有气骨"。高适性格率真，发露心情，没有隐饰和矫饰，这是"诗多胸臆语"的含义。前引他所写《人日寄杜二拾遗》诗曾令杜甫"泪洒行间，读终篇末"[1]。杜甫在诗中说："呜呼壮士多慷慨，合沓高名动寥廓。叹我凄凄求友篇，感时郁郁匡君略。"[2]

当他漫游四方时，心理世界常常流露出悲抑感，心境凄然。《除夜作》写道：

> 旅馆寒灯独不眠，客心何事转凄然？故乡今夜思千里，霜鬓明朝又一年。

这是他的"胸臆语"，除夕夜思归之情楚楚动人。然而他的性格、心理又不是沉湎情思而不可超脱的，他对人事离别表现出豁达情怀。如《别韦参军》所言"丈夫不作儿女别，临歧涕泪沾衣巾"。又如《送别》曰：

> 昨夜离心正郁陶，三更白露西风高。萤飞木落何淅沥，此时梦见西归客。曙钟寥亮三四声，东邻嘶马使人惊。揽衣出户一相送，唯见归云纵复横。

---

[1] 杜甫：《追酬故高蜀州人日见寄并序》。
[2] 杜甫：《追酬故高蜀州人日见寄并序》。

虽然昨夜离心郁陶，但心理经过调节转为通达，曙钟嘹亮为友人壮行，东邻马嘶催友人上路。"揽衣出户一相送"，没有凄楚悱恻的情语绵绵，也没有反复不休的嘱咐叮咛。诗人在钟鸣马嘶声中被惊醒，来不及盥洗整冠，来不及细加整束，就"揽衣出户"，这个动作何等轻快，又何等潇洒！这里出现了诗人那洒脱轻捷的身影。

由此可以看出，高适的用世态度与美学精神有着密切的联系，他自我塑造了一个富于人格力量的形象。

第二节　边塞诗美

作为文学美学上的高岑诗派的主要成就和显示其审美风貌、特征的，是他们的边塞诗。如果说殷璠的"多胸臆语"的评价体现在上述高适的用世态度与美学精神中，那么他所说的"风骨"又正体现在高适的边塞诗美中。"风骨"是以现实精神为内涵的，并体现了内在的骨力。对边塞现实的关注和对边塞战争的构想，成为高适边塞诗"风骨"的内容。高适是一位激烈的主战派，他说："和亲非远图"[①]，主张"一战擒单于"[②]。他对于"边兵若刍狗，战骨成埃尘"[③]的惨烈现实寄寓了深切的同情，这样，他边塞诗的美学风骨便植根在现实的土壤之中。他对于边塞上所发生的一切感同身受，有切肤之体验，如《燕歌行序》所说，"感征戍之事"，有所感而发，甚至"吾欲涕沾臆"[④]，因此，他的边塞诗的景象描述和主体感受就十分真切、动人。其主体感受在边塞景象、风情上得到充分的对象化体现。如《使青夷军入居庸三首》（其一）曰："匹马行将久，征途去转难。不知边地别，只讶客衣单。溪冷泉声苦，山空木叶干。莫言关塞极，云雪尚漫漫。"塞上景象历历，从"客衣单"中感受到边地的寒冷。"溪冷泉声苦，山空木叶干"，是对边塞景象的真切描绘。《营州歌》曰：

营州少年厌原野，狐裘蒙茸猎城下。虏酒千钟不醉人，胡儿十

---

① 高适：《塞上》。
② 高适：《塞上》。
③ 高适：《答侯少府》。
④ 高适：《蓟门五首》。

岁能骑马。

这是对边塞风情的生动描述,那一身狐裘蒙茸的装束,那豪饮贪杯的习俗,那矫健驭骑的身影,都溢发出边塞的风情。

高适以边塞生活为审美对象,于苍凉中见清丽之气。《塞上听吹笛》写道:

> 雪净胡天牧马还,月明羌笛戍楼间。借问梅花何处落,风吹一夜满关山。

雪净、月明、羌笛、戍楼所组合的意象群显现出苍凉的氛围,而通过梅花落的双重意象的含义寓示和"风吹一夜满关山"的景象渲染,营造出清旷阔朗的美学境界。

高适诗在清旷阔朗的境界中显示主体豁达通脱的襟怀。著名的《别董大》写道:

> 千里黄云白日曛,北风吹雁雪纷纷。莫愁前路无知己,天下谁人不识君。

白日、黄云、黄昏,北风劲吹之中大雪纷飞、群雁南归。在如此环境中送别友人,何等凄楚,但诗人却情绪陡转,以天下均有知己,无人不识、不知的慰语,激励友人。开阔的胸怀、洒脱的情绪,正体现了高适的心理特征,也体现了盛唐人的心理特征。在送人出塞征伐时,高适总是表现得激情满怀,富有情绪的推动力。如《送浑将军出塞》曰:

> 将军族贵兵且强,汉家已是浑邪王。子孙相承在朝野,至今部曲燕支下。控弦尽用阴山儿,登阵常骑大宛马。银鞍玉勒锈蝥弧,每逐嫖姚破骨都。李广从来先将士,卫青未肯学孙吴。传有沙场千万骑,昨日边庭羽书至。城头画角三四声,匣里宝刀昼夜鸣。意气能甘万里去,辛勤判作一年行。黄云白草无前后,朝建旌旄夕习斗。塞上应多侠少年,关西不见春杨柳。从军借问所从谁,击剑酣歌当此时。远别无轻绕朝策,平戎早寄仲宣诗。

这是一首壮行曲,在沙场千万骑的壮景中展现了将军的风发意气,特别是"城头画角三四声,匣里宝刀昼夜鸣",成为对将士出征最动人心魄的审美描述,也成为传世名句。又如《送李侍御赴安西》写道:

> 行子对飞蓬,金鞭指铁骢。功名万里外,心事一杯中。虏障燕支北,秦城太白东。离魂莫惆怅,看取宝刀雄。

可以看出，高适属于激情型，乃性情中人，充满自信和力量。既激励、策励别人，又披露自身心迹，颇有鼓动性，其热情如火如燎，烤炙人们的心灵。

高适边塞诗美的代表作《燕歌行》：

> 汉家烟尘在东北，汉将辞家破残贼。男儿本自重横行，天子非常赐颜色。摐金伐鼓下榆关，旌旆逶迤碣石间。校尉羽书飞瀚海，单于猎火照狼山。山川萧条极边土，胡骑凭陵杂风雨。战士军前半死生，美人帐下犹歌舞。大漠穷秋塞草腓，孤城落日斗兵稀。身当恩遇恒轻敌，力尽关山未解围。铁衣远戍辛勤久，玉箸应啼离别后。少妇城南欲断肠，征人蓟北空回首。边风飘飖那可度，绝域苍茫更何有。杀气三时作阵云，寒声一夜传刁斗。相看白刃血纷纷，死节从来岂顾勋。君不见沙场征战苦，至今犹忆李将军。

这首诗可以说是对边塞生活做了多视角的审美。层面感相当丰富。有击鼓鸣金、旌旗逶迤出征的雄壮画面，有"校尉羽书飞瀚海，单于猎火照狼山。山川萧条极边土，胡骑凭陵杂风雨"的酷烈场面，有"战士军前半死生，美人帐下犹歌舞"的巨大反差，有大漠穷秋、孤城落日、铁衣远戍、相持酷战致使士兵锐减的惨厉情景，有少妇断肠、征人思归的情感痛苦，生活容量和审美容量极大。它可以说是边塞景象审美描述的立体式画卷，纵横交织，斑斓多姿。在画面的对比描述中特别富于思想深度，如战士赴死而将帅纵乐的描述。在审美情绪的表达上，既有《燕歌行》作为乐府旧题所固有的缠绵悱恻、哀怨凄楚，又有审美主体所赋予审美对象的悲慨苍凉的情调。它所表现出的审美特征成为盛唐美学的"风骨"写照。

第十八章　岑参

盛唐边塞诗坛还有一位主将——岑参，他的社会理想，同样体现了盛唐的社会理想；其审美理想，也同样体现了盛唐的审美理想。

第一节　英雄主义与美学风貌

建功立业的强烈愿望是盛唐人的共同心理、精神，岑参也是如此。他的功名愿望的表达更有其特点，即这种表达更为直率、坦诚。《送李副使赴碛西官军》写道：

火山六月应更热，赤亭道口行人绝。知君惯度祁连城，岂能愁见轮台月。脱鞍暂入酒家垆，送君万里西击胡。功名只向马上取，真是英雄一丈夫。

在火山地带又值六月时节，自会更为炎热，又在赤亭道口行人稀绝的地方，这便营造了酷热的氛围。"知君惯度祁连城"，是以肯定的语气，对友人边塞生活经历的赞扬；"岂能愁见轮台月"，则用反问语气，对友人抛却边愁充满了信赖。诗的最后对英雄的价值做了规定："功名只向马上取。"马上驰骋，沙场求取功名，才是人生价值获取的唯一途径。他从不羞于言功名二字，而是表现得相当迫切、直率，甚或露骨，乃盛唐人之特点。《银山碛西馆》说："丈夫三十未富贵，安能终日守笔砚。"这一说法正是唐人"宁为百夫长，胜作一书生"普遍思想的体现。他们身为读书人，却不以读书取仕作为自身发展的道路，他们的功名是在疆场上求取和成就的。岑参对功成名就做出了不加掩饰的富于诱惑力的描述并表达了自己的羡慕之意，有时还分明有点穷人看待富人的心理意味。例如《送张献心充副使归河西杂句》写道："将门子弟君独贤，一从受命常在边。未至三十已高位，腰间金印色赭然。前日承恩白虎殿，归来见者谁不羡。箧中赐衣十重余，案上军书十二卷。看君谋智若有神，爱君词句皆清新。澄湖万顷深见底，清冰一片光照人。云中昨夜使星动，西门驿楼出相送。玉瓶素蚁腊酒香，金鞭白马紫游缰。花门南，燕支北。张掖城头云正黑，送君一去天外忆。"他认为，只有当上边将才能得到真正的功名富贵，以至于一人得道，连战马也因此风光起来。《卫节度赤骠马歌》云："始知边将真富贵，可怜人马相辉光。"《北庭西郊候封大夫受降回军献上》曰："喜鹊捧金印，蛟龙盘画旗。"其企慕心态溢于言表。他在求取功名上十分重视年轻得志，早年成功。《北庭西郊候封大夫受降回军献上》又说："如公未四十，富贵能及时。"《玉门关盖将军歌》说："盖将军，真丈夫，行年三十执金吾。"《送魏升卿擢第归东都因怀魏校书陆浑乔潭》说："问君今年三十岁，能使香名满人耳？"与此相连的则是对自己未能及时取得功名的叹息。他时常慨叹自己："吾窃悲此生。"[1]"可知年四十，犹自未封侯。"[2]他因"边城寂无事"而"抚剑空徘徊"[3]，经常传送出失意的叹息之声，"终日不如意，出门何所之。从人觅颜色，自笑弱男儿"[4]。这种急切的求成情绪有时不免浮躁。《行军二首》（其二）写道："功业今已迟，览镜悲白须。"然而，他始终没有熄灭那股建功立业的火焰，也是在《行军二首》（其二）中表示道："平生抱忠义，不敢私微躯。"表现出献身精神。《陪狄员外早秋登府西楼因呈院中诸公》说道："时命难自知，功业岂暂忘。"有时他又表现出不以封侯受爵为目的，而以报效国家、效命王事为重的愿望。《送人赴安西》说："小来思报国，不是爱封侯。"《初过陇山途中呈宇文判官》说："万里奉王事，一身无所求。也知塞垣苦，岂为妻子谋。"这就升华了他的英雄主义的思想内涵。

效命国家的愿望、理想、精神和常常表现出来的急切、浮躁心态，得

---

[1] 岑参：《行军二首》（其一）。
[2] 岑参：《北庭作》。
[3] 岑参：《登北庭北楼呈幕中诸公》。
[4] 岑参：《江上春叹》。

意时雄放、失路时抑郁的情绪波动、起伏现象，都从不同的侧面和人生区段构成了岑参的心理、性格特征。这样也就在其文学美学风格上反映出来，形成了心理、精神—美学的构合，出现雄气四射、慨当以慷的美学风貌。杜甫《寄彭州高三十五使君适虢州岑二十七长史参三十韵》说："意惬关飞动，篇终接混茫。"正是对其审美意韵的描述和概括。

第二节　诗美特征

在对岑参的诗美特征加以确定时，历代的评定几乎众口一词。杜甫《渼陂行》说："岑参兄弟皆好奇。"殷璠《河岳英灵集》说："参诗语奇体峻，意亦造奇。"所谓"奇"就是超越常人之所思，审美思维上常有出奇制胜之处。杜确编《岑嘉州集》认为："其有所得，多入佳境，回拔孤秀，出于常情。"此后的历代诗美学家多以此为据，加以论述和发挥。胡震亨《唐音癸签》卷五引徐献忠语，岑嘉州"以风骨为主，故体裁峻整，意多造奇"。沈德潜《唐诗别裁集》说："参诗能作奇语，尤长于边塞。"由此可见，所谓"奇"是指整个审美意味，又是指审美的语言表达，包含审美的所有层次，因此，"奇"是一个总体性指称。

对于"丽"，则是一个富于感性特征的审美评价。王世贞《艺苑卮言》说："岑才甚丽。"胡应麟《诗薮》内编卷三说："盛唐高适之浑、岑参之丽、王维之雅、李颀之俊，皆铁中铮铮者。"

于是，"奇丽"便成为对岑参审美风格的总体定位。值得注意的是，前引胡震亨《唐音癸签》引语，"风骨"是岑参审美的主体，"风骨"既立，便规范了审美的诸多特征。

"奇丽"从本体上说是指审美主体的情思。在岑参的边塞诗情思中则表现为他那到处洋溢的豪情，使人如闻其朗朗笑语和感应到那充溢的情绪。《凉州馆中与诸判官夜集》写道：

> 弯弯月出挂城头，城头月出照凉州。凉州七里十万家，胡人半解弹琵琶。琵琶一曲肠堪断，风萧萧兮夜漫漫。河西幕中多故人，故人别来三五春。花门楼前见秋草，岂能贫贱相看老。一生大笑能几回，斗酒相逢须醉倒。

夜宴的场面盛友如云，更有胜慨豪情。在花门楼前看到衰败之秋草，却毫无叹老嗟卑之感，毫无人生的颓废情绪，这正是盛唐人的情怀。"一生大笑能几回"，对人生的体味包含冲天豪情；"斗酒相逢须醉倒"，又洋溢着令人激荡的兴味。所以，岑参的"奇"便表现为主体的"奇"情"奇"趣，有着与众不同的情趣。《行军九日思长安故园》写道："强欲登高去，无人送酒来。遥怜故园菊，应傍战场开。"登高企望送酒添兴，那满簇的秋菊，依傍在战场盛开，这是何等之情趣！

正因为岑参有"奇"思——属于个体自身的审美情思，才能在同一审美对象面前有着自己独特的个人审美风采。《与高适薛据同登慈恩寺浮图》便是其代表。天宝十一载（752）初秋，由高适首倡，岑参、杜甫、薛据、储光羲等同登长安慈恩寺塔并赋诗的盛举是盛唐诗坛的盛事佳话，至今传诵。岑参诗云：

> 塔势如涌出，孤高耸天宫。登临出世界，磴道盘虚空。突兀压神州，峥嵘如鬼工。四角碍白日，七层摩苍穹。下窥指高鸟，俯听闻惊风。连山若波涛，奔凑似朝东。青槐夹驰道，宫馆何玲珑。秋色从西来，苍然满关中。五陵北原上，万古青濛濛。净理了可悟，胜因夙所宗。誓将挂冠去，觉道资无穷。

沈德潜《唐诗别裁集》认为，"登慈恩寺塔，少陵以下应推此作，高达夫、储太祝皆不及也"。在沈德潜看来，岑参的这首诗在杜甫之下，高适、储光羲之上。在高、储之上是对的，如果就审美描述而言，视为在杜之下，就有失公允了。不妨把杜甫的同题诗《同诸公登慈恩寺塔》亦抄录于下，可资比较：

> 高标跨苍穹，烈风无时休。自非旷士怀，登兹翻百忧。方知象教力，足可追冥搜。仰穿龙蛇窟，始出枝撑幽。七星在北户，河汉声西流。羲和鞭白日，少昊行清秋。秦山忽破碎，泾渭不可求。俯视但一气，焉能辨皇州？回首叫虞舜，苍梧云正愁。惜哉瑶池饮，日晏昆仑丘。黄鹄去不息，哀鸣何所投？君看随阳雁，各有稻粱谋。

杜诗的特征是那沉重的现实感和忧患意识，杜甫是从主体心理、情绪上去感受对象。岑参的审美着眼点是登高仰望进而俯视慈恩寺塔周围的景物，王士禛《池北偶谈》说："盛唐高、岑、子美诸公同登慈恩寺塔赋诗，或云

'秋色从东来，苍然满关中。五陵北原上，万古青濛濛'，或云'秋风昨夜至，秦塞多清旷。千里何苍苍，五陵郁相望'，或云'秦山忽破碎，泾渭不可求。俯视但一气，焉能辨皇州'，此是何等气概！"李子德在比较二诗时说："岑作高，公（杜甫）作大。岑作秀，公作奇。"岑参诗有对慈恩寺本身的描述，突兀峥嵘，耸立在天地之间。俯仰之间可以看到高鸟的翱翔，听到风涛惊吼。在诗人的审美视域中，连绵起伏的群山如波涛汹涌，奔凑向东，极富动势。能看到青槐驰道，宫馆相连。秋色苍然，五陵北原，一片青冥，展现出长安城郊的奇观。因此，杜、岑两作，没有高下之分，而是两种审美形态的表现。

岑参胸次高远，因此其登眺之作总有高远之气。《早秋与诸子登虢州西亭观眺》："亭高出鸟外，客到与云齐。树点千家小，天围万岭低。残虹挂陕北，急雨过关西。酒榼缘青壁，瓜田傍绿溪。微官何足道，爱客且相携。唯有乡园处，依依望不迷。"《西亭子送李司马》："高高亭子郡城西，直上千尺与云齐。盘崖缘壁试攀跻，群山向下飞鸟低。使君五马天半嘶，丝绳玉壶为君提。坐来一望无端倪，红花绿柳莺乱啼。千家万井连回溪，酒行未醉闻暮鸡。点笔操纸为君题，为君题，惜解携。草萋萋，没马蹄。"《登嘉州凌云寺作》："寺出飞鸟外，青峰戴朱楼。搏壁跻半空，喜得登上头。始知宇宙阔，下看三江流。天晴见峨眉，如向波上浮。迥旷烟景豁，阴森棕楠稠。愿割区中缘，永从尘外游。回风吹虎穴，片雨当龙湫。僧房云蒙蒙，夏月寒飕飕。回合俯近郭，寥落见远舟。胜概无端倪，天宫可淹留。一官讵足道，欲去令人愁。"在这些诗中都有审美主体存在，其审美视点至高，视域至远。

岑参用属于他的奇异的思维方式来感受对象，特别是边塞生活对象。清代方东树在《昭昧詹言》中评价《走马川行奉送出师西征》"奇才奇气，风发泉涌"。其诗写道：

> 君不见走马川行，雪海边，平沙莽莽黄入天。轮台九月风夜吼，一川碎石大如斗，随风满地石乱走。匈奴草黄马正肥，金山西见烟尘飞，汉家大将西出师。将军金甲夜不脱，半夜军行戈相拨，风头如刀面如割。马毛带雪汗气蒸，五花连钱旋作冰，幕中草檄砚水凝。虏骑闻之应胆慑，料知短兵不敢接，车师西门伫献捷。

封常清率师征伐播仙，岑参为之壮行。全诗在审美上充满了奇思、奇景、奇情。平沙莽莽，黄尘弥天，夜风怒吼，石大如斗，满地乱走，形成一种奇异、酷烈的审美氛围和环境。又运用夜半行军，衔枚而进，只闻戈矛相拨之声增加了紧张感。诗人又借助于马毛带雪、汗气蒸腾、军幕草檄、砚水凝结的细节，进一步渲染了环境的险恶。奇寒中有奇景、奇情，也就调动了人们奇异性的审美体验和感受。同一时期、同赠一人——封常清的《轮台歌奉送封大夫出师西征》则在同"奇"中显示另一种审美格调：

轮台城头夜吹角，轮台城北旄头落。羽书昨夜过渠黎，单于已在金山西。戍楼西望烟尘黑，汉兵屯在轮台北。上将拥旄西出征，平明吹笛大军行。四边伐鼓雪海涌，三军大呼阴山动。虏塞兵气连云屯，战场白骨缠草根。剑河风急雪片阔，沙口石冻马蹄脱。亚相勤王甘苦辛，誓将报主静边尘。古来青史谁不见，今见功名胜古人。

"走马川行"是写行军迎战，"轮台歌"则是写正面交锋，有四边伐鼓、三军大呼的声威，有白骨缠草、马蹄脱落的酷厉，从而形成奇异的战场风光。

岑参诗美学风格"奇"的特征来自于他那独特的审美方式，他的心理趣尚是选择和向往充满奇异色彩的对象，是大风大雪、大旗大马、奇寒奇热、奇景奇观。他把这些景象风光作为自己审美选择的对象，遂与其好奇逐异的审美心理相吻合。在审美的具体处理中，他又善于对那些选择到的对象加以夸张性、扩大性处理，如《走马川行奉送出师西征》中的句子："一川碎石大如斗，随风满地石乱走。"又如《天山雪歌送萧治归京》中的句子："都护宝刀冻欲断。"元代辛文房《唐才子传》称岑参"属词清尚，用心良苦"，在语言表述时，岑参已经表现出刻意锤炼的趋向，其审美目的是求取审美表达的奇异效果。如《岁暮碛外寄元撝》："沙碛人愁月，山城犬吠云。"《北庭贻宗学士道别》："平沙向旅馆，匹马随飞鸿。"《宿关西客舍寄东山严许二山人时天宝初七月初三日在学见有高道举征》："孤灯燃客梦，寒杵捣乡愁。"语言表述上的技巧因素十分显著，巧妙地运用修辞学上的手法，使人感受到其表达的奇异和所描述的情景之奇异。这就如前引的殷璠的话，岑参不仅有奇思，而且有奇语。"奇"的审美表达手法增加了"奇"的审美表现效果。

岑参边塞诗美的开拓，比起别的边塞诗人更有审美成就的是，展现了一幅幅富于异域情调的风光，极具美学风味和新奇风调，所呈现出的是"阑干阴崖千丈冰"的奇寒，复有"海上众鸟不敢飞"的奇热。《经火山》曰：

"火山今始见，突兀蒲昌东。赤焰烧虏云，炎氛蒸塞空。不知阴阳炭，何独然此中。我来严冬时，山下多炎风。人马尽汗流，孰知造化功。"《火山云歌送别》云："火山突兀赤亭口，火山五月火云厚。火云满山凝未开，飞鸟千里不敢来。平明乍逐胡风断，薄暮浑随塞雨回。缭绕斜谷铁关树，氛氲半掩交河戍。迢迢征路火山东，山上孤云随马去。"《热海行送崔侍御还京》写道："侧闻阴山胡儿语，西头热海水如煮。海上众鸟不敢飞，中有鲤鱼长且肥。岸傍青草常不歇，空中白雪遥旋灭。蒸沙烁石燃虏云，沸浪炎波煎汉月。阴火潜烧天地炉，何事偏烘西一隅。势吞月窟侵太白，气连赤坂通单于。送君一醉天山郭，正见夕阳海边落。柏台霜威寒逼人，热海炎气为之薄。"然而，于奇热之外复有奇寒之描述。《天山雪歌送萧治归京》写道："天山有雪常不开，千峰万岭雪崔嵬。北风夜卷赤亭口，一夜天山雪更厚。能兼汉月照银山，复逐胡风过铁关。交河城边飞鸟绝，轮台路上马蹄滑。暗霭寒氛万里凝，阑干阴崖千丈冰。将军狐裘卧不暖，都护宝刀冻欲断。正是天山雪下时，送君走马归京师。雪中何以赠君别，惟有青青松树枝。"除此，岑参还描述了那些颇具异彩的花卉植物，如《优钵罗花歌并序》所写的"优钵罗花"："其状异于众草，势巃嵸如冠弁。嶷然上耸，生不傍引。攒花中折，骈叶外包，异香腾风，秀色媚景。"诗云："白山南，赤山北。其间有花人不识，绿茎碧叶好颜色。叶六瓣，花九房。夜掩朝开多异香，何不生彼中国兮生西方。移根在庭，媚我公堂。耻与众草之为伍，何亭亭而独芳。何不为人之所赏兮，深山穷谷委严霜。吾窃悲阳关道路长，曾不得献于君王。"在边塞上有着内地所未见的风光和风俗。例如奇异的景色、气候，"黄沙西际海，白草北连天"①，"九月天山风似刀，城南猎马缩寒毛"②。这里有着奇异的风景和风情，"秋来唯有雁，夏尽不闻蝉。雨拂毡墙湿，风摇毳幕膻。"③这里的语言显然有异域腔调。《奉陪封大夫宴得征字时封公兼鸿胪卿》写道："西边虏尽平，何处更专征。幕下人无事，军中政已成。座参殊俗语，乐杂异方声。醉里东楼月，偏能照列卿。"不同语言并存，各方乐音杂陈。在少数民族的居室环境中，"暖屋绣帘红地炉，织成壁衣花氍

---

① 岑参：《过酒泉忆杜陵别业》。
② 岑参：《赵将军歌》。
③ 岑参：《首秋轮台》。

𫗴"①，人们"浑炙犁牛烹野驼"②，婆娑起舞，吹拉弹唱，"美人舞如莲花旋，世人有眼应未见。……琵琶横笛和未匝，花门山头黄云合。忽作出塞入塞声，白草胡沙寒飒飒"③。异域风光、情调的描述和表现，开拓了人们的审美视域，丰富了边塞诗美的内容。

岑参所形成的以"奇"为基本特征的诗美，有着显著的真切感，也就是说，"奇"以"真"为体验基础，如《走马川行奉送出师西征》中的"风头如刀面如割"，《初过陇山途中呈宇文判官》中的"马走碎石中，四蹄皆血流"。而审美表达之"真"又是以主体的亲历体验为基础，《唐才子传》就曾指出："参累佐戎幕，往来鞍马烽尘间十余载，极征行离别之情，城障塞堡，无不经行。"

历代诗美学家又指出了岑参诗美的另一特征——"丽"。王世贞《艺苑卮言》说："岑才甚丽。"胡应麟《诗薮》也指出了这一点。岑参《初授官题高冠草堂》句："涧水吞樵路，山花醉药栏。"《韦员外家花树歌》句："朝回花底恒会客，花扑玉缸春酒香。"《春半与群公同游元处士别业》句："草色带朝雨，滩声兼夜钟。"《终南山双峰草堂作》写道："崖口上新月，石门破苍霭。色向群木深，光摇一潭碎。"都有丽色的轻染。《春梦》云：

> 洞房昨夜春风起，遥忆美人湘江水。枕上片时春梦中，行尽江南数千里。

在清丽的景象中有对于美人眷眷不尽的思念，审美情绪缠绵悱恻。胡应麟《诗薮》有一番话颇引人注意，他说："枕上片时春梦中，行尽江南数千里，盛唐之近晚唐者。"其情调已肇晚唐之先端。从宋词中也可看出其清丽缠绵审美格调的影响。晏幾道《蝶恋花》写道："梦入江南烟水路，行尽江南，不与离人遇。"范成大《忆秦娥》写道："灯花结，片时春梦，江南天阔。"

"奇"与"丽"的构合便成为"奇丽"，出现一个完整的审美风格范畴。《白雪歌送武判官归京》写道：

> 北风卷地白草折，胡天八月即飞雪。忽如一夜春风来，千树万树梨花开。散入珠帘湿罗幕，狐裘不暖锦衾薄。将军角弓不得控，都护

---

① 岑参：《玉门关盖将军歌》。
② 岑参：《酒泉太守席上醉后作》。
③ 岑参：《田使君美人舞如莲花北鋋歌》。

铁衣冷难着。瀚海阑干百丈冰，愁云惨淡万里凝。中军置酒饮归客，胡琴琵琶与羌笛。纷纷暮雪下辕门，风掣红旗冻不翻。轮台东门送君去，去时雪满天山路。山回路转不见君，雪上空留马行处。

清代方东树《昭昧詹言》评价这首诗："'忽如'六句，奇情逸发，令人心神一快。"起句便奇峰突起，紧扣读者心弦，含有一种审美吸引力。然后"忽如"的比喻，新鲜奇崛，诗人放手渲染雪景的壮伟奇丽，既有"瀚海阑干百丈冰，愁云惨淡万里凝"的纵意渲染，又有"风掣红旗冻不翻"的细节点染。岑参善于出奇笔而制胜，给人以审美惊喜感。

岑参诗美奇丽，然而又正如前引杜甫的评价"篇终接混茫"，诗中有一种苍茫的审美气象。如《碛中作》曰："走马西来欲到天，辞家见月两回圆。今夜不知何处宿，平沙万里绝人烟。"有时于混茫中透出清亮舒展。如《武威送刘判官赴碛西行军》曰："火山五月行人少，看君马去疾如鸟。都护行营太白西，角声一动胡天晓。"有时于清亮舒展中表现开阔豪迈的襟怀。如《逢入京使》曰："故园东望路漫漫，双袖龙钟泪不干。马上相逢无纸笔，凭君传语报平安。"如《山房春事》云："梁园日暮乱飞鸦，极目萧条三两家。庭树不知人去尽，春来还发旧时花。"

第三节 高岑比较

高岑作为边塞诗的代表人物，共同创立了一个文学美学流派。他们在文学美学风格上有许多共同之处。他们的诗所透发的热情和艺术精神正是盛唐时代精神和审美理想的一个重要体现。对于盛唐精神，王孟是一种体现，高岑也是一种体现。他们都表现了人的进取、追求、雄心、襟怀，他们都富于美学的气概、气象、气韵，他们都创造了盛唐的风骨美。

然而，高岑之间尚有审美上的区别。王士禛《带经堂诗话》曾有过比较，认为"高悲壮而厚，岑奇逸而峭"，这一比较所做出的概括确实符合二人的实际。高适悲壮厚重的审美感体现在他那深沉的历史感中。如《古大梁行》写道：

古城莽苍饶荆榛，驱马荒城愁杀人。魏王宫观尽禾黍，信陵宾客随灰尘。忆昨雄都旧朝市，轩车照耀歌钟起。军容带甲三十万，国步连营一千里。全盛须臾那可论，高台曲池无复存。遗墟但见狐狸迹，古地空余草木根。暮天摇落伤怀抱，抚剑悲歌对秋草。侠客犹传朱亥名，行人尚识夷门道。白璧黄金万户侯，宝刀骏马填山丘。年代凄凉不可问，往来唯见水东流。

而岑参则侧重于对现实存在的山水自然和边塞风光的审美。他对"丽"的审美对象表现出情有独钟，如所写《峨眉东脚临江听猿怀二室旧庐》曰："峨眉烟翠新，昨夜秋雨洗。分明峰头树，倒插秋江底。"如《敬酬李判官使院即事见呈》中的句子："草根侵柱础，苔色上门关。饮砚时见鸟，卷帘晴对山。"高适浑中见壮，岑参丽中见壮；高较为执着于现实，岑则常见超越，遂出现了两种审美风格。

高适的审美对象是蓟北燕赵，诗中常充溢慷慨悲歌之气。如《邯郸少年行》写道：

邯郸城南游侠子，自矜生长邯郸里。千场纵博家仍富，几度报仇身不死。宅中歌笑日纷纷，门外车马常如云。未知肝胆向谁是，令人却忆平原君。君不见今人交态薄，黄金用尽还疏索。以兹感叹辞旧游，更于时事无所求。且与少年饮美酒，往来射猎西山头。

古赵邯郸游侠少年，纵博豪赌，仗义报仇，饮酒射猎，放马西山，古赵之意气洋溢风发。前引殷璠《河岳英灵集》说高适"性拓落，不拘小节，耻预常科，隐迹博徒"，邯郸游侠少年正是他的对象性写照。又如《蓟中作》所写："策马自沙漠，长驱登塞垣。边城何萧条，白日黄云昏。"而岑参则以西部边塞风光和生活为审美对象，是安西、关西、天山、轮台等。对象的西部地理环境特点和风调带来了美学上的特有色彩，出现险奇怪厉的景象，是火山黄云、风厉如刀，与之相伴生的是西部风情、风俗、异域风光，是胡人琵琶、胡琴羌笛，给人的感受自有不同。岑参创造了光怪陆离的美，常引发读者以惊奇感，其诗的美学境界是其追奇好异的心理外化体现。在运用诗的审美形式上，岑参更显得铺张扬厉，盘旋作势。

第四节 边塞诗派美学风貌

边塞诗派以高岑为主峰，簇拥一批诗人，如王之涣写有著名的《凉州词》：

> 黄河远上白云间，一片孤城万仞山。羌笛何须怨杨柳，春风不度玉门关。

黄河迤逦盘旋直上云端，在极为舒长的空间上横亘一片孤城、万仞群山。越是描述出边塞的风光，就越是突出羌笛所抒发的怨情，征人离思，在"春风不度玉门关"的慨叹中更显得悲切苍凉。王之涣还写有蕴含深刻哲理的《登鹳雀楼》：

> 白日依山尽，黄河入海流。欲穷千里目，更上一层楼。

白日冉冉西下，依山而尽。由日而及于大山，至于日只着其白色，使人见到它灿烂，明晃耀眼。而尚是白的日，已沿着山峰徐徐而下，则崇山峻岭的高大莽苍，又自在意中了。写日非本意所在，乃是为着突出山——山的磅礴阔大、拔地参天之势。崇山郁乎苍苍，其色彩，诗人又不着一笔，让读者想象得之。随着太阳的依山而下，白日生辉和群山迤逦同时出现。白日、大山收于眼底，则诗人的视点之高和高中之远，隐隐显露。在前眺群山之后的笔墨跳宕处，是更为开阔的下瞰大河。诗人审美想象出"黄河入海流"。长河的喧嚣之声如黄钟大吕般激越，又恰与"白日依山尽"的静息，形成声态上的对称。诗人目之所及，既有视域中的，又有视域外的，视域中的浩大自然引入视域外的壮阔境域。登临远眺之壮，自然根植于立足之高，更导源于诗人胸襟之阔。略去小景小物，着眼于浑灏意境，则是诗人雄壮气概的江山俯瞰，开阔胸臆的披露。从根本上说，又反映了诗人所置身的盛唐气象的襟抱。"欲穷千里目，更上一层楼"的哲理为人所熟知，然而它在诗的审美过程中表现为眼前登高临眺的艺术逻辑发展。这种哲理融入景象描述所达到的水乳交融的境界是盛唐人审美技巧的表现，后代的许多哲理诗在这一点远远弗如，已少了盛唐人的娴熟，更少了盛唐人的气韵、气象。

李颀的边塞诗审美创作中有《古意》曰：

> 男儿事长征，少小幽燕客。赌胜马蹄下，由来轻七尺。杀人莫敢前，须如猬毛磔。黄云陇底白云飞，未得报恩不得归。辽东小妇年十五，惯弹琵琶能歌舞。今为羌笛出塞声，使我三军泪如雨。

诗人所描述的"幽燕客"，身为七尺男儿却轻贱七尺之躯，跟人在马蹄下打赌，杀得敌人不敢近前，其须髯像刺猬一样，其形象于粗犷中显刚猛之气。他表示"未得报恩不得归"，没有得到功名之前决不返回故乡。谁知辽东十五岁的小妇，"今为羌笛出塞声"，却使三军将士泪雨滂沱，因为其乐声勾引他们的无限乡思。全诗以极大的反差和顿挫形成审美的节奏，突出"幽燕客"的豪气、刚烈，以"辽东小妇"之"小"形成猛然转折，突现思乡曲震撼人的力量。《古从军行》写道：

> 白日登山望烽火，黄昏饮马傍交河。行人刁斗风沙暗，公主琵琶幽怨多。野云万里无城郭，雨雪纷纷连大漠。胡雁哀鸣夜夜飞，胡儿眼泪双双落。闻道玉门犹被遮，应将性命逐轻车。年年战骨埋荒外，空见蒲桃入汉家。

全诗充满凄凉、幽怨的审美氛围：大漠荒城，雨雪纷飞，胡雁哀鸣，胡儿泪落。在悲凉的审美氛围中益发加浓了全诗的厌战情绪。

至于崔颢，《河岳英灵集》称其"一窥塞垣，说尽戎旅"。他写有《雁门胡人歌》："高山代郡东接燕，雁门胡人家近边。解放胡鹰逐塞鸟，能将代马猎秋田。山头野火寒多烧，雨里孤峰湿作烟。闻道辽西无斗战，时时醉向酒家眠。"《辽西作》写道："燕郊芳岁晚，残雪冻边城。四月春草合，辽阳春水生。胡人正牧马，汉将日征兵。露重宝刀湿，沙虚金甲鸣。寒衣着已尽，春服谁与成。寄语洛阳使，为传边塞情。"

李颀、崔颢的边塞诗审美风格也有差别，前者有悲凉之气，后者有雄浑之概。

边塞诗派在社会理想上体现了盛唐人的愿望和追求。岑参《北庭西郊候封大夫受降回军献上》写道："何幸一书生，忽蒙国士知。侧身佐戎幕，敛衽事边陲。自逐定远侯，亦着短后衣。近来能骑马，不弱并州儿。"他们把去边塞视为自身投入的自觉行为，是实现人生价值之所在。人生境界与审美境界在这里出现重合。祖咏《望蓟门》曰："燕台一望客心惊，箫鼓喧喧汉将营。万里寒光生积雪，三边曙色动危旌。沙场烽火连胡月，海畔云山拥蓟城。少小虽非投笔吏，论功还欲请长缨。"边塞是他们的审美对象，而在对对象的审美中形成了主体所特有的气象、兴象、气概，有力度，有雄气，区别于山水田园王孟诗派的精致、散淡。作为流派，其美学风格特征特别显著，在边塞生活中实现了对人生价值和审美价值的双重肯定。他们在献身边塞事业和对边塞生活进行审美时，一样充满激情、力量，他们的身上和他们的文学审美晶体都蒸腾着生气，成为生命美学的表征。而这，又正是盛唐美学的体现。

第十九章　殷璠

在盛唐诗美学中，殷璠的美学思想有自己独特的贡献。他所提出的美学范畴，所表述的美学思想，通过编选《河岳英灵集》所传达出来的美学观念，都体现了美学思想史发展到盛唐所具备的特色。

第一节　美学思想

中国文学的选本肇始于《文选》，遂形成"选学"。选与不选、选什么与怎么选，都体现了选者的眼光、评价的标准和美学思想。《文选》是通过"选"这一具体的操作方式来体现美学思想的。殷璠的《河岳英灵集》继承了《文选》的特点。清人沈德潜《说诗晬语》说："唐诗选自殷璠、高仲武后，虽不皆尽善，然观其去取，皆有指归。""指归"就是一定的思想依据。《河岳英灵集》的选本有所创造和发展，是在不断推进的基础上完成的。在其以前孙季良所编的《正声集》较之《续古今诗苑英华集》来，以唐诗为主，且以初唐诗为主，后者以及其他选本较多地选取了南朝以来的诗歌，因此，《正声集》是一个发展。而《河岳英灵集》较之《正声集》等选本来，则是一部盛唐诗选。这便是《河岳英灵集》的选本定位。这又是一个发展。而同是盛唐的《古今诗人秀句》，其选诗标准是"以情绪为先，直置为本，以物色留后，绮错为末，助之以质气，润之以流华"。《河岳英灵集》站得更高，体认更深；又有新的发展，即有选有评。这种形式在中国诗美学论中是一个

创举。"选"诚然有其美学观点存在,"评"则更体现了选者的美学思想。其"序"曰:

> 梁昭明太子撰《文选》,后相效著述者十余家,咸自称尽善。高听之士,或未全许。且大同至于天宝,把笔者近千人,除势要及贿赂者,中间灼然可尚者,五分无二,岂得逢诗辄赞,往往盈帙?盖身后立节,当无诡随,其应诠拣不精,玉石相混,致令众口销铄,为知音所痛。
>
> 夫文有神来、气来、情来,有雅体、野体、鄙体、俗体。编纪者能审鉴诸体,安详所来,方可定其优劣,论其取舍。至如曹、刘诗多直致,语少切对,或五字并侧,或十字俱平,而逸价终存。然挈瓶肤受之流,责古人不辨宫商,词句质素,耻相师范。于是攻乎异端,妄为穿凿,理则不足,言常有余,都无兴象,但贵轻艳。虽满箧笥,将何用之?
>
> 自萧氏以还,尤增矫饰。武德初,微波尚在。贞观末,标格渐高。景云中,颇通远调。开元十五年后,声律风骨始备矣。实由主上恶华好朴,却伪从真,使海内词人,翕然尊古,有周风雅,再阐今日。
>
> 璠虽不佞,窃尝好事,常愿删略群才,赞圣朝之美。爰因退迹,得遂宿心。粤若王维、王昌龄、储光羲等二十四人,皆河岳英灵也,此集即以《河岳英灵》为称。诗一百七十首,分为上下卷。起甲寅,终乙酉。论次于序,以品藻各冠于篇额。如名不副实,才不合道,纵权压梁、窦,终无取焉。

其"集论"曰:

> 论曰:昔伶伦造律,盖为文章之本也。是以气因律而生,节假律而明,才得律而清焉。宁预于词场,不可不知音律焉。孔圣删《诗》,非代议所及。自汉、魏至于晋、宋,高唱者十有余人;然观其乐府,犹有小失。齐、梁、陈、隋,下品实繁,专事拘忌,弥损厥道。夫能文者,匪谓四声尽要流美,八病咸须避之,纵不拈缀,未为深缺。即"罗衣何飘飘,长裾随风还",雅调仍在,况其他句乎。故词有刚柔,调有高下,但令词与调合,首末相称,中间不败,便是知音。而沈生虽怪曹、王曾无先觉,隐侯言之更远。璠

> 今所集，颇异诸家：既闲新声，复晓古体，文质半取，风骚两挟，言气骨则建安为传，论宫商则太康不逮。将来秀士，无致深惑。

殷璠的"序""集论"，高屋建瓴，富于美学史的史感特点。他论述了"自萧氏以还，尤增矫饰"的状况。他的美学史论述描述了萧梁以来美学波动性的演化特征。萧梁时代辞藻音律增饰很多，到唐高祖武德年间，其美学微波尚在。唐太宗贞观末年，开始出现转变，标格逐渐高骞。唐睿宗景云年间，诗美学风调连通远代，只有到唐玄宗开元十五年（727）以后，声律风骨才开始齐备。这段论述，对于体认萧梁时代以来的美学思潮更迭变化，极有意义。他对盛唐美学特征的确定，"声律风骨"是十分重要的概括，是对盛唐美学特征的本体性说明和阐释。值得注意的是，殷璠把声律风骨作为同一个命题提出，就体现了盛唐人对美学的要求是在内容与形式的结合上提出的。

殷璠指出"文有神来、气来、情来"，其"神""气""情"是审美主体的三种心理构成因素，有不同的内涵和表现形式；只有它们在审美主体内部出现冲发，才能形成实际的审美行为。这是殷璠对审美作为精神活动和主体能动实践的说明和表达。殷璠对"神""气""情"没有做出具体的界定，但从美学理论的语境和所触及的具体范畴来看，它们都表现为与前代美学理论相一致的特征。

殷璠的《河岳英灵集》"序""集论"是在选录唐代诗美精品基础上所做的文学美学评价。它涉及美学史的演变、文学审美心理、当代审美状况评价等一系列问题，成为盛唐诗美学论的代表作。他的选本有一定的审美标准，这就是："既闲新声，复晓古体，文质半取，风骚两挟，言气骨则建安为传，论宫商则太康不逮。"以确定一定的审美标准为规范建立一部类型性选本，殷璠为首创。

第二节　美学范畴："兴象"

殷璠诗美学论的最大贡献是提出了"兴象"范畴。"兴象"是从盛唐诗歌中概括出来的，成为对盛唐诗美的最好说明、阐解，也成为中国诗美学的重要范畴。

殷璠有直接用"兴象"这一独立完整范畴的，如评陶翰："既多兴象，复备风骨。"评孟浩然："至如众山遥对酒，孤屿共题诗，无论兴象，兼复故实。"也有间接言及"兴象"的，如评常建："其旨远，其兴僻，佳句辄来，唯论意表。"评刘眘虚："情幽兴远，思苦语奇。忽有所得，便惊众听。"评贺兰进明："又《行路难》五首，并多新兴。"这里虽单题"兴"，却跟"象"相连，因此，它也指称"兴象"这一范畴。"兴象"是一种主客体融会无间的审美范畴。"兴"是触物起兴，爆发主体情思和创作冲动，属于感受性。"象"则是存在性、形容性的对象，二者的碰撞和融合便成为一个完整的审美范畴。其中，"兴"作为主体素质占据主导地位，由它取"象"、化"象"、融"象"于一体。刘勰《文心雕龙·诠赋》说："至于草区禽族，庶品杂类，则触兴致情……象其物宜，则理贵侧附。""触兴致情"和"象其物宜"的组合，便形成"兴象"。它跟"兴寄"在内涵上有区别。"兴寄"是对审美内容触及时事、现实精神的要求，而"兴象"是对审美境界的要求，是指审美的融会性与和谐感。它要求审美出现圆活、精纯的境界，要求有超出寻常、耐人体味的意韵。例如评王维诗：

> 维诗词秀调雅，意新理惬，在泉为珠，着壁成绘，一句一字，皆出常境。至如"落日山水好，漾舟信归风"，又"涧芳袭人衣，山月映石壁""天寒远山净，日暮长河急""日暮沙漠陲，战声烟尘里"。

他所列举的刘眘虚的诗句"松色空照水，经声时有人""沧溟千万里，日夜一孤舟""归梦如春水，悠悠绕故乡""驻马渡江处，望乡待归舟""道由白云尽，春与青溪长。时有落花至，远随流水香。开门向溪路，深柳读书堂。幽映每白日，清晖照衣裳"，体现他所提出的"兴象"的审美特征："情幽兴远。"并且其中的美学意味足以令人回味再三。他对所列举的常建诗句"松际露微月，清光犹为君""山光悦鸟性，潭影空人心""战余落日黄，军败鼓声死。今与山鬼邻，残兵哭辽水"，称之为"警绝"。

由此可以看出殷璠"兴象"范畴的基本内涵，大致是指外在形象鲜明生动并有内蕴的审美意味和感兴，指审美意味的幽远深长，富于警策的力量，"超出常境"，超出常人意表。于是"兴象"作为一个审美范畴，成为殷璠美学思想的重要构成内容，也成为盛唐美学在论述和范畴建构上的重要标识。这是对盛唐诗美学以至对整个中国诗美学准确而深刻的概括和范畴凝结。"兴象"说对于唐代自身的审美论影响颇深，如影响了刘禹锡的"境生于象外"说、司空图的"象外之旨"说。而对于后代，"兴象"则成为独立的诗美学范畴和审美标准。明代胡应麟《诗薮》内编卷六说："盛唐绝句，兴象玲珑。"清代翁方纲《石洲诗话》说："盖唐人之诗，但取兴象超妙。""盛唐诸公之妙。自在气体醇厚，兴象超远。"

第三节　盛唐时代色彩

殷璠的美学思想孕生于盛唐，体现了盛唐时代色彩。

其一，体现了盛唐人对待六朝诗美学的科学态度。他批评南朝的美学风习"理则不足，言常有余，都无兴象，但贵轻艳"。他是以"兴象"作为标准，对南朝美学加以评价的。这样，他对六朝诗歌的评价就不是论乏持据的。也正因为持论充足，他对于南朝美学弊端的批评就是符合美学史实际的，体现了盛唐时代美学家的眼光和视域。

其二，选诗者的主体自持性、自信力和影响。他的《河岳英灵集》来自盛唐的诗歌丛体，进而成为盛唐诗歌的精品选本，成为盛唐诗歌的标志性体现，为后人留下了盛唐诗歌的影录。他选诗有着内在的独立性和鲜明的主体意识。在"序"中坚定地表示如果"名不副实，才不合道"，纵然是"权压梁、窦"，也"终无取焉"，自信地表示对于这样的选本，"将来秀士，无致深惑"，给后代人留下经典范本。只有盛唐人才有这样的气魄和气派。确实，后代的唐诗选本总是从中获得许多有益的选诗经验。

其三，对于声律美学给予了恰切的论述和评定。声律美学本来是由南朝人创造的，殷璠并没有在批评南朝美学"都无兴象，但贵轻艳"的倾向时，一概否定声律美学。他在初唐沈佺期、宋之问、杜审言等人的理论基础上进一步加以发展和拓开论述维度。他在集子中有意选择了綦毋潜《题灵隐寺山顶院》、刘眘虚《寄江滔求孟六遗文》、李颀《送卢逸人》、王湾《江南意》等声律和美的律诗。他在"集论"中认为："昔伶伦造律，盖为文章之本也。是以气因律而生，节假律而明，才得律而清焉。宁预于词场，不可不知音律焉。"这是对声律在美学中的地位的肯定。然而，殷璠又以美学史家的眼识批评了"齐、梁、陈、隋，下品实繁，专事拘忌，弥损厥道"的缺失。他指出："夫能文者，匪谓四声尽要流美，八病咸须避之，纵不拈缀，未为深缺。"这显然是指出了沈约四声八病说的偏颇。他指称曹植《美女篇》中的诗句虽然十字皆平，却"雅调仍在"。他提出了如下的声律美学见解："词有刚柔，调有高下，但令词与调合，首末相称，中间不败，便是知音。"他所重视的是声律的自然美，产生词之刚柔与声之高下的有机融会。这一声律美学观显然是进步的。

其四，熔铸美学新精神。他在"集论"中直率地表述自己选本的特点："璠今所集，颇异诸家。"有自己独特的跟别人不同的审美标准，这就是："既闲新声，复晓古体，文质半取，风骚两挟，言气骨则建安为传，论宫商则太康不逮。"既娴熟新声，又通晓古体，把文质、风骚融会起来，达到建安风骨与太康声律的整合。这一审美理想和标准的建立，在内容上，在问题提出的出发点上，都体现了盛唐人的精神和视界、胸怀，体现了他们的宽容和善于互融的特点。

这一审美理想和精神概括为"兴象"与"风骨"，被作为同一性完整命题提出。殷璠虽然常常分别提出"兴象""风骨"（或用"气骨"），但他是把"风骨"作为这一完整性审美命题的内核确定的。例如评陶翰："既多兴象，复备风骨。"评高适："诗多胸臆语，兼有气骨，故朝野通赏其文。"评岑参："语奇体峻。"评崔颢："年少为诗，名陷轻薄。晚节忽变常体，风骨凛然。一窥塞垣，说尽戎旅。"评薛据："为人骨鲠有气魄，其文亦尔。"评王昌龄："昌龄以还四百年内，曹、刘、陆、谢，风骨顿尽，顷有太原王昌龄、鲁国储光羲，颇从厥游。"

这里需要界定殷璠的"风骨"与陈子昂的"风骨"的区别。虽然他们二人都使用了同一个概念，但其范畴意义却有所不同。陈子昂的"风骨"是指建安时代忧国忧民、慷慨多气、慷慨悲凉的现实性美学精神，而殷璠的"风骨"（气骨）范畴所称指的主要是边塞精神，是效命沙场的社会理想和刚劲高骞的美学格调。他用以说明、阐解"风骨"的是边塞诗。他倾心于高适《邯郸少年行》中的句子："未知肝胆向谁是，令人却忆平原君。"他用以引述崔颢"风骨凛然"的是《古游侠呈军中诸将》"杀人辽水上，走马渔阳归。错落金锁甲，蒙茸貂鼠衣"，是《赠王威古》"春风吹浅草，猎骑何翩翩。插羽两相顾，鸣弓上新弦"等富于边塞雄气的句子。

在审美天平上，殷璠较为偏重于"风骨"。对于蔡隐丘"虽乏绵密，殊多骨气",却较为欣赏;而对于缺少风骨的诗人则有所批评,如评刘眘虚:"顷东南高唱者数人,然声律宛态,无出其右。惟气骨不逮诸公。"评綦毋潜:"荆南分野,数百年来,独秀斯人。借使若人加气质,减雕饰,则高视三百年外也。"

如前所述,兴象、风骨是作为完整的审美范畴提出的,是对唐初史学—美学论的发展和完善。

《隋书·文学传序》曾期望:"江左宫商发越,贵于清绮;河朔词义贞刚,重乎气质……若能掇彼清音,简兹累句,各去所短,合其两长,则文质斌斌,尽善尽美矣。"殷璠所论盛唐"声律风骨"齐备的美学,所说的"言气骨则建安为传,论宫商则太康不逮",正是初唐美学家的期望在盛唐的实现。

盛唐诗人成功而丰富的审美创作实践为殷璠"兴象""风骨"审美论提供了概括的基础,而殷璠又有盛唐人所具备的气度和识见。因此,他便以兼容宏阔的审美态度汲纳前代和当代的审美论述成果,熔铸新的审美见解。"兴象""风骨"论是盛唐文学美学实践的提炼和概括,又成为盛唐文学美学思想的规范。这一理论在内涵上不同于唐初的"兴寄""风骨"说,它作为一个新的审美范畴,自有其具体特点和时代特征。它在一定程度上改变了"兴寄""风骨"为现实服务的功能,形成了主客体相融又富于内在力量的审美范畴。这一范畴具有比较纯粹的美学意义,较为切合盛唐诗美的实际,也有助于唐代诗歌在美学轨道上的发展。殷璠重视"风骨"包含盛唐审美理想对六朝美学进一步纠正的意向,同时也进一步确定盛唐美学的特质。殷璠的美学理论表现为对盛唐诗美的描述、规范,又包含着把盛唐诗美向更高层面的提升、发展,这就是使其雅化、警奇。例如评王维:"词秀调雅。"评孟浩然:"半遵雅调,全削凡体。"评李白:"其为文章,率皆纵逸。至如《蜀道难》等篇,可谓奇之又奇,然自骚人以还,鲜有此体调也。"评王季云:"爱奇务险,远出常情之外。"评高适:"至如《燕歌行》等篇,甚有奇句。"评岑参:"语奇体峻,意亦造奇。"雅化与奇化构成了"兴象""风骨"论的派生性内容,使其审美范畴的文化内涵更为丰厚。于是,殷璠的美学思想对于盛唐美学又起到了导引作用。

第二十章　李白

每个时代都有其审美理想的代表，盛唐美学最高、最集中的代表便是李白。他一人同时兼备了盛唐诗人的审美长处，而又有他独特的创造成就。他最善于感应盛唐的时代精神和美学精神，从而也就在他的审美活动中表现了这些精神。他体现了盛唐的自由、朝气、恢张、青春、勇气、热情、色彩和光辉，他成了盛唐的代称。

第一节　个性气质

李白的个性、心理、气质诚然是他作为个体所具备的，然而缺少了盛唐社会文化精神土壤和氛围，又是无法得以舒张的。他呼吸着盛唐空气，又传送出盛唐气息。

他有着至今仍是未加确定的出生地：金陵、山东、陇西、四川、中亚碎叶等。不仅他人的记载不尽相同，他本人的说法也不完全一致。例如《与韩荆州书》说："白陇西布衣，流落楚汉。"《赠张相镐》也说："本家陇西人，先为汉边将。"《上安州裴长史书》则说："白本家金陵，世为右姓。"《江西送友人之罗浮》又说："乡关渺安西，流浪将何之？"《淮南卧病书怀寄蜀中赵征君蕤》说："国门遥天外，乡路远山隔。朝忆相如台，夜梦子云宅。"这里不是做考证，而是进行美学分析。所看重的是李白的家世对于他个性、心理、气质形成所产生的作用。这是一个依靠经商而致富的家庭，十分富有。郭沫若《李白与杜甫》中具体描述道："李家的商业规模相当大，它在长江上游和中游分设了两个庄口，一方面把巴蜀的产物运销吴楚，另一方面又把吴楚的产物运销巴蜀。从这里对于李白生活费用的来源才可以得到妥当的说明。"不管怎么说，从下述的记载中可以看出李白慷慨散金没有雄厚的经济靠山是完全不可能的。《上安州裴长史书》说："曩昔东游维扬，不逾一年，散金三十余万。有落魄公子，悉皆济之。"有相当可观的经济实力和背景，这也成为盛唐商业经济发展的侧影。

李白的家庭文化教养又极深厚。他说："五岁诵六甲，十岁观百家。"[①]"十五观奇书，作赋凌相如。"[②]又说："余少时，大人令诵《子虚赋》，私心慕之。"[③]他对司马相如颇为仰慕，诗文屡屡提起。他读书甚多，涉猎甚广，所谓"轩辕以来，颇得闻矣"[④]。打下了深厚的文学审美的知识根基。以后"开口成文，挥翰霞散"[⑤]的文学美学成就和灿烂才华就是以此为基点的。

中国士子的立身根本是剑书，这在盛唐时尤为如此。剑气书卷构成盛唐士子的文化底蕴。于"十五观奇书"的同时是"十五好剑术"[⑥]。一剑一书便成为李白文化形象的写照。诚然，书使他的文化内涵更为深厚，而他对剑又情有独钟，这使得他在形象内涵上不同于白首穷经的腐儒，而是颇有几分武士气的侠客。李白在《忆襄阳旧游赠马少府巨》中写道："昔为大堤客，曾上山公楼。开窗碧嶂满，拂镜沧江流。高冠佩雄剑，长揖韩荆州……""高冠佩雄剑"的形象颇有点像屈原："带长铗之陆离兮，冠切云之崔嵬。"[⑦]从《留别广陵诸公》中的句子可以看出他少年时的神气样子："忆昔作少年，结党赵与燕。金羁络骏马，锦带横龙泉。"骏马宝剑相映生色，与其说他是书生，毋宁说是武生。他的剑术有相当水平，《酬崔五郎中》说他"起舞拂长剑，四座皆扬眉"。他的剑技能调动起人们的情绪，而剑又成为他自身情绪表达的手段，《冬夜醉宿龙门觉起言志》写道："醉来脱宝剑，旅憩高堂眠。中夜忽惊觉，起立明灯前。"

---

① 李白：《上安州裴长史书》。
② 李白：《赠张相镐》。
③ 李白：《秋于敬亭送从侄耑游庐山序》。
④ 李白：《上安州裴长史书》。
⑤ 李白：《冬日于龙门送从弟京兆参军令问之淮南觐省序》。
⑥ 李白：《与韩荆州书》。
⑦ 屈原：《涉江》。

他舞剑又跟饮酒联系在一起，互相激发情绪，特别是表达他胸中的怫郁不平之气。《玉壶吟》写道："烈士击玉壶，壮心惜暮年。三杯拂剑舞秋月，忽然高咏涕泗涟。凤凰初下紫泥诏，谒帝称觞登御筵。揄扬九重万乘主，谑浪赤墀青琐贤。朝天数换飞龙马，敕赐珊瑚白玉鞭。世人不识东方朔，大隐金门是谪仙。西施宜笑复宜颦，丑女效之徒累身。君王虽爱蛾眉好，无奈宫中妒杀人。""宫中妒杀人"是李白对自身遭际原因的解释，当他为此而苦闷时便借酒气剑气来表抒，三杯酒落肚，拂剑起舞，情绪鼓张，不由得"涕泗涟"。当时有一著名的剑手叫裴旻，在被奚人包围时立于马上飞，舞宝剑，使奚人飞矢断落，又曾射杀三十一只老虎。李白曾写信给裴旻，表示"如白，愿出将军门下"①。他的武艺经过磨炼也有很大的长进，竟然能"一射两虎穿""转背落双鸢"②。

他似乎成了一名剑客，书袋剑囊配置在他的身上，装点着他的形象。唐人魏颢《李翰林集序》曾说，李白"眸子炯然，哆如饿虎"。崔宗之的《赠李十二白》说他"双眸光照人"，两眼炯炯有神，放出光辉，真个是英气逼人。

剑客游侠是李白形象的写照，也是盛唐人的剪影。魏颢又说李白"少任侠，手刃数人"。李白在《赠从兄襄阳少府皓》中也有描述。任侠是盛唐风气的重要表现，李白有豪侠之风，在白首穷经与任侠之间，他选择的是任侠，《侠客行》中说："纵死侠骨香，不惭世上英。谁能书阁下，白首《太玄经》。"在任侠的风气中，他重然诺轻生命，《结袜子》写道："感君恩重许君命，太山一掷轻鸿毛。"他对朋友满怀义气，曾在《上安州裴长史书》中记述了他同游的友人吴指南死后的情景。他慷慨施财，这与他雄厚的家财基础有关系，也是他那商人家庭所孕育出的性格的结果。他所看重的是"人生贵相知""何必金与钱"③。他虽然"归家酒债多"，但看到"门客粲成行"④，高朋满座，不由得兴奋起来。尽管"昨日破产今朝贫"，但他把散尽钱财看成是一件愉快事，所谓"黄金逐手快意尽"⑤，于是在他的性格中义

---

① 裴敬：《翰林学士李公墓碑》。
② 李白：《赠宣城宇文太守兼呈崔侍御》。
③ 李白：《赠友人》。
④ 李白：《赠刘都使》。
⑤ 李白：《醉后赠从甥高镇》。

气又包含着豪气。

他又很有几分勇气,他曾经颇为得意地回忆起早年与友人击退五陵少豪围攻的情景,《叙旧赠江阳宰陆调》就有记述:

> 泰伯让天下,仲雍扬波涛。清风荡万古,迹与星辰高。开吴食东溟,陆氏世英髦。多君秉古节,岳立冠人曹。风流少年时,京洛事游遨。腰间延陵剑,玉带明珠袍。我昔斗鸡徒,连延五陵豪。邀遮相组织,呵吓来煎熬。君开万丛人,鞍马皆辟易。告急清宪台,脱余北门厄。间宰江阳邑,剪棘树兰芳。城门何肃穆,五月飞秋霜。好鸟集珍木,高才列华堂。时从府中归,丝管俨成行。但苦隔远道,无由共衔觞。江北荷花开,江南杨梅熟。正好饮酒时,怀贤在心目。挂席拾海月,乘风下长川。多沽新丰醁,满载剡溪船。中途不遇人,直到尔门前。大笑同一醉,取乐平生年。

在他的身上又有几分道气。《大鹏赋并序》写道:"予昔于江陵,见天台司马子微(唐代著名道士司马承祯),谓予有仙风道骨,可与神游八极之表。"刘全白《唐故翰林学士李君碣记》说李白"志尚道术,谓神仙可致"。他出门时所携带的是"仙药满囊,道书盈箧"[①]。因为赐金还山,李白"遂就从祖陈留采访大使(李)彦允,请北海高天师授《道箓》于齐州紫极宫,将东归蓬莱,仍羽人,驾丹丘耳"。这就是说,他成为道教徒是被正式认定的。《奉饯高尊师如贵道士传道箓毕归北海》写道:"道隐不可见,灵书藏洞天。吾师四万劫,历世递相传。别杖留青竹,行歌蹑紫烟。离心无远近,长在玉京悬。"《访道安陵遇盖还为余造真箓临别留赠》又写道:"清水见白石,仙人识青童。安陵盖夫子,十岁与天通。悬河与微言,谈论安可穷。能令二千石,抚背惊神聪。挥毫赠新诗,高价掩山东。至今平原客,感激慕清风。学道北海仙,传书蕊珠宫。丹田了玉阙,白日思云空。为我草真箓,天人惭妙工。七元洞豁落,八角辉星虹。三灾荡璇玑,蛟龙翼微躬。举手谢天地,虚无齐始终。黄金满高堂,答荷难克充。下笑世上士,沉魂北罗酆。昔日万乘坟,今成一科蓬。赠言若可重,实此轻华嵩。"

李白从道有现实原因。如《草创大还赠柳官迪》所说:"天地为橐籥,周流行太易。造化合元符,交媾腾精魄。自然成妙用,孰知其指的。罗络四

[①] 独孤及:《送李白之曹南序》。

季间,绵微无一隙。日月更出没,双光岂云只。姹女乘河车,黄金充辕轭。执枢相管辖,摧伏伤羽翮。朱鸟张炎威,白虎守本宅。相煎成苦老,消铄凝津液。仿佛明窗尘,死灰同至寂。铸冶入赤色,十二周律历。赫然称大还,与道本无隔。白日可抚弄,清都在咫尺。北酆落死名,南斗上生籍。抑予是何者,身在方士格。才术信纵横,世途自轻掷。吾求仙弃俗,君晓损胜益。不向金阙游,思为玉皇客。鸾车速风电,龙骑无鞭策。一举上九天,相携同所适。"这里的关键是"不向金阙游,思为玉皇客"。在"金阙"与"玉皇"之间,他选择了后者。这是有现实原因的选择。他是在现实中寻求不到升腾发展的空间之后,去寻找幻想式的升腾之路。道教正满足了他这一要求。他在《送蔡山人》中写道:"我本不弃世,世人自弃我。一乘无倪舟,八极纵远舵。燕客期跃马,唐生安敢讥。采珠勿惊龙,大道可暗归。故山有松月,迟尔玩清晖。"这里的"我本不弃世,世人自弃我",包含诗人深切而沉痛的感受。既然被世所弃,他便到世外去做精神远游。

道教对彼岸世界的动人描绘吸引着李白,而道教祖师李耳与李白同姓,更促进了李白向道教的靠拢。同时,道教教义说明人生的无限存在性,可以在现世获得生命的延续,这对于李白来说,是生命哲学的吸引。《古风》中写道:

> 朝弄紫沂海,夕披丹霞裳。挥手折若木,拂此西日光。云卧游八极,玉颜已千霜。飘飘入无倪,稽首祈上皇。呼我游太素,玉杯赐琼浆。一餐历万岁,何用还故乡。永随长风去,天外恣飘扬。

道教所设计并经李白所描述的理想世界是如此美好、灿烂、绚丽,他为之神往便是自然而然的了。"玉颜已千霜""一餐历万岁",便使得诗人"何用还故乡",不必回到现实的俗世尘界中来,而是"永随长风去",在天外恣情飘扬。这是他的生命意识希望获得实现的体现,是生命存在和延续的要求跟道教理想的叠融。于是,他生发生命幻想。《天台晓望》说:"天台邻四明,华顶高百越。门标赤城霞,楼栖沧岛月。凭高登远览,直下见溟渤,云垂大鹏翻,波动巨鳌没。风潮争汹涌,神怪何翕忽。观奇迹无倪,好道心不歇。攀条摘朱实,服药炼金骨。安得生羽毛,千春卧蓬阙。"他幻想身着羽翼,飞凌蓬阙,千年高卧。《登泰山》(其四)写道:"清斋三十日,裂素写道经。吟诵有所得,众神卫我形。云行信长风,飒若羽翼生。攀崖上日观,伏槛窥东溟。海色动远山,天鸡已先鸣。银台出倒景,白浪翻长鲸。安得不死药，高飞向蓬瀛。"他在这里所企望的是得到不死之药，然后高飞蓬瀛，以得长生。

其实，李白对求仙访道居于执着与非执着、虔诚与非虔诚之间。在《感兴》（其五）中说："十五游神仙，仙游未曾歇。"如前所述，或在政治失意之时求仙学道，便显得相当决绝，如《古风》（其五）曰："吾将营丹砂，永世与人别。"或是对生命永驻的幻想性追求，如《古风》（其二十八）云："古来贤圣人，一一谁成功。君子变猿鹤，小人为沙虫。不及广成子，乘云驾轻鸿。"因此，他不惜"倾家事金鼎"，炼丹吃药，为的是"年貌可长新"[1]，青春永驻。《流夜郎半道承恩放还兼欣克复之美书怀示息秀才》把他求仙访道的意识及其虔诚、执着的态度表述得淋漓尽致：

> 黄口为人罗，白龙乃鱼腹。得罪岂怨天，以愚陷网目。鲸鲵未翦灭，豺狼屡翻覆。悲作楚地囚，何日秦庭哭。遭逢二明主，前后两迁逐。去国愁夜郎，投身窜荒谷。半道雪屯蒙，旷如鸟出笼。遥欣克复美，光武安可同。天子巡剑阁，储皇守扶风。扬袂正北辰，开襟揽群雄。胡兵出月窟，雷破关之东。左扫因右拂，旋收洛阳宫。回舆入咸京，席卷六合通。叱咤开帝业，手成天地功。大驾还长安，两日忽再中。一朝让宝位，剑玺传无穷。愧无秋毫力，谁念矍铄翁。弋者何所慕，高飞仰冥鸿。弃剑学丹砂，临炉双玉童。寄言息夫子，岁晚陟方蓬。

如他本人所说，"炼丹费火石，采药穷山川"[2]。他对炼丹表现得十分虔诚，为此，把他须臾不离的宝剑也抛弃了。他在《留别曹南群官之江南》中把亲手炼丹的具体情景描述得斑斓多姿、活灵活现：

> 我昔钓白龙，放龙溪水傍。道成本欲去，挥手凌苍苍。时来不关人，谈笑游轩皇。献纳少成事，归休辞建章。十年罢西笑，览镜如秋霜。闭剑琉璃匣，炼丹紫翠房。身佩豁落图，腰垂虎鞶囊。仙人驾彩凤，志在穷遐荒。

然而，有时他又显得不那么执着和虔诚。《拟古》（其三）写道：

> 长绳难系日，自古共悲辛。黄金高北斗，不惜买阳春。石火无留光，还如世中人。即事已如梦，后来我谁身。提壶莫辞贫，取酒

---

[1] 李白：《避地司空原言怀》。
[2] 李白：《留别广陵诸公》。

会四邻。仙人殊恍惚，未若醉中真。

诗人理性地体认到长绳难以系住运行的太阳，自古以来概莫能外，但是，"仙人殊恍惚"，过于恍惚难以体认，"未若醉中真"，不如醉酒中所体认到的真切和真实。《月下独酌》（其二）说："贤圣既已饮，何必求神仙。"这时他已不那么迷求神仙了。在酒与仙道之间选择，他可是把酒作为首选。

盛唐时名道士吴筠，道学功夫和诗文根基均很深。天宝初年，李白与吴筠同游剡中、曹娥。唐玄宗崇道教，吴筠被征召入长安，推荐李白，亦被征召，同为供奉翰林。《下途归石门旧居》对吴筠的居室环境做了动人的描述，诗中写道："羡君素书常满案，含丹照白霞色烂。余尝学道穷冥筌，梦中往往游仙山。何当脱屣谢时去？壶中别有日月天。俯仰人间易凋朽，钟峰五云在轩牖。惜别愁窥玉女窗，归来笑把洪崖手。"

求仙访道，影响了李白的心理特征和素质，使之更有仙风道骨，更为飘逸散放。道教的宗教活动缤纷多姿、灿烂多彩，无疑催发了他的审美认知能力。他在《暮春于江夏送张祖监丞之东都序》中写道："吁咄哉！仆书室坐愁，亦已久矣！每思欲遐登蓬莱，极目四海，手弄白日，顶摩青穹，挥斥幽愤，不可得也。"求仙访道，必然上穷碧落，极思四方，这便开拓了诗人的审美想象力和他所体认的世事空域。

李白有着暴涨暴落的人生经历。天宝元年（742），唐玄宗下诏："前资官及白身人有儒学博通、文辞秀逸及军谋武艺者，所在具以名荐。"[①]当李白经过荐引应诏入京时，情绪便上来了，写下《南陵别儿童入京》，诗云：

白酒新熟山中归，黄鸡啄黍秋正肥。呼童烹鸡酌白酒，儿女嬉笑牵人衣。高歌取醉欲自慰，起舞落日争光辉。游说万乘苦不早，着鞭跨马涉远道。会稽愚妇轻买臣，余亦辞家西入秦。仰天大笑出门去，我辈岂是蓬蒿人。

其踌躇满志的得意形态活灵活现。这是他十多年干谒无成，一朝成功的喜悦迸发。李白有很高的知名度，唐玄宗对之早有所闻。李阳冰《唐李翰林草堂集序》载唐玄宗对李白说的一番话："卿是布衣，名为朕知，非素畜道义，何以及此！"他入京受到极高礼遇，唐玄宗"降辇步迎，如见绮皓。以七宝

---

① 刘昫：《旧唐书·玄宗纪》。

床赐食，御手调羹以饭之"，备极殊荣。《驾去温泉后赠杨山人》披露了他入京后的心态：

> 少年落魄楚汉间，风尘萧瑟多苦颜。自言管葛竟谁许，长吁莫错还闭关。一朝君王垂拂拭，剖心输丹雪胸臆。忽蒙白日回景光，直上青云生羽翼。幸陪鸾辇出鸿都，身骑飞龙天马驹。王公大人借颜色，金章紫绶来相趋。当时结交何纷纷，片言道合惟有君。待吾尽节报明主，然后相携卧白云。

对于侍君的荣光，他颇为在意；对于金章紫绶，趋迎场合，他也颇为满意。他表示要尽节以报明主，这是他的志向和愿望。他征诏入京想有所作为，在功成之后再身退，"然后相携卧白云"，这是他对于长安生活的设计。

他在长安风光过、辉煌过，而且特别富于色彩，特别能体现他的个性、气质、才华和特征。在盛唐、唐代以至整个中国文学、美学、文化史上绝无仅有地存在着他在那皇宫龙庭上的不拘小节、放诞无忌，偏偏天子贵妃又吃这一套。于是演绎出龙巾拭吐、御手调羹、太监脱靴、贵妃捧砚等有声有色的故事。明代方孝孺《吊李白》写道："脱靴力士只羞颜，捧砚杨妃劳玉指。"他被"置于金銮殿，出入翰林中。问以国政，潜草诏诰，人无知者"。宋代程大昌《雍录》说："如李白辈供奉翰林，乃以其能文，特许入翰林，不曰以某官供奉也。"据孟棨《本事诗》载，唐玄宗"尝因宫人行乐，谓高力士曰：'对此良辰美景，岂可独以声伎为娱？倘时得逸才词人咏出之，可以夸耀于后。'遂命召白。时宁王邀白饮酒，已醉，既至，拜舞颓然。上知其薄声律，谓非所长，命为《宫中行乐》五言律诗十首……白取笔抒思，略不停辍，十篇立就，更无加点。笔迹遒利，风跱龙拿，律度对属，无不精绝……出入宫中，恩礼殊厚。"虽然如此，供奉翰林却是一个闲职，并无禄位，李白不无辛酸地说："布衣侍丹墀。"①

他一旦得志也便有些得意。《赠从弟南平太守之遥》（其一）中就有此类描述：

> 少年不得意，落魄无安居。愿随任公子，欲钓吞舟鱼。常时饮酒逐风景，壮心遂与功名疏。兰生谷底人不锄，云在高山空卷舒。汉家天子驰驷马，赤军蜀道迎相如。天门九重谒圣人，龙颜一解四

---

① 李白：《赠崔司户文昆季》。

海春。彤庭左右呼万岁，拜贺明主收沉沦。翰林秉笔回英眄，麟阁峥嵘谁可见。承恩初入银台门，著书独在金銮殿。龙驹雕镫白玉鞍，象床绮席黄金盘。当时笑我贱者，却为谒谓为庆欢。……

他在长安过的是花柳醉眠、走马金鞭的风流生活。他在后来尚不无眷恋地回忆道："昔在长安醉花柳，五侯七贵同杯酒。气岸遥凌豪士前，风流肯落他人后？夫子红颜我少年，章台走马着金鞭。文章献纳麒麟殿，歌舞淹留玳瑁筵。"他曾受唐玄宗之命写《答蕃书》，后来被衍化为《李太白醉写吓蛮书》的小说，收入明代《醒世恒言》中。然而唐玄宗此时已经倦于朝政，他所欣赏的只是李白的文才，而不是其自视甚高的治国之才，这就使李白有了冷遇之感。《翰林读书言怀呈集贤诸学士》就是这种心态的写照：

晨趋紫禁中，夕待金门诏。观书散遗帙，探古穷至妙。片言苟会心，掩卷忽而笑。青蝇易相点，白雪难同调。本是疏散人，屡贻褊促诮。云天属清朗，林壑忆游眺。或时清风来，闲倚檐下啸。严光桐庐溪，谢客临海峤。功成谢人间，从此一投钓。

他与同僚难以相处合拍，他性格"疏散"，却被同僚屡屡讥笑为"褊促"。因此，他便萌生出"功成谢人间，从此一投钓"的功成自退的隐居愿望。但是，他还没有来得及"功成"，便被打发走了——体面、动听的"赐金还山"。其中有着深刻的原因，他太文人化了，太个性化了，弄出那么多叫人难堪的下不了台的事情，别人当然要报复了。他太失计算了，别人便来算计他。他把这一切归结为高力士等人的挟嫌报复和搬弄谗言，所谓"谗巧生缁磷"[1]。他认为主子是英明的，问题出在佞臣搬弄是非上，所谓"谗惑英主心，恩疏佞臣计"[2]。其实，根子在唐玄宗身上，他早就头疼和恼火李白了。唐人段成式《酉阳杂俎》曾披露了个中消息。"李白名播海内，玄宗于便殿召见。神气高朗，轩轩然若霞举。上不觉忘万乘之尊，因命纳履。白遂展足与高力士曰：'去靴！'力士失势，遽为脱之。及出，上指白谓力士曰：'此人固穷相。'"前引《玉壶吟》中有句："君王虽爱蛾眉好，无奈宫中妒杀人。"他认为，君王英明，群小混蛋。

李白的趾高气扬，目中无人，是他傲骨的显示，是他个性的舒展和存在。在遭受蹭蹬时，他确实也曾表现出《梦游天姥吟留别》所说的不妥协

---

[1] 李白：《赠崔司户文昆季》。
[2] 李白：《答高山人兼程权顾二侯》。

态度:"安能摧眉折腰事权贵,使我不得开心颜。"但有时也不尽然。长安赐金还山,他曾求人帮忙改变成命,甚至找到唐玄宗的独孤驸马。《走笔赠独孤驸马》写道:"都尉朝天跃马归,香风吹人花乱飞。银鞍紫鞋照云日,左顾右盼生光辉。是时仆在金门里,待诏公车谒天子。长揖蒙垂国士恩,壮心剖出酬知己。一别蹉跎朝市间,青云之交不可攀。倘其公子重回顾,何必侯嬴长抱关。"他把独孤驸马吹得天花乱坠,比作信陵公子,自己只是看守城关的侯嬴,他希望驸马出来说情转圜。可见,李白的性格深处是存在着矛盾的。

《代寿山答孟少府移文书》相当充分而完备地表述了他的人生理想、人生观念:

> 近者逸人李白,自峨眉而来……遁乎此山。仆尝弄之以绿绮,卧之以碧云,漱之以琼液,饵之以金砂。既而,童颜益春,真气愈茂,将欲倚剑天外,持弓扶桑,浮四海,横八荒,出宇宙之寥廓,登云天之渺茫。俄而,李公仰天长吁,谓其友人曰:吾未可去也!吾与尔达则兼济天下,穷则独善一身。安能餐君紫霞、荫君青松、乘君鸾鹤、驾君虬龙,一朝飞腾,为方丈、蓬莱之人且?此则未可也。乃相与卷其丹书,匣其瑶瑟,申管、晏之谈,谋帝王之术,奋其智能,愿为辅弼,使寰区大定,海县清一。事君之道成,荣亲之义毕,然后与陶朱、留侯,浮五湖,戏沧洲,不足为难矣。

在他的身上亦有纵横家的因子。《新唐书·文艺传》说他"喜纵横术",崔宗之《赠李十二》说他"清论既抵掌,玄谈又绝倒。分明楚汉事,历历王霸道"。鲁仲连义不帝秦的纵横家风采,使李白心向往之。《古风》(其十)把鲁仲连引为同调,希望在政治角逐的舞台上折冲樽俎、纵横捭阖。他对鲁仲连可谓一往情深。他在人生的每一个关节上都以鲁仲连为楷范,或从鲁仲连那里寻求到精神的慰藉和解脱。当他谪官金陵时,写有《赠崔郎中宗之》要像鲁仲连那样逃避千金。当他入永王璘幕时,以为建功立业便在眼前,又以鲁仲连为榜样,如《在水军宴赠幕府诸侍御》,那旌旗浩荡的景象何等显赫,诗人情绪被此情景所激荡,那股功名欲望被调动起来,他表示"不惜微躯捐",愿为此而献身,"功成追鲁连"。永王璘兵败,他如丧家犬,作《奔亡道中五首》,"其三"写道:"谈笑三军却,交游七贵疏。仍留一支箭,未射鲁连书。"鲁仲连几乎成了李白全面的人格理想和榜样。

李白还以历史上的吕尚、傅说、诸葛亮、谢安等人为自己的效法楷范。《冬夜醉宿龙门觉起言志》说:"醉来脱宝剑,旅憩高堂眠。中夜忽惊觉,起立明灯前。开轩聊直望,晓雪河冰壮。哀哀歌苦寒,郁郁独惆怅。傅说版筑臣,李斯鹰犬人。欻起匡社稷,宁复长艰辛。而我胡为者,叹息龙门下。富贵未可期,殷忧向谁写。去去泪满襟,举声梁甫吟。青云当自致,何必求知音。"《留别于十一兄逖裴十三游塞垣》说:"太公渭川水,李斯上蔡门。钓周猎秦安黎元,小鱼鹖兔何足言。"《梁甫吟》写道:"君不见朝歌屠叟辞棘津,八十西来钓渭滨。宁羞白发照清水,逢时壮气思经纶。广张三千六百钓,风期暗与文王亲。大贤虎变愚不测,当年颇似寻常人。君不见高阳酒徒起草中,长揖山东隆准公。入门不拜骋雄辩,两女辍洗来趋风。东下齐城七十二,指挥楚汉如旋蓬。"李白所例举的历史人物傅说、吕尚、李斯、郦食其等,都是寒微之士,但是,他们得遇明主,风云际会,终成大业。这反映了李白的内心要求,又正体现了盛唐寒士们迫切希望实现自己、发展自己的要求。因此,李白的心声正代表了盛唐寒士们的心声。

李白理想中的风范,或者说他企望成为的人物是诸葛亮,是谢安,属于儒雅型,出阁入相,而不是像岑参那样骑上高头大马,闯入敌阵,杀敌报国。这正符合他的心理特征和愿望。羽扇纶巾,谈笑自若,运筹帷幄,决胜千里。《永王东巡歌》曰:"三川北虏乱如麻,四海南奔似永嘉。但用东山谢安石,为君谈笑静胡沙。"他在其他诗中多处提到谢安,如《东山吟》:"携妓东山去,怅然悲谢安。我妓今朝如花月,他妓古坟荒草寒。白鸡梦后三百岁,洒酒浇君同所欢。"《赠常侍御》:"安石在东山,无心济天下。一起振横流,功成复潇洒。"《出妓金陵呈卢六四首》(其一)曰:"安石东山三十春,傲然携妓出风尘。"携妓东山,待时而动,正是李白从谢安那里所寻找到的理想图。李白《江上吟》就曾做过这样的自我描述:"木兰之枻沙棠舟,玉箫金管坐两头。美酒樽中置千斛,载妓随波任去留。"可惜,那些他所心仪的历史人物都难以再现。

由于李白是一位热血之士,性格急切,建功立业的心态也就显得迫切、浮躁。他希望一蹴而就,因此对高卧"东山""龙岗"然后再受诏用命就颇不以为然。《邺中王大劝入高凤石门山幽居》就是心态的表白:"耻学琅琊人,龙蟠事躬耕。"《送梁四归东平》曰:"莫学东山卧,参差老谢安。"这些正符合李白的性格。

李白有着极高极远的志向，"常欲一鸣惊人，一飞冲天，彼渐陆迁乔，皆不能也"①。而这种志向的表达又是性格化、个性化的，属于李白"这一个"！

正因为他的志向很大，对那些芥豆之微的小官小职，可就有点瞧不上眼了，刘全白《唐故翰林学士李君碣记》说他"不求小官，以当世之务自负"。李白在《上安州裴长史书》中说："以为士生则桑弧蓬矢，射乎四方，故知大丈夫必有四方之志。"《为宋中丞自荐表》表示，自己"怀经济之才，抗巢由之节。文可以变风俗，学可以究天人，一命不霑，四海称屈"。他期冀的是辅弼君王，当王佐之才，"使寰区大定，海县清一"②。其志不在小，《上安州裴长史书》说："精诚动天，长虹贯日。"那篇著名的《与韩荆州书》则成为他个性气质的写照：

> 白闻天下谈士相聚而言曰："生不用封万户侯，但愿一识韩荆州。"何令人之景慕，一至于此耶！岂不以有周公之风，躬吐握之事，使海内豪俊，奔走而归之。一登龙门，则声价十倍。所以龙盘凤逸之士，皆欲收名定价于君侯。愿君侯不以富贵而骄之，寒贱而忽之，则三千宾中有毛遂，使白得颖脱而出，即其人焉。
>
> 白，陇西布衣，流落楚、汉，十五好剑术，遍干诸侯；三十成文章，历抵卿相。虽长不满七尺，而心雄万夫。王公大臣，许与气义。此畴曩心迹，安敢不尽于君侯哉？君侯制作侔神明，德行动天地，笔参造化，学究天人。幸愿开张心颜，不以长揖见拒。必若接之以高宴，纵之以清谈。请日试万言，倚马可待。今天下以君侯为文章之司命，人物之权衡，一经品题，便作佳士。而君侯何惜阶前盈尺之地，不使白扬眉吐气，激昂青云耶？
>
> 昔王子师为豫章，未下车，即辟荀慈明，既下车，又辟孔文举。山涛作冀州，甄拔三十余人，或为侍中、尚书，先代所美。而君侯亦一荐严协律，入为秘书郎。中间崔宗之、房习祖、黎昕、许莹之徒，或以才名见知，或以清白见赏。白每观其衔恩抚躬，忠义奋发，白以此感激，知君侯推赤心于诸贤腹中，所以不归他人，而愿委身于国士，倘急难有用，敢效微躯。且人非尧、舜，谁能尽

---

① 范传正：《赠左拾遗翰林学士李公新墓碑》。
② 李白：《代寿山答孟少府移文书》。

善?白谟猷筹画,安能自矜?至于制作,积成卷轴,则欲尘秽视听,恐雕虫小技,不合大人。若赐观刍荛,请给以纸笔,兼之书人。然后退扫闲轩,缮写呈上。庶青萍、结绿,长价于薛、卞之门。幸推下流,大开奖饰,唯君侯图之。

在此文中对自己的估价,毫不隐晦;对别人的奉承,毫不脸红。自己想要达到的目的,一一直说;自己所要企求别人的,也了了分明,决不矫揉造作,心中想到什么,便写下什么。奉承别人,却又保持自己的一颗自尊心,决不卑躬屈膝,仍然有着他那一股傲气在,真正是"不屈己,不干人"[1]。在《忆襄阳旧游赠马少府巨》中说,自己是"高冠佩雄剑,长揖韩荆州",可见器宇轩昂,人虽位低职卑,却无俗媚之态。夸别人,无拍马之嫌;褒自己,又不令人反感。"日试万言,倚马可待",何等豪情气概!他的所有言论,以自身的才干为基础,夸人褒己,都可以看出他有一颗纯净水晶般的心,通体透明,晶莹圆润。这里有他的雄心在,有他的性格在,也有他的气质在。

商人家庭、商业文化确实使得他突破了农耕文化守住一隅的思想局限,立有四方之志。《上安州裴长史书》说:"以为士生则桑弧蓬矢,射乎四方,故知大丈夫必有四方之志。"于是便"仗剑去国,辞亲远游"。他的大话连篇和夸夸其谈并不尽为人所理解,但他丝毫不觉得是自己的过错和缺点,而是批评别人不了解自己。他以自我为中心,有着强烈的主体意识。他的言行也许曾令当时的名书家、北海太守李邕不满,于是,他便写下了《上李邕》诗,说道:"世人见我恒殊调,闻余大言皆冷笑。宣父犹能畏后生,丈夫未可轻年少。"

在仗剑远游的生活历程中,"凡江、汉、荆、湘、吴、楚、巴、蜀,与夫秦、晋、齐、鲁山水名胜之区,亦何所不登眺"[2]。"五岳寻仙不辞远,一生好入名山游"[3],极大地开阔了他的生活视野和审美视野。这为他的山水自然审美奠定了雄厚基础,因此仗剑远游最根本的是文化精神和审美素质的哺育。他性格的核心是狂,是傲。《庐山谣寄卢侍御虚舟》说:"我本楚狂人,凤歌笑孔丘。"他的"狂"气,并非盲目无知的妄自尊大,而是有着

---

[1] 李白:《代寿山答孟少府移文书》。
[2] 刘楚登:《登太白酒楼记》。
[3] 李白:《庐山谣寄卢侍御虚舟》。

深刻的思想原因。《嘲鲁儒》写道：

> 鲁叟谈五经，白发死章句。问以经济策，茫如坠烟雾。足着远游履，首戴方山巾。缓步从直道，未行先起尘。秦家丞相府，不重褒衣人。君非叔孙通，与我本殊伦。时事且未达，归耕汶水滨。

这些方巾气十足的儒生，之所以被李白瞧不起，是因为他们白首穷经，死啃章句，若是"问以经济策"，却"茫如坠烟雾"，不通世务，不通经邦济国之大策。可见，李白的"狂""傲"是建筑在实践本体、致用理性的基础之上的。他要于国计民生有所作为，他的经济之学有经济之用，遂轻视那些死抱章句之学的"鲁叟"。因此，不能皮相地看待李白的"狂""傲"，他的这种性格气质表现有着深刻的实践理性的思想内涵。

他的宏大志向、急切寻求功名的欲望，在审美的对象物上便是确定了大鹏形象作为理想、愿望的载体。在这里出现了主体与对象的联系。《上李邕》诗中云："大鹏一日同风起，扶摇直上九万里。假令风歇时下来，犹能簸却沧溟水。"直到离世前作《临路歌》仍以大鹏自况。"大鹏飞兮振八裔，中天摧兮力不济。余风激兮万世，游扶桑兮挂石袂。后人得之传此，仲尼亡兮谁为出涕！"他的一生都是以大鹏为审美的对象化体现。他还写有著名的《大鹏赋并序》：

> 余昔于江陵见天台司马子微，谓余有仙风道骨，可与神游八极之表，因著《大鹏遇希有鸟赋》以自广。此赋已传于世，往往人间见之，悔其少作，未穷宏达之旨，中年弃之。及读《晋书》，睹阮宣子《大鹏赞》，鄙心陋之。遂更记忆，多将旧本不同。今复存手集，岂敢传诸作者，庶可示之子弟而已。其辞曰：
>
> 南华老仙发天机于漆园，吐峥嵘之高论，开浩荡之奇言，征志怪于齐谐，谈北溟之有鱼，吾不知其几千里，其名曰鲲。化成大鹏，质凝胚浑。脱鬐鬣于海岛，张羽毛于天门。刷渤澥之春流，晞扶桑之朝暾。燀赫乎宇宙，凭陵乎昆仑。一鼓一舞，烟朦沙昏。五岳为之震荡，百川为之崩奔。尔乃蹶厚地，揭太清，亘层霄，突重溟。激三千以崛起，向九万而迅征。背嶪太山之崔嵬，翼举长云之纵横。左回右旋，倏阴忽明。历汗漫以夭矫，羾阊阖之峥嵘。簸鸿蒙，扇雷霆，斗转而天动，山摇而海倾。怒无所搏，雄无所争，固可想象其势，仿佛其形。若乃足萦虹霓，目耀日月，连轩沓拖，挥

霍翕忽。喷气则六合生云，洒毛则千里飞雪。邈彼北荒，将穷南图。运逸翰以傍击，鼓奔飙而长驱。烛龙衔光以照物，列缺施鞭而启途。块视三山，杯观五湖。其动也神应，其行也道俱。任公见之而罢钓，有穷不敢以弯弧。莫不投竿失镞，仰之长吁。尔其雄姿壮观，块轧河汉，上摩苍苍，下覆漫漫。盘古开天而直观，羲和倚日以旁叹。缤纷乎八荒之间，掩映乎四海之半。当胸臆之掩昼，若混茫之未判。忽腾覆以回转，则霞廓而雾散。然后六月一息，至于海湄。欻翳景以横著，逆高天而下垂。憩乎泱漭之野，入乎汪湟之地。猛势所射，余风所吹，溟涨沸渭，岩峦纷披。天吴为之怵栗，海若为之躨跜。巨鳌冠山而却走，长鲸腾海而下驰。缩壳挫鬐，莫之敢窥。吾亦不测其神怪之若此，盖乃造化之所为。岂比夫蓬莱之黄鹄，夸金衣与菊裳。耻苍梧之玄凤，耀彩质与锦章。既服御于灵仙，久驯扰于池隍。精卫殷勤于衔木，鹪鹩悲愁乎荐筋。天鸡警晓于蟠桃，踆乌暂耀于太阳。不旷荡而纵适，何拘挛而守常。未若兹鹏之逍遥，无厥类乎比方。不矜大而暴猛，每顺时而行藏。参玄根以比寿，饮元气以充肠。戏旸谷而徘徊，冯炎洲而抑扬。俄而希有鸟见谓之曰："伟哉鹏乎，此之乐也。吾右翼掩乎西极，左翼蔽乎东荒，跨蹑地络，周旋天纲。以恍惚为巢，以虚无为场。我呼尔游，尔同我翔。"于是乎大鹏许之，欣然相随。此二禽已登于寥廓，而斥鷃之辈空见笑于藩篱。

赋文显然化用了《庄子·逍遥游》，但李白的创作出发点和审美意图不是像庄子那样去阐述某一哲学道理，而是在对象身上寄托自己的情感、理想、愿望，成为其人格化的体现。这就是李白用文学的手段塑造大鹏这一审美意象的原因所在。

李白又是一位多才多艺的人物，他善鼓琴，其书法独具一格，狂草中见其狂放性格。黄庭坚说，李白的书风"大类其诗"[①]。他还把中国酒文化推到一个极致。跟魏晋风度的酒不同，那是用酒形成的烂醉来远祸避世，如阮籍。李白则是在酒醉中形成情绪的恢张和膨胀，出现灵感的爆发和迸跳，出现"斗酒诗百篇"的奇迹。李白是把酒与审美的心态、情绪联结起来达到饱

---

① 黄庭坚：《题李白诗草后》。

和的最杰出的诗人。酒气激发才气,才气在酒气中得到最佳发挥。

他真正是一位富于审美气质的诗人。他进入审美,便弃绝了世俗味,一切任凭想象的驰骋和才情的焕发。他是把审美心态自由发挥到最佳状态的诗人。他天真无邪,总是纯净无瑕地看待世界、人生,对别人绝无防范之意,却总是遭到别人的暗算、捉弄。他有一颗水晶般的赤子之心,善以待人,而别人却并不总是善以待他。他的情绪极易被激发,可以说是一点就燃,这正是典型的诗人气质。他的快乐是袒露的,其苦恼也是真实的,他天然去雕饰,不做作,不伪装,心口一致。他爱想象,甚或幻想,但幻象一旦打破,他又立即烦恼、苦闷,似有无限忧伤和愁苦,"与尔同销万古愁"。他不遗世独立,却有无限的孤独感,"大道如青天,我独不得出"[1],这种孤独感只有时代的杰出人物才会有,或者说,只有时代的伟人才能具有或感受到孤独。他的处境已到了"世人皆欲杀"[2]的地步。这正是他孤独所产生的结果,这才会出现"冠盖满京华,斯人独憔悴"的孤独情景。然而,他又有着盛唐人的涵养,融化百川而成东海。清代龚自珍《最录李白集》说:"庄、屈实二,不可以并,并之以为心,自白始。儒、仙、侠实三,不可以合,合之以为气,又自白始也。"把庄、屈融为一,把儒、仙、侠融为一,这正是李白才有的,也是盛唐人才有的。

第二节　美学思想

李白在盛唐再次提出美学思想的"风骨"论。首先要提到人们较少提及的《泽畔吟序》:

《泽畔吟》者,逐臣崔公之所作也。公代业文宗,早茂才秀。起家校书蓬山,再尉关辅,中佐于宪车,因贬湘阴。从宦二十有八载,而官未登于郎署。何遇时而不偶耶?所谓大名难居,硕果不食。流离乎沅、湘,摧悴于草莽。

同时得罪者数十人,或才长命夭,覆巢荡室。崔公忠愤义烈,形于清辞。恸哭泽畔,哀形于翰墨。犹《风》《雅》之什,闻之者

---

[1] 李白:《行路难三首》(其二)。
[2] 杜甫:《不见》。

> 无罪,睹之者作镜。书所感遇,总二十章,名之曰《泽畔吟》。惧奸臣之猜,常韬之于竹简;酷吏将至,则藏之于名山。前后数四,蠹伤卷轴。
>
> 观其逸气顿挫,英风激扬,横波遗流,腾薄万古。至于微而彰,婉而丽,悲不自我,兴成他人,岂不云怨者之流乎?余览之怆然,掩卷挥涕,为之序云。

李白在序中以悲愤同情之心描述了崔成甫的罹祸经过和诗集辗转得以保存的情形,指出"崔公忠愤义烈,形于清辞。恸哭泽畔,哀形于翰墨"。忠愤之气与清幽之辞相联结,就"犹《风》《雅》之什",揭示其诗美学风格产生的原因。而李白所欣赏的崔成甫诗美学风格的特征又集中体现于"风骨"。诗风豪放俊逸,有英气激扬其间,如横波遗流,气势奔涌,流荡千古,这正是"风骨"的具体表征。李白又把其诗美风格与诗学传统相对接,这就进一步开掘了"风骨"的历史内涵,也可以看出李白所要发扬的是"风雅"美学传统。

从陈子昂的"风骨"倡导到李白的"风骨"论说,形成了初唐到盛唐的一种审美趋向和审美思潮。陈子昂是首举大旗,李白高倡于后,形成了强有力的呼应之势。李白可以说对此做了总结,唐代"风骨"美学便从此确定下来,成为文学美学的重要标准,晚唐诗风的变化可以说是对其的异化。朱熹说李白的《古风》"多效陈子昂,亦有全用其句处。李白去子昂不远,其尊慕之如此"[①]。效法和"尊慕"都体现了李白对陈子昂美学思想的继承。初唐与盛唐在这里存在一条连接线,清算了六朝美学的绮丽之风,唐代在这里真正出现了属于自己时代的美学。李白《赠僧行融》写道:"梁有汤惠休,常从鲍照游。峨眉史怀一,独映陈公出。卓绝二道人,结交凤与麟。"这里可以看出李白对陈子昂的心仪。孟棨《本事诗·高逸》就发现了陈、李之间的联系:"白才逸气高,与陈拾遗齐名,先后合德。其论诗云:梁、陈以来,艳薄斯极,沈休文又尚以声律,将复古道,非我而谁与?故陈、李二集,律诗殊少。尝言:寄兴深微,五言不如四言,七言又其靡也。况使束于声调俳优哉。"大型组诗《古风》的第一首就表达了他的美学和美学史观点:

> 大雅久不作,吾衰竟谁陈?王风委蔓草,战国多荆榛。龙虎相啖

[①] 朱熹:《朱子语类》卷一四〇。

食，兵戈逮狂秦。正声何微茫，哀怨起骚人。扬马激颓波，开流荡无垠。废兴虽万变，宪章亦已沦。自从建安来，绮丽不足珍。圣代复元古，垂衣贵清真。群才属休明，乘运共跃鳞。文质相炳焕，众星罗秋旻。我志在删述，垂辉映千春。希圣如有立，绝笔于获麟。

他以美学史家的眼光看到了美学史上"大雅久不作"的状况。这也可以看出他站在"风""雅"美学的观照点上，他所要恢复的正是"风""雅"美学。当然，他不是美学史复古主义者，他是力图建造一个使盛唐美学效法的美学史榜样。《古风》（其三十五）也写道："大雅思文王，颂声久崩沦。"他要求的是以"风""雅"美学来构筑盛唐美学的基石并形成它的思想内涵。

对美学史做出纵向考察后，他看到"风""雅"美学出现了断层，这便是"自从建安来，绮丽不足珍"。这个断层的历史时段是建安以来的六朝，其特征是"绮丽"。对这种审美特征，李白的旗帜十分鲜明，明确表示："不足珍。"他在《宣州谢朓楼饯别校书叔云》中说："蓬莱文章建安骨。"他跟陈子昂一样，把建安美学作为"风骨"的范型。

风清骨峻，有"风""雅"的美学内涵，并有建安美学这样的实存榜样，从刘勰到陈子昂到殷璠再到李白，这条"风骨"学美学史线索便越来越分明和具体。

李白在《奉饯十七翁二十四翁寻桃花源序》中说："文以述大雅，道以通至精，卷舒天地之心，脱落神仙之境。"有其"风""雅"之骨。他通过引述别人对自己的评价，确定了自己的诗美学特征亦有"风骨"。《上安州裴长史书》引述了文章大家苏颋评语："此子天才英丽，下笔不休，虽风力未成，且见专车之骨。若广之以学，可以相如比肩也。"又引述了郡督诸公的评语："诸人之文，犹山无烟霞，春无草树。李白之文，清雄奔放，名章俊语，络绎间起，光明洞彻，句句动人。"这则评语就包含着"风骨"的具体内涵。李白所说的"正声何微茫，哀怨起骚人"，正确地揭示了审美发生学上审美主体创作的产生原因。这一美学思想正是对以"发愤以抒情"为内涵的屈骚美学的深刻说明和认同。因此，李白的说法不仅有美学意义，而且有美学史意义。如果说，"风""雅"美学传统是重在体现主体对于客体的认知、体察，那么，屈原"发愤以抒情"的美学传统则是重在主体自身的抒发和表达。

在中国美学史上这两种传统应该说是两轨,互相间并不完全认同,而李白则把二者结合起来,体现了前引龚自珍所说的李白善于加以思想融合的特征。"风""骚"相并相举,这是李白的大家风采,也是盛唐人的宏大气度。

李白对屈赋给予极高的评价,《江上吟》说:"屈平词赋悬日月。"如日月经天,江河行地。又与"风""雅"美学相融合,便形成了独特的美学思想结构,而李白本人便身体力行。吴融《禅月集序》说:"国朝能为歌诗者不少,独李太白为称首,盖气骨高举,不失颂咏讽刺之道。"

前引《本事诗·高逸》中李白的又一美学思想:"寄兴深微。"此处所言"寄兴"与陈子昂所说"兴寄"出于同一机杼。在这里又一次出现了唐代美学范畴的联系现象。李白不仅触及"寄兴"这一范畴,而且深化了它在审美上的表达问题,应该"深微",深入细微。这就把这一美学范畴推展到表现层面之上。

建安美学之所以引起唐人的高度推崇,乃因为有"风骨"。"风骨"是建安美学的内核。到盛唐时,对建安美学的推崇又形成了一种审美倾向。李白、殷璠多有此论,如"蓬莱文章建安骨"。另外,高适《宋中别周、梁、李三子》:"感激建安时。"《淇上酬薛三据兼寄郭少府微》:"纵横建安作。"王维《别綦毋潜》:"弥工建安体。"杜确《岑嘉州集序》言开元诗人"近建安之遗范"。这股建安美学热,有一个新的特点,不仅是将其作为一面旗帜来看待,而且在唐代已经产生了实际的审美成果,于是它便使"建安体"、建安美学成了具体的审美评价和概括标准。这里所说的"建安体"就是以建安时代的风骨美学为内核的美学体式。作为体式,它更有规范性和仿效性。李白所倡导的"风骨",不仅有内在的含义,而且有外部的力度。风清骨峻、墨浓笔老,如《题上阳台》所说:"山高水长,物象万千,非有老笔,清壮何穷?"

李白的美学思想十分重视感兴在审美中的地位和作用。李白所重视的"兴"跟"兴寄"的"兴"在含义上并不相同。"兴寄"的"兴"是主体对于对象所形成的认知,具有较强的体认性质,属于审美认知范畴;而感兴的"兴"是一种审美创作的心态,感奋的状态,属于审美心理范畴。李白用了许多"兴"的审美学叙述语言,正与他重视审美创作感奋心态有关,又与他本人审美创作的亢奋状态有关。《江上吟》说:"兴酣落笔摇五岳,诗成笑傲凌沧洲。"这里的"兴"正是"感兴"的本体含义。感兴饱满,淋漓酣畅，遂致落笔能摇撼五岳。落笔的前提须有充沛的感兴激情，而感兴激情的力量又足以摇撼五岳。这是对感兴力量的夸张性强调。"顿惊谢康乐，诗兴生我衣。"①所指正是诗人的感兴、意兴。兴致勃发后会调动诗人的审美情趣和想象力的飞腾，所谓"俱怀逸兴壮思飞，欲上青天览明月"②。

"自从建安来，绮丽不足珍"，李白的这一美学史评价还是挺有分寸感的。他所批评的是建安以来的"绮丽"美学之风，而对于与之并存的"清发""清新"之气却是甚为欣赏的，没有一概加以摒弃。他对大小谢、鲍照等六朝诗人的美学成就极为赞赏。仰天大笑、一身傲骨的李白却"一生低首谢宣城"，对谢朓心悦诚服：

览君荆山作，江鲍堪动色。③

他日相思一梦君，应得池塘生春草。④

昨梦见惠连，朝吟谢公诗。东风引碧草，不觉生华池。⑤

解道澄江静如练，令人长忆谢玄晖。⑥

我吟谢朓诗上语，朔风飒飒吹飞雨。⑦

蓬莱文章建安骨，中间小谢又清发。⑧

诗传谢朓清。⑨

我家敬亭下，辄继谢公作。相去数百年，风期宛如昨。⑩

独酌板桥浦，古人谁可征。玄晖难再得，洒洒气填膺。⑪

无论是对六朝"绮丽"的批评，还是对大小谢等六朝诗人的赞赏，都是以美学作为评价基点的，又都体现了恢宏大度的美学史眼光。他对六朝美学评价的审美出发点是清新俊美，所以他对六朝美学的评价既体现了他的唐人胸怀，又体现出他自身的美学和美学史观。

---

① 李白：《酬殷明佐见赠五云裘歌》。
② 李白：《宣州谢朓楼饯别校书叔云》。
③ 李白：《经乱离后天恩流夜郎忆旧游书怀赠江夏韦太守良宰》。
④ 李白：《送舍弟》。
⑤ 李白：《书情寄邠州长史昭》。
⑥ 李白：《金陵城西楼月下吟》。
⑦ 李白：《酬殷明佐见赠五云裘歌》。
⑧ 李白：《宣州谢朓楼饯别校书叔云》。
⑨ 李白：《送储邕之武昌》。
⑩ 李白：《游敬亭寄崔侍御》。
⑪ 李白：《秋夜板桥浦泛月独酌怀谢朓》。

李白在那首长诗——《经乱离后天恩流夜郎忆旧游书怀赠江夏韦太守良宰》中说："清水出芙蓉，天然去雕饰。"天然、清新是他的又一重要美学思想。六朝时清水芙蓉美和错彩镂金美两种审美形态并存，而清水芙蓉为以后的美的发展规范标示了路向。李白正是接过了这一美学史的接力棒，把天然、清新作为高品位的审美标准和盛唐审美理想来看待。这样他便寻找到了自身审美立足点和盛唐所需要的审美理想。在《古风》（其三十五）中也批评了"雕虫丧天真"。他所要求的是天然、天真、自然，反对雕琢过度，反失其真。他的天然观包含深刻的庄学观。他多处引用了《庄子·徐无鬼》中郢匠的故事，意在说明审美中出神入化的境界。《古风》（其三十五）说："安得郢中质，一挥成斧斤。"《李居士赞》说："至人之心，如镜中影。挥斤万变，动不离静。彼质我斤，挥风是骋。了物无二，皆为匠郢。"李白又在《江宁杨利物画赞》中说："笔鼓元化，形分自然。明珠独转，秋月孤悬。"元化一体便形分自然，它是未加雕饰加工的原初形态，这就要求审美形态回归其本体状态。清新自然美学观的建立宣告了六朝以来雕绘满眼、错彩镂金、铺锦列绣美学史的终结，同时宣告了另一个美学新时代的到来。

第三节 审美成就

李白不仅从理论上而且从审美创作实践上完成了一个极其重要的美学史课题，即彻底扫除了六朝的浮靡美学之风，代之以新的美学之风，完成了陈子昂未竟之事业。陈子昂诗歌审美创作实践所体现出来的审美特征，质实有余，圆润不足，其才力还不是唐美学之翘楚，未能形成独具一格、自领风骚的审美风格。他在唐代美学史上是开一代新风的先锋，而升帐的元帅则是李白。李白以人们无法抗御的审美力量，以独有的旋风似的气势，显示了其统驭盛唐诗坛的无可争辩性。

他确实站立在盛唐美学的峰巅，长篇短制，无所不能；乐府歌行，无所不精。风骨、兴寄、声律、辞章、兴象、韵味，融于一体，终成盛唐宏大气象。他的美学精神就是勇于突破却又擅长创造。他任凭个体主体精神的流走、运动，从而获得对象性的表现。主体精神流转的轨道便成为诗的审美轨迹。他又是一名融汇百家而自成一家的大家，如乔亿《剑溪说诗》所言：

"太白诗有似《国风》《小雅》者,有似楚骚者,似汉魏乐府及古歌谣杂曲者,有似曹子建、阮嗣宗者,有似鲍明远者,似谢玄晖者,又有似阴铿、庾信者。"这正是大家风范之所在。他又可以说是融汇了岑高和王孟这两路大军于一体,在他所创造的美学世界中可以找到天上人间、仙域俗界的所有境域,可以找到所有的审美体验和感觉。

李白是一位有着极强的主体性和个体性的诗人,他的审美活动就是他的主体性和个体性的审美轨迹。他是真正的诗人。他按照自己的主体视域体认对象世界,有时甚或是在醉意浓烈时从事审美创作活动的,醉意焕激他对于人生的诸多体验,也焕激了他的审美情绪。醉意是一种特殊的情绪表现。它能够使人产生正常状态下所不能产生的情绪和感觉,能调动起审美主体的感觉经验,甚至是潜意识经验,也能出现在正常状态下所无法出现的意象,甚或幻象。他极强的主体性、个体性使得他出现了"援笔三叫,文不加点"的特殊审美创作方式,使得他不是用客体对象世界来限制、约束主体,而是用主体来冲决客体的制约,不遵矩度,没有桎梏,正如赵翼所说:"才气豪迈,全以神运,自不屑束缚于格律对偶,与雕绘者争长。"[①]他所制造的是最自由的美。

最能调动他审美情感的,常常不是对象世界,而是主体自身。他往往为自己灿烂的理想、愿望而激动起来,又为自己志难伸展而愤慨,这一切,诗人都毫不矫作或毫不压抑,统统喷溅而出。他情感的审美表达方式是喷发式的,因此也就带来了审美上的显著特点。严羽评点李白诗时,有一段评语值得注意:"一往豪情,使人不能句字赏摘,盖他人作诗用笔想,太白但用胸口一喷即是,此其所长。"[②]他的情感是喷出来的,而不是流出来的。情感的表达内容可以有相似的地方,但表达方式却因人而异,或喷发,或细流,或倾盆而下,一吐为快,或委婉慢行,千回百转,因不同的个性、气质而千姿百态。然而又因之反转来成为个体美学风采、风格的显示和表征。

李白美学风格的最显著特征是他审美过程和过程的结果始终矗立着审美主体的抒情主人公形象。他的诗中处处有"我"的存在,有主体的存在。这是李白对自身存在价值的理解和体认所致,他总是以自我为中心、为核点,由此对外界的对象做出他的反应。自我意识中心,只有在盛唐这样精神意识

[①] 赵翼:《瓯北诗话》。
[②] 瞿蜕园、朱金城:《李白集校注》(上册),上海古籍出版社1980年版,第228页。

开放的时代才能存在和发展,而它的存在,无论在唐代还是在整个中国思想史上都是先进的。

自我、个体、主体是李白审美存在的基石,也是他的创作风格、个性形成的基石。主体最根本的又是精神。《游泰山》中的句子"精神四飞扬,如出天地间",正是他精神主体性溢出天地间,飞扬在天地间的写照。

李白的精神主体性如火、如风,有一股不可抗拒的冲击力,又有一股不可阻挡的穿透力,震撼人而又感染人,使人浑身发烫,又使人飘飘若飞腾。其气势和审美力量裹挟着人们一起进入他的审美境域、气流、旋风之中。他的诗风可以称之为"李旋风",从而使人们在情感上不能不如此,而又不得不如此。赵弼《太白酒楼赋》曾做过这样动人的审美感受描述:"豪吟吐万丈之虹,醉吻涸三江之水,啸歌玩空界之日月,震荡驻人寰之风雨。眼空四海,气盖千古,风流豪迈,直使人精神飞越,欲凌风而遐举。"

李白审美的主体视点极高,他不是平视,更不是仰视,而是俯视,扫视六合。他总为自己确定一个凌驾于一切之上,便于扫视一切的主体视点。例如《望庐山瀑布水二首》(其一):"西登香炉峰,南见瀑布水。挂流三百丈,喷壑数十里。欻如飞电来,隐若白虹起。初惊河汉落,半洒云天里。"《将进酒》:"黄河之水天上来,奔流到海不复回。"《庐山谣寄卢侍御虚舟》:"登高壮观天地间,大江茫茫去不还。黄云万里动风色,白波九道流雪山。"《梁园吟》:"我浮黄河去京阙,挂席欲进波连山。"《西岳云台歌送丹丘子》:"西岳峥嵘何壮哉,黄河如丝天际来。黄河万里触山动,盘涡毂转秦地雷。荣光休气纷五彩,千年一清圣人在。巨灵咆哮擘两山,洪波喷流射东海。"虽然通过语言现象描述和呈示出来的是意象的形态,但是透过现象层却可以看到那矗立着的硕大的抒情主体形象。

高可入云的审美主体视点来自于诗人的宇宙意识。《日出入行》云:

> 日出东方隈,似从地底来。历天又复入西海,六龙所舍安在哉?其始与终古不息,人非元气,安得与之久徘徊?草不谢荣于春风,木不怨落于秋天。谁挥鞭策驱四运?万物兴歇皆自然。羲和!羲和!汝奚汩没于荒淫之波?鲁阳何德,驻景挥戈?逆道违天,矫诬实多。吾将囊括大块,浩然与溟涬同科!

他的宇宙观是"万物兴歇皆自然",一切按照自然本身的运行规则运行,显得自然而然。他说:"吾将囊括大块,浩然与溟涬同科!"这是天人合一的宇宙观体现，与天地并生，与万物合一。《春夜宴从弟桃李园序》也说："阳春召我以烟景，大块假我以文章。"他与溟涬、与元气、与宇宙融合，便拥有了溟涬、元气、宇宙，于是他的宇宙意识便像宇宙自身一样博大宏远，于是他便有了一个极高的审美主体视点。

李白的诗是以情感来贯通审美过程的，情感便成为审美的轨迹。当他情感起潮时，便一任咆哮、喷溅、流滚，打破程序，没有规则，于是形成了特定的情感旋律，波荡不定。如《行路难》：

> 金樽清酒斗十千，玉盘珍馐直万钱。停杯投箸不能食，拔剑四顾心茫然。欲渡黄河冰塞川，将登太行雪满山。闲来垂钓碧溪上，忽复乘舟梦日边。行路难！行路难！多歧路，今安在？长风破浪会有时，直挂云帆济沧海。

诗一开始，便施扬笔，极力渲染酒宴的丰隆，有名贵的器皿："金樽""玉盘"；有昂贵的酒肴："斗十千"的"清酒"，"直万钱"的"珍馐"。作为"嗜酒见天真"的李白肯定会杯不停箸不停，这是顺理成章的事。但是，诗人猛施抑笔，出现了一个意料之外、令人颇难解释的行为：停杯摆筷，不再进食，遂出现了情绪的一大顿挫。诗人离开座位，拔出佩剑，举目四顾，情绪本欲扬而未扬，反而一片茫然，又一顿挫。他心中充满压抑和怫郁，对前景不堪瞻念。如同欲渡黄河，却有坚冰拥塞；将登太行，却有大雪封山。他心中又不免萌生幻觉，看到当年吕尚渭水垂钓，终遇文王；伊尹梦见乘舟经过太阳旁边，终被商汤授命。他希望这些历史事件能发生在自己身上，但梦醒后，仍是严峻残酷的现实。诗人写到此，情绪不免激愤起来。语言结构陡然由七言变为三言，犹如急鼓重锤，声声震动人心。"行路难！行路难！多歧路，今安在？"有慨叹，有愤激，亦有百思难解的苦恼和发问。就在诗的情绪出现旋涡状难以铺展时，突然，情绪掉转直上。诗人那昂扬的自信终于冲破了压抑，出现了一个明朗开阔的境界："长风破浪会有时，直挂云帆济沧海。"情绪始如大江浩荡，稳稳东流。

李白的美学风格既在于他爆发式的情感冲决，又在于他爆发冲决后的一发不可收和滚滚滔滔。请看《将进酒》：

> 君不见黄河之水天上来，奔流到海不复回。君不见高堂明镜悲白发，朝如青丝暮成雪。人生得意须尽欢，莫使金樽空对月。天生我材必有用，千金散尽还复来。烹羊宰牛且为乐，会须一饮三百

杯。岑夫子，丹丘生，将进酒，杯莫停。与君歌一曲，请君为我倾耳听。钟鼓馔玉不足贵，但愿长醉不复醒。古来圣贤皆寂寞，惟有饮者留其名。陈王昔时宴平乐，斗酒十千恣欢谑。主人何为言少钱，径须沽取对君酌。五花马，千金裘，呼儿将出换美酒，与尔同销万古愁。

诗一开篇，劈头就是两个长句，形成激浪排空的气势，黄河之水来自天际而又直泻东海，遂成为空间巨大的拉长性表征。而高堂明镜，悲生白发，朝如青丝，暮成白雪的迅疾变化，则又成为时间倏忽的压缩性写照。正因为空间无限而时间稍纵即逝，诗人便萌发出及时行乐的思想："人生得意须尽欢，莫使金樽空对月。"这种思想是时空观念所逼发出来的。然后他又对自己的才能表达了无限欣赏和坚定信念："天生我材必有用，千金散尽还复来。"正因为信念建筑在坚定然而又似乎有点乐观的基础上，诗人才会采取及时行乐的生活态度，"烹羊宰牛且为乐，会须一饮三百杯"。接着改变了诗的语言节奏，"岑夫子，丹丘生，将进酒，杯莫停"。三字句表达了诗人急促跳宕的情感节奏。诗人在酒上形成情感的盘旋、情感的激荡，以酒来消解寂寞、烦恼，在酒中形成情绪的狂放和旷达。他一个劲地呼唤美酒，情绪始终在高亢激越的状态中流动，最后表示"与尔同销万古愁"，在旷达解脱的状态中形成情绪的波荡。在李白的诗中，变化多端的语言节奏，反映了诗人波动不息的情感节奏，这种情感节奏遂形成了美的感染力。

李白以主体情感为审美立足点和基点，把对象收拢、汲纳于主体，融入主体，正如《赠裴十四》所写，"黄河落天走东海，万里泻入胸怀间"。以审美主体为主、为基点，便使情感节奏跌宕多姿，像意识流一样，倏忽万状。《答王十二寒夜独酌有怀》写道：

> 昨夜吴中雪，子猷佳兴发。万里浮云卷碧山，青山中道流孤月。孤月沧浪河汉清，北斗错落长庚明。怀余对酒夜霜白，玉床金井冰峥嵘。人生飘忽百年内，且须酣畅万古情。君不能狸膏金距学斗鸡，坐令鼻息吹虹霓。君不能学哥舒，横行青海夜带刀，西屠石堡取紫袍。吟诗作赋北窗里，万言不值一杯水。世人闻此皆掉头，有如东风射马耳。鱼目亦笑我，谓与明月同。骅骝拳跼不能食，蹇驴得志鸣春风。折杨黄华合流俗，晋君听琴枉清角。巴人谁肯和阳春，楚地犹未贱奇璞。黄金散尽交不成，白首为儒身被轻。一谈一

笑失颜色，苍蝇贝锦喧谤声。曾参岂是杀人者，谗言三及慈母惊。与君论心握君手，荣辱于余亦何有？孔圣犹闻伤凤麟，董龙更是何鸡狗！一生傲岸苦不谐，恩疏媒劳志多乖。严陵高揖汉天子，何必长剑拄颐事玉阶！达亦不足贵，穷亦不足悲。韩信羞将绛灌比，祢衡耻逐屠沽儿。君不见李北海，英风豪气今何在？君不见裴尚书，土坟三尺蒿棘居。少军早欲五湖去，见此弥将钟鼎疏。

一场江南的大雪，激发了友人王十二像六朝王子猷那样的"佳兴"，写下《寒夜独酌有怀》的诗章，李白又由此激发起满腔的怨愤，排山倒海、淋漓尽致地倾露了内心的情感。李白高度肯定了王十二既不会用斗鸡来邀宠，又不会像哥舒翰那样靠屠杀以邀功，他唯一的本领是"吟诗作赋北窗里"，尽管是被人和社会所轻视："万言不值一杯水。世人闻此皆掉头，有如东风射马耳。"但诗人却是那样地欣赏，以至在对象身上观照到自己。当对象和自己的遭遇出现重合，并且推人及己时，李白那感同身受的激愤便冲然而起，形成冲天波涛。于是，在情感掀发的波涛中，李白对贤士失路、小人得志、奸佞当道、是非混淆的现状痛加鞭挞，并抒露自己的不平之意。他愤慨于良马骏骥蜷伏马厩"不能食"，而那些"蹇驴得志鸣春风"。诗人又悲哀于世俗的人们只知巴人一类的通俗曲，却对阳春一类的高雅曲一概漠视。李白曾经认为"千金散尽还复来"，有那么一分自信，那么一分洒脱，但是冷酷的现实，却使他认为"黄金散尽交不成"。他感叹于世道的炎凉、人情的冷暖："一谈一笑失颜色，苍蝇贝锦喧谤声。"人言可畏使他畏惧："曾参岂是杀人者，谗言三及慈母惊。"尽管世道炎凉、世情严酷，诗人却保持着他的一身傲骨，笑傲王侯。他将王十二引为同道，"与君论心握君手"，表现出超然的姿态："荣辱于余亦何有？"他深知自己"一生傲岸苦不谐"，但他决不为求"谐"而屈身抑己。他显得十分旷达："达亦不足贵，穷亦不足悲。"这样的处世心境使得他十分坦然和超脱，情感也由激愤而趋于平缓。诗人表示"严陵高揖汉天子，何必长剑拄颐事玉阶！"但是天宝六载（747）奸相李林甫杖杀北海太守李邕、逼死刑部尚书裴敦复，诗人的情绪又冲涌起来："君不见李北海，英风豪气今何在？君不见裴尚书，土坟三尺蒿棘居。"然而诗人在愤慨之后又恢复平静，寻找到自己的归宿——归隐，像范蠡那样功成身退，浪迹五湖，"少年早欲五湖去，见此弥将钟鼎疏"。整首诗情感节奏犹如波涛起伏，倏忽多变，反映了诗人的内在之气，反映了诗人因现实遭遇所引发的情感的大起大落。情感运行轨迹出现了特定的审美节奏，调动起人们的情绪感应。

李白以主体情感为本位，用主体情感透射客体，染着于并改变了对象的形态和色彩。他的诗的审美移情性能表现得特别显著，可以从下面三首连贯性的诗歌中看出来。《自巴东舟行经瞿塘峡登巫山最高峰晚还题壁》：

> 江行几千里，海月十五圆。始经瞿塘峡，遂步巫山巅。巫山高不穷，巴国尽所历。日边攀垂萝，霞外倚穹石。飞步凌绝顶，极目无纤烟。却顾失丹壑，仰观临青天。青天若可扪，银汉去安在？望云知苍梧，记水辨嬴海。周游孤光晚，历览幽意多。积雪照空谷，悲风鸣森柯。归途行欲曛，佳趣尚未歇。江寒早啼猿，松暝已吐月。月色何悠悠，清猿响啾啾。辞山不忍听，挥策还孤舟。

诗人登巫山时还在流放中，心情悲抑忧郁，这种情绪被诗人染着于景物对象上，"悲风鸣森柯""江寒早啼猿""清猿响啾啾"，悲风、寒江、清猿，交混在一起，苍凉景象透现悲凉心境，所以，诗人"辞山不忍听，挥策还孤舟"。当他于乾元二年（759）行至夔州白帝城，遇赦得释，回到江陵，途中便写下了著名的《早发白帝城》：

> 朝辞白帝彩云间，千里江陵一日还。两岸猿声啼不住，轻舟已过万重山。

朝辞暮宿，千里之遥，一日即归。"彩云"的色彩，"千里"与"一日"的对比所显示的速度，具有强烈的轻快感。在这里，猿猴啼叫，不再是上首诗中表现的情绪沉郁，而是以闻猿声反衬舟行之速。"轻舟已过万重山"的舟行如箭正透现了诗人的归心似箭。诗人的喜、快心情带来诗的旋律的轻快、景象的流走。乍释的惊喜起于瞬间，渐渐地归于平和，《荆门浮舟望蜀江》出现了另一种形态的主体与客体融合的审美情境和格调。诗云：

> 春水月峡来，浮舟望安极？正是桃花流，依然锦江色。江色绿且明，茫茫与天平。逶迤巴山尽，摇曳楚云行。雪照聚沙雁，花飞出谷莺。芳洲却已转，碧树森森迎。流目浦烟夕，扬帆海月生。江陵识遥火，应到渚宫城。

由于诗人此时的情绪平和喜悦，因而景象的色彩就显得明丽天然，境界开阔舒展。在诗人视域中，一江春水，从明月峡浩荡而至，一望无边。桃花大汛，江水猛涨，依然有锦江的色彩。诗人写江水浩荡，也绘江水色彩，"江色绿且明，茫茫与天平"。江水碧绿清澈，又浩茫接天，意境十分明朗。诗人写水又画山，"逶迤巴山尽，摇曳楚云行"，山水相映，云彩飞动。在连绵起伏和曲折回环中表现山、云的美态。"雪照聚沙雁，花飞出谷莺"，明朗的诗趣和明亮的色彩，使诗的境域更富于美感。由于诗人的心情是明畅的，因而，觉得山有情、水有意。转过了水中馥郁芳香的小洲，"碧树森森迎"，迎接遇赦东归的诗人。诗人极目远眺，看到水边雾霭腾腾蒸起，明月冉冉东升，远远望见江陵灯火，该是渚宫城了。虽是写夜景，但不苍凉，仍然在明朗心境中写夕烟、明月、灯火。"扬帆海月生"的轻松心情和遥望江陵的归心，糅合在夜景之中，构成了特有的意境美。

由于以主体为基点，以情感运行作为诗的审美轨迹，李白一旦情绪激动起来，便一无遮掩，倾心表达内在的一切，产生特定的狂放性美感。《襄阳歌》写道：

> 落日欲没岘山西，倒着接䍦花下迷。襄阳小儿齐拍手，拦街争唱白铜鞮。旁人借问笑何事，笑杀山公醉似泥。鸬鹚杓，鹦鹉杯。百年三万六千日，一日须倾三百杯。遥看汉水鸭头绿，恰似葡萄初酦醅。此江若变作春酒，垒曲便筑糟丘台。千金骏马换小妾，醉坐雕鞍歌落梅。车旁侧挂一壶酒，凤笙龙管行相催。咸阳市中叹黄犬，何如月下倾金罍？君不见晋朝羊公一片石，龟头剥落生莓苔。泪亦不能为之堕，心亦不能为之哀。清风朗月不用一钱买，玉山自倒非人推。舒州杓，力士铛，李白与尔同死生。襄王云雨今安在？江水东流猿夜声。

作为一首醉时歌，确实反映了诗人醉时的特有心态，醉态恍惚，醉眼蒙眬，从特有的醉时描述中体现出特有的心理状态和审美感。当他醉了时，他对世界的体认便走形变样，大话连天，"百年三万六千日，一日须倾三百杯"。当他醉了时，他用醉眼看待世界，世界又变形变态，那碧绿的汉江水仿佛是刚刚酿出的葡萄酒。这种变形变态性幻觉，又正体现了主体心理对待客体的方式和对应性特征。他不是把汉江水幻化为别的，而是酒，正反映了诗人尽管在醉中，却有着明确的对应目标。他为自己描述了一幅醉酒行乐图。用爱妾换来千金骏马，醉坐在雕鞍上唱着《梅花落》的曲子，车子旁还不忘挂着酒壶，在凤笙龙管的伴奏下交相劝酒。诗人从中自得其乐，他认为其乐趣是李斯所不能企及的，因为李斯失去牵黄犬出上蔡门逐狡兔的自由，也是镇守襄阳的羊祜所不能企及的，因为他虽然功名显赫，但经不起历史时间的荡涤，最终其碑"龟头剥落生莓苔"。在他看来，只有及时行乐，醉于酒，"玉山自倒"才是真正的潇洒，才是人生的真乐趣和真价值之所在。在觥筹交错中"李白与尔同死生"，终生如此。诗中有诗人的醉意，这种醉意恰恰表现了诗人的精神企求。他的舒放型心态，含有几分天真气。他的生活方式虽放诞，但不颓废糜烂，给人以讨喜的感觉和旷放的审美感受。诗人在适意性的情感抒发中体现了自由性的文化、审美心态。

李白情感抒发爆发式的特点又有其具体性。他往往把情感凝结起来，出现高度饱和状态，然后加以迸射，可以称为沸点喷溅的方式，因此具有极高的热度。例如《陪侍御叔华登楼歌》："弃我去者昨日之日不可留，乱我心者今日之日多烦忧。"有时以感叹或惊叹使人惊心动魄，例如《蜀道难》劈头便是"噫吁嚱，危乎高哉！蜀道之难难于上青天！"出现审美的惊奇感。有时在巨大的反差中形成情感的逼发，如《行路难》（其二）："大道如青天，我独不得出。"这样就使他的情感表达方式出现多样化的审美特征。

以主体情感和感受作为审美的出发点便可以主体情感和感受来改变对象的面貌和形状，出现变形化的审美艺术。或是扩大时间的长度，如《寄韦南陵冰余江上乘兴访之遇寻颜尚书笑有此赠》："月色醉远客，山花开欲燃。春风狂杀人，一日剧三年。"一日形同三年，乃主体情感的作用所致。或是把刹那凝定为永恒，如《长相思》："忆君迢迢隔青天，昔时横波目，今作流泪泉。不信妾肠断，归来看取明镜前。"或是明显改变对象的状况形态，那句著名的"燕山雪花大如席"就是例证，夸张正是主体作用、扭曲、改变对象的结果。"白发三千丈"，来自主体"缘愁似个长"。

他诗歌审美的主体性特征使得诗歌中处处有"我"在，有"我"的抒情主体和审美主体，例如《庐山谣寄卢侍御虚舟》："我本楚狂人，凤歌笑孔丘。"《南陵别儿童入京》："仰天大笑出门去，我辈岂是蓬蒿人！"其豪情，其潇洒身姿如在眼前。他的情感抒发和情感形象塑造在审美中同时进行，因此在审美接受中人们受其情绪的感染，总是跟接受其形象的性格和人格力量联系在一起的。

尽管李白的审美方式是爆发冲刷，尽管他是倾泻无碍，但情感内涵却十分丰富深刻。《宣州谢朓楼饯别校书叔云》中"抽刀断水水更流，举杯消愁愁更愁"，对日常生活现象的体验，进而对情感特征的体验，是那么真切而深细。尽管李白常常表示归隐，散入扁舟，力图超脱，但他内心的最深层次里却保留着对现实的一份热情和关注。他的诗的游仙审美方式是现实情感的补充，当他"西上莲花山，迢迢见明星"时，一幅幅游仙图景纷至沓来，"素手把芙蓉，虚步蹑太清。霓裳曳广带，飘拂升天行"。在仙女的邀请下，他与仙人卫叔卿长揖见礼。他在仙界中畅游，"驾鸿凌紫冥"，仿佛已入九天之上，却突然之间"俯视洛阳川，茫茫走胡兵"。他看到"流血涂野草"的血腥和"豺狼尽冠缨"的肮脏景象，诗的美学境界陡变，诗的情绪陡变，面对现实诗人充满揪心的痛楚，从而体现了诗的现实审美力量。《梦游天姥吟留别》正当诗人沉浸在仙气缭绕、变幻莫测的域界，神志俱忘时，"忽魂悸以魄动"，诗人心悸梦醒，惊坐长叹，枕席依旧，而烟霞泯灭。诗的审美境界猛然剧变，诗的审美情绪急转直下，由云蒸霞蔚的遐想进入严峻冷酷的现实。这是理想与现实、个人与环境严重对立、矛盾尖锐所产生的。李白的游仙诗改变了魏晋游仙诗遗世高蹈的倾向，表现了对现实的热情、关注。

在审美意象的选择、塑造、组合上，李白也有自身的特点。他所选择的大多是大而壮的意象，是"天上来"之黄河，是"茫茫去不还"之大江，是"涛似连山喷雪来"的浙江潮。那"天姥连天向天横，势拔五岳掩赤城。天台四万八千丈，对此欲倒东南倾"[1]。那蜀道"上有六龙回日之高标，下有冲波逆折之回川"[2]。那九华山"天河挂绿水，秀出九芙蓉"[3]。他选择的是大鹏，《上李邕》："大鹏一日同风起，扶摇直上九万里。"《大鹏赋》："煇赫乎宇宙，凭陵乎昆仑。一鼓一舞，烟蒙沙昏。五岳为之震荡，百川为之崩奔。"他还选择了天马，《天马歌》："嘶青云，振绿发""腾昆仑，历西极""口喷红光汗沟朱，曾陪时龙蹑天衢"。他对太阳、月亮的选择也颇见审美情感。《登峨眉山》："倘逢骑羊子，携手凌白日。"《日出入行》："日出东方隈，似从地底来。"《古风》（其十一）："黄河走东溟，白日落西海。"《望庐山瀑布》："日照香炉生紫烟。"《玉阶怨》："玲珑望秋月。"《静夜思》："床前明月光，疑是地上霜。举头望明月，低头思故乡。"《月下独酌》："花间一壶酒，独酌无相亲。举杯邀明月，对影成三

---

[1] 李白：《梦游天姥吟留别》。
[2] 李白：《蜀道难》。
[3] 李白：《望九华赠青阳韦仲堪》。

人。月既不解饮，影徒随我身。暂伴月将影，行乐须及春。我歌月徘徊，我舞影零乱。醒时同交欢，醉后各分散。永结无情游，相期邈云汉。"

李白对意象的选择不是仅仅着眼于"象"，而是发掘其"意"——审美意味。例如《古朗月行》：

> 小时不识月，呼作白玉盘。又疑瑶台镜，飞在青云端。仙人垂两足，桂树何团团。白兔捣药成，问言与谁餐？蟾蜍蚀圆影，大明夜已残。羿昔落九乌，天人清且安。阴精此沦惑，去去不足观。忧来其如何？凄怆摧心肝。

诗人从幼年时对月亮幼稚的体认开始，随着生活经验的增长，其体认的深度也得以加强。又从神话传说与现实比照中生发出"忧来其如何？凄怆摧心肝"，因此，它对月亮不是一种简单描述和浅表体认，而是联结诗人幽深的现实情感并在月亮这一意象上曲折地表达出来，有着需要人体味的审美深度。《把酒问月》曰：

> 青天有月来几时？我今停杯一问之。人攀明月不可得，月行却与人相随。皎如飞镜临丹阙，绿烟灭尽清辉发。但见宵从海上来，宁知晓向云间没？白兔捣药秋复春，嫦娥孤栖与谁邻？今人不见古时月，今月曾经照古人。古人今人若流水，共看明月皆如此。唯愿当歌对酒时，月光长照金樽里。

诗人充满迷惘的提问，力图解释神话关于月亮的疑问。然而在提问过程中却生发出空间性课题："但见宵从海上来，宁知晓向云间没？"又生发出时间性课题："今人不见古时月，今月曾经照古人。"又由时间空间的感受引入及时行乐的人生感受，"当歌对酒"。从时间空间的永恒"古人今人若流水，共看明月皆如此"引入"当歌对酒"行乐的永恒："月光长照金樽里"。可见，李白取"象"是将"意"裹挟其中的，从而形成完整的意象，富于"象"的具体性和"意"的体味性。

在意象的组合方式上，李白没有一定之规，飘忽无定，衔接无序，有时甚或像意识流，不是可以用形式逻辑加以规范的，却有着情感逻辑的联系。例如《鲁郡尧祠送窦明府薄华还西京》，以景象描述入手，尧祠左右"远烟空翠时明灭，白鸥历乱长飞雪"，渐入诗人对祭祀尧祠的看法："庙中往往来击鼓，尧本无心尔何苦。"这本来是题中应有之义，但忽然思路大乱、全变，令人匪夷所思的意象莫名其妙地飙飞而至："君不见绿珠潭水流东海，绿珠红粉沉光彩。绿珠楼下花满园，今日曾无一枝在。"绿珠本为西晋石崇的爱妾，孙秀觊觎她，石崇不肯，孙秀借赵王伦之手企图杀害石崇，在捕拿石崇时，绿珠跳楼自尽。尧作为古今第一圣人与美妾绿珠了不相属，所在鲁地之尧祠又与洛阳金谷园之绿珠楼毫不相干，这便产生了意象衔接的无序性。接着，又在稍稍触及"昨夜"之后腾飞向古代屈原："昨夜秋声阊阖来，洞庭木落骚人哀。遂将三五少年辈，登高远望形神开。"接着又倏忽弹跳到魏武帝曹操身上："生前一笑轻九鼎，魏武何悲铜雀台？"这又是令人意想不及的。接着，他开始与尧对话："我歌白云倚窗牖，尔闻其声但挥手。长风吹月渡海来，遥劝仙人一杯酒。酒中乐酣宵向分，举觞酹尧尧可闻？何不令皋繇拥篲横八极，直上青天扫浮云。"接着，古往今来的高人豪士纷至沓来：

  高阳小饮真琐琐，山公酩酊何如我？竹林七子去道赊，兰亭雄笔安足夸。尧祠笑杀五湖水，至今憔悴空荷花。尔向西秦我东越，暂向瀛洲访金阙。蓝田太白若可期，为余扫洒石上月。

飙飞的意象完全是意识流的驱动，闪动明灭，波荡不定，形成李白所特有的意象组合，这在唐美学史和中国美学史上是罕见的。清人赵翼的《瓯北诗话》曾这样评述李白审美意象的特征："诗之不可及处，在乎神识超迈，飘然而来，忽然而去，不屑屑于雕章琢句，亦不劳劳于镂心刻骨，自有天马行空，不可羁勒之势。"确是道出了其中之底蕴。

  李白作为大家，其审美不是一种方式、一种形态。他不仅有奔纵的一面，还有恬静的一面。他的诗产生了清水芙蓉之美。《秋登宣城谢朓北楼》对宣城谢朓楼进行了充分的审美化，秋色晚照的景象在清新中透现明丽。"江城如画里"，整个宣城像画一样美。明丽天然，如画似锦。这与诗人的审美情感相关，移情于山水，融情于自然。《独坐敬亭山》写道：

  众鸟高飞尽，孤云独去闲。相看两不厌，只有敬亭山。

这显然是自然人化的审美体现，赋予无生命的山以生命感。他把敬亭山作为对象与自己构合成一种亲近关系。为了显示其密切，他先把其他景物从画面上排除出去。"众鸟高飞尽，孤云独去闲"，无论是"众"多的鸟，还是"孤"少的云都一概没有了，剩下的只有诗人和山。"相看两不厌"，敬亭山默默无言而又深情脉脉地观照着诗人、欣赏着诗人。诗人把敬亭山人格化、审美化了。《望天门山》云：

> 天门中断楚江开，碧水东流至此回。两岸青山相对出，孤帆一片日边来。

诗人在审美图像的组合方式上是把山、水联结起来，山因水而劈成两半，水因山而回旋盘绕，透过高山急峡，又见到孤帆驶来。在色彩美感上，"碧水东流""两岸青山""孤帆""日边"，形成映带。

李白的美学风格飘逸，潇洒自如。如《山中问答》："问余何意栖碧山，笑而不答心自闲。桃花流水窅然去，别有天地非人间。"意韵何等洒脱。然而在怀古诗、咏史诗中意绪又极深沉。如《登金陵凤凰台》："凤凰台上凤凰游，凤去台空江自流。吴宫花草埋幽径，晋代衣冠成古丘。三山半落青天外，一水中分白鹭洲。总为浮云能蔽日，长安不见使人愁。"《金陵》："地拥金陵势，城回江水流。当时百万户，夹道起朱楼。亡国生春草，王宫没古丘。空余后湖月，波上对瀛洲。"《苏台览古》："旧苑荒台杨柳新，菱歌清唱不胜春。只今惟有西江月，曾照吴王宫里人。"《越中览古》："越王勾践破吴归，义士还家尽锦衣。宫女如花满春殿，只今惟有鹧鸪飞。"《乌栖曲》："姑苏台上乌栖时，吴王宫里醉西施。吴歌楚舞欢未毕，青山欲衔半边日。银箭金壶漏水多，起看秋月坠江波，东方渐高奈乐何！"这些诗内蕴着沉重的历史感和现实的忧患感。孟棨《本事诗·高逸》曾记贺知章读了这首《乌栖曲》的感受。贺知章叹赏道："此诗可以泣鬼神矣。"李白以沉重的心情和意识去感受和体验历史对象，便融合为深沉的精神内涵。

李白善于吸收前人的审美成果，恰有盛唐人有容乃大的襟怀，并且，吸收后加以新创，融成生机。如乔亿《剑溪说诗》所言："太白诗有似《国风》《小雅》者，有似楚骚者，似汉魏乐府及古歌谣杂曲者，有似曹子建、阮嗣宗者，有似鲍明远者，似谢玄晖者，又有似阴铿、庾信者。"因此，他的美学风格出现了端庄杂流逸、壮健含婀娜的复合性特征。他创造了大的美、力的美、多形态的美。他的心态年轻化、青春化，似乎永远如此，不见衰老，始终保持着纯净之心、赤子之心。这使得他的诗美保持着首尾相一的特征。他始终不见笔衰，他总是元气旺盛、兴会淋漓，洋溢着诗歌审美的青春活力。他既有审美实践，又有审美理论，其美学思想与审美创作融通有机。他的审美实践成果总是完好地印证着他的美学思想。

这一切都使得他高高地矗立在唐美学史的峰巅上！

第二十一章　辞赋散文美学

第一节　发展概况和基本估价

唐代散文只到古文运动掀起后才真正确立了地位，但初、盛唐的辞赋散文美学却是唐代文学这条长链中不可或缺的链索，并为古文运动做了铺垫和准备。它又经历了一个发展过程，以美学史的阶段显示出来，其划分的主要依据是美学风貌。独孤及的《检校尚书吏部员外郎赵郡李公中集序》写道：

> 帝唐以文德敷佑天下，民被其风，俗稍丕变。至则天太后时，陈子昂以雅易郑，学者浸而向方。天宝中，公（李华）与兰陵萧茂挺（萧颖士）、长乐贾幼几（贾至）勃焉复起，振中古之风，以宏文德……于时文士驰骛，飙扇波委，二十年间，学者稍厌《折杨》《黄华》而窥咸池之音者什五六。识者谓之文章中兴。

梁肃《补阙李君前集序》说：

> 唐有天下几二百载而文章三变：初则广汉陈子昂以风雅革浮侈；次则燕国张公说以宏茂广波澜；天宝以还，则李员外（李华）、萧功曹（萧颖士）、贾常侍（贾至）、独孤常州（独孤及）比肩而出，故其道益炽。

这些描述对初唐以来的广义散文美学做了宏观的分析，确立了不同的阶段。这种阶段性转变又有着很明显的思潮更替特征。因此，它就更富于美学史的发展特点。

第二节　美学面貌和特征

　　初唐的辞赋散文美学有着文学美学史转变期的特征。一者承绪于六朝。在辞赋上受其较深影响，文辞华丽整饬，但毕竟时代、社会、文学、美学条件变化了，六朝时的那股美学风气受到抑制，从《全唐诗话》的一则记载中就可以看出其中之一斑："帝（唐太宗）尝作宫体诗，使虞世南赓和。世南曰：'圣作诚工，然体非雅正。上有所好，下必有甚焉。恐此诗一传，天下风靡，不敢奉诏。'"于此可知六朝的宫体之风对初唐尚有影响，一直影响到帝王，而初唐人已有所警觉，担心重蹈覆辙。一者承绪于隋代。隋代严厉的文风革弊，"斫雕为朴"的美学思想影响及于初唐，则是重视文章的实用性和素朴特征。又由于辞赋有着"体物写志"的传统要求，也就保持了辞赋的固有特点，不至于像诗那样滑到宫体的泥淖。这样两个方面的继承因素和制约因素，明确了初唐辞赋的基本特点。

　　充分利用辞赋的表现力和语言的结构特点，来为现实的重大事变服务，其在初唐最突出的例证是骆宾王的《代徐敬业传檄天下文》。骈文中的语言结构体组合，形成了意象的有机配置方式，其审美效应便有特殊的作用。例如"入门见嫉，蛾眉不肯让人；掩袖工谗，狐媚偏能惑主"，又如"一抔之土未干，六尺之孤安在"等。骆宾王又在语言描述中，渗透"气"，讨伐之气盈溢，这就使六朝骈文美学在经过改造后得到发展，例如"班声动而北风起，剑气冲而南斗平。喑鸣则山岳崩颓，叱咤则风云变色。以此制敌，何敌不摧；以此攻城，何城不克！""请看今日之域中，竟是谁家之天下！"辞赋在审美中表现现实的内容，改变了六朝骈文纯语言技巧、缺乏审美内涵的倾向，从而为唐代辞赋美学确立了一种范式。

　　初唐辞赋中的这种现实美学精神是比较显著的。《旧唐书·长孙无忌传》言："太宗追思王业艰难，佐命之力，又作《威凤赋》以赐无忌。"赋首写道："有一威凤，憩翮朝阳。晨游紫雾，夕饮玄霜。资长风以举翰，戾天衢而远翔。西翥则烟氛闭色，东飞则日月腾光。化垂鹏于北裔，训群鸟于南荒。弭乱世而方降，膺明时而自彰。"

　　贞观五年（631），李百药作《赞道赋》劝讽太子不可过于嬉戏，遂得唐太宗赞赏，"卿所献赋，悉述古来储贰事以诫太子，甚是典要"[1]。可见，初唐辞赋美学与现实生活有着比较密切的联系。

"体物言志"这一中国赋体美学传统在初唐辞赋美学中亦得到充分体现。这些辞赋不同于六朝只是堆砌描述对象的形象状貌性能，或是充分发掘对象的品格、素质，如魏徵《道观内柏树赋》描述柏树："干霄汉以上秀，绝无地而下临。笼日月以散彩，俯云霞而结阴。迈千祀而逾茂，秉四时而一心。"或是借对象以表达自己的内心情志、愿望，如王勃《涧底寒松赋》，其序就表达了体物写志的缘由："岁八月壬子，旅游于蜀，寻茅溪之涧，深蹊绝磴，人迹罕到，爰有松焉。冒霜停雪，苍然百丈，虽高柯峻颖，不能逾其岸。呜呼，斯松托非其所，出群之器，何以别乎？盖物有殊类而合情，士有因感而成兴，遂作赋。"

骆宾王《萤火赋》序言称此赋为"久遭幽絷"所作，他"睹兹流萤之自明，哀此覆盆之难照。……事有沿情而动兴，因物而多怀。感而赋之，聊以自广。"他写道：

> 彼翾飞之弱质，尚矫翼而凌空。何微生之多蹇，独宛颈以触笼。异璧光之照庑，同剑影之埋丰。觊道迷而可复，庶鉴幽而或通。览光华而自照，顾形影以相吊。感秋夕以殷忧，憩宵行以熠耀。熠耀飞兮绝复连，殷忧积兮明旦煎。见流光之不息，怆惊魂之屡迁。如过隙之已来，同奔电兮忽焉。傥余光之可照，庶寒灰之重燃。

在骆宾王之前有晋潘岳、傅咸和写过同题赋，但都是以萤火虫作为纯粹的描述对象，而不是像骆宾王那样"写志"，因为他们没有骆宾王那样的身世之慨。

卢照邻《秋霖赋》把秋霖浸淫中穷士和豪富置于同一画面加以强烈的对比和反照，从而表达了作者的不平之气：

> 别有东国儒生，西都才客，屋满铅椠，家虚儋石。茅栋淋淋，蓬门寂寂。荒碧草于园径，聚缘尘于庋阁。玉为粒兮桂为薪，堂有琴兮室无人。抗高情以出俗，驰精义以入神。论有能鸣之雁，书成已泣之麟。睹皇天之淫溢，孰不隅坐而含颦。已矣哉！若夫绣縠银鞍，金杯玉盘，坐卧珠璧，左右罗纨，流酒为海，积肉为峦，视襄陵而昏垫，曾不辍乎此欢，岂知乎尧禹之朦胧，而孔墨之艰难。

---

[1] 刘昫：《旧唐书·李百药传》。

卢照邻《穷鱼赋》亦是体物而写志，借形象的描述，形成类似于寓言的画面：

余曾有横事被拘，为群小所使，将致之深议，友人救护得免。窃感赵壹穷鸟之事，遂作《穷鱼赋》，常思极德，故冠之篇首云。

有一巨鳞，东海波臣，洗净月浦，涵丹锦津，映红莲而得性，戏碧浪以全身。宕而失水，届于阳濒。

渔者观焉，乃具竿索，集朋党，兔趋雀跃，风驰电往。竞下任公之钓，争陈豫且之网。

蝼蚁见而甘心，獱獭闻而抵掌。于是长舌利嘴，曳纶垂钩，拖鬐挫鬣，抚背扼喉。动摇不可，腾跃无由，有怀纤润，宁望洪流。

大鹏过而哀之，曰："昔予为鲲也，与是游乎！自予羽化，之子其孤。"俄抚翼而下，负之而趋，南游七泽，东泛五湖。是鱼也已相忘于江海，而渔者犹怅望于泥涂。

然而，初唐赋中也存在流于描述而无深意的现象。如刘允济《天赋》《地赋》，东方虬《尺蠖赋》《蚯蚓赋》《蟾蜍赋》，宋之问《秋莲赋》等。可见，六朝辞赋对初唐的影响甚大，这也说明了初唐辞赋美学的总体特征是在承绪与超越六朝中产生的。

就六朝辞赋美学影响初唐的另一方面来说，庾信是不可忽视的因素。例如晁公武《郡斋读书志》引吕才序曰："薛道衡见其（王绩）《登龙门忆禹赋》，叹曰今之庾信也。"仿佛是庾信再生。清代陈熙晋《笺注骆临海集》认为，骆宾王"风龄英侠，久成边城。慷慨临戎，徘徊恋阙。借子山之赋体，摅定远之壮怀。绝塞烟尘，空闺风月。虽文托艳冶而义协风骚"。骆宾王借助庾信之赋体，来表达自己内心的壮志，写下《荡子从军赋》，从这可以看出其影响。然而对骆宾王《荡子从军赋》和庾信《荡子赋》加以比较就可以看出还是有一定差距，骆宾王有所超越。庾赋对荡子从军、思妇之怨表现得淋漓尽致，而骆宾王则对边塞风光描述得气势充畅。"边城暖气从来少，关塞寒云本自多。严风凛凛将军树，苦雾苍苍太史河。""楼船一举争沸腾，烽火四连相隐见。戈文耿耿悬落星，马足骎骎拥飞电。""胡兵十万起妖氛，汉骑三千扫阵云。隐隐地中鸣战鼓，迢迢天上出将军。边沙远杂风尘气，塞草长萎霜露文。"铺排衍化，气势流走。这正是其超越庾信之处。李调元《赋话》说："初唐人俪语尚带沉郁古拙之气。"这是因为初唐人所处的社会、历史、文化环境所致，其文化、审美的心态毕竟不同于六朝人，于是在辞赋中多了沉郁古拙的气韵，多了审美的内涵。

在描述自然山水景观上，初唐辞赋也有发展和进取，显得清新，意象纷纭。例如王绩《游北山赋》："结萝幌而迎宵，敞茅轩而待曙。尔其杂树相纠，长条交茹……山水幽寻，风云路深。兰窗左辟，菌阁斜临。石当阶而虎踞，泉映牖而龙吟。月照南浦，烟生北林。阅丘壑之新趣，纵江湖之旧心。"这方面最杰出者便是王勃的《滕王阁序》，序中文辞华美、气势飞动地描述了滕王阁周围的景致：

> 层台耸翠，上出重霄；飞阁流丹，下临无地。鹤汀凫渚，穷岛屿之萦回；桂殿兰宫，列冈峦之体势。披绣闼，俯雕甍。山原旷其盈视，川泽纡其骇瞩。闾阎扑地，钟鸣鼎食之家；舸舰迷津，青雀黄龙之轴。虹销雨霁，彩彻区明。落霞与孤鹜齐飞，秋水共长天一色。渔舟唱晚，响穷彭蠡之滨；雁阵惊寒，声断衡阳之浦。

它是初唐辞赋之美文，是才华的体现，像泉涌一般地喷薄而出，这是青年人的才情，也是初唐作为唐代青年时代的才情。在景观审美中，宋之问《早秋上阳宫侍宴序》虽不乏阿腴之词，但对上阳宫清秋景色的描绘仍有可观之处，亦可称之为美文："徒观其离宫别殿，弥复道而亘南端；高阁重甍，瞰崇墉而连北斗。沧洲晓气，化为宫阙之形；闾阖秋风，乱起金银之树。"

前引独孤及《检校尚书吏部员外郎赵郡李公中集序》言"陈子昂以雅易郑，学者浸而向方"，梁肃《补阙李君前集序》言"陈子昂以风雅革浮侈"，肯定了陈子昂在散文美学上革除旧弊的巨大贡献，以风雅革除浮侈，为唐代诗文革新运动树起了第一面大纛。

第三节 辞赋散文美学的盛唐之风

进入盛唐，辞赋散文美学又有新的拓展。它充溢着盛唐的社会、文化、美学精神，在文体美学上首先表现为散文的发展。初唐时散文美学方兴未艾，到了盛唐则如火如荼，产生了一批传世的美文名篇。

书信体文继承了六朝的审美传统。六朝有吴均《与朱元思书》、陶弘景《答谢中书书》、丘迟《与陈伯之书》等。这些书信体文，借助书信这一特定形式，或写景，或述事，或言情，或喻理。书信作为一种特殊载体，本来是用于人际交流的，但是经过六朝和初盛唐人的运用，却成为一种审美样式，成为审美主体精神之表现。盛唐的书信文中突出的有李白《与韩荆州书》《上安州裴长史书》等。《与韩荆州书》虽是干谒之文，但身手不凡，器宇轩昂，了无卑谦之态，是李白之个性显示，亦是盛唐格调之体现。王维《山中与裴秀才迪书》则是一篇极为幽美的令人神往的散文。任华有《送宗判官归滑台序》：

> 大丈夫其谁不有四方志，则仆与宗衮二年之间，会而离，离而会，经途所亘，凡三万里。何以言之？去年春会于京师，是时仆如桂林，衮如滑台；今年秋，乃不期而会于桂林。居无何，又归滑台，王事故也。舟车往返，岂止三万里乎？人生几何？而倏聚忽散，辽敻若此，抑知已难遇，亦复何辞！
>
> 岁十有一月，二三子出饯于野。霜天如扫，低向朱崖。加以尖山万重，平地卓立，黑是铁色，锐如笔锋。复有阳江、桂江，略军城而南走，喷入沧海，横浸三山，则中朝群公，岂知遐荒之外有如是山水？山水既尔，人亦其然。衮乎对此，与我分手。忘我尚可，岂得忘此山水哉！

赠序中有主人与友人聚散的回忆，在回忆中有相互间的难分难舍，益见情感浓厚。至于今朝分手，山水情态简洁如绘，且于山水描绘中寄寓主人的一片深情。然而通篇不言情感二字，唯以不能忘怀山水之美逗引友人流连之情："忘我尚可，岂得忘此山水哉！"其情之表达，其文之表达，均别具一格，令人感动尤深。王泠然《论荐书》，像李白《与韩荆州书》一样，希望别人发现和举荐自己，却毫无卑膝之态，意态恢张，反而指责大名鼎鼎的张说没有发现自己和重用自己。这种口吻和意态是只有盛唐人才会有的。他指出，张说"一登甲科，三至宰相，是因文章之得用，于今亦三十年。后进之士，公勿谓无其人"。他列举了"有唐以来，无数才子"，希望张说能予以举荐，如果他"有而不知，知而不用，亦其过深矣"。可谓锋芒毕露，咄咄逼人。

萧颖士的《蓬池禊饮序》在审美描述方面大有东晋王羲之《兰亭集序》的风味，而该文在民俗美学、文化方面也有新的拓展：

> 禊，逸礼也，《郑风》有之。盖取诸勾萌发达，阳景敷煦，握

芳兰，临清川，乘和蠲洁，用徵介祉，厥义存矣。晋氏中朝，始参燕胥之乐。江右宋齐，又间以文咏。风流邈远，郁为盛集焉。若夫华林、曲水，万乘之降也；兰亭激湍，专城之践也。而方伯之欢，未始前闻，以俟乎今辰。

粤天宝乙未，暮春三月，河南连帅领陈留守李公，以政成务简，方国多暇，率府郡佐吏、二三宾客，帐饮于蓬池，备祓除之礼也。梁有蓬池，上矣。前迄溵颍，右汇郭邑，渺淼沧涟，荡日澄天，舟楫是临，泛波景从。其左则遥原萦属，崇岗杰竦，嘉卉异芳，杂树连青，即为台亭，登眺斯在。尔乃郡曹颁锱以给费，县吏领徒而修顿。先夕以定议，诘朝而集事。

是日，方牧乃拥车徒，曳旌旆，卯出乎北牖，辰济乎南川。匪疾匪闲，翼翼阗阗，以税驾于东焉。然后降春流，飐彩舟，羽觞芳羞，缓舞清讴。援青苹，骇紫鳞，回环中汀，缅望南津。饫于巳，酣于未，歌"乐只"，赋《既醉》。坐阑而靡忘，日入而未阕。陶陶乎有以表胜境佳辰之具美，名公好事之厚意。下客不敏，闻于前载曰：夫德洽礼成，则咏歌系之。梁，故魏也，请皆赋诗志焉。

在辞赋骈文美学方面，盛唐改变了空洞无物或徒有景象而无情思的倾向。李华《吊古战场文》是其代表作。唐玄宗晚期屡开边衅，造成严重灾难。李华途经荒芜的古战场触景生情，写道：

浩浩乎平沙无垠，敻不见人。河水萦带，群山纠纷。黯兮惨悴，风悲日曛；蓬断草枯，凛若霜晨；鸟飞不下，兽挺亡群。亭长告余曰："此古战场也。尝覆三军，往往鬼哭，天阴则闻。"

伤心哉！秦欤？汉欤？将近代欤？吾闻夫齐魏徭戍，荆韩召募。万里奔走，连年暴露；沙草晨牧，河冰夜渡；地阔天长，不知归路；寄身锋刃，腷臆谁诉？秦汉而还，多事四夷；中州耗斁，无世无之。古称戎夏，不抗王师。文教失宣，武臣用奇；奇兵有异于仁义，王道迂阔而莫为。

呜呼噫嘻！吾想夫北风振漠，胡兵伺便；主将骄敌，期门受战；野竖旌旗，川回组练；法重心骇，威尊命贱；利镞穿骨，惊沙入面；主客相搏，山川震眩；声折江河，势崩雷电。至若穷阴凝闭，凛冽海隅；积雪没胫，坚冰在须；鸷鸟休巢，征马踟蹰；缯纩无温,堕指裂肤。当此苦寒,天假强胡,凭陵杀气,以相剪屠。径截辎重,横攻士卒;都尉新降,将军覆没;尸填巨港之岸,血满长城之窟。无贵无贱,同为枯骨,可胜言哉!鼓衰兮力竭,矢尽兮弦绝,白刃交兮宝刀折,两军蹙兮生死决;降矣哉,终身夷狄!战矣哉,骨暴沙砾!鸟无声兮山寂寂,夜正长兮风淅淅,魂魄结兮天沉沉,鬼神聚兮云幂幂,日光寒兮草短,月色苦兮霜白,伤心惨目,有如是耶?

吾闻之,牧用赵卒,大破林胡,开地千里,遁逃匈奴。汉倾天下,财殚力痡,任人而已,其在多乎?周逐猃狁,北至太原,既城朔方,全师而还;饮至策勋,和乐且闲,穆穆棣棣,君臣之间。秦起长城,竟海为关,荼毒生灵,万里朱殷;汉击匈奴,虽得阴山,枕骸遍野,功不补患。

苍苍蒸民,谁无父母?提携捧负,畏其不寿;谁无兄弟,如足如手;谁无夫妇?如宾如友;生也何恩?杀之何咎?其存其没,家莫闻知;人或有言,将信将疑;悁悁心目,寝寐见之。布奠倾觞,哭望天涯。天地为愁,草木凄悲。吊祭不至,精魂何依。必有凶年,人其流离。呜呼噫嘻!时耶命耶?从古如斯。为之奈何?守在四夷。

李华在骈文形式内贯注了现实内容。可以看出,任何形式都只是一种载体,都可以承载主体所要表现的思想、精神,如此一来形式就会出现活力,不致僵化。而一旦贯注了新鲜、深邃的内容,不仅能救活形式,而且能使形式有助于内容的表达,更有审美效果。此文的骈式语言结构,不仅形式美观,且强化了内容的表现功能。例如"沙草晨牧,河冰夜渡""尸填巨港之岸,血满长城之窟""降矣哉,终身夷狄!战矣哉,骨暴沙砾!"等。

盛唐赋仍然发挥着讽谏的社会功能。按照赋文的一般格式,往往是先描述后规讽。规讽是本意所在,而描述有其相对存在性,可以作为独立欣赏的文字。李华《含元殿赋》的本旨乃"主文而谲谏",而铺张扬厉所描述的含元殿之壮则有独立的审美价值。唐玄宗晚年变侈,倦于朝事,给文学活动提供了对象,赋这一文学形式也就发挥了独特的功能。李华《言医》借抨击楚国之状况影射盛唐后期的现状,"齐、宋、郑、卫之乐,张于宫中,撞金击石,草木竞发。坚城雉圮,崇山峰坠。鸟兽狂悖,淮湖皆沸。首饰戴千金，一膳倾千家，耻不相及者以粒计。食禄之众，半于平人；秣马之费，倍于租入。其余奇丽之富，奉养之侈，率与是侔，楚王甚泰，而楚人甚病，申叔请老，而不与政"。

赋为表述讽谏的目的，总要尽情地描述某一意象或意象群，恣肆淋漓，刻露尽相，充分发挥赋的描述功能。这样，所描述的某一意象或意象群就有某种独立的审美价值。《言医》中描述楚国宫殿盛况：

> 楚也近郊，去郢尚三百里，引车登冈，近视渚宫，丹素烛天，仰不见空，如水漂浮，半在其中，沧波动摇，低昂随风。謁謁南极，山松不尽，乍伏乍起，参差高卑。流云重轻，或灭或明。道路绵绵，萦山绕川。车盖如轩，稍觉登原。赤霄冒顶，举手摩天，向之高者，乃在车下。阴溪冥冥，投石无声。……白烟微苍，通波满望。淡淡滟滟，久而生垠。渐渐飞雨，冥冥起云。沅湘春生，苍梧日晚。声与听尽，色随望远。芊荇荷华，组绣一川。

这番宫殿描述文字堪称华美。美在词采上，其意象群及境界的审美特征则稍逊，这也是骈体赋文共同的审美缺陷。

盛唐美学的现实精神得到发展，不仅在诗歌中，而且在赋作中。这些作者如同诗人们一样，对安史之乱表现出特殊的敏感，他们早就嗅出了狂风满楼之前的雨腥味。如与李华齐名的萧颖士所写的《登宜城故城赋》已看到大乱将至前的社会混乱状况："既而将吏逋窜，烝民骇散。崩腾郡邑，空阒闾闬。荒凉我汝颍，牢落我睢涣。""变之始也，予旅寓于淇园，初提絜而南奔。崩波滑台，逼迮夷门。亡车徒于鼎城，摈图籍于辕辂。背维嵩，遵汝坟。回环乎郏、叶，飘泊乎穰、宛。嗟岁聿之云暮，结穷阴之涸冱。市萧条以罕人，盗充斥以盈路。微奔走之仆御，有啼呼之幼孺。"把对社会的感受借助于文学审美形式表达出来，是盛唐人的特点，于诗如此，于文亦如此，从而使唐人的文学美学有着深邃的社会内涵。

盛唐赋发挥了借物以表达某种精神的审美方式。例如张九龄的《荔枝赋》先铺张扬厉极写荔枝之美味，然后文势陡转，形成审美的顿挫，"何斯美之独远，嗟尔命之不逢。每被销于凡口，罕获知于贵躬"。萧颖士《伐樱桃树赋》描写广陵紫极宫的大樱桃树："厥高累数寻，条畅荟蔚，攒柯比叶，拥蔽风景。腹背微禽，是焉栖托。颃颃上下，喧呼甚适。登其乔枝，则俯逼轩屏，中外斯隔，余实恶之。"用大樱桃树比喻结党营私、朋比为奸的李林甫。据《新唐书·萧颖士传》："召为集贤校理。宰相李林甫欲见之，颖士方父丧，不诣。林甫尝至故人舍邀颖士，颖士前往，哭门内以待，林甫不得已，前吊乃去。怒其不下已，调广陵参军事。颖士急中不能堪，作《伐樱桃树赋》……以讥林甫。"

盛唐赋亦承传了托物喻人、明志的审美传统。在对象身上发现或观照到自身，有李白的《大鹏赋》，"怒无所搏，雄无所争"的大鹏实为李白雄大理想的审美写照。李邕性格刚烈、正直，不畏强暴，卢藏用曾言"邕如干将、莫邪，难与争锋，但虞伤缺耳"，他为自己的性格、心志寻找到一个对象物——猛禽鹘，写下《鹘赋》：

> 伊鸷鸟之雄毅，有俊体之超特。意凝缓而无营，体闲整而自得。阴沉其情，惨淡其色，固未足以异于众禽也。夫一指一呼，一击一搏，为主之用，骋人之乐。凛然神动，翕然气作，殒三窟之狡兔，毙五里之仙鹤。胜霄汉而风卷，透原野而星落。万乘为之顾盼，六军为之挥霍，欢声动于天地，逸气霭于林薄……

在铭碑方面，南朝刘勰《文心雕龙·诔碑》就提出如下要求："夫属碑之体，资乎史才。其序则传，其文则铭。标序盛德，必见清风之华；昭纪鸿懿，必见峻伟之烈。此碑之制也。"六朝人并没有实现这一文章美学的要求，刘勰是脱离文章内容所做的规范，而盛唐实现了这一文章美学的回归。唐玄宗作《纪泰山铭》气派雄壮，有王者之气。被誉为"燕许大手笔"之一的苏颋作《大清观钟铭》，堪为大手笔。和苏颋同为"燕许大手笔"的张说尤擅碑志，《公姚文贞公神道碑》描述姚崇性格："公性仁恕，行简易。虚怀泛爱，而泾渭不杂，真率径尽，而应变无穷。"评价中肯，恰如其分。《赠太尉裴公神道碑》择一典型细节描述道：

> 又平都支遮匐，大获珍异，酋长将吏，请遍观焉。有玛瑙大盘，稀代之宝也。随军王休烈捧盘跌倒，应时而碎，叩头流血，惶怖请死。公笑曰："事有不意，何至重玉而害人乎？"

以富于典型性的细节展示人物的性格、襟怀、气度，极有表现力，为韩、柳人物传记文开了先河。

盛唐辞赋散文美学形成了自身的特征，跟诗歌一样，体现了盛唐之时代精神和审美理想，而又对中唐古文美学产生了影响。

第二十二章　盛唐美学精神

盛唐是一个历史区段概念，也是一个美学史区段概念。按照审美理想、审美特征划分美学史区段的标准，盛唐美学具备了它史的区段的独立存在性。它有其独特的美学特征、美学精神。

第一节　"人"的特点

盛唐作为一个历史区段虽然短暂，却备极辉煌。这个区段的社会状貌具有特定的内涵和表现，它在漫长的中国历史上给予人的感受犹如行进在长江大河中一样，这个区段的江面特别开阔，水流特别浩荡，因而使人的身心感到特别舒展。人，所组合成的庞大群体，营造了一定的社会历史氛围，而单个人便在这样的氛围内寻求自身的精神角色、存在和发展。盛唐所营造的社会氛围宽松、自由、积极、热烈、昂扬、向上，盛唐人也具备了与其相适应的性格、风度、气质。"倚马见雄笔，随身唯宝刀"[1]可以说是盛唐人的形象写照，能文又能武，文气且勇敢。"功名只向马上取"，时代精神在马上而不是在闺阁中，这就带来了他们的阳刚之气和积极性质。"倚马见雄笔，随身唯宝刀"，是从众多的盛唐人那里概括出来的。李白《与韩荆州书》就曾说自己"十五好剑术""日试万言，倚马可待"。王维《送张判官赴河西》也曾写到"慷慨倚长剑"，这是跟药酒的魏晋风度不同的剑气啸马的盛

---

[1] 高适：《送塞秀才赴临洮》。

唐风采。

请看李颀《送陈章甫》对盛唐人肖像的描绘：

> 四月南风大麦黄，枣花未落桐阴长。青山朝别暮还见，嘶马出门思旧乡。陈侯立身何坦荡，虬须虎眉仍大颡。腹中贮书一万卷，不肯低头在草莽。东门酤酒饮我曹，心轻万事如鸿毛。醉卧不知白日暮，有时空望孤云高。长河浪头连天黑，津口停舟渡不得。郑国游人未及家，洛阳行子空叹息。闻道故林相识多，罢官昨日今如何？

陈章甫长相英武，颇有点起起武夫的模样、气概，胡须卷曲、浓眉大眼、额角宽亮。他仪表堂堂，双目炯炯有神，开阖之间星眸闪动。同时，陈章甫又满腹经纶，"腹中贮书一万卷"；他像盛唐时的所有士子一样，自视很高，"不肯低头在草莽"，操守极高；他一样嗜酒，喝得昏天黑地，"醉卧不知白日暮"；他又显得胸怀坦荡，"心轻万事如鸿毛"。这些虽以个体形象出现，却体现了盛唐士人的群体特征。李颀还写有《别梁锽》，描绘了梁锽这样的人物：

> 梁生倜傥心不羁，途穷气盖长安儿。回头转盼似雕鹗，有志飞鸣人岂知！虽云四十无禄位，曾与大军掌书记。抗辞请刃诛部曲，作色论兵犯二帅。一言不合龙额侯，击剑拂衣从此弃。朝朝饮酒黄公垆，脱帽露顶争叫呼。庭中犊鼻昔尝挂，怀里琅玕今在无？时人见子多落魄，共笑狂歌非远图。忽然遣跃紫骝马，还是昂藏一丈夫……莫言贫贱长可欺，覆篑成山当有时。莫言富贵长可托，木槿朝看暮还落。不见古时塞上翁，倚伏由来任天作……

梁生倜傥不羁，无所顾忌也无所畏惧，其形象在顾盼转眄之间像雕鹗一般，英武无比。抗辞慷慨，敢于犯上，一言不合，则击剑拂衣，意气飞扬。朝朝饮酒，酒酣耳热，则脱帽露顶，大呼小叫，狂放不羁，不遵矩度，然而"忽然遣跃紫骝马，还是昂藏一丈夫"，却是英雄气概，挥斥风雷。这是盛唐人的形象写照，体现了盛唐的时代精神。

《旧唐书·崔颢传》曾记崔颢"有俊才，无士行，好蒲博饮酒，及游京师，娶妻择有貌者，稍不惬意即去之，前后数四"。这位创作了唐人七律第一——《黄鹤楼》，令李白惊叹"眼前有景道不得，崔颢题诗在上头"的崔颢，如此开放，可见盛唐风习之一斑。然而，社会也改变一个人的生活道路、个人趣尚、审美风习，"（崔）颢年少为诗，名陷轻薄，晚节忽变常体，风骨凛然。一窥塞垣，说尽戎旅"[①]。可见，盛唐社会风习具有极强感召力，规范人的发展。崔颢的边塞诗《古游侠呈军中诸将》写道："少年负胆气，好勇复知机。仗剑出门去，孤城逢合围。杀人辽水上，走马渔阳归。错落金锁甲，蒙茸貂鼠衣。还家且行猎，弓矢速如飞。地迥鹰犬疾，草深狐兔肥。腰间带两绶，转盼生光辉。顾谓今日战，何如随建威。"戎旅之状跃然，风骨之气凛然。《赠王威古》也是如此："三十羽林将，出身常事边。春风吹浅草，猎骑何翩翩。插羽两相顾，鸣弓新上弦。射麋入深谷，饮马投荒泉。马上共倾酒，野中聊割鲜。相看未及饮，杂虏寇幽燕。烽火去不息，胡尘高际天。长驱救东北，战解城亦全。报国行赴难，古来皆共然。"

盛唐诗人善于交游，诗人之间往往出现全国性或区域性的交往与流动，这便打破了封闭，出现活力。交游除产生情感互动，还产生了文化、美学的交流。诗人们的每一次聚会，就是群星间的一次相聚，成为唐诗美学繁荣的表征，又促进了它的繁荣。例如孟浩然与张九龄、裴迪、王维、王昌龄、李白、崔宗之、房琯、刘眘虚、綦毋潜之间有交游，李颀与高适、王昌龄、王维、崔颢、綦毋潜之间有交游，薛据与高适、王维、岑参、储光羲、刘长卿之间有交游，等等。这些诗人各自之间又有交游，形成网络状的交游系统。其交游活动的主要内容是文学的审美活动，它构成其基础，也成为其方式表现和贯串线索。其中出现了更唱迭和、名动一时的王昌龄、王之涣、崔国辅等人的"旗亭画壁"，出现了高适、岑参、杜甫、薛据、储光羲同登慈恩寺塔的唱和。这些都成为盛唐颇有特色的文学审美活动。唱和形成了情感的沟通，也促进了文学审美的互相攀高。

盛唐诗人善漫游，李白是杰出代表，"仗剑远游"，游遍名山大川。人们常说的"唐诗之路"就是一条漫游之路。这条唐诗之路的出现有着文化传播、相承的基因。《世说新语·言语》曾说："从山阴道上行，山川自相映发，使人应接不暇。""千岩竞秀，万壑争流，草木蒙笼，其上若云兴霞蔚。"谢灵运对开发这条旅游线路有首创之功。他《初往新安桐庐口》有句："江山共开旷，云日相照媚。"何逊《日夕出富阳浦口和朗公》有句："山烟敛树色，江水映霞辉。"沈约《新安江水至清浅深见底贻京邑游好》有句："洞澈随深浅，皎镜无冬春。千仞写乔树，百丈见游鳞。"于是从六

[①] 殷璠：《河岳英灵集》。

朝开始便形成了一条漫游之路的文化、美学基因,是沿途的优美风光的吸引,也是六朝人诗美的感召,形成了唐人的漫游,也便出现了江浙的"唐诗之路"。其实,江苏的"唐诗之路"是"上游"。从李白南京的"凤凰台上凤凰游",刘禹锡的"乌衣巷口夕阳斜",到镇江,王昌龄《芙蓉楼送辛渐》"寒雨连江夜入吴",到扬州,"烟花三月下扬州""二十四桥明月夜",然后到苏州,"姑苏城外寒山寺",李白"苏台览古",然后才进入浙江。孟浩然有著名的《宿建德江》:"移舟泊烟渚,日暮客愁新。野旷天低树,江清月近人。"李白《清溪行》:"借问新安江,见底何如此?人行明镜中,鸟度屏风里。"他还写有《送王屋山人魏万还王屋》,云:"万壑与千岩,峥嵘镜湖里。秀色不可名,清辉满江城。人游月边去,舟在空中行。……天台连四明,日入向国清。五峰转月色,百里行松声。灵溪恣沿越,华顶殊超忽。石梁横青天,侧足履半月。……挂席历海峤,回瞻赤城霞。赤城渐微没,孤屿前峣兀。……瀑布挂北斗,莫穷此水端。喷壁洒素雪,空濛生昼寒。"

漫游作为唐人最独特也是最普遍的行为方式,形成了对自然的接近,山水审美意识也由此得以增强和深化。构成盛唐人重要文化、审美素质的是山水自然审美意识,然而,山水自然审美意识是伴随漫游活动产生的。盛唐那些优秀的并得以传世的山水诗,正是在旅游、漫游过程中产生的。漫游又成为诗人消释内心情绪或表露情绪反应的独特行为方式,例如李白被赐金放还后便开始了十年漫游生活,"一朝去京国,十载客梁园"[①]。他们在漫游中形成了跟过去生活的"距离",有助于反省、反思和文化回味。漫游当然会远离故土亲人,因此漫游中所表现的忧思之情便特别丰富和缠绵。漫游又是接触社会的特殊方式,增加了他们的生活阅历和社会经验,更深地体验到人情的冷暖和世态的炎凉,有助于他们更深地了解社会、人生,审美中的意味也会更为深邃隽永。李白《赠从弟南平太守之遥》(其一)就说道:"一朝谢病游江海,畴昔相知几人在?前门长揖后门关,今日结交明日改。"

盛唐人对社会、对人生充满热情,而整个社会体现出来的希望,又对他们形成了感召。他们富于雄心壮志,以天下为己任。如高适"喜言王霸大略,务功名,尚节义,逢时多难,以安危为己任"[②];李白"申管、晏之

[①] 李白:《书情题蔡舍人雄》。
[②] 刘昫:《旧唐书·高适传》。

谈，谋帝王之术，奋其智能，愿为辅弼，使寰区大定，海县清一"[1]。对社会的热情使得他们保持了一种良好的昂扬的精神状态，他们当然也有哀怨、烦恼，但哀而不伤、低而不沉，没有颓废之意、之态，他们是"少年维特之烦恼"。其烦恼是人生青春期的心绪。

李颀的《缓歌行》可以说是盛唐人形象的画像："小来托身攀贵游，倾财破产无所忧。暮拟经过石渠署，朝将出入铜龙楼。结交杜陵轻薄子，谓言可生复可死。一沉一浮会有时，弃我翻然如脱屣。男儿立身须自强，十年闭户颍水阳。业就功成见明主，击钟鼎食坐华堂。二八蛾眉梳堕马，美酒清歌曲房下。文昌宫中赐锦衣，长安陌上退朝归。五陵宾从莫敢视，三省官僚揖者稀。早知今日读书是，悔作从前任侠非。"倾家破产，无所忧虑，攀附贵游，结交轻薄，憧憬的是功成名就，钟鼎华堂，美女清曲，然而这些又是经过自身努力所获得的。理想是灿烂的，可不是空幻其事，乃以"立身自强"为基础。他们开初的目标不是当一名诗人，"误作好文士，只令游宦迟"[2]。

盛唐人具有多方面的文化、美学才能，如王维兼诗兼画兼乐，李白能诗能书能剑，李颀有一副"音乐的耳朵"，《听安万善吹觱篥歌》写道：

> 南山截竹为觱篥，此乐本自龟兹出。流传汉地曲转奇，凉州胡人为我吹。旁邻闻者多叹息，远客思乡皆泪垂。世人解听不解赏，长飙风中自来往。枯桑老柏寒飕飗，九雏鸣凤乱啾啾。龙吟虎啸一时发，万籁百泉相与秋。忽然更作渔阳掺，黄云萧条白日暗。变调如闻杨柳春，上林繁花照眼新。岁夜高堂列明烛，美酒一杯声一曲。

盛唐人的审美成就之所以如此高妙，就是因为他们的综合审美素质高超。

盛唐人开放、自由、大度，有一种有容乃大的气度。思想上包容儒、释、道三家，美学上对六朝汲纳消化，善于对齐、梁美学声律、文辞加以吸收和改造，从而形成富有特定色彩和内涵的盛唐文学美学。在对异族文化的态度上，盛唐人同样表现出了宽阔的气派和态度，从而产生了本土文化、美学与异域文化、美学相融合的景象。正如岑参《与独孤渐道别长句兼呈严八侍御》所写的那样，"花门将军善胡歌，叶河蕃王能汉语"。

在洋溢青春热情的盛唐，人的精神亦焕发出青春的朝气。人的素质表现

---

[1] 李白：《代寿山答孟少府移文书》。
[2] 李颀：《留别王卢二拾遗》。

为高品位和多方面才艺的特征,是向上的、朝前的,而不是衰退的、老气横秋的。盛唐人的素质、个性表现特别能调动起人的热情和向上的朝气,人的素质特征成为时代精神的显示。

萧颖士在《赠韦司业书》中对自己曾有过一番自我描述:

> 仆有识以来,寡于嗜好,经术之外,略不婴心。幼年方小学时,受《论语》《尚书》,虽未能究解精微,而依说与今不异,由是心开意适……顷来志若转不耐烦,观围棋,读八分书,亦愤闷。除经、史、老、庄之玩,所未忘者,有碧天秋霁,风琴夜弹,良朋合坐,茶茗间进,评古贤,论释典。已又酒性不多,涓滴辄醉,适情缓饮,则乐在终席……三杯之余,则任意纵诞,就闲窗或屏风间,曲肱岸帻,怡然自处。或经过广座稠人之中,绮筵四匝,珍馐盈品,爽心翻然,有时阁箸。若乃筝歌乱奏,继以举白,博弈樗蒲,呼枭争道,优姬艳妓,喧杂左右,易貌变声,千态万曲,即嗒然气尽,无所觉知,心识低佪,魂动神挠,但思临长风一大叫耳。

这在很大程度上是盛唐人的总体写照,体现了盛唐人文化、精神、素质的特征。这也是盛唐这一特定历史和美学史区段才有的。

第二节 审美风貌

"气象"是对盛唐美学的一种独特概括,也成为其一种审美范畴。宋代叶梦得《石林诗话》说:"七言难于气象雄浑,句中有力而纡余不失言外之意。"严羽《沧浪诗话》把"气象"作为诗美学的评价、界定标准,其论十分杰出。一个时代、一个史的区段,有其特定的美学及其特征。他认为,唐宋两代诗美的区别在"气象"上,"唐人与本朝人诗,未论工拙,直是气象不同"。他认为大历以前、晚唐、本朝诸公"气象"均有区别,他甚至运用审美"气象"论来做考定、考证,"'迎旦东风骑蹇驴'绝句,绝非盛唐人气象,只似白乐天言语"。这是十分杰出的,准确地说明了一个时代有一个时代的美学的原理。

那么,盛唐时代"气象"的基本特征和风貌是什么呢?严羽《沧浪诗话》说:

> 盛唐诸公之诗，如颜鲁公书，既笔力雄壮，又气象浑厚。

可见，"浑厚"是"气象"美学的基本要求。这一提法以至影响了明、清二代的美学思想，其也同样认为，盛唐诗美气象浑成，不可句摘。就是说，盛唐美学是作为一个完整的机体出现的，它是一个不可分割、肢解的整体，它富于美学厚度，浑成一体，如天球不琢；又富于美学力度，具有审美穿透力。它体现于审美的内容及其所包孕的含义，又体现于它所特有的审美形式。这一时代的审美气象令人感受到它的具体确定性和不可替代性。

盛唐人有自己的文化、美学追求，他们有宏大壮远的审美理想，他们所进行的是富于活力和青春气韵的美的创造。他们对现实的热情形成了审美的现实性品格，他们对自己的理想和追求怀抱着极为真率的态度，他们对自己的功名要求毫无掩饰之意。这种真率是那些忸怩作态的士人们所无法比拟的。他们对读书穷经持漠视态度，这是因为他们的人生理想和社会理想认为，功名在马上而不是在书斋中，这是时代、社会的价值导向所致。王维《送赵都督赴代州得青字》说："岂学书生辈，窗间老一经。"李白《答王十二寒夜独酌有怀》说："吟诗作赋北窗里，万言不值一杯水。"而社会又为他们提供了一条独特的发展之路，这条成功之路在边塞。岑参《送祁乐归河东》就曾说过："天子不召见，挥鞭遂从戎。"在边塞凭借武力、勇敢，建功立业的机遇很多，因此成功的速度也极快，"一从受命常在边，未年三十已高位"[①]。这种精神状态、社会理想通过文学的审美活动表现出来就形成了特有的昂奋格调和激越的情趣。这是盛唐美学富于活力之所在。

现实的审美精神凝定为"风骨""兴寄"，儒学的用世观念比较显著，但盛唐人的艺术观念又有崇尚"兴趣""空灵"的一面，这就使艺术出现灵动之美。严羽《沧浪诗话》说："盛唐诸人惟在兴趣，羚羊挂角，无迹可求。故其妙处，透彻玲珑，不可凑泊，如空中之音，相中之色，水中之月，镜中之象，言有尽而意无穷。"这是对盛唐诗歌最富于审美意识的评价，严羽所做的这些描述正体现了殷璠《河岳英灵集》所说的"兴象玲珑"的内涵。王维《汉江临眺》句，"江流天地外，山色有无中"，《终南山》句，"白云回望合，青霭入看无"。刘眘虚《阙题》："道由白云尽，春与青溪长。时有落花至，远随流水香。闲门向山路，深柳读书堂。幽映每白日，青

---

① 岑参：《送张献心充副使归河西杂句》。

辉照衣裳。"储光羲《钓鱼湾》句，"潭清疑水浅，荷动知鱼散"。綦毋潜《过融上人兰若》句，"黄昏半在下山路，却听钟声连翠微"。张旭《桃花溪》句，"桃花尽日随流水，洞在青溪何处边"。孟浩然《宿建德江》句，"野旷天低树，江清月近人"。李白《陪族叔刑部侍郎晔及中书贾舍人至游洞庭》（其二）："南湖秋水夜无烟，耐可乘流直上天。且就洞庭赊月色，将船买酒白云边。"这些都显示了盛唐美学的空灵。

空灵是一种特殊的诗美形态和表现，它使诗歌的审美素质在不可征实的状态中得以显示，使接受者不可捉摸却又体验得到，不可印验却能体味再三。空灵美是盛唐诗的重要特征，是对六朝诗歌的反拨。六朝美学以形写形的写实主义倾向，使得诗歌缺乏灵动的意韵，盛唐诗歌改变了这一倾向，使得诗歌趋于灵动空蒙之美。这是诗歌审美形态上的一个重要发展。

空灵美以"兴趣"为主体精神基础，在审美创作中就不是完全取决于对象自身，而是从主体的"兴趣"出发。由于不被客体对象所规范、左右，主体"兴趣"的流变、波荡，极易产生美的形态的灵动。例如孟浩然《夏日南亭怀辛大》："山光忽西落，池月渐东上。散发乘凉夜，开轩卧闲敞。荷风送香气，竹露滴清响。"感觉的通化、细微。王维《书事》："轻阴阁小雨，深院昼慵开。坐看苍苔色，欲上人衣来。"感觉的幻化、变形。李白《玉阶怨》："玉阶生白露，夜久侵罗袜。却下水晶帘，玲珑望秋月。"望月而以"水晶帘"相隔，形成感觉的距离和审美的间距，从而产生出玲珑剔透的意象。李白《访戴天山道士不遇》："犬吠水声中，桃花带雨浓。树深时见鹿，溪午不闻钟。野竹分青霭，飞泉挂碧峰。无人知所去，愁倚两三松。"吴大受《诗筏》评该诗："无一字说道士，无一句说不遇，却句句是不遇，句句是访道士不遇。"这便是空灵。

盛唐诗的审美感觉不囿于诗本身或诗面层次，它总是用对象景象来牵引主体情思，而又以主体情思来开扩对象世界的空域。李白《黄鹤楼送孟浩然之广陵》："故人西辞黄鹤楼，烟花三月下扬州。孤帆远影碧空尽，唯见长江天际流。"目力的不断伸延形成主体情思的伸展和诗美空间的舒张，形成主客体间的交叠以及不断开扩深化的审美效应。

盛唐人往往追寻诗歌意兴瞬间感受的永恒，李白《静夜思》："床前明月光，疑是地上霜。举头望明月，低头思故乡。"一仰一俯的瞬间涌起情绪的波澜，又表现出人类思乡情感这一永恒的审美主题，出现了瞬间的凝定。

而王维对故乡的思念、对故乡的"终极关怀"却显得别具一格。《杂诗》写道:"君自故乡来,应知故乡事。来日绮窗前,寒梅著花未?"故乡故事何其多,但诗人撇开其他,唯独询问寒梅开花与否,这一单一性而又是专一性的发问,恰恰体现了诗人的审美趣味和审美品位。这一发问纯化了许多俗务,净化了人的情感,从而产生了心灵的升华。这是诗人的"兴趣"所致,形成了特有的审美情趣。由此也可以看出盛唐人是在一个很高的审美"兴趣"的起点上进行审美创造活动的。

盛唐人有一个建安情结,这是从初唐就已系下的。陈子昂《与东方左史虬修竹篇序》提出"汉魏风骨",殷璠《河岳英灵集》更多地提到"风骨",李白《宣州谢朓楼饯别校书叔云》说:"蓬莱文章建安骨,中间小谢又清发。"李白《古风二首》(其一)曰:"自从建安来,绮丽不足珍。"高适《淇上酬薛三据兼寄郭少府微》说:"故交负灵奇,逸气抱謇谔。隐轸经济具,纵横建安作。"《宋中别周梁李三子》曰:"感激建安时。"《答侯少府》《送浑将军出塞》等诗中说:"吾党谢王粲,群贤推郗诜。""远别无轻绕朝策,平戎早寄仲宣诗。"建安美学的根本属性是"风骨"。

这一建安情结表明了盛唐人审美理想所追寻的境界是恢复建安美学。从本质意义上说,带有复古主义意味,但在具体行为上,却不是恢复到建安美学的时代。他们企图用建安美学最核心的范畴和内容,作为一种美学的楷范和模式为盛唐人所效法、所学习。在清算六朝美学之后,盛唐人还没有找到本时代的美学范畴作为效法的榜样,而建安美学的内涵和特征恰恰是盛唐人所中意的,这样盛唐人便为自己找到了旗帜。这是盛唐社会理想、国力、社会心态、文化心理、精神需求众望所归的审美境界。当眼前的精神还不具备时,他们便寻找到了前代的精神,作为现时代的榜样。正因为有了建安情结,才给盛唐美学注入了活力,形成了新的内涵。这是盛唐诗美精神的灵魂。盛唐人也讲究声律、辞章,但是他们有了建安风骨,便有了美的力度和厚度,便明显地跟六朝绮丽美学有了区别。然而,盛唐人的建安情结只是审美理想呼唤的对象,不是建安风骨的原样再现。建安风骨尚有凛然有余而玲珑不足之处。陈子昂诗美不仅在时代上,而且在诗美的形态与美感特征上,介乎建安与盛唐之间。他的诗尚有不够圆熟之处。然而到了盛唐,诗美风貌大为改观,真正实现了建安风骨与兴象玲珑的完美融合。在风骨中有其玲珑,在玲珑中内蕴风骨。这便是殷璠《河岳英灵集》所评赏的盛唐诗人

"既多兴象，复备风骨"，而不是他所抨击的六朝诗风"都无兴象，但贵轻艳"。这又表现为一个美学史的历程，是经过初唐的改造和孕育最终在盛唐完成的。殷璠《河岳英灵集》"集论"就曾描述道："自萧氏以还，尤增矫饰。武德初，微波尚在。贞观末，标格渐高。景云中，颇通远调。开元十五年后，声律风骨始备矣。"这是经过几代人努力才在盛唐彬彬大备的美学历史。

这个云蒸霞蔚的美学时代又体现为美学风格的多样化。高棅《唐诗品汇》写道：

> 开元、天宝间，则有李翰林之飘逸，杜工部之沉郁，孟襄阳之清雅，王右丞之精致，储光羲之真率，王昌龄之声俊，高适、岑参之悲壮，李颀、常建之超凡，此盛唐之盛者也。

美学风格可以视为时代性的概念，盛唐时代的风格有其内涵和特征。但风格又多指个体，个体的主体精神和审美趣味的区别，遂形成风格的多样化。然而，个体的近似组合则出现流派风格。盛唐最主要的流派风格是：高、岑边塞诗派，王、孟山水田园诗派。胡应麟《诗薮》认为"高岑悲壮为宗，王孟闲淡自得"，这是对两大流派风格特征的概括，可以说各得阳刚、阴柔之美。作为流派有其共同与一致之处，而作为个体又有其差异所在。例如边塞诗派中岑超高实，山水田园诗派中王清孟淡。作为具体的个体也体现出风格的多样化审美特征，例如李白。即使是写出《走马川行奉送出师西征》《武威送刘判官赴碛西行军》等雄浑边塞诗篇的岑参，也有"风恬日暖荡春光"的句子，也有"雨滴芭蕉赤，霜催橘子黄"的富于色彩感的审美涂饰。风格多样化是主体审美成熟的标志，也是时代美学成熟的标志。

李白提出"清水出芙蓉，天然去雕饰"的审美理想，这一审美理想应该说有着鲜明的盛唐色彩。它是以盛唐诗歌创作实际所反映和表现出的美学风格为基础概括出来的，从而也为盛唐美学规范了一种方向。"清水出芙蓉，天然去雕饰"的审美理想其实在六朝时就已经被提出，只是与错彩镂金同时被提出，这种并存现象正反映了六朝美学形态的基本实际。而清水芙蓉之美代表了一种方向，这一方向恰恰在唐代被体现和实现。由于它成为盛唐的时代审美理想，因而也就成为盛唐诗的审美评价标准。例如岑参《送张献心充副使归河西杂句》说："爱君词句皆清新。澄湖万顷深见底，清冰一片光照人。"李白《赠孟浩然》："高山安可仰，徒此揖清芬。"

清水芙蓉的天然之美，是一种本色、原色、生态之美。从根本上说，乃是以老庄哲学—美学为基础。对于主体自身，是心灵世界的自然表达，不加压抑，不作掩饰，天性如此。他们心口如一，不是"为赋新诗强说愁"，也不是"却道天凉好个秋"，盛唐人还处在唐代的青春时期，既不是老气横秋，也不是老于世故。爱恨情仇，一一直说；喜怒哀乐，了了分明。这种真率的态度和率直的个性，正是自然本性的表现。这种个性自由舒展的状况曾令明代的汤显祖羡慕不已。《玉茗堂诗文集》卷三四《青莲阁记》写道："世有有情之天下，有有法之天下。唐人受陈、隋风流，君臣游幸，率以才情自胜，则可以共浴华清，从阶升，娭广寒。"他们率情所为、任性使之，李白任翰林供奉在皇宫令高力士脱靴、杨贵妃捧砚，就是典型的例证。只要天性发挥，便无所顾忌。他们的生活行为方式就体现了他们的天然之性。李白《友人会宿》写道："良宵宜清谈，皓月未能寝。醉来卧空山，天地即衾枕。"以天地为衾枕，正反映了他们归返自然的内心要求。请看李白的与月共舞、共饮图："花间一壶酒，独酌无相亲。举杯邀明月，对影成三人。月既不解饮，影徒随我身。暂伴月将影，行乐须及春。我歌月徘徊，我舞影零乱。醒时同交欢，醉后各分散。永结无情游，相期邈云汉。"居于理性和幻觉、清醒和迷茫的临界点上。

由于从天性出发，自己的真实面貌已去雕饰，与别人相处所构成的人际关系亦去雕饰。孟浩然《过故人庄》："故人具鸡黍，邀我至田家。绿树村边合，青山郭外斜。开轩面场圃，把酒话桑麻。待到重阳日，还来就菊花。"人际关系是何等热络、亲切，又是何等质朴、真挚，这是主客之间朴野之心的交流，从而产生了动人的人情美。正因为他们是君子之交、布衣之交，因而他们特别重视这种情感，如李白《赠汪伦》："李白乘舟将欲行，忽闻岸上踏歌声。桃花潭水深千尺，不及汪伦送我情。"也正因为是以天性真率相交，他们便没有过多的礼节、客套和繁文缛节，如《山中与幽人对酌》："两人对酌山花开，一杯一杯复一杯。我醉欲眠卿且去，明朝有意抱琴来。"《宋书·隐逸传》言："贵贱造之者，有酒辄设。（陶）潜若先醉，便语客：'我醉欲眠，卿可去。'其真率如此。"李白在这首诗中体现了陶潜一样的那种天真、率真。这是盛唐美学"天然去雕饰"的人格美学含义。

"清水出芙蓉"的美又体现于自然山水的审美中。自然山水的审美有其清新滋润的格调，储光羲《钓鱼湾》所勾画的绿湾、杏花、清潭、荷花、绿柳的图景，王维《辋川别业》所渲染的"雨中草色绿堪染，水上桃花红欲燃"的清新秀丽，李白《夜下征虏亭》所表现的"山花如绣颊，江火似流萤"的审美感觉，都是这一审美理想的体现。即使气势飞动如李白《望庐山瀑布》："日照香炉生紫烟，遥看瀑布挂前川。飞流直下三千尺，疑是银河落九天。"在飞动的气势中仍然有其清新在。

盛唐诗人自然山水作品之所以出现清水芙蓉的审美特征，根本原因在于他们的美学精神。他们进一步发展了六朝人的山水审美传统，又经过盛唐人所特有的文化心态加以融会，形成了对自然的亲和态度，遂出现了和谐美感。从本体上说，诗人们正是以天性来观照自然，遂使自然成为主体对象化的存在。盛唐人中最能体现这一美学精神的便是李白，如《独坐敬亭山》："众鸟高飞尽，孤云独去闲。相看两不厌，只有敬亭山。""丽日照残春，初晴草木新。"王维《郑果州相过》中的这两句诗可以说是盛唐诗清水芙蓉美的一种感性体现。因此，清水芙蓉美是审美形态，又是审美图像，它总是构造起一种感性的具体的图像让接受者去感应和体验，它又总是内蕴着一种秀丽清新的色调，如李白《望庐山五老峰》："庐山东南五老峰，青天削出金芙蓉。九江秀色可揽结，吾将此地巢云松。"同时，清水芙蓉美又体现为具体感性的审美氛围。同是描述庐山，张九龄的《湖口望庐山瀑布水》："万丈红泉落，迢迢半紫氛。奔飞下杂树，洒落出重云。日照虹霓似，天清风雨闻。灵山多秀色，空水共氤氲。"那紫氛秀色，那空水氤氲，简直笼罩在接受者的身心之间，使人浸染于其中。

"清水出芙蓉，天然去雕饰"，更是一种主体情调。例如王维《相思》："红豆生南国，春来发几枝。愿君多采撷，此物最相思。"例如李白《客中作》："兰陵美酒郁金香，玉碗盛来琥珀光。但使主人能醉客，不知何处是他乡。"例如张九龄《望月怀远》："海上生明月，天涯共此时。情人怨遥夜，竟夕起相思。灭烛怜光满，披衣觉露滋。不堪盈手赠，还寝梦佳期。"这些描述都体现了盛唐人清拔俊逸的审美格调，于献身家国的热情之外的雅致深情。

盛唐清水芙蓉，既是提倡的一种美学理论，成为一种审美规范、审美理想，又是一种审美实践的成果。两者结合，在盛唐构成了完整的形态。盛唐诗人用大量的审美创作为清水芙蓉美的理想做了成功的表征，这样，便使清水芙蓉美有了可以感受的对象，而不是流于纸上。既有论述倡导，又有实际成果，互为印证，这在中国美学史上堪称范例，而这一范例的最好体现者则是李太白。

盛唐美学体现了风骨与气韵的并存，气势与娴静的共生，它在继承创新上铸就了卓越的实绩，遂使中国美学至此呈汪洋恣肆之美。

盛唐人文精神、美学精神并非都是一派光明，一片天真烂漫。在他们闪动着的双眸里也常有忧思愁绪，他们的忧郁感是时代的忧郁感。"寂寞掩柴扉，苍茫对落晖"①，这两句诗与其说是居室环境的描述，毋宁说是他面对社会大时局所表现出来的寂寞感和隐隐的忧虑。整个盛唐在上升时期确曾激励和召唤过广大士子的献身精神和建功热情。随着唐玄宗倦于政事和沉溺声色，随着唐代社会内在矛盾的萌生和发展，盛唐的衰迹逐渐显露出来。敏感的士子感受出来了，在他们的视域中，京畿秦川再也不是春光明媚，一派晴和，而是寒色笼罩，李颀《望秦川》便是其写照，"远近山河净，逶迤城阙重。秋声万户竹，寒色五陵松"。当一个社会的最高统治者追寻声色犬马，倦事怠政；当一个时代以穷奢极侈为时尚，它的衰落将是必然的了。这是从武则天就已开始的叠床架屋的侈丽。《封氏闻见记》卷五曾对这段奢侈历史做了如下的记载："则天以后，王侯妃主，京城第宅，日加崇丽。至天宝中，御史大夫王鉷，有罪赐死，县官簿录太平坊宅，数日不能遍。宅内有自雨亭，从檐上飞流四注，当夏处之，凛若高秋。又有宝钿井栏，不知其价。他物称是。安禄山初承宠遇，敕营甲第，瑰材之美，为京城第一。太真妃诸姊妹第宅，竞为宏壮。"在唐玄宗日趋奢靡，而"自无学术，仅能秉笔，有才名于时者尤忌之"②的奸相权臣李林甫专政期间，人们日趋感到盛唐将衰。天宝十一载（752），几位唐代一流诗人同登长安慈恩寺塔，他们无一例外而又众口一词地预见到盛唐将衰的历史即将到来。岑参说："秋色从西来，苍然满关中。五陵北原上，万古青濛濛。"高适说："秋风昨夜至，秦塞多清旷。千里何苍苍，五陵郁相望。"那位站立在介乎盛、中唐之间的杜甫更是意绪深邃地说："秦山忽破碎，泾渭不可求。……回首叫虞舜，苍梧云正愁。"当风流天子唐玄宗尚沉醉于霓裳舞曲时，盛唐诸公却是忧心忡忡。这是因为旁观者清，还是因为他们本身就是清醒的用世者？于豪情气概

---

① 王维：《山居即事》。
② 刘昫：《旧唐书·李林甫传》。

之外有深雅情致，于意气风发之外有忧患意识，这便成为盛唐的组合性审美格调。

　　登慈恩寺塔的诸公的预感被现实所证验，没有多长时间，那场决定盛唐裂变并使唐王朝命运无法逆转的事变——安史之乱发生了。历史大转折来临之际，把它美学史的代表人物推到了前列，他便是——杜甫！

第四编 盛中唐嬗变期

第二十三章　杜甫

天宝十四载（755），安史之乱爆发，这是唐王朝由盛及衰的标志。自此以后，唐王朝的衰势不可逆转地发展下去，再也没有恢复元气，开元、天宝的繁华只能成为人们的回忆了。这个转折成为历史、社会的转折，也成为文学、美学的转折。从历史区段上看，经过这场历史巨变，盛唐进入了中唐；从美学史的过程看，中唐美学史开始了。而站在这个历史转折点上的是伟大的杜甫。历史悠久的中国文化哺育了这位历史巨人，巨大的社会变迁孕育了这位时代巨人。杜甫的美学思想、审美成就既是时代的产物，又有深隽的文化印记。

第一节　美学思想

杜甫的美学思想体现了唐人所具有的宏远博大的特点，有着特有的胸襟、气度，也体现了唐代美学思想转变的特征。

对现实美学精神的弘扬。杜甫所接受的文化传统和家庭影响、教育，"奉儒守官，未坠素业"[①]，使得他的思想趋向与李白不同，他所接受的是儒家致用型实践性思想。这一思想基因在历史转折时期经过特定的历史事变的冲击，便焕发出特有的光芒，显示出现实美学精神的内涵。他的现实美学精神涵茹于他的总体现实精神之中，他的现实美学精神也在唐代美学史上有其形成的必然性。初唐陈子昂倡"兴寄"，着手清理六朝美学，恢

---

① 杜甫：《进雕赋表》。

复现实美学传统,盛唐时李白尚"清真",殷璠标"风骨",他们各有其美学构建的目标。但在美学与现实关系上,他们缺少以现实血泪的严酷实践为前提。在盛唐社会尚是一片光亮和充满希望、朝气之时,原先潜隐着的矛盾还没有到达激化的层次,美学"风骨"是针对"轻靡"而言,"清真"是针对"浮艳"而言,因此,它们往往表现为形态,而不是内涵,不是以残酷现实为审美的出发点。这是由时代本身所限制的,因此他们只能是完成各自时代的审美主题。到了盛转中唐的历史时期,社会给文学所提供的主题有所变化,文学审美中出现了别一幅图画,也为杜甫重提现实美学精神创造了条件。杜甫的这一美学精神在《同元使君春陵行》诗并序中得到集中的表现。唐代宗广德二年(764),杜甫的友人元结任道州刺史。元结被当地民不聊生的景象所震撼,"大乡无十家,大族命单赢。朝餐是草根,暮食乃木皮"。出于深切的同情心,他免于征税,对由此而引起的个人得失在所不计。他写有《春陵行》,最后写道:"何人采国风,吾欲献此辞。"元结的这两首诗就体现了现实美学精神。大约在三年后也就是唐代宗大历二年(767),杜甫在夔州看到这两首诗,至为感奋激动,遂写下《同元使君春陵行》诗并序:

> 览道州元使君结《春陵行》兼《贼退后示官吏作》二首,志之曰:当天子分忧之地,效汉朝良吏之目。今盗贼未息,知民疾苦,得结辈十数公,落落然参错天下为邦伯,万物吐气,天下小安可待矣!不意复见比兴体制、微婉顿挫之词。感而有诗,增诸卷轴,简知我者,不必寄元。

> 遭乱发尽白,转衰病相婴。沉绵盗贼际,狼狈江汉行。叹时药力薄,为客羸瘵成。吾人诗家流,博采世上名。粲粲元道州,前圣畏后生。观乎春陵作,欻见俊哲情。复览贼退篇,结也实国桢。贾谊昔流恸,匡衡尝引经。道州忧黎庶,词气浩纵横。两章对秋月,一字偕华星。致君唐虞际,淳朴忆大庭。何时降玺书,用尔为丹青?狱讼永衰息,岂唯偃甲兵!凄恻念诛求,薄敛近休明。乃知正人意,不苟飞长缨!凉飚振南岳,之子宠若惊。色沮金印大,兴含沧浪清。我多长卿病,日夕思朝廷。肺枯渴太甚,漂泊公孙城。呼儿具纸笔,隐几临轩楹。作诗呻吟内,墨淡字欹倾。感彼危苦词,庶几知者听。

这是杜甫晚年所作。他一生写下众多关心民瘼、富有现实美学精神品格的诗篇，他的现实美学思想早已形成。他从元结的行为和诗作中获得了再次表征自己美学思想的机会。浦起龙《读杜心解》说："公之为此，第借次山（元结）作一榜样，亦聊以寓想望古治之思……末段仍归到己心之思朝廷。因而作诗以达苦情焉。序所谓'简知我者'，此也。然则公直自为想望古治之诗，元特借为感发之资矣。"尽管他当时已经"心从弱岁疲"，步入心疲力倦的晚年，但他从元结诗那里再次印证了自己所恪守的现实美学原则。他之所以看到元结诗后引起感奋，他之所以写下此诗，是进一步确证他所力倡的现实美学精神，所以他在序中说"简知我者"，让人们由此进一步了解自己的美学思想是最重要的，"不必寄元"，此诗能不能让元结知道，倒并非是最要紧的。可见，他的目的是弘扬现实美学精神。

杜甫把元结的诗与《诗经》以来的诗美学传统相联结："比兴体制、微婉顿挫之词。"这里并不在于元结诗本身是否运用了"比兴"手法，而在于杜甫把它看作是一种美学精神。而且杜甫给元结两首诗以极高的评价："两章对秋月，一字偕华星。"这种评价有所过之，但杜甫的用意也正在于光大他所极力推崇的《诗经》以来"忧黎庶"的诗美学传统。他认为，元结正是有上疏言事的贾谊、引经论政的匡衡的精神，即"贾谊昔流恸，匡衡尝引经"。在杜甫看来，最高的目标是"致君唐虞际"。为着黎庶，其"词气浩纵横"，正发扬了现实美学精神，从而达到显著的感染效应，"感彼危苦词，庶几知者听"。

杜甫的现实美学精神上承陈子昂，下启白居易。杜甫对陈子昂怀着深深的情感和敬意。宝应元年（762）杜甫作《送梓州李使君之任》写道："遇害陈公殒，于今蜀道怜。君行射洪县，为我一潸然！"又作《冬到金华山观因得故拾遗陈公学堂遗迹》写道："陈公读书堂，石柱仄青苔。悲风为我起，激烈伤雄才。"《陈拾遗故宅》不仅对其人格，而且对其文学美学之贡献给以高度评价："位下曷足伤，所贵者圣贤。有才继骚雅，哲匠不比肩。公生扬马后，名与日月悬。……终古立忠义，感遇有遗篇。"称赞陈子昂继承了诗骚传统，在同是蜀川名人扬雄、司马相如之后，其名辉映日月，他的《感遇》诗"终古立忠义"。从褒扬中可以看出杜甫对陈子昂的态度。这里存在一条继承线索，而杜甫美学精神的下延则是白居易。"彩笔昔曾干气象，白头吟望苦低垂"①，杜甫所重视的现实美学精神是直面现实人生和世界，干预现实世界的"气象"。他把唐代文学美学的现实精神结合自身的创作体验更为显著地突出出来。

对文学审美性质及特征的重视。杜甫的美学思想不仅以现实为对象，表现了强烈的现实精神，而且重视文学自身的审美性质和特征。如果只有前者，那么只能是单纯的说教，只有两者的结合，或者说前者通过后者体现或表达出来，其现实精神才会借助于审美手段而达到感染人、打动人的目的。审美从本体上讲就是审情，美感乃是情感。从魏晋南北朝以来，中国美学理论突出了"情"，改变了"诗言志"的传统说法。把诗所表达的主体内容限定为"情"，这是美学理论上的重大进步，更接近于文学的审美性质。于是，陆机《文赋》便有著名的"诗缘情"的提法，这是中国美学理论关于文学审美性质具有根本性的开拓和突破。这一美学思想影响甚巨，杜甫就受其影响的《偶题》说："缘情慰漂荡，抱疾屡迁移。"

与"情"相连的是"兴"，"情兴"组合一起，"情"中应有"兴"，"情"借助于"兴"而启动、飞扬。"兴"表现为动态性特征。所谓"诗兴"大起，就是创作情绪高涨。杜甫揭示了"诗"作为载体与"兴"作为主体心理的关系："宽心应是酒，遣兴莫过诗。"②

"遣"发"兴"，没有比"诗"这一审美样式更合适的了。《哭台州郑司户苏少监》说："道消诗发兴，心息酒为徒。"杜甫认为，诗是表达"兴"的最佳形式，这是对主体心理与审美载体关系的最好阐述。杜甫在回忆他的文艺审美历程时说他的诗兴勃发时期是在写著名的"三吏""三别"时，所谓"曾为掾吏趋三辅，忆在潼关诗兴多"③。他认为，诗这一审美样式是可以发露人的所有"情""兴"的，所谓"诗尽人间兴，兼须入海求"④。他又认为，诗"兴"是通过触发、激发而形成的，"东阁官梅动诗兴，还如何逊在扬州"⑤，这正是对中国美学理论物感式的生动描述。

在杜甫美学思想中与"兴"相连的还有"神"。"感激时将晚，

---

① 杜甫：《秋兴八首》（其八）。
② 杜甫：《可惜》。
③ 杜甫：《峡中览物》。
④ 杜甫：《西阁二首》（其二）。
⑤ 杜甫：《和裴迪登蜀州东亭送客逢早梅相忆见寄》。

苍茫兴有神。"①"静者心多妙，先生艺绝伦。草书何太古，诗兴不无神。"②这就是说，审美过程中，诗"兴"是有"神"助的，即"神"是审美"兴"的推助器和动力。它来得突然又表现得十分神妙，这是对审美创作中主体心态的动人描述。

杜甫所论"神"作为一种独特的审美范畴涉及文学与艺术的众多领域。就文学审美而言，他写道："醉里从为客，诗成觉有神。"③"赋诗宾客间，挥洒动八垠。乃知盖代手，才力老益神。"④"野寺江天豁，山扉花竹幽。诗应有神助，吾得及春游。"⑤"思飘云物动，律中鬼神惊。毫发无遗恨，波澜老更成。"⑥《苏端薛复筵简薛华醉歌》："文章有神交有道，端复得之名誉早。"《八哀歌·赠太子太师汝阳王琎》："挥翰绮绣扬，篇什若有神。"《奉贺阳城郡王太夫人恩命加邓国太夫人》："义方兼有训，词翰两如神。"《寄刘峡州伯华使君四十韵》："雕刻初谁料，纤毫欲自矜。神融蹑飞动，战胜洗侵陵。妙取筌蹄弃，高宜百万层。""但觉高歌有鬼神，焉知饿死填沟壑。"⑦"笔落惊风雨，诗成泣鬼神"⑧。

在书画审美方面他的论述有："绝笔长风起纤末，满堂动色嗟神妙。"⑨"书贵瘦硬方通神。"⑩"将军善画盖有神。"⑪"国初已来画鞍马，神妙独数江都王。"⑫"韩幹画马，毫端有神。"⑬"虎头金粟影，神妙独难忘。"⑭可见，"神"在杜甫美学思想中出现的频率相当高，其内涵也具有多义性。

其一，它指创作时情绪勃发的状态，犹如神助。在这一点上，它跟

---

① 杜甫：《上韦左相二十韵》。
② 杜甫：《寄张十二山人彪三十韵》。
③ 杜甫：《独酌成诗》。
④ 杜甫：《寄薛三郎中（据）》。
⑤ 杜甫：《游修觉寺》。
⑥ 杜甫：《敬赠郑谏议十韵》。
⑦ 杜甫：《醉时歌》。
⑧ 杜甫：《寄李十二白二十韵》。
⑨ 杜甫：《戏为双松图歌（韦偃画）》。
⑩ 杜甫：《李潮八分小篆歌》。
⑪ 杜甫：《丹青引赠曹将军霸》。
⑫ 杜甫：《韦讽录事宅观曹将军画马图歌》。
⑬ 杜甫：《画马赞》。
⑭ 杜甫：《送许八拾遗归江宁觐省甫昔时尝客游此县于许生处乞瓦棺寺维摩图样志诸篇末》。

"兴"有近似之处。《寄张十二山人彪三十韵》："草书何太古,诗兴不无神。"《游修觉寺》："诗应有神助。"王嗣奭《杜臆》在阐解杜甫《上韦左相二十韵》中"感激时将晚,苍茫兴有神"时指出:"苍茫,意兴勃发之貌。"兴起,神起,主体审美情绪进入亢奋状态,便妙思泉涌,创作处于自由境地。

其二,"神"的兴发,仍然遵循中国美学物感式的方式。仇兆鳌注杜甫《游修觉寺》"野寺江天豁,山扉花竹幽。诗应有神助,吾得及春游"云:"诗有神助,非自夸能诗,是云胜境能发诗兴耳。"对象触发了诗兴的勃起。

其三,"神"乃积累和修习所得。《寄薛三郎中》云:"才力老益神。"随着社会、人生、审美经验的积累,到了一定的阶段,也就是"老"境,才会出现"神"的状态。至于那两句名言"读书破万卷,下笔如有神"就更是突出了学、习、修对于"神"的功能和作用了。可见杜甫既注意"神"的玄妙性,又重视它在后天的可铸性。

其四,"神"的出现还须有特定的心理状态,《寄张十二山人彪三十韵》:"静者心多妙。"主体处于"静"的状态中"神"才会袭来。这是对老庄美学、刘勰虚静美学论的成功运用。

其五,"神"是审美所达到的高妙境界,即"神境"。《戏为双松图歌（韦偃画）》:"绝笔长风起纤末,满堂动色嗟神妙。"人们赞叹不已的是绘画审美艺术所形成的神妙风味。《敬赠郑谏议十韵》:"思飘云物动,律中鬼神惊。"审美思绪想落天外,其审美效应足以使鬼神惊叹,这与《寄李十二白二十韵》所表达的意思是相同的,即"笔落惊风雨,诗成泣鬼神"。可以看出,杜甫重视的是审美效应的震撼力,是重型审美效应,惊心动魄。惊风雨的审美笔墨所引发的是鬼哭神泣那样的审美效应。在这里也可以看出杜甫的审美趣尚。"神"也因之成为重要的审美评价标准。严羽《沧浪诗话》说:"诗之极致有一,曰入神。诗而入神,至矣尽矣,蔑以加矣!惟李杜得之,他人得之盖寡也。""诗而入神"是一种无以复加的境界,神品乃是极品,严羽认为,只有李白、杜甫才能得之,别人很少能企及。

对诗的导泄功能和陶冶性情作用的论述,构成杜甫文学审美特质论的一项重要内容。杜甫说:"宽心应是酒,遣兴莫过诗。此意陶潜解,吾生后汝期。"①"愁极本凭诗遣兴，诗成吟咏转凄凉。"②"登临多物色，陶冶赖诗篇。"③"陶冶性灵存底物，新诗改罢自长吟。"④"故林归未得，排闷强裁诗。"⑤依靠诗这种特定的审美样式来遣兴排闷，导泄心绪，而诗又起到陶冶人的性灵的作用。上引杜甫诗句中最有审美心理深度的是"愁极本凭诗遣兴，诗成吟咏转凄凉"。本来愁闷到极点，依靠诗歌来排解，但是诗歌写成后在吟咏之间却适得其反，形成了浓重的凄凉感。这是诗歌成为艺术事实后在二度体验中对主体所形成的心理压力。他在这里对心理经验的描述和体味是真切的，也是深刻的。

杜甫文艺美学思想重视"真"。这就保持了他在现实美学精神上的品格。《促织》说："悲丝与急管，感激异天真。"《寄李十二白二十韵》："剧谈怜野逸，嗜酒见天真。""天真"即是本色，即是原初性质和本来面目，一片天籁，没有经过丝毫的污染和矫饰。《韦讽录事宅观曹将军画马图》："国初已来画鞍马，神妙独数江都王。将军得名三十载，人间又见真乘黄。"《通泉县署屋壁后薛少保画鹤》："薛公十一鹤，皆写青田真。画色久欲尽，苍然犹出尘。"《姜楚公画角鹰歌》："此鹰写真在左绵，却嗟真骨遂虚传。"《赠王二十四侍御契四十韵》："由来意气合，直取性情真。"《暇日小园散病将种秋菜督勒耕牛兼书触目》："不爱入州府，畏人嫌我真。"刘熙载《艺概·诗概》曾说："杜诗云：'畏人嫌我真。'又云：'直取性情真。'一自咏，一赠人，皆于论诗无与，然其诗之所尚可知。"

杜甫所崇尚的是飞动美。《赠高式颜》："平生飞动意，见尔不能无。"《夜听许十诵诗爱而有作》："精微穿溟涬，飞动摧霹雳。陶谢不枝梧，风骚共推激。紫燕自超诣，翠驳谁剪剔。"《寄彭州高三十五使君适虢州岑二十七长史参三十韵》说："意惬关飞动，篇终接混茫。"《寄刘峡州伯华使君四十韵》说："神融蹑飞动，战胜洗侵凌。"《观薛稷少保书画壁》说："惨淡壁飞动，至今色未填。"飞动美是对美的动态性特征的描述

---

① 杜甫：《可惜》。
② 杜甫：《至后》。
③ 杜甫：《秋日夔府咏怀奉寄郑监李宾客一百韵》。
④ 杜甫：《解闷十二首》（其七）。
⑤ 杜甫：《江亭》。

和概括。杜甫对动态美的赞赏，是他的审美趣尚的表现。美在灵动飞跃中存在和体现，这是杜甫对美的形态的理解，也成为他对美的一种向往。这样也就跟板滞、凝固等状态形成对立。杜甫的这一美学思想实际上代表了唐人的审美理想。

杜甫还欣赏清新美。"清新庾开府，俊逸鲍参军。"①"清诗句句尽堪传。"②"诗清立意新。"③"不意清诗久零落。"④"阴何尚清省。"⑤"清词丽句必为邻。"⑥清新之美发萌于六朝，到盛唐时经李白提倡清水芙蓉之美，有所谓"诗传谢朓清"⑦之说，遂成为一种审美形态。到杜甫这里，"清新"之美进一步得到肯定和提倡。在杜甫的文学美学思想中，"清"与"丽"是相邻的，这样就给"清"的美学形态增添了亮丽的色调。例如《八哀诗·赠太子太师汝阳郡王琎》："挥翰绮绣扬。"《八哀诗·故右仆射相国张公九龄》："绮丽玄晖拥。"《留别公安太易沙门》："丽藻初逢休上人。""清"又与"秀"相连，例如《解闷十二首》（其八）："最传秀句寰区满。"《送韦十六评事充同谷郡防御判官》："题诗得秀句，札翰时相投。"《哭李尚书之芳》："诗家秀句传。"于是"清""秀""丽"便连成一体。

杜甫在《寄刘峡州伯华使君四十韵》中有两句诗颇引人注意："妙取筌蹄弃，高宜百万层。"这是对文艺审美超越论的深刻表述，所谓得鱼忘筌、得兔忘蹄、得意忘言，文艺审美不应胶着于现象和语言层面，而应超越，以寻觅那深藏的意味。

杜甫高度重视诗法，这也是引人注目的。《寄高三十五书记》："美名人不及，佳句法如何。"《偶题》："法自儒家有，心从弱岁疲。""法"就是规范、法度，诗要讲求和服从规范、法度，于是形成了诗法。跟诗法相关的则是诗律。《桥陵诗三十韵因呈县内诸官》说："遣词必中律。"遣用词语必须符合声律，这是从声律美学的角度对语词运用所提出的要求。所

---

① 杜甫：《春日忆李白》。
② 杜甫：《解闷十二首》（其六）。
③ 杜甫：《奉和严中丞西城晚眺十韵》。
④ 杜甫：《追酬故高蜀州人日见寄》。
⑤ 杜甫：《秋日夔府咏怀奉寄郑监李宾客一百韵》。
⑥ 杜甫：《戏为六绝句》。
⑦ 李白：《送储邕之武昌》。

谓"中"就是符合规范。《承沈八丈东美除膳部员外阻雨未遂驰贺奉寄此诗》："诗律群公问。"《哭韦大夫之晋》："文律早周旋。"他在《敬赠郑谏议十韵》中甚至提出"律中鬼神惊"的要求，达到触目惊心的审美效应。他对于自己晚年在诗律方面的进步十分称意，所谓"晚节渐于诗律细"即是。

重视诗法及诗律，是杜甫所提出的重要美学思想，然而从时代的深处着眼，则体现了杜甫对唐代美学的要求和规范，因此这一美学思想有其特殊的意义——富于时代色彩。初唐美学家着手进行的第一件事便是清算齐梁美学，包括华靡风格、声律美学，反对声病的束缚，以建安风骨和古朴声调取而代之，这是以复古来求取进步。以陈子昂为先锋、李白为大帅的这场美学思潮，把齐梁美学"扫地以尽"。李白认为作律诗"束于声调俳优"，这与他自由伸展的个性、以建安冲刷齐梁的时代需求息息相关。因此，尽管他的律诗写得甚好，但数量不多。到了殷璠《河岳英灵集》那里，则表现出声律与风骨并提的态度。在声律上，他一方面反对过于拘泥，另一方面也主张须有声律。"集论"说："夫能文者，匪谓四声尽要流美，八病咸须避之，纵不拈缀，未为深缺，即罗衣何飘飘，长裾随风还，雅调仍在，况其他句乎！"可见殷璠所重视的是声韵的自然性质。杜甫则从诗法、诗律规范化的高度提出问题。这诚然反映了杜甫的审美趣尚和审美要求，然而却成为盛转中唐时代审美理想转折的重要标尺。跟李白等人律诗较少成对比的是杜甫写出了大量格律精严、令后人为之赞叹而不可企及的律诗。这一创作审美现象也是时代审美理想转折的一个标志。盛唐放任无羁、冲决旧有的审美规范，到杜甫则是建立新型的审美规范时期。中国文化是有秩序、有规范的文化，在这样的精神下，盛唐之后便有了建立新秩序、新规范的美学要求。杜甫的诗法、诗律美学论，就是适应了这一要求。值得注意的是，这又绝非孤立的审美要求，与杜甫诗法相同步的是书法美学"唐人尚法"的提出，所以这是时代色彩的美学史规范。"法"与"神"又是有联系的。"神"是神妙，不可捉摸，所谓"满堂动 色嗟神妙"，所谓"神妙独数江都王"等。然而，"法"作为准则是可以操作的，以可操作之法而入乎神妙之域，这正是杜甫所提供的审美步骤。

宏远通达的美学史观。这一美学史观体现了杜甫恢宏博大的大家气度，极具时代特色和个人风采。《偶题》写道：

> 文章千古事，得失寸心知。作者皆殊列，名声岂浪垂。骚人
> 嗟不见，汉道盛于斯。前辈飞腾入，余波绮丽为。后贤兼旧制，
> 历代各清规。法自儒家有，心从弱岁疲。永怀江左逸，多谢邺中
> 奇。骐骥皆良马，麒麟带好儿。车轮徒已斫，堂构惜仍亏。漫作
> 潜夫论，虚传幼妇碑……

王嗣奭释曰："后贤继作，前代义例兼而有之，然历代各有清规，非必一途之拘也。"这是对"历代各清规"的恰切解释。这里体现了杜甫相当宏通的美学史观。他一方面"永怀江左逸"，对偏安江左的东晋南朝逸气四溢的诗美学充满怀想，另一方面则"多谢邺中奇"，对建安奇丽风格满怀敬意。这正体现了杜甫的美学史态度。每个时代都有自己的审美理想，也就有自己的审美规范，此一时代与彼一时代各不相同，因此，不能是此而非彼。"历代各清规"是基于各代的审美理想和审美形态作为存在的肯定，每个时代都有自己的"清规"，没有轩轾，不作偏倚。这是何等通达的美学史观！"不薄今人爱古人"，这一被历代所传诵的名句正反映了杜甫那博大的美学史观。这里，不管是有定评，或是有争议的诗人、作家，杜甫均一视同仁。推而广之，这又涉及文艺美学家、理论家和文艺美学流派风格，涉及前代和当代的文艺美学现象等一系列问题。"转益多师是汝师"，这又是何等宽阔的胸怀和气度！诗人、作家应该广泛吸收和汲纳，博采众家而自成一家。这是杜甫的襟怀，很少有人能像他那样兼容并包、吐纳四海。

关于诗、骚美学，杜甫说："别裁伪体近风雅。"① 杜甫视《诗经》的风、雅美学为中国诗美学的源头和范式，因此凡进行诗创造者均应接近和学习风、雅美学。可见，他是把风、雅美学传统奉为第一位的。这从他的诗美学评价中也可以看出来。例如前引评元结《舂陵行》两首诗："复见比兴体制、微婉顿挫之词。"又如《秦州见敕目薛三据授司议郎毕四曜除监察使二子有故远喜迁官兼述索居凡三十韵》："大雅何寥阔，斯人尚典刑。"《奉寄河南韦尹丈人》："词场继国风。"然而，他又非专奉风、雅美学，对于屈骚美学同样给予高度重视，把风骚美学并提并论。例如："风骚共

---

① 杜甫：《戏为六绝句》（其六）。

推激。"①"文雅涉风骚。"②"有才继骚雅。"③他对屈宋怀有深情，所谓"迟迟恋屈宋，渺渺卧荆衡"④。在《戏为六绝句》中他把屈宋美学特征跟"清词丽句必为邻"联系起来，又表示了追步屈宋的意愿："窃攀屈宋宜方驾。"他甚至把屈宋美学视为自己效法的榜样："摇落深知宋玉悲，风流儒雅亦吾师。"⑤杜甫的这些美学史观点在当时就见出卓越之处。从初唐开始就有一股否定屈骚美学的思潮。王勃把齐梁浮靡美学的源头推导为屈宋美学，《上吏部裴侍郎启》说："自微言既绝，斯文不振。屈宋导浇源于前，枚马张淫风于后，谈人主者以宫室苑囿为雄，叙名流者以沉酗骄奢为达。故魏文用之而中国衰，宋武贵之而江东乱。虽沈谢争骛，适先兆齐梁之危；徐庾并驰，不能免周陈之祸。"到盛中唐转折时，这种议论仍不绝于耳。贾至《工部侍郎李公集序》说："三代文章，炳然可观。洎骚人怨靡，扬马诡丽，班、张、崔、蔡、曹、王、潘、陆，扬波扇飙，大变风雅。宋、齐、梁、隋，荡而不返。"李华《赠礼部尚书清河孝公崔沔集序》说："屈平、宋玉，哀而伤，靡而不返，六经之道遁矣。"独孤及《唐故殿中侍御史赠考功郎中萧府君文章集录序》说："扬、马言大而迂，屈、宋词侈而怨。沿其流者，或文质交丧，雅郑相夺，盍为之中道乎？"可见，在唐代仍然有一股否定屈骚的美学思潮。起而抗此思潮的前有李白，他响亮地说："屈平词赋悬日月。"⑥后有杜甫把骚雅并提，视为自己的老师。这对于正确估价楚骚地位具有重要作用。对于延伸下来被非议的扬、马文学美学，杜甫也旗帜鲜明地表示："以我似班扬。"⑦"视我扬马间。"⑧显示了客观公允的态度。在唐人所推崇的建安文学美学史中，杜甫最为欣赏的是曹植。《追酬故高蜀州人日见寄》说："文章曹植波澜阔。"《别李义》说："子建文笔壮。"这是对曹植文学美学风格的精当概括。因此，他亲切动情地说："诗看子建

---

① 杜甫：《夜听许十诵诗爱而有作》。
② 杜甫：《题柏大兄弟山居屋壁二首》（其一）。
③ 杜甫：《陈拾遗故宅》。
④ 杜甫：《送覃二判官》。
⑤ 杜甫：《咏怀古迹》。
⑥ 李白：《江上吟》。
⑦ 杜甫：《壮游》。
⑧ 杜甫：《送顾八分文学适洪吉州》。

亲。"① "或赋诗如曹刘。"②他便以建安文学继承者出现了,从而形成了美学史上建安与杜甫之间的一条线索。

对于有争议的六朝文学美学,更是显示了杜甫的大家风范。他没有一笔摆倒六朝,而是依循"历代各清规"的美学史思想,对一些作家做出正确的审美评价。

对陶潜,杜甫《可惜》说:"宽心应是酒,遣兴莫过诗。此意陶潜解,吾生后汝期。"他常常把陶潜与谢灵运并提,《石柜阁》说:"优游谢康乐,放浪陶彭泽。"这可以说是对谢陶特点的准确概括。《江上值水如海势聊短述》说:"焉得思如陶谢手,令渠述作与同游。"把谢陶并提,也体现了杜甫的美学眼光。在唐代,谢被重视,而陶未达到宋代以后之地位,杜甫并称陶谢,对于提高陶之地位甚有意义。

对鲍照,杜甫欣赏其俊逸超迈的文学美学风格。《春日忆李白》说:"俊逸鲍参军。"这是肯定李白的文学美学风格像鲍照那样"俊逸",是对前后代作家近似风格在联系中所做出的估价。

对谢朓、何逊、阴铿等,《寄岑嘉州》说:"谢朓每篇堪讽诵。"《八哀诗·故右仆射相国张公九龄》说:"绮丽玄晖拥。"《陪裴使君登岳阳楼》说:"诗接谢宣城。"《解闷》(其七)说:"熟知二谢将能事,颇学阴何苦用心。"《遣怀》说:"不复见颜鲍。"《寄彭州高三十五使君适虢州岑二十七长史参三十韵》说:"高岑殊缓步,沈鲍得同行。"《赠毕四曜》说:"流传江鲍体,相顾免无几。"《秋日夔府咏怀奉寄郑监李宾客一百韵》说:"阴何尚清省。"《与李十二白同寻范十隐居》说:"李侯有佳句,往往似阴铿。"从上面的例举中可知杜甫所指涉的是众多的六朝作家。他总是不失时机地提及他们的美学成就或美学风格,同时把唐代的作家与之相联结,描述和勾连美学继承的线索和发展情形。这是杜甫善于把"古人"与"今人"联系起来,既评古人又评今人的美学史方法论。在这里,可以看出杜甫审美上的细心,他善于寻找和发现六朝一批作家文学审美上的特征和风格,也体现了他总是独具慧识地评价这些作家的美学史眼光。

最值得提出的是杜甫对庾信的评价。这是一位争议颇多的作家。《隋书·文学传序》说:"徐陵、庾信,分路扬镳。其意浅而繁,其文匿而彩,

---

① 杜甫:《奉赠韦左丞丈二十二韵》。
② 杜甫:《秋述》。

辞尚轻险,情多哀思。"《周书·王褒庾信传论》说:"然则子山之文,发源于宋末,盛行于梁季。其体以淫放为本,其词以轻险为宗,故能夸目侈于红紫,荡心逾于郑卫。昔扬子云有言:'诗人之赋丽以则,辞人之赋丽以淫。'若以庾氏方之,斯又词赋之罪人也。"庾信被判为"罪人"了。唐人否定六朝文学美学,当然首先要否定庾信。面对这一状况,杜甫在《戏为六绝句》中谈论庾信:"庾信文章老更成,凌云健笔意纵横。今人嗤点流传赋,不觉前贤畏后生。"又在《咏怀古迹》(其一)中写道:"庾信平生最萧瑟,暮年诗赋动江关。"杜甫看到了当时"今人嗤点流传赋"的现象,于是写出了上面所引的话。从杜甫的行文可以看出,他所肯定的是庾信老年、暮年时的文学审美成就。台城陷落、逃奔江陵、出仕北周,形成他晚年生活的重大转折,遂写成了《哀江南赋》这样被人所称誉的"史诗"。杜甫在《咏怀古迹》(其一)写道:"支离东北风尘际,漂泊西南天地间。"言自己安史之乱以来东西南北漂泊流离,居无定所。"三峡楼台淹日月,五溪衣服共云山",说的是自己的暂居之处。"羯胡事主终无赖,词客哀时且未还",说"无赖"安禄山叛唐,亦说南朝侯景叛梁,两代"词客"庾信和杜甫同样哀痛,无以还家,出现命运感上的悲痛联系。基于这样的理解和命运共感,杜甫最后说:"庾信平生最萧瑟,暮年诗赋动江关。"庾信暮年"常有乡关之思,乃作《哀江南赋》以致其意"[1]。杜甫在庾信身上看到了自己的身影,引起了他的深切同情和身世之感。生活帮助和关顾了庾信的文学审美,到晚年,他的文学审美活动更为成熟和老练,这便是杜甫所说的"庾信文章老更成"的含义。他以极高的赞词称颂其文学审美特征是:"凌云健笔意纵横。"笔势健举,意态纵横,有凌云之气。

杜甫一方面对齐梁美学保持着怵惕心理,"恐与齐梁作后尘"[2]。这体现了杜甫担心重蹈齐梁美学覆辙的怵惕心理,也体现了唐人告别过去的美学史要求。另一方面他又对齐梁时代的作家予以中肯的美学史评价。这里反映了他对六朝美学公允客观的态度。这种态度是杜甫的态度,也是唐人的态度。所以冯班《钝吟杂录》卷四这样评述道:"千古会看齐梁诗,莫如老杜。晓得他好处,又晓得他短处。"这是十分中肯的估价。

对"古人"如此,那么对"今人"又如何呢?其同样体现了杜甫的宽

---

[1] 令狐德棻:《周书·庾信传》。
[2] 杜甫:《戏为六绝句》。

厚和大度。"今人"所指当是杜甫同时代的唐代人，其中最明显的是指初唐"四杰"。《戏为六绝句》有两首写道：

　　王杨卢骆当时体，轻薄为文哂未休。尔曹身与名俱灭，不废江河万古流。

　　纵使卢王操翰墨，劣于汉魏近风骚。龙文虎脊皆君驭，历块过都见尔曹。

他认为王杨卢骆"四杰"所创造的体式是"当时"的产物，也就是说这种体式是历史、时代的产物。即使他们在审美上的成就"劣于"风骚和汉魏美学，但是，其"龙文虎脊"斑斓多姿的美学色彩和风格却十分可观，为他人所不及。那些"轻薄为文"，随意贬抑"四杰"的小人们，而今安在哉？他们身名俱灭，而"四杰"却像奔腾的江河万古长流。这种鲜明的美学估价正体现了杜甫高屋建瓴的美学史观念和视野。在其他一些诗篇中，杜甫也赞赏了"四杰"的文学审美成就。如《寄刘峡州伯华使君四十韵》："学并卢王敏。"《寄彭州高三十五使君适虢州岑二十七长史参三十韵》："举天悲富骆，近代惜卢王。"

　　杜甫对陈子昂的评价，前已引述，其美学史的意义在于，把陈子昂的美学地位置身于骚雅、汉魏风骨的美学史线索中考察，其史的地位立即凸现出来。

　　对高适、岑参，《寄彭州高三十五使君适虢州岑二十七长史参三十韵》说："意惬关飞动，篇终接混茫。"高度赞扬高岑的美学成就，气势飞动，气象混茫。杜甫给予高适的美学以高度评价，《奉寄高常侍》说："方驾曹刘不啻过。"能与曹植、刘桢并驾齐驱。他又在《奉简高三十五使君》中具体称颂高适道："当代论才子，如公复几人？骅骝开道路，鹰隼出风尘。"骏马奔腾，鹰隼戾天，这是何等俊健之景象！

　　对于李白，诚然见出杜甫的评价之高，同时，又见出他的评价之中所包含的情感，因此这种评价的审美意味很浓。例如《春日忆李白》："白也诗无敌，飘然思不群。"《寄李十二白二十韵》："笔落惊风雨，诗成泣鬼神。"值得注意的是，杜甫将对李白诗美特征、风格的评价，与六朝的一些杰出诗人联系起来。《与李十二白同寻范十隐居》说："李侯有佳句，往往似阴铿。"这里，杜甫对"今人"的美学评价仍然跟"古人"相连，从而巧妙地勾画出一条美学史线索。

"不薄今人爱古人"是杜甫宏通的美学史视域和观点的体现。这不是折中和平衡,而是体现了他那客观而公允、宏达而宽厚的大家风范。不是偏颇一方,也不是纯凭好恶,而是目极四方,涵茹万态,这种美学史观使他雄踞于唐代美学史坛的首位。唯其如此才使得他能够领袖风骚,唯其如此才能使得他博采古今,融为一家。

碧海掣鲸的审美风格论。《戏为六绝句》(其四)云:

> 才力应难跨数公,凡今谁是出群雄?或看翡翠兰苕上,未掣鲸鱼碧海中。

钱谦益《读杜二笺》说:"兰苕翡翠,指当时研揣声病,寻摘章句之徒;鲸鱼碧海,则所谓浑涵汪洋,千汇万状,兼古人而有之者也。亦退之横空盘硬,妥帖排奡,垠崖崩豁,乾坤雷硠者也。"宗廷辅《古今论诗绝句》说:"数公,指庾信及王杨卢骆,是说古人。'凡今谁是出群雄',是说今人。古人才力甚大,著'应难'二字,有许多佩服之意。今人亦未可一概抹杀,著'谁是'二字,有许多想望之意。'翡翠兰苕'喻文采鲜妍,乃今人所擅之一能。'鲸鱼碧海'喻体魄伟丽,数公之才力却是如此。其广狭大小,岂可相提并论哉!""翡翠兰苕"和"碧海掣鲸"代表两种不同的美学风格,前者纤柔、娇弱,后者雄奇、壮美,这不是风格上的优美、壮美之区别,而是有优劣高下之分。杜甫并不欣赏翡翠鸟戏兰苕的柔弱,他所神驰的美学境界是碧海壮阔,鲸鱼腾踔,是壮美和雄奇。这里有着杜甫心雄四海、阔大壮丽的心理世界、美学世界的体现。杜甫所描述的正是这种混茫浑灏的美学世界,这一美学理想和倾向又正体现了杜甫的气魄和气派,给后代审美理想以深刻影响。元好问《论诗三十首》(其二十四)就曾写道:"有情芍药含春泪,无力蔷薇卧晚枝。拈出退之山石句,始知渠是女郎诗。"

杜甫的美学思想涉及审美创作、审美鉴赏、审美理想、美学史观等多个领域,形成了一个完整的机体。它浑厚、深邃、宏达,包罗古今,剀切中肯,成为唐美学思想的重要构成部分。

第二节 人生经历与美学精神

杜甫一生波澜曲折,其命运与社会、历史、时代密切相连。在历史转折时期，会出现许多意外事变，事变的出现总是左右着人们的命运。杜甫在历史转折的波澜中备受冲击，由此形成了他的性格、命运和美学品格、精神。杜甫有着显赫的家世并深受其影响，概括起来有两点：一是"奉儒守官"，一是"诗是吾家事"。关于前者，杜甫在《进雕赋表》中说："自先君恕、预以降，奉儒守官，未坠素业。"他的早期以至一生思想都恪遵儒家，如刘熙载《艺概·诗概》所说："少陵一生却只在儒家界内。"这就使得他有一种仁和的态度、一副仁爱的心肠。对于人民疾苦感同身受的切肤之痛，正源于此。"朱门酒肉臭，路有冻死骨"①，这种尖锐强烈的对比情景，不仅是描述性的，而且蕴含诗人的主体感情，属于情感性的。存在着对象与主体之间的情感联系，因而它不仅具有撼击人心的社会力量，而且有着叩动心扉的美学力量。儒学思想已渗入杜甫的血液之中，终其一生他都恪遵于此，这就使他的美学思想属于致用实践型的，体现了对于现实和现实主体——人的密切关注。这种关注又饱含着心理的情感因素，因而显得特别深沉。"物微限通塞，恻隐仁者心"②，正是这种心理的写照。

作为封建士子，杜甫在青年时表示"致君尧舜上，再使风俗淳"③，晚年他把这根思想的接力棒交付于后人："致君尧舜付公等，早据要路思捐躯。"④他一生的思想就贯通着这样一条线索。在《江汉》中他说："江汉思归客，乾坤一腐儒。"他自塑"腐儒"形象，然而这位"腐儒"却毫无冬烘腐霉气，"腐"乃显示出他对于"儒"的执着和一以贯之。另一方面，杜甫又说："诗是吾家事。"他很为祖父杜审言感到自豪，《赠蜀僧闾丘师兄》曾说："吾祖诗冠古。"评价极高。《进雕赋表》说："亡祖故尚书膳部员外郎先臣审言，修文于中宗之朝，高视于藏书之府，故天下学士到于今而师之。"这是一个有着深厚学养传统的世家，杜甫是以文化的心灵、诗的心灵和审美的心灵感受世界的。这样，前述他的儒家思想就不是以说教的形式出现，而是通过文学审美的管道，运用诗的感性形式表现和表达出来。这是杜甫思想巨大的形象感染力的表现特征，由此也决定了杜甫一生一方面保持儒家思想的本体因素，另一方面又始终保持文学审美的基本特点。他又

---

① 杜甫：《自京赴奉先县咏怀五百字》。
② 杜甫：《过津口》。
③ 杜甫：《奉赠韦左丞丈二十二韵》。
④ 杜甫：《暮秋枉裴道州手札率尔遣兴寄近呈苏涣侍御》。

是一位禀赋极高的早熟天才,《壮游》诗就曾记载他早岁的天赋:"往昔十四五,出游翰墨场。斯文崔魏徒,以我似班扬。七龄思即壮,开口咏凤凰。九龄书大字,有作成一囊。"这是他后来成为一代巨擘的智力基础。闻一多《唐诗杂论·杜甫》高度赞赏杜甫的记忆力和感受力。"四岁时看的东西,过了五十多年,还能留下那样活跃的印象,公孙大娘的艺术之神妙,可以想见,然而小看客的感受力,也就非凡了。"他又有后天的刻苦努力。"读书破万卷"是他的名言,不知鼓舞后代多少人去勤奋学习。他"转益多师",广采博纳,便使他的天才禀赋得到学识的滋养,有了更为坚实的基础和发展前途。如果说杜甫青年时期的诗以才气取胜,那么中晚年则以学养擅优。宋代不是以李白,而是以杜甫为榜样,其原因正在此。先天的条件、后天的修养,使得杜甫的文学审美同时具备了洋溢的才华和发展的后劲。

对于了解杜甫的本体性格,他《寄题江外草堂》中的两句诗不为人所注意,但恰恰给人们提供了一扇难得的窗户。"我生性放诞,雅欲逃自然。"很清楚,他早年并不是那么严谨、老成、守规的,而是颇为放诞。看到他早年性格、个性的这一面,才更能说明生活环境、时代事变对于人个性、性格的左右、影响作用。即使是到了中晚年,他性格的内在放诞和傲岸也没有消退,《官定后戏赠》一诗便是明证:"不作河西尉,凄凉为折腰。老夫怕趋走,率府且逍遥。"也正因为他早年性格放诞,才会有青年时代裘马清狂的壮游,其中有四年的吴越之游,五年的齐赵之旅。《壮游》长诗中涉及吴越之游的有:

> 东下姑苏台,已具浮海航。到今有遗恨,不得穷扶桑。王谢风流远,阖庐丘墓荒。剑池石壁仄,长洲荷芰香。嵯峨阊门北,清庙映回塘。每趋吴太伯,抚事泪浪浪。枕戈忆勾践,渡浙想秦皇。蒸鱼闻匕首,除道哂要章。越女天下白,鉴湖五月凉。剡溪蕴秀异,欲罢不能忘。归帆拂天姥,中岁贡旧乡。

姑苏、鉴湖、剡溪等地都在他的游程之中,其秀美景色给他留下深刻印象,"欲罢不能忘"。特别是他动情地回忆起发生在游程中的历史故事,增加了深沉的历史感和沧桑感。《壮游》诗中还描述了他五年的齐赵之旅:

> 放荡齐赵间,裘马颇清狂。春歌丛台上,冬猎青丘旁。呼鹰皂枥林,逐兽云雪冈。射飞曾纵鞚,引臂落鹙鸧。苏侯据鞍喜,忽如携葛强。快意八九年,西归到咸阳。

这段旅游生活够放诞、够清狂的了。春歌冬猎，呼鹰逐兽，纵马射飞，鹜鸽落臂，正是青年之豪气、狂放的典型写照，何等快意！在"快意"中消释了他落第的不快，舒展了他自由、放浪的本性和唐人所共具的任侠之气。从《壮游》中可以看出杜甫的张狂性格，一点也没有"腐儒"的味道和气息，他"性豪""业嗜酒"，他"嫉恶怀刚肠"。一旦他"饮酒视八极，俗物都茫茫"，一切都不在眼中话下，什么屈原、贾谊、曹植、刘桢都不足道也，可谓傲气十足。这是青年人所特有的意气。《旧唐书》本传说他"傲诞""无拘检"，应该说是准确的概括。

天宝三载（744）四月，杜甫与李白在洛阳相识，开始了两位大诗人间的交往，从此他们的心便联结在一起，双子星座便辉映于群星灿烂的夜空。这一年的秋天，杜甫与李白、高适同游梁宋。据《新唐书》本传载："尝从白及高适过汴州，酒酣登吹台，慷慨怀古，人莫测也。"他在晚年回忆起这段生活时仍然十分动情，《遣怀》中写道：

> 昔我游宋中，惟梁孝王都。名今陈留亚，剧则贝魏俱。邑中九万家，高栋照通衢。舟车半天下，主客多欢娱。白刃仇不义，黄金倾有无。杀人红尘里，报答在斯须。忆与高李辈，论交入酒垆。两公壮藻思，得我色敷腴。气酣登吹台，怀古视平芜。芒砀云一去，雁鹜空相呼。

三位大诗人在心灵上互相契合，美学上互通声气，是文学史上的佳话，也成为美学史上互为感促的范例。他们"气酣登吹台，怀古视平芜"，又多了一分慷慨气。

此后又在冬日与高、李同游单父琴台（一说在今山东单县，一说在今河南开封），可作为《壮游》姊妹篇的《昔游》仍然动情地写道：

> 昔者与高李，晚登单父台。寒芜际碣石，万里风云来。桑柘叶如雨，飞藿共徘徊。清霜大泽冻，禽兽有余哀。

在狂放、旷达、慷慨的审美氛围中见出了审美主体宽松、舒展、热烈的心境，于是，他的审美对象物便是矫健的骏马、飞腾的苍鹰。《房兵曹胡马诗》写道：

> 胡马大宛名，锋棱瘦骨成。竹批双耳峻，风入四蹄轻。所向无空阔，真堪托死生。骁腾有如此，万里可横行。

杜甫描述的骏马着眼其神，瘦骨高耸，有如锋棱，而不是肥态臃肿；双耳如竹尖，锐利峻削，正是良马的标志形象。四蹄腾空，轻捷如风。杜甫既对其形加以描述，又充分展示其丰神，它所向披靡，骁腾飞跃，万里横行，无所畏怯，它可以生死相托。这种精神虽为写马，实为喻人，体现了人的进取、勇敢和向上。杜甫还写有《画鹰》，云：

> 素练风霜起，苍鹰画作殊。㧐身思狡兔，侧目似愁胡。绦镟光堪摘，轩楹势可呼。何当击凡鸟，毛血洒平芜。

在这里，杜甫仍然画其形，传其神。㧐身而起的姿态意欲攫取狡兔，侧目又恍若愁胡。其模样简直要腾身而起，呼之而出。它英勇冲击，搏杀"凡鸟"，毛血洒满原野。酷烈的场面正显示苍鹰的英武之姿、雄健之神和血腥之味。浦起龙《读杜心解》评道："起作惊疑问答之势……'㧐身''侧目'，此以真鹰拟画，又是贴身写。'堪摘''可呼'，此从画鹰见真，又是饰色写。结则竟以真鹰气概期之。乘风思奋之心，疾恶如仇之志，一齐揭出。"马、鹰的卓尔不凡和意气奋发正是诗人此时青春意气的写照和对象化体现。这时，时代有着激发有志之士的热气和朝气，甚至弥漫着血腥气。杜甫借骏马、苍鹰以畅达心志，表达自己的理想、愿望。由此可以看出，杜甫裘马清狂不是纨绔子弟的寻欢作乐，而是有着深刻的精神内涵。其集中表现是《望岳》：

> 岱宗夫如何？齐鲁青未了。造化钟神秀，阴阳割昏晓。荡胸生层云，决眦入归鸟。会当凌绝顶，一览众山小。

于高处才能有云荡胸间之豪情，才有望断归鸟之境界。诗人有飞凌绝顶之志向，复有"一览众山小"，即"登泰山而小天下"之气概。这正是诗人凌云志之畅露，如浦起龙《读杜心解》所言："杜子心胸气魄，于斯可观。"

裘马清狂有凌云壮志作为其内涵和本体内容。这里，可以看到杜甫青春意气中的雄心，欲大有为于世，这是杜甫的志向和愿望。这些诗都写于开天年间，盛唐之风亦无例外地吹拂到他的身上。他曾看到过盛唐气象，"是时，中国盛强，自安远门西，尽唐境凡万二千里，闾阎相望，桑麻翳野"。"州县殷富，仓库积粟帛，动以万计。"[①]又"是时，海内富实，米斗之价钱十三，青、齐间斗才三钱。绢一匹，钱二百。道路列肆，具酒食以待行人。店有驿驴，行千里不持尺兵。天下岁入之物，租钱二百余万缗，粟

---

① 司马光：《资治通鉴》卷二一六。

千九百八十余万斛,庸调绢七百四十万匹,绵百八十余万屯,布千三十五万余端"①。杜甫《忆惜》则以个人的亲身感受描述道:

> 忆昔开元全盛日,小邑犹藏万家室。稻米流脂粟米白,公私仓廪俱丰实。九州道路无豺虎,远行不劳吉日出。齐纨鲁缟车班班,男耕女桑不相失。宫中圣人奏云门,天下朋友皆胶漆。百余年间未灾变,叔孙礼乐萧何律。

这种感受是过去时态,是杜甫落拓、流离时对过去依依不尽的眷顾,是破落户对繁盛时进行的不无酸楚的回忆。他企冀"历历开元事",却无法重现。盛唐气数已尽,不可抗拒地衰退下去了。就在这个转折时期,他偏偏来到长安,开始了"旅食京华春"的十载(746—755)生活。

裘马清狂的生活只能作为昔日的回忆,杜甫也已没有了过去的那种热情和豪气。"旅食京华春"的十年是唐代由盛入衰的时期,也是杜甫转入困蹶的时期,同时又是他的美学风格由明畅转入沉郁、舒展转入顿挫的时期。少年不识愁滋味的杜甫这回可算是备尝艰难苦辛、人情冷暖,"男女呻吟,饥寒并迫"。京华十载使得他真正从泰山之巅跌落到平地之上。骑驴京华投诗非人,表明这位诗人还没有成熟,尚欠老练。《奉赠韦左丞丈二十二韵》是他"旅食京华春"的真实写照:

> 纨袴不饿死,儒冠多误身。丈人试静听,贱子请具陈。甫昔少年日,早充观国宾。读书破万卷,下笔如有神。赋料扬雄敌,诗看子建亲。李邕求识面,王翰愿卜邻。自谓颇挺出,立登要路津。致君尧舜上,再使风俗淳。此意竟萧条,行歌非隐沦。骑驴十三载,旅食京华春。朝扣富儿门,暮随肥马尘。残杯与冷炙,到处潜悲辛。主上顷见征,欻然欲求伸。青冥却垂翅,蹭蹬无纵鳞。甚愧丈人厚,甚知丈人真。每于百僚上,猥诵佳句新。窃效贡公喜,难甘原宪贫。焉能心怏怏,只是走踆踆。今欲东入海,即将西去秦。尚怜终南山,回首清渭滨。常拟报一饭,况怀辞大臣。白鸥没浩荡,万里谁能驯!

诗人明显地带有强烈的不平和不满,于是诗一开篇,便倾注愤懑,出现"纨袴不饿死,儒冠多误身"的强烈反差、对比,形成诗审美上的顿挫。诗中贯

---

① 欧阳修、宋祁:《新唐书·食货志》。

串诗人今昔对比,曾经下笔如有神,足以跟扬雄、曹植匹敌,曾经有过"致君尧舜上,再使风俗淳"的宏愿抱负,现在却在朝扣暮随中生活,得到的是残杯和冷炙,"到处潜悲辛"。这种强烈反差、对比,在情绪上产生了跌宕顿挫。最后,诗的情绪又冲涌起来,"白鸥没浩荡,万里谁能驯"!如同仇兆鳌《杜诗详注》引董养性所说:"词气磊落,傲睨宇宙,可见公虽困踬之中,英锋俊彩,未尝少挫也。"反差、不平、不满,心理久难平衡,极尽悲慨,最后终致昂扬、旷放,千回百转,极尽顿挫。在这个时期杜甫的诗美风格走向出现变化,不是平波展镜,也不是江水浩荡,而是纵横转折,跌宕顿挫。这是杜甫人生经历对美学精神影响的体现。

在长安,他常常与"同病"者"相怜",与"同道"者"相好",从而,在这些交游活动中,展现出他的内心世界。《醉时歌》写道:

> 诸公衮衮登台省,广文先生官独冷。甲第纷纷厌粱肉,广文先生饭不足。先生有道出羲皇,先生有才过屈宋。德尊一代常坎坷,名垂万古知何用!杜陵野客人更嗤,被褐短窄鬓如丝。日籴太仓五升米,时赴郑老同襟期。得钱即相觅,沽酒不复疑。忘形到尔汝,痛饮真吾师。清夜沉沉动春酌,灯前细雨檐花落。但觉高歌有鬼神,焉知饿死填沟壑。相如逸才亲涤器,子云识字终投阁。先生早赋《归去来》,石田茅屋荒苍苔。儒术于我何有哉?孔丘盗跖俱尘埃!不须闻此意惨怆,生前相遇且衔杯。

诗人仍然以"诸公"与"广文先生"的对比、反差,形成情感的冲击。由"广文先生"推及"杜陵野客",出现两颗心的联结和同病相怜。"清夜沉沉动春酌,灯前细雨檐花落。但觉高歌有鬼神,焉知饿死填沟壑"中充溢悲慨之气。他的激愤形成喷发,终至于连少年时就所奉之"儒术"亦一笔否定了:"儒术于我何有哉?孔丘盗跖俱尘埃!"偏激正是激愤的一种独特存在形式。

《饮中八仙歌》又从另一个视角展现了杜甫旅食京华的心态:

> 知章骑马似乘船,眼花落井水底眠。汝阳三斗始朝天,道逢曲车口流涎,恨不移封向酒泉。左相日兴费万钱,饮如长鲸吸百川,衔杯乐圣称避贤。宗之潇洒美少年,举觞白眼望青天,皎如玉树临风前。苏晋长斋绣佛前,醉中往往爱逃禅。李白一斗诗百篇,长安市上酒家眠。天子呼来不上船,自称臣是酒中仙。张旭三杯草圣

> 传，脱帽露顶王公前，挥毫落纸如云烟。焦遂五斗方卓然，高谈雄辩惊四筵。

这是一幅酒客群醉图像，面目逼肖，各呈风采。其醉态反映各人的个性特征，或狂，或颠，均有其性格的内涵和文化气质。魏晋风度与酒相连，形成魏晋名士特有的文化内涵，甚或是社会内涵，而唐人八仙，虽在某些方面跟魏晋名士相联系，但又有其时代、个人特征。八仙用自己的醉态和生活方式表达对时代、社会、人生的态度。醉，不是醉生梦死的游戏人生，而是饱含对现实、社会的清醒、理智，在最失去理性的狂态醉意中隐藏最富于理性的意念。旁观者杜甫是清醒的，当局者八仙也是清醒的。有了这样一批人所形成的人文圈、文化圈，杜甫尽管"朝扣富儿门，暮随肥马尘"，却仍然得到心灵的慰藉。这是杜甫旅食京华十年的文化圈，这个文化圈使得杜甫尽管处境艰辛，却有良好的心态。这个文化小环境是哺育杜甫的土壤，而杜甫又是这个文化小环境中最富于文化、美学识见的杰出者。天宝十一载（752）秋天，杜甫与高适、岑参、薛据、储光羲同登长安慈恩寺塔，所写的《同诸公登慈恩寺塔》便是明证。杜甫跟其他人不同，或者说他超过其他人之处，是他所表现出来的对于时局的关注，他那特有的政治敏感和忧患意识。在登临寺塔时，他无心于景致的欣赏和风光的流连。他注目远眺陷入沉思之中，诗一开头便说道："高标跨苍穹，烈风无时休。自非旷士怀，登兹翻百忧。"正如浦起龙《读杜心解》说："乱源已兆，忧患填胸，触境即动。只一凭眺间，觉河山无恙，尘昏满目。"

杜甫对现实时事的关注和由此而派生出的现实美学精神通过对京华之地、天子脚下的历史事变的亲身观察和体验得到进一步的发展和体现。他写有著名的《兵车行》：

> 车辚辚，马萧萧，行人弓箭各在腰。爷娘妻子走相送，尘埃不见咸阳桥。牵衣顿足拦道哭，哭声直上干云霄。道旁过者问行人，行人但云点行频。或从十五北防河，便至四十西营田。去时里正与裹头，归来头白还戍边。边庭流血成海水，武皇开边意未已。君不闻汉家山东二百州，千村万落生荆杞。纵有健妇把锄犁，禾生陇亩无东西。况复秦兵耐苦战，被驱不异犬与鸡。长者虽有问，役夫敢申恨？且如今年冬，未休关西卒。县官急索租，租税从何出？信知生男恶，反是生女好。生女犹得嫁比邻，生男埋没随百草。君不见

青海头，古来白骨无人收。新鬼烦冤旧鬼哭，天阴雨湿声啾啾。

据《资治通鉴》卷二一六载，哥舒翰攻克吐蕃石堡城，"如期拔之"，却出现"唐士卒死者数万"的惨局。同卷又载，天宝十载（755）四月，"剑南节度使鲜于仲通讨南诏蛮，大败于泸南。时仲通将兵八万……军大败，士卒死者六万人，仲通仅以身免。杨国忠掩其败状，仍叙其战功……制大募两京及河南、北兵以击南诏。人闻云南多瘴疠，未战，士卒死者什八九，莫肯应募。杨国忠遣御史分道捕人，连枷送诣军所……于是行者愁怨，父母妻子送之，所在哭声振野。"杜甫的《兵车行》就是以唐玄宗时的穷兵黩武为描述对象，成为足以与《资治通鉴》相比并具有历史认识意义的画面。然而杜甫并非仅仅提供了一个历史事实，诗人经过了充分的审美化。那幅送别图，在氛围的纵笔渲染和情状的纵意描述中，富有撕肝裂胆的力量。是"史"，又是"诗"，遂为"诗史"，这是杜甫作品以其特有的审美方式震撼人之原因所在。在这段时期，他"诗史"的特征便基本形成了，其轮廓也基本勾画出来了。

当唐王朝出现衰迹时，不断爆出宫闱丑闻和社会丑闻。《资治通鉴》卷二一六记有杨国忠与虢国夫人的丑闻，"杨国忠与虢国夫人居第相邻，昼夜往来，无复期度，或并辔走马入朝，不施障幕，道路为之掩目"。杜甫便写出《丽人行》：

三月三日天气新，长安水边多丽人。态浓意远淑且真，肌理细腻骨肉匀。绣罗衣裳照暮春，蹙金孔雀银麒麟。头上何所有？翠微叶垂鬓唇。背后何所见？珠压腰衱稳称身。就中云幕椒房亲，赐名大国虢与秦。紫驼之峰出翠釜，水精之盘行素鳞。犀箸厌饫久未下，鸾刀缕切空纷纶。黄门飞鞚不动尘，御厨络绎送八珍。箫管哀吟感鬼神，宾从杂遝实要津。后来鞍马何逡巡，当轩下马入锦茵。杨花雪落覆白蘋，青鸟飞去衔红巾。炙手可热势绝伦，慎莫近前丞相嗔！

据《旧唐书·杨贵妃传》载，"玄宗每年十月，幸华清宫，国忠姊妹五家扈从。每家为一队，着一色衣。五家合队，照映如百花之焕发。而遗钿坠舄，瑟瑟珠翠，灿烂芳馥于路。国忠私于虢国，不避雄狐之刺；每入朝，或联镳方驾，不施帷幔。每三朝庆贺，五鼓待漏，靓妆盈巷，蜡炬如昼"。本诗就是对这种现象的描述，其主体态度表现得客观、如实，以其事实本身作为对象。而诗人对于时事的针砭和对于丑恶现象的抨击全都通过如实的描述体现出来，诗人的社会倾向和审美倾向寓于描述之中，这是诗人冷眼看世界的一种态度，也是一种审美方式。诚如浦起龙《读杜心解》所评："无一刺讥语，描摹处语语刺讥；无一慨叹声，点逗处声声慨叹。"字里行间正有审美主体的慨叹和刺讥，有着审美主体字字珠玑的评判。

这段时期杜甫对于现实深沉的感受凝结为不朽的诗篇《自京赴奉先县咏怀五百字》：

> 杜陵有布衣，老大意转拙。许身一何愚，窃比稷与契。居然成濩落，白首甘契阔。盖棺事则已，此志常觊豁。穷年忧黎元，叹息肠内热。取笑同学翁，浩歌弥激烈。非无江海志，潇洒送日月。生逢尧舜君，不忍便永诀。当今廊庙具，构厦岂云缺？葵藿倾太阳，物性固难夺。顾惟蝼蚁辈，但自求其穴。胡为慕大鲸，辄拟偃溟渤？以兹误生理，独耻事干谒。兀兀遂至今，忍为尘埃没。终愧巢与由，未能易其节。沉饮聊自遣，放歌破愁绝。岁暮百草零，疾风高冈裂。天衢阴峥嵘，客子中夜发。霜严衣带断，指直不能结。凌晨过骊山，御榻在嵽嵲。蚩尤塞寒空，蹴踏崖谷滑。瑶池气郁律，羽林相摩戛。君臣留欢娱，乐动殷胶葛。赐浴皆长缨，与宴非短褐。彤庭所分帛，本自寒女出。鞭挞其夫家，聚敛贡城阙。圣人筐篚恩，实欲邦国活。臣如忽至理，君岂弃此物？多士盈朝廷，仁者宜战栗。况闻内金盘，尽在卫霍室。中堂舞神仙，烟雾蒙玉质。暖客貂鼠裘，悲管逐清瑟。劝客驼蹄羹，霜橙压香橘。朱门酒肉臭，路有冻死骨！荣枯咫尺异，惆怅难再述。北辕就泾渭，官渡又改辙。群冰从西下，极目高崒兀。疑是崆峒来，恐触天柱折。河梁幸未坼，枝撑声窸窣。行李相攀援，川广不可越。老妻寄异县，十口隔风雪。谁能久不顾，庶往共饥渴。入门闻号啕，幼子饿已卒。吾宁舍一哀，里巷亦呜咽。所愧为人父，无食致夭折。岂知秋禾登，贫窭有仓卒。生常免租税，名不隶征伐。抚迹犹酸辛，平人固骚屑。默思失业徒，因念远戍卒。忧端齐终南，澒洞不可掇。

王嗣奭《杜臆》卷一说："'彤庭分帛''卫霍金盘''朱门酒食'等语，皆道其实，故称诗史。"《自京赴奉先县咏怀五百字》成为杜甫"诗史"的第一个高峰。他多方面辗转申发了自己的心迹，确为"咏怀"，自许稷、契,仕无所成,隐又未遂,不愿像巢、由那样逃离现实,因为他本性如此,如葵藿向着太阳一样。他只得借助于沉醉来排遣,靠放歌来破愁。这一切都在千回百转中表达,极尽铺排之能事,显示心迹的变化和心态的矛盾以及经过转折后所获得的排解。他又沉痛欲绝地描述了那个社会极端反差的贫富不均现象,对唐玄宗君臣侈靡生活做了讽刺性勾画,提炼出震古烁今的名言:"朱门酒肉臭,路有冻死骨!"这是"诗史"之诗魂所在,也是奠定他在中国文学美学史上光辉地位的座基。诗中还记述了幼子饿死的惨痛场面,这是令人摧肝裂胆的悲惨事件。诗人并没有沉浸在丧子之痛中,而是扩大他的思念范围,"默思失业徒,因念远戍卒",这是何等博大的胸怀!他"忧端齐终南",对人民的忧虑和关切之情天载地负,简直和终南山一般高峻。"澒洞不可掇",他在唐玄宗"君臣留欢娱"之中已觉察到一场天崩地坼的历史事变即将来临。这是他走出京城在实际生活中所获得的感受,是对山雨欲来风满楼的切实感受。历史正印验了这位布衣之身的非政治家的预感,这正是杜甫的伟大之处。他忧及天下,便跳出一家之痛,虑及万家。于是杜甫的精神便显现出来了,构成了他诗美学精神之精髓。随着渔阳鼙鼓动地而来,杜甫遭受了空前的灾难,真是国破家亡。为叛军所掳,成为一名标准的难民,颠沛流离,一夕数惊,遭受了世间罕见之苦难。饥寒交迫,他本人虽是时当盛年,却是白发夹青丝,衰惫不堪。然而,"国家不幸诗家幸",杜甫反而是"潼关诗兴多",成为他"诗史"上的又一个辉煌期、高峰期。《彭衙行》成为他举家流浪、迭遭不幸的艺术记录。这是一段惨痛的记忆。"忆昔避贼初,北走经险艰",常走夜路,"夜深彭衙道,月照白水山"。他已顾不及那么多的脸面了,"尽室久徒步,逢人多厚颜",一幅子啼儿哭的景象便呈现出来了。"参差谷鸟鸣,不见游子还。痴女饥咬我,啼畏虎狼闻。怀中掩其口,反侧声愈嗔。小儿强解事,故索苦李餐。一旬半雷雨,泥泞相牵攀。既无御雨备,径滑衣又寒。有时经契阔,竟日数里间。野果充糇粮,卑枝成屋椽。早行石上水,暮宿天边烟。少留同家洼,欲出芦子关。故人有孙宰,高义薄层云。延客已曛黑,张灯启重门。暖汤濯我足,剪纸招我魂。从此出妻孥,相视涕阑干。众雏烂熳睡,唤起沾盘餐。誓将与夫子,永结为弟昆。遂空所坐堂,安居奉我欢。谁肯艰难际,豁达露心肝。别来岁月周,胡羯仍构患。何当有翅翎,飞去坠尔前?"这种回忆是叙事性的,罗列了许多具体的情节、细节,饱含痛苦和酸辛,然而在患难之中见出真友。那些黑夜之中接待的情景被描述得感心动腑，无疑给杜甫的心里烙下了深刻印记，使他在凄苦之外感受到人与人之间的温暖。

安史之乱在诗人的生活视域和审美视域中得到真切而深刻的表现。《哀王孙》中过去金玉之身的王孙已"困苦乞为奴"。整个长安城内一片破败的景象："长安城头头白乌，夜飞延秋门上呼。又向人家啄大屋，屋底达官走避胡。金鞭断折九马死，骨肉不得同驰驱。"在《哀江头》中他又通过对宫中景象的回忆形成描述上的对比。"江头宫殿锁千门，细柳新蒲为谁绿？忆昔霓旌下南苑，苑中万物生颜色。昭阳殿里第一人，同辇随君侍君侧。辇前才人带弓箭，白马嚼啮黄金勒。翻身向天仰射云，一笑正坠双飞翼。明眸皓齿今何在？血污游魂归不得。"往昔的繁华已成为过眼烟云了。

在大灾大难中，他关注时局的变化，他那颗泣血的心不断为事态的恶化所震颤。至德元年（756），官军接连在陈陶、青坂大败，杜甫写有《悲陈陶》："孟冬十郡良家子，血作陈陶泽中水。野旷天清无战声，四万义军同日死。群胡归来血洗箭，仍唱胡歌饮都市。都人回面向北啼，日夜更望官军至。"《悲青坂》："我军青坂在东门，天寒饮马太白窟。黄头奚儿日向西，数骑弯弓敢驰突。山雪河冰晚萧瑟，青是烽烟白是骨。焉得附书与我军，忍待明年莫仓卒。"诗人展露的是陈陶泽中血流成水，烽烟青青，白骨嶙嶙。然而，他又不是做纯粹性的展示，他从惨象中萌生出跟沦陷区人民一致的感受。在这段时期他的境况是悲惨的，然而心境却时有矛盾，跟唐肃宗的关系也出现过矛盾。

一方面在《悲陈陶》中表达人民的愿望："都人回面向北啼，日夜更望官军至。"另一方面又审时度势，对时局有独到的见解，在《悲青坂》中说："焉得附书与我军，忍待明年莫仓卒。"蓄积力量，待时反攻，而不应操之过急，矛盾的心情中显示出诗人的识见。一方面在至德二年（757），越过道道阻隘，克服重重困难，"麻鞋见天子，衣袖露两肘"[①]，在凤翔见到唐肃宗"喜心翻倒极，呜咽泪沾巾"[②]。另一方面却因上疏救房琯得罪了唐肃宗，遂离开凤翔，北征鄜州。一方面他对月思念远方的亲人，另一方面却"反畏消息来，寸心亦何有"[③]，心态处于极度矛盾之中。一方面他对官军

---

① 杜甫：《述怀》。
② 杜甫：《喜达行在所三首》（其二）。
③ 杜甫：《述怀》。

屡败深为关怀，另一方面对强拉民夫，以致不分对象强征入伍的现象深表不满。这便写下了著名的"三吏""三别"。

这里凝结着杜甫最基本的民本精神和济世精神。长达一百四十句的《北征》就是集中体现：

> 皇帝二载秋，闰八月初吉。杜子将北征，苍茫问家室。维时遭艰虞，朝野少暇日。顾惭恩私被，诏许归蓬荜。拜辞诣阙下，怵惕久未出。虽乏谏诤姿，恐君有遗失。君诚中兴主，经纬固密勿。东胡反未已，臣甫愤所切。挥涕恋行在，道途犹恍惚。乾坤含疮痍，忧虞何时毕。靡靡逾阡陌，人烟眇萧瑟。所遇多被伤，呻吟更流血。回首凤翔县，旌旗晚明灭。前登寒山重，屡得饮马窟。邠郊入地底，泾水中荡潏。猛虎立我前，苍崖吼时裂。菊垂今秋花，石戴古车辙。青云动高兴，幽事亦可悦。山果多琐细，罗生杂橡栗。或红如丹砂，或黑如点漆。雨露之所濡，甘苦齐结实。缅思桃源内，益叹身世拙。坡陀望鄜畤，岩谷互出没。我行已水滨，我仆犹木末。鸱鸮鸣黄桑，野鼠拱乱穴。夜深经战场，寒月照白骨。潼关百万师，往者散何卒？遂令半秦民，残害为异物。况我堕胡尘，及归尽华发。经年至茅屋，妻子衣百结。恸哭松声回，悲泉共幽咽。平生所娇儿，颜色白胜雪。见爷背面啼，垢腻脚不袜。床前两小女，补绽才过膝。海图坼波涛，旧绣移曲折。天吴及紫凤，颠倒在短褐。老夫情怀恶，呕泄卧数日。那无囊中帛，救汝寒凛栗。粉黛亦解包，衾裯稍罗列。瘦妻面复光，痴女头自栉。学母无不为，晓妆随手抹。移时施朱铅，狼藉画眉阔。生还对童稚，似欲忘饥渴。问事竞挽须，谁能即嗔喝？翻思在贼愁，甘受杂乱聒。新归且慰意，生理焉得说！至尊尚蒙尘，几日休练卒？仰观天色改，坐觉祅氛豁。阴风西北来，惨淡随回纥。其王愿助顺，其俗善驰突。送兵五千人，驱马一万匹。此辈少为贵，四方服勇决。所用皆鹰腾，破敌过箭疾。圣心颇虚伫，时议气欲夺。伊洛指掌收，西京不足拔。官军请深入，蓄锐可俱发。此举开青徐，旋瞻略恒碣。昊天积霜露，正气有肃杀。祸转亡胡岁，势成擒胡月。胡命其能久，皇纲未宜绝。忆昨狼狈初，事与古先别。奸臣竟菹醢，同恶随荡析。不闻夏殷衰，中自诛褒妲。周汉获再兴，

> 宣光果明哲。桓桓陈将军，仗钺奋忠烈。微尔人尽非，于今国犹活。凄凉大同殿，寂寞白兽闼。都人望翠华，佳气向金阙。园陵固有神，洒扫数不缺。煌煌太宗业，树立甚宏达。

这是包罗万象的长篇叙事诗。《杜诗镜铨》卷四引李因笃评语，"上关庙谟，下具家乘。其材则海涵地负，其力则排山倒岳。有极尊严处，有极坟细处。繁处有千门万户之象，简处有急弦泥柱之悲……一代兴亡，与风雅颂相表里，可谓知言"。他对时局的隐忧，对朝廷的希望，对苦况的描述，对世事的评述，都含于诗意之间，得到充分表达和展露，从而，充分体现了杜甫的内在精神。诗人基本用赋法，直陈其事，而对于不便直言的内容则出之以比兴，辗转申言，铺张扬厉。杜甫这些审美表达方式对于宋诗有很大影响。

乾元二年（759），杜甫由华州弃官去秦州，开始了"因人作远游"①的长期漂泊流浪生活。到秦州后他对世事仍未能忘情，对唐肃宗借回纥之兵深以为忧，写下《留花门》诗。他仍然处于饥寒交迫、呼天抢地的境地之中，《乾元中寓居同谷县作歌七首》便是写照："有客有客字子美，白头乱发垂过耳。岁拾橡栗随狙公，天寒日暮山谷里。中原无书归不得，手脚冻皴皮肉死。呜呼一歌兮歌已哀，悲风为我从天来！"他到了秦州，时空、心理出现一段距离后，其思亲、思友之情特别浓烈。例如《月夜忆舍弟》："戍鼓断人行，边秋一雁声。露从今夜白，月是故乡明。有弟皆分散，无家问死生。寄书长不达，况乃未收兵。"又如《梦李白二首》《天末怀李白》等。思绪猛增是其时杜甫心态的一种反映和表现。

这时期杜甫的审美对象物也有了明显变化。年轻时笔下"竹批双耳峻，风入四蹄轻""骁腾有如此，万里可横行"②的骏马形象不见了，代之而起的是"病马"：

> 乘尔亦已久，天寒关塞深。尘中老尽力，岁晚病伤心。毛骨岂殊众，驯良犹至今。物微意不浅，感动一沉吟。③

"病马"是杜甫心理的对象化意象，是他感觉经验的载体。正如申涵光所说，"杜公每遇废弃之物，便说得性情相关，如病马、除架是也"。

这时期由于远离政治旋涡，诗人对自然景象多有审美反映，但色调浓

---

① 杜甫：《秦州杂诗二十首》。
② 杜甫：《房兵曹胡马诗》。
③ 杜甫：《病马》。

重,如"云门转绝岸"的绝岸;"寒峡不可度"①的寒峡;"旌竿暮惨淡,风水白刃涩"②的龙门镇;"熊罴咆我东,虎豹号我西。我后鬼长啸,我前狌又啼。天寒昏无日,山远道路迷"③的石龛;"山峻路绝踪,石林气高浮"④的凤凰台;等等。杜甫秦州诗奇、怪、险,正如明代江盈科《雪涛诗评》所说,"少陵秦州以后诗,突兀宏肆,迥异昔作",这是因该地的景物特点所致,亦是因此时的诗人心态所致。

乾元二年(759)冬,杜甫到了成都,开始了一段比较稳定、恬适的生活,他的心态也趋于平和了。《卜居》就曾写道:"浣花溪水水西头,主人为卜林塘幽。已知出郭少尘事,更有澄江销客愁。无数蜻蜓齐上下,一双鸂鶒对沉浮。东行万里堪乘兴,须向山阴上小舟。"诗人太苦了,他需要一个优美的环境舒展和安放自己的心灵。原先的那种沉郁气不见了,代之以闲适味。《杜诗详注》卷九引清人黄生评语:"杜律不难于老健,而难于轻松。"确实,人们已习惯于杜甫诗美学的沉郁顿挫,而他本人也习惯于那种笔法和笔调了,现在人们对于他的"轻松"反倒不习惯了,这是审美的惯性所致。而杜甫草堂诗美给予人的是另一种审美体验和享受。他在田舍边看到"榉柳枝枝弱",闻到"枇杷树树香",他在水槛遣心,在春夜喜雨,在江畔独步寻花,他出现了少有的轻松、娴雅,甚或潇洒,是何等风致!

这样的生活没有维持多久,随着给予杜甫资助的严武的去世,杜甫也就萌生了去意。他人生的晚年漂泊到了夔州,他那已铸为结构的凄苦心态重新萌发,他似乎更重视人生的回顾和总结,《壮游》就写于此。他似乎离开了现实的旋涡,热衷于怀古,便有《咏怀古迹五首》。他"谒先主庙",作《古柏行》,连五十年前童稚时"观公孙氏舞剑器"的情景也回忆起来了。他重新恢复到凄苦的心境,《秋兴八首》就是其写照。他忧郁的心绪染着于外在景象,也是一片凄寒。

大历三年(768)正月,杜甫离别夔州,出峡东流,辗转漂泊于两湖之间。这时他已垂垂老矣,"此身漂泊苦西东,右臂偏枯半耳聋"⑤。他带着

---

① 杜甫:《寒峡》。
② 杜甫:《龙门镇》。
③ 杜甫:《石龛》。
④ 杜甫:《凤凰台》。
⑤ 杜甫:《清明二首》(其二)。

老病之躯，走完人生的最后历程。当他登上岳阳楼时，人生的酸楚，国事的破败，一齐涌上他那枯老的心头，写下千古绝唱《登岳阳楼》："昔闻洞庭水，今上岳阳楼。吴楚东南坼，乾坤日夜浮。亲朋无一字，老病有孤舟。戎马关山北，凭轩涕泗流。"他最后在《风疾舟中伏枕书怀三十六韵奉呈湖南亲友》中怀着对"战血流依旧，军声动至今"的深深哀痛离开了人世。他确实有许多哀痛，有许多遗憾，在未及耳顺之龄便辞世了。千古文章未尽才，诗人还要对现实做出多少审美的记录和发抒感慨啊！

通过以上描述，可以把握到杜甫精神的主题了。他的画像就是瘦驴上驮着一位瘦弱的诗人。然而他瘦弱的身躯中跃动着博大的灵魂，枯槁的形容中包孕着丰富的精神。中国文学美学史上还没有哪一个个体像他那样与多灾多难、苦寒凄凉的中国人呼吸相通、血脉相连。他非常敏感，能发现大风起于青萍之末，他对于时局的感受甚至远甚于职业的政治家。他的每一根神经都连通着时代的波澜、人民的痛痒，他和苦难大众同喜怒共哀乐，因为在历史事变的大灾难中他就是难民中的一员，他已成为人民的一分子。"不眠忧战伐，无力正乾坤"①，这是他思想、精神之体现。尽管他那样贫寒，咏叹不休，但又不是限于一己一身，他心系四方，忧及天下，"安得广厦千万间，大庇天下寒士俱欢颜"。处于动荡、动乱旋涡中，他的这种意识便特别强烈。离开旋涡，他就常常进行心灵的自我抚慰，调整心理情绪。在生活稳定、平和甚或有些闲适、疏慵时，他总是痛定思痛，梦中惊悸，心中的阴霾如影随形。他所受的创伤太重、太深了。一旦他的伤痛从潜意识层上升到显意识层，便像洒了一层盐粉，分外渍疼。"回肠杜曲煎"②，他经受着和忍受着沉痛迫中肠的内心煎熬。在隐逸之风大盛、宗教之风大炽的唐代，杜甫没有遗世避世，而是卓然挺立，始终执着不移，关注和挚爱苦难深重的人民，凝结成最可宝贵的"杜甫精神"。

在审美心理经验形式上，虽然杜甫与别人有不少近似之处，例如表现反常、矛盾心理，宋之问《渡汉江》写道："近乡情更怯，不敢问来人。"杜甫《述怀》亦有句："反畏消息来，寸心亦何有。"但是，内涵差异甚大。杜甫显得深刻、深邃，熔铸于内的"杜甫精神"使这一审美心理经验更有深度。

---

① 杜甫：《宿江边阁》。
② 杜甫：《秋日夔府咏怀奉寄郑监李宾客一百韵》。

宋代黄庭坚《答洪驹父书》曾说，老杜作诗"无一字无来处"。如果从美学的角度来阐解，就是他的诗每一字的来处都是波澜曲折的人生经历和血泪交迸的现实世界。这样，他的诗就有着强烈的现实美学精神。他的诗被称为"诗史"，是对其诗歌现实美学品格的最高概括。这里，有着对于悲惨世界的审美描述，又有个人血泪的审美描述所折射出来的那一片悲惨世界，还有他个人随着悲惨世界波荡起伏的心迹史和泣血的灵魂史。后代有不少人也想得此桂冠，力图成"史"，却终未实现，这是因为时代没有提供这样的条件，而主体诗人也缺乏这样的素质。杜甫只能属于那个特有的时代，又只能属于他特定的"这一个"！

第三节　审美风貌

杜甫诗是大海，千汇万状，汪洋恣肆。胡震亨的《唐音癸签》赞扬杜诗之美："精粗巨细，巧拙新陈，险易浅深，浓淡肥瘦，靡不毕具。"胡应麟《诗薮》就其壮美又细分了众多的形态，并以实例佐证。他说：

> 杜七言句壮而阔大者，"二仪清浊还高下，三伏炎蒸定有无"；壮而高拔者，"蓝水远从千涧落，玉山高并两峰寒"；壮而豪宕者，"五更鼓角声悲壮，三峡星河影动摇"；壮而沉婉者，"三年笛里关山月，万国兵前草木风"；壮而飞动者，"含风翠壁孤云细，背日丹枫万木稠"；壮而整严者，"江间波浪兼天涌，塞上风云接地阴"；壮而典硕者，"紫气关临天地阔，黄金台贮俊贤多"；壮而秾丽者，"香飘合殿春风转，花覆千宫淑景移"；壮而奇峭者，"窗含西岭千秋雪，门泊东吴万里船"；壮而精深者，"织女机丝虚夜月，石鲸鳞甲动秋风"；壮而瘦劲者，"万里悲秋常作客，百年多病独登台"；壮而古淡者，"百年地僻柴门回，五月江深草阁寒"；壮而感怆者，"锦江春色来天地，玉垒浮云变古今"；壮而悲哀者，"雪岭独看西日落，剑门犹阻北人来"。

千汇万状之美，是何等浩阔、何等迷人！它显示了美的多样、美的丰富。单是一个"壮"就有多种形态。这是中国文学美学史上极少数的几位大家才能达到的境界。

《苕溪渔隐丛话》前集卷六引王安石言:"至于甫,则悲欢穷泰,发敛抑扬,疾徐纵横,无施不可。故其诗有平淡简易者,有绮丽精确者,有严重威武若三军之帅者,有奋迅驰骤若泛驾之马者,有淡泊闲静若山谷隐士者,有风流酝藉若贵介公子者。"明代胡震亨《唐音癸签》说:"少陵变幻闳深,如涉昆仑,泛溟渤,千峰罗列,万汇汪洋。"

千汇万状之美中最主要形态是沉郁顿挫之美。"沉郁顿挫"为杜甫本人《进雕赋表》所提出,说:

> 臣幸赖先臣绪业,自七岁所缀诗笔,向四十载矣,约千有余篇。今贾马之徒,得排金门上玉堂者甚众矣。惟臣衣不盖体,尝寄食于人,奔走不暇,只恐转死沟壑,安敢望仕进乎?伏惟明主哀怜之。倘使执先祖之故事,拔泥涂之久辱,则臣之述作,虽不足以鼓吹六经,先鸣数子,至于沉郁顿挫,随时敏捷,扬雄、枚皋之流,庶可企及也。

杜甫比较了自己跟贾马扬枚之不同。在锦衣玉食上他们"甚众矣",而自己则是"衣不盖体""寄食于人""转死沟壑",但在文辞之美上却不是他们"庶可企及"的。这个对比实际上为"沉郁顿挫"下了注脚。"沉郁顿挫"的诗美形态根源于生活遭际的波澜曲折。自杜甫本人提出,后来的美学评论家都据此作为对杜诗美学风格的评价。宋代严羽《沧浪诗话》说:"子美之沉郁。"明代高棅《唐诗品汇序》说:"杜工部之沉郁。"到了清代,陈廷焯在《白雨斋词话》中则对"沉郁顿挫"做了多方面的表述。"所谓沉郁者,意在笔先,神余言外。""沉则不浮,郁则不薄""沉郁则极深厚""不患不能沉,患在不能郁。不郁则不深,不深则不厚"。"沉郁"就是审美意味深沉,审美内涵深邃,它是审美深度的表征。所谓"顿挫",就是指情感的起伏变化、跌宕多姿。"沉郁顿挫"组合起来就是深沉的主体情思在跌宕有力的旋律节奏中得到曲尽其致的传达和起伏有致的表现。王安石《杜甫画像》曾说:"吾观少陵诗,为与元气侔。"杜甫在《奉先刘少府新画山水障歌》中说到"元气淋漓""真宰上诉"。杜诗元气贯通,淋漓尽致,而又因为情绪郁结过深,盘根错节,因而表达出来便时有抑扬跌宕,遂成顿挫。杜诗在情景处理上得力于浑灏境界的突然收缩,形成一种矛盾性跌落现象;不和谐的曲折跌宕,形成诗的顿挫有力。例如《旅夜抒怀》中所见:"星垂平野阔,月涌大江流。"何等阔大!至尾联却猛一敛缩:"飘飘何所似？天地一沙鸥。"星垂平野、月涌江流之无限大，人似沙鸥、飘飘无依之无限小，意象组合上以大衬小，更是组合方式上的大猛跌成小，形成情景的顿挫美，显示诗人颠连无告的凄楚心境。又如《秋兴八首》（其七）："关塞极天唯鸟道，江湖满地一渔翁。"亦是以猛然之顿挫突出诗人的孤零。"疑是崆峒来，恐触天柱折"[①]的忧患意识深长邈远，发而为诗的审美当然会沉郁顿挫。

杜甫的心灵世界最容易感受的是困苦的对象和愁苦的情绪，因而便出现了凄苦的意象。如《法镜寺》："身危适他州，勉强终劳苦。神伤山行深，愁破崖寺古。"《江村》写道：

清江一曲抱村流，长夏江村事事幽。自去自来梁上燕，相亲相近水中鸥。老妻画纸为棋局，稚子敲针作钓钩。但有故人供禄米，微躯此外更何求？

经过长期的颠沛流离，杜甫终于找到了一个暂时的栖身之地——浣花溪畔。流离的生活渐趋安定，破碎的心灵暂得修复。曲折蜿蜒的清江诚然幽静，诗人的心境更为悠闲。心理意识在同化对象时，就是一片恬适情景。梁上飞燕，自由自在；水中浮鸥，相亲相随。老妻再无愁容，画纸做棋局；小儿更无饥色，敲针做钓钩，何等悠闲，乃至有点疏慵了。突然，心灵一拧，笔意一沉："但有故人供禄米，微躯此外更何求？"跟前几句意思的不和谐便形成了全诗的沉郁顿挫。早在旅食京华的十年中，"朝扣富儿门，暮随肥马尘"，够辛酸、够屈辱的了。旅居蜀地，老友的接济是他的生活来源之一。这诚然热情可感，但对于久有泰山凌云志而无以自食其力自尊自爱的诗人来说，内心却是酸楚的。它沉潜在诗人的心灵中，一有机会便释放出来，形成情绪结构由闲适到痛苦的沉郁顿挫。刘熙载《艺概·诗概》说："杜诗高、大、深俱不可及。吐弃到人所不能吐弃，为高；涵茹到人所不能涵茹，为大；曲折到人所不能曲折，为深。"这是杜甫诗美形成的最根本的主体原因。

陈廷焯《白雨斋词话》还认为，沉郁顿挫是"若隐若见，欲露不露，反复缠绵，终不许一语道破。匪独体格之高，亦见性情之厚"。例如《江南逢李龟年》：

岐王宅里寻常见，崔九堂前几度闻。正是江南好风景，落花时

[①] 杜甫：《自京赴奉先县咏怀五百字》。

节又逢君。

表面看来,这是诗人晚年和著名歌手李龟年的会面。但内中结构里,世运之治乱,年华之盛衰,彼此之凄凉流落,尽行包孕。岐王宅里、崔九堂前,频频相遇,李龟年名重歌坛,诗人也已在文坛崭露头角。美妙动听的歌喉和诗人的少年浪漫意气,都跟烈火烹油的开元盛世相联结。往事如烟,过眼即逝,岐王宅里、崔九堂前的盛况只能留嵌在记忆之中。而时过几十年,偶然邂逅,不是在岐王宅、崔九堂,却是在江南"落花时节"。好景不再,透现感伤。其间,杜甫如转蓬似的离蜀,入鄂,辗转漂泊到潭州,而李龟年也流落江南。其中有几多家国兴亡,身世沦落;于晚年穷途相见,又有几多伤情痛感和愁绪,全都凝聚在今昔相逢如此不同的空间地点、"落花时节"这一具有象征意味的意象之中。在诗的底层是国破愁、家世悲,如黄生《杜诗说》所言,"今昔盛衰之感,言外黯然欲绝。见风韵于行间,寓感慨于字里"。

杜甫善于选择和描述令人毛骨悚然的景象和场面,营造惊心动魄的审美效果。例如《兵车行》中"新鬼烦冤旧鬼哭,天阴雨湿声啾啾",《无家别》中"久行见空巷,日瘦气惨凄。但对狐与狸,竖毛怒我啼"。与之同时他又善于选择和描述富于典型性和表现力的生活事件,给人以铭心刻骨的审美印象。例如《石壕吏》中连老年妇女也被征发,可见兵役之深重、时局之艰危。仇兆鳌《杜诗详注》说:"古者有兄弟始遣一人从军。今驱尽壮丁,及于老弱。诗云:三男戍,二男死,孙方乳,媳无裙,翁逾墙,妇夜往。一家之中,父子、兄弟、祖孙、姑媳惨酷至此,民不聊生极矣!当时唐祚,亦岌岌乎危哉!"《新婚别》则取"结发为君妻,席不暖君床。暮婚晨告别,无乃太匆忙""妾身未分明,何以拜姑嫜"的典型情节,用以表现征役之苛重。

有时他善于用反常的意象表达特殊的心情,如《春望》中"感时花溅泪,恨别鸟惊心",以可娱人之景、物反引起溅泪惊心之描述,倍添沉重之感。又如《喜达行在所》中"喜心翻倒极,呜咽泪沾巾"。从审美上说,这种现象的产生是主体审美心态定向所致,主体以此心态观照外物,则不受外物之影响、左右,如《遣怀》中"愁眼看霜露,寒城菊自花"。又如《忆弟二首》(其二)中"故园花自发,春日鸟还飞",亦是花自是发,鸟自是飞,与主体情感了不相干。这种双轨性的情景背离现象适足以说明主体情感的定向作用。"钟律俨高悬,鲲鲸喷迢递。"①这种碧海鲲鲸的境界、气象正是杜甫所神驰、向往并在审美创作中所体现出来的大境界、大气象。他是大手笔,善于挽古今时空于一体,挫万象万物于笔端。他胸有风云,便笼罩四海,"锦江春色来天地,玉垒浮云变古今"②,于是,便有浩阔之天地,又有邈远之古今。"江间波浪兼天涌,塞上风云接地阴"③,由"江间"跳到"塞上",由天上入于地下,有囊括宇宙之势。这是杜甫之气派,是他审美视域阔远深长之表现。于是,也便有"星垂平野阔,月涌大江流"。杜甫对这些意象经过了精心配置,宋人吴沆《环溪诗话》卷上就曾说:"杜诗句意,大抵皆远,一句在天,即一句在地,如'三分割据纡筹策',即一句在地,'万古云霄一羽毛',即一句在天……如'关塞极天惟鸟道',即一句在天,'江湖满地一渔翁',即一句在地。"这样,天地两极,产生意象组合,便扩大了意象的巨大张力。

杜甫诗审美意象的组合密度极大,往往难以行针走线。例如《登高》:

风急天高猿啸哀,渚清沙白鸟飞回。无边落木萧萧下,不尽长江滚滚来。万里悲秋常作客,百年多病独登台。艰难苦恨繁霜鬓,潦倒新停浊酒杯。

仇兆鳌《杜诗详注》曾具体评述道:"万里,地辽远也;秋,时惨凄也;作客,羁旅也;常作客,久旅也;百年,暮齿也;多病,衰疾也;台,高迥处也;独登台,无亲朋也。十四字之间,含有八意。"秋空高阔,狂风急吹,传来声声猿猴的哀鸣,更为凄厉。诗人的视线落到水中的小洲,"渚清沙白",清白相间,增添了秋天凄冷的色调。群鸟乱飞,振翅翱翔,但因"风急",只能时时回旋。"落木萧萧",纷纷而下,既有飘零散乱的状况,又传送萧瑟的声音。万里长江涌起千堆洪涛,滔滔不休,滚滚而来。既有波翻浪叠的状况,又传送涛声如雷的音响。"无边""不尽",把境界一下子推到无限广阔的地域,气派壮伟,空间感极强。"万里"言其远,"悲秋"言其哀,"常"字言其久,"作客"言其羁旅之苦。"百年"说的是一生,"多病"说的是困顿,"独"说的是孤单,"登台"说的是思归心切。整首诗壮阔沉郁,景有形象感,情中则矗立抒情主人公形象。他满面憔悴,两鬓

---

① 杜甫:《赠秘书监江夏李公邕》。
② 杜甫:《登楼》。
③ 杜甫:《秋兴八首》(其一)。

苍白，听秋风，望江涛，登高台，抒幽愤。抒情主人公形象和景观形象在广阔而萧索的背景上形成统一。《望岳》随着诗人的移步换形，则是泰山景象的立体展示，亦是诗人登高小天下、雄视万象襟怀的体现。乍见泰山，它那拔地参天、郁乎苍苍的景象不禁使诗人沉吟起来，发出"岱宗夫如何"的惊叹。"齐鲁青未了"，从气派上写出泰山之大；"阴阳割昏晓"，从气候变化上写出泰山之高。这一切都是诗人的远望所致。"远"是轮廓的概括，亦是雄奇浑浩气势的渲染。诗人既有放手纵览的气派，又有在凝神细望中对山景所做的刻画："决眦入归鸟。""会当凌绝顶，一览众山小"，则为登临后的俯望。对泰山的多视角描述，则有诗人的赞叹，诗人观察、眺望的出神姿态，纵览云飞的心胸激荡，飞凌峰巅的遐想展望。

杜甫诗的壮美与优美之兼备，不仅体现于所有诗篇，而且体现于同一诗中，甚为难得。《渼陂行》：

> 岑参兄弟皆好奇，携我远来游渼陂。天地黯惨忽异色，波涛万顷堆琉璃。琉璃汗漫泛舟入，事殊兴极忧思集。鼍作鲸吞不复知，恶风白浪何嗟及。主人锦帆相为开，舟子喜甚无氛埃。凫鹥散乱棹讴发，丝管啁啾空翠来。沉竿续缦深莫测，菱叶荷花净如拭。宛在中流渤澥清，下归无极终南黑。半陂以南纯浸山，动影袅窕冲融间。船舷暝戛云际寺，水面月出蓝田关。此时骊龙亦吐珠，冯夷击鼓群龙趋。湘妃汉女出歌舞，金支翠旗光有无。咫尺但愁雷雨至，苍茫不晓神灵意。少壮几时奈老何，向来哀乐何其多。

从美的形态上看，诗分壮美和优美；从美感的表现来看，分为惊奇感和愉悦感。诗人的美感从美的形态中产生。美的形态是多样的，美感又是富于变化的，变化中显示丰富。诗人和友人同游渼陂，泛舟水上，突然天气骤变，狂风大作，惊涛万顷，席卷而来。它来势汹涌，简直猝不及防。它的范围汗漫无涯，琉璃般的浪花直薄云天。这样的自然景象属于壮美的范畴。运用美学观点加以阐释，它表现为体积之巨和力量之大，表现为粗粝的形态。"鼍作鲸吞不复知，恶风白浪何嗟及"，惊奇感、忧惧感、欣赏大自然暴怒的惊喜感，交织在一起。而在风平浪息之后，"主人锦帆相为开，舟子喜甚无氛埃"，大气中无恶气尘垢，雨后的清新气息十分宜人。一面面锦帆高张，竞相开发。船歌声起，水鸟惊飞，丝管啁啾，直冲蓝天。诗人从菱叶荷花的杂生处乘舟进入渼陂中心。渼陂中心地带，洁净如拭，山峰倒影如墨。既有如画的山水相映,又有竹肉齐发,弱管轻丝,讴歌不休,赏心悦目。色彩、线条、形体,都是平和、均衡、匀称的,显然属于优美范畴。于是,诗人就在这时产生平静中喜悦、愉畅的审美感受。这两重审美境界和两种审美感受又是连属的,优美产生于壮美之后,画面和美感更趋平静、愉悦。值得注意的是,一向以写实为重的杜甫,在"船舷暝戛云际寺,水面月出蓝田关"的描述之后,将实景予以幻化。月影、灯光,映射水中,如骊龙吐珠、金枝翠羽。众船竞发又如群龙游动,鼓吹之声仿佛是河伯号令。光影相错,歌女互唱,又分明是湘、汉女神结队出游。它深化了审美境界,也使诗人的美感得以升华。整首诗,主客体变化有致,充分显示诗人审美体验和感受之饱满、丰富。

杜甫既有力挽四海、笔泻狂澜的一面,又有体察入微、精心细致的一面。他的审美触须灵敏而细微,善于捕捉别人所未及之境域。如《绝句》:

江动月移石,溪虚云傍花。鸟栖知故道,帆过宿谁家。

"江动月移石",有江水,有石头,有月亮,它们不是孤立的存在,而是石依水边,月照江水。诗人独具慧眼地观察到"月移石"的奇妙现象,月光移石而去,景象奇绝动人。这一现象的产生,是因"江动",江水摇荡,水波闪动,来回荡漾,便形成月光移石的景象。"溪虚云傍花",天上片片云彩,投影水中,溪水虚明,水中的云影又仿佛和岸上的花影相依傍,这样的景象十分新鲜。诗人观察精细,善于在细小景物的联系和运动中去捕捉独特的情态。

"雕刻初谁料,纤毫欲自矜。神融蹑飞动,战胜洗侵凌。"[①]纤毫之间而达神融,并具飞动之势,此乃杜诗于细微处见精神的审美神韵。《春夜喜雨》写道:

好雨知时节,当春乃发生。随风潜入夜,润物细无声。野径云俱黑,江船火独明。晓看红湿处,花重锦官城。

时当春天,万物待长,一场好雨适应时令、季节,岂能令人不喜!细风吹拂细雨,入夜而来,滋润田禾庄稼,久旱逢甘霖,这不又是令人欣喜吗?妙就妙在它是细雨微风,倘若狂风暴雨,那就会令人望而生畏了。对于诗人来说,欣赏到绝妙的自然美,当然会因喜景而生喜情了。至于云开雨霁,翌日天明,万花

---

① 杜甫:《寄刘峡州伯华使君四十韵》。

红润,成都似锦,那就是喜上加喜了。诗人的喜情涵茹在貌似客观的自然描绘之中。这首诗还体现了诗人独特的观察能力,细致地体验和捕捉生活对象的审美本领。"随风潜入夜,润物细无声",何等精微!微微春风的吹拂,蒙蒙细雨的飘洒,在春夜沉沉的时候,静息无声地滋润万物。"潜""细"二字精到地写出春雨的情状、特点。诗人精妙之功已步入化境。"野径云俱黑,江船火独明",夜深、雨细、天黑,天地如一口反扣的铁锅。就在这一片漆黑的原野,江心却有一点渔火在闪烁,幽深而富于美感。诗人是用明暗相对照、大景衬小景的审美技法来描述意境。云黑之于火明,则渔火更为耀眼。愈是表现云黑的范围之大,则愈是突出渔火"独明"之亮。"俱"和"独"的对比,帮助了这种境界的描述。更妙的是诗人由眼前夜景想象出明朝雨过放晴的晨景,绿草如茵,百花吐艳,经雨的花瓣更为细润,形成意境的飞跃和深化,引入另一重更美的天地,令人驰想。

"风起春灯乱,江鸣夜雨悬。"①"乱"见出风之猛,"悬"见出雨之烈,仿佛置身于景象之中,感受风急雨啸之氛围。"细雨鱼儿出,微风燕子斜。"②雨不大,细如麻,飘飘洒洒,鱼儿才会钻出水面,倘是雨狂如瀑,鱼儿早就潜入水底,不知所向。风不猛,细吹轻刮,燕子才能展飞,倘是风狂如啸,燕子也早就藏之巢中,不会外飞了。这些都显示出杜甫审美观察之精,审美触须之细。"小雨晨光内,初来叶上闻。"③晨光中的小雨令人浑然不觉,诗人凭借"闻"的审美听觉而感受到,又是何等独特!

杜甫的审美感觉既细微又丰富。《绝句》写道:

两个黄鹂鸣翠柳,一行白鹭上青天。窗含西岭千秋雪,门泊东吴万里船。

首先是那色彩感。色彩的基调鲜丽、明亮、清新,又协调、均匀、和谐,正如《艇斋诗话》中韩子苍所说,"古人用颜色字,亦须匹配得当方用。'翠'上方见得'黄','青'上方见得'白'"。"两个黄鹂鸣翠柳",在一片柔和翠绿中点染了两笔鹅黄,色彩异常鲜明。在互相映衬中,绿的更绿,黄的更黄。黄、绿是对比色,诗人大胆地把它们配置起来,起到更加突出的审美效果。"一行白鹭上青天"中白色和青色又形成了映衬。青色抹

---

① 杜甫:《船下夔州郭宿雨湿不得上岸别王十二判官》。
② 杜甫:《水槛遣心》。
③ 杜甫:《晨雨》。

底，在色彩中显示意境的淡远，点点白色装饰在青青底色上，又显得淡雅清新。同时，在广阔的背景上一行白鹭展翅飞去，不但有色彩感，而且有线条感。前两句的色彩是明点，后两句则为暗染。"窗含西岭千秋雪，门泊东吴万里船"中雪呈白亮，船呈绛色。黄、绿、青、白、绛，五色齐备，缤纷多姿。色彩丰富，映照衬托，浓淡有致，冷暖自然。既是写意的，又是工笔的。其次则是空间感。由近景而渐及远景，眼前见柳色，听莺声，继而抬眼望青天，见白鹭，继而又看到白雪皑皑、终年不化的高峰峻岭。最后落实到门外停泊的船只。构图的层次感很强，又组成一幅完整的有比例、有角度的图画。特别是"窗含西岭千秋雪"，诗人是从"窗"这个独特的角度去远望景色的，形成天地万物萃于一窗的审美视角特征。

杜甫在审美创造过程中，循法而作，因此成为诗创作的最佳典范，然而，他又有越法而作的一面，两者结合才是完整的杜诗美学，也才奠定了杜甫作为大家的地位。在运用七律这一诗歌审美形式上，杜甫可谓得心应手、游刃有余，代表其最高成就。然而他又冲破固有的形式规范，加进古体诗的句式、音律，出现所谓拗律。《白帝城最高楼》：

城尖径仄旌旆愁，独立缥缈之飞楼。峡坼云霾龙虎卧，江清日抱鼋鼍游。扶桑西枝对断石，弱水东影随长流。杖藜叹世者谁子？泣血迸空回白头。

一、七两句与通行七律结构不同，趋于散文化。"杖藜叹世者"形成五上二下之节奏，明显有异。"者"字出现猛一提顿，震撼人心，以突出"泣血迸空回白头"的审美情感效应。正如王嗣奭《杜臆》所说："此诗真惊人语，总是以忧世苦心发之，以自消其垒块者。"可见，打破某种形式，创造另一种形式，是从表达主体情感出发的。既有正声之七律，又有变声之拗律，杜诗美学既是规范的，又是富于创造的。

在诗的语言运用和处理上也是这样。杜甫是语言美学大师，然而他又对语言符号的组合方式加以非常规性处理，如"香稻啄余鹦鹉粒，碧梧栖老凤凰枝"。顾宸《辟疆园杜诗注解》七言律卷四具体分析道："今观诗意，本谓香稻乃鹦鹉啄余之粒，碧梧则凤凰栖老之枝，盖举鹦鹉、凤凰以形容二物之美，非实事也。重在稻与梧，不重鹦鹉、凤凰。若云'鹦鹉啄余香稻粒，凤凰栖老碧梧枝'，则实有鹦鹉、凤凰矣。"语言结构次序的错置变形是为了形成语言的陌生感和新鲜感。清人吴见思《杜诗论文》曾具体阐述了杜甫诗语言错序现象所产生的审美效应："倒句，如'翠深开断壁，红远结飞楼'，盖翠而深者，乃所开之断壁，红而远者，则所结之飞楼，极为奇秀。若曰'飞楼红远结，断壁翠深开'，肤而浅矣。如'绿垂风折笋，红绽雨肥梅'，盖绿而垂者，风折之笋，红而绽者，雨肥之梅，体物深细。若曰'绿笋风垂折，红梅雨绽肥'，鄙而俗矣。如'红稻啄余鹦鹉粒，碧梧栖老凤凰枝'，盖言红稻，乃鹦鹉啄余之粒；碧梧也，乃凤凰栖老之枝，无限感慨。若曰'鹦鹉啄余红稻粒，凤凰栖老碧梧枝'直而率矣。"李东阳《怀麓堂诗话》认为："诗用倒字倒句法，乃觉劲健。如杜诗'风帘自上钩''风窗展书卷''风鸳藏近渚'，风字皆倒用。至'风江飒飒乱帆秋'，尤为警策。"仇兆鳌《杜诗详注》卷一一详细分析了杜甫《奉济驿重送严公四韵》："远送从此别，青山空复情。几时杯重把，昨夜月同行。"认为"三四言后会无期，而往事难再，语用倒挽，方见曲折。若提昨夜句在前，便直而少致矣"。

  杜甫不是险、奇、仄的诗人，他的审美感受虽然细腻灵敏，但往往依循审美的常规方式。然而，有时他的审美感受及其传达手段又出人意表，匪夷所思，出奇制胜，获得更为突出的审美效应。这对中唐诗人的审美方式有一定的影响。例如"碧瓦初寒外，金茎一气旁"，清代美学家叶燮《原诗》做了如下的审美分析：

  《玄元皇帝庙》作"碧瓦初寒外"句，逐字论之，言乎外，与内为界也。初寒何物，可以内外界乎？将碧瓦之外，无初寒乎？寒者，天地之气也。是气也，尽宇宙之内无处不充塞，而碧瓦独居其外，寒气独盘踞于碧瓦之内乎？寒而曰初，将严寒而不如是乎？初寒无象无形，碧瓦有物有质，合虚实而分内外，吾不知其写碧瓦乎？写初寒乎？写近乎？写远乎？……然设身而处当时之境会，觉此五字之情景，恍如天造地设，呈于象，感于目，会于心，意中之言而口不能言，口能言之而意又不可解划，然示我以默会想象之表，竟若有内有外，有寒有初寒，特借碧瓦一实相发之。

又如"晨钟云外湿，胜地石堂烟"。叶燮《原诗》又做了这样的审美分析：

  《夔州雨湿不得上岸》作"晨钟云外湿"句，以晨钟为物而湿乎？云外之物何啻以万万计，且钟必于寺观，即寺观中，钟之外物亦无算，何独湿钟乎？然如此语者因闻钟声有触而云然也。声无形,安能湿?钟声入耳而有闻,闻在耳,只能辨其声,安能辨其湿?曰云外,是又以目始见云,不见钟,故云云外。然此诗为雨湿而作,有云然后有雨,钟为雨湿,则钟在云内,不应云外也。斯语也,吾不知其为耳闻耶?为目见耶?为意揣耶?俗儒于此,必曰"晨钟云外度",又必曰"层钟云外发",决无下湿字者。不知其于隔云见钟,声中闻湿,妙悟天开,从至理实事中领悟,乃得此境界也。

钟声何以有湿度?诗人把钟声传来之听觉和雨急如注之视觉联结起来,把两种感觉打通,遂出现了审美上的通感。这充分体现了杜甫审美水平的高超和审美感觉的灵通。

海纳百川,有容乃大。杜甫表现了汲纳百家融为一家的审美气度。"不薄今人爱古人",不仅是他的美学史观点,而且在审美创作中具体地体现出来。正如叶燮《原诗》所说:"杜甫之诗,包源流,综正变。自甫以前,如汉魏之浑朴古雅、六朝之藻丽秾纤、淡远韶秀,甫诗无一不备。然出于甫,皆甫之诗,无一字句为前人之诗也。自甫以后,在唐如韩愈、李贺之奇异,刘禹锡、杜牧之雄杰,刘长卿之流利,温庭筠、李商隐之轻艳,以至宋、金、元、明之诗家,称巨擘者,无虑数十百人,各自炫奇翻异;而甫无一不为之开先。此其巧无不到,力无不举,长盛于千古,不能衰,不可衰者也。"

杜甫《敬赠郑谏议十韵》说:"思飘云物动,律中鬼神惊。"思的飘动与律的规范结合,正集中体现了杜甫的美学成就。他在律中创造了令鬼神惊的诗美,这里体现了杜甫的审美特点,从而也作为一种标志,标示着唐诗美学以至中国诗美学的有序化进程。在这个意义上,杜甫也矗立在这个转折点上。

就杜诗声律美学本身而言,杜甫《遣闷戏呈路十九曹长》说,"晚节渐于诗律细",体现了他从早年到晚年在诗节律化上的发展,更趋细密、精当,同时也成为他诗美发展的写照,更显老到、老辣。他亦是"文章老更成"。个体审美风格不是凝固不变的,杜甫的审美发展又正体现了他作为巨擘、大家的根本特点。

杜甫的诗被誉为"诗史",不仅是社会学意义上的,而且是文学史、美学史意义上的。杜甫处于盛唐至于中唐的转折点上,也处于中国文学美学史的转折点上，他实现了对于前代的超越。所谓超越就是对困难的征服。胡应麟《诗薮》曾说："大概杜有三难：极盛难继，首创难工，遘衰难挽。子建以至太白，诗家能事都尽，杜后起集其大成，一也；排律近体，前人未备，伐山道源，为百世师，二也；开元既往，大历系兴，砥柱其间，唐以复振，三也。"杜甫的超越是跨越式、总体性超越。宋代王禹偁《日长简仲咸》曾称颂"子美集开诗世界"，杜甫既已实现跨越式、总体性超越，便开拓了中国诗美的新境域。孙仅《读杜工部诗集序》还具体指出了"公之诗支而为六家：孟郊得其气焰，张籍得其简丽，姚合得其清雅，贾岛得其奇僻，杜牧、薛能得其豪健，陆龟蒙得其赡博"。此就具体审美风格而言，扩而大之，韩愈、孟郊得杜甫诗美之奇峭，韩愈尤其受杜诗散文化影响，完成了这项诗审美历程。在李贺的诡艳中有杜诗的色彩，在李商隐的锦瑟中则回荡杜诗缠绵悱恻的声音。杜甫的现实美学精神直接哺育了白居易。而作为美的总和，对于后代的影响甚深甚大甚远。杜甫作为"诗圣"的圣者地位在中国文学史、美学史上不可动摇。

杜甫的诗艺不可企及，诗法高度成熟。这是能够学以成的诗的规范。不是李白，而是杜甫形成了形式美学意义上的诗法，从根本上反映了美学史转入中唐，或者说是转入中国美学史中间时期的美学要求。此后诗法论便层生迭出。宋代严羽《沧浪诗话》、魏庆之《诗人玉屑》中均有诗法专论。元代则有傅与砺《诗法正论》、萧子肃《诗法》、揭傒斯《诗法正宗》。明清时代论述诗法汗牛充栋。这又从文化属性上说明了中国文化是规范式的文化。

这一切又都在证明着、说明着杜甫的美学史意义：千言万语争说杜子美，万语千言说不尽杜诗美。

第五编 中唐美学史

第二十四章　美学复古思潮

第一节　基本内容

在盛中唐的转折时期出现了一股复古美学思潮,其代表人物是元结。

元结的诗集首有《二风诗》,其序云:"元子以文辞待制阙下。"所谓"二风",即"治风"与"乱风"。"治风"包括"至仁""至慈""至劳""至正""至理","乱风"包括"至荒""至乱""至虐""至惑""至伤"。他撰《二风诗论》表述道:

> 客有问元子曰:"子著《二风诗》何也?"曰:"吾欲极帝王理乱之道,系古人规讽之流。"

元结把诗的审美功能归为规讽,把诗纳入教化的审美传统。他为自己所作《系乐府》撰写的序言写道:

> 天宝辛未中,元子将前世尝可称叹者,为诗十二篇,为引其义以名之,总命曰《系乐府》。古人咏歌不尽其情声者,化金石以尽之,其欢怨甚邪戏。尽欢怨之声者,可以上感于上,下化于下。故元子系之。

"上感于上,下化于下"就是规讽与教化。

在道州任上,元结把自己的诗文编成十卷《文编》,其序中言道:"切耻时人谄邪以取进,奸乱以致身,径欲填陷阱于方正之路,推时人于礼让之庭,不能得之,故优游于林壑,快恨于当世。是以所为之文,可戒可劝,可安可顺。"自从安史之乱"更经丧乱,所望全活,岂欲迹参戎旅,苟在冠冕,触践危机,以为荣利,盖辞谢不免,未能逃命。故所为之文,多退让者，多激发者，多嗟恨者，多伤闵者。其意必欲劝之忠孝，诱以仁惠，急于公直，守其节分，如此非救时劝俗之所须者欤？"他在这里讲到诗文的总体审美功能是"救时劝俗"，具体而言则是"劝之忠孝，诱以仁惠，急于公直，守其节分"，在总命题上仍然是围绕教化进行的。

元结编《箧中集》，收沈千运、王季友、于逖、孟云卿、张彪、赵微明、元季川七人七言古诗。其序曰：

> 元结作《箧中集》。或问曰：公所集之诗，何以订之？对曰：风雅不兴，几及千岁，溺于时者，世无人哉？呜呼！有名位不显，年寿不将，独无知音，不见称颂，死而已矣，谁云无之！近世作者，更相沿袭，拘限声病，喜尚形似，且以流易为辞，不知丧于雅正，然哉！彼则指咏时物，会谐丝竹，与歌儿舞女，生污惑之声于私室可矣。若令方直之士，大雅君子，听而诵之，则未见其可矣。
>
> 吴兴沈千运，独挺于流俗之中，强攘于已溺之后，穷老不惑，五十余年。凡所为文，皆与时异。故朋友后生，稍见师效，能似类者，有五六人。于戏！自沈公及二三子，皆以正直而无禄位，皆以忠信而久贫贱，皆以仁让而至丧亡。异于是者，显荣当世。谁为辩士，吾欲问之。兵兴于今六岁，人皆务武，斯焉谁嗣！已长逝者，遗文散失。方祖师者，不见近作。尽箧中所有，总编次之，命曰《箧中集》。且欲传之亲故，冀其不亡。于今凡七人，诗二十二首，时乾元三年也。

元结所确立的定集标准，或者说他的美学标准是——风雅，亦即《诗经》所形成的美学精神和传统。"风雅不兴，几及千岁"，这是他对千年以来美学发展状况的估价。这一笔撸下来，把千年文学史、美学史上不知扫下去多少人。他尤为不满的是现状："近世作者，更相沿袭，拘限声病，喜尚形似，且以流易为辞，不知丧于雅正。"他认为："彼则指咏时物，会谐丝竹，与歌儿舞女，生污惑之声于私室可矣。"但是"若令方直之士，大雅君子，听而诵之，则未见其可矣"。他对唐代文学审美成果的批评，显然是指其丰富的感性成果，在实际上他反对的是声律谐美的近体诗。所谓"指咏时物，会谐丝竹"，指的正是声韵协谐的近体诗。正是从这一思想出发，他《箧中集》所选的诗都是五言古诗，而没有近体诗，因此这一思想的实质具有复古的意味。元结在《刘侍御月夜宴会序》中写道：

> 兵兴以来十一年矣，获与同志欢醉达旦，咏歌取适，无一二焉。乙巳岁，彭城刘灵源在衡阳，逢故人或有在者，日昔相会，第欢远游，始与诸公待月而笑语，竟与诸公爱月而欢醉，咏歌夜久，赋诗言怀。于戏！文章道丧盖久矣。时之作者，烦杂过多，歌儿舞女，且相喜爱，系之风雅，谁道是邪？诸公尝欲变时俗之淫靡，为后生之规范，今夕岂不能道达情性，成一时之美乎？

元结所批评的仍然是"时之作者"，他慨叹"文章道丧盖久矣"。他所谓"道"正是风雅之道。他批评当时的文学美学风气"烦杂过多，歌儿舞女，且相喜爱"，完全有背风雅之道。因此，他提出"变时俗之淫靡"以"为后生之规范"。

他对古代的美学充满向往之意，并身体力行，使复古行为成为具体的创作实践。他创作了基本是四言体的《补乐歌》，其序曰：

> 自伏羲氏至于殷室，凡十代，乐歌有其名，无其辞，考之传记而义或存焉。呜呼，乐声自太古始，百世之后，尽无古音。呜呼，乐歌自太古始，百世之后，遂无古辞。今国家追复纯古，列祠往帝，岁时荐享，则必作乐，而无《云门》《咸池》《韶》《夏》之声，故探其名义以补之，诚不足全化金石，反正宫羽，而或存之，犹乙乙冥冥，有纯古之声，岂几乎司乐君子，道和焉尔。

这里所表述的复古主义就是恢复到"自太古始"的乐声和乐歌。他的路走得太远了。就在这一时期，独孤及在《检校尚书吏部员外郎赵郡李公中集序》中也表达了相近似的思想："自典谟缺，雅颂寝，世道陵夷，文亦下衰。故作者往往先文字后比兴，其风流荡而不返。乃至有饰其词而遗其意者，则润色愈工，其实愈丧。及其大坏也，丽偶章句，使枝对叶比，以八病四声为桎梏，拳拳守之，如奉法令……天下雷同，风驱云趋，文不足言，言不足志，亦犹木兰为舟，翠羽为楫，玩之于陆而无涉川之用。痛乎流俗之惑人也旧矣。"独孤及所反对的，正是近体诗的诗美特征，他把雅颂以来的状况描述为"世道陵夷，文亦下衰"。可见，这是一股复古主义的美学思潮。其特征表现为对当代诗美状况的不满和批评，要求恢复到诗歌原初、质朴状态中去，对盛唐的诗美成就特别是近体诗大为不满，对声律美学表现得不可理解。他们把文学的功能视为纯粹的"救时劝俗"，消解了其感性生动、悦人心目的美的特性。

在盛中唐交替时期出现这样一股复古主义的美学思潮，反映了实践应用美学的抬头，是盛唐入衰的社会转变对文学、美学所提出的要求。人们希望文学的审美活动和成果能对社会生活发生影响，起到救时补弊的作用。在这样的前提下，他们抬高了文学的教化功能，而削弱或漠视了文学的感性审美特性；他们忽略了近体诗对诗美学所做出的贡献。这是他们因为时代、社会的影响，对唐代文学美学所做的调整，重内容而轻形式。他们为了社会的一时需求而忽视了文学美学的基本要求，使文学的审美素质流于质木无文，缺乏鲜活的特质。因此，它不是文学的审美进步。

这里要提出的是杜甫为元结《舂陵行》所作的序和诗。杜甫所提倡的是文学的现实美学精神，是"比兴体制、微婉顿挫"的诗美学传统，而不是文学的审美退化。杜甫的美学视野宏阔多了，他是"不薄今人爱古人"，不是一味重古人，他重视的是教化与审美、理性与感性的融化，是将教化寓于审美、理性寓于感性之中。

第二节　主要内涵

在上述美学思想、理论的指导下，元结等人的诗歌创作当然也就浸染了教化的色彩。例如他的代表作之一《舂陵行》。在序中他谈到自己的两难处境："若悉应其命，则州县破乱，刺史欲焉逃罪；若不应命，又即获罪戾，必不免也。"最后他选择："吾将守官，静以安人，待罪而已。"充分体现了他同情人民，不顾及己身的崇高精神。诗写道：

> 军国多所需，切责在有司。有司临郡县，刑法竞欲施。供给岂不忧？征敛又可悲。州小经乱亡，遗人实困疲。大乡无十家，大族命单羸。朝餐是草根，暮食仍木皮。出言气欲绝，意速行步迟。追呼尚不忍，况乃鞭扑之。邮亭传急符，来往迹相追。更无宽大恩，但有迫促期。欲令鬻儿女，言发恐乱随。悉使索其家，而又无生资。听彼道路言，怨伤谁复知。去冬山贼来，杀夺几无遗。所愿见王官，抚养以惠慈。奈何重驱逐，不使存活为！安人天子命，符节我所持。州县忽乱亡，得罪复是谁？逋缓违诏令，蒙责固其宜。前贤重守分，恶以祸福移。亦云贵守官，不爱能适时。顾惟孱弱者，

> 正直当不亏。何人采国风，吾欲献此辞。

诗的主旨在最后两句。古有采风之俗，以上达民情，元结正欲以此诗达到这一目的。他在诗中真切地披露了自己激烈而尖锐的内心矛盾，面对"切责在有司"的严令与对人民的深切同情的冲突，诗人辗转思考，最后不惜获罪而违令缓租。全诗质朴无华，不施藻饰，以叙述体现诗人所要表述的情感。

元结的另一代表作《贼退示官吏》，其序说明了写作的缘由。"癸卯岁，西原贼入道州，焚烧杀掠，几尽而去。明年，贼又攻永破邵，不犯此州边鄙而退。岂力能制敌欤？盖蒙其伤怜而已。诸使何为忍苦征敛？故作诗一篇以示官吏。"其诗云："昔岁逢太平，山林二十年。泉源在庭户，洞壑当门前。井税有常期，日晏犹得眠。忽然遭世变，数岁亲戎旃。今来典斯郡，山夷又纷然。城小贼不屠，人贫伤可怜。是以陷邻境，此州独见全。使臣将王命，岂不如贼焉？今被征敛者，迫之如火煎。谁能绝人命，以作时世贤？思欲委符节，引竿自刺船。将家就鱼麦，归老江湖边。"诗人愤怒地痛斥了对老百姓的横征暴敛，表达对人民痛苦的深切同情。这些诗有着鲜明而强烈的现实美学精神和"救时劝俗"的美学主题。元结《欸乃曲》说："好是云山韶濩音。""韶濩"是古代乐曲名，质朴无华。元好问《论诗绝句》便借此评述元结诗美："浪翁水乐无宫徵，自是云山韶濩音。"说的正是其质素的诗美特征，跟盛唐的兴象玲珑、清水芙蓉自有不同。美学思潮在这里出现了一次转折，它为元白韩的美学思想和古文运动起到了先导作用，从而也就真正成了盛唐进入中唐美学史的一块路碑。

第二十五章　大历诗风

安史之乱是唐代社会矛盾总爆发的标志，从此盛唐不复存在，这是唐玄宗养虎为患的结果。"安禄山专制三道，阴蓄异志，殆将十年。""禄山入新第，置酒，乞降墨敕请宰相至第。是日，上欲于楼下击球，遽为罢戏，命宰相赴之。日遣诸杨与之选胜游宴，侑以梨园教坊乐。上每食一物稍美，或后苑校猎获鲜禽，辄遣中使走马赐之，络绎于路。"同时，其又是唐玄宗、杨贵妃搅乱封建纲常伦理秩序的结果。"禄山生日，上及贵妃赐衣服、宝器、酒馔甚厚。后三日，召禄山入禁中，贵妃以锦绣为大襁褓，裹禄山，使宫人以彩舆舁之。上闻后宫欢笑，问其故，左右以贵妃三日洗禄儿对。上自往观之，喜，赐贵妃洗儿金银钱，复厚赐禄山，尽欢而罢。自是禄山出入宫掖不禁，或与贵妃对食，或通宵不出，颇有丑声闻于外。上亦不疑也。"[1]安史之乱虽然被平定了，但是唐王朝包括唐玄宗、杨贵妃均付出了沉重的代价。唐玄宗退位，杨贵妃被缢杀，整个唐帝国元气大伤，从此再也没有得到复苏。安史之乱不仅造成经济、社会的全面坏毁，而且在人们的观念与信念上造成了极大的伤害。人们的心态疲惫了，劳倦了，他们失去了盛唐人的理想、志向、青春热情。社会心态的转变有着极为重要的意义，它规范或影响着审美心态的变化。

第一节　盛唐余绪

大历诗风之于盛唐虽有变异，但仍有联系，这之间并非如刀砍斧劈，特

---

[1] 司马光：《资治通鉴》卷二一六。

别是美学精神之影响，有其延展的性质。大历诗风就有盛唐余绪。刘长卿的《疲兵篇》深受高适《燕歌行》的影响。戎昱的诗风及其诗审美内容受杜甫影响，具有强烈的现实美学精神。《上湖南崔中丞》："千金未必能移性，一诺从来许杀身。莫道书生无感激，寸心还是报恩人。"颇有盛唐之调。司空曙《送卢彻之太原谒司尚书》："榆落雕飞关塞秋，黄云画角见并州。翩翩羽骑双旌后，上客亲随郭细侯。"直追盛唐之风。韦应物《寄畅当》："丈夫当为国，破敌如摧山。何必事州府，坐使鬓毛斑。"钱起《送傅管记赴蜀军》："勤君用却龙泉剑，莫负平生国士恩。"《送崔校书从军》："宁惟玉剑报知己，更有龙韬佐师律。"韩翃《赠张建》："结客平陵下，当年倚侠游。传看辘轳剑，醉脱骕骦裘。翠羽双鬟妓，珠帘百尺楼。春风坐相待，晚日莫淹留。"真有盛唐之音。《送孙泼赴云中》写道："黄骢少年舞双戟，目视旁人皆辟易。百战能夸陇上儿，一身复作云中客。寒风动地气苍茫，横吹先悲出塞长。敲石军中传夜火，斧冰河畔汲朝浆。前锋直指阴山外，虏骑纷纷胆应碎。匈奴破尽人看归。金印酬功如斗大。"如果隐去姓名，这些诗简直能在盛唐诗中乱真。又如卢纶著名的《塞下曲六首》（其二）云：

　　林暗草惊风，将军夜引弓。平明寻白羽，没在石棱中。

诗的取材虽来自《史记·李将军列传》的记载："广出猎，见草中石，以为虎而射之。中石没镞，视之石也。因复更射之，终不能复入石矣。"但诗人经过审美化提炼，形成凝练的小诗，富于诗的表现力，尤其是"林暗草惊风"，所描述的环境和渲染的氛围，增添了诗的传奇色彩。"其三"写道：

　　月黑雁飞高，单于夜遁逃。欲将轻骑逐，大雪满弓刀。

这是为人们所传诵不已的名篇，以"月黑雁飞高"和"大雪满弓刀"的环境与战况对举，形成特定的战斗氛围的渲染，使人仿佛置身其中。

　　大历诗人还有着盛唐人的现实美学精神。韦应物《观田家》："仓廪无宿储，徭役犹未已。方惭不耕者，禄食出闾里。"他们对贫苦百姓表现出足够的关注和深切的同情。同时，他们又体现出反观自身的精神，韦应物《寄李儋元锡》言"邑有流亡愧俸钱"，这给予白居易的现实美学精神以影响，白居易《观刈麦》就曾写道："今我何功德，曾不事农桑。吏禄三百石，岁晏有余粮。念此私自愧，尽日不能忘。"反观自身的自省精神丰富了这种现实精神的内涵，也促成了它的发展。

大历诗风可以说是杜甫与白居易之中介，即承绪于杜甫，开启了白居易。这样也就奠定了它在唐代美学史上的地位。然而，大历诗人缺少了盛唐人的中气，缺乏鲲触巨澜、碧海掣鲸的雄大气派和浑浩接苍茫的意绪。他们虽有热情，也有理想，但总显得雄气不够，在喊叫几声后便有些气力不接。大历诗人、大历十才子是一个具有相当规模的文学群体，但他们的个人美学素质还有不足之处，他们中的某一个人还不具备李杜那样的美学素养和气度。他们生长于开元、天宝年间，经历过盛世之状，受到过开天文化、美学的熏染，他们的文化、美学精神当然承受了盛唐的余绪。他们之所以在文化、美学上中气不足，一是时代条件，那个时代已没有盛唐的那种如火如荼，到处蒸腾热气的景象和精神，时代已缺乏对人的召唤力和激励性。二是他们自身的文化、美学素质条件和根基。他们难以追步盛唐诸公了。

第二节　中唐面目

大历诗风的美学史标志是出现中唐面目，因此它具有路碑意义。胡应麟《诗薮》说："诗至钱、刘，遂露中唐面目。"大历诗人的人生经历在外延上比起盛唐诸公来要更为丰富，富于波澜。他们亲见亲验过盛唐的繁华，又亲经亲历过安史之乱的混乱，生活的巨大落差形成心理的巨大落差。由盛到衰的变故给予人们的心理感受是铭心刻骨的。他们在盛唐时代曾经有过好梦和美梦，但是安史之乱击碎了他们的梦。他们回到现实中的感受比起没有经历过梦境的人来，要更为沉痛和迫切。戎昱《八月十五日》说："年少逢胡乱，时平似梦中。梨园几人在，应是涕无穷。"大乱之后的局面令人目不堪睹，正如钱起《銮驾避狄岁寄别韩云卿》所描述的那样，"关山惨无色，亲爱忽惊离"。而结束动乱之后整个唐王朝的朝政又没有得到改善，而是沿着既有的轨迹坏下去。《旧唐书·德宗本纪》记曰："大历中，李正己……各聚兵数万，始因叛乱得位，虽朝廷宠待加恩，心犹疑贰，皆连衡盘结以自固。朝廷增一城，浚一池，便飞语有辞，而诸盗完城缮甲，略无宁日。"

大历诗人经历了两朝的更迭，当朝仕宦无望往往导致怀旧情绪的萌发，如韦应物《与村老对饮》所写的那样："鬓眉雪色犹嗜酒，言辞淳朴古人风。乡村年少生离乱，见话先朝如梦中。"先朝的繁华和令人陶醉的景象只能在梦中追寻。这是一个梦醒了又无路可走的时代。由于平乱凭借的是武功，当然不需要文治，社会的取舍无疑有着极大的规范作用。大历诗人，这批靠玩文字过活的人自然不受社会的重视，他们不得不反省自己，慨叹无穷地说："细与知音说，攻文恐误人。"[①]儒者受到冷落，他们从根本上怀疑起自己所赖以安身立命的"文"来了："攻文恐误人。"这是辛酸的反省，其反省的原因正是觉得无路可走和无前途可言。

他们慨叹盛业的消歇和现实的严酷。曾经写下意气风发的《塞下曲六首》的卢纶叹唱道："旧业已随征战尽。"衰鬓秋色，旧业已尽，而鼓鼙之声不断，更增添了凄越的情绪。他们随时充溢着悲的情感。《送李端》是动乱之后诗人悲凄心态的写照，对于相遇之期已不存希望。他们在苍茫的时代中形影相吊，充满失落感和孤独感，如卢纶《春江夕望》。于是，大历诗人们多表现出羁旅之愁，如戴叔伦《海上别薛舟》写道："行旅悲摇落，风波厌别离。"

社会心态在转变，文化、审美心态也在转变，大历诗人已不再向外部世界拓展，而是转入对内心世界的体味和身边景、事的描述。少了几分雄浑，多了几分精致；少了几分豪气，多了几分闲散。他们不是理想型的，而是情调型的。他们的审美对象多是江湖渔隐，而不是边漠江山；他们的审美情感多是孤独衰老，而不是意气飞扬。于是，跟历史时代相一致的中唐艺术时代到来了。

前代诗评家、诗美学家对大历诗美特征做了很多评价。高仲武《中兴间气集》认为李嘉佑与钱起、郎士元"往往涉于齐梁，绮靡婉丽，盖吴均、何逊之敌也"。胡震亨《唐音癸签》说："工于浣濯，自艰于振举，风干衰，边幅狭。"胡应麟《诗薮》说："降而钱、刘，神情未远，气骨顿衰。"许学夷《诗源辩体》说："盛唐诸公五七言律，多融化无迹而入于圣，中唐诸子，造诣兴趣所到，化机自在，然体尽流畅，语半清空，其气象风格，至此而顿衰耳。"沈德潜《说诗晬语》认为大历诗风"辞意新而风格自降"。这些评价指出了大历诗风中气不足，难以"振举"，审美的领域、边幅狭窄，不够开阔、广袤。审美的风格、气象、风骨比较浮弱，盛唐气骨已经衰竭了。这可以从同是写鹳雀楼的盛唐王之涣和大历畅当的诗的比较中得到证

[①] 戎昱：《酬梁二十》。

明。王之涣的《登鹳雀楼》耳熟能详,家喻户晓。诗人展现了极为开阔的审美境域,并生发出极平易而又极深邃的生活哲理,二者水乳交融。畅当同是五绝的《登鹳雀楼》写道:

> 迥临飞鸟上,高出世尘间。天势围平野,河流入断山。

公平地说,它不失为写景好诗,但留下了多少耐人回味的意蕴呢?没有。这就是王之涣的诗不胫而走,而畅当的诗问津者少的原因所在了。气韵、堂庑均有不及盛唐之处,"中唐面目"露出来了。

第三节 审美表征

大历诗人在自己所处的社会条件和时代审美环境中创造了独特的审美,他们诗美风格表现为趣味澄澈、平淡和雅、隽永有致。皎然评述道:"大历中词人窃占青山白云、春风芳草以为己有,吾知诗道初丧,正在于此。"在皎然看来,诗道之丧是从审美描述对象的变化开始的,大历诗人以"青山白云、春风芳草"为对象,没有边漠江山、疆场万里,这就局限了审美视域。然而,大历诗人正是在"青山白云、春风芳草"中实现了自己的审美创造和定位。刘长卿《秋云岭》曰:

> 山色无定姿,如烟复如黛。孤峰夕阳后,翠岭秋天外。云起遥蔽亏,江回频向背。不知今远近,到处犹相对。

整首诗的境界在变化中转换,似无定质,正写出了秋云岭的特有景象和特定的美,展现出变幻流动的画面。因无定姿,山峰上时而烟气缭绕,时而呈现青黛颜色。在夕阳余照下,孤峰挺拔,屹立在秋空外,更显得青翠喜人。随着云起云散,景象便开始变化。"云起遥蔽亏",时而被飘飞的白云紧紧裹住,只见云不见山;时而白云散开,又露出山之一角。云起云散,山遮山现,不仅因云生变,而且随江流船行而移步换形。"江回频向背",江流蜿蜒,斗曲蛇形,诗人坐在船上,同秋云岭时而相向,时而相背,因而,"不知今远近,到处犹相对"。根据审美心理感受来表现对象和主体情趣。刘长卿在《湖南使还留辞辛大夫》中曾对他的山水诗审美做了这样的说明:"风景随摇笔,山川入运筹。"他的《逢雪宿芙蓉山主人》一诗便提供了范例:

> 日暮苍山远,天寒白屋贫。柴门闻犬吠,风雪夜归人。

时当傍晚，苍山重叠，是时域空间的背景烘托。一"远"字，把境界一下子拉开，显得深邃遥远。诗人在蜿蜒崎岖的山道上赶路，峰回路转，"天寒白屋贫"，一座孤零零的山村小屋落入视线，审美间距便由远及近。远景为山，近景是屋，构置形式很有画面感。山为"苍"色，屋为"白"色，苍、白相映，画面又有色彩感。日暮时分，天寒地冻，又增添了画面的氛围感。诗人的审美视线远伸近挪，每句写一景，山及于屋，屋及于犬，犬及于人，步步递进。一声"犬吠"打破了山村的寂静，点活了意境，也带来了诗人的希望。一股满目荒凉忽逢宿处的喜悦隐隐透现出来，所形成的境界不给人郁闷悲愁之感，而有独特的诗意和美感。诗人重在写风雪，前几句概不言及，到结穴时，翘起一句"风雪夜归人"。点明诗题，增添气氛，涵括了前面景象，也为这冬夜雪山图，画上了最富于艺术魅力的一笔。《送灵澈上人》云：

苍苍竹林寺，杳杳钟声晚，荷笠带夕阳，青山独归远。

在苍苍寺院的掩映下，在杳杳钟声的伴和下，僧人戴着斗笠，拉着余晖，渐走渐远，融入青山之中。诗的审美意境清寂悠远，极富画面感，又极有意韵，成为典型的中唐美学的表征，并启宋诗美学。刘长卿《听弹琴》云：

泠泠七弦上，静听松风寒。古调虽自爱，今人多不弹。

有着一种与世不合、落落寡欢的情调。如果说刘长卿的诗味是清寂，那么钱起则是静穆。《省试湘灵鼓瑟》写道："善鼓云和瑟，常闻帝子灵。冯夷空自舞，楚客不堪听。苦调凄金石，清音入杳冥。苍梧来怨慕，白芷动芳馨。流水传湘浦，悲风过洞庭。曲终人不见，江上数峰青。"诗人突破一般省试诗的程式和格局，充分进行审美的想象，到收尾时，突然出现一个清空境界，曲终人散，唯有江上所矗立的青青山峰。它净化了诗的意境，出现了令人心神为之清爽的静穆。这静穆也成为中唐面目的一种表征。于是，《药堂秋暮》中有句："潭静宜孤鹤，山深绝远钟。"《春夜过长孙绎别业》中有句："带竹新泉冷，穿花片月深。"其诗的审美格调对王维诗有着继承性。高仲武《中兴间气集》说：

员外（钱起）诗体格新奇，理致清赡，越从登第，挺冠词林。文宗右丞，许以高格。右丞没后，员外为雄。芟齐宋之浮游，削梁陈之靡嫚，迥然独立，莫之与群。且如"鸟道挂疏雨，人家残夕阳"，又"牛羊上山小，烟火隔林疏"，又"长乐钟声花外尽，龙池柳色雨中深"，皆特出意表，标雅古今，又"穷达恋明主，耕桑亦近郊"，则礼义克全，忠孝兼著，足可弘长名流，为后楷式。士林语曰：前有沈、宋，后有钱、郎。

高仲武认为王维之后，钱起是最杰出、最优秀的诗人，他是最能继承王维美学风格的诗人。从风格美学上，钱起有继承王维之处，然而细加品赏，则可看出，在审美品位上钱起远逊于王维。王维是体验型，用诗人的审美之心精微地体验对象，而钱起则是描述型的，描述对象的形貌状态。因此，钱起留给人的是对象世界，而王维则是整个的主体感觉经验。王维诗有灵性，钱起诗则有暮气和怨尤。王维诗中有人声、鸟语、花开、花落的生机，而钱起未免过于沉寂。王维诗代表了盛唐人的天然资质，浑若天成，而钱起常有雕饰，落入中唐。沈德潜《唐诗别裁集》认为王维高出钱起之处在于"冲和"与"浑厚"。施补华《岘佣说诗》认为钱起之于王维在"淡字、远字、微字皆不能到"，这是着眼于审美所做的评价。钱起所不及者是审美体验和感觉的精微细腻，是审美所到达的终端境域。

大历诗风的审美特征又表现为恬淡澄明、自然流丽、晶莹圆润，其代表人物当数韦应物。他虽在大历，却是属于整个唐代，是跟那些诗坛重量级人物排列在一起的，因此，他更具有大历的时代美学意义。在大历诗人群体中他获得的美学史评价和赞誉是最高的。白居易《与元九书》称其"高雅闲淡，自成一家之体"。司空图《与李生论诗书》称其"澄淡精致"，苏轼《书黄子思诗集后》认为："韦应物、柳宗元发纤秾于简古，寄至味于淡泊。"张戒《岁寒堂诗话》对韦应物、王维加以比较："韦苏州诗韵高而气清，王右丞诗格老而味长，虽皆五言之宗匠，然互有得失，不无优劣。以标韵观之，右丞远不逮苏州；至于词不迫切而味甚长，虽苏州亦所不及也。"贺裳《载酒园诗话》具体描述了韦诗的审美特征："韦苏州冰玉之姿，蕙兰之质，粹如蕴如，警目不足，而沁心有余。然虽以淡漠为宗……而龙章凤章，天质自然特秀。"他最负盛名的诗是《滁州西涧》：

独怜幽草涧边生，上有黄鹂深树鸣。春潮带雨晚来急，野渡无人舟自横。

恬淡中显出优美，诗情中融入生趣。诗的构图和色彩在对比中见均衡，在映衬中见和谐，构成了形式美的基本要素。然而，形式美又讲究变化，诗人用"春潮带雨晚来急"打破平衡，形成飞动气势。

韦诗冲淡，一派化行，如《寄全椒山中道士》：

> 今朝郡斋冷，忽念山中客。涧底束荆薪，归来煮白石。欲持一瓢酒，远慰风雨夕。落叶满空山，何处寻行迹？

气象萧疏清淡，简直无迹可寻。苏轼因喜此诗而模制，却无法追步。《彦周诗话》说："韦苏州诗云：'落叶满空山，何处寻行迹？'东坡用其韵曰：'寄语庵中人，飞空本无迹。'此非才不逮，盖绝唱不当和也。"施补华《岘佣说诗》也说："《寄全椒山中道士》一作，东坡刻意学之而终不似。盖东坡用力，韦公不用力；东坡尚意，韦公不尚意，微妙之诣也。"韦天然而成，苏着意为之，诗审美情味的区别就在这微妙之间。

陈师道《后山诗话》说："右丞、苏州，皆学于陶。"韦应物表示了他对陶渊明的企慕和效法，有《与友生野饮效陶体》《效陶彭泽》，这只是限于体式的模仿上，最重要的是他体认并领略了陶诗的艺术精神和美学精神。沈德潜《说诗晬语》认为，在"唐人祖述"陶诗中，韦应物得其"冲和"。"冲和"是陶诗美学精神的核心，而韦应物能学焉而得其性，就是因为陶、韦心性、精神有诸多契合之处。施补华《岘佣说诗》就曾做了这样的揭示："后人学陶，以韦公为最深，盖其襟怀澄淡，有以契之也。"其冲和之风正是陶诗之风。这样也就构成了大历诗风一个方面的审美特征。

大历诗美不是浅近浮表的，而是有着比较丰厚的审美意蕴。其意蕴的表达讲究审美的传达方式。韩翃《寒食》云：

> 春城无处不飞花，寒食东风御柳斜。日暮汉宫传蜡烛，轻烟散入五侯家。

表层意象，一目了然。诗人所描述的似乎是汉宫走马传烛图：春城花如海，御柳摇曳在东风之中，宫中点燃的蜡烛，传送到五侯之家。字面并无深意，似乎是写寒食节汉宫的例行故事，然而，它有其深意、曲意在，是对现实而言的。不是描述，而有讽意；不是历史，而是现实。唐人刺世，往往借汉，已成为审美手法的通例。寒食禁火，家家如此，连夜间亦不点灯，但皇家独传烛火于五侯之家；而烟之轻，则显蜡烛质量之高，可见恩宠之深。汉桓帝时，单超、徐璜、具瑗、左悺、唐衡五宦官同日封侯，权倾朝野，炙手可热。而中唐之后，宦官擅权，历史的圆圈出现重合。吴乔《围炉诗话》说："唐之亡国，由于宦官握兵，实代宗授之以柄。此诗在德宗建中初，只'五侯'二字见意，唐诗之通于春秋者也。"史家的春秋笔法正是诗家的深潜手法。

大历诗风表现出清丽隽永的审美特征。戴叔伦《兰溪棹歌》写道："凉月如眉挂柳湾,越中山色镜中看。兰溪三日桃花雨,半夜鲤鱼来上滩。"构图清新,色彩清丽。溪水像镜子一般清澈平滑,越中山色倒映在溪水之中。凉月、柳湾、山色、溪水,构置成图,于淡中见秀。诗人写景,月,凉而不寒,山,明而不暗。桃花流水,鲤鱼欢腾,生趣盎然,富于春天的生机和活力。《苏溪亭》:"苏溪亭上草漫漫,谁倚东风十二阑?燕子不归春事晚,一汀烟雨杏花寒。"景象凄迷清丽、隽永有致,一汀烟雨笼罩下的杏花也显得寒意料峭,其景象及意韵均给宋诗以审美影响。

大历诗内蕴着主体的情趣和情调。司空曙《江村即事》:

> 钓罢归来不系船,江村月落正堪眠。纵然一夜风吹去,只在芦花浅水边。

夜钓归来,筋疲力尽,懒于系船,迫不及待地枕于船中了。从"正堪眠"中,反衬出江村的宁静、月落的凄迷,构成了景象的幽美。"纵然",宕开一笔;"只在",把笔收回,一宕一收,逼现出江上的另一重景象——"芦花浅水"。芦苇瑟瑟,流水溅溅,景象在淡中显美。同时又显示诗人情致,即使船只被夜风吹走,也没有关系,仍然在芦花掩映的浅水之间飘荡,心情何等闲适、舒坦,于中见出审美趣味。吴烶《唐诗选胜直解》说:"此归林下行乐之诗。无拘之身,垂钓遣兴,江静月沉,正可稳睡。偶尔不系船,更见忘机自适处,兴味于此不浅。"

大历诗人在诗审美过程中着意于意象选择和描述的表现力。司空曙《金陵怀古》写道:

> 辇路江枫暗,宫廷野草春。伤心庾开府,老作北朝臣。

一二两句,表层纯粹是一种景象的绘写,江枫茂密使得辇路因之幽暗,野草茂盛正繁生在宫廷之中。这些绘写貌似写景,实有意在;貌用扬笔,实施抑笔。当年六朝皇帝的辇道两旁已是遮天蔽日的枫树,六朝的宫殿也长满了野草,这不是荒凉景象的写照吗?这不是诗人历史伤感的体现吗?平实的描述中内蕴深长的意蕴。

为了达到有更多审美意蕴的目的,就须讲求审美的传达手段和方法。司空曙《喜外弟卢纶见宿》:

> 静夜四无邻,荒居旧业贫。雨中黄叶树,灯下白头人。以我独沉久,愧君相见频。平生自有分,况是蔡家亲。

诗人把雨中黄叶树、灯下白头人两种意象组合在一起,貌似不相关涉,实际上雨中黄叶树的枯索和凄清正喻示着灯下白头人的处境和心境，审美极见功力。明代谢榛《四溟诗话》曾做了这样的比较性评述："韦苏州曰：'窗里人将老，门前树已秋。'白乐天曰：'树初黄叶日，人欲白头时。'司空曙曰：'雨中黄叶树，灯下白头人。'三诗同一机杼，司空为优，善状目前之景，无限凄感，见乎言表。"

大历诗人表现出审美感觉经验的丰富，例如柳中庸《夜渡江》：

夜渚带浮烟，苍茫晦远天。舟轻不觉动，缆急始知牵。听笛遥寻岸，闻香暗识莲。唯看去帆影，常似客心悬。

诗人通过感觉来进行审美体验和描述，交替运用听觉、视觉、嗅觉等感觉功能，进而或直接或间接去表现江景，于是江渚浮烟、江天苍茫、江水湍急、江岸遥接、江荷飘香、江帆绰约一齐出现，审美构思和表达堪称精绝。

在时空审美上，大历诗人也形成了自己的美学特点。韩翃《宿石邑山中》："浮云不共此山齐，山霭苍苍望转迷。晓月暂飞高树里，秋河隔在数峰西。"秋河峰西，相隔遥远，遂形成空间的延展和拓伸。张继《枫桥夜泊》一诗写道：

月落乌啼霜满天，江枫渔火对愁眠。姑苏城外寒山寺，夜半钟声到客船。

更是对时空审美结构做了巧妙配置。有远景，有近景，远近适宜；有主体景，有陪衬景，主次分明。经过巧妙组织，井然有序，富于立体感。残月西落，月色朦胧，色彩凄迷。或明或暗，或淡或浓，或冷或暖，色彩多样且又和谐匀称。

以上这些构成了大历诗风的审美特征，它体现了中唐的美学史特点。

第四节　顾况的意义

顾况是大历贞元极为值得重视的人物，他的诗美特点指引中唐的审美方向。顾况是一位极富个性色彩而又有多方面审美素质的人物。他个性傲岸，"不能慕顺"，因此"为众所排"[①]。他又性格癫狂，"虽王公之贵与之交

---

① 皇甫湜：《顾况诗集序》。

者,必戏侮之"①。他能乐善画,多才多艺。他作画时的状态很有特点,据封演《封氏闻见记》载:"每画,先帖绢数十幅于地,乃研墨汁及调诸彩色各贮一器,使数十人吹角击鼓,百人齐声喊叫。顾子着锦袄锦缠头,饮酒半酣,绕绢帖走十余匝,取墨汁摊写于绢上,次写诸色,乃以长巾一,一头覆于所写之处,使人坐压,己执巾角而曳之,回环既遍,然后以笔墨随势开决为峰峦岛屿之状。"这种作画状态和模样极为罕见,简直是一个"现代派"。他在这里找到了自己的审美表达方式,以与众不同的动作来表达自己迷狂的创作冲动。性格的奇异、审美个性的奇特,就决定了他的审美创造有奇异之处,决定了他的审美风格尚奇尚怪,正如皇甫湜在《顾况诗集序》所指出的:"偏于逸歌长句,骏发踔厉,往往若穿天心,出月胁,意外惊人语,非寻常所能及,最为快也。"例如《公子行》,意象光怪陆离、浓艳重丽,描述新奇怪诞。又如"紫阳春风缠马足"的"缠",用语出奇,突破常法。《龙宫操》写洪灾泛滥,则倾其想象,直想到洪水成灾后"龙王宫中水不足",可谓想落天外。《范山人画山水歌》:"山峥嵘,水泓澄。漫漫汗汗一笔耕,一草一木栖神明。忽如空中有物,物中有声。复如远道望乡客,梦绕山川身不行。"他把画中山水都复活成真实山水,竟至"梦绕山川身不行"。

在顾况的诗歌中有一种奇异怪诞的美学世界。如《庐山瀑布歌送李顾》对庐山瀑布的审美,完全出自于自身想象,并且超越前人审美域界。他的审美更为大胆、离奇,交织神话与传说,瀑布如同白霓飘动,丹梯直挂,仿佛是从织女机边落下,又仿佛是"火雷劈山珠喷日"。《梁广画花歌》把花拟人化,竟然以心相许、以身相许,其想象真让人匪夷所思。此后李贺诗的审美想象正循此一路。

顾况的审美描述善于就某种细微普通的对象景物,反复衬染、铺衍,笔重墨厚,浓艳无比。例如《苔藓山歌》把习见的苔藓写成"一如白云飞出壁,二如飞雨岩前滴,三如腾虎欲咆哮,四如懒龙遭霹雳",属于扩张性、繁衍性的审美描述。此后韩愈诗风正依此而来。

顾况以奇诞瑰丽的意象来表现音乐形象,则开李贺等人诗歌之先河,例如《刘禅奴弹琵琶歌》《郑女弹筝歌》。顾况《李供奉弹箜篌歌》则给白居易以审美上的影响。诗中曰:"起坐可怜能抱撮,大指调弦中指拨。腕头花

---

① 刘昫:《旧唐书·顾况传》。

落舞衣裂，手下鸟惊飞拨刺。""大弦似秋雁，联联度陇关。小弦似春燕，喃喃向人语。手头疾，腕头软，来来去去如风卷。声清泠泠鸣索索，垂珠碎玉空中落。""大弦长，小弦短，小弦紧快大弦缓。"在白居易的《琵琶行》中，可以看到它诗美意象的影子。

顾况的另一大贡献是追求审美的通俗化。《古仙坛》曰："远山谁放烧，疑是坛边醮。仙人错下山，拍手坛边笑。"《山中赠客》："山中好处无人别，涧梅伪作山中雪。野客相逢夜不眠，山中童子烧松节。"他和王建、张籍等人所形成的通俗化审美倾向，直接通向了元稹、白居易的审美风格。"元轻白俗"，整个中唐的通俗化趋向在这里确定下来了。

顾况的审美风格所表现出来的特征具有超越前代的意义，改变了盛唐的审美趋向，不是大、壮、丽，而是奇、怪、俗，指向韩愈之奇伟，李贺之瑰丽，元、白之平易。顾况是盛唐转折，进入中唐美学史的关键人物。

总之，大历以至于贞元，是唐代美学史上的重要时期，社会风气影响了美学风气，社会心态影响了美学心态。大历、贞元美学特征概括了整个中唐美学的雏形，是其前导，从此，中唐这一美学史时代便出现了，中唐的美学特征终于以不同于盛唐的面貌出现了。

还应当指出的是，大历、贞元诗风不仅影响了中唐，而且影响到晚唐。李端《听夜雨寄卢纶》："暮雨萧条过凤城，霏霏飒飒重还轻。闻君此夜东林宿，听得荷池几度声？"我们不是可以在李商隐"留得枯荷听雨声"中，听到它的回响吗？因此，大历、贞元诗风的影响是深远的。

第二十六章　大历、贞元的美学理论

大历、贞元作为唐代美学史上的重要时期,不仅在创作上有许多转型期的特征,而且在美学理论上也显示了许多发展中的趋向。经过大历、贞元的整合,中唐的美学史方向便确定下来了。

第一节　并存现象

大历、贞元出现教化论和审美论并存的现象。这种现象的出现是为这一时期社会史状态和美学史状态的转变更迭所决定的。在重提文学的教化论方面,柳冕《与徐给事论文书》可谓做了集中表述。他写道:

> 文章本于教化,形于治乱,系于国风。故在君子之心为志,形君子之言为文,论君子之道为教。《易》云:"观乎人文,以化成天下。"此君子之文也。

> 自屈宋以降,为文者本于哀艳,务于恢诞,亡于比兴,失古义矣。虽扬、马形似,曹、刘骨气,潘、陆藻丽,文多用寡,则是一技,君子不为也。昔武帝好神仙,而相如为《大人赋》以讽,帝览之,飘然有凌云之气。故扬雄病之曰:"讽则讽矣,吾恐不免于劝也。"盖文有余而质不足则流,才有余而雅不足则荡。流荡不返,使人有淫丽之心。此文之病也。雄虽知之,不能行之;行之者惟荀、孟、贾生、董仲舒而已。

> 仆自下车,为外事所感,感而应之,为文不觉成卷。意虽复

> 古而不逮古，则不足以议古人之文。噫！古人之文，不可及之矣。
> 得见古人之心，在于文乎！苟无文，又不得见古人之心，故未能亡言，亦志之所之也。

柳冕对于文学性质的论述，开宗明义地做了这样的表述："本于教化，形于治乱，系于国风。"他认为文学具有致用性质，关系治乱和有关社会风俗，其论述立足点是儒学教化论。从这样的认识前提出发，他否定了屈宋以来的文学传统，指出其基本特征是"本于哀艳，务于恢诞，亡于比兴"，这与上面所提出的文学基本性质的"本于教化，形于治乱，系于国风"相对立。在这样的论述前提下，他认为这是"失古义"的倾向，于是，他便表现出复古主义的思想倾向。他所不满的是文学上的文多而质少，美学中的"哀艳""藻丽""淫丽"。他认为，文多而质少，会产生严重的后果，"文有余而质不足则流，才有余而雅不足则荡"，出现"流""荡"。这里反映了他对美学的基本态度，以质朴为本位，以复古为目的。柳冕所反对和不满的，恰恰是美学中所应坚持的，是美学的感性主义特征。它与元结的复古教化审美论有内在联系，是其发展。这股复古教化的美学思潮有深刻的社会、文化原因。安史之乱给予人们的教训太深了，他们企望中兴，而中兴在文化上就是去文留质，在美学上就是复古。以教化、质朴为内涵和特征的大历、贞元美学思潮给予元和时代的美学以影响。

然而，在另一方面，大历、贞元也出现了一些新的美学苗头，对美的特点做出了深刻的说明。这就是保存并被司空图在《与极浦书》中引用的大历戴叔伦的一番话：

> 戴容川云：诗家之景，如蓝田日暖，良玉生烟，可望而不可置于眉睫之前也。

这是对美的性质的正确而本体性的论述，美是"可望而不可置于眉睫之前"的，它存在于对象之中，可又游离于对象之外。司空图引用这番话，可见他对这一论述的重视及认同。戴叔伦的论述成为司空图论述的前导，也成为唐宋两代，甚至是中国美学史最有影响的审美论之一。

教化论仍然存在，而审美论却已露出新芽，两者并存的状态恰恰反映了中唐作为美学思想转折、过渡、交接时期的特点。

第二节　高仲武美学观点

选择本时代的诗歌，通过评点和题序，以表达某种审美评价和美学观点，是唐人的做法，而其中较有成就者是殷璠的《河岳英灵集》和高仲武的《中兴间气集》。两集的书名有互为对应之意，后者在诗的选择时间上与前者相衔接，可见其承绪关系。"中兴"指安史之乱后肃宗至德初到大历末年，肃、代两朝，史称中兴，又是盛中唐的转折时期。因此，编选评点者高仲武的美学观点就代表了那一时期的美学观点。《中兴间气集》序写道：

> 诗人之作，本诸心。心有所感而形于言，言合典谟则列于风雅。暨乎梁昭明，载述已往，撰集者数家，榷其风流，正声最备，其余著录，或未至正焉。何者？《英华》失于浮游，《玉台》陷于淫靡，《珠英》但纪朝士，《丹阳》止录吴人。此由曲学专门，何暇兼包众善。使夫大雅君子，所以对卷而长叹也。
>
> 唐兴一百七十载，属方隅叛涣，戎事纷纶，业文之人，述作中废。粤若肃宗、先帝，以殷忧启圣，反正中兴。伏惟皇帝，以出震继明，保安区宇。国风雅颂，蔚然复兴；所谓文明御时，上以化下者也。某不揆菲陋，辄罄谀闻，博访词林，采察谣俗。起自至德元首，终于大历末年。作者数千，选者二十六人，五言诗一百四十首，七言诗附之，列为两卷，略叙品汇人伦，命曰《中兴间气集》。
>
> 且夫微言虽绝，大制犹存，详略其否臧，尚可拟议。古之作者，因事造端，敷宏体要，立义以全其制，因文以寄其心，著王政之兴衰，国风之善否，岂其苟悦权右，取媚薄俗哉！今之所收，殆革斯弊。但使体状风雅，理致清新，期观者易心，听者竦耳，则朝野通载，格律兼收。自邻以下，非所附丽。凡百君子，幸详至公。

高仲武一笔否定了四种诗选本：梁萧统的《古今诗苑英华》，陈徐陵的《玉台新咏》，唐崔融的《珠英学士集》，唐殷璠的《丹阳集》，指出了它们各自的弱点。他是以古代美学作为依据的，"古之作者，因事造端，敷宏体要，立义以全其制，因文以寄其心，著王政之兴衰，国风之善否"，这种标准在本体上就是教化论。他在序的开始，倒是正确地说明了诗的审美发生，"诗人之作，本诸心。心有所感而形于言"。接着，他却把论述引到教化论上来了："言合典谟则列于风雅。"其论述趋向正反映了盛中唐之交的美学走向。在教化论中当然包含对现实问题的关注。在《中兴间气集》中他就选了不少反映现实问题的诗歌,这时期的教化论与现实论是联系的,这也是盛中唐之交美学变迁中的一个特点。高仲武对《丹阳集》的批评,表明了他对殷璠美学思想的不满。殷璠的美学思想是盛唐的美学思想,是兴象风骨,自然声韵,《丹阳集》的评语和选诗标准正体现了这一点。而高仲武的批评则表明他跟殷璠的美学思想是不相同的,他不再奉行盛唐美学思想了,他顺应了盛中唐之交的美学要求。这个美学要求就是:"体状风雅,理致清新,期观者易心,听者竦耳,则朝野通载,格律兼收。"概括起来说,乃是"风雅""清新",正与"兴象""风骨"相对举。这样,盛中唐之交的美学思想就区别于盛唐,高仲武也不同于殷璠。高仲武是从"体格"和"理致"两个方面提出问题的。"体格"就是诗体、体式,体格上应有风雅之气。例如评张继:"诗体清迥,有道者风。"评皇甫曾:"体制清洁,华不胜文。""理致"就是诗的内在含蕴及其表现。例如评张南史:"物理俱美,情致兼深。"从高仲武对一些诗人的具体评述中可以看出他的美学思想。例如评钱起曰:

> 员外诗体格新奇,理致清赡。越从登第,挺冠词林。文宗右丞,许以高格。右丞没后,员外为雄。芟齐宋之浮游,削梁陈之靡嫚,迥然独立,莫之与群。且如"鸟道挂疏雨,人家残夕阳",又"牛羊上山小,烟火隔林疏",又"长乐钟声花外尽,龙池柳色雨中深",皆特出意表,标雅古今。又"穷达恋明主,耕桑亦近郊",则礼义克全,忠孝兼著,足可弘长名流,为后楷式。士林语曰:前有沈、宋,后有钱、郎。

高仲武对钱起的评价是《中兴间气集》中最高的,称其为王维之后的第一人。这也就可以看出高仲武的美学观点,他所欣赏的是王维、钱起的美学风格——静、闲、淡。这是高仲武审美趣味的反映。高仲武所称道的钱起几句诗中的"鸟道挂疏雨,人家残夕阳",其审美意境萧索而淡远,"雨"为"疏","阳"为"夕",这是钱起的审美兴趣所选择和对应的对象,也就成了高仲武美学观点的支撑依据。他认为,郎士元和钱起能比并。他们在美学风格、情调上有相同之处,最能代表高仲武的美学观点,从而也最能体现盛中唐之交的美学走向。他说:"员外河岳英奇,人伦秀异,自家形国,遂拥大名。右丞以往,与钱更长。自丞相已下,更出作牧,二公无诗祖饯,时论鄙之。两君体调，大抵欲同。就中郎公稍更闲雅，近于康乐。如'荒城背流水，远雁入寒云''去鸟不知倦，远帆生暮愁'，又'萧条夜静边风吹，独倚营门向秋月'，可以齐衡古人，掩映时辈。又'暮蝉不可听，落叶岂堪闻'，古谓谢朓工于发端，比之于今，有惭沮矣。"

高仲武在选诗评诗时，往往突破教化论，他最精彩的美学观点不是《中兴间气集序》中的"上以化下"论，而是"体状风雅，理致清新"论。他在具体评述时，提炼出"清""新""奇"等概念，例如评钱起："体格新奇，理致清赡。"评于良史："诗清雅，工于形似。"评李希仲："务为清逸。"评皇甫冉："发调新奇，远出情外。"评张继："诗体清迥。"

大历以后，诗人们流连于山川光景，又偏意于清瑟萧然之景象，高仲武正是感应于此，在理论上做此规范，提出"清""新""奇"的审美范畴。由此出发，他选诗篇、摘秀句就多以这一审美要求为准。例如皇甫冉的"闭门白日晚，倚杖青山暮"，李嘉祐的"野渡花争发，春塘水乱流"，刘长卿的"细雨湿衣看不见，闲花落地听无声"等，可以看出盛中唐交替时期的审美趣味发生了较大的变化，趋细、趋新、趋清。从这个意义上可以说，高仲武的《中兴间气集》有着鲜明的美学理论史价值。

第三节　皎然的美学思想

明代胡震亨《唐音癸签》称赏在唐人诗论中，"惟皎师《诗式》《诗议》二撰，时有妙解"。"妙解"可以说是对皎然诗歌美学理论的正确体认，说出了它的基本特点。这一特点又正是皎然兼备诗人、僧人双重身份即"禅栖不废诗"才有的，诗的悟性和佛的悟性结合，使得他的诗歌美学论述充满"妙解"。他在《答权从事德舆书》中说："强留诗道以乐性情。"从"性情"出发去写诗，又通过"诗"去"乐性情"，诗的功能是"乐性情"，带有娱悦性质，这种规范和说明，体现了皎然的美学思想。因此，皎然美学思想不大言外部社会原因与诗之关系，而是集中力量探讨诗的内部审美特征。这是元结以来唐代美学思想的一次转变，并给晚唐司空图以至南宋严羽的美学思想以影响。他说：

夫诗者，众妙之华实，六经之菁英，虽非圣功，妙均于圣。

> 彼天地日月，玄化之渊奥，鬼神之微冥，精思一搜，万象不能藏其巧。其作用也，放意须险，定句须难，虽取由我衷，而得若神表。至如天真挺拔之句，与造化争衡，可以意冥，难以言状，非作者不得知也。洎西汉以来，文体四变。将恐风雅寝泯，辄欲商较以正其源。今从两汉以降，至于我唐，名篇丽句，凡若干人，命曰《诗式》，使无天机者坐致天机。若君子见之，庶有益于诗教矣。

皎然所表述的，实际上是他诗歌美学思想的总纲。他认为，诗是"众妙之华实"，即一切美好现象、事物之内容与形式。他认为，诗的作用，也就是诗的运思"放意须险，定句须难，虽取由我衷，而得若神表"，宛若有神助。他认为，好的诗句，"与造化争衡，可以意冥，难以言状"，是不可用语言加以表达和描述的，这正是审美。这一观点在他的其他具体论述中多有体现。他对所著《诗式》的期望值很高，"使无天机者坐致天机"，也就是开启人的天机、灵智，使其有益于"诗教"。皎然的"诗教"提法不同于传统的儒家诗教说，他借用了"诗教"的概念，却融进了自己对诗的审美本质的独特理解和体认。在思想体系上，他对儒、释、道三家进行了广泛的接受和汲纳，并做出独特的创构。他在提出"诗教"说的同时又提出了"诗道"论：

> 两重意以上，皆文外之旨。若遇高手如康乐公，览而察之，但见情性，不睹文字，盖诗道之极也。向使此道尊之于儒，则冠六经之首；贵之于道，则居众妙之门；崇之于释，则彻空王之奥。但恐徒挥其斤而无其质，故伯牙所以叹息也。

"尊之于儒""贵之于道""崇之于释"，清楚地表明皎然儒、释、道三家并重的思想，这是他"诗道"的思想内涵，从而也可以看出"诗教"与"诗道"在本体上是一致的。

皎然把"诗道之极"概括为"但见情性，不睹文字"，这是对诗的最具有本体意义的审美规定。他以谢灵运的诗为例做了具体的阐解，"且如'池塘生春草'，情在言外；'明月照积雪'，旨冥句中"。就是说，诗的审美情味，突破或超越语言文字表象，得意忘言。这一审美论，从思想渊源上看，正来自于儒、释、道。《易经》有"言不尽意"论，老庄有"得意忘言"论，释家有"实相无相，微妙法门，不立文字，教外别传"论，儒、释、道三家均对超越语言，领略内在意味的特殊哲学现象做了深刻体认。就玄学家而言，他们也对这一现象做了体认。曹魏荀粲说："斯则象外之意系表之言，固蕴而不出矣。"①此后魏晋时代关于"言尽意"与"言不尽意"论进行了争辩。言不尽意论终于显示出它的科学价值，并被引入美学理论。六朝宗炳《画山水序》说："旨微于言象之外者，可心取于书策之内。"谢赫《古画品录》说："若取之象外，方厌膏腴，可谓微妙。"文学上，钟嵘《诗品》说："文已尽而意有余。"这一命题逐渐成为审美命题，皎然将其引入诗美学，并且作为其最高标准看待——"诗道之极"。这是皎然诗美学论说的杰出之处。

皎然诗美学论说的一个重要贡献是关于"取境"和"造境"之论。"境界"说来之于王昌龄，皎然继承而有所发展。皎然把佛性论用于诗美学论，更为空灵。皎然《秋日遥和卢使君游何山寺宿扬上人房论涅槃经义》说："诗情缘境发。"这是一个重要的诗美学命题，把情与境之间主体与对象的关系揭示清楚了。

皎然认为，"取境"关乎整首诗的命意、风调。他说："夫诗人之说思初发，取境偏高，则一首举体便高；取境偏逸，则一首举体便逸。"这是在"取境"一开始就确定下来的。这样也就突出了"取境"在整个诗审美过程中的作用与地位。皎然又说："夫境象不一，虚实难明，有可睹而不可取，景也；可闻而不可见，风也；虽系乎我形，而妙用无体，心也；义贯众象，而无定质，色也。""境象"是划分为不同类型的。

在"取境"和"造境"上，皎然的美学思想又有一些具体的阐发，这些阐述有不少是相当深刻的。"取境"是主体所为，具有较强的主体性。他说："静，非如松风不动，林狖未鸣，乃谓意中之静；远，非渺渺望水，杳杳看山，乃谓意中之远。""静"和"远"这些状态，并不是指客体，而是指主体。主体主"静"，成为"意中之静"才是真正的"静"。"远"亦是如此。

"取境"和"造境"需有审美主体的"作用"。所谓"作用"就是主体审美构思的用心、用意。他认为，文学审美的两个构成因素是："真于性情，尚于作用。"基于这一认识，《诗式序》中就曾对"作用"做了总体规定，"其作用也，放意须险，定句须难"。他说："十九首辞精义炳，婉而

---

① 陈寿：《三国志》卷一〇。

成章，始见作用之功。"他又具体描述道："夫诗人作用，势有通塞，意有盘礴。势有通塞者，谓一篇之中，后势特起，前势似断，如惊鸿背飞，却顾俦侣。"

在主体思维上，皎然主张苦思。他说：

> 或云：诗不假修饰，任其丑朴，但风韵正，天真全，即名上等。予曰：不然。无盐阙容而有德，岂若文王太姒有容而有德乎？又云：不要苦思，苦思则丧自然之质。此亦不然。夫不入虎穴，焉得虎子？取境之时，须至难至险，始见奇句。成篇之后，观其气貌，有似等闲，不思而得，此高手也。有时意静神王，佳句纵横，若不可遏，宛如神助。不然，盖由先积精思，因神王而得乎？

> 或曰：诗不要苦思，苦思则丧于天真。此甚不然。固须绎虑于险中，采奇于象外，状飞动之句，写冥奥之思。夫稀世之珍，必出骊龙之颔，况通幽含变之文哉！但贵成章以后，有其易貌，若不思而得也。"行行重行行，与君生别离"，此似易而难到之例也。

审美构思"至难至险"，苦思冥想，惨淡经营，反映了他对审美构思的一种体认。他反复强调的是苦思，而不是捷思，即便是出现"意静神王，佳句纵横，若不可遏，宛如神助"的灵感爆发现象，也是以"苦思"为前提，通过"积精思"，有充分的先期准备才能产生。他的这些论述有一定道理，此外，他的这一审美主张，恰恰为中唐的苦吟现象和郊瘦岛寒提供了论述依据。

皎然较为重视"体"，写有"辨体有一十九字"：

高　风韵切畅曰高
逸　体格闲放曰逸
贞　放词正直曰贞
忠　临危不变曰忠
节　持操不改曰节
志　立性不改曰志
气　风情耿耿曰气
情　缘景不尽曰情
思　气多含蓄曰思
德　词温而正曰德

诫　检束防闲曰诫
闲　情性疏野曰闲
达　心迹旷诞曰达
悲　伤甚曰悲
怨　词调凄切曰怨
意　立言曰意
力　体裁劲健曰力
静　非如松风不动，林狖未鸣，乃谓意中之静
远　非如渺渺望水，杳杳看山，乃谓意中之远

十九体的情况比较复杂，有些"体"字与简短的解释不相吻合，有些内容不属于审美学，而是道德伦理学，而那些涉及审美学的如"静""远""情"等，涉及心理学的，如"悲""达"等，则是相当简洁而又相当深刻的。皎然对一些"体"做了规定，或是内容，或是体式，或是状貌，有些则涉及风格。虽然晚唐司空图的美学思想在体系、描述、美学内涵深度上超过了皎然的"辨体十九字"，但皎然在思维上却给司空图以启迪。皎然说："不妨一字之下，风律外彰，体德内蕴，如本车有毂，众美归焉。"就更是涉及美是内容和形式的统一，即"风律外彰"和"体德内蕴"相统一的层次上来了。

皎然为诗的审美提出了一些具体要求。如"诗有四深"："气象氤氲，由深于体势；意度盘礴，由深于作用；用律不滞，由深于声对；用事不直，由深于义类。""四深"即诗审美的四个方面的深度，构成了诗的审美素质的基本内容。"四深"之外则有"四离"："虽有道情，而离深僻；虽欲经史，而离书生；虽尚高逸，而离迂远；虽欲飞动，而离轻浮。""四离"是对诗审美现象可能出现的问题的避开和远离，这些问题都是诗审美中要获得某种风格、境界所派生出来的。通过"四离"才能实现诗审美的规定目的。皎然提出"诗有六至"："至险而不僻，至奇而不差，至丽而自然，至苦而无迹，至近而意远，至放而不迂。""六至"是六种审美状态和境界，"诗有六至"论特别有价值的是防止出现偏差和所能达到的要求，如"至丽"应"自然"，"至放"却"不迂"，这样，便使论述有了完整性。他又指出"诗有六迷"："以虚诞而为高古，以缓慢而为冲淡，以错用意而为独善，以诡怪而为新奇，以烂熟而为稳约，以气少力弱而为容易。"这为诗审美指明了迷津，有助于审美的成功。

皎然是一位美的中和论者。他说：

> 且文章关其本性，识高才劣者，理周而文窒；才多识微者，句佳而味少。是知溺情废语，则语朴情暗；事语轻情，则情阙语淡。巧拙清浊。有以见贤人之志矣。抵而论属于至解，其犹空门证性有中道乎？何者？或虽有态而语嫩，虽有力而意薄，虽正而质，虽直而鄙，可以神会，不可言得，此所谓诗家之中道也。

皎然借用佛家"中道"说，用以说明诗美学。总的思想是维持审美中的平衡，审美的两极不致偏废或倾斜，而较适度。为此，他提出"诗有二要"："要力全而不苦涩，要气足而不怒张。""诗有四不"："气高而不怒，怒则失风流；力劲而不露，露则伤于斤斧；情多而不暗，暗则陟于拙钝；才赡而不疏，疏则损于筋脉。"皎然在这里体现了中国传统的中和之美的思想，也是佛学思想使然。

在美学史观上，皎然提出"复变之道"，即复古与通变，就美学史进化与倒退这一困扰人们的问题做出了自己的回答。他说："作者须知复变之道，反古曰复，不滞曰变。若惟复不变，则陷于相似之格，其状如驽骥同厩，非造父不能辨，能知复变之手，亦诗人之造父也。"他认为"复变二门，复忌太过，诗人呼为膏肓之疾，安可治也"。他说："后辈若乏天机，强效复古，反令思扰神沮。"仍是要求保持一种良好的平衡感。从这样的理论前提出发，他批评了卢藏用的陈子昂论。他说：

> 卢黄门《序》……又云："道丧五百年而有陈君乎！"……若但论诗，则魏有曹、刘、三傅，晋有潘岳、陆机、阮籍、卢谌，宋有谢康乐、陶渊明、鲍明远，齐有谢吏部，梁有柳文畅、吴叔庠，作者纷纭，继在青史，如何五百年之数独归于陈君乎？藏用欲为子昂张一尺之罗盖，弥天之宇，上掩曹、刘，下遗康乐，安可得耶？

卢藏用从纠偏齐梁美学倾向出发，就恢复美学"兴寄""风骨"传统而充分肯定陈子昂的美学史贡献，并不涉及五百年来文学美学史的全部状况，皎然没有充分认识和估价陈子昂拨乱反正、恢复美学传统的贡献。然而，皎然在这种批评中包含对魏晋宋齐梁时代的文学美学成就的发现和估价，这应该说是皎然的正确之处。皎然对齐梁诗的评价体现了他的美学史观，同时又与他重视文学的审美特征而不是教化功能的美学观相关。他写道：

> 夫五言之道，惟工惟精，论者虽欲降杀齐梁，未知其旨。若

> 据时代道丧几之矣,沈约诗,诗人不用此论。何也?如谢吏部诗:"大江流日夜,客心悲未央。"柳文畅诗:"太液沧波起,长杨高树秋。"王元长诗:"霜气下孟津,秋风度函谷。"亦何减于建安?若建安不用事,齐梁用事,以定优劣,亦请论之。如王筠诗:"王生临广陌,潘子赴黄河。"庾肩吾诗:"秦皇观大海,魏帝逐飘风。"沈约诗:"高楼切思妇,西园游上才。"格虽弱,气犹正,远比建安,可言体变,不可言道丧。

他认为,齐梁间诗格调虽弱,但气韵犹正,因此,较之建安,可以说是体式变了,但不能说"道丧"。皎然的这些论述是有见解的,体现了他体变道存的美学史发展观。他描述了诗的发展图像:

> 夫诗有三、四、五、六、七言之别,今可略而叙之。三言始于《虞典·元首之歌》。四言本出《国风》,流于夏世,传至韦孟,其文始具。六言散在《骚》《雅》,七言萌于汉。五言之作,《召南·行露》,已有滥觞,汉武帝时屡见全什,非本李少卿也。少卿以伤别为宗,文体未备……古诗以讽兴为宗,直而不俗,丽而不朽,格高而词温,语近而意远,情浮于语,偶象则发,不以力制,故皆合于语,而生自然。建安三祖、七子,五言始盛,风裁爽朗,莫之与京,然终伤用气使才,违于天真……正始中,何晏、嵇、阮之俦也,嵇兴高邈,阮旨闲旷,亦难为等夷;论其代,则渐浮侈矣。晋世尤尚绮靡……宋初文格,与晋相沿,更憔悴矣。

在"复"与"变"的关系上,皎然不满意于"惟复不变"。他认为"复忌太过",而对于"变",他有所倾斜,"变若造微""苟不失正",就"不忌太过",其态度跟对"复"不同。这在对宋之问、沈佺期的看法上可以反映出来。"楼烦射雕,百发百中,如诗人正律破题之作亦以取中为高手。泊有唐以来,宋员外之问,沈给事佺期,盖有律诗之龟鉴也。但在矢不虚发,情多兴远,语丽为上,不问用事格之高下。宋诗曰:'象溟看落景,烧劫辨沉灰。'沈诗曰:'咏歌麟趾合,箫管凤雏来。'凡此之流,尽是诗家射雕之手。假使曹、刘降格来作律诗,二子并驱,未知孰胜?"皎然主张并倾向于"变"的美学史发展观是进步的。为此,他说:

> 凡诗者,惟以敌古为上,不以写古为能。立意于众人之先,放词于群才之表,独创虽取,使耳目不接,终患依傍之手。或引全

> 章，或插一句，以古人相黏二字三字为力，厕丽玉于瓦石，殖芳芷于败兰，纵善，亦他人之眉目，非己之功也，况不善乎？时人赋孤竹云"冉冉"，咏杨柳则云"依依"，此语未有之前，何人曾道？谢诗云："江蒌亦依依。"故知不必以"冉冉"系竹，"依依"在杨。常手傍之，以为有味，此亦强作幽想耳。且引灵均为证，文谲气贞，本于《六经》，而制体创词，自我独致，故历代作者师之。
> 此所谓势不同，而无模拟之能也。

在盛中唐之交，复古已成思潮，皎然如此强调"变""创"，实为难得，也显示了他美学史观的进步性。

皎然是谢灵运的十世孙，对谢灵运做出了极高的评价。虽然他表示："夫文章，天下之公器，安敢私焉？"但其私偏还是有的。值得注意的是，与皎然同时代的一些人也相继盛誉谢灵运、谢朓，出现了一股小小的"二谢热"。评谢灵运曰：

> 康乐公早岁能文，性颖神彻，及通内典，心地更精，故所作诗，发皆造极，得非空王之道助邪？夫文章，天下之公器，安敢私焉？曩者尝与诸公论康乐，为文真于情性，尚于作用，不顾词彩而风流自然。彼清景当中，天地秋色，诗之量也；庆云从风，舒卷万状，诗之变也。不然，何以得其格高，其气正，其体贞，其貌古，其词深，其才婉，其德宏，其调逸，其声谐！至如《述祖德》一章、《拟邺中》八首、《经庐陵王墓》、《临池上楼》，识度高明，盖诗中之日月也，安可扳援哉？惠休所评"谢诗如芙蓉出水"，斯言颇近矣。
> 故能上蹑风骚，下超魏晋。建安制作，其椎轮乎！

这是一段充满感情的推崇文字，从德、才、格、体、气、貌、词、调诸方面，对二谢诗一应做了评价，称其为"诗中之日月"，无以复加。在具体诗评中，亦多有涉及：

> 客有问予："谢公二句优劣奚若？"予因引梁征远将军评为隐秀之语。且钟生既非诗人，安可辄议？徒欲聋瞽后来耳目。且如"池塘生春草"，情在言外；"明月照积雪"，旨冥句中，风力虽齐，取兴各别。

皎然还称许谢灵运为"高手"。

大历、贞元间诗人都对二谢充满了推崇之意，如：李嘉祐《和都官苗员外秋夜省直对雨简诸知己》:"萧条吏人散,小谢有新诗。"钱起《奉和王相公秋日戏赠元校书》:"芙蓉洗清露,愿比谢公诗。"钱起《寄郢州郎士元使君》:"望舒三五夜,思尽谢玄晖。"卢纶《题李沅林园》:"愿同词赋客,得兴谢家深。"司空曙《早夏寄元校书》:"蓬荜永无车马到,更当斋夜忆玄晖。"对"二谢"的推崇,实质上是对他们表现出来的清丽美、出水芙蓉美的呼唤,代表了大历、贞元美学的趋向。"市隐何妨道,禅栖不废诗"[1],皎然的这两句名诗颇值得注意,他认为做"市隐"于"道"没有妨碍,而禅、诗之间也是互不废弃的。这是皎然通达、兼容性美学思想的体现。他实现诗禅的合———诗境与禅境、诗论与禅论的合一,禅的境界便是诗的境界,即审美的境界,这是皎然对于唐代美学史的重要贡献。《送清凉上人》写道:"何意欲归山,道高由境胜。花空觉性了,月静知心证。永夜出禅吟,清猿自相应。"《杂言宿山寺寄李中丞洪》曰:"偶来中峰宿,闲坐见真境。寂寂弧月心,亭亭圆争影。"《五言答俞校书冬夜》写道:

> 夜闲禅用精,空界亦清回。子真仙曹吏,好我如宗炳,一宿觌幽胜,形清烦虑屏。新声殊激楚,丽句同歌郢。遗此感予怀,沉吟忘夕永。月彩散瑶碧,示君禅中境。真思在杳冥,浮念寄形影。遥得四明心,何须蹈岑岭。诗情聊作用,空性惟寂静。若许林下期,看君辞薄领。

他把禅理融入、运用于诗理、诗美学之中,他所描述的禅境界便成了诗美学境界,清丽、宁静、悠远、闲淡,并有某种落寞感。皎然把这些带进了中唐时代的美学,反映了中唐美学对皎然诗美学思想的需要,也反映了皎然诗美学与中唐美学的融会。皎然诗美学思想,是中唐美学思想的构成部分,它不是盛唐的兴象玲珑、风骨气概、热情洋溢,而是静穆、闲适。在元结复古主义思潮短暂出现之后,便是皎然美学思想的应时而生。它影响了中唐美学,并给晚唐司空图美学思想以至近代王国维的"境界说"以美学思维的启迪。他跨越了在他之前的几位美学家,直承王昌龄。"境"是一个更倾向于静、小、细、寂、虚的审美范畴,"境"的审美论在中国美学史上的深长意义在于"词"界嬗变了"诗"界。

---

[1] 皎然:《酬崔侍御见赠》。

第二十七章　孟郊

如果说，顾况是盛唐转入中唐的中介人物，那么，孟郊就是中唐诗风尚怪、冷、奇的美的最初实现者。孟郊诗是一种独特的审美形态。

第一节　诗美的主体根源

统观孟郊的诗，可以说，他是一位偏于情绪波荡型的诗人。他易被情绪引发起诗思，在情绪的波荡不息中形成诗的轨迹。苏轼《读孟郊诗二首》写道："我憎孟郊诗，复作孟郊语。饥肠自鸣唤，空壁转饥鼠。诗从肺腑出，出辄愁肺腑。"特别是后两句，形象地说明了诗的情绪发生功能和诗成为审美实体后反转来对诗人主体的感应功能。孟郊的诗正体现了这一特点。

孟郊具有作为唐代寒族士子不得志的凄寒心理，由此不平则鸣。韩愈在《送孟东野序》中提出"不平则鸣"的著名观点，他指出孟郊心中确有许多的不平气。于是，孟郊诗遂成为其胸中抑郁之气的哀怨之歌。孟郊又有自身独特的个人遭遇，生子屡夭，韩愈为之写《孟东野失子》一诗，"序"中说："东野连产三子，不数日，辄失之，几老，念无后以悲。其友人昌黎韩愈，惧其伤也，推天假其命以喻之。"他又屡试不第，生性狷介，这使得他总是以愁苦怨艾的心理看待人生世界，觉得天地狭窄，人生凄凉。《赠崔纯亮》写道："食荠肠亦苦，强歌声无欢。出门即有碍，谁谓天地宽。"他贫寒得"借车载家具,家具少于车"①。在洛阳所写组诗《秋怀》抒发了他的愁怀。例如:"秋至老更贫,破屋无门扉。一片月落床,四壁风入衣。"又如:"孤骨夜难卧,吟虫相唧唧。老泣无涕洟,秋露为滴沥。去壮暂如剪,来衰纷似织。触绪无新心,丛悲有杂忆。讵忍逐南帆,江山践往昔。"再如《秋怀》(其二)曰:"秋月颜色冰,老客志气单。冷露滴梦破,峭风梳骨寒。席上印病文,肠中转愁盘。疑怀无所凭,虚听多无端。梧桐枯峥嵘,声响如哀弹。"诗中用"冰""老""冷""峭""寒",构成了一个冰冷的意象世界,映照了诗人凄寒苦涩的心境和"席上印病文",久病在床的生活处境,从而给人以凄冷的审美感受。

韩愈《答孟郊》真切地描述了孟郊凄苦的生活境况:"人皆余酒肉,子独不得饱。……朝餐动及午,夜讽恒至卯。"《将归赠孟东野房蜀客》说:"倏忽十六年,终朝苦寒饥。"这些境况形成了孟郊对于凄寒生活的特殊心理体验和感受。《答友人赠炭》便是其写照:"青山白屋有仁人,赠炭价重双乌银。驱却坐上千重寒,烧出炉中一片春。吹霞弄日光不定,暖得曲身成直身。"这完全是他的生活经验所得,推己及人。他对于民生疾苦的感受也是至深至烈,如《寒地百姓吟》所写:"高堂捶钟饮,到晓闻烹炮。寒者愿为蛾,烧死彼华膏。"

由于他总是处在落寞、失意、凄苦的境况之中,遂形成了相关的心理情绪。他观照外在环境的主体心理特征尤其显著,也就使得本来明丽天然的外在景象变得黯然失色。这便是孟郊诗主体性、主观性、情绪性审美特征的基本内涵。例如,他三十岁未有功名,往游河阳,欲谒李侍御(李芃),其心情遂改变了外在景象的风貌,出现了典型的审美情绪染化景物的情形。《往河阳宿峡陵寄李侍御》曰:"暮天寒风悲屑屑,啼乌绕树泉水噎。行路解鞍投石陵,苍苍隔山见微月。鸮鸣犬吠霜烟昏,开囊拂巾对盘飧。人生穷达感知己,明日投君申片言。"乌啼水咽,鸮鸣犬吠,苍山隔远,微月寒风,把这次出游写得凄寒难耐,成为其心理对象化的写照。他的心理过于寂寞和凄苦,身世际遇给他烙下的印记委实太深了。当他于贞元七年(791)往长安应进士第时,就预感不祥,遂以黯淡心理待之。《长安旅情》曰:"尽说青云路,有足皆可至。我马亦四蹄,出门似无地。玉京十二楼,峨峨倚青翠。

---

① 孟郊:《借车》。

下有千朱门，何门荐孤士。"这次应试，韩愈等人登第，而他却落第了，于是，他倍感凄冷和落寞，大有临门而不得入的感叹。《长安道》写道："胡风激秦树，贱子风中泣。家家朱门开，得见不可入。"一种被社会遗弃之感油然而生。贞元九年（793）再往长安应试，柳宗元、刘禹锡登第了，他又落第了，遂再次凄苦地写下《再下第》诗："一夕九起嗟，梦短不到家。两度长安陌，空将泪见花。"等到贞元十一年（795）三到长安应试，他已是四十六岁的中年人了。这次他成功了，犹如范进中举，于是，心境为之一变，天地也为之改观。《同年春燕》对此做了写照，"视听改旧趣，物象含新姿"，心情一好，物象也仿佛一新，于是写下了那首著名的《登科后》：

  昔日龌龊不足夸，今朝放荡思无涯。春风得意马蹄疾，一日看尽长安花。

在这样一个高中鹄的之时刻，过去的一切烦恼、苦闷、屈辱被一扫而空。他陡然轻松，一身得意，一身舒畅，在和煦春风的伴送下，尽情尽兴地游玩，马蹄声也仿佛特别轻快，他仿佛能"一日看尽长安花"。其情绪、心态、情景跟前引的诗歌相比，判若两人。然而，正是这一点体现了孟郊是主观性、主体性、情绪性极强的诗人，其诗的审美特性正在此。

第二节　诗美特征及历史地位

《新唐书·孟郊传》称孟郊"为诗有理致"，"然思苦奇涩"。韩愈《贞曜先生墓志铭》说，孟郊"刿目钵心，刃迎缕解，钩章棘句，掏擢胃肾，神施鬼设，间见层出"。《荐士》又写道："冥观洞古今，象外逐幽好。横空盘硬语，妥帖力排奡。敷柔肆纡馀，奋猛卷海潦。荣华肖天秀，捷疾逾响报。"《醉留东野》说："吾愿身为云，东野变为龙。四方上下逐东野，虽有离别无由逢。"苏轼称"郊寒岛瘦"，称孟郊是"寒号虫"。金代元好问《论诗绝句三十首》说："东野穷愁死不休，高天厚地一诗囚。"明代谢榛《四溟诗话》把李贺与孟郊联合起来评述道："予夜观李长吉、孟东野诗集，皆能造语奇古，正偏相半，豁然有得。并夺搜奇想头，去其二偏，险怪如夜壑风生，暝岩月堕，时时山精鬼火出焉。苦涩如枯林朔吹，阴崖冻雪，见者靡不惨然。"这些引述都是对孟郊诗审美特征的基本概括，可见这是一个具有历时性的美学结论。

孟郊之所以追求审美的怪、奇、冷、硬，一是为改变盛中唐之交出现的平滑浅露的诗审美倾向，由一极走向另一极。二是因为盛唐诗已树起高峰，要在盛唐基础上另加发展，就需要建立起另一类诗美风格。三是因为孟郊是一位钻奇追新的诗人，《夜感自遣》描述道："夜学晓不休，苦吟鬼神愁。如何不自闲，心与身为仇。"他有自我作践、审美上自虐的意味，这也是"诗囚"的内在含义。

由于心理图式的具体色彩和特征，孟郊在对审美对象进行选择和描述时，着意表现审美上的"寒"。这是审美心理的定向功能所致。例如《游石龙涡》："石龙不见形，石雨如散星。山下晴皎皎，山中阴冷冷。水飞林木杪，珠缀莓苔屏。畜异物皆别，当晨景欲暝。泉芳春气碧，松月寒色青。险力此独壮，猛兽亦不停。日暮且回去，浮心恨未宁。"这首诗把石龙涡山泉的景象写得峥嵘奇异。石龙涡虽名为石龙，却看不到龙的形状，只有散泉如雨，如天星飞落。诗人不是以"山下晴皎皎"为审美对象，而是用其反照"山中阴冷冷"，这就反映出诗人的审美观照点。"水飞林木杪，珠缀莓苔屏"，泉珠飞过树木顶梢，喷射而出，附着在石壁的莓苔上，形成了一架珠玉屏风。诗人写山泉奇观，又写山势奇绝。"当晨景欲暝"，虽在清晨，却日光熹微，山中暗如黄昏，山势的高峻隐含在这晨似暝昏的景象中。诗人借助"猛兽亦不停"的夸张，来突出山势的险峻；又运用"浮心恨未宁"，久久不能平静的心理感受，达到进一步强调的目的。通篇所显示的是奇绝清寒的氛围——"阴冷冷""莓苔屏""景欲暝""春气碧""寒色青"，体现了孟郊对奇僻险异境界的审美追求，进而体现了他那独特的审美个性。

从审美的趣尚出发，孟郊总是在审美描述中不断渲染和强化他所欣赏的清、寒、冷、寂的意境世界。《洛桥晚望》写道：

  天津桥下冰初结，洛阳陌上人行绝。榆柳萧疏楼阁闲，月明直见嵩山雪。

季节是"冬"，时间是"晚"，孟郊显然是用此来体现他的审美目的。洛水桥下已经结冰，寒冬的料峭和尖利气息扑面而来。在这冷冬季节，本来是熙熙攘攘的洛阳道，行人绝迹。这"绝"，是诗人对审美氛围的制造。他由桥下水，写到陌上人，境界在推进，冷寂之气亦在加浓。而夹道的榆树、柳树萧疏地排列着，繁叶全无，只有光秃秃的枝干在严寒中瑟缩。朱楼高阁的深宅大院也"闲"下来了，不闻丝竹之声，没有喧阗之音。诗人在审美过程中，层深递进，不断渲染。枯寂景象，如在眼前；萧杀之气，使人不寒而栗。诗的最后，嵩山高峙，积雪如盖，明月当空，巍峨的山势和晶莹的雪景，更透发出清、冷之气。又如《石淙》（其四）云："朔水刀剑利，秋石琼瑶鲜。鱼龙气不腥，潭洞状更妍。磴雪入呀谷，掬星洒遥天。声恼不及韵，势疾多断涟。输去虽有恨，躁气一何颠。蜿蜒相缠掣，荦确亦回旋。黑草濯铁发，白苔浮冰钱。"仍然写的是枯、冷的境域。孟郊试图以此来作用于人的审美感受。他的审美目的不是给予人以真切实在的对象世界，而是扭曲对象，给予人经过主体扭曲了的世界，是主体附丽的审美感受。这是孟郊审美的根本目的所在。

循此，他的苦吟，不是吟在声律上，也不是为着更为逼真地接近对象，而是搜索枯肠，去寻找人所未及、未见、未闻之世界，或幻化对象世界，合应着他那枯、寒的审美心理。他所选择的物象，是霜洗的寒溪："霜洗水色尽，寒溪见纤鳞。"①是瘦如毛发的秋草："秋草瘦如发，贞芳缀疏金。"②是瘁索的冷露："冷露多瘁索，枯风饶吹嘘。"③《秋怀》（其一）写道："孤骨夜难卧，吟虫相唧唧。老泣无涕洟，秋露为滴沥。"《戏赠无本》："长安秋声干，木叶相号悲。瘦僧卧冰凌，嘲咏含金痍。"《秋怀》（其九）："秋深月清苦，虫老声粗疏。"经过他的审美感受的染化，"骨"仿佛已离群，是"孤"的；"月"仿佛有了味觉，是"苦"的；"虫"仿佛有了年轮，是"老"的。孟郊的审美之怪，就在于他仿佛存心不给人一个优美的对象世界。从六朝以来，谢灵运、谢朓、王维、孟浩然、李白等人，都是描述自然山水的优美景象，产生了一种独特的自然山水审美形态。孟郊却另行其道，打破这一美学史的传统和平衡。他改变了美的和谐性原则，把本应赏心悦目的山水旅游写得这样令人触目惊心。《京山行》写道："众虻聚病马，流血不得行。后路起夜色，前山闻虎声。此时游子心，百尺风中旌。""马"是"病"的，还有众多的飞虻聚集叮咬，马体遍身流血而无法行走，何等惨厉！夜色渐起，在前山又听到虎啸之声。这时人们的心情犹如百尺风中的旌旗，摇摆不定。在这样的描述中，人的心理得不到一点愉悦和

---

① 孟郊：《寒溪》（其一）。
② 孟郊：《秋怀》（其七）。
③ 孟郊：《秋怀》（其九）。

舒畅，然而这正是孟郊所企望的。

孟郊的"苦吟"，是为着寻求人所罕知的独到的艺术构思，他对"苦吟"的专注达到如醉如痴的程度，以至在溧阳尉任上整天到郊野寻章觅句而忘记政事。这样，他在审美上就与众不同，甚或令人匪夷所思。例如《怨诗》写道：

> 试妾与君泪，两处滴池水。看取芙蓉花，今年为谁死。

诗人对两情间的誓语，做了别具一格的审美处理，不落前人窠臼。诗人完全摆脱了俗套，刿目钵心地加以构思。痴心女子设想和情人在两处滴泪，滴入芙蓉池中，那芙蓉花为谁而死，就证明谁的泪水最多、最苦涩，谁的相思情最深。这是因极其深厚的情感所萌生的极其独特的构思，读来令人惊心动魄。

孟郊有着深细的审美感觉，《纳凉联句》写道："微然草根响，先被诗情觉。"这是孟郊诗美富于主体性、主观性的审美心理基础。孟郊的诗审美包含情感因素，而且十分浓重。或者说，他是用异乎寻常的浓郁情绪染化对象，形成一种异乎寻常的景象世界，以达到重击接受者情绪的审美目的。例如《苦寒吟》：

> 天色寒青苍，北风叫枯桑。厚冰无裂文，短日有冷光。敲石不得火，壮阴正夺阳。苦调竟何言，冻吟成此章。

诗人选取天色、北风、厚冰、短日等特征性现象，加以组合、强化，营造一种酷厉的氛围，进而造成审美情绪压力。这是孟郊所采用的审美方式。

由于向生涩处追求，发人所未发，也就往往艰涩难明，意象世界不够清晰，令人难以索解或做审美体验。如《石淙》（其十）曰："劲飙刷幽视，怒火慑余湍。"《嵩少》云："噎塞春咽喉，蜂蝶事光辉。"《寒溪》（其七）道："恍如罔两说，似诉割切由。"严羽《沧浪诗话》称孟郊诗"憔悴枯槁，其气局促不伸"，"憔悴枯槁"是对孟郊诗美特征的生动描述和概括。

"横空盘硬语"，孟郊正是以生硬为美，以生涩为美，以憔悴枯槁为美。刘叉《答孟东野》中说："酸寒孟夫子，苦爱老叉诗。生涩有百篇，谓是琼瑶辞。"视"生涩"之篇为"琼瑶"之辞，这正是"以生涩为美"。

孟郊的审美方式不是客体大于主体，也不是主客体的相融相洽，而是主体凌驾于客体之上，甚或撕裂、扭曲客体，他以极强的审美主体性支配客体对象。这在他的《赠郑夫子鲂》中有集中的表述："天地入胸臆，吁嗟生风雷。文章得其微,物象由我裁。宋玉逞大句,李白飞狂才。苟非圣贤心,孰与造化该。勉矣郑夫子,骊珠今始胎。"把天地万物吸纳于主体的胸臆之间,作为对象的物象任由我裁。由主体随意地做出裁剪、安排,突出了"我"在审美中的地位和作用,这是十分大胆而独到的审美主体论。对于传统的审美客体决定论,例如"江山之助"论,是突破,是颠覆,出现了审美客体性向审美主体性的位移。这一位移具有本体性质,标志着唐代美学出现了根本性的转变。作为构成之一的元和怪奇美学之风、中唐美学之风由此而开始。孟郊影响了比他小十多岁的韩愈,韩孟诗美流派出现了。在这一美学风气形成中起先导和主要作用的则是孟郊。

第二十八章　韩愈

韩愈的出现，以其才、力、气、势标识着中唐以雄、奇、怪、硬为特征的诗美学思潮完全成熟。同时，他又领导了古文运动并取得辉煌成就。他于诗文美学理论均有杰出建树，于诗文创作亦均有众多艺术实践。他是一位兼栖诗文、结合论述与实际的大家，成为中唐美学的重要体现者。

第一节　诗美学理论

韩愈的诗美学理论包括诗审美创作论和美学史论。《调张籍》写道：

> 李杜文章在，光焰万丈长。不知群儿愚，那用故谤伤。蚍蜉撼大树，可笑不自量。伊我生其后，举颈遥相望。夜梦多见之，昼思反微茫。徒观斧凿痕，不睹治水航。想当施手时，巨刃摩天扬。垠崖划崩豁，乾坤摆雷硠。惟此两夫子，家居率荒凉。帝欲长吟哦，故遣起且僵。剪翎送笼中，使看百鸟翔。平生千万篇，金薤垂琳琅。仙官敕六丁，雷电下取将。流落人间者，太山一毫芒。我愿生两翅，捕逐出八荒。精诚忽交通，百怪入我肠。刺手拔鲸牙，举瓢酌天浆。腾身跨汗漫，不著织女襄。顾语地上友，经营无太忙。乞君飞霞佩，与我高颉颃。

《荐士》写道：

> 周诗三百篇，雅丽理训诰。曾经圣人手，议论安敢到。五言出汉时，苏李首更号。东都渐弥漫，派别百川导。建安能者七，卓荦

> 变风操。逶迤抵晋宋，气象日凋耗。中间数鲍谢，比近最清奥。齐梁及陈隋，众作等蝉噪。搜春摘花卉，沿袭伤剽盗。国朝盛文章，子昂始高蹈。勃兴得李杜，万类困陵暴。后来相继生，亦各臻阃奥。有穷者孟郊，受材实雄骜。冥观洞古今，象外逐幽好。横空盘硬语，妥帖力排奡。敷柔肆纡馀，奋猛卷海潦。荣华肖天秀，捷疾逾响报……

这两首诗集中表达了韩愈的美学史观、美学观和对一些诗人的审美评价。韩愈对《诗经》以来苏李、建安一直到唐代的诗美学史做了要言不烦的概括和评价。他对这段美学史的基本估价是比较公允的，符合美学史的基本事实。他所批评的是晋宋齐梁文学美学，称其如同春天摘取花朵一样，并且剽窃抄袭。他深恶痛绝"齐梁及陈隋，众作等蝉噪"，这一估价跟人们的一般估价是一致的。在否定晋宋齐梁文学美学时，他又较为客观公允地评价了谢灵运、鲍照的地位："中间数鲍谢，比近最清奥。"所谓"清奥"就是清越奇奥，而这又正符合韩愈的审美标准。这里显示出他那宏通的美学史观，大不同于柳冕等人。柳冕辈对美学史的发展历程缺乏具体的评析，遂致以复古美学史观代之。柳冕《谢杜相公论房杜二相书》批评所处的唐代文学美学现状是："风雅之文，变为形似；比兴之体，变为飞动；礼义之情，变为物色。诗之六义尽矣。"独孤及《检校尚书吏部员外郎赵郡李公中集序》说："自《典谟》缺，《雅》《颂》寝，世道陵夷，文亦下衰。故作者往往先文字后比兴，其风流荡而不返。"中唐前期所存在的对美学史发展的否定论调，成为这段时期的美学思潮倾向。而韩愈执之以公允之论，显示出纠正偏颇之意，进而显示出美学史家的宏通视域。

对于唐代的文学美学发展史，韩愈也做了中肯的估价。《荐士》说："国朝盛文章，子昂始高蹈。勃兴得李杜，万类困陵暴。后来相继生，亦各臻阃奥。"肯定了陈子昂的贡献，指出了李杜在唐的勃兴以及后继者各有千秋。《调张籍》说："李杜文章在，光焰万丈长。"韩愈是对杜甫做出崇高评价的第一人，是把李白、杜甫结合起来做出崇高评价的第一人，李杜名字自此合为一体了。他肯定陈子昂，是因为陈子昂的美学思想和他发起古文运动的美学思想有内在的相通之处。他推崇杜甫，是因为他早先的诗歌审美艺术实践是学杜的，例如《孟生诗》。他视李杜为一个整体，并做出高度评价，时作步武之态，不止于一处。如《醉留东野》："昔年因读李白杜甫诗，长恨二人不相从。"《城南联句》："蜀雄李杜拔。"《感春》（其二）："近怜李杜无检束，烂漫长醉多文辞。"《石鼓歌》："少陵无人谪仙死，才薄将奈石鼓何。"《酬司门卢四兄云夫院长望秋作》："远追甫白感至诚。"

韩愈对李白、杜甫、孟郊诗美风格的评价，诚然是对他们诗作的审美描述，以及对这些风格范型的形象化写照和富于感染力的显示，然而也体现了韩愈的审美兴趣以及深层意义的审美观念。他以自己的审美兴趣同化着对象。这是一个怎样的美学世界？巨峰摩天，垠崖崩豁，乾坤摆荡，令人心惊神怵！韩愈的审美理想正在这里体现。他对之向往之至："我愿生两翅，捕逐出八荒。精诚忽交通，百怪入我肠。刺手拔鲸牙，举瓢酌天浆。腾身跨汗漫，不著织女襄。"他希望肋生双翅，在四极八荒中捕逐那些怪诞的物象，在精神世界内与其互相沟通。千奇百怪的物象尽入诗人的主体世界。杜甫有"碧海掣鲸"的审美理想，那是雄放壮阔，而韩愈则是"举瓢酌天浆""刺手拔鲸牙"，也颇为雄奇险怪，审美理想自有其内涵与特点。

韩愈说："象外逐幽好。"于象外世界追逐、寻搜幽冥的对象，穷搜尽捕，这是孟郊审美思维的特点，也是韩愈所力倡和向往的。韩愈对孟郊极为激赏，《醉留东野》说："低头拜东野，愿得终始为駏蛩……吾愿身为云，东野变为龙。四方上下逐东野，虽有离别无由逢。"他们的关系是云龙关系，终生相随相逐。韩愈对孟郊的评价，实际上是自我审美意识的表露，是韩孟诗派作为一个完整的诗美学流派所表达的共同审美主张。例如《荐士》称孟郊"受材实雄骜……横空盘硬语，妥帖力排奡。敷柔肆纡余，奋猛卷海潦。荣华肖天秀，捷疾逾响报"。雄骜不驯，横空出世，硬语盘旋，海潦奋猛，有一种壮伟的景象感和力度感。韩孟《城南联句》共同描述他们的美学观和审美理想：

孟：惟昔集嘉咏。韩：吐芳类鸣嘤。

韩：窥奇摘海异。孟：恣韵激天鲸。

孟：肠胃绕万象。韩：精神驱五兵。

韩：蜀雄李杜拔。孟：岳力雷车轰。

孟：大句斡玄造。韩：高言轧霄峥。

韩：芒端转寒燠，神助溢杯觥。

韩：巨细各乘运。孟：湍涓亦腾声。

搜寻奇异如同摘取海中异物，恣肆的韵味能激溅天上的巨鲸，胸中盘绕"万象"，精神驱赶"五兵"，强调审美主体的精神力量以及上天入海搜奇寻异的想象功能。综观韩愈的一些美学论述，可以看出，他所欣赏和追寻的审美形态是雄、奇、怪、险。《荐士》说："受材实雄骜。"《醉赠张秘书》："东野动惊俗，天葩吐奇芬。""险语破鬼胆，高词媲皇坟。至宝不雕琢，神功谢锄耘。"《送无本师归范阳》诗中写道："狂词肆滂葩，低昂见舒惨。奸穷怪变得，往往造平淡。"对象是雄、奇、险、怪的，就需要审美主体具备相对应的功能，才能去搜寻和感应。

在审美效应上给接受者以高、猛、重、烈的刺激，犹如川菜的麻、辣、烫一样，撕肝裂胆，惊心动魄。《贞曜先生墓志铭》曰："及其为诗，刿目钵心，刃迎缕解，钩章棘句，掏擢胃肾，神施鬼设，间见层出。"这种审美效应不是给人以柔和美感与愉悦情感，而是给接受者猛然一击，兀然一惊。如同钩棘刺伤人的眼睛，又好似掏出人的五脏六腑一样，有着无尽的痛楚。这是对传统审美范式的巨大突破和超越。

韩愈的《送穷文》说："不专一能，怪怪奇奇；不可时施，只以自嬉。"明白地提出"怪怪奇奇"的审美形态和"自嬉"的审美性质问题。《病中赠张十八》说："文章自娱戏，金石自击撞。龙文百斛鼎，笔力可独扛。"再次提出诗的"自娱戏"的审美性质，显然是对诗教化论的一种突破。而对于审美主体则要求有扛鼎之力，气猛笔健。审美效应的对象，往往不是人，而是鬼神。《醉赠张秘书》说："险语破鬼胆。"因此，他要求文学审美作品的素质是"铿锵发金石"，有金石之声，审美效果上则是"幽眇感鬼神"，以幽眇的审美素质感鬼动神。韩愈的论述点落脚在鬼神上正是为着从极端处说明审美的力量。

在诗的主体发生论上，韩愈提出了"穷苦之言易好"论。《荆潭唱和诗序》写道：

> 夫和平之音淡薄，而愁思之声要妙；欢愉之辞难工，而穷苦之言易好也。是故文章之作，恒发于羁旅草野；至若王公贵人气满志得，非性能而好之，则不暇以为。

在美学思想史的线索上，它勾连屈原《九章·惜诵》的"发愤以抒情"论，杜甫的"文章憎命达"论。韩愈深刻地说明"诗穷而后工"的主体发生原因，与他文论上的"不平则鸣"论是相连的。主体在穷苦的羁旅草野之中备尝辛酸，磨炼了意志和审美体验的能力，遂能以最深切的感受去描述和表达，终臻于"妙""工""好"的境地。他所欣赏的是"愁思之声"，否定的是"和平之音"；所赞赏的是"穷苦之言"，不满的是"欢愉之辞"。从根本上说，他是立足于审美效应的力量基础提出命题的。在韩愈看来，正因为"惟此两夫子，家居率荒凉"，他们的诗才会"光焰万丈长"。正因为"人皆余酒肉，子独不得饱"①，才会"险语破鬼胆，高词媲皇坟"②。这里存在相生相承的因果关系。

在审美感觉上，韩愈既尚硬、怪，又重微、渺。如《荐士》所说，既有"妥帖力排奡"，又有"象外逐幽好"；既有"乾坤摆雷硠"的浩荡波动，又有"幽眇感鬼神"的微茫奥妙；既说"东野动惊俗"，又说"天葩吐奇芬"；既指出贾岛诗有"狂词肆滂葩，低昂见舒惨"的一面，又指出其还有"风蝉醉锦缬，绿池披菌苔"③的另一面。他认为，诗的审美过程应有主体的雄健之力，所谓"题诗尚倚笔力劲"，同时，诗的审美又靠微妙的感觉。《双鸟诗》曰："鬼神怕嘲咏，造化皆停留。草木有微情，挑抉示九州。虫鼠诚微物，不堪苦诛求。不停两鸟鸣，百物皆生愁。"以主体与主观为审美原点，以"穷苦"为审美主体的动因和基础，以雄健之力为审美主体的素质，以雄、奇、险、怪之物为审美对象，以搜抉穷尽为审美方式，重视审美主体的感觉功能，硬怪与微渺并生，穷取与天然共存，以深、猛、重、烈的刺激作为审美接受论，这些就构成了韩愈诗美学理论的完整结构。

第二节 诗审美成就

韩愈的诗审美实践成就与诗美学论述相一致，即诗审美成就体现了诗美学论述，同时体现在他对他人的审美评价之中，他是以自身的审美理想认同对方的。从韩愈的诗中可以看出他的主体审美素质：力大、思雄、才厚。《赠崔立之评事》就曾提到"才豪气猛"。由此他规定了诗外在的审美特征：气势、力量、厚度。他是诗中的汉大赋作者。他"文起八代

---

① 韩愈：《答孟郊》。
② 韩愈：《醉赠张秘书》。
③ 韩愈：《送无本师归范阳》。

之衰",在诗方面,亦造成"唐诗之一大变"。他是一位素养深湛而渊博的诗人、学者。

《进学解》曾写到他自己广博的知识领域和深厚的文化素养:

> 沉浸醲郁,含英咀华;作为文章,其书满家。上规姚姒,浑浑无涯;周诰殷盘,佶屈聱牙,《春秋》谨严,左氏浮夸,《易》奇而法,《诗》正而葩;下逮《庄》《骚》,太史所录,子云相如,同工异曲:先生之于文,可谓闳其中而肆其外矣。

他通音乐,写有《听颖师弹琴》;他熟读《尚书》《说文解字》,对古文字、书法均有研究;《石鼓歌》对石鼓文做了具有审美意味的描述;这些奠定了他的诗歌审美成就的主体文化基础。他的审美主张有如下几点。

以文为诗。诗的散文化是唐代诗体形式的一次重大变革,使诗的叙述形态乃至叙述语言也出现变化。它使诗的语境显得平易、连贯和舒展。诗的散文化包括运用散文的一些艺术描述手法。例如《山石》,"铺采摛文",兴会淋漓、铺扬蹈厉地叙事状物,使之穷形尽态,达到辗转生发的审美效果。《山石》按时间顺序推进,一路写来,恢张扬厉,由黄昏入寺,到深夜宿寺,再到天明出寺,一笔不漏。赋体手法,连连烘染,曲曲写出,既从横的方面写出景的多样性;又从纵的方面就景物的形态,细描深绘,极尽铺张之能事,令人目眩心移。韩愈发挥赋体的艺术功能,从一个方面显示了大赋以汪洋恣肆为特征的美学风格。其他如《月蚀》对神祇的叙述也是铺排对比,面面俱到。他的以文为诗,还包含企图改变传统的已成固定格局的诗体句式句法的意图。例如五言句式节律惯例是二上三下,韩愈却颠倒为之,改为三上二下,如《荐士》中的"有穷者孟郊"。韩愈作为散文革新家情不自禁地要把散文渗透于诗歌之中,他要打破已成定例的诗形式。这也体现了他勇于突破陈规的精神。《南山诗》中用"或"字句,"或连若相从,或蹙若相斗,或妥若弭伏,或竦若惊雊"等达五十一处之多。散文句法和赋体手法的大量羼入,便淡化了诗的固有性质,出现了散文化趋向。这是一个以杜甫为肇端并由韩愈所完成的诗的散文化文体变革和审美化历程。它打破了诗歌的和谐平衡感,出现了文体美学的陌生化现象。它增添了诗歌审美的表现力,句式参差多姿,更富于节奏的美感。同时它为诗的议论化打开了通道,有助于理趣诗、哲理诗的彻底建立。对于韩愈的"以文为诗",历来评价有分歧,欧阳修《六一诗话》誉之为"曲尽其妙",而沈括则贬之为"终不是诗",乃"押韵之文"。但不管怎么说,它体现了韩愈对于诗美学的革新勇气。

以力为尚。韩愈身上颇有几分雄气和勇气,他用硬毫健笔,驱遣着恢奇诡谲的意象和意象群,络绎奔赴,挟带着纵横豪荡的狂风急雨,并涂染上秾丽厚重的油彩,出现奔雷掣电的奇伟壮观,形成磅礴天地的力的扩张和气势,给予接受者以猛烈的感官刺激。韩愈的诗改变了诗的水墨画笔法和格调,是用油彩的重涂和厚刷。不是写意,点到即止,而是尽形尽致,不尚含蓄,不留余地。意象在韩愈笔下不再是以柔美之态出现,而是在他硬、糙的审美力的作用下变成别一种形态。本来"艳姬踏筵舞",何等艳丽和光彩照人,但是韩愈却写成"清眸刺剑戟"①,眸子中的光像剑戟一样锋利。《谒衡岳庙遂宿岳寺题门楼》丰富的景象层次感,显示了多重化的审美感受。笔力强健,"喷云泄雾藏半腹",极见气派。诗人不仅写出山势与山势的透迤、连绵景象,而且极富动势,汹涌腾掷,造成云奔雨翻的壮观,令人目惊神骇。

韩愈的诗善于铺排爆炸式的意象群体,密密匝匝,又擅长掀雷挟电,有排山倒海之势、雷霆万钧之力。例如《陆浑山火和皇甫湜用其韵》,诗一开始便以风火相交夺人心魄,然后用河倾海泻般的意象连接,描述火势。火势之猛、火力之大,使得天跳地踔、乾坤颠倒,赫赫怒焰,照彻崖谷,使神焦鬼烂,三光黯淡。然后罗列山间诸种飞禽走兽,以其逃命和无法抗拒覆没、烧死的情景,突显山火之猛烈。再后,借助神话传说意象反复强化火势的描述。诗人用间不容发的意象密度,神话传说采撷的怪异状态,令接受者喘不过气来的审美描述方式,形成了光怪陆离的境界和冲击心扉的力度,天动地颤。诗人所写的仅是一场山火,只是把它作为斑斓多姿、光怪陆离的对象来审美,只是为着表现离奇的美、幻化的美、力量的美,别无深文大义。这样,他也就创造了别一种审美形态和表达了别一种审美理想、审美趣味。

力的美是一种富于韵律性和节奏感的美,这是韩愈审美的重大创造,是他用气、言解释散文美学并运用于诗歌审美的成功实践和表现。例如《听颖师弹琴》:

昵昵儿女语,恩怨相尔汝。划然变轩昂,勇士赴敌场。浮云

---

① 韩愈:《感春》(其三)。

柳絮无根蒂，天地阔远随飞扬。喧啾百鸟群，忽见孤凤凰。跻攀分寸不可上，失势一落千丈强。嗟余有两耳，未省听丝篁。自闻颖师弹，起坐在一旁。推手遽止之，湿衣泪滂滂。颖乎尔诚能，无以冰炭置我肠。

《西清诗话》引吴僧义海说："'昵昵儿女语，恩怨相尔汝'言轻柔细屑，真情出见也。'划然变轩昂，勇士赴敌场'，精神余溢，竦观听也。'浮云柳絮无根蒂，天地阔远随飞扬'，纵横变态，浩乎不失自然也。'喧啾百鸟群，忽见孤凤凰'，又见颖孤绝，不同流俗下俚声也。'跻攀分寸不可上，失势一落千丈强'，起伏抑扬，不主故常也。"这个评价，确是得此诗之三昧。整首诗注重于描述琴音的起伏、开阔、抑扬、跌宕，对琴声的旋律节奏表现出高度的审美敏感。韩愈用诗人的审美情感进行审美体验，抑扬分明，起伏度极大，忽刚忽柔，时高时低，或抑或扬，极尽变幻之能事。在跳动的节奏中体现大起大落的特点，所描述的情景总是表现突然发生的惊奇感，如"划然变轩昂""忽见孤凤凰"，纵横恣肆，大有笔到风雨飞的气派。

《雉带箭》写一次狩猎情景，却是兔起鹘落，天矫多姿。汪琬《批韩诗》言其"短幅中有龙跳虎卧之观"，极富审美节奏感。《八月十五夜赠张功曹》写八月十五日晚上"纤云四卷天无河，清风吹空月舒波"，诗人与张署共饮共歌，诗的情绪节奏十分鲜明，先是抑之深处，"君歌声酸辞且苦"，以致"不能听终泪如雨"，然后备述贬谪南方的辛酸、苦难："洞庭连天九疑高，蛟龙出没猩鼯号。十生九死到官所，幽居默默如藏逃。下床畏蛇食畏药，海气湿蛰熏腥臊。"尔后，情绪猛一转折，宪宗登位，大赦天下，"罪从大辟皆除死"，对于同被贬谪的张、韩二人确是福音，节奏由抑升扬。但喜悦只维持了片刻，他们不能回朝廷任职，"坎坷只得移荆蛮"，情绪由喜悦转入悲抑，又产生新的节奏。整首诗由悲入喜，再由喜入悲，悲中有怨、有叹："同时辈流多上道，天路幽险难追攀。"最后转作旷放："一年明月今宵多，人生由命非由他，有酒不饮奈明何！"整个情绪变化一波三折，抑扬起伏，极富节奏感。《岳阳楼别窦司直》说："节奏颇跌踢。"可见，韩愈是以深刻的审美体认来创造诗的节奏美感的。

以丑为美。清代刘熙载《艺概·诗概》有一个重大的审美发现，"昌黎诗往往以丑为美"。这是韩愈对传统的平衡、和谐、协调等审美原则，对以美为美的观念的突破。韩愈在诗中写了病鸱、枯树、蛤蟆、掉牙齿等。

《病鸱》开篇便是丑的环境:"屋东恶水沟,有鸱堕鸣悲。青泥掩两翅,拍拍不得离。群童叫相召,瓦砾争先之。"《枯树》的形象亦丑陋:"老树无枝叶,风霜不复侵。腹穿人可过,皮剥蚁还寻。寄托惟朝菌,依投绝暮禽。"《答柳柳州食虾蟆》写道:"虾蟆虽水居,水特变形貌。强号为蛙蛤,于实无所校。虽然两股长,其奈脊皴疱。跳踯虽云高,竟不离汀淖。"韩愈诗中多处写到掉牙齿。《落齿》:"去年落一牙,今年落一齿。俄然落六七,落势殊未已。余存皆动摇,尽落应始止。"《赠刘师服》:"我今牙豁落者多,所存十余皆兀臲。"《寄崔二十六立之》:"所余十九齿,飘摇尽浮危。"

以丑为美的另一层含义就是以怪异为美,犹如中国园林中以丑、瘦、皱、怪石为美,反映了主体的审美趣味,也体现了主体化丑为美的审美倾向。以丑为美、以怪异为美,反映了中唐乃至整个中国美学史的趣味变化,其意义不可低估。他或者喜欢以怪异物象为对象,乃审美趣味导向使然;或者把本来寻常平和的物象怪异化,乃审美趣味染化使然。这些在韩愈诗中随处可见。他写《岣嵝山》:"岣嵝山尖神禹碑,字青石赤形模奇。科斗拳身薤倒披。鸾飘凤泊拿虎螭,事严迹秘鬼莫窥。道人独上偶见之,我来咨嗟涕涟洏。千搜万索何处有,森森绿树猿猱悲。"就是怪异化审美的写照。

与此相连的还有以狰狞为美。这集中表现在韩愈所写的寺院壁画中,《山石》有句:"僧言古壁佛画好,以火来照所见稀。"《谒衡岳庙遂宿岳寺题门楼》有句:"粉墙丹柱动光彩,鬼物图画填青红。"在青红相杂中现出鬼物相混的图画,是一种狰狞美。《游青龙寺赠崔大补阙》对寺院壁画更有浓墨重彩的描绘,可谓奇异怪诞、狰狞浓艳、斑驳陆离。如司空图对韩诗审美特征所评价的那样,"韩吏部歌诗数百首,其驱驾气势,若掀雷挟电,撑抉于天地之间,物状奇怪,不得不鼓舞而徇其呼吸也"[1]。这些又是以韩愈的审美心理素质为基础的,例如《送桂州严大夫》中"江作青罗带,山如碧玉簪",比喻中所包含的想象十分奇妙。

韩愈有灵敏的审美感觉和对审美感觉的传达能力。《李花赠张十一署》以李花为审美对象,浓墨铺染。春风抚揉,春雨浇淋,它洁白得令雪花羞于相比,一片李花如海洋一样翻滚。唯其花多、白、繁,一片雪亮,遂使群鸡

---

[1] 司空图:《题柳柳州集后》。

疑为天明而惊啼，百官起床早朝。这是夸饰，是韩愈才会有的怪异式夸张，想落天外。等到太阳真正出来了，又是另一番景象。阳光照射，青霞披开，使人眼光迷乱，不能直视，那是因为阳光照射在李树花上，使其更为夺目耀眼，这里再次体现了韩愈神奇变幻的审美想象力。《早春呈水部张十八员外》写道：

天街小雨润如酥，草色遥看近却无。最是一年春好处，绝胜烟柳满皇都。

那一抹草色，远看似有，近看却无，若隐若露，这是何等深细的审美体察啊！《春雪》写道："新年都未有芳华，二月初惊见草芽。"对自然物象又是充满何等精妙的审美惊喜啊！《同水部张员外籍曲江春游寄白二十二舍人》，韩愈写曲江美景颇富匠心，以气候的变化来突出"青春白日"，形成了景的开阔和诗的波澜，比起直接写景要高明得多。本来，天空中有淡淡阴云，景象有些迷蒙，不便于观赏春日风光，谁知，天随人意，到了傍晚，轻阴消散。这一来，景象大变，"青春白日映楼台"，曲江水边，层楼叠阁，掩映在春天的丽日中，流光溢彩。春天的气息出现了。白日映楼和漠漠轻阴形成画面的转换和变化，既有助于突出春日楼台之美，又有助于表现诗人在阴后见晴的心情之乐。诗人兴会淋漓地渲染道："曲江水满花千树。"曲江碧波，千树万花，争荣斗艳，跟白日楼台组成完整的曲江春色图。诗人描绘曲江春景，不仅从景象变化中表现，而且独特地从对白二十二舍人的轻轻埋怨中显示。你为什么忙而不肯来一饱眼福呢？轻怨中流露出替友人惋惜的心情：你错过了这么难得的时光、美景。这是诗人高涨的游兴所产生的。然而，无论是诗人的兴致，抑或对友人的惋惜，都是绮丽的春色激发起来的，这就为景色描绘添加了别开生面的一笔。

韩愈的审美心理主要对奇、怪、丑、伟充满兴趣和同化功能，因此，他的诗美显得气象峥嵘、变化万千，大而壮，雄而怪。他的诗呈现出来的是斑驳陆离的美学世界，融合宗教、神话、传说、想象因素，构合一体。而他喜欢避熟追新的逐奇心理，又对他的想象功能起到孵化作用，他的诗就有戛戛独造的特点。这样，他就能超越别人。例如《卢郎中云夫寄示送盘谷子诗两章歌以和之》中对瀑布的描述："是时新晴天井溢，谁把长剑倚太行。冲风吹破落天外，飞雨白日洒洛阳。"想象奇特，在前人不知重复了多少次对瀑布审美的基础上，另辟蹊径，别开生面。他学李，虽不如李空灵，却发展了李的雄豪；他学杜，虽不如杜沉郁顿挫，却发展了杜的博大深厚。"纷红骇绿，韩退之之诗境也。"①他的执意追求，或有过度之处，以致破坏了诗的语言特质和音乐感，逞奇炫博，掉书袋，只有带着字典才能阅读。有时即使凭借字典能读出字音，但连缀起来，其意象却晦涩不清，不知所云，这也就损害了诗的美感。

第三节　古文运动

韩愈的一大贡献是高举起古文运动的大旗。这场文学美学思潮在中唐出现，有着历史的远铺近垫，有着韩愈作为个体的活动所起的巨大作用。下面，对古文运动做一番美学史的历时性考察。

《四库全书总目·毘陵集》说："唐自贞观以后，文士皆沿六朝之体，经开元、天宝诗格大变，而文格犹袭旧规，元结与（独孤）及始奋起澜除，萧颖士、李华左右之，其后韩柳继起，唐之古文遂蔚然极盛。"这一史的描述是正确的。唐建国以来，便着手清理六朝的文化、文学、美学。盛唐时代诗歌美学出现了变革，但散文美学的变革相对滞后，到韩愈才卷起了一阵旋风，实现了这场变革。然而，在这以前的陈子昂、李华、萧颖士、元结、梁肃、独孤及、柳冕等人为其做了准备，成为先驱和先行者。《新唐书·文艺传》说："大历、贞元间，美才辈出，擩哜道真，涵咏圣涯，于是韩愈倡之，柳宗元、李翱、皇甫湜等和之，排逐百家，法度森严，抵轹晋、魏，上轧汉、周，唐之文完然为一王法。此其极也。"独孤及在《检校尚书吏部员外郎赵郡李公中集序》中写道："至则天太后时，陈子昂以雅易郑，学者浸而向方。天宝中，公（李华）与兰陵萧茂挺（萧颖士）、长乐贾幼几（贾至）勃焉复起，振中古之风，以宏文德。"展示出这场文学美学思潮的演变过程。他们的美学理论主张成为韩愈美学论之先声，并被韩愈所吸收。韩愈是大将出阵，在出阵之前，众将领为其渲染和张扬。当然，向前推得更远一点，则有西魏的宇文泰等人已开始着手进行这种改革，《周书·苏绰传》说："自有晋之季，文章竞为浮华，遂成风俗。太祖（宇文泰）欲革其弊，

---

① 陈衍：《石遗室诗话》。

因魏帝祭庙，群臣毕至，乃命绰为大诰，奏行之"，"自是之后，文笔皆依此体"。可以看出，中唐的这场文学革新运动和思潮是有长期准备的。

　　古文运动的主要表现形式是改变骈体，走向散体，而走向散体，又是以恢复古文的面貌出现的。这场以复古面貌出现的文学运动在实质上是以革新为内涵的。陈子昂的理论主张和高举的旗帜主要是指诗歌领域，但是对散文起到导向作用。以用典、藻丽为基本特征和具有严格规定性的骈文日益暴露出束缚人们思想自由舒展和发挥的弱点，不是文体适应人们的思想表现，而是思想削足适履地安放在固有的形式和文体格局机体之中。当然，唐代的思想文化任务要对前代加以革新才能获得发展，这是文化发展的基本规律。而就唐代本身而言，它那自由舒展活跃的思想文化精神需要有比较灵活的文体形式进行承载，这就使得这场文学美学革新运动来得不可避免和其势必然。

　　一些有识之士得风气之先，着手于此。陈子昂便是其中的一位，他所倡导的革新既是指"以雅易郑"的内容革新，又是指形式上"以散代骈"的革新。然而，骈体作为一种文学审美形式在长期形成和运用过程中出现了形式硬壳和审美习惯，不可能在改朝换代之后自然更易，也不可能在一个短暂的时空境域内消失殆尽。它被取代有一个渐进渐化的过程。特别是贞观、开元年间，骈文还是一种官方文体。沈既济《词科论并序》曾写道："太后颇涉文史，好雕虫之艺。永隆中，始以文章选士。及永淳之后，太后君天下二十余年，当时公卿百辟，无不以文章因循，遐久浸以成风。""太平君子，唯门调户选，征文射策以取禄位。"这就是骈文在唐代一个相当长的时期内仍然有势力的原因。但是，改革毕竟在悄悄进行。

　　这场改革分为三个阶段。梁肃《补阙李君前集序》说："唐有天下几二百载而文章三变：初则广汉陈子昂以风雅革浮侈，次则燕国张公说以宏茂广波澜，天宝以还，则李员外、萧功曹、贾常侍、独孤常州比肩而出，故其道益炽。"气势越来越大，越来越壮，从个体到具有一定规模的群体，显示出它的发展趋势。陈子昂为这场革新运动提出了文体和文风革新的趋向问题，在当时所产生的效应极大，所谓"天下翕然，质文一变"。然而，陈子昂只是提出一个宏观性、轮廓性的问题，并没有具体性的内容，同时诗文比较而言，他于诗的美学理论成就超过了文。但是，陈子昂的贡献不可低估，萧颖士曾这样评价道："近日陈拾遗子昂文体最正。"被誉为"燕许大手笔"的苏颋、张说所写的文章提供了文风变革的实际范例，这期间李白、王维等人所写的文章给当时的文坛也吹进了一股清新的美学之风。李华所写《中书政事堂记》等文章显示了散体化的发展和定位。元结的复古主义思想为复兴古文的运动做了前导。他的山水记游文章给柳宗元以直接影响。如《九疑山图记》：

> 九疑山方二千余里，四州各近一隅。世称九峰相似，望而疑之，谓之九疑。亦云：舜望九峰，疑禹而悲，从臣有作九疑之歌，因谓之九疑。
>
> 九峰殊极高大，远望皆可见也。彼如嵩、华之峻崎，衡、岱之方广，在九峰之下，磊磊然如布棋石者，可以百数。中峰之下，水无鱼鳖，林无鸟兽，时闻声如蝉蝇之类，听之亦无。往往见大谷长川，平田深渊，杉松百围，桧栝并茂。青莎白沙，洞穴丹崖。寒泉飞流，异竹杂华。回映之处，似藏人家。实有九水，出于山中。四水南流，灌于南海。五水北注，合为洞庭。若度其高卑，比洞庭、南海之岸，直上可二三百里。不知海内之山，如九疑者几焉！

《右溪记》：

> 道州城西百余步有小溪，南流数十步合营溪，水抵两岸，悉皆怪石，欹嵌盘缺，不可名状。清流触石，洄悬激注。佳木异竹，垂阴相荫。
>
> 此溪若在山野，则宜逸民退士之所游处，在人间，则可为都邑之胜境、静者之林亭。而置州已来，无人赏爱。徘徊溪上，为之怅然。
>
> 乃疏凿芜秽，俾为亭宇，植松与桂，兼之香草，以裨形胜。为溪在州右，遂命之曰右溪。刻铭石上，彰示来者。

其文体形式和文风的审美特征已为柳宗元所效法。元结散文开风气之先，为韩愈倡导古文运动做了创作实践的准备。在美学论述上同样做了远铺近垫。

古文运动的发生，又离不开社会实际原因的推促。安史之乱成为唐代社会、政治、经济由盛入衰的转折点，也牵动了整个文化、文学、美学的转折，从此进入社会学意义和文学、美学意义的中唐。安史之乱给人们带来了信仰、思想、精神的危机，要重新建立社会、精神的新秩序，就需要寻找一种能够挽回颓局、规范人们精神的思想形态，于是儒家思想便成了中唐人的选择。这种选择所包含的内容比较广泛，有教化精神的弘扬，有实用实践精神的恢复，有致用美学精神的重新提起。它的演化表现为自下而上、由外及内，即由思想文化界首先发起，进而影响了统治集团，而统治集团的做法又对整个思想文化界起到规范和导向作用，推促古文运动的形成和发展。整个初、盛唐时期尽管人们要求以散代骈，但最后的一个碉堡没有被攻克，即科举。科举考试仍用骈文，这对人们仍然有着规范作用。然而，由下而上的古文运动逐渐由外及内地撼动统治核心，建中元年（780），令狐峘主持的贤良方正科策试，就是用的散体。这标志着那最后一个碉堡瓦解了，一场古文运动和文学美学思潮不可避免地全面铺开和出现了。理论阐述起到推波助澜的作用，所阐述的问题又正是韩愈等人后来所着重论述的。

其一，强调文学的教化功能和致用性质。这些古文运动的先驱者对经术表现出极大的兴趣和专注，从而为古文运动寻找到了借以表现的依据。萧颖士《赠韦司业书》说他"有识以来，寡于嗜好，经术之外，略不婴心"，他表示，"凡所拟议，必希古人"，至于"魏晋以来，未尝留意"，可见他的尚古思想倾向。李华在《赠礼部尚书清河孝公崔沔集序》中说："文章本乎作者，而哀乐系乎时。本乎作者，六经之志也；系乎时者，乐文武而哀幽厉也。"李华提倡回归六经，竟而将屈原、宋玉也归在否定之列。独孤及把归返五经、本乎王道、提倡教化、反对俪偶作为完整的命题提出。《检校尚书吏部员外郎赵郡李公中集序》为文学的总体图像做了这样的描述："以五经为泉源，抒情性以托讽，然后有咏歌；美教化，献箴谏，然后有赋颂；悬权衡以辨天下公是非，然后有论议。至若记、序、编录、铭鼎、刻石之作，必采其行事以正褒贬，非夫子之旨不书。故风雅之旨归，刑政之本根，忠孝之大伦，皆见于词。"而柳冕的文学美学理论对韩愈的影响更为直接，他说："文章本于教化，形于治乱，系于国风。故在君子之心为志，形君子之言为文，论君子之道为教。"[1]"经术尊则教化美，教化美则文章盛，文章盛则王道兴。"[2]

其二，在文学美学史的发展估价中，他们认为，愈向后发展，文学美学愈显示出衰落的趋势，就根本而言是因为背离了教化，形成了"文与教分而为二"的状况。柳冕说："诗不作，骚人起而淫丽兴，文与教分为而二。"[3]他对屈、宋以来的文学美学史状况取的是一概否定的态度："自

---

[1] 柳冕：《与徐给事论文书》。
[2] 柳冕：《谢杜相公论房杜二相书》。
[3] 柳冕：《答荆南裴尚书论文书》。

屈、宋以降,为文者本于哀艳,务于恢诞,亡于比兴,失古义矣。虽扬、马形似,曹、刘骨气,潘、陆藻丽,文多用寡,则是一技,君子不为也。"①他把这个衰落的过程,概括为三个阶段:"屈、宋以降则感哀乐而亡雅正,魏、晋以还则感声色而亡风教,宋、齐以下则感物色而亡兴致。"②由此而产生的富于逻辑意义的命题就是要复兴古文,以改变这一衰落的趋向。复兴古文既有复兴儒学以改变社会风俗的目的,又有文体改革的自身意义。他们从理论上阐解了"文"与"政"之间的关系,认为"文章之道与政通矣"③。

所有这一切都为韩愈倡导古文运动做了先期准备。从《旧唐书·韩愈传》的一段记载可以看出韩愈所受的影响:"大历、贞元之间,文字多尚古学,效扬雄、董仲舒之述作,而独孤及、梁肃最称渊奥,儒林推重。愈从其徒游,锐意钻仰,欲自振于一代。"而韩愈之所以能成为古文运动的领袖,乃因为他有着别人所不具备的素质。李汉《唐吏部侍郎昌黎先生讳愈文集序》曾评价道:"先生于文,摧陷廓清之功,比于武事,可谓雄伟不常者矣。"李汉认为,韩愈有着坚韧不拔的毅力和精神,不为流俗所动,始终不懈地"大拯颓风,教人自为,时人始而惊,中而笑且排,先生志益坚,其终人亦翕然随以定"。另外,他具有学界领袖素质,提携他人,奖掖后进,得到广泛拥戴。《旧唐书》本传说:"愈性弘通,与人交,荣悴不易。少时与洛阳人孟郊、东郡人张籍友善。二人名位未振,愈不避寒暑,称荐于公卿间。""颇能诱励后进,馆之者十六七,虽晨炊不给,怡然不介意。"今人陈寅恪《论韩愈》更有精当的论述:

> 唐代古文家多为才学卓越之士,其作品如唐文粹所选者足为例证,退之一人独名高后世,远出余子之上者,必非偶然。据《旧唐书·壹陆拾韩愈传》云:"大历、贞元之间,文字多尚古学,效扬雄、董仲舒之述作,而独孤及、梁肃最称渊奥,儒林推重。愈从其徒游,锐意钻仰,欲自振于一代。"及《新唐书·壹柒陆韩愈传》云:"愈成就后进士,往往知名。经愈指授,毕称'韩门弟子'。"
>
> 则知退之在当时"古文运动"诸健者中,特具承先启后作一大

---

① 柳冕:《与徐给事论文书》。
② 柳冕:《与滑州卢大夫论文书》。
③ 梁肃:《秘书监包府君集序》。

运动领袖之气魄与人格，为其他文士所不能及。退之同辈胜流如元微之、白乐天，其著作流播之广，在当日尚过于退之。退之官又低于元，寿复短于白，而身殁之后，继续其文其学者不绝于世，元白之遗风虽或尚流传，不至断绝，若与退之相较，诚不可同年而语矣。退之所以得致此者，盖亦由其平生奖掖后进，开启来学，为其他诸古文运动家所不为，或偶为之而不甚专意者，故"韩门"遂因此而建立，韩学亦更缘此而流传也。世传隋末王通讲学河汾，卒开唐代贞观之治，此固未必可信，然退之发起光大唐代古文运动，卒开后来赵宋新儒学新古文之文化运动，史证明确，则不容置疑者也。

陈寅恪的《论韩愈》还认为："退之者，唐代文化学术史上承先启后转旧为新关捩点之人物也。"韩愈的古文运动虽然打着复古的旗帜，但其理论内涵却有新的内容。

"文以载道""修辞明道"的审美本体论。韩愈的古文运动是以恢复先秦、西汉文体为旨归的，有特定的时空对象和文体形式，然而，韩愈却不是单纯去恢复某种文体形式，而是借以恢复"道"。文与道、辞与道有内在联系，即所谓"文以载道""修辞明道"。他说："君子居其位，则思死其官；未得位，则思修其辞以明其道。"①"古文"与"古道"相连，韩愈没有纯粹言文，这正是韩愈美学思想的核心。在他看来，某种文体形式总是负载某种内容，"古文"所负载的正是"古道"。他复兴古文的目的是为着复道，这是他的实践性致用美学的精神体现。他复兴古文，首要的就在于此。文应载道，要有道的内容，这是文的灵魂，也是使文能够充实的内在因素。他在《答侯生问〈论语〉书》中对孟子"充实之谓美，充实而有光辉之谓大"的美学思想加以说明，可见他是崇尚美是充实的命题的。充实、浑厚、内在丰满、有"道"的内容的蕴含，体现了韩愈美学思想的基本目标。如果仅仅停留在这一层面上，也只是实践性致用美学的浮表层次。在另一层面，韩愈又重视载体的作用和功能，《答尉迟生书》说："体不备不可以为成人，辞不足不可以为成文。"通过"文"来载"道"，借助"辞"以明"道"，他于"文""道"之间不予偏废，又阐明了它们之间的承载与内涵的关系。

---

① 韩愈：《争臣论》。

韩愈对于"道",有自己的阐解。《原道》把"道"确定为儒家之道,即以"仁""义"为内涵的"道"。当然"道"的内涵又是广泛的,包含人的道德规范。这样,也就把人的道德规范和人格风范形成文学审美对象,进而融化为文学作品的审美内容,这是韩愈对文学审美性质的一种重要规定。就"道"的社会内容看,韩愈明确表示了对佛、老之道排拒的立场和态度。所以才会有他的《论佛骨表》,才有他的谏迎佛骨的行为,即使遭贬甚或遭受杀身之祸也在所不辞。他编制了一个道统体系,在《重答张籍书》中说道:"自文王没,武王、周公、成、康,相与守之,礼乐皆在;及乎夫子,未久也;自夫子而至乎孟子,未久也;自孟子而至乎扬雄,亦未久也。"而他本人也把自己纳入这一道统体系之中,也是在《重答张籍书》中,他说:"己之道,乃夫子、孟轲、扬雄所传之道也"。这样,他便以"道"的继承和护卫者自居了。在思想史上这是一条联系着的线索。在现实的目的意图上,韩愈倡儒家之道,又是为着扼制中唐愈演愈烈的藩镇割据尾大不掉的状况。"古文"的文体体式有较大的自由度和宽松性,没有骈文的严格限制和规范,使它能承载"道"的内容。可见,韩愈选择"道"是连同"文"一起的,这样,"文"与"道"就具备了一致性。

"不平则鸣"的审美发生论。韩愈著名的《送孟东野序》说:

> 大凡物不得其平则鸣。草木之无声,风挠之鸣;水之无声,风荡之鸣。其跃也,或激之;其趋也,或梗之;其沸也,或炙之。金石之无声,或击之鸣。人之于言也亦然,有不得已者而后言,其歌也有思,其哭也有怀。凡出乎口而为声者,其皆有弗平者乎?

> 乐也者,郁于中而泄于外者也,择其善鸣者而假之鸣。金、石、丝、竹、匏、土、革、木八者,物之善鸣者也。维天之于时也亦然,择其善鸣者而假之鸣。是故以鸟鸣春,以雷鸣夏,以虫鸣秋,以风鸣冬。四时之相推夺,其必有不得其平者乎?其于人也亦然。人声之精者为言,文辞之于言,又其精也,尤择其善鸣者而假之鸣。

> 其在唐虞,咎陶、禹,其善鸣者也,而假以鸣。夔弗能以文辞鸣,又自假于《韶》以鸣,夏之时,五子以其歌鸣。伊尹鸣殷,周公鸣周。凡载于《诗》《书》、六艺皆鸣之善者也。周之衰,孔子之徒鸣之,其声大而远。传曰:"天将以夫子为木铎。"其弗信矣乎?其末也,庄周以其荒唐之辞鸣。楚,大国也,其亡也,以屈

原鸣。臧孙辰、孟轲、荀卿，以道鸣者也。杨朱、墨翟、管夷吾、晏婴、老聃、申不害、韩非、慎到、田骈、邹衍、尸佼、孙武、张仪、苏秦之属，皆以其术鸣。秦之兴，李斯鸣之。汉之时，司马迁、相如、扬雄，最其善鸣者也。其下魏晋氏，鸣者不及于古，然亦未尝绝也。就其善者，其声清以浮，其节数以急，其辞淫以哀，其志弛以肆，其为言也，乱杂而无章。将天丑其德莫之顾邪？何为乎不鸣其善鸣者也？

唐之有天下，陈子昂、苏源明、元结、李白、杜甫、李观，皆以其所能鸣。其存而在下者，孟郊东野，始以其诗鸣。其高出魏晋，不懈而及于古，其他浸淫乎汉氏矣。从吾游者，李翱、张籍其尤也。三子者之鸣信善矣，抑不知天将和其声而使鸣国家之盛邪？抑将穷饿其身、思愁其心肠而使自鸣其不幸耶？三子者之命则悬乎天矣。其在上也奚以喜？其在下也奚以悲？东野之役于江南也，有若不释然者，故吾道其命于天者以解之。

韩愈的"不平则鸣"论和他诗歌美学的"穷苦之言易好"论，具有内涵上的一致性，都是强调文学审美的原因是主体的不平情绪，希望通过和借助于文学作品的特有方式和通道，表达或表现出来，形成主体情绪的存在方式和导泄方式，即"郁于中而泄于外"。"不平则鸣"论有着深厚的美学渊源。屈原《九章·惜诵》就说："发愤以抒情。"司马迁《报任安书》说："诗三百篇，大抵圣贤发愤之所为作也。""此人皆意有所郁结，不得通其道也。"韩愈此论正是连通上述的美学理论，形成对文学审美的正确说明和阐解。韩愈集中扣合"鸣"字，反复论述。"鸣"带有很浓的表达、舒张意味，更符合文学审美的导泄性质。

这一文学审美发生论命题以众多的自然和人世现象为依据，如孟郊的"不平"身世。他在《答孟郊》诗中说孟郊的处境："人皆余酒肉，子独不得饱。"又在《送孟东野序》说："东野之役于江南也，有若不释然者"，是有感而发的，又是以自身的"不平"身世为依据。他说自己"不通时事，而与世多龃龉"①。"家贫不足以自活"，"因困厄悲愁无所告语，遂得究穷于经传、史记、百家之说，沉潜乎训义，反复乎句读，砻磨乎事业，而

---

① 韩愈：《答窦秀才书》。

奋发乎文章"①，直接把身世不平与文学审美活动联系起来。他"奋发乎文章"乃是"因困厄悲愁无所告语"。他一生有阳山令之贬、国子博士之贬、潮州之贬，诸多不遂。他的"不平则鸣"论又以他的友人和历史上众多事端为依据，例如他所写《柳子厚墓志铭》说："然子厚斥不久，穷不极，虽有出于人，其文学辞章，必不能自力，以致必传于后如今，无疑也。虽使子厚得所愿，为将相于一时，以彼易此，孰得孰失，必有能辨之者。"韩愈论述的着眼点是：文学是抒发主体不平之情的。不平即不平衡、不平静，有块垒之气，遂成为文学审美的动因，亦是其构成内容，因此，在《上兵部李侍郎书》中，韩愈明确地说，文学是"舒忧娱悲"的。对此，他还有进一步的阐解，将其扩大到整个艺术领域，认为审美主体所表达的情感应该是波荡不息的，激动人心的。《送高闲上人序》写道："往时张旭善草书，不治他伎。喜怒窘穷，忧悲愉佚，怨恨思慕，酣醉无聊，不平有动于心，必于草书焉发之。观于物，见山水崖谷，鸟兽虫鱼，草木之花实，日月列星，风雨水火，雷霆霹雳，歌舞战斗，天地事物之变，可喜可愕，一寓于书。故旭之书，变动犹鬼神，不可端倪。以此终其身而名后世。"张旭的草书表达了郁积在胸中强烈震荡的不平之情，表明了韩愈审美主体论是有一定的社会内涵的，其表现形态又是激烈的。在韩愈看来，文学艺术的审美，需要波荡不息的情感张扬和滚滚起伏的表现，需要有激烈的愤世嫉俗的情感形式，这正体现了韩愈的审美理想和审美趣味。他所追寻的是峥嵘不凡的宏壮气象和情感大波大澜的境界，是对人情感的震撼和撞击。韩愈的"不平则鸣"论不是一般地表述审美主体发生论，而是结合他的审美情趣来阐释。

韩愈在提出审美导泄论的同时还提出了审美娱戏论。《病中赠张十八》说："文章自娱戏，金石自击撞。"娱戏论与他一本正经提出的明道论并不冲突，体现了韩愈对文学审美性质的多层面体认，同时也反映了唐代审美趣味的变化。唐代产生小说之类娱乐性的文学审美形式跟这种趣味庶几相关。

"气盛言宜"的审美主体论。韩愈是主体性诗人、作家，他的美学理论也属于主体论。他重视诗人、作家的文化、审美素养在审美中的作用和地位。他认为，文化、审美素养成于内而形于外、闳于中而肆于外。《进学解》说："上规姚姒，浑浑无涯。周诰殷盘，佶屈聱牙。《春秋》谨严，左

---

① 韩愈：《上兵部李侍郎书》。

氏浮夸。《易》奇而法，《诗》正而葩。下逮庄、《骚》，太史所录，子云、相如，同工异曲。先生之于文，可谓闳其中而肆于其外矣。"他又认为，文化、审美素养是审美的根基。《答尉迟生书》说："夫所谓文者，必有诸其中，是故君子慎其实。实之美恶，其发也不掩。本深而末茂，形大而声宏，行峻而言厉，心醇而气和，昭晰者无疑，优游者有余。"《答李翊书》说："将蕲至于古之立言者，则无望其速成，无诱于势利，养其根而俟其实，加其膏而希其光。根之茂者其实遂，膏之沃者其光晔。"为此，他提出气盛言宜论：

> 气，水也；言，浮物也。水大而物之浮者大小毕浮；气之与言犹是也，气盛则言之短长与声之高下者皆宜。

"气"与"言"之关系即审美主体的内在气韵、气势与语言载体的节奏之关系。在韩愈看来，审美主体气韵生动、气势充沛，处于盛、满状态，其语言载体就会自然适宜，从而形成相一致的语言节奏。语言节奏的高低疾徐、抑扬抗坠便具备了美感。气盛言宜的主导方面是"气"，也就是说，审美主体规范语言形式的表现及其运行规律。于是，韩愈提出养气的问题。《答李翊书》说："不可以不养也，行之乎仁义之途，游之乎《诗》《书》之源。"它渊源于《孟子》"我善养吾浩然之气"的思想。所谓"养"即修养自身，其修养途径是仁义的道德伦理实践和诗书的文化滋养。

正因为韩愈重视审美主体的作用，他也就强调审美主体的独立地位和个性。虽然他发起古文运动，但是他颇有分寸地提出，对于古圣贤人，只"师其意"，而"不师其辞"。《南阳樊绍述墓志铭》说："惟古于词必己出，降而不能乃剽贼。"强调审美主体的独立作用。也正因为如此，他提倡审美主体的独特性追求和创造，在《答李翊书》中响亮地说："当其取于心而注于手也，惟陈言之务去，戛戛乎其难哉！"这就提出了诗人、作家独创、原创的审美命题。

韩愈文学美学理论在主张"文以载道""辞以明道"的社会前提下，重视审美主体的地位和作用，即重视主体的个人情感抒发作用和个体的审美独创性；在提出"师古人"的同时，又强调审美的现实内涵。

第四节　散文审美成就

如果说，韩愈的诗歌美学理论与诗歌审美创作实践是相一致的，即他的诗歌审美创作实践体现了他的诗歌美学见解、主张和趣尚，而韩愈的散文美学理论与散文审美创作实践却多有未重合之处。他的许多散文并不是道的说教、阐发，恰恰是情的抒发、畅露，不以理擅，而以情胜。他在散文审美创作实践中较多地体现了他对文的审美特质的论述。张耒《韩愈论》说韩"以为知道则不足"，而"以为文人则有余"，文与道是割裂和非重合的，这就相当显著地看出他总是以文学家的身份出现。在散文这块审美地域内，他文学家的审美特性便如愿以偿，适得其所。

韩愈于散文上创造了千姿百态、"猖狂恣睢，肆意有所作"[1]的美。苏洵曾描述了它的具体情景，"韩子之文，如长江大河，浑浩流转，鱼鼋蛟龙，万怪惶惑，而抑遏蔽掩，不使自露，而人望见其渊然之光，苍然之色，亦自畏避不敢迫视"[2]。这是中国散文史上少有的美。它不仅仅表现为散文题材的广泛，从对国家大事的评述、重要事变中的人物评价，到对友人的赠序、亲属的悼念，都有涉及；也不仅仅是形式领域的多样，有杂文、书启、赠序、碑志、表状等等。诚然，众多的散文构成了大美和丰富美，而韩愈散文最具独创性的成就是：其散文中有着汪洋恣肆的美。他继承了庄、孟，又带有审美个体的自身特征，他善于制造美的多样和经纬纵横。《送孟东野序》全文实际上只写了一个字：鸣。围绕这个字，作者远绍唐虞，近涉当代，有着极大的时间跨度；空间领域从自然界到人类社会，又从人类社会到非文学界到文学界，从散文家到诗人，可谓千姿百态。不同的对象——物象和人物"鸣"的内容和方式千差万别，作者一一胪列，以极其概括的语言加以表述，便一一构成特定的美的存在。它们的有机组合便出现了气象万千的美。文章起首直入主旨，出现一个富于意蕴的命题："大凡物不得其平则鸣。"然后一路浩荡而下，反复言之，铺排衍化，横展竖设，不断跳跃式地向前推进，直至文尾才交代赠序对象——孟东野。真是长江大河，浪花逐飞，浑浩流转，而每一朵浪花绝不雷同。他对各种"鸣"的概括无一重复，正如《古文观止》所评的那样："句法变换凡二十九样，如龙之变化屈伸于天。"

---

[1] 柳宗元：《答韦珩示韩愈相推以文墨事书》。
[2] 苏洵：《上欧阳内翰书》。

李涂《文章精义》曾对韩、柳、欧、苏的散文审美特征，做过这样的比喻："韩如海，柳如泉，欧如澜，苏如潮。"韩文确如海一样辽阔浩瀚，波澜壮伟，读他的散文确如观海潮一样可以获得壮美的感受。方东树《昭昧詹言》卷九说："韩公当知其如潮处，非但义理层见叠出，其笔势涌出，读之拦不住，望之不可极，测之来去无端涯，不可穷，不可竭。当思其肠胃绕万象，精神驱五岳，奇崛战斗鬼神，而又无不文从字顺，各识其职，所谓'妥帖力排奡'也。"

韩愈继承并发展了中国散文美学的传统，就是以情感性的特征显示中国散文美学的基本性质。在散文美学中，体认因素、想象因素和情感因素交融一起，理智因素总是挟带情感以行。有时纯粹的理性推理和逻辑演化中却有情感力量的推波助澜，从而形成具有审美意义的情感掀动、推助、震撼力量。这种力量正是审美力量，从而使那些纯粹以说理、推论、论辩形式出现的文章最终被纳入散文美学之列。于是，议论须带情韵以行的命题便成为中国散文、诗美学的命题。这些散文给予后人的并不是真理性的睿智，而是情感性的感染，从而形成了中国散文美学的基本特征。孟子文是如此，韩愈文也是如此。例如他的《论佛骨表》，其立论或有可议处，但是议论中所挟带的情感气势却如泰山压顶，气势夺人。文章一开始就以否定佛法的架势和口吻说："伏以佛者，夷狄之一法耳。"然后从历史、现实、事理等方面反复论证阐解，达到情尽意满、理足神完的境地，最后对佛骨表现出深恶痛绝的情感，简直是咬牙切齿。情感的决绝加强了理性的否定力量，"岂不盛哉！岂不快哉！"更是情感浪花飞溅。他甚至以身家性命做抵押，有誓死不渝的精神和决绝的情感波涛。

韩愈散文情感性即审美性的特征在纪念亲属、朋友的文章中表现得更为直接。方苞在《方望溪文钞》中说："退之文，每至亲懿故旧，存亡离合，悲思慕恋，恻然自肺腑流出，使读者气厚。"这是因为作者以更为直接的情感体验来对待这种情感联系，特别动人。例如《祭十二郎文》，韩愈幼年丧父母，由兄嫂抚养成人，与十二郎"未尝一日相离"，虽为叔侄，而情逾骨肉，"在孙惟汝，在子惟吾。两世一身，形单影只"。感激、哀痛、悔疚、自责等诸般情感交汇一起，形成情感的波涛，并展现出无处诉说的情感场景。在情感的表达中有哭泣，有呼告，有往事的回忆，有放声长号，情感外露毫不遮蔽，号啕痛哭，至于呼天抢地，唯其如此，才益见情感之浓、之烈。用"呜呼""呜呼哀哉"等词反复其言，增添了感情的审美表达效果。他把种种复杂多变的情感凝结起来，形成喷发之势。《古文观止》曾经评述道："情之至者，自然流为至文。读此等文，须想其一面哭，一面写，字字是血，字字是泪。"

韩愈表达自身对对象的评价、褒贬、情感抑扬，往往有着极高的技巧和手法。他有金刚怒目、情感外泄的，也有含毫藏锋、迂回盘曲的。用极其宛曲之手段，表现极其隐曲之情感，例如《送董邵南游河北序》：

> 燕赵古称多感慨悲歌之士。董生举进士，连不得志于有司，怀抱利器，郁郁适兹土，吾知其必有合也。董生勉乎哉！
>
> 夫以子之不遇时，苟慕义强仁者，皆爱惜焉。矧燕赵之士，出乎其性者哉！然吾尝闻风俗与化移易，吾恶知其今不异于古所云耶？聊以吾子之行卜之也。董生勉乎哉！
>
> 吾因子有所感矣。为我吊望诸君之墓，而观于其市，复有昔时屠狗者乎？为我谢曰：明天子在上，可以出而仕矣。

在序中，韩愈对"怀抱利器"而不得志的董生是同情的，"兹土"乃藩镇割据之地的河北，对于他去投奔藩镇，是心有微词、颇为担忧的，但委婉地表达自己的情感态度。两出"勉乎哉"，正话反说，勉励中有规劝之意。委托董生去看望那些隐入市井的"屠狗者"如高渐离之流，并加以致意，呼唤他们回归，为朝廷效力，"明天子在上，可以出而仕矣"，其深衷曲意又显然是对董生而说的。作者复杂的感情用含蓄的方式加以表达，虽感慨万千却微词妙选，令人须再三体味，才能领略其中的社会含义和审美意味。

韩愈散文的社会评判和审美情感以别具一格的表达方式和描述手段来体现。例如《送李愿归盘谷序》：

> 太行之阳有盘谷，盘谷之间，泉甘而土肥，草木丛茂，居民鲜少。或曰："谓其环两山之间，故曰盘。"或曰："是谷也，宅幽而势阻，隐者之所盘旋。"友人李愿居之。
>
> 愿之言曰："人之称大丈夫者，我知之矣：利泽施于人，名声昭于时，坐于庙朝，进退百官，而佐天子出令。其在外，则树旗旄，罗弓矢，武夫前呵，从者塞途，供给之人，各执其物，夹道而疾驰。喜有赏，怒有刑。才畯满前，道古今而誉盛德，入耳而不烦。曲眉丰颊，清声而便体，秀外而惠中，飘轻裾，翳长袖，粉白

黛绿者，列屋而闲居，妒宠而负恃，争妍而取怜。大丈夫之遇知于天子，用力于当世者之所为也。吾非恶此而逃之，是有命焉，不可幸而致也。穷居而闲处，升高而望远，坐茂树以终日，濯清泉以自洁。采于山，美可茹；钓于水，鲜可食。起居无时，惟适之安。与其有誉于前，孰若无毁于其后；与其有乐于身，孰若无忧于其心。车服不维，刀锯不加，理乱不知，黜陟不闻。大丈夫不遇于时者之所为也，我则行之。伺候于公卿之门，奔走于形势之途，足将进而趑趄，口将言而嗫嚅，处秽污而不羞，触刑辟而诛戮，侥幸于万一，老死而后止者，其于为人贤不肖何如也！"

昌黎韩愈闻其言而壮之，与之酒而为之歌曰：盘之中，维子之宫。盘之土，可以稼。盘之泉，可濯可沿。盘之阻，谁争子所！窈而深，廓其有容，缭而曲，如往而复。嗟盘之乐兮，乐且无殃，虎豹远迹兮，蛟龙遁藏，鬼神守护兮，呵禁不祥。饮则食兮寿而康，无不足兮奚所望！膏吾车兮秣吾马，从子于盘兮，终吾生以徜徉。

苏轼对这篇文章评价极高，《东坡题跋》卷一："欧阳文忠公尝谓晋无文章，惟陶渊明《归去来》一篇而已。余亦以谓唐无文章，惟韩退之《送李愿归盘谷》一篇而已。"也有人对这段话的可信性提出疑问，但这篇文章在艺术、审美上的成就是十分显著的。名为送序，却对送之缘由、李愿归隐之原委一笔不提，只是在介绍归隐去处的盘谷后，忽然引录李愿的一段话。作者借李愿之口展现了社会生活的诸多情状，描述了各色人等的世相，并渗透了作者的情绪和感受，表达了作者对种种社会世相的情感、评价。

韩愈的审美方式有其个性特点，他抒情则尽情，刻形则尽相，辗转生发，必至其极。他在《南阳樊绍述墓志铭》中说："然而（词）必出于己，不袭蹈前人一言一句，又何其难也。必出入仁义，其富若生蓄，万物必具，海含地负，放恣横从，无所统纪。然而，不烦于绳削而自合也。"《送权秀才序》说："其文辞引物连类，穷情尽变，宫商相宣，金石谐和。寂寥乎短章，舂容乎大篇。"他的散文有海含地负般厚重的美。为创造这种美的形态，审美传达方式上是"放恣横从""穷情尽变"。韩愈的散文议论从容，似有阵阵春风拂面，如《原道》议论风生。《上兵部李侍郎书》说："大之为河海，高之为山岳，明之为日月，幽之为鬼神，纤之为珠玑华实，变之为雷霆风雨，奇辞奥旨，靡不通达。"意象纷呈，情感掀扬。韩愈散文之说理,往往在剥茧抽丝中既形成逻辑力量,又形成情感力量。

他的散文又在寻"变"中产生特有的美态和美感。刘大櫆《论文偶记》写道:"文贵变。《易》曰:'虎变文炳,豹变文蔚。'又曰:'物相杂,故曰文。'故文者,变之谓也。一集之中篇篇变,一篇之中段段变,一段之中句句变。神变,气变,境变,音节变,字句变,惟昌黎能之。"有几篇文章,就有几副笔墨,穷尽其变,从而出现千变万化的美态和美感。他为柳宗元写有三篇文章,《柳子厚墓志铭》《柳州罗池庙碑铭》《祭柳子厚文》,无一重复,或以议论见长,或以叙述显胜,或以抒情感人。《进学解》对先生的学业、儒道、文章、为人的陈述都用"先生……可谓……矣"煞尾,"先生之业,可谓勤矣""先生之于儒,可谓有劳矣""先生之于文,可谓闳其中而肆其外矣""先生之于为人,可谓成矣"。句型相同,但字数不同,形成回环之美,于同中见异,见出变化之美。

由于实践和体现了韩愈本人"气盛言宜"的理论主张,其散文美学的重大特征是节奏美。王文禄《文脉》卷二说:"韩昌黎本奇才,得节奏疾徐、参伍错综、回旋照顾、八面受敌之妙。"他独到地运用主体情感运转的特点,布露于语言载体之中,通过结构比例的处理,从而产生节奏美。《柳子厚墓志铭》"今夫平居里巷相慕悦"一句有八十四字:

> 今夫平居里巷相慕悦,酒食游戏相征逐,诩诩强笑语以相取下,握手出肺肝相示,指天日涕泣,誓生死不相背负,真若可信,一旦临小利害,仅如毛发比,反眼若不相识,落陷阱,不一引手救,反挤之,又下石焉者,皆是也。

还有句型更长,结构更为复杂的。例如《与崔群书》中的一个超长句:

> 仆自少至今,从事于往还朋友间,一十七年矣,日月不为不久,所与交往相识者千百人,非不多,其相与如骨肉兄弟者亦且不少,或以事同,或以艺取,或慕其一善,或以其久故,或初不甚知,而与之已密,其后无大恶,因不复决舍,或其人虽不皆入于善,而于己己厚,虽欲悔之不可,凡诸浅者,固不足道,深者止如此。

长句在逻辑上是思维缜密之表现,在审美上则形成浑浩婉转、气韵流走的风味。然而,有时又常用短句,例如《原道》中的一段文字:

> 周道衰,孔子没,火于秦,黄老于汉,佛于晋魏梁隋之间。其言道德仁义者,不入于杨,则入于墨。不入于老,则入于佛。入于

彼，必出于此。入者主之，出者奴之。入者附之，出者污之。
短句则出现顿挫有力的语势和旋律。

而长短句有机配合，奇偶结合，整散相间，错综变化，则形成特定的审美节奏感。例如《张中丞传后叙》中的一段文字：

> 守一城，捍天下，以千百就尽之卒，战百万日滋之师，蔽遮江淮，沮遏其势，天下之不亡，其谁之功也！当是时，弃城而图存者，不可一二数；擅强兵坐而观者，相环也。不追议此，而责二公以死守，亦见其自比于逆乱，设淫辞而助之攻也。

先是两个三字短句，蓄势，也在短促的话语中表达对张巡、许远二将战功的敬佩之意。然后用一个较长的富于对比含义的句子，进一步强化了这一描述和作者的敬佩之情。后两个四字结构的句子，延伸了上面的语意，再用一个赞叹句式加以赞美和褒扬。随着"当是时"略加提顿，以两个并列型的较长句式描述了在危难时刻弃城图存、拥兵坐观的两种人的表现，跟张、许二人构成鲜明对比。在此基础上，展开议论，一个长句翻滚而下，喷发出作者怒目戟指的痛斥，指出攻击者为虎作伥的实质，读来血脉偾张，大快人心。在这段文字中长短句交替使用，短句如断利铁，长句似浪花翻卷，产生了调动读者审美情感体验、律动的节奏美感。

在传记文学的审美中，韩愈有着极强的审美表现力，可以说是继承了《史记》的审美传统，又在唐代小说艺术审美氛围中得以感应，近乎高明的小说作手。例如《国子助教河东薛君墓志铭》中描述一名幕僚薛公达在军中"大会射"时出人意外的精彩表演：

> 一军尽射莫能中。君执弓，腰二矢、指一矢以兴，揖其帅曰："请以为公欢。"遂适射所，一座皆起随之。射三发，连三中，的坏不可复射。中，辄一军大呼以笑，连三大呼笑。

《张中丞传后叙》写道：

> 南霁云之乞救于贺兰也，贺兰嫉巡、远之声威功绩出己上，不肯出师救。爱霁云之勇且壮，不听其语，强留之。且食与乐，延霁云坐。霁云慷慨语曰："云来时，睢阳之人，不食月余日矣！云虽欲独食，义不忍；虽食，且不下咽！"因拔所佩刀，断一指，血淋漓，以示贺兰。一座大惊，皆感激，为云泣下。云知贺兰终无为云出师意，即驰去。将出城，抽矢射佛寺浮图，矢著其上砖半箭，

曰:"吾归破贼,必灭贺兰,此矢所以志也。"

一名忠勇将士的形象连同其性格一并跃然纸上。《石鼎联句诗序》写轩辕弥明与刘师服、侯喜的联诗经过,极富唐传奇的审美韵致。道士"貌极丑,白须,黑面,长颈而高结,喉中又作楚语",使得侯喜"视之若无人"。在联诗中这种状况开始出现变化,道士"袖手竦肩,倚北墙坐","高吟曰:'龙头缩菌蠢,豕腹涨彭亨。'"诗含讥刺,使"二子相顾惭骇",想以多取胜,却"每营度欲出口吻,声鸣益悲,操笔欲书,将下复止,竟亦不能奇也"。道士"应之如响,皆颖脱含讥讽",他的一连串精彩联句,使二人"大惧,皆起,立床下",而"道士寂然若无闻也,累问不应,二子不自得,即退就座。道士倚墙睡,鼻息如雷鸣"。这篇文章被时人讥刺为"以文为戏""驳杂无实",然而它正体现了韩愈以文抒忧娱悲的美学思想,艺术描绘活灵活现,甚至颇有戏剧性,给后来的传记小品以深远影响。

总之,韩愈游刃有余地驾驭散文的各种审美样式,对于那些非审美的应用型文体,他则能灌注审美因子,使之能够在整体上或局部内作为美文来欣赏。他使得古典散文真正融会了审美的主体功能,在构成美的形式的诸多方面都做出前所未有的开创。他的散文不仅仅是阅读和欣赏的对象,而且能应和读者的情绪节律,极大地掀揭接受者的情绪,产生相近的心理体验。读韩愈的散文,内心是不平静的,这是韩愈散文的独特审美效应。

第五节　韩愈的地位

韩愈对中国文学美学史的贡献,历代有过不少评价。例如《诗人玉屑》引苏轼之言说:"诗之美者,莫如韩退之,然诗格之变,自退之始。"叶燮《原诗》说:"韩愈为唐诗之一大变。其力大,其思雄,崛起特为鼻祖,宋之苏、梅、欧、苏、王、黄,皆愈为之发其端,可谓极盛。"至于其在散文史上的贡献,则以苏轼的《韩文公庙碑》的评价最为典型,这便是"文起八代之衰"。韩愈是以振起颓势,挽回衰局,改变、扭转诗风、文风的姿态出现的,他所创造的文学的美,是在"变"中实现的。"变"是韩愈美学的最大特征。"变"就是变革、改革,改变原有的美学史状貌、性质,就会形成一种新的美学史状貌、性质,从而产生一个新的美学史时期。人们总是称扬他在这方面摧枯廓清的贡献,李汉《唐吏部侍郎昌黎先生讳愈文集序》说:"至后汉、曹魏,气象萎薾;司马氏以来,规模荡尽……先生于文,摧陷廓清之功,比于武事,可谓雄伟不常者矣。"韩愈在文事上的贡献犹如攻城陷阵之武事。他改变了积重的美学风习,从而创立了一种新美学风习,并深远地影响了后代。李肇《唐国史补》说:"大历之风尚浮,贞元之风尚荡。"韩愈的诗歌革新就是为了改变这一诗风,创立一种纵横排奡的诗美风格。他的改革又面临着前人所创立出的巨大成就,他站在前人的肩上,又须寻找新的生长点,正如赵翼《瓯北诗话》所说,"至昌黎时,李、杜已在前,纵极力变化,终不能再辟一径。惟少陵奇险处,尚有可推广。故一眼觑定,欲从此辟山开道,自成一家,此昌黎注意所在也。然奇险处,亦自有得失。盖少陵才思所到,偶然得之,而昌黎则专以此求胜,故时见斧凿痕迹,有心与无心异也"。他从杜甫的诗美特征中寻找到了新的生长点,这就是沉郁顿挫,以文为诗。然而,他又在杜甫的基础上有新的变革,不是单纯地步武杜甫,而是有新的独创。他虽然高举古文运动的旗帜,却灌注了新的审美理想,完成了散文美学新的创造。他有作为改革家的素质、能力,他才豪气雄,又有作为文坛领袖的素质,善于吸引、网罗人才,使其团结在自己身边。赵璘《因话录》说:"元和中,后进师匠韩公,文体大变。"因同声相应,不同于孤军奋战,遂终成气候。李翱《答韩侍郎书》曾说韩愈"颇亦好贤",如同"秦汉间尚侠行义之一豪隽"。他推荐过孟郊、张籍,又曾为李贺抱打不平,这些都使得他具备了文坛领袖的条件。"韩门弟子"甚夥,李翱、樊宗师、皇甫湜的美学成就虽各有其不足,但在韩愈的大纛下,呐喊助威,终于形成了声势。虽然孟郊在韩愈之前进行了诗风革新,但孟郊的总体素质不及韩,未免力弱。孟郊改变诗歌意象的审美对象,而韩愈则是总体上改变了意象组合,形成了特定的力量和气势。"花前醉倒歌者谁,楚狂小子韩退之。"[①]他气"狂"、笔"狠"、手"辣"。辣手著文章,其美学风格便特别显著。

中唐就社会学意义上讲,标志封建秩序、规范的建立。作为中唐文学美学代表的韩诗韩文构建了特有的"法"——规范。李翱《故正议大夫行尚

[①] 韩愈:《芍药歌》。

书吏部侍郎上柱国赐紫金鱼袋赠礼部尚书韩公行状》说:"自贞元末以至于兹,后进之士,其有志于古文者,莫不视公以为法。""法"的出现在中国文学美学史上具有划时代的意义。罗万藻《此观堂集·代人作韩临之制艺序》说:"文字之规矩绳墨,自唐宋而下所谓抑扬开阖、起伏呼照之法,晋汉以上绝无所闻,而韩、柳、欧、苏诸大家设之……故自上古之文至此而别为一界。"

从此,他们所创造的"法"也就成为中国散文美学的不二法门。韩愈的散文对宋代的影响更为直接。他以雄猛之气,"磔裂章句,櫽废声韵",完成了变革,表现出极为执着、顽强的创新精神。他创造了许多至今仍活跃于人们笔墨、唇吻之间的语言,体现了语言美学极强的活力。他在高举古文运动旗帜时,表现出开放汲纳的审美态度。《蓝田县丞厅壁记》写县丞在小心恭谨地签名后,"目吏,问:'可不可?'吏曰:'得。'"这"得"字是简洁、传神又富于方言色彩的口语。他所写的古文,既非等同于远古的古文,又有别于魏晋以来在骈风笼罩下的古文,乃是一种创构体。

韩愈文学美学论述的独特建树突出了审美主体的功能。他发现了主体心理与文学审美活动、动因、语言载体、文字轨迹之间的审美联系,从而提出"气盛言宜"的著名理论。这一理论作为韩愈语言文学美学的重要命题,对清代刘大櫆、刘熙载提出审美节奏论,做了前提性的准备。朱自清在对此进行解释时说:"'气'就是自然的语气,也就是自然的音节。他还不能跳出那定体'雅言'的圈子而采用当时的白话;但有意地将白话的自然音节引到文里去,他是第一人。在这一点上,所谓'古文'也是不'古'的,不过他提出'语气流畅'(气盛)这个标准,却给后进指点了一条明路。"

韩愈与柳宗元共同倡导的古文运动,整整影响了自唐以降迄于近现代的文学美学史,可谓深且远矣!

第二十九章　李贺

在中唐诗风波谲云诡、缤纷多姿的美学变异中，李贺诗以其独特的美学成就成了这个美学世界中的一道风景线。韩、孟、卢、贾，再加上李贺，形成了一个完整的中唐诗歌美学流派。李贺的心态、诗美跟韩、孟、卢、贾有相同或相似之处，然而又有自己的独特之处。他是一位完全进入审美的诗人，超越物象进入心象并以之作为对象的诗人，他的诗美与心态有着内在的联系。

第一节　心态描述及其形成原因

他是诗中天才，可又是一位"鬼才"。他早熟，却又早夭，仅仅活了二十七年，还未到而立之年便熄灭了生命的亮光。二十七岁是人生多么绚丽多姿的年华，李贺还未能享受到人世间真正的欢乐、愉快和生命的滋味，便流星般倏然而逝了。他留下了许多的叹息，也给后人留下了许多的遗憾。初唐天才早熟的王勃溺海而亡时也是二十七岁，到了中唐则有这位病夭的李贺。"千古文章未尽才"，唐代诗美学史上的这一现象真令人扼腕啊！

李贺在《金铜仙人辞汉歌》的自序中特意点明自己为"唐诸王孙"，他颇为这一家世感到荣耀，但它留给李贺的却是一个破落的门庭。他在《送韦仁实兄弟入关》中曾经自描其家境："我在山上舍，一亩蒿磽田。夜雨叫租吏，春声暗交关。"破落家境带给这位"少年心事当拏云"的年轻人无尽的愁苦与烦恼。唐时避家讳，因其父李晋肃的"晋"与进士的"进"谐音，李贺便不能应试进士,尽管韩愈挺身而出,为之鸣不平,作《讳辨》,但"竟不就试",断了前程。这种变形化了的社会状况必然使李贺心灵变态。

他天才早慧。《唐摭言》卷十有过一番颇富情节性的介绍:"贺年七岁,以长短之制名动京华。时韩文公与皇甫湜览贺所业,奇之,而未知其人,因相谓曰:'若是古人,吾曹不知者;若是今人,岂有不知之理!'会有以瑨肃行止言者,二公因连骑造门,请见其子。既而总角荷衣而出。二公不信,因面试一篇。承命,欣然操觚染翰,旁若无人。乃目曰《高轩过》……二公大惊,以所乘马命联镳而还所居,亲为束发。"自是有名。新旧唐书本传亦有相类记载,只是简洁许多。天才神童,才华横溢,早熟早慧,是其幸,亦是其不幸。他过早地体验了人生的艰辛,对周围的一切和身心的痛楚都表现出了过早而又过深的敏感。敏感成为李贺心理的最大特征,也成为他心理的最大障碍。

李商隐《李长吉小传》写李贺"细瘦,通眉,长指爪",可见其形象清瘦羸弱,后人称之为长爪郎。他本人在《高轩过》中也说自己是"庞眉书客"。身体本来就弱,又加之生活条件差,其状况当然就相当糟糕了。《仁和里杂叙皇甫湜》说到自己的贫困生活:"大人乞马癯乃寒,宗人贷宅荒厥垣。横庭鼠径空土涩,出篱大枣垂朱残。"又说到在贫困条件下自己的身体状况:"归来骨薄面无膏,疫气冲头鬓茎少。"又加之刻苦写诗,呕心沥血,遂致未老先衰,不到十八岁,便头发斑白,"日夕著书罢,惊霜落素丝"[①]。

他是把自己的全部身心投入诗歌审美创作的诗人。李商隐《李长吉小传》说:"每旦日出与诸公游,未尝得题然后为诗,如他人思量牵合以及程限为意。"可见其创作态度。"恒从小奚奴,骑距驴,背一古破锦囊,遇有所得,即书投囊中。及暮归,太夫人使婢受囊出之,见所书多,辄曰:'是儿要当呕出心乃已尔!'上灯,与食,长吉从婢取书,研墨叠纸足成之,投他囊中。非大醉及吊丧日率如此,过亦不复省。"可谓呕心沥血,超常地刻苦勤奋。其焚膏继晷之精神也折磨着他原本羸弱的身体。

应试的打击使得诗人心灰意冷。《开愁歌》曾说:"我当二十不得意,一心愁谢如枯兰。"又说:"主人劝我养心骨,莫受俗物相填豗。"但他抑郁的心结却越系越大。更何况,"时人亦多排摈毁斥之"[②],这就更把他的

---

① 李贺:《咏怀》(其二)。
② 李商隐:《李长吉小传》。

心灵咬噬得鲜血淋漓了。《伤心行》描述了这位病体恹恹的诗人的境况："咽咽学楚吟,病骨伤幽素。秋姿白发生,木叶啼风雨。灯青兰膏歇,落罩飞蛾舞。古壁生凝尘,羁魂梦中语。"最后,这位终生与诗袋、药囊相伴的诗人离开了人世。他生前既萧条,死后亦冷落,"复无家室子弟,得以给养恤问"①。

他曾经有过盛唐人才有的雄心壮志和青春意气,"男儿何不带吴钩,收取关山五十州"②。但后来心态老化、衰竭,《赠陈商》就曾写道:"长安有男儿,二十心已朽。楞伽堆案前,楚辞系肘后。人生有穷拙,日暮聊饮酒。只今道已塞,何必须白首。"年纪尚轻,心已朽枯,于是,他把周围的景象和他所能感应到的一切都冠之为"老"。一位二十多岁的年轻人如此感受着"老",其心态之老化则可想见矣。请看他诗中所写,"老景沉重无惊飞,堕红残萼暗参差"③,"百年老鸮成木魅,笑声碧火巢中起"④,"老鱼跳波瘦蛟舞"⑤,"天荒地老无人识"⑥,"寻章摘句老雕虫"⑦,等等。

一切的存在都是那么容易速朽和衰老,于是他便产生强烈而紧迫的时间意识和生命意识。《古悠悠行》说:"白景归西山,碧华上迢迢。今古何处尽?千岁随风飘。海沙变成石,鱼沫吹秦桥。空光远流浪,铜柱从年消。"沧海桑田,陵谷巨变,千岁之遥随风飘逝,充满深邃的历史感。《申胡子觱篥歌》说:"今夕岁华落,令人惜平生。心事如波涛,中坐时时惊。"表现对"平生"的依惜之情。对于时光的飘逝,时时感到心惊,对时间充满高度敏感和恐惧。《古昼短》写道:

> 飞光飞光,劝尔一杯酒。吾不识青天高,黄地厚。唯见月寒日暖,来煎人寿。食龙则肥,食蛙则瘦。神君何在?太一安有?天东有若木,下置衔烛龙。吾将斩龙足,嚼龙肉。使之朝不得回,夜不得伏。自然老者不死,少者不哭。何为饵黄金,吞白玉?谁似任公子,云中骑碧驴?刘彻茂陵多滞骨,嬴政梓棺费鲍鱼。

---

① 杜牧:《李长吉歌诗叙》。
② 李贺:《南园》(其五)。
③ 李贺:《河南府试十二月乐辞并闰月》(其四)。
④ 李贺:《神弦曲》。
⑤ 李贺:《李凭箜篌引》。
⑥ 李贺:《致酒行》。
⑦ 李贺:《南园》(其六)。

诗人一开始似乎是跟时间——"飞光"对话——"劝尔一杯酒"。他撇开空间青天之高、黄土之厚，唯对时间表现出特殊的敏感和兴趣。"月寒日暖，来煎人寿"，时光催发人的衰老。他呼喊那主宰时间流程的"神君何在？太一安有？"他找到东方若木树下照亮世界的烛龙，要把龙爪斩掉，吃掉龙肉，使得白天和黑夜无法更替。当然，老者不死，少者不哭，何必再服黄金、吞白玉以求长生呢？诗人充满强烈的生命和时间意识。

然而，诗人敏感的心灵始终对时光的流逝表现伤感。当他与友人周游郊野，看到"青毛骢马参差钱，娇春杨柳含细烟"，该是心旷神怡吧，然而，当"筝人劝我金屈卮"时，诗人感受到的却是"神血未凝身问谁"，血肉精神无法凝聚，也就是生命得不到永久的存在。他感到时光流逝的迅速，"王母桃花千遍红，彭祖巫咸几回死？"王母三千年才开一次的桃花，开了千遍了，长寿的彭祖、巫咸，不知该死过几回了。别看卫娘的黑发如瀑布，终究会稀疏得"发薄不胜梳"。面对易逝的时光和酒红、灯绿，诗人生发出及时行乐的愿望，"看见秋眉换新绿"。二十男儿，时当青春年华，哪能如此局促拘谨，由此形成了时间、生命意识所派生出的另一种表现方式。

社会现实挤压诗人本来就狭窄的心理空间，使其越来越趋于内敛，在灯火昏黄中、夜深人静时细细抚慰自己受伤的心灵。"我有迷魂招不得"，诗人的灵魂深处充溢无法排解和不被理解的苦闷。他的身体，在"病骨"辗转之中，度日如年；他的精神，在挤压之中，变形扭曲。这样也就铸造了李贺的诗魂是苦的、凄恻的、不安宁的。李贺以他的主体心理来同化对象，他那悲剧性的幽恨郁闷、隐晦难明的心态，天才早熟被社会环境扭曲了的性格，对浓、郁、幽、冷表现出特殊的敏感，以其"雨冷香魂吊书客"的心境去同化与之相关的酒色的浓红、夕阳的残红、桃花的乱红。经同化所产生的建构现象完全不同于李白的同题诗，亦不同于物理世界的本来现象，扭曲了的心旌摇落着扭曲了的物象。明代王世贞在《艺苑卮言》中认为："长吉师心，故尔作怪。"审美意象的"怪"，是由于主体以心作为审美观照的出发点所致。今人钱锺书在《谈艺录》中说："我既有障，物遂失真。"主体以变态化的心理观照对象，便使物象失去了原有的真态，而致变形。

要之，心理变态造成物象变形，其又因具体的家世、社会实践所致，这是李贺心态的形成图式和深层原因。这在审美心理学上有着独特的意义。

第二节　诗美表征

杜牧《李长吉歌诗叙》以诗一般美丽动人的文辞，描述了李贺诗歌的美学世界及其特征："云烟绵联，不足为其态也；水之迢迢，不足为其情也；春之盎盎，不足为其和也；秋之明洁，不足为其格也；风樯阵马，不足为其勇也；瓦棺篆鼎，不足为其古也；时花美女，不足为其色也；荒国陊殿，梗莽丘垄，不足为其怨恨悲愁也；鲸呿鳌掷，牛鬼蛇神，不足为其虚荒诞幻也。"李贺创造了缤纷多姿、荒诞奇幻的美，是中唐诗歌的荒诞派。从杜牧的评价中可以看出，李贺所虚拟出的艺术世界比实有存在的世界离奇古怪，更富于感染人的魅力。这在中国文学美学史上有着改变审美走向的巨大意义，跟韩愈之诡谲、孟郊之奇崛相组合，不仅形成了一个诗歌美学流派，而且出现了一个改变传统、指向新途的审美趋势。它是从审美对象、主体感受上形成的，因此具有美学史的本体性意义。

被传统视为丑的在这里被视作美的对象，大量存在于作品之中。想象代替了现实，怪诞代替了优美，离奇之姿代替了和融之态，传统美学被解构了，传统审美原则中最重要、最基本的中和之美被打破了，初、盛唐诗歌美学被打破了。总之，此前的诗歌美学被颠覆了。

随着传统的审美对象的改变，主体审美感受也是如此。没有了雍容，没有了平和，代之以剧烈的冲撞，深重的悲抑。清代潘德舆在《养一斋诗话》中就曾描述李贺诗歌给予人的审美感受："宛如小说中古殿荒园，红装女魅，冷气逼人。挑灯视之，毛发欲竖。"在这样的审美心态中，下述的审美现象便发生了。

李贺对鬼表现出极浓的审美兴趣，他的诗散发出一种阴森恐怖的氛围，有一股鬼气。《苏小小墓》写道：

> 幽兰露，如啼眼。无物结同心，烟花不堪剪。草如茵，松如盖。风为裳，水为佩。油壁车，夕相待。冷翠烛，劳光彩。西陵下，风吹雨。

诗人写出鬼魂的形象和精神。那幽兰上的露珠，是她含泪的眼睛；绿草如染，是她的茵褥；高撑的松树，是她的伞盖。风是她的衣裳，水声是她佩饰的响声，生前乘坐的油壁车仍在等待她。在西陵的风声雨意中，鬼火荧荧，何等凄厉！女鬼那"无物结同心，烟花不堪剪"的爱情期望被淹没在凄风苦雨之中。那在冥冥之路上浮荡行走的女鬼一身凄然、一腔哀怨。全诗以飘忽空幻、凄恻幽丽形成了特有的美。

李贺诗中时时可见那些鬼魅的形象和鬼所营造的氛围。《南山田中行》写道：

> 秋野明，秋风白，塘水潆潆虫喷喷。云根苔藓山上石，冷红泣露娇啼色。荒畦九月稻叉牙，蛰萤低飞陇径斜。石脉水流泉滴沙，鬼灯如漆点松花。

从诗题上看，这首诗完全可以也应该写成秋天原野的明净，换成别的诗人大约都会这样做，事实上，李贺在诗的开始也如此写了。秋野明朗，塘水叮咚，虫声啾啾，山上的石头长满了苔藓，娇弱的红花滴下露珠，仿佛是少女的啼泪。这些描述所显示的是优美的情景，但诗人的笔墨却渐渐变了，逐步下滑，变得黯淡。残萤低飞在斜伸的田径，已经显示出诗人的审美走向。水流石间没有悦耳的音色，而是像"滴沙"一样艰涩。到了最后，出现了一个阴森森的恐怖世界，鬼灯如漆，浮荡在松林之间，犹如点起松花。诗人的审美落脚点是"鬼灯"，前面的所有描述都是渐次推衍而来，鬼的幽艳才是诗的审美本意。《秋来》写道：

> 桐风惊心壮士苦，衰灯络纬啼寒素。谁看青简一编书，不遣花虫粉空蠹。思牵今夜肠应直，雨冷香魂吊书客。秋坟鬼唱鲍家诗，恨血千年土中碧。

诗人首先也是从秋风到来中感到时光的飘逝，残灯照射下秋虫哀鸣，再次说明时光的更易。诗人的审美感受既惊心于时光的流逝，且苦于自身境况的寒凄。清冷飘雨中"香魂"前来吊问"书客"，秋夜坟茔上鬼魂凄唱着当年鲍照的诗歌。诗人胸中的怨愤就如同千年土层中的碧血难以消退。李贺诗集中幢幢鬼影飘然而来，悠然而去。有《春坊正字剑子歌》中的"嗷嗷鬼母秋郊哭"，有《神弦曲》中的"百年老鸮成木魅，笑声碧火巢中起"，有《绿章封事》"愿携汉戟招书鬼"，出现了一个鬼魂翩跹跳荡的世界。

在李贺诗中还能听到声声的哭泣。如《金铜仙人辞汉歌》："忆君清泪如铅水。"《铜驼悲》："铜驼夜来哭。"《老夫采玉歌》："杜鹃口血老夫泪。"他让许多无生命的对象有着人的生命而泪痕满面，完成了常人所能完成的第一步审美。而他却要让鬼魂也哭，便完成了常人所不能完成的第二步审美。于是出现鬼哭——《春坊正字剑子歌》："嗷嗷鬼母秋郊哭。"

他不仅让其哭泪，更让它们哭血，《神弦曲》："青狸哭血寒狐死。"可以看出，李贺并非是一般地描述凄恻阴森、苦寒恐惧的现象世界，而是从最深处、最极端、最酷厉的层面上切入，形成无以复加的极限式景象和氛围，使接受者毛骨悚然、心惊胆战。这是李贺诗审美的最基本方式，也因之形成了最基本特色。

从这里出发，他就去营造幽怪的境界。如《感讽五首》（其三）曰："南山何其悲，鬼雨洒空草。长安夜半秋，风前几人老。低迷黄昏径，袅袅青栎道。月午树无影，一山唯白晓。漆炬迎新人，幽圹萤扰扰。"在月迷风凄的夜晚，老鬼绰约，迎接新鬼，鬼火聚散宛如萤火之扰扰。在诗人假想的世界中一切都衰老、堕残，甚至萎死，《河南府试十二月乐辞并闰月》："老景沉重无惊飞，堕红残萼暗参差。""离宫散萤天似水，竹黄池冷芙蓉死。"这个世界中奇兽怪物、牛鬼蛇神纷至沓来，一齐出动。《公无出门》："天迷迷，地密密，熊虺食人魂，雪霜断人骨。嗾犬狺狺相索索，舐掌偏宜佩兰客……毒虬相视振金环，狻猊㺁貐吐馋涎。"好端端的世界里，怪象、怪物丛生，《勉爱行二首送小季之庐山》："荒沟古水光如刀，庭南拱柳生蛴螬。"

他极度追求审美的色彩感，色重彩厚，给人强烈而厚腻的感性刺激。《雁门太守行》写道："黑云压城城欲摧，甲光向日金鳞开。角声满天秋色里，塞上燕脂凝夜紫。半卷红旗临易水，霜重鼓寒声不起。"黑、红、金、紫、燕脂等诸色皆备。诗人选色本身就体现了其审美趣尚。他喜爱的是那些浓重的色彩，却不追寻鲜丽明亮的光度，而是把这些浓郁而暗重的色彩加以恰当的调配，加浓了色彩的审美感，伴随着悲鸣角声的频频吹奏、沉郁鼓点的不断敲击，给人的感受就倍加肃杀悲慨了。

他的色彩感和审美感偏于浓、重、厚。别人说"红"，他偏要说"冷红""堕红"；别人说"绿"，他偏要说"寒绿""颓绿"。色彩不仅有视觉形象，而且有重量和感觉，形成通感。色彩体现了主体的审美选择，选择乃是趣味所致，是主体心态的折光性反映和体现。《将进酒》写道：

琉璃钟，琥珀浓，小槽酒滴珍珠红。烹龙炮凤玉脂泣，罗帷绣幕围香风。吹龙笛，击鼍鼓，皓齿歌，细腰舞，况是青春日将暮，桃花乱落如红雨。劝君终日酩酊醉，酒不到刘伶坟上土。

酒如珍珠浓，雨如桃花红，在艳红的色彩背景上是琉璃、琥珀的闪烁光亮，是罗帷、绣幕的掩映飘动,是龙笛、鼍鼓的声声入耳,伴随明眸皓齿的舞女在香风中的婆娑旋转,是烹龙炮凤的狂欢豪奢。如此秾丽的色彩感给人以强烈的感官刺激,然而氤氲其中的却是更为浓重的行乐意识,"劝君终日酩酊醉,酒不到刘伶坟上土"。由于羼入如此浓重的主体情绪,便使诗的意绪显得衰飒。浓烈的色彩形成了强烈的感性主义特征,是李贺鲜明的审美趣味所致,企图给接受者以浓而且重的审美感官刺激。而李贺之所以如此,又因为浓而且重的色彩感正适合于表现他胸中哀怨孤愤的情绪。

在李贺诗中无处不在的是审美主体的情绪流转。例如《出城》曰:"雪下桂花稀,啼乌被弹归。关水乘驴影,秦风帽带垂。入乡试万里,无印自堪悲。卿卿忍相问,镜中双泪姿。"这是不得应试后的悲愁和怨苦。《开愁歌》:"秋风吹地百草干,华容碧影生晚寒。我当二十不得意,一心愁谢如枯兰。"这是不得意的愁苦和愤懑。《赠陈商》:"只今道已塞,何必须白首?"则是英雄失路,进身绝望的痛苦和绝望。《致酒行》:"我有迷魂招不得。"诗人对人生和周遭世界充溢愁苦之情。他不被社会所理解、承认,他用这颗愁怨之心体验着人生和周遭世界。他的诗中有着无所不在的压抑感和沉闷感。然而,诗人的主体情绪又不是浮表的,而是有深沉的内涵。《金铜仙人辞汉歌》写道:

> 茂陵刘郎秋风客,夜闻马嘶晓无迹。画栏桂树悬秋香,三十六宫土花碧。魏官牵车指千里,东关酸风射眸子。空将汉月出宫门,忆君清泪如铅水。衰兰送客咸阳道,天若有情天亦老。携盘独出月荒凉,渭城已远波声小。

诗前有序云:"魏明帝青龙元年八月,诏宫官牵车西取汉孝武捧露盘仙人,欲立置前殿。宫官既拆盘,仙人临载,乃潸然泪下。唐诸王孙李长吉遂作《金铜仙人辞汉歌》。"金铜仙人是刘氏王朝的象征,它被强行拆除,移入魏明帝宫中,显然是王朝更迭之标志。在这一历史事件中,李贺注进兴亡之感和浓重的感伤主义情绪。诗人用浓郁的伤情述说着金铜仙人搬离的景象,深夜马嘶、东关酸风、清泪如水、咸阳古道、月色荒凉,营造了富于历史沧桑意味的氛围,融入了主体厚重的情绪。

《高轩过》:"笔补造化天无功。"诗人要用自己的笔去弥补造化之不足。所谓不足,是造化所正常表现之外的部分世界。这个世界必然是奇崛的、艳丽的、荒诞的。诗人的这一愿望,正是其诗美风格形成的主体心理基础。"笔补造化天无功"的愿望，又促使他去开辟新的美学世界，去做别具一格的创造和构想。《巫山高》曰：

> 碧丛丛，高插天，大江翻澜神曳烟。楚魂寻梦风飔然，晓风飞雨生苔钱。瑶姬一去一千年，丁香筇竹啼老猿。古祠近月蟾桂寒，椒花坠红湿云间。

李贺融会神话，但没有写成神话，他是以神话为媒介，描述现实中的巫山风光。"碧丛丛，高插天"，既有山峰的峻高，又有簇聚的状态和葱郁的色调。而东去大江翻腾波澜，在雄奇景象上产生了想象，"神曳烟"，神女腾空而起，长裙拖带天上云彩。诗人一旦身着彩翼，便任其翱翔了。"楚魂""瑶姬""蟾桂"，一一入诗，随着这些神话形象的连连出现，巫山的自然风光也一一入画。楚魂夜追晓觅，出现了巫山的飔飔凉风，飘飘飞雨，苔钱满布。瑶姬一去无踪，巫山出现了"丁香筇竹啼老猿"的幽冷。由想象所构造的自然景况是诗人笔补造化的神思妙运。

"笔补造化天无功"的审美愿望催使他去追寻别人所思之不及的世界，做出令人匪夷所思的描述。例如一般人都是以柔肠曲折表现辗转反思，但李贺却以柔肠抽直表之，可谓别出心裁，《秋来》就写道："思牵今夜肠应直。"

"笔补造化天无功"的审美愿望催使他去铸造新感觉经验。《金铜仙人辞汉歌》中的"东关酸风射眸子"的"酸风"，就把风感觉经验化了。北宋周邦彦《夜游宫》中有句："桥上酸风射眸子。立多时，看黄昏，灯火市。"南宋吴文英的《八声甘州·陪庾幕诸公游灵岩》有句："箭径酸风射眼，腻水染花腥。"其中的"酸风"，显然是借用于李贺。

"笔补造化天无功"的审美愿望又催使他去做奇异的审美想象。《梦天》云：

> 老兔寒蟾泣天色，云楼半开壁斜白。玉轮轧露湿团光，鸾佩相逢桂香陌。黄尘清水三山下，更变千年如走马。遥望齐州九点烟，一泓海水杯中泻。

诗人借虚幻的梦境展开想象，想象自己飞升月宫之中，竟能看见系着鸾佩的仙女在桂子飘香中轻盈举步。尔后，他又从月宫俯瞰人间，"遥望齐州九点烟，一泓海水杯中泻"。诗人飞天望地，把四海视作杯水，这样的想象不可谓不奇异。随着诗人飞凌九霄之上，驰游于云汉之间，奇景异境，尽入眼底,开拓了一个理想世界。这个世界是想象所得,也是他理想的象征。李贺的想象除了具有想象的一般特征外,还具有他所特有的特点:意绪缤纷。这同样需要从审美心态上做出解释。由于李贺心态纷乱,便牵引着想象之路没有一定之规,时彼时此,闪烁不定。《天上谣》中"天河夜转漂回星,银浦流云学水声",为仰观天象所发奇想。银河夜转,飞星漂荡,发出流水的激溅之声。"玉宫桂树花未落,仙妾采香垂佩缨。秦妃卷帘北窗晓,窗前植桐青凤小。王子吹笙鹅管长,呼龙耕烟种瑶草。粉霞红绶藕丝裙,青洲步拾兰苕春。"月宫桂香,仙女采摘,秦妃卷帘,梧桐青凤,王子吹笙,呼龙耕烟,仙女粉妆,青洲拾翠。诗人展现了关于天界的神话传说,却互不关涉,作为天界的想象境域,像光点一样闪动明灭。然而,诗人的审美想象又从天界回到现实,"东指羲和能走马,海尘新生石山下",羲和驾日如走马般快速,沧海桑田变化迅疾。时间、生命意识油然而生,亦反衬出天界时光长驻的永恒。李贺诗的审美想象特征表现出非组合性、非程序性,是其心态纷乱所致。有时他又依据既有的事实为起点去做延伸式想象,形成对对象的审美补充。例如《还自会稽歌》:"野粉椒壁黄,湿萤满梁殿。台城应教人,秋衾梦铜辇。吴霜点归鬓,身与塘蒲晚。脉脉辞金鱼,羁臣守迍贱。"诗人所写的梁代庾肩吾的凄苦情景完全是想象所得,"序"交代了其中缘由:"庾肩吾于梁时,尝作宫体谣引,以应和皇子。及国势沦败,肩吾先潜难会稽,后始还家。仆意其必有遗文,今无得焉,故作《还自会稽歌》以补其悲。"是对庾肩吾的经历所做的设计、补充、想象,是"意"测,是对"今无得"的推导性构想,进而通过想象加以填补,成为心理预测的想象表征。

在审美意象的形成和组合上,亦有鲜明特征。李贺才华四溢,发而为诗,便意象纷纭。他喜欢利用密密匝匝的意象,形成一个群落,给人以烟花四射的强烈感受。如《李凭箜篌引》写道:

吴丝蜀桐张高秋,空山凝云颓不流。江娥啼竹素女愁,李凭中国弹箜篌。昆山玉碎凤凰叫,芙蓉泣露香兰笑。十二门前融冷光,二十三丝动紫皇。女娲炼石补天处,石破天惊逗秋雨。梦入神山教神妪,老鱼跳波瘦蛟舞。吴质不眠倚桂树,露脚斜飞湿寒兔。

在秋高气爽之际,李凭调弦弹奏箜篌。为写出乐音之美妙,诗人极尽夸张之能事,极言箜篌的艺术感染力,一声弦歌飞出,扶摇盘旋,萦回不止,久久不能尽散。这使得空中的流云恍若凝滞而不流动,真个是响遏行云了。乐曲声传进湘娥耳中，她们聆声而潜然啼竹；传进素女耳中，她们触怀而神黯心悲。声之所发，情必有动，足使天云感应，神女伤情，其艺术魅力自可想见。诗人把审美听觉形象巧妙地转化为审美视觉形象，用一连串的意象加以传载，出现了意象的密集性连缀。先写高弹，其音呈碎玉之声，铮铮作响；如凤凰之鸣，美妙不凡。次写低弹，芙蓉泣露，状曲调幽咽如泣如诉，动人肺腑。香兰发笑，言乐声冶丽，如花妖娆，映入眼目。以音化形，其形象与乐音之间无不熨帖融合，把生活形象熔铸成艺术意象。诗人出奇制胜，写乐音能使气候变易，使得长安城内一片寒光笼罩，又写乐音飞入天庭，令天神为之感动。诗人犹觉不够兴会淋漓，在意象上再予以强化和添加："女娲炼石补天处，石破天惊逗秋雨。"李凭的箜篌声飞腾激扬，整个空域都被搅动起来，石因之破，天为之惊，雨为之降，有雷震霆击之力，其猛无比。接着，诗人又造一幻境："梦入神山教神妪，老鱼跳波瘦蛟舞。"夸大音乐的魅力。还不止于此，"吴质不眠倚桂树，露脚斜飞湿寒兔"，远在广寒宫中的吴刚也倚在桂树上侧耳谛听，通宵难眠。桂花树上露珠斜飞，溅湿了树下的寒兔。诗人就是运用这样一系列自然和神话中富于审美意义的意象，表现箜篌曲调的魅力。或凝为实景，或化为幻境，奇丽缤纷，目不暇收。

第三节　美学史影响

李贺以天才般的创造力，在二十多年的短暂生命中，在诗歌审美实践中创作了巨丰而成熟的作品，奇异、瑰丽而又老到，在中唐以至整个中国诗美学史上都是罕见的。他体现了中唐诗歌变革的需要，而又独树一帜，体现了中唐诗歌的特色。他在美学传统上远绍屈骚。《伤心行》："咽咽学楚吟。"《南园》："坐泛楚奏吟招魂。"《赠陈商》："楚辞系肘后。"《昌谷北园新笋》（其二）："斫取青光写楚辞。"

人们往往说到李贺与李白之关系，认为李贺诗近接李白。胡应麟《诗薮》说："太白幻语，为长吉之滥觞。"在现象上二人诗确有不少联系之处，但在内涵上却多有差别，原因是心态不同。李白心态是放，狂放无逸；李贺则是抑，抑郁幽愤。李白心态虽有郁闷之处，但善发泄、排解，总体上比较亮；李贺则内敛、内藏，郁结于心中，趋于暗，于是便以暗重浓艳之物象作为对象性载体。因此，李贺之于李白是形似，乃非神似。

诚然，李贺善作艺术继承，但那是美学精神的继承，于继承之外他又善于创造，另立门户，创立了长吉体。长吉体指意象及其建构方式，指诗体及其建构方式，指美学色调、体式、境域、氛围，更指审美方式。李贺彻底完成了师象向师心的由外向内的转化，这一转化具有审美方式和美学史意义。他是用心去选择、同化、改造物象。这样的审美方式更符合审美的主体性原则。长吉体不能一般地被列入韩孟诗派之中。他受韩孟影响，美学风格与其有近似之处，但更多地体现了独树一帜的特征。宋代严羽在《沧浪诗话》中说："长吉之瑰诡，天地间自欠此体不得。"这便是对其美学史地位之确认。长吉体在整个唐代和中国文学美学史中是不可或缺的，它有着不可替代的诗审美方式和无法掩盖的美学之光。

长吉体在唐代就产生了广泛影响。沈亚之《送李胶秀才诗序》言"后学争跃贺，相与缀裁其字句，以媒取价"。《旧唐书》也说："当时文士从而效之。"这一竞起效仿的现象反映了李贺的诗美代表并体现了中唐人的审美需求、心理和走向。因此，长吉体就不是孤立的个体现象。

钱锺书在《谈艺录》中说："李义山才思绵密，于杜、韩无不升堂嗜戴，所作如《燕台》《河内》《无愁果有愁》《射鱼》《烧香》等篇，亦步昌谷后尘。"李商隐写有《李长吉小传》，有一首诗的诗题就干脆标为《效长吉》："长长汉殿眉，窄窄楚宫衣。镜好鸾空舞，帘疏燕误飞。君王不可问，昨夜约黄归。"在唐以后的文学美学史上，李贺仍然影响不绝。胡震亨的《诗薮》说："元末诸人竞师长吉。"明代徐渭，清代曹雪芹、龚自珍均受过他的影响。在忧郁感上，在愤世精神上，他们和李贺有相似之处。心态的接近是李贺诗美得以延续的内在基础。

特别应该提出的是，作为抒情体式的李贺诗美浸润于叙事体的文学审美样式中，例如清代蒲松龄的《聊斋志异》。蒲松龄在《聊斋自志》中写道：

> 披萝带荔，三闾氏感而为《骚》；牛鬼蛇神，长爪郎吟而成癖。自鸣天籁，不择好音，有由然矣。松落落秋萤之火，魑魅争光；逐逐野马之尘，魍魉见笑。才非干宝，雅爱搜神；情类黄州，喜人谈鬼。闻则命笔，遂以成篇。

蒲松龄谈到他创作《聊斋志异》的审美来源是屈骚和李贺诗。蒲松龄从李贺那里所接受的是对牛鬼蛇神、魑魅魍魉形象的审美塑造和描述。《聊斋志异》出现了一大批鬼魅的美的形象，改变了恐怖感，富于亲和感。同时接受李贺借助于鬼魅和鬼魅世界的描述以表抒内心哀怨孤愤之思的审美方式。《聊斋自志》又写道："集腋成裘，妄续幽冥之录；浮白载笔，仅成孤愤之书。寄托如此，亦足悲矣。"在"孤愤""寄托"上，"聊斋"与李贺诗取得了一致性。于是，解读李贺诗及其延续现象的钥匙便是审美心态。

第三十章　柳宗元

柳宗元是中唐著名的思想家、美学家、散文家、诗人,跟韩愈齐名,并称"韩柳"。他还是一位政治家。在唐顺宗时,王叔文秉政,兴起一场旨在抑制、打击宦官、藩镇、豪族地主势力,加强中央集权,涉及政治、经济、军事革新的运动。柳宗元是这一政治革新集团的重要人物。但是,这场只维持了一百四十多天的永贞革新就惨遭失败。这个集团的成员遭受了政治迫害,柳宗元先贬永州司马,十年后又贬往柳州。他和永贞年间与之同贬的刘禹锡等七人,合称"八司马"。这种贬斥的命运伴随了他的后半生,当唐宪宗在裴度请求下欲诏回柳宗元时,他已作古,死时只有四十七岁。时当盛年,却永成古人,何其憾缺!从他二十六岁入仕,到四十七岁英年早逝,其间二十一年,被贬谪达十四年之久,令人扼腕!韩柳并称,但他们的政治见解、宇宙观念多有不同。韩不属于柳这个集团,对永贞革新颇多批评,而柳也不属韩的那个作家群体。柳对韩的政治见解和宇宙观念进行过毫不含糊的批驳,但这些并没有影响他们在美学、文学观念上的一致或接近。柳宗元在永贞革新失败后焕发出的人格光辉,韩愈秉笔直书,给予充满情感的赞扬。韩愈《柳子厚墓志铭》中记载了一件十分动人的事情:

> 其召至京师而复为刺史也,中山刘梦得禹锡亦在遣中,当诣播州。子厚泣曰:"播州非人所居,而梦得亲在堂,吾不忍梦得之穷,无词以白其大人。且万无母子俱往理。"请于朝,将拜疏,愿以柳易播,虽重得罪死不恨。遇有以梦得事白上者,梦得于是改刺连州。

由此引发了"呜呼!士穷乃见节义"的褒贬鲜明颇含感慨、激愤之意的议论。在这里，两个伟大的灵魂碰撞出火花。

第一节　思想家特点

如果说韩愈显得奔纵，那柳宗元则显得深邃，更多地具有思想家的睿智、深沉、深刻，更多地体现了思想家的怀疑精神和辨伪态度。如果说韩愈是借助情感推动他的文章演进以形成气势的话，那么，柳宗元则是通过深邃的分析形成一种理据上征服性的力量。

柳宗元坚持了物质存在和物质世界的本体性，世界来源于"元气"，并对构成这个世界的根据及其运转方式等一系列问题做了说明。他的《天对》是思想史和科学史上具有重要地位的论述。他认为，对于天地形成的种种恍惚迷离的说法，都是荒诞者流传下来的，不足征信："本始之茫，诞者传焉。鸿灵幽纷，曷可言焉。"他认为世界的本体是"元气"，虽然不是对世界本源的科学化解释，但是强调它物质存在性的价值却应该予以充分肯定。他又在《天说》中把"元气"视为非意志性的，为此跟韩愈进行了激烈的辩论。韩愈认为："天闻其呼且怨，则有功者受赏必大矣，其祸焉者受罚亦大矣。"天有意志，天能赏功罚祸，说到底，这是中国传统哲学天人感应思想的复制。柳宗元对此做了廓清，他强调天如同果蓏、痈痔、草木一样是一种物质的表现，而不是意志性的表现。他说：

> 彼上而玄者，世谓之天。下而黄者，世谓之地。浑然而中处者，世谓之元气。寒而暑者，世谓之阴阳。是虽大，无异果蓏、痈痔、草木也。假而有能去其攻穴者，是物也，其能有报乎？蕃而息之者，其能有怒乎？天地，大果蓏也；元气，大痈痔也；阴阳，大草木也，其乌能赏功而罚祸乎？功者自功，祸者自祸，欲望其赏罚者大谬。呼而怨，欲望其哀且仁者，愈大谬矣。子而信子之义，以游其内，生而死尔，乌置存亡得丧于果蓏、痈痔、草木耶！

他还明确划分了天人的界限，认为天人各自独立，各不相与。《答刘禹锡〈天论〉书》说："法制与悖乱，皆人也。"天人不是合一，天不是作用于人事，而是"各不相与"。他针对韩愈所谓唐王朝受命于天的说法，在《贞符》中提出受命于"生人之意"。后来他又针对唐人所推崇的董仲舒夏商周"三代受命之符"和司马相如、刘向"推古瑞物以配受命"的说法,撰《贞符序》,再次否定了天授人权的理论,指出,"唐家正德受命于生人之意"。《断刑论》对天降意志以赏罚说加以证伪:"必曰'赏以春夏而刑以秋冬',而谓之至理者,伪也。"他认为,刑赏不是顺天,而是"顺人顺道"。总之,他在宇宙观上以鲜明的物质存在性的论述,以天人相分的杰出见解,迸射出思想的亮光。刘禹锡在看到柳宗元的《天说》之后,作《天论》,指出柳文"有激而云,非所以尽天人之际"。

值得注意的是,柳宗元贬谪永州期间所写的《非国语》六十七篇,强烈而鲜明地表达出对一系列传统观念的质疑和非难,从而多方面地体现了他的宇宙观、政治观、历史观。他敢于"非"的本身,就是他敢于挑战的传统精神的体现。柳宗元在《非国语序》《后序》《与吕道州温论非国语书》《答吴武陵论非国语书》中均表示他之所以作《非国语》之原因。《与吕道州温论非国语书》说:"尝读《国语》,病其文胜而言庞,好诡以反伦,其道舛逆。而学者以其文也,咸嗜悦焉,伏膺呻吟者,至比《六经》。则溺其文,必信其实,是圣人之道翳也。余勇不自制,以当后世之讪怒,辄乃黜其不臧,救世之谬。凡为六十七篇,命之曰'非国语'。"《国语》以一种较为优美的文字形式出现,加强了它荒谬内容的传播性能,这使得柳宗元认为更应该加以非难。同时,《国语》经过相当长的历史时期的传播,又产生了相当的影响力,柳宗元便不顾可能带来的讪笑(事实上后世就有人作《非〈非国语〉》的),毅然写下了这组文章,例如《三川震》:

幽王二年,西周三川皆震。伯阳父曰:"周将亡矣!夫天地之气,不失其序;若过其序,民乱之也。阳伏而不能出,阴迫而不能蒸,于是有地震。今三川实震,是阳失其所而镇阴也。阳失而在阴,源必塞。源塞,国必亡。若国亡,不过十年,数之纪也。夫天之所弃,不过其纪。"是岁也,三川竭,岐山崩。幽王乃灭,周乃东迁。

非曰:山川者,特天地之物也;阴与阳者,气而游乎其间者也。自动自休,自峙自流,是恶乎为我谋?自斗自竭,自崩自缺,是恶乎为我设?彼固有所逼引,而认之者不塞则惑。夫釜鬲而爨者,必涌溢蒸郁以糜百物;畦汲而灌者,必冲荡濆激以败土石,是特老圃者之为也,犹足动乎物。又况天地之无倪,阴阳之无穷,以

  浉洞繆轕乎其中，或会或离，或吸或吹，如轮如机，其孰能知之？
且曰："源塞，国必亡。人乏财用，不亡何待？"则又吾所不识
也。且所谓者天事乎，抑人事乎？若曰天者，则吾既陈于前矣；人
也，则乏财用而取亡者，不有他术乎？而曰是川之为尤，又曰：
"天之所弃，不过其纪。"愈甚乎哉！吾无取乎尔也。

又如《卜》：

  献公卜伐骊戎，史苏占之曰："胜而不吉。"

  非曰：卜者，世之余伎也，道之所无用也。圣人用之，吾未之
敢非。然而圣人之用也，盖以欧陋民也，非恒用而征信矣。尔后之
昏邪者神之，恒用而征信焉，反以阻大事。要之，卜史之害于道也
多，而益于道也少，虽勿用之可也。左氏惑于巫而尤神怪之，乃始
迁就附益以成其说，虽勿信之可也。

在非难和批驳中，体现了反迷信的科学精神，在中唐思想史上闪烁着光辉。
这也反映了他的思维特点：善于否定，逆向思维，独立不移。他有着作为
思想家的素质和勇气。他在批判《国语》内容的同时，又肯定"其文深闳杰
异""《越》之下篇尤奇峻"，其着眼点是审美上的成就。这又可以看出他
作为美学家的眼光和态度。他由此引发出这样一个结论："吾乃今知文之可
以行于远也。以彼庸蔽奇怪之语，而黼黻之，金石之，用震曜后世之耳目。
而读者莫之或非，反谓之近经。则知文者可不慎耶？"[①]《国语》"庸蔽奇
怪"的内容借助于"文"的审美形式而得到广泛传播，"读者莫之或非，反
谓之近经"，由此可知文章是不能不重视"文"，即审美形式的。这是从
"反"中推导出的"正"面结论，显示出他作为思想家的成熟和深刻。

第二节　美学论

  在文学的基本性质和功能体认上，柳宗元和韩愈有一致之处，这使他们
能够同时成为古文运动的领袖。韩愈提出"文以载道"论，柳宗元则提出"文
以明道"论。《答韦中立论师道书》说："始吾幼且少，为文章以辞为工。及

[①] 柳宗元：《非国语后序》。

长,乃知文者以明道。是固不苟为炳炳烺烺、务采色、夸声音而以为能也。"《报崔黯秀才论为文书》说:"圣人之言,期以明道,学者务求诸道而遗其辞。辞之传于世者,必由于书。道假辞而明,辞假书而传。要之之道而已耳。道之及,及乎物而已耳。斯取道之内者也。今世因贵辞而矜书,粉泽以为工,遒密以为能,不亦外乎?"虽然韩愈、柳宗元都倡"道",但两者的内涵不尽一致。韩愈之"道"有着极强的道统色彩,他编制了一个最终由他继承了的道统体系。而柳宗元所说的"道"的内涵要丰富得多,有所谓"夫子之道"[1],六经乃"取道之原"[2]。有治世之道,《答吴武陵论非国语书》说:"仆之为文久矣,然心少,不务也,以为是特博弈之雄耳。故在长安时,不以是取名誉,意欲施之事实,以辅时及物为道。自为罪人,舍恐惧则闲无事,故聊复为之。然而辅时及物之道,不可陈于今,则宜垂于后,言而不文则泥,然则文者固不可少耶?"这里突出了对文章现实内容、色彩的重视,文章应对时代和社会有益。这是由柳宗元政治家、改革家的立场所规范的。《报崔黯秀才论为文书》说:"道之及,及乎物而已耳。"《与杨诲之第二书》说:"且子以及物行道为是耶非耶?伊尹以生人为己任,管仲疊浴以伯济天下,孔子仁之。凡君子为道,舍是宜无以为大者也。"他把"道"的内容放在第一位,这是古文运动的一个重要特点。他对于舍弃内容而唯求文采的审美倾向表示很大不满:"务富文采,不顾事实,而益之以诬怪,张之以阔诞,以炳然诱后生,而终之以僻,是犹用文锦覆陷阱也。不明而出之,则颠者众矣。"[3]他之所以倡"古文",跟韩愈一样是为了反骈文。在《乞巧文》中他对骈文的表现做了淋漓尽致的痛斥:"眩耀为文,琐碎排偶。抽黄对白,唵哢飞走。骈四俪六,锦心绣口。宫沉羽振,笙簧触手。观者舞悦,夸谈雷吼。独溺臣心,使甘老丑。矗昏莽卤,朴钝枯朽。不期一时,以俟悠久。旁罗万金,不鬻弊帚。跪呈豪杰,投弃不有。眉颦颔蹙,喙唾胸呕。大赧而归,填恨低首……敢愿圣灵悔祸,矜臣独艰。付与姿媚,易臣顽颜。凿臣方心,规以大圆。拔去呐舌,纳以工言。文词婉软,步武轻便。齿牙饶美,眉睫增妍。突梯卷脔,为世所贤。"他认为,为文要显示道,又要归于道,"为文,深而厚,尤慕古

---

[1] 柳宗元:《道州文宣王庙碑》。
[2] 柳宗元:《答韦中立论师道书》。
[3] 柳宗元:《答吴武陵论非国语书》。

雅，善赋颂，其要咸归于道"①。

柳宗元的美学思想表现了鲜明的致用理性美学的特征。他认为，文学要有益于世。他为韩愈《毛颖传》辩护，其基本立足点就在于此。他说："俳又非圣人之所弃者。《诗》曰：'善戏谑兮，不为虐兮。'《太史公书》有《滑稽列传》，皆取乎有益于世者也。""凡古今是非、六艺百家、大细穿穴，用而不遗者，毛颖之功也。韩子穷古书，好斯文，嘉颖之能尽其意，故奋而为人传，以发其郁积，而学者得之励。其有益于世欤！是其言也，固与异世者语。"②有益于世是柳宗元美学思想的核心，也是他所言"道"的基本内涵。

"道"又指"风雅之道"。《法华寺西亭夜饮赋诗序》写道："余既谪永州……间岁，元克己由柱下史，亦谪焉而来。无几何，以文从余者多萃焉。是夜，会兹亭者凡八人。既醉，克己欲志是会以贻于后，咸命为诗，而授余序。昔赵孟至于郑，赋七子以观郑志，克己其慕赵者欤？卜子夏为《诗序》，使后世知风雅之道，余其慕卜者欤？诚使斯文也而传于世，庶乎其近于古矣。"诗应该继承《诗经》所形成的风雅传统，这也是美学之"道"。

柳宗元认为文学家为伸道、行道，便有了审美创作的愿望或冲动，而审美的目的也便是为着伸其道、行其道。《娄二十四秀才花下对酒唱和诗序》说："君子遭世之理，则呻呼踊跃以求知于世，而遁隐之志息焉。于是感激愤悱，思奋其志略以效于当世。故形于文字，伸于歌咏，是有其具而未得行其道者之为之也。"

柳宗元对于诗和文的审美观点并不完全重合。对于文，由于倡导古文运动，以摒弃骈文的影响，他的论述比较严格，重视"道"；而对于诗，尽管他也重视诗与道的关系，但相对来说，比较宽松，他看到了诗的个人审美特点。在他看来，文是明道的，道具有普遍性、一般性意义，而诗是抒情的，情具有抒发、导泄性质。他说道："时时举首，长吟哀歌，舒泄幽郁。"③他对诗的审美发生有独到而深刻的见解："怀不能忍，于是踊跃其试，铿锵其声，出而为之诗。"④

---

① 柳宗元：《亡友故秘书省校书郎独孤君墓碣》。
② 柳宗元：《读韩愈所著毛颖传后题》。
③ 柳宗元：《上李中丞献所著文启》。
④ 柳宗元：《同吴武陵赠李睦州诗序》。

柳宗元的美学思想是比较宽容的。他认为，审美滋味应该多样化，如同人的口味有多种一样。诚然，"大羹玄酒，体节之荐，味之至者"，但是，"又设以奇异小虫水草楂梨橘柚，苦咸酸辛，虽蜇吻裂鼻，缩舌涩齿，而咸有笃好之者"。而"文王之昌蒲菹，屈到之芰，曾皙之羊枣，然后尽天下之奇味以足于口。独文异乎？"①从这个论述前提出发，他才为韩愈《毛颖传》辩护，指出这部游戏之作在满足人们的审美趣味上有其存在价值。

柳宗元的审美论是重道的，可又没有偏执于一端，重道而弃文。他重视文学的审美性，提倡文采藻绘。《杨评事文集后序》说："文之用，辞令褒贬、导扬讽喻而已。虽其言鄙野，足以备于用，然而阙其文采，固不足以竦动时听，夸示后学，立言而朽，君子不由也。"立言不朽就须有文采、审美性。

对于文学审美性的具体要求，柳宗元跟韩愈有所不同，体现了两人审美趣尚的差别。韩愈是"不平则鸣"，纵横排奡，顿挫有力，而柳宗元不是金刚怒目，而是有所收敛，形成含蕴、幽深的风韵，文章审美性的尺度和分寸感他把握得极好。在《与杨诲之第二书》中指出其"用《庄子》《国语》太多，反累正气"。在《杨评事文集后序》中他详细论述了"文有二道"：

> 辞令褒贬，本乎著述者也；导扬讽谕，本乎比兴者也。著述者流，盖出于《书》之谟训，《易》之象系，《春秋》之笔削。其要在于高壮广厚，词正而理备，谓宜藏于简册也。比兴者流，盖出于虞夏之咏歌，殷周之风雅。其要在于丽则清越，言畅而意美，谓宜流于谣诵也。兹二者，考其旨义，乖离不合，故秉笔之士，恒偏胜独得，而罕有兼者焉。厥有能而专美，命之曰艺成，虽古文雅之盛世，不能并肩而生。唐兴以来，称是选而不怍者，梓潼陈拾遗。其后燕文贞以著述之余，攻比兴而莫能极；张曲江以比兴之隙，穷著述而不克备。其余各探一隅，相与背驰于道者，其去弥远。文之难兼，斯亦甚矣。

柳宗元对诗、文的美学特点做了具体规定，诗是"丽则清越，言畅而意美"，文是"高壮广厚，词正而理备"。他主张文学审美的品位要高、正、备、则。扬雄《法言·吾子》就说："诗人之赋丽以则。"柳宗元提出，文

---

① 柳宗元：《读韩愈所著毛颖传后题》。

学家应该兼擅诗文二者之美，能兼者，在唐代是陈子昂。大散文家张说、大诗人张九龄都有所偏胜，其他人更勿论了。最能体现他的文学审美标准，或者说他的文学审美理想的对象是西汉文章。《柳宗直西汉文类序》说：

> 文之近古而尤壮丽，莫若汉之西京……殷周之前，其文简而野；魏晋以降，则荡而靡。得其中者汉氏。汉氏之东，则既衰矣。当文帝时，始得贾生明儒术，武帝尤好焉。而公孙弘、董仲舒、司马迁、相如之徒作，风雅益盛，敷施天下，自天子至公卿大夫士庶人咸通焉。于是宣于诏策，达于奏议，讽于辞赋，传于歌谣。由高帝讫于哀、平，王莽之诛，四方之文章盖烂然。

柳宗元对西汉文章独有所爱，不仅体现了他的审美评价趣尚，而且体现了他的美学史眼光。在他看来，不是越古越好，他认为，西汉文有超过殷周的地方。殷周文的弱点是"简而野"，缺陷正在审美素质上。他又认为魏晋以降，文章"荡而靡"。"得其中者汉氏"，西汉文章的审美特征正好适中，这是柳宗元推崇它的原因。

柳宗元对个体文学审美素质的塑造等问题做了如下阐述。

个体素质的熔铸。跟韩愈的"闳其中而肆其外"论相仿佛，柳宗元提出"有乎内而饰乎外"论。《送豆卢膺秀才南游序》说："君子病无乎内而饰乎外，有乎内而不饰乎外者。无乎内而饰乎外，则是设覆为阱也，祸孰大焉！有乎内而不饰乎外，则是焚梓毁璞也，诟孰甚焉！"强调个体要加强知识、审美素质的修养。在《报袁君陈秀才避师名书》中说："大都文以行为本，在先诚其中。其外者当先读六经，次《论语》、孟轲书，皆经言；左氏、《国语》、庄周、屈原之辞，稍采取之；穀梁子、太史公甚峻洁，可以出入。"这张书单上当然首先是"六经"了，但对其他并不排斥。他的视界是比较宽的，即使是他曾经"非"过的《国语》，也提出可以"稍采取之"。这就说明他在美学论上是大度的，他重视的是一个具体的文学家内在素质应通过广泛汲纳陶塑出来。他在《与杨京兆凭书》中简洁地概括道："博如庄周，哀如屈原，奥如孟轲，壮如李斯，峻如马迁，富如相如，明如贾谊，专如扬雄。"文学家应该从众多的方面去吸取，以滋养自己的审美素质，"本之书以求其质，本之诗以求其恒，本之礼以求其宜，本之春秋以求

其断,本之易以求其动"①。柳宗元具体谈到自己的汲纳吸收经验时说:

> 参之《穀梁氏》以厉其气,参之《孟》《荀》以畅其支,参之《庄》《老》以肆其端,参之《国语》以博其趣,参之《离骚》以致其幽,参之《太史公》以著其洁。此吾所以旁推交通而以为之文也。②

审美创作态度。他在谈到自己审美创作态度时说:"吾每为文章,未尝敢以轻心掉之,惧其剽而不留也;未尝敢以怠心易之,惧其弛而不严也;未尝敢以昏气出之,惧其昧没而杂也;未尝敢以矜气作之,惧其偃蹇而骄也。"③可谓战战兢兢,如履薄冰,体现了高度严谨认真的创作态度,柳宗元美学风格的形成可以从这里找到答案。他还谈到在具体创作过程中不断加以审美调节的情形,以期达到最佳状态:"抑之欲其奥,扬之欲其明;疏之欲其通,廉之欲其节;激而发之欲其清,固而存之欲其重。"④

审美心境。柳宗元对文学审美心境的描述,重视主体的虚静状态,超然物象,主体心境与对象融化,达到物化境界。《愚溪诗序》说:"溪虽莫利于世,而善鉴万类,清莹秀澈,锵鸣金石,能使愚者喜笑眷慕,乐而不能去也。余虽不合于俗,亦颇以文墨自慰。漱涤万物,牢笼百态,而无所避之。以愚辞歌愚溪,则茫然而不违,昏然而同归,超鸿蒙,混希夷,寂寥而莫我知也。"在《钴鉧潭西小丘记》中,他说自己所记的景象"清泠之状与目谋,瀯瀯之声与耳谋,悠然而虚者与神谋,渊然而静者与心谋"。《始得西山宴游记》说自己在山水对象面前"心凝形释,与万化冥合"。《零陵三亭记》写道:"夫气烦则虑乱,视壅则志滞。君子必有游息之物、高明之具使之清宁平夷,恒若有余,然后理达而事成……未尝以剧自挠山水鸟鱼之乐,淡然自若也。"柳宗元多处谈到文学审美所需要的心理状态,都是对庄学、《文心雕龙》等的有机发挥。这些论述又都产生在他贬谪期间。他远离政治中心,再也无法实现自己的政治理想,无法对政治进程发挥影响,在经过心理调节之后,转而用审美心理和态度对待他所置身的环境。他对这些有关审美心理经验的描述,发生在他与政治出现"距离"的时期内,使得他能以非

---

① 柳宗元:《答韦中立论师道书》。
② 柳宗元:《答韦中立论师道书》。
③ 柳宗元:《答韦中立论师道书》。
④ 柳宗元:《答韦中立论师道书》。

功利的澄静之心体验文学创作的心理现象。

第三节　散文美学贡献

柳宗元和韩愈共同倡导的唐代古文运动不是简单地恢复到他们各自所推崇的古文时代,而是在古人的基础上有新发展,有自己的独特创造。在文体形式上,柳宗元有两大发展,一是将寓言作为独立的文学审美样式,二是将山水游记作成主体审美对象化的产物。

先秦诸子散文中多有寓言故事,他们有一定的情节,短小精悍,有形象,生动活泼,但没有独立性,后代人把它们从原有文章中挖出来并给其起名,使得它们像一则则的故事一样。它们是被用以说明某种事理,表述诸子的哲学、文化、政治、社会等主张和见解的,而柳宗元则使寓言发展成为独立审美品。它不是附丽于别的上面,而是其本身就构成一个富于情节性和诸般物象面貌、活动的形象性世界。社会意义蕴含在寓言故事中,其审美意味显得隽永有致,如《三戒》中最著名的《黔之驴》,对生活中的现象加以体认,表达了作者的理解。当然,他所表述的深度较之后人所认识到的要浅得多,这便是所谓的形象大于思维。后人所揭示出的以小敌大、外强中干等认识,是根据接受者的体认水平和视角所得出的。这就是说,文本本身启迪了人们的思路。柳宗元为小虫立传,有《蝜蝂传》,描述了贪重爬高,最终不堪重负,以至坠地而死的蝜蝂,以此影射、指斥那些"日思高其位,大其禄,而贪取滋甚,以近于危坠"的贪心者。《罴说》此则寓言故事的意义,作者在文中做了揭示:"不善内而恃外。"

这些寓言故事描述了一个形象的美学世界,形象本身就具有独立的审美价值,而它所蕴含的社会学意味和美学意味,加强了思想深度和美学深度。其审美传达手段所采用的讽刺、诙谐、幽默等方法,增添了喜剧色彩。讽刺喜剧又包含着对中唐时期社会现状的抨击内容,通过影射形成相关的联想,从而表现出致用美学的特征。

柳宗元散文的另一贡献也是最大的贡献在山水文学审美上。就散文一脉而言,山水游记散文发萌于地理著作之中,后从中脱离出来逐渐独立成体。它所表现出来的是走向文学的审美化,其历程则是美学发展史的表征。在南北朝，山水散文存在于这样几个领域中：诗集的序言，如《游石门诗序》、王羲之《兰亭集序》；书信文，如吴均《与朱元思书》、陶弘景《答谢中书书》；单独的山水游记文，如慧远的《庐山记》；地理著作，其中最著名的是郦道元的《水经注》。《水经注》的全部价值就在"注"中，它虽然是一部规模宏大的地理著作，涉及历史地理学、民俗学等领域，但作者描述山水风光时运用了文学的、审美的笔调，有些篇章整个就是一篇美文。作者用审美的眼光、笔法写出了山水的美，也融会了作者的审美情感和欣赏态度。其审美的意义还是处于描述的层面。柳宗元则在承绪郦道元的基础上大幅度地推进，完成了山水游记文的彻底审美化历程。这是柳宗元对中国文学美学史的巨大贡献。他的这种贡献又是多层面的、高层次的。

柳宗元表现出对自然山水的倾心热爱之情，即审美之情，是对自然山水的真正投入，形成对自然山水的欣赏、移情。他的生命历程就是融入自然山水的审美历程。他贬谪到永州，则写下《永州八记》（实为九篇）；他远放柳州，在"共来百越文身地"①的僻荒之地，仍然发现了这里的山水之美，写有《柳州山水近治可游者记》。他整个文章的框架是依据山、水而设立，成为山水文学的范式体现。作者富于色彩感、形象感的描述，从本质意义上看，是对荒僻之地的审美发现，是对其中美的现象的发现，发现则体现了对于自然山水的挚爱。柳宗元对于自然山水的美表现出情感性的愉悦，他"从小丘西行百二十步，隔篁竹，闻水声，如鸣珮环"而"心乐之"②。以这样的热爱之心，他就不断地在自然山水中披花拂柳、探幽寻美，他就会不满足于对已有景象的审美欣赏，而去做新的发现。他在永州时足迹遍及山山水水，"以为凡是州之山水有异态者，皆我有也，而未始知西山之怪特"。对未知的自然山水的探求欲望，驱使他去寻找西山"怪特"的美。

柳宗元对自然山水的兴致如谢灵运，到处寻山访水，这是对自然山水的发现，也是资源和美的开发。但是，谢灵运往往大队人马，兴师动众，惊扰四方，使得乡邻不安，还没有完全具备那富于标准意味的自然审美观和审美态度。而柳宗元则不同，他的游览方式和情调是审美化、文人化的。《始得西山宴游记》"施施"的舒行之态，"漫漫"的闲游之情，伴随时间的每日如此，空间的"无远不到"，出现了两幅行游图，更有那醉眠芳草，"梦

---

① 柳宗元：《登柳州城楼寄漳汀封连四州》。
② 柳宗元：《至小丘西小石潭记》。

亦同趣"的情景，体现了他悠游山水的审美风度和情调。"乐山水而嗜闲安"①，对自然山水的热爱和"闲安"的心态是相联系的，互为因果的。

对自然山水的游览、欣赏、挚爱，最终形成与对象的冥化为一，消融于对象之中，上升到一个更高的哲学化、审美化层次。《始得西山宴游记》写道：

> 悠悠乎与颢气俱，而莫得其涯；洋洋乎与造物者游，而不知其所穷。引觞满酌，颓然就醉，不知日之入。苍然暮色，自远而至，至无所见，而犹不欲归。心凝形释，与万化冥合。然后知吾向之未始游，游于是乎始。

这种态度是哲学的态度、美学的态度。到柳宗元这里，中国山水文学的审美心境才完全成熟，从而给宋代山水文学家如苏轼、明代山水文学家如袁宏道以深刻影响。

柳宗元对自然山水不是停留或满足于对象性描述，而是进行对象化体验，他是用心灵感受对象，形成审美的彻底对象化。他的感受当然不可避免地羼入了作为"谬人"的切身感触。他从自然山水中观照自身，特别是从钴鉧潭西小丘中感到一种浓重的遗弃感。然而，他又从他所贬谪之地的山水中获得解脱，获得精神的部分寄托和安顿，使其成为他的精神家园。"孰使予乐居夷而忘故土者？非兹潭也欤？"②然而这种解脱是暂时的，非根本的，贬谪所形成的那种内心苦闷和抑郁总是如影随形，袭扰着他。他在《与李翰林建书》中就真切地披露了这种心态。在"寻丈"之地，他时时感到无法舒展、备受压抑的苦闷。在《小石城山记》中他是用感受来感受自然山水对象的，那么，反转过来，他也就从自然山水中获得深刻的感受。

柳宗元善于发现自然山水对象潜在的美质，进而发掘这些美质，更用自己的审美构想和原则加以改造、重塑，使之更富于美态、美质，更有助于人们的审美欣赏。他在购得钴鉧潭西小丘之后，"即更取器用，铲刈秽草，伐去恶木，烈火而焚之。嘉木立，美竹露，奇石显"。这里显然经过审美改造、加工。重组后的钴鉧潭给予人的审美感觉就大为不同了，"由其中以望，则山之高，云之浮，溪之流，鸟兽之遨游，举熙熙然回巧献

---

① 柳宗元：《送僧浩初序》。
② 柳宗元：《钴鉧潭西小丘记》。

技,以效兹丘之下"①。对所得之石渠,"揽去翳朽,决疏土石,既崇而焚,既酾而盈"②。

柳宗元在《永州龙兴寺东丘记》中对山水旅游的感觉做了基本分类并对某一类别做了这样的描述:

> 游之适,大率有二:旷如也,奥如也,如斯而已。其地之凌阻峭,出幽郁,寥廓悠长,则于旷宜;抵丘垤,伏灌莽,迫遽回合,则于奥宜。因其旷,虽增以崇台延阁,回环日星,临瞰风雨,不可病其敞也;因其奥,虽增以茂树丛石,穹若洞谷,蓊若林麓,不可病其邃也。

旷、奥是两种不同的审美感觉经验,也是对美的两种形态的概括。柳宗元的散文就存在这样两种审美形态和审美感受经验。他的散文有洁净、清雅的文人化审美情调,在体察对象的经验上,在描述对象的功能上,都表现出极高的水平。柳宗元把中国散文美学推到一个新层级上。他按照自己的审美趣味去描述对象,甚至在自然山水对象上染着自己高洁、幽雅、好静的性格色彩。如"青树翠蔓,蒙络摇缀,参差披拂"③,"其高下之势,岈然洼然,若垤若穴,尺寸千里,攒蹙累积,莫得遁隐;萦青缭白,外与天际,四望如一"④。

柳宗元的散文有一种澄澈感,使人感到特别清澄,仿佛是他所描述的美学世界的空气特别新鲜,幽丽清纯:

> (袁家渴)上与南馆高嶂合,下与百家濑合。其中重洲小溪,澄潭浅渚,间厕曲折,平者深墨,峻者沸白,舟行若穷,忽又无际。有小山出水中,山皆美石,石上生青丛,冬夏常蔚然。其旁多岩洞,其下多白砾。其树多枫、柟、石楠、楩、楮、樟、柚,草则兰、芷,又有异卉,类合欢而蔓生,轇轕水石。每风自四山而下,振动大木,掩苒众草,纷红骇绿,蓊葧香气,冲涛旋濑,退贮溪谷,摇飏葳蕤,与时推移。⑤

---

① 柳宗元:《钴鉧潭西小丘记》。
② 柳宗元:《石渠记》。
③ 柳宗元:《至小丘西小石潭记》。
④ 柳宗元:《始得西山宴游记》。
⑤ 柳宗元:《袁家渴记》。

柳宗元对于他的自然山水审美对象尽管感到"无以穷其状"[1],但是他的审美体察却是微乎其妙,其审美描述手段神乎其技:

> 潭中鱼可百许头,皆若空游无所依。日光下澈,影布石上,佁然不动,俶尔远逝,往来翕忽,似与游者相乐。[2]

对于游鱼的情态描摹,对于动景与静景富于节奏感的处理,对于游鱼与游者关系的揣摩,都臻于审美的极高境界,成为晶莹圆润的神品。

柳宗元在审美时调动了审美感觉器官的多种功能:听、嗅、触觉一齐发挥作用。例如前引《袁家渴记》所写的一段文字:"海风自四山而下,振动大木,掩苒众草,纷红骇绿,蓊葧香气,冲涛旋濑,退贮溪谷,摇飏葳蕤,与时推移。"又如《石渠记》:"其侧皆诡石怪木,奇卉美箭,可列坐而休焉。风摇其巅,韵动崖谷,视之既静,其听始远。"兼声兼色,兼动兼静,兼光兼气,是"漱涤万物,牢笼百态"极为入妙的审美文字。

柳宗元审美观察的细微在于他有许多别人未曾涉及的领域,其精微度又在于能在同中写异。这都集中体现在他对"石"的描述上。《钴鉧潭西小丘记》:"其石之突怒偃蹇,负土而出,争为奇状者,殆不可数。其嵚然相累而下者,若牛马之饮于溪;其冲然角列而上者,若熊罴之登于山。"《至小丘西小石潭记》:"全石以为底,近岸,卷石底以出,为坻,为屿,为嵁,为岩。"《永州韦使君新堂记》:"或列,或跪,或立,或仆,窍穴逶邃,堆阜突怒。"《永州崔中丞万石亭记》:"怒者虎斗,企者鸟厉,抉其穴则鼻口相呀,搜其根则蹄股交峙,环行卒愕,疑若搏噬。"用生命性的意象来比附非生命的山石,并且给以喜怒哀乐的情感性灌注和移入,使之成为有情感的生命体。

对个别的山石形象以精细的审美体察为基础,在对比中描摹它们的姿态、面貌,使之情状各异,栩栩如生。

这些都增加了柳宗元散文的精细度、精致性和形象感,从而给中后期中国美学史的散文审美实践提供了范式。

---

[1] 柳宗元:《袁家渴记》。
[2] 柳宗元:《至小丘西小石潭记》。

第四节　诗美概述

柳宗元又是一位诗人,他的诗美特征跟散文审美特征有近似之处。苏轼对柳诗做了这样的估价:"柳子厚诗在陶渊明下,韦苏州上。退之豪放奇险则过之,而温丽靖深不及也。所贵乎枯淡者,谓其外枯而中膏,似淡而实美,渊明、子厚之流是也。"①他又认为,柳宗元的诗美风格特征跟韦应物一样,"发纤秾于简古,寄至味于淡泊"②。在苏轼眼中,陶渊明、韦应物、柳宗元是一脉,属于枯淡型、淡泊型。王孟不在此列。人们也普遍认为,柳宗元承绪于陶渊明。确实,在诗美风格上两人有许多一致之处,但其差异却也是相当显著的。差异的根本在于心态——社会心态、审美心态。陶渊明是在自动不合作的内心要求下"离职"的,乃心之所愿;而柳宗元是被贬谪的,实非心之所愿,背景实有不同。陶渊明有发自内心的回归感,他的心态是平和的,淡泊中有一种天然意味,形成了不可企及的本色美。柳宗元的心态是不平静、不安宁的,他"恒惴栗"③,战战兢兢。他常怀恐惧感、冷落感、苦闷感。他游自然山水是一种心理解脱的方式,他和自然山水是亲和、融洽的,但其社会心态是封闭的,生活方式和人际交往都是孤独的,"来往不逢人"④,远非陶渊明那样,"时复墟曲中,披草共来往"⑤。柳宗元曾经处于政治中心,但是,不久就远离这个旋涡。这一远离,不仅使他长期脱离政治,而且脱离了元和年间的文学、美学、文化环境。对元和时代两大诗派——韩孟诗派、元白诗派——柳宗元都不沾边,他是独行大侠。这跟他的生活经历密切相关。《新唐书》本传说他:"既窜斥,地又荒疠,因自放山泽间,其堙厄感郁,一寓诸文。仿《离骚》数十篇,读者咸悲恻。"在审美渊源上他更多地来自于屈原,因为迁谪心态是相同的。他的心态常显峻切,其诗美风格则常显清峻。他的淡泊往往是外在的,而悲愤甚或激奋则是内在的,深层次的。贬柳州期间,他的悲愤、激奋情绪时有表现,深层次的情绪浮升到表层,挤走了闲淡,发为沉着痛快的呼喊,这是陶、韦所没有

---

① 苏轼:《评韩柳诗》。
② 苏轼:《书黄子思诗集后一首》。
③ 柳宗元:《始得西山宴游记》。
④ 柳宗元:《溪居》。
⑤ 陶渊明:《归园田居》。

的。例如《与浩初上人同看山寄京华亲故》一诗，秋来时节，身处海畔，倍为愁郁，看到那簇起的尖山犹如宝剑的锋芒，以之来割碎诗人的百结愁肠，这是颇为新颖的比喻，也是情绪激越悲愤至于极端的反映。诗人恨不得化身千亿，散向峰头，瞻望久不得归的故乡。他以一种令人魂动魄悸的审美方式表达了内心感受。永贞革新失败后柳宗元被贬有十年之久（805—815），唐宪宗元和十年（815），柳宗元和韩泰、韩晔、陈谏、刘禹锡同被召回京城准备另有任用，但朝廷临时改变了主意，把他们五人分发到更为偏远的柳州、漳州、汀州、封州、连州当刺史。柳宗元初到柳州便写下《登柳州城楼寄漳汀封连四州》。诗人在城楼上眺望时，他的如海一样的愁思与大荒相接。"乱飐芙蓉水"的"惊风"、"斜侵薜荔墙"的"密雨"的喻义，显然指的是某种社会势力，这样，他那"茫茫"的"愁思"便蕴含着深广的社会意义。岭树遮掩诗人视野，江流曲折，宛如九回之肠，正是诗人愁绪的表征。而诗人深切地表达着对被贬的四友的关怀，是志同道合的情感反映，这种情感关切之殷正显示出诗人的悲愤之深。这种情绪并没有消解，在写了上首诗的第二年——元和十一年（816），柳宗元又写下《别舍弟宗一》。"万死""投荒""六千里""十二年"这样满含遭际和体现时空观念的描述，显示出诗人心灵深处有着抑郁难平的愤懑情绪，那寄希望于梦境相思的愿望，更有着迷离恍惚、徜徉难解的况味。

他的心态常常处于烦躁、愤懑状态之中，他也努力加以排解。《夏初雨后寻愚溪》，他希望借助"啸歌"来"静炎燠"，以平息内心的情感波澜。《南涧中题》，诗人从萧瑟的秋风中、参差的林影里，从凄鸣幽谷的羁禽，荡起涟漪的寒藻中，感受去国怀乡的幽思。他感受的是"索寞"和内心的"徘徊"。清人何焯《义门读书记》评述道："'秋气集南涧'，万感俱集，忽不自禁，发端有力。'羁禽响幽谷'一联，似缘上'风'字，直书即目，其实乃兴中之比也。羁禽哀鸣者，友声不可求，而断迁乔之望也，起下'怀人'句。寒藻独舞者，潜鱼不能依，而乖得性之乐也，起下'去国'句。"内在勾连的审美结构正体现了审美情绪的内在联系。苏轼认为："柳子厚南迁后诗，清劲纡徐，大率类此。"[①]柳宗元南贬后诗的美学风格，清劲中含有峻气，纡徐里蕴有怨愤。胡仔认为："柳仪曹诗，忧中有乐，乐

[①] 苏轼：《书柳子厚南涧诗》。

中有忧。"①这是对柳宗元情感结构的分析,言其不是以单一的情感形式出现,忧乐互有渗透、参融。这种情感结构形式也就使柳宗元诗的审美形态呈现出复杂的胶着状态。《溪居》云:

> 久为簪组累,幸此南夷谪。闲依农圃邻,偶似山林客。晓耕翻露草,夜榜响溪石。来往不逢人,长歌楚天碧。

诗人对能贬谪到南夷荒蛮之地视为幸事,因为可以摆脱官场的羁绊,从此过上闲暇种菜,无忧无虑的生活;有时又可成为一名隐士,清晨踏着露珠去耕地除草,有时游玩到夜晚才归来。他独往独来,不与他人交通,仰望楚地的碧空放歌高唱。诗中所描述的行为实际上体现了诗人的痛苦,是放达中的孤独、闲适中的郁闷。沈德潜《唐诗别裁集》说:"愚溪诸咏,处连蹇困厄之境,发清夷淡泊之音,不怨而怨,怨而不怨,行间言外,时或遇之。"这是对柳宗元心态的准确说明。处于这样的心态中,在寻常的游览中也会感觉到落寞和抑郁。《秋晓行南谷经荒村》:"杪秋霜露重,晨起行幽谷。黄叶覆溪桥,荒村唯古木。寒花疏寂历,幽泉微断续。机心久已忘,何事惊麋鹿?"在他看来,自己久已停滞异乡,超越世外,已无机巧之心了,又何以能惊起荒野的麋鹿呢?正话反说中隐含着诗人的酸楚心理。柳宗元是在独特的经历、独特的心境中酿化了自己的诗美,既自立于元和的韩孟、元白诗派之外,又跟陶、韦有所区别。

柳宗元诗的主体色彩比较明显,诗创作和散文一样追寻物我的合一、冥化。《雨后晓行独至愚溪北池》云:

> 宿云散洲渚,晓日明村坞。高树临清池,风惊夜来雨。予心适无事,偶此成宾主。

柳宗元把对象视为"宾",主体诗人视为"主"。宾主关系,实为物我关系,物我所构成的主宾关系,在"予心适无事"的审美心境中产生和构建。审美是一种关系,物我互构。物我双方只有在互构状态中互为对象,审美才可能出现。这是柳宗元审美论的重要揭示,跟刘勰《文心雕龙·物色》所说的"既随物以宛转""亦与心而徘徊",阐解了同一审美原理。《柳州二月榕叶落尽偶题》等诗便是"物我双会"诗论的审美表征。

就审美表达而言,柳宗元的诗也体现了他那丰富的审美感觉经验。

---

① 胡仔:《苕溪渔隐丛话前后集引》。

《中夜起望西园值月上》:"觉闻繁露坠,开户临西园。寒月上东岭,泠泠疏竹根。石泉远逾响,山鸟时一喧。倚楹遂至旦,寂寞将何言。"在夜半时分,诗人辗转难眠,仿佛听到露珠坠落的声息,这是何等细微、敏锐的审美感觉!他的诸种感觉器官并用,看到寒月东上,听到涤漱竹根的泠泠泉水声。诗人的听觉在追寻声态,那石上流出的泉水,愈远则愈响,那山间的鸟儿偶或发出一声鸣叫,回荡在山间。在这里,体现了作为诗人的审美感官的灵敏和细腻。

《江雪》《渔翁》中的寂寞感、孤独感作为情感内容蕴含在诗中,而作为审美表达手段,它们又有自身的独特价值,提供了审美经验。《江雪》云:

千山鸟飞绝,万径人踪灭。孤舟蓑笠翁,独钓寒江雪。

诗人写飞雪弥天的情景,视野极为开阔。他不是着眼在某一座、某一些山峰,某一条、某一些道路上,而是一下子囊括了"千山""万径"。"千""万"属于互文,诗人大笔横扫,出现了无限阔远的世界。"千""万"极言其大,"孤舟""独钓",一人一舟,极言其小。以大衬小,更突出了渔翁独钓的形象。诗人描述大雪覆盖的背影又不是大而无当。他是大处着眼,小处落笔。他从"鸟飞""人踪"上去写。飞鸟身影已经绝迹,鸣啼之声已经绝尽,人的脚印在道路上很快消失;诗人从这些小处,写出了雪之猛、雪之大。千山万岭、千路万径都被寒雪笼罩了,覆盖了,吞没了。不仅影迹全无,而且声息俱灭。境界荒索,氛围幽寂,环境酷烈,实含寓意。《渔翁》通篇绘景奇绝,神韵独步,"欸乃一声山水绿"的变幻,近乎现代电影的蒙太奇。

虽然柳宗元没有在诗美上创造出独特的"体",也没有像韩孟、元白那样雄踞诗坛,影响很大,但是,他在审美描述上的精微、深细却深化了唐诗美学的内涵,增加了唐诗的美学维度和容量。其独特性是创造诗的新美,在对事象的体验上表现审美感觉的深细,在传达对象时又呈现极高的审美表现力。他所创造出的清峻、清冽、清澄的美学风格,在唐诗美学中独得其位。

柳宗元"自幼好佛"[①],"知释氏之道且久"[②]。贬永、柳州后因遭际的原因,寻求心理超脱,与僧徒的交往,使得他对禅心、禅理、禅机的体认更为深

[①] 柳宗元:《送巽上人赴中丞叔父召序》。
[②] 柳宗元:《永州龙兴寺西轩记》。

入。《巽公院五咏·禅堂》:"涉有本非取,照空不待析。万籁俱缘生,窅然喧中寂。心境本自如,鸟飞无遗迹。"这就进一步影响和塑造了他的文化、审美心理结构,他的诗的美感经验形式,清、远、闲、淡的诗美风格可以从这里找到部分原因。

第三十一章　刘禹锡

在中唐美学中，刘禹锡体现了高昂、爽朗、向上的美学精神，颇有几分豪气。这是他有"诗豪"之称的基本缘由所在。从刘禹锡的美学精神上可以看出中唐尚有推进自己时代美学发展的力量。

第一节　哲学思想和美学思想

在坚持物质的本体性上，刘禹锡和柳宗元有相同之处，刘受到柳的启迪，又有所发展。柳宗元写有《天说》，坚持天的非意志性，批评韩愈的天有"赏功罚祸"功能的思想，刘禹锡在此基础上别撰《天论》。文章一开始便说明了撰述之缘由：

> 余之友河东解人柳子厚作《天说》以折韩退之之言，文信美矣，盖有激而云，非所以尽天人之际。故余作《天论》，以极其辩云。

刘禹锡既充分肯定柳宗元《天说》的成就，又指出其未能对"天人之际"做出穷尽性的论述，他所要完成的任务正在此。他的《天论》与荀况《天论》同题，反映了他对荀况思想的继承。他把天人关系的两种体认观点概括为"阴骘之说"和"自然之说"：

> 世之言天者二道焉。拘于昭昭者则曰："天与人实影响：祸必以罪降，福必以善来，穷厄而呼必可闻，隐痛而祈必可答，如有物的然以宰者。"故阴骘之说胜焉。泥于冥冥者则曰："天与人实刺异：霆震于畜木，未尝在罪；春滋乎堇荼，未尝择善。跖、蹻焉而

遂，孔、颜焉而厄，是茫乎无有宰者。"故自然之说胜焉。

"阴骘之说"是言人的命运、行为善恶受到冥冥上天的主宰和左右。而"自然之说"则认为，天人实异，了不关涉，人的命运和行为跟上天的意志毫不相连，如同雷霆击杀牲畜林木，并非因其有罪；春雨滋润有毒的堇荼，也并不是因其是善类。雷震天下、雨润万物都是无意志的，被击或被滋养也都是非线性因果的。这是对天人相分思想的深刻说明。

刘禹锡和柳宗元一样，把"气"视为世界之本源，"气"的构合、运行，便形成不同的物质现象和物质运动方式。

根据物质本原论和本体论，刘禹锡对"空""无"这些极易受到曲解和误解的现象做了全新的哲学阐解。"空者，形之希微者也。""古所谓无形，盖无常形耳，必因物而后见耳。"刘禹锡认为，"空""无"不是缥缈无存、子虚乌有，而是一种特殊的存在形式。"空""无"是以其特定的参照系而被确定其性质的。所谓"无形"，只是"无常形"而已；所谓"空"，也只是"形之希微"的表现状态和方式而已。这是相当准确而又精彩的说明。柳宗元《答刘禹锡天论书》称扬道："独所谓无形为无常形者甚善。"

刘禹锡对物质存在的形之有无论述，除建立了上述的理论前提外，还提出了因借论，即一定的存在方式须借助一定的条件才能实现。《天论》说："夫目之视，非能有光也，必因乎日、月、火炎而后光存焉。所谓晦而幽者，目有所不能烛耳。彼狸、狌、犬、鼠之目，庸谓晦为幽耶？"这就避免了对物质存在做孤立、片面论述的倾向。他十分深刻地指出了人的感官、智能在体验、捕捉对象时的功能差异。《天论》说"以目而视，得形之粗者也"，而"以智而视，得形之微者也"。这一体认论对于美学极具意义。捕捉形之微妙对象，就得依靠审美主体的心智。

在物质本体论的前提下，刘禹锡认为，必有一支配其运行的东西在，这就是"数"，从而形成了"势"。"数""势"论是刘禹锡所揭示的物质形态运行方式论。在宇宙宏观论上是如此，《天论》说："天形恒圆而色恒青，周回可以度得，昼夜可以表候。非数之存乎？恒高而不卑，恒动而不已，非势之乘乎？今夫苍苍然者，一受其形于高大，而不能自还于卑小；一乘其气于动用，而不能自休于俄顷，又恶能逃乎数而越乎势邪？""数""势"是不可超越的。宇宙宏观世界是如此，微观世界也是如此。"水与舟,二物也。夫物之合并,必有数存乎其间焉。数存,然后势形乎其间焉。一以沉,一以济,适当其数,乘其势耳。"数存则势形,形成了物质运动的固有方式和轨迹。他在诗歌中也曾多有表述,如《苦雨行》:"天人信邈远。"《有獭吟》:"天意不宰割。"他进一步探讨了天命论形成的原因乃是人事:所谓"法弛""人道昧""理昧"。他的哲学观的实践色彩是比较浓厚的。

从他参与永贞革新的实际行为来看,他有鲜明的致用、参与政治的意识。因此,他在考察文学现象时,往往就把审美理想与政治理想结合起来。永贞革新的重要内容是抑制藩镇,强调统一。于是,他就认为,国家的兴衰对于文学的状况及其发展有着重要的意义。《唐故柳州刺史柳君集》说:"八音与政通,而文章与时高下。三代之文至战国而病,涉秦汉复起。汉之文至列国而病,唐兴复起。夫政庞而土裂,三光五岳之气分,大音不完,故必混一而后大振。"刘禹锡把国家的整一与文学的繁荣的关系视为必然的、有因果律的关系是不够科学的,然而,他提出问题的着眼点则根源于他对中唐现状的认识和希冀统一的政治思想。这保持了他美学思想的现实性品格。政治思想对美学思想的影响是一个方面,另一方面则是佛释思想对美学思想的影响。刘禹锡早年随父寓居嘉兴,经常去吴兴拜访著名的诗僧灵澈、皎然。据《澈上人文集序》所言:"初,上人在吴兴,居何山,与昼公(皎然)为侣。时予方以两髦执笔砚,陪其吟咏,皆曰:'孺子可教。'"皎然的诗美学思想表现为诗的境界说和"但见情性,不睹文字"说等,他的美学思想的佛释色彩很浓。灵澈的美学观点,据权德舆《送灵澈上人庐山回归沃洲序》所说:

> 昔庐山远公、钟山约公皆以文章广心地,用赞后学,俾学者乘理以诣,因言而悟,得非元津之一派乎?吴兴长老昼公撮六义之清英,首冠方外,入其室者,有沃洲灵澈上人。上人心冥空无而迹寄文字,故语甚夷易,如不出常境,而诸生思虑,终不可至。其变也,如风松相韵,冰玉相叩,层峰千仞,下有金碧,耸鄙夫之目,初不敢眠。三复则淡然天和,晦于其中,故睹其容览其词者,知其心不待境静而静。况会稽山水,自古绝胜,东晋逸民多遗身世于此。夏五月,上人自炉峰言旋,复于是邦。予知夫拂方袍,坐轻舟,溯沿镜中,静得佳句,然后深入空寂,万虑洗然,则向之境

> 物，又其稊稗也。鄙人方景慕企尚之不暇，焉敢以离群为叹。

灵澈的美学观点也是以佛学思想为基础的，强调主体的万虑澄寂，心态虚静。刘禹锡的美学思想受到他的影响，在研习佛理之后，美学思想更趋于空寂之道。《赠别君素上人引》曾谈到他的这一过程："曩予习礼之《中庸》，至不勉而中，不思而得，懧然知圣人之德，学以至于无学。然而斯言也犹示行者以室庐之奥耳，求其经术而布武未易得也。晚读佛书，见大雄念佛之普，级宝山而梯之。高揭慧火，巧熔恶见，广疏便门，旁束邪径。其所证入，如舟溯川，未始念于前而日远矣。"于是他以佛理来阐释诗的审美原理。《秋日过鸿举法师寺院便送归江陵引》说：

> 梵言沙门犹华言去欲也。能离欲则方寸地虚，虚而万景入，入必有所泄，乃形乎词，词妙而深者必依于声律。故自近古而降，释子以诗闻于世者相踵焉。因定而得境，故倚然以清；由慧而遣词，故粹然以丽。信禅林之花萼，而诫河之珠玑耳。

这是借用佛理对诗歌审美原理所做的正确而深刻的说明。禅定要求摒弃人的欲念，而审美的心境也同样需要如此。只有摒弃欲念，审美心境才能处于虚静状态之中；只有虚静的心态，方寸地也才能体察万物、吸纳万景。而当吸纳以后又要加以渲染，就形诸文辞。文辞既深且妙必定要符合声律。刘禹锡所做的描述可以说是一个审美的形成过程。"定"即"禅定"，像老僧坐禅一样摒除了所有杂念欲望，所获得的美学境界就会分外清远。"慧"即慧识，由慧识而遣发文辞，就会精粹流丽。

刘禹锡《董氏武陵集序》有一段很重要的论述：

> 片言可以明百意，坐驰可以役万景，工于诗者能之。风雅体变而兴同，古今调殊而理具，达于诗者能之。工生于才，达生于明，二者还相为用，而后诗道备矣。

他认为，诗的审美前提和最终所形成的诗道是：工和达。这也是诗歌审美主体应具备的两种基本素质。"工"就是审美的功力，能在简洁的文辞中表达丰广的意味，能在缤纷的想象中展现万千景物。"达"就是审美的见识，即上文所说的"慧"——慧识；能在体式变化中保持感兴的相同和一致，能在古今格调的差异中具备审美的意味。"工"与"才"相连，"达"与"明"相关，"慧"才能"明"。这是对主体审美素质的正确概括。叶燮《原诗》认为此论"合于诗人之旨"。王士禛在《师友诗传录》中进一步阐解道：

"诗未有不能达而能工者，故惟达者能工。达也者，'读书破万卷，下笔如有神'，则无不达矣。工也者，陆士衡有云'罄澄心以凝思，眇万虑而为言''叩寂寞而求音''或含毫而邈然'，则无不工矣。"

刘禹锡也同样认为文学的审美活动具有导泄功能。《彭阳唱和集引》说："胸中之气伊郁蜿蜒，泄为章句，以遣愁沮，凄然如焦桐孤竹。"

刘禹锡强调审美中主体的地位，主体之"心"是审美的熔炉。"心源为炉，笔端为炭。锻炼元本，雕砻群形。纠纷舛错，逐意奔走。"以审美主体为基点，纷杂错乱地制造众多意象，遂出现审美的基本图式。他主张审美的精微和细腻。《唐故尚书主客员外郎卢公集》说："心之精微，发而为文；文之神妙，咏而为诗。"他的审美论触及审美的深度层面。《董氏武陵集序》说道：

> 诗者，其文章之蕴邪？义得而言丧，故微而难能；境生于象外，故精而寡和。千里之缪，不容秋毫，非有的然之姿，可使户晓。必俟知者，然后鼓行于时。

这段论述跟上一段相同者，仍是主张审美的精微性质。他还提出"境生于象外"论，这就为审美特性提出了规范，也提出了审美素质要有更多的含量，这一思想直接影响了晚唐司空图。他还提出"义得而言丧"论，这是十分重要的美学论，根源于"得意忘言""得鱼忘筌"的哲学论。对于审美来说，语言载体不是顶重要的，重要的是所内蕴的"意""意味"。《视刀环歌》就描述了语言和意味不对应的困惑：

> 常恨言语浅，不如人意深。今朝两相视，脉脉万重心。

这种描述正是对审美中复杂现象的把握。

所以，在进行审美评述时，刘禹锡认为被评价对象应达到审美意味深长。他在《答柳子厚书》中对柳宗元散文的评价："余吟而绎之，顾其词甚约，而味渊然以长。气为干，文为支。跨跞古今，鼓行乘空。附离不以凿枘，咀嚼不以文字。端而曼，苦而腴。佶然以生，癯然似清。"他所欣赏的是深邃、清癯、渊然渟蓄的美，代表了中唐的一种审美风格。

第二节　审美个性和诗美特征

刘禹锡其人很有个性，倔强不屈、积极向上，至老不衰，他一生三起三落,却毫不退馁。七十一岁时,写下《子刘子自传》,仍然满怀深情地谈到当年的永贞革新,坚定地表示:"人或加讪,心无疵兮。"他因参与永贞革新而被放逐朗州,写有《何卜赋》,表示不必迷信占卜,而是应该等待时机。"予退而作《何卜赋》。于是蹈道之心一,而俟时之志坚。内视群疑,犹冰释然。"在朗州贬所,他还写有《砥石赋》,借一把佩刀的遭遇,先言蒙受不幸,后说经过磨砺后重变锋利:"我有利金兮,以利为佩。遭土卑而匿焉兮,雄芒为之潜晦。如景昏而蚀既兮,与肌漆而为疠。"经过磨砺则"雾尽披天,萍开见水。拭寒焰以破眦,击清音而振耳。故态复还,宝心再起。既赋形而终用,一蒙垢焉何耻?感利钝之有时兮,寄雄心于瞪视"。他在《酬元九侍御赠璧州鞭长句》中说:"多节本怀端直性,露青犹有岁寒心。"他以坚贞之心对待曲折、蹭蹬。

首先,刘禹锡有着昂奋的主体精神。他宏放通脱的哲学思想熔铸为诗的内涵,便显得深邃、颖脱。他在《问大钧赋》中说:"以不息为体,以日新为道。"事物的本体和运行规则生生不息,日新月异,强调了变化、更新,其见解相当杰出。这种哲学思想使得他在悼念故去的友人和安慰健在的友人时,注入了放达的情绪,表现了对人事更替的深切体认,《乐天见示伤微之敦诗晦叔三君子皆有深分因成是诗以寄》便是典型体现:"芳林新叶催陈叶,流水前波让后波。"他的诗充溢革故鼎新精神,如《杨柳枝词》(其一)写道:

塞北梅花羌笛吹,淮南桂树小山词。请君莫奏前朝曲,听唱新翻杨柳枝。

刘禹锡迭遭蹭蹬,但毫不屈服,傲然挺立,矢志不渝,他的诗中焕发着个性的光彩。他在大和六年(832)苏州刺史任上写有《乐天寄重和晚达冬青一篇因成再答》:

风云变化饶年少,光景蹉跎属老夫。秋隼得时凌汗漫,寒龟饮气受泥涂。东隅有失谁能免,北叟之言岂便无?振臂犹堪呼一掷,争知掌下不成卢。

诗题中的"晚达""冬青"指刘禹锡原先《赠乐天》中的句子:"在人虽晚达,于树似冬青。"虽属大器晚成,但像树中的冬青一样,已见其蓬勃壮心。在这首"重和"诗中,他再次表达了这一意愿。虽然自己像寒龟陷于泥涂,但心志却像秋隼一样企待有朝一日凌空飞翔。虽然失之东隅,却可以补之桑榆，塞翁失马安知非福，这都是企待之言、宽解之言、豁达之言。自己尚有余力像投骰子似的呼喊一声、挥臂一掷，焉知不会掌下现个头彩呢！他要奋力一搏，重现光彩，其志可谓大矣，壮矣，远矣！

刘禹锡的诗洋溢积极进取的向上精神，《同乐天登栖灵寺塔》云："步步相携不觉难，九层云外倚栏杆。忽然笑语半天上，无限游人举眼看。"他于永贞元年（805）被贬为朗州司马，时经十年，在元和十年（815）召回京城，写下了惹起新麻烦的《元和十年自朗州承召至京戏赠看花诸君子》，诗云："紫陌红尘拂面来，无人不道看花回。玄都观里桃千树，尽是刘郎去后栽。"诗中充满不平、不屈、不满、调侃之意，因为此诗，惹下了所谓"玄都观诗案"。据孟棨《本事诗·事感》："有素嫉其名者白于执政，又诬其有怨愤。他日见时宰，与坐，慰问甚厚，既辞，即曰：'近者新诗，未免为累，奈何？'"因此诗案，他出为连州刺史。到大和二年（828），又经过十多年，在他五十七岁时，回到长安。这回该吸取教训了吧，该低头、收敛了吧，他却不。他写下《再游玄都观并引》：

> 余贞元二十一年为屯田员外郎，时此观中未有花木。是岁出牧连州，寻贬朗州司马。居十年，召至京师。人人皆言有道士手植仙桃，满观如烁红霞，遂有前篇，以志一时之事。旋左出牧，于今十有四年，得为主客郎中。重游兹观，荡然无复一树，唯兔葵燕麦动摇于春风耳。因再题二十八字，以俟后游。时大和二年三月某日。
>
> 百亩中庭半是苔，桃花净尽菜花开。种桃道士今何处？前度刘郎今又来。

仍然表现了不买账、不低头的倔强态度，充满调侃情调。就在这一年，他写下《与歌者何戡》："二十余年别帝京，重闻天乐不胜情。旧人唯有何戡在，更与殷勤唱渭城。"仍念旧歌旧人旧情，正是不改初心初愿初衷的体现。他到晚年志向弥坚。《效阮公体三首》写道：

> 少年负志气，信道不从时。只言绳自直，安知室可欺？百胜难虑敌，三折乃良医。人生不失意，焉能慕己知？
>
> 朔风悲老骥，秋霜动鹫禽。出门有远道，平野多层阴。灭没驰绝塞，振迅拂华林。不因感衰节，安能激壮心？
>
> 昔贤多使气，忧国不谋身。目览千载事，心交上古人。侯门有仁义，灵台多苦辛。不学腰如磬，徒使甑生尘。

他从长期的挫折中领悟到世事之艰难,"三折肱知为良医",而他恰恰遭受了三次挫折。他认识到历史上名士多"使气"行事,"忧国不谋身",不知道保护自己,这就说明,刘禹锡晚年成熟了。但他仍然怀抱雄心壮志:"朔风悲老骥,秋霜动鸷禽。"

从高昂的精神、远大的理想出发,刘禹锡在审美意象的选择和塑造上多为雄猛高飞的苍鹰老雕。如上引的《效阮公体三首》中的"秋霜动鸷禽",如《始闻秋风》中的雕、马:

> 昔看黄菊与君别,今听玄蝉我却回。五夜飕飗枕前觉,一年颜状镜中来。马思边草拳毛动,雕盼青云睡眼开。天地肃清堪四望,为君扶病上高台。

《秋声赋》中有"鹰在韝而有情"。他的审美意象还有矫健凌厉的仙鹤,如《秋词》,在审美意象上寄托着审美主体自身的理想、愿望和激情。与之相对的,是为他的社会理想、审美理想所鄙夷的嗡嗡营营的飞蚊,变化万端的百舌鸟,如《聚蚊谣》《百舌吟》。

唐敬宗宝历二年(826),刘禹锡、白居易分别从和州刺史、苏州刺史任上罢归返洛阳,重逢于扬州。白居易作《醉赠刘二十八使君》:"为我引杯添酒饮,与君把箸击盘歌。诗称国手徒为尔,命压人头不奈何。举眼风光长寂寞,满朝官职独蹉跎。亦知合被才名折,二十三年折太多。"刘禹锡便写下《酬乐天扬州初逢席上见赠》一诗,诗曰:

> 巴山楚水凄凉地,二十三年弃置身。怀旧空吟闻笛赋,到乡翻似烂柯人。沉舟侧畔千帆过,病树前头万木春。今日听君歌一曲,暂凭杯酒长精神。

"沉舟"一联有对白诗"举眼风光长寂寞,满朝官职独蹉跎"的劝勉之意,正体现了刘禹锡豁朗达观的襟怀和精神,在更深的社会、美学意义上则体现了新旧代谢、吐故纳新的运行规则和美好前景。"人间荣谢递相催"[①],他以更为哲学理性的态度对待人事的盛衰、荣谢、更迭。在涉及人生、理想、前途上,刘禹锡比白居易的视点更高、襟怀更宽。除上首七律外,又有《苏州白舍人寄新诗,有叹早白无儿之句因以赠之》:"莫嗟华发与无儿,却是人间久远期。雪里高山头白早,海中仙果子生迟。于公必有高门庆,谢

---

① 刘禹锡:《秋扇词》。

守何烦晓镜悲。幸免如新分非浅,祝君长咏梦熊诗。"他写《酬乐天咏老见示》,劝诫白居易叹老的衰败意识。在白居易闹政治情绪时,刘禹锡常去劝导、宽慰。

有如此昂奋精神和积极进取的态度为支撑,刘禹锡便以此情感和审美情趣去面对自然界的审美现象。从宋玉《九辩》中"悲哉秋之为气也"开始,秋的性格便被定位为悲伤和哀怨,但刘禹锡却反言其调,说:"自古逢秋悲寂寥,我言秋日胜春朝。"他所描述的秋空景象是何等寥远:"晴空一鹤排云上,便引诗情到碧霄。"[①]独鹤与飞,却牵引诗的激情直上云霄;又是何等美丽,令人心情肃然澄清:"山明水净夜来霜,数树深红出浅黄。试上高楼清入骨,岂如春风嗾人狂。"[②]而且,"天地肃清堪四望"[③],天地肃清,更助于瞻望四方。他以昂扬的审美心态感应着"秋",做出反传统的全新阐解和审美体验。他的《秋声赋有序》亦写道:

> 相国中山公赋秋声,以属天官太常伯。唱和俱绝,然皆得时行道之余兴,犹有光阴之叹,况伊郁老病者乎?吟之斐然,以寄孤愤。
>
> 碧天如水兮宵宵悠悠,百虫迎暮兮万叶吟秋。欲辞林而萧飒,潜命侣以啁啾。送将归兮临水,非吾土兮登楼。晚枝多露蝉之思,夕蔓起寒蛩之愁。
>
> 至若松竹含韵,梧楸早脱。惊绮疏之晓吹,堕碧砌之凉月。念塞外之征行,顾闺中之骚屑。夜萤鸣兮机杼促,朔雁叫兮音书绝。远杵续兮何泠泠,虚窗静兮空切切。如吟如啸,非竹非丝,合自然之宫徵,动终岁之别离。废井苔冷,荒园露滋,草苍苍兮人寂寂,树械械兮虫唧唧。则有安石风流,巨源多可,平六符而佐主,施九流而自我。犹复感阴虫之鸣轩,叹凉叶之初堕。异宋玉之悲伤,觉潘郎之幺麽。
>
> 嗟乎!骥伏枥而已老,鹰在韝而有情。聆朔风而心动,盼天籁而神惊。力将痿兮足受绁,犹奋迅于秋声。

他明确表示,他的感受不同于宋玉对秋的悲伤,更觉得潘岳的渺小。鹰听到秋风劲吹而神志旺盛,眺望高洁的秋空而精神振奋,这显然是刘禹锡昂奋

---

① 刘禹锡:《秋词二首》(其一)。
② 刘禹锡:《秋词二首》(其二)。
③ 刘禹锡:《始闻秋风》。

精神状态的对象化体现。因此，他始终如一地保持一种良好的心态，至老弥坚、弥健。明代胡震亨《唐音癸签》说："刘禹锡播迁一生，晚年洛下闲废，与绿野、香山诸老，优游诗酒间，而精华不衰，一时以诗豪见推。"所谓"豪"是指刘禹锡的心态：精神不衰，豪气如虹。因此，他在晚年高亢嘹亮地唱道：

> 莫道桑榆晚，为霞尚满天。①

昂扬、向上的精神便成为刘禹锡诗美的主旋律和基调。

其次，刘禹锡具有苍凉的怀古意识。他的怀古诗在唐代怀古诗中有着独特的审美地位。诗人在发掘深沉的历史意识和审美意识上，在撷取意象表达意识上，在时空结构的处理上，都有创新性成就，遂成为刘禹锡诗美的重要标识。例如《西塞山怀古》，不是复述一段历史故事，而是对其加以审美。他把"王濬楼船下益州"与"金陵王气黯然收"，把"千寻铁锁沉江底"与"一片降幡出石头"的历史故实加以拼接，形成富于审美意味的历史画面。他把人事变革的时间流逝与空间不变即所谓"山形依旧"加以恰当的组合对照，形成时空反差性的结构。再用"故垒萧萧芦荻秋"的萧瑟氛围和景象的描述、渲染，浓化了诗的历史沉思感。

刘禹锡的《金陵五题》第一首《石头城》写道：

> 山围故国周遭在，潮打空城寂寞回。淮水东边旧时月，夜深还过女墙来。

白居易看了这首诗以后评价极高，说："吾知后之诗人不复措词矣！"此诗的审美功力就在于貌似一首写景诗，但蕴含深重的历史沧桑感和诗人幽婉郁丽的美学伤感情绪。诗题是再平实不过、没有任何色彩和情感的地名——石头城，诗人在平实之中灌注了不是轻易就能体察出来的情感。他描述的潮水拍打空城，幽丽月色穿过淮水，在夜深时分，临照到城墙之上的惨淡意象及其在意象中所透现出来的凄越氛围，都给石头城蒙上了一层冷清的色调。诗人着力显示一切过去和现在均存在的景象，山围故国、潮打空城、淮水明月、夜深女墙，但是突出了其中的"故""空""旧"等古今时态、空间景观的巨大差异，也就从这里透溢出那深沉的历史伤感情绪。第二首《乌衣巷》：

> 朱雀桥边野草花，乌衣巷口夕阳斜。旧时王谢堂前燕，飞入寻

---

① 刘禹锡：《酬乐天咏老见示》。

常百姓家。

诗人从一幅极为寻常的意象图景中揭示了深重的历史沧桑感，从燕子辞离过去的王、谢大家而进入寻常百姓之家的独特现象中发掘了兴衰变更的历史性内涵。而这一现象又在朱雀桥边长满野草、开满野花的环境描述和乌衣巷口夕阳西斜的苍凉氛围渲染下，增添了凄清和黯淡的色调。第三首《台城》：

> 台城六代竞豪华，结绮临春事最奢。万户千门成野草，只缘一曲后庭花。

在当年极端豪华的结绮楼、临春阁与今日"万户千门成野草"的巨大反差中，以"只缘一曲后庭花"，挑开了历史巨变的原因，表明了诗人的历史体认。其他两首亦是诗人对南朝衰亡的评说。

《金陵怀古》的五言律诗写道："潮满冶城渚，日斜征虏亭。蔡洲新草绿，幕府旧烟青。兴废由人事，山川空地形。后庭花一曲，幽怨不堪听。"诗中前两联所点示的地名冶城、征虏亭、蔡洲、幕府山，都曾经发生过历史事变，因此也就负载了厚重的历史内容。由此他推导出一个有深邃意味的历史命题，山川险要，徒具地形而已，不能作为屏障，兴废更迭，取决于"人事"。而《后庭花》作为亡国象征的曲子，令人不堪卒听。诗句所满含的诗人对现实的针砭意味蕴蓄在凄楚的审美氛围中。

刘禹锡的怀古诗厚实、凝重，审美意味深长，善于选取具有历史感的意象，以诗人对历史事变的独特性体认为精髓，表现出深重的历史沉思感和咏叹有情的审美感。

再次，刘禹锡诗有轻盈的俚俗情调。这部分诗歌的审美情调要比怀古诗轻松多了。刘禹锡受到江南文化的影响，特别是民歌的影响，创作了民歌体或仿歌体的作品，出现清新自然的审美格调和浓郁的生活气息。在这些作品中诗人的审美技巧特别活泼多样，显示了审美的机智。《竹枝词九首》的引言曾谈到他学习和接受民歌的缘由和经过：

> 四方之歌，异音而同乐。岁正月，余来建平，里中儿联歌《竹枝》，吹短笛，击鼓以赴节。歌者扬袂睢舞，以曲多为贤。聆其音，中黄钟之羽。其卒章激讦如吴声，虽伧儜不可分，而含思宛转，有淇、澳之艳音。昔屈原居沅、湘间，其民迎神，词多鄙陋，乃为作《九歌》，到于今，荆、楚歌舞之。故余亦作《竹枝词》九篇，俾善歌者扬之，附于末。后之聆巴歈，知变风之自焉。

"含思宛转"是刘禹锡对民歌《竹枝词》的审美评价。他学习和吸收了《竹枝词》抒情性、表情性的审美素质和审美传达手段。例如《竹枝词二首》（其一），表层意象似乎是一种自然景象，雨晴相间，其气象特征"道是无晴还有晴"。诗人极为巧妙地利用"晴"与"情"的谐音双关，将之化为一首情爱诗，玲珑剔透地表达了爱侣间微妙复杂的情感心态。《竹枝词九首》（其二），巧用比兴手法，把少女初恋时的担心和内心的愁思传送出来，显得真切动人。民歌中常用谐音、比兴等手法，诗人借用过来顷刻生发出盎然的审美趣味。这些审美描述给唐诗美学增添了新的内容、新的景象、新的色彩，也给唐诗美学带进了富于本色的美学新风：轻盈、佻达、情味横溢。

刘禹锡向民歌体学习不是形成浮表的意象结构，而是在深度上表现出独特的命意。例如《杨柳枝词》（其一）："塞北梅花羌笛吹，淮南桂树小山词。请君莫奏前朝曲，听唱新翻杨柳枝。"蕴含其中的是前进、革新精神。《竹枝词九首》（其七）："瞿塘嘈嘈十二滩，人言道路古来难。长恨人心不如水，等闲平地起波澜。"诗人对世间险恶的人生体验借助于巧妙的比喻，表现得至为深隽。《浪淘沙九首》（其六）："日照澄洲江雾开，淘金女伴满江隈。美人首饰侯王印，尽是沙中浪底来。"对劳动者的赞美，对贪欲者的抨击，分外警策动人。

最后，他的诗有精致的审美描述。刘禹锡诗的审美描述清新、凝练、精致。七绝《望洞庭》兼得壮美和柔美，且融为一体，化为和谐的审美形式。"白银盘里一青螺"，诗人将浩渺的湖水、苍翠的君山，化大为小，而山水二色又恰成对比映衬，于此，壮丽就寓于柔媚之中，壮柔兼美。《巫山神女庙》从巫山十二峰上挺拔娟秀的"片石"展开想象，将其幻化成亭亭玉立的"女郎"。在神女的形象上又透现出山峰的绝色风光。十二座山峰上树木茂密"郁苍苍"，神女峰高耸挺拔，晓雾迷漫，乍开乍合，山花繁多，将残将谢，散发出阵阵异香，富于鲜明的自然美。其美的形态，不是表现为雄奇，而是秀美，具有神女峰独特的个性色彩。如果跟李贺同样审美对象的《巫山高》做比较，就可以看出风格的差异。李贺诗写道："碧丛丛，高插天，大江翻澜神曳烟。楚魂寻梦风飕然，晓风飞雨生苔钱。瑶姬一去一千年，丁香筇竹啼老猿。古祠近月蟾桂寒，椒花坠红湿云间。"李诗浓郁而瑰丽，整个景象的色彩和用语戛戛独造。"风飕然""蟾桂寒"，猿为"老"，红为"坠"，缥缈意象中饱含凝重、沉坠感，奇崛幽峭中别有秋丽凄老的风调。

而刘诗轻灵秀娟，潇洒自如，通篇对神女峰加以人格化的塑造。这种差异反映了刘、李二人审美趣味和感受的差异。

刘禹锡的《九华山歌》写得奇崛夭矫，而其"引"分外值得注意。他"惜其地偏且远，不为世所称，故歌以大之"。这是新的审美发现，刘禹锡发现了九华山的美，惋惜其"不为世所称"，特意"歌以大之"，集中体现了他的自然山水美学观。

刘禹锡和柳宗元一样，不是别立一派，另创一体，而是在诗本身的审美创造上不断精进，赋予诗美以更丰富的形态与内涵，正如胡震亨《唐音癸签》所评价的那样："禹锡有诗豪之目。其诗气该今古，词总华实，运用似无甚过人，却都惬人意，语语可歌，真才情之最豪者。"

第三十二章 白居易

差不多在韩孟诗派崛起的同时，出现了元白诗派和元和体。元白诗派的最根本特征是诗的通俗化审美倾向，诗的现实性服务功能以及诗的审美表达上的平易浅近。它具有作为诗歌流派的性质、内容、论述纲领，流派特征显著；它形成了一种新的审美方向，在审美表达方式上恰与韩孟相反，是另一种路数，其思潮性质突出。中唐之变在元白诗派上得到了另一种形态的体现。作为这一诗美学流派、体式、思潮的主要创立者的白居易，其文化—审美心理可谓中国士大夫文化—审美心理之典型体现。可以说，到白居易，中国士大夫文化—审美心理才算成熟。在这之前，嵇康、阮籍、陶潜、李白等人只能说是具备了中国士夫文化—审美心理的部分特征，而能够游刃有余地把中国士子所面临的诸种内外矛盾处理得融通有机，始终保持着一种良好的心理状态，白居易是第一人。此后才有苏轼。白居易在唐代美学史以至整个中国美学史上有着极重要之地位，构成一种现象。

第一节 文化—审美心理二元组合

白居易文化、文学、美学思想纲领性论文——《与元九书》作于元和十年（815）冬，其时白居易四十四岁。是年八月他被贬为江州司马，冬初到江州，腊月自编诗集十五卷。一般均认为，贬谪江州是白居易思想的转折时期。《与元九书》写于这一时期，并非偶然。贬谪江州有了闲暇来从事这项工作，更有闲适的心态来总结自己文学美学的实践历程和经验。当他春风得意、踌躇满志时，不会这样做，他没这种心情，他正忙于阐述政治主张的

《策林》的写作，对文学的审美经验还无心顾及。《与元九书》写于江州本身就反映了白居易心态的变化。

《与元九书》虽是一篇文学美学论文，但白居易却在其中淋漓尽致地表述了自己的人生理想和处世之道。他写道：

> 古人云："穷则独善其身，达则兼济天下。"仆虽不肖，常师此语。大丈夫所守者道，所待者时。时之来也，为云龙，为风鹏，勃然突然，陈力以出；时之不来也，为雾豹，为冥鸿，寂兮寥兮，奉身而退。进退出处，何往而不自得哉？故仆志在兼济，行在独善，奉而始终之则为道，言而发明之则为诗。谓之讽谕诗，兼济之志也；谓之闲适诗，独善之义也。故览仆诗，知仆之道焉。

他意在提醒人们，要从他的"诗"去了解他的"道"，"诗"与"道"之间有一个互相对应的结构："兼济"之于"讽谕诗"，"独善"之于"闲适诗"。由此，便有了一个重要发现和确定：白居易现象是二元组合体，体现在思想精神、美学理论、文学审美创作三个层面上，而这三者又是互相连贯、互相体现的。

《孟子·尽心上》有言："穷则独善其身，达则兼济天下。"这为中国士大夫提供了极富于弹性和极为圆通的人生理想、信条、处世之道，进而熔铸为他们的文化心理结构。在唐代，李白《代寿山答孟少府移文书》也曾原样引用这两句，并进一步阐释道："申管晏之谈，谋帝王之术，奋其智能，愿为辅弼，使寰区大定，海县清一，事君之道成，荣亲之义毕，然后与陶朱、留侯，游五湖，戏沧洲，不足为难矣。"李白所描述的人生理想尽管也原文照录孟子的这两句话，但是他的阐释和申说却仅仅是沿着"达"的思路进行和伸展的。"达"时做辅弼之才，"使寰区大定，海县清一"，等到"事君""荣亲"的事业完成和风光之后，才去隐居。其图式是先入后出、先仕后隐，而白居易则是交错进行，或入或出，或仕或隐，根据"穷""达"的具体情况来确定，并没有前后性的时间顺序。这就相当圆通了。其认识比起李白来要复杂得多。李白还有点天真气，属于线性思维，白居易则要老成得多，甚至老辣得多了。他已把这一条运用得相当娴熟和绰有余裕了，甚至成为一种心智和心术。他在《读谢灵运诗》中也写道："通乃朝廷来，穷即江湖去。"而其中最重要的是，有所待。"所待者时"，根据"时"——时势、时运来安排自己的出处仕隐。"时之来也"，就"为云龙，为凤鹏，勃然突然，陈力以出"，一旦"时之不来也"，便"为雾豹，为冥鸿，寂兮寥兮，奉身而退"。对时势、时运，对进退仕隐的处置何等灵活，他不无得意地说："进退出处，何往而不自得哉？"大有庖丁解牛"提刀而立，为之四顾，为之踌躇满意"的神态。在这之前，似乎还没有人达到这样从心所欲的境界。他对"志""行""奉""言"四者之关系做了全面论述，形成了一个完整的结构："志在兼济，行在独善，奉而始终之则为道，言而发明之则为诗。"他特意强调了"志""行""道"与"诗"的关系，也就是需要借助于文学审美形式加以传载，不使自己的心志架空，不可捉摸，而是形成某种载体，诗人的内心理想、意愿与文学的审美活动便形成了联系。白居易还对不同的诗与不同的志加以对应，"谓之讽谕诗，兼济之志也；谓之闲适，独善之义也"。他告诉人们，"览仆诗，知仆之道焉"。诗成为诗人之"道"、之"志"的表征。在白居易以"穷""通"为基本框架的二元结构中有着多种文化、审美维度。

白居易达而兼济时，颇为得志；穷而独善时，又活得潇洒。他身上有着中国士子与生俱来的社会责任感、功名观、对皇恩的酬报心理等。《旧唐书》本传称其"自以逢好文之主，非次拔擢，欲以生平所贮，仰酬恩造"。他在《题旧写真图》中遗憾满腹地说："所恨凌烟阁，不得画功名。"他在介入政治，"兼济天下"时表现得相当投入。元和初年，白居易与元稹集中精力、心志思考社会的诸般问题。他写有七十五篇策林，可以说是对社会问题的全方位观照，体现了他的政治热情，涉足政治的实际行动。《策林》六十八提出："惩劝善恶之柄，执于文士褒贬之际焉；补察得失之端，操于诗人美刺之间焉。"《策林》六十九说："圣王酌人之言，补己之过，所以立理本、导化源也，将在乎选观风之使，建采诗之官，俾乎歌咏之声，讽刺之兴，日采于下，岁献于上者也。"元和三年（808）他任左拾遗，立刻表现出强烈的责任感，上书唐宪宗李纯说："倘陛下言动之际，昭令之间，小有过阙，稍关损益，臣必密陈所见，潜献所闻。"[1]他的实际表现证明了他确实是尽职尽力，大胆直言，犯颜逆鳞，指摘时弊，触及时事。《旧唐书》本传曾载："谏官上章者十七八，居易面论，辞情切至。既而又请罢河北用兵，凡数千百言，皆人之难言者，上多听纳。惟谏承璀事切，上颇不悦，谓

---

[1] 白居易：《初授拾遗献书》。

李绛曰：'白居易小子，是朕拔擢致名位，而无礼于朕，朕实难奈！'"

他创作有《秦中吟》《新乐府》等五十首讽喻诗。《伤唐衢》集中地表述了自己作为谏官"但伤民病痛，不识时忌讳"的无畏精神。组诗表达了现实性美学精神，以及被"贵人"所"怪怒"，被"闲人"所"非訾"，自己孤独的处境、心态。《与元九书》也曾说道："岂图志未就而悔已生，言未闻而谤已成。"可见他带有中国士人做言官、谏官后的率直劲乃至傻劲，赤诚而缺少防范，单纯而绝少世故。这是白居易身上最可爱、最闪光之所在。

元和六年（811）白居易因母丧回乡守制，三年后即元和九年（814）冬天，期满回朝，任赞善大夫，是个闲职。他颇为不满。元和十年（815）他因越职奏事，被贬为江州司马。他在《江州司马厅记》中说，江州司马这种官职"进不课其能，退不殿其不能，才不才一也。若有人蓄器贮用，急于兼济者，居之虽一日不乐；若有人养志忘名，安于独善者，处之虽终身无闷"。他是以"兼济"与"独善"的人生理想为坐标来评价江州司马这一闲职的。这一职务正适合于"独善其身"，也便消蚀了政治激情。他在《琵琶行》中表达了天涯沦落之感，在《放旅雁》中描述了人鸟共有的伤离之处境："我本北人今谴谪，人鸟虽殊同是客。"他在这段时期心态特别伤感，极易睹物伤怀，特别怀念友人，如《山石榴寄元九》。他听山鹧鸪啼叫，引发乡关之思，写下《山鹧鸪》诗。在这样的处境和心境下，他独善其身了。这是极富思想逻辑性的演变和摆动。

元和十一年（816），也就是他被贬为江州司马的第二年秋天游庐山时，看到香炉峰与遗爱寺之间的秀丽风光，便萌发了在其间建造草堂的念头。元和十二年（817）草堂落成，他写下《草堂记》，集中表述了他的闲适归隐心态。"乐天既来为主，仰观山，俯听泉，傍睨竹树云石，自辰及酉，应接不暇。俄而物诱气随，外适内和，一宿体宁，再宿心恬，三宿后颓然嗒然，不知其然而然。"此时他对于政治、经国大事已冷若冰霜了，他对现在这样一个环境挺满意、挺舒心，表示别无所求了："天与我时，地与我所，卒获所好，又何以求焉？"他对未来自己的"出处行止"做了这样的设计："待予异日弟妹婚嫁毕，司马岁秩满，出处行止，得以自遂。则必左手引妻子，右手抱琴书，终老于斯，以成就我平生之志。"

此后，他任忠州刺史，任杭州刺史，沉醉于风光绮丽的西湖山水之中。"皇恩只许住三年"，在即将离任之际，他怀着深深的眷念写下《春题湖上》，说："未能抛得杭州去，一半勾留是此湖。"他离别杭州，可谓一步三回首。后改任苏州刺史，在这一任上，他那"达则兼济天下"的热情又被激发出来，"以兹万报效，安敢不躬亲"，以至"经旬不饮酒，逾月未闻歌"，勤于职守，"朝亦视簿书，暮亦视簿书"。但是疲于奔命式的衙门生活，又使得他颇为厌倦，于是便离职，此后虽做过秘书监之类的官，但终于在会昌二年（842）彻底退休，闲居洛阳，跟香山寺僧人结香火社，自号香山居士。但他又不是一名纯粹的佛教徒，"应是世间缘未尽，欲抛官去尚迟疑"[①]。他晚年的十八年，崇尚佛教，沉湎酒色，在洛阳郊外龙门建有白园，在那里颐养天年。

关于白居易的生活方式，有所谓"元白风情"的说法。白居易狎妓，《西湖留别》中便记有杭州"红藕花中泊妓船"的经历。风流才子元稹写有《梦游春》，白居易的和诗写道："昔君梦游春，梦游仙山曲。恍若有所遇，似惬平生欲。因寻菖蒲水，渐入桃花谷。"这里所写的就是逛妓院亲历亲验的生活。

他未老先衰，诚然跟勤奋刻苦读书写诗作文有关（《与元九书》曾写"二十已来，昼课赋，夜课书，间又课诗，不遑寝息矣"），但不可讳言，也跟他纵欲相关。在四十多岁的盛年已呈老态，"既壮而肤革不丰盈，未老而齿发早衰白，瞥瞥然犹如飞蝇垂珠在眸子中也，动以万数"[②]。他还炼丹吃药。"专心在铅汞，余力工琴棋。静弹弦数声，闲饮酒一卮。"[③]这些构成了他独善其身的生活中不大为人所道及或为贤者隐的另一面。白居易的一生确实从容自如地处置"达"与"穷"中"兼"与"独"的关系。有了这样的调节器，他就进退毫不窘迫；他就保持着一种良好的平衡感，在人生之路上避害趋利。白居易《中隐》诗极其深刻地描述了隐逸文化的制衡心态："大隐住朝市，小隐入丘樊。丘樊太冷落，朝市太嚣喧。不如作中隐，隐在留司官。……人生处一世，其道难而全。贱即苦冻馁，贵则多忧患。唯此中隐士，致身吉且安。穷通与丰约，正在四者间。"《郡亭》写道："山林太寂寞，朝阙空喧烦。唯兹郡阁内，嚣静得中间。"《闲题家池寄王屋张道士》说："进不趋要路，退不入深山。深山太濩落，要路多险艰。"白居易

---

① 白居易：《萧相公宅遇自远禅师有感而赠》。
② 白居易：《与元九书》。
③ 白居易：《同微之赠别郭虚丹炼师五十韵》。

把中国的隐逸文化思想推进到一个新的阶段。他在大隐与小隐之间寻找到一个中间点，即"中隐"，这是他这一阶层的士大夫寻找自己生活方式的最佳选择和定位，是处理"达""穷"与"兼济""独善"总体关系的具体化。

在"兼济"与"独善"上，他的倾向主要在"兼济"上。他在"兼"上有许多具体行为，更有明确的社会理想。《新制布裘》曰："丈夫贵兼济，岂独善一身。安得万里裘，盖裹周四垠。稳暖皆如我，天下无寒人。"颇有杜甫大庇寒士的味道。即使在他彻底赋闲的晚年也是念念不忘"百姓多寒无可救，一身独暖亦何情""争得大裘长万丈，与君都盖洛阳城"。

他有着较强的自我反省意识。《观刈麦》中看到田家收麦的辛劳，不禁引起自我反省，"今我何功德，曾不事农桑。吏禄三百石，岁晏有余粮。念此私自愧，尽日不能忘"。晚年恬适自安时，想到"穷途绝粮客，寒狱无灯囚"，便"抚心但自愧"。

他有着较好的平衡心态。《吟四虽杂言》说："年虽老，犹少于韦长史。命虽薄，犹胜于郑长水。眼虽病，犹明于徐郎中。家虽贫，犹富于郭庶子。"他有一种知足感，遂能形成心态的平衡和自安，《与元九书》就表述了这种心态。有一种"安"的意识，随遇而安，一旦能寻找到安顿自己生活和灵魂的环境，他便心安意适了。《醉吟先生传》说："台榭舟桥，具体而微，先生安焉。"

在个人处境不善和出现厄运时，他善独处，寻求自我乐趣和心灵安慰，表现出跟韩愈不同的生活态度。宋代方勺《泊宅编》卷一说："韩退之多悲，诗三百六十首，哭泣者三十首；白乐天多乐，诗二千八百首，饮酒者九百首。"他自号"乐天"不是没有缘由的。《少年问》写道："号作乐天应不错，忧愁时少乐时多。"他乐天而知命，因此对传统的人格范本，如屈原表示了不解并与之分道扬镳。《咏怀》写道："自从委顺任浮沉，渐学年多功用深。"他练就了一身好"功夫"："面上灭除忧喜色，胸中消尽是非心。"于是，他对屈原就不以为然了："长笑灵均不知命，江篱丛畔苦悲吟。"他走着一条完全不同于屈原行吟泽畔的道路。他寻求精神的释放、心灵的安放，《池上竹下作》说："何必悠悠人世上，劳心费目觅亲知？"《咏拙》描画了自己"乐处"式的生活："优哉复游哉，聊以终吾身。"他给自己设计和安排的生活是一种疏慵、无所事事的生活，《食后》写道："食罢一觉睡，起来两瓯茶。举头看日影，已复西南斜。"时光就这样被打发和消遣掉了。疏慵已成为他的生活基调和情趣，是一种生活状态和精神状态。《咏慵》就曾描述自己的疏慵情状，这种生活已近乎冬眠状态了。

白居易知足心态正是中国寒族士子心态和人生精神、理想的典型体现。赵翼《瓯北诗话》就正确而敏锐地发现了这一点。"香山出身贫寒，故易于知足。少年时《西归》一首云：'马瘦衣裳破，别家来二年。忆归复愁归，归无一囊钱。'《朱陈村》诗云：'忆昨旅游初，迄今十五春。孤舟三入楚，羸马四经秦。昼行有饥色，夜寝无安魂。'可见其少时奔走衣食之苦矣。故自登科第，入仕途，所至安之，无不足之意……可见其苟合苟完，所志有限，实由于食贫居贱之有素，泛可小康，即处之泰然，不复求多也。"小康即足，小富而安，不思追求，不求高达，正是寒族士子的生活愿望和心理状态。

从白居易身上可以看出中唐时期士子们的心态变化。所谓中唐人更会生活，即从这里开始。白居易的心理现象，作为一种现象有着极其重要的意义，对于宋及宋以后的士子心态产生了极其深刻的影响。自此，士子们浪漫气息减少，现实精神增多；理想色彩淡化，现时执着强化。苏轼《池上二首》中的两句诗就集中代表了这一变化了的文化心理："不作太白梦日边，还同乐天赋池上。"他们远离了李白的浮想情结，认同乐天的享乐思想。在中国士大夫文化心理演变历程上，白居易是一座里程碑，其文化心理为后代所认同。据《苕溪渔隐丛话·前集》卷二一所载："东坡平日最爱乐天之为人，故有诗云：'我甚似乐天……'。又，'我似乐天君记取，华颠赏遍洛阳春'。又，'他时要指集贤人，知是香山老居士'。又，'定似香山老居士，世缘终浅道根深'。"南宋虞俦在《读白乐天诗集》中更是把白居易奉为师表："大节更思公出处，寥寥千载是吾师。"

第二节 美学论述二元结构

相承于文化—审美心理的二元结构，白居易在美学论述上也是二元化的。他高度重视文学服务和干预现实的致用功能。文学的致用功能虽然是中国美学之传统，但在六朝出现了断层，到隋唐则重新接轨，陈子昂首举旗帜，杜甫进一步发展，元结、顾况承之，终于在中唐形成了一股标明为新乐府运动实质上是以现实性为内涵的美学潮流。这股美学思潮把中国美学的现实致用传统推向了又一高峰。它包含美学精神和创作方法两大层面。白居易《新乐府序》中明确说：

> 总而言之，为君、为臣、为民、为物、为事而作，不为文而作也。

文学所发挥的不是独立自主的审美功能，而是为别种对象服务的，其便丧失了它所应具备的美学地位。《策林》六十八《议文章碑碣词赋》、《策林》六十九《采诗以补察时政》对于文学与现实政治关系的看法并未超过先秦时代的美学认知水平，他认为诗是时代、社会盛衰的标志。白居易致用性美学思想的核心是"救济人病，裨补时阙""泄导人情""补察时政"，强调文学的社会、政治作用和功能。在思想渊源上，他的上述论述来之于先秦致用美学，但又不是简单的重复和原话套用，他有自己的阐解和深化。

其一，更充分地加以展开。虽然他的不少看法来自《毛诗序》，但结合了自己对美学史上一些现象的阐解，如《策林》六十九《采诗》。从这一前提出发，他对风花雪月做出了服务于自己论述核心的解阐。《与元九书》说："风雪花草之物，三百篇中岂舍之乎？顾所用何如耳。设如'北风其凉'，假风以刺威虐也；'雨雪霏霏'，因雪以愍征役也；'棠棣之华'，感华以讽兄弟也；'采采芣苢'，美草而乐有子也。"

其二，白居易的致用性美学思想不仅来之于对传统美学的认知，而且来之于他自身的创作实际，成为他审美经验的某种总结。《与元九书》写道："自登朝来，年齿渐长，阅事渐多，每与人言，多询时务，每读书史，多求理道，始知文章合为时而著，歌诗合为事而作。"他以自己的切身经验印证了传统美学理论，并做出新的概括。

其三，在讽喻美刺上，白居易的理论更倾向于"刺"。《采诗官》写道：

> 采诗官，采诗听歌导人言。言者无罪闻者诫，下流上通上下泰。周灭秦兴至隋氏，十代采诗官不置。郊庙登歌赞君美，乐府艳词悦君意。若求兴谕规刺言，万句千章无一字。不是章句无规刺，渐及朝廷绝讽议。诤臣杜口为冗员，谏鼓高悬作虚器。一人负扆常端默，百辟入门皆自媚。夕郎所贺皆德音，春官每奏唯祥瑞。君之堂兮千里远，君之门兮九重閟。君耳唯闻堂上言，君眼不见门前事。贪吏害民无所忌，奸臣蔽君无所畏。君不见厉王、胡亥之末年，群臣有利君无利。君兮君兮愿听此，欲开雍蔽达人情，先向诗

歌求讽刺。

借助于"刺",也就是猛烈、尖锐而刺激,振聋发聩,形成强有力的效果。

其四,总结了中国文学美学史上的经验。《序洛诗》:

> 予历览古今歌诗,自风骚之后,苏、李以还,次及鲍、谢徒,迄于李、杜辈,其间词人,闻知者累百,诗章流传者钜万。观其所自,多因谗冤遣逐、征戍行旅、冻馁病老、存殁别离。情发于中,文形于外;故忧怨伤之作,通计古今,什八九焉。

他对历代"六义"的演变情形做了富于史感的描述:

> 洎周衰秦兴,采诗官废,上不以诗补察时政,下不以歌泄导人情。乃至于谄成之风动,救失之道缺。于时六义始刓矣。

> 国风变为骚辞,五言始于苏、李。苏、李、骚人,皆不遇者,名系其志,发而为文。故河梁之句,止于伤别;泽畔之吟,归于怨思。彷徨抑郁,不暇及他耳。然去《诗》未远,梗概尚存。故兴离别则引双凫一雁为喻,讽君子小人则引香草恶鸟为比。虽义类不具,犹得风人之什二三焉。于时六义始缺矣。

> 晋、宋以还,得者盖寡。以康乐之奥博,多溺于山水;以渊明之高古,偏放于田园。江、鲍之流,又狭于此。如梁鸿《五噫》之例者,百无一二焉。于是六义寝微矣,陵夷至于梁、陈间,率不过嘲风雪,弄花草而已……然则"余霞散成绮,澄江净如练""离花先委露,别叶乍辞风"之什,丽则丽矣,吾不知其所讽焉。故仆所谓嘲风雪,弄花草而已。于时六义尽去矣。

> 唐兴二百年,其间诗人不可胜数。所可举者,陈子昂有《感遇诗》二十首,鲍防有《感兴诗》十五首。又诗之豪者,世称李、杜。李之作,才矣奇矣,人不逮矣,索其风雅比兴,十无一焉。杜诗最多,可传者千余首,至于贯串今古,觑缕格律,尽工尽善,又过于李。然撮其《新安吏》《石壕吏》《潼关吏》《塞芦子》《留花门》之章,"朱门酒肉臭,路有冻死骨"之句,亦不过三四十首。杜尚如此,况不逮杜者乎!

他所描述的"六义"演化过程就是其陵夷、衰微的过程。他也谈到唐代的状况,只有陈子昂等个别诗人达到"六义"的标准。对于李杜二位"诗之豪者",他认为,李"风雅比兴,十无一焉",不足提及;而杜诗虽多,但真正有风雅比兴的，数量甚少。在这样的历史背景和现实状况下，他"常痛诗道崩坏，忽忽愤发，或食辍哺、夜辍寝"，表示要挺身而出，"欲扶起之"，重修诗道。因此，他的美学致用论是在总结美学史经验之后自我赋予历史责任感的基础上建立起来的。

其五，确立坚持这一美学论述的勇气。《寄唐生》说："惟歌生民病，愿得天子知。"这是他"兼济天下"的一个重要思想。为了达到这一目的，他"甘受时人嗤""不惧权豪怒，亦任亲朋讥"。他在《与元九书》中具体描述了自身处境："凡闻仆《贺雨诗》，而众口籍籍，已谓非宜矣。闻仆《哭孔戡》诗，众面脉脉，尽不悦矣。闻《秦中吟》，则权豪贵近者相目而变色矣。闻乐游园寄足下诗，则执政柄者扼腕矣。闻宿紫阁村诗，则握军要者切齿矣。大率如此，不可遍举。不相与者号为沽名，号为诋讦，号为讪谤。"而"不我非者，举世不过三两人"。知音何其少，心境何其孤独！但他无怨无悔，"始得名于文章，终得罪于文章，亦其宜也"，又是何等坦然！他从妓女因诵得《长恨歌》而增价的事实中，从"长安抵江西，三四千里，凡乡校、佛寺、逆旅、行舟之中往往有题仆诗者，士庶、僧徒、孀妇、处女之口每每有咏仆诗者"的现象中得到极大安慰。

其六，审美方法上首先重视对对象的忠实，"直笔""核实"描述。《策林》六十八《议文章碑碣词赋》说："书事者罕闻于直笔，褒美者多睹其虚辞。"他把"核实"的方法和"道"联系起来，认为"今褒贬之文无核实，则惩劝之道缺矣"。在《新乐府序》中说："其事核而实，使采之者传信也。"《秦中吟序》又具体谈道："贞元、元和之际，予在长安，闻见之间，有足悲者，因直歌其事，命为《秦中吟》。"为了达到讽喻的目的，就在艺术上不做过高的要求，"非求宫律高，不务文字奇"[1]。这也是他这类诗审美艺术性不大高的原因所在。

另一个审美上的创作方法是"兴发于此而意归于彼"[2]。为了突出讽喻的致用、教化功能，他反对那种纯粹的风花雪月的作品，因为它们没有任何的寓意讽义。"'余霞散成绮，澄江净如练''离花先委露，别叶乍辞风'之什，丽则丽矣，吾不知其所讽焉。"他认为，风花雪月可以写，但不是写其本身，而是要在其中寓含讽义，这便是他对"兴"所

---

[1] 白居易：《寄唐生》。
[2] 白居易：《与元九书》。

做的天才发挥——"兴发于此而意归于彼"。

经世致用的另一面则是"独善其身"中的美学主张。他在《与元九书》中认为自己:"今之迍穷,理固然也。""况诗人多蹇,如陈子昂、杜甫,各授一拾遗,向迍剥至死。李白、孟浩然辈不及一命,穷悴终身。近日孟郊六十,终试协律;张籍五十,未离一太祝。彼何人哉,彼何人哉!况仆之才又不逮彼!"一旦他"穷"下来,便很快地适应或安排了另一种生活——闲适,并且对体现闲适情调的闲适诗做了这样的解释:"又或退公独处,或移病闲居,知足保和、吟玩情性者一百首,谓之闲适诗。"《序洛诗》写道:

> 在洛凡五周岁,作诗四百三十二首。除丧期、哭子十数篇外,其他皆寄怀于酒,或取意于琴,闲适有余,酣乐不暇。苦词无一字,忧叹无一声。岂牵强所能致耶?盖亦发中而形外耳。斯乐也,实本之于省分知足,济之以家给身闲,文之以觞咏弦歌,饰之以山水风月。此而不适,何往而适哉?兹又重吾乐也。

他把闲适诗的产生归结为"寄怀于酒""取意于琴"。在闲适诗中他承认:"苦词无一字,忧叹无一声。"他认为,这不是"牵强所能致"的,而是自然而然发生的,"发中而形外"的。他感到,这也是一种"乐",它"本之于省分知足,济之以家给身闲,文之以觞咏弦歌,饰之以山水风月"。这种境界在他看来,为闲适之极致:"此而不适,何往而适哉?"可见他在审美理想上是把闲适诗和讽喻诗同等看待的。

"兼""独""讽喻""闲适"的调节使白居易在生活和审美中处于一种自适的心理状态。在他看来,完全可以从容裕如地调节自己因处境所产生的心理冲突,不必固守于某一点,钻牛角尖,死脑筋,完全不必像屈原那样为坚持自己的"道"而沉身汨罗。士大夫已经寻找到了自己生活和生命的调节器。前引《咏怀》诗,表明了他对屈原的不可理解,在《咏家酝十韵》中他把对屈原的嘲笑和自己的人生选择结合起来:"独醒从古笑灵均,长醉如今学伯伦。""能销忙事成闲事,转得忧人作乐人。"他做"乐人",成"闲事",处于闲适状态,就不致走屈原那样的路,就可以避免生存、生命危机。他在闲适情调上所欣赏和崇尚的是陶渊明、韦应物。《题浔阳楼》诗写道:"常爱陶彭泽,文思何高玄。又怪韦江州,诗情亦清闲。"韦应物诗美中别含讽义,正契合其美学思想:"韦苏州歌行,才丽之外,颇近兴讽。"

他在《醉吟先生传》中对闲适之士的形象做了栩栩如生的描画：

> 往往乘兴，屦及邻，杖于乡，骑游都邑，肩舁适野。舁中置一琴，一枕，陶、谢诗数卷，舁竿左右，悬双酒壶。寻水望山，率情便去；抱琴引酌，兴尽而返。

这实际上是他的自画像，夫子自道。他对闲适之论的阐述也头头是道。他对人生理想确有两手，两手抓，两手都灵活自如。这样，他在美学论述上就恰当地对各自的特征及其转换做出揭示和处置，体现出人生的智慧。

第三节 审美创作二元形态

跟前述文化审美心理、论述结构相适应的是白居易文学审美创作也呈现二元化形态。白居易在《与元九书》中把诗分为四种类别：讽喻诗、闲适诗、感伤诗、杂律诗。由于划分的逻辑标准不尽一致，四者之间有交叉现象，但其基本形态是讽喻诗和闲适诗。

讽喻诗的审美特征。白居易讽喻诗共有一百七十多首，《新乐府》占五十首。白居易对此在《新乐府序》中提出了具体审美要求。一是"篇无定句，句无定字，系于意，不系于文"，形式灵活自如，不拘于结构定制，为"意"服务。二是"其辞质而径""其言直而切""其事核而实""其体顺而律"。按照这样的审美要求，讽喻诗显得直截明朗。白诗之浅近便由此形成。三是在艺术表达手法上"首句标其目，卒章显其志"。前者使言切入诗的本体十分明快，让接受者一目了然，一触即知。"卒章显其志"更值得注意，意在在诗的结尾处揭示社会意义的主题和主体的审美意味。它使结句有如豹尾般有力，银瓶乍破似的奇突，能一下子把诗意揳入深处，使接受者在审美上精移神骇。例如《秦中吟·轻肥》，共十六句，前十四句尽情描述王侯将相，其间的氛围渲染、景况描述、场面刻画，从胯下所骑、身上所着，到席间所陈、杯中所斟的绘写，可谓用墨恣肆淋漓。读者看了这十四句，谁不认为至此该结韵终章呢？就此结尾，也达到表述效果，但诗人却突然冒出两句："是岁江南旱，衢州人食人。"卒章显志，点题生光，有如开沟掘井，一下子把诗意凿进深处，水浆迸发，夺魂褫魄。这两句是整首诗的焦点所在，主题的落点所在。结出这两句，使诗的形象出现强烈的对比，一边是骄奢淫逸，一边是饿殍遍野，而且使两者之间形成沟通，王公将侯海味山珍的宴席垫藉在穷人的尸骨堆上，玉杯里盛满的是穷人的殷殷碧血。这就把主题生发到无比深刻的地步，令人拍案而起，戳斥那些喝人血、食人肉、寝人皮的毒蛇猛兽！其他如《买花》的尾句："一丛深色花，十户中人赋。"《新乐府》其九《红线毯》的尾句："地不知寒人要暖，少夺人衣作地衣。"也是适例。

在讽喻诗的审美中，白居易善于选择震撼人心的生活现象，取得并加强振聋发聩的审美效应。例如《新丰折臂翁》选取的是一位老人"偷将大石捶折臂"，得以保命而免被征役。事情本身就显得残忍、血腥了，更有老翁的这番自白："此臂折来六十年，一肢虽废一身全。至今风雨阴寒夜，直到天明痛不眠。痛不眠，终不悔，且喜老人今独在。不然当时泸水头，身死魂孤骨不收。应作云南望乡鬼，万人冢上哭呦呦。"他的自我庆幸包含何等深长的辛酸！《卖炭翁》用"可怜身上衣正单，心忧炭贱愿天寒"的矛盾心态，用卖炭翁的极度辛劳所得的"一车炭，千余斤"与"半匹红纱一丈绫，系向牛头充炭直"的悬殊对比，控诉了宫市的残酷。

白居易的讽喻诗有火气，有力度，金刚怒目，拍案而起，有鲜明而强烈的情感倾向，有时主体禁不住从诗的背后站出来直接介入现象的描述中。这就说明他对于自己的审美对象有感同身受的切肤之痛，绝不是无动于衷，也不是纯然描述，他有自己的情感审定态度。对对象的如实描述和主体情感态度的结合，而且以激烈的状态和形式出现，构成白居易讽喻诗的审美特色。他在这类诗的审美活动中，只是描画而不加雕饰，只是发露而不加盘曲。这是他讽喻诗平直浅近美学风格的来源，体现了他所提出的"诗者：根情，苗言，华声，实义"的审美论说和审美过程。

闲适、感伤、杂律类诗就不是这样了，他有两副或多副笔墨。他的才华，艺术感，审美感受的细腻性、灵敏性在这一类或几类诗中表现得特别鲜明。他的"达"的心理与"穷"不同，"讽喻"的美学理论与"闲适"美学理论不同，在审美特征上也是二元并异、泾渭分明的。两副或多副审美笔墨正体现了他作为大家的审美素质。

以"闲"冠名的闲适诗在白集中占有很大的份额。《秋雨夜眠》是白居易闲适生活和心态的典型写照。"凉冷三秋夜，安闲一老翁。卧迟灯灭后，睡美雨声中。灰宿温瓶火，香添暖被笼。晓晴寒未起，霜叶满阶红。"透现出安适闲淡甚或疏慵的审美情调。他在"一醉一陶然"中安排自己的闲适生活和进行精神安顿。小诗《问刘十九》，足以表现其精致的生活和情调。

白居易有着细微灵敏的审美感受，如《钱塘湖春行》在对莺、燕、草等的细观深察中，体现了诗人的审美敏感。又如《夜雪》写道："已讶衾枕冷，复见窗户明。夜深知雪重，时闻折竹声。"先是从"衾枕冷"的触觉上做出感应，继之从"窗户明"的视觉中观照，再从"时闻折竹声"的听觉中去感受夜雪，可以说是诸般感官并用。《寒闺怨》云："寒月沉沉洞房静，真珠帘外梧桐影。秋霜欲下手先知，灯底裁缝剪刀冷。"寒月沉沉，梧桐筛影，灯下裁缝，女主人从剪刀冰冷的肤觉手感中，体认到秋霜欲下，节候将变。《邯郸冬至夜思家》写道："邯郸驿里逢冬至，抱膝灯前影伴身。想得家中夜深坐，还应说着远行人。"以设身处地的体验方式表达思念之情，颇为别致。有时他的审美意绪显得纷乱如丝，简直像意识流一样，如《花非花》写道：

花非花，雾非雾，夜半来，天明去。来如春梦几多时？去似朝云无觅处。

《与元九书》对感伤诗的特征做了这样的解释："事物牵于外，情理动于内，随感遇而形于叹咏。"《长恨歌》《琵琶行》即为代表。如果按照现代的文体分类，两诗均属叙事体诗，但诗中有浓郁的情感和感伤主义意味。

《长恨歌》的审美倾向经历了一个游移的过程，有一个审美情感突破叙事框架的现象。据陈鸿《长恨歌传》的介绍，白居易写《长恨歌》的原初意图是"惩尤物，窒乱阶，垂于将来"。从"汉皇重色思倾国"到"渔阳鼙鼓动地来，惊破霓裳羽衣曲"，描述和抨击了唐明皇的耽色误国，杨贵妃的恃宠而骄。但是到马嵬坡事变时，诗人的主体情感出现变化，他开始对兵变所造成的爱情悲剧表露了同情，审美情感倾向出现重大转移。"六军不发无奈何，宛转蛾眉马前死。花钿委地无人收，翠翘金雀玉搔头。君王掩面救不得，回看血泪相和流。"他把这场以牺牲杨贵妃为代价的事变的政治复杂性撇开了，写出唐明皇欲救而不得的无奈。后来，诗人便处处写出这位多情天子的凄楚情怀。有流浪途中的触景伤怀："蜀江水碧蜀山青，圣主朝朝暮暮情。行宫见月伤心色，夜雨闻铃肠断声。"有回到长安后，景物依旧却人事日非："归来池苑皆依旧，太液芙蓉未央柳。芙蓉如面柳如眉，对此如何不泪垂。"相思伤情从"春风桃李花开日"延续到"秋雨梧桐叶落时"。"在天愿作比翼鸟,在地愿为连理枝",诗人完全写出了一个爱情悲剧,缠绵悱恻,宛转动人,充满感伤主义情调。审美情感溢出叙事框架,突破原先的构思意图。

《琵琶行》中主体与对象之间因命运——"同是天涯沦落人"所产生的审美联系,揭示了审美的发生基因。诗人还把弹奏者的心情与琵琶声韵联系起来,实现了审美的对象化效应。诗人出色地完成了乐音由听觉形象向视觉形象的审美转化。同时,他对审美节奏的体认和处理,成为中国审美节奏学的范例。其利用戏剧之有静场,绘画之有空白,音乐之有休止,成功地驾驭了审美节奏。白居易对艺术节奏的体验有着极高的领悟和极佳的感应、表现能力。唐代美学史上文有韩退之,诗有白香山,铸造了节奏美学的经典范式。

清代方扶南的《李长吉诗集批注》说:"白香山'江上琵琶',韩退之'颖师琴',李长吉'李凭箜篌',皆摹写声音至文,韩足以惊天,李足以泣鬼,白足以移人。"方扶南比较唐代三首写乐的著名诗篇,指出白诗《琵琶行》的艺术审美特征是"移人",就是深深地从情感上打动人,转移、改变人的情感。方扶南的这个评价是有审美见地的。

有时,白居易又把闲适和感伤结合起来,如《惜牡丹花》云:"惆怅阶前红牡丹,晚来唯有两枝残。明朝风起应吹起,夜惜衰红把火看。"其惜花之情既是闲适的,又是伤感的,它绚丽而幽婉地吐露出诗人的个体意绪。

讽喻、闲适、感伤情绪及其载体——诗,是不同时空和心理背景上的产物,白居易对不同的审美对象都表现出情感和审美上的投入,他是全身心地进行不同对象的审美创造的。他将讽喻诗的政治功用寄寓并借助于审美情感表达出来,其审美情感有着很强的力度,烈焰腾腾,怒目戟指,千百年来不知激荡了多少人的心。他的闲适诗悠然怡然,氤氲士大夫情调。其闲适借助闲吟得以表现。他的感伤诗动心动腑,缠绵悱恻,怀旧,叹己,念友,楚楚动人。他的每一类诗都创造了足以传世的作品。然而,他又能根据自己的人生理想、处世之道、时空心理背景适时地加以调节,此一时也彼一时也,他调节得那么自如,从不沉溺于某种状态中不能自拔,这种调节功能和机制表征着白居易的成熟,也表征着唐代以至整个中国士大夫的心理成熟。

第三十三章　元稹及元和体

元稹和白居易是诗友，私交极深，据《唐诗纪事》引，他们"始以诗交，终以诗诀"。他们形成了元白诗派，创立了元和体，他们在诗歌美学论上有许多一致之处。在评述了白居易之后，理所当然地要谈到元稹。

第一节　诗美论和诗美创作

元稹的《叙诗寄乐天书》曾谈到他的诗歌分类情况及其美学依据。"其中有旨意可观，而词近古往者，为古讽。意亦可观，而流在乐府者，为乐讽。词虽近古，而止于吟写性情者，为古体。词实乐流，而止于模写物色者，为新题乐府。声势沿顺，属对稳切者，为律诗，仍以七言五言为两体。其中有稍存寄兴与讽为流者，为律讽。不幸少有伉俪之悲，抚存感往，成数十诗，取潘子《悼亡》为题，又有以干教化者。近世妇人晕淡眉目，绾约头鬓，衣服修广之度，及匹配色泽，尤剧怪艳，因为艳诗。"在他所立的多门类诗体中，首先重视的是寓于讽兴意义的诗篇。《乐府古题序》写道："自风雅至于乐流，莫非讽兴当时之事，以贻后代之人，沿袭古题，唱和重复。于文或有短长，于义咸为赘誉，尚不如寓意古题，刺美见事，犹有诗人引古以讽之义焉。曹、刘、沈、鲍之徒，时得如此，亦复稀少。近代唯诗人杜甫《悲陈陶》《哀江头》《兵车行》《丽人行》等，凡所歌行，率皆即事名篇，无复依傍。"这里实际上也为新乐府诗的基本含义下了注脚。他强调了"讽兴""寓意""刺美""即事"等特点。他在《叙诗寄乐天书》中还介绍了自己写作这类诗的缘由:"时贞元十年已后,德宗皇帝春秋高,理务因人,最不欲文法吏生天下罪过。外阃节将动十余年不许朝觐,死于其地不易者十八九。而又将豪卒愎之处,因丧负众,横相贼杀……由是诸侯敢自为旨意,有罗列儿孩以自固者,有开导蛮夷以自重者。省寺符篆,固于几阁,甚者拟诏旨,视一境如一室,刑杀其下,不啻仆畜。厚加剥夺,名为进奉,其实贡入之数百一焉。京城之中,亭第邸店以曲巷断;候甸之内,水陆腴沃以乡里计。其余奴婢、资财,生生之备,称之。朝廷大臣以谨慎不言为朴雅;以时进见者,不过一二亲信;直臣义士,往往抑塞。禁省之间,时或缮完隤坠。豪家大帅,乘声相扇,延及老佛、土木、妖炽,习俗不怪。上不欲令有司备宫闱中,小碎须求,往往持币帛以易饼饵,吏缘其端,剽夺百货,势不可禁。"这是对当时社会现实状况的描述。在这样的社会势态中,元稹的心理状态是:

> 仆时孩呆,不惯闻见,独于书传中初习理乱萌渐,心体悸震,若不可活,思欲发之久矣。

他的心情处于悸震状态中,蓄之既久,发之必烈,企望发泄。在这样的心理背景下:

> 适有人以陈子昂《感遇》诗相示,吟玩激烈,即日为《寄思玄子》诗二十首……又久之,得杜甫诗数百首,爱其浩荡津涯,处处臻到,始病沈、宋之不存寄兴,而讶子昂之未暇旁备矣。

元稹完整而简练地描述了他创作讽喻诗的社会原因、心理动机、形成依据。这是一个完整的美学思想形成的过程,既有社会实践意义,又符合审美的一般原则。

元稹的《唐故工部员外郎杜君墓系铭并序》既对杜甫的文学美学成就、文学史上的地位做出空前评价,又有鲜明的史感色彩。他对历代美学史演变状况做了如下动态性描述:

> 始尧舜时,君臣以赓歌相和。是后诗人继作,历夏、殷、周千余年,仲尼缉拾选练,取其干预教化之尤者三百篇,其余无闻焉。骚人作而怨,愤之态繁,然犹去风雅日近,尚相比拟。秦汉以还,采诗之官既废,天下俗谣民讴、歌颂讽赋、曲度嬉戏之词,亦随时间作。逮至汉武赋柏梁诗,而七言之体具。苏子卿、李少卿之徒,尤工为五言。虽句读文律各异,雅郑之音亦杂,而词意间远,指事

> 言情,自非有为而为,则文不妄作。建安之后,天下文士遭罹兵战,曹氏父子鞍马间为文,往往横槊赋诗,故其遒文壮节,抑扬怨哀悲离之作,尤极于古。晋世风概稍存,宋齐之间,教失根本,士以简慢、歇习、舒徐相尚,文章以风容、色泽、放旷、精清为高,盖吟写性灵、流连光景之文也,意气格力无取焉。陵迟至于梁陈,淫艳刻饰、佻巧小碎之词剧,又宋齐之所不取也。
>
> 唐兴,学官大振,历世之文能者互出。而又沈宋之流,研练精切,稳顺声势,谓之为律诗。由是而后,文体之变极焉。然而好古者遗近,务华者去实;效齐梁则不逮于晋魏,工乐府则力屈于五言;律切则骨格不存,闲暇则纤秾莫备。

元稹的美学史评述是以他所确立的讽兴美学精神为依据和坐标的。在总体评价上跟白居易《与元九书》所表述的美学史观点是一致的,但在具体美学评述上却有所区别。元稹较之白居易要宽厚、宏通得多。对汉武、苏李之作,认为"文不妄作";对建安风骨,白居易未曾评说,元稹则给予高度评价;对六朝文学美学,元稹给予分期性的论述,认为晋代"风概稍存",宋齐"教失根本","吟写性灵、流连光景",但"风容、色泽、放旷、精清"却是值得肯定的。他所否定的是梁陈"淫艳刻饰、佻巧小碎"之美学。这样,他的美学史观和美学史阶段评价就保持了一种比较良好的分寸感。在宏深的美学史背景上,他对杜甫的诗美成就给予了极高的评价:

> 至于子美,盖所谓上薄风骚,下该沈宋,古傍苏李,气夺曹刘,掩颜谢之孤高,杂徐庾之流丽,尽得古今之体势,而兼人人之所独专矣。

这是元稹从集大成的美学视界对杜甫所做的原创性评价,成为后代研究杜甫所必引的经典之论,影响极大。其论确实发现和概括了杜诗美学的根本特征,所谓"予读诗至杜子美,而知古人之才有所总萃焉"。在汲取前代审美经验,融会百家方面,杜甫超越前人。"苟以为能所不能,无可无不可,则诗人以来,未能如子美者。"他对李杜做了这样的比较:"山东人李白,亦以奇文取称,时人谓之'李杜'。予观其壮浪纵恣,摆去拘束,模写物象,及乐府歌诗,诚亦差肩于子美矣。至若铺陈终始,排比声韵,大或千言,次犹数百,词气豪迈而风调清深,属对律切而脱弃凡近,则李尚不能历其藩翰,况堂奥乎?"这是最早的李杜优劣比较论。在元稹看来,在长律的美学成就上，李不如杜，这是元稹的个人美学看法，但也反映了中唐美学思想对审美规范的要求。

元稹在诗审美成就上首先体现了他的致用美学精神，这和白居易讽喻诗的美学精神是一致的，有着强烈的现实感。如《田家词》："牛吒吒，田确确，旱块敲牛蹄趵趵，种得官仓珠颗谷。六十年来兵簇簇，月月食粮车辘辘。一日官军收海服，驱牛驾车食牛肉。归来收得牛两角，重铸锄犁作斤劚。姑舂妇担去输官，输官不足归卖屋。愿官早胜仇早复，农死有儿牛有犊，誓不遣官军粮不足。"由于中国美学精神强调致用性，这一类诗遂和白居易的讽喻诗一样获得较高的美学史评价。

元诗中最负盛名的是《连昌宫词》，它受《长恨歌》的影响，以老翁作为历史见证人叙说了连昌宫的盛衰变化。过去的盛况被渲染得淋漓尽致。唐玄宗和杨贵妃通宵行乐，"楼上楼前尽珠翠，炫转荧煌照天地"，笙歌不绝，舞姿婆娑。在回驾时"平明大驾发行宫，万人歌舞途路中"。但是自从安史之乱后，"明年十月东都破"，连昌宫便走向衰败。诗人尽情渲染衰败景象："庄园烧尽有枯井，行宫门闭树宛然。尔后相传六皇帝，不到离宫门久闭。往来年少说长安，玄武楼成花萼废。去年敕使因斫竹，偶值门开暂相逐。荆榛栉比塞池塘，狐兔骄痴缘树木。舞榭欹倾基尚在，文窗窈窕纱犹绿。尘埋粉壁旧花钿，乌啄风筝碎珠玉。上皇偏爱临砌花，依然御榻临阶斜。蛇出燕巢盘斗拱，菌生香案正当衙。寝殿相连端正楼，太真梳洗楼上头。晨光未出帘影动，至今反挂珊瑚钩。指似旁人因恸哭，却出宫门泪相续。自从此后还闭门，夜夜狐狸上门屋。"据陈寅恪考证，唐玄宗和杨贵妃没有一同去过连昌宫，此诗是诗人根据诸多传言，杂萃种种，虚构而成的。陈寅恪的《元白诗笺证稿》说："《连昌宫词》实深受白乐天、陈鸿长恨歌及传之影响，合并融化唐代小说之史才、诗笔、议论为一体而成。"它体现了中唐叙事文学（传奇小说、叙事诗）审美的新方式。《连昌宫词》作为叙事诗既充溢历史感伤主义情调，又有现实的规讽意图，同时在审美方式上又产生了新的特征，即为了体现某种审美意图，在描述上居于写实与非写实之间。

元稹在小巧的短诗《行宫》中写道：

> 寥落古行宫，宫花寂寞红。白头宫女在，闲坐说玄宗。

在仅仅二十字的篇幅中，在没有任何丽色繁藻的粗淡勾描中，有着何等凄婉的宫怨！在不动声色的描述中，又有着何等鲜明的审美情感倾向！它是审美的白描，虽是粗勾淡描，却如同铁钩银勒，是审美的高境界。

元稹诗审美有时又显得情感深悠绵长，集中体现为念友和悼亡。元稹怀念白居易的诗，如同白对元的诗一样，充满深厚、真挚的情感，也体现了审美的情感浓度。如《闻乐天授江州司马》："残灯无焰影幢幢，此夕闻君谪九江。垂死病中惊坐起，暗风吹雨入寒窗。"思念之情融入凄风苦雨之中。《得乐天书》："远信入门先有泪，妻惊女哭问何如。寻常不省曾如此，应是江州司马书。"在非"寻常"的表现中有深挚的情感表现。白居易曾有诗给元稹，云："晨起临风一惆怅，通川溢水断相闻。不知忆我为何事，昨夜三更梦见君。"而元稹却回赠了这样一首《酬乐天频梦微之》："山水万重书断绝，念君怜我梦相闻。我今因病魂颠倒，唯梦闲人不梦君。"看似反常，却更深地体现了思念之深、关怀之切，是审美手法上的"反常合道"。

体现元稹美学风格的还有悼亡诗。较之潘岳的悼亡诗，他追怀亡妻韦丛的诗更为缠绵悱恻、凄楚动人。如《遣悲怀三首》（其一）："谢公最小偏怜女，自嫁黔娄百事乖。顾我无衣搜荩箧，泥他沽酒拔金钗。野蔬充膳甘长藿，落叶添薪仰古槐。今日俸钱过十万，与君营奠复营斋。"《六年春遣怀八首》（其二）："检得旧书三四纸，高低阔狭粗成行。自言并食寻高事，唯念山深驿路长。""其五"写道："伴客销愁长日饮，偶然乘兴便醺醺。怪来醒后旁人泣，醉里时时错问君。"《离思五首》（其四）："曾经沧海难为水，除却巫山不是云。取次花丛懒回顾，半缘修道半缘君。"这些诗在情感上显得清峭独绝，动人心弦，把悼亡诗的审美价值推进到了一个新高度。

第二节　关于元和体

顾陶的《唐诗类选后序》说："若元相国稹、白尚书居易，擅名一时，天下称为'元白'，学者翕染号'元和诗'。"白居易《余思未尽加为六韵重答微之》说："制从长庆辞高古，诗到元和体变新。"从白居易的上述两句诗也可以看到，元和体是唐代美学思想变化后的产物。在"诗到元和体变新"句的下面，白居易自注道："众称元白为千字律诗，或号元和格。"元稹在《上令狐相公诗启》中则有具体的论说：

> 某始自御史府谪官于外，今十余年矣。闲诞无事，遂用力于诗章。日益月滋，有诗向千余首。其间感物寓意，可备矇瞍之讽达者有之。词直气粗，罪戾是惧，固不敢陈露于人。唯杯酒光景间，屡为小碎篇章，以自吟畅。然以为律体卑庳，格力不扬，苟无姿态，则陷流俗。常欲得思深语近，韵律调新，属对无差，而风情宛然，而病未能也。江湘间多有新进小生，不知天下文有宗主，妄相仿效，而又从而失之，遂至于支离褊浅之词，皆目为元和诗体。某又与同门生白居易友善。居易雅能为诗，就中爱驱驾文字，穷极声韵，或为千言，或为五百言律诗，以相投寄。小生自审不能有以过之，往往戏排旧韵，别创新词，名为次韵相酬，盖欲以难相挑耳。江湘间为诗者相仿效，力或不足，则至于颠倒语言，重复首尾，韵同意等，不异前篇，亦目为元和诗体。

可以看出，元和体的根本特征是完全不同于"词直气粗，罪戾是惧"一类诗的。它有自身的审美特征，就其分类而言，一是小章，一是长律。所谓小章，就是"杯酒光景间，屡为小碎篇章"，晶莹可爱，可玩于掌心之间，"韵律调新，属对无差，而风情宛然"。这类诗有"风情"，艳丽而浅近，常是案头的清供。苏轼《祭柳子玉文》说："元轻白俗。"李肇《唐国史补》说："学浅切于白居易，学淫靡于元稹，俱名为元和体。"在精巧性上受大历诗风较多影响。白居易曾经在《酬微之》诗中称颂这类诗"声声丽曲敲寒玉，句句妍辞缀色丝"。在清艳和色彩上形成其审美特色。同时又有情思的摇荡，《春晓》："半欲天明半未明，醉闻花气睡闻莺。"在不甚分明的曙色中，在不明朗的意识中，诗人情绪浮荡起来，浮现出"二十年前晓寺情"，实成为《会真记》之张本。他的《会真诗》是艳体风情诗的代表作品："微月透帘栊，萤光度碧空。遥天初缥缈，低树渐葱茏。龙吹过庭竹，鸾歌拂井桐。罗绡垂薄雾，环佩响轻风。绛节随金母，云心捧玉童。更深人悄悄，晨会雨濛濛。珠莹光文履，花明隐绣栊。宝钗行彩凤，罗帔掩丹虹。言自瑶华浦，将朝碧帝宫。因游洛城北，偶向宋家东。戏调初微拒，柔情已暗通。低鬟蝉影动，回步玉尘蒙。转面流花雪，登床抱绮丛。鸳鸯交颈舞，翡翠合欢笼。眉黛羞频聚，朱唇暖更融。气清兰蕊馥，肤润玉肌丰。无力慵移腕，多娇爱敛躬。汗光珠点点，发乱绿松松。方喜千年会，俄闻五夜穷。

留连时有限，缱绻意难终……"杜牧《感怀》说："至于贞元末，风流恣绮靡。"正是对元和体美学特征的一种描述。

构成元和诗派另一方面内容的是元白二人的长篇排律。元稹在《酬乐天余思不尽加为六韵之作》"次韵千言曾报答"句下自注中谈到它的形成原因和过程："乐天曾寄予千字律诗数首，予皆次用本韵酬和，后来遂以成风耳。"这和前引的《上令狐相公诗启》中的话是一致的。

元和体体现了中唐诗美学的一个重要特征和走向。它表现了诗歌审美中敢于写风情艳情的意识，又表现了诗的通俗化审美走向。元和体使诗走向民间大众，成为全社会可以共同接受的审美样式。《旧唐书·元稹传》说："稹聪警绝人，年少有才名，与太原白居易友善。工为诗，善状咏风态物色，当时言诗者称元白焉。自衣冠士子，至闾阎下俚，悉传讽之，号为元和体。"元稹《白氏长庆集序》也曾描述道："予始与乐天同校秘书之名，多以诗章相赠答。会予谴掾江陵，乐天犹在翰林，寄予百韵律诗及杂体，前后数十章。是后，各佐江、通，复相酬寄。巴、蜀、江、楚间洎长安中少年，递相仿效，竞作新词，自谓为元和诗。而乐天《秦中吟》《贺雨》讽谕闲适等篇，时人罕能知者。然而二十年间，禁省、观寺、邮堠墙壁之上无不书，王公妾妇、牛童马走之口无不道。至于缮写模勒，炫卖于市井，或持之以交酒茗者，处处皆是。其甚者，有至于盗窃名姓，苟求自售，杂乱间厕，无可奈何！予于平水市中，见村校诸童竞习歌咏，召而问之，皆对曰：'先生教我乐天、微之诗。'固亦不知予之为微之也。又鸡林贾人求市颇切，自云：本国宰相每以一金换一篇。其甚伪者，宰相辄能辨别之。自篇章以来，未有如是流传之广者。"这和白居易在《与元九书》中所描述的现象是一致的。元和体的通俗化审美特征促进了诗的普及化，这在中国诗歌史上空前绝后。它的另一部分风流绮靡的特征则流向晚唐诗。

第三十四章　中唐美学史

中唐美学是继盛唐美学之后的又一个灿烂期,形成了盛、中唐前后辉映的美学史格局。

第一节　审美心理结构

中唐的美学繁盛状况历来受诗评家、美学家们所称扬。《唐诗品汇序》说:"大历、贞元中,则有韦苏州之雅淡,刘随州之闲旷,钱、郎之清赡,皇甫之冲秀,秦公绪之山林,李从一之台阁,此中唐之再盛也。下暨元和之际,则有柳愚溪之超然复古,韩昌黎之博大其词,张、王乐府,得其故实,元、白序事,务在分明。与夫李贺、卢仝之鬼怪,孟郊、贾岛之饥寒,此晚唐之变也。"胡应麟《诗薮》则写道:"元和而后,诗道浸晚,而人才故自横绝一时。若昌黎之鸿伟,柳州之精工,梦得之雄奇,乐天之浩博,皆大家材具也。""东野之古,浪仙之律,长吉乐府,玉川歌行,其才具工,故皆过人。"由此也看到中唐人文化审美心理的丰富和丰满。

就其属性而言,中唐审美主体代表的是中下层文士的社会心态与审美心态,没有台阁的雍容和贵族化气息。他们试图有为于世,但不是盛唐人建功立业于边塞疆场。盛唐人可谓文人武形,企图通过马上之功而获得自身的存在和发展。中唐人绝少如此。他们试图通过参与某种政治、社会革新来实现自己的政治愿望,如柳宗元、刘禹锡;或者是通过行使职权来表达自己的社会、政治意愿,例如韩愈谏迎佛骨;白居易所任左拾遗,只有芥豆之微,但他干得特别投入、卖劲。白居易的文学活动是政治活动的延续，文学主张是政治主张的辅翼。这样强烈的社会、政治责任感使得他在阐述文学审美功能时就淡化了它所应有之审美含义。《与元九书》一言以蔽之："文章合为时而著，歌诗合为事而作。"《新乐府序》："总而言之，为君、为臣、为民、为物、为事而作，不为文而作也。"他在《读张籍古乐府》诗中表达了自己的美学观："风雅比兴外，未尝著空文。读君学仙诗，可讽放佚君。读君董公诗，可诲贪暴臣。读君商女诗，可感悍妇仁。读君勤齐诗，可劝薄夫敦。上可裨教化，舒之济万民。下可理情性，卷之善一身。"中唐人不像盛唐人那样有青春意气，风发向上。盛唐人企望个体的价值存在和肯定，而中唐士人则是希望在社会、政治的参与中发挥作用。

经过安史之乱波折后的调整，唐帝国又开始恢复元气，得到繁荣和发展。伴随社会富庶出现的，则是奢侈、享乐的生活方式。李肇《唐国史补》写道："长安风俗，自贞元侈于游宴，其后或侈于书法图画，或侈于博弈，或侈于卜祝，或侈于服食。"社会的享乐、奢侈方式出现变化和位移，不断加以更新，以提高生活质量。而且从《唐国史补》的记载中可以看出，享受、耽玩是社会的风习和趣尚，"京城贵游尚牡丹三十余年矣，每春暮，车马若狂，以不耽玩为耻"。以耽玩为荣，以不耽玩为耻，这种导向对社会风尚无疑起到推助作用。在这样的社会氛围中，中唐士子们也染其风习。中唐士子的主要成员是一批新科进士。在功名层次上，他们较盛唐强多了。他们在本质上仍属于世俗性的中下层士子的范畴。在接受传统文化和养性的过程中，他们显然标榜传统的思想教义，以恢复传统为尚，但是，他们很会生活，文化素养和审美素质很高。盛唐士子以仗剑远游为时髦；中唐士子则善营园林，造成人力加工的自然山水，以满足自己对自然山水的欣赏和审美的需要。白居易就有极高的园林美学水平。

由于是进士集团，他们的政治热情很高，跟政治的联系十分密切。但政治是无情的，一旦政治失意，他们就理所当然地遭到贬谪，而且当权者在处置他们时有很强的随意性。出现这种人生挫折时，他们的心态就会产生变化。韩愈因谏迎佛骨差点被杀头，幸亏有裴度说情才免于一死，由刑部侍郎贬为潮州刺史。此事对韩愈刺激、震动甚大。他在《左迁至蓝关示侄孙湘》一诗中写道：

一封朝奏九重天，夕贬潮州路八千。欲为圣明除弊事，肯将衰

> 朽惜残年。云横秦岭家何在，雪拥蓝关马不前。知汝远来应有意，好收吾骨瘴江边。

英雄失路，踯躅难行，"雪拥蓝关马不前"，颇有《水浒传》中林冲刺配沧州道的味道。在永贞革新中，白居易曾在给韦执谊的上书中表达了对这场政治革新的同情之意，但永贞革新失败，韦遭贬，白居易深有兔死狐悲之感，写下《寄隐者》诗："归去卧云人，谋身计非误。"他由这一事件体认到君恩寡薄，如白云苍狗，朝夕变化。他由此增长了政治经验，也萌生了归卧林泉的愿望，也由此开始在"穷"与"达"、"兼济"与"独善"之间寻求调节与平衡。这种调节使得士大夫学会了保存自己的生存方式，不再为那个理想的"道"如屈原那样，殉身殒命；也不再刚毅峻切如嵇康那样，招致杀身之祸。他们学会了人生的处世智慧。这也是他们作为世俗知识分子求取生存的一种方式。

他们会生活，狎妾拥妓，吃药吃酒。白居易《同微之赠别郭虚丹炼师五十韵》："专心在铅汞，余力工琴棋。静弹弦数声，闲饮酒一卮。"由于沉溺于药、酒、色，唐代士人身体十分糟糕。韩愈尚在中年，时值盛旺时期，却已"头童齿豁"[①]。他在诗文中多次怀着伤感的情调写到此。《落齿》诗写道："去年落一牙，今年落一齿。俄然落六七，落势殊未已。余存皆动摇，尽落应始止。"《赠刘师服》云："我今牙豁落者多，所存十余皆兀臲。"《寄崔二十六立之》中说："我虽未耋老，发秃骨力羸。所余十九齿，飘飖尽浮危。玄花著两眼，视物隔褵褷。"在《潮州刺史谢上表》中竟然恐惧地说："臣少多病，年才五十，发白齿落，理不久长，加以罪犯至重，所处又极远恶，忧惶惭悸，死亡无日。"白居易在《思旧》中伤心地描述了他的朋友英年早逝的现状："退之服硫黄，一病迄不痊。微之炼秋石，未老身溘然。杜子得丹诀，终日断腥膻。崔君夸药力，终冬不衣绵。或疾或暴夭，悉不过中年。"

他们也演出了一幕幕的生活风情剧。元稹以自己的亲身经历写了《莺莺传》。元稹在他的艳情诗《赠双文》中写道："艳极翻含怨，怜多转自娇。有时还暂笑，闲坐爱无聊。晓月行看堕，春酥见欲消。何因肯垂手，不敢望回腰。"《莺莺诗》写道："殷红浅碧旧衣裳，取决梳头暗

---

① 韩愈：《进学解》。

淡妆。夜合带烟笼晓日,牡丹经雨泣残阳。低迷隐笑原非笑,散漫清香不似香。频动横波嗔阿母,等闲教见小儿郎。"元稹为悼念早夭的妻子韦丛所写的诗确实情感真挚,但那是写在诗里的,他曾在韦氏死后表示终身为鳏,可是诗的墨迹未干,就迫不及待迎娶裴氏。《会真诗》中所写的"戏调"至于"登床",可以看出他是一位浮浪文人。唐传奇中才子与妓女的情爱生活委实是元稹这批风流才子的写照。他们在功名和情爱两点上希望兼收并蓄,如若有抵牾,则舍和妓女的情爱,而趋功名、前程,毫不含糊。在这里,亦可以看到中国士大夫知识分子的心理特征和人生价值取向。

他们在功名与非婚情爱上会调节,在"达"与"穷"、"仕"与"隐"上更显示出调节的本领。他们在位尽职,离岗自适,若再次起用仍然尽职,无论以哪一种方式生存,他们都表现出了良好的生存状态。其典型代表是白居易。栖心释梵,浪迹老庄,使得中唐士子体现了中国士大夫文人的典型情调。白居易《池上篇》序写:"酒酣琴罢,又命乐童登中岛亭,合奏《霓裳散序》,声随风飘,或凝或散,悠扬于竹烟波月之际者久之。曲未竟而乐天陶然已醉睡于石上矣。"

中唐人进一步寻找和确认了自己的存在方式——心理。他们不是在马上、边塞中寻找,不是外向型的,而是逐渐内敛,走向心理。白居易就认为,心是精神本体,是人的真正的"宅"——"心宅",是人的真正的"家"——精神家园。《初出城留别》说:"我生本无乡,心安是归处。"《种桃杏》说:"无论海角与天涯,大抵心安即是家。"《小宅》说:"庾信园殊小,陶潜屋不丰。何劳问宽窄,宽窄在心中。"真正宽阔的天地是心灵世界,真正的归宿也是心灵世界。这是本体论的重大发展和体认。

中唐人的历史年龄大了,成熟了,不再像盛唐人那样青春焕发,朝气中甚或有些稚气。中唐人认为,累是由心引起的,因此,平静下来仍然要靠心。顺与逆、躁与静,一切都靠心来调节和平抑。闲适情调就是心安的产物。相对于外向型的盛唐美学,中唐美学是内敛的,"敛"在"心"源。中唐时代的美学重视由心来主宰对象世界和剪裁物象,以心象改变或铸造物象。白居易《画竹歌》指出了绘画美学是如此,"植物之中竹难写,古今虽画无似者。萧郎下笔独逼真,丹青以来唯一人。人画竹身肥臃肿,萧画茎瘦节节竦。人画竹梢死赢垂,萧画枝活叶叶动。不根而生从意生,不笋而成由笔成"。关键在最后两句,没有自然的"根"而"生","根"是"从意生";没有自然的"笋"而"成","笋"是"由笔成"。"意"是生成的根源,而"笔"又是由"意"支配的。在诗美学上,孟郊《赠郑夫子鲂》就写道,"天地入胸臆""物象由我裁",彻底的哲学、美学主体论。

心理激愤如何调节?一种方式是白居易式的,进行内在的心理调适;一种方式则是韩愈式的"不平则鸣"。调适和"鸣",从不同方面形成心理的平衡。在他们心理调节的背后则是儒、庄、禅三家合一的思想机制。三家合一本身是一种平衡状态,也是经过平衡后所达到的状态。儒治世、道治身、佛治心。白居易的《和知非》曾写道:"儒教重礼法,道家养神气。重礼足滋彰,养神多避忌。不如学禅定,中有甚深味。旷廓了如空,澄凝胜于睡。屏除默默念,销尽悠悠思。"无论是"不平则鸣",还是"闲适"安心,其审美精神的最佳载体是文学作品。韩愈最欣赏的是"以诗鸣",这一类作者在韩愈看来,是"最其善鸣者也"。白居易也是视诗审美创作为第一需要。《闲吟》诗说,"自从苦学空门法,销尽平生种种心",却"唯有诗魔降未得,每逢风月一闲吟"。中唐士子这种审美需要,即视诗为情感导泄的需要,为自身存在的需要,为自身生命延续的需要,使得他们大批量地进行诗的创作。白居易《和微之诗二十三首》序写道:"曩者唱酬,近来因继,已十六卷,凡千余首矣。其为敌也,当今不见;其为多也,从古未闻。"

中唐士子的文化审美心理结构是儒、庄、禅三家合一,非儒、非庄、非禅,可又亦儒、亦庄、亦禅,这是中唐文化心理结构的组合特征。中唐人比较大度,人与人之间的关系不以政治来画线,韩柳政见不同,但不影响私交。韩对柳的评价完全出于公心。刘禹锡曾驳斥韩愈的哲学思想,但韩愈看后不做反驳,也许是怕伤了两人间的和气。

总之,中唐人的文化审美心理结构有独特的内涵和组合方式,显著地区别于盛唐,由此也规范了它在审美上的特征及其跟盛唐的差异。

第二节 中唐美学意义

高棅《唐诗品汇》曾经热烈地赞扬中唐诗坛繁花竞开的美学盛况:

呜呼!天宝丧乱,光岳气分。风概不完,文体始变。其间刘长卿、钱起、韦应物、柳宗元后先继出，各鸣一善，比肩前人，已列之于名家，无复异议。时若郎士元、皇甫冉、李端、卢纶、顾况、戎昱、窦参、武元衡之属，以及乎权德舆、刘禹锡诸人，相与接迹而兴起，翱翔乎大历、贞元之间，其篇什讽咏，不减盛时。……又自贞元以来，若李益、刘禹锡、张籍、王建、王涯五人，其格力各自成家，篇什亦盛。……贞元后，李益、权德舆、杨巨源、戴叔伦、刘禹锡之流宪章祖述，再盛于元和间，尚可以继盛时诸家。

在高棅看来，中唐之盛况不减盛唐，能继盛唐而再盛。这种评述是就其创作状况而言的，而不是就审美的内涵来论述的。明代袁宏道的《雪涛阁集序》称盛唐"阔大"，中唐"情实"，是比较恰当的概括。

中唐处于盛唐之后，盛唐创造了辉煌的美学，似乎难以为继了，但中唐诸公却表现出超越前人的勇气和决心。韩愈的《调张籍》高度评价李杜诗，称"李杜文章在，光焰万丈长"，他维护李杜的地位，痛斥贬损李杜的人："不知群儿愚，那用故谤伤。蚍蜉撼大树，可笑不自量。"另一方面他又表示："我愿生两翅，捕逐出八荒。精诚忽交通，百怪入我肠。刺手拔鲸牙，举瓢酌天浆。腾身跨汗漫，不着织女襄。"白居易《读李杜诗集因题卷后》说："天意君须会，人间要好诗。"他们要超越盛唐，就须另辟蹊径，不能走王孟、高岑老路。中唐人自辟的这条道路是成功的。他们开拓了美学域界的多元性领域，产生了两条线索，形成了两大美学流派——韩孟主体性诗派、元白通俗性诗派，跟王孟山水诗派、高岑边塞诗派完全不同。这两个诗派之间在美学风格和风貌上是截然不同的。韩孟诗派走的是奇崛怒张的路子，以主体精神作为审美的出发点，以符合主体需要来对对象加以改造，用以塑造出体现主体精神的意象和意象群，往往意象怪诞、想象奇特，艺术世界的笔墨和色彩浓重、斑驳烂漫。元白诗派则是另寻一路，他们的诗歌创作态度就规定了其诗歌的通俗化美学特征。惠洪《冷斋夜话》说："白乐天每作诗，令老妪解之。问曰：解否？妪曰解，则录之，不解则易之。故唐末之诗近于鄙俚。"元白诗的通俗化有助于诗的普及和大众化。唐宣宗的《吊白居易》就曾描述白诗的社会反响，"童子解吟长恨曲，胡儿能唱琵琶篇"。在这一点上韩孟诗远不及元白。元白诗派的审美特点在于鲜明的致用美学性质、平易流畅的语言风格、叙事性和抒情性的密切融合。

白居易《江南喜逢萧九彻因话长安旧游戏赠五十韵》写道："忆昔嬉

游伴，多陪欢宴场。寓居同永乐，幽会共平康。……名情推阿轨，巧语许秋娘。风暖春江暮，星回夜未央。……结伴归深院，分头入洞房。……留宿争牵袖，贪眠各占床。……索镜收花钿，邀人解袷裆。暗娇妆靥笑，私语口脂香。"艳情诗的发萌，标识着中唐士子生活内容的一大特点。

中唐人有时流露出遗憾感和失落感。崔护《题都城南庄》："去年今日此门中，人面桃花相映红。人面不知何处去，桃花依旧笑春风。"此诗在审美的深层情绪上，并不是情爱内容。孟棨《本事诗》对此诗所做的本事记载未免胶柱鼓瑟，但说它是对人生失之交臂和失落的一种体验和认知也未尝不可，它在失落的淡淡惆怅中表达了绚丽而惨淡的审美情感。

中唐人的审美对象有所变化，出现了从田园、山水、边塞到现实生活题材的转移，其社会色彩更浓，致用美学的特征更显著。这就使中唐美学的现实感更强，而中国美学的价值取向又是承绪诗传统的现实精神而来的。为何白居易、元稹的新乐府运动能被后代称颂不已，原因就在此，中国美学是高度重视审美创作的现实内涵的。这场审美变革是从杜甫肇其端绪，中经元结，再到白居易最终形成的。

审美对象的变化也带来了审美方式的变化。如果说盛唐的审美方式偏重于抒发，中唐则是感应，对于对象做出主体的感应。白居易《琵琶行》小引所说的"感斯人言，是夕始觉有迁谪意"就是这个意思。这也正适合中唐讽喻诗的审美特点。诗人对现实中的凄惨现象做出审美感应，成为这类诗的生成原因。

中唐诗审美还有一个独特的现象：苦吟。孟郊被元好问称之为"诗囚"。孟郊本人所写《夜感自遣》说自己"夜学晓不休，苦吟鬼神愁。如何不自闲，心与身为仇"。苦吟是心理的自我折磨，是炼狱式的煎熬，这跟盛唐的冲然而发、油然而出是两种不同的审美方式。贾岛那个"推敲"的故事是中唐苦吟的范例。《送无可上人》中有句"独行潭底影，数息树边身"，贾岛注曰："二句三年得，一吟双泪流。知音若不赏，归卧故山秋。"这是何等辛劳，内心又是何等孤独！李贺《巴童答》："庞眉入苦吟。"朱庆馀《题王丘长史宅》曰："时见街中骑瘦马，低头只是为诗篇。"成为中唐苦吟形象的写照。苏轼《祭柳子玉文》用"瘦"来描述贾岛的美学风格形象，是审美内容单薄、审美形式峻削、审美感受局狭的具象性写照。中唐苦吟诗人如此之多，几乎成为一种现象，遂构成中唐美学的表征。

社会确实是美学的重大影响因素之一，但并不构成简单的线性因果关系。社会的变化特别是巨变，形成社会面貌的裂变，进而影响人的社会精神风貌和心态。安史之乱的战马声惊碎了整个唐人的梦，促进了唐人的反思。这是由盛唐社会心理的外张到中唐的内敛的社会动因。历经动乱后的中唐人的情感世界远非初、盛唐时期的人那样飞扬明丽，他们更添了一份苦涩。初唐人在跟友人送别时高唱的是"海内存知己，天涯若比邻。无为在歧路，儿女共沾巾"，何等昂扬！盛唐人的劝慰是"莫愁前路无知己，天下谁人不识君"，胸襟又是何等开阔！而中唐则牢笼着一片悲哀："零落残魂倍黯然，双垂别泪越江边。一身去国六千里，万死投荒十二年。桂岭瘴来云似墨，洞庭春尽水如天。欲知此后相思梦，长在荆门郢树烟。"①他们荒漠心境的审美对象物是荒凉的世界。刘长卿《逢雪宿芙蓉山主人》："日暮苍山远，天寒白屋贫。"《碧涧别墅喜皇甫侍御相访》："古路无行客，寒山独见君。"盛唐人笔下那些硕大、壮伟、瑰丽的审美意象不见了，取而代之的是"乱鸦投落日，疲马向空山"②。盛、中唐人的情感世界和色彩确有区别，这是历史的风烟所熏染的。中唐初期的士人经历了由盛到衰的巨大落差，躬逢盛世，却又亲临丧乱，生活裂变形成了心理上的失落感。他们不断叹息着"谁念为儒逢世难"③的不幸，他们怀着凄怨的心情感应着周遭世界，体味着自身的悲苦，他们以低抑而苍凉的歌喉唱出了一支支咏叹调。

　　中唐开始有"法"，确定"法"。所谓"法"就是审美规范和法则，是审美的有序化表征。这是中唐美学极为值得重视的一大特征。经过中唐的规范，美学上的一系列章法便形成了，可以为人所效法了。严羽《沧浪诗话》说："少陵诗法如孙吴，李白诗法如李广。"杜甫诗法较李白更可遵循。胡应麟《诗薮》认为："李、杜二家，其才本无优劣，但工部体裁明密，有法可寻；青莲兴会标举，非学可至。"陈师道《后山诗话》说得更为明确："学诗当以子美为师，有规矩，故可学。"其所以可学，乃因为有"法"，有"规矩""规范"，形成了特有的章法、句法。盛唐无"法"，天马行空，而中唐有法，其转变在杜甫。胡应麟《诗薮》说："盛唐句法浑涵，如两汉之诗，不可以一字求。至老杜而后，句中有奇字为眼，才有此句法。"

---

① 柳宗元：《别舍弟宗一》。
② 刘长卿：《恩敕重推使牒追赴苏州，次前溪馆作》。
③ 卢纶：《长安春望》。

古文亦有法，侯朝宗《古文逸稿·壮悔堂文集》附录贾开宗："古文自六经而后，《左》《国》《庄》《列》以及《史》《汉》及贾谊、扬雄诸人皆胸有所见，据事直书，如白云在天，兀然而起，兀然而止，无定法也。至唐之韩愈、柳宗元，始创为法，以及宋之欧阳修、苏洵父子、王安石、曾巩，首尾虚实，不可移易。"

中唐人进一步确立了自己的社会存在价值，主要通过自己所写作的诗歌、文章的观念来体现。曹丕《典论·论文》说："文章经国之大业，不朽之盛事。"他认为文章对于经邦济世有着巨大的功能和作用。曹丕所言"不朽"是基于经邦济世而言的，而白居易所体认的"不朽"是基于诗歌、文章可以流传于后世而言的。他说："世间富贵应无分，身后文章合有名。"① 中唐人是在这个意义上寻找到了自己文学美学实践活动的人生意义和社会价值的。

中唐美学表现出跟盛唐美学的不同形态，但它们之间不是并列的，中唐是在盛唐基础上的发展。如前所述，中唐之于盛唐是在审美领域、范围、对象上的扩大，是在审美创作手法、方式上的变更，它使得诗美学更趋多样化，开拓了诗歌审美中许多新的方面和域界。这是从杜甫开始的。王禹偁《日长简仲咸》说："子美集开新世界。"杜诗是唐诗美学的集大成者，又是开拓者。杜甫对中唐美学的影响是巨大的。

安史之乱的平定使得唐代社会有了喘息和休养生息的历史机遇。大历诗人经历了盛世也经历了动乱，在大乱平定之后，他们更怀念盛世的面貌，于是他们便以盛唐美学为追寻之目标。但是，时世有异，中唐的社会历史环境、文化精神和审美理想不同于盛唐，中唐缺少盛唐的文化、美学精神，时代出现悬隔，他们无法直寻和照搬盛唐充满热情、昂扬向上的精神，转而便趋合王孟一路的淡泊。但是由于时代审美心理的差异，他们的审美格调又有异于王孟。钱起《省试湘灵鼓瑟》中的"曲终人不见，江上数峰青"，便是大历诗美特征的典型体现。而韩孟诗派的崛起又是对大历诗美学的反拨、纠正和超越，改变了大历狭窄，堂庑过小，精巧有余而气势不足，时露衰飒而无恢张之气的诗美特征。韩愈诗美的出现正是对大历纤弱风尚的改变。韩愈诗美的阳气、力度取代了大历诗美的阴弱、小气，这是中唐美学上的重要变

---

① 白居易：《编集拙诗成一十五卷因题卷末戏赠元九李二十》。

革。清代叶燮《原诗》内篇上说:"开、宝之诗,一时非不盛,递至大历、贞元、元和之间,沿其影响字句者且百年,此百余年之诗,其传者已少殊尤出类之作,不传者更可知矣。必待有人焉起而拨正之,则不得不改弦而更张之。愈尝自谓'陈言之务去',想其时陈言之为祸,必有出于目不忍见,耳不堪闻者,使天下人之心思智慧,日腐烂埋没于陈言中,排之者比于救焚拯溺,可不力乎。"

然而,这又确乎表现为一个过程。从大历、贞元诗风到韩孟诗风,其转折点在顾况。皇甫湜《顾况诗集序》称其诗"穿天心,出月胁,意外惊人语,非寻常所能及",是起于青萍之末的微风。而孟郊是先行者,最终元帅韩愈升帐。在诗的散文化历程中,肇始于杜甫,中继于任华,形成于卢仝、韩愈。在中唐致用性美学的历程中,仍然是杜甫肇其端绪,经过元结的承接,由元白终其成。中唐美学的转变每一条线路上都离不开杜甫,他是开启未来者,他给中唐人以广泛而深刻的启迪,以至于诗的散文化和以文为诗,影响到宋代。

从盛唐到中唐是一种精神气象变成另一种精神气象,没有高低之分;是一种审美形态变成另一种审美形态,没有精粗之别。虽然中唐也承继了盛唐的兴寄、风骨,但其内涵有所变化。韩孟诗派的风骨是力在审美中的体现,是恢张扬厉的表征,而不具备盛唐美学的原初意义。而元结、白居易、元稹对讽喻诗的审美阐发,又大大扩充了兴寄的社会内涵。中唐的审美形态更为多样、多变,在韩孟、元白两大诗派之外又有刘禹锡、柳宗元。在两大派内部也是异象纷纭、异彩纷呈。基于此,也就大大突破和扩充了盛唐既有的审美创作方法,审美的表达内容更为多样甚或芜杂,那些原先被排除在外的对象现在却被中唐人不厌其烦地描述,一切可以利用的在盛唐所不经见用的审美手法也被罗织进来加以运用。还有那"文起八代之衰"的韩文以及柳文,形成了与其他美学形态的辉映之势。中唐美学亦可谓盛矣哉!

第六编

晚唐美学

第三十五章　晚唐美学概况

清代美学家叶燮在《原诗》中对晚唐美学做了这样富于诗性化的描述：

> 论者谓晚唐之诗，其音衰飒。然衰飒之论，晚唐不辞；若以衰飒为贬，晚唐不受也。夫天有四时，四时有春秋，春气滋生，秋气肃杀，滋生则繁荣，肃杀则衰飒；气之候不同，非气有优劣也。使气有优劣，春与秋亦有优劣乎……衰飒以为声，商声也。俱天地之出于自然者，不可以为贬也。又盛唐之诗，春花也。桃李之秾华，牡丹、芍药之妍艳，其品华美贵重，略无寒瘦俭薄之德，固足美也。晚唐之诗，秋花也。江上之芙蓉，篱边之丛菊，极幽艳晚香之韵，可不为美乎？

这位中国美学思想在清代的集大成者，对晚唐诗美做了公允的评价，确定了它的基本特征和美学史地位。他用"春花"喻盛唐，用"秋花"喻晚唐，可以说是把握了它们的基本属性。晚唐美学是有其特征、属性的独特的美学形态。

第一节　美学思想

从中唐到晚唐，社会产生了剧大的变动。中唐曾经有过中兴的社会愿望，这是针对安史之乱所造成的衰败而萌发的。在总结这场历史教训时，中唐的思想家把复兴儒学作为振兴唐代社会的思想根本来看待，于是，在美学思想上致用美学思想再次抬头，但唐代社会的败落是不可挽回的，人们对社会失去希望后在文学、美学上也出现了转向。韩愈由主张文以明道转为对险怪的描述，白居易由强烈的致用美学主张转为乐天知命的闲适，到晚唐则有李商隐在锦瑟声声中的哀怨不休，杜牧怀抱十载扬州的风流梦影。他们以不同的生活方式和审美方式对待"夕阳无限好，只是近黄昏"的现实。整个文学走向更趋于美学层面，其文学美学论述主要是以文学本身的特征如何进行审美为指向的。晚唐文学美学主张有如下几点。

"以意为主"的审美主位论。杜牧《答庄充书》说：

> 凡为文以意为主，气为辅，以辞彩、章句为之兵卫。未有主强盛而辅不飘逸者，兵卫不华赫而庄整者。四者高下圆折，步骤随主所指，如鸟随凤，鱼随龙，师众随汤、武，腾天潜泉，横裂天下，无不如意。苟意不先立，止以文彩辞句，绕前捧后，是言愈多而理愈乱，如入阛阓，纷纷然莫知其谁，暮散而已。是以意全胜者，辞愈朴而文愈高；意不胜者，辞愈华而文愈鄙。是意能遣辞，辞不能成意，大抵为文之旨如此。

在"意""气""辞""章"中，杜牧把"意"列为首位和主位。曹丕《典论·论文》说："文以气为主。"杜牧则说："气为辅。"这是不同之处。就审美而言，"意"指主体所要表达的"意思""意味"等。在整个关系中，它占据主导地位，是主帅，其他或为辅佐，或为兵卫。这比起"气"来要更为具体和实在，有更为切近社会实际的内容。这也为其更好地实践致用美学原则打开通道。杜牧在《上知己文章启》中说到自己的创作缘由："以元和功德，凡人尽当歌咏纪叙之，故作《燕将录》。往年吊伐之道，未甚得所，故作《罪言》。自艰难来，始卒伍庸役辈多据兵为天子诸侯，故作《原十六卫》。诸侯或恃功不识古道，以至于反侧叛乱，故作《与刘司徒书》……宝历大起宫室，广声色，故作《阿房宫赋》。"其有现实致用的用意和倾向。

晚唐社会日趋腐败，诗人作家的文学审美表现出鲜明的现实用世之心和社会责任感。皮日休受元结影响，仿其《系乐府》而作《正乐府》，其序论述了诗的致用美学传统。"乐府，盖古圣王采天下之诗，欲以知国之利病，民之休戚者也。得之者，命司乐氏入之于埙篪，和之以管籥。诗之美也，闻之足以劝乎功；诗之刺也，闻之足以戒乎政。故《周礼》，太师之职掌教六诗，小师之职掌讽诵诗。由是观之，乐府之道大矣。今之所谓乐府者，唯以魏、晋之侈丽，陈、梁之浮艳，谓之乐府诗，真不然矣。故尝有可悲可惧者，时宣于咏歌，总十篇，故命曰《正乐府》诗。"他总结自身的审美创作经验，也是着眼于致用性质。《文薮序》说："赋者，古诗之流也。伤前王太佚，作《忧赋》；虑民道难济，作《河桥赋》；念下情不达，作《霍山赋》；悯寒士道壅，作《桃花赋》。《离骚》者，文之菁英，伤于宏奥，今也不显《离骚》，作《九讽》。文贵穷理，理贵原情，作《十原》。太乐既亡，至音不嗣，作《补周礼九夏歌》。两汉庸儒，贱我左氏，作《春秋决疑》。其余碑、铭、赞、颂、论、议、书、序，皆上剥远非，下补近失，非空言也。较其道，可在古人之后矣。古风诗，编之文末，俾视之粗俊于口也。"吴融的《禅月集序》也同样表达了美刺致用美学的思想。他说："诗之作，善善则则颂美之，恶恶则风刺之。苟不能本此二道，虽甚美，犹土木偶不主于气血，何所尚哉？自风雅之道息，为五、七字诗者，皆率拘以句度属对焉。既有所拘，则演情叙事不尽矣。且歌与诗，其道一也，然诗之所拘悉无之，足得放意取非常语、非常意，又尽，则为善矣。"他又联系唐代以来的诗歌状况，指出："国朝能为歌诗者不少，独李太白为称道，盖气骨高举，不失颂美风刺之道焉。厥后白乐天《讽谏》五十篇，亦一时之奇逸极言。昔张为作《诗图》五层，以白氏为广德大教化主，不错矣。至后李长吉以降，皆以刻削峭拔飞动文采为第一流，有下笔不在洞房蛾眉神仙诡怪之间，则掷之不顾。迩来相教学者靡曼浸淫，困不知变。呜呼！亦风俗使然也。然君子萌一意，出一言，亦当有益于事；矧极思属词，得不动关于教化？"他赞赏李白"气骨高举"，又符合"颂美风刺"的审美原则。白居易的《新乐府》五十首"奇逸极言"，亦体现了风刺之审美原则。他委婉地批评李贺诗美虽然"刻削峭拔飞动文采"，但"洞房蛾眉神仙诡怪"有违风刺审美原则。晚唐作家对社会现实的指斥可谓金刚怒目，痛快淋漓。如皮日休《鹿门隐书》等写道："古之官人也，以天下为己累，故己忧之。今之官人也，以己为天下累，故人忧之。""古之用贤也，为国；今之用贤也，为家。""古之杀人也，怒；今之杀人也，笑。"致用美学精神在晚唐被提出，反映了晚唐的社会实际需要。

然而，晚唐的美学建树又是自有成就的。它不是局限于美学对社会的服务作用和功能，也重视其独立的性质和特征。杜牧的《李贺集序》本身就是一篇绝美文字，五彩缤纷，妙语连珠，在整个唐代的美学评述中享有独特地位。晚唐吴融的《奠陆龟蒙文》对陆龟蒙美学特征的评价也有这样的特点：

> 大风吹海，海波沧涟，涵为子文，无隅无边。长松倚雪，枯枝半折，挺为子文，直上颠绝。风下霜晴，寒钟自声，发为子文，铿锵杳清。武陵深闻，川长昼白，间为子文，渺茫岑寂。豕突禽狂，其来莫当；云沉鸟没，其去倏忽。腻若凝脂，软于无骨。霏漠漠，淡涓涓；春融冶，秋鲜妍。触即碎，潭下月，拭不灭，玉上烟。

形象性是晚唐美学评述的一大特色。

对节奏美学的论述。历穆、文、武、宣四朝的李德裕《文章论》说："魏文《典论》称'文以气为主，气之清浊有体'，斯言尽之矣。然气不可以不贯。不贯则虽有英词丽藻，如编珠缀玉，不得为全璞之宝矣。鼓气以势壮为美，势不可以不息，不息则流荡而忘返。亦犹丝竹繁奏，必有希声窈眇，听之者悦闻；如川流迅激，必有洄洑逶迤，观之者不厌。从兄李翰常言：'文章如千军万马，风恬雨霁，寂无人声。'盖谓是矣。"韩愈有"气盛言宜"说，李德裕把"气"和语言联系起来，以形成抑扬抗坠的节奏美学。

创作心态的探讨。皮日休的《霍山赋序》写道：

> 日休……至寿之骈邑曰霍山。山，故岳也。邑赘于阯。至之二日，离邑一舍，望乎岳，将颂之文也。及见之，则目乎戆，手乎觯，心乎耸，神乎瞽。始欲狂其文，写其状，如丹青之不差也；颂其风，文其谣，如金石之永播也。既而其精怯然搏敌，躁然械囚，纷然棼丝，恍然堕空，浩然涉溟，幽然久瘆。则知才智之劣，如氂而加疾，将杖而奔者……其辰既决，其精忽渝，怯然而胜，躁然而适，纷然而静，恍然而安，浩然而济，幽然而愈，如壮而能决，将阵而敌者。于是狂其文，写其状。

这段文字对自己写作《霍山赋》的心态做了披露，生动地展现了它的演化过程。对审美心态的描述颇有特色。

黄滔根据陆机《文赋》中的句子"课虚无以责有"写下《课虚责有赋》。他说："虚者无形以设，有者触类而呈。"这是他对"虚""有"的理解。他认为，在创作心态和景象描述上应该是："寂虑澄神，世外之筌蹄既历；垂华布藻，人间之景象旋盈。"他深入展开来论述道："是宜囊括玄牝，箕张混元，暗造无为之域，潜臻不死之根。致彼音尘，莫隐于秋毫纤芥；令其影响，俄通于万户千门。然后扇作波澜，腾为气色，无论于远近高下，罔计于飞沉动植。""文本于道，道不可量，杳韬存而韫亡。道散于文，文不可当，乃飞锋而耀芒。取之者取之愈远，偶之者偶之不常。""物居恍惚，牢笼而俟以真归；精匿杳冥，搜索而期乎实至。所谓摆扬恬淡，剖判虚空；冀其神贶，逮彼幽通。岂惟率尔邈然，散着于山川草木；风飞泉涌，争飘于鸟兽昆虫。夫如是则洞启幽玄，曾无险隘，流音既自于扣寂，成象还同于画卦。然知文苑之菁华，亦冲和之一派。"这是黄滔就陆机审美创作思想所做的推演和展开，成为唐代美学对审美过程的心理机制描述的杰出篇章，在中国美学理论史上占有一席之地。

关于审美思维中的灵感问题，在晚唐美学理论中也多有涉及。李德裕《文章论》说："文之为物，自然灵气。惚恍而来，不思而至。杼轴得之，淡而无味。琢刻藻绘，珍不足贵。如彼璞玉，磨砻成器；奢者为之，错以金翠。美质即凋，良宝所弃。"《掌书记厅壁记》说："天机殊捷，学源浚发。含思而九流委输，挥毫而万象骏奔。如庖丁提刃，为之满志；师文鼓瑟，效不可穷。"

对晚唐一个重要的文学审美现象，即隐逸文学之兴起的阐解。诚然，隐逸之风的兴起跟中国文人兼济、独善的心理结构相关，但也跟晚唐的社会实际相联系。晚唐社会黑暗，士子们常常有志难伸、难酬，"夕阳无限好，只是近黄昏"，集中表述了晚唐人的衰飒心态，他们感到整个社会的暮色降临了。陆龟蒙《奉和袭美初夏游楞伽精舍次韵》说出了晚唐人隐逸的基本原因："未为尧舜用，且向烟霞托。"仍然是围绕出处所做的选择。皮日休《初夏即事寄鲁望》把这种浮云野鹤的悠游生活描述为"私游无定程"。"或看名画彻，或吟闲诗成。忽枕素琴睡，时把仙书行。"于是他们便对隐逸文学及其诗人的隐逸情调给予赞赏。吴融《赠方干处士歌》便是其体现。他们隐逸的原因不同于道家的任运自然，而是不得志而为之，因而现实色彩较浓，有时隐逸中隐含对现实的决绝和指斥。

关于对元、白和杜、韩的评价问题。晚唐对元稹、白居易的诗歌评价是有争议的。杜牧的《唐故平卢军节度巡官陇西李府君墓志铭》引述了李戡批评元稹、白居易的一番文字："诗者，可以歌，可以流于竹，鼓于丝；妇人小儿，皆欲讽诵。国俗薄厚，扇之于诗，如风之疾速。尝痛自元和已来，有元、白诗者，纤艳不逞，非庄士雅人，多为其所破坏。流于民间，疏于屏壁，子父女母，交口教授，淫言媟语，冬寒夏热，入人肌骨，不可除去。吾无位，不得用法以治之。"对元白诗的痛恨达到了要用法治之的地步，和隋代李谔要法治齐梁文化一样。杜牧的引用及其倾向可以看出他是持赞同态度的。但也有为元、白辩解的，皮日休《论白居易荐徐凝屈张祜》就说道："余尝谓文章之难，在发源之难也。元、白之心，本乎立教，乃寓意于乐府雍容宛转之词，谓之'讽喻'，谓之'闲适'。既持是取大名，时士翕然从之，师其词，失其旨，凡言之浮靡艳丽者，谓之元白体。二子规规攘臂解辩，而习俗既深，牢不可破。非二子之心也，所以发源者非也，可不戒乎？"他在《白太傅》中说："吾爱白乐天，逸才生自然。谁谓辞翰器，乃是经纶贤。欻从浮艳诗，作得典诰篇。立身百行足，为文六艺全。"

从总趋向上看，晚唐崇李褒杜扬韩。杜牧轻元、白却崇李、杜、韩。其《冬至日寄小侄阿宜诗》写道："李杜泛浩浩，韩柳摩苍苍。"《雪晴访赵嘏街西所居三韵》说："少陵鲸海动，翰苑鹤天寒。"《读韩杜集》说："杜诗韩集愁来读，似倩麻姑痒处抓。天外凤凰谁得髓，无人解合续弦胶。"皮日休《七爱诗·李翰林》赞扬李白，说："吾爱李太白，身是酒星魄。口吐天上文，迹作人间客。磊砢千丈林，澄澈万寻碧。醉中草乐府，十幅笔一息。……五岳为辞锋，四溟作胸臆。惜哉千万年，此俊不可得。"《刘枣强碑》说："吾唐来，有是业者，言出天地外，思出鬼神表，读之则神驰八极，测之则心怀四溟，磊磊落落，真非世间语者，有李太白。"贯休《常思李太白》说："常思李太白，仙笔驱造化。"《读杜工部集》说："造化拾无遗，唯应杜甫诗。"这些都反映了晚唐的美学思想走向。

第二节 美学状貌

晚唐文学出现清丽幽婉的格调，精约动人。它使得文学样式之一的诗更趋于内涵性，在短小的形式结构中有着较多的容量。它反映了晚唐文学审美的特征。例如杜牧的七绝。杜牧在《献诗启》中曾谈到他的审美追求："苦心为诗，本求高绝，不务奇丽，不涉习俗，不今不古，处于中间。"他的诗美正是如此产生的。著名的《江南春绝句》：

千里莺啼绿映红，水村山郭酒旗风。南朝四百八十寺，多少楼台烟雨中。

诗人取黄莺、绿柳、红杏、水村、山郭、酒望、烟雨等具体的、实感性很强的形象构置艺术画面，罗千里于尺幅之中，着意写出江南春意之闹、春光之美、春色之浓。高耸在蓊郁林木中的寺院楼阁，沉浸在纷纷的春雨之中，诗境显得迷茫，具有特定的凄迷美。《清明》写道：

> 清明时节雨纷纷，路上行人欲断魂。借问酒家何处有，牧童遥指杏花村。

诗写得晶莹圆润，描述了清明时节路行遇雨的特定感受，没有悲伤，没有凄惶，而是表现诗人经指点遥见酒望，便由愁而喜的情绪转化，遂形成诗的美学节奏。诗人十分成功地把握和表现了这种生活体验和情绪体验，成为在短幅中进行文学审美的杰构。杜牧的小诗确实表现出主体的审美才情和技巧。例如《长安秋望》中虚实相生的手法达到水涨船高的审美效应。《江人偶见》的繁闹衬悠闲，相反相成。

杜牧为晚唐诗美吹进了一股清爽明丽之风，如《寄扬州韩绰判官》："青山隐隐水迢迢，秋尽江南草木凋。二十四桥明月夜，玉人何处教吹箫？"在青山隐隐、绿水迢迢中，在月光临照的二十四桥上，玉人的箫声婉转飘荡在山水之间。何等清幽而迷人！《齐安郡后池绝句》写道："菱透浮萍绿锦池，夏莺千啭弄蔷薇。尽日无人看微雨，鸳鸯相对浴红衣。"诗的审美意象活泼动人，色彩基调明艳而清丽，反映了杜牧的诗风特点。同时，杜牧以俊爽之笔在一定程度上振起了晚唐的衰风。《登池州九峰楼寄张祜》诗中的孤愤之气，"千首诗轻万户侯"的名士孤高意识，都显示了其风骨的存在，这正是晚唐美学所缺少的。明人杨慎说："律诗至晚唐，李义山以下，惟杜牧之为最。宋人评其诗豪而艳，宕而丽，于律诗中特寓拗峭，以矫时弊，信然。"

另一方面杜牧诗的致用美学色彩也是比较浓的。他对唐代的政治生活表示了自己的态度，对一些曾经发生过的历史现象也表达了自己的历史评价，这种历史评价又是寓于审美描述的。例如著名的《过华清宫绝句三首》（其一）："长安回望绣成堆，山顶千门次第开。一骑红尘妃子笑，无人知是荔枝来。"在平实的、似乎是纯事实的描述中表现出对唐玄宗荒淫、杨贵妃恃宠骄横的愤慨与嘲讽。同题诗"其二"云："新丰绿树起黄埃，数骑渔阳探使回。霓裳一曲千峰上，舞破中原始下来。"对歌舞狂欢而致中原战乱亦做了讽刺。

杜牧的现实用心，又是借助于特定的审美手段表达和体现的。一是用宛曲隐晦的手法不经意地表现深邃的意味。《过勤政楼》："千秋佳节名空在，承露丝囊世已无。唯有紫苔偏称意，年年月雨上金铺。"紫苔即苔藓，用其侵染兽头大门的景象来展现唐王朝的衰落，用意甚深。一是用咏史、怀古的形式来表达伤今的含意。咏史、怀古情绪是晚唐人的情绪表现形式，是出于现实用意所做的怀古意识回归的表达。例如《润州二首》（其一），在对六朝的追念中，那遗寺青苔所体现的荒芜，那酒楼依旧所昭示的人事日非，那月明之中对桓伊的怀想，都体现出诗人的无限愁绪。《赤壁》写道："折戟沉沙铁未销，自将磨洗认前朝。东风不与周郎便，铜雀春深锁二乔。"诗人对历史事实做了独特体认，以"二乔"作为赤壁之战胜败的表征，从沉沙的折戟中对"前朝"萌发了审美的欲望。《题乌江亭》："胜败兵家事不期，包羞忍耻是男儿。江东子弟多才俊，卷土重来未可知。"以百折不挠之精神为根本，委婉地批评了项羽的脆弱意志。对过去发生的历史事实，杜牧有自己独到的评价，他的咏史诗有自己的史家眼光。作为名相、名史家、著有《通典》的杜佑之孙，杜牧时时为念的是"治乱兴亡之迹，财赋兵甲之事，地形之险易远近，古人之长短得失"[①]。他所向往的是作赋又论兵的倜傥风流，以史家之眼光看待悠悠千古之历史变化。《登乐游原》写道："长空淡淡孤岛没，万古销沉向此中。看取汉家何事业，五陵无树起秋风。"

在咏史、怀古中，杜牧和许多唐人一样对魏晋南朝表现出特殊的伤感。《题桃花夫人庙》说："细腰宫里露桃新，脉脉无言度几春。至竟息亡缘底事？可怜金谷坠楼人。"赵翼《瓯北诗话》评述道："以绿珠之死，形息夫人之不死，高下自见而词语蕴藉，不显露讥讪，尤得风人之旨耳。"又写有《金谷园》，云："繁华事散逐香尘，流水无情草自春。日暮东风怨啼鸟，落花犹似坠楼人。"笼罩一片怨伤情调。《题宣州开元寺水阁阁下宛溪夹溪居人》在徜徉山光水色中，既对隐居之范蠡表示歆羡，又对景物依旧而人事日非的现象充满无限伤感。《泊秦淮》云：

> 烟笼寒水月笼沙，夜泊秦淮近酒家。商女不知亡国恨，隔江犹唱后庭花。

---

① 杜牧：《上李中丞书》。

当亡国之音《玉树后庭花》在杜牧生活的时代重新出现时,他不禁沉痛地感慨人们对亡国之痛的淡化。咏史、怀古诗构成了杜牧关注现实的特殊审美形式,而把这种审美意图推向高峰的则是那篇极富才情又极具深意的《阿房宫赋》。唐敬宗继位,广造宫室,天怒人怨。杜牧在《上知己文章启》中说:"宝历大起宫室,广声色,故作《阿房宫赋》。"此赋遂成为讽时刺世之作。阿房宫富丽堂皇,但它带给百姓的却是灾难和不幸:"取之尽锱铢,用之如泥沙。"而灾难和不幸又必然会激起愤恨和反抗:"戍卒叫,函谷举,楚人一炬,可怜焦土。"逶迤绵延三百里,天上人间诸景备的阿房宫被付之一炬,化为灰烬。历史的回述,现实的用心。"呜呼!灭六国者,六国也,非秦也。族秦者,秦也,非天下也。嗟夫!使六国各爱其人,则足以拒秦;使秦复爱六国之人,则递三世可至万世而为君,谁得而族灭也?秦人不暇自哀,而后人哀之;后人哀之而不鉴之,亦使后人而复哀后人也。"杜牧的议论,不啻给唐王朝浇了一瓢钻心透骨的冷水。文章突出一个"鉴"字,引古用以鉴今,述昔借以讽世,企冀唐统治者以秦为镜,回心转意,更弦易辙。

当现实用志无法实现,杜牧便转为旷达,寻求精神安顿。《湖南正初招李郢秀才》写道:"行乐及时时已晚,对酒当歌歌不成。千里暮山重叠翠,一溪寒水浅深清。高人以饮为忙事,浮世除诗尽强名。看著白蘋芽欲吐,雪舟相访胜闲行。"他虽以旷达来解脱,但在内心深处却未了利禄之心。《将赴吴兴登乐游原一绝》写道:"清时有味是无能,闲爱孤云静爱僧。欲把一麾江海去,乐游原上望昭陵。"尽管他有浪迹江湖之愿,但不免时时眺望那唐太宗的昭陵,始终依依不舍,企盼能使士子施展宏图的贞观之治再次出现。《九日齐山登高》中"尘世难逢开口笑,菊花须插满头归",诗的情绪在旷放中含有忧郁,有着难以表述的内心苦闷,遂成为晚唐人心态的典型表征。

为了消解内心的苦闷,他便出没于秦楼楚馆,这又体现了晚唐人的生活方式和内容。"歌吹是扬州"①的繁华如锦中,他徜徉于"春风十里扬州路"②,他所向往的是这样一幅图画:"忽发狂言惊满座,两行红粉一时回。"③惊世骇俗之论获得红粉知己们的回眸赞赏,有着典型的风流才子味。《遣怀》写道:"落魄江湖载酒行,楚腰纤细掌中轻。十年一觉扬州

---

① 杜牧:《题扬州禅智寺》。
② 杜牧:《赠别二首》(其一)。
③ 杜牧:《兵部尚书席上作》。

梦,赢得青楼薄倖名。"他与烟花女子的交往,有着真实的情感记录。《赠别二首》(其二):"多情却似总无情,唯觉樽前笑不成。蜡烛有心还惜别,替人垂泪到天明。"这些情感记录足证杜牧是一个多情种子。

晚唐的其他诗人也表现出文学审美的精巧圆润,晚唐诗在美学上更为成熟了。雍陶《题君山》:"烟波不动影沉沉,碧色全无翠色深。疑是水仙梳洗处,一螺青黛镜中心。"审美着眼点和描述方法都很有特点。唐温如《题龙阳县青草湖》:"西风吹老洞庭波,一夜湘君白发多。醉后不知天在水,满船清梦压星河。"有诗人的奇趣,超逸的情怀。正因为有此等情趣,才会有此等诗趣,才会有脱略窠臼的离奇想象。温庭筠有著名的《商山早行》:

> 晨起动征铎,客行悲故乡。鸡声茅店月,人迹板桥霜。槲叶满山路,枳花明驿墙。因思杜陵梦,凫雁满回塘。

宋代欧阳修在《温庭筠严维诗》中说:"余尝爱唐人诗云'鸡声茅店月,人迹板桥霜',则天寒岁暮,风凄木落,羁旅之愁,如身履之。"又说:"诗之为巧,犹画工小笔尔,以此知文章与造化争巧可也。"两句十字,写了六种景物,全由名词构成:鸡声、茅店、月、人迹、板桥、霜。诗人从整体境界出发,去选择切合时空特征的景、物,从而有机地构置在一起。这种经过有机构置的画面,常能唤起读者的审美想象。晚唐其他诗人的怀古意识也是颇浓的。许浑《金陵怀古》写道:

> 玉树歌残王气终,景阳兵合戍楼空。松楸远近千官冢,禾黍高低六代宫。石燕拂云晴亦雨,江豚吹浪夜还风。英雄一去豪华尽,唯有青山似洛中。

以隋灭陈的历史作为感兴之发端,在只有青山还似洛阳的相同景象中,深切感叹英雄豪杰一去不复返的悲怆。《登洛阳故城》对洛阳的历史变故和衰败充满无限的伤感。《汴河亭》在语辞华美的描述中展现出来的是当年隋炀帝南游的浩阔画面,于诗的结尾处以隋炀帝之迷楼比附陈后主之景阳楼,遂使批判之意溢出纸面,起到欲抑先扬的审美效应,颇含技法。又有《途经秦始皇墓》,以途经秦皇陵入题,饱含历史的评价,有着诗人的抑扬褒贬之意。

许浑的怀古诗没有强烈的现实指向色彩,他善于用审美的手段营造衰飒的色调。《咸阳城东楼》云:"一上高城万里愁,蒹葭杨柳似汀州。溪云初起日沉阁,山雨欲来风满楼。鸟下绿芜秦苑夕,蝉鸣黄叶汉宫秋。行人莫问当年事,故国东来渭水流。"诗的风调有着较典型的晚唐文学审美特征,体现了晚唐社会、文化的衰飒氛围。

晚唐诗确实体现了美的精致和精巧，有着美的独特形态和表现。张祜《宫词二首》（其一）曰："故国三千里，深宫二十年。一声河满子，双泪落君前。"广而长的时空域界在似乎纯平直的描述中已经显示了幽于深宫中的苦闷，而闻歌伤情的怨愤一旦发泄便以双泪如雨的急切形式出现，分外能打动人心。张祜《题金陵渡》是晚唐带有凄迷色彩的文学审美精品。

在晚唐怀古、咏史意识中有一种类型是怀古以伤自家怀抱和身世的。如温庭筠《过陈琳墓》，从陈琳遇雄主而得以舒展其志的历史事实中反观到自身"霸才无主"以致书剑飘零的遭际。另一种类型则是对历史现象和人物做出自己的历史和审美评价。《经五丈原》满怀深情地追思一代名臣诸葛亮。对苏武追念和感慨的《苏武庙》中"回日楼台非甲帐，去时冠剑是丁年"，以"回日"逆挽"去时"的时间反推方式益发表现苏武流落匈奴皓首而归的凄楚和伤情，成为打破自然时间序次用于表达审美情感的独特审美方式，是唐代时空美学之杰出范例。

在晚唐的怀古、咏史审美中，其对象往往集中于六朝覆亡和隋代亡国上，地望多为江都、金陵。在历史意识上多含荒淫败国之寓意，在审美意识上则多为衰飒荒落，尤多通过古今反差对比来体现，如刘沧《经炀帝行宫》。韦庄那首著名的《台城》写道："江雨霏霏江草齐，六朝如梦鸟空啼。无情最是台城柳，依旧烟笼十里堤。"在烟雨霏霏、春草如茵的凄丽中，却是六朝梦幻般的失落；空间相同，烟柳犹在，却是一片荒凉的台城遗址。自然环境的不变，竟然包含一个最大的变——历史的沧桑之变。

晚唐怀古、咏史诗文的勃兴，是作为历史年轮的人怀旧意识的自然表现，更有着他们的现实审美用意。他们在现实的时代环境和氛围中已经感受到了唐朝的衰败和没落，企图借助于过去的历史和相似历史事件——特别是亡国之危来引起现实中人们的警惕，起到疗救作用。然而，他们又感受到衰世的不可避免，无力挽狂澜于既倒，往往陷于无可奈何之中。他们没有盛唐人的朝气、意气、理想和热情，也缺少元和年间人的中兴激情和对时间的关注，他们的心态未免老化。他们在咏史、怀古诗中所表现出来的情调显得伤感、沉沦、凄楚、悲凉，并且逐渐逼入主体的心灵世界，把对古今相系的意识转变为无可奈何的伤情，进而既远离了古，又逃离了今，在醉梦中排遣自身的岁月时光。例如薛逢的《悼古》。这样的情绪又不仅仅存在于怀古诗中，而且反映并弥漫于整个晚唐的文学、美学世界。

杜牧《山行》诗咏道："远上寒山石径斜，白云深处有人家。停车坐爱枫林晚，霜叶红于二月花。"诗人认为枫林晚艳甚过二月花美，其审美心理表现了对晚林晚花的欣赏，弥漫其间的是晚景萧瑟衰飒的氛围。这是时代衰态在诗人心灵深处的投影。晚唐西风残照中，时代末意识已浸染人心了。

晚唐美学没有了盛唐的风骨、中唐的怪奇，显得孱弱；没有激动人心的长篇，只有轻盈的短调。幽艳诚然幽艳，但内蕴不够、沉雄不足。晚唐诗堂庑过小，缺少大的宏阔气象，远乏黄钟大吕的激动人心。在审美意象上往往少有变化，导致较多重复。如许浑诗中多有"水""雨"，遂被后人讥为"许浑千首湿"。这一切便构成了晚唐"秋花"幽艳的审美特征，它有衰红般色彩，成为独立的审美形态。

第三节　美学思潮

晚唐的美学思想及演进具有思潮的特征。它的形成受到了前代的影响，在致用美学上受到白居易新乐府运动的影响。在对现实的态度上，晚唐的诗人作家表现得积极用世，他们在批判现实和揭露社会的黑暗上，显示尖利的锋芒。晚唐统治阶级生活的奢侈，有着别的时期所少有的疯狂和糜烂。陆龟蒙《村夜》说："万户膏血穷，一筵歌舞价。"其概括和尖锐批判社会现实的程度，有着白居易的特点。皮日休《原谤》由对天的怨恨发展到对君主的诅咒和对当政者的警告："呜呼！尧舜，大圣也，民且谤之；后之王天下，有不为尧舜之行者，则民扼其吭，捽其首，辱而逐之，折而族之，不为甚矣！"可谓扒皮剔骨，痛快淋漓。陆龟蒙《野庙碑》从碑文来历和为野庙立碑用意说起，转而用映衬之法痛斥当今官吏。罗隐《辨害》深得利害辨析之意；《秋虫赋》因"秋虫，蜘蛛也，致身罗网间，实腹亦罗网间"发表议论。晚唐散文美学体现了对现实的尖锐的讽刺态度。在诗歌美学上有聂夷中著名的《伤田家》："二月卖新丝，五月粜新谷。医得眼前疮，剜却心头肉。我愿君王心，化作光明烛。不照绮罗筵，只照逃亡屋。"这不正是延续白居易"惟歌生民病，愿得天子知"的现实精神吗？杜荀鹤著名的《山中寡妇》写道："夫因兵死守蓬茅，麻苎衣衫鬓发焦。桑柘废来犹纳税，田园荒后尚征苗。时挑野菜和根煮，旋斫生柴带叶烧。任是深山更深处，也应无计避征徭。"同样有着沉痛而尖锐的现实美学力量。

另一股美学思潮则是艳情之风，它以前所未有的轻佻、逸艳的形式出现，露骨的调情、放荡的情思、强烈的感官刺激，构成其主要内容。它的出现有着深刻的社会历史原因。早在中唐时，李绅在其《宿扬州》一诗中就对唐代的商业都会扬州做了色彩瑰丽的描述。又如王建《夜看扬州市》，都市繁华是以灯红酒绿、红袖纷纷、歌妓如云为标志的，纷红骇绿的景象满足了人们的感官需要，又刺激了人们的感官欲望。

晚唐都市生活十分繁华。这是一个举国竞豪奢，沉浸在声色之中的时代。韦庄在其《咸通》一诗中，对唐懿宗咸通年间（860—874）社会奢靡景象做了真实描绘："咸通时代物情奢，欢杀金张许史家。破产竞留天上乐，铸山争买洞中花。诸郎宴罢银灯合，仙子游回璧月斜。人意似知今日事，急催弦管送年华。"愈到末世，这种豪奢状况愈盛。《资治通鉴》卷二五〇载，懿宗李漼"好音乐宴游，殿前供奉乐工常近五百人，每月宴设不减十余，水陆皆备，听乐观优，不知厌倦，赐与动及千缗"。唐僖宗李儇也是一位花花天子，"善骑射、剑槊、法算，至于音律、蒱博，无不精妙；好蹴鞠、斗鸡，与诸王赌鹅，鹅一头至直五十缗。尤善击毬，尝谓优人石野猪曰：'朕若应击毬进士举，须为状元'"①。韦庄有《陪金陵府相中堂夜宴》描述了当时上流阶层的声色之乐。弥漫整个社会的糜烂豪侈之气刺激、浸淫人们的感官。陈寅恪《元白诗笺证稿》认为，艳丽之风与进士集团有关，"进士科举者之任诞无忌，乃极于懿、僖之代"。这和前述的帝王豪奢互相鼓煽，于是晚唐出现一股香艳之风。晚唐诗歌充满香艳色调。秦韬玉《天街》写道："宝马竞随相暮客，香车争碾古今尘。"温庭筠亦有相似的描述，如《春晓曲》《经旧游》《偶游》等。韩偓为《香奁集》自作序曰：

> 余溺章句，信有年矣。诚知非丈夫所为，不能忘情，天所赋也。自庚辰、辛巳之际，迄辛丑、庚子之间，所著歌诗，不啻千首。其间以绮丽得意者亦数百篇，往往在士大夫之口，或乐工配入声律，粉墙椒壁，斜行小字，窃咏者不可胜记。大盗入关，缃帙都坠，迁徙不常厥居，求生草莽之中，岂复以吟讽为意。或天涯逢旧

---

① 司马光：《资治通鉴》卷二五三。

> 识，或避地遇故人，醉咏之暇，时及拙唱。自尔鸠辑，复得百篇，不忍弃捐，随时编录。
>
> 遐思宫体，未敢称庾信攻文；却诮《玉台》，何必倩徐陵作序。粗得捧心之态，幸无折齿之惭。柳巷青楼，未尝糠粃；金闺绣户，始预风流。咀五色之灵芝，香生九窍；咽三危之瑞露，春动七情。如有责其不经，亦望以功掩过。

韩偓对艳情诗的形成做了描述性说明，指出其特征是绮丽动人，所表达的是柳巷青楼之事、金闺绣户之情，认为它们如同"五色之灵芝""三危之瑞露"，其审美效应是"香生九窍""春动七情"。他认为《香奁集》可以与徐陵所编《玉台新咏》媲美，甚或在其之上。这样在实际上也就出现了《香奁集》所代表的香艳美学向《玉台新咏》代表的脂粉美学的回归。这是晚唐香艳美学之本质所在。从韩偓等人的诗美中也可以看出李贺等人的影响，出现了一条审美上的线索。它的发展表现为美学的香艳化过程。它对李贺的继承不是学其怪诞离奇，而是学其强烈的感官刺激性，进而结合青楼、金闺繁衍为香奁文学美学。它实际上开启了最初意义的词之端绪。今人施蛰存《读韩偓词札记》就曾认为："《香奁集》虽属歌诗，然其中有音节格调宛然如曲子词者，且集中诸诗，造意抒情，已多用词家手法。"这在本体意义上是作为诗的审美素质的淡化，词的审美素质的形成标志。晚唐时代审美精神不在边塞、荒漠、马上，而在柳巷、青楼、闺中。这是中唐以来延续发展的一股美学思潮，预示着美学史的变革。

另一股思潮则由姚合、贾岛而来。姚合、贾岛虽在韩愈的周围，但跟韩愈不是一个美学路数。他们使诗走进个人的狭窄生活圈子，表现主体自身的寒境、苦意，"瘦"是对其审美特征和美感形式所做的恰切概括。贾岛以方外之心来观照方内世界，一切便显得空寂荒索。姚合对于前代诗僧之审美方式多有承传，与贾岛在美学趣味和风格上相近，遂有"姚贾"之合称。他们是中唐诗歌美学向晚唐转化的代表性人物。宋代《蔡宽夫诗话》说："唐末五代俗流以诗自名者……大抵皆宗贾岛辈，谓之贾岛格。"就晚唐人的心态而言，对时势的失望，对险恶政局的厌恶，使得他们更多地流连于个人的生活域界，敛缩自身的心域，于是，他们便极易接受贾姚。闻一多在《唐诗杂论·贾岛》中说："（贾岛）目前那时代——一个走上了末路的，荒凉，寂寞，空虚，一切罩在一层铅灰色调中的时代，在某种意义上与他早年记忆中的情调是调和，甚至一致的。惟其这时代的一般情调，基于他早年的经验，可说是先天的与他不但面熟，而且知心，所以他对于时代，不至如孟郊那样愤恨，或白居易那样悲伤，反之，他却能立于一种超然地位，藉此温寻他的记忆，端详它，摩挲它，仿佛一件失而复得的心爱的什物样。早年的经验使他在那荒凉得几乎狞恶的'时代相'前面，不变色，也不伤心，只感着一种亲切、融洽而已。于是他爱静，爱瘦，爱冷，也爱这些情调的象征——鹤、石、冰雪。黄昏与秋是传统诗人的时间与季候，但他爱深夜过于黄昏，爱冬过于秋。他甚至爱贫、病、丑和恐怖。"闻一多深刻地描述了贾岛的心理特征以及心理特征与时代审美理想的联系。闻一多又对晚唐以及后代的贾岛热和贾岛崇拜做了如下的描述和说明：

> 由晚唐到五代，学贾岛的诗人不是数字可以计算的，除极少数鲜明的例外，是向着词的意境与词藻移动的，其余一般的诗人大众，也就是大众的诗人，则全属于贾岛。从这观点看，我们不妨称晚唐五代为贾岛时代。他居然被崇拜到这地步：李洞……酷慕贾长江，遂铜写岛像，戴之巾中，常持数珠念贾岛佛。人有喜贾岛诗者，洞必手录岛诗赠之，叮咛再四曰："此无异佛经，归焚香拜之。"（《唐才子传》九）南唐孙晟……常画贾岛像，置于屋壁，晨夕事之。（《郡斋读书志》十八）上面的故事，你尽可解释为那时代人们的神经病的象征，但从贾岛方面看，确乎是中国诗人从未有过的荣誉，连杜甫都不曾那样老实的被偶像化过，你甚至说晚唐五代之崇拜贾岛是他们那一个时代的偏见和冲动，但为什么几乎每个朝代的末叶都有回向贾岛的趋势？宋末的四灵，明末的钟谭，以至清末的同光派，都是如此。不宁惟是，即宋代江西派在中国诗史上所代表的新阶段，大部分不也是从贾岛那份遗产中得来的赢余吗？可见每个在动乱中灭毁的前夕都需要休息，也都要全部的接受贾岛，而在平时，也未尝不可以部分地接受他，作为一种调剂，贾岛毕竟不单是晚唐五代的贾岛，而是唐以后各时代共同的贾岛。

这是对贾岛诗美学之所以在晚唐五代甚至宋明清产生广泛影响的深刻说明。从根本而言，这是时代末的心理需要的反映。与纵欲艳逸的生活行为方式不同的是，人们更多地走向狭小的心理空间，这也是时代末的心理表现。这样，当晚唐临近崩溃的时候，人们就自然地从贾岛那里找到自己的心理榜样,在"瘦"的诗美那里找到自己的存在对象。诗歌愈来愈成为个人心态的表露方式,所以贾岛现象在晚唐的出现,倒反映了诗的纯美学走向,诗的个体色彩愈来愈浓。在这里实际上体现了唐诗美学的一种走向,诗不是应试应制的需要,而是个人心灵表现的需要,是生活的需要和生命的某种存活形式。贾岛《戏赠友人》写道:"一日不作诗,心源如废井。笔砚为辘轳,吟咏作縻绠。朝来重汲引,依旧得清冷。书赠同怀人,词中多苦辛。"从这个意义上也才能真正解释"推敲"的含义。这是为着使自己的心态表达更能被别人所体认和接受的过程,从而使这种表达更为准确和贴近心灵活动自身。贾岛在《送无可上人》诗中"独行潭底影,数息树边身"句下作注道:"二句三年得,一吟双泪流。知音若不赏,归卧故山秋。"他对苦吟所得是何等钟爱!他表示,如果别人不欣赏,那就"归卧故山",从而表现出他对个人的审美价值存在被别人所认知和肯定是何等重视。至此,诗的审美与个人心灵活动便形成了联系。这一点,恰恰被晚唐诗人所认同,才会出现贾岛热。杜荀鹤《投李大夫》说:"苦吟无暇日,华发有多时。"郑谷《予尝有雪景一绝为人所讽吟段赞善小笔精微忽为图画以诗谢之》说:"属兴同吟咏,成功更琢磨。"

然而,承绪贾姚的审美路数并非原封不动,内中尚有变革。他们对人生经验的体验更富于概括性和表现力。例如郑谷《中年》婉转曲折地表达了人到中年的种种复杂心理。人本身的心理状态成为审美的对象,是审美的一种发展。正因为如此,晚唐人在表达情感时就显得分外思绪缠绕、宛曲绵长,富于感染力。例如郑谷《淮上与友人别》在杨柳春色、杨花飘荡、风笛晚响、离亭宴别的景象烘染下,在平实的分手言别中,体现了深长的思绪和黯然神伤的离别之情。晚唐诗人在描述功能上善于把感觉形象和审美体验结合起来,铸造成圆熟的耐人体味的诗句。例如杜荀鹤《春宫怨》中"风暖鸟声碎,日高花影重",在春色弥漫中、在富贵气象中表现宫宇的雍容,遂成为明清江南园林的对联。

唐代美学巨流经过急峡夺路、浩浩流淌之后进入下游地带,由于河床加高,便流淌艰难。晚唐人寻找自己的发展方式和新生长点,或是重新改道,或是依然如故。千派万流在这里汇集起来,晚唐的美学流派显得异彩纷呈,作家群体相继崛起。有写时刺世,有避世隐遁,有逸乐靡丽,等等。晚唐美学仍可用"盛"来概括,只是它不是盛大的"盛",而是繁盛的"盛",盛多。它不是盛唐的春花，但它仍不失为花，这就是前引叶燮《原诗》中所说的"秋花"。它是江上之芙蓉，篱边之丛菊，也是一种美和美的存在形态，具有独特的幽艳晚香之韵。

如果把盛唐作为参照，晚唐的气象确实褊狭得多了。如果说盛唐美学是外向型的，晚唐承中唐更趋内敛，审美主体的视线渐渐收合，视域渐渐敛缩。他们没有了盛唐人的社会价值观，既然时代已近凄艳黄昏，理想无由实现，遂走向内心的体验、玩味或出入于青楼香闺。这"秋花"是"幽"且"艳"的，于是也就在红浓绿重之中显现特有的色彩和格调。

虽然，晚唐美学风调跟齐梁美学甚或唐初宫体派颇为接近，但美学史的发展和进化不是简单的重复。非重合性的最大特点是晚唐的审美文化条件和背景不同。如果说齐梁唐初的浮艳美学乃宫廷所孳生，是贵族美学的派生物，那么晚唐美学则浸淫了俗文化的风调。这使得晚唐美学的命运跟唐初不同。在"恐与齐梁作后尘"的警惕心理下，齐梁及其延伸的唐初美学被清算，但晚唐美学却在社会俗文化的土壤上发展，导入词的审美域界。

晚唐美学的最大特征是形式美学、唯美学、纯美学。这是晚唐美学向着另一方向发展的标志。它不是美学内容的没落，而是寻求另一种形式。就根本而言，晚唐更把文学作为审美形式来看待。这是因为晚唐人更多地把文学视为个体行为，而不是为社会群体服务。他们视文学审美为生命活动的组成，不是看成"经国之大业"。"浮世除诗尽强名"[①]，出于这一点，他们才会走形式主义美学的路径。他们把近体诗的形式机制特征发展到一个新的阶段和层次上，色彩幽艳、对仗工稳、音韵流丽，温李一脉便是如此。前引温庭筠《苏武庙》中的"甲帐""丁年"的对仗就颇具形式美学特征。杜牧《献诗启》说："某苦心为诗，本求高绝，不务奇丽，不涉习俗"，体现了他对于诗审美的追求和诗审美特征的定位。

晚唐诗的审美因素日趋增加，或描述自然物象，如杜荀鹤《题弟侄书堂》："窗竹影摇书案上，野泉声入砚池中。"韩偓《绕廊》："浓烟隔帘香漏泄，斜灯映竹光参差。绕廊倚柱堪惆怅，细雨轻寒花落时。"或是情感寄寓于景象之中，如韦庄《古别离》："晴烟漠漠柳毵毵，不那离情酒半酣。更把玉鞭云外指，断肠春色在江南。"晚唐诗在美学品味上更走向神

---

① 杜牧：《湖南正初招李郢秀才》。

韵。被人称之为"郑鹧鸪"的郑谷所写之《鹧鸪》诗便得其神韵。"暖戏烟芜锦翼齐,品流应得近山鸡。雨昏青草湖边过,花落黄陵庙里啼。游子乍闻征袖湿,佳人才唱翠眉低。相呼相应湘江阔,苦竹丛深日向西。"沈德潜《唐诗别裁》就曾赞赏说:"咏物诗刻露不如神韵,三四语胜于'钩辀格磔'也。诗家称郑鹧鸪以此。"

这些构成了唐代美学的新素质。时代的没落、都市的靡华,熏染了人们脆弱和顽艳的心态,他们对华艳景象、色彩表现出特别的敏感和官能满足。这是一种新的审美心理结构,不同于唐的前中期,它收敛了人的心境和意绪,使之变得纤细、敏感、宛曲。这是诗的审美心态的发展,甚或是其异化的表现。它更多地接近于词心,从意气外露的盛唐诗到纤细柔媚的花间体、北宋词,其转折点正在晚唐。

第三十六章　李商隐

李商隐的诗美是继李、杜、韩、白等之后唐诗美学上的又一高峰，他把诗美学推进到一个深情绵邈、绰约多姿的境地，从而形成了一种新的形态。

第一节　迷蒙意象

李商隐的《一片》诗写道："一片非烟隔九枝，蓬峦仙仗俨云旗。"这一片间隔着的烟，无法确证其为何烟；这蓬莱世界中的仙域仪仗，云旗飘忽，正可成为李商隐诗美特征的表征。

金代元好问曾经不无遗憾地说："望帝春心托杜鹃，佳人锦瑟怨华年。诗家总爱西昆好，独恨无人作郑笺。"[1]在迷离惝恍的义山诗面前常有无法阐释之感，体认义山诗不能依靠传统的方法，只能用审美的方法去解构其审美的对象世界。他不是直接塑造一个意象世界，而是杂碎着诸种"象"的状态，打碎对象的固有物态和性质。他又总是把"意"处理成仙域神界中缭绕的仙气一样，迷离恍惚。他形成了无法确认的记忆，想追忆旧情，但在追忆之初却已是一派"惘然"，即所谓"此情可待成追忆，只是当时已惘然"。不可确证性、无法指称性、非理性阐解性便构成了李商隐诗美的首要特征，也体现了他的模糊思维方式。他何以把那么多的诗冠以"无题"，或许他在审美过程中对精确地提示诗旨之"题"无法厘定。这是诗人的模糊体

---

[1] 元好问：《论诗绝句三十首》。

验所致。例如《无题》云：

> 昨夜星辰昨夜风，画楼西畔桂堂东。身无彩凤双飞翼，心有灵犀一点通。隔座送钩春酒暖，分曹射覆蜡灯红。嗟余听鼓应官去，走马兰台类转蓬。

这是"憔悴在书阁"，嗟卑叹微，恐有之；这是画楼桂堂之上，匆匆一瞥，无缘得近，爱情的失落，亦恐有之。身着彩衣，比翼共飞，已属不能；关山难渡，怅然远失，更添悲哀。然而灵犀一点，契合感应，又足以得到慰藉。昨夜星辰昨夜风的温馨暖意，尚未及回味，交织着间隔和契合的双重心态，又倏忽而来。今宵"酒暖""灯红"之下与意中人共欢乐的设想，来不及持续更久，上班应卯的鼓点又声声撞击着心灵的忧伤。意识的内涵是纷错的，不可确指其单一维度；意识的流程是跳跃的，不可限制在某一点上。这种体验方式和表达方式是高度模糊的。

《锦瑟》中的"蓝田日暖玉生烟"，描述的是迷蒙的意象和难以企及的审美现象。司空图《与极浦书》就曾用"蓝田日暖，良玉生烟"来说明审美中的重大问题。"诗家之景，如蓝田日暖，良玉生烟，可望而不可置于眉睫之前也。"

李商隐从一个重要的方面改变了唐代诗歌审美的方式，不是如实地描述对象世界——以现实的自然、社会生活为对象，而是表达内心世界。这种表达又有其独到的方式，不是宣泄的、直露式的，他的诗是意识流程蜿蜒曲折的表现，打破了自然序次的逻辑结构，一切根据心理表现的需要和心理特性来进行。《银河吹笙》写道：

> 怅望银河吹玉笙，楼寒院冷接平明。重衾幽梦他年断，别树羁雌昨夜惊。月榭故香因雨发，风帘残烛隔霜清。不须浪作缑山意，湘瑟秦箫自有情。

整个意象群体的图像迷离不明。王子乔缑山骑鹤、湘灵鼓瑟、秦女吹箫的神话典故使意象居于现实与非现实之间。"幽梦"业已"他年断"了，而"羁雌"却在"昨夜惊"，时空结构失去了它固有的状态。经雨的花香分外扑鼻，但残灯闪动淡焰，风帘之外则是一片霜清。两组意象的色调判然有别，没有串缀的线索，也没有明确的展示。诗人不是描述一个物理世界，而是表现一个心理世界。这个心理世界中有着对过去情感生活绚丽而惨淡的回忆与留恋。因此，心理的波荡跳跃，形成了意象的变化万状。

由于李商隐是以心理世界为对象的，又是以审美心理描述的方式进行的，遂使意象特别迷乱。《春雨》云：

> 怅卧新春白袷衣，白门寥落意多违。红楼隔雨相望冷，珠箔飘灯独自归。远路应悲春晼晚，残宵犹得梦依稀。玉珰缄札何由达？万里云罗一雁飞。

诗所表述的心态正是"意多违"的失落、惆怅。企望见到的人尽管在那熟悉的红楼之上，却隔着一层雨帘。这"隔"形成了间隔和距离，使得情感染上一层冷色调，只得在珠帘飘动的灯光中怅然而归，这真是相见时难了。离失的影像愈来愈模糊和令人伤感，远方的人应为春天将逝而伤情，在残宵的残梦之中得以相见，然而转瞬之间依稀难辨。那"玉珰缄札"的信物"何由达"呢？只能借助于"万里云罗一雁飞"。"一"见其孤单，"万里"见其遥远，"云罗"，云雾迷锁犹如罗织，见其艰难。这样便出现了迷茫远逝、寻觅无着的境域。

在李商隐的心理世界中，有一片情感世界，这片情感世界以爱情为内涵。这种爱情却不是成功的，于是，这一失落的爱情总是缠绕、盘旋在他心中，折磨着他，而他又总是轻婉忧伤地吐露着和表达着。这样，这一失落的爱情就愈来愈显得遥远，也愈来愈显得沉重，总是沉甸甸地羁压着他，成为他伤感凄越的抒吐对象。确实，在"本事"上，李商隐有过失落的爱情故事，但是，诗人并没有具实或具象地表现这一段爱情故事的原委。他融化了故事，形成了一种情感的存在或体现形式，进而以审美的方式表现出来。他在审美中没有胶柱鼓瑟，因此在解读时也不应拘泥于某一种理解。

对于失落的感情、爱情，李商隐表现得特别执着和耿耿于怀。对于这种逝去的感情、爱情，李商隐的审美方式与众不同，他倾心于展现其空茫、迷离和遥远。《无题四首》（其一）：

> 来是空言去绝踪，月斜楼上五更钟。梦为远别啼难唤，书被催成墨未浓。蜡照半笼金翡翠，麝熏微度绣芙蓉。刘郎已恨蓬山远，更隔蓬山一万重。

全诗交织着空幻、失落和遗憾。"来是空言去绝踪"，来去都是一片空幻，生活中的一切都显得杳然难寻。这就奠定了诗人所描述的对象世界的基调，处在难以实现或完成的状态之中，或是"啼难唤"，或是"墨未浓"。而梦醒后的世界也是一片朦胧，烛光摇曳，如梦如幻；麝熏微度，或淡或浓，审美描述似处于非确定状态之中。"刘郎已恨蓬山远,更隔蓬山一万重",已经恨觉蓬山遥远,更何况距蓬山仍远隔一万重呢!诗人把空间推至无限远,杳然不可觅寻。然而在《无题》(相见时难别亦难)中却说:"蓬山此去无多路,青鸟殷勤为探看。"蓬山无远,且有传书的青鸟。两首诗对于"蓬山"空间距离的矛盾体认和不一致的说法,正体现了诗人那纷乱复杂、矛盾抵牾的心态。

"楚雨含情皆有托",李商隐《梓州罢吟寄同舍》中的这句诗是他对《楚辞》审美特点的一种体认。楚辞所描述的世界往往不是其本身,而是有所借喻或寄托,诗人的审美含意是借助意象而别有表述。李商隐之所以写出这句诗正体现了他对楚辞以来审美方式的体认,他就是如此继承和运用的。别有所托的审美意味,当然会使得他的诗的审美意味难以笺释。《无题四首》(其四):"何处哀筝随急管,樱花永巷垂杨岸。东家老女嫁不售,白日当天三月半。溧阳公主年十四,清明暖后同墙看。归来辗转到五更,梁间燕子闻长叹。""东家老女"老来未嫁,"溧阳公主"却年少得意,早有婚嫁,形成对比,使其归来辗转反侧,梁间的燕子亦听到长长的叹息之声。这是以美女难嫁寓托士人难遇,叹息自家身世。清代薛雪《一瓢诗话》评述道:"此是一副不遇血泪,双手掬出,何尝是艳作。"其看到了意象背后所寓托的意味。

李商隐思绪缭乱,遂致乱辞无绪,这正体现了心理表达的特点,遵循的不是自然逻辑,而是心理逻辑。心理逻辑演化中包含缤纷的浮想和模糊的意念。《柳》曰:"柳映江潭底有情,望中频遣客心惊。巴雷隐隐千山外,更作章台走马声。"诗人在看到江潭杨柳倒影时,听到隐隐巴雷,忽然奇思放想,想到长安章台的马蹄声声。诗人所见、所闻与所想之间没有必然的逻辑联系,但是在心理流程上却构成了浮想的图景。

李商隐的美学思想是主张有寄托的。《谢河东公和诗启》说:"某前因暇日,出次西溪,既惜斜阳,聊裁短什。盖以徘徊胜境,顾慕佳辰,为芳草以怨王孙,借美人以喻君子。"这是对传统骚体美学特征的体认。清人朱鹤龄《笺注李义山诗集序》曾对此做了具体阐释:"《离骚》托芳草以怨王孙,借美人以喻君子,遂为汉魏六朝乐府之祖。古人之不得志于君臣朋友者,往往寄遥情于婉娈,结深怨于蹇修,以序其忠愤无聊、缠绵宕往之致。唐至太和以后,阉人横暴,党祸蔓延。义山扼塞当途,沉沦记室。其身危,则显言不可而曲言之；其思苦，则庄语不可而漫语之。计莫若瑶台琼宇、歌筵舞榭之间，言之可无罪，而闻之足以动。其《梓州吟》云'楚雨含情皆有托'，早已自下笺解矣。吾故曰：义山之诗乃风人之绪音，屈、宋之遗响。"然而，有的意象并非有特别的寄托。《上河东公启》就曾说："至于南国妖姬，丛台妙妓，虽有涉于篇什，实不接于风流。"或有寄托，或无寄托，就出现了迷乱状况。同时，意象层和意味层之间并没有显性联系，这也增加了阐释体认的难度。正因为"楚雨含情皆有托"，才会"楚天云雨尽堪疑"[1]。

李商隐的审美趣味，更倾向、更欣赏的是"残花""枯荷"，这是他心态的一种反映和表征。《宿骆氏亭寄怀崔雍崔衮》云："留得枯荷听雨声。"雨打枯荷的凄楚、寂寥、破落正吻合于诗人的心理特点。还有《暮秋独游曲江》："荷叶生时春恨生，荷叶枯时秋恨成。深知身在情长在，怅望江头江水声。"《夜冷》："树绕池宽月影多，村砧岛笛隔风萝。西亭翠被余香薄，一夜将愁向败荷。"《花下醉》，在酒醒之后，深夜时分，手持红烛，独赏残花。这里透现出诗人的审美情调和趣味。

李商隐自我精神的寄托是"流莺"。《流莺》写凤城有花枝无数，有万户千门，却无流莺的栖息或暂居之地，尽管它是那么歌喉巧啭，却总是"良辰"难逢，"佳期"少有，遂沉沦在伤情之中。显然，流莺形象正是诗人自身遭际、命运的对象化写照。

以心理意识的流动作为审美基点，扑朔迷离地层现其流动现象，泯灭时空间的界限，展现纷乱的意象和意象群体，诗人的幽邃意味被密密层层地茧裹在意象层中。这些便形成李商隐诗迷蒙模糊的审美特征。

第二节　诗美现象

朱鹤龄《笺注李义山诗集序》用"沉博绝丽"来概括李商隐的诗美，确是的论。他的诗尽管迷蒙幽僻，但内涵深邃，委婉曲折。他在《上令狐相公状》中曾说道："每水槛花朝，菊亭雪夜，篇什率征于继和，怀觞曲赐其

---

[1] 李商隐：《有感》。

尽欢；委曲款言，绸缪顾遇。"他有惊人的才华，可寄慨遥深。他的诗丽则丽矣，却有深沉的美学力量。他学习杜甫，得其沉郁之美。《蔡宽夫诗话》载："王荆公晚年亦喜称义山诗，此为唐人知学老杜而得其藩篱，惟义山一人而已。"《杜工部蜀中离席》写道："人生何处不离群？世路干戈惜暂分。雪岭未归天外使，松州犹驻殿前军。座中醉客延醒客，江上晴云杂雨云。美酒成都堪送老，当垆仍是卓文君。"全诗对时局的危机饱含无限忧虑和感叹，尾联在平实的描述中有着深刻的讽刺之意，正是寄慨遥深，直有老杜风味。

李商隐沉博的美学风格得之于情感内涵的深沉。他的情感世界包括自身的身世之叹，对友人的感怀之念，对现实的忧叹之思，对历史的伤叹之情。《风雨》："凄凉宝剑篇，羁泊欲穷年。黄叶仍风雨，青楼自管弦。新知遭薄俗，旧好隔良缘。心断新丰酒，销愁斗几千？"这是诗人凄凉处境和心境的写照，风雨中黄叶飘落，却以青楼管弦的喧阗加以反照。可以从朋友中得到安慰，却是"新知遭薄俗，旧好隔良缘"，暗合诗题人生"风雨"的凄凉。最后诗人在酒中寄托和消愁，身世之情便凄恻动人。他善在自然界的落花纷乱中感叹身世。《落花》云："高阁客竟去，小园花乱飞。参差连曲陌，迢递送斜晖。肠断未忍扫，眼穿仍欲稀。芳心向春尽，所得是沾衣。"落花现象和诗人的飘零身世构成了异质同构的审美联系。他的身世之叹不是浅直表露，而是以极高的审美手法来表达。《泪》有八句，无一句直写泪，但又总是牵涉到泪，以具象化的形象描述去体现那个概念化的泪。"永巷长年怨绮罗"是宫人之怨；"离情终日思风波"是离别之情；"湘江竹上痕无限"是娥皇女英的悲恸之泪；"岘首碑前洒几多"是西晋名将羊祜死后立碑，人见之堕泪之事；"人去紫台秋入塞"是昭君出塞之泪；"兵残楚帐夜闻歌"是项羽垓下之围的英雄失路之泪。六句写了六种泪，它们在结构上是平行的，到最后两句突然翻空作奇："朝来灞水桥边问，未抵青袍送玉珂。"上述的六种伤心落泪事都不及青袍寒士强颜欢笑，迎送马头饰有玉珂的达官贵人。以前六种泪做铺垫突出寒士沉沦屈辱之悲，更为深重，也极见技巧。程梦星《重订李义山诗集笺注》说："此篇全用兴体，至结处一点正义便住。"引陈帆之言："首言深宫望幸；次言羁客离家；湘江岘首，则生死之伤也；出塞楚歌，又绝域之悲、天亡之痛也。凡此皆伤心之事，然自我言之，岂灞水桥边，以青袍寒士而送玉珂贵客，穷途饮恨，尤极可悲而可涕乎！前皆假事为词，落句方结出本旨。"

李商隐不是世外高人，绝意于世事，他仍瞩目世情，想有为于世，然而他不是直表其旨，依然用他那极高的审美手法来表达。叶燮《原诗》称其"寄托深而措辞婉，实可空百代"。他讽刺晚唐皇帝服食丹药的虚妄，作《瑶池》诗，似乎是纯然描述了一个神话故事，但是从八骏神速而穆王不能重来的描述隐隐点示出穆王已死，西王母也不能使穆王免于一死，则又隐隐点示出神仙之虚妄，其现实用心也就隐隐透示而出，语意极婉而意旨极深。《龙池》云：

龙池赐酒敞云屏，羯鼓声高众乐停。夜半宴归宫漏永，薛王沉醉寿王醒。

诗语的表层意象也纯然是一幅夜宴图，但诗人把唐玄宗夺寿王之妃杨玉环的故实加以诗的演化，通过与之没有干系的薛王自可酣饮大醉，而有夺妃之痛之耻的寿王郁积满怀，目睹当日王妃今成皇妃新宠，精神、心理受到重创不沾滴酒的对比性画面，极为强烈而又极为委婉地指斥了唐玄宗的秽行。

李商隐的咏史诗亦是意深而辞婉。《汉宫词》："青雀西飞竟未回，君王长在集灵台。侍臣最有相如渴，不赐金茎露一杯。"讽刺汉武帝惜甘露而不惜人才的极端自私。七律《隋宫》写道："紫泉宫殿锁烟霞，欲取芜城作帝家。玉玺不缘归日角，锦帆应是到天涯。于今腐草无萤火，终古垂杨有暮鸦。地下若逢陈后主，岂宜重问后庭花。"另一首同题七绝诗写道："乘兴南游不戒严，九重谁省谏书函？春风举国裁宫锦，半作障泥半作帆。"是对隋炀帝荒淫奢侈的讽刺和指责。

李商隐的咏史诗对六朝历史与美学表现出强烈的兴趣，这正体现了唐朝人共同的历史关怀意识。他的历史感显得深邃，借助于审美形态表述出来。《咏史》写道："北湖南埭水漫漫，一片降旗百尺竿。三百年间同晓梦，钟山何处有龙盘？""龙盘"所凭依之险已不复存在，"一片降旗"则是辛辣之嘲讽，含蕴其中的是诗人的历史兴亡感。《齐宫词》云："永寿兵来夜不扃，金莲无复印中庭。梁台歌管三更罢，犹自风摇九子铃。"既有齐亡之惨痛，又有梁亡之教训。梁代齐，荒淫依然，"梁台歌管三更罢，犹自风摇九子铃"，隐含对梁蹈齐辙的深刻讽刺。又有《南朝》诗云："地险悠悠天险长，金陵王气应瑶光。休夸此地分天下，只得徐妃半面妆。"利用历史故实对南朝做了辛辣的嘲弄。

李商隐沉重的历史感中掺和着现实感受，而又以出色的审美方式表达出来。《吴宫》诗云："龙槛沉沉水殿清，禁门深掩断人声。吴王宴罢满宫醉，日暮水漂花出城。"全诗突出吴宫的一片静寂：龙槛沉沉，禁门深掩，人声断绝，满宫人醉。而傍晚时分御沟水静悄悄地流出宫城，漂浮片片落花。诗的意象描述于静寂中显示醉生梦死的疯狂与无耻。再如《北齐二首》（其一）写道：

　　一笑相倾国便亡，何劳荆棘始堪伤。小怜玉体横陈夜，已报周师入晋阳。

其实，小怜进御和周师攻入晋阳并不在同一时间内，但是诗人有意把不相关的时间压缩、组合在同一种意象平面中，借以形成强烈的对比。审美主体的愤斥、嘲讽之情，蕴含在这经过处理了的时间框架中。

李商隐对失去的亲情和失落的恋情表现出特别的伤感和凄楚。《端居》："远书归梦两悠悠，只有空床敌素秋。阶下青苔与红树，雨中寥落月中愁。"那种凄婉的思念，那种寥落的景中寓情的愁绪，都表现出了他对情感的执着。《悼伤后赴东蜀辟至散关遇雪》："剑外从军远，无家与寄衣。散关三尺雪，回梦旧鸳机。"由剑外遇"三尺雪"而萌发无人送寒衣的凄楚，进而浮现当年妻子鸳机赶制棉衣之梦境，而梦境更添现今"遇雪"之愁怀。

李商隐写这类情感总是特别绚丽而又惨淡。他不是写出情感的圆满、美好，而是写出情感的失落、缺憾，无法得到或无法实现，或时间上不能同步，或空间上无限遥远。这是李商隐心理、情感结构的表现，他的心理、情感结构就是有缺憾的，在感应和观照对象时自然会产生上述的审美情感。《无题》写道：

　　相见时难别亦难，东风无力百花残。春蚕到死丝方尽，蜡炬成灰泪始干。晓镜但愁云鬓改，夜吟应觉月光寒。蓬山此去无多路，青鸟殷勤为探看。

"相见时难别亦难"，对离别之情的体验是何等深刻，东风无力、百花凋残的景象烘托离情别愁的黯淡。以春蚕、蜡炬为喻表达对爱情的坚贞和矢志不渝，是极其富于审美表现力的比喻。又以镜中鬓白、月夜寒吟深化离情别绪的惨淡。貌似存有希冀，有青鸟传书，但内含只能互通音信而无法聚首的绝大遗憾。诗中曲曲吐露的正是无法实现的感情。跟《锦瑟》同样难解的《碧城》（其一），在情感的内涵上十分相近：

> 碧城十二曲阑干，犀辟尘埃玉辟寒。阆苑有书多附鹤，女床无树不栖鸾。星沉海底当窗见，雨过河源隔座看。若是晓珠明又定，一生长对水精盘。

诗中所描述的这位男子和意中人之间能够"当窗"见到，也能够在雨过之后"隔座"相看，但只能如此，而不能相亲相近。

李商隐所表现的这类情感深幽绵邈、曲折回肠，本身就有很浓的情绪感染性。为了表达这种情感，他又采用了回环往复、照顾回应式的审美结构。《夜雨寄北》云：

> 君问归期未有期，巴山夜雨涨秋池。何当共剪西窗烛，却话巴山夜雨时。

"巴山夜雨"重复出现，但不是简单重复，而是回环式的审美手段，它包含同一时空的不同意味。前一个"巴山夜雨"是现实的时空，后一个则是虚拟的时空，在后一个时空回味前一个时空时就充满回思的况味。在回环往复中产生了诗的美学节奏。

李商隐的诗有独特的"绝丽"特征，丽中含幽，弥漫惨淡色调。他的审美传达手段委曲精工。大中元年（847），李商隐到达桂林后写有《晚晴》。诗人从晚晴中独特地感受到"春去夏犹清"的景象气氛。既有高阁眺望，所见遥远的苍茫，又有"微注小窗明"，夕阳余晖照射在小轩窗上，投来一缕光束的细微描写，见出诗人委曲精工的审美特色。"越鸟巢干后，归飞体更轻"，诚然是对景象传神入妙的精细描述，而轻盈的鸟飞之姿，不仅使画面意境为之活跃，更有诗人心灵的跃动。生机盎然的景象之中蕴含诗人丰富的情趣。而"天意怜幽草，人间重晚晴"的诗情，又成为诗人对于晚晴绮丽的特殊审美追求和意趣的表达。

第三节　形成要素

李商隐年仅四十六岁便怀着一腔幽愤离开了人世。千古文章未尽才，他的天才智慧没有得到充分的施展和发挥。他一生纠缠于晚唐牛李党争之中。牛、李两派针锋相对，党同伐异，势若水火。李商隐原依附于牛党的令狐绚考中进士，后又入幕李党的王茂元，并娶其女为妻，他为岳父王茂元所撰《为濮阳公檄刘稹文》成为晚唐骈文的杰构。他这样依附两端，使得自己处在夹缝之中，境况极为不利。他为取得牛党的宽解，一再上书令狐绹，非但没有奏效，反而落得"诡薄"的骂名，连新旧唐书都说他"无行""放利偷合"。党争无情，撕绞着他的心灵。他慨然长叹："可怜夜半虚前席，不问苍生问鬼神。"① 长期不得志，沉沦下僚，使得他的心态总是处在幽郁而不舒展的状态中。据说，他曾先后与女道士和其他女性恋爱，但均未成功。他与王茂元之女结婚后，情感笃好，但在他三十九岁时，王氏病故，失妻的痛苦从此折磨他的心灵，使他伤感异常。他便以失去、失落的爱情、恋情作为审美对象。

在晚唐的社会历史环境中，他感受到的是时代的衰飒氛围。"夕阳无限好，只是近黄昏"②，正是其颓唐意识的无可奈何的表征。这种意识折射出晚唐时代的色彩。对时代意识的体认，对没落社会的失望，使得他以黯淡的心灵观照对象世界。他的失望和前述的失落感相结合便铸合为他的心理结构的主要方面。李商隐在泾州幕间曾写有《安定城楼》：

迢递高城百尺楼，绿杨枝外尽汀洲。贾生年少虚垂涕，王粲春来更远游。永忆江湖归白发，欲回天地入扁舟。不知腐鼠成滋味，猜意鹓雏竟未休。

他处在"永忆江湖"和"欲回天地"的矛盾之中。这种矛盾心态便常常通过审美活动表达出来。

他接受李贺诗美学的影响，仿长吉体，以心理体察、体认作为审美的出发点，他所展示出来的是无限复杂、变动的心绪屏幕及其历程。在那样的处境中，他"内无强近，外乏因依"③，十分孤独，他无法向外部世界拓展，只能走向内心，敛缩于内心。他十分钟情、重情而又伤情，对情感一类的对象保持至细至灵的敏感和体察。在《无题四首》（其二）中，十分凄楚地说"一寸相思一寸灰"，他的情感表现出超常的细腻。

"几时心绪浑无事"④，这是对他心理状态的微妙、缭乱特性的生动描

---

① 李商隐：《贾生》。
② 李商隐：《乐游原》。
③ 李商隐：《祭徐氏姊文》。
④ 李商隐：《日日》。

述。他的审美感觉特别机敏,对于视觉对象却依靠听觉去感应,出现通感:"已闻佩响知腰细,更辨弦声觉指纤。"[1]《微雨》写道:"初随林霭动,稍共夜凉分。窗迥侵灯冷,庭虚近水闻。"从诗题看,与其说是咏雨的咏物诗,毋宁说是直觉感受诗,直觉就是诗本身。全诗没有一个明显的视觉点,跟一般唐诗目迎心受的审美方式完全不同。李商隐似乎把自己封闭在一个与现实雨景隔绝了视觉联系的环境中,不是靠目接,而是凭心领。他寻找到一个最切合他的个体审美心态的观照点——直觉感受。于是,此诗不是以逼肖物象擅优,而以透露心象取胜。"初随林霭动",细雨初降时,它随着林中的雾气轻轻浮动,这不是目之所见,而是凭感觉所得。渐渐地,它分得了夜间的凉气,这仍然是直觉所感。虽然远离窗户,但寒意似乎侵逼灯火,仿佛使灯火也冷却下来,同样是直觉的感受。在空寂的庭院中近处的水声依稀可闻,诗结穴在听觉直感中。因而,整首诗不是一个"雨"的物理世界,而是凭经验、凭直觉的感应世界。

然而,李商隐又有着独特的美学思想。他在《上崔华州书》中对"学道必求古,为文必有师法"论持否定态度。他说:"所谓道,岂古所谓周公、孔子者独能邪?"颇为大胆。他以年轻人的意气说道:"愚与周、孔俱身之耳。"他响亮地说:"行道不系今古,直挥笔为文,不爱攘取经史,讳忌时世。"强调了审美的个体性和独特性。他在《献相国京兆公启》中说:"人禀五行之秀,备七情之动,必有咏叹以通性灵,故阴惨阳舒,其途不一,安乐哀思,厥源数千。"情感表现形式千差万别,最终以个体性出现。

他学杜,继承杜甫"转益多师"的美学思想。他主张"兼材",否定"偏巧"。《献祭郎钜鹿公启》说:"自鲁、毛兆轨,苏、李扬声,代有遗音,时无绝响。虽古今异制,而律吕同归。我朝以来,此道尤盛,皆陷于偏巧,罕或兼材。枕石漱流,则尚于枯槁寂寥之句;攀鳞附翼,则先于骄奢艳佚之篇。推李、杜则怨刺居多,效沈、宋则绮靡为甚。至于秉无私之刀尺,立莫测之门墙,自非托于降神,安可定夫众制?"从李商隐的诗可以看出他广泛而深入的汲纳性。他是晚唐最优秀的骈文家,对六朝文的借鉴自是不言而喻的。

在诗美学评价上,他为李贺作传,同情这位"才而奇者"被"摈毁斥

---

[1] 李商隐:《楚宫二首》。

之"①。他的《元结文集后序》以优美的笔调对元结的审美风格特征做了动人描述：

> 次山之作，其绵远长大，以自然为祖，元气为根，变化移易之，太虚无状，大贲无色；寒暑攸出，鬼神有职；南斗北斗，东龙西虎；方向物色，欻何从生；哑钟复鸣，黄雉变雄；山相朝捧，水信潮汐；若大压然，不觉其兴；若大醉然，不觉其醒。其疾怒急击，快利劲果，出行万里，不见其敌；高歌酣颜，入饮于朝；断章摘句，如娠始生，狼子豹孙，竞于跳走；剪余斩残，程露血脉。其详缓柔润，压抑趋儒，如以一国买人一笑，如以万世换人一朝；重屋深宫，但见其脊；牵絆长河，不知其载；死而更生，死而更明；衣裳钟石，雅在宫藏。其正听严毅，不滓不浊；如坐正人，照彼伎者；子从其翁，妇从其姑；竖甍为门，悬木为牙；张盖乘车，屹不敢入；将刑断死，帝不得赦。其碎细分孽，切截纤颗，如坠地碎，若大咽余；锯取朽蠹，栎蟒出毒；刺眼楚齿，不见可视。顾颠踣错杂，汗潴伤损；如在危处，如在梦中。其总旨会源，条纲正目，若国大治，若年大熟；若君君尧舜，人人羲皇；上之视下，不知有尊，下之望上，不知有篡；辫头凿齿，扶服臣仆。融风彩露，飘零委落。蓍老者在，童龀者蕃。邪人佞夫，指之触之，薰薰熙熙，不识其故。吁，不得尽其极也！

这段文字文辞优美，实为佳作。

这一切都熔铸着李商隐的文化审美心理结构和审美趣尚。他审美风格的形成可以在这里找到原因。王士禛《戏仿元遗山论诗绝句三十六首》（其十二）写道："獭祭曾惊博奥殚，一篇锦瑟解人难。"李商隐是用心灵、情感去体验、感应的，这是审美的方式，用"郑笺"作"解"，当然难"解"，无异缘木求鱼。对于接受者来说，只能用其相对应的方式——审美的方式去体验、感应，才会解开"锦瑟"和其他之谜。

---

① 李商隐：《李长吉小传》。

第三十七章　司空图

司空图的美学思想代表了唐代纯美学思想的最高成就，成为中国美学思想的集中体现。在这之前，无论是唐代美学还是中国美学，其纯净度都是不够的。文学美学不是以纯文学，而是以杂文学为对象。美学理论诚然有纯美学的因素，涉及主体审美感和形式美学等问题，但总要表达致用美学的思想，功利主义的色彩较浓。不是论述美学之本体或本身，而是论述美学的服务功能或致用效应。同时，所论述的层面多为审美的技术，而不是美学的根本思想。司空图把这一切都突破了、超越了。

司空图继承了王昌龄、皎然的美学思想，且有新的发展。司空图把文学活动视作纯审美活动，这就保证了他的美学结论是纯美学的。《力疾山下吴村看杏花十九首》（其六）写道："浮世荣枯总不知，日忧花阵被风欺。侬家自有麒麟阁，第一功名只赏诗。"司空图所涉及的是美学中的本体问题，是美学经验在更高层次上的提炼和概括。

第一节　美的本体确认

司空图的《与李生论诗书》写道：

> 文之难，而诗之难尤难。古今之喻多矣。而愚以为辨于味，而后可以言诗也。江岭之南，凡足资于适口者，若醯，非不酸也，止于酸而已；若鹾，非不咸也，止于咸而已。华之人以充饥而遽辍

者，知其咸酸之外，醇美者有所乏耳。彼江岭之人，习之而不辨也，宜哉。诗贯六义，则讽谕、抑扬、渟蓄、温雅，皆在其间矣。然直致所得，以格自奇。前辈诸集，亦不专工于此，矧其下者耶？王右丞、韦苏州澄淡精致，格在其中，岂妨于遒举哉？贾浪仙诚有警句，视其全篇，意思殊馁，大抵附于寒涩，方可致才，亦为体之不备也，矧其下者哉！噫！近而不浮，远而不尽，然后可以言韵外之致耳……倘复以全美为上，即知味外之旨矣。

司空图审美的最高境界是"醇美"和"全美"。他已经用"美"这一概念来标识和说明，触及"美"的本体了。这在中国美学史上是重要的进步，直接用"美"的概念——具有本体意义的概念，这是文学向美学靠拢的重大标志。然而，司空图又不是从一般层次上谈美，他要求诗有"醇美"，获"全美"。他的"全美"论正是极品论即神品论。"盖绝句之作，本于诣极，此外千变万状，不知所以神而自神也，岂容易哉？"把无比丰厚的艺术素质涵纳于短短的绝句之中，需要无比深湛的审美主体素质。这就出现了"神品"。宋代严羽的《沧浪诗话》所说的正与此意相近："诗之极致有一，曰入神。诗而入神，至矣尽矣，蔑以加矣。"司空图对美的确定有很高的起点。

然而，他对文学审美素质的确认仍然立足于味。他认为："辨于味，而后可以言诗。"他的味论既是对传统的继承又是发展。传统味论是把味觉感受的领悟移位于审美的描述。由于是把味确定为审美素质，便规范了审美的方式是品（"品味"），是辨（"辨于味"）。陆机《文赋》说："阙太羹之遗味，同朱弦之清氾。"刘勰《文心雕龙·情采》说："繁采寡情，味之必厌。"钟嵘《诗品序》进一步阐解了味论："五言居文词之要，是众作之有滋味者也。""使味之者无极，闻之者动心，是诗之至也。"司空图在此基础上有新的发展，他用醋和盐为喻来说明：如果仅仅满足于品味醋和盐自身，并不是不能知其酸或咸，但也仅"止于酸而已"或"止于咸而已"。这个层次是一般人所能体察，一般美学家所能体认到的，司空图的杰出之处就在于他突进了一大步。他认为，美之本质在于超越那个直接的可以感觉到的味，进而去体味那个存在于现象之外的"味外之旨"。这个味，就不仅仅是酸、咸本身，而且是在"咸酸之外"。其审美也不仅仅是感觉，而是要从深度层次上去体验和领悟。这个"味外之旨"是空灵的而又是无限的、无穷的，它正是美学之真正本体。司空图所说的"近而不浮"，是指审美意象跟人的生活经验相接近，如在眼前显现，又不轻浮，有着深沉的力量；所谓"远而不尽"，就是审美意味深远，难以穷尽。"味外之味""味外之旨"，难以捉摸，不可穷究，蒸腾于感性的载体之外，只可意会不可言传，只能体悟而不能坐实。美正存在于兹。这一理论是在南朝"文笔之辨"基础上的发展和超越，是钟嵘味论的进化和深入。宋代苏轼在《书黄子思诗集后一首》中谈到司空图"味在咸酸之外"时说："恨当时不识其妙，予三复其言而悲之。"司空图在《与李生论诗书》中又举出自己的诗歌作为例证写道：

> 愚幼常自负，既久而愈觉缺然。然得于早春，则有"草嫩侵沙短，冰轻著雨销"。又"人家寒食月，花影午时天"。（原注："上句云：'隔谷见鸡犬，山苗接楚田。'"）又"雨微吟足思，花落梦无憀"。得于山中，则有"坡暖冬生笋，松凉夏健人"。又"川明虹照雨，树密鸟冲人"。得于江南，则有"戍鼓和潮暗，船灯照岛幽"。又"曲塘春尽雨，方响夜深船"。又"夜短猿悲减，风和鹊喜灵"。得于塞下，则有"马色经寒惨，雕声带晚饥"。得于丧乱，则有"骅骝思故第，鹦鹉失佳人"。又"鲸鲵人海涸，魑魅棘林高"。得于道宫，则有"棋声花院闭，幡声石幢幽"。得于夏景，则有"地凉清鹤梦，林静肃僧仪"。得于佛寺，则有"松日明金像，苔龛响木鱼"。又"解吟僧亦俗，爱舞鹤终卑"。得于郊园，则有"远陂春早渗，犹有水禽飞"。（原注："上句：'绿树连村暗，黄花入麦稀。'"）得于乐府，则有"晚妆留拜月，春睡更生香"。得于寂寥，则有"孤萤出荒池，落叶穿破屋"。得于惬适，则有"客来当意惬，花发遇歌成"。虽庶几不滨于浅涸，亦未废作者之讥诃也。又七言云："逃难人多分隙地，放生鹿大出寒林。"又"得剑乍如添健仆，亡书久似忆良朋"。又"孤屿池痕春涨满，小栏花韵午晴初"。又"五更惆怅回孤枕，犹自残灯照落花"。（原注："上句：'故国春归未有涯，小栏高槛别人家。'"）又"殷勤元日日，欹舞又明年"。（原注："上句：'甲子今重数，生涯只自怜。'"）皆不拘于一概也。

司空图所开列的这些诗都用来印证他"味外之旨""韵外之旨"的美学观

点。这些诗均属于冲淡、闲适一路，司空图试图体现其美学思想。其实，诗例甚多，但诗味不足，无法印证其论说。这是论说和时间相脱现象，清人王士禛也是如此。司空图在《与极浦书》中又说：

> 戴容州云："诗家之景，如蓝田日暖，良玉生烟，可望而不可置于眉睫之前也。"象外之象，景外之景，岂容易可谈哉？然题纪之作，目击可图，体势自别，不可废也。愚近作《虞乡县楼》及《柏梯》二篇，诚非平生所得者。然"官路好禽声，轩车驻晚程"，即虞乡入境可见也。又"南楼山最秀，北路邑偏清"，假令作者复生，亦当以著题见许。其《柏梯》之作，大抵亦然。浦公试为我一过县城，少留寺阁，足知其不怍也，岂徒雪月之间哉？伫归山后，"看花满眼泪，回首汉公卿"。"人意共春风（原注："上二句杨庶子。"），哀多如更闻"，下至于"塞广雪无穷"之句，可得而评也……

司空图引用戴叔伦的名言，诗中之景，仿佛是蓝田所产的良玉，在温煦的阳光照射下，远远望去像是蒸腾起霭霭的烟气，但是靠近一看却又什么也见不着。这种可望而不可即的景象正是"象外之象""景外之景"。第一个"景"、第一个"象"是可望而可即，具有直接性的审美品格。第二个"景"、第二个"象"则是可望而不可即，它的品格隐藏在第一个"景""象"之中，需要人们透过其表层结构做深度把握和体味。它不可坐实，一旦坐实便消失殆尽；它不可接近，一旦接近亦便荡然无存。它存在于体味层面，需要经过仔细寻绎才能体会得到。这种寻绎不是理性的爬梳，而是感觉的体验、心灵的感应。然而，作为一位美学家，他又有宽容之处，他认为，那些"题纪之作，目击可图"，也就是属于第一个"景"、第一个"象"的，也"不可废"，它与第二个"景"、第二个"象"是"体势自别"。在审美倾向上，司空图更为欣赏"景外之景""象外之象"。

无论是哪一种审美形态，司空图都要求"思与境偕"。《与王驾评诗书》说："河汾蟠郁之气，宜继有人。今王生者，寓居其间，沉渍益久，五言所得，长于思与境偕，乃诗家之所尚者。"所谓"思与境偕"就是审美中的情景交融、意境相合，主体与对象出现高度和谐。景、境是情、意所灌注和投射的对象，而情、意又是景、境所要表现的主体。和谐产生了美，和谐本身也构成了美。虽然司空图继承了王昌龄、皎然的美学思想，但他有重要发展，即更重视思与境的和谐统一。这对于后期的中国美学思想有深刻影响，促使意境、情景作为一个完整的美学范畴被提出来。

司空图的美学思想是以唐代的文学审美实践、经验为对象、为基础的，又用以对唐代文学作家和文学审美现象进行评述。他在《与王驾评诗书》中写道：

> 国初，上好文章，雅风特盛。沈、宋始兴之后，杰出于江宁，宏肆于李、杜，极矣！右丞、苏州，趣味澄夐，若清沇之贯达。大历十数公，抑又其次。元、白力勍而气孱，乃都市豪估耳。刘公梦得、杨公巨源，亦各有胜会。浪仙、无可、刘得仁之辈，时得佳致，亦足涤烦。厥后所闻，徒褊浅矣。

前引《与李生论诗书》也谈到了"王右丞、韦苏州，澄淡精致，格在其中"。司空图的美学思想主要建立在唐代王、韦以及前之陶潜一派的基础之上。许印芳在《与李生论诗书跋》中就曾指出："表圣论诗，味在咸酸之外。因举右丞、苏州以示准的。"陶、王、韦诗美于平淡澄清中有深远意韵，这正是司空图美学思想的绝好表征和载体。他认为，王、韦的审美特征"趣味澄夐，若清沇之贯达""澄淡精致，格在其中"，清远雅致，精美润畅。他是继皎然之后，论诗用"格"的。"格"就是品位。对王、韦的推崇，反映了司空图审美趣味的倾向。由此出发，他以下一个层次的规格称赏大历时期诗人。他认为，刘禹锡、杨巨源"各有胜会"，在审美风格上各擅胜场。至于贾岛、无可等人的审美风貌也符合司空图的审美趣尚，因之亦予肯定，认为"时得佳致，亦足涤烦"。他最为不满的是元稹、白居易"力勍而气孱，乃都市豪估耳"。他甚至连杜甫也批评到了，《力疾山下吴村看杏花》说杜诗"酸寒堪笑处"。他的这种评述根源于其美学思想倾向，不主张力强的诗美，不主张在诗中表达现实审美愿望，诗是主体平和心态的体现。《白菊》诗说："诗中有虑犹须戒，莫向诗中著不平。"他以平和的审美心态来对待恬适的审美对象，远离诗对于现实和时事的致用功能。这便构成了司空图美学思想的基础。

司空图的美学思想呈现出形象化的表述特征。例如《诗赋》写道：

> 知道非诗，诗未为奇。研昏练爽，夐魄凄肌。神而不知，知而难状。挥之八垠，卷之万象。河浑沇清，放恣纵横。涛怒霆蹴，掀鳌倒鲸，镵空擢壁，峥冰掷戟。鼓煦呵春，霞溶露滴。邻女自嬉，

561

> 补袖而舞。色丝屡空,续以麻絇。鼠革丁丁,炘之则穴。蚁聚汲汲,积而成垤。上有日星,下有风雅。历沈自是,非吾心也。

司空图用形象化的语言描述了诗歌美学的本体特征,并且描述了诗歌美学的两种形态,一是"河浑沇清"的美,一是"鼓煦呵春"的美。《注愍征赋述》一文也是形象化的审美描述范例:

> 《愍征》则会昌中进士卢献卿著明所作。华胄间生,冠五百年高视;灵玑在握,照十二乘非珍。驭纵銎以涛惊,竦驱崦而电轶。愍超言象,特映古今。……愍去郢以抽毫,怅征秦而寓旨。锵洋在听,梗概可陈。
>
> 观其才情之旖旎也,有若霞阵叠鲜,金缕晴天;鸳塘匦碧,芙蓉曙折;浓艳思芳,琼楼诧妆;烟霏晚媚,鲛绡拂翠。其雅调之清越也,有若缥缈鸾虹,謇謇臬空、瑶簧凄庚,羽磬玲珑;幽人啸月,杂珮敲风。其道逸之壮冠也,则若云鹏迥举,势踏天宇;鳌抃沧溟,蓬瀛倒舞;百万交锋,雄棱一鼓。其寓词之哀怨也,复若血凝蜀魄,猿断巫峰;咽水惊夜,冤郁霭空;日魂惨淡,鬼哭荒丛。其变态之无穷也,则若月吊边秋,旅恨悠悠;湘南地古,清辉处处;花映秦人,玉洞扃春;澄流练直,森然目极。
>
> 斯盖缘情纷状,触兴冥搜,回景物之盛衰,制人臣之哀乐,穷微尽美,□古排今。

对于《愍征赋》中的不同表现和特征分别用形象的美学语言加以描述,形成了生动的美学画面和境域。

司空图在美学境界上主张全工之美。《题柳柳州集后》写道:

> 金之精粗,效其声,皆可辨也,岂清于磬而浑于钟哉?然则作者为文为诗,格亦可见,岂当善于彼而不善于此耶?思观文人之为诗,诗人之为文,始皆系其所尚,既专则搜研愈至,故能炫其工于不朽。亦犹力巨而斗者,所持之器各异,而皆能济胜以为勍敌也。愚尝览韩吏部歌诗数百首,其驱驾气势,若掀雷扶电,撑抉于天地之间,物状奇怪,不得不鼓舞而徇其呼吸也。其次皇甫祠部文集所作,亦为遒逸,非无意于渊密,盖或未遑耳。今于华下方得柳诗,味其深搜之致,亦深远矣。俾其穷而克寿,玩精极思,则固非琐琐者轻可拟议其优劣。又尝观杜子美《祭太尉房公文》、李太白佛寺

> 碑赞，宏拔清厉，乃其歌诗也。张曲江五言沉郁亦其文笔也。岂相伤哉！噫！后之学者褊浅，片词只句，未能自办，已侧目相诋訾矣。痛哉！因题柳集之末，庶俾后之诠评者无或偏说，以盖其全工。

所谓全工之美，首先指创作而言。一名作家既要能擅长诗，又要能擅长文，韩愈诗风如文风，皇甫湜文风如诗风，李杜之文犹如诗，张九龄之诗则犹如文。其次指评价而言，"后之诠评者无或偏说，以盖其全工"。例如他对柳宗元，"味其深搜之致，亦深远矣"。这些就构成了他对审美素质的本体性确认。

第二节 《诗品》美学思想

关于《诗品》的作者问题，有学者提出非司空图，对此，尚未考证出为大家所接受的结论，姑且存疑。现在就《诗品》所体现的美学思想加以简要论述。

《诗品》二十四则计有：雄浑、冲淡、纤秾、沉着、高古、典雅、洗练、劲健、绮丽、自然、含蓄、豪放、精神、缜密、疏野、清奇、委曲、实境、悲慨、形容、超诣、飘逸、旷达、流动。它的内部结构关系是怎样的呢？杨廷芝的《二十四诗品小序》认为："予总观统论，默会深思，窃以为兼体用，该内外，故以雄浑先之。有不可以迹象求者，则曰冲淡。亦有可以色相见者，则曰纤秾。不沉着、不高古，则虽冲淡纤秾，犹非妙品。出之典雅，加之洗练；劲健不过乎质，绮丽不过乎文；无往不归于自然。含蓄不尽，则茹古而涵今，豪放无边，则空天而廓宇，品亦妙矣。品妙而斯为极品。夫品，固出于性情，而妙尤发于精神；缜密则宜重、宜严，疏野则亦松、亦活；清奇而不至于凝滞，委曲而不容以径直；要之无非实境也。境值天下之变，不妨极于悲慨；境处天下之赜，亦有以拟诸形容。'超'则轶乎其前，'诣'则绝乎其后；'飘'则高下何定，'逸'则闲散自如；'旷'观天地之宽，'达'识古今之变；无美不臻，而复以'流动'终焉。品斯妙极，品斯神化矣。廿四品备，而后可与天地无终极。品之伦次，定品之节序，全则有品而可以定其格，亦于言而可以知其志。"《诗品》有涉及诗的美学风格的,但又并非完全如此,它还涉及诗审美的心态、方式等许多问题。它没有缜密的逻辑结构和内在联系,然而在美学风格内部,它的排列又是有一定机制的。例如开篇的雄浑、冲淡,后面的劲健、绮丽、缜密、疏野,范畴对立,便构合一组;而高古、典雅、超诣、飘逸,范畴相连,亦便构合一组。在这些问题上可以看出作者的用心。

在审美研究方面,《诗品》有如下几点美学特色需要注意。

一是表现在审美思维方式和机制上。孙联奎在《诗品臆说》中称"《诗品》意在摹神取象"。用简洁而生动的形象或画面的描述以显示某一美学风格或美学境界,不是逻辑地界定、称指其内涵等因素,而是去描述,这就包含了某种不确定成分,并给接受者提供了再创造的空间。例如"纤秾":

> 采采流水,蓬蓬远春。窈窕深谷,时见美人。碧桃满树,风日水滨。柳阴路曲,流莺比邻。乘之愈往,识之愈真。如将不尽,与古为新。

作者在思维方式上是形象思维,用一幅幅流丽清幽的画面去体现而不是说明"纤秾"的审美属性和特征。由于没有用逻辑方式去限定和坐实,便使接受者可据此去做二度体验和领略。孙联奎在《诗品臆说》中对"纤秾"的"流莺比邻"就做出融会了他的生活经验和审美经验的描述,说:"余尝观群莺会矣。黄鹂集树,或坐鸣,或流语;珠吭千串,百梭竞掷;俨然观织锦而听广乐也。因而悟表圣'纤秾'一品。"

《诗品》本身就是感性的审美存在。许印芳《二十四诗品跋》说:"比物取象,目击道存。"这在另一层意义上是说文学审美创作,却被用来说明美学论述现象。这种审美方式又是审美中最基本、最普遍的方式,因此也就使理论形式具备了跟创作相同的品格。

《诗品》还独特地把人物的活动情景作为美学境域来描述。整个《诗品》的这类描述占三分之二。例如:

> 高古:畸人乘真,手把芙蓉。
>
> 洗练:载瞻星气,载歌幽人。
>
> 疏野:筑室松下,脱帽看诗。
>
> 实境:忽逢幽人,如见道心。
>
> 典雅:坐中佳士,左右修竹。
>
> 飘逸:高人惠中,令色絪缊。

自然：幽人空山，过雨采蘋。

悲慨：壮士拂剑，浩然弥哀。

所谓"畸人""幽人""佳士""高人""壮士"等，均是作者心目中的理想人物。《庄子·大宗师》说："畸人者，畸于人而侔于天。"可见，这些人物的内心世界有着老庄思想，并且以隐逸为尚。他们的一幅幅活动画面被作者赋予了审美的意义，从而构成了审美的境界。

二是涉及美学中的一系列问题。如意象，"缜密"写道："是有真迹，如不可知。意象欲出，造化已奇。""意象"已作为独特的审美范畴被提出。《诗品》中对"意""象"多有涉及。如"疏野"："倘然适意，岂必有为。""悲慨"："适苦若死，招憩不来。""豪放"："万象在旁。"等。"超以象外，得其环中"和"不著一字，尽得风流"，两者之间互为关连。孙联奎《诗品臆说》认为："'不著一字'即'超以象外'，'尽得风流'即'得其环中'。"所强调的是审美中的"虚"。"虚"存在于实有之象外，"虚"又存在于空环之中。《庄子·齐物论》云："枢始得其环中，以应无穷。"郭绍虞《诗品集解》说："一方面超出乎迹象之外，纯以空运，一方面适得环中之妙，仍不失乎其中，这即是所谓'返虚入浑'。返虚入浑，也就自然成'雄'。所以不能虚也就不能浑，不能浑也就不能雄。""虚"能将审美中的"象"导向空灵，有更多的空间。"不著一字，尽得风流"，仍然是强调审美的空灵和非征实性质。

重视审美中的神似。"冲淡"说："脱有形似，握手已违。""形容"说："离形得似，庶几斯人。"超越或摆脱形似，走向神似之域，这同样具有审美的意义。

《诗品》虽列有二十四则，但作者的审美倾向和趣味却在冲淡自然一路。第二则就是"冲淡"："素处以默，妙机其微。饮之太和，独鹤与飞。犹之惠风，荏苒在衣。阅音修篁，美曰载归。遇之匪深，即之愈希。脱有形似，握手已违。"余外亦多有涉及。"典雅"："落花无言，人淡如菊。""清奇"："神出古异，淡不可收。""洗练"："体素储洁。"虽然"绮丽"描述"月明华屋，画桥碧阴"，可是作者却说"浓尽必枯，浅者屡深"，仍然崇尚冲淡。冲淡富于韵味，有其神韵，内在地以"素处以默"的老庄哲学思想为基础，于是在"饮之太和，独鹤与飞"的意象中便蕴含了孤中有淡的神韵。

《诗品》列有"自然"品,说:"俯拾即是,不取诸邻。俱道适往,着手成春。如逢花开,如瞻岁新。真与不夺,强得易贫。"在其他各品中也多有涉及,如"精神":"妙造自然,伊谁与裁?""雄浑":"持之非强,来之无穷。""疏野":"控物自富,与率为期。""自然"表现出审美品格的真切性,就审美主体而言,就是表现为主体情感的真切,而非矫饰造作。这些美学思想无疑是先进的。

第三十八章　小说美学

传奇小说是唐代文学美学的又一项重要成就，它标志着中国小说美学的成熟，其人物形象诗性化的内涵特别显著。唐人传奇是雅化，宋元话本是俗化。中国小说美学史有独特的形态体现。

第一节　小说美学观念

唐传奇形成的最盛时期是中唐。中唐的美学观念呈现变化多姿的状态，作为文学审美样式的诗歌诚然臻于完美的状态，散文的审美亦有很高成就，与此同时则是小说在美学领域的异军突起。在文体的审美交叉中，诗美学无疑给传奇美学提供了抒情因子。古文运动促进了文体的解放，给传奇小说的出现，铺设了温床，韩愈的《毛颖传》、柳宗元的《童区寄传》，都含有传奇小说的味道。中唐的美学氛围孕生着传奇小说，并促使其发展。宋人赵彦卫《云麓漫钞》卷八说：

唐之举人，先借当世显人以姓名达之主司，然后以所业投献。逾数日又投，谓之温卷。如《幽怪录》《传奇》等皆是也。盖此等文备众体，可以见史才、诗笔、议论。

对于此段话中所说的唐人用传奇小说行卷，今人已有质疑。而赵氏所言"盖此等文备众体，可以见史才、诗笔、议论"则是对唐人传奇基本特征的重要概括。

唐人传奇渊源于六朝志怪。从总体而言，小说观念以六朝为界划为两个时期，前一时期认为街谈巷语，道听途说，不通"大达"；志怪小说出现后，小说观念有所变化，即神话、传说的历史化。晋代葛洪在《西京杂记跋》中有所谓"以裨《汉书》之阙"的说法。魏晋小说遂有"笔记体"的说法，把一些历史传闻记录下来。这里有几种情形，一种是抄引史料作为笔记，如干宝《搜神记》就有抄《后汉书》中一些内容的情形。一种是史书再把笔记收入其中，如《隋志》把《西京杂记》归入吏部"旧事编"。这样，历史和小说不分，兼而有之。正如葛洪在《西京杂记跋》中所说："班固所作，殆是全取刘书，有小异同耳。并固所不取，不过二万许言，今抄出为二卷，名曰《西京杂记》。"由于历史和小说不分，带来了两种影响：一是把那些传闻流言、神异鬼怪、逸事逸闻一概作为可以征信的史实来记载，缺乏真实性；一是照录实事，艺术上缺乏具有审美意义的虚构和加工。魏晋时人对所谓"实录"要求甚严，"非目之所睹，迹之所历，与身之所接者弗纪"[①]。晋代张华采集、编录《博物志》四百卷，因违背这一原则，遭到晋武帝"记事采言，亦多浮妄"的训斥，责令"芟截浮疑"，把四百卷减为十卷。这些缺陷使得小说的含义仍然没有得到确定。其总的影响是形成了后来中国古典小说"纪实"和"虚构"的两大论争，其时还没有从美学的高度来从事小说创作。在另外一个方面，人们又不能不注意到魏晋志人小说《世说新语》。虽然它有简单之嫌，但反映当时名士清谈的社会风气，反映当时美学思潮的内容和特点。《世说新语》开始注意人物的外在形态和内在人格美的塑造，特别是《周处》等，有人物性格演变的过程，为表现人物性格所设置的情节已初具规模。这些都成为中国小说审美素质的端绪，不可抹杀。同时，志怪影响传奇，志怪、传奇合脉，又演进为宋人平话中的烟粉灵怪。志怪、志人一直到清末民初尚有余波。

而小说真正出现自觉，或者说用审美视域和手法从事小说创作则在唐代。晚唐裴铏写过一本小说集，名为《传奇》，后来人便把这类小说称为传奇。但在唐代，传奇并非指小说。到元代陶宗仪的《南村辍耕录》中，唐人传奇被赋予了独立的小说体裁意义。他指出："唐有传奇，宋有戏曲唱诨词说，金有院本杂剧。"

唐传奇显示了小说的审美特征，它出自文人之手，具备小说的文人化倾

---

① 王临亨：《粤剑编》。

向。它采用精致雅丽的文言作为叙事话语，体现典雅的文体美学风格。唐人传奇的小说美学观念的形成需要有一个美学史的过程，也确实需要有一定的社会历史条件。

唐代都市繁华，产生了民间说话。元稹在《酬翰林白学士代书一百韵》中，就诗句"光阴听话移"自作注曰："尝于新昌宅说《一枝花话》，自寅至巳，犹未毕词。"又据《醉翁谈录》卷一癸集《李亚仙不负郑元和》，李亚仙即李娃，"旧名一枝花"。白居易的弟弟白行简在李公佐的支持下，"握管濡翰，疏而存之"，写成《李娃传》。唐人讲说传奇小说本身就是一种高雅的文化行为，成为他们精神生活的构成内容，是唐代文人圈子内孕育的产物。陈鸿《长恨歌传》说道："元和元年冬十二月，太原白乐天自校书郎尉于周至。鸿与琅邪王质夫家于是邑，暇日相携游仙游寺，话及此事，相与感叹。质夫举酒于乐天前曰：'夫希代之事，非遇出世之才润色之，则与时消没，不闻于世。乐天深于诗，多于情者也。试为歌之，如何？'乐天因为《长恨歌》。意者不但感其事，亦欲惩尤物，窒乱阶，垂于将来也。歌既成使鸿传焉。"《任氏传》的结尾处，沈既济写道："建中二年，既济自左拾遗于金吴。将军裴冀、京兆少尹孙成、户部郎中崔需、右拾遗陆淳皆适居东南，自秦徂吴，水陆同道。时前拾遗朱放因旅游而随焉。浮颍涉淮，方舟沿流，昼宴夜话，各征其异说。众君子闻任氏之事，共深叹骇，因请既济传之，以志异云。"从陈氏、沈氏的篇末记中可以看出，唐人传奇的形成有一个口头讲说的蓝本，然后经过了文人的加工。这种加工就形成了它的精致和文雅。在听说这些故事时，就已经动了情感，所谓"众君子闻任氏之事，共深叹骇"，这便成为"因请既济传之"的缘由，亦是审美动因。同时就陈鸿写《长恨歌传》的审美目的来看，"意者不但感其事，亦欲惩尤物，窒乱阶，垂于将来也"，除了情感的波动外，还有着鲜明的现实目的，惩尤窒乱，对社会起到垂范作用。这就规范了唐人传奇的审美目的，也给后代小说警世醒世的理论说明起到铺垫作用。中国小说美学重视小说的社会作用，而不是将其视为纯欣赏、纯美学的对象，唐人传奇就已经显示了这一功能。

唐人的小说美学观念和近代的小说美学观念十分接近。明代胡应麟在《少室山房笔丛》中所说的"变异之谈，盛于六朝，然多是传录舛讹，未必尽幻设语。至唐人乃作意好奇，假小说以寄笔端"，标明了区别六朝小说和唐人传奇的根本之点是审美素质。这是唐代传奇具有比较规范意义的小说审美观念的基础，亦是中国小说美学史上不可忽视的进步，对后来的文言小说影响甚巨。唐代小说家在论述传奇小说时还程度不等地受到魏晋志怪小说概念的影响，把"传奇"观念和"志怪""志异"的观念当成同一个范畴来看待。如沈既济的《任氏传》尾语把传奇小说视为"志异"，沈亚之《湘中怨辞》的"事本怪媚"，李公佐《南柯太守传》的"稽神语怪，事涉非经"等说法，还未尽脱六朝志怪小说观念的影响，但唐传奇小说的内容实质却发生了重大变化。唐人所说的"异"，虽然沿用了魏晋小说"异"的概念，虽然对"神仙鬼怪"也不持排斥态度，但是唐人所志之异已明显不在幻化神怪的天地里盘桓，而是回到现实人生中来了。又正如李翱在《卓异记序》中所说的，所志者是"瑰特奇伟""超绝而殊常"的人、事。尽管《卓异记》《摭异记》《博异记》也用"异"，但这种"异"如李濬《摭异记序》所指出的，是"世事特异者"。这是跟魏晋志怪小说的明显不同之处，是小说走向现实的一种进步，是一个新开拓了的小说天地。再者，六朝"志"的是"怪"，唐人"传"的是"奇"。最能显示二者不同的是，同样写"怪物异类"，六朝小说虽然也写怪变成人，但本性仍不失为怪，是怪的变异现象。唐人传奇则不同，怪已转化为人，本性是人，是现实中有情感的人。沈既济的《任氏传》完成了六朝志怪向唐人传奇的重大审美转折，小说审美观念的新内涵被赋予了。

唐人传奇介乎魏晋小说至宋元话本之间，它承魏晋小说，却又有变异；它给宋元话本以影响，而宋元话本又对唐人传奇做了变异。它在小说诸种构成因素的发育和组合方面，标志着中国小说美学及其观念的形成与成熟。

中国小说和史传有着与生俱来的联系。史官文化是中国特别发达的文化现象，使得一些文化丛体自然受其浸润和影响。史传形成了特有的叙事方式，这便给小说提供了审美基础。唐人传奇多用"传"命名，如《补江总白猿传》《任氏传》《柳氏传》《南柯太守传》《莺莺传》《李娃传》《霍小玉传》《柳毅传》等。传的叙事体例形式从司马迁开创以来便出现稳定性机制，以人物为中心，展开对人物一生历程和命运的描述。叙述方式的完整性，全能全知式的主体叙述存在，对人物命运、结局等的评述，都具有司马迁所开创的史学叙事传统。

中国史传传统是以人物为中心的。所谓的"传"就是传人物，故事和人物相得益彰。传中最为生动的是人物性格和活动——性格带出人物活动，人物活动显示人物性格,这些都为小说美学中的人物与情节论奠定了基础。中国史传文学追求细节的生动特征,往往有虚衍的因素,但由于其描述的逼真性,便使人信之不疑。

唐人传奇的进步,唐人小说观念的进化,总体上受到唐代文学美学的影响。小说总体美学精神和形式美学上,具备了以诗为主体的唐代文学美学的基本特征。宋代洪迈说:"大率唐人多工诗,虽小说戏剧,鬼物假托,莫不宛转有思致。"① 又称唐人传奇"小小情事,凄婉欲绝"②。在中国小说美学史上,小说富于抒情味或曰诗味的,先有唐传奇,后有《红楼梦》。唐人传奇的环境描述就是充分诗意化和抒情化的。如《红线》中的描述:"既出魏城西门,将行二百里,见铜台高揭,而漳水东注;晨飙动野,斜月在林。"

小说审美观念的演化集中体现在对人物典型性格的塑造上。典型性格是小说审美素质最基本、最活跃的因素。六朝志人小说虽然也写形象,但终究是以辑录逸事为主,还没有更丰富的审美塑造。元稹的《莺莺传》、蒋防的《霍小玉传》、白行简的《李娃传》、李朝威的《柳毅传》等唐人传奇,为中国小说史的人物画廊提供了一系列动人的艺术形象。它们不像六朝小说那样只是吉光片羽式的勾描,而是有穿透肌理的细毫皴染。例如《霍小玉传》写霍小玉和李益的最后一次见面:"玉沉绵日久,转侧须人。忽闻生来,歘然自起,更衣而出,恍若有神。遂与生相见,含怒凝视,不复有言。羸质娇姿,如不胜致,时复掩袂,返顾李生。感物伤人,坐皆欷歔。"举手投足,顾盼生姿,情韵荡漾,显示人物内心的柔肠寸断、缱绻不尽。现在,可以比较一下对青年男子的两段求爱的描写。一段是六朝刘义庆的《幽明录·卖胡粉女子》:

> 有人家甚富,止有一男,宠恣过常。游市,见一女子美丽,卖胡粉,爱之。无由自达,乃托买粉,日往市,得粉便去,初无所言。

另一段则是唐传奇的《李娃传》:

> 至鸣珂曲,见一宅,门庭不甚广,而室宇严邃。阖一扉,有娃方凭一双鬟青衣立,妖姿要妙,绝代未有。生忽见之,不觉停骖久之,徘徊不能去。乃诈坠鞭于地,候其从者,敕取之。累眄于娃,娃回眸凝睇,情甚相慕。竟不敢措辞而去。生自尔意若有失。

---

① 洪迈:《容斋随笔》卷一五。
② 洪迈:《唐人说荟·凡例》。

《卖胡粉女子》的描述显然失之粗略，而《李娃传》则绵密博丽多了。有初见佳人徘徊容与的情态，有坠鞭于地假装"候其从者"，实想多看几眼的曲意安排，有两情的相互感应，意态的瞬间捕获，更有怅然若失的心曲透露。这些都显示了细致生动笔墨间小说审美素质的加强。于是，在中国小说美学史上关于小说观念和小说审美素质的关系在人物性格塑造上的体现，便形成了这样一个界线：魏晋时期，"所谓小说，大抵笔记、札记之类"[①]；而唐代传奇所谓小说就是指以刻画形象为主的叙事性文学作品。魏晋小说满足于超然自得、无为而不为的魏晋风度的辑录，唐人传奇则是"始就一人一事，纡徐委备，详其始末"[②]。宋代赵令畤在《元微之崔莺莺商调蝶恋花词》中对元稹《莺莺传》人物审美评价道：

> 夫崔（莺莺）之才华婉美，词采艳丽，则于所载缄书诗章尽之矣，如其都愉淫冶之态，则不可得而见，及观其文飘飘然仿佛出于人目前，虽丹青摹写其形状未知能如是工且至否？

这是一个标志，标志着叙事体的小说转入以人物的描写为中心。小说观念所包含的审美素质被确定了，此乃唐人传奇美学的重大特点。

第二节 小说美学特点

唐传奇主要有四种类型：逸史别传，如《海山记》《迷楼记》等；剑侠故事，如《虬髯客传》《红线》等；爱情故事，如《霍小玉传》《李娃传》《莺莺传》等；神怪故事，如《柳毅传》《南柯太守传》等。其中亦有交叉，如《柳毅传》就是神怪故事与爱情故事交叉。在创作动机上，唐传奇中有不少小说是有政治意图的，如《迷楼记》《虬髯客传》等。但在审美上，唐传奇特别是爱情小说是美的颂歌。前引宋赵彦卫《云麓漫钞》卷八称"此等文备众体，可以见史才、诗笔、议论"。这里所说的，就是唐人传奇的审美素质。它兼备众体，审美素质上具有综合性质。它融史才、诗笔、议论于一体。所谓史才就是前面所说的史传之才；诗笔就是通篇小说的诗的格调、诗的抒情氛围和诗的叙事情境；议论就是作者所表达的人生见解和审美见

---

① 披发生：《红泪影序》。
② 夏曾佑：《小说原理》。

解。这些构成了唐人传奇的特征。唐人传奇运用诗的形式来传递人物间的感情（如《莺莺传》），这是在六朝志怪小说基础上的发展，饰之以藻绘，使之更富于诗性化情调。

唐人传奇进一步体现了小说情节美学的特征。不少研究者都看到唐人传奇较之六朝小说篇幅上长多了。篇幅长不仅仅是文字规模，而且是情节衍化和展开，是情节波澜的扩大。以此可以看出小说美学在唐代的定型。情节作为小说审美因素的重要构件，在唐人传奇中有了定型化的表现，也成为中国小说成熟的标识，从而为中国小说美学奠定了一个极重要的基础——中国小说是情节性的小说。对《李娃传》，鲁迅的《中国小说史略》评道："（白）行简本善文笔，李娃事又近情而耸听，故缠绵可观。"情节故事"耸听"，即出人意外，悬念迭起，"近情"即入人意中，合乎情理。其间有院遇生情，郑生被逐，情节陡然生变，急转直下，又加之郑父鞭弃郑生，以后峰回路转，情节尽起伏跌宕之能事。《柳毅传》的情节似断实连，贯串人神恋情。看似结束，实为展开。忽续忽脱，曲波逆浪的情节在翻腾中延伸、展开，其间又穿插了龙父的逼嫁、龙女的拒婚，使情节更为曲折丰富。

唐人传奇对狐的形象和性格进行了改造和创作，把以往被否定的质素变成肯定性的称颂性的质素，这正是审美化。从此，狐的形象便变得美丽聪慧，一直影响到蒲松龄的《聊斋志异》。狐不再是异类，而是将其人性化、人格化。又经过人对于狐的体认，赋予其生动的性格。这不仅是对动物的形象描述，而且是对人的性格的生动刻画。《任氏传》中有一段郑六和任氏在长安西市相见时的描述：

> 经十许日，郑子游，入西市衣肆，瞥然见之，襄女奴从。郑子遽呼之。任氏侧身周旋于稠人中以避焉。郑子连呼前迫，方背立，以扇障其后，曰："公知之，何相近焉？"郑子曰："虽知之，何患？"对曰："事可愧耻，难施面目。"郑子曰："勤想如是，忍相弃乎？"对曰："安敢弃也，惧公之见恶耳。"郑子发誓，词旨益切。任氏乃回眸去扇，光彩艳丽如初。

任氏对郑六的态度前后有不同的表现。先是"方背立，以扇障其后"，一旦听到"郑子发誓，词旨益切"，态度便出现大变，"回眸去扇，光彩艳丽如初"。前后情态的变化，何等逼真，何等动人，极富审美的表现力。

在人物塑造的过程中，唐传奇重视审美化、情感化。人物的心理世界具有诗性化的特征，特别能打动人心。《莺莺传》中莺莺的书信就是一例：

　　……自去秋已来，常忽忽如有所失。于喧哗之下，或勉为语笑，闲宵自处，无不泪零。乃至梦寐之间，亦多感咽离忧之思。绸缪缱绻，暂若寻常，幽会未终，惊魂已断。虽半衾如暖，而思之甚遥。一昨拜辞，倏逾旧岁。长安行乐之地，触绪牵情。何幸不忘幽微，眷念无致。鄙薄之志，无以奉酬。至于终始之盟，则固不忒。鄙昔中表相因，或同宴处。婢仆见诱，遂致私诚。儿女之心，不能自固。君子有援琴之挑，鄙人无投梭之拒。及荐寝席，义盛意深。愚陋之情，永谓终托。岂期既见君子，而不能定情，致有自献之羞，不复明侍巾帻。没身永恨，含叹何言！倘仁人用心，俯遂幽眇，虽死之日，犹生之年。如或达士略情，舍小从大，以先配为丑行，以要盟为可欺。则当骨化形销，丹诚不泯，因风委露，犹托清尘。存没之诚，言尽于此。临纸呜咽，情不能申。千万珍重，珍重千万。玉环一枚，是儿婴年所弄，寄充君子下体所佩。玉取其坚润不渝，环取其终始不绝。兼乱丝一绚、文竹茶碾子一枚，此数物不足见珍，意者欲君子如玉之真，弊志如环不解。泪痕在竹，愁绪萦丝，因物达情，永以为好耳。心迩身遐，拜会无期。幽愤所钟，千里神合。千万珍重！春风多厉，强饭为嘉。慎言自保，无以鄙为深念。

一封书信情尽意满地披沥了莺莺情感世界中的波澜涟漪，增添了人物的情感魅力。在这里，唐传奇实现了审美化和情感化的统一。对人的审美刻画就是情感刻画，从而也开始了男性为女性代言的审美方式，由此影响了宋词。在人物性格历程的最后阶段，往往迸发出情感的绚丽火花，在情感因素中有着性格的内容。例如霍小玉的死别场面：

　　玉乃侧身转面，斜视生良久，遂举杯酒酬地曰："我为女子，薄命如斯！君是丈夫，负心若此！韶颜稚齿，饮恨而终。慈母在堂，不能供养。绮罗弦管，从此永休。征痛黄泉，皆君所致。李君李君，今当永诀！我死之后，必为厉鬼，使君妻妾，终日不安！"
　　乃引左手握生臂，掷杯在地，长恸号哭数声而绝。

情感决裂，性格决绝，极富光彩。

　　唐传奇注意描述人物变化的性格、情态，其变化的线索遂成为故事情节的发展轨迹。例如《柳毅传》中，龙女受虐放牧，"蛾脸不舒，巾袖无光，凝听翔立，若有所伺"，十分传神，胸中似有无限酸痛无由倾吐；被救回龙宫时则"自然蛾眉，明珰满身……然若喜若悲，零泪如丝"，其情态被刻画得楚楚动人，于明丽中透出温柔之态。她托书柳毅时既有"恨贯肌骨"不得不然的勇敢，又有少妇在陌生男子前的羞涩。她由感激而萌发爱情，此后心誓不改。虽天各一方，杳无音信，但无日不在思念之中。她拒绝父命，非柳毅而不嫁，终于变为人间女得以和柳毅结合。为使幸福生活能长久，她用心细密周全。婚后无子前绝口不提往昔托书之事，一直到生子后才公开身份。她说出之所以在今天才公开身份，乃担心自己是异类。她又深沉地知道："妇人匪薄，不足以确厚永心。"然而，现在生了儿子，爱情有了难以斩断的联系，就坦率地说出真相。但说出真相后又不觉担忧，交织成喜惧心理。然而，她聪明地抓住柳毅当年的许诺不放，"君乃诚将不可邪，抑忿然邪？君其话之！"在追问回答的急切中又分明有几分娇嗔。作者将这一切都刻画得深入细致，形神尽露。

唐传奇的审美化伴随着个性化的历程。例如《柳毅传》中的钱塘君，其性格糅合了钱塘江潮的自然特性，他未出场前，即使人形成先入为主的印象。正式出场后，既有柳毅闻声势"恐蹶仆地"所形成的侧面渲染，更有声势夺人的正面描述：

  语未毕，而大声忽发，天坼地裂，宫殿摆簸，云烟沸涌。俄有赤龙长千余尺，电目血舌，朱鳞火鬣，顶擎金锁，锁牵玉柱，千雷万霆，激绕其身，霰雪雨雹，一时皆下，乃擘青天而飞去。

"语未毕"，显得来势突兀。"大声忽发"突出先声夺人，极具威势。经过浓重渲染，才写出赤龙形象。形象的描述又离不开声势的铺排，突出他的威猛、粗豪，具有冲破一切桎梏的爆发力和疾恶如仇的刚烈性格。救出龙女回到宫中后：

  君曰："所杀几何？"曰："六十万。"

  "伤稼乎？"曰："八百里。"

  "无情郎安在？"曰："食之矣。"

这里的对话没有任何陪衬拖带，钱塘君的答话简捷坦率，显示性格的豪直而不免鲁莽，威力和爆发力中又含有某种破坏力。他虽然有暴戾之嫌，但爱憎分明。他不适当地采取逼婚就范的方式，但在柳毅的严词斥责面前反而心悦诚服地"逡巡致谢"，胸无芥蒂，"其夕，复欢宴，其乐如旧"，他的性格又很有几分天真气。他的性格可以在现实生活的人身上找到影子。

唐传奇为后代的元明戏曲提供了蓝本,如《莺莺传》之于王实甫《西厢记》,《霍小玉传》之于汤显祖《紫钗记》等。之所以能成为蓝本,就可以看出唐传奇的情节更适宜于舞台表演,人物更适宜于抒情,它为中国戏曲的雅化和丽化提供了审美因子。中国戏曲的雅致化倾向特别显著,这跟唐传奇密切相关。唐人传奇开拓了中国小说之新路,即文言小说之路。它使得中国小说审美的诸多机制趋于完备,趋于成熟。

唐人传奇的许多描述更趋于散文化、诗化,成为可以独立欣赏的文字,辞藻斐然,文采飞扬。例如《柳毅传》中:"柱以白璧,砌以青玉,床以珊瑚,帘以水精,雕琉璃于翠楣,饰琥珀于虹栋。奇秀深杳,不可殚言。"写龙女的形象:"俄而祥风庆云,融融怡怡,幢节玲珑,箫韶以随。红妆千万,笑语熙熙,后有一人,自然蛾眉,明珰满身,绡縠参差。"《裴航》中的云英:"露裛琼英,春融雪彩,脸欺腻玉,鬓若浓云。娇而掩面蔽身,虽红兰之隐幽谷,不足比其芳丽也。"

唐人传奇的语境感很强,形成特定的场面、环境、氛围,使人如身临其境。例如《红线》所写:

> 外宅男止于房廊,睡声雷动,见军卒,步于庭庑,传呼风生……田亲家翁止于帐内,鼓跃酣眠,头枕文犀,髻包黄縠,枕前露橐一七星剑。剑前仰开一金盒,盒内书生身甲子与北斗神名,复著名香及美珍,散覆其上……时则蜡炬光凝,炉香烬煨,侍人四布,兵器森严。或头触屏风,鼾而鼽者;或手持巾拂,寝而伸者……如病如昏,皆不能寤。

又如《南柯太守传》中对淳于梦入槐安国的描述:

> 忽见山川、风候、草木、道路,与人世甚殊。前行数十里,有郛郭城堞。车舆人物,不绝于路。生左右传车者传呼甚严,行者亦争辟于左右。又入大城,朱门重楼,楼上有金书,题曰"大槐安国"。执门者趋拜奔走。旋有一骑传呼曰:"王以驸马远降,令且息东华馆。"因前导而去,俄见一门洞开,生降车而入。

唐人传奇的语境感体现了语言的再现功能和描述性质,它又是跟人物的特定活动和情态相连的,因此,它不仅渲染氛围,而且表现人物的心态、情态。例如《无双传》中的一段描述:

一日，震趋朝，至日初出，忽然走马入宅，汗流气促，唯言："锁却大门，锁却大门！"一家惶骇，不测其由。良久，乃言……

在急促的描述中，人物的情态和紧张的氛围，一时俱现。

　　这一切都发展了中国小说的审美素质，以声传情，以形写神，从而给宋元以后的小说以深刻的影响。

第七编

门类美学

第三十九章　建筑、园林美学

隋唐园林在魏晋南北朝园林的基础上又向前发展了一大步，现出又一次辉煌。整个园林形态在美学上完全成熟了，其主要特色在于：园林的审美内涵更为丰富和深邃。随着审美理想的变化，园林所蕴藏的审美意味也出现了变化，园林的美学精神特别是文人园林的美学精神给后代园林美学影响甚大。

白居易《白蘋洲五亭记》说："大凡地有胜境，得人而后发；人有心匠，得物而后开。境心相遇，固有时耶？"柳宗元《始得西山宴游记》说："心凝形释，与万化冥合。"作为中国园林文化、美学的精神核心——天人合一观在这里得到了充分的表达。唐代园林的建造，进一步以此为基础和内涵，这是唐人整个美学思想深化以后所带来的进化。以天人合一的文化、美学思想为依据和内在视域来观照园林，又以园林作为这一文化、美学思想的存在方式和体现形式。在体认的深度上，在内涵的确定上，唐代的园林文化、美学观要超过前代，这显示了它的成熟性。

唐代美学思想因诸种条件的赋予遂形成了显著的阶段性特征。园林美学也是如此。唐代园林美学思想阶段性特征跟整个唐代文学美学等美学形态的发展是一致的，从而构合成整个唐代美学发展之大势。跟整个国力相适应的初盛唐园林，在云蒸霞蔚气象映照下呈现宏大格局。《新唐书·礼乐志》描述了唐玄宗在皇家园林中活动的热闹情景："玄宗又尝以马百匹，盛饰分左右，施三重榻，舞倾杯数十曲……每千秋节，舞于勤政楼下。后赐宴设酺，亦会勤政楼。其日……太常卿引雅乐，每部数十人，间以胡夷之技，内闲厩使引戏马，五坊使引象犀，入场拜舞。宫人数百，衣锦绣衣出帷中，击雷鼓，奏小破阵乐，岁以为常。"即使是一般的园林游赏也透现那个时代的热气和精神。陈子昂《晦日宴高氏林亭序》写道："夫天下良辰美景，园林池观，古来游宴欢娱众矣。"萧颖士写《蓬池禊饮序》记天宝十四载（755）三月，河南采访使、陈留太守的蓬池游赏情景，"陶陶乎有以表胜境佳辰之具美"。但是中唐及其以后的园林诗文中再也看不到这些描述了。园林美学亦随着整个唐代美学的变化而变化。

唐人对园林性质、功能、特点的体认更趋于美学的本体化，这从下列论述中可以看出来。李华《贺遂员外药园小山池记》曰："云天寻丈，而豁如江汉。以小观大。"独孤及《琅琊溪述》曰："山不过十仞，意拟衡霍；溪不袤数丈，趣侔江海。知足造适，境不在大。"白居易《酬吴七见寄》曰："谁知市南地，转作壶中天。"代表性、象征性成为园林美学的性质特征规定，以小看大、咫尺千里、勺水波澜更成为中国园林美学之本体功能。白居易《游悟真寺诗一百三十韵》有一句"地窄虚空宽"，极其深刻地揭示了中国园林美学的本体特征。庭庑宜小不宜大，垒石宜少不宜多，布景宜简不宜繁。虽然地域窄小，但境界宽阔，拳石之中能看到壁立千丈，尺波之内能看到烟波浩渺。唐代对中国园林美学第一次做了本体性确定和规范，影响了以后的园林美学发展趋向。宋明清以至当今园林美学家对中国园林美学的说明都是在这个基础上的深化。唐人园林美学思想之影响可谓大矣！

第一节　都城、皇家建筑、园林

唐代建筑美学，首先要说的是都城建筑美学。

长安。唐代的都城长安是在秦咸阳、汉长安遗址上，又是在隋代大兴城的基础上改建而成的。隋代初年建都长安，仍袭汉宫，但渐渐不能适应，遂开新城。据《隋书·高祖纪》载，开皇二年（582），隋文帝杨坚颁诏，下令修建新都城，说"此城从汉，凋残日久，屡为战场，旧经丧乱"，提出"龙首山川原秀丽，卉物滋阜，卜食相土，宜建都邑，定鼎之基永固，无穷之业在斯"。诏令左仆射高颎、将作大匠刘龙、钜鹿郡公贺娄子干、太府少卿高龙叉等组建班子，"创造新都"。

隋代享国日短，未竟，都城改建由唐顺理成章承继、发展和完善。《旧唐书·高宗本纪》："(永徽)五年春三月，……以工部尚书阎立德领丁夫四万筑长安罗郭。……冬十一月癸西，筑京师罗郭和雇京兆百姓四万一千人，板筑三十日而罢，九门各施观。"据《旧唐书·地理志》，唐长安"隋开皇二年自汉长安故城东南移二十里，置新都，今京师是也。城东西十八里一百五十步，南北十五里一百七十五步。皇城在西北隅，谓之西内。正门曰承天；正殿曰太极。太极之后殿曰两仪。内别殿亭观三十五所。京师西有大明、兴庆二宫，谓之三内。有东西两市，都内南北十四街，东西十一街，街分一百八坊，坊之广长皆三百余步。皇城之南大街曰朱雀之街。东五十四坊，万年县领之；街西五十四坊，长安县领之。京兆尹总其事。东内曰大明宫，在西内之东北。高宗龙朔二年置正门曰丹凤，正殿曰含元，含元之后曰宣政。宣政左右有中书门下二省，弘文史二馆。高宗以后，天子常居东内别殿。亭观三十余所。南内曰兴庆宫，在东内之南。隆庆坊，本玄宗在藩时宅也。自东内达南，有夹城复道，经通化门达南内。人主往来，两宫人莫知之。宫之西南隅有花萼相辉、勤政务本之楼。禁苑在皇城之北。苑城东西二十七里，南北三十里，东至灞水西连故长安城，南连京城，北枕渭水，苑内离宫亭观二十四所，汉长安故城东西十三里，亦隶入苑中。苑置西南监及总监门以掌种植。"唐太宗李世民在《帝京篇十首》描述了长安都城和宫城的壮丽景象，"其一"写道："秦川雄帝宅，函谷壮皇居。绮殿千寻起，离宫百雉余。连甍遥接汉，飞观迥凌虚。云日隐层阙，风烟出绮疏。""其五"有句："桥形通汉上，峰势接云危。烟霞交隐映，花鸟自参差。""其六"有句："飞盖去芳园，兰桡游翠渚。萍间日彩乱，荷处香风举。桂楫满中川，弦歌振长屿。"真是帝王气象。而作为士大夫文人的舒元舆雪中登山，同样领略到宫室的雄伟。他写有《长安雪下望月记》，描绘"宫中有崇阙洪观，如甃珪叠璐，出空横虚"。

唐代长安城建筑规划的最大特点是方正化，犹如围棋的棋盘，达到中国城市规划的最高水平。白居易在《题观音台望城》中有生动的描述："百千家似围棋局，十二街如种菜畦。"以承天门大街为中轴线，以坊为建筑单位，星罗棋布。据文献所载，沿着中轴线的东西布局对等。这样规整的图形便于绿化。唐代不同诗人的同题诗《忆长安》描述了长安城的绿色生态。鲍防："二月时，玄鸟初至祋祠。百啭宫莺绣羽，千条御柳黄丝。"杜奕："三月时，上苑便是花枝。"丘丹："四月时……含桃丝笼交驰。芳草落花无限。"严维："五月时……槐阴柳色通逵。"等等。唐代长安都城建筑布局和绿化在一定程度上受到六朝都城建康的影响。

唐代长安都城的标志性建筑是大明宫、含元殿。大明宫如前引《旧唐书·地理志》，在唐代诗人的笔下也多有描述，例如贾至《早朝大明宫呈两省僚友》："银烛熏天紫陌长，禁城春色晓苍苍。千条弱柳垂青琐，百啭流莺绕建章。剑佩声随玉墀步，衣冠身惹御炉香。共沐恩波凤池上，朝朝染翰侍君王。"王维《和贾舍人早朝大明宫之作》："绛帻鸡人送晓筹，尚衣方进翠云裘。九天阊阖开宫殿，万国衣冠拜冕旒。日色才临仙掌动，香烟欲傍衮龙浮。朝罢须裁五色诏，佩声归到凤池头。"杜甫亦写有《奉和贾至舍人早朝大明宫》："五夜漏声催晓箭，九重春色醉仙桃。旌旗日暖龙蛇动，宫殿风微燕雀高。朝罢香烟携满袖，诗成珠玉在挥毫。欲知世掌丝纶美，池上于今有凤毛。"李绅对大明宫的太液池记忆犹新，写有《忆春日太液池亭东候对》："宫莺报晓瑞烟开，三岛灵禽拂水回。桥转彩虹当绮殿，舰浮花鹢近蓬莱。"

含元殿，一如李华《含元殿赋》所绘形绘色描述的那样："左翔鸾而右栖凤，翘两阙而为翼。环阿阁以周墀，象龙行之曲直。夹双壸之鸿洞，启重门之呀赫。趋堂涂而未半，望宸居而累息。"作者根据空间方位进行描绘："其南则丹凤启途，遐瞩荆、吴。十扇开闭，阴阳睢盱。""其后则深闱秘殿，曼宇耸楹。瑞木交阴，玄墀砥平。鲜风历庑，凌霰飘英。""其东于是弘文教而开馆，对日华之清闼。盖左学之遗制，协前王之讲德。其西于是延载笔之良史，俯月华之峻扉。集贤人于别殿，朝命妇于中闱。""自兹而北，燕游所经，达于苑囿，不可殚名。周庐更呵，匝以环卫。南端百仞，上极霄际。"从戎昱《元日早朝》所描述的正月初一的大朝中，也可以看出宫室的情景："九陌朝臣满，三朝候鼓赊。远珂时接韵，攒炬偶成花。紫贝为高阙，黄龙建大牙。参差万戟合，左右八貂斜。羽扇纷朱槛，金炉隔翠华。微风传曙漏，晓日上春霞。环佩声重叠，蛮夷服等差。"

唐长安城是在总结中国都城建筑经验基础上的又一次集中发挥。如外郭城每面开三门，是由汉代长安城延续而来的，又借鉴了北魏洛阳城以及东魏、北齐邺城的设计规划。但又有发展，皇室宫殿严格集中，与民居分隔崭然。

洛阳。据《旧唐书·地理志》说："周之王城，平王东迁所都也。故城在今苑内东北隅，自郏王以后及东汉魏文晋武皆都于今。故洛城隋大业元年，自故洛城西移十八里，置新都，今都城是也。北据邙山，南对伊阙，洛水贯都有河汉之象。都城南北十五里二百八十步，东西十五里七十步，周围六十九里三百二十步。都内纵横各十街，分一百三坊。二市每坊纵横三百步，开东西二门。宫门在都城之西北隅，城东西四里一百八十步，南北二里一十五步。宫城有隔城，四重正门曰应天正殿，曰明堂。明堂之西有武成殿，即正衙听政之所也。宫内别殿台馆三十五所。上阳宫在宫城之西南隅，南临洛水，西据穀水，东即宫城，北连禁苑。宫内正门正殿，皆东向。正门曰提象，正殿曰观风，其内别殿亭观九所。上阳之西隔穀水有西上阳宫，虹梁跨穀。行幸往来，皆高宗龙朔后置。禁苑在都城之西，东抵宫城，西临九曲，北背邙阜南距飞仙，苑城东面十七里，南面三十九里，西面五十里，北面二十里，苑内离宫亭观一十四所。"又据《隋唐文化》介绍，为了适应大一统的形势并加强对关东、江南的控制，隋炀帝于大业元年（605）三月，命杨素、宇文恺等人营建东都，也就是洛阳。每月征调二百万人，于第二年，即大业二年（606）竣工。都城周长二十多公里，从设计、施工到建成仅用一年时间，在当时的条件下，成为建筑史上的奇迹。在隋代建造洛阳都城中，特别应当提到宇文恺。据《隋书》本传载："炀帝即位，迁都洛阳，以恺为营东都副监，寻迁将作大匠。恺揣帝心在宏侈，于是东京制度穷极壮丽。帝大悦之，进位开府，拜工部尚书。"隋炀帝好大喜功、穷奢极侈，宇文恺就充分迎合其需要。

唐武德四年（621）废洛阳东都，贞观六年（632）更名为洛阳宫，显庆二年（657）恢复东都。武则天时期，将雍、同、秦七州数十万户迁至洛阳。唐洛阳城在地理位置上，居于洛阳西南，南临洛水，北接隋代的西苑，也就是唐代的禁苑。《新唐书·地理志》："上阳宫在禁苑之东，东接皇城之西南隅。"基本上延续了隋洛阳城的布局，只是对苑囿加以缩小，重建了郭城。其中三市有变化：丰都市缩小了半坊，唐更名为南市；将通远市迁至临德坊，唐改名为北市；迁大同市于固本坊，唐更名为西市。乾封二年（667）在东都苑的东都，新建上阳宫，和长安城大明宫一样，为唐高宗、武则天时期东都洛阳的标志性宫殿建筑。虽然如此，但上阳宫和大明宫有显著不同，它承载着历史的沧桑深重，它是唐代由盛转衰的见证物，因此兼具历史感和审美感。在历史感方面，唐高宗李治和武则天都在这里行使对全国的行政权力，是两代帝王的最高行政中心。《新唐书·地理志》，上阳宫于"上元中置，高宗之季，常居以听政"。此后，经历安史之乱，上阳宫经受破坏，渐趋衰败，至唐德宗时彻底毁弃不用。由鼎盛到败落，经历了一个巨变过程。

《资治通鉴》卷二〇二记道："司农卿韦弘机作宿羽、高山、上阳等宫，制度壮丽。上阳宫临洛水，为长廊亘一里。宫成，上（唐高宗）移御之。侍御史狄仁杰劾奏弘机导上为奢太，弘机坐免官。"《旧唐书·狄仁杰传》载："时司农卿韦（弘）机兼领将作少府，……造宿羽、高山、上阳等宫，莫不壮丽。仁杰奏其太过，机竟坐免官。"又《统纪》载："驾幸东都，上游韦弘机所造宿羽、高山等宫，乘高临深，有登眺之美，乃敕弘机造高馆，及成，临幸，即上阳宫也。"其内部建筑景观，大致如《唐六典》所载："上阳宫在皇城之西南。（原注：苑之东垂也。南临洛水，西据穀水，东面即是皇城右掖门之南。上元中营造，高宗晚年常居此宫以听政焉。）东面二门，南曰提象门，北曰星躔门。提象门内曰观风门，南曰浴日楼，北曰七宝阁，其内曰观风殿。（原注：殿东面其内又有丽春台、曜掌亭、九洲亭。）其西则有西上阳宫。（原注：两宫夹谷水虹桥，以通往来。）北曰化成院，西南曰甘露殿，殿东曰双曜亭。又西曰麟趾殿，东曰神和亭，西曰洞元堂。观风殿之……西曰芙蓉亭，又西曰宜男亭，北曰芬芳门，其内曰芬芳殿。（原注：又有露菊亭，宜春、妃嫔、仙杼、冰井等院，散布其内。）宫之南面曰仙洛门，又西曰通仙门。（原注：并在苑中。）其内曰甘汤院。次北东上曰玉京门，门内北曰金阙门，南曰泰初门。玉京之西曰客省院、荫殿、翰林院。又西曰上阳宫，宫西曰含露门。玉京西北曰仙桃门，又西曰寿昌门，门北出曰玄武门，门内之东曰龙飞厩。"

唐诗人王建的《上阳宫》可以说是对上阳宫审美描述最充分的："上阳花木不曾秋，洛水穿宫处处流。画阁红楼宫女笑，玉箫金管路人愁。幔城入涧橙花发，玉辇登山桂叶稠。曾读列仙王母传，九天未胜此中游。"从诗中所写，可以看出武则天从政五十年，在皇位十五年，一直以上阳宫为皇宫，并终老其生，是有深刻原因的。唐神龙元年（705）武则天归政于唐中宗李显，据《旧唐书·则天皇帝》所载："甲辰，皇太子监国，总统万机，大赦天下。是日，上传皇帝位于皇太子，徙于上阳宫……崩于上阳宫之仙居殿，年八十三。"

前引述狄仁杰严厉弹劾韦弘机的根本原因，就是上阳宫实在太漂亮，总设计师和将作大匠韦弘机有引导皇上腐败的动机。《唐会要》卷三十："尚书左仆射刘仁轨谓侍御史狄仁杰曰：'古之陂池台榭，皆在深宫重城之内，不欲外人见之，恐伤百姓之心也。韦机之作，列岸修廊，在于闉堞之外。万方朝谒，无不睹之。此岂致尧舜之意哉？'"

而唐代辞赋中也展现了上阳宫的美丽画卷。例如白居易《洛川晴望赋》："三川浩浩以奔流，双阙峨峨而屹立。飞梁径度，讶残虹之未消；翠瓦光凝，惊宿雨之犹湿……山水隐映，花气氤冥。瞻上阳之宫阙兮，胜仙家之福庭。"贾登《上阳宫赋》："天子卜，惟洛食受于河图，开上阳之别馆。取大壮之规模，尔其则以三象，当乎四术。杳云构而承天，擎露盘而洗日。俯驰道而将半，临御沟而对出。疑海上之仙家，似河边之织室……闭玉户而藏春，掩金台而罢曙。见芳草之空积，看桂花之独著。"李赓《东都赋》："上阳别宫，丹粉多状。鸳瓦鳞翠，虹梁叠状。横延百堵，高量十丈。出地标图，临流写障。霄倚霞连，屹屹言言。翼太和而耸观，侧宾曜而疏轩。"

唐的极盛时期如《旧唐书·宦官传》所言："开元、天宝中，长安大内、大明、兴庆三宫，皇子十宅院，皇孙百孙院。东都大内、上阳两宫，大率宫女四万人。"但极盛之后是极衰，其转折点是安史之乱。杜牧《华清宫三十韵》："鲸鬣掀东海，胡牙揭上阳。"天宝十四载，安史叛军"陷东京"。从此以后，"胡兵一动朔方尘，不使銮舆此重巡。清洛但流鸣咽水，上阳深锁寂寥春。云收少室初晴雨，柳拂中桥晚渡津。欲问升平无故老，凤楼回首落花频。"[①]刘沧《秋月望上阳宫》描述道："苔色轻尘锁洞房，乱鸦群鸽集残阳。青山空出禁城日，黄叶自飞宫树霜。御路几年香辇去，天津终日水声长。此时独立意难尽，正值西风砧杵凉。"杜牧《洛阳》："文争武战就神功，时事开元天宝中。已建玄戈收相土，应回翠帽过离宫。侯门草满宜寒兔，洛浦沙深下塞鸿。疑有女娥西望处，上阳烟树正秋风。"王建《行宫词》："官家乏人作宫户，不泥宫墙斫宫树。两边仗屋半崩摧，夜火入林烧殿柱。"俨然成为一座废宫。

上阳宫史又成为一部宫怨史。刘长卿《上阳宫望幸》："玉辇西巡久未还，春光犹入上阳间。万木长承新玉露，千门空对旧河山。深花寂寂宫城

---

① 李郢：《故洛阳城》。

闭,细草青青御路闭。独见彩云飞不尽,只应来去候龙颜。"唐诗中写上阳宫宫怨最著名的是白居易的《上阳白发人》,诗云:

> 上阳人,红颜暗老白发新。绿衣监使守宫门,一闭上阳多少春。玄宗末岁初选入,入时十六今六十。同时采择百余人,零落年深残此身。忆昔吞悲别亲族,扶入车中不教哭。皆言入内便承恩,脸似芙蓉胸似玉。未容君王得见面,已被杨妃遥侧目。妒令潜配上阳宫,一生遂向空房宿。宿空房,秋夜长,夜长无寐天不明。耿耿残灯背壁影,萧萧暗雨打窗声。春日迟,日迟独坐天难暮。宫莺百啭愁厌闻,梁燕双栖老休妒。莺归燕去长悄然。春往秋来不记年。唯向深宫望明月,东西四五百回圆。今日宫中年最老,大家遥赐尚书号。小头鞋履窄衣裳,青黛点眉眉细长。外人不见见应笑,天宝末年时世妆。上阳人,苦最多,少亦苦,老亦苦,少苦老苦两如何。君不见昔时吕向美人赋,又不见今日上阳白发歌。

诗前冠以"序",云:"天宝五载以后,杨贵妃专宠,后宫人无复进幸矣。六宫有美色者,辄置别所,上阳是其一也。贞元中尚存焉。"其实,这是白居易的配套产品,元和四年(809)三月,白居易奏状《请拣放后宫内人》云:"宫中人数,积久渐多。伏虑驱使之余,其数尤广。上则虚给衣食,有供亿糜费之烦;下则离隔亲族,有幽闭怨旷之苦。事宜省费,物贵遂情。"

无独有偶,白居易的密友元稹以同题、同主题写了《上阳白发人》:

> 天宝年中花鸟使,撩花狎鸟含春思。满怀墨昭求嫔御,走上高楼半酣醉,酣醉直入卿士家。闺闱不得偷回避。良人顾望心死别,小女呼爷血垂泪。十中有一得更衣,永配深宫作宫婢。御马南奔胡马蹙,宫女三千合宫弃。宫门一闭不复开,上阳花草青苔地。月夜闲闻洛水声,秋池暗度风荷气。日日长看提象门,终身不见门前事。近年又送数人来,自言兴庆南宫至。我悲此曲将彻骨,更想深冤复酸鼻。此辈贱嫔何足言,帝子天孙古称贵。诸王在合四十年,七宅六宫门户闭。隋炀枝条袭封邑,肃宗血胤无官位。王无妃媵主无夫,阳无阴淫结灾累。何如决壅顺众流,女遣从夫男作吏。

元稹另写有著名的《行宫》,诗题的行宫就是上阳宫。诗云:"寥落古行宫,宫花寂寞红。白头宫女在,闲坐说玄宗。"元、白双写《上阳白发人》和白居易的奏状,集中地体现了他们的人文主义精神和关怀。唐代皇家建筑上阳宫是王权的象征，是唐王朝由盛入衰的见证，也是唐代诗人人文美学精神的表征。

晋王杨广火烧建康，不亚于项羽烧阿房宫。烧建康是为了烧断建康的王气，从此"金陵王气黯然收"，而他却在长安、洛阳和扬州等地大兴宫室和离宫别馆。这是长期动乱恢复统一后的气象。据《隋书·炀帝纪》载："又于皂涧营显仁宫，采海内奇禽异兽草木之类，以实园苑。""遣黄门侍郎王弘、上仪同于士澄往江南采木，造龙舟、凤䑨、黄龙、赤舰、楼船等数万艘。"据《隋书·地理志》，隋代所建西苑周二百里，规模宏大。苑内"草木鸟兽繁息茂盛，桃蹊李径翠阴交合，金猿青鹿动辄成群"。园林景观则基本沿袭前代。《海山记》载西苑"又凿五湖，每湖方四十里，南曰迎阳湖，东曰翠光湖，西曰金明湖，北曰洁水湖，中曰广明湖。湖中积土石为山，构亭殿屈曲盘旋，广袤数千间，环绕澄碧，皆穷极人间华丽。又凿北海，周环四十里，中有三山，效蓬莱、方丈、瀛洲，上皆台榭回廊，水深数丈。开沟通五湖、北海，沟尽通行龙凤舸"。《资治通鉴·隋纪四》载，隋炀帝"发淮南民十余万开邗沟，自山阳从扬子入江。渠广四十步，渠旁皆筑御道，树以柳。自长安至江都，置离宫四十余所"，简直就成了一条漫长的皇家园林风光带，而自山阳（淮安）至扬子（仪征）御道上皆植以柳树，风光又是何等优美！《资治通鉴·隋纪四》还记载了西苑的景象：

> 筑西苑，周二百里。其内为海，周十余里，为方丈、蓬莱、瀛洲诸山，高出水百余尺，台观宫殿，罗络山上，向背如神。北有龙鳞渠，索纡注海内。缘渠作十六院，门皆临渠，每院以四品夫人主之，堂殿楼观，穷极华丽。宫树秋冬凋落，则剪彩为华叶，缀于枝条，色渝则易以新者，常如阳春。沼内亦剪彩为荷芰菱芡，乘舆游幸，则去冰而布之。十六院竞以肴馔精丽相高，求市恩宠。上好以月夜从宫女数千骑游西苑，作《清夜游曲》，于马上奏之。
>
> 帝与群臣饮于西苑水上，命学士杜宝撰《水饰图经》，采古水事七十二，使朝散大夫黄衮以木为之，间以妓航、酒船，人物自动如生，钟磬筝瑟，能成音曲。

隋炀帝所建皇家园林的一个重要特点是"南幸"江都，故沿路建造了许多离宫别馆式的皇家园林，"诏毗陵通守路道德，集十郡兵数万人，于郡东南起宫苑，周围十二里，内为十六离宫，大抵仿东都西苑之制，而奇丽过之"。

另一个重要特点是发明了机械化的宫殿装置,"令宇文恺等造观风行殿,上容侍卫者数百人,离合为之,下施轮轴,倏忽推移。又作行城,周二千步,以板为干,衣之以布,饰以丹青,楼橹悉备"。

隋炀帝造皇家园林"心在宏侈","东京制度穷极壮丽",大赏为铺张性建造宫室立下功劳的宇文恺。在游园方式上,"帝每日于苑中林亭间盛陈酒馔,敕燕王倓与(萧)钜、(宇文)皛及高祖嫔御为一席,僧、尼、道士、女官为一席,帝与诸宠姬为一席,略相连接,罢朝即从之宴饮,更相劝侑,酒酣殽乱,靡所不至,以是为常"。皇家园林成为纳垢藏秽之地,"杨氏妇女之美者,往往进御。(宇文)皛进入宫掖,不限门禁,至于妃嫔、公主皆有丑声,帝亦不之罪也"①。

隋炀帝开凿运河,沿途建造皇家园林离宫别馆,因此他的南巡,便成了这条全国性的皇家园林风光带中的游幸,声势浩大,别是一番景象。《资治通鉴》卷一八〇对此做了淋漓尽致的描述:

> 上行幸江都,发显仁宫,王弘遣龙舟奉迎……龙舟四重,高四十五尺,长二百尺。上重有正殿、内殿、东、西朝堂,中二重有百二十房,皆饰以金玉,下重内侍处之。皇后乘翔螭舟,制度差小,而装饰无异。别有浮景九艘,三重,皆水殿也。又有漾彩、朱鸟、苍螭、白虎、玄武、飞羽、青凫、陵波、五楼、道场、玄坛、板舳、黄篾等数千艘,后宫、诸王、公主、百官、僧、尼、道士、蕃客乘之,及载内外百司供奉之物,共用挽船士八万余人,其挽漾彩以上者九千余人,谓之殿脚,皆以锦彩为袍。又有平乘、青龙、艨艟、艕艒、八棹、艇舸等数千艘……舳舻相接,二百余里,照耀川陆,骑兵翊两岸而行,旌旗蔽野。

这样便使隋代皇家园林在中国园林史上显得别开生面。随着隋代的覆亡,其皇家园林亦成历史陈迹。晚唐李商隐《隋宫》就曾写道:"紫泉宫殿锁烟霞,欲取芜城作帝家。玉玺不缘归日角,锦帆应是到天涯。于今腐草无萤火,终古垂杨有暮鸦。地下若逢陈后主,岂宜重问后庭花?"

唐代因社会、文化条件,园林又有了新的发展。王维《奉和圣制从蓬莱向兴庆阁道中留春雨中春望之作应制》写道:"渭水自萦秦塞曲,黄山旧绕

---

① 司马光:《资治通鉴》卷一八一。

汉宫斜。銮舆迥出仙门柳,阁道回看上苑花。云里帝城双凤阙,雨中春树万人家。为乘阳气行时令,不是宸游玩物华。"整个长安的帝王宫阙一派雄壮景象,显示出大唐帝国的国力。骆宾王《帝京篇》、卢照邻《长安古意》用壮丽的笔触写下了当时长安城内宫阙相望、园林相属的景象。整个唐代园林以初、盛唐时期最繁华。安史之乱焚毁了唐王朝的许多宫室园林,唐帝国走向衰败,再也无力恢复昔日风采了。"云物凄清拂曙流,汉家宫阙动高秋。残星几点雁横塞,长笛一声人倚楼"[1],就是萧瑟长安的写照,因此,中唐以后再也不是"云里帝城双凤阙",而是"秋风吹渭水,落叶满长安"[2]。

大明宫,又名蓬莱宫。其地理位置极佳,"北据高原,南望爽垲,每天晴日朗,南望终南山如指掌,京城坊市街陌俯视如在槛内"。大明宫接西内,即太极宫。宫城的东北叫作东内,本是永安宫。贞观八年(634)建造,九月更名为大明宫,后来唐高宗染上风痹,厌其卑湿,于龙朔三年(663)开始大加修葺,更名为蓬莱宫。王维写有《和贾舍人早朝大明宫之作》,杜甫亦写有《奉和贾至舍人早朝大明宫》。宫苑内殿阁相望,筑有太液池。李绅《忆春日太液池亭东候对》有同样的描写。

芳林园。据《资治通鉴》卷二○九:"唐禁苑广矣,汉长安都城,尽入唐苑之内,而漕渠首受丰水,北流矩折入于禁苑而东流,又矩折北流而入于渭。苑地自漕渠之东,大安宫垣之西,南出与宫城齐,南列三门,中曰芳林。自芳林门而入禁苑,其地以芳林园为称。"

洛阳宫。贞观五年(631),"命将作大匠窦璡修洛阳宫,璡凿池筑山,雕饰华靡"。贞观十一年,北距北邙,西至孝水,南带洛水支渠,穀、洛二水会其间,东面十七里,南面三十九里,西面五十里,北面二十里,周回一百二十六里。宫苑内有积翠池。

昆明池。其气象汉、唐颇近。如初唐宋之问《奉和晦日幸昆明池应制》就有此类绘写。

甘泉宫。利用汉故甘泉宫,其址在京兆云阳县磨石岭。《元和志》云:"当其登山,必自车箱阪而上,阪在云阳县西北三十八里,萦纡曲折,单轨才通,上阪即平原宏敞,楼观相属。以其曲折,故名。"

唐代皇家园林既有新造,又有沿用两汉、隋代的宫苑,如前引的汉代甘

---

[1] 赵嘏:《长安晚秋》。
[2] 贾岛:《忆江上吴处士》。

泉宫，又如隋代显仁宫。正如《资治通鉴》卷一九三所言："唐长安苑城袤远，包汉长安故城在其中。"

唐代皇家园林中亦有狩猎之禁苑。如唐太极宫之北有禁苑，北临渭水，东距浐川，西近都城，周回一百二十里。太极宫居都城之北，内苑又在宫北，禁苑位置复在内苑之北。禁苑的范围很广，西面把汉代的都城全包括进去了，东面一直到灞水，西、南两面与承天门相平行。承天门西边排列着禁苑的三座门，即光化门、芳林门、景耀门。

离宫别馆中最著名的就是华清宫。其故址在今陕西西安市临潼区骊山下。《雍录》云："温汤在临潼县南一百五十步，在骊山西北。"交代了华清宫的具体位置。据《元和志》："开元十一年置温泉宫，天宝六载改为华清宫于骊山上，益治汤井为池，台殿环烈山谷。自开元来，每岁十月临幸，岁尽乃归。"华清宫中最负盛名的就是御汤，又名九龙殿、莲花汤，内部构建十分豪华精巧。《明皇杂录》云："明皇幸华清宫，新广汤，制作宏丽。安禄山于范阳，以白玉石为鱼、龙、凫、雁，仍以石梁及莲花同献，雕镌巧妙，殆非人功。上大悦，命陈于汤中，仍以石梁横亘汤上，而莲花才出于水际。上至其所，解衣欲入，而鱼、龙、凫、雁皆若奋鳞举翼，状欲飞动。上恐，遽命撤去，而莲花至今犹存。又尝于宫中置长汤数十间，屋皆周回甃以文石，为银镂漆船及白木香船，置于其中。至于楫棹，皆饰以珠玉，又于汤中累瑟瑟及沉香为山，以状瀛洲、方丈。"《津阳门诗》亦有详记。这处莲花汤就是杨贵妃沐浴之所。"春寒赐浴华清池，温泉水滑洗凝脂。侍儿扶起娇无力，始是新承恩泽时。"[①]从此，它不知被后人吟唱了多少次。"山顶千门次第开"，华清宫内部的宫楼建筑鳞次栉比，蔚为壮观。津阳门为其正门，据郑嵎《津阳门诗并序》，华清宫中的东北隅有观风楼，"属夹城而连上内，前临驰道，周视三川"，"此时初创观风楼，檐高百尺堆华榱。楼南更起斗鸡殿，晨光山影相参差"。宫内有球场、斗鸡殿、鹿场，有勤政楼、长生殿、瑶光楼等，有舞剑、赛马等活动。在游园中，唐明皇吹笛，杨贵妃弹琵琶。"上每执酒卮，必令迎娘歌水调曲遍，而太真则弹弦倚歌，为上送酒。内中皆以上为三郎，玉奴为太真小字也。"一曲《霓裳羽衣曲》，不知人间几回闻。华清宫的整个生态自然环境甚佳，早在隋文帝时就"种松柏千

---

① 白居易：《长恨歌》。

余株"。据张泊《贾氏谭录》，华清宫内"天宝所植松柏，遍满岩谷，望之郁然"，因"林木花卉之盛，类锦绣然"，故山中有绣岭、西绣岭之称。

唐代的离宫别馆还有玉华宫，地在陕西省铜川市宜君县西北，为唐太宗避暑之地。贞观二十二年（648）建，此地环境十分幽丽，背靠山崖，旁引涧水，据《资治通鉴》卷一九八所载，其建筑颇为别致，"惟所居殿覆以瓦，余皆茅茨，然备设太子宫、百司，苞山络野"，虽然唐太宗"务令俭约"，但"所费已巨亿计"。杜甫《玉华宫》曾写到该地"溪回松风长"的幽丽。永徽二年（651），唐高宗废玉华宫为佛寺，遂改名为玉华寺。

九成宫。此宫在陕西省宝鸡市麟游县西，本是隋代仁寿宫，唐太宗贞观五年（631）重修，为避暑之地。以山有九重，命名为九成。贞观六年（632）得泉，命魏徵作铭，欧阳询书刻石，称《九成宫醴泉碑铭》。永徽二年（651）改名为万年宫，乾封二年（667）复改为旧名。《九成宫醴泉碑铭》中有句："冠山抗殿，绝壑为池。跨水架楹，分岩耸阙。高阁周建，长廊四起。栋宇胶葛，台榭参差。"刘祎之《九成宫秋初应诏》云："林树千霜积，山宫四序寒。"从这些描述中可以看出九成宫的构建特色和景观。

唐代还有一些园林在地位、规模、景观上逊于皇家园林，却又胜于私家园林，可称之为王府园林（事实上，两汉、六朝时期就有了）。唐代有名驰古今的滕王阁，王勃《滕王阁序》辞采飞扬地描述了它的景象："层台耸翠，上出重霄。飞阁流丹，下临无地。""鹤汀凫渚，穷岛屿之萦回；桂殿兰宫，列冈峦之体势。披绣闼，俯雕甍。"

唐代园林中有一个现象颇值得重视，这就是公众园林，皇帝既加游幸，一般民众又能游览。曲江即是。曲江又名芙蓉园。《景龙文馆记》曰："芙蓉园在京师罗城东南隅，本隋世之离宫也。青林重复，绿水弥漫，帝城胜景也。"《长安志》云："隋营宫城，宇文恺以其地在京城东南隅，地高不便，故阙此地，不为居人坊巷，而凿之为池以厌胜之，又会黄渠水自城外南来，入城为芙蓉池，且为芙蓉园也。"刘餗《小说》云："园本古曲江，（隋）文帝恶其名'曲'，改曰芙蓉，为其水盛而芙蓉富也。"宋之问《春日芙蓉园侍宴应制》诗云："芙蓉秦地沼，卢橘汉家回。谷转斜盘径，川回曲抱源。风来花自舞，春入鸟能言。"苏颋《春日芙蓉园侍宴应制》诗亦云："绕花开水殿，架竹起山楼。"唐代诗人对曲江多有咏唱，从咏唱诗中可以看出其优美的风光。卢纶《曲江春望》："菖蒲翻叶柳交枝，暗上莲舟鸟不知。更到无花最深处，玉楼金殿影参差。"杜甫《曲江二首》有句："江上小堂巢翡翠，苑边高冢卧麒麟。""穿花蛱蝶深深见，点水蜻蜓款款飞。"《曲江对雨》："城上春云覆苑墙，江亭晚色静年芳。林花着雨燕支湿，水荇牵风翠带长。"《曲江对酒》："苑外江头坐不归，水精宫殿转霏微。桃花细逐杨花落，黄鸟时兼白鸟飞。"韩愈《同水部张员外曲江春游寄白二十二舍人》句"漠漠轻阴晚自开"，本来，天空中有淡淡的阴云，景象有些迷蒙，这是不便于观赏春日风光的。谁料想，天知人意，到了傍晚，轻阴消散。景象于是大变，"青春白日映楼台"，曲江水边，层楼叠阁，在春天的丽日映照中，流光溢彩。诗人兴会淋漓地大笔渲染："曲江水满花千树。"曲江水满，碧波荡漾，千树万花，争荣斗艳，和白日楼台组合成完整的曲江春色图。园林和游园相联系，游人因园林之美而游园，园林则因游人而增添景象。杜甫《丽人行》就曾描述曲江三月三日游人披红挂绿、摩肩接踵的情景。"三月三日天气新，长安水边多丽人。态浓意远淑且真，肌理细腻骨肉匀。绣罗衣裳照暮春，蹙金孔雀银麒麟。头上何所有？翠微䔲叶垂鬓唇。背后何所见？珠压腰衱稳称身。"而曲江的盛衰便成为唐王朝盛衰的标志，安史之乱后虽然曲江春色依旧，却宫闱萧条，一派荒索，面对"江头宫殿锁千门"的冷落，"少陵野老吞声哭"[①]。

唐代皇家园林的特点和都城结构一样，整体格局呈方正化和棋盘化。其建筑格局本十分规则，再加之绿化，遂更为优美，属于标准化的优美。城中多栽槐树，宫中多栽柳树和梧桐，白居易《长恨歌》中就曾写到"太液芙蓉未央柳""秋雨梧桐叶落时"。

由于帝王的文化、审美素质较高，唐代皇家园林的功能得到进一步发挥，园居活动更为丰富多样。在华清宫，唐玄宗敲羯鼓、吹玉笛，杨贵妃弹琵琶，"夫唱妇随"。唐玄宗和杨贵妃还在华清宫内打马球、斗鸡等。

第二节　私家建筑、园林

唐代私家园林有两个系统：城市私宅园林，郊外别墅园林。私家园林有

[①] 杜甫：《哀江头》。

许多名称，如山池、山庄、林亭、林园、池馆等，有不少就集中在长安城中或近郊。从下列诗句可以看出它们的景象风貌。李适《侍宴长宁公主东庄应制》诗句"园亭沁水林"，刘宪同题诗"画桥飞渡水"，刘宪《奉和幸安乐公主山庄应制》云："沓石悬流平地起，危楼曲阁半天开"。《奉和幸韦嗣立山庄侍宴应制》云："虹桥涧底盘""岸转绿潭宽"。崔知贤《三月三日宴王明府山亭并序》："树密如鳞，花繁似霰""林渚萦映"。岑文本《安德山池宴集》："书帷通竹径，琴台枕槿篱""鸟戏翻新叶，鱼跃动清漪"。同题诗又写道："兰深径渐迷，蒲新节尚短。"褚遂良同题诗写道："花落春莺晚，风光夏叶初。"

洛阳作为唐朝东都，其繁华亦可与京师长安相媲美，当然也就成为园林集中地。韦应物《登高望洛城作》登高纵观，对整个洛阳城做了宏观扫描。张继亦有《洛阳作》云："洛阳天子县，金谷石崇乡。草色侵官道，花枝出苑墙。"白居易曾在《题洛中第宅》中描述当时洛阳私家园林的景况："水木谁家宅，门高占地宽。悬鱼挂青甃，行马护朱栏。春榭笼烟暖，秋庭锁月寒。松胶黏琥珀，筠粉扑琅玕。试问他台主，多为将相官。"从白居易对洛阳自家园林的回忆中亦可看出其景况。白氏《忆洛中所居》写道："忽忆东都宅，春来事宛然。雪销行径里，水上卧房前。厌绿栽黄竹，嫌红种白莲。醉教莺送酒，闲遣鹤看船。幸是林园主，惭为食禄牵。"

据《旧唐书·李德裕传》，李德裕在"东都于伊阙南置平泉别墅，清流翠筿，树石幽奇。初未仕时，讲学其中。后从官藩服，出将入相，三十年不复重游，而题寄歌诗，皆铭之于石。今有《花木记》《歌诗篇录》二石存焉"。康骈《剧谈录》言："（李德裕）平泉庄去洛城三十里，卉木台榭，若造仙府。有虚槛，前引泉水，萦回穿凿，像巴峡、洞庭十二峰，九派迄于海门江山景物之状。"李德裕本人的《平泉山居诫子孙记》亦写道："于龙门之西得乔处士天宝末避地。……剪荆莽，驱狐狸，始立班生之宅渐变应叟之地。又得江南珍木奇石，列于庭际。"

唐代成都也有不少园林。李白的《登锦城散花楼》描述道："日照锦城头，朝光散花楼。金窗夹绣户，珠箔悬银钩。飞梯绿云中，极目散我忧。暮雨向三峡，春江绕双流。"成都私家园林中最著名的是浣花溪草堂。这座园林因园主杜甫而出名。杜甫《寄题江外草堂》记述草堂的建造过程，他的多首诗描述了草堂内外的景象，如《堂成》《江村》《水槛遣心》等。

南京。李白《登瓦官阁》云:"晨登瓦官阁,极眺金陵城。钟山对北户,淮水入南荣。漫漫雨花落,嘈嘈天乐鸣。"《登梅冈望金陵赠族侄高座寺僧中孚》:"钟山抱金陵,霸气昔腾发。天开帝王居,海色照宫阙。群峰如逐鹿,奔走相驰突。江水九道来,云端遥明灭。"在虎踞龙盘的金陵城内,有许多幽美的园林,李白《题金陵王处士水亭》描述其"爱竹啸名园""树色秀荒苑,池光荡华轩""花枝宿鸟喧"。韩翃《送客之江宁》:"朱雀桥边看淮水,乌衣巷里问王家。""楚云朝下石头城,江燕双飞瓦棺寺。"

扬州。李绅的《宿扬州》有生动描述:"江横渡阔烟波晚,潮过金陵落叶秋。嘹唳塞鸿经楚泽,浅深红树见扬州。夜桥灯火连星汉,水郭帆樯近斗牛。今日市朝风俗变,不须开口问迷楼。"杜牧《寄扬州韩绰判官》:"二十四桥明月夜,玉人何处教吹箫。"扬州的园林景象在诗人们的笔下得到生动的表现。李白《秋日登扬州西灵塔》:"水摇金刹影,日动火珠光。鸟拂琼帘度,霞连绣栱张。"韦应物《广陵遇孟九云卿》:"夹河树郁郁,华馆千里连。"唐时扬州出现繁盛景象,成为国际大都市。王建《夜看扬州市》写道:"夜市千灯照碧云,高楼红袖客纷纷。如今不似时平日,犹自笙歌彻晓闻。"在这样的繁华都市中,其园林盛况是可以想见的。姚合《扬州春词》记述在"暖日凝花柳,春风散管弦"的扬州"园林多是宅"的景况。其时的著名园林,有《太平广记·裴谌》卷一七所记"楼阁重复,花木鲜秀",简直"似非人境"的樱桃园;有方干《旅次扬州寓居郝氏林亭》中所描述的"鹤盘远势投孤屿,蝉曳残声过别枝。凉月照窗欹枕倦,澄泉绕石泛觞迟"的郝氏园。其代表了扬州园林的最高水平。

私家园林中产生并发展了一种独特的形态——别墅园林。它起始于六朝,如谢安的东山山庄,谢灵运的始宁墅,到了唐代则被称之为别业。王维《从岐王过杨氏别业应教》:"杨子谈经所,淮王载酒过。兴阑啼鸟换,坐久落花多。径转回银烛,林开散玉珂。严城时未启,前路拥笙歌。"历来认为"兴阑啼鸟换,坐久落花多"为奇句佳联,写尽杨氏别业的美景。唐代别业最负盛名的是辋川别业。《旧唐书·王维传》言王维"得宋之问蓝田别墅,在辋口"。王维《辋川集序》写道:"余别业在辋川山谷,其游止有孟城坳、华子冈、文杏馆、斤竹岭、鹿柴、木兰柴、茱萸沜、宫槐陌、临湖亭、南垞、欹湖、柳浪、栾家濑、金屑泉、白石滩、北垞、竹里馆、辛夷坞、漆园、椒园。"这是一个有相当多景点的园林群体。王维的好友裴迪对这些景点逐个写有诗,做了诗情画意般的描述。王维绘有丹青《辋川图》。朱景玄《唐朝名画录》曾写道,该画所绘"山谷郁郁盘盘,云水飞动,意出尘外,怪生笔端"。又据元代刘因《辋川图记》所写,这轴画"盖维平生得意画也"。画中"其一人与之对谈,或泛舟者,疑裴迪也"。辋川别业中的春色尤为迷人,因此王维特意写信邀请裴迪来此春游:"当待春中,草木蔓发,春山可望,轻鯈出水,白鸥矫翼。露湿青皋,麦陇朝雊。"然而更有味道的是夜游辋川,别是一番境域:"夜登华子冈,辋水沦涟,与月上下;塞山远火,明灭林外。深巷寒犬,吠声如豹。村墟夜舂,复与疏钟相间。此时独坐,僮仆默然,多思曩昔,携手赋诗,步仄径,临清流也。"①

第三节 寺观建筑、园林

唐代崇佛崇道,佛寺道观建筑、园林遂得到发展。长安城内有著名的慈恩寺塔,杜甫与高适、岑参、储光羲、薛据等人同登此寺塔,各各赋诗。长安有道教之仙游观,韩翃写有《同题仙游观》诗,宋之问《灵隐寺》写出灵隐寺内外的景象:"楼观沧海日,门对浙江潮。桂子月中落,天香云外飘。"陶翰有《宿天竺寺》诗。白居易写有著名的《大林寺桃花》:"人间四月芳菲尽,山寺桃花始盛开。长恨春归无觅处,不知转入此中来。"诗人在万花落尽、春光归去的暮春时节,发现了一片盛开的桃花,发现了春的烂漫和繁华。常建《题破山寺后禅院》:"清晨入古寺,初日照高林。曲径通幽处,禅房花木深。山光悦鸟性,潭影空人心。万籁此都寂,但余钟磬声。"描述了佛寺园林所特有的禅意和氛围。这种深幽恰与上面白居易所写大林寺的烂漫形成鲜明对比。张继《枫桥夜泊》"姑苏城外寒山寺"的"夜半钟声",多少人为之神往!

寺观园林把寺观与园林结合起来,按照对宗教教义的体认和理解,营造建筑,因此其建筑特征符合和体现了宗教精神。韩愈就说过:"自其西来,四海驰慕。结楼架阁,上切星汉。处处严奉,高栋重檐。"由于有舍宅为

---
① 王维:《山中与裴秀才迪书》。

寺的现象，那单独建立的园林便成为寺观园林。如韦应物《游开元精舍》所写："果园新雨后，香台照日初。绿阴生昼静，孤花表春余。"这类寺观园林促进了宗教园林的世俗化进程。寺与宅的联系，往往使寺园染上宅园的色彩。在园林景观中常有宅园构置，例如李绅《开元寺并序》中所提到的"寺多太湖石，有峰峦奇状者"。

第四节　美学特征和美学史地位

隋唐园林在中国园林美学史上的地位，应定为完型发展期。它发展了六朝业已形成的三大园林系统，并且进一步定型化了。这期间出现了一批离宫别馆、行宫园林，丰富了中国园林的既有形态，给后代例如清代承德避暑山庄、颐和园以深刻影响。

唐代园林亦极一时之盛，据张舜民《画墁录》所载，长安"公卿近郭，皆有园池，以致樊杜数十里间，泉石占胜，布满川陆"。其所孕育的建园意识和游园意识更为鲜明和审美化。建有平泉庄的宰相李德裕给后人写下了一篇近乎遗嘱的《平泉山居诫子孙记》，规定后人"唯岸为谷，谷为陵，然后已焉，可也"。至于下列情况则是不允许的，"鬻吾平泉者，非吾子孙也；以平泉一树一石与人者，非佳子弟也"。简直到了不可动摇的地步，可见其对园林之钟爱程度。在游园意识上，陈子昂《晦日宴高氏林亭》写道："夫天下良辰美景，园林池观，古来游宴欢娱众矣。"在建园方式上仍然像前代那样，"穿池叠石"①。

隋唐较之前代，留下了许多园林实体，至今仍是人们的"游宴欢娱"之对象，如华清宫等。这也为今人研究其园林特征和发展历程提供了实体依据。

隋唐园林更加走向人文化，乃至成为人文景观。例如华清宫、浣花溪草堂。像华清宫这样的园林由于负载了特殊而厚重的历史内涵，并经过了文人骚客的咏写传唱，人们便因这段历史情由而去游览，缘此，其出发点和游览感受也因而具有历史苍凉感和人文色调。例如崔橹《过华清宫》："草遮回磴绝鸣銮，云树深深碧殿寒。明月自来还自去，更无人倚玉阑干。""门横

---

① 韦元旦：《幸安乐公主山庄应制》。

金锁悄无人，落日秋声渭水滨。红叶下山寒寂寂，湿云如梦雨如尘。"

在中国园林史上，六朝变汉，产生重大转折，其在近距离内是下启隋唐。《世说新语》所记的吴地顾辟疆园，在唐代仍然存在。《吴郡图经续记》记曰："辟疆园唐时犹在。"李白有诗云："柳深陶令宅，竹暗辟疆园。"陆羽也写道："辟疆旧林间，怪石纷相向。"六朝园林的最基本特征是精致化，隋唐特别是唐循着这样的方向发展。比较同是别墅式园林的六朝谢灵运始宁墅和唐代王维的辋川别业，就可以看出，后者的精致化程度远远超过前者。始宁墅尚有经济性庄园的成分，而辋川别业则是纯粹的怡情消闲养志式园林了。王维作为画家，以绘画意识构筑布局，遂使别墅园林富于画意。

魏晋南北朝私家园林存在两种园林格调，一种是豪华型，一种是闲适型。

从西晋石崇的金谷园到东晋的东山山庄再到唐代李德裕的平泉庄，均属于豪华型。这跟他们显贵的地位和审美趣尚相关。康骈《剧谈录》说平泉庄内"卉木台榭，若造仙府"。李德裕本人所写的《平泉山居草木记》如数家珍和开中药铺似的开列了他这所园子里的诸种石头草木。石有"日观、震泽、巫岭、罗浮、桂水、严湍、庐阜、漏泽之石""仙人迹、鹿迹之石""巫峡、严湍、琅邪石之水石"。花木有"天台之金松、琪树，嵇山之海棠、榧、桧，剡溪之红桂、厚朴，海峤之香桧、木兰，天目之青神、凤集，钟山之月桂、青飕、杨梅，曲房之山桂、温树，金陵之珠柏、栾荆、杜鹃，茆山之山桃、侧柏、南烛，宜春之柳柏、红豆、山樱，蓝田之栗、梨、龙柏""番禺之山茶，宛陵之紫丁香，会稽之百叶木芙蓉、百叶蔷薇，永嘉之紫桂、簇蝶，天台之海石楠，桂林之俱那卫""钟陵之同心木芙蓉，剡中之真红桂，嵇山之四时杜鹃、相思、紫苑、贞桐、山茗、重台蔷薇、黄槿，东阳之牡桂、紫石楠"等。开列这些名称够枯燥的了，而它们靡不毕致地集中于一座园林，未免显得千奇百怪、杂乱无章了。

另一方面则是闲适性情调化园林的发展。韦述《春日历庄》诗表述了唐代建造园林的一个重要美学思想：自然成野趣。园主在建园中所追寻的、在游园中所享受的是情调、野趣、自然、闲适。陈子昂《晦日宴高氏林亭》说："山河春而霁景华，城阙丽而年光满。淹留自乐，玩花鸟以忘归；欣赏不疲，对林泉而独得。"其诗《南山家园林木交映盛夏五月幽然清凉独坐思远率成十韵》:"寂寥守寒巷,幽独坐空林。松竹生虚白,阶庭横古今。郁蒸炎夏晚,栋宇闷清阴。轩窗交紫霭,檐户对苍岑。"李白《题东溪公隐居》:"宅近青山同谢朓,门垂碧柳似陶潜。好鸟迎春歌后院,飞花送酒舞前檐。"钱起《山园秋晚寄杜黄裳少府》:"惆怅佳期阻,园林秋景闲。绝朝碧云外,唯见暮禽还。泉石思携手,烟霞不闭关。杖藜仍把菊,对卷也看山。"这些都是对上述情调的描述。

唐人园林的构建中蕴含文化、审美意识。例如贾至《沔州秋兴亭记》写:

> 沔州刺史贾载……理沔州未期月,而政通民和。于听讼堂之西,因高构宇,不出庭户,在云霄矣。却负大别之固,俯视沧海之浸。阅吴、蜀楼船之殷,览荆、衡薮泽之大。自公退食,游焉息焉。图书在左,翰墨在右,鸣琴洋洋,亦有旨酒,性得情适,耳虚目开。

这类园林是附丽于公堂的私宅园林,能在"不出庭户"的情况下,尽得山川之美,是山川游览的替代性手段,"游焉息焉"。其内容是,在园林中读书、舞墨、弹琴、饮酒,构成园居的丰富生活,其内涵很有文化、审美情调。于是,便能获得精神的陶冶,"性得情适,耳虚目开"。他又写道:

> 且处动则倦,理倦莫若静;处静则明,惟明以理动。穷则变,变则通,通则久。今沔州灵府怡而神用爽,政是以和。观其前户后牖,顺开阖之义,简也;上栋下宇,无雕斫之饰,俭也。简近于智,俭近于仁,仁智居之,何陋之有!

> 况乎当发生之辰,则攒秀木于高砌,见莺其鸣矣。处台榭之月,则纳清风于洞户,见暑之徂矣。泊摇落之时,则俯颢气于轩槛,见火之流矣。值严凝之序,则目素彩于檐楹,见雪之纷矣。政成讼清,体安心逸,而诗人之兴,常在四时。四时之兴,秋兴最高,因以命亭焉。

在秋兴亭的命名中,也可以看出园主的文化、审美意识和情调。

在唐代园林的建构中体现了深刻的中国哲学文化精神。例如"空"的哲学意识。《老子》说:"凿户牖以为室,当其无,有室之用。"空纳万象,无中生有。园林也体现了这一哲学精神。元结《寒亭记》说:"构茅亭于石上,及亭成也,以阶槛凭空,下临长江,轩盈云端,上齐绝巅,若旦暮景气,烟霭异色,苍苍石礴含映水木。"独孤及《卢郎中浔阳竹亭记》说:

"因数仞之丘，伐竹为亭，其高出于林表，可用远望……凭南轩以瞰原隰，冲然不知锦帐粉闱之贵于此亭也。亭前有香草怪石杉松罗生，密条翠竿，腊月碧鲜，风动雨下，声比箫籁……试论亭之趣，夫物不感则性不动，故景对而心驰也；欲不足则患不至，故意惬而神完也。"

在园居生活中，唐人又表现出很高的审美欣赏水平，把园林视为自然山水，与之心灵相契、相融、相化。白居易《西街渠中种莲叠石颇有幽致偶题小楼》写道："朱槛低墙上，清流小阁前。雇人栽菡萏，买石造潺湲。影落江心月，声移谷石泉。闲看卷帘坐，醉听掩窗眠。路笑淘官水，家愁费料钱。是非君莫问，一对一翛然。"《题杨颖士西亭》写道："静得亭上境，远谐尘外踪。凭轩东望好，鸟灭山重重。竹露冷烦襟，杉风清病容。旷然宜真趣，道与心相逢。即此可遗世，何必蓬壶峰。"唐人还运用道家得鱼忘筌、得兔忘蹄的哲学思想于园林观赏中。独孤及《卢郎中浔阳竹亭记》云："古者半夏生，木槿荣，君子居高明，处台榭，后代作者或用山林水泽、鱼鸟草木以博其趣，则佳景有大小，道机有广狭，必以寓目放神，为性情筌蹄，则不俟沧州而闲，不出户庭而适。"得性情而忘园林，这便在园林欣赏中上升到一个极高的审美层次。

唐代的隐逸文化给园林以影响。隐逸之风带来了园林的幽雅闲适，某些隐居园林便是其写照。钱起《谷中书斋寄杨补阙》写道："泉壑带茅茨，云霞生薜帷。竹怜新雨后，山爱夕阳时。闲鹭栖常早，秋花落更迟。家僮扫萝径，昨与故人期。"

在隐士中最值得注意的是唐代出现了"中隐"。白居易《中隐》诗对唐代所出现的"中隐"现象做了惟妙惟肖的描画，在进退出处、穷通丰约之间寻求一种游刃有余的中间途径，"似出复似处，非忙亦非闲"。这样的社会环境才孕生出私宅园林，既免"朝市"之"嚣喧"，又无"丘樊"之"冷落"，于"两难"中得"两全"。这是中国士大夫寻求自己独特生存、生活方式的一种办法。因此，研究和确定唐代园林特征时，不能不顾及这一社会现象。

在唐代的总体园林环境和社会文化、审美氛围中诞生了对后期中国园林史产生重大影响的私家园林形态——文人园林。这是一批文化艺术素养深湛、品位极高的文人亲手经营、构建的园林，集中体现和物化了他们的文化趋尚和审美趣味。最典型的是白居易的庐山草堂。其《草堂记》多有记述。

他说到自己有山水癖,"从幼迨老,若白屋,若朱门,凡所止,虽一日二日,辄覆篑土为台,聚拳石为山,环斗水为池,其喜山水病癖如此",筑庐山草堂便"成就我平生之志"。他在选址上就有独特的文化、美学眼光。"匡庐奇秀甲天下山,山北峰曰香炉,峰北寺曰遗爱寺。介峰寺间,其境胜绝,又甲庐山。元和十一年秋,太原人白乐天见而爱之,若远行客过故乡,恋恋不能去,因面峰腋寺,作为草堂。"他在建造草堂时,充分利用周围的自然环境,善借景,形成园林与山水的融会。"是居也,前有平地,轮广十丈;中有平台,半平地;台南有方池,倍平台。环池多山竹野卉,池中生白莲白鱼。又南抵石涧,夹涧有古松老杉,大仅十人围,高不知几百尺。修柯戛云,低枝拂潭,如幢竖,如盖张,如龙蛇走。松下多灌丛,萝茑叶蔓,骈织承翳,日月光不到地,盛夏风气如八九月时。下铺白石,为出入道。堂北五步,据层崖积石,嵌空垤块,杂木异草,盖覆其上,绿阴蒙蒙,朱实离离,不识其名,四时一色。又有飞泉,植茗就以烹燀,好事者见,可以永日。堂东有瀑布,水悬三尺,泻阶隅,落石渠,昏晓如练色,夜中如环佩琴筑声。堂西倚北崖右趾,以剖竹架空,引崖上泉,脉分线悬,自檐注砌,累累如贯珠,霏微如雨露,滴沥飘洒,随风远去。其四傍耳目杖屦可及者,春有锦绣谷花,夏有石门涧云,秋有虎溪月,冬有炉峰雪,阴晴显晦,昏旦含吐,千变万状,不可殚纪,觕缕而言;故云甲庐山者。"白居易堪称是顶级园林美学家,草堂居处陈设更为别致:

> 三间两柱,二室四牖,广袤丰杀,一称心力。洞北户,来阴风,防徂暑也。敞南甍,纳阳日,虞祁寒也。木,斫而已,不加丹。墙,圬而已,不加白。墄阶用石,幂窗用纸,竹帘,苎帏,率称是焉。堂中设木榻四,素屏二,漆琴一张,儒道佛书,各三两卷。

没有雕饰,只有本色;没有豪华,只有朴质。一切显得明净、洁爽、自然,摒除了纷红骇绿、魏紫姚黄,而书卷、素琴又无声地陈说着园主的文化品位和审美情趣。他的《香炉峰下新置草堂即事咏怀题于石上》诗表述了他的这一情趣:"何以洗我耳,屋头飞落泉。何以净我眼,砌下生白莲。左手携一壶,右手挈五弦。傲然意自足,箕踞于其间。兴酣仰天歌,歌中聊寄言。言我本野夫,误为世网牵。时来昔捧日,老去今归山。倦鸟得茂树,涸鱼返清源。舍此欲焉往,人间多险艰。"

白居易在园林建构中对竹、石表现了特殊的兴趣,这亦是唐人园林文化、审美意识的体现。他在长安租赁故宰相关播亭园时写有《养竹记》：

> 竹似贤，何哉？竹本固，固以树德，君子见其本，则思善建不拔者。竹性直，直以立身，君子见其性，则思中立不倚者。竹心空，空以体道，君子见其心，则思应用虚受者。竹节贞，贞以立志，君子见其节，则思砥砺名行夷险一致者。夫如是，故君子人多树之为庭实焉。
>
> 贞元十九年春，居易以拔萃选及第，授校书郎，始于长安求假居处，得常乐居故关相国私第之东亭而处之。明日，履及于亭之东南隅，见丛竹于斯，枝叶殄瘁，无声无色。询于关氏之老，则曰：此相国之手植者。自相国捐馆，他人假居，由是筐篚者斩焉，篲帚者刈焉。刑余之材，长无寻焉，数无百焉。又有凡草木杂生其中，菶茸荟郁，有无竹之心焉。居易惜其尝经长者之手，而见贱俗人之目，剪弃若是，本性犹存。惜乃芟蘙荟，除粪壤，疏其间，封其下，不终日而毕。于是日出有清阴，风来有清声，依依然，欣欣然，若有情于感遇也……

白居易对竹的赞美、欣赏中有着深厚的文化底蕴和社会意义。

白居易写有《太湖石记》。据《吴郡志》卷二九载："太湖石出洞庭西山，以生水中者为贵。石在水中岁久，为波涛所冲撞，皆成嵌空，石面鳞鳞作靥，多弹窝，亦水痕也。没人缒下凿取，极不易得。石性温润奇巧，扣之铿然如钟磬，自唐以来贵之。其在山者名旱石，亦奇巧，枯而不润，不甚贵重。白居易品牛僧孺家诸石，以太湖石为甲。"白居易在文中写道：

> 古之达人，皆有所嗜，玄晏先生嗜书，嵇中散嗜琴，靖节先生嗜酒。今丞相奇章公嗜石。石无文无声，无臭无味，与三物不同，而公嗜之，何也？众皆怪之，走独知之。昔故友李生名约有云：苟适吾意，其用则多。诚哉是言！适意而已。公之所嗜，可知之矣。
>
> 公以司徒保厘河雒，治家无珍产，奉身无长物。惟东城置一第，南郭营一墅。精葺宫宇，慎择宾客，性不苟合，居常寡徒。游息之时，与石为伍。石有族，聚太湖为甲，罗浮、天竺之徒次焉，今公之所嗜者甲也。先是，公之僚吏，多镇守江湖，知公之心，惟石是好。乃钩沉致远，献瑰纳奇，四五年间，累累而至。公于此物，独不廉让。东第南墅，列而置之。富哉石乎！厥状非一，有盘

拗秀出如灵丘鲜云者，有端严挺立如真官神人者，有缜润削成如珪瓒者，有廉棱锐刬如剑戟者。又有如虬如凤，若跧若动，将翔将涌，如鬼如兽，若行若骤，将攫将斗者。风烈雨晦之夕，洞穴开皑，若喝云喷雷，嶷嶷然有可望而畏之者。烟霁景丽之旦，岩嶂霮䨴，若拂岚扑黛，霭霭然有可狎而玩之者。昏晓之交，名状不可。撮要而言，则三山五岳，百洞千壑，觊缕簇缩，尽在其中。百仞一拳，千里一瞬，坐而得之。此所以为公适意之用也。

尝与公迫观熟察，相顾而言，岂造物者有意于其间乎？将胚浑凝结，偶然成功乎，然而自一成不变以来，不知几千万年，或委海隅，或沦湖底，高者仅数仞，重者殆千钧，一旦不鞭而来，无胫而至，争奇骋怪，为公眼中之物。公又待之如宾友，亲之如贤哲，重之如宝玉，爱之如儿孙。不知精意有所召邪？将尤物有所归邪？孰不为而来邪？必有以也。石有大小，其数四等，以甲乙景丁品之。每品有上中下，各刻于石阴，曰：牛氏石甲之上，丙之中，乙之下。噫！是石也，百千载后，散在天壤之内。转徙隐见，谁复知之？欲使将来与我同好者，睹斯石，览斯文，知公之嗜石之自。

会昌三年五月丁丑记。

白居易诗中亦有写太湖石的。如《太湖石》："远望老嵯峨，近观怪嶔崟。才高八九尺，势若千万寻。嵌空华阳洞，重垒匡山岑。邈矣仙掌迥，呀然剑门深。形质冠今古，气色通晴阴。未秋已瑟瑟，欲雨先沉沉。天姿信为异，时用非所任。磨刀不如砺，捣帛不如砧。何乃主人意，重之如万金。岂伊造物者，独能知我心。"另一首同题诗写道："烟翠三秋色，波涛万古痕。削成青玉片，截断碧云根。风气通岩穴，苔文护洞门。三峰具体小，应是华山孙。"

白居易又把竹、石联系起来描述。如《北窗竹石》诗曰："一片瑟瑟石，数竿青青竹。向我如有情，依然看不足。况临此窗下，复近西塘曲。筠风散余清，苔雨含微绿。有妻亦衰老，无子方茕独。莫掩夜窗扉，共渠相伴宿。"

唐代产生的文人园，在宋代进一步发展。中国园林美学在下一个大历史时期进入一个新阶段。

第四十章　书法美学

隋唐二代的书法是继六朝之后，中国美学史的又一个锦绣时期。在总趋向上是继承六朝又超越六朝，独立建构自身的书法美学体系和形态。

第一节　书法美学思想

隋代书法美学代表是释智永、智果师徒俩。

智永，俗姓王，会稽（今浙江绍兴）人，王羲之第七代孙，据嘉泰《会稽志》载："僧法极，字智永，会稽人，王右军第七代孙。"智果是智永之弟子，一脉相承于王氏书法和书法美学思想，又融会其佛家思想。张怀瓘《书断》记隋炀帝杨广曾对智永说："和尚（智永）得右军肉，智果得骨。"智永把自己对美学思想的见解凝聚为《心成颂》，即书法是心之所成。这是根植于他的佛家思想所做的体认，因佛家认为心是本源。他对书法美学中的一些具体法做了规定，诸如"回展右肩，长舒左足。峻拔一角，潜虚半腹。间合间开，隔仰隔覆。回互留放，变换垂缩。繁则减除，疏当补续。分若抵背，合如对目。孤单必大，重并乃促。以侧映斜，以斜附曲。覃精一字，功归自得盈虚；统视连行，妙在相承起复"。智果所述虽然简单，却涉及书法美学中一系列根本问题，诸如虚实、偏正、繁疏的关系。这些又虽然涉及的是书法结构问题，但论述者的指导思想和由此透现出来的意识却有深厚的哲学、美学意味。例如"潜虚半腹"就是反对书法中的满、实，而讲究空灵。他重视书法结构的协调与和谐，不偏执于某一端，通过调节来实现书体的规范。他还就某些具体的字法做了具体的规定和说明，这些规定和说明都体现出书的法理和法则，为唐代书法美学思想鸣了先声。

到了唐代，书法美学思想全面展开。

欧阳询。初唐欧阳询（557—641），字信本，潭州临湘（今湖南长沙）人。提出"八诀"：

  点、　如高峰之坠石
  直环钩乚　如长空之新月
  横一　如千里之阵云
  直笔丨　如万岁之枯藤
  戈笔㇂　如劲松倒折，落挂石崖
  横环钩㇆　如万钧之弩发
  短撇丿长撇丿　如利剑断犀象角
  牙捺㇏　一波常三过笔

在具体的规范中体现了欧阳询本人对峻险劲直的书法美学的崇尚。这又正体现了初唐的美学思想特征。欧阳询还写有据传是更为细化的"三十六法"：

  排叠　避就　顶戴　穿插　向背　偏侧　挑挞　相让　补空　覆盖　贴零　黏合　捷速　满不要虚　意连　覆冒　垂曳　借换　增减　应副　撑拄　朝揖　救应　附丽　回抱包裹　却好　应接　小成大　小大成形　小大与大小　各自成形　相管领　襛　左小右大　左高右低　左短右长

宗白华对此有很高的评价，说："这一自古相传欧阳询的结体三十六法，是从真书的结构分析出字体美的构成诸法，一切是以美为目标。为了实现美，不怕依据美的规律来改变字形，就像希腊的建筑，为了创造美的形象，也改变了石柱形，不按照几何形学的线。我们古代美学里所阐明的美的形式的范畴在这里可以找到一些具体资料，这是对我们美学史研究者很有意义的事。"[①]"三十六法"在书法美学上提供了具体的范式，甚至是具体的操作方式，这便是"法"。"三十六法"又重视书法的度，即恰到好处。"却好"："谓其包裹斗凑，不致失势，结束停当，皆得其宜也。"书体上维持一种良好的平衡感和佳良状态，不突破某种界限，这是"度"，也是

[①] 宗白华：《中国书法里的美学思想》。

"法"，是书法结体上所应把握的"法度"。当然，欧阳询的"三十六法"不是征实的，或者说不是纯操作方式，它也说明了书法美学中带根本性质的问题，例如"补空"说。宗白华继续评价说："此段说出虚实相生的妙理，补空要注意'虚处藏神'。补空不是取消虚处，而正是留出空处，而又在空处轻轻着笔，反而显示出虚处，因而气韵流动。空中传神，这是中国艺术创造里一条重要的原理，贯通在许多其他艺术里面。"①

欧阳询说："最不可忙，忙则失势。次不可缓，缓则骨痴。又不可瘦，瘦则形枯。复不可肥，肥则质浊。细详缓临，自然备体，此是最要妙处。"他确定了书写时的最佳状态，既不忙，又不缓，取其适中状态。他对忙缓的规定和评价是从"势""骨"上着眼的，这也就是书法的艺术形式所体现出来的美学气韵。他把书写状态与书法美学内涵相联系，颇有深度。在字体美学上，他不主张瘦体，认为"又不可瘦，瘦则形枯"；又不主张肥体，认为"复不可肥，肥则质浊"。他保持了一种良好的平衡性，成为初唐美学思想的体现。

李世民。唐太宗李世民对书法，尤其对王羲之书法有酷好。据载，他于贞观时搜得"古今工书钟、王等真迹，得一千五百一十卷"②。《叙书录》记，对王羲之的真迹"行二百九十纸，装为七十卷。草书二千纸，装为八十卷"。据《唐朝叙书录》载："贞观六年正月八日，命整理御府古今工书钟、王等真迹，得一千五百一十卷。""太宗尝谓侍中魏徵曰：'虞世南死后，无人可与论书。'徵曰：'褚遂良下笔遒劲，甚得王逸少体。'太宗即日召令侍书。太宗尝出御府金帛购求王羲之书迹，天下争赍古书诣阙以献。"更有甚者，他还把王羲之的《兰亭序》真迹作为自己的陪葬品。李世民是王书狂热而虔诚的崇拜者。

在初唐，基本是王书统治书坛。李世民为《晋书·王羲之传》撰"赞"，曰：

> 书契之兴，肇乎中古，绳文鸟迹，不足可观。末代去朴归华，舒笺点翰，争相夸尚，竞其工拙。伯英临池之妙，无复余踪；师宜悬帐之奇，罕有遗迹。逮乎钟、王以降，略可言焉。钟虽擅美一时，亦为迥绝，论其尽善，或有所疑。至于布纤浓，分疏密，霞舒云卷，无所间然。但其体则古而不今，字则长而逾制，语其大量，

---

① 宗白华：《中国书法里的美学思想》。
② 王溥：《唐会要》卷三五。

> 以此为瑕。献之虽有父风，殊非新巧。观其字势疏瘦，如隆冬之枯树；览其笔踪拘束，若严家之饿隶。其枯树也，虽桂槔而无屈伸；其饿隶也，则羁赢而不放纵。兼斯二者，故翰墨之病欤！子云近出，擅名江表，然仅得成书，无丈夫之气，行行若萦春蚓，字字如绾秋蛇；卧王濛于纸中，坐徐偃于笔下；虽秃千兔之翰，聚无一毫之筋，穷万谷之皮，敛无半分之骨；以兹播美，非其滥名邪？此数子者，皆誉过其实。所以详察古今，研精篆素，尽善尽美，其惟王逸少乎？观其点曳之工，裁成之妙，烟霏露结，状若断而还连；凤翥龙蟠，势如斜而反直，玩之不觉为倦，览之莫识其端，心慕手追，此人而已。其余区区之类，何足论哉。

他是站在唐前的书法史的高峰上，审视名家短长，"详察古今"，确立王羲之之地位。他认为，钟繇只是"尽美"，而未"尽善"，体势"古而不今"，字体"长而逾制"。又贬"小王"抬"大王"，认为"字势疏瘦""笔踪拘束"，用喻刻薄——"隆冬之枯树""严家之饿隶"，由此扬大抑小便成钦定意旨，至中晚唐才有改变。对萧子云的书法，说是"无丈夫之气"，仍然用贬词喻之：春蚓秋蛇。他的书家典范是王羲之，唯一符合"尽善尽美"的最高标准："烟霏露结，状若断而还连；凤翥龙蟠，势如斜而反直。"所用的是极致性的形容词：笔状似断还连，笔势貌斜实直。他饱含阅读和欣赏的浓厚兴趣，"玩之不觉为倦，览之莫识其端"，王羲之成为他的崇拜对象，"心慕手追"。

李世民所作《指意》引用晋虞安吉的话："夫未解书意者，一点一画皆求象本，乃转自取拙，岂成书邪！"他还进一步解释道："纵放类本，体样夺真，可图其字形，未可称解笔意，此乃类乎效颦，未入西施之奥室也。"李世民重视的是书法的创意。从他对晋代书法美学思想的继承来看，初唐的书法美学思想仍然受晋代书法美学思想的影响。他还说道："朕少时为公子，未遭阵敌。义旗之始，乃平寇乱。每执金鼓必自指挥，习观其阵即知强弱。常取吾弱对其强，取吾强对其弱，敌犯吾弱，追奔不过数百十步，吾击其弱，必突过其阵，自背而返击之，无不大溃。多用此制胜，思得其理深也。今吾临古人之书，殊不学其形势，唯在求其骨力，而形势自生耳。然吾之所为，皆先作意，是以果能成也。"李世民少历戎行，冲锋陷阵，他从兵阵中获得对笔阵深意的悟解。他认为，书不在形势，而须先求骨力，骨力具有了，形势自然会生成。他结合自己的书法创作实践，证明了书法中"皆先作意"，则"果能成也"。在书法美学思想的根本点上，李世民主张思与神会、心与手协。《指法论》说："夫心合于气，气合于心。神，心之用也……及其悟也，心动而手均……思与神会，同乎自然，不知所以然而然矣。"这一契合性美学思想也正是中国美学的根本思想。

李世民的书法美学是沿着隋清理南朝书风的路向进行的，但他并不是像隋代那样简单化，而是保持了良好的平衡性。《指法论》说："太缓者滞而无筋，太急者病而无骨……粗而能锐，细而能壮。长者不为有余，短者不为不足。"他在《笔法论》中对书家心态提出了要求："初书之时，收视反听，绝虑怡神，心正气和，则契于玄妙。"虚静坐忘，这是老庄思想的体现。而"收视反听"的话语直接来自陆机的《文赋》，可以看出直接的美学思想影响。他进而提出心态对书法主体的影响："心神不正，字则欹斜；志气不和，字则颠仆。"这是从心态和书势的联系上说明的。

他找到书法美学思想的审美标准是骨力，而非形势；他确立书法审美的典范是王羲之。他的书法美学思想是突出的，他的品鉴水平和眼识是高超的。这是适应进而引领社会思潮和美学思潮所提出的范式和榜样。但这不是简单的追古，而是已经融会了初唐的社会需要和美学条件，打有特定的时代印记。皇帝之言，并非金玉之言，不可更易，如前所述，中晚唐改了李世民的金口，这同样是有思潮色彩的。

虞世南。虞世南（558—638），越州余姚（今浙江余姚）人。封永兴县子，世称"虞永兴"。董其昌《画禅室随笔》说："虞永兴尝自谓于'道'字有悟。"其从道家那里领悟和汲取了书法美学思想。《笔髓论·契妙》通篇贯串着道家思想：

> 字虽有质，迹本无为，禀阴阳而动静，体万物以成形，达性通变，其常不主。故知书道元妙，必资于神遇，不可以力求也。机巧必须以心悟，不可以目取也。字形者，如目之视也。为目有止限，由执字体，既有质滞，为目所视，远近不同。如水在方圆，岂由乎水？且笔妙喻水，方圆喻字，所视则同，远近则异，故明执字体也。字有态度，心之辅也。心悟非心，合于妙也。借如铸铜为镜，非匠者之明；假笔传心，非毫端之妙。必在澄心运思，至微至妙之间，神应思彻。又同鼓琴，轮指妙响，随意而生，握管使锋，逸态逐毫而应。

> 学者心悟于至妙，书契于无为。苟涉浮华，终惜于斯理也。

这完全以道家思想解析书法的绝妙文字，如同魏晋嵇康解乐的《声无哀乐论》，宋欧阳修的《赠无为军李道士二首》"听不以耳而以心"一样，把老庄学说融化于书法美学之中。"无为""玄妙""至道""至微至妙""神应思彻"，特别是"必须心悟，不可以目取"，和上述嵇康、欧阳修的音乐美学思想，异曲同工。正因为"迹本无为"，才有"心悟"，而不可"目取"，回归主体之心。《原古》中，他认为"造意精微，自悟其旨"。他在《辨应》中阐述心、手、力、管、毫、字的整体、系列性关系时，认为心为"君"，手为"辅"。"心为君，妙用无穷"，这是传统的"书，心画也"书法思想的体现。"手为辅，承命竭股肱之用"，这种思想，摒弃了书法是纯粹的操作行为之观念。"力为任，使纤毫不挠，尺寸有余"，书法才有力度。在力的驱使下，"管"和笔"毫"的关系是："管为将帅，处运动之事，执生死之权。虚心纳物，守节藏锋故也。毫为士卒，随管任使，迹不拘滞故也。"这样，"字为城池，大不虚，小不孤"，适中和充实。他在《释草》中对草书做了这样详尽的论述：

> 草则纵心奔放，覆腕转蹙，悬管聚锋，柔毫外拓。左为外，右为内。起伏连卷，收揽吐纳。内转藏锋，既如舞袖挥拂而萦纤，又若垂藤樛盘而缭绕。蹙旋转锋，亦如腾猿过树，逸虬得水，轻兵追虏，烈火燎原。或气雄而不可抑，或势逸而不可止，纵狂逸放，不违笔意也。右军云：透嵩华兮不高，逾悬壑兮能越。或连或绝，如花乱飞，若强，逸意而不相副，亦何益矣。但先缓引兴，心逸自急也，仍接锋而取兴，兴尽则已。又生撅锋，任毫端之奇，像兔丝之萦结。转剔刓角，多钩篆体，或如蛇形，或如兵阵。故兵无常阵，字无常体矣。谓如水火，势多不定，故云：字无常定也。

虞世南以美的文辞对草书做了美的描述，正与草书的审美特征相吻合。他不是硬性规定，而是经验感受。其审美归结点草书亦是"或如蛇形，或如兵阵"，或"如水火"，没有一定之规，"字无常体""字无常定"，仍然根源于他的道家思想。

孙过庭。孙过庭（约646—690），名虔礼，陈留（今河南开封）人。命运偃蹇，一生蒙冤，英年暴卒，书史罕见。然书艺、书论双绝。初唐陈子昂《祭率府孙录事文》称其"元常既没，墨妙不传，君子逸翰，旷代同仙"。

宋代米芾《书史》称其"唐草得二王法者，无出其右"。清代刘熙载《艺概·书概》言"孙过庭草书，在唐为善宗晋发。其所书《书谱》，用笔破而愈完，纷而愈治，飘逸愈沈着，婀娜愈刚健"。

孙过庭的《书谱》不仅在唐代书法美学思想史上，而且在中国书法美学思想史上都有重要地位。所涉及的问题广泛，又有相当的论述深度。《书谱》表述了对书法发展历程的见解：

> 夫自古之善书者，汉、魏有钟、张之绝，晋末称"二王"之妙。王羲之云："顷寻诸名书，钟、张信为绝伦，其余不足观。"可谓钟、张云没，而羲、献继之。又云："吾书比之钟、张，钟当抗行，或谓过之。张草犹当雁行，然张精熟，池水尽墨。假令寡人耽之若此，未必谢之。"此乃推张迈钟之意也。考其专擅，虽未果于前规；摭以兼通，故无惭于即事。评者云："彼之四贤，古今特绝；而今不逮古，古质而今妍。"夫质以代兴，妍因俗易。虽书契之作，适以记言；而淳醨一迁，质文三变，驰骛沿革，物理常然，贵能古不乖时，今不同弊，所谓"文质彬彬，然后君子"，何必易雕宫于穴处，反玉辂于椎轮者乎！

古代的书法美学跟现今的书法美学表现出不同的美学风貌，前者质朴后者妍丽。评判的标准不是根据其风貌的性质和表现，而是根据其具体的适应和协调情形。在孙过庭看来，质与妍要根据时代条件和时俗因素加以变化。他认为，变化是常理，有其必然性，所谓"质文三变，驰骛沿革，物理常然"。他认为，应该符合"古不乖时，今不同弊"的原则，"文质彬彬，然后君子"，文与质相符，内容与形式相称，美学与时代相融，这就不必对质文加以拘泥性体认。同时，由质入文、由朴入华，是发展之趋势，人们不必舍弃雕美之宫殿而去穴居，不必舍弃华丽的车而去乘坐粗陋的车子。这是进步的文化史发展观、书法美学史发展观。

在书法美学上，孙过庭推崇钟、张、"二王"。借王羲之言，称"顷寻诸名书，钟、张信为绝伦，其余不足观"。他又称赞王羲之能够融会、博采众家而成一体。对于钟、张之"二美，而逸少兼之，拟草则余真，比真则长草，虽专工少劣，而博涉多优，总其终始，匪无乖互"。孙过庭《书谱》对书法美学的基本属性做了精辟的说明：

> 虽其目击道存，尚或心迷义舛。莫不强名为体，共习分区。

> 岂知情动形言，取会风骚之意；阳舒阴惨，本乎天地之心。既失其情，理乖其实，原夫所致，安有体哉！

这是从中国美学的视域上对书法美学的根本性质所做的确定。孙过庭是按照对中国文学美学的理解，体认中国书法美学的。这是一个独特的体认视角，出现了中国文学美学与书法美学在中国大视野上的会合。他第一次确认，书法的审美动因如同文学美学一样，"情动形言"。《毛诗序》对诗和文学的审美做了这样的论述："诗者，志之所之也。在心为志，发言为诗。情动于中而形于言，言之不足故嗟叹之，嗟叹之不足故咏歌之，咏歌之不足，不知手之舞之，足之蹈之也。"这段表述可以概括为"情动形言"，显然孙过庭是由此而获得借鉴的。他认为书法美学也是"情动形言"的，只是这种语言是书法语言，通过线条体现出来。这就确定了一条审美原则，书家作书时也有情感的内驱动。这就把书法纳入美学之中，是对书法的首次审美确认。书法亦是表情的，犹如诗；书法亦是主体化的，犹如诗的表现。他进一步确定道："取会风骚之意。""风骚之意"的含义就是"发愤以抒情"。屈原《惜颂》曰："惜颂以致愍兮，发愤以抒情。"这就不是一般地停留在书是心的表现形式的论述层次上了，而是接触到中国美学的一个重要层面，艺术是表情、抒情的。这一论述把对中国书法美学根本属性的体认向前推进了一大步，接触到本体层次上。

"阳舒阴惨，本乎天地之心。""阳舒阴惨"出于张衡《西京赋》："夫人在阳时则舒，在阴时则惨，此牵乎天者也。"《文选》李善注："阳谓春夏，阴谓秋冬，牵犹系也……《春秋繁露》曰：春之言犹偆也。偆者，喜乐之貌也。秋之言犹湫也。湫者，忧悲之状也。"刘勰《文心雕龙·物色》说："春秋代序，阴阳惨舒，物色之动，心亦摇焉。"所谓"天地之心"，《周易》曰："复，其见天地之心乎！""阳舒阴惨"是一种变化形态，但它要符合天地之心，也就是天地运行法则。这样，孙过庭便从中国哲学、中国美学的高度对书法艺术的性质做出了确定。这是孙过庭书法美学思想的最大贡献。孙过庭上述结论是在对中国书法艺术特别是对王羲之书法艺术的评价中产生的：

> 写《乐毅》则情多怫郁，书《画赞》则意涉瓌奇，《黄庭经》则怡怿虚无，《太师箴》又纵横争折。暨乎兰亭兴集，思逸神超；私门诫誓，情拘意惨，所谓涉乐方笑，言哀已叹。

王羲之写《乐毅论》的小楷，心情是压抑怫郁的，写《画赞》的楷书，其意念是瑰丽多姿、奇诞变幻的，一旦写起《黄庭经》，则沉浸在玄学虚无的喜悦之中，而写《太师箴》又表现为纵横排奡的曲折情趣。在兰亭集会，则逸思飞扬；在家门诫誓，则情绪惨淡。孙过庭概括说："涉乐方笑，言哀已叹。"其语出自陆机《文赋》："思涉乐其必笑，方言哀而已叹。"在审美活动过程中，总是会引发审美主体情感的多种表现。孙过庭的书法美学抒情、表情论是建立在对书法家的情感体认基础上的，立论显得扎实而可靠。宗白华《中国书法里的美学思想》对上引孙过庭的话评述道："人愉快时，面呈笑容，哀痛时放出悲声，这种内心情感也能在中国书法里表现出来，像在诗歌、音乐里那样。别的民族写字还没有能达到这种境地的。"确实，孙过庭道出了中国书法美学的根本之点："达其情性，形其哀乐。"孙过庭说得何等精彩！他还说："假令运用未周，尚亏工于秘奥；而波澜之际，已浚发于灵台。"灵台即心源，这就更具体地说明了书法美学的情性导发于主体心灵的道理。

孙过庭还深入哲学层面上对书法艺术加以探讨：

> 好异尚奇之士，玩体势之多方；穷微测妙之夫，得推移之奥赜。著述者假其糟粕，藻鉴者挹其菁华，固义理之会归，信贤达之兼善者矣。存精寓赏，岂徒然与！

他把书法之本谛解释为"义理"，即哲理之回归和会集。书法中追寻"体势"，其内蕴之根本则在微妙、"奥赜"，这就把书法的哲学意蕴说得颇为深刻了。孙过庭是以哲学—美学的眼光看待书法艺术的。于是，他便用哲学范畴和哲学转化论来解释和说明书法艺术中的一系列现象，从而使他的书法论打上了很深的哲学—美学论的印记。他说：

> 数画并施，其形各异；众点齐列，为体互乖。一点成一字之规，一字乃终篇之准。违而不犯，和而不同；留不常迟，遣不恒疾；带燥方润，将浓遂枯。泯规矩于方圆，遁钩绳之曲直。乍显乍晦，若行若藏。穷变态于毫端，合情调于纸上。无间心手，忘怀楷则。自可背羲、献而无失，追钟、张而尚工。

他的论述集中到一点就是"违而不犯，和而不同"，相违但不相犯，相和却不雷同。他要求确当地处理书法艺术中的一系列矛盾，诸如燥润、浓枯、显晦、行藏等等。"泯规矩于方圆，遁钩绳之曲直"，出现确当的和谐。"穷变态于毫端,合情调于纸上",穷尽极变,满纸情调。这时,书艺就进入审美的自由境界,"自可背羲、献而无失,追钟、张而尚工"。

孙过庭在书艺的一系列对立范畴中强调了哲学上的调节与中和:

> 若思通楷则,少不如老;学成规矩,老不如少。思则老而逾妙,学乃少而可勉。勉之不已,抑有三时;时然一变,极其分矣。至如初学分布,但求平正;既知平正,务追险绝;既能险绝,复归平正。初谓未及,中则过之,后乃通会。通会之际,人书俱老。……消息多方,性情不一。乍刚柔以合体,忽劳逸而分躯。或恬淡雍容,内涵筋骨,或折挫槎桠,外曜锋芒。……假令众妙攸归,务存骨气。骨既存矣,而遒润加之。亦犹枝干扶疏,凌霜雪而弥劲;花叶鲜茂,与云日而相晖。如其骨力偏多,遒丽盖少,则若枯槎架险,巨石当路,虽妍媚云阙,而体质存焉。若遒丽居优,骨气稍劣,譬夫芳林落蕊,空照灼而无依;兰沼漂萍,徒青翠而奚托。

他反复说明平正与险绝、骨气与遒丽等范畴之间的不平衡关系,进而走向平衡。其平衡方法就是协调,在不断地补充、调节后形成最佳形态。

孙过庭在"二王"评价上,仍然表现出初唐扬"大王"抑"小王"的倾向。"右军之书,末年多妙,当缘思虑通审,志气和平,不激不厉,而风规自远。子敬以下,莫不鼓努为力,标置成体,岂独工用不侔,此乃神情悬隔者也。""逸少之比钟、张,则专博斯别;子敬之不及逸少,无或疑焉。"孙过庭列述他的学书过程,其文采不让文学审美:

> 余志学之年,留心翰墨,味钟、张之余烈,挹羲、献之前规,极虑专精,时逾二纪,有乖入木之术,无间临池之志。观夫悬针垂露之异,奔雷坠石之奇,鸿飞兽骇之姿,鸾舞蛇惊之态,绝岸颓峰之势,临危据槁之形;或重若崩云,或轻如蝉翼;导之则泉注,顿之则山安;纤纤乎似初月之出天涯,落落乎犹众星之列河汉。同自然之妙有,非力运之能成。信可谓智巧兼优,心手双畅。翰不虚动,下必有由。一画之间,变起伏于峰杪;一点之内,殊衄挫于毫芒。

这种学书感受、体验是审美感受、体验,又由美的文辞传达出来。他是用老庄思想来解释书法美学思想:"心不厌精,手不忌熟。若运用尽于精熟,规矩谙于胸襟,自然容与徘徊,意先笔后,潇洒流落,翰逸神飞。亦犹宏羊之心,预乎无际;庖丁之目,不见全牛。尝有好事,就吾求习,吾乃粗举纲要，随而授之，无不心悟手从，言忘意得。"孙过庭灵活运用老庄思想，得出"五合五乖"的书法审美心理："神怡务闲，一合也；感惠徇如，二合也；时和气润，三合也；纸墨相发，四合也；偶然欲书，五合也。心遽体留，一乖也；意违势屈，二乖也；风燥日炎，三乖也；纸墨不称，四乖也；情怠手阑，五乖也。""五合""五乖"产生不同的心理和书写效果："五乖同萃，思遏手蒙；五合交臻，神融笔畅。"他进而认为："得时不如得器，得器不如得志。"主体和本体仍然是心志，仍然根源于老庄思想。

《书谱》作为初唐的书法美学著作，有着鲜明的思想主题——老庄思想，有着哲学精神，对本体、主体、门类等做了文情斑斓的系统阐述，即列诸文学审美品，亦相等称。

李嗣真。李嗣真（？—696），字承胄，滑州匡城（今河南长垣）人，著《书品后》，以示跟南北朝时庾肩吾等人所著《书品》相区别。"书品"，顾名思义是品赏、品鉴书家、书作。分列等级，品评高下，根源于汉以降的人物品藻，扩散至文学艺术的审美鉴赏，如六朝钟嵘的《诗品》、谢赫的《画品》等。李嗣真撰有《诗品》《画品》等，《书品后》是其中之一。

《书品后》延续"品"的惯例做法，分三品九等。但他有超越前人之处，即首列"逸品"，这是为适应和满足唐人的审美需求所提出来的。"逸品"最高，居于"上品"之上。《书品后》写道：

> 昔仓颉造书，天雨粟，鬼夜哭，亦有感矣。盖德成而上，谓仁义礼智信也；艺成而下，谓礼乐射御书数也。吾作《诗品》，犹希闻偶合神交、自然冥契者，是才难也。及其作书评，而登逸品数者四人，故知艺之为末信矣。虽然，若超吾逸品之才者，亦当琼绝终古，无复继作也。故斐然有感，而作书评。……评曰：古之学者，皆有师法；今之学者，但任胸怀。无自然之逸气，有师心之独往。偶有能者，时见一点；忽有不悟者，终身瞑目。而欲乘款段度越骅骝，其亦难矣。

品评书法，具有品评主体的识见、眼光、审美标准。例如对欧阳询、虞世南、诸遂南的品评："欧阳（询）草书，难与竞爽，如旱蛟得水，馋兔走穴，笔势恨少。至于镌勒及飞白诸势，如武库矛戟，雄剑森森。虞世南萧散洒落，真草惟命，如罗绮娇春，鹓鸿戏沼，故当（萧）子云之上。褚氏（遂良）临写右军，亦为高足，丰肥雕刻，盛为当今所尚，但恨乏自然，功勤精悉。"互有轩轾。特别是他分拨唐太宗以来扬"大王"抑"小王"的书法评价倾向：

> 子敬草书逸气过父，如丹穴凤舞，清泉龙跃，倏忽变化，莫知所成，或蹴海移山，翻涛簸岳，故谢灵运谓云公当胜右军，诚有害名教，亦非徒语也。

李嗣真是建立在对"二王"书法的观照、品鉴基础上，启开了中晚唐及其以后扬"小"抑"大"之先河。

张怀瓘。张怀瓘（生卒年不详），海陵（今江苏泰州）人。兼得书法、书论，有《书断》上中下三卷，《书估》《二王等书录》《评书药石论》等著述，以《书断》最为称名，是继孙过庭《书谱》之后的重要书法论。

张怀瓘对书法史的论述贯串着美学的评述。他在《书断》（上）中说："颉首有四目，通于神明，仰观奎星圆曲之势，俯察龟文鸟迹之象，博采众美，合而为字，是曰古文。""得之自然，备其文理，象形之属，则为之文。"撇开仓颉四目的传说，对造字缘由的揭示，则有着相当深刻的文化、美学道理。《书断序》又说：

> 尔其初之微也，盖因象以瞳眬，眇不如其变化，范围无体，应会无方，考冲漠以立形，齐万殊而一贯，合冥契，吸至精，资运动于风神，颐浩然于润色。尔其终之彰也，流芳液于笔端，忽飞腾而光赫，或体殊而势接，若双树之交叶；或区分而气运，似两井之通泉，麻蓬相扶，津泽潜应，离而不绝，曳独茧之丝，卓尔孤标，耸危峰之石，龙腾凤翥，若飞若惊，电烻曜燿，离披烂漫，翕如云布，曳若星流，朱焰绿烟，乍合乍散，飘风骤雨，雷怒霆激，吁可骇也，信足以张皇当世，轨范后人矣。

张怀瓘的论述揭示了汉字在形成中与生俱来的特点：造型性、表意性、变幻性。尽管在造字之初，形象朦胧，但已显示出造型性的特点，而且变化无方。张怀瓘用一系列的比喻形容汉字的美学特点，文采飞扬，本身就富于美学风味。张怀瓘还阐述了汉字书法的内在关联性，"或体殊而势接"，在不同的体式内部有着"势"的连接，犹"若双树之交叶"；"或区分而气运"，虽然结构区分但气韵流转，好"似两井之通泉"。张怀瓘还就书法的表意性，生动地描述道："磔髦竦骨，禅短截长，有似夫忠臣抗直补过匡主之节也；矩折规转，却密就疏，有似夫孝子承顺慎终思远之心也；耀质含章，或柔或刚，有似夫哲人行藏知进知退之行也。"

他还对南朝宋、齐以来的书法史加以审视和评述，"从宋、齐以后，陵夷至于梁、陈""肥钝之弊，于斯为甚"。这和刘勰《文心雕龙》、钟嵘《诗品》的评估是一致的。而"贞观之际，崛然又兴，亦至于今"，这种无风骨之书法审美思潮蔓延到贞观直至开元年间。他愤然说："脂肉棱角，世俗相沿，千载书之季叶，亦谓浇漓之极。"这种历史的分析也有助于其自身审美理论的建立，正如刘勰和钟嵘一样。

张怀瓘在书法本体论中渗透了老庄思想，是继孙过庭之后对书法美学的老庄思想的本体性解读，完全融化了老庄思想精髓。《书议》中说："非有独闻之听，独见之明，不可议无声之音，无形之相。""心悟精微。"书法是一种形体，但却是超形的，这就需要主体有"独见"，是靠心来体悟精微。他在《文字论》中说："深识书者，唯观神彩，不见字形。若精意玄览，则物无遗照。""从心者为上，从眼者为下。"心为本源、本体，不是具象的实体观照，故而是超功用的。他在《书议》中对书学境界有这样的评判："以风神骨气者居上，妍美功用者居下。"他是崇尚审美的风神骨气的，从而也部分地代表了唐开元时期的书法美学理想。从这样的审美理想出发，他对书坛现状予以猛烈的抨击和针砭，在《评书药石论》中以马喻书："马筋多肉少为上，肉多筋少为下，书亦如之。"他认为："今之书人，或得肉多筋少之法。"他对此表示强烈的不满："筋骨不任其脂肉者，在马为驽骀，在人为肉疾，在书为墨猪。"愤斥之情，溢乎言表。

张怀瓘对书法审美本体又浸润着易学、玄学思想。《书断序》曰：

  意与灵通，笔与冥运，神将化合，变出无方，虽龙伯挈鳌之勇，不能量其力；雄图应箓之帝，不能抑其高。幽思入于毫间，逸气弥于字内，鬼出神入，追虚捕微，则非言象筌蹄，所能存亡也。

他是从运笔与主体心灵的联结关系上提出命题的，这就深刻地说明了书法艺术出神入化的审美主体性质。灵的变化无方，引出了书的鬼出神入。进入这一境界，书法艺术就超越了"言象筌蹄"的具在性，进入抽象性，追虚捕微，空灵飘忽。

对李世民独尊王羲之，张怀瓘处在盛唐玄宗时，可不受唐太宗的钦命制约，自由地发表见解。他在策略上是颇费踌躇的，先是用平衡术，后是亮出本意。所谓平衡术，即把钟繇、张芝、杜度、王羲之、王献之五大书家齐

名,即所谓"五贤"。在《书断评》中说:

> 若真书古雅,道合神明,则元常(钟繇)第一;若真行妍美,粉黛无施,则逸少(王羲之)第一;若章草古逸,极致高深,则伯度(杜度)第一;若章则劲骨,天纵草则,变化无方,则伯英(张芝)第一。其间备精诸体,唯独右军(王羲之),次至大令(王献之)。然子敬(王献之)可谓武尽美矣,未尽善也。逸少可谓韶尽美矣,又尽善也。然此五贤,各能尽心而跻于圣,或有侮毁,亦犹日月之蚀,无损于明,白云在天,瞻望悠邈,固同为终古独绝,百世之模楷。

五个第一实际上就冲淡和软化了王羲之的独尊地位。所谓亮出本意,就是直接表露贬"大王"的看法,特别到晚年,无所顾忌,不加掩饰,在《书议》中说:"逸少(草书)则格律非高,功夫又少,虽圆丰妍美,乃乏神气,无戈戟铦锐可畏,无物象生动可奇,是以劣于诸子。"公开讲其不如其他书家,甚至用了极限贬词:"逸少草(书)有女郎材,无丈夫气,不足贵也。"抑"大王"之说,至此彻底形成。对"小王"则予以热情洋溢的赞赏:"子敬才高识远,行草之外,更开一门。夫行书,非草非真,离方遁圆,在乎季孟之间。兼真者,谓之真行;带草者,谓之行草。子敬之法,非草非行,流便于行草,又处其中间。无籍因循,宁拘制则;挺然秀出,务于简易;情驰神纵,超逸优游;临事制宜,从意适便。有若风行雨散,润色开花,笔法体势之中,最为风流者也。"

张怀瓘对王献之的欣赏,其源盖出于对草书的钟情。这也从一个方面反映了开元时美学理想的变化。《书议》对真、草书做了比较并对草书做了生动的描述:

> 草与真有异,真则字终意亦终,草则行尽势未尽。或烟收雾合,或电激星流,以风骨为体,以变化为用。有类云霞聚散,触遇成形;龙虎威神,飞动增势。……或寄以骋纵横之志,或托以散郁结之怀。虽至贵不能抑其高,虽妙算不能量其力。是以无为而用,同自然之功;物类其形,得造化之理,皆不知其然也。可以心契,不可以言宣。观之者,似入庙见神,如窥谷无底。俯猛兽之牙爪,逼利剑之锋芒。肃然危然,方知草之微妙也。

草书是盛唐精神和美学风调的表征。因此,张怀瓘就经常提到并赞扬"草圣"张芝的书法艺术。例如《六体书论》说:"草书者,张芝造也。草乃文字之末,而伯英创意,庶乎文字之先。其功邻乎篆籀,探于万象,取其元精,至于形似,最为近也。字势生动,宛若天然,实得造化之姿,神变无极。"《书断》把张芝的草书列为神品,称其书"若清涧长源,流而无限,萦回崖谷,任于造化"。对草书的欣赏体现了张怀瓘个人的审美兴趣,也蕴含了时代审美兴趣。

张怀瓘还对书史上的书家多有评论。《书断序》说:"书有十体源流,学有三品优劣,今叙其源流之异,著十赞一论。较其优劣之差,为神、妙、能三品。"分类分品分述,评论尚属得当。而他的整体审美倾向,在《文字论》里得到了集中的表述:"仆今所制,不师古法,探文墨之妙有,索万物之元精,以筋骨立形,以神情润色。虽迹在尘壤,而志出云霄,灵变无常,务于飞动。或若擒虎豹,有强梁拿攫之形;若执蛟螭,见蚴蟉盘旋之势。探彼意象,入此规模。忽若电飞,或疑星坠,气势生乎流便,精魂出于锋芒。"

概言之,张怀瓘的书法美学思想是:以精魄为灵魂,以风骨为核心,以气势为主调,以神、妙、能三品为审美标准。

颜真卿。颜真卿的《述张长史笔法十二意》记述了向张旭请教笔法和张旭对若干笔法的见解。张旭重视对书法的心悟,"人或问笔法者,张公皆大笑,而对之便草书,或三纸,或五纸,皆乘兴而散,竟不复有得其言者"。他认为:"倍加工学临写,书法当自悟耳。"他说:"笔法玄微,难妄传授。非志士高人,讵可言其要妙?书之求能,且攻真草。"他于书尚真草,求玄妙。另一方面,他又仿梁武帝萧衍《观钟繇书法十二意》概括了十二笔法。

平画"皆须纵横有象",重要的是有象,出现形象,纵横之间有形象。

"直谓纵"。从平、直和纵、横的最基本书体线条上界定其要求。在字体的间架结构美行和美态上,提出"均谓间",间隙则是均匀。"密谓际",密则构成字与字之间的关系。"补谓不足""损谓有余",在构合字体美上有着深刻的道理。

张旭提出构成"攻书之妙"的五大要素:"妙在执笔,令其圆畅,勿使拘挛。其次识法,须口传手授之诀,勿使无度,所谓笔法也。其次在于布置,不慢不越,巧使合宜。其次变通适怀,纵合规矩。"尽管张旭草书出入变化,不可名状,但他在书法美学理论上主张有"度",有"笔法",有"规矩",这正反映了唐代书法美学的总体规范和要求。"法"是其根本所在。这也就是唐人书法尚"法"的原因之所在。

诗性书法论。唐人有两大特点，一是诗人兼书家，如贺知章；二是诗性书法论，是用诗性化的语言描述书家作书的神采、英姿，是一种形象的画面。书家的神姿因了这种方式才得以传世。在描述中兼有评论，而不是纯具象的存在。这和唐代的题画诗有相似的审美评述功能。

对贺知章书法的诗性评论。《旧唐书·文苑传》言知章"又善草隶书，好事者供其笺翰，每纸不过数十字，共传宝"。李白《送贺宾客归越》："镜湖流水漾清波，狂客归舟逸兴多。山阴道士如相见，应写黄庭换白鹅。"这把越地的两位大书家——王羲之、贺知章连在一起。别后李白思念至切，写有《对酒忆贺监二首》：

四明有狂客，风流贺季真。长安一相见，呼我谪仙人。昔好杯中祝，翻为松下尘。金龟换酒处，却忆泪沾巾。

狂客归四明，山阴道士迎。敕赐镜湖水，为君台沼荣。人亡余故宅，空有荷花生。会此杳如梦，凄然伤我情。

杜甫《饮中八仙歌》首列贺知章，"知章骑马似乘船，眼花落井水底眠"。张谓有残句："稽山贺老粗知名，吴郡张颠曾不易。"将贺与张旭并称。刘禹锡的《洛中寺北楼见贺监草书题诗》："高楼贺监昔曾登，壁上笔踪龙虎腾。中国书流尚皇象，北朝文士重徐陵。偶因独见空惊目，恨不同时便伏膺。唯恐尘埃转磨灭，再三珍重嘱山僧。"刘禹锡是亲见贺书之真迹的，赞叹其"笔踪龙虎腾"，以三国时吴的名书法家皇象和北朝文学家徐陵作比，书文并丽，这是确切的评价。偶然亲目所睹，即产生惊心动魄的感受，以"恨不同时"为深憾。特别是"唯恐尘埃转磨灭，再三珍重嘱山僧"，一片深情，动心动腑。

对薛稷书法的诗性评价。杜甫有《观薛稷少保书画壁》："少保有古风，得之陕郊篇。惜哉功名忤，但见书画传。我游梓州东，遗迹涪江边。画藏青莲界，书入金榜悬。仰看垂露姿，不崩亦不骞。郁郁三大字，蛟龙岌相缠。又挥西方变，发地扶屋椽。惨淡壁飞动，到今色未填。此行叠壮观，郭薛俱才贤。不知百载后，谁复来通泉。"

对顾诫奢书法的诗性评价。杜甫《送顾八分文学适洪吉州》："中郎石经后，八分盖憔悴。顾侯运炉锤，笔力破余地。昔在开元中，韩蔡同赑屃。玄宗妙其书，是以数子至。御札早流传，揄扬非造次。三人并入直，恩泽各不二。顾于韩蔡内，辨眼工小字。分日示诸王，钩深法更秘。文学与我游，萧疏外声利。追随二十载，浩荡长安醉。高歌卿相宅，文翰飞省寺。视我扬马间，白首不相弃。骅骝入穷巷，必脱黄金辔。一论朋友难，迟暮敢失坠……"

对李邕人生和书法的诗性评价。名书法家李邕一生厄运，最后被朝廷杖杀。李邕的命运和惨剧，在诗界产生强烈反响。李白有《答王十二寒夜独酌有怀》句："君不见李北海，英风豪气今何在？君不见裴尚书，土坟三尺蒿棘居。"《上李邕》："大鹏一日同风起，抟摇直上九万里。假令风歇时下来，犹能簸却沧溟水。时人见我恒殊调，见余大言皆冷笑。宣父犹能畏后生，丈夫未可轻年少。"李白赞扬其救勇妇的义举有《东海有勇妇》："北海李使君，飞章奏天庭。舍罪警风俗，流芳播沧瀛。"杜甫对李邕怀有知遇之情。《新唐书·杜甫传》："少贫，不自振，……李邕奇其材，先往见之。"杜甫对于这位年长三十四岁的前辈诗人、书家常怀感激和敬佩之情。《奉赠韦左丞丈二十二韵》："李邕求识面，王翰愿卜邻。"杜甫有大型组诗《八哀诗》，其中《赠秘书监江夏李公邕》，融人生评价和书法评价于一体。诗曰：

> 长啸宇宙间，高才日陵替。古人不可见，前辈复谁继。忆昔李公存，词林有根底。声华当健笔，洒落富清制。风流散金石，追琢山岳锐。情穷造化理，学贯天人际。干谒走其门，碑版照四裔。各满深望还，森然起凡例。萧萧白杨路，洞彻宝珠惠。龙宫塔庙涌，浩劫浮云卫。宗儒俎豆事，故吏去思计。眄睐已皆虚，跋涉曾不泥。向来映当时，岂独劝后世。丰屋珊瑚钩，麒麟织成罽。紫骝随剑几，义取无虚岁。分宅脱骖间，感激怀未济。众归赒给美，摆落多藏秽。独步四十年，风听九皋唳。呜呼江夏姿，竟掩宣尼袂。往者武后期，引用多宠嬖。否臧太常议，面折二张势。衰俗凛生风，排荡秋旻霁。忠贞负冤恨，宫阙深疏缀。放逐早联翩，低垂困炎厉。日斜鵩鸟入，魂断苍梧帝。荣枯走不暇，星驾无安税。几分汉廷行，凤拥文侯篲。终悲洛阳狱，势近小臣敝。祸阶被负谤，易力何深哜。伊昔临淄亭，酒酣托末契。重叙东都别，朝阴改轩砌。论文到崔苏，指尽流水逝。近伏盈川雄，未甘特进丽。是非张相国，相扼一危脆。争名古岂然，键捷欻不闭。例及吾家诗，旷怀扫氛翳。慷慨嗣真作，咨嗟玉山桂。钟律俨高悬，鲲鲸喷迢递。坡陀青

州血,芜没汶阳瘗。哀赠竟萧条,恩波延揭厉。子孙存如线,旧客舟凝滞。君臣尚论兵,将帅接燕蓟。朗吟六公篇,忧来豁蒙蔽。

高适有《奉酬北海李太守丈人夏日平阴亭》,句云:"盛烈播南史,雄词豁东溟。"

草书是唐代诗人书法诗性评价的重要对象,反映了唐代整个时代的审美趣味。皎然的《陈氏童子草书歌》写道:

> 书家孺子有奇名,天然大草令人惊。僧虔老时把笔法,孺子如今皆暗合。飙挥电洒眼不及,但觉毫端鸣飒飒。有时作点险且能,太行片石看欲崩。偶然长掣浓入燥,少室枯松欹不倒。夏室炎炎少人欢,山轩日色在阑干。桐花飞尽子规思,主人高歌兴不至。浊醪不饮嫌昏沉,欲玩草书开我襟,龙爪状奇鼠须锐,水笺白皙越人惠。王家小令草最狂,为予洒出惊腾势。

杜甫写有《李潮八分小篆歌》:

> 仓颉鸟迹既茫昧,字体变化如浮云。陈仓石鼓又已讹,大小二篆生八分。秦有李斯汉蔡邕,中间作者寂不闻。峄山之碑野火焚,枣木传刻肥失真。苦县光和尚骨立,书贵瘦硬方通神。惜哉李蔡不复得,吾甥李潮下笔亲。尚书韩择木,骑曹蔡有邻。开元已来数八分,潮也奄有二子成三人。况潮小篆逼秦相,快剑长戟森相向。八方一字值千金,蛟龙盘拏肉屈强。吴郡张颠夸草书,草书非古空雄壮。岂如吾甥不流宕,丞相中郎丈人行。巴东逢李潮,逾月求我歌。我今衰老才力薄,潮乎潮乎奈汝何!

"书贵瘦硬方通神"是杜甫的书法美学思想,他欣赏和崇尚瘦硬劲健的书法美学风格。他认为此类书品属于神品,这是杜甫的最高审美理想。他在其他诗篇中就曾谈到艺术美学的"神"。《送许八拾遗归江宁觐省》:"虎头金栗影,神妙独难忘。"《戏韦偃为双松图歌》:"绝笔长风起纤末,满堂动色嗟神妙。"《丹青引赠曹将军霸》:"将军善画盖有神。"《八哀诗》:"篇什若有神。"《奉赠韦左丞丈二十二韵》:"读书破万卷,下笔如有神。"可见,"神"是杜甫重要的审美理想和审美标准。宋代苏轼曾在《孙莘老求墨妙亭诗》中说:"杜陵评书贵瘦硬,此论未公吾不凭。"苏轼、杜甫各有自己的审美理想和欣赏趣味,杜甫欣赏"瘦硬",苏轼是不必评之为"未公"的。

韩愈有一首《石鼓歌》，对石鼓文的历史、形态、特征做了淋漓尽致的描述，同时，体现了他反潮流——反唐太宗崇"大王"潮流的精神和气派。"羲之俗书趁姿媚，数纸尚可博白鹅"，成为唐代针砭"大王"书法的最有力者，也成为他崇尚劲硬的美学理想的最充分体现，和上引杜甫"书贵瘦硬方通神"的思想是桴鼓相应的，影响了元明清对"大王"书的评价。

第二节　美学成就

隋代历史短暂，但一统天下有助于南北书风交流和融合，欧阳询、虞世南辈成名于隋代，大显于初唐，为唐代书坛打下雄厚基础。隋炀帝虽是一代暴君，但尚重文化。刘熙载《艺概·书概》说："北书以骨胜，南书以韵胜。然北自有北之韵，南自有南之骨也。"又说："南书温雅，北书雄健。南如袁宏之牛渚讽咏，北如斛律金之《敕勒歌》。"隋代南北书风的融合为唐代书坛打下了雄厚基础。

智永书法楷、行、章、草均为一流。张怀瓘《书断》记载了他超常的刻苦勤奋："常居永欣寺阁上临书，所退笔头置之于大竹簏，簏受一石余，而五簏满。""积学书，后有秃笔头十瓮，每瓮皆数千，人来觅书，并请题额者如市，所居户限为穿穴，乃用铁叶裹之，谓为铁门限。后取笔头瘗之，号为退笔冢，自制铭志。"有书品《千字文》传世。张怀瓘《书断》评之曰："师远祖逸少，历记专精，摄齐升堂，真、草唯命，夷途良辔，大海安波。微尚有道（张芝）之风，半得右军之肉。兼能诸体，于草最优，气调下于欧、虞，精熟过于羊（欣）、薄（绍之）。""永公特以训兵精练，议欲旗鼓相当，欧以猛锐长驱，永乃闭壁固守。"将他列为妙品。《艺概·书概》说："陈僧智永尤得右军之髓。"

智永的弟子智果，据张怀瓘《书断》载："隋永兴寺僧智果，会稽人也，炀帝甚喜之。工书铭石，甚为瘦健。尝谓永师云：和尚得右军肉，智果得右军骨。夫筋骨藏于肤内，山水不厌高深，而此公稍乏清幽，伤于浅露。若吴人之战，轻进易退，勇而非猛，虚张夸耀，毋乃小人儒乎？"将他列为能品。

丁道护，谯县（今安徽亳县）人。据《艺概·书概》："蔡君谟（蔡襄）识隋丁道护《启法寺碑》云：'此书兼后魏遗法。隋、唐之交，善书者众，皆出一法，道护所得最多。'欧阳公（欧阳修）于是碑跋云：'隋之晚年，书家尤盛。吾家（欧阳询）率更与虞世南，皆当时人也。后显于唐，遂为绝笔。余所集开皇、仁寿、大业时碑颇多，其笔画率皆精劲。'由是言可知欧、虞与道护若合一契，而魏之遗法所被广矣。"

唐代书家辈出，上下合流、僧俗两旺。书体楷、草、隶、篆皆备，尤以楷、草为最。

有唐一代帝王几乎都是书家，有高祖、太宗、高宗、武后、中宗、睿宗、玄宗、肃宗、代宗、德宗、顺宗、宣宗等。《艺概·书概》说："唐太宗表章右军；明皇笃志大令（王献之）《桓山颂》，其批答有'桓山之颂，复在于兹'之语。"太宗崇王羲之，至于酷嗜，他本人书风颇受王风影响。张彦远《法书要录》录有其作书风采："太宗自为真、草书屏风以示群臣。笔力遒劲，为一时之绝。"近臣和后代书评家虽对其多有阿腴之言，但李世民的书法确有过人之处。高祖、太宗、高宗"翰墨之妙，资以神功，开草隶之规模，变张、王之今古"[①]。"武后君临，藻翰时钦"[②]，睿宗"好书史，尚古质，书法正体，书法正体，不乐浮华"[③]。玄宗时收遗甚多，据徐浩《古迹记》载："玄宗开元五年十一月五日，收缀大小二王真迹，得一百五十八卷：大王正书三卷，行书一百五卷，草书一百五十卷；小王书都三十卷，正书两卷。"据窦蒙《述书赋注》，唐玄宗"少工八分书及章草，殊异英特"。

唐代科举制度对书法的重视，对形成浓厚的书法文化氛围起到很大的作用。马宗霍《书林藻鉴》说："唐代书家之盛，不减于晋。固由接武六朝，家传世习，自易为工。而考之于史，唐之国学凡六，其五曰书学，置书学博士，学书日纸一幅，是以书为教也。又，唐铨选择人之法有四，其三曰书，楷法遒美者为中程，是以书取士也。以书为教仿于周，以书取士仿于汉，置书学博士仿于晋；至专立书学，实自唐始。宜乎终唐之世，书家辈出矣。"

唐代诗人有许多即是书家，例如李白、杜甫、柳宗元、刘禹锡、杜牧等。李白的草书甚见其人之狂气和盛唐之狂味。杜甫善书，《壮游》："九

---
① 张怀瓘：《书断》。
② 窦臮：《述书赋》。
③ 窦蒙：《述书赋注》。

龄书大字，有作成一囊。"元代陶宗仪《求史会要》言杜甫"于楷隶行草，无不工"。据赵璘《因话录》，柳宗元长于章草，在永州间，崔黯向他求教书道，他写有《报崔黯秀才论为文书》。他在信中说："凡人好辞工书者，皆病癖也。吾不幸蚤得二病，学道以来，日思砭针攻熨，卒不能去，缠结心腑牢甚，愿斯须忘之而不克，窃尝自毒。"表述了自己对书、辞的嗜好之情。杜牧的《张好好诗》书迹至今犹存。唐代的重臣也有不少是书家，如初唐的虞、欧、褚、薛等。这些就形成了唐代书法美学的盛况，把书法推向一个全面繁荣、发展的阶段。唐代把中国美学构成的书法、诗歌两大基本因素推向高峰。

　　唐代的书法经历了一个美学史的演化过程。唐初因受李世民崇王羲之的影响，王风大炽于书坛，成为初唐书法美学之主宰。李世民以帝王特有之心态和手段占有了王羲之的《兰亭集序》之真迹，然而，他派遣专人临摹，赐予臣下，又对王书起到推广和普及作用。宗白华《论〈世说新语〉和晋人的美》说："到了隋唐，晋人书艺中的'神理'凝成了'法'，于是'智永精熟过人，惜无奇态矣'。"唐人以书之"法"取代六朝书之"神"，这是一个书法美学史的演变历程。盛唐之前书尚瘦硬，到盛唐遂有一转，其转捩人物是唐玄宗李隆基，其标志则是颜书。尚骨力则书态瘦硬。延及李隆基，他尚肥美。所谓肥，就是丰腴、丰满。这一审美理想驱使他对杨玉环的选择、施宠，也使盛唐审美风尚为之一变，仕女画中仕女体态丰腴。书法美学亦受时代之风的影响，李隆基的书法趋肥，《石台孝经》等就是体现。康有为《广艺舟双楫·体变第四》说："明皇极丰肥，故李北海、颜平原、苏灵芝辈并趋时主之好，皆宗肥厚。"梁巘《积闻录》说："玄宗字肥，其后颜鲁公、徐浩、王缙、苏灵芝诸人字皆写肥了。"颜书的浑厚大度，体现唐人大器，成为盛唐气象的重要写照。范文澜《中国通史简编》写道："宋人之师真卿，如同初唐人之师王羲之。杜甫诗'书贵瘦硬方通神'，这是颜书行世之前的旧标准；苏轼诗'杜陵评书贵瘦硬，此论未公吾不凭'，这是颜书风行之后的新标准。"颜真卿、柳公权改变了"王"风，把唐代书法美学推入一个崭新阶段，形成了自己时代的书法美。苏轼曾这样评价晚唐书法美学："自颜柳氏没，笔法衰绝，加以唐末丧乱，人物凋落磨灭，五代文采风流扫地尽矣！独杨公凝式，笔迹雄杰，有'二王'颜柳之余，此真可谓书之豪杰，不为时世所汩没者。"

整个唐代书法美学经历了脱晋自立的过程，形成了代表自己时代的书体和美学风格，其总特征是有"法"。董迪《广川书跋·于范书》一言以蔽之："唐人书大抵有法。"初唐四家有"法"，马宗霍《书林藻鉴》录杨士奇语，认为欧阳询"法度严整"。米友仁《褚遂良书唐文皇哀册文跋》说，褚遂良"真字有隶法"。董迪认为薛稷之书"于法可据"。颜真卿更是集唐书之法之大成。黄庭坚《题徐浩碑》说："唐自欧、虞后，能备八法者，独徐会稽与颜太师耳。"颜真卿的最大优点在于能出入法度，变"法"而立"法"。苏轼《孙莘老求墨妙亭诗》说："颜公变法出新意，细筋入骨如秋鹰。"初唐四家尚受"法"所拘，颜真卿则突破"法"的藩篱，自立法度。黄庭坚《题颜鲁公帖》说："回视欧、虞、褚、薛、徐、沈辈，皆为法度所窘，岂如鲁公萧然出于绳墨之外，而卒与之合哉！"

唐代的楷书是这个时代书艺美的代表之一。隋代书风实际上已为唐代做了先期准备。隋代统一南北，书法文化、美学亦融南北之粗犷与绮丽。欧阳询由隋入唐，带来隋风。隋代历史虽短，却为南北书法之融会创造了条件，欧阳询便是得其风气之先。《新唐书》本传言其"初效王羲之书，后险劲过之"。从《九成宫醴泉碑铭》《化度寺》等来看，他的书法美态确是劲健挺拔，特别是前者已成为后人的习书之帖。他的书风势如削玉，峻切如铁，得隋碑之劲利，却又得南帖之蕴藉。他的瘦硬书法风格奠定了初唐书法美之基础。

虞世南是南方人，当然受南方书风之美韵影响，复历隋世，又当然得隋碑之风格。《旧唐书》本传说世南"同郡沙门智永，善王羲之书，世南师焉，妙得其体"。这样他就自得王门书风，在初唐的崇王风气中，他也就自然获得唐太宗的重视。张怀瓘《书断》说虞世南"行草之际，尤所偏工。及其暮齿，加以遒逸"。又说："其书得大令之宏规，含五方之正色。"他从智永接通王羲之，其楷书美相承于王羲之《黄庭》《乐毅》及智永《千字文》，形成了富于晋味的唐楷。他的书法美甚为含蓄内蕴，其《夫子庙堂碑》深得后世书界称赏，泯灭了燥气，含蓄中有蕴藉。而南唐李后主则批评虞书缺少"俊迈"，乃是一家之言。

褚遂良是唐太宗的重臣和顾命大臣，有学习欧书之便利。《旧唐书》本传说："遂良博涉文史，尤工隶书，父友欧阳询甚重之。"《法书要录》说："遂良官至尚书左仆射、河南公。博学通识，有王佐才，忠谠之臣也。

善书，少则服膺虞监，长则祖述右军。真书甚得其媚趣，若瑶台青琐，窅映春林，美人婵娟，不任罗绮，增华绰约，欧、虞谢之，其行、草之间，即居二公之后。"说明了他书艺美的渊源和书艺美学风格。刘熙载《艺概·书概》云："东坡评褚河南书'清远萧散'。"又说："褚书《伊阙佛龛碑》，兼有欧、虞之胜。"他虽效法欧书但又有所变化，所以他无欧体之瘦硬，增加了柔美，遂有媚趣，其书艺美已融入唐代的审美情调。还说："褚河南书为唐之广大教化主，颜平原得其筋，徐季海之流得其肉。"可见其影响。褚之书风得其人品之风，正直刚劲，他是唐代比较早注意书法美学变革的。《述张长史笔法十二意》有一段重要的记载，引用了褚遂良的见解和张旭对之所做的悟解：

> 予传授笔法之老舅彦远曰："吾闻昔日说书若学，有工而迹不至。后问于褚河南，曰：'用笔当须如印泥画沙。'思所以不悟，后于江岛，遇见沙平地净，令人意悦欲书。乃偶以利锋画，其劲险之状，明利媚好。乃悟用笔，如锥画沙，使其藏锋，画乃沉着。当其用锋，常欲使其透过纸背，此成功之极矣。真草用笔，悉如画沙，则其道至矣。是乃其迹可久，自然齐古人矣。但思此理，以专想工用，故其点画不得妄动。"

"用笔当须如印泥画沙"，导致了整个唐代书法用笔的变化，影响到颜真卿所形成的"屋漏痕"说。在唐代书法变革方面，褚遂良是筚路蓝缕者。

薛稷，官至太子少保，世称"薛少保"。他的外祖父是唐名臣魏徵，《旧唐书》本传说："贞观永徽间，虞世南、褚遂良以书专家，后莫能继，稷外祖魏徵家多藏虞、褚书，故锐精临仿，结体遒丽，遂以书名天下。""结体遒丽"是对其书艺美特征的概括。薛稷善写匾额大字，前引杜甫《观薛稷少保书画壁》曾赞赏其所写大字盘曲壮姿："仰看垂露姿，不崩亦不骞。郁郁三大字，蛟龙岌相缠。"薛稷书风与褚遂良接近。

另有陆柬之，乃虞世南的外甥，风格效仿其舅。张怀瓘《书断》说，陆柬之"虞世南之甥。少学舅氏，临写所合，亦犹张翼换羲之表奏，蔡邕为平子后身。而晚习二王，尤尚其古，中年之迹，犹有怯懦，总章已后，乃备筋骨，殊矜质朴，耻夫绮靡，故欲暴露，疵同乎马不齐髦，人不枥沐，虽为时所鄙，回也不愚，拙于自媒，有若通人君子。尤善运笔，或至兴会，则穷理极趣矣。调虽古涩，亦犹文王嗜菖蒲菹，孔子蹙额而尝之，三年乃得其味，一览未穷,沉研始精。然工于效仿,劣于独断,以此为少也"。

颜真卿的楷书被誉为盛唐美学的代表,苏轼《书吴道子画后》说:"诗至于杜子美,文至于韩退之,书至于颜鲁公,画至于吴道子,而古今之变,天下之能事毕矣。"颜书与杜诗、韩文、吴画达到唐代美学的最高境界。颜书真正体现了盛唐美学的丰腴、大器、浑厚,气魄雄大。他用中锋笔法。《新唐书》本传称:"(颜)善正草书,笔力遒婉,世宝传之。"颜真卿在平定安史之乱中表现出凛然正气,其人品大受赞赏,在人品与书品相联结的中国文化价值系统中,颜的书法进一步得到肯定。《集古录》说:"斯人忠义出于天性,故其字画刚劲独立,不袭前迹,挺然奇伟,有似其为人。"由于颜真卿于行、草、篆、隶无所不行,便为其书法贯通艺术打下雄厚基础。他将篆、隶书法吸收入楷书,从而引发了楷书的重大变革,楷书自身肥厚丰腴、开弇自如、舒张有力。他使楷书富于厚度和力度。这是颜真卿楷书艺术对于中国书法美学的重大贡献。

继颜真卿之后的唐代楷书大家为柳公权。《旧唐书》本传说:"公权初学王书,遍阅近代笔法,体势劲媚,自成一家。"他善于学习和融会诸家笔法之长,《艺概·书概》说:"柳诚悬书《李晟碑》出欧之《化度寺》,《玄秘塔》出颜之《郭家庙》,至如《沂州普照寺碑》虽系后人集柳书成之,然刚健含婀娜,乃与褚公神似焉。"他通过融会、出入,进而铸为一家,勇于突破,自成一体。董其昌《画禅室随笔》说:"柳诚悬书,极力变右军法,盖不欲与《禊帖》面目相似。所谓神奇化为臭腐,故离之耳。凡人学书,以姿态取媚,鲜能解此。余于虞、褚、颜、欧,皆曾仿佛十一,自学柳诚悬,方悟用笔古淡处。自今以往,不得舍柳法而趋右军也。"柳法是不可逾越的,人们不能越过柳法而趋王法。柳公权的《玄秘塔》成为学书者的入门之帖。他的书法在当时的名气很大,域内外求书者不绝。《旧唐书》本传记:"当时公卿大臣家碑板,不得公权手笔者,人以为不孝。外夷入贡,皆别署货贝,曰:此购柳书。"

草书是唐代书法美学的另一代表,出现了张旭、怀素这样震烁千古的书法家。《新唐书》记:"后人论书,欧虞褚陆,皆有异论,至旭无非短者。""文宗时,诏以白歌诗、裴旻剑舞、张旭草书为三绝。"《新唐书·文艺传》记张旭"嗜酒,每大醉,呼叫狂走,乃下笔,或以头濡墨而书,既醒自视,以为神,不可复得也,世呼张颠"。盛唐诗人写张旭及其狂草者甚多。李颀《赠张旭》写道："张公性嗜酒，豁达无所营。皓首穷草隶，时称太湖精。露顶据胡床，长叫三五声。兴来洒素壁，挥笔如流星。下舍风萧条，寒草满户庭。问家何所有？生事如浮萍。左手持蟹螯，右手执丹经。瞪目视霄汉，不知醉与醒……微禄心不屑，放神于八纮。时人不识者，即是安期生。"高适《醉后赠张九旭》："世上谩相识，此翁殊不然。兴来书自圣，醉后语尤颠。白发老闲事，青云在目前。床头一壶酒，能更几回眠。""青云"是一种象征意象，是散淡的隐士。这恰恰符合张旭的心态。释皎然《张伯高草书歌》："伯英死后生伯高，朝看手把山中毫。先贤草律我草狂，风云阵发愁钟王。须臾变态皆自我，象形类物无不可。阊风游云千万朵，惊龙蹴踏飞欲堕。更睹邓林花落朝，狂风乱搅何飘飘。有时凝然笔空握，情在寥天独飞鹤。有时取势气更高，忆得春江千里涛。张生奇绝难再遇，草罢临风展轻素。阴惨阳舒如有道，鬼状魑容若可惧。黄公酒垆兴偏入，阮籍不嗔嵇亦顾。长安酒榜醉后书，此日骋君千里步。"李白《猛虎行》中写道："楚人每道张旭奇，心藏风云世莫知。三吴邦伯皆顾盼，四海雄侠两追随。"杜甫《饮中八仙歌》写到"八仙"之一的"张旭三杯草圣传，脱帽露顶王公前，挥毫落纸如云烟"。《殿中杨监见示张旭草书图》说："斯人已云亡，草圣秘难得。及兹烦见示，满目一凄恻。悲风生微绡，万里起古色。锵锵鸣玉动，落落群松直。连山蟠其间，溟涨与笔力。有练实先书，临池真尽墨。俊拔为之主，暮年思转极。未知张王后，谁并百代则。呜呼东吴精，逸气感清识。杨公拂箧笥，舒卷忘寝食。念昔挥毫端，不独观酒德。"诗人描述了张旭草书所引起的审美反应，如同置身于凄恻的氛围，如同听到铿锵悦耳的玉鸣，如同看到落落挺直的群松。这是诗性化的审美感受。从这些诗和记载可以看出，张旭的狂放，作书姿态之狂逸，远远超出常人的状态，变态化了。

"狂"是盛唐文化、美学精神的集中体现。李白说"我本楚狂人"。整个时代都处于亢奋的情绪状态之中。张旭的"狂"是盛唐精神的体现，如同李白一样。在狂放的心理精神状态中，任性而为，瞬息变化，腾挪变幻，须臾变态，一切都任凭主体的驱使，或在波澜翻卷之中，或在微妙些许之间。张旭的狂草有情绪的激荡，有狂气的运转，有生命的旋律！

唐代书法不仅在书体内部贯通，而且在艺术门类的互通中获得借鉴和启迪。杜甫的《观公孙大娘弟子舞剑器行并序》描述道：

> 大历二年十月十九日,夔州别驾元持宅,见临颍李十二娘舞剑器,壮其蔚跂。问其所师,曰:"余,公孙大娘弟子也。"开元三载,余尚童稚,记于郾城,观公孙氏舞剑器浑脱,浏漓顿挫,独出冠时。自高头宜春、梨园二伎仿内人洎外供奉,晓是舞者,圣文神武皇帝初,公孙一人而已。玉貌锦衣,况余白首。今兹弟子,亦匪盛颜。既辨其由来,知波澜莫二。抚事慷慨,聊为《剑器行》。昔者吴人张旭,善草书书帖,数尝于邺县见公孙大娘舞西河剑器,自此草书长进。豪荡感激,即公孙可知矣!

李肇《国史补》卷上云:"旭尝言,始吾见公主担夫争路,而得笔法之意。后见公孙氏舞剑器,而得其神。"舞蹈是形象,又是幻象;是节奏,又是秩序;是旋律,又是力量。最能体现人的身姿,又最能表达人的心理。唐舞那不可捉摸的身姿状态,那旋转如风的变化节律,不正像草书一样吗?那纸上的草书不正是变化多姿的舞蹈吗?在这里,两种线条语言获得了同一性。而张旭(张旭在这里成为盛唐人的符号)如此善于悟解、善于学习别一种审美样式,用以滋养自身的审美样式,正是盛唐人的文艺、美学素质使然。于是,门类美学的贯通便成为唐代书法美学、文艺美学的一大特征,也正是唐人气度之表现。

第三节 佛教与书法美学

佛雨东渐,融汇中土,至隋唐大成。佛教影响和渗透了美学的各个层面,有禅义诗歌,以王维为代表;有禅义诗论,以皎然为代表;有禅义绘画,以敦煌壁画为代表;有禅义雕塑,以龙门石窟为代表。正如《楞伽经》所言,"佛告大慧,……譬如人学音乐书画种种技术",诸种领域广受禅风披拂。

佛教与书法美学也存在广泛而深刻的联系,从论说与实体、形态与精神、意识与思维等多方面加以孕生和繁衍。唐代诞生了僧怀素这样的狂草大家,与俗界的草书大家张旭犹如双子星,闪烁在群星丽空的唐代书界。书法史文化传统滋养着寺院,僧门弟子运用、接受书法,进而用佛教方式认知书法,用佛教精神操演书法,隋唐除怀素外,相继出现了一批缁门知名书法家，智永、智果、皎然、高闲、晋光……菩提树上结了硕果。

隋唐佛教书法美学诸多独特现象，富于浓厚的文化、美学色彩。

佛经传译。唐代出现家传户诵的盛事，这就是玄奘取经。它的标志性意义，是佛教经典的传译进入了新的阶段。佛教是开放式文化，传播性和弘布性极强，即所谓的佛雨普淋。佛经东渐，中土化的前提因素，一是迻译，二是汉字固定和传录。而唐代还没有出现活字印刷，即使是印刷，也是要先行付诸书面纸质文字。唐代佛经翻译的书录文字出以正书楷体，卷面整洁，缮写工整，无有涂改，不乏名笔。如沈弘所书《阿毗昙毗婆沙卷》，为上乘的书法精品。缮写翻译经卷的书法要求，已成为自隋代以来僧人的必备条件和必修课。从诗人岑参的《观楚国寺璋上人写一切经院南有曲池深竹》诗中，可以看出唐代僧人写经的情景。黄卷深居，用志不分，专心致志，有诗意性的描述和信仰的崇高感。诗云："璋公不出院，群木闭深居。誓写一切经，欲向万卷余。挥毫散林鹊，研墨惊池鱼。音翻四句偈，字译五天书。"据唐文士岑勋所记，建造西京多宝塔的楚金禅师，"先刺血写《法华经》一部，《菩萨戒》一卷，《观普贤行经》一卷……同置塔下"，"又奉为主上及苍生写《妙法莲华经》一千部，金字三十六部，用镇宝塔，又写一千部，散施受持"，书写量实属惊人，非持之以恒和书法精绝者不能为之。僧众把汉字书写佛经提升到如亲见释迦牟尼，如亲闻佛祖口授的高度来加以体认。《妙法莲华经》卷七说："若有受持读诵，正忆念，修习书写是《法华经》者，当知是人，则见释迦牟尼佛，如从佛口闻此经典。"这是唐代佛教对书法促进巨大的一个因素。

手稿收藏。唐代产生一个独特的手稿收藏现象。据清代王士禛《分甘余话》所载："白乐天写集三本：一付庐山东林寺，一付苏州南禅，一付龙门香山寺。"可谓"狡兔三窟"。寺院安全保险，是除了皇宫以外的最佳收藏地。在中国诗史上仅次于宋代陆游存诗量的白居易诗集十卷，诗歌两千八百零六首才得以完好保存下来，才会由同代密友元稹编辑《白氏长庆集》。

名家书名碑。唐代流传千古，至今仍为习字经典的法书，大多是名家所书的寺院碑志铭记。例如欧阳询贞观五年（631）所书《化度寺故僧邕禅师舍利塔铭》，元代赵孟頫评价："唐贞观间能书者，欧率更为最善，而《邕禅师塔铭》又其最善者。"该碑书遒、健、古、雅，为欧阳询法书第一。褚遂良于贞观间所书《伊阙佛龛碑》，清、雄、隽、厉，大有王羲之的风韵。

李邕有《东林寺碑》。颜真卿于大历六年（771）抚州刺史任上撰《抚州宝应寺律藏院戒坛记》："大历三年，真卿忝刺抚州，东南四里，有宋侍中、临川内史谢灵运翻《大涅槃经》古台……有高行头陀僧智清者，首事修葺，安居住持。明年秋七月，真卿绩秩将满，有观察使……奏为宝应寺……有唐大历辛亥岁春三月，行抚州刺史鲁郡开国公颜真卿书而志之。"同年又有《慈恩寺常住庄地碑》，颜真卿撰文，唐代宗李豫篆额，韩择木隶书。大历八年（773）颜真卿有《湖州乌程县杼山妙喜寺碑》《文殊师利菩萨碑》。颜真卿最负盛名的是《大唐西京千福寺多宝佛塔感应碑》，由岑勋撰文，徐浩隶书题额，颜真卿正书，天宝十一载（752）立于长安安定坊千福寺内。据清代王昶《金石萃编》记："碑高七尺九寸，广四尺二寸。三十四行，行六十六字。正书。"以记楚金禅师建多宝塔事，现存于西安碑林。此书乃颜书之代表书作，端雅凝重，是书家之绝品。柳公权书《金刚经》，文曰："长庆四年四月六日翰林侍书学士朝议郎行右补阙上轻车都尉、赐绯鱼袋柳公权为右街僧录准公书，张演、邵建和刻"。《旧唐书·柳公权传》言柳公权写"上都西明寺《金刚经》碑，备有钟、王、欧、虞、褚、陆之体，尤为得意……帝视之叹曰：'钟、王复生，无以加焉！'"《大达法师玄秘塔碑》，裴休撰文，柳公权篆额、正书。此书是与颜真卿《大唐西京千福寺多宝佛塔感应碑》齐名的楷书绝品。

名僧集名书。唐代有一个书法现象值得注意，就是受唐太宗李世民的影响，集王羲之书，其始作俑者为僧怀仁，集有《圣教序》。清代刘熙载在《艺概·书概》中称赏"唐僧怀仁集《圣教序》，古雅有渊致"。此风一开，群体效法，遂成时尚。还据《艺概·书概》言，除"怀仁《圣教序》外，推僧大雅之《吴文碑》。《圣教》行世，固为尤盛，然此碑书足备一宗。盖《圣教》之字虽间有峭势，而此则尤以峭尚，想就右军书之峭者集之耳。唐太宗御制《王羲之传》曰：'势如斜而反正。'观此，乃益有味其言"。学《圣教序》者日众，直接影响了院体书法的形成。唐有吴通微，宋有高崇望、白崇矩。苏东坡、黄庭坚论书，盛称唐之颜真卿、五代之杨凝式，以表示与《圣教序》的区别。

名僧发名论。唐释皎然不仅有文学审美论，而且有书法审美论，造诣深湛，其《陈氏童子草书歌》，对草书体格做了生动的描述；《张伯高草书歌》，对张芝、张旭的草书沿革关系做了深刻的揭示。唐僧人亚栖的《论书》发表了对书法史的精辟见解：

> 凡书，通即变，王（羲之）变白云体。欧（阳询）变右军体。柳（公权）变欧体。永（智永）禅师、褚遂良、颜真卿、李邕、虞世南等，并得书中法，后皆自变其体，以传后世，具得垂名。若执法不变，纵能入石三分，亦被号为书奴，终非自立之体，是书家之大要。

亚栖从王羲之到柳公权书法变体的事实，概括出通则变、通即变的命题。这是对从晋至唐的书法史的具有规律性的揭示。方外之人通悉书法界和书法史，是十分了不起的。"自变其体"，才能"以传后世"；如果"执法不变"，则为"书奴"，"终非自立之体"。他认为这"是书家之大要"。论说虽略，但精义深邃。

僧俗广交游。唐代寺僧和士大夫、文士、画家、书家等交游成为人文一大盛事。柳宗元《送文畅上人登五台遂游河朔序》说："昔之桑门上首，好与贤士大夫游。"成为唐代人文景观的重要现象。僧俗交游，日趋融合的俗众禅宗化、僧徒士大夫化，是一种普遍的社会现象。从文化学层面上解析，这不是截然划分阶层、身份，而是互相吸引，在文化的节点上相向走来。僧俗交游，还应当视为一种文化行为和交际活动。脱下僧袍，就是士大夫文人，这是唐代形成，宋代发展的文化现象。这种交游，不是仅仅寄寺读经、互携游赏的皮相现象，而是心灵的深度沟通和契合。例如柳宗元《送文郁师序》传送出的重要文化信息。柳宗元说文郁"背笈箧，怀笔牍，挟海泝江，独行山水间，倏倏然模状物态，搜伺隐隩，登高远望，凄怆超忽，游其心以求胜语"。他从文郁法师的身上观照到自身："吾思当世以文儒取名声为显官，入朝受憎娼讪黜，摧伏不得守其上者，十恒八九。"像文郁师这样的高僧，完全不应该讪而黜的。他说文郁师，实际上是说自己被贬永州的遭际，表达了不怕讥刺，始终不渝的坚定信念。

释皎然与书家颜真卿、李阳冰，诗人韦应物、顾况等广为交游，互有唱和，时称"江东名僧"。其中与颜真卿的交游从大历八年（773）至大历十二年（777），达五年之久，诗韵唱和甚密。据今人朱关田《颜真卿年谱》，大历八年（773）颜真卿"于柳家寺造访游龙兴寺诗僧皎然"。颜真卿《湖州乌程县杼山妙喜寺碑》："时杼山大德僧皎然，工于文什，惠达灵煜，味于禅诵。"同年仲春，颜真卿"登临岘山，与皎然及名士陆羽等赋诗联句,有《登岘山观李左相石樽联句》诗,并序"。又,颜真卿"宴集清风楼送吴筠归林屋洞,皎然有《奉同颜使君真卿清风楼赋得洞庭三山歌送吴炼师归林屋洞》诗志其事。又有《滑语联句》《醉语联句》,预唱者李萼、皎然、沈益、陆羽、刘全白诸人"。同年夏,颜真卿"陪(袁高)游杼山,会皎然移居于是山之妙喜寺,相与联唱"。颜真卿"陪同袁高、皎然诸人上骆驼桥玩月,登开元寺观碑"。大历九年(774)春天,颜真卿"从皎然之请,撰书《妙喜寺碑》志其事"。大历十年(775)秋天,颜真卿"与皎然、李萼游法华寺,皎然有诗志之"。大历十一年(776),颜真卿"与皎然等宴集联唱",重阳日,颜真卿"与皎然诸人登水楼赏菊"。大历十二年(777),颜真卿和书家李阳冰及皎然,同游岘山,"皎然有诗志其事"。大诗僧皎然和大书家颜真卿的历年密集交游,诗韵酬唱,书艺切磋,人文雅集,书写了唐代诗史和书史的动人篇章。

初、盛、中唐僧俗交游甚多,晚唐也是如此,晚唐名草书家䜣光和名诗论家、诗人司空图等交游甚密。司空图有文《送草书僧归楚越》,贯休有诗《䜣光大师草书歌》云"看师逸迹两师宜,高适歌行李白诗",言其地位足以和高适、李白比肩而立,推崇备至。

僧怀素是继张旭之后唐代极负盛名的草书家。一俗一僧犹如双子星辉映在唐代书法的苍穹之中。僧怀素虽是一个个体,却代表了一种现象——唐代佛教和书法融合现象,影响极为深远。李白所写的《草书歌行》第一次对怀素草书予以崇高定位:"少年上人号怀素,草书天下称独步。"第一次坐实了"颠张醉素"的现象:"吾师醉后倚绳床,须臾扫尽数千张。"裴说的《怀素台歌》第一次把怀素草书作为唐代文化美学的标志之一,"杜甫李白与怀素,文星酒星草书星",是辉耀在唐代美学史上的三星,是足以代表唐代美学史的三张名片。

怀素本人的《自叙帖》和他人的记述,翔实地表述了其身世经历、风貌等情形。《宣和书谱》记怀素"俗姓钱,长沙人,徙家京兆,玄奘三藏之门人也。初励律法,晚精意于翰墨,追仿不辍……当时名流如李白、戴叔伦、窦冀、钱起之徒,举皆有诗美之。……考其平日得酒发兴,要欲字字飞动,圆转之妙,宛若有神,是可尚者"。怀素是大历十才子之钱起的外甥,钱起有诗《送外甥怀素上人归乡侍奉》:"释子吾家宝,神清慧有余。能翻梵王字,妙尽伯英书。……遥知禅诵外,健笔赋闲居。"此诗以亲舅舅的身份,勾画出外甥怀素的精神风貌，书法的审美旨趣。王邕的《怀素上人草书歌》甚至对怀素的身高也有记述："怀素身长五尺四。"陆羽则为怀素作传，记之甚详。

怀素和俗界交游的考察。虽说怀素加入了唐代交游潮中，但其交游不同凡响。高僧怀素和俗界的交游对象都是些士大夫精英，其交游本身构成了诸多特点。其一，有自身的动因和要求。怀素的《自叙帖》说："怀素，家长沙，幼而事佛，经禅之暇，颇好笔翰。然恨未能远观前人之奇迹，所见甚浅。"正因为自认有不足之处，就萌发交游的愿望，"遂担笈杖锡，西游上国，谒见当代名公"。其二，交游对怀素的书艺大有助益。《自叙帖》说："错综其事，遗编绝简往往遇之，豁然心胸，略无凝滞，鱼笺绢素，多所尘点，士大夫不以为怪焉。"特别是颜真卿与怀素这两位书家的交游。大历七年（772），颜真卿与怀素在洛阳论书，在中国书法史上留下了浓重的一笔。怀素《藏真帖》："近于洛下偶逢颜尚书真卿，自云颇传长史笔法。闻斯法，若有所得也。"《自叙帖》说："颜刑部，书家者流，精极笔法，水镜之辨，许在末行。"颜真卿则欣然为《怀素上人草书歌》作序。序曰：

> 开士怀素，僧中之英，气概通疏，性灵豁畅。精心草圣，积有岁时，江岭之间，其名大著。故吏部侍郎韦公陟，睹其笔力，勖以有成。今礼部侍郎张公谓，赏其不羁，引其游处，兼好事者，同作歌以赞之，动盈卷轴。夫草稿之作，起于汉代，杜度、崔瑗始以妙闻，迨乎伯英，尤擅其美，羲、献兹降，虞、陆相承，口诀手授，以至于吴郡张旭长史，虽姿性颠逸，超绝古今，而楷法精详，特为真正。某早岁常接游居，屡蒙激昂，告以笔法，资质劣弱，又婴物务，不能恳习，迄以无成。追思一言，何可复得？忽见师作，纵横不群，迅疾骇人，若还旧观。向使师得亲承善诱，亟挥规模，则入室之宾，舍子奚适？嗟叹不足，聊书此以冠诸篇首。

序写得深情，对书法之渊源相承关系，对识赏、提携人物，对怀素资质、气度，对草书超逸绝尘的成就等，均概括殆尽，且要言不烦，切中肯綮。其三，正因为是广泛交游、深度交游，他就因此赢得了极高、极广的知名度。唐诗人任华《怀素上人草书歌》言"狂僧前日动京华"，书僧来京，产生轰动效应，一时万人空巷，争睹僧面。

咏唱怀素草书诗篇的解读。对僧怀素的狂草，唐代诗人所做的是诗意化描述、诗性化评价。其特点有三：一是随着怀素"旋风"所至，即成亮点，诗人们像是现今的媒体记者和粉丝，争先恐后，蜂拥而上，出现追星现象，赋诗则沸沸扬扬，犹如井喷，这在整个唐代诗坛上是罕见的，产生了"怀素热"。二是所有的诗，无一例外，均为长歌咏之的歌行体，铺张扬厉，乃诗中大赋，必欲尽情尽意，发露极致而后已。《全唐诗》以《怀素上人草书歌》的同题诗最为丰富多样，对书家吟咏以怀素草书最为淋漓酣畅。其三，唐代诗歌名流以怀素作书的亲见者，或以怀素书迹的亲睹者身份赋成诗歌，各尽其致，各有感受，洋洋洒洒，可以作为独立的诗审美鉴赏名篇。《李太白全集·草书歌行》王琦注引《一统志》记："赠之（怀素）歌者三十七人，皆当世名流。"有三十七人，其咏歌的诗人之多，《全唐诗》中是仅有的。

怀素的《自叙帖》提供了自我解析的材料。对唐人中咏其狂草诗加以分类，分为形似、机格、疾速、愚劣四项。形似类，如张谓、卢象、王邕、朱逵等人，"奔蛇走虺势入座，骤雨旋风声满堂"。机格类，如李舟、许瑶等人，"志在新奇无定则，古瘦漓骊半无墨"。疾速类，如戴叔伦、窦冀等人，"驰毫骤墨列奔驷，满座失身看不及"。愚劣类，如钱起等人，"远锡无前侣，孤云寄太虚"。唐人从不同的视角和感受对怀素的草书艺术做了迥不相侔的动人描述。

书写气派。窦冀写怀素在"粉壁长廊数十间"书写，复原当时境况，那是悬空作业，或搭脚手架，纵情泼墨，一气如注，该是何等气势和气魄！

书写情态。窦冀诗云："忽然绝叫三五声，满壁纵横千万字。"任华诗云："一颠一狂多意气，大叫一声起攘臂。"鲁收诗云："狂来纸尽势不尽，投笔抗声连叫呼。"卷袖攘臂、大呼小叫，是一种高度亢奋的书写状态。

书法形状。首先是速度，狂草以快见长，一笔下来，无有停顿、阻滞。如王邕诗云："忽作风驰如电掣，更点飞花兼散雪。"其次是力度，势如摧枯拉朽，如王邕诗云："寒猿饮水撼枯藤，壮士拔山伸劲铁。"窦冀诗云："如熊如罴不足比，如虺如蛇不足拟。"再次是美感，唐诗人用一系列的艺术画面把怀素的书法艺术加以生动的描述，把狂草的美感展现得淋漓尽致。王邕诗云："衡阳双峡插天峻，青壁巉巉万余仞。……峥嵘蹙出海上山，突兀状成湖畔石。一纵又一横，一欹又一侧。临江不羡飞帆势，下笔长为骤雨声。"窦冀诗云："涵物为动鬼神泣，狂风入林花乱起。殊形怪状不易说，就中惊燥尤枯绝。边风杀气同惨烈，崩槎卧木阴山雪。……枯藤劲铁愧三舍，骤雨寒猿惊一时。"惊龙动蛇，极言气韵。

狂逸风格。王邕诗云："此中灵秀众所知，草书独有怀素奇。……斑管秋毫多逸意。"窦冀诗云："狂僧挥翰狂且逸，独任天机摧格律。"狂草，顾名思义有狂气，且有奇气，又从中透溢逸气。这是对怀素草书风格的最好概括。

独特笔法。鲁收诗云："自言转腕无所拘，大笑羲之用阵图。"这是一种天马行空，不受拘约的笔法，意到笔随，纵横挥洒。王羲之有《笔阵图》，是对书法艺术的规范和要求，被怀素大大突破了。这就是怀素的大胆创造，进入书法审美的自由境界。

怀素、张旭狂草的比较。唐代任华的《怀素上人草书歌》有序云："吾尝好奇，古来草圣无不知。岂不知右军与献之，虽有壮丽之骨，恨无狂逸之姿。中间张长史，独放荡而不羁，以颠为名倾荡于当时。张老颠，殊不颠于怀素。怀素颠，乃是颠。"任华从书法史的纵剖面上指出王羲之、王献之书法虽然"有壮丽之骨"，但"无狂逸之姿"。而同样有"狂逸"的张旭虽"放荡而不羁"，但"殊不颠于怀素"，只有"怀素颠，乃是颠"。这就比较了各自的特点。宋代董逌《广川书跋·怀素上人帖》既对怀素草书做渊源探究，又对怀素和张旭这两位唐代最杰出的草书家加以比较，说："书法相传，至张颠后，则鲁公得尽于楷，怀素得尽于草，故鲁郡公谓以狂继颠，正以师承源流而论之也。然旭于草字，则度绝绳墨，怀素则谨于法度，要之二人皆造其极。"刘熙载《艺概·书概》也做了这方面的比较，说法有异同，言道："长史、怀素皆祖伯英（张芝）今草。长史《千文》，残本，雄古深邃，邈焉寡俦。怀素大小字《千文》，或谓非真，顾精神虽逊长史，其机势自然，当亦从原本脱胎而出；至《圣母帖》，又见与二王门庭不异也。""旭、素书可谓谨严之极，或以为颠狂而学之，与宋向氏学盗何异？旭、素必谓之曰：若失颠狂之道至此乎？""张长史书悲喜双用，怀素书悲喜双遣。""悲喜说"极其精彩！乃是入世和出世精神之异。

从社会学的层面解析隋唐佛教书法美学现象。隋祚浅伭，二世而亡，犹似嬴秦，但在中国佛教史上地位显著。隋文帝登基的开皇元年（581）就对国策进行了重大调整，对北周武帝宇文邕的灭佛政策做了彻底否定，改为崇佛佞佛，一下子兴建佛寺五千所，所治经卷三万余卷，据《隋书·经籍志》载，其经卷数量远超儒学经卷"数十百倍"。到了隋炀帝，则自封"菩萨总持"法号。在这样的总体社会环境中,得其风气之先,僧门拔得头筹,书法最杰出代表竟出自释氏智永、智果师徒俩。唐时除武宗灭佛,其他帝王均大张旗鼓,崇佛佞佛,唐宪宗迎佛骨,出现了韩愈《谏迎佛骨表》的事件。有唐一代佛教大盛更有其社会原因,出现玄奘西域取经的佛教盛事。其标志性意义是佛教经典的传译进入新的阶段。

精神的超常现象。前曾引张怀瓘《书断》所载怀素超常刻苦勤奋,"常居永欣寺阁上临书,所退笔头置之于大竹簏,簏受一石余,而五簏满","积学书,后有秃笔头十瓮,每瓮皆数千,人来觅书,并请题额者如市,所居户限为穿穴,乃用铁叶裹之,谓为铁门限。后取笔头瘗之,号为退笔冢,自制铭志"。《宣和书谱》记怀素"初励律法,晚精意于翰墨,追仿不辍,秃笔成冢",赞美其"用志不分,乃凝于神也"。这是一种精神、意志的超常现象。

从陆羽《僧怀素传》,不仅看到怀素的狂禅风姿,而且进一步看到他与众不同的书法精神。怀素"时酒酣兴发,遇寺壁里墙,衣裳器皿,靡不书之。贫无纸可书,尝于故里种芭蕉万余株,以供挥洒。书不足,乃漆一盘书之。又漆一方板,书至再三,盘、板皆(穿)"。《李太白全集·草书歌行》王琦注引《一统志》也有相似记载:"怀素……睹二王真迹及二张草书而学之,书漆盘三面皆穴。"惊人的刻苦、勤奋和磨砺,终致出类拔萃,鸢飞戾天,凝结成狂草的惊人成就,像旋风似的席卷唐代书坛。中唐僧怀素"盘、板穿穴"和东晋王羲之的"墨池尽染",是中国书法史上的感人佳话,足证僧怀素草书的巨大成就,实非偶得。

精神的相异现象。不同的心理状态、人生经历,甚至是入世和出世都会在书法上反映出来,形成不同的形式载体和线条特征。继怀素之后,草书家中僧高闲亦负盛名。高闲,湖州乌程(今浙江湖州)人,开元寺僧人。在致韩愈的信中,表达希望学张旭的草书,以得更为精进的愿望。但韩愈在《送高闲上人序》中明确反对这种做法和要求:

> 苟可以寓其巧智,使机应于心,不挫于气,则神完而守固,虽外物至,不胶于心。尧、舜、禹、汤治天下,养叔治射,庖丁治牛,师旷治音声,扁鹊治病,僚之于丸,秋之于弈,伯伦之于酒,乐之终身不厌,奚暇外慕?夫外慕徙业者,皆不造其堂,不哜其胾者也。

往时张旭善草书，不治他伎。喜怒窘穷，忧悲愉佚，怨恨思慕，酣醉无聊，不平有动于心，必于草书焉发之。观于物，见山水崖谷，鸟兽虫鱼，草木之花实，日月列星，风雨水火，雷霆霹雳，歌舞战斗，天地事物之变，可喜可愕，一寓于书。故旭之书，变动犹鬼神，不可端倪，以此终其身而名后世。

今闲之于草书，有旭之心哉？不得其心，而逐其迹，未见其能旭也。为旭有道：利害必明，无遗锱铢，情炎于中，利欲斗进，有得有丧，勃然不释，然后一决于书，而后旭可几也。今闲师浮屠氏，一死生，解外胶。是其为心，必泊然无所起；其于世，必淡然无所嗜。泊与淡相遭，颓堕委靡，溃败不可收拾，则其于书，得无象之然乎！然吾闻浮屠人善幻，多技能，闲如通其术，则吾不能知矣。

韩愈在《送高闲上人序》中所表达的书法美学思想和他著名的"不平则鸣"的文学美学思想是一致的。他说"往时张旭善草书"，把其心理对象化在书法上，即张旭把种种"喜怒窘穷，忧悲愉佚，怨恨思慕，酣醉无聊，不平有动于心，必于草书焉发之。观于物，见山水崖谷，鸟兽虫鱼，草木之花实，日月列星，风雨水火，雷霆霹雳，歌舞战斗，天地事物之变，可喜可愕，一寓于书"，张旭的草书便成为喜怒哀乐情绪之载体。其情绪的内涵是激荡的，形式是剧烈的，"变动犹鬼神，不可端倪"，于是草书之狂放、变幻、回旋翔舞、出入无常便成为其心理的对象化。有其狂情始有狂草。要学张旭之书，则应效法其人："利害必明，无遗锱铢，情炎于中，利欲斗进，有得有丧，勃然不释，然后一决于书。"这才是根本，而"今闲师浮屠氏，一死生，解外胶"，心地"泊然"，于世"淡然"，他的心与张旭之心判若冰火，却要学张之草书，"不得其心，而逐其迹，未见其能旭也"。以心情、心态释书，韩愈之见解是深刻的。《宣和书谱》认为："大抵愈所论，言其书法出张颠，流离颠沛，必于草书发之，故其变动犹鬼神，不可端倪。学者当求颠之心，而不当逐其迹也。"这番见解与韩愈相似，书当求其心迹，不当单纯追逐书迹。舍此，则是舍本求末。这是用心性学解读书法美学的杰出范例。

禅学—书学现象。禅宗中土化的过程和状况，被柳宗元的《曹溪第六祖赐谥大鉴禅师碑》论说得十分透辟："其道以无为为有，以空洞为实，以广大不荡为归。其教人，始以性善，终以性善，不假耘锄，本其静矣……

其说具在，今布天下，凡言禅，皆本曹溪。"禅宗和本土文化融合而生新的形态、内涵，正如《坛经》引菩提达摩语："一花开五叶，结果自然成。"这是比前述社会原因更深刻的文化原因，为唐代禅学—书学铺垫了雄厚的基础。禅宗盛于唐，当然不限于表层的语言世界，而是透肌彻骨的思维，这是最根本也是最关键的，因为禅宗的心性学成为本体论，极大地改变了中国人的思维机制和思维方式。所以，中国思想史上，论唐必论禅。"通解""活参""妙悟"，是禅宗要素，是探赜禅学的关键。唐代两位草书大家张旭、怀素，都一无例外地在书法中出现灵光闪烁的禅宗思维现象。前已引述张旭从担夫争路、公孙大娘剑器舞中获取草书启迪。现在要说的是怀素。《宣和书谱》载怀素"一夕观夏云随风，顿悟笔念，自谓得草书三昧"。陆羽《僧怀素传》所记甚详：

> 至晚岁，颜太师真卿以怀素为同学邬（彤）兵曹弟子，问之曰："夫草书于师授之外，须自得之。张长史睹孤蓬惊沙之外，见公孙大娘剑器舞，始得低昂回翔之状，未知邬兵曹有之乎？"
>
> 怀素对曰："似古钗脚，为草书竖牵之极。"颜公于是徜徉而笑，经数月不言其书。
>
> 怀素又辞之去。
>
> 颜公曰："师竖牵学古钗脚，何如屋漏痕？"素抱颜公脚唱："贼。"
>
> 久之，颜公徐问之，曰："师亦有自得之乎？"
>
> 对曰："贫道观夏云多奇峰，辄尝师之。夏云因风变化，乃无常势，又遇壁折之路，一一自然。"
>
> 颜公曰："噫！草书之渊妙，代不绝人，可谓闻所未闻之旨也。"

这段记述，有场面情景，有禅机尖新，有禅悟领略，有自然景象和书法审美的异质互构。怀素从夏云奇峰的自然现象中获得草书美学动若流云、变无常势的重要启示，会心悟解。两位大书家灵犀沟通，颜氏给予了"闻所未闻之旨"的极高赞赏。怀素草书是气势之歌，律吕之歌，是动的舞蹈，力的旋律，属于狂禅范畴。正如任华《怀素上人草书歌》诗序云："人谓尔从江南来，我谓尔从天上来。负颠狂之墨妙，有墨狂之逸才。"狂禅是禅宗的变异现象和产物，但不是不守教义的狗肉和尚。狂禅作书，是亢奋的气韵，其主宰是主体精神挣脱一切束缚，苍劲有力，奔走流放，转腕如环，援毫似电，随分万化，且如壮士拂剑，神采四射，咄咄逼人。狂禅作书，不是非"法"，而是把书法之"法"，发挥到了极致，从根本而言，是遵"法"。前述怀素超常的刻苦勤奋，正是打下"法"的超厚基础，也才会对"法"进行超高使用。狂禅为书，是遵守"法"而超越"法"，是更高形态的"法"。鲁收《怀素上人草书歌》描述道："有时兴酣发神机，抽毫吮墨纵横挥。风声吼声随手起，龙蛇迸落空壁飞。连拂数行势不绝，藤悬查蹙生奇节。……狂来纸尽势不尽，投笔抗声连呼叫。信知鬼神助此道，墨池未尽书已好。"狂禅书艺以狂禅意识为支撑点，这是一种现代美学才能解释的迷狂现象。

  酒与怀素，须臾不可分离。这是中国美学中最典型的"酒神"现象。酒仙李白首先得酒僧之真谛，《草书歌行》诗云："吾师醉后倚绳床，须臾扫尽数千张。"钱起透彻了解怀素的精神："狂来轻世界，醉里得真知。"怀素在酒酣和醉酒中才进入书法真态，正如许瑶诗云："醉来信手两三行，醒后却书书不得。"怀素作书要的是大场面，小了就不够味，没意思，正如任华诗云："狂僧有绝艺，非数仞高墙不足以逞其笔势。"大场面，有了大效果，成就了大境界。于是，尽情尽意地挥洒，真正进入书法的自由王国。所以，李白诗云："起来向壁不停手，一行数字大如斗。"任华诗写道，怀素"十杯五杯不解意"，还未进入状态，到了"百杯以后始颠狂"，才真正进入状态，"一颠一狂多意气"。这样就出现了迷狂现象："挥毫倏忽千万字，有时一字两字长丈二。"怀素的草书狂得奔腾，狂得飘逸，风驰电掣，急鼓繁弦，有狂禅之味，得禅之真谛。这是唐代禅宗在书法美学上的突出体现。

  总之，隋唐二代佛教与书法存在多方面的联系。佛教以多种方式浸润、影响、促进了书法美学的长足发展和进步，其中不少形态、形式为隋唐所独有。以禅意喻诗歌，以禅趣论书法，以禅义写书法，开启禅宗美学之风气。传世书法精品，多出自于大书家为寺院所书碑铭。僧集名书，影响院体书法的形成。书界僧俗交游，前无之盛，后溉深远，并存于僧俗二界狂草大家，辉耀书坛。凡此种种，寺僧和书家的互涵合动，共同铸就了隋唐二代佛教史和书法美学史之空前盛事。

第四十一章　乐舞美学

隋唐乐舞美学以其多彩多姿的形态、胡汉交融的特色，把中国的乐舞美学推进到一个全新的阶段。

第一节　隋代乐舞

隋代南北统一，实现了南北文化包括乐舞的交流。乐舞文化得到了突飞猛进的发展。"近代以来，都邑百姓每至正月十五日，作角抵之戏，递相夸竞"[1]，可见其盛况。为此，柳彧上表奏请禁绝，然而，为我们留下了宝贵的文化资料，可以从这份奏表中看到隋代乐舞的状貌：

> 臣闻昔者明王训民治国，率履法度，动由礼典。非法不服，非道不行，道路不行，男女有别，防其邪僻，纳诸轨度。窃见京邑，爰及外州，每以正月望夜，充街塞陌，聚戏朋游。鸣鼓聒天，燎炬照地，人戴兽面，男为女服，倡优杂技，诡状异形。以秽嫚为戏娱，用鄙亵为笑乐，内外共观，曾不相避。高棚跨路，广幕陵云，袨服靓妆，车马填噎。肴醑肆陈，丝竹繁会，竭赀破产，竞此一时。尽室并孥，无问贵贱，男女混杂，缁素不分。秽行因此而生，盗贼由斯而起。浸以成俗，实有由来，因循敝风，曾无先觉。非益于化，实损于民。请颁行天下，并即禁断。康哉《雅》《颂》，足

---

[1] 魏徵、令狐德棻：《隋书·柳彧传》。

> 美盛德之形容，鼓腹行歌，自表无为之至乐。敢有犯者，请以故违
> 敕论。

可以看出，当时的歌舞活动，带有全民狂欢的味道，倾室而出，贵贱不分，男女混杂，也就促进了乐舞在隋代初期的大普及。

隋代北周，开皇二年（582）颜之推上书说："礼崩乐坏，其来自久。今太常雅乐，并用胡声，请凭梁国旧事，考寻古典。"但是，隋文帝没有采纳，他认为："梁乐亡国之音，奈何遣我用邪？"当时还沿用周乐，于是便"命工人齐树提检校乐府，改换声律，益不能通"。因为"沦谬既久，音律多乖，积年议不定"。于是，隋文帝大怒，说："我受天命七年，乐府犹歌前代功德邪？"下令给牛弘等人治罪。李谔奏道："武王克殷，至周公相成王，始制礼乐。斯事体大，不可速成。"隋文帝才"意稍解"。隋文帝又下诏"求知音之士，集尚书，参定音乐"。但是征集到的却是不成体系的音乐。隋文帝急于建乐，但又"素不悦学，不知乐"，是个乐盲，同时，文化、美学思想十分守旧。他对"黄钟之调"十分欣赏，说："滔滔和雅，甚与我心会。"隋文帝开皇九年（589），"平陈，获宋、齐旧乐，诏于太常置清商署，以管之"。以定雅乐为目的，隋代在乐舞上广为汲纳剔除，进而融合。"前克荆州，得梁家雅曲；今平蒋州，又得陈氏正乐。史传相承，以为合古"，同时，对"后周所用者，皆是新造，杂有边裔之声。戎音乱华，皆不可用"。在定雅乐之前，"令齐乐人曹妙达，于太乐教习，以代周歌"。而曹妙达原属西胡族，他教习雅乐，当然会带进胡音。虽然隋文帝时代确定了以黄钟之调作为雅乐基调，但是在演奏中改奏了蕤宾之宫，却浑然不觉。到隋文帝晚年，乐舞的改革已势在必行，"新声奇变，朝改暮易，持其音技，估衒公王之间，举时争相慕尚"。隋文帝病重期间已看到局面的严重，他对群臣再三嘱咐："闻公等皆好新变，所奏无复正声，此不祥之大也。自家形国，化成人风，勿谓天下方然，公家家自有风俗矣。存亡善恶，莫不系之。乐感人深，事资和雅，公等对亲宾宴饮，宜奏正声；声不正，何可使儿女闻也。""帝虽有此敕，而竟不能救焉。"于大事无补矣。艳佻之音在隋文帝的后期便开始出现了，至隋炀帝时便大炽：

> 炀帝不解音律，略不关怀。后大制艳篇，辞极淫绮。令乐正白
> 明达造新声，创《万岁乐》《藏钩乐》《七夕相逢乐》《投壶乐》
> 《舞席同心髻》《玉女行觞》《神仙留客》《掷砖续命》《斗鸡

子》《斗百草》《泛龙舟》《还旧宫》《长乐花》及《十二时》等曲,掩抑摧藏,哀音断绝。帝悦之无已,谓幸臣曰:"多弹曲者,如人多读书。读书多则能撰书,弹曲多即能造曲。此理之然也。"当时所奏胡曲的精妙程度能令"胡夷皆惊"。可见,隋炀帝时艳乐、胡乐技艺之高。萧齐时的百戏到隋文帝开皇初年被"放遣",到隋炀帝时又得以恢复:

> 大业二年,突厥染干来朝,炀帝欲夸之,总追四方散乐,大集东都。初于芳华苑积翠池侧,帝帷宫女观之。有舍利先来,戏于场内,须臾跳跃,激水满衢,鼋鼍龟鳖,水人虫鱼,遍覆于地。又有大鲸鱼,喷雾翳日,倏忽化成黄龙,长七八丈,耸跃而出,名曰《黄龙变》。又以绳系两柱,相去十丈,遣二倡女,对舞绳上,相逢切肩而过,歌舞不辍。又为夏育扛鼎,取车轮石臼大瓮器等,各于掌上而跳弄之。并二人戴竿,其上有舞,忽然腾透而换易之。又有神鼇负山,幻人吐火,千变万化,旷古莫俦。染干大骇之。自是皆于太常教习。每岁正月,万国来朝,留至十五日,于端门外、建国门内,绵亘八里,列为戏场。百官起棚夹路,从昏达旦,以纵观之,至晦而罢。伎人皆衣锦绣缯采。其歌舞者,多为妇人服,鸣环佩,饰以花氅者,殆三万人。初课京兆、河南制此衣服,而两京缯锦,为之中虚。三年,驾幸榆林,突厥启民,朝于行宫,帝又设以示之。六年,诸夷大献方物。突厥启民以下,皆国主亲来朝贺。乃于天津街盛陈百戏,自海内凡有奇伎,无不总萃。崇侈器玩,盛饰衣服,皆用珠翠金银,锦罽絺绣。其营费巨亿万。关西以安德王雄总之,东都以齐王暕总之,金石匏革之声,闻数十里外。弹弦摩管以上,一万八千人。大列炬火,光烛天地,百戏之盛,振古无比。自是每年以为常焉。

诗人薛道衡所写《和许给事善心戏场转韵诗》所描述的场面可与前引相参看:

> 京洛重新年,复属月轮圆。云间璧独转,空里镜孤悬。万方皆集会,百戏尽来前。临衢车不绝,夹道阁相连。惊鸿出洛水,翔鹤下伊川。艳质回风雪,笙歌韵管弦。佳丽俨成行,相携入戏场。衣类何平叔,人同张子房。高高城里髻,峨峨楼上妆。罗裙飞孔雀,绮带垂鸳鸯。月映班姬扇,风飘韩寿香。竟夕鱼负灯,

彻夜龙衔烛。欢笑无穷已，歌咏还相续。羌笛陇头吟，胡舞龟兹曲。假面饰金银，盛服摇珠玉。宵深戏未阑，竞为人所难。卧驱飞玉勒，立骑转银鞍。纵横既跃剑，挥霍复跳丸。抑扬百兽舞，盘跚五禽戏。狻猊弄斑足，巨象垂长鼻。青羊跪复跳，白马回旋骑。忽睹罗浮起，俄看郁昌至。峰岭既崔嵬，林丛亦青翠。麋鹿下腾倚，猴猿或蹲跂。金徒列旧刻，玉律动新灰。甲夷垂陌柳，残花散苑梅。繁星渐寥落，斜月尚徘徊。王孙犹劳戏，公子未归来。共酌琼酥酒，同倾鹦鹉杯。普天逢圣日，兆庶喜康哉。

它反映了隋统一后，各民族乐舞融合的状况，出现了羌笛和胡舞。百戏杂舞应有尽有，如模仿禽兽的"百兽舞""五禽戏"等，显示了隋代乐舞的盛况。

隋大业中形成九部乐：清乐、西凉、龟兹、天竺、康国、疏勒、安国、高丽、礼毕。这是在以中原乐舞为主体的基础上，采集吸收南方的乐舞形成的。隋炀帝多次下江南，对于开发和吸收江南乐舞发挥了很大的作用。隋炀帝写下《喜春游歌》，云："禁苑百花新，佳期游上春。轻身赵皇后，歌曲李夫人。步缓知无力，脸曼动余娇。锦袖淮南舞，宝袜楚宫腰。"完全是一副吴歌楚舞的娇冶之态，增添了隋代乐舞的佻达情调。据《旧唐书·音乐志》，"《泛龙舟》，隋炀帝江都宫作"。由此可见隋炀帝对江南乐舞的吸收和利用。

第二节　唐代乐舞

唐代乐舞是中国乐舞美学的又一辉煌时期。唐代隋，"乐府尚用隋氏旧文"。又据郑樵《通志》："高祖即位，仍隋制亦设九部乐。"到唐太宗时，增加高昌乐舞一部，成为十部乐。《通志》又说："其实皆主于清商焉。"清商乐是六朝时的江南乐舞。今人任半塘《敦煌曲初探》认为："清商乐在唐代并未亡，玄宗以后亦未亡，直至晚唐犹保存。敦煌曲内，有斗百草、泛龙舟、水调词等，乃有力之证。"唐初"武德九年始命孝孙修定雅乐，至贞观二年六月奏之"。在制作雅乐中，有一个对前代音乐改造和吸收的过程，"陈、梁旧乐，杂用吴、楚之音；周、齐旧乐，多涉胡戎之伎。于是斟酌南北，考以古音，作为大唐雅乐。以十二律各顺其月，旋相为宫……

制十二和之乐，合三十一曲，八十四调"。后来又增加了对祖宗的歌颂，唐代雅乐便完整化了。

唐代音乐美学思想中有一段史料颇值得注意。《旧唐书·音乐志》载：

> 太宗曰："礼乐之作，盖圣人缘物设教，以为撙节，治之隆替，岂此之由？"御史大夫杜淹对曰："前代兴亡，实由于乐。陈将亡也，为《玉树后庭花》；齐将亡也，而为《伴侣曲》，行路闻之，莫不悲泣，所谓亡国之音也。以是观之，盖乐之由也。"太宗曰："不然，夫音声能感人，自然之道也，故欢者闻之则悦，忧者听之则悲。悲欢之情，在于人心，非由乐也。将亡之政，其民必苦，然苦心所感，故闻之则悲耳。何有乐声哀怨，能使悦者悲乎？今《玉树》《伴侣》之曲，其声俱存，朕当为公奏之，知公必不悲矣。"

李世民提出了一个富于美学意味的命题："悲欢之情，在于人心，非由乐也。"当心理结构具备了悲的色彩后才能对悲的乐音做出感应。

唐代音乐美学的总体思想在音乐的本体性即发乎情和音乐的致用性即致于政的结合上产生。其代表人物是白居易。他的音乐美学思想作为其美学思想的构成部分，跟文学美学思想在内涵和性质上是一致的。他在《策林》中把声、情、政三者联系在一起。《复乐古器古曲》说："乐者本于声，声者发于情，情者系于政。"三者之间有相因相承之关系，其归结点则是"政"。这就体现了白居易音乐美学思想的致用性、功利性内涵。然而，他又正确地看到"声者发于情"的根本特点。他在《问杨琼》诗中也曾写道："古人唱歌兼唱情，今人唱歌惟唱声。"如此，白居易音乐美学思想的总体内容便是：乐声来源于情，却又服务于政。既符合音乐美学的发生学原理，又体现了政教性的根本特点。如此，他就在音乐美学中获得了一种平衡感。他认为，音乐的表现不在于乐器和乐曲，他不主张恢复古代乐器和古代乐曲，尽管他对古乐器和古乐曲心有所爱。他说："夫器者所以发声，声之邪正，不系于器之今古也。"其根本之路是改政易政，而不是改器改曲。他主张："销郑卫之声，复正始之音者，在乎善其政，和其情，不在乎改其器，易其曲也。"他的音乐美学思想继承了中国传统的音乐美学思想，所谓"声音之道，与政通矣"，"乐者，通伦理者也"。他又说："愿求牙、旷正华音，不令夷、夏交相侵。"他反对夷夏音乐的相交、融合和吸收，其音乐美学思想是保守、落后的。但唐代音乐美学实践却冲破了这一落后观念。白居易在《醉吟先生传》中所描述的音乐欣赏情调正反映了唐代士大夫的审美趣味和情调:"酒既酣,乃自援琴,操宫声,弄《秋思》一遍。若兴发,命家僮调法部丝竹,合奏《霓裳羽衣》一曲。若欢甚,又命小妓歌《杨柳枝》新词十数章。放情自娱,酩酊而后已。"

唐代的宫廷乐舞在产生时有着鲜明的功利主义目的,例如《破阵舞》。据《旧唐书·音乐志》:"贞观元年,宴群臣,始奏《秦王破阵》之曲。太宗谓侍臣曰:'朕昔在藩,屡有征讨,世间遂有此乐,岂意今日登于雅乐。然其发扬蹈厉,虽异文容,功业由之,致有今日,所以被于乐章,示不忘于本也。'"当封德彝提出不同意见时,李世民说:"朕虽以武功定天下,终当以文德绥海内。文武之道,各随其时。"可见他在平定天下后奏《破阵曲》是用于其文武之道的。到贞观七年(633),"太宗制《破阵舞图》,左圆右方,先偏后伍,鱼丽鹅贯,箕张翼舒,交错屈伸,首尾回互,以象战阵之形。令吕才依图教乐工百二十人,被甲执戟而习之。凡为三变,每变为四阵,有来往疾徐击刺之象,以应歌节,数日而就,更名《七德》之舞。癸巳,奏《七德》《九功》之舞,观者见其抑扬蹈厉,莫不扼腕勇跃,凛然震竦。武臣列将咸上寿云:'此舞皆是陛下百战百胜之形容'"。但后来,破阵乐舞渐被冷落,到唐高宗仪凤三年(678),在九成宫的一次宴集上,有臣奏称:"破阵乐舞者,是皇祚发迹所由,宣扬宗祖盛烈,传之于后,永永无穷。自天皇临驭四海,寝而不作,既缘圣情感怆,群下无敢关言。臣忝职乐司,废缺是惧。依礼,祭之日,天子亲总干戚以舞先祖之乐,与天下同乐之也。今《破阵乐》久废,群下无所称述,将何以发孝思之情?"唐高宗听后"矍然改容,俯遂所请,有制令奏乐舞,既毕,上歔欷感咽,涕泗交流,臣下悲泪,莫能仰视。久之,顾谓两王曰:'不见此乐,垂三十年,乍此观听,实深哀感。追思往日,王业艰难勤苦若此,朕今嗣守洪业,可忘武功?古人云,富贵不与骄奢期,骄奢自至。朕谓时见此舞,以自诫勖,冀无盈满之过,以为欢乐奏陈之耳。'"从破阵乐舞的历史变化中可以看出唐几代君臣对于乐舞的致用功能有着十分明晰的认识。

如果说雅乐是唐代的廊庙音乐,那么宴乐则带有宫廷音乐的特征。宴乐虽然沿用隋代旧制,但经加工制作,遂成十部乐。十部乐到唐玄宗时分为坐、立两部。《新唐书·礼乐志》说:"堂下立奏,谓之立部伎;堂上坐奏,谓之坐部伎。"坐部伎分宴乐,其中又分景云乐,舞八人;庆善乐,舞四人;破阵乐,舞四人;承天乐,舞四人;长寿乐,舞十二人;天授乐,舞四人;鸟歌万岁乐,舞三人;龙池乐,舞十二人;破阵乐,舞四人。立部伎分安乐,舞八十人,改编于北周;太平乐,又名五方狮子舞,舞一百四十人;破阵乐,舞一百二十人;庆善乐,舞六十四人;大定乐,舞一百四十;上元乐,舞一百八十人,着五色云衣;圣寿乐,一百四十人;光圣乐,舞八十人,戴鸟冠,着五彩画衣。白居易曾写有《立部伎》诗,云:"立部伎,鼓笛喧。舞双剑,跳七丸。袅巨索,掉长竿。太常部伎有等级,堂上者坐堂下立。堂上坐部笙歌清,堂下立部鼓笛鸣。"

唐代乐舞是带有全社会性质的文化行为,上到皇帝下到普通百姓都参与了这一文化活动。《旧唐书·音乐志》曾记载唐玄宗在乐舞上的天赋及其活动。"玄宗在位多年,善音乐,若宴设酺会,即御勤政楼。""玄宗又于听政之暇,教太常乐工子弟三百人为丝竹之戏,音响齐发,有一声误,玄宗必觉而正之,号为皇帝弟子,又云梨园弟子,以置院近于禁苑之梨园。太常又有别教院,教供奉新曲。太常每凌晨,鼓笛乱发于太乐署。别教院廪食常千人,宫中居宜春院。玄宗又制新曲四十余,又新制乐谱。每初年望夜,又御勤政楼,观灯作乐,贵臣戚里,借看楼观望。"唐玄宗尤擅击羯鼓和吹玉笛。他有很高的音乐美学素养。据《羯鼓录》说,唐玄宗"洞晓音律","凡是丝管,必造其妙。若制作诸曲,随意即成,不立章度,取适短长,应指散声,皆中点拍"。

《新唐书·后妃传》记唐玄宗贵妃杨玉环"善歌舞,邃晓音律,且智算警颖,迎意辄悟"。她尤善舞《霓裳羽衣》。据《杨太真外传》,她自诩所舞"《霓裳羽衣》一曲,可掩前古"。白居易《长恨歌》句:"骊宫高处入青云,仙乐风飘处处闻。缓歌慢舞凝丝竹,尽日君王看不足。渔阳鼙鼓动地来,惊破霓裳羽衣曲。"张祜《华清宫四首》中有句:"天阙沉沉夜未央,碧云仙曲舞霓裳。一声玉笛向空尽,月满骊山宫漏长。"杜牧《华清宫三十韵》有句:"月闻仙曲调,霓作舞衣裳。"杜牧又有《过华清宫绝句》:"新丰绿树起黄埃,数骑渔阳探使回。霓裳一曲千峰上,舞破中原始下来。万国笙歌醉太平,倚天楼殿月分明。云中乱拍禄山舞,风过重峦下笑声。"又《新唐书·后妃传》上载:"初,帝(玄宗)在潞,赵丽妃以倡幸,有容止,善歌舞。"

唐代产生了丰富多样的乐舞形态,在审美上有极高成就。唐代的乐舞主要有两大形态：健舞、软舞。唐代段安节《乐府杂录》说："舞者，乐之容也。有大垂手、小垂手，或像惊鸿，或如飞燕。婆娑，舞态也；蔓延，舞缀也。古之能者，不可胜记。即有健舞、软舞、字舞、花舞、马舞。健舞曲有《棱大》《阿连》《柘枝》《剑器》《胡旋》《胡腾》，软舞曲有《凉州》《绿腰》《苏合香》《屈柘》《团圆旋》《甘州》等。"两种舞蹈形态代表了阴柔阳刚两类舞蹈审美风格。

浑脱舞，又名苏莫遮，亦名泼寒胡舞。吕元泰《陈时政疏》言："比见都邑坊市，相率为浑脱队，骏马胡服，名曰苏莫遮，旗鼓相当，军阵之势也。腾逐喧噪，战争之象也。"《文献通考》说："乞寒，本西国外蕃康国之乐。其乐器有大鼓、小鼓、琵琶、五弦、箜篌、笛。其乐大抵以十一月，裸露形体，浇灌衢路，鼓舞跳跃而索寒也。"《旧唐书·康国传》亦载曰："至十一月鼓舞乞寒，以水相泼，盛为戏乐。"此舞传入后在唐代甚为盛行。《旧唐书·中宗纪》载："（神龙元年十一月）己丑，御洛城南门楼观泼寒胡戏。"又载："（景龙三年十二月）乙酉，令诸司长官向醴泉坊看泼胡王乞寒戏。"《旧唐书·张说传》亦载："自则天末年，季冬为泼寒胡戏。中宗尝御楼以观之。至是因蕃夷入朝，又作此戏。"张说《苏摩遮》诗写"琉璃宝服紫髯胡""绣装帕额宝花冠"，可以看出它是来自胡地的舞蹈，充满异域情调。

剑器舞。剑器为何物，有不同说法。一种是望文生义，认为剑器即双剑。一种是"雄妆，空手而舞"，《文献通考》说："剑器，古武舞之曲名。其舞用女伎，雄妆，空手而舞。"一种认为剑器即彩球。桂馥《札朴》说："姜君元吉言：在甘肃，见女子，以丈余彩帛，结两头，双手持之而舞，有如流星。问何名？曰：'剑器也。'乃知公孙大娘所舞即此。"不管采取何种说法，剑器舞有十分动人的舞姿。杜甫写有著名的《观公孙大娘弟子舞剑器行并序》，写到自己在大历二年（767）十月十九日，在夔府别驾元持宅看到临颍李十二娘舞剑器，"壮其蔚跂，问其所师"，回答说："余，公孙大娘弟子也。"他不由得回忆起开元三年（715），自己"尚童稚"，于郾城"观公孙氏舞剑器浑脱"的情景，称其"浏漓顿挫，独出冠时"，不禁感慨系之，说："自高头宜春、梨园二伎坊内人洎外供奉，晓是舞者，圣文神武皇帝初，公孙一人而已。玉貌锦衣，况余白首，今兹弟子，亦匪盛颜。既辨其由来，知波澜莫二。抚事慷慨，聊为《剑器行》。"诗中写：

> 昔有佳人公孙氏，一舞剑气动四方。观者如山色沮丧，天地为之久低昂。㸌如羿射九日落，矫如群帝骖龙翔。来如雷霆收震怒，罢如江海凝清光。绛唇珠袖两寂寞，晚有弟子传芬芳。临颍美人在白帝，妙舞此曲神扬扬。与余问答既有以，感时抚事增惋伤。先帝侍女八千人，公孙剑器初第一。五十年间似反掌，风尘澒洞昏王室。梨园弟子散如烟，女乐余姿映寒日。金粟堆南木已拱，瞿唐石城草萧瑟。玳筵急管曲复终，乐极哀来月东出。……

公孙大娘的剑器舞有着极为动人的审美力量。它㸌时有如"羿射九日落"，矫健则像"群帝骖龙翔"，腾空飞翔，起舞盘旋。它又有着极其鲜明的节奏，来时恍如"雷霆收震怒"，罢时则像"江海凝清光"，收敛自如、动静有序，形成一种极富美态的节律。姚合写有《剑器词三首》，云："掉剑龙缠臂，开旗火满身。积尸川没岸，流血野无尘。""雪光遍著甲，风力不禁旗。阵变龙蛇活，军雄鼓角知。""展旗遮日黑，驱马饮河枯。"司空图《剑器》云："楼下公孙昔擅场，空教女子爱军装。潼关一败胡儿喜，簇马骊山看御汤。"

在唐代，作为独立形态的剑舞也有出色的审美表现。李白《司马将军歌》云："将军自起舞长剑，壮士呼声动九垓。"《玉壶吟》："三杯拂剑舞秋月，忽然高咏涕泗涟。"《送羽林陶将军》："万里横戈探虎穴，三杯拔剑舞龙泉。"《送梁公昌从信安北征》："起舞莲花剑，行歌明月弓。"岑参《酒泉太守席上醉后作》："酒泉太守能剑舞，高堂置酒夜击鼓。胡笳一曲断人肠，座上相看泪如雨。"杜甫《故武卫将军挽歌三首》之一写道："舞剑过人绝，鸣弓射兽能。铦锋行愶顺，猛噬失矫腾。"颜真卿《赠裴将军》写道："剑舞若游电，随风萦且回。"可见其舞姿也是至为精绝的。

柘枝舞。它是从西域传来的胡舞，据唐《乐府诗集》所述："健舞曲有羽调柘枝，软舞曲有商调屈柘枝。此舞因曲为名，用二女童，帽施金铃，抃转有声。其来也，于二莲花中藏，花坼而后见。对舞相占，实舞中雅妙者也。"它的舞蹈形象特征之一是头戴绣花卷檐虚帽。张祜《观杨瑗柘枝》写道："促叠蛮鼍引柘枝，卷檐虚帽带交垂。"从花蕊夫人《宫词》中也可知跳柘枝舞时要戴一种特制帽子："玉箫改调筝移柱，催换红罗绣舞筵。未戴柘枝花帽子，两行宫监在帘前。"柘枝舞帽的顶部缀有金铃，白居易《柘枝妓》写道："帽转金铃雪面回。"从一些唐诗的描述中可以看出柘枝舞的装束。白居易《柘枝妓》说："紫罗衫动柘枝来""带垂钿胯花腰重"。章孝标《柘枝》写舞女穿着锦靴,"柘枝初出鼓声招,花钿罗衫耸细腰。移步锦靴空绰约,迎风绣帽动飘摇"。张祜《观杭州柘枝》写道："红罨画衫缠腕出,碧排方胯背腰来。旁收拍拍金铃摆,却踏声声锦袎摧。看著遍头香袖褶,粉屏香帕又重隈。"

柘枝舞有很高的审美价值。刘禹锡《观柘枝舞》说,舞者"体轻似无骨",令"观者皆耸神"。刘禹锡的《和乐天柘枝》又写道："柘枝本出楚王家,玉面添娇舞态奢。松鬓改梳鸾凤髻,新衫别织斗鸡纱。鼓催残拍腰身软,汗透罗衣雨点花。画筵曲罢辞归去,便随王母上烟霞。"张祜《周员外席上观柘枝》写道："画鼓拖环锦臂攘,小娥双换舞衣裳。金丝蹙雾红衫薄,银蔓垂花紫带长。鸾影乍回头并举,凤声初歇翅齐张。一时敛腕招残拍,斜敛轻身拜玉郎。"许浑在《赠萧炼师并序》中说这位舞蹈家,"贞元初,自梨园还为内妓,善舞柘枝,宫中莫有伦比者"。柘枝舞不仅重身姿的优美动人,而且重眼波的传神撩人。刘禹锡《观柘枝舞》写道："曲尽回身处,层波犹注人。"在回身转去的瞬间,眼波闪荡,脉脉传情。沈亚之的《柘枝舞赋》也写道："鹜游思之情香分,注光波于秋睇。"

胡腾舞。自西域传入,此舞以男性舞者为多,以跳跃为其舞态基调,腾跃而上,故名胡腾。刘言史《王中丞宅夜观舞胡腾》写道："石国胡儿人见少,蹲舞尊前急如鸟。织成蕃帽虚顶尖,细毛胡衫双袖小。手中抛下葡萄盏,西顾忽思乡路远。转身跳轂宝带鸣,弄脚缤纷锦靴软。四座无言皆瞪目,横笛琵琶遍头促。乱腾新毯雪朱毛,傍拂轻花下红烛。酒阑舞罢丝管绝,木槿花西见残月。"舞者头戴尖顶蕃帽,身穿窄袖胡衫,足蹬软底锦靴。他们的舞姿以腾身跳跃见长,跳跃起来急如飞鸟,腰间的宝带发出鸣叫声。这是一种矫健型舞蹈。李端的《胡腾儿歌》写道："胡腾身是凉州儿,肌肤如玉鼻如锥。桐布轻衫前后卷,葡萄长带一边垂。帐前跪作本音语,拈襟摆袖为君舞。安西旧牧收泪看,洛下词人抄曲与。扬眉动目踏花毡,红汗交流珠帽偏。醉却东倾又西倒,双靴柔弱满灯前。环行急蹴皆应节,反手叉腰如却月。丝桐忽奏一曲终,鸣呜画角城头发。胡腾儿,胡腾儿,故乡路断知不知。"舞者有着明显的异域风姿,肌肤如玉,鼻子如锥,穿的是前后翻卷的桐布轻衫,腰系着向一边垂的葡萄长带。他们"扬眉动目踏花毡",开始跳舞了。这种舞蹈力度大，跳得"红汗交流珠帽偏"。舞蹈语言丰富，或是环行急步，或是反手叉腰如月亮，双靴柔弱便于腾身一跃，舞姿变化像醉汉东倾西倒。这在舞蹈美学上是别具一格的。

胡旋舞。顾名思义以旋生姿、以旋生舞，具有波动性、流变性的审美特征。此舞在唐代极为流行，它很能代表唐人的审美要求，符合唐人的审美标准，遂风靡国中，"臣妾人人学圜转"①。它来自胡地，元稹《胡旋女》诗曾说到"胡人献女能胡旋"。它在舞蹈美学史上有着改变局面的意义。在这之前的舞蹈多是借助舞具来进行的，如巾、拂、鞭等，也有对动物的模仿，虽然舞姿优美，却很少像胡旋舞那样舞蹈节奏极其鲜明、强烈。根据人的体态特点加以高度发挥和舒张，形成高旋转、快节奏的舞蹈美。它在舞蹈史上是对人体态、体能的充分体认和发挥，从根本上是对人的发现。元稹《胡旋女》曾经描述它的舞美："蓬断霜根羊角疾，竿戴朱盘火轮炫。骊珠迸珥逐飞星，虹晕轻巾掣流电。潜鲸暗吸笡波海，回风乱舞当空霰。"白居易的《胡旋女》亦写道："胡旋女，胡旋女，心应弦，手应鼓。弦鼓一声双袖举，回雪飘摇转蓬舞。左旋右转不知疲，千匝万周无已时。人间物类无可比，奔车轮缓旋风迟。"可见，它是动态的美，旋转所产生的美。当时跳胡旋舞的高手有安禄山、杨玉环。因此，唐代诗人在咏胡旋舞时，总怀着一种历史的伤感情绪。元稹《胡旋女》说："天宝欲末胡欲乱，胡人献女能胡旋。旋得明王不觉迷，妖胡奄到长生殿。"白居易《胡旋女》亦有相近的描述："禄山胡旋迷君眼……贵妃胡旋惑君心。"

其他舞蹈，有杨柳枝，白居易《杨柳枝二十韵并序》写道："杨柳枝，洛下新声也。洛之小妓有善歌之者，词章音韵听可动人，故赋之。"诗云："小妓携桃叶，新声踏柳枝。妆成剪烛后，醉起拂衫时。绣履娇行缓，花筵笑上迟。身轻委回雪，罗薄透凝脂。"可见其舞轻盈优美。

屈柘枝。温庭筠的《屈柘词》写道："杨柳萦桥绿，玫瑰拂地红。绣衫金骡䯱，花髻玉珑璁。"此舞颇有纷红骇绿的景象。

苏合香。吴少微的《古意》云："北林朝日镜明光，南国微风苏合香。可怜窈窕女，不作邯郸娼。妙舞轻回拂长袖，高歌浩唱发清商。"此舞长袖妙舞，属清商乐舞一路。

---

① 白居易：《胡旋女》。

绿腰，绿腰亦名乐世。白居易《乐世》写道："一曰绿腰，即录要也，贞元中乐工进曲。德宗令录出要者，因以为名，后语讹为绿腰，软舞曲也。康昆仑尝于琵琶弹一曲，即新翻羽调绿腰。又有急乐。"诗中云："管急弦繁拍渐稠，绿腰宛转曲终头。"李群玉《长沙九日登东楼观舞》对绿腰舞做了生动的描述："南国有佳人，轻盈绿腰舞。华筵九秋暮，飞袂拂云雨。翩如兰苕翠，婉如游龙举。越艳罢前溪，吴姬停白纻。慢态不能穷，繁姿曲向终。低回莲破浪，凌乱雪萦风。坠珥时流盼，修裾欲溯空。唯愁捉不住，飞去逐惊鸿。"

唐代极负盛名的乐舞是《霓裳羽衣舞》。它体现了外来乐舞经过改造后的特征，凝结了唐玄宗这样一位风流多情天子的艺术才华，也折射出历史巨变之光。当"渔阳鼙鼓动地来"时，便曲终人散了。"惊破霓裳羽衣曲"便是其写照。白居易写有《霓裳羽衣歌》曰："我昔元和侍宪皇，曾陪内宴宴昭阳。千歌百舞不可数，就中最爱霓裳舞。舞时寒食春风天，玉钩栏下香案前。案前舞者颜如玉，不着人家俗衣服。虹裳霞帔步摇冠，钿璎累累佩珊珊。娉婷似不任罗绮，顾听乐悬行复止。磬箫筝笛递相搀，击擪弹吹声逦迤。散序六奏未动衣，阳台宿云慵不飞。中序擘騞初入拍，秋竹竿裂春冰拆。飘然转旋回雪轻，嫣然纵送游龙惊。小垂手后柳无力，斜曳裾时云欲生。烟蛾敛略不胜态，风袖低昂如有情。上元点鬟招萼绿，王母挥袂别飞琼。繁音急节十二遍，跳珠撼玉何铿铮。翔鸾舞了却收翅，唳鹤曲终长引声。当时乍见惊心目，凝视谛听殊未足。一落人间八九年，耳冷不曾闻此曲。湓城但听山魈语，巴峡唯闻杜鹃哭。移领钱唐第二年，始有心情问丝竹。玲珑箜篌谢好筝，陈宠觱栗沉平笙。清弦脆管纤纤手，教得霓裳一曲成。……我爱霓裳君合知，发于歌咏形于诗。君不见我歌云，惊破霓裳羽衣曲。又不见我诗云，曲爱霓裳未拍时。由来能事皆有主，杨氏创声君造谱。"这是富于神话色彩的舞蹈，舞姿极为优美，是表现群体仙女的美，其审美成就极高。一个个舞女如嫩玉，她们所着的不是人间的寻常衣饰，而是"虹裳霞帔"，头戴"步摇冠"，所装缀的珠翠累累垂贯，在乐声中步履或行或止，婀娜多姿。箫磬筝笛齐发，吹拉弹击齐备，在音乐声的伴奏下，舞姿婆娑。舞起"小垂手"则娇姿无力，舞起"斜曳裙"则如云欲生。她们飘然旋转，像轻雪回旋；嫣然纵跳，又如游龙惊起。或略不胜态，或如有风情，繁音促节，奏了一遍又一遍，像跳珠撼玉，铿铮动人。她们就像许飞琼、萼绿华仙女一样地美丽绝伦。在舞蹈结束时还发为一长声,裂人心魄。它有着鲜明的审美效果,"当时乍见惊心目,凝视谛听殊未足"。薛能的《华清宫和杜舍人》亦有句,"细音摇羽佩,轻步宛霓裳"。李太玄《玉女舞霓裳》云:"舞势随风散复收,歌声似磬韵还幽。千回赴节填词处,娇眼如波入鬓流。"有翔云飞鹤之姿,天乐落凡之妙。它是唐玄宗时的宫廷乐舞,白居易的《长恨歌》写道:"骊宫高处入青云,仙乐风飘处处闻。缓歌慢舞凝丝竹,尽日君王看不足。"杨贵妃侍儿张云容善舞《霓裳羽衣舞》,杨贵妃为之写诗曰:"罗袖动香香不已,红蕖袅袅秋烟里。轻云岭上乍摇风,嫩柳池边初拂水。"前引白居易《霓裳羽衣歌》说:"千歌百舞不可数,就中最爱霓裳舞。"可见其舞的审美水平之高了。它体现了唐人对流变美、线条美的要求。

唐代舞蹈美学对于前代有鲜明的继承性,那些在汉、魏、六朝中兴起的舞蹈,例如巾、拂、鞞、巴渝、纻舞等,都在唐代进一步得到发展。陆龟蒙《吴俞儿舞歌注》说:"始皆出自方俗,后浸陈于殿庭,虽非正乐,亦皆前代旧声。"它们在前代都有生动的表演,从下列诗句中可以看出它们在唐时的表演情景。

巾舞。李贺写有《公莫舞歌》:"方花古础排九楹,刺豹淋血盛银罂。华筵鼓吹无桐竹,长刀直立割鸣筝。横楣粗锦生红纬,日炙锦嫣王未醉。腰下三看宝玦光,项庄掉箭拦前起。材官小臣公莫舞,座上真人赤龙子。芒砀云瑞抱天回,咸阳王气清如水。铁枢铁楗重束关,大旗五丈撞双环。汉王今日须秦印,绝膑刳肠臣不论。"

拂舞。李白《白鸠辞》中有"铿鸣钟,考朗鼓,歌白鸠,引拂舞"。李贺作《拂舞辞》:"吴娥声绝天,空云闲徘徊。门外满车马,亦须生绿苔。樽有乌程酒,劝君千万寿。全胜汉武锦楼上,晓望晴寒饮花露。东方日不破,天光无老时。丹成作蛇乘白雾,千年重化玉井龟。从蛇作龟二千载,吴堤绿草年年在。背有八卦称神仙,邪鳞顽甲滑腥涎。"

白纻舞。从李白《陪族叔刑部侍郎晔及中书贾舍人至游洞庭》可知白纻乐舞在唐代受欢迎的情况:"洞庭湖西秋月辉,潇湘江北早鸿飞。醉客满船歌白纻,不知霜露入秋衣。"李白还写有《白纻词三首》(其一):"扬清歌,发皓齿,北方佳人东邻子。且吟白纻停绿水,长袖拂面有君起。"唐代的一些名诗人如元稹、王建等都写有《白纻舞辞》。"对舞前溪歌白纻,曲几书留小史家"①成为唐代士大夫带有审美情趣的生活内容。

巴渝舞。刘禹锡《奉和淮南李相公早秋即事寄成都武相公》有句:"玉帐观渝舞,虹旌猎楚田。"白居易《郡中春宴因赠诸客》云:"薰草席铺坐,藤枝酒注樽。中庭无平地,高下随所陈。蛮鼓声坎坎,巴女舞蹲蹲。"

字舞。王建《宫词》:"罗衫叶叶绣重重,金凤银鹅各一丛。每遍舞时分两句,太平万岁字当中。"徐元鼎《太常寺观舞圣寿乐》有句,"舞字传新庆,人文迈旧章"。

花舞。花蕊夫人《宫词》写道:"新秋女伴各相逢,罨画船飞别浦中。旋折荷花伴歌舞,夕阳斜照满衣红。"

兽舞。唐玄宗《春中兴庆宫酺宴》写道:"舞衣云曳影,歌扇月开轮。伐鼓鱼龙杂,撞钟角觚陈。"白居易《和梦游春诗一百韵》:"酩酊歌鹧鸪,颠狂舞鸲鹆。"

唐代的乐舞表演选择在游宴场合中,而游宴又多是在夜间,一直延续到五代,《韩熙载夜宴图》便是其写照。在焰焰烛光映照下,歌舞婆娑,分外多彩。孟浩然《宴崔明府宅夜观妓》写道:"画堂观妙妓,长夜正留宾。烛吐莲花艳,妆成桃李春。髻鬟低舞席,衫袖掩歌唇。汗湿偏宜粉,罗轻讵著身。调移筝柱促,欢会酒杯频。倘使曹王见,应嫌洛浦神。"室内"院院烧灯如白日"②,地上铺着地毯,"蜀锦地衣呈队舞"③。

唐代夜游场面相当热烈。沈佺期《夜游》就写道:"今夕重门启,游春得夜芳。月华连昼色,灯影杂星光。南陌青丝骑,东邻红粉妆。管弦遥辨曲,罗绮暗闻香。人拥行歌路,车攒斗舞场。经过犹未已,钟鼓出长杨。"在夜游饮宴中歌舞婆娑,王维《从岐王夜宴卫家山池应教》也写道:"座客香貂满,宫娃绮幔张。涧花轻粉色,山月少灯光。积翠纱窗暗,飞泉绣户凉。还将歌舞出,归路莫愁长。"储光羲《夜观妓》云:"白雪宜新舞,清宵召楚妃。娇童携锦荐,侍女整罗衣。花映垂鬟转,香迎步履飞。徐徐敛长袖,双烛送将归。"

在夜宴中歌舞,无疑增添了氛围。王建《田侍中宴席》写道:"香熏罗幕暖成烟,火照中庭烛满筵。整顿舞衣呈玉腕,动摇歌扇露金钿。青蛾侧座

---

① 王维:《同崔傅答贤弟》。
② 王建:《宫词》。
③ 花蕊夫人:《宫词》。

调双管,彩凤斜飞入五弦。"崔备《奉陪武相公西亭夜宴陆郎平》云:"宾阁玳筵开,通宵递玉杯。尘随歌扇起,雪逐舞衣回。剪烛清光发,添香暖气来。令君敦宿好,更为一裴回。"他们忘情地歌舞,尽情地宴乐,而不知星移斗转,王涯《宫词》就写道:"夜久盘中蜡滴稀,金刀剪起尽霏霏。"施肩吾《夜宴曲》云:"兰缸如昼晓不眠,玉堂夜起沉香烟。青娥一行十二仙,欲笑不笑桃花然。碧窗弄娇梳洗晚,户外不知银汉转。"韦庄《陪金陵府相中堂夜宴》也写道:"满耳笙歌满眼花,满楼珠翠胜吴娃。"这些都是从外部环境上对乐舞的烘染,以增添乐舞的美学色彩。而乐舞本身,唐人十分重视其在审美上的建构。首先是歌舞相伴,李白《过汪氏别业》说:"酒酣欲起舞,四座歌相催。"白居易《和新楼北园偶集从孙公度周巡官韩秀才卢秀才范处士小饮郑侍御判官周刘二从事皆先归》:"歌声凝贯珠,舞袖飘乱麻。"其次是舞态、舞姿的审美修饰。唐人女装袖大,而舞袖窄。舞女是纤腰、柔腰、袖长、裙长,这就为舞蹈提供了条件。请看舞女们出场是何等动人,"吴娃与越艳,窈窕夸铅红。呼来上云梯,含笑出帘栊。对客小垂手,罗衣舞春风"①。唐人舞蹈也有前代那样的掌上舞。聂夷中《大垂手》写曰:"金刀剪轻云,盘用黄金缕。装束赵飞燕,教来掌上舞。"杜牧《遣怀》句:"楚腰纤细掌中轻。"她们的舞装袖子长,"袖长管催欲轻举""歌垂碧袖长""长袖舞春风""长袖迟回意绪多"。舞女们都是细腰,"细腰争舞君沉醉""纤腰弄明月"。细腰、长袖,舞姿婀娜,正如杜牧《扬州三首》中所写,"纤腰间长袖,玉佩杂繁缨"。元稹《舞腰》:"裙裾旋旋手迢迢,不趁音声自趁娇。未必诸郎知曲误,一时偷眼为回腰。"何等娇妍!元稹《寄吴士矩端公五十韵》中写道:"媚语娇不闻,纤腰软无力。歌辞妙宛转,舞态能剸刻。筝弦玉指调,粉汗红绡拭。"在舞蹈中,疾徐有致,有时如张祜《舞》:"褰褰袖欲飞。"有时则如储光羲《夜观妓》:"徐徐敛长袖。"有时如元稹《胡旋女》:"虹晕轻巾掣流电。"有时则如谢偃《踏歌词》:"风带舒还卷。"舞蹈作为最富于审美节奏感、旋律感的表演艺术门类,在唐代得到极为出色的发挥。歌舞相生、舞姿灵动、节奏鲜明,都增添了舞蹈艺术的美感。

唐代舞蹈艺术在审美上的色彩比较浓郁,如白居易《题周皓大夫新亭子二十二韵》:"敛翠凝歌黛,流香动舞巾。"便是其审美性写照。唐代乐舞

---

① 李白:《经乱离后天恩流夜郎忆旧游书怀赠江夏韦太守良宰》。

之所以能达到如此高的美学成就，是因为唐人心境阔大，有容乃大，善于融会，自成一体。

唐形成稳定统一的版图后，遂融化了东西南北的乐舞。白居易《题周皓大夫新亭子二十二韵》说："笛怨音含楚，筝娇语带秦。"李华《咏史》说："白雪燕姬舞，朱弦赵女弹。"李白《扶风豪士歌》："吴歌赵舞香风吹。"独孤及《东平蓬莱驿夜宴平卢杨判官醉后赠别姚太守置酒留宴》："木兰为樽金为杯，江南急管卢女弦。齐童如花解郢曲，起舞激楚歌采莲。"可见唐舞融会之广了。然而这又不是机械拼凑，而是在融会基础上的突破。

在唐代，宗教舞蹈艺术和世俗舞蹈艺术出现审美上的融合。从敦煌的一些记载可知，在寺院佛事活动中有用民间舞蹈的，而民间歌舞又常常借寺院的场面来进行。魏晋时代已有，杨衒之《洛阳伽蓝记》便有记载，唐代也是如此。庙堂音乐舞蹈仍然延续前代，典雅肃穆，至唐太宗时加以完善化，文舞用功成庆善乐即九功舞，武舞用破阵乐即七德乐。唐以后亦加以沿袭。而民间流俗的巫祝之舞在唐代仍很盛行，构成并进而丰富了唐代乐舞美学的色彩，以南方荆楚一带的乐舞尤为显著。这从唐代诗人的一些描述中可以充分看出来。杜甫《南池》曰："南有汉王祠，终朝走巫祝。歌舞散灵衣，荒哉旧风俗。"韦应物《鼋头山神女歌》云："舟客经过奠椒醑，巫女南音歌激楚。"李嘉祐《夜闻江南人家赛神因题即事》写道："南方淫祀古风俗，楚妪解唱迎神曲。"王建《赛神曲》云："男抱琵琶女作舞，主人再拜听神语。"刘禹锡《阳山庙观赛神》曰："荆巫脉脉传神语，野老婆娑起醉颜。"

唐人审美襟怀的宽阔更表现在对异域乐舞的吸收上。胡乐融入中原音乐里，胡舞旋转在中原的"地衣"上。元稹《立部伎》说："胡部新声锦筵坐，中庭汉振高音播。"岑参《田使君美人舞如莲花北铤歌》写道："美人舞如莲花旋，世人有眼应未见。高堂满地红氍毹，试舞一曲天下无。此曲胡人传入汉，诸客见之惊且叹。"在"暖屋绣帘红地炉，织成壁衣花氍毹"[1]的居室之中，大啖大饮"浑炙犁牛烹野驼，交河美酒金叵罗"[2]，欣赏"琵琶长笛曲相和，羌儿胡雏齐唱歌"[3]的乐舞，画出了唐代乐舞富于异域情调的风景线。

---

[1] 岑参：《玉门关盖将军歌》。
[2] 岑参：《酒泉太守席上醉后作》。
[3] 岑参：《酒泉太守席上醉后作》。

第四十二章 美术美学

唐代绘画、工艺美学在六朝和隋朝的基础上进一步向前发展。隋炀帝喜画，隋统一后，使各路画家汇集至京，这为此后的唐画灿烂创造了条件。在绘画技艺和工艺水平上，唐代更为精致、精细和美妙。在绘画美学思想上，唐代也更为系统、深入，更重绘画的神韵。在绘画审美成果的类别上，唐代又有新的拓展。

第一节 美学思想

传为王维所著的《山水诀》《山水论》，有不少弥足珍贵的美学思想，例如"意在笔先"。"凡画山水，意在笔先。丈山尺树，寸马分人。远人无目，远树无枝。远山无石，隐隐如眉；远水无波，高与云齐。此是诀也。山腰云塞，石壁泉塞，楼台树塞，道路人塞。石看三面，路看两头，树看顶颡，水看风脚。此是法也。""意在笔先"是一个重要的绘画美学命题，意思是画家的主体意绪、意念要先于实际绘画的操作程序。这一命题重视绘画的"腹稿"和对于整个布局的体认。它不是技术层面的经营布局问题，而是带有根本性质的美学问题。他又重视水墨在绘画中的地位。"夫画道之中，水墨最为上。肇自然之性，成造化之功。或咫尺之图，写百千里之景。东西南北，宛尔目前；春夏秋冬，生于笔下。"他视水墨为最高地位，这在中国绘画史上是一个重大的变革。他认为，水墨画应该"肇自然之性，成造化之功"，这一美学思想也是对绘画美学思想的重要规范，体现了唐代重"天然去雕饰"的总体美学思想。他主张绘画中的物象要有"精神",不能脱离内在蕴涵,成为无生命体。"山头不得一样,树头不得一般。山藉树而为衣,树藉山而为骨。树不可繁,要见山之秀丽;山不可乱,须显树之精神。能如此者,可谓名手之画山水也。"

李白、杜甫在他们的咏画诗中表述了自己的美学思想。李白《观元丹丘坐巫山屏风》写道:"高咫尺,如千里,翠屏丹崖灿如绮。苍苍远树围荆门,历历行舟泛巴水。水石潺湲万壑分,烟光草色俱氤氲。"《观博平王志安少府山水粉图》有句:"粉壁为空天,丹青状江海。"《求崔山人白丈崖瀑布图》写道:"百丈素崖裂,四山丹壁开。……石黛刷幽草,曾青泽古苔。"李白在绘画美学中重视色彩的描绘和表现功能,幽草是用石黛描刷出来的,古苔则是由曾青点染出来的。李白在这里也体现了他对绘画审美技法中的用笔要求。草用石黛"刷",则为枯笔;苔用曾青"点"染,则是润墨。枯润之结合就成为绘画审美中笔墨处理之体现。《当涂赵炎少府粉图山水歌》云:

> 峨眉高出西极天,罗浮直与南溟连。名公绎思挥彩笔,驱山走海置眼前。满堂空翠如可扫,赤城霞气苍梧烟。洞庭潇湘意渺绵,三江七泽情洄沿。惊涛汹涌向何处?孤舟一去迷归年。征帆不动亦不旋,飘如随风落天边。心摇目断兴难尽,几时可到三山颠?西峰峥嵘喷流泉,横石蹙水波潺湲。东崖合沓蔽轻雾,深林杂树空芊绵。此中冥昧失昼夜,隐几寂听无鸣蝉。长松之下列羽客,对座不语南昌仙。南昌仙人赵夫子,妙年历落青云士。讼庭无事罗众宾,杳然如在丹青里。五色粉图安足珍,真仙可以全吾身。若待功成拂衣去,武陵桃花笑杀人。

李白所描述的山水景色是根据对象用再现式方法绘写出来的。在原画不存在的情况下,根据诗的描述,却能够复原出它的山水图景。可以看出,李白所重视的是画的形象感以及这种形象感的逼真性质,如"绎思""彩笔""驱山走海""置眼前",经营位置,合理布局。在对画的形象、艺术的审美描述中可以看出李白绘画美学思想之一斑:重形象,重逼真。

杜甫的绘画美学思想,首先在于他对色彩的兴趣和敏感。例如《题元武禅师屋壁》:"赤日石林气,青天江海流。""赤"和"青"二色对比。《奉观严郑公厅事岷山沱江画图十韵》:"白波吹粉壁,青嶂插雕梁。……

霏红洲蕊乱，佛黛石萝长。""白"和"青"、"红"和"黛"，形成色彩调配。又如《观李固清司马弟山水图三首》："红浸珊瑚短，青悬薜荔长。"同样是色彩的映衬。杜甫也重视绘画审美中的形象感。《戏韦偃为双松图歌》曰：

> 天下几人画古松，毕宏已老韦偃少。绝笔长风起纤末，满堂动色嗟神妙。两株惨裂苔藓皮，屈铁交错回高枝。白摧朽骨龙虎死，黑入太阴雷雨垂。松根胡僧憩寂寞，厖眉皓首无住着。偏袒右肩露双脚，叶里松子僧前落。韦侯韦侯数相见，我有一匹好东绢。重之不减锦绣段，已令拂拭光凌乱，请公放笔为直干。

杜甫在诗中描述了松皮之苍老，"惨裂苔藓皮"的形容，"屈铁交错"的劲健，以及用龙虎死后皮肉腐烂出现的骨来描述松树露出的白干，用浓阴如雷雨下垂来形容树叶的茂密，都体现了杜甫对绘画美学形象逼真性的要求。在笔墨处理上，明代张綖注："白摧，言画之枯淡处；黑入，言画之浓润处。"可见，杜甫对绘画美学的浓淡、枯润有着深切的体认。

杜甫提出了绘画空间美学的重要命题。《戏题王宰画山水图歌》曰：

> 十日画一水，五日画一石。能事不受相促迫，王宰始肯留真迹。壮哉昆仑方壶图，挂君高堂之素壁。巴陵洞庭日本东，赤岸水与银河通，中有云气随飞龙。舟人渔子入浦溆，山木尽亚洪涛风。尤工远势古莫比，咫尺应须论万里。焉得并州快剪刀，剪取吴松半江水。

杜甫最为欣赏的是王宰绘画审美"远势"的构图、透视技巧。他认为，王宰在这方面所获得的成就是无与伦比的。他提出了一个极重要的绘画美学原理："咫尺应须论万里。"咫尺之间、尺幅之内具万里之势，涵括了无边江山的风景。这是对尺幅绘画容纳功能精确而生动的概括，揭示了中国美学空间审美的基本原理。

在对绘画实体的审美估价上，杜甫所赞赏的是"神"。这是对审美特征的最高确定。《丹青引赠曹将军霸》云："褒公鄂公毛发动，英姿飒爽来酣战……将军善画盖有神。"《送许八拾遗归江宁觐省甫昔时尝客游此县于许生处乞瓦棺寺维摩图样志诸篇末》曰："虎头金粟影，神妙独难忘。"《韦讽录事宅观曹将军画马图歌》："国初以来画鞍马，神妙独数江都王。"杜甫所说的"神"，或指外在之精神；《天育骠骑歌》："毛为绿缥两耳黄，眼有紫焰双瞳方。"或指内在之丰神，如前所引。

为了取得审美上的极高成就，杜甫主张"元气淋漓""真宰上诉"。《奉先刘少府新画山水障歌》写曰："堂上不合生枫树，怪底江山起烟雾？闻君扫却赤县图，乘兴遣画沧洲趣。画师亦无数，好手不可遇。对此融心神，知君重毫素。岂但祁岳与郑虔，笔迹远过杨契丹。得非悬圃裂？无乃潇湘翻？悄然坐我天姥下，耳边已似闻清猿。反思前夜风雨急，乃是蒲城鬼神入。元气淋漓障犹湿，真宰上诉天应泣。野亭春还杂花远，渔翁暝踏孤舟立，沧浪水深青溟阔，欹岸侧岛秋毫末。不见湘妃鼓瑟时，至今斑竹临江活。刘侯天机精，爱画入骨髓。自有两儿郎，挥洒亦莫比。大儿聪明到，能添老树颠崖里。小儿心孔开，貌得山僧及童子。若耶溪，云门寺。吾独胡为在泥滓？青鞋布袜从此始。""元气淋漓"是主体精神之充沛和流注；"真宰上诉"，是主体精神之天人感应。这是绘画审美的真境界。

在对主体精神要求的同时，杜甫又要求绘画审美操作中的"意匠""经营"。《丹青引赠曹将军霸》："将军魏武之子孙，于今为庶为清门。英雄割据虽已矣，文采风流今尚存。学书初学卫夫人，但恨无过王右军。丹青不知老将至，富贵于我如浮云。开元之中常引见，承恩数上南熏殿。凌烟功臣少颜色，将军下笔开生面。良相头上进贤冠，猛将腰间大羽箭。褒公鄂公毛发动，英姿飒爽来酣战。先帝天马玉花骢，画工如山貌不同。是日牵来赤墀下，迥立阊阖生长风。诏谓将军拂绢素，意匠惨淡经营中。斯须九重真龙出，一洗万古凡马空。玉花却在御榻上，榻上庭前屹相向。至尊含笑催赐金，圉人太仆皆惆怅。弟子韩幹早入室，亦能画马穷殊相。幹惟画肉不画骨，忍使骅骝气凋丧。将军善画盖有神，偶逢佳士亦写真。即今飘泊干戈际，屡貌寻常行路人。途穷反遭俗眼白，世上未有如公贫。但看古来盛名下，终日坎壈缠其身。"杜甫重视绘画审美建构中的意匠经营，惨淡为之，形成精致的布局。在绘画美学思想上是对六朝谢赫"六法"中之"经营位置"思想的继承。

《历代名画记》记载了张璪绘画美学论的一句名言："外师造化，中得心源。"张璪善画枯枝槎丫之古松：

> 初，毕庶子宏擅名于代，一见惊叹之，异其唯用秃毫，或以手摸绢素，因问璪所受。璪曰："外师造化，中得心源。"毕宏于是搁笔。

"外师造化,中得心源"论体现了中国绘画美学乃至整个中国美学的重大原则,既忠实地师法外在自然对象,又根植于主体的审美意识。对客体对象和主体精神的同位重视,体现了中国美学对于审美创造的基本体认。这一思想在中国美学尤其是中国文学美学中早有揭示,例如刘勰《文心雕龙》对心、物关系即造化、心源关系的阐述就是如此。但是,绘画美学中却没有用如此明确的语言加以表述过,因此,"外师造化,中得心源"论便作为中国绘画美学思想的集中体现,代表了唐代美学家的论述水平。然而,对主客体关系的论述最富于审美心理意味的是符载《江陵陆侍御宅宴集观张员外画松石图》:

> 观夫张公之艺,非画也,真道也。当其有事,已知遗去机巧,意冥玄化,而物在灵府,不在耳目。故得于心,应于手,孤姿绝状,触毫而出,气交冲漠,与神为徒。若忖短长于隘度,算妍蚩于陋目,凝觚舐墨,依违良久,乃绘物之赘疣也,宁置于齿牙间哉!

真正的艺术不在于画,而在于道。"物"也就是对象不在"耳目"之间,而是在"灵府"也就是心灵之内。这是唐代绘画心理美学的杰出论说,更为接近审美本体论。

白居易《记画》对于绘画审美做了这样的表述:

> 得天之和,心之术,积为行,发为艺。艺尤者其画欤?画无常工,以似为工。学无常师,以真为师。故其措一意,状一物,往往运思,中与神会,仿佛焉若驱和役灵于其间者。

他认为,绘画审美求似、求真,每一措意、状物,都应运思,与神交会,在绘画过程中仿佛不是在进行简单的技艺操作,而是在驱赶和役使神运和灵思。可见,白居易的绘画美学思想同样重视心理在审美中的作用和地位。白居易还写有《画竹歌》,动人地描述了竹的森森万态,并由观竹画而产生的奇妙审美感觉:"举头忽看不似画,低耳静听疑有声。"这种审美感受具有错觉意味,也具有通感的因素,于是它便成为对审美感觉经验的动人描述。

张彦远写的《历代名画记》,是一部较为系统的绘画史论著。他对于绘画的地位做了这样的定位:"夫画者,成教化,助人伦,穷神变,测幽微,与六籍同功,四时并运,发于天然,非由述作。"他把绘画与"六籍"等同,都是"成教化,助人伦",发挥教化功能。中国的门类美学论中乐论最早,所谓"乐者,通伦理者也",一开始就确定了音乐的教化性质。此后,有文学论,对文学性质的确认,也是认为文学贯通于教化。再后,则是绘画论，而张彦远在《历代名画记》中开宗明义就确定绘画的教化性质，"与六籍同功"，这是对绘画地位的抬高，是用中国美学的传统观念对绘画文化、审美性质的体认。

张彦远对于绘画历史发展的描述，首先认为，书画同体。在最初，"书画同体而未分，象制肇创而犹略。无以传其意，故有书；无以见其形，故有画"。他认为书的"象形，则画之意也"，进一步确认"书画异名而同体"。张彦远认为，绘画有其独特功能，能"留乎形容，式昭盛德之事；具其成败，以传既往之踪"。能补记传赋颂之所短，而兼收其长，"记传所以叙其事，不能载其容；赋颂有以咏其美，不能备其象，图画之制所以兼之也"。张彦远是从图画特有的表现功能出发去阐述其审美性质的，"既就彰施，仍深比象，于是礼乐大阐，教化由兴，故能揖让而天下治，焕乎而词章备"。在绘画美学的根本性质体认上，张彦远理论的教化色彩很浓，但是，他对于绘画存在的根本基础的认识却是正确的。东汉王充是绘画的否定论者，对此，张彦远给予尖锐的嘲弄：

> 余尝恨王充之不知言，云："人观图画上所画古人也，视画古人如视死人，见其面而不若观其言行。古贤之道，竹帛之所载灿然矣，岂徒墙壁之画哉！"余以此等之论，与夫大笑其道，诟病其儒，以食与耳，对牛鼓簧，又何异哉！

张彦远的绘画审美理想是以自然为美，具有唐代的时代审美理想特质。张彦远说：

> 夫阴阳陶蒸，万象错布。玄化亡言，神工独运。草木敷荣，不待丹碌之采；云雪飘扬，不待铅粉而白。山不待空青而翠，凤不待五色而綷。是故运墨而五色具，谓之得意。意在五色，则物象乖矣。夫画物特忌形貌彩章，历历具足，甚谨甚细，而外露巧密。所以不患不了，而患于了。既知其了，亦何必了，此非不了也。若不识其了，是真不了也。夫失于自然而后神，失于神而后妙，失于妙而后精，精之为病也，而成谨细。自然者为上品之上，神者为上品之中，妙者为上品之下，精者为中品之上，谨而细者为中品之中。余今立此五等，以包六法，以贯众妙。其间诠量可有数百等，熟能周尽？非夫神迈识高，情超心慧者，岂可议乎知画？

张彦远认为，天然是其本色所在，不需要加以修饰，山的青翠，凤凰的五彩，如同自然界的草木、云雪一样，都是自然形成的。他以自然界的天然形态、状态为例，说明了绘画美学应以天然为上。他把绘画审美中的形态划为自然、神、妙、精、谨细等五种类别。五等又有高低之分，形成上品之上、上品之中、上品之下、中品之上、中品之中等五个层级，"自然"被列为"上品之上"。这形成了张彦远的绘画美学观。

张彦远绘画美学思想继承并富于创造性地阐解了六朝谢赫的"六法"。张彦远在引出谢赫"六法"后，做了自己的说明：

> 古之画或能移其形似而尚其骨气，以形似之外求其画，此难可与俗人道也。今之画纵得形似而气韵不生，以气韵求其画，则形似在其间矣。

张彦远在形神与气韵的结合上说明了气韵的内在含义。他认为，绘画不应求其"形似"，如果徒有形似而气韵不生，则非画之上品。他认为，应该以"气韵求其画"，气韵是绘画之根本、内涵，气韵内植，则形似也就寓于其间矣。这是对形似与气韵内在关系的精确说明。他指出，"上古之画，迹简意淡而雅正，顾陆之流是也；中古之画，细密精致而臻丽，展郑之流是也；近代之画，焕烂而求备；今人之画，错乱而无旨，众工之迹是也"。绘画发展状况每况愈下，到他所生活的时代则错乱无旨，所谓"无旨"就是没有精神内涵和支撑。为此，他提出"骨气形似皆备"论，并提出其运用程序："夫象物必在于形似，形似须全其骨气，骨气形似皆本于立意而归乎用笔，故工画者多善书。"他说：

> 至于台阁、树石、车舆、器物，无生动之可拟，无气韵之可侔，直要位置向背而已。顾恺之曰："画人最难，次山水，次狗马，其台阁，一定器耳，差易为也。"斯言得之。

这是对顾恺之画论的阐解。他对顾恺之台阁绘画之所以被放在末位的简单提法，做了深刻说明，其绘画审美论的出发点是"气韵生动"论。他认为台阁等物象是无生命的，无气韵、无生机的，因此画家只需在经营位置上花些功夫就行了。那些有生命的物象，在审美中的情形就不同了：

> 至于鬼神人物，有生动之可状，须神韵而后全。若气韵不周，空陈形似，笔力未遒，空善赋彩，谓非妙也。故韩子曰："狗马难，鬼神易。狗马乃凡俗所见，鬼神乃谲怪之状。"斯言得之。

在张彦远看来，鬼神人物，有生动的形状，但是需要有"神韵"，才能出现

"全",即完满。张彦远高度重视气韵,认为它是鬼神人物内在之根本。他认为,如果气韵不周,"空陈形似,笔力未遒,空善赋彩",则不能称之为"妙"。他之所以同意韩非子的画论,是因为他对鬼神人物的神韵有着趋同性体认。他认为,谢赫"六法"中之"传模移写",乃"画家末事"。他不满于唐代的"画人"状况:"粗善写貌,得其形似,则无其气韵;具其彩色,则失其笔法。"张彦远对谢赫的"经营位置"论甚为看重。他说:"至于经营位置,则画之总要。自顾陆以降,画迹鲜存,难悉详之。"经营位置是构思,又是技法,而技法则是在构思指导下进行的。在张彦远看来,"经营位置",乃"画之总要"。这是他对"经营位置"在"六法"中地位的体认。"经营位置"在谢赫"六法"中是作为其中之一项提出的,而张彦远则把它提高到"总要"之位置,可见他对"经营位置"一法在绘画美学中的重视。

张彦远认为,吴道子可谓集谢赫"六法"之大成:"惟观吴道玄之迹,可谓六法俱全,万象必尽,神人假手,穷极造化也。所以气韵雄状,几不容于缣素;笔迹磊落,遂恣意于墙壁。其细画又甚稠密,此神异也。"张彦远还对六朝至于唐代的著名画家做了美学上的评价。这些评价涉及绘画美学风格、用笔手法等。

他评说:"顾恺之之迹,紧劲联绵,循环超忽,调格逸易,风趋电疾,意存笔先,画尽意在,所以全神气也。""紧劲联绵"是对顾恺之笔法特征的精确概括。他对顾恺之笔墨之紧凑疾速、格调高雅做了高度肯定。

他评说:"昔张芝学崔瑗、杜度草书之法,因而变之,以今草书之体势,一笔而成,气脉通连,隔行不断。惟王子敬明其深旨,故行首之字往往继其前行,世上谓之一笔书。其后陆探微亦作一笔画,连绵不断。故知书画同笔同法。"从前所引述中可知张彦远的一个重要美学史观点是书画同法、同源。因此,他在对六朝书画家的评述中就贯串了这一观点,而且反复申言:"陆探微精利润媚,新奇妙绝,名高宋代,时无等伦;张僧繇点曳研拂,依卫夫人《笔阵图》,一点一画,别是一巧,钩戟利剑森森然,又知书画用笔同矣。""国朝吴道玄古今独步,前不见顾、陆,后无来者,授笔法于张旭,此又知书画用笔同矣。"他高度赞赏张旭的书法、吴道子的绘画,认为他们的笔法超众,有超过张僧繇之处:"张既号'书颠',吴宜为'画圣',神假天造,英灵不穷。众皆密于盼际,我则离披其点画;众皆谨于象似,我则脱落其凡俗。弯弧挺刃,植柱构梁,不假界笔直尺。虬须云鬓,数尺飞动，毛根出肉，力健有余。当有口诀，人莫得知。数仞之画，或自臂起，或从足先，巨壮诡怪，肤脉连络。过于僧繇矣。"这些都是对变化多端、恍若天造地设的笔墨的生动描述。吴道子的绘画有独特的笔法技巧，例如他不用"界笔直尺"，却能"弯弧挺刃，植柱构梁"，其原因何在？审美上又有些什么经验呢？张彦远说：

> 守其神，专其一，合造化之功，假吴生之笔，向所谓意存笔先，画尽意在也。凡事之臻妙者，皆如是乎，岂止画也！与乎庖丁发硎，郢匠运斤，效颦者徒劳捧心，代斫者必伤其手。意旨乱矣，外物役焉，岂能左手划圆，右手划方乎？夫用界笔直尺，界笔，是死画也；守其神，专其一，是真画也。死画满壁，曷如污墁？真画一划，见其生气。夫运思挥毫，自以为画，则愈失于画矣。运思挥毫，意不在于画，故得于画矣。不滞于手，不凝于心，不知然而然，虽弯弧挺刃，植柱构梁，则界笔直尺岂得入于其间矣。

他的解释是绘画应"守其神，专其一，合造化之功"，这一思想内涵是老庄思想。他又认为，意旨一乱，就会被外物所役使。满墙的死画，如同污墁一样；而真画一划，则生气盎然。他化用老庄哲学思想，深刻地揭示了绘画成败的根本原因：自以为画则失于画，反而，意不在于画则得于画。这就提出了绘画的审美心理问题。他认为绘画审美的主体条件应是"不滞于手，不凝于心，不知然而然"，处于超越和超脱的状态之中。不滞着于手，不凝化于心，"不知然而然"，恰恰是审美所需要的。这是对绘画审美以至整个审美活动的正确说明。

在对山水画美学发展史的体认中，张彦远认为，"吴道玄者，天付劲毫，幼抱神奥，往往于佛寺画壁，纵以怪石崩滩，若可扪酌；又于蜀道写貌山水。由是山水之变始于吴，成于二李"。又说："吴道玄……因写蜀道山水，始创山水之体，自为一家。"这是张彦远对山水画美学史的一种体认。

朱景玄的绘画美学论认为绘画在审美表现上有特殊的功能。他说："伏闻古人云：画者，圣也。盖以穷天地之不至，显日月之不照。挥纤毫之笔，则万类由心；展方寸之能，而千里在掌。至于移神定质，轻墨落素，有象因之以立，无形因之以生。"朱景玄认为，绘画审美的特殊功能和手段既能以有形之象为对象，又能以无形之象为对象，使无形之形能再造出一个审美意象。这是对绘画审美功能的重要体认。

在绘画审美的品评方面，朱景玄于张怀瓘所提出的神、妙、能三品之外，提出了逸品。所谓逸，就是超越和超逸。朱景玄说："古今画品，论之者多矣。隋梁以前，不可得而言。自国朝以来，惟李嗣真《画品录》，空录人名而不论其善恶，无品格高下，俾之观者，何所考焉？景玄窃好斯艺，寻其踪迹，不见者不录，见者必书。推之至心，不愧拙目。以张怀瓘《画品断》神、妙、能三品，定其等格，上、中、下又分为三，其格外有不拘常法，又有逸品，以表其优劣也。"依照朱景玄的解释，逸品就是"不拘常法"，富于超越的性质。

朱景玄对唐代诸位画家做了许多审美评述。例如称吴道子"施笔绝纵，皆磊落逸势"，称韦偃"以善画山水竹树人物等，思高格逸。居闲尝以越笔点簇，鞍马人物，山水云烟，千变万态，或腾或倚，或龁或饮，或惊或止，或走或起，或翘或跂。其小者，或头一点，或尾一抹。山以墨斡，水以手擦，曲尽其妙，宛然如真"。称王维《辋川图》"山谷郁郁盘盘，云水飞动。意出尘外，怪生笔端"。

唐代绘画美学论是在六朝绘画论基础上的发展和进一步阐解，把六朝的一些概括性绘画论加以具体化，对唐代的画家审美成就进行深入的品评。唐代绘画审美论更多地接受和融会了道家哲学思想，提出"不患不了，而患于了"的绘画美学思想。前引张彦远《历代名画记》说："夫画物特忌形貌彩章，历历具足，甚谨甚细，而外露巧密。所以不患不了，而患于了。既知其了，亦何必了，此非不了也。若不识其了，是真不了也。"唐代绘画提出了"天然为美"的审美理想，汇入中国总体审美理想。又提出了"形真神全"的美学思想，白居易在评价一画家审美成就时称其"形真而圆，神和而全"[①]。其又在《画雕赞》中称白昊"得丹青之妙，传写之要；毛群羽族，尤是所长"。"想入心匠，写从笔精。不卵不雏，一日而成。轩然将飞，戛然欲鸣。毛动骨活，神来著形。"在六朝"以形写形"论的基础上突进一步，强调了绘画中所透视出的"神"。

唐代美学家往往在对具体画家的品评中体现其审美评价和美学思想，因而有一定的针对性，同时，又在具体的对象之外体现出普泛性质的美学思想，跟整个唐代的美学思想相一致。绘画美学思想有其丰富性，这是在唐代

---

① 白居易：《记画》。

丰富的绘画审美经验基础上抽象和概括出来的。

第二节　美学成就

唐代美术包括绘画、工艺、雕塑等，均有多方面的成就。诚然它有所承继，但有独特的创造，是不可替代的，或是不可超越的。就绘画而言，今人岑仲勉的《隋唐史》曾就六朝与隋唐做了如下比较：

> 从一般画之题材言之，以人像及社会生活为正宗，山水、翎毛、花卉都居其次，晋顾恺之云："画人最难。次山水，次狗马，其台阁一定器耳。"
>
> 从其结构言之，如山水树石之比例，六朝者富于象征意味，"或水不容泛，或人大于山"，隋、唐则渐趋写实。然此只就空间性言之，时间性则往往忽略，张彦远评王维画多不问四时，沈括指出其雪里芭蕉，彦远又云："只如吴道子画仲由，便戴木剑，阎令公（立本）画昭君，已着帷帽，殊不知木剑创于晋代，帷帽兴于国朝。"如此之类，即名家不免，或者过分强调画中人物装饰以觇当时习俗，须于此点致意。
>
> 从其线条言之，六朝用铁线条，显受西域影响，至唐则吴道子辈融合中西，别创浑厚雄伟之莼菜条，自成一派。
>
> 更就设色言之，则六朝多用蓝色，隋、唐乃色彩繁丽。所用颜料，据美国R. J. Gettens分析，共十一种，即烟炱、高岭土、赭石、石青、石绿、朱砂、铅彩、铅丹、靛青、栀黄、红花（胭脂）是也。或言以曾青和壁鱼设色，则近目有光云。

概括而言，六朝富于象征性，隋唐则有写实性；六朝多用蓝色，而唐代则用斑斓五彩。在时间审美上，唐代绘画有重大突破，打破了时间的自然序次，重新组合。重新组合是以审美为指导的。王维有所谓雪中芭蕉画，是绘画美学上的重大突破。沈括《梦溪笔谈》卷一七曰："书画之妙，当以神会，难可以形器求也。世之观画者，多能指摘其间形象、位置、彩色瑕疵而已；至于奥理冥造者，罕见其人。如彦远《画评》言王维画物，多不问四时，如画花往往以桃、杏、芙蓉、莲花同画一景。予家所藏摩诘画《袁安卧雪图》，有雪中芭蕉，此乃得心应手，意到便成，故造理入神，迥得天意。此难可与俗人论也。谢赫云：'卫协之画，虽不该备形妙，而有气韵，凌跨群雄，旷代绝笔。'又欧文忠《盘车图》诗云：'古画画意不画形，梅诗咏物无隐情。忘形得意知者寡，不若见诗如见画。'此真为识画也。""雪里芭蕉"打破物理时序，重新组合乃是"心源"之需要。惠洪《冷斋夜话》说："王维作画雪中芭蕉，法眼观之，知其神情寄寓于物，俗论则讥以为不知寒暑。"王维的《大唐大安国寺故大德净觉师塔铭》曰："雪山童子，不顾芭蕉之身。"不求表象的真实感，按照主体需要去改变对象形态和结构，这是唐代绘画审美的重大成就。

唐代绘画审美显示了它的生动性、形象性、传神逼真、跃然纸上。这从韩愈的《画记》文中可以看出来：

> 杂古今人物小画共一卷。骑而立者五人，骑而被甲载兵立者十人。一人骑，执大旗前立，骑而被甲载兵行、且下牵者十人，骑且负者二人，骑执器者二人，骑拥田犬者一人，骑而牵者二人，骑而驱者三人，执羁靮立者二人，骑而下、倚马臂隼而立者一人，骑而驱涉者二人，徒而驱牧者二人，坐而指使者一人，甲胄手弓矢铁斧钺植者七人，甲胄执帜植者十人，负者七人，偃寝休者二人，甲胄坐睡者一人，方涉者一人，坐而脱足者一人，寒附火者一人，杂执器物役者八人，奉壶矢者一人，舍而具食者十有一人，挹且注者四人，牛牵者二人，驴驱者四人，一人杖而负者，妇人以孺子载而可见者六人，载而上下者三人，孺子戏者九人。凡人之事三十有二，为人大小百二十有三，而莫有同者焉。

> 马大者九匹。于马之中，又有上者、下者、行者、牵者、涉者、陆者、翘者、顾者、鸣者、寝者、讹者、立者、人立者、龁者、饮者、溲者、陟者、降者、痒磨树者、嘘者、嗅者、喜相戏者、怒相蹄啮者、秣者、骑者、骤者、走者、载服物者、载狐兔者。凡马之事二十有七，为马大小八十有三，而莫有同者焉。

> 牛大小十一头。橐驼三头。驴如橐驼之数而加其一焉。隼一。犬羊、狐兔、麋鹿共三十。旃车三辆。杂兵器弓矢、旌旗、刀剑、矛盾、弓服、矢房、甲胄之属，瓶盂、篆笠、筐筥、锜釜、饮食服用之器，壶矢、博奕之具，二百五十有一，皆曲极其妙。

> 贞元甲戌年,余在京师,甚无事。同居有独孤生申叔者,始得此画,而与余弹棋,余幸胜而获焉。意甚惜之,以为非一工人这所能运思,盖丛集众工人之所长耳,虽百金不愿易也。明年出京师,至河阳,与二三客论画品格,因出而观之。座有赵侍御者,君子人也,见之戚然,若有感然,少而进曰:"噫!余之手摹也,亡之且二十年矣,余少时常有志乎兹事,得国本,绝人事而摹得之,游闽中而丧焉,居闲处独,时往来余怀也,以其始为之劳而凤好之笃也,今虽遇之,力不能为已,且命工人存其大都焉。"余既甚爱之,又感赵君之事,因以赠之,而记其人物之形状与数,而时观之,以自释焉。

画中人物众多,姿态各异,"莫有同者";画中马匹众多,姿态各异,也是"莫有同者"。至于其他动物和物体在画中"皆曲极其妙"。韩愈自认为这幅巨卷是"丛集众工人之所长",是集体创作,具有极高的审美成就。从这里可以看出整个唐代绘画美学状况和品位。

隋代结束六朝南北分峙的局面,实现全国统一,于史之功与秦统六国相仿。隋代绘画美学在全国一统的背景下,其审美理想亦有变化,南朝绘画之风告结束,代之而起的是南北绘画之风的融合。隋代享国日短,其绘画美学的理想虽然持续时间短暂,但对此后的唐代却产生了影响。当时河北画家展子虔、江南画家董伯仁均来到长安。起初,二人绘画美学思想有差异,实际上反映了南北地区美学的差异和矛盾,但二人逐渐互相吸收对方审美之所长,相得益彰。这可以作为南北绘画美学在隋代臻于调和的实例。

隋代美术美学承前启后,承南北朝启初唐,但也有开拓,所开凿敦煌石窟占现存石窟之五分之一,有九十五个之多。在宗教雕塑中,据今人潘天寿之《中国绘画史》:"其造像之盛,实比南北朝有过之无不及。文帝即位之开皇元年,即发诏修复天下佛寺,计造金银檀香夹苎牙石等像,大小十万六千五百八十躯;修治旧像一百五十万八千九百四十躯。炀帝亦铸刻新像三千八百五十躯,其中有百三十尺之弥陀坐像等。旧像之修治,亦达十万一千躯。天台之智者大师,一生亦造像八十万躯。其他私人之造像,尚不在此。佛像经此之修治,凡北周武帝灭法之惨迹,至此全行恢复矣。石窟则如山东历城之千佛山,河南安阳之万佛沟,以及龙门等处,均有隋代雕造之龛像,其工程之伟大,技工之精丽,不减北朝。故隋之绘画,仍以道释画为主题,其势力足继承南北朝之盛势,以达初唐之极则。""炀帝大营宫殿,如大业元年,营显仁宫于洛阳,四年,又建汾阳宫于汶源;并自长安至江都,置离宫四十余所,土木之盛,殆驾秦始皇而上之。其需绘画以为施饰者,自穷极奢侈。加以当时京洛诸地,寺院道观建筑之杂起,均需辉煌之绘画以壮观瞻。故工匠派之绘画,特见兴盛,其技工至为精工巧整,逞一时之风尚。"

隋代画坛出现了一批画家,张彦远《历代名画记》曾说道:

> 只如田僧亮、杨子华、杨契丹、郑法士、董伯仁、展子虔、孙尚子、阎立得、阎立本,并祖述顾、陆、僧繇。田则郊野柴荆为胜,杨则鞍马人物为胜,契丹则朝廷簪组为胜,法士则游宴豪华为胜,董则台阁为胜,展则车马为胜,孙则美人魑魅为胜,阎则六法备赅,万象不失,所言胜者,以触类皆能,而就中尤所偏胜者,俗所共推。

称这些画家各有所胜,创造了独擅所长的美的艺术形象。在画风上,张彦远认为是"祖述顾、陆、僧繇",隋代绘画美学风格继承了六朝之风,属于精致亮丽之一路。例如张彦远所说的杨契丹"六法皆备,甚有骨气",郑法士"属意温雅,用笔调润,精密有余",刘乌"其于绵密,独越伦辈",王仲舒"精熟润媚,推于名辈"等,这些都颇得六朝笔法。郑法士画的贵族男性"丽组长缨,得威仪之樽节",女性则"柔姿绰态,尽幽闲之雅容",颇有六朝风度。其自然环境与景观,也是一派富于色彩的六朝景象。

隋代展子虔的《游春图》被称之为"开青绿山水之源",是"以形写形""以色貌色",是对追求对象世界色彩感的六朝绘画美学的进一步发展。画幅以贵族游春为审美对象,山川树石均以青绿敷色,富于青绿山水的古典美学色调,进入"青绿重彩,工细巧整"的审美新阶段。展子虔从根本上改变了已成定例的绘画审美比例原则——"人大于山,水不容泛",形成富于透视原理的审美法则。它从根本上改变了前期绘画笨拙稚弱的状况,走向真正意义上的审美,直接影响了唐代的李思训、李昭道父子,在中国山水绘画美学史上有特殊地位。

阎立本的人物画成为初唐政治事业兴盛状况的写照,反映了处于上升时期的初唐社会精神。他绘有《昭陵列像图》《历代帝王图》《步辇图》等。《凌烟阁功臣二十四人图》是对唐代开国功臣的礼赞,由唐太宗李世民亲写赞语，寓有强烈的政治情感色彩。阎立本所绘《历代帝王图》的十三个帝王像，分为开国之君和亡国之君两大类型，根据其历史观对之做出了审美性评价，可以说是寓政治性于审美性之中，寓政治评价的喜恶于审美评价之中。对刘秀、曹丕、司马炎、宇文邕，表现了他们的威严气概及其君临天下的气势，而对亡国之君的陈叔宝，画家用以袖掩口的形态描述，表露审美上的蔑视之情。阎立本的帝王人物画之所以没有完全成为单纯的政治图解式的写照，乃因他不是进行简单的勾画，而是抓住最有表现力的部位做动人的审美刻画。例如胡髭，因质感的硬软、数量的多寡，显示不同的特征；例如筋肉因糙柔的差异，而体现出素质的差异，宇文邕强悍而多谋略，陈文帝陈蒨美姿而富儒雅，于此体现出来。眼睛因有大小尖圆之别，因有上、平、低视之分，遂形成不同的个性和内在气度。例如曹丕目光上挑，鹰扬虎视，不可一世；陈叔宝有眼无光，见其无能之质。这些都反映了他善于在具体而微的部位上表现审美特征，体现了阎立本绘画审美水平的高超。阎立本的绘画审美还有着六朝绘画美学痕迹，有比较相似的长圆形的头像，衣褶都是划一化的，较少变化。特别是帝王与侍从之间的关系比例失调，为了突出帝王，不惜放大其形象，而压缩侍从形象，于是，政治性压倒了审美性，说明他的绘画还没有完全走向审美化，距离比例协调进而和谐的审美尚有一段过程。阎立本的人物画在审美渊源上跟顾恺之的《女史箴图》有一定的联系，但其晕染技法则有进一步的发展和提高。

《步辇图》反映了初唐的汉藏和睦，文成公主与松赞干布和亲的重大题材，体现了初唐画家与政治的联系。此画用重彩刷色，以加晕之法突出脸部的效果，线条感很强，富于表现力。阎立本的人物画代表了初唐的绘画美学水平，有六朝风格却又有自身的创造。

尉迟乙僧作为于阗贵族画家，其画作富于域外的绘画美学特征。在审美题材对象上时称其多为"画外国及佛像"，当与中原画风有所不同。他的画有域外风情，打开了中原人的眼界。他所绘的人物画带有域外特点，脱略中原仪形。在审美技法上，他趋于新奇变怪，用笔狠辣，用墨挥洒，唐《画断》曾称其"千怪万状，实奇踪也"。段成式《京洛寺塔记》言其"匠意极险"。尉迟乙僧善用晕染法，形成很强的立体美感。元代汤垕《画鉴》称其"用色沉着，堆起绢素，而不隐指"。他的画的立体感在于手摸之而无凹凸感，但眼观之则显得起落不平，形成视觉立体感。他的用笔已有中原风调，正如僧彦悰所言，"笔迹洒落，有似中华"。张彦远《历代名画记》称其"小则用笔紧劲，如屈铁盘丝，大则洒落有气概"，可见其大小屈伸自如，有着绵密的线条感，紧密劲健，力度强劲，线条的密度大，形成了特有的审美节奏，这跟顾恺之"春蚕吐丝"式的密裹型线条是同一机杼。尉迟乙僧的绘画美学既有域外风调，又有中原格致，融会所长而雄峙于初唐画坛。

被誉为"画圣"的吴道子在唐代绘画美学史以至整个中国绘画美学史上占有崇高的地位。吴道子是跟诗中之杜甫、书中之颜真卿、文中之韩愈齐名的唐代美学之代表。苏轼《书吴道子画后》说：

> 诗至于杜子美，文至于韩退之，书至于颜鲁公，画至于吴道子，而古今之变，天下之能事毕矣。道子画人物，如以灯取影，逆来顺往，旁见侧出，横斜平直，各相乘除，得自然之数，不差毫末。出新意于法度之中，寄妙理于豪放之外，所谓游刃有余，运斤成风。盖古今一人而已。

关于画风，有所谓"曹衣出水，吴带当风"的说法。郭若虚《图画见闻志》卷一"论曹吴体法"曾具体阐解道："吴之笔，其势圆转，而衣服飘举；曹之笔，其体稠叠，而衣服紧窄。"所谓"吴带当风"正是一种线条和线条所形成的美。这种线条形态表现为曲折回环和飞腾起伏，是流动美、飞动美。吴道子行笔疾速，纵横排奡，如风雨大作，改变了六朝细若游丝式的铁线描的缓慢运笔节奏，在下手快速和旋风式的运转中出现美的节奏和物象的立体状态。线条在飞动中有飘逸感和欲起凌飞的气势，富于力度，提高了美感作用。他的线条经历了一个发展过程，早年行笔细巧得六朝之风，中年则行笔磊落，这跟善于学习和扬弃有关。他学习汉代绘画线条的力度，却又摒弃其简单和粗放；他从裴旻剑舞中获得启示，观其壮气，以助挥毫。果然，裴旻舞毕，道子奋笔，援毫图壁，飒然风起，俄顷而成，若有神助，为天下之壮观。他学习贺知章、张旭书法，从书法中借鉴了画法，丰富了线条美感因素。米芾曾对吴道子的绘画审美特征做了这样的概括："行笔磊落，挥霍如莼菜条，圆润折算，方圆凹凸。""莼菜条"就是指丰厚圆润、富于质感的线条，他改变了六朝绘画的细线，创造出丰润的"莼菜条"，正体现了盛唐求丰满厚重的审美理想。在这个意义上吴画与颜字都是适应了时代审美的需求。

在敷设色彩上，汤垕《画鉴》曾这样概括道："其傅彩也，于焦墨痕中薄施微染，自然超出缣素，世谓之吴装。"他的画不求绚丽，五彩缤纷，而是浅深晕成，敷粉简淡，有的甚或不着彩色，即所谓白描。这根源于吴道子的审美理想："众皆密于盼际，我则离披其点画；众皆谨于象似，我则脱落其凡俗。"他在绘画艺术构思、线条处理、色彩安排上确是别具一格、别开生面，从而产生了独特的"吴家样"。

吴道子的绘画代表作《送子天王图》又名《释迦降生图》，以净饭王把刚降生的释迦送给天王的故事作为绘画题材。他把握住绘画作用于人的视觉审美感受特征，以人物的微妙神态、神情的表现及其变化，显示人物的心理特征。例如天王虽端坐镇定，不失威严，但细微神态中却难掩喜悦心情。画的后一段描绘净饭王送子前行的情态，小心持重的神色中微露出恭谨的心态，而匍匐在地的天神在惊恐中又显现崇敬心情。作为幼婴的释迦牟尼虽未直接出现于画面，但虚以实之、实以虚之的笔法却使所有人物的神情因之而发生，产生了暗衬隐托之审美效果。

吴道子的宗教画可以说是集大成而又自出新意。他于佛画所作"兰叶描"，成为后世之楷范。他完成了佛画从西域化到汉民族化的转化历程，进而形成了吴道子宗教画派。五代及其以后的宗教画在审美技法上盖出于此，可见其影响之深远了。

王维，作为山水南宗之祖，形成了真正的文人画。他把诗的审美技法、笔法融入绘画审美中。他作画意到笔随，景象不问四时，《袁安卧雪图》有雪里芭蕉，物理时间完全服务于心理时间。宗白华《艺境》评述道：

> "心自旁灵"表现于"墨气所射，四表无穷"，"形自当位"，是"咫尺有万里之势"。"广摄四旁，圜中自显"，"使在远者近，抟虚成实"，这正是大画家大诗人王维创造意境的手法，代表着中国人于空虚中创造生命的流行，纲缊的气韵。

林语堂《人生的盛筵》也写道："当这种反对琐细工匠手法的变革到来之时，出现了王维。他本人也是第一流的山水画家，他把中国诗歌的精神与技巧引入其中，有印象主义、抒情性、气韵的强调以及泛神论，这样看来，这位使中国绘画久享盛誉的'南宗之祖'，是受了中国诗歌的熏陶的。"王维的画美渗入了诗的律吕和气韵。王维作为南派之宗，善用破墨山水，《新唐书》本传言其"工草隶，善画，名盛于开元、天宝间，豪英贵人，虚左以迎，宁薛诸王，待若师友"。《旧唐书》本传言其"书画特臻其妙，笔踪措思，参于造化。而创意经图，即有所阙如。山水平远，云峰石色，绝迹天机，非绘者之所及也"。王维的绘画美学风格体现了作为隐逸型士大夫的心理特征和审美理想，把诗、乐、画融会于一体，山谷盘郁，意出尘外，从而形成一种特有的审美格调，空澄、清明，仿佛游离于喧嚣的闹市，置于另一世界之中。故线条明洁，着墨淡丽，形成了介乎李思训与吴道子之间，融其所长却又别开一途的笔墨、技法，内在地反映了文人画家的精神特征和需求。

跟王维南派不同的是北宗的金碧山水，其代表是李思训父子。董其昌《画旨》写道：

> 北宗则李思训父子著色山水，流传而为宋之赵幹、赵伯驹、伯骕，以至马、夏辈。南宗则王摩诘始用渲淡，一变钩斫之法，其传为张璪、荆、关、董、巨、郭忠恕、米家父子，以至元之四大家。

金碧山水浓艳，辉煌耀眼，充溢富贵气象。李思训作为唐之宗室，习见于浓香软艳的生活环境，用其审美心理观照自然山水对象，便创立了金碧山水的审美画法。他改变了隋代细润画法，形成了笔格遒劲的北宗画法。其子李昭道"变父之势，妙又过之"，和水墨山水一样，为晚唐五代山水做了充分准备。李思训的《江帆楼阁图》是金碧山水的代表作，画的上部江面浩阔，船帆竞流，形成了延展着的浩渺境界。在松竹掩映下则是碧瓦朱殿的雄峙，是各色人物。画幅着色绚丽，辉煌壮观，满足了人们在这方面的审美需要，在色彩感上有着引发人们视觉感性的功能。

盛唐的鞍马画亦有独特的地位。盛唐向外征服，开拓疆土，鞍马地位便得以强化，应运而生鞍马画。正如潘天寿《中国绘画史》所说："于是绘画鞍马之专家，如曹霸、韩幹、陈闳等，同时并起，为盛唐绘画上之又一异彩。盖吾国自汉魏以来，画马者，多作螭头龙体，矢激电驰；虽至晋宋之顾陆，一变风调，周隋之董展，一变格态；然屈产蜀驹，尚存翘举之势。至韩幹等出，始全倾向于写生，得形神之备。于是画马之盛，遂为前世所未有，后世所典则。"鞍马画的兴盛，是盛唐气象的反映，是崇尚武力和开边拓土的精神之体现，杜甫《高都护骢马行》言"此马临阵久无敌，与人一心成大功"，道出了其中的原因。这也跟唐玄宗李隆基等人的喜好相关。杜甫写有《韦讽录事宅观曹将军画马图》《丹青引赠曹将军霸》等，对曹霸鞍马画给予高度评价。曹霸有弟子韩幹亦善画马，杜甫《丹青引赠曹将军霸》说："弟子韩幹早入室，亦能画马穷殊相。"杜甫《画马赞》曾称赞"韩幹画马，毫端有神"。另一方面，他在《丹青引》中批评"幹惟画肉不画骨，忍使骅骝气凋丧",认为所画马徒有肉而无骨,因此使气韵凋丧,而张彦远在《历代名画记》中说:"杜甫岂知画者,徒以幹马肥大,遂有画肉之消。"韩幹画马肥恰恰是其特长之所在。他所绘《牧马图》驭马者骑于白马之上,而直接占据画的主要位置成为视觉感受中心的是黑马。这给人的审美感受就十分强烈和突出。同时,黑白之间形成对比。画者用墨大胆,用团块型墨形成强烈的效果,出现浑厚滚壮的形象感。如果说韩幹画马体现了一定的宫廷画意味,那么,韩滉画牛则体现了风俗性的审美要求,在唐代绘画美学史上有着相映生辉的效应。《唐朝名画录》说其"能图田家风俗,人物水牛,曲尽其妙"。他的代表作是《五牛图》,其衬景极为简单,仅有一株小树,腾出大幅画面来描绘牛的形象。画家所着意展现的是五牛各殊的神态和姿势。有的低首而啃,有的缓步而行,有的昂首而鸣,有的回头而视,有的昂奋而驰。五种神态把牛的生性神姿概括殆尽,体现了审美描述中的概括才能。画家把五种神态集中在一幅画中,在神态的形成上有其独立存在性,但它们又不是孤立的,互不关涉的,而是同一画面上因相异产生了互补型生命,从而出现了整体性的审美情境。所用笔墨朴实粗放,厚重简括。明代李日华《六研斋笔记》评述道:"韩滉《五牛图》,虽着色取相,而骨骼转折筋肉缠裹处,皆以粗笔辣手取之,如吴道子佛像衣纹,无一弱笔求工之意,然久对之,神气溢出如生,所以为千古绝迹也。"

张萱、周昉的人物画。张萱的仕女画形成了工整浓艳的审美特征,以朱晕耳根为其特色。《虢国夫人游春图》描述了唐玄宗时贵族夫人的生活,悠游自得,骄奢中含着春风得意的意味。画中人物体态丰盈,雍容华贵,笔墨工丽,骑鞍的金缕银丝均历历可见。整体画面透出春意盎然的声息,春景仿佛冉冉扑来。他还画有《捣练图》,所绘人物保持着与《虢国夫人游春图》相近似的风格,艳媚、丰盈。这正体现了盛唐画风的美学品格,以丰颐厚颊见长,崇尚丰满美,体现了以"环肥"为美的盛唐审美理想。

周昉仕女画有《簪花仕女图》等,成为唐代仕女画美学风格的代表作品,真实地表现了宫廷贵族女子娇丽而悠闲的生活图景,可以据此体验出唐代诗人所描述的宫廷生活情调。在贵族妇女和花、蝶、狗、鹤所构成的对象性生活世界中,透溢她们的精神气质和心态。周昉的这幅画在着色上半透半露,现出对象的丰润肌肤,并用袒胸露肩方式处理,在审美上体现了唐代思想的开放。

张萱、周昉的仕女画在中国绘画美学史上具有开拓性意义和改变风气的价值。虽然唐以前早有仕女画，但审美的对象是烈女、孝女，顾恺之的《女史箴图》即属于这一范畴，绘画的伦理文化色彩浓重。但是，张萱、周昉的仕女画改变了这一美学方向，他们把审美对象引向正在生活而又善于生活的人们，描述了那个时代上层社会妇女艳冶而单调的生活。绘画审美中所体现出来的艳丽色调和富于感性色彩的情调又正吻合和吸引了日益成为社会主体的市民层的审美趣味和需要。这一转变反映了中国绘画美学史的重要走向，反映了社会的审美需求向绘画美学所提出的要求。绘画审美所表现出来的硬直、理性的内容被艳软、感性的色调所取代。在当时，以张萱、周昉为代表的一批画家比较全面地展示了上流社会的生活图景，诸如听琴、煮茶、纳凉、斗鸡、射鸟、出浴、弈棋等等。由此，绘画对象世界不再是怒目的金刚、低眉的菩萨、忠贞的烈女，而是雍容的贵妇、露胸的美女、平庸的生活。她们无一不是丰肌腴肉、温香玉软、珠光宝气、浓艳满眼。她们走进中国绘画美学史的画廊，构成了一个新的形象世界和谱系。为了描绘这些形象，吴道子极富力度的线条已不适用，六朝那游丝般的笔法也与此不相适应，于是，出现了流丽轻盈而不无富贵气的构图方式、鲜艳浓厚而含有典雅味的线条运用，使得对象的装饰性描绘富于质感，丰硕肥满的肌肉充满弹性。它给后代工丽型人物画以深刻影响。

　　花鸟画。唐代花鸟画完成了从装饰性、陪衬性到独立的审美对象化的历程。唐代花鸟画系工笔画类型，重彩浓丽，翠羽生动，以对象的逼真性和色彩的强烈感性特征构合成审美性。边鸾被誉为花鸟画之祖。《历代名画记》称："边鸾善画花鸟，精妙之极。"汤垕《画鉴》指出边鸾花鸟画的审美特征是"精于设色，浓艳如生"，正是上述审美性的体现。

　　宗教壁画。宗教壁画的兴盛随着佛教的兴盛而出现，寺院的大量涌现，也就给壁画提供了大量空间。随着世俗地主阶级的兴起，社会氛围和心理情绪发生了变化，其生活趣尚亦影响审美趣尚。这时的宗教意识和世界，不是割肉贸鸽、舍身饲虎的庄严崇高和悲惨世界，而是宗教世界亦如世俗人间一样充满和谐欢乐情绪，于是它便走向世俗化。社会风气变化后影响画家的审美心理进而影响绘画的审美品性。那些宗教世界里的菩萨、神的形象也开始按照现实的人、唐代的人的面目来塑造和描绘，宗教世界体现了人世间的理想和美感要求，不是原先按照想象性的虚构而形成。这样，菩萨、神的形象取得了亲和的、现实性的特征。它的极端化做法就是把生活中的姬妾形象也作为菩萨形象来塑造和描绘，佛已完全不是人的崇拜对象了。这里，精神的顶礼膜拜已不复存在，只剩下用形象来移植和取代了。这是泯却宗教意识的审美表达。《张议潮夫妇出行图》本来是对现实的描绘，是对现实人的歌功颂德，场面浩大、旌旗如林，却成为宗教壁画的内容。这是世俗绘画审美对宗教艺术审美的取代。《西方净土变》莫高窟大型壁画是一个诸景皆备的万花筒般的世界，那占据画面中心的菩萨形象俨然就是现实世界中方面大耳、体态丰腴，体现了时代审美理想的唐人形象。围绕这一硕大主体形象的是两大菩萨和簇拥周围难以尽计的菩萨形象。众多的形象也一样被描绘成体态丰盈、曲眉丰颊，背景和衬景则是仙山琼阁、高楼玉宇、祥云舒卷，万千气象极尽变化之态，线条流畅，色调绚丽多姿。这里没有阴冷、恐怖，有的则是热闹，出现天国世界的交响乐。

《维摩诘》所描绘的是维摩诘和文殊菩萨论辩的情景，不仅有论辩者的形象而且有听众的形象，形成有主有次富于层次感的群体形象画幅。其美学史意义在于维摩诘形象的演变。他出现在六朝画家笔下时，是"清羸示病之容，隐几忘言之状"，其正是六朝人的风度，然而到唐代宗教壁画中却成了健朗的老者、善辩的智者，这是现实唐人的写照。宗教壁画，就隋唐本身而言亦非一成不变，也有一个发展的历程。从隋到初唐显然留有北朝的审美痕迹，人物形象清癯秀美，线条粗中有细，有流畅之势，但色彩美感形式有所不同，运用了面晕的红颜向四周扩散的方式。这些又为向盛唐的发展做了准备。盛唐宗教壁画的特点是审美对象彻底成了现实中的血肉之躯，有人的神态、情绪，充盈丰满，完全可以视作现实中的人物。到了中唐，宗教壁画的人物画进一步人世化，但人物的描绘开始让位于宗教场面的渲染；到了晚唐，这一倾向进一步发展，装饰功能进一步提高，色彩俗艳，线条美感形式失去了盛唐风味。

墓室壁画。墓室壁画是唐代绘画艺术中的重要构成部分。墓室壁画在前代早有，唐代更盛。这是唐代厚葬的社会风习的结果。《旧唐书·舆服志》记曰："王公百官竞为厚葬，偶人像马，雕饰如生，徒以炫耀路人，本不因心致礼，更相扇慕，破产倾资，风俗流成，遂下兼士庶。"由于壁画的兴盛、发展，唐代还出现了专门的管理机构。《旧唐书·职官志》写道："（将作监）右校署：令二人，丞三人，府五人，史十人，监作十人，典事十四人。右校令掌供版筑、涂泥、丹艧之事。"墓室壁画所涉及的审美对象较为广泛，有天文星宿、狩猎活动、礼仪交往、上层社会、基层生活等。墓室壁画的审美对象及其审美格调在唐代也经历了一个演化过程。初唐墓室壁画的群体性特征十分显著，有大型的狩猎图。例如章怀太子墓墓道东壁的《狩猎出行图》，描绘了一大批骑马狩猎者狩猎的浩大场面和奔纵气势。懿德太子墓墓道东壁的《太子大朝仪仗图》，极为壮观。李寿墓的《出行图》，旌旗如云，骏马成阵，将出行而待发，立马空鞍，侍者立待，对未出场的主人做了烘托，极富审美构思的匠心。这时期的墓室壁画以气势、场面胜。壁画的审美内容及其审美格调，反映了现实世界的审美理想和审美要求，体现了初唐时人们对建功立业的向往和已成功业的肯定。到盛唐年间，壁画的审美对象转向寻常生活，人物不是在马背上，而是在居室之中。壁画的日常性、风俗化意味较浓。没有六朝壁画的古风，亦无初唐浩阔的场景。有壁画以少、壮、中、老四个不同年龄区段绘出了人生不同年龄区段的世界和精神状态，人物的神态描绘栩栩如生。《内侍图》七名宦官，各具情态，殊不相侔。章怀太子墓墓道东壁的《礼宾图》描绘了中原人与少数民族及国外人的形象。《观鸟捕蝉图》中三名宫女形象，身姿不同，在同一专注的神情姿态中又有差异。在对观看鸟儿捕蝉的寻常描绘中体现了人物无所事事的慵态，可以跟唐代丛生的宫怨诗做相似的体认。到了中唐及以后，墓室壁画继续沿着上述的审美方向发展，人物画和人物所构成的寻常生活场景继续占据审美中心。中唐屏风式仕女画每一屏风自成画幅，各有其独立的审美对象，或弹琵琶，或抱琴，或执扇，或拈花，在园林树木丛石的映衬下，在同一画幅中侍从对仕女的衬托下，在屏风画之间的互相烘染下，形成了连轴春色图，融融春意拂面而来。埋于地下的墓室壁画有着跟地面同一的审美品格，形成了跟整个唐代绘画审美从初唐人物画的清丽到盛、中唐的肥腴，从紧衣窄袖到宽衣大髻，从"曹衣"到"吴带"相一致的审美历程。唐代墓室壁画线条流畅飘逸，色彩和谐艳丽，审美成就极高。

陶瓷。隋代陶瓷工艺审美水平有重大突破，即产生了白瓷，把中国陶艺推进到一个新的层面，从此中国陶瓷有了一个新的品类。隋代陶瓷胎体轻巧，远胜六朝。唐代白瓷工艺水平进一步提高，杜甫诗中有句"君家白碗胜霜雪"。青瓷工艺水平在隋唐亦有进一步提高。特别是在唐代，首以窑来命名陶瓷，于是有越窑青瓷，邢窑白瓷，陆羽《茶经》就曾从饮茶角度对二者做了比较:"或者以邢州处越州上,殊为不然。若邢瓷类银,越瓷类玉,邢不如越一也;若邢瓷类雪,则越瓷类冰,邢不如越二也;邢瓷白而茶色丹,越瓷青而茶色绿,邢不如越三也。"唐代陶瓷的最大成就是产生了唐三彩。在一件陶瓷器物上,黄、绿、白或黄、绿、蓝、赭诸色错杂交织,遂成为"三彩"。"唐三彩"既是指色彩而言,又指雕塑,而它最富于审美感性特征的是色彩。斑斓晕染,流丽多彩。唐三彩的雕塑对象多为器皿、人物、动物三类,动物中马、骆驼为其重要的审美对象,骆驼是唐代丝绸之路的情景体现,马的形态、神姿各异,反映了唐代社会生活的领域,有极高的工艺审美水平。

石窟造像、彩塑艺术。这是隋唐二代特别是唐艺术美学水平的重要标志,尤以宗教艺术为显。隋代石刻造像继承北朝风格,但又有新的改造和发展。头部长,面部圆润,腮部稍隆,颈部稍长。在艺术美学史上,隋代是过渡期,它为随之而来的唐的艺术美学做了先期准备,使唐在一个很高的起点上向更高阶段推进。唐代龙门石窟的审美成就极高。奉先寺唐高宗时期的卢舍那佛像,面部微胖,略带不可言称的微笑,头部稍向下倾,丹凤眼双睁,目光亲切,可与上仰的参拜者相对视,形成会心的交流。唐高宗时龙门石窟潜溪寺的菩萨与天王像的雕塑审美水平,在隋代基础上向前推进了一大步。唐高宗、武周时期的夜叉像,将兽怪形与人形融合起来,幻化成一种非写实性的形象。它极具形象感、夸张性。

陵墓雕塑。唐关中十八座陵墓,有独自耸立于空间的石雕形象,以人物、动物为主。它在气象的雄壮、浑厚上为宋陵所望尘莫及。宋陵人物像文气得多,体现了文官儒雅但不免柔弱的特征。唐前期的陵墓石雕,受到六朝影响,但在审美意味和审美形态上,唐的陵墓石雕又要逊于六朝。唐高祖献陵的石虎,线条粗放,有六朝之风。献陵、昭陵陵墓石雕作为初唐石雕,处在还没有走向规范化的阶段。这跟整个唐代审美理想的建立相一致。盛唐乾陵、定陵等石雕已构成群体规模,并且规范化了。乾陵石雕现有一对石狮,五十三尊外族酋长人雕,十对石人,五对石马,一对朱雀雕,一对翼马雕,都表现得雄壮矫健、气势非凡。其透露出的精神、气概正是盛唐时代的精神、气概。中唐以后石雕多为文臣与武将对峙,反映出了唐的体制。这时期的石雕像缺少了盛唐的气象,变得低小、粗糙、无神、少力。到晚唐更是每况愈下,反映了残阳夕照时的时代风貌。唐代陵墓石雕艺术形态、精神的演变过程，以自己的方式反映初、盛、中、晚唐的时代精神、审美理想。

在唐代，石雕艺术功利性和审美性达到很好的结合，例如昭陵六骏，它是带有表彰性、纪念性的雕刻。贞观十年（636），唐太宗李世民下诏："朕所乘戎马，济朕于难者，刊石镌为真形，置之左右。"雕刻乘骑六骏，是唐太宗肯定和炫耀自身武功的心态显示。其功利色彩是明显的，但是，功利性并没有掩盖审美性。六骏各具情态，各显精神。特勒骠、拳毛䯄都作缓步行走之姿势，但互不雷同。青骓、什伐赤、白蹄乌，均是四蹄飞奔，仿佛见到惊尘蔽天的战场，但动态、奔势，又各具风采。最为别具一格的是飒露紫，马胸中一箭，由战将丘行恭为其拔箭，战将姿态活灵活现，而战马在平稳站立中表现出浑厚、稳健的雄姿。六骏的构图方式各异，都有其各自的美学品格。

唐代的雕塑艺术反映了人体审美水平的极大提高和发展。在对雕塑艺术对象的观照和审美处理上，唐代艺术家是用现实世界的眼光和方式来对待和运作的，于是雕塑对象便有了人的品格和精神。随着唐人的富裕和阔绰，雕塑对象特别是佛的形象也是一副富态，远不是北魏的那种寒碜相。

唐代的美术美学有灿烂的表现形态，有显著的演变过程，跟整个唐代的社会思潮、社会变革、人文精神均密切相关，因此，它的理想和现实性品格就极为显著。唐代美术美学既有精彩的论述，又有丰富的实践，两者相融。在美术审美成就上可谓全面开花，不少画种已独立成科，且在画的审美意趣和风调上出入秦汉之豪朴、吐纳六朝之隽永，遂成灿烂之唐画。

第四十三章　服饰美学

唐代服饰美学成就极高,在中国服饰美学史上有极高的地位。它体现于色彩、式样、质料等方面,也体现了它所在的那个时代的社会特点和审美理想。

第一节　演变概况

隋代统一中国以后,着手进行服饰的改造和制定,一方面以汉服为主导,另一方面又吸收了北方民族服饰的特点,加以融会。隋炀帝登位后,进一步制定服制,特别确定了服饰的等级差别,主要用色彩来区分。《文献通考》说:"此紫、绯、绿、青为命服,昉于隋炀帝巡游之时,而其制遂定于唐。"隋代服饰的伦理性质十分明显。《隋书·礼仪志》写道:"(大业六年诏)胥吏以青,庶人以白,屠商以皂。"隋代女服多用长裙,束高,甚或束于腋部。裙长又高束,便形成了颀长之美。隋炀帝时由于大兴奢靡之风,服饰亦以华丽为时尚。延及唐代,服饰有所改变,这是随着经济、社会的发展变化而变化的现象。《旧唐书·舆服志》写道:"风俗奢靡,不依格令,绮罗锦绣,随所好尚,上自宫掖,下至匹庶,递相仿效,贵贱无别。"岑仲勉《隋唐史》就曾描述了隋、唐服饰史的演变过程。"自北朝以来,男女衣饰多尚胡服窄袖,唐初犹尔,至开元后稍博。大和六年敕定,袍袄等曳地不得长二寸以上,衣袖不得广一尺三寸以上,妇人制裙不得阔五幅以上,裙条曳地不得长三寸以上,襦袖等不得广一尺五寸以上。开成四年淮南李德裕奏,管内妇人衣袖先阔四尺,今令阔一尺五寸,裙先曳地四五寸,今令减三

（或本讹五）寸。向达近年研究敦煌壁画，谓自六朝至唐初，男女俱着胡服，即所谓裤褶，男衣短仅至膝，折襟翻领；女衣亦同而稍长，内面另有长裙，肩披肩巾，俱穿胡靴，足觇李唐一代服装趋尚之转变。"

唐代服饰变化显著，其变化的原因跟社会思潮、风习的关系很大。从唐代妇女服饰变化的几个阶段可以看出其社会风气的变化影响了服饰的变化。《新唐书·舆服志》载："初，妇人施幂罗以蔽身。"《旧唐书·舆服志》亦载："武德、贞观之时，宫人骑马者，依齐、隋旧制，多著幂罗。虽发自戎夷，而全身障蔽，不欲途路窥之。王公之家，亦同此制。"幂罗是用来遮蔽身躯的，使之不外露，不为人所看见。这种装束反映了唐初的伦理观念之严，其观念内涵还是沿用前代，即所谓"依齐、隋旧制"。但是，到永徽之后出现了变化，《旧唐书·舆服志》记道："永徽之后，皆用帷帽，拖裙到颈，渐为浅露，寻下敕禁断，初虽暂息，旋又仍旧。咸亨二年又下敕曰……至于衢路之间，岂可全无障蔽，比来多着帷帽，遂弃幂罗。"帷帽代替了幂罗。帷帽顶高耸边宽，有网纱做面纱，显然是对幂罗的突破和改造，这是伦理观念突破和更新的结果。因为是伦理观念和审美观念解放所形成的服饰变化现象，所以就具有扩散力，形成风习。尽管它被指摘为"过为轻率，深失礼容"，但"递相仿效，浸成风俗"，已成不可抗拒之势。《旧唐书·舆服志》写道："则天之后，帷帽大行，幂罗渐息。中宗即位，宫禁宽弛，公私妇人，无复幂罗之制。"幂罗不复存在了。到了唐玄宗开元年间，兴起的胡帽又代替了帷帽。据《旧唐书·舆服志》所载："开元初，从驾宫人骑马者，皆着胡帽，靓妆露面，无复障蔽。士庶之家，又相仿效，帷帽之制，绝不行用。俄又露髻驰骋，或有着丈夫衣服靴衫，而尊卑内外，斯一贯矣。"帷帽尚存的一点障蔽已全部取消，女性"靓妆"完全露面。这是彻底的思想解放，是服饰美学的历史性进步。

元和年间是唐代美学包括服饰美学的重要转折时期。《新唐书·五行志》记："元和末，妇人为圆鬟椎髻，不设鬟饰，不施朱粉，惟以乌膏注唇，状似悲啼者。"今人沈从文《中国古代服饰研究》也写道，元和时妇女服饰的"主要特征是蛮鬟椎髻，乌膏注唇，赭黄涂脸，眉作细细的八字式低颦。前期表现健康而活泼，后期则相反，完全近于一种病态……后来衣袖竟大过四尺，衣长拖地四五寸"。白居易的《时世妆》写道："时世妆，时世妆，出自城中传四方。时世流行无远近，腮不施朱面无粉。乌膏注唇唇似泥，双眉画作八字低。妍媸黑白失本态，妆成尽似含悲啼。圆鬟垂鬓椎髻样，斜红不晕赭面状。昔闻被发伊川中，辛有见之知有戎。元和妆梳君记取，髻椎面赭非华风。"白居易还有《江南喜逢萧九彻因话长安旧游赠五十韵》亦写道："时世高梳髻，风流淡作妆。戴花红石竹，帔晕紫槟榔。鬓动悬蝉翼，钗垂小凤行。"史书、诗歌与今人研究的结论是一致的，反映了这一变化了的事实和当时服饰的审美状况。值得注意的是，白居易指出了这是"时世妆"，是时兴的服饰，它一旦流行开来便没有远近——"时世流行无远近"。它"出自城中传四方"，乃都市文化繁盛以后扩散开来所形成的文化、美学现象。诗人真实地描述了唐代的这一事实。由此可见唐代的美学特点，风气性质很显著，风动于都市而声闻于四野，弥散力、扩散性很强，同时，变化迅速，往往才领风骚，旋即更替，否定性十分强烈。这便使唐代美学包括服饰美学演变的思潮性质特别明显。

服饰美学的思潮更迭又非孤立的，它的形成与发展，均跟社会风习和整个美学思潮息息相关。中唐美学出现怪奇美、荒诞美，韩愈、李贺便是其文学美学之代表。在这样的总体美学氛围内，服饰美学也染上怪艳风调，元稹《叙诗寄乐天书》写道："近世妇人，晕淡眉目，绾约头鬓，衣服修广之度，及匹配色泽，尤剧怪艳。"

第二节　基本特征

唐代服饰富于多彩多姿的美感特征。韦应物《长安道》描述道："丽人绮阁情飘摇，头上鸳钗双翠翘。低鬟曳袖回春雪，聚黛一声愁碧霄。"杜甫《即事》写道："百宝装腰带，真珠络臂韝。笑时花近眼，舞罢锦缠头。"可见其装饰花团锦簇，五光十色。

唐代女性服饰有男性化倾向。《旧唐书·舆服志》记那些从驾宫人"或有着丈夫衣服靴衫"。李廓《长安少年行》写道："遨游携艳妓，装束似男儿。"

唐代服饰追求总体上的美。元稹《梦游春七十韵》中就曾描述道："丛梳百叶髻，金蹙重台履。纰软细头裙，玲珑合欢袴。鲜妍脂粉薄，暗淡衣裳故。最似红牡丹，雨来春欲暮。"

唐人重视化妆，元稹《恨妆成》细致地描绘了清晨梳妆的情景："晓日穿隙明，开帷理妆点。傅粉贵重重，施朱怜冉冉。柔鬟背额垂，丛鬓随钗敛。凝翠晕蛾眉，轻红拂花脸。满头行小梳，当面施圆靥。最恨落花时，妆成独披掩。"张碧《美人梳头》也描述道："玉容惊觉浓睡醒，圆蟾挂出妆台表。金盘解下丛鬟碎，三尺巫云绾朝翠。皓指高低寸黛愁，水精梳滑参差坠。须臾拢掠蝉鬓生，玉鬟冷透冬冰明。芙蓉拆向新开脸，秋泉慢转眸波横。"通过装饰形成了一种美态，花枝招展式的美。如常理《古离别》所写："粟钿金夹膝，花错玉搔头。"又如令狐楚《远别离》所写："玳织鸳鸯履，金装翡翠簪。"

唐人改变了隋代发髻简单化的趋向，发髻形式多样，造形别致。梳高髻是唐人之时尚，白居易《江南喜逢萧九彻因话长安旧游赠五十韵》写道："时世高梳髻，风流淡作妆。"元稹《李娃行》有句："髻鬟峨峨高一尺，门前立地看春风。"发髻中有堕马髻。李颀《缓歌行》写道："二八蛾眉梳堕马，美酒清歌曲房下。"倭堕髻。许景先《折柳篇》写道："宝钗新梳倭堕髻，锦带交垂连理襦。"三角髻。李白《上元夫人》写道："嵯峨三角髻，余发散垂腰。"乌蛮髻。唐传奇《红线》写道："梳乌蛮髻，攒金凤钗，衣紫绣短袍，系青丝轻履"。

在发髻上又是有装饰的。杜甫《丽人行》写道："头上何所有？翠微匎叶垂鬓唇。"薛能《戏题》句："拥头珠翠重。"杜牧《见刘秀才与池州妓别》句："金钗横处绿云堕。"范元凯《章仇公席上咏真珠姬》句："顾步裴回拾翠钗。"白居易《长恨歌》就曾写到杨玉环自尽后"花钿委地无人收，翠翘金雀玉搔头"。在发髻上还戴花，如杜牧《山石榴》所描绘的"似火山榴映小山，繁中能薄艳中闲。一朵佳人玉钗上，只疑烧却翠云鬟"。杜牧《高山麻涧》写道："茜袖女儿簪野花。"

发髻和面饰是相辅而相映生辉的。刘禹锡《同乐天和微之深春二十首》写道："双鬟梳顶髻，两面绣裙花。"有的双唇染红，岑参《醉戏窦子美人》写道："朱唇一点桃花殷，宿妆娇羞偏髻鬟。细看只似阳台女，醉着莫许归巫山。"有的染有额黄。六朝时已有额上涂饰，唐代仍沿用。萧梁简文帝《戏赠丽人》写道："同安鬟里拨，异作额间黄。"唐代李商隐《蝶》写道："寿阳公主嫁时妆，八字宫眉捧额黄。"裴虔余《柳枝词咏篙水溅妓衣》写道："半额鹅黄金缕衣，玉搔头袅凤双飞。"

化妆或用浓艳之妆，张柬之《东飞伯劳歌》写道："谁家绝世绮帐前，艳粉红脂映宝钿。""绝世三五爱红妆，冶袖长裙兰麝香。"或作淡妆，郑史《赠妓行云诗》："最爱铅华薄薄妆，更兼衣着又鹅黄。"

唐代妇女时兴石榴裙，俏丽红艳。卢象《戏赠邵使君张郎》写道："少妇石榴裙，新妆白玉面。"白居易《谕妓》写道："烛泪夜粘桃叶袖，酒痕春污石榴裙。"唐传奇《霍小玉传》写霍小玉"着石榴裙，紫襦裆，红绿帔子"。

鞋履。开元以前，女性多着靴，后改为鞋。《旧唐书·舆服志》载："武德末妇人著履，规制亦重，又有线靴。"到开元来发生变化，"妇人倒着线鞋，取轻妙便于事，侍儿乃着履"。《新唐书·舆服志》载："妇人衣青碧缬，平头小花草履，彩帛缦成履……及吴越高头草履。"白居易《上阳白发人歌》写道："小头鞋履窄衣裳，青黛点眉眉细长……天宝末年时世妆。"这种鞋样也成为天宝末年的时尚了。

第三节　中外交流

中外交流促进了唐代文化、美学（包括服饰文化、美学）的发展。《旧唐书·五行志》载："天宝初，贵族及士民好为胡服胡帽，妇人则簪步摇钗，衿袖窄小。"元稹《法曲》写道："自从胡骑起烟尘，毛毳腥膻满咸洛。女为胡妇学胡妆，伎进胡音务胡乐……胡音胡骑与胡妆，五十年来竞纷泊。"外族带来了胡帽，窄袖紧身、翻领的胡服，胡靴，特别是胡舞的引入，促进了胡服在中原地区的发展。白居易《胡旋女》云："臣妾人人学圜转。"元稹《胡旋女》说："胡人献女能胡旋。"杜佑《通典》描述道，舞者"绯袄锦袖、绿绫浑裆裤、赤皮靴、白袴，双舞急转如风，俗云'胡旋'"。但是，整个唐代一浪接一浪更迭变化的思潮特点，也决定了胡服只是作为唐代服饰美学史的一个过程出现。盛唐之后，胡服不再盛行，服装突破了胡服的紧身窄袖，向宽服大袖发展。尽管文宗时曾对衣袖之大小有过明确规定，但人们并不遵守。突破胡服如同过去崇尚胡服一样不可抗拒。到了中、晚唐就出现前引沈从文所说的现象"衣袖竟大过四尺，衣长拖地四五寸"，唐代服饰美又走上另一条道路了。

第四十四章　茶道美学

唐代茶文化是中国茶文化的极盛时期，茶叶种类齐备，交易空前繁盛，不管是境内，还是境外。在这样的基础上，诞生了中国也是世界上第一部茶文化专著——陆羽的《茶经》，茶界还第一次提出了"茶道"的文化、美学范畴。

《茶经》所涉及的文化、美学内涵十分丰富，成功地解决了生理快感转化为心理快感的美学命题，揭示了"茶道"中所包含的美学元素，标识了唐特别是中唐以后精致型美学史趋势的形成，对宋及以后的美学史在观念和生活、审美方式上产生了深远影响。

第一节　《茶经》和茶道

唐代孕生划时代的茶文化著作——《茶经》，是有雄厚的物质和文化基础的。唐代茶叶已经成为生活的必需品，《旧唐书·李珏传》说"茶为食物，无异米盐"，可见其地位之重要。"于人所资，远近同俗。既祛渴乏，难舍斯须。田间之间，嗜好尤切。"这是全社会的共同嗜好，无论僧界、俗界，无论皇室、民间，在这个超强的物质基础之上，需要有一部著作总结和规范其程序和方式，改变粗放性形态。于是，历史选择了天才卓绝的陆羽，由他完成了这部著作。在此以前，两汉、魏、晋、南北朝饮的是野生茶，自陆羽开始饮用人工制作茶。陆羽也就成为中国茶文化史上划时代的人物，被尊之为"茶神""茶圣"。

陆羽（733—804），字鸿渐，因授太子文学，故又称"陆文学"，唐复州竟陵（今湖北天门）人，后居湖州（今浙江湖州）。陆为父母弃儿，《新唐书·陆羽传》载，陆"不知所生，或言有僧得诸水滨，畜之。既长，以《易》自筮，得'蹇'之'渐'，曰：'鸿渐于陆，其羽可用为仪。'遂以陆为氏，名而字之。"唐《国史补》亦有相同记述："竟陵僧于水滨得婴儿者，育为弟子。"《新唐书》本传又记，陆羽"嗜茶，著经三篇，言茶之原、之法、之具尤备，天下益知饮茶矣。时鬻茶者，至陶羽形置炀突间，祀为茶神"。陆羽之后"天下益知饮茶矣"，开始走向自觉时代。陆羽因《茶经》被天下"祀为茶神"，受到极高的崇拜。

陆羽一生无娶，孑然一人，但各类著述颇丰，其中《茶经》一部足以使其流传千秋。陆羽极善交游，所游者都是当时文化界的头面人物，例如楷书大家颜真卿、草书大家僧怀素、诗歌和诗论大家僧皎然等。据今人朱关田《颜真卿年谱》考订："天宝五载，颜真卿友人州牧李齐物教（陆羽）以诗书，始为士人。至德初年避乱来江南，辗转越中。至上元元年定居湖州，结庐于苕水之滨、青塘之野。龙兴寺皎然引以为缁素忘年之交。大历八年春，陆羽随前刺史时任大理少卿、祭岳渎使卢幼平自越来湖，颜真卿奉迎缔欢，因而结识之，遂参订《韵海》，预会宴集，列为群彦之首，不以客卿视之。是年十月二十一日，颜真卿于杼山为其筑亭，因适三癸，即癸丑岁、癸卯朔、癸亥日，命之曰'三癸亭'，有《题杼山癸亭得暮字》诗志之，皎然奉和。其后，诏拜太常寺太祝，未就。贞元初，移居信州上饶，三年迁洪州，旋入湖南（裴胄）幕。在湘日，曾交游长沙僧怀素，有《僧怀素传》称述之。未几，入岭南节度使李复幕，检校太子文学。八年，府罢归江南，寻卒。善著述，见于自传者有《谑谈》三篇、《君臣契》三卷、《源解》三十卷、《江表四姓谱》八卷、《南北人物志》十卷、《吴兴历官记》三卷、《湖州刺史记》一卷、《茶经》三卷……今仅存《茶经》三卷……李肇《国史补》卷中所记'与颜鲁公厚善'者，盖始于颜真卿吴兴任上。"这是陆羽交游经历最翔实的记载。陆羽所作《陆文学自传》也提供了有力的自证，其中写道："上元初，结庐于苕溪之滨，闭关读书，不杂非类，名僧高士，谈宴永日。常扁舟往来山寺……"，"属礼部郎中崔公国辅出守竟陵郡，与之游处，凡三年"，"洎至德初，秦人过江，子亦过江，与吴兴释皎然为缁素忘年之交"。有如此广泛的交游和游历，则有丰富的社会和生活见识、见闻，为撰写《茶经》提供了有力的准备，谈茶言茶，才能如数家珍，妙语莲花。

陆羽《茶经》凡三卷十章，计七千余字。十章依次为：一茶之源、二茶之具、三茶之造、四茶之器、五茶之煮、六茶之饮、七茶之事、八茶之出、九茶之略、十茶之图。举凡茶叶来历、采茶、制茶、饮茶、茶史等等，全部容纳，可谓方寸之间包罗万象。而且深入地理学、气象学、栽培学、土壤学、采摘学、制作学、医学，甚至文学、美学、训诂学等方面，足称知识渊博、无所不知的"茶博士"。

此书从文化学和审美学上看，兼具道和器、实用和文化、工具和理性、操作和流程、知识和说明等功能。《太平广记》言，陆羽"有文学，多意思，状一物，莫不尽其妙"，观照精当，体物细微，状物毕肖，且有文采，则写《茶经》多以文学的审美言辞为之，其于操作性中有审美性。例如茶之源，写茶的基本特征，就全用比喻附之："其树如瓜芦，叶如栀子，花如白蔷薇，实如栟榈，蒂如丁香，根如胡桃。"本体和喻体无不形象、熨帖，充分发挥了文字表现功能。另外，探源"茶"字，从《尔雅》训诂中来；解释"茶"义，一义多名，遂分别说明，不令混淆。栽种"茶"地，《茶经》认为"上者生烂石，中者生砾壤，下者生黄土"，则有土壤学的分辨。"茶之为用，味至寒，为饮最宜"，这又涉及医学和营养学。茶之具，言制茶的程序。列举籝、甑等多种工具，一一说明其功能，但语辞简洁，要言不烦。茶之造，说的是采茶的节令选择及叶片采撷，逼真程度犹如老茶农行家里手，不亲验亲历，绝不能写得如此到位和地道。茶之器，介绍煎茶的器具，特别是风炉。其系陆羽之原创品，铜或铁制，玲珑剔透，铸有铭文，古色古香，犹如一件精美的工艺品。茶之煮，对煮茶所必备的茶、火、水的选择，近乎苛刻；多种工序，纹丝不乱，但唯其如此，方能煮出上佳茶水。茶之饮，尤对"茶有九难"，一一评说。这时陆羽俨然成了一名老茶客。茶之事，历述茶事，就是简易茶史，并旁及和中国主流文化的关系，一一缕述。这时陆羽俨然成了茶掌故、茶故事的爆料人和说书人。茶之出，陆羽在此时兼具地理学家和植物学家的双重身份，他考察了国内产茶的地区，茶叶的分布状况。茶之略，这一章是退一步，"略"就是省略。在煎茶、煮茶缺乏工具和条件的情况下，不必面面俱到、胶柱鼓瑟，可以省略者就当省略，不须拘泥。这是为百姓大众着想的人性化体现，表现了陆羽的人文主义精神。茶之图，茶经以图像出之,图文并茂,互为发明,交相阐释。十章成一整体,内在联系紧密,文字明畅,如数家珍,在介绍中有说明,入眼入脑,后代有许多"续茶经"之类的作品问世,但都离不开陆羽的掌心,其原创的经典地位,世所公认。

关于"茶道",学界对首先提出者尚有争议,或云唐人封演的《封氏闻见记》首提,或云同为唐人的释皎然在《饮茶歌诮崔石使君》中首提。我们不介入这种谁先谁后的争议,而是看其文化意义。无论是封演,还是皎然,都是中唐人,谁先谁后,并不重要,重要的是提出了"茶道"的意义,既有文化意义,又有美学意义。"道"的含义十分丰富、复杂,但最根本的是非物质性,是隐藏在内部或超越于外部的准则、规律、精神脉络。中唐人以明白无疑的话语明确提出"茶道"的概念、范畴,说明了或标识了对茶的体认的飞跃,认识到应当有一种无形支配、主宰物质性的存在,超越万物之上,却有总揽其内在的精神和意绪。它是经过抽象而成和概括出来的,因此,"茶道"的提出是对"茶"的具体实在性的认识提升或净化。这是最具本体意义,也是最有价值的。

酒有酒道,李白《月下独酌》:"三杯通大道,一斗合自然。"这里的"道"就是精神现象概括。同样,作为唐代另一饮品的茶,也是这样。茶不限于纯然的物质品,而是有精神连接。超越实存,进入意识;超越物质,进入精神;超越有限,进入无限,这是茶道为中唐人所提出的真正的核心意义。唐代最著名的两大饮品酒和茶具备了思想的同一性。

第二节 生理快感和心理快感

毋庸讳言,审美是一种愉悦、快感,诗情画意之于视觉感受的赏心悦目,美食之于味觉器官的味蕾大开、舌尖欲望,伴和的则有明显的快感和情绪高涨。这种快感和美感应当具有一定的联系。生理快感引发心理快感,但是,生理感觉包括快感和心理感觉包括美感不是等同的。生理感觉只有摆脱了初级、原始的感受和感觉,才能进入心理的快感,即美感。

朱光潜先生是当今中国美学界从生理学观点谈美与美感的第一人,《谈美书简》把他的美学成就推向顶峰,在这部著作中用他的个人感受,论述了生理和心理的美与美感经验和现象。提朱光潜先生的理论,其目的是确定本章的思想背景,从这个论述前提出发,解读皎然的《饮茶歌诮崔石使者》和卢仝的《走笔谢孟谏议寄新茶》,印证生理感知、心理感知及其联系、转化的审美经验存在。皎然诗云:

> 越人遗我剡溪茗,采得金芽爨金鼎。素瓷雪色缥沫香,何似诸仙琼蕊浆。一饮涤昏寐,情来朗爽满天地。再饮清我神,忽如飞雨洒轻尘。三饮便得道,何须苦心破烦恼。此物清高世莫知,世人饮酒多自欺。愁看毕卓瓮间夜,笑向陶潜篱下时。崔侯啜之意不已,狂歌一曲惊人耳。熟知茶道全尔真,唯有丹丘得如此。

一位越地人,也就是浙江人,送给诗人剡溪茶,这是上等好茶,金鼎煮金芽,真是相得益彰,再加上素瓷青碗,雪色飘来阵阵清香,简直是仙界琼浆。诗人先是从视觉上感受,继而进入味觉,第一碗饮下去,涤荡昏寐,顿觉爽朗;第二碗饮下去,神清气爽,仿佛雨洒轻尘,亲和宜人;第三碗饮下去,就更为不同了,那是一种精神的提升,一切烦恼烟消云散,就像道教羽化而登仙,佛教净化而升天。作为佛教徒,与酒绝缘,在皎然看来,世人饮酒自欺,而饮茶自得。正如皎然《九日与陆处士羽饮茶》亲对茶神所言:"俗人多泛酒,谁解助茶香。"这时的境界是生理、心理、人生的境界,笑对陶渊明的篱下采菊。这时已经接近于茶道了,被酽茶刺激,情绪大涨,也就忘其所以,"崔侯啜之意不已",也就大放其声,"狂歌一曲惊人耳",不知手之舞之足之蹈之。这种人生的忘我境界即审美境界。中国人的人生境界往往和审美境界相重合。而这一切,有赖一个媒介物——茶。

卢仝《走笔谢孟谏议寄新茶》诗云:

> 日高丈五睡正浓,军将打门惊周公。口云谏议送书信,白绢斜封三道印。开缄宛见谏议面,手阅月团三百片。闻道新年入山里,蛰虫惊动春风起。天子须尝阳羡茶,百草不敢先开花。仁风暗接珠琲瓃,先春抽出黄金芽。摘鲜焙芳旋封裹,至精至好且不奢。至尊之余合王公,何事便到山人家。柴门反关无俗客,纱帽笼头自煎吃。碧云引风吹不断,白花浮光凝碗面。一碗喉吻润,两碗破孤闷。三碗搜枯肠,唯有文字五千卷。四碗发轻汗,平生不平事,尽向毛孔散。五碗肌骨清,六碗通仙灵。七碗吃不得也,唯觉两腋习习清风生。蓬莱山,在何处?玉川子,乘此清风欲归去。山上群仙

司下土,地位清高隔风雨。安得知百万亿苍生命,堕在巅崖受辛苦。便为谏议问苍生,到头还得苏息否?

这首诗的审美格调跟前引皎然的诗判然有别。皎然的诗属于雅美学,书卷气浓;卢仝的诗属于俗美学,世俗味重。卢诗的重点是七碗茶。前面陈述友人送茶的经过,日高三丈,诗人正在蒙头睡大觉,突然被一阵急促的敲门声惊醒,原来是军将奉孟谏议之命投书和送茶来了,犹如现在的快递上门了。所谓"惊周公",就是惊梦。其中有一封书信和一包用白绢精致密封的加了三道泥印的新茶。拆开信函"宛见谏议面",见信如见人,看到了老友的身影。亲手打开包裹,亲眼检视了那三百片茶饼。越是写友人密封的细致,越是写诗人开拆的经过,就越是显示友人之情深、诗人之珍爱。这些话语绝非闲文浪墨,而是情真意切的表征。诗人是有名的茶客,好茶、嗜茶,友人投其所好,馈赠新茶、好茶。茶是连接诗人和友人的纽带。接着写茶的来历。这可不是一般的茶,而是极品茶、贡品茶,是大名鼎鼎的阳羡茶。单说出茶名来,就足以震慑人。沈括《梦溪笔谈》云:"古人论茶,唯言阳羡、顾渚、天柱、蒙顶之类。"张芸叟《茶事拾遗》曰:"有唐茶品,以阳羡为上。"足见阳羡茶之名贵、阳羡茶之不易。听说新年进山,蛰伏的百虫也苏醒了,春风撩遍了大地,因为至尊的皇帝要品尝这种茶,百草遂不敢先开花,只等早春萌发黄金般的柔芽。可见,其育茶之艰难、茶品之珍贵。诗人采用抑扬互转的艺术辩证法,凸显茶之高档,反衬友人送茶的情意。"摘鲜焙芳旋封裹,至精至好且不奢",趁鲜采制,严封密裹,包装极精极好,但不奢华,十分得体。这种皇帝享用之余,王公大臣们才能够品用的名茶,不意给了我这山野之人,其义极大,其意极深。诗人在这里有意把诗意极力托举上去,为友情和下面饮茶的效果,做有力的铺垫。这种茶不能见凡夫俗子,有辱茶品,恰好家中仅诗人一人,就独自煎煮、独自品尝。先是出自于视觉感受:"碧云引风吹不断,白花浮光凝碗面。""碧云"言茶色,"风"指煎茶发出的声响,"白花"说的是煎茶时泛出的白沫。经过煎煮,碧绿的茶水不断翻滚,白花的浮光凝结在碗面,一看,就有品茗的欲望。这也是老茶客所需要的视听效果。接着,写"七碗茶"的效用,是全诗重点,淋漓尽致,活灵活现,酣畅痛快。整个的笔墨由淡入浓、由轻转重。先是淡淡为之,犹如丹青妙手,轻轻敷上一笔,"一碗喉吻润",只是稍稍润一润,交响乐团才轻吹一声、轻敲一下。"两碗破孤闷",鼓点、乐声起来了，第二碗开始见效，驱逐了孤独烦恼，形成情绪反应。"三碗搜枯肠"，众声齐发，创作的灵感迸发了，下笔千言，洋洋洒洒，"唯有文字五千卷"。"四碗发轻汗，平生不平事，尽向毛孔散"，急鼓繁弦，激愤难耐，一切不平之事，尽行发散。"五碗肌骨清"，犹如小夜曲，双簧管轻吹，令人一身清静。三到五碗的情绪反应有转换，情尽意满地表现了饮茶在不同阶段所引发的效果。"六碗通仙灵"，饮第六碗茶，就飘飘欲仙。所谓"通仙灵"不能望文生义，而是一种感觉，犹如腾云驾雾似的轻松、轻快、轻悦，也就是入"道"了。这种生理感觉和心理感觉是贯通的、融合的，生理感觉就是心理感觉，即审美感觉。"七碗吃不得也，唯觉两腋习习清风生"，这把饮茶的生理感觉推上了极致，也就是朱光潜所说的"筋肉感觉"，全诗就好像是交响乐进入了高潮。两腋生风，这是酒仙、茶仙的共同感觉，也把生理感受和心理感受即审美感受的一致性、重合性发露尽致。作为玉川子的诗人自我，不是真的上了蓬莱山，不是真的"趁风欲归去"，而是生理感觉所萌生和膨胀起来的心理感觉，是超自然的感觉。只有这样，才能对诗的文本做出真正意义上的审美诠释和解读。果然，诗人在感觉的云端里没有盘桓多久，又猛然回到现实中间来。他叨念的是"百万亿苍生命，堕在巅崖受辛苦"，希望孟谏议这位老友，关注"苍生"，"到头还得苏息否"，言官建言，给天下苍生，休养生息。民本主义、人文主义的精神回归到诗人身上。

以上两首诗从雅俗两面、清浊两层，实证了生理感受和心理感受的不同及相同。在实验性上，茶品比其他饮品更能说明审美的特性。

第三节　审美格调和审美影响

盛唐是酒，不全是饮品意义上的；中唐是茶，也不全是饮品意义上的。它们还是文化意义和审美意义上的。盛唐是猛饮酒，王翰《凉州词》："醉卧沙场君莫笑，古来征战几人回。"牛吸鲸饮，焕激的是冲天豪气；中唐是细啜茶，浅斟低抿。牛饮，是对人的行为方式粗俗的讥讽和嘲笑。茶，只能是细啜慢品。品茗，"茗"应当是品味、品尝，有时间和速度的要求，当然就体现了风度气韵。

《茶经》虽说是技艺性的专门著作，但获得了"经"——犹如十三经的经学和经典身份。事实上，唐代当世和后世都是将其当作"经"的原初意义看待的，不应混同于一般性技术著作。《茶经》其中有象，其中有经，其中有道。

《茶经》之采、制、煎、饮等全部程序贯串的一个字，就是"精"；失去了"精"，就失去了《茶经》的精髓。精致、精细、精工，乃全书的关键词。例如，茶之具，"育，以木制之，以竹编之，以纸糊之，中有隔，上有覆，下有床，旁有门，掩一扇。中置一器，贮煻煨火，令煴煴然，江南梅雨时，焚之以火"。这样的茶具，恐怕现在的人工技术也难以复原。茶之造，采茶的季节、方法要求："凡采茶，在二月、三月、四月之间。茶之笋者，生烂石沃土，长四五寸，若薇蕨始抽，凌露采焉。采之芽者，发于丛薄之上，有三枝、四枝、五枝者，选其中枝颖拔者采焉。"对天气有苛刻的要求："其日有雨不采，晴有云不采"，只有排除这几种天气，才能"采之，蒸之，捣之，拍之，焙之，穿之，封之，茶之干矣"。茶之器，对茶碗又有一番要求："碗，越州上，鼎州次，婺州次；岳州上，寿州、洪州次。或者以邢州处越州上，殊为不然。若邢瓷类银，则越瓷类玉，邢不如越一也；若邢瓷类雪，则越瓷类冰，邢不如越二也；邢瓷白而茶色丹，越瓷青而茶色绿，邢不如越三也。晋杜毓《荈赋》所谓'器择陶拣，出自东瓯'。瓯，越也，瓯，越州上，白唇不卷，底卷而浅，受半升以下。越州瓷、岳瓷皆青，青则益茶，茶作白红之色。邢州瓷白，茶色红；寿州瓷黄，茶色紫；洪州瓷褐，茶色黑。悉不宜茶。"采、制、煎、饮等等，怎一个精字了得！

虽然，茶之略，陆羽退后一步，网开一面，普通百姓，不够条件的地方，可以从略，不必求全责备，显得通权达变，但对"城邑之中，王公之门"的要求，决不退半步，"二十四器阙一，则茶废矣"，可见，对于特定对象，"精"的门槛须顽强坚守。

陆羽的《茶经》在唐代和后代产生了深刻而深远的影响。晚唐皮日休的《茶中杂咏并序》就是对其的解读和申说文章：

> 案《周礼》：酒正之职，辨四饮之物。其三曰浆，又浆人之职，共王之六饮：水、浆、醴、凉、医、酏，入于酒府。郑司农云："以水和酒也。"盖当时人率以酒醴为饮，谓乎六浆。酒之醨者也，何得姬公制。《尔雅》云："槚，苦荼，即不撷而饮之。"岂圣人纯于用乎？抑草木之济人，取舍有时也。自周以降，及于国

朝茶事，竟陵子陆季疵（陆羽）言之详矣。然季疵以前，称茗饮者必浑以烹之，与夫瀹蔬而啜者无异也。季疵之始为《经》三卷，由是分其源、制其具、教其造、设其器、命其煮，俾饮之者除痾去疠，虽疾医之不若也。其为利也，于人岂小哉！余始得季疵书，以为备矣，后又获其《顾渚山记》二篇，其中多茶事。后又太原温从云、武威段碣之，各补茶事十数节，并存于方册。茶之事，由周至于今，竟无纤遗矣。昔杜育有《荈赋》，季疵有《茶歌》，余缺然于怀者，谓有其具而不形于诗，说季疵之余恨也，遂为十咏，寄天随子（陆龟蒙）。

皮日休的诗和序是继陆羽《茶经》之后唐代茶文化的重要文献。其意义至少有以下三点：第一，评价和定位了《茶经》的历史性价值和贡献，其中言陆羽之前"茗饮者必浑以烹之"，囫囵吞枣，大而化之，自《茶经》始，彻底改变面貌和局面。第二，提供了鲜为人知的陆羽著《顾渚山记》的线索，其文为皮氏所亲获、亲见。所惜未录文字，真迹付阙。第三，用诗歌补充了陆羽的缺憾。

唐和以后的茶人及其著作络绎不绝，有宋代蔡襄的《茶录》、宋代黄儒的《品茶要录》、宋代徽宗赵佶的《大观茶论》、元代王祯的《农书·茶》、明代钱椿年的《茶谱》、明代李时珍的《本草纲目·茶》、明代田艺蘅的《煮茶小品》、明代许次纾的《茶疏》、明代高濂的《论茶品》、清代陆廷灿的《续茶经》、清代震钧的《茶说》等，都相承于陆羽的《茶经》，是对其进一步的细化、深化。明代文震亨的《长物志》其《茶品》说"古人论茶事者，无虑数十家"，称赏"若鸿渐之经（《茶经》），君谟之录（《茶录》），可谓尽善"。他历述了制茶的演化过程，改变了团、条形状，"简便异常，天趣悉备"。他又列举了当时的多种上等好茶，诸如虎丘、天池、六安、松萝、龙井等，并介绍了饮茶的多重工序和茶具，诸如洗茶、候汤、涤器、茶洗、茶炉、汤瓶、茶壶、茶盏、择炭等等。其情形和现今差不多，不像早期那样复杂。后期中国的茶品、茶制、茶饮等等，都是面面俱到、巨细不遗，但缺少了文化精神和审美情调的发露和体现，流于工具化、操作化、程序化。这是晚期中国文化史、美学史的通病，未能幸免。

茶文化的基本方阵有三支，一是上层集团的王公大臣、权贵勋戚，直至皇帝；二是士大夫文人；三是宗教徒。宗教徒在茶文化方面的贡献不可小视。宗教徒禁酒戒酒但对茶放开,历代缁门出了不少名禅僧、名诗僧、名茶僧。例如唐代贯休、齐己等,他们都是一身而多任。他们吸收俗界制茶技艺,且自成一套茶法茶艺。在观念上,他们视茶之文化地位,远比酒高,是雅俗的等级差异,正如皎然《九日与陆处士羽饮茶》亲对茶神所言:"俗人多泛酒,谁解助茶香。"三个不同群体亦有交错。但不是人群的交混、角色的错位,而是文化、审美情绪、审美情调、审美方式以至于审美习惯的交叉和融汇。茶文化像水银泻地般渗透于文学、艺术、美学的各个领域。文学特别是诗词乃是茶的主要承载体,其次是绘画,著名的有唐代周昉的《调琴啜茗图》。

茶陶铸了中国人的总体审美格调:举止优雅,行为得体,风度翩翩,气韵流走。它构合和丰富了中国美学精神。

第八编

五代美学

第四十五章　五代文学美学

从开平元年（907），朱温废唐建立后梁王朝，到建隆元年（960），赵匡胤陈桥兵变，废后周建立赵宋王朝，其间仅五十三年中，出现了后梁、后唐、后晋、后汉、后周五个朝代，并产生了吴越、吴、南唐、闽、南汉、楚、荆南、前蜀、后蜀、北汉十个割据政权，这便是历史上的五代十国。在频繁的政治、军事动乱中，带来社会、文化的变革。欧阳修《五代史伶官传序》曾经深刻地总结五代的历史教训："盛衰之理，虽曰天命，岂非人事哉！""忧劳可以兴国，逸豫可以亡身，自然之理也。"由于五代更迭频繁，政权走马灯似的变换，使得一切都处于变化之中，而无常态。再加之晚唐已经经历了诸多变化，五代又处于分裂状态中，就使得思想无法定于一尊，原先的秩序被打破，特别是理性的桎梏崩裂，使得整个思想文化状态出现新的格局，感性主义大幅度抬头。蛰居于巴蜀、江南，固然销蚀了雄奇壮观的气派，但也在温柔富贵之乡和绮丽风光中孕生了美的轻柔娟秀的形态。文学美学便得其风气之先。

第一节　美学思想

五代的文学美学思想呈现出颇为复杂矛盾的状态。传统的文学观念受到挑战，于是文学现状偏离了原有的教化轨道。牛希济的《文章论》说："今国朝文士之作，有诗、赋、策、论、箴、判、赞、颂、碑、铭、书、序、文、檄、表、记，此十有六者，文章之区别也，制作不同，师模各异。然忘于教化之道，以妖艳为胜，夫子之文章，不可得而见矣。古人之道，殆以中绝。""古人之道，殆以中绝"的断层现象是他对文学现状的基本评价。他说："今有司程式之下，诗赋判章而已，唯声病忌讳为切，比事之中，过于谐谑。"他又说："今朝廷思尧舜治化之文，莫若退屈、宋、徐、庾之学，以通经之儒居燮理之任。"他把屈、宋、徐、庾作为同一种文学审美现象来看待，忽视了其中的区别，而且把屈、宋视作应该汰除的文学审美现象。这就体现了他的教化观念和对于屈宋文学审美传统的偏见。

这时期的文学教化审美论已丧失了它曾经有过的合理性和存在价值，表现出眼光的狭小、思维的偏窄、观念的腐庸，把曾经有过合理因素的比附手法加以极端化和模式化。其代表是僧虚中的《流类手鉴》。他在"物象流类"中写道："日午、春日，比圣明也。残阳、落日，比乱国也。昼，比明进也。夜，比暗时也。春风、和风、雨露，比君恩也。朔风、霜霰，比君失德也。秋风、秋霜，比肃杀也。雷电，比威令也。霹雳，比不时暴令也。寺宇、河海、川泽、山岳，比于国也。楼台、林木，比上位也。九衢、歧路，比王道也。熊罴，比武兵帅也。井田、岸崖，比基业也。桥梁、枕簟，比近臣也。舟楫、孤峰，比上宰也。故园、故国，比廊庙也。百花，比百僚也。梧桐，比大位也。"所举出的物象已丧失了它们的本体意义，徒然成为政治意象的附属物和比附对象，于是，诗的自然意象不复存在，只剩下社会意象。他在"举诗类例"中举出若干诗例来说明。他认为，"离人隔楚水，落叶满长安"等诗"比小人获安，君子失时"；"白云孤出岳，清渭半和泾"的白云"比贤人去国"；"听雨寒更尽，开门落叶秋"，"比不招贤士"；"古岸冈将尽，平沙长未休"，"比好事消恶事增"；等等。这已经流于想当然和臆测，反映了五代文学美学思想的庸俗化和僵化，传统的伦理文化和美学观念被扭曲了，走向彻底的反美学。

对绮靡美学的崇尚。到五代，社会的享乐主义进一步抬头和发展。蛰居、偏安的生活环境，助长了这种社会风气。纸醉金迷的生活在史书中多有记载，《旧五代史·僭伪列传》曾记蜀后主王衍"以佞臣韩昭等为狎客，杂以妇人，以恣荒宴，或自旦至暮，继之以烛"。《新五代史·后蜀世家》载"君臣务为奢侈以自娱"。这样的社会风气助长了以浮靡为特征的感性主义美学的泛滥。韩偓《香奁集序》就表现出了这一点：

  余溺章句，信有年矣。诚知非大夫所为，不能忘情，天所赋也。自庚辰、辛巳之际，迄辛丑、庚子之间，所著歌诗，不啻千首。其间以绮丽得意，亦数百篇，往往在士大夫之口，或乐工配入声律，粉墙椒壁，斜行小字，窃咏者不可胜记。大盗入关，缃帙都坠，迁徙不常厥居，求生草莽之中，岂复以吟讽为意。或天涯逢旧识，或避地遇故人，醉咏之暇，时及抽唱。自尔鸠辑，复得百篇，不忍弃捐，随时编录。

遐思宫体，未降称庾信攻文；却诮《玉台》，何必倩徐陵作序。初得捧心之态，幸无折齿之惭。柳巷青楼，未尝糠秕；金闺绣户，始预风流。咀五色之灵芝，香生九窍；咽三危之瑞露，春动七情。如有责其不经，亦望以功掩过。

韩偓对他的艳情诗集《香奁集》评价很高，认为超过徐陵的《玉台新咏》。他说，自己的艳情诗所描述的对象是"柳巷青楼""金闺绣户"，有风流之气。而这些艳情诗，赋予人的感受，如同"咀五色之灵芝，香生九窍；咽三危之瑞露，春动七情"。这种感受是从人们的感性和感觉经验出发的，是对人声色功能的满足。作为中国首篇词学论文，欧阳炯的《花间集序》把上述感觉经验特征推向了一个新的层面，为"艳科"词的浮艳张目，肯定了浮靡性感性主义在文学审美中的作用，同时也为词的"艳质"做了规范。他写道：

镂玉雕琼，拟化工而迥巧；裁花剪叶，夺春艳以争鲜。是以唱云谣则金母词清，挹霞醴则穆王心醉。名高白雪，声声而自合鸾歌；响遏青云，字字而偏谐凤律。杨柳大堤之句，乐府相传；芙蓉曲渚之篇，豪家自制。莫不争高门下，三千玳瑁之簪；竞富樽前，数十珊瑚之树。则有绮筵公子，绣幌佳人，递叶叶之花笺，文抽丽锦；举纤纤之玉指，拍按香檀。不无清绝之辞，用助娇娆之态。自南朝之宫体，扇北里之倡风。何止言之不文，所谓秀而不实。

有唐以降，率土之滨，家家之香径春风，宁寻越艳；处处之红楼夜月，自锁嫦娥。在明皇朝则有李太白应制《清平乐》词四首，近代温飞卿复有《金荃集》。迩来作者，无愧前人。今卫尉少卿赵崇祚，以拾翠洲边，自得羽毛之异；织绡泉底，独殊机杼之功。广会众宾，时延佳论。因集近来诗客曲子词五百首，分为十卷。以炯粗预知音，辱请命题。仍为序引，乃命曰《花间集》。将使西园英哲，用资羽盖之欢；南国婵娟，休唱莲舟之引。

这是相当露骨的"词为艳科"的阐解和表述。在这里也可以看出词与诗，在审美性质上的差别。词被赋予了艳的素质。这也是时代风气使然。宋代陆游《花间集跋》写道："《花间集》，皆唐五代时人作。方斯时，天下岌岌，生民救死不暇，士大夫乃流宕至此。可叹也哉！或者，出于无聊故耶？"

晚唐五代的文学美学诚然有崇尚浮艳的思想倾向，但在其论述中也有把清作为审美标准的。例如韦庄《又玄集序》写道："掇其清词丽句，录在西斋；莫穷其巨派洪澜，任归东海。"《乞追赐李贺皇甫松等进士及第奏》说："丽句清词，遍在词人之口。"《题许浑诗卷》云："江南才子许浑诗，字字清新句句奇。"韦縠《才调集序》说："韵高而桂魄争光，词丽而春色斗美。"清丽、清新，便成为一种审美标准和对于审美状态的描述。在这一点上，五代的文学美学思想亦有其可取之处。

这里要提起的是成于五代的《旧唐书》的美学和美学史观点。《文苑传序》写道：

> 前代秉笔论文者多矣。莫不宪章《谟》《诰》，祖述《诗》《骚》，远宗毛、郑之训论，近鄙班、扬之述作。谓"采采芣苢"，独高比兴之源；"湛湛红枫"，长擅咏歌之体。殊不知世代有文质，风俗有淳醨，学识有浅深，才性有工拙。昔仲尼演三代之《易》，删诸国之《诗》，非求胜于圣贤，要取名于今代，实以淳朴之时伤质，民俗之语不经，故饰以文言，考之弦诵。然后致远不泥，永代作程。即知是古非今，未为通论。

不赞成"是古非今"，是《旧唐书》撰述者的文学美学史观，这无疑是进步的。撰述者崇尚声律、辞色美，从这样的美学思想出发，说道：

> 夫执鉴写形，持衡品物，非伯乐不能分骜骥之状，非延陵不能别《雅》《郑》之音。若空混吹竽之人，即异闻《韶》之叹。近代唯沈隐侯斟酌《二南》，剖陈三变，摅云、渊之抑郁，振潘、陆之风徽。俾律吕和谐，宫商辑洽，不独子建总建安之霸，客儿擅江左之雄。

撰述者肯定了南朝的文学审美成就，肯定了沈约在声律美学上的贡献，推崇富于辞色之美的曹植、潘岳、陆机、谢灵运的审美成就。这就可以看出撰述者的审美倾向。撰述者对唐代的诗人作家做出了自己的评价，"爰及我朝，挺生贤俊"。"如燕、许之润色王言，吴陆之铺扬鸿业，元稹、刘蕡之对策，王维、杜甫之雕虫，并非肄业使然，自是天机秀绝。若隋珠色泽，无假淬磨；孔玑翠羽，自成华彩，置之文苑，实焕缃图。"《旧唐书》撰述者最为欣赏的唐代诗人是白居易、元稹。撰述者说："国初开文馆，高宗礼茂才，虞、许擅价于前，苏、李驰声于后。或位升台鼎，学际天人，润色之文，咸布编集。然而向古者伤于太僻，徇华者或至不经，龌龊者局于宫商，放纵者流于郑卫。"撰述者的所褒所贬，表达了审美评判的倾向。他认为在唐代诗人中，"若品调律度，扬榷古今，贤不肖皆赏其文，未如元、白之盛也。昔建安才子，始定霸于曹、刘；永明辞宗，先让功于沈、谢；元和主盟，微之、乐天而已。臣观元之制策，白之奏议，极文章之壶奥，尽治乱之根荄，非徒谣颂之片言，盘盂之小说"。他所极力赞赏的是元稹的制策、白居易的奏议达到尽、极的地步，而不言及他们的主情性诗篇。撰述者在《元稹传》中描述了元白体在唐代备受欢迎的状况："俄而白居易亦贬江州司马，稹量移通州司马。虽通、江悬邈而二人来往赠答，凡所为诗，有自三十、五十韵乃至百韵者，江南人士，传道讽诵，流闻阙下，里巷相传，为之纸贵。"而对于韩愈的文学审美成就，《旧唐书》撰述者就有所保留，而非一概褒扬："常以为自魏、晋以还，为文者多拘偶对，而经诰之指归，迁、雄之气格，不复振起矣。故愈所为文，务反近体，抒意立言，自成一家新语。后学之士取为师法，当时作者甚众，无以过之，故世称韩文焉。然时有恃才肆意，亦蟸孔、孟之旨。若南人妄以柳宗元为罗池神，而愈撰碑以实之；李贺父名晋，不应进士，而愈为贺作《讳辩》，令举进士；又为《毛颖传》，讥戏不近人情，此文章之甚纰缪者。时谓愈有史笔。及撰《顺宗实录》，繁简不当，叙事拙于取舍，颇为当代所非。"撰述者指出了韩文在当时影响之所在，同时也指出了韩文中的若干"纰缪"。而对于韩愈、李翱的文学史地位，《旧唐书》以撰述者身份评价道："韩、李二文公，于陵迟之末，遑遑仁义，有志于持世范，欲以人文化成，而道未果也。至若抑杨墨，排释老，虽于道未弘，亦端士之用心也。"撰述者诚然指出他们"有志于持世范，欲以人文化成"的目的，但也指出他们"道未果""道未弘"未能实现预计的目标，这也是对韩、李古文运动的评价性描述。

总之，五代文学美学思想由诗美学的俗艳化、词美学的感性化、美学史的重辞律化组合而成。

第二节 词的审美成就

　　整个唐代文学审美之风调呈现出越来越精美、精约化的趋向，到了晚唐，诗的精致性程度更高了，盛唐的风味不见了。欧阳修《六一诗话》说："唐之晚年，诗人无复李、杜豪放之格，然亦务以精意相高。""务以精意相高"正是对晚唐诗审美风习的准确概括。而作为精意化、感性化文学审美的集中体现者则是词。

　　词在唐代有一个审美发展过程。词最初是在诗与音乐结合中产生的，"曲子词"标明了它与生俱来的音乐性。它与文人的诗歌创作联姻，规范了此后词的文人化趋向。那些相传是李白的词是否出于其手，尚是疑问。张志和的《渔歌子》五首，其内在气韵显示出文人词的审美素质，渔夫独钓的形象便成为词人主体精神的对象化存在，形成色彩的对比和映衬，融会成整体的美感形式。文人词在中唐颇为风行，到晚唐则显示出它的成熟，其标志在审美素质上。其审美的主题是艳情闺怨、离怨别愁，它走向人的内心世界，逐渐告别以现实世界为审美对象的文学审美方式。这是从温庭筠开始的。其诗的审美官能感受特征已为词输送了因子。诗转入词的缘由则是审美的感性需要。王士禛《花草蒙拾》称"温为花间鼻祖"。"花间"最基本的审美特征是艳丽中含有轻轻的伤情。王国维《人间词话》说："刘融斋谓飞卿'精艳绝人'，差近之耳。""'画屏金鹧鸪'，飞卿语也，其词品似之。""温飞卿之词，句秀也。"他的代表作品是《菩萨蛮》十四首，"其一"是其中最负盛名的。词写道：

　　　　小山重叠金明灭，鬓云欲度香腮雪。懒起画蛾眉，弄妆梳洗迟。　　照花前后镜，花面交相映。新贴绣罗襦，双双金鹧鸪。

在金碧山水画屏明灭闪动的掩映下，这位独处闺中的美人在娇卧之后迟迟起床了，从起床到化妆、穿衣，构成一个过程描述。这个过程是在光影、脂粉气的氛围渲染中完成的，充溢感性色彩和富贵气派，并在自我欣赏中流露出盛年独处、顾影自怜的淡淡怅惘。"其二"写水晶帘里玻璃枕，鸳鸯锦被，暖香融融，是睡景，富丽华贵而疏慵。景象突然一变，"江上柳如烟，雁飞残月天"，格调转为凄清。整个画面富于精丽清幽的审美格调。在温词中，那些用于妇女装饰的意象如钿雀、金鹧鸪、金鹨鹅等重复出现，单调而缺少审美风味。李冰若《栩庄漫记》说:"飞卿惯用金鹧鸪、金鸂鶒、金凤凰、金翡翠诸字,以表富丽,其实无非绣金耳。"

温词善于捕捉和披露人的情感世界。《菩萨蛮》(其十一)写道:

> 南园满地堆轻絮,愁闻一霎清明雨。雨后却斜阳,杏花零落香。　无言匀睡脸,枕上屏山掩。时节欲黄昏,无憀独倚门。

在雨后斜阳、杏花零落的凄清而艳丽的描述中透现愁绪幽情。温词的主体情感往往用意象显示和景物显示。如《菩萨蛮》"其六"的"花落子规啼,绿窗残梦迷","其十二"的"花露月明残,锦衾知晓寒"。温词往往用描述一种意象世界去体现情感世界,意象世界往往又是富丽的,豪华的,借以反拨出人物情感的清寂和惆怅。《更漏子》写道:

> 玉炉香,红蜡泪,偏照画堂秋思。眉翠薄,鬓云残,夜长衾枕寒。　梧桐树,三更雨,不道离情正苦。一叶叶,一声声,空阶滴到明。

炉香飘绕、红烛摇曳、画堂夜明,富于感性特征和诱惑力的景象与夜漫长、"衾枕寒"形成反差。于是梧桐雨的意象羼入引发了离情别绪的抒发,在叶叶飘零、雨点滴落中直到天明时分。在审美体验上,词人对愁体验得深细;在审美传达上,则对愁表达得独到。这种审美特征为五代词铺下了基石。

晚唐五代词的一个重要流派是西蜀词人,其审美方向是在温词基础上的发展。西蜀的逸乐游冶之风是这一词派的社会根源,代表人物是韦庄,世有"温韦"之称。韦庄词中也有浓艳密丽的感性刺激的意象和意象群,如《酒泉子》中的"绿云倾,金枕腻,画屏深",如《江城子》中的"朱唇未动,先觉口脂香",等。但这只能表明韦与温在词风上所保持的一致,如《栩庄漫记》所说:"温韦并称,赖有此耳"。事实上,韦庄却有词美风调上的独特之处。况周颐《蕙风词话》称其"尤能运密入疏,寓浓于淡,花间群贤,殆鲜其匹"。《白雨斋词话》说韦词"似直而纡,似达而郁,最为词中胜境"。在意象的撷取上,韦多取清疏之象,不同于温词的繁丽和艳浓;在意象群的组合上,韦多形成疏朗之势,相异于温词的密集;在色彩的敷饰上,韦较为浅明,相殊于温词的厚重;在审美上,韦善抒情,迥侔于温词的状物。《思帝乡》:"春日游,杏花吹满头。陌上谁家年少,足风流。　妾拟将身嫁与,一生休。纵被无情弃,不能羞。"对情感的表达何等率直、坦诚,没有矫情,也没有曲尽其变。他的代表作《菩萨蛮》写道:

人人尽说江南好，游人只合江南老。春水碧于天，画船听雨眠。　　垆边人似月，皓腕凝双雪。未老莫还乡，还乡须断肠。

对于江南的心理眷顾，是在对漂亮的当垆女子的描述和平静地躺卧在画船中听到淅淅雨声入眠的状态展示中实现的。听雨入眠的状态是士大夫文人的心理表现，也是其审美心态的表露。于是，韦庄词就在疏淡性的描述和淡雅情调中显示其审美品格。

　　跟西蜀词风相并举的是南唐词风。江南的富庶和久有轻靡之风的社会、文化环境是这一词风的孕生基础和空间氛围。宋代陈世修为冯延巳《阳春集》所写的序言指出了冯延巳词作产生的社会、文化、美学背景："公以金陵盛时，内外无事，朋僚亲旧，或当燕集，多运藻思为乐府新词，俾歌者倚丝竹而歌之。"南唐词风是南唐君臣李璟、李煜和冯延巳所创造的词的审美风调。对此，《苕溪渔隐丛话》后集卷三三引李清照的一番话做了说明："乐府、声诗并著，最盛于唐……自后（开元、天宝后）郑、卫之声日炽，流靡之变日烦。已有《菩萨蛮》《春光好》《莎鸡子》《更漏子》《浣溪沙》《梦江南》《渔父》等词，不可遍举。五代干戈，四海瓜分豆剖，斯文道熄。独江南李氏君臣尚文雅，故有'小楼吹彻玉笙寒''吹皱一池春水'之词，语虽奇甚，所谓'亡国之音哀以思'也。"李清照是用她的审美理想、观念看待词的美学品格的。在她看来，李氏君臣的南唐之风体现了词的文雅风调。把词纳入"雅"，是李清照在词美学上所做的规范。而所谓文雅正是文人词的最根本特征，即书卷气、美学味。

　　冯延巳的词表现出"和泪试严妆"的审美状态，描述出"闳约"的"深美"。他重视在清疏的意境描述中传达人物的伤感情绪。例如《更漏子》："雁孤飞，人独坐，看却一秋空过。瑶草短，菊花残，萧条渐向寒。　　帘幕里，青苔地，谁信闲愁如醉。星移后，月圆时，风摇夜合枝。"在一系列显示秋意衰飒的景象描述中传达出秋情的淡愁。《蝶恋花》写道：

　　谁道闲情抛弃久？每到春来，惆怅还依旧。日日花前常病酒，不辞镜里朱颜瘦。　　河畔青芜堤上柳，为问新愁，何事年年有？独立小桥风满袖，平林新月人归后。

词中的主体人物在小桥上独立，可见孤独，又加"风满袖"，更添凄凉。那"平林新月人归后"，寂寞冷落难耐了。词人所体验和表达的不是一时一事的心理情绪，而是永远的存在，即"每到春来，惆怅还依旧"和"为问新愁，何事年年有"这样，词人所抒发的情绪就有了绵延的性质。王国维《人间词话》说，冯延巳词"虽不失五代风格，而堂庑特大"，所谓"堂庑特大"应该首先是指心理世界。冯延巳词的心理时空境域是特大的。在景象境域上，冯延巳也善拓展，例如《归自谣》中"芦花千里霜月白"，《鹊踏枝》中"楼上春寒山四面，过尽征鸿，暮景烟深浅"。冯延巳词的语言审美表现力非常强。例如《谒金门》：

  风乍起，吹皱一池春水。闲引鸳鸯香径里，手挼红杏蕊。

  斗鸭阑干独倚，碧玉搔头斜坠。终日望君君不至，举头闻鹊喜。

用"皱"来描述泛起的水波涟漪，何等新颖！它对准确表现风势、水态，对以水波之景传达少妇的心理之波都极富表现力。冯延巳的审美视觉感不是大红大紫、金碧辉煌，《归自谣》写道："寒山碧，江上何人吹玉笛，扁舟远送潇湘客。 芦花千里霜月白，伤行色，来朝便是关山隔。"全词由芦花霜月之白和寒山之青所构成的色调，在幽清中伴和着玉笛的声声吹奏，形成了凄清的送客情调。

尽管冯延巳词中还不可避免地留存花间词的艳丽，出现"金笼""金爵""金鸱"等意象，但冯延巳不断地加以汰洗，保留和扩大清婉的审美品格。在他身上体现了词的审美转型期的消长特征，正如王国维《人间词话》所指出的，一方面"不失五代风格"，另一方面则是"开北宋一代风气"。后者则是主要的，代表了方向，即冯延巳的词在文人化、美学化方向上开北宋词风，进一步促进了词的雅化，在审美情致上形成士大夫气度，幽微绵邈、深婉曲致。在具体的美学影响上，则是影响了北宋的晏殊、欧阳修。刘熙载《艺概·词概》就说："冯延巳词，晏同叔得其俊，欧阳永叔得其深。"这便奠定了冯延巳在词美学史上的地位。

李氏父子的词表现了"深美"和"悲美"，联系起来说，就是在表现悲哀之美时有深婉的情致，从而形成了"深美"。李璟的两首《浣溪沙》：

  菡萏香销翠叶残，西风愁起绿波间。还与韶光共憔悴，不堪看。 细雨梦回鸡塞远，小楼吹彻玉笙寒。多少泪珠无限恨，倚阑干。

  手卷珠帘上玉钩，依前春恨锁重楼。风里落花谁是主？思悠悠。 青鸟不传云外信，丁香空结雨中愁。回首绿波三楚暮，接天流。

王国维《人间词话》评说:"南唐中主词'菡萏香销翠叶残,西风愁起绿波间',大有众芳芜秽、美人迟暮之感。乃古今独赏其'细雨梦回鸡塞远,小楼吹彻玉笙寒',故知解人正不易得。"在衰凋意象与衰飒意绪交相作用下,形成深致的悲美。"手卷珠帘上玉钩"见到的是风里落花、雨中丁香,景象中见出情绪,而回首楚江,又更添了春恨、春愁,益发加深了悲美的内涵。

李煜无疑有极高的文化、审美素质,他应该当一名职业词人。他的性格和素质都与政治绞杀、军事攻伐绝缘,然而他却成了南唐的一名国君。这是他的"不幸",风流才子,误做人主。但又是他的"幸",他因之有了亡国的生活体验。他用自身那极高的审美经验体验着亡国之痛,创造出无与伦比的审美作品。一般词人没有他作为人主的特定生活感受,而一般亡国之君也没有他那深闳的审美经验。他在两者结合上成就为词中的一流大家。

李煜词以宋太祖开宝八年(975)南唐覆亡划分为前后两个时期,美学风貌、格调形成了差别。《新五代史》言李煜"骄侈好声色",崇楼伟阁、雕栏玉砌中,他的词仍有花间味,脂腻粉香。例如《浣溪沙》:"红日已高三丈透,金炉次第添香兽。红锦地衣随步皱。 佳人舞点金钗溜,酒恶时拈花蕊嗅。别殿遥闻箫鼓奏。"虽然李煜词前期有花间味,但是,他对宫廷生活有自己的审美体验和表达。例如《玉楼春》:"晚妆初了明肌雪,春殿嫔娥鱼贯列。笙箫吹断水云闲,重按霓裳歌遍彻。 临风谁更飘香屑,醉拍阑干情未切。归时休放烛花红,待踏马蹄清夜月。"虽然歌舞玩乐,但玩得不那么低俗。他在酣醉时,拍阑干情味真切,逸兴遄飞,特别是归去时不许点燃花烛,让马蹄纵情踩踏在清夜的月色上。他虽纵意玩,却玩得有些情趣、情调,这便是士大夫式的文化审美情趣、情调。《人间词话》对温庭筠、韦庄、李煜三家做了如下比较:"温飞卿之词,句秀也;韦端己之词,骨秀也;李重光之词,神秀也。"李煜词的秀是在神上,即体现在内在的审美风神上。

《人间词话》说:"词人者,不失其赤子之心者也。故生于深宫之中,长于妇人之手,是后主为人君所短处,亦即为词人所长处。"深宫、女人、软香、锦红,养成了他软柔的性格和素质,这对于人君来说,是短处,但作为以表现软玉温香为审美对象的词人来说,却是长处。所谓"赤子之心",就是对于对象率真、真切的态度,显得一派烂漫。《一斛珠》曰:"晓妆初过，沉檀轻注些儿个。向人微露丁香颗。一曲清歌，暂引樱桃破。　　罗袖裛残殷色可，杯深旋被香醪涴。绣床斜凭娇无那，烂嚼红绒，笑向檀郎唾。"情逗娇态，真切如见。《菩萨蛮》：

> 花明月暗笼轻雾，今宵好向郎边去。刬袜步香阶，手提金缕鞋。　　画堂南畔见，一向偎人颤。奴为出来难，教君恣意怜。

只是写少女偷情幽会，趁着月暗轻雾，提着绣鞋，蹑手蹑脚，见到情人后依偎着，又嗔又娇，表现得纯真如画。

最能代表李煜词美特征的是他后期沦为臣虏的词作。王国维《人间词话》说：

> 词至李后主而眼界始大，感慨遂深，遂变伶工之词而为士大夫之词。周介存置诸温、韦之下，可谓颠倒黑白矣。"自是人生长恨水长东""流水落花春去也，天上人间"。《金荃》《浣花》能有此气象耶？
>
> 尼采谓："一切文学，余爱以血书者。"后主之词，真所谓以血书者也。宋道君皇帝《燕山亭》词亦略似之。然道君不过自道身世之戚，后主则俨有释迦、基督担荷人间罪恶之意，其大小固不同矣。

李煜不同于温、韦之处在"气象"上。李煜的词实现了词史的一次重大变革，眼界始大，感慨遂深，变伶工之词而为士大夫之词，即实现了词的士大夫化、审美化。李煜的词是血写的。李煜词义有着深重的原罪意识，因而其社会内涵分外深邃。词的审美有思想、情感深度尤为难得。

李煜词的审美成就又在于他完全以审美方式对对象做情感体验。这一点保持了前后期的一致性。例如前期词《清平乐》：

> 别来春半，触目愁肠断。砌下落梅如雪乱，拂了一身还满。　　雁来音信无凭，路遥归梦难成。离恨却如春草，更行更远还生。

这是乾德四年（966），李煜的弟弟入宋不得与归，李煜对此所做的怀想。那伫立砌下，任凭梅花落身，拂了还满的专注、痴呆身姿，那"离恨却如春草，更行更远还生"的精当比譬，都表现出对于离情的独特体验和传达。当他被掳入汴梁，成为阶下囚、俎上肉，"此中日夕只以眼泪洗面"，他便转入对家国恨、亡国耻做出体验和表达。他的体验往往是在"天上人间"，今昔巨大落差和反差中进行的，过去的繁华尚存记忆，眼前的痛苦已成事实。

在这里形成了李煜词的审美切入点。《子夜歌》说："故国梦重归,觉来双泪垂。"李煜后期词中写了许多梦,梦加强了情感的哀痛,梦对现实心境形成了压迫。他以出色的审美描述表达了囚居的境况。《虞美人》写道："风回小院庭芜绿,柳眼春相续。凭阑半日独无言,依旧竹声新月似当年。笙歌未散尊罍在,池面水初解。烛明香暗画楼深,满鬓清霜残雪思难禁。"小院庭芜,画堂深暗,反映出囚居生活的寂寞、孤清、凄凉,而心境、心态是复杂的。李煜对此做出了独特的审美体验和描述。《相见欢》:"无言独上西楼,月如钩。寂寞梧桐深院锁清秋。　剪不断,理还乱,是离愁。别是一般滋味在心头。"词人对于离愁的体认是深切的。明代沈际飞《草堂诗余续集》说:"七情所至,浅尝者说破,深尝者说不破。破之浅,不破之深。'别是'句妙。"因此能够调动起人们相近似的审美体验,成为人们的审美情感方式。在囚居中对过去的回忆、眷念便成为其生活内容。情景是昔时的,而心态是现时的,便使所回忆的情景染着了现时的情绪,特别富于主体性质。《浪淘沙》:"往事只堪哀,对景难排。秋风庭院藓侵阶。一桁珠帘闲不卷,终日谁来?　金剑已沉埋,壮气蒿莱。晚凉天净月华开。想得玉楼瑶殿影,空照秦淮。"尽管记忆如新,但是"想得玉楼瑶殿影,空照秦淮",景中的哀情便油然透出,产生出独特的悲美。

李煜以最直接、最深切的审美方式体验他所亲历的亡国情景和由此产生的情感。例如《破阵子》:

　　四十年来家国,三千里地山河。凤阁龙楼连霄汉,玉树琼枝作烟萝,几曾识干戈?　一旦归为臣虏,沈腰潘鬓消磨。最是仓皇辞庙日,教坊犹奏别离歌,垂泪对宫娥。

在上下阕的强烈反差中,把别离歌中垂泪的情态表现得楚楚动人。李煜是在今昔的巨大变故中逼发出痛苦情绪的。由于他以上述方式体验对象,又用最恰当的语言方式来表达,便产生了极为感人的审美效果。著名的《虞美人》写道:

　　春花秋月何时了,往事知多少?小楼昨夜又东风,故国不堪回首月明中。　雕栏玉砌应犹在,只是朱颜改。问君能有几多愁,恰似一江春水向东流。

词人是在昔为君今为虏的变异中引发出情感的,是在风景依旧而人事日非的对比中表述痛苦的,那"恰似一江春水向东流"的新奇比喻又最能打动人心和调动人们对此所做的体验和同情、共鸣。对亡国之痛，李煜既有深度体验，又有广度上的呈露。例如另一首著名的《浪淘沙》：

> 帘外雨潺潺，春意阑珊。罗衾不耐五更寒，梦里不知身是客，一晌贪欢。　独自莫凭栏，无限江山，别时容易见时难。流水落花春去也，天上人间。

从春意阑珊中透现心意的惆怅，是景中见情。罗衾难御五更寒气，是生活艰苦的写照。梦里暂时获得排遣，忘却自己的现实身份，产生麻醉，但是梦醒后却因梦境与实境出现对比，便益发显示内心的痛楚。不敢独自凭栏远眺，是怕见无限江山，触景伤怀。那相见艰难的悲哀，那层层累积起来的痛苦、悔恨、无奈、凄怨等情绪一齐迸发出来，形成"流水落花春去也，天上人间"的长叹。情感既极真切，内涵又极丰富。

李煜词的审美深度和所独有的感染人的力量来自词人善于体验和表达人类普遍性的情感。《相见欢》写道：

> 林花谢了春红，太匆匆，无奈朝来寒雨晚来风。　胭脂泪，相留醉，几时重？自是人生长恨水长东！

从林花凋谢、春去匆匆的自然现象中体认朝雨晚风、周而复始。词人又进而从人的情绪表现中体察一个普遍性的现象，人生充满遗恨如同水总向东流一样。这里，词人所表述的不是限于一时一事的情绪表现，而是经过提炼、上升，形成普泛式的情感结构，从而获得了普遍性的审美意义。

总之，李煜以他作为小国之君、亡国之主的独有身份，对他的生活领域、人生经历做出了独特的审美体验，并上升凝结为普遍性的情感形式。他不做矫饰和凝滞地发露自己的痛苦，从而形成了难以取代的情感存在方式。他又善于采用人所共知的生活现象去表达情感，因此就能被人所接受。虽然他所发露的亡国之恨不是人所共有的，但是，他体验和表达的方式都超出了个别性，能让人们广泛认同。他所创造的语言现象能被后代人所广泛引用，从而通过语言的传播产生了审美的扩散效应。

第四十六章　五代的绘画美学

第一节　美学思想

五代后梁荆浩的《笔法记》，对绘画的审美本质和具体审美方式提出了一系列的见解。荆浩说："画者，画也，度物象而取其真。物之华，取其华；物之实，取其实。不可执华为实。若不知术，苟似，可也；图真，不可及也。"他提出忠实于对象的绘画原则，以对象的本体形态做出审美观照。以华取华、以实取实，不可华实相代。真实性思想是荆浩绘画美学思想的内核，他认为，似与真是有区别的。"似者，得其形，遗其气；真者，气质俱盛。"他认为，"凡气传于华，遗于象，象之死也"。他联系自己的绘画审美创作经验，在看到一片古木老林后，"因惊其异，遍而赏之"，于是，"明日携笔，复就写之"，"凡数万本，方如其真"，写了几万本，才算是得其真。可见，他寻真之执着，也奠定了他真实性审美论的实践基础。

他提出了画之"六要"："一曰气，二曰韵，三曰思，四曰景，五曰笔，六曰墨。"并分别就六者做了说明："气者，心随笔运，取象不惑。韵者，隐迹立形，备仪不俗。思者，删拨大要，凝想形物。景者，制度时因，搜妙创真。笔者，虽依法则，运转变通，不质不形，如飞如动。墨者，高低晕淡，品物浅深，文采自然，似非因笔。"

他提出神、妙、奇、巧，并做了具体的说明："神者，亡有所为，任运成象。妙者，思经天地，万类性情，文理合仪，品物流笔。奇者，荡迹不测，与真景或乖异，致其理偏，得此者亦为有笔无思。巧者，雕缀小媚，假合大经，强写文章，增貌气象。此谓实不足而华有余。"神、妙、奇、巧偏重于对绘画审美本体要素的阐解。而"笔有四势"则是对笔势的具体规范和说明。"凡笔有四势,谓:筋、肉、骨、气。笔绝而断谓之筋,起伏成实谓之肉,生死刚正谓之骨,迹画不败谓之气。故知墨太质者失其体,色微者败正气,筋死者无肉,迹断者无筋,苟媚者无骨。"他指出了两种画病:"一曰无形,一曰有形。有形病者,花木不时,屋小人大,或树高于山,桥不登于岸,可度形之类也。如此之病,不可改图。无形之病,气韵俱泯,物象全乖,笔墨虽行,类同死物,以斯格拙,不可删修。"所谓有形病指客体而言,无形病则指主体而言。这样,他便从主、客体两方面对绘画提出了美学要求。

从他的美学思想出发,他对唐代画家的美学成就做了评价:"夫随类赋采,自古有能,如水晕墨章,兴我唐代。故张璪员外,树石气韵俱盛,笔墨积微,真思卓然,不贵五彩,旷古绝今,未之有也。曲庭与白云尊师气象幽妙,俱得其玄,动用逸常,深不可测。王右丞笔墨宛丽,气韵高清,巧象写成,亦动真思。李将军理深思远,笔迹甚精,虽巧而华,大亏墨彩。项容山人树石顽涩,棱角无蹤,用墨独得玄门,用笔全无其骨。然于放逸不失真元气象。元大创巧媚。吴道子笔胜于象,骨气自高,树不言图,亦恨无墨。陈员外及僧道芬以下粗升凡格,作用无奇,笔墨之行,甚有形迹。"在这些评价中传达了荆浩的美学眼光、识见、审美倾向。

他还提出了作画的操作过程。"运于胸次,意在笔先",强调了审美主体在创作中的主导地位和先行作用。另外对创作中的一些具体操作和表达问题也做出了规定。

欧阳炯的绘画美学论,在六朝谢赫"六法"气韵论的基础上进一步把形似与气韵论结合起来。《蜀八卦殿壁画奇异记》说:"六法之内,惟形似、气韵二者为先。有气韵而无形似,则质胜于文;有形似而无气韵,则华而不实。"

第二节 美学成就

五代绘画美学是在唐代绘画美学基础上的发展,五代西蜀、南唐君主,喜好绘画,创立了画院,网罗了大批画师,遂使绘画进一步繁盛,并为两宋绘画做了审美上的铺垫。画院兴起,有充分的生活保障,"翰林待诏"的身份地位，跟皇室的特殊关系，都有助于绘画的发展，特别是院体画的发展。赵昇在《朝野类要》中说："院体，唐以来翰林院诸色皆有，后遂效之，即学官样之谓也。"

人物画上出现了不少卓有成就的画家，如西蜀常重胤、宋艺等，南唐高太冲、顾闳中等。作帝王肖像，旌扬功臣，促进了人物肖像画的发展。出于功利主义原因，历代人物肖像画较盛，到五代亦如此。《新五代史·前蜀世家》载："起寿昌殿于龙兴宫，画建像于壁，又起扶天阁，画诸功臣像。"西蜀人物肖像画受唐风影响较大。代表南唐人物画最高水平的是顾闳中的《韩熙载夜宴图》。据《宣和画谱》载："顾闳中，江南人也，事伪主李氏为待诏，善画，独见于人物。是时，中书舍人韩熙载，以贵游世胄，多好声伎，专为夜饮，虽宾客糅杂，欢呼狂逸，不复拘制，李氏惜其才，置而不问。声传中外，颇闻其荒纵，然欲见樽俎灯烛间觥筹交错之态度，不可得，乃命闳中夜至其第窃窥之，目识，心记，图绘以上之。故世有《韩熙载夜宴图》。"诚然，它的起因、目的是实录、反映，具备了一定的描述性，但画家做出了很好的审美创造。在连轴的长卷式绘描中体现出场面感，既描述出人物的活动，又把人物的情态、人物之间的关系表现俱足，疏密相间，构图极富审美节奏感，人物描画，精工细笔，色彩浓郁。它是世俗图景的绘写，富于生活气息，在描画精确中传送出人物的精神。

花鸟画是五代新发展的一种绘画审美样式，它突破了唐的装饰性美学特征，走向独立性。花鸟画所体现出来的审美要求，更符合野逸型士大夫的审美理想。南唐徐熙在绘画审美的内容表达上，正体现了士大夫野趣，所以被称为"徐家野逸"。在审美形式上，徐熙打破传统而创没骨画法。宋初刘道醇《圣朝名画评》言徐熙画法："必先以其墨定其枝叶蕊萼等，而后傅之以色，故其气格前就，态度弥茂，与造化之功不甚远。"徐熙笔墨在明代被继承并定型为花鸟画法。

与徐熙齐名的花鸟画画家是西蜀的黄筌，黄筌花鸟画有着很浓的院体花鸟画的色彩，恰与徐熙花鸟画的野逸形成对比。黄派的审美对象多为御苑中之珍禽瑞鸟、奇花佳木，其皇家气派、宫苑色彩很重。基于审美内容，在形式感上，则是重彩浓墨，富丽堂皇，故有"黄家富贵"之称。

山水画在五代进入成熟阶段，其审美成就代表一个新的水平，出现了一批山水画大家，有南派之董源、巨然，北派之荆浩、关仝。

荆、关之北派承水墨山水之审美传统。荆浩的绘画美学思想前已概述。他在具体的审美活动中喜以大山巨树为对象，笔势健举，雄浑有力。他不仅提出了比较系统的山水画法，而且提供了山水画的描绘技法，从而使山水画有章可循、有法可依。

关仝山水画，据《宣和画谱》，"尤善作秋山寒林，与其村居野渡，幽人逸士，渔市山驿，使其见者如在灞桥风雪中，三峡闻猿时，不复有市朝抗尘走俗之状。盖仝之所画，其脱略毫楮，笔愈简而气愈壮，景愈少而意愈长也。而深造古淡如诗中渊明，琴中贺若，非碌碌之画工所能知"。于此可见其绘画之审美风格与特征。

董源的山水画以江南风景为审美对象，《宣和画谱》评价道："大抵源所画山水，下笔雄伟，有崭绝峥嵘之势，重峦绝壁，使人观而壮之……至其出自胸臆，写山水江湖、风雨溪谷、峰峦晦明、林霏细雨，与夫千岩万壑、重汀绝岸，使览者得之，真若寓目于其处也。而足以助骚客词人之吟思，则有不可形容者。"董源山水画得江南山水之气韵，笔墨之下万姿千态，现藏的《潇湘图》《龙宿郊民图》均是典型的江南风景。他下笔老辣，用法独到，《格古要论》说："董源画山，峭拔高峰，从脚至顶，转折分明，其石若披麻，其水縠纹，树多亭直，单叶夹笔兼之。"披麻皴的绘画方法形成了独特的技法，这种技法吻合于南方山水的特点，从而出现了审美技法上的创造。

释巨然作为董源的学生亦善画江南山水，亦用披麻皴法，但师徒二人画风有区别。董源较为清峻，巨然则较为浑厚；董源画面疏阔，布置较松，而巨然则较为稠密。

这一画派的披麻皴法以及"足以助骚客词人之吟思"的审美意味，都显示了中国山水画的成熟。它以独特的方式描绘对象，并传达出牧歌式的审美理想，于是，中国山水画便完全士大夫化了。它在山水的貌似纯客体描绘中或隐或显、或曲或直地传达出主体的情感或情调。这便是中国山水画的审美方式，它直接输入即将到来的北宋，并延伸到后期中国绘画美学中。

由此也看出了整个五代美学的总状况，一方面唐代美学至此而衰微，另一方面则产生了新的美学质素，出现了美学新变。这种美学新变又具有方向意义。这便是五代美学史的地位。